AF325734

I.

HYMÉNOMYCÈTES

DE

FRANCE

HÉTÉROBASIDIÉS -- HOMOBASIDIÉS GYMNOCARPES

par

MM. L'ABBÉ *H. BOURDOT* ET *A. GALZIN*

Ouvrage publié sous les Auspices

de la

SOCIÉTÉ MYCOLOGIQUE DE FRANCE

Paul LECHEVALIER

Libraire pour les Sciences Naturelles

12 — Rue de Tournon — 12

PARIS VI°

— 1928 —

I.

HYMÉNOMYCÈTES

I.

HYMÉNOMYCÈTES

DE

FRANCE

HETÉROBASIDIÉS -- HOMOBASIDIÉS GYMNOCARPES

par

MM. L'ABBÉ *H. BOURDOT* ET *A. GALZIN*

Ouvrage publié sous les Auspices

de la

SOCIÉTÉ MYCOLOGIQUE DE FRANCE

SCEAUX
Marcel BRY, Dessinateur Imprimeur.
1927

INTRODUCTION

Depuis la publication du premier fascicule des *Hyméno-mycètes de France*, en 1909, les recherches continuées et étendues à diverses régions de la France et de l'Étranger, avec la collaboration de Mycologues plus nombreux, ont amené de nouvelles découvertes et nécessité des additions et des modifications naturellement plus importantes dans les fascicules les plus anciennement parus, *Hétérobasidiés — Corticiés,* qui comprennent aussi les espèces les plus difficiles à retrouver et à reconnaître. Ces groupes avaient donc besoin d'être repris en entier ; quelques-uns des autres fascicules étant épuisés, plusieurs de nos collègues ont pensé qu'une réimpression totale des *Hyméno-mycètes de France* rendrait plus de services qu'un simple supplément, surtout si les diverses parties étaient rendues plus homogènes, et si les bases de classification étaient indiquées. L'Essai taxonomique de M. Patouillard, qui avait servi de cadre à notre travail, étant devenu introuvable en librairie, nous en reproduisons ici la Classification dans ses grandes lignes, apportant seulement quelques modifications de détail, pour l'adapter à une Flore régionale et rendre plus faciles les déterminations (1).

Vu l'insuffisance des données sur la dispersion des espèces, surtout dans les groupes inférieurs, une délimitation trop étroite des espèces françaises aurait souvent été un obstacle aux déterminations. Nous avons donc admis un certain nombre d'espèces qui n'ont pas encore été observées en France, celles que nous avons pu étudier sur spécimens sûrs, et même d'autres espèces

---

(1) Les groupes donnés comme familles par M. Patouillard sont aujourd'hui considérés comme des Ordres et désignés par *Auriculariales, Trémellales, Calocérales* et *Aphyllophorales* ; les Tribus de M. Patouillard passent au rang de Familles avec la terminaison... *acées.* Ayant conservé intacts les tableaux de l'Essai taxonomique, nous en conservons aussi la terminologie.

que nous n'avons pas vues (indiquées *n. c.*), mais qui sont définies par une bonne description.

Pour que les observations soient comparables, il n'est pas inutile de donner quelques détails sur la technique micrographique que nous avons suivie.

Si l'on veut se rendre compte de la structure d'un échantillon, l'étude sur une section mince est indispensable. Pour étudier l'hyménium, le plan de coupe doit être perpendiculaire à la surface hyméniale et parallèle au plan radial de développement du champignon. Dans la plupart des cas, on arrive avec un peu d'habitude, à obtenir des coupes suffisantes, directement sur le champignon, s'il est assez rigide, ou sur un fragment inclus dans de la moëlle de sureau. Mais sur spécimens secs, on obtient de bien meilleurs résultats en se servant d'un microtome même très simple, par exemple un microtome genre Ranvier, fixé au bord d'une table, de manière à pouvoir de la main droite imprimer au rasoir un rapide mouvement de va-et-vient, et de la gauche agir lentement sur la vis micrométrique. L'objet à étudier, orienté comme il vient d'être dit, est inclus dans de la paraffine au moyen d'une aiguille chauffée : il s'agit d'un simple enrobage dans la paraffine, suffisant pour une étude histologique, et non de l'inclusion progressive nécessaire pour les études cytologiques. Les coupes obtenues en nombre suffisant sont placées sur un papier de soie léger et poreux, plissé en filtre à fond plat : on les lave à l'essence de pétrole bien exempte de graisse ; elles sèchent rapidement et restent assez rigides pour être transportées avec la pointe humide d'une aiguille, dans une goutte du liquide d'observation placée sur la lamelle. Si les coupes sont très friables, on peut employer l'une des méthodes de collage indiquées par BOLLES LEE et HENNEGUY, III, p. 142.

Le liquide que nous employons le plus souvent est une solution de potasse plus ou moins carbonatée de 5 à 20 %, et colorée par l'éosine à l'eau. L'éosine colore les plasmas et quelquefois la membrane, et rend très nets les contours. On rend souvent plus distinctes les gléocystides en substituant sous la lamelle une solution iodée (solution saturée d'iode dans une solution concentrée d'iodure de potassium et étendue d'eau). L'iode colore en brun un grand nombre de gléocystides (glycogène), et en bleu foncé les spores amyloïdes.

Si l'on désire une coloration plus intense des membranes, on emploie le Congo ammoniacal : la préparation doit être portée à l'ébullition et refroidie brusquement sur une plaque de métal, pour chasser les bulles.

Certaines membranes ou d'autres organes sont plus ou moins déformés ou dissous par les solutions alcalines ; dans ce cas, on emploie l'eau simple ou colorée par l'éosine, le Congo, etc., ou bien l'acide lactique concentré, seul ou coloré par un bleu coton, 6 B Bayer, C 4 B ; chauffer la préparation.

Certaines hyphes sont agglutinées, formant une masse presque amorphe, on se rend compte de leur agencement en substituant sous la lamelle, à une solution alcaline, un colorant : bleu coton, bleu de Méthylène ou autre en solution aqueuse un peu acidulée par l'acide acétique. De cette façon le canalicule des hyphes et les plasmas sont seuls colorés et ne donnent pas directement le diamètre des hyphes. L'oxalate de chaux est quelquefois assez abondant pour obscurcir les coupes : on s'en débarrasse par une solution d'acide chlorhydrique ou azotique.

La structure générale d'un groupe étant connue, on peut déterminer plus rapidement une espèce par simple trituration. On prend avec la pointe d'un canif un très petit fragment du champignon comprenant une partie de l'hyménium, et on le triture dans le liquide d'observation. Cette opération révèlera tout d'abord un caractère important. Certaines espèces se laissent facilement réduire ou même semblent se dissoudre, surtout dans les solutions alcalines : trame molle, céracée ou fragile ; d'autres résistent longtemps à l'écrasement : trame coriace. Après trituration suffisante, on place le couvre-objet, et par un battage plus ou moins prolongé, on chasse les bulles d'air et l'on arrive à dissocier les éléments, qui se laissent alors plus facilement mesurer que sur les coupes au rasoir.

Les champignons ici étudiés ont l'avantage de se conserver facilement en herbier. Il suffit de les sécher *complètement*, soit dans un courant d'air, soit, en hiver, sur un treillis suspendu au-dessus d'un fourneau. On les conserve tels quels, mais les spécimens trop épais, comme les gros Polypores, doivent être sectionnés en tranches de un centimètre d'épaisseur environ. On peut les mettre aussitôt secs dans un sachet de papier fort, muni d'une étiquette qui doit mentionner consciencieusement, outre le nom de l'espèce, *l'habitat*, la *localité* et la *date* de la récolte, et quelques caractères de coloration ou autres qui peuvent disparaître à la dessiccation. Si le champignon est suspect d'être infesté par les insectes, on le plonge pendant un certain temps dans de l'essence de pétrole, préférable, selon nous aux autres liquides recommandés, parce que s'évaporant complètement, elle ne gênera pas les examens microscopiques ultérieurs. Les sachets sont classés par espèces, genres, familles, dans des feuilles de papier ou

IV

chemises réunies par cartons. Il faut mettre ces cartons dans un meuble fermant bien, dans lequel on place un corps capable d'éloigner les insectes par son odeur : naphtaline, paradichloro-benzol, benzine, etc.. Il faut surtout un local exempt d'humidité.

Nous sommes particulièrement reconnaissants à M. l'Abbé Bresadola pour l'aide qu'il nous a toujours amicalement accordée depuis le début de notre étude, et pour les nombreux spécimens originaux ou authentiques qu'il nous a communiqués. Ses publications avec leurs diagnoses si précises forment un ensemble où tout se tient, qui nous a servi de guide dans l'interprétation des espèces critiques. Nous sommes aussi redevables à M. Romell, de communications très utiles. Enfin, nous adressons nos remerciements à tous les Mycologues dont nous avons cité les noms à propos des espèces nouvelles ou rares dont ils nous ont fait part.

Nota. — Les noms des espèces sont imprimés en **caractères gras**, ceux des sous-espèces en *caractères penchés*, ceux des variétés en petits caractères gras et ceux des formes en *italique*.

BASIDIOMYCÈTES

TABLEAU SYNOPTIQUE DES FAMILLES

Hétérobasidiés : Spores donnant par germination des conidies ou spores secondaires.

Basides cloisonnées

transversalement en loges superposées : **Auriculariacées**, I.

longitudinalement, en croix : **Trémellacées**, II.

Basides non cloisonnées,

globuleuses, à stérigmates épais, sporiformes : **Tulasnellacées**, III.

étroitement claviformes, à 2 stérigmates allongés, aigus : **Calocéracées**, IV.

Homobasidiés : Spores donnant directement le mycélium par germination ; basides obovales ou claviformes non cloisonnées.

Anormaux, parasites sur feuilles et jeunes rameaux : **Exobasidiacées**, V.

Normaux, saprophytes.

Gymnocarpes : hyménium nu, indéfini (s'accroissant par l'allongement de l'axe du réceptacle, ou par le développement centrifuge de ses bords) : **Aphyllophoracées**, VI.

Hémiangiocarpes : hyménium primitivement enveloppé d'un voile plus ou moins fugace et nettement limité ; surface hyménienne normalement lamelleuse, (mais passant graduellement de la forme lamellaire typique, à une forme porée ou à une surface lisse : **Agaricacées**.

Angiocarpes : **Gastéromycètes**.

I. AURICULARIACÉES

Basides cylindriques ou claviformes, droites ou courbées, divisées par des cloisons transversales en loges superposées portant chacune un stérigmate et une spore.

TABLEAU DES GENRES

GYMNOCARPES : surface fructifère nue

Une probaside : (*Septobasidiés*)

Réceptacle floconneux-membraneux, ou gélatineux-muqueux : **Saccoblastia**, I.

Réceptacle aride, coriace membraneux ou crustacé : **Septobasidium**, II.

Pas de probaside : (*Auriculariées*)

Réceptacle dressé en forme de clavaire : **Eucronartium** IV.

Réceptacle étalé ou tuberculiforme.

Membraneux mou ou tomenteux : **Helicobasidium**, III.

Gélatineux, muqueux ou céracé.

Espèces minces, étalées ou tuberculiformes, céracées ou muqueuses : **Platygloea**, V.

Espèces gélatineuses coriaces, puis indurées cornées cupuliformes ou réfléchies-auriformes : **Auricularia** VI.

ANGIOCARPES : appareil fructifère enveloppé d'une membrane ; péridium subglobuleux, stipité : (*Ecchynés*) **Ecchyna**, VII.

I. **SACCOBLASTIA** Moell. — Wakef. et Pears., Tr. Brit. Myc. Soc., t. VIII, p. 218.

Réceptacle floconneux ou gélatineux-muqueux, étalé ; probasides en forme de sac, pendant latéralement, et donnant naissance à une baside à 3 cloisons transversales ; stérigmates latéraux (1 terminal) ; spores hyalines, lisses.

Les espèces françaises de *Saccoblastia* ne présentent pas toujours nettement le caractère générique : si le contenu de certaines probasides paraît bien être une réserve utilisée pour la formation de la baside, il semble que dans bien des cas, c'est la probaside elle-même qui se redresse et se transforme directement en baside. Du moins, la section montre souvent tous les états intermédiaires entre la probaside en sac pendant et la baside arquée ou dressée.

1. **SACCOBLASTIA** Moell. — Réceptacle floconneux hypochnoïde.

1. **S. pinicola** Hym. de Fr., I, Soc. Myc., XXV, p. 16.

Étalé, 0,5-3cm., puis confluent, membraneux-tomenteux, lâchement adhérent, blanc ; marge similaire ou atténuée. — Hyphes hyalines, 3—6 μ, à parois minces, bouclées, en trame lâche ; probaside 40—45×8—12 μ ; basides cylindriques, dressées, 96—140×9—12 μ, 1—3-septées ; spores ovoïdes 15—19×9—12 μ, germant par 1—2 tubes coniques ou cylindriques. (*Fig. 1*).

Hiver. Sur les hautes branches du pin silvestre, plus rare et moins développé sur pin noir d'Autriche ; Causse Noir, Montclarat (Aveyron).

Le champignon naît dans l'écorce et ne semble pas attaquer le bois. — Les basides sont très variables, tantôt normales, à 3 cloisons, avec stérigmates latéraux, longs de 6-20 μ, tantôt claviformes ou ovoïdes avec un stérigmate apical ou oblique, parfois fourchu.

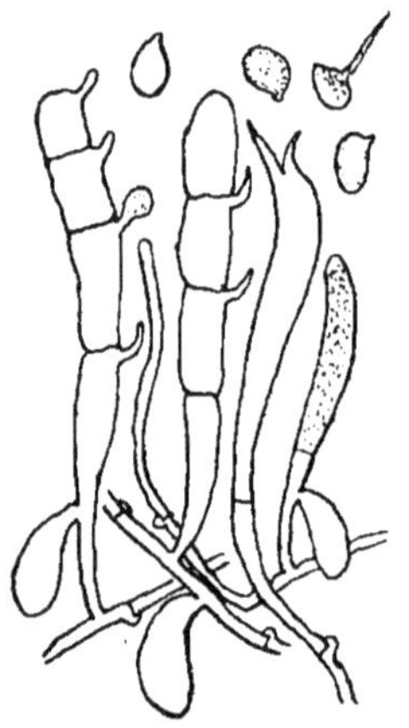

1. *Saccoblastia pinicola* B et G. — Probasides, basides et spores.

var. **defossa.** — Membraneux mou, pâle à crème alutacé ; bordure fibrilleuse réticulée ou évanescente. — Hyphes à parois minces, 3—6 μ ; boucles éparses ; probasides 30×12—15 μ, pendantes ou redressées ; basides à la fin droites, 45—60×7—7,5 μ, à stérigmates courts, coniques, variables comme dans le précédent ;

spores obovales, un peu atténuées à la base, quelquefois un peu déprimées latéralement, 11—12×9—10 μ.

Janvier. Sur écorce de chêne kermès à demi enfouie dans l'humus ; Toulon (A. DE CROZALS).

Le *S. graminicola* Bres., Fungi Pol., p. 112, espèce voisine, se distingue par ses basides et ses spores (8—12×5—8 μ) plus petites ; il empâte les graminées sèches, sur lesquelles il s'étale largement. Pologne.

2. SACCOGLŒA. — Réceptacle gélatineux muqueux.

2. — S. sebacea Hym. de Fr., t. XXV, p. 15. — Wak. et Pears., Brit. Myc. Soc., t. VIII, p. 218, f. 4.

Largement étalé, gélatineux ou muqueux, hyalin grisâtre, puis gris pruineux, évanescent ou laissant sur le sec une tâche roussâtre livide. — Hyphes à cloisons rapprochées, sans boucles, 2—6 μ ; probasides 18—30×6—9 μ ; basides 45—75×4—6—9 μ, arquées, 2—3 septées ; stérigmates coniques, 6—10 μ long. ; spores ovoïdes, 8—10—15×5—6—8 μ, donnant naissance latéralement ou par le sommet à un promycélium court, qui porte une conidie semblable à la spore.

Toute l'année, par les temps humides.

a. **typica.** — Epais, céracé tendre ; aspect de suif fondu. Sur humus, sciure de bois ; rare.

b. **vulgaris.** — Mince étalé en larges taches gélatineuses ou muqueuses. Sur toute espèce de bois très pourris ; fréquent.

c. **pruinosa.** — Tache indéterminée, pruineuse, blanc grisâtre, céracée, puis subliquescente. Hyphes cohérentes, peu distinctes, 1,5—3 μ ; probasides 12—18×7—9 μ ; basides 45—60×4,5—6 μ ; spores 6—10×4,5—7 μ. Sur arbres à feuilles, Aveyron.

3. — S. subardosiaca.

Gélatineux-muqueux, assez épais, plissé, hyalin sordide, gris bleuâtre foncé, ardoisé, brunâtre, puis un peu pruineux. — Hyphes à parois minces, guttulées, 2—5 μ ; probasides 30—36×7—9 μ ; basides arquées, à la fin très allongées, 4,5—7,5 μ d. ; spores subelliptiques, déprimées ou un peu arquées, brièvement atténuées obliquement à la base, 15—18×6—8 μ, produisant une conidie de même forme et probablement à la fin de même grandeur.

Décembre ; sur pin, Causse Noir. — Diffère de *S. sebacea* par son épaisseur, sa teinte et ses spores plus grandes.

II. — **SEPTOBASIDIUM** Pat., Journ bot. — Ess. tax., p. 10.

Réceptacle étalé, aride, coriace-membraneux ou crustacé ; trame lâche formée d'hyphes colorées, rigides ; probasides ovoïdes ou sphériques, à parois épaisses, colorées, produisant une baside hyaline, ordinairement très fugace, droite ou arquée, septée transversalement ; spores hyalines, fusiformes, cylindriques, ou claviformes, arquées. Plantes lichénoïdes, croissant sur écorces vivantes.

A. **TYPICAE** : probaside s'allongeant tout entière en baside.

3. — **S. Michelianum** (Cald., Itin. crypt., 1866, n. 64) Pat., Ess. tax., p. 9, fig. 2, a, b, c. — *Corticium ?* Fr., Hym. eur., p. 660. — *Cort. orbiculare.* Dur. et Lév., Expl. Alg., t. 33, f. 7.

Orbiculaire, 1-2 cm., puis oblong allongé ou confluent, membraneux, assez épais, continu, plus ou moins poré vers les bords, lisse (ou ponctué accidentellement), noisette, teinté de roux ou de châtain clair, à peine ou non purpuracé, très fendillé au centre et laissant voir un subiculum mou spongieux, brun foncé ; bordure étroite, blanche, fimbriée-byssoïde. — Hyphes brunes à parois un peu épaissies, 4-5 μ, rapprochées çà et là sous l'hyménium en faisceaux lâches, vaguement dressés, les hyméniales hyalines, plus fines et plus rameuses ; probasides hyalines ou subhyalines, naissant latéralement sur les hyphes, globuleuses 9-12 μ, puis oblongues et s'allongeant en basides cloisonnées, à stérigmates latéraux (Pat.) ; spores hyalines, fusiformes arquées en croissant, 13—18×3—3,5 μ, blanches en masse. (*Fig.* 2).

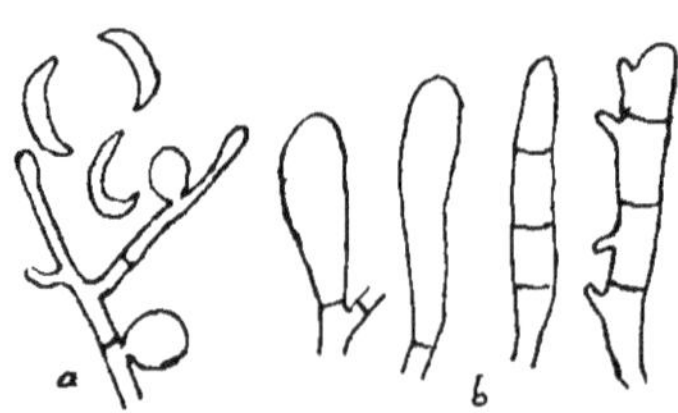

2. *Septobasidium Michelianum* Cald. *a.* probasides et spores ; *b.* développement des basides (d'après Pat., Ess., f. 2).

Fréquent sur vieux troncs et branches de *Laurus nobilis*, environs de Toulon (A. DE CROZALS).

M. NENTIEN (Contr. Fl. Myc. des Maures, p. 47) indique une variété à peine distincte de *S. Michelianum*, fréquente sur chêne vert : il s'agit probablement du *S. Mariani*, dont l'aspect est tout-à-fait le même. Cependant *S. Mariani* appartient sûrement à la section *Gausapia*, tandis que *S. Michelianum* rentre dans la section des *Typicae* (Pat., l. c.). Nous n'avons pu voir le développement des basides dans ce dernier, mais les spores des deux espèces obtenues en masse sont très différentes.

B. **GAUSAPIA** Fr. : probaside persistant en forme de sac globuleux à parois épaisses.

4. — **S. Bagliettoanum** (Fr., Hym. eur., p. 705 *Hypochnus*) Bres., Ann. Myc., III, p. 164.

Résupiné, peu adhérent, membraneux-coriace, brun rougeâtre ou bai par les temps humides ; bords libres, fauves ou fauve brun (comme tout le champignon sur le sec), fimbriés ou tomenteux. — Trame lâche, formée d'hyphes à parois épaisses, fauves 3-5 μ, cloisonnées ; boucles très rares ; probasides ovoïdes, à parois épaisses, fauves, 15—21—30× 9—15 μ, ordinairement latérales sur les hyphes, et donnant naissance à une baside hyaline, 30—36×6—7 μ, fugace, à 3 cloisons ; spores fusiformes, arquées en croissant ou sigmoïdes, 15—24×3—5 μ. (*Fig. 3*).

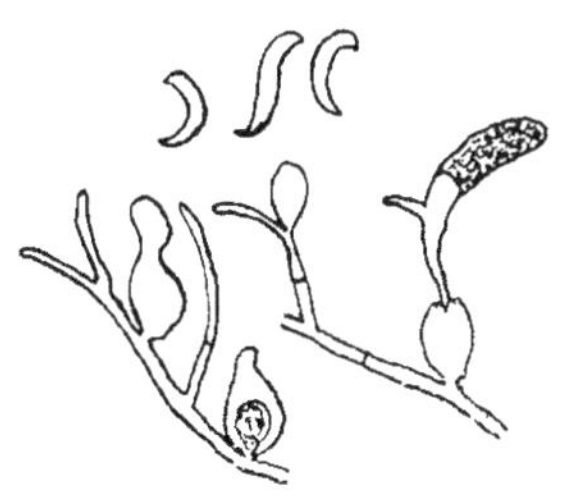

3. *Septobasidium Bagliettoanum* Fr. — Rameaux basidifères et spores.

Hiver, mais persistant jusqu'en juin, juillet. A la base des troncs moussus de *Quercus sessiliflora*, pas rare dans les bois secs des environs de Sᵗ-Sernin (Aveyron) ; sur *Quercus Ilex*, Lamalou-les-Bains (Hérault).

5. — **S. Mariani** Bres., Ann. Myc., III, p. 164.

Membraneux-coriace, floconneux en dessous, lisse, puis fendillé aréolé et écailleux, ombre tabac ; bordure finement villeuse, byssoïde, blanche, ou formée de fibres radiantes souvent rameuses, apprimées, pâles ou subconcolores. — Hyphes basilaires fauve brun clair, à parois épaisses, 4-5 μ, à cloisons assez distantes, çà et là fasciculées, ascendantes, les supérieures plus claires, subhyalines ; probasides obovales subarrondies ou un peu anguleuses, 15—17×12 μ, à noyau granuleux se développant en baside hyaline 70—80×6 μ, subclaviforme, droite, puis arquée, à 3 cloisons ; stérigmates latéraux, 6—9×2—2,5 μ ; spores hyalines, cylindriques arquées obtuses aux deux bouts, un peu plus étroites à la base ou subclaviformes, prenant 1, très rarement 2 cloisons, 13—15 (—18×3,5—4(—5) μ, blanches en masse. (*Fig. 4*).

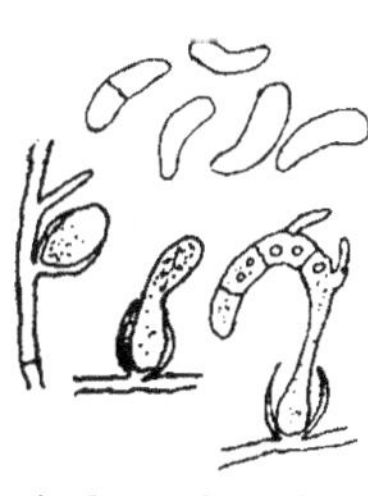

4. *Septobasidium Mariani* Bres. — Probasides, basides et spores.

Mai. Sur chêne vert, haut sur les branches, aubépine, cor-

nouiller, troëne, *Cneorum tricoccum* ; Lamalou-les-Bains pas rare
dans le quartier de l'Uselade, mais pas rencontré à Lamalou-le-
Haut. Janvier sur chêne vert, *Phyllirea media* (Var) A. DE CROZALS.

Sur les petites branches, les spécimens sont généralement plus tuberculeux, fendillés, plus pâles, tendant à gris plus ou moins foncé ; ce sont les
plus fertiles. On trouve quelques spores vieilles, brunes, à 1-2 cloisons,
atteignant 24×5 μ. Le type est identique à nos échantillons pour la couleur
et les caractères micrographiques, mais il a l'hyménium moins fendillé,
presque uni.

6. — **S. Galzini** Bourd., Matér. Fl. Myc. de France, Ass. fr.
Av. des Sc., 1921, p. 575.

Presque ponctiforme, tomenteux, bai, puis étalé, 10-20 cm. ;
hyménium coriace-membraneux, glabre, châtain, fendillé ; bordure
pâle, subpruineuse, ou fibrilleuse, puis similaire ; mycélium
souvent étendu en larges plages villeuses,
baies. — Hyphes 3-4 μ, brunes, tenaces,
densément rameuses et hyalines dans l'hyménium ; probasides sphériques, brunes,
9-10 μ d. ; basides hyalines, septées, arquées,
très fugaces, 25×5 μ env. ; spores cylindriques arquées, acuminées à la base, 10-
20×2,5—3—5 μ, blanchâtres en masse. —
(*Fig. 5*).

5. *Septobasidium
Galzini* Bourd.

Toute l'année. Pas rare dans l'Aveyron sur tiges et rameaux
de *Calluna vulgaris* recouverts ; quelquefois sur *Erica cinerea*,
quand les deux plantes sont en contact.

Lichénoïde, il ne parait attaquer ni le bois, ni l'écorce, mais quand il
est sur écorces vivantes, il y produit une légère hypertrophie. — La probaside
donne naissance à la baside de la même façon que dans *S. Bagliettoanum*
et *S. Mariani* ; la probaside persiste, ouverte et déchirée au sommet. La
baside est fort délicate, à évolution très rapide : on ne la trouve ordinairement que dans la probaside, en forme de noyau, ou adulte et déjà flétrie.
S. Galzini est voisin de *S. castaneum* Burt ; mais il est bien moins
épais que la plante américaine ; il n'a pas d'hyphes soudées en colonne dans
sa couche moyenne, et son hyménium n'a rien d'olivacé.

Il est possible qu'on rencontre encore dans le Midi quelques
unes des espèces indiquées en Europe ; nous en donnons ci-
dessous les descriptions abrégées :

S. Cavarae Bres., Ann. Myc., III, p. 164. — Hyménium
membraneux, ombre-châtain, lisse puis fendillé ; bordure fibreuse
fimbriée ; trame tomenteuse formée d'hyphes brunes, 3-5 μ, les
basidifères subhyalines ; probasides ovoïdes, s'allongeant en basides cylindriques claviformes, droites ou courbées, 60—75×8 μ :

spores subclaviformes, souvent sigmoïdes, 27—30×5 μ, à 1—3 cloisons ou plus.

Troncs et branches de *Pistacia lentiscus*, Sardaigne, Tunisie. Voisin de *S. Michelianum*.

S. Carestianum Bres., Enum. dei Funghi della Valsesia, Malpigh., XI, 1897, p. 16. — Rev. Myc., XX, p. 114. — Sacc., XIV, p. 215. — Membraneux tomenteux, lisse, puis ruguleux tuberculeux, tabac, puis châtain ou bai ; marge pâle, subfimbriée ou tomenteuse. Hyphes 2-3 μ ; probasides ovoïdes puis allongées, septées, 15—18×9—11 μ. Spores inconnues.

Sur branches de *Salix cinerea* et *incana*, Italie, Pologne.

S. alni Torr., Basid. Lisb. et S. Fiel, p. 84. — Mince, byssoïde, adhérent, brun chocolat ou brun pourpré, puis pâle ou blanchissant, lisse, continu, puis fendillé ; marge fimbriée, gris, blanchâtre. Hyphes pâles, 4—5 μ, les hyméniales 5—6 μ ; probasides globuleuses, puis ellipsoïdes, triseptées, 20—25×7—9 μ ; spores inconnues.

Sur troncs d'aune, Portugal.

S. Cabralii Torr., l. c. — Mince, adhérent, purpurin cuivré, fendillé ; marge brun rouge, plus claire ou plus foncée, fimbriée. Hyphes 4—5 μ ; probasides subglobuleuses, puis piriformes oblongues, septées ; spores variables, incurvées ou sigmoïdes, 8—16×5—8 μ

Sur troncs de *Quercus Ilex*, Portugal.

III. — **HELICOBASIDIUM** Pat., Soc. bot., XXXII, p. 171.

Ess. tax., p. 12. — *Stypinella* Schroet.

Réceptacle floconneux ou membraneux ; pas de probaside ; basides cylindriques plus ou moins arquées ; stérigmates coniques, naissant sur la partie convexe de la baside ; spores hyalines, obovales ou oblongues.

6 bis. — **H. purpureum** Pat., Soc. bot. de Fr., 1885, p. 71.

Etalé, membraneux mou, peu adhérent ; subiculum fauve brun ou violacé obscur ; hyménium pourpre violacé, pruineux ; marge amincie plus claire, ou similaire. — Hyphes 4—8 μ, les basilaires assez rigides, à parois violacé-noirâtre, sans boucles, les supérieures subhyalines ; basides jeunes à contenu violacé, devenant subhyalines et circinées au sommet, 6—7 μ d. ; stérigmates coniques, 18—21×3 μ ; spores hyalines oblongues ou ellipsoïdes, peu ou pas déprimées latéralement, 10—12×6—7 μ, à membrane à la fin teintée de violacé.

Mars. Sur tige de genêt, Alsace (L. Maire).

var. **Barlae** Bres. in litt. ! — Purpurin rosé, palissant ou testacé sur le sec, peu pruineux ; subiculum fauve clair : bordure blanche fimbriée byssoïde. — Hyphes 4—7 μ, les basilaires brun clair ; basides 4—5 μ d. ; spores obovales, puis oblongues déprimées latéralement ou subarquées, 9—12×5—6 μ.

Hiver, printemps. Sur l'humus des haies humides, d'où il gagne la tige des plantes les plus diverses, aubépine, marsaule, etc., qui lui servent simplement de support : il n'est pas parasite.

7. — **H. holospirum** Bourd., Mat. pour la Fl. myc. de Fr., Ass. fr., 1921, p. 576.

Etalé en petites plaques de 1-3 cm., aranéeuses, floconneuses, ou lâchement tomenteuses, peu adhérent, blanc ; bordure aranéeuse. — Hyphes hyalines, à parois minces, sans boucles, 3—7 μ, en trame lâche ; rameaux flexueux portant des basides, fortement circinées, 30—50×4—6 μ, triseptées, articles à guttules huileuses ; stérigmates flexueux, 10—40×2—3 μ ; spores hyalines, obovales atténuées à la base, souvent 1—guttulées, 7—11×6 μ. (*Fig. 6*).

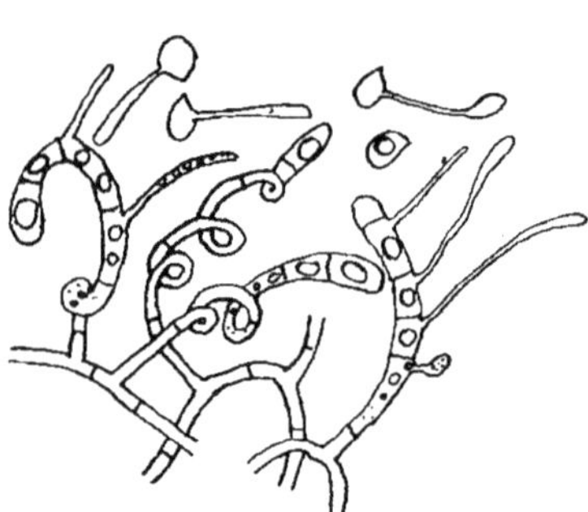

6. *Helicobasidium holospirum* Bourd. — Rameaux basidifères et spores.

Toute l'année, surtout automne et hiver. Sur les racines de la Fougère femelle, ou alentour sur les mousses, les brindilles, l'humus. Aveyron, Tarn. Très fixe dans ses stations.

Voisin de *Stypinella orthobasidium* Moell. du Brésil, également d'un blanc pur ; il en diffère par ses basides fortement circinées : les rameaux des hyphes supérieures sont eux-mêmes convolutés et plusieurs fois spiralés ; souvent un des stérigmates est remplacé par une baside de sorte que les éléments, peu serrés cependant, sont tellement enchevêtrés qu'il est difficile d'obtenir une bonne coupe de l'hyménium.

Espèces à nous inconnues.

H. farinaceum v. Hœhn., Fragm. Myk., 1907, n. 93, p. 3. — Couche flloconneuse, puis confluente-étalée, mince adnée, évanescente vers les bords, blanchâtre ou crème avec taches rosées, finement grènelée farineuse. Trame lâche, hyphes à parois minces ou épaissies, 4—5 μ, à boucles éparses, émettant des rameaux paraphysoïdes simples ou rameux ; basides 50—52×8—9,5 μ, ordinairement à 4 cloisons ; stérigmates 8 μ long. ; spores oblongues cylindriques, obliquement atténuées à la base, 16—18×9—9,5 μ. — Sur branche morte de hêtre rouge, Autriche (ex v. Hœhn., l. c.).

H. hypochnoideum v. Hœhn., Myk. Fragm., 1905, p. 324 et 1907, p. 3. — Maculiforme très mince, très adhérent, blanchâtre, finement granulé-farineux ; hyménium mince, lisse ou granulé fendillé, violet-brunâtre pâle ou sale, jaune brunâtre. Hyphes basilaires à courts articles, rameuses à angle droit, 8—10 μ d. sans boucles, portant des rameaux paraphysoïdes ; basides droites cylindriques, 30×5—6 μ à 3-4 loges et stérigmates 20×2 μ ; spores ovales ou oblongues atténuées en pointe à la base, inéquilatérales, 9—11×4,5—6,5 μ. — Grosses branches mortes de hêtre rouge, Autriche (ex v. Hœhn., l. c.).

H. inconspicuum v. Hœhn., Fragm. Mik., 1908, p. 37. — Très mince, finement velouté à peine visible, translucide. Hyphes 2—3 μ sans boucles, confuses ; basides cylindriques claviformes droites ou un peu arquées, 40—50×7—8 μ, à 3 cloisons, stérigmates courts ; spores brièvement cylindriques ou subovoïdes, avec pointe courte, latérale vers la base, 10—12×7—7,5 μ. — Sur bois mort de chêne, Autriche (ex v. Hœhn. l. c.)

H. Killermanni (Bres.). *Stypinella* Bres. — Killerm., Pilz. Baiern, I, p. 34, pl. I, f. 11. — Floconneux corticioïde, blanc à blanc jaunâtre. Hyphes à parois minces ou épaissies, 3-5 μ, à boucles éparses ; basides triseptées, 60×10—12 μ droites ou subarquées, stérigmates 10 μ long. ; spores subglobuleuses, 15—16×12 μ. Sur bois de pin travaillé dans les mines, Bavière. (ex Killerm. l. c.).

Le *Septobasidium fusco-violaceum* Bres., Fungi Polon., p. 112, n'ayant pas de probaside est un *Helicobasidium* : on le reconnaîtrait aux caractères suivants :

Membraneux, tuberculeux ou rugueux, marron ou brun tabac avec teinte violacée, puis gris cendré ; bordure fimbriée ; hyphes de la trame colorées, 3—3,5 μ, les subhyméniales hyalines, 2,5—3 μ ; basides cylindriques, arquées au sommet, 2,5—3 μ diam., à 3-4 cloisons ; spores cylindriques arquées, 10—15(—21)×4—5(—6) μ. — Sur branches de *Salix cinerea*, Pologne (n. v.).

IV. EUCRONARTIUM Atk.

Réceptacle d'abord subgélatineux, plus ou moins dressé, filiforme ou clavariiforme ; hyménium lisse, à basides septées transversalement, 3-5 stérigmates.

8. — **E. muscicola** (Pers., Obs.) Fitzpat. — C. Rea, Brit. Basid., p. 728. — Lloyd, Myc. Not., p. 1107, fig. 2041.

Clavule simple, blanche, atténuée en stipe grêle ; spores fusiformes arquées ou inéquilatérales, 18—24×3,5—5 μ. (C. Rea). Sur mousses.

Le genre *Eocronartium* établi par Atkinson pour une espèce de l'Amérique du Nord, *E. typhuloides*, basé sur la forme clavulée du réceptacle, reposant selon M. Patouillard (Soc. Myc., XXXVI, p. 176) sur une observation incomplète, doit être rattaché à *Helicobasidium*. Le champignon se développe sur les fructifications des mousses qu'il entoure d'une gaine floconneuse simulant un petit *Typhula*. *E. typhuloides* serait, d'après M. Fitzpatrick, la même espèce que le *Typhula muscicola* Fr., que nous n'avons pas encore rencontré.

V. PLATYGLŒA Schrœt. — Pat., Ess. tax., p. 13. — *Tachaphantium* Bref.

Réceptacle céracé ou gélatineux-muqueux, étalé ou tuberculiforme ; basides en hyménium lâche, cylindracées, droites ou arquées, septées ; stérigmates allongés ; spores hyalines, ovoïdes ou oblongues.

9. — **P. effusa** Schroet. — Sacc. Syll., VI, p. 774. — C. Rea, Brit. Basid., p. 726.

Etalé, aplani, gélatineux ferme, hyalin, opalin, marge similaire. — Hyphes 1,5—3 μ, à parois minces assez serrées ; basides arquées, presque circinées, 60—90×4—6 μ, stérigmates 2 μ d. ; spores ovoïdes atténuées à la base, 7—10× 5—7 μ, émettant un promycélium long de 8—10 μ et produisant une conidie de même forme que la spore, 7—8×5—6 μ.

Février. Sur branches pourries d'aune ; Allier. Rare.

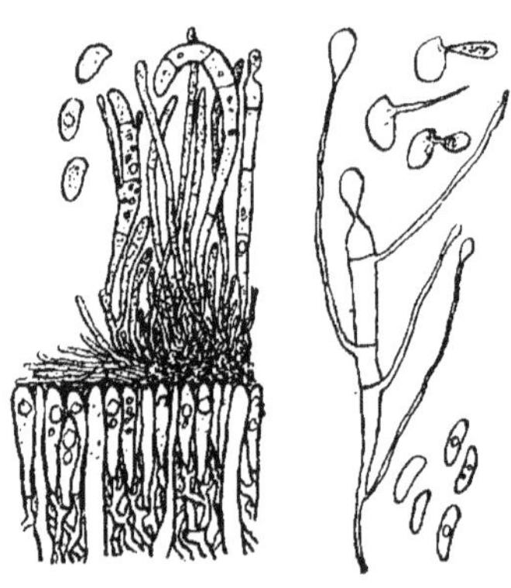

7. — *Platyglœa Peniophoræ* Bourd. et Galz. — Section sur hyménium de *Gleocystidium prætermissum*; basides et spores.

10. — **P. Peniophorae** Hym. de Fr., I, Soc. Myc., XXV,
p. 17 et XXXVI, p. 69. — Wakef. et Pears., Tr. Brit. Myc. Soc.,
t. VIII, p. 218, f. 5.

Arrondi, maculiforme, 1-3ᵐᵐ, puis confluent, mince, céracé,
blanc ou flavescent ; bordure blanche radiée soyeuse, induré et
pâle sur le sec. — Hyphes 1—3 μ ; basides dressées ou flexueuses,
puis arquées, 36—60×5—7 μ, triseptées ; stérigmates latéraux et
apical longs de 90 μ et plus ; spores ovoïdes, rarement déprimées
latéralement, 7—10×4—6 μ, produisant une conidie semblable à
la spore, par un promycélium filiforme, dorsal ou apical. (*Fig. 7*).

Du printemps à l'automne. Assez commun sur *Peniophora
pubera*, et surtout sur *Glœocystidium tenue, prætermissum*.

b. **tuberculosa**. — En petits tubercules cérumineux, quelquefois claviformes, puis oblitérés ou finalement étalés.

c. **minor**. — En petites plaques blanc jaunàtre ; basides
15—30×4 μ ; spores 3,5—7×3—4,5 μ. Rare.

11. — **P. micra** Bourd. et Galz., Soc. Myc. Fr., 1924, p. 261.

Etalé en petites taches muqueuses, subopalines, jaunissantes
ou fulvescentes sur le sec. — Hyphes agglutinées indistinctes
(0,5—2 μ) ; basides d'abord ovoïdes, puis
allongées droites ou légèrement arquées, 15—
21×4—5 μ, à 4 articles émettant des stérigmates tous latéraux, étalés, 9—12×2 μ ; spores
oblongues, 4,5—6×4 μ. — *Fig. 8*.

Octobre sur bois pourris de peuplier ;
Aveyron.

8. *Platygœa micra*
Bourd. et Galz. —
Section verticale.

Bien distinct par sa trame granuleuse à
éléments indistincts et ses stérigmates étalés à angle
droit, sur le côté de chaque article ; dans les deux espèces précédentes et
dans la suivante, les stérigmates sont ascendants et le dernier est apical.

12. — **P. Miedzyrzecensis** Bres., Fungi polon., p. 113, t. 3.
f. 3. Specim. orig !

Pulviné, arrondi ou oblong, 3—6 mm. gélatineux mou,
presque muqueux, opalin blanchâtre, ne laissant sur le sec qu'une
taie grisâtre brillante ou peu visible. — Hyphes septées à boucles
assez nombreuses, 1—3 μ ; basides 120—300×4—6 μ, flexueuses,
puis presque circinées, triseptées ; stérigmates épais, puis filiformes ; spores obovales ou oblongues, quelquefois subfusiformes,
8—16×5—8 μ, atténuées à la base et souvent déprimées latéralement, émettant un filament germinatif, apical ou latéral ; conidies

de mêmes forme et mesure que les spores. Nombreux corpuscules hyalins, absorbant peu l'éosine, 4—5×2—3 µ (conidies de M. Bresadola), vus seulement à l'état libre.

Septembre à Mai, par les temps humides. Assez commun, surtout sur sarments de vigne coupés depuis deux ans au moins, sur genêt, ronces, topinambours, etc.

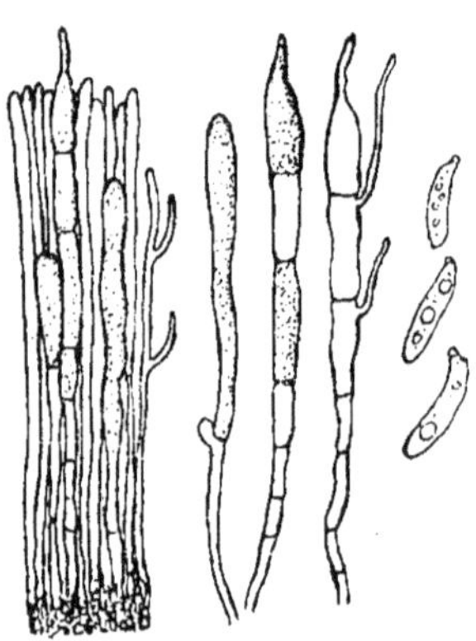

9. *Platyglœa tiliae* (Bref.) Sacc.

13. — **P. tiliæ** (Bref.) Sacc., VI, p. 771. — *Achroomyces* v. Hœhn., Ann. Myc., 1904, p. 271. — *Platyglœa nigricans* Schrœt.

Érompant, verruciforme, 2—5 mm. céracé ou charnu trémelleux, blanchâtre, puis grisonnant ou noircissant, aplani et sublobé. — Hyphes 4—6 µ d. dressées, paraphysoïdes, cohérentes par la base ; basides 150—300×9—12 µ, à 1—3 stérigmates latéraux, 45×3 µ, et un stérigmate apical ; spores cylindriques plus ou moins arquées, 27—30—36×6—7—7,5 µ, à contenu granulé ou guttulé, blanches en masse. (*Fig. 9*).

Hiver. Sur branches de tilleul, Parc de Versailles (E. Gilbert).

14. — **P. vestita** Bourd. et Galz., Soc. Myc. Fr., 1924, p. 261.

Étalé, céracé, plus ou moins épais, muco-gélatineux, hyalin, grisâtre, évanescent sur le sec, ou plus ordinairement voilé d'un feutrage très n et très léger. — Hyphes mycéliales 8—10 µ, à parois minces, sans boucles, rampant sur le substratum, émettant de longs filaments dressés flexueux et toruleux, 60—100×6—10 µ ; basides 40—50×9—10 µ, à contenu granuleux, ovoïdes, puis cylindriques ou claviformes arquées, à 1—3

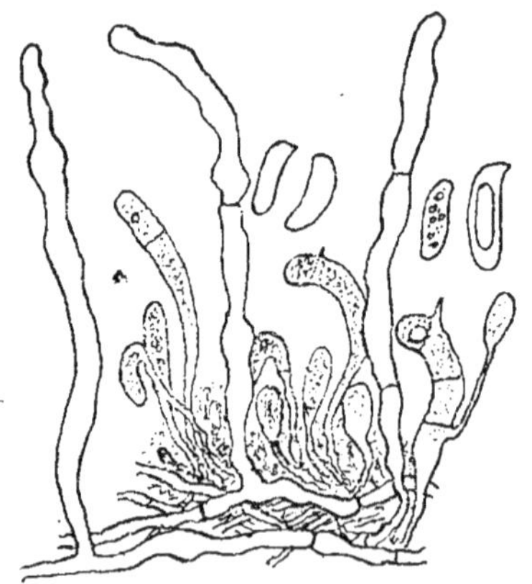

10. *Platyglœa vestita* Bourd. et Galz. — Section verticale.

cloisons ; stérigmates coniques puis filiformes atteignant 20 μ
long. ; spores oblongues ellipsoïdes ou subcylindriques, atténuées
obliquemənt à la base et déprimées latéralement, 15—21—30×
5—7,5—9 μ. (*Fig. 10*).

Hiver. Sur brindilles et débris entassés, bruyère, genêt,
ronces, chêne, aune, etc. — Peu lignivore.

Cette plante, quoique récoltée en d'assez nombreuses localités, et
même en Angleterre, demande encore de nouvelles observations : les organes
ovoïdes donnés comme basides jeunes, rapprochées vers les extrémités des
hyphes, pourraient être l'équivalent de la probaside des *Saccoglœa*.

Le *P. fimicola* Schrœt., Pilz. Schles., p. 384. Sacc. VI, p. 771,
trouvé à Breslau, sur fumier de lapin, forme des plaques incarnat
pâle ou violacées, subarrondies 2-4 mm. légèrement concaves ou
aplanies ; hyphes minces, rameuses ; basides cylindriques, 36—
42×5—6 μ, à 4 loges ; stérigmates longs de 8—11 μ ; spores
ovoïdes 11×7 μ. (ex Sacc., l. c.).

VI. — AURICULARIA Bull. — Pat., Ess. tax., p. 14. — *Auricularia* et *Hirneola* Fr.

Réceptacle gélatineux coriace puis induré et corné par dessiccation, étalé-réfléchi, auriforme, ou cupuliforme ; hyménium
dense formé de basides en palissade.

15. — **A. mesenterica** (Dicks.) Fr., Hym. eur., p. 646. —
A. tremelloides Bull., t. 290. — Quél., Fl. myc., p. 24.

Etalé-réfléchi, tomenteux, zoné de gris clair et brunâtre ;
hyménium côtelé rugueux, gris ou glauque purpurescent pruineux,
puis bistre purpuracé. — Hyphes gélatineuses, 1—2 μ ; basides
cylindriques, 90—120×5—7 μ, en hyménium compact, entourées
des stérigmates latéraux et de nombreux filaments paraphysoïdes
émergents, 1—1,5 μ d., simples ou rameux ; spores hyalines,
cylindriques arquées, à contenu granuleux ou guttulé, 13—18—
21×4,5—7 μ, blanches en masse, à reflet grisâtre.

Toute l'année, avec régression en été. Fréquent sur arbres
à feuilles. Lignivore des plus actifs, avec pourriture blanche,
massive ; assez souvent parasite, il tue rapidement les arbres
atteints.

var. **lobata** (Sommf.) Quélet. — Marge lobée ; zones glabres,
veloutées ou hispides.

16. — **A. auricula-Judæ** L. Bull., t. 427, f. 2. — *Hirneola*
Fr., Hym., p. 695. — Gillet pl.

Cupuliforme, substipité, pubescent, gris avec légère teinte

olive ; hyménium uni, puis plissé ridé, gris ou brun purpurescent. — Hyphes 1—2 µ, gélatineuses ; basides serrées, 60—70×4—6 µ ; spores hyalines, cylindriques arquées, 17—23×5—8 µ, à contenu granuleux ou guttulé.

Toute l'année. Pas rare sur sureau, hêtre, noyer, aune, robinier, fusain, etc.

var. **lactea** Quél., Ass. fr., 1886, p. 5 ; Fl. myc., p. 24. — Diaphane blanc, puis crème ; hyménium blanc glaucescent.

var. **nidiformis** Lév. Fr., Hym., p. 695. — Subcespiteux, cupuliforme, fixé par le côté, velouté, châtain ; hyménium brun. — Sur troncs morts de saule blanc.

VII. — ECCHYNA Fr. — Pat., Ess. tax., p. 16. — *Pilacre* Bref.

Réceptacle stipité, subglobuleux muni d'un voile entourant une glèbe formée de filaments et de basides cylindracées transversalement septées et produisant à chaque article, une spore subsessile, globuleuse ou ovoïde.

17. — E. faginea Fr. — Pat., Ess. tax., p. 17, f. 10.
Stipe grêle ordinairement épaissi en haut, noircissant ; capitule 1—3 mm. diam. subsphérique, pulvérulent floconneux, blanc gris. — Hyphes 3—5 µ, à parois minces, cloisons assez fréquentes, non bouclées ; basides naissant isolées ou en touffe, 27—30×5 µ, à 1—4 cloisons ; spores sessiles ou subsessiles sur le côté des basides, sphériques, 6—8×5,5—7,5 µ, ordinairement 6 µ diam., brun clair.

Décembre. Sur souche de hêtre, environs de Cherbourg (L. Corbière).

Ce champignon prend en séchant une odeur très nette de Mélilot bleu, exactement celle de *Calodon amicum*. Il est bien différent du champignon que nous avions récolté sur branche de pommier enfouie, et donné comme *E. faginea* dans Hym. de Fr., 1909, n. 10. Ce dernier répond assez bien au *Pilacre faginea* Quél., Ass. fr. 1885, p. 8, pl. XII, f. 16, et est probablement une forme conidienne de *Roesleria hypogaea*.

II. TRÉMELLACÉES

Basides globuleuses ou obovales, divisées en 2—4 cellules 1—spores, par 1—2 cloisons verticales, se coupant en croix.

TABLEAU DES GENRES

Basides disposées en série linéaire à l'extrémité des hyphes fructifères : **Sirobasidium** I.

Basides solitaires à l'extrémité des hyphes ou des rameaux fructifères ;

Hyménium amphigène ; plantes gélatineuses, tuberculiformes, cérébriformes ou foliacées ; spores arrondies ou ovoïdes, (raremènt oblongues ou fusiformes) : **Tremella** II.

Hyménium unilatéral ; plantes entièrement gélatineuses.

Appareils conidien et basidifère sur des réceptacles distincts : **Ditangium** III.

Appareil conidien nul, ou dans le même réceptacle que les basides.

Espèces dressées, convolutées ; hyménium lisse ou veiné : **Guepinia** IV.

Espèces discoïdes, pendantes ou apprimées ; hyménium lisse, veiné ou papilleux ; spores cylindriques arquées : **Exidia** V.

Surface hyménienne couverte d'aiguillons hydnoïdes fertiles.

Plante dimidiée conchoïde : **Tremellodon** VI.

Plante résupinée : **Protohydnum** VII.

Hyménium unilatéral ; plante céracée, cupulaire a bords libres : **Eichleriella** IX.

Hyménium amphigène, céracé ou glaireux, lisse, sur subiculum hétérogène, coriace, versiforme, ou bien subiculum oblitéré ou nul, et alors hyménium unilatéral sur réceptacle étalé.

Pas de cystides, ni de gléocystides : **Sebacina** VIII.

Des gléocystides : **Bourdotia** X.

Des cystides : **Heterochaetella** XI.

I. SIROBASIDIUM Lagh. et Pat.

Réceptacle tuberculiforme, sessile ou stipité, céracé gélatineux ; basides en chapelet, sans stérigmates.

18. — S. cerasi Hym. de Fr., I, 1909, p. 19.

Tuberculiforme, 1—2 mm., arrondi, convexe ou ombiliqué, sessile ou à stipe noirâtre rugueux, céracé mou, blanchâtre ou gris, puis brun roux et induré. — Hyphes basilaires en tissu spongieux, 6—15 µ d. ; les moyennes dressées, rameuses dichotomes, 2—4 µ, terminées par des basides superposées en file, subglobuleuses, 8—9×6—7 µ ; spores sessiles, fusiformes, 4—5×2,5—3 µ. Certains rameaux se terminent par des verticilles de conidies très nombreuses, cylindriques arquées, 3×0,5 µ. — (*Fig. 11*).

11. *Sirobasidium Cerasi* Bourd. et Galz. — R. réceptacles grossis 3 fois : H. hyphes basidifères et conidifères.

Octobre à Mars. Sur cerisier carbonisé, tremble, aune, chêne, châtaignier, hêtre, prunellier, genêt, cornouiller. Aveyron, Tarn, Allier, Saône-et-Loire. — Pourriture nulle ou insignifiante ; le champignon ne vient que sur des bois déjà attaqués.

II. TREMELLA Dill. — Pat., Ess., p. 20.
Tremella et *Naematelia* Fr.

Plantes gélatineuses, distendues par les temps humides, foliacées, cérébriformes, ou tuberculiformes, fertiles sur toute leur surface ; basides solitaires à l'extrémité des hyphes, superficielles ou immergées dans une couche gélatineuse ; spores hyalines, globuleuses ou ovoïdes plus ou moins allongées.

Tableau analytique des espèces

Mésenteriformes ; espèces à lobes foliacés ondulés : 2.
Cerebriformes ; surface marquée de plis obtus, convolutés, chiffonnés ; substance entièrement gélatineuse : 5.
1 *Naematelia* ; noyau dur, blanc au milieu de la substance gélatineuse 8.
Tuberculiformes ; tubercules, 1—6 mm. d. arrondis, distincts ou confluents : 9.

2 { Gélatineux ferme. Plantes généralement assez élevées, 3-15 cm. : 3.
  { Gélatineux mou, pulpeux. Plantes moins élevées, 3-6 cm. : 4.

3 { Lobes épais très larges crème citrin ou paille : *T. frondosa*, n. 19.
  { Lobes plus minces et moins larges, cannelle, brun-roux, ou
  {   violacés : *T. foliacea*, n. 20.

4 { Bistre noirâtre : *T. nigrescens*, n. 21.
  { Sulfurin ou crème citrin (quelquefois décoloré hyalin) : *T.*
  {   *lutescens*, n. 22.

5 { Plantes de 2-6 cm. à plis assez profonds : 6.
  { Plantes de 1-2 cm. irrégulièrement chiffonné-tuberculeuses : 7.

6 { Jaune d'or, puis orangé ; presque foliacé : *T. mesenterica*, n. 23.
  { Blanc hyalin, puis brunissant, plis lobulés très serrés : *T.*
  {   *albida*, n. 25.
  { Pâle ocracé, puis brunâtre ; globuleux, dur, rugueux : *T.*
  {   *Steidleri*, n. 24.

7 { Grenat, puis noirâtre : *T. moriformis* et *violacea*, n. 28 et 28 bis.
  { Verdâtre : *T. virescens*, n. 27.
  { Hyalin puis ambré et brun de datte : *T. indecorata*, n. 26.
  { Blanc opalin ; basides disposées en épi : *T. spicata*, n. 29.

8 { Rose à incarnat-brunâtre : *T. encephala*, n. 30.
  { Jaune clair, paille : *T. rubiformis*, n. 31.

9 { Tubercules hyalins ou opalins, ridés, érompants de l'épiderme
  {   des branches de chêne et de châtaignier : *T. tubercularia*,
  {   n. 32.
  { Vert olive, 1-2 mm. ; groupé puis confluent sur tiges de genêt :
  {   *T. atrovirens*, n. 33.
  { Tubercules 0,5 mm. épars, en forme de gouttelettes hyalines,
  {   sur tiges herbacées : *T. fusispora*, n. 36.
  { Petits disques, 0,5-1mm., durs, formant par leur accroissement
  {   un réseau ou une membrane incomplète, hyaline, mais non
  {   complètement confluents : *T. glacialis*, n. 35.
  { Globules, 0,5 mm., bleutés ou lilacés, groupés puis confluents,
  {   gélatineux mous : *T. Griletii*, n. 34.

19. — **T. frondosa** Fr., S. M. ; Hym. eur., p. 690. —
Quél., Fl., p. 29. — Bull., t. 499, f. T.

Subglobuleux, dur, cérébriforme, à plis épais de 1 cm. et
plus, puis foliacé, haut et large de 5-12 cm. à lobes gélatineux

fermes, très larges, arrondis, ondulés, crème citrin ou paille, puis brun de datte sur le sec. — Hyphes 1—2—6 μ, à boucles petites ; conidies 3—4,5×2—3 μ, en touffes ou en séries sur des hyphes, qui se terminent au-dessous de la couche basidifère ; basides 14—18—24×11—12—18 μ, 2—4 stérigmates clavulés, 30—45×2—6 μ ; spores largement elliptiques ou subsphériques, 7,5—10×7—9 μ, obscurément mucronées à la base, blanches en masse.

Décembre à Juillet. Sur souches et troncs de hêtre, chêne ; Aveyron, Gard, Var. Rare.

20. — T. foliacea Pers. — Fr., Hym. p. 690. — Bres., Fungi Trid., p. 97 et t. 209, f. 1. — *T. mesenteriformis* Bull., t. 406.

Cespiteux, 3—10 cm., gélatineux ferme, folioles larges, peu épaisses, plissées, ondulées, à bords arrondis, cannelle teinté d'incarnat, brun-roux, grenat, plus clair sur l'adulte et par les temps humides, brun ou noirâtre sur le sec. — Hyphes 1—6 μ, bouclées ; basides 13—16×10—14 μ, d'abord hyalines, puis colorées de brun ambré, 2—4 stérigmates clavulés puis cylindriques, 15—25 μ lg. ; spores ovoïdes sphériques, avec mucron basal ou oblique, 8—9—13×6—9 μ.

Octobre à Juin. Pas rare, sur souches, troncs, branches tombées d'arbres à feuilles et à aiguilles. — Pourriture blanche, peu active.

var. **violascens** Alb. Schw. — Brun violacé et plus petit. Sur conifères.

21. — T. nigrescens Fr., Hym. eur., p. 690. — Quél., Fl., p. 23.

Cespiteux, 3—6 cm. mou pulpeux, lobes flexueux, arrondis, épais, bistre noirâtre, opaques ou vert noirâtre par transparence. — Hyphes 2—4 μ, à boucles éparses, ordinairement ansiformes ; basides 10—15×9—12 μ, stérigmates flagelliformes, 12—18×1,5—2 μ ; spores largement elliptiques, obscurément atténuées à la base, 8—9×6—8 μ.

Hiver, sur souches : Angleterre (A. A. PEARSON).

22. — T. lutescens Pers. — Fr., Hym., p. 590. — Quél., Fl., p. 23. — Bull., t. 406, f. B-D. — Gillet, pl.

Chiffonné, puis foliacé, 1—5 cm. lobulé, très mou, subliquescent, sulfurin ou crème citrin très pâle, presque hyalin par les temps très humides. — Hyphes 1—3 μ, à boucles éparses : basides ovoïdes, 19—25×16—18 μ ; stérigmates, 15—30 μ lg. :

spores ovales — elliptiques, 10—16(—22)×7—10 µ, blanc de cire
en masse.

Du printemps à l'hiver. Assez commun sur branches de
charme, souvent associé à *Radulum laetum*. — Peu lignivore.

23. — **T. mesenterica** Retz. — Fr., Hym., p. 691. —
Quél., Fl., p. 23. — Pat., Ess., f. 12. — Gillet, pl. — *Elvela*
Schaeff., t. 168. — *T. chrysocoma* Bull., t. 174.

Tuberculeux, puis plissé ondulé, 2—4 cm. à plis presque
foliacés, assez tenace, jaune d'or puis orangé. — Hyphes 1—3 µ,
avec quelques boucles ; conidies ovoïdes sphériques, 3—5 µ, par
groupes vers la surface, précédant et accompagnant les basides ;
basides 15—20×10—18 µ ; stérigmates 12—20 µ lg ; spores 7—10—
12×6—9—10 µ, ovoïdes sphériques, rarement un peu aplaties
latéralement, avec mucron un peu oblique, blanches en masse
(reflet jaune ou glauque).

Octobre à Mai, plus petit en été. Commun sur branches
mortes d'arbres et arbustes à feuilles. — Pourriture blanche, assez
active.

24. — **T. Steidleri** (Bres.). — *T. encephala* v. *Steidleri*
Bres., Fungi gall. app., p. 46, in Ann. myc., VI, 1908.

Subsessile, globuleux, 3—6 cm., gélatineux dur, cérébriforme ridé, ocracé ou spadicé pâle,
puis brunâtre, pruineux. — Hyphes
1,5—3 µ, bouclées ; conidies 2—4×
2—3 µ, naissant sur les extrémités
d'hyphes ramuleuses ou toruleuses ;
basides 15—18×10—12 µ, à segmentation assez irrégulière, stérigmates
allongés, 2,5—3 µ d. ; spores sphériques, à mucron peu marqué basal
ou sublatéral, 8—10×7—9 µ. (*Fig.12*).

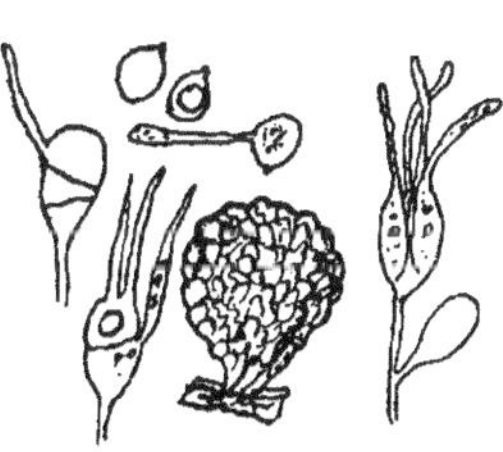

12. *Tremella Steidleri*
(Bres.). — Réceptacle, basides
et spores.

Juin-octobre. Sur souches de
chêne, parmi les mousses ; Aveyron. Rare.

Dans quelques basides, la segmentation devenant de plus en plus
oblique, finit par devenir transversale, de sorte que la baside peut prendre
2—3 loges superposées, les inférieures portant un stérigmate latéral, comme
dans les Auriculariacées, la supérieure à 1—2 stérigmates.

25. — **T. albida** Huds. — Fr., Hym., p. 691. — *T. cere-
brina alba* Bull., t. 386, f. A !

Erompant, cérébriforme, 2—4 cm. densément plissé lobulé,

gélatineux assez ferme, blanc hyalin, puis opalin, sordide, brun

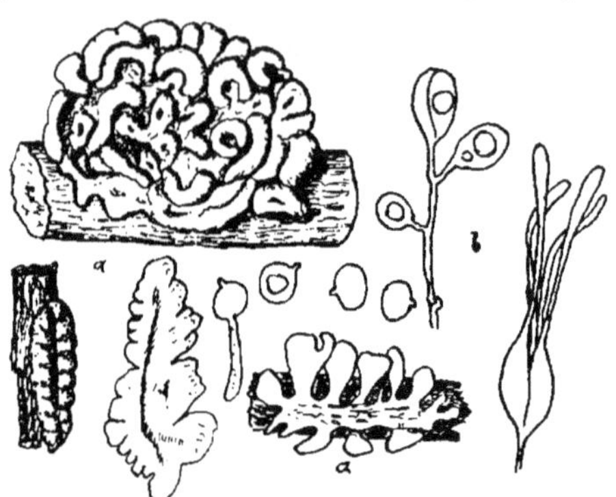

de datte et pruineux.
— Hyphes 2—3 μ,
avec petites boucles
éparses ; basides
12—23×12—17 μ,
stérigmates à la fin
très allongés, 100 μ
et plus ; spores
sphériques, avec
mucron court, obtus,
basal ou latéral, 8—
12 μ, d., blanches en
masse à reflet glau-
escent. (*Fig. 13*).
Hiver. Sur

13. *Tremella albida* Huds. — *a*, gr. nat., *b*, basides et spores.

branches d'aubépine, châtaignier, sorbier, cornouiller. Très abondant certaines années, mais en général peu commun.

26. — T. indecorata Sommf. — Fr., Hym., p. 692. — Quél., Fl., p. 22.

Tubercules arrondis, 0,5—1 cm. ordinairement érompants, puis confluents en masses pezizodes, pressés, chiffonnés ou cérébriformes, gélatineux assez fermes, hyalins, puis bientôt ambrés, brun de datte, noircissant sur le sec. — Hyphes 1—4 μ, boucles assez rares ; basides 10—18×8—9—12 μ, souvent 2 stérigmates de 21—60×2—3 μ ; spores sphériques ou plus larges que longues, 5—8×6—7 μ, ordinairement 6—6,5 μ d. à mucron très distinct, obtus.

De l'hiver jusqu'à Juin et Juillet. Sur petites branches mortes depuis peu de temps, buissons souffreteux, églantier, ronces, bruyère, cornouiller, saule, chêne.

Champignon à éclipses ; très abondant certaines années, on ne le trouve plus les années suivantes. Sa croissance est très rapide : une dizaine de jours ; on peut le récolter même sous la neige. Pourriture blanche, peu active.

Normalement le jeune tubercule est à peu près hyalin, mais il peut avoir dès le début une teinte ambrée ou même rose assez prononcée. Quelques tubercules deviennent verdâtres en vieillissant, tandis que les autres du même groupe brunissent : les deux espèces suivantes pourraient donc être considérées comme de simples variétés.

27. — T. virescens (Fr., Hym., p. 592, *Naematelia*).

Tubercules 2—3 mm. pulvinés, agglomérés par 3—6, plus ou

moins plissés cérébriformes et chagrinés, vert clair à vert bouteille, puis brunâtre olivacé et noircissants. — Hyphes 1—3 µ, à parois minces, boucles distantes, quelquefois ansiformes articulées ; conidies 4,5×3,5—4 µ ; basides 12—16—18×9—12—16 µ, ovales arrondies, hyalines, stérigmates 15—45×3—4,5 µ ; spores sphériques, ou plus larges que longues, 6—10 µ d. ou 6—8—10×6—9—10 µ, avec mucron obtus, blanches en masse.

Décembre à Mai. Sur branches et brindilles, aubépine, érable, frêne, cornouiller, vigne.

28. — T. moriformis Eng. bot. — Fr., Hym., p. 692. — Quél., Jura et Vosg., I, p. 302.

Tubercules 1—3 mm. agglomérés en forme de petite mûre, 0,5—1 cm., plus ou moins réguliers, gélatineux assez fermes, groseille, rubis, puis grenat, bai foncé et enfin noircissants. — Hyphes 1—3 µ, fragiles, à parois minces ; conidies 7—8×2 µ subcylindriques arquées, en verticilles sur les rameaux des hyphes ; basides violacées, 10—15—18×8—14—16 µ, stérigmates clavulés, puis grêles, 50×1—2 µ ; spores subsphériques à mucron basal ou latéral, obtus, 6—8 µ d., blanches en masse (un peu liliacées ?). (*Fig. 14*).

Janvier-mars. Sur branches et rameaux, noyer, peuplier, érable, genêt.

Un spécimen sur noyer avait les tubercules, partie vert bouteille, partie brun purpurin, à la fin tous noir violet ou purpurin. — Quélet (Jura et Vosg. I, p. 301, 302) avait, à notre avis, très exactement interprété *Tr. nigrescens*, espèce molle, pulpeuse, à lobes épais imbriqués, bistre noirâtre, et *Tr. moriformis*, gélatineux ferme, ressemblant « à une petite mûre des bois par la forme et par la couleur » ; nous ne comprenons pas que dans sa Flore mycologique, il ait identifié les deux plantes.

14. *Tremella moriformis* Eng. bot. — *a*, gr. nat. ; *b*, basides et spores ; *c*, conidies.

28 bis. — T. violacea Rehl. — Pers., Syn., p. 623. — Fr., Hym., p. 692.

Érompant subglobuleux, 3—10 mm., gélatineux ferme, chagriné chiffonné, violet foncé, noircissant sur le sec. — Hyphes 1,5—2 µ, fragiles ; basides violacées, 15—18×15 µ ; spores hyalines, subsphériques, avec petit mucron obtus, 7—11 µ d.

Avril. Sur branches de platane, Toulon (A. DE CROZALS).

Très voisin de *T. moriformis*, qui est formé de petits tubercules agglomérés.

29. — T. spicata Bourd. et Galz., Soc. Myc. 1924, p. 264.

Tubercules en forme de fraise, 3—8 mm., puis surbaissés, bosselés cérébriformes et fortement chagrinés, blanc opalin, puis légèrement brunis en séchant. — Hyphes très distinctes, à parois minces, les basilaires régulièrement bouclées, les supérieures à boucles éparses, 2,5—4 μ, les hyméniales renflées jusqu'à 6—7 μ formant des paraphyses simples ou rameuses ; basides sessiles, disposées en épis distiques, le long de l'hyphe basidifère, les inférieures flasques flétries, les supérieures obovales, 15—21×9—12 μ, à 2—4 stérigmates subulés, 8—12 μ lg. ; spores ovoïdes, obliquement atténuées à la base, 7—9—10×4,5—5—7 μ, blanches en masse.

Septembre à Novembre. Sur bois de chêne déjà attaqués par d'autres champignons. Aveyron.

La disposition des basides en épi est la même que dans le *Clavariopsis prolifera* Pat. des Philippines, et très exactement représentée par la figure qu'il en donne (Soc. Myc. de Fr., t. XXXVI, 1920, p. 64.).

30. — T. encephala Wild. — Quél., Fl., p. 22. — *Naematelia* Fr., Hym., p. 696.

Errompant, subsessile ou pulviné subglobuleux, 1—3 cm. d., solitaire ou cespiteux par 2—3, rugueux, peu plissé, incarnat pâle

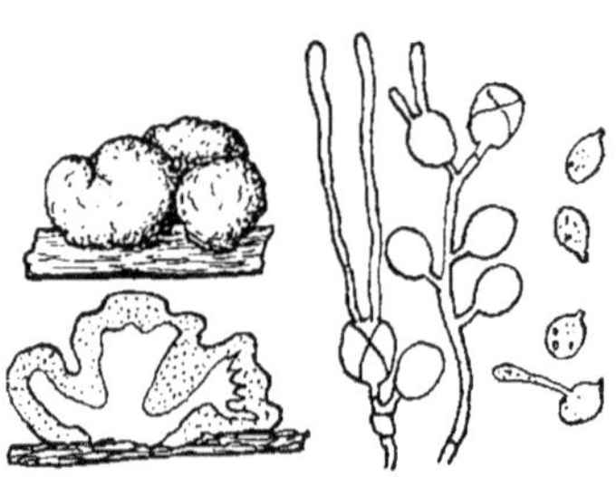

15. *Tremella encephala* Wild. — Plante et coupe verticale gr. nat. : basides et spores.

légèrement fuscescent, pellucide (souvent teinté de crème orangé), pruineux à maturité ; noyau dur cartilagineux, blanchâtre, adhérent. — Hyphes distinctes, à parois minces avec petites boucles, 2—4 μ ; basides en grappes spiciformes 15—16 μ d. ou 15—18—22×15—17μ, cloisonnées en croix, articulées sur l'axe et facilement détachées, 2—4 stérigmates droits, de 90—120×2 μ, souvent épaissis claviformes, à la fin flexueux ; spores sphériques ou largement elliptiques, avec mucron obtus, très distinct, 10—12×7,5—9 μ, germant par le côté. (*Fig. 15*).

Printemps-automne. Sur poteau de pin, Allier ; sur vieilles barrières de sapin, Neuchâtel, beaux spécimens bien fertiles (P. KONRAD).

31. — T. rubiformis Fr., Obs. ; Hym. eur., p. 696.

Tubercule, 1 cm., gélatineux, grossièrement plissé, jaune paille, puis ocracé fuscescent à la surface ; noyau épais, compact, dur et blanc. — Hyphes 1,5—2,5 μ, fragiles ; basides 12—15× 12 μ, stérigmates clavulés, puis cylindriques, 2—2,5 μ d. ; spores ellipsoïdes sphériques, 9—12×7,5—10 μ.

Décembre. Sur branches de pin ; Epinal.

Notre plante paraît bien voisine de la précédente espèce.

32. — T. tubercularia Bk. — Fr., Hym., p. 692. — Bourd. et L. Maire, Soc. Myc., XXXVI, p. 69.

Érompant en tubercule ou bouton, irrégulièrement arrondi, substipité (la base du tubercule étant rétrécie et entourée par les déchirures de l'épiderme), 2—6 mm., gélatineux, mou à maturité, hyalin ou opalin, rarement teinté d'améthyste, ridé ou finement plissé, puis sordide, brun de datte et à la fin diffluent. — Hyphes à parois minces 1,5—2,5—6 μ, avec boucles petites ou assez rares ; filaments subhyméniens, parfois verticillé-rameux, au niveau des basides et se segmentant en conidies ovoïdes ou irrégulières ; basides 12—18×10—12—16 μ, à 4 stérigmates 15—30×3 μ ; spores subsphériques, ordinairement plus larges que longues 5—7—8× 5—7,5—9 μ, avec mucron cylindrique, obtus.

Toute l'année après des pluies. Commun sur branches de chêne et de châtaignier coupées en sève depuis un an ou deux. Il ne dure guère qu'une année sur les mêmes branches.

Les stérigmates sont parfois latéraux, avec basides cloisonnées transversalement, comme il a été dit, pour *T. Steidleri*. On trouve aussi des basides divisées jusqu'à la base longitudinalement, en quatre segments fusoïdes, qui vraisemblablement se libèrent, donnant une sorte de macroconidie fusiforme ou en croissant, 12—15×3,5—5 μ ; elles sont parfois assez nombreuses et finissent par prendre une cloison transversale.

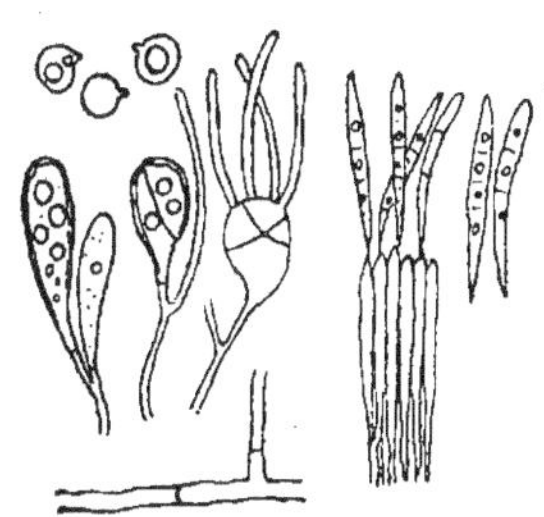

16. — *Tremella atrovirens* (Fr.) Sacc. — Basides, spores et conidies.

33. — T. atrovirens (Fr., S. M., *Agyrium*) Sacc., VI, p. 690. — *T. exigua* Desm. — Gillot et Luc. (S. et L.), p. 451.

Érompant en petits tubercules, 1—2 mm. vert olive, gélatineux, puis agglomérés subconfluents, 0,5—1 cm. — Hyphes 2,5—3 μ, assez fragiles ; basides obovales ou claviformes, 18—27×12—15 μ, à parois assez épaisses, et à cloisons souvent très obliques, stérigmates 2,5—3 μ d. ; spores largement elliptiques ou subsphériques, 9—12×7,5—11 μ. avec mucron basal ou sublatéral. — (*Fig. 16*).

Toute l'année. Sur genêt à balai ; pas rare.

Dans le voisinage des réceptacles basidifères ou en contact avec eux, on trouve de petits disques, 1—2 mm., gélatineux, opalins, rubis ou bleu foncé, composés d'hyphes 1,5—2 μ, portant des batonnets subcylindriques de 40—45×3 μ, qui donnent naissance à des conidies fusiformes, 1—5-septées, 30—45×2,5—3 μ.

34. — T. Grilletii Boud., Soc. bot. de Fr., 1885, p. 284, t. 9, f. 4. — Quél., Fl. p. 22. — *Exidia?*

Globuleux ou lenticulaire, 0,3—0,6 mm., gélatineux mou, bleu grisâtre, lilacin, puis opalin et pruineux, densément groupé, puis confluent en plaques muqueuses, 5 cm. — Hyphes 1,5—2,5 μ, plus distinctes près de l'hyménium, où elles émettent, entre les basides, des rameaux paraphysoïdes, simples ou rameux ; basides 8—12×6—10 μ, stérigmates 15—20×2 μ ; spores oblongues subcylindriques un peu déprimées ou arquées, 6—10×3—5 μ.

Toute l'année, par les temps doux et humides. Pas rare sur souches, bûches et branches pourries, chêne, hêtre, charme, aubépine, genêt d'Espagne, etc.

Quand le champignon est devenu confluent, il est à peu près impossible de le distinguer de certaines formes de *Sebacina fugacissima*. Le seul moyen est d'enlever le champignon avec une légère épaisseur du bois qui le porte, et de replacer ce bois en lieu humide : au bout de peu de temps, le champignon aura reparu en péridiums distincts, si l'on a affaire à *T. Grilletii*.

35. — T. glacialis Bourd. et Galz., Soc. Myc. Fr., 1924, p. 261. Tubercules discoïdes, 0,4—1 mm. gélatineux durs, cristallins, arrondis anguleux, épars, bientôt rapprochés (mais non confluents) en réseau, puis en membranule aréolée, céracé-cartilagineuse, peu adhérente au substratum. — Hyphes peu distinctes, 1—2 μ ; basides ovoïdes, 7—9—10×5—8 μ, 2(—4) stérigmates subulés 10—20×1—1,5 μ ; spores oblongues atténuées à la base, souvent un peu déprimées latéralement, 5—6—8×3—5 μ, germant facilement. — (*Fig. 17*).

17. — *Tremella glacialis* Bourd. et Galz. — Coupe, basides et spores.

Toute l'année, surtout au début de l'hiver. Commun sur toute espèce de bois pourris et imbibés d'eau. Végétation active et rapide.

Par ses caractères micrographiques, *T. glacialis* est assez voisin de *T. Grilletii*, mais dans ce dernier, la spore est plus grande. Il est voisin aussi de *T. inconspicua* Pat. et Lagh. Ch. de l'Equateur, qui a la spore sphérique, 5 μ. Sur le sec, *T. glacialis* ne devient pas confluent comme ces deux espèces, il a un reliquat plus évident, atomé brillant ou nacré, peu adhérent, dont chaque réceptacle forme une petite écaille, comparable aux poils de la Ficoïde glaciale.

36. — **T. fusispora** Bourd. et Galz., Soc. Myc. Fr., 1924, p. 262. — *T. albescens* Sacc. et Malb. —Sacc., Syll., VI, n. 8429 ?

Tubercules épars, convexes, 0,2—0,6 mm. lisses, hyalins puis opalins, gélatineux très mous, puis muqueux, évanescents. — Hyphes 1,5—3 μ ; basides sphériques, 15—18×12—16 μ, stérigmates clavulés, 50—60×3—3,5 μ ; spores oblongues fusiformes, ou aplanies d'un côté, 12—18—21×5—6—8 μ, produisant directement par l'une des extrémités, une spore secondaire de même forme que la première.

Octobre. Sur tige de *Juncus effusus* ; Aveyron.

Le *T. albescens* croit sur tiges mortes de *Rumex* ; la description convient assez, mais l'absence de la spore le rend tout-à-fait incertain.

III. DITANGIUM Karst. — Pat., Ess. tax., p. 22. —
Ombrophila Quél., Ench.

Réceptacles conidiens cupuliformes, tronqués, avec marge dressée, composés d'arbuscules portant des conidies verticillées. Réceptacles basidifères naissant au voisinage des premiers, subglobuleux ou cupuliformes, ayant la structure des Trémelles ; spores cylindriques arquées.

37. — **D. rubellum** Pers., Syn., p. 635 (*Peziza*). — Pat., Ess., p. 22 et fig. 13. — *Ombrophila* Quél., Ass. fr. 1882, t. 11, f. 17. — Fl. myc., p. 20. — *Tremella cerasi* (Schum.) Quél., Ass. fr., 1891, p. 2.

Cupulé ou lenticulaire, 0,5—2 cm., brun purpurin, puis pulviné étalé, trémelloïde et confluent, purpurin briqueté. — Hyphes 1,5—2,5 μ ; basides 10—12×6,5—8 μ, stérigmates 20—30×1,5—2 μ ; spores cylindriques incurvées, 8—12×3,5—4 μ. — Appareil conidien urcéolé globuleux, 2—3 mm., avec marge mince, pellucide, dressée et érodée. — Hyphes basilaires à parois épaisses, 2—2,5 μ, plus ou moins agglutinées, les moyennes gélatineuses, ascendantes, 1—1,5 μ, rameuses, portant les conidies en verticilles superposés ; conidies cylindriques arquées, 6—9×1,5—2 μ.

Toute l'année. Fréquent sur cerisiers mourants ou abattus ; plus rare sur pommier, prunier. — Peu lignivore.

Il débute soit par la forme conidienne, soit par la forme basidifère. —

La plante du pommier est peut-être *Ombrophila lilacina* Quél. qui ne différerait que par une teinte lilacine plus accusée.

IV. GUEPINIA Fr. — Pat., Ess. tax., p. 23. — *Phlogiotis* Quél., Ench.

Réceptacle gélatineux ferme, stipité, spatulé ; hyménium infère, lisse ; basides obovales, cloisonnées ; spores hyalines, oblongues.

38. — **G. rufa** (Jacq.) Pat., Hym. Ess. tax., p. 23, fig. 14. — *Tremella* Pers. — *Phlogiotis* Quél., Fl., p. 16. — *G. helvelloides* (D C.) Fr., Hym., p. 697. — Quél., Jura, t. 20, f. 4. — Gillet, pl.

Dressé, substipité, ou semi-infundibuliforme, 3—6 cm. tendre, épais, rose orange, puis roux incarnat ; hyménium pruineux, lisse ou ruguleux. — Hyphes de la trame 1—2 μ à parois minces, atteignant 6 μ vers la surface du chapeau et 6—50 μ, dans la couche superficielle : les subhyméniales granuleuses, 1,5—3 μ ; basides 16—21—30×10—13 μ, obovales, ordinairement bifides, à 2 stérigmates ; spores oblongues, subcylindriques, un peu déprimées ou arquées, 9—12×4,5—6 μ.

Été, automne. Dans l'humus et parmi les mousses, pâturages humides et bois de conifères montagneux.

V. EXIDIA Fr. — Pat., Ess. tax., p. 23.

Réceptacle d'abord orbiculaire, gélatineux, stérile en dessous ; hyménium infère, lisse, veiné-réticulé ou papilleux, plus ou moins nettement limité ; basides trémellinées naissant dans une couche gélatineuse ; spores hyalines, cylindriques arquées.

Tableau analytique des espèces

1 ⎰Espèces récoltées seulement sur conifères : 2.
⎱Espèces toujours trouvées sur arbres à feuilles : 4.

2 ⎰Pézizoïde, substipité, ambré brunâtre à brun d'ombre ; hyménium presque lisse, noir opaque sur le sec : *E. umbrinella*, n. 40
⎪Sessile adhérent par le centre ou subapprimé, fauve-cannelle, puis brunissant ; hyménium tuberculeux, à plis forts et réticulés : *E. saccharina*, n. 47.
⎱Étalés adhérents par toute leur surface, brun-bistre ou teinté d'olivacé ; hyménium à la fin noir : 3.

3 { Dur, se gonflant peu par l'humidité, face apprimée lisse, gris
un peu olivacé : *E. Friesiana*, n. 45.
Mou, plus épais par les temps humides, vert olive par transparence, face apprimée gris olive plissée rugueuse : *E.
pithya*, n. 46
Cf. *E. glandulosa* récolté sur genévrier.

4 { Hyalin ou teinté d'améthyste, puis opalin, en globule glabre à
la fin diffluent, souvent muni d'un noyau blanc : *E. nu-
cleata*, n. 49.
Hyalin opalin, discoïde puis étalé, à bords libres villeux, puis
subliquescent : *E. Thuretiana*, n. 48.
Paille, érompant, substipité et cupuliforme : *E. straminea* Bk.
Fr. Hym. p. 693.
Espèces roussâtres, cannelle, brunes ou bistre : 5.

5 { Bistre, puis noir ; hyménium parsemé de papilles élevées : 6.
Brun roux ou cannelle sur le frais, hyménium à papilles très
rares et peu marquées : 7.

6 { Discoïde ou lenticulaire, peu cespiteux ; hyménium nettement
circonscrit, uni, puis réticulé rugueux : *E. truncata*, n. 42.
Versiforme, souvent cespiteux confluent ; hyménium bosselé,
plissé ondulé, souvent mal limité : *E. glandulosa*, n. 43.

7 { Brièvement stipité, en bouton, puis obconique, non apprimé
sur le sec, brun roux, chagriné en dessous ; hyménium noir
brillant : *E. recisa*, n. 39.
Pulviné, puis étalé et apprimé au bois sur le sec : *E. impressa*,
n. 41.
En bouton lisse, puis étalé confluent à lobes arrondis ondulés,
roux cannelle : *E. repanda*, n. 44.

39. — **E recisa** (Ditm.) Fr., Hym. eur., p. 693. — Quél.,
Fl. myc., p. 18.

Brièvement stipité, en bouton, puis irrégulièrement obconique, 1—2 cm. gélatineux, puis flasque, brun, brun-roux, ambre
bistré, chagriné en dessous ; hyménium à papilles nulles ou très
rares, grossièrement plissé ridé, onduleux, noir brillant sur le
sec. — Hyphes hyalines, flexueuses, rameuses, 1—3 μ, boucles
fortes ou ansiformes ; basides ovoïdes serrées, sous une couche
gélatineuse et brunie, 10—12—15 ×7—9 μ, 2—4 stérigmates de
15—30×1,5 μ ; spores cylindriques arquées, 10—13—16×3,5—5 μ.

Toute l'année. Sur petites branches, mortes depuis peu,

tenant encore à l'arbre ; endroits très humides ; commun surtout sur marsaules ; cerisiers, néflier, amélanchier, bouleau, nerprun. — Pas lignivore.

40. — E. umbrinella Bres., Fungi Trid., p. 98, pl. 209, f. 2.

Pezizoïde, substipité, 1—2 cm. gélatineux ferme, ambre foncé à brun d'ombre, finement chagriné ou scabre subvilleux en dessous ; hyménium aplani, lisse ou plissé rugueux, avec quelques papilles obtuses, très clairsemées, noir opaque sur le sec. — Hyphes gélatineuses, flexueuses, bouclées, 1—2,5 μ ; basides 10—12×6—9 μ, obovales, à 2—4 stérigmates émergents au-dessus d'une couche gélatineuse, brun-ambré ; spores cylindriques arquées, 9—12—15×3—4 μ.

Toute l'année. Abondant sur branches de sapin pectiné ; Vosges ; Arnac, Aveyron.

41. — E. impressa Fr., S. M. ; Hym. eur., p. 694. — Quél., Fl., p. 19.

Pulviné, puis étalé apprimé avec bord quelquefois réfléchi conchoïde, 1—2 cm. d., gélatineux mou, vaguement chiffonné, roussâtre, brun ambré, villeux chagriné en dessous, entièrement apprimé au bois sur le sec ; hyménium grossièrement rugueux, sans papilles, brunissant. — Hyphes 0,5—3 μ, dans une masse gélatineuse, avec boucles ansiformes, articulées ; basides 9—14×7—9 μ, dans une couche gélatineuse jaunâtre, 2—4 stérigmates 15—20×1,5—2 μ ; spores cylindriques arquées, 13—15—17×3—4 μ.

Printemps. Sur petites branches, sorbier, marsaule.

42. — E. truncata Fr., S. M. ; Hym. eur., p. 693. — Quél., Fl., p. 19. — Bres., Fungi polon., p. 115.

Substipité, discoïde ou lenticulaire aplani, 1,5—3 cm. gélatineux mou, bistre, brun noir, chagriné-papilleux et mat en dessous ; hyménium nettement circonscrit, uni, puis réticulé rugueux, bistre noirâtre, brillant, parsemé de papilles concolores. — Hyphes 1—3 μ, à boucles ansiformes ; basides ovoïdes, 13—18×11—13 μ, dans une couche gélatineuse, brunie ; spores cylindriques arquées, 14—20×4,5—6 μ, à plasma granuleux, parfois teinté de bistre.

Toute l'année, surtout vers la fin de l'hiver. Sur brindilles dans les haies, chêne, prunellier, hêtre, coudrier ; assez commun. — Pourriture peu active.

43. — E. glandulosa (Bull., t. 420, f. 1) Fr., Hym. p. 694.
— Quél., Fl., p. 19. — Gillet, pl.

Cespiteux, sessile ou stipité, globuleux, discoide, puis très
variable de forme, 1—5 cm., bistre noirâtre, gélatineux, subvilleux
en dessous ; hyménium plus ou moins limité, bosselé, plissé, à
papilles coniques, plus ou moins nombreuses. — Hyphes gélatineuses, à boucles rares ansiformes, parois peu distinctes
(1—3 μ) ; basides ovoïdes, 15—21×9—13 μ, sous une couche granuleuse, brunie ; spores cylindriques arquées, 12—16—18×4—6 μ.

Toute l'année. Commun sur souches, troncs et branches,
chêne, hêtre, aune, bouleau, robinier, laurier, etc. — Pourriture
blanche, plus active que celle des autres *Exidia*, qui sont, en général, peu lignivores.

Formes diverses du réceptacle :

1. *subtruncata*. — Assez près de *E. truncata*, mais plus
cespiteux, plus robuste et plus lignivore.

2. *botryodes*. — Formé de tubercules arrondis, pressés et
confluents botryoïdes, dans les fentes de l'écorce, hêtre, etc.

3. *intumescens* (*Tremella intumescens* Fr., Hym., p. 691.) —
Très rameux-cespiteux, à lobes et plis nombreux, serrés, subfo-
liacés, brun-roux, puis noircissants, portés sur une sorte de stroma
dur, subhyalin, puis concolore ; spores cylindriques arquées, 11—
13×3,5—4 μ. — Sur cerisier, noyer, genévrier.

4. *bulgarioides*. — Obconique, épais de 2—3 cm. ; hyménium
aplani tronqué. — Chêne.

5. *subrepanda*. — Étalé confluent jusqu'à 10 cm., à la fin
entièrement apprimé. — Chêne.

6. *hirneoloides*. — En cupule de 4—5 cm. de haut et de
large, mince (2 mm.) ; hyménium à plis élevés, subréticulés. —
Aubépine.

44. — E. repanda Fr., S. M. ; Hym. eur., p. 694.

Gélatineux ferme, roux-cannelle, d'abord en bouton, lisse,
puis ridé, à la fin confluent, formant des rosettes 2—5 cm., à
lobes arrondis, ondulés crispés. — Hyphes 2—3 μ ; basides obovales ou oblongues, 15—18×12—14 μ ; spores cylindriques
arquées, 12—14—16×3—5,5 μ.

Janvier à Avril. Branches sur l'arbre ou tombées, bouleau ;
Vosges ; Saône-et-Loire (F. GUILLEMIN).

45. — E. Friesiana Karst. — Sacc., VI, p. 715.

Étalé, aplani, 2—3 cm., confluent jusqu'à 15—30 cm., onduleux, mince, face apprimée grise, nue ; hyménium noir brillant. — Hyphes 1—3 μ ; basides 12—15×9—10 μ, 2—4 stérigmates 15—30×2—2,5 μ ; spores cylindriques arquées, 12—16×4,5—6 μ, blanches en masse.

Été, automne. Assez abondant sur sapin pectiné, Arnac, (Aveyron) ; île de Port-Cros, et sur *Pistacia lentiscus*, Toulon, A. DE CROZALS. — Aspect d'un *E. glandulosa* très apprimé et dur.

46. — E. pithya Fr., S. M., II ; Hym. eur., p. 694.

Étalé, aplani, 1—2 cm. ; face apprimée olive et rugueuse plissée ; hyménium brun noir, finement papilleux ; spore 15—20×5 μ.

Sur branche tombée de pin, parc d'Avrilly, près de Moulins, Mai 1895.

E. Friesiana différerait de cette espèce par le réceptacle lisse et gris à peine olivacé en dessous. Notre unique récolte, déterminée par Quélet comme *E. pithya*, nous a paru plus molle et plus olivacée par transparence, mais nous ne saurions dire jusqu'à quel point *E. Friesiana* mérite d'en être séparé.

47. — E. saccharina Fr., S. M. ; Hym. eur., p. 694. — Quél., Fl., p. 19. — *Ulocolla saccharina* et *foliacea* Bref.

Substipité ou adhérent par le centre, finement chagriné en dessous, ou apprimé, irrégulièrement arrondi, puis ondulé tuberculeux, ou à plis élevés, formant réseau lâche, gélatineux ferme, fauve cannelle, brun ombré, brun de datte clair, pellucide, puis brun foncé sur le sec ; hyménium à papilles éparses, rares, verruciformes. — Hyphes 1—3 μ, bouclées ; basides obovales, 13—18—22×9—12 μ, stérigmates émergents d'une couche brun huileux ; spores cylindriques arquées, 10—17—19×4,5—6 μ.

Toute l'année. Commun sur branches tenant à l'arbre ou tombées, pin silvestre, pin noir d'Autriche, pin du Lord. — Pas lignivore,

48. — E. Thuretiana (Lév.) Fr., Hym., p. 694. — Quél., Fl., p. 19. — Bres., Fungi gall., p. 45.

Subsphérique, 3—5 mm., hérissé de mèches papilliformes, gélatineux ferme, puis discoïde et étalé 4—5 cm. à bords libres, ciliés et villeux en dessous, blanc opalin ; hyménium lisse, pruineux, à la fin subliquescent, uniforme, fauvâtre sur le sec. —

Hyphes flexueuses, 1—3 μ, à parois peu nettes, boucles rares ;
basides 14—18—23×9—11—15 μ, à stérigmates flagelliformes,
3 μ d. ; spores cylindriques arquées, 12—15—24×4,5—6—7 μ,
blanches en masse (légèrement teintées de gris opalin).

Toute l'année. Sur branches tenant à l'arbre ou gisant sur
le sol ; commun surtout sur hêtre, houx, bourdaine, noyer, mais
venant sur tous bois à feuilles. — Peu lignivore.

Forme *sublibera*. — Plus épais, tuberculeux-cérébriforme,
fixé par le centre, avec bords, largement libres, glabres ou glabra-
rescents. Sur écorce recouverte d'une hépatique, Cherbourg (L.
Corbière).

49. — **E. nucleata** (Schw.) Burt, Ann. Miss. bot. Gard., 1921,
p. 371. — C. Rea, Brit. Bas., p. 735. — *Naematelia* Fr., Hym.,
p. 696. — *Tremella gemmata* Lév. — Quél., Fl., p. 22. — Bourd.
et Galz., Hym. de Fr., XXV, n. 16. — *Naematelia* Fr., p. 697.

Tubercule arrondi, 2—10 mm., puis pulviné et ondulé plissé,
à la fin étalé et confluent, 4—5 cm., hyalin ou teinté d'améthyste,
puis opalin, et enfin testacé ou incarnat, brun de datte sur le sec ;
noyau blanchâtre, séparable du substratum et de la masse gélatineuse. — Hyphes 1—3 μ, très hyalines, avec boucles peu régulières ; basides 10—13—18×8—9—12 μ, stérigmates flagelliformes,
30—65×2—3 μ ; spores cylindriques arquées, 8—12—18×3—
4,5—7 μ,

Toute l'année. Très commun, au moins dans le Centre, sur
branches mortes d'arbres champêtres, vieux bois des haies sèches.
— Peu lignivore.

1. — Le noyau qui est constitué par un amas granuleux d'oxalate de
chaux, manque souvent : la plante répond alors à *Tremella hyalina* Pers.

2. — Une forme robuste, 2—4 cm., à surface ondulée plissée, prend
tout-à-fait l'aspect de *Tremella albida* ; par la spore que Karsten attribue à
albida (Myc. fenn., p. 347 : sporae oblongatae, obtusae, curvulae, 2-guttu-
latae, subhyalinae, 12—14×4—5 μ), on peut croire que c'est cette forme de
E. nucleata qu'il avait en vue. Haute-Marne (L. Maire) ; Allier, etc.

VI. TREMELLODON Pers. - Fr. - Pat., Ess., p. 24, p. p.

Réceptacle gélatineux, stipité ou dimidié ; hyménium couvert
d'aiguillons fertiles ; basides trémellinées ; spores subglobuleuses,
hyalines.

50. — **T. crystallinum** (Fl. dan.) Quél., Fl. p. 440. — *T.
gelatinosum* Scop. — Pers., Syn., p. 500. — Fr., Hym., p. 618. —
Schaeff., t. 144. — Gillet, pl.

Dimidié ou brièvement stipité, gélatineux tremblottant, blanc bleuâtre hyalin, fuscescent, revêtu de poils papilleux hyalins à sa base, marge glabre ou finement ciliée ; aiguillons mous, hyalins avec reflet bleuâtre. — Hyphes 2—4 µ., plus ou moins agglutinées, et présentant des boucles et des renflements ampullacés très nets ; poils du chapeau 4—6 µ., et obovales basidiformes 15 µ. d. dans les papilles de la partie supérieure du stipe ; basides 12—16×9—12 µ, 2—4 stérigmates subulés, puis allongés ; spores ovoïdes subsphériques, 5—7,5×4,5—6,5 µ., émettant un filament germinatif grêle, latéral ou apical.

Automne à Printemps. En troupes, sur aiguilles, débris et souches de pin, sapin.

var. **horrens** Jacq. — Pers., Myc. eur., II, p. 172. — Torr., Bas. Lisb. et S. Fiel, p. 89. — Chapeau recouvert d'aiguillons sur toute sa surface.

va. **exidiodon**. — Exactement globuleux, 5—8 mm. gélatineux ferme, hyalin très limpide, puis teinté d'incarnat, entièrement couvert d'aiguillons coniques longs de 0,5 mm. ; hyphes hyalines, à parois très minces, guttulées, 1,5—3 µ., boucles petites et très rares ; nombreuses hyphes paraphysoïdes, non modifiées, émergentes ; basides 12—15×9—11 µ, à 2—4 stérigmates de 15—30× 2,5 µ. ; spores sphériques ou obovales, 7—8×4,5—6,5 µ., à mucron très accusé, obtus, subcylindrique.

Décembre 1913, sur bois très pourri de peuplier, support vertical ; Crouzette (Aveyron).

Nous n'osons porter un jugement sur cette curieuse plante, qui est peut-être toute autre chose qu'une variété de *T. crystallinum*. Cette dernière espèce est très rare dans l'Aveyron, où elle n'a été récoltée qu'une fois, à Vézins.

VII. PROTOHYDNUM Moell. — Bres. — Pat., Ess., p. 24
(Section de *Tremellodon*).

Réceptacle mince, entièrement résupiné étalé, gélatineux ou céracé ; caractères micrographiques de *Tremellodon*.

51, — **P. lividum** Bres., Fungi polon., 1903, p. 117. — *Protodontia uda* v. Hoehn., Fragm. z. Myk., 1907, n. 92.

Subiculum étalé, très mince, céracé mou, hyalin grisâtre, un peu bleuté ; papilles puis aiguillons assez serrés, subulés, terminés par une soie hyaline, rarement dentés ou digités, concolores, fauve livescent sur le sec. — Hyphes 1,5—3 µ., promptement agglutinées ; basides ovoïdes, 7—10—12×6—8—10 µ., au milieu de nombreuses hyphes stériles ; stérigmates (souvent 2), subulés puis flasques 10—12—45×2 *µ.* ; spores ovoïdes, 5—9×4—4,5—6 *µ.* ; mucronées à la base, et un peu déprimées latéralement, germant par un filament dorsal ou apical, blanches en masse.

A peu près toute l'année, diffluent par les grandes pluies, et disparaissant par les grands froids. Pas rare sur souches et branches d'aune, chêne, hêtre, frêne, etc. très pourries, dans les lieux humides.

Les basides sont quelquefois remplacées par des conidies claviformes, et terminales sur des hyphes simples, 1,5—2 *µ.* d.

forme *microdon.* — Aiguillons sétiformes, très serrés et très courts ; spores 6—7×3—4 *µ.* Sur cerisier, chêne, hêtre.

var. **furfuracea.** — Subiculum blanc, furfuracé pulvérulent ; aiguillons subulés, très grêles, hyalins, souvent conglutinés ; hyphes cohérentes, 1—2 *µ.* ; basides 7—9×6 *µ.*, 2—4 stérigmates 12—18×2 *µ.* ; nombreuses basides stériles (ou conidies ?) ; spores 5—7×3—4 *µ.* — Aut. Sur frêne, cornouiller ; Aveyron.

52. — **P. fasciculare** (A. Schw., *Hydnum*) Bres., Obs. myc. in Ann. myc., XVIII, 1920, p. 62. — *Mucronella* Fr., Hym., p. 629.

Blanchâtre, gélatineux ; aiguillons 3—5 mm., pendants, connés à la base, en faisceaux épars, collapses sur le sec. — Hyphes 2—3 *µ.* ; basides 12—15×12—13 *µ.* ; spores subglobuleuses, 1-guttulées, 6—8×6—7 *µ.*

Troncs très pourris de sapin, Tyrol, Hongrie, Lusace (Descr. ex BRESADOLA).

VIII. SEBACINA Tul. — Pat., Ess. tax. p. p. — *Sebacina*
et *Exidiopsis* Bref.

Subiculum coriace thélephoroïde, incrustant, étalé corticiforme, ou nul. Hyménium gélatineux muqueux, ou céracé porté sur le subiculum coriace, ou directement sur le substratum ; basides trémellinées ; pas de cystides, ni de gléocystides ; spores hyalines, arrondies, ovoïdes, ou subcylindriques déprimées. Plantes terrestres ou lignicoles.

L'espèce typique de ce genre est le *S. laciniata*, qui a un subiculum coriace, souvent très développé, clavariiforme (*Clavaria laciniata* Bull., *Corticium incrustans* Pers.) ; ces formes sont des plantes d'été, souvent stériles ; elles sont graduellement remplacées en automne et hiver, par d'autres formes, où le subiculum coriace se réduisant de plus en plus, finit par disparaître, et la plante se réduit à des plaques gélatineuses muqueuses qui s'étalent directement sur le sol et les débris végétaux. Il est impossible de séparer les *Sebacina* typiques des formes étalées gélatineuses, qui constituaient, dans le genre *Tremella*, la section des *Crustaceae* de Fries.

Tableau analytique des espèces

1 (Plantes à subiculum coriace : **2**
/Plantes homogènes, entièrement gélatineuses ou céracées : **4**

2 (Spores cylindriques arquées, étroites, 7—10×3—4,5 µ. : *S. Crozalsii*, n. 53 bis.
/Spores larges, 8—18×5—11 ; obovales, ellipsoïdes, souvent bossues : **3.**

3 (Subiculum dressé rameux, incrustant cristulé, ou corticiforme, à bords similaires, se revêtant d'un hyménium sébacé pâle puis sordide : *S. laciniata*, n. 54.
/Subiculum étalé, souvent hérissé-strigueux, à la bordure supérieure, se revêtant par plages confluentes, d'un hyménium, testacé, fauve-orangé, puis bai : *S. strigosa*, n. 53.

4 (Spore fusiforme, flexueuse, 24—36×4—4,5 µ., portant souvent un spicule latéral assez long : *S. calospora*, n. 71.
Spore subsphérique, 4—6×3,5—5,5 µ. : *S. sphaerospora*, n. 64,
/Spores ovoïdes, oblongues, ou cylindriques, déprimées ordinairement : **5.**

5 (Espèces gélatineuses muqueuses, à la fin déliquescentes, vernissées ou évanescentes sur le sec : **6.**
(Espèces céracées, corticiformes, non diffluentes : **12.**

6 (Plantes pulvinées, puis confluentes, mais peu étendues, venant sur la terre, les pierres, les débris végétaux plus ou moins enfouis : **7.**
'Plantes plus largement étalées, lignicoles : **8.**

7 (Hyménium opalin, hyalin grisâtre, rarement plus foncé, laissant un enduit vernissé pâle sur le sec : *S. epigaea*, n. 55.
/Hyménium hyalin à reflet bleuâtre, et bleuâtre pruineux sur le sec : *S. caesia*, n. 57.

8 (Assez épais, tuberculeux ondulé, presque cérébriforme, hyalin pâle, puis sordide et brun de datte : *S. ambigua*, n. 56.
(Plus mince et d'aspect non trémelleux : **9.**

Spore obovale ou oblongue, fortement déprimée, ou presque
   virguliforme, 7—11×4,5—7 μ : *S. opalea*, n. 61.
9 Spore petite variable de forme, 3—8×2,5—4 μ : 10.
Spore plus grande, 9—24×4—14 μ, cylindrique, plus ou moins
   déprimée : 11.

Sébacé, puis céracé mou, assez épais, tuberculeux, gris violacé
   ou bleuté : *S. tuberculosa*, n. 63.
10
Muco-gélatineux, mince, indéterminé, hyalin grisâtre, souvent
   évanescent : *S. fugacissima*, n. 62.

Céracé gélatineux assez dur, tuberculeux sur toute sa surface,
   crème alutacé, puis brun roux et subliquescent ; spores 13—
   15×6—8 μ : *S. livescens*, n. 58.
Muqueux gélatineux, à peu près lisse, hyalin ou paille, formant
11   sur le sec un enduit laqué, fulvescent : spores 12—15×6—
   9 μ : *S. laccata*, n. 59.
Muqueux gélatineux, mince, subindéterminé, hyalin gris, puis
   fulvescent, ou brunâtre ; spores 9—12×4,5—6 : *S. mesomorpha*, n. 60.

Spores ovoïdes apiculées à la base, souvent déprimées latéralement, ou larmiformes ; plante très lignivore, lilacin clair,
12   exsudant des gouttelettes fauves en temps humide : *S.
   podlachica*, n. 70.
Spores cylindriques arquées ; plantes peu lignivores : 13.

Plantes assez épaisses, montrant sous la pruine de l'hyménium,
13   la masse gélatineuse, discolore, souvent diffluente : 14.
Plantes formant toujours un enduit mince, céracé : 15.

Tuberculeux ondulé, incarnat roussâtre, revêtu d'une abon-
14   dante pruine bleu-lilas : *S. plumbea*, n. 68.
Gris ardoisé avec pruine gris de fer, brillante : *S. grisea*, n. 69.

Hyménium pulvérulent, fendillé, argileux alutacé, bordure
   farineuse : *S. calcea*, n. 67.
Hyménium glabre ; enduit très mince, assez fugace, rosé,
15   bleuâtre ou gris argenté ; bordure similaire ; hyphes peu
   distinctes : *S. uvida*, n. 65.
Hyménium glabre, lilacé argenté ; bordure villeuse très étroite ;
   hyphes basilaires à parois minces, très distinctes ; *S. peritricha*, n. 66.

Sect. **I. VISCOSAE**. — Hyménium sébacé, gélatineux, ou muqueux, généralement diffluent à maturité, reposant soit directement sur le substratum, soit sur un subiculum coriace, versiforme, constitué par des hyphes tenaces très distinctes.

53. — **S. strigosa** Hym. de Fr., Soc. Myc., XXV, p. 25, n. 32.

Subiculum blanc, épais, feutré xylostromoïde, ordinairement strigueux hérissé à la bordure supérieure, sans tendance à se réfléchir ; hyménium visqueux, d'abord disposé par plages arrondies sur le subiculum, testacé, fauve orangé, puis bai ou brun livescent, confluent et finissant par recouvrir tout le subiculum. — Hyphes subiculaires tenaces, à parois minces ou peu épaisses, 2—3 μ, à boucles petites et rares, en trame lâche ; hyphes de l'hyménium gélatineuses, peu distinctes ; basides obovales, 15—17—20×12—15—18 μ, 2—4 stérigmates 20—25×2—3,5 μ ; spores largement elliptiques, subdéprimées latéralement, 8—12—18×7—11 μ. (*Fig. 18*).

18. — *Sebacina strigosa* Bourd. et Galz. — Section et spores.

Toute l'année en saisons humides ; végétation maigre en été et en hiver. Écorces et troncs abattus de *Populus nigra* et *tremula*, Aveyron ; souche creuse de *Platanus orientalis*, Portugal (TORREND). — Peu lignivore.

forme *salicina* : subiculum plus mince, hyménium pâle.

53 bis. — **S. Crozalsii.**

Largement étalé, reproduisant les inégalités du substratum : bordure villeuse-muqueuse, blanche, à la fin lustrée, byssoïde extérieurement, rarement hispide strigueuse ; subiculum blanc, assez tenace, se recouvrant d'un hyménium muqueux, crème alutacé, puis brun spadicé, parcheminé et détaché en certains points sur le sec. — Trame peu coriace, formée d'hyphes 3—3,5(—4) μ, à parois minces ou très légèrement épaissies, lâchement parallèles, les basilaires à boucles très rares, les supérieures sans boucles, de plus en plus rameuses et serrées, les rameaux fins jusqu'à 0,5 μ ; basides obovales arrondies, 7—11×6—9 μ, à 4 stérigmates de 15×1,5 μ ; hyphes paraphysoïdes très ténues, peu émergentes ; spores cylindriques, plus ou moins arquées, 7—8—10×3—4,5 μ.

Décembre, Avril. Sur chêne liège, environs de Toulon (A. DE CROZALS). —

Cette plante ressemble à certains spécimens de *S. strigosa* et de *S. incrustans*, mais elle en est facile à distinguer par ses éléments hyméniens bien plus petits, et surtout par sa spore cylindrique, de moitié plus étroite.

54. — **S. laciniata** (Bull., t. 415, f. 1) Bres., Fungi polon., p. 116.

Subiculum coriace, blanc, très variable de forme, épais ou presque nul. — Hyphes subiculaires, tenaces, à parois minces ou peu épaisses, boucles nulles ou très rares, $2—4,5\,\mu$; hyphes de l'hyménium à parois minces, plus molles, $2—3\,\mu$, émettant des rameaux hyméniens émergents ; basides $15—18—28 \times 10—12—15\,\mu$, à $2—4$ stérigmates clavulés, puis flagelliformes, atteignant $75\,\mu$; spores $8—12—16 \times 5—8—9\,\mu$, obovales ou largement elliptiques, souvent déprimées ou bossues, à guttule huileuse.

1. *laciniata* Bull., l. c. — *Merisma cristatum* Pers. — *Thelephora* Fr. — *M. penicillatum* Pers. — Clavariiforme, théléphoroïde, incrustant et émettant des rameaux fimbriés, cristulés ou des piléoles obconiques pénicillés ; hyménium de formation tardive. — Été, Automne. Commun sur le sol ou incrustant les herbes, mousses, débris.

2. *incrustans*. — *Thelephora sebacea* et *incrustans* Pers. — *Corticium sebaceum* Quél. — Étalé, subiculum coriace, pâle, épais ou très réduit, se revêtant plus ou moins tardivement d'un hyménium sébacé pâle, puis roussâtre. — Été, automne et hiver. Commun sur le sol, grès, schistes, quelquefois à la base des troncs.

3. *intermedia*. — Tubercules pulvinés, gris hyalin, bientôt étalés confluents, en membranes stalactitiformes, puis muco-gélatineuses, fulvescentes ou brunissantes ; subiculum coriace nul ou presque nul. Hyphes $2—4\,\mu$; basides $15—18—22 \times 12—15$; nombreuses hyphes paraphysoïdes émergentes, simples ou peu rameuses ; spores oblongues subdéprimées ou bossues, $8—12 \times 6,5—8\,\mu$. — Octobre à Janvier. Sur le sol, les pierres, les débris végétaux qu'il incruste, sur ou sous les mousses, s'étendant jusqu'à $20—40$ cm.

55. — **S. epigaea** (Bk. Br. — Fr., Hym., p. 692 sub *Tremella*).

Petits tubercules $2—3$ mm., puis pulvinés, confluents et étalés, $2—3$ cm., gélatineux muqueux ; hyménium grisâtre, pruineux, ne laissant sur le sec qu'un enduit opalin vernissé. — Hyphes à parois minces $1,5—3\,\mu$; basides $12—18$ —

22×10—12—16 μ, 2—4 stérigmates 30—100×1,5—3,5 μ : nom-breuses hyphes paraphysoïdes, simples ou peu rameuses ; spores oblongues, déprimées, et bossues vers la base, 8—11—14×4—8—9 μ, souvent 1-guttulées, promy-célium 5—20×2 μ, produisant une conidie semblable à la spore. (*Fig. 19*).

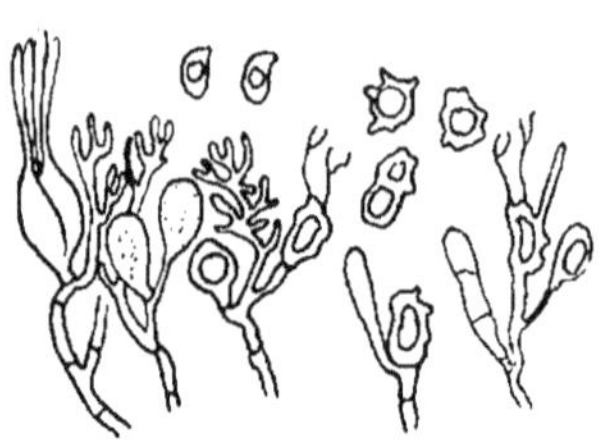

19. — *Sebacina epigaea* (Berk. Br.) var. *goniophora* B. et G.

Octobre à Janvier. Sur la terre nue, taupinières, détritus, brindilles, et à la base des tiges de graminées etc. ; fréquent dans les tas de pierres.

var. **cornea**. — Tubercules 3—5 mm. durs, de teinte cornée, rarement étalés.

var. **nigricans**. — Noirâtre pruineux, remarquable par ses hyphes et ses paraphyses simples, toutes dressées : basides 24—27×12—18 μ ; spores 18—21×12 μ. — Octobre, sur la terre nue, Alsace (L. Maire).

var. **goniophora**. — Peu étendu, gélatineux submembraneux, hyalin, puis jaunâtre. Hyphes 2—3 μ ; basides 10—15×9—13 μ ; paraphyses très rameuses, dendroïdes ; basides souvent remplacées par des conidies plus ou moins anguleuses, 7—12×7—9 μ, rap-pelant les spores des *Rhodophyllus* ; quelques unes portent de faux stérigmates dendrophysoïdes, 1—1,5 μ d. ; spores oblongues, déprimées, 7—12×5—8 μ. — Octobre sur la terre rejetée par les lombrics ; Saint-Estève, Aveyron.

56. — ***S. ambigua*** Bres., Fungi polon. p. 116.

Étalé, gélatineux ; surface tuberculeuse ondulée, presque cérébriforme, hyalin pâle, puis grisâtre et brun de datte, pruineux sur le sec. — Hyphes à parois minces 1,5—3,5 μ, boucles très rares ; basides 15—18×10—12—16 μ, stérigmates 30—75×2—3 μ : hyphes paraphysoïdes, simples ou peu rameuses, émergentes : spores 7—10—14×5—7—9 μ, obovales, souvent déprimées, et 1—guttulées.

Octobre à Juin. Sur branches et troncs, peuplier, saule, châtaignier, etc.

var. **goniophora**. — Même déformation des basides que chez *S. epigaea*, conidies 9—10×7—9 μ, plus anguleuses ou avec 3—5 prolongements cylindriques, irrégulièrement radiants.

Novembre, sur peuplier ; Aveyron.

var. **subaurantia**. — Chamois vif ou orange clair en séchant, plus céracé-tenace : spores 8—10×5—7 μ. — Sur écorces de genévrier.

57. — *S. caesia* (Pers., Syn., p. 579) Tul., Ann. sc., 1872. — Sacc., VI, p. 540.

Étalé, suborbiculaire, lisse (ondulé-plissé en végétation active), céracé gélatineux, hyalin, recouvert d'une pruine bleuâtre. — Hyphes à parois minces, 2—3 μ, sans boucles ; basides 10—15—18×10—12—15 μ, stérigmates 50—80×2—3 μ ; spores ovoïdes subréniformes, avec apiculum oblique, 8—10—15×6—7—9 μ.

Novembre-Janvier. Sur la terre nue, et à la base des troncs et des tiges enfouies.

58. — **S. livescens** Bres., Fungi Trid., p. 64, t. CLXXIV f. 1.

Étalé, céracé gélatineux, granuleux tuberculeux sur toute sa surface, crème alutacé, à la fin collapse et teinté de rougeâtre livide. — Hyphes 2—3 μ ; basides ellipsoïdes, 15—18×11—12 μ, 2—4 stérigmates subulés, puis flagelliformes ; spores oblongues subcylindriques, déprimées, ou subréniformes, 13—15×6—8 μ.

Été. Troncs pourris d'Epicéa, Trentin. Accompagné du *Sporodochium livescens* Bres. en petits pulvinules plissés rugueux, à conidies 3—4×3 μ.

59. — **S. laccata** Bourd. et Galz., Soc. Myc. de Fr., 1924, p. 252.

Largement étalé, à peu près lisse, muqueux gélatineux, hyalin ou hyalin paille, formant sur le sec un enduit brillant, fulvescent, ressemblant à une couche de gomme laque. — Hyphes 1—3 μ, à parois minces ou gélatineuses, émettant des rameaux dendrophysoïdes émergents, très grêles, 0,5—1 μ ; basides 15—24×9—13 μ, en grappes à rameaux courts, ou presque en épis ; stérigmates flagelliformes, 30×2—3 μ ; spores oblongues ou subcylindriques, déprimées ou arquées, atténuées obliquement à la base, 12—15×6—9 μ. (*Fig. 20*).

20. — *Sebacina laccata* Bourd. et Galz.

Avril à Juillet, et probablement toute l'année. Sur troncs et branches, pin, *Rhamnus alpina* ; le Larzac.

60. — **S. mesomorpha** Bourd. et Galz., Soc. Myc. de Fr., 1924, p. 262.

Étalé, indéterminé, mince, gélatineux muqueux, lisse ou granuleux, hyalin sale, puis vernissé, ocracé fulvescent ou brunâtre, avec bordure pruineuse. — Hyphes 0,5—3 μ, gélatineuses, émettant des dendrophyses rameuses, grêles, 0,5—1,5 μ ; basides obovales, 10—12—16×9—12 μ, stérigmates 1,5—2 μ. d. ; spores subcylindriques, déprimées ou arquées, 9—12×4,5—6 μ.

Mai à Janvier. Sur églantier, châtaignier, chêne, hêtre, etc.

61. — **S. opalea** Bourd. et Galz., Soc. Myc. de Fr., 1924, p. 262.

21. — *Sebacina opalea* Bourd. et Galz.

Étalé ou interrompu, mince, lisse, gélatineux muqueux, blanchâtre hyalin, évanescent sur le sec, ou laissant une tache brune peu visible. -- Hyphes (0,5—2 μ) en masse amorphe, à peine distinctes ; émettant des dendrophyses très grêles ; basides 9—13×8—10 μ, les plus âgées flasques, presque en épis ; stérigmates flexueux, 30—45×1—2 μ ; spores obovales ou oblongues, fortement déprimées, ou virguliformes, 1—guttulées, 7—9—11×5—7 μ. *(Fig. 21).*

Hiver. Sur bois très pourris, surtout de frêne ; peuplier, orme, polypores, etc.

f. *pergamenea* : plus épais et plus persistant sous forme de pellicule rigide, qui se détache spontanément. — Marsaules.

f. *stratosa* : plus épais et persistant ; hyphes basilaires à parois minces distinctes, 1,5—3 μ, les autres gélatineuses, disposées en 2—3 strates dont le supérieur seul est fructifère. — Sur cerisier, Aveyron.

62. — **S. fugacissima** Hym. de Fr., Soc. Myc., XXV, p. **28**.

Étalé, indéterminé, très mince, gélatineux muqueux, hyalin grisâtre, ordinairement évanescent. — Hyphes basilaires à parois minces, 2—3 μ, les supérieures gélatineuses ; basides 6—9—15× 5—6—9 μ, 2—4 stérigmates 10—30×1—1,5 μ ; (dendrophyses très ténues et peu rameuses, dans les formes plus robustes) ; spores variables de forme 3—8×1,5—4 μ.

Groupe complexe, mais trop compact, de formes qu'on ne peut séparer, parce qu'elles sont liées par trop d'intermédiaires, et qu'elles ne se représentent pas assez souvent avec des caractères identiques.

1. *typica* : mince, évanescent ; dendrophyses nulles, basides immergées dans une couche gélatineuse ; spores cylindriques

arquées, 6—7×2,5—3 μ. — Automne, hiver. Bois pourris, chêne, peuplier, vigne, etc.

2. *communis* : aspect du précédent, mais spores oblongues, légèrement déprimées, 4,5—6×3,5—4 μ et 7—8×3—4 μ. — Novembre à Avril. Sur frêne, peuplier, chêne.

3. *subgranosa* : évanescent ou laissant des granules formés par de l'oxalate de chaux ; dendrophyses distinctes ; basides en épi. ; spores oblongues, 3—5×2,5—3,5 μ. — Mai. Sur chêne, cerisier, noyer.

4. *sebacea* : plus épais, gélatineux sébacé, souvent rugueux, laissant sur le sec un enduit brun roux vernissé ; dendrophyses distinctes ; basides en épi ; spores cylindriques arquées, 6—8× 2,5—3 μ. — Novembre, décembre, sur peuplier. — Cette forme paraît voisine de l'espèce suivante.

63. — S. tuberculosa Torrend, Basid. Lisb. et S. Fiel, p. 88.

Étalé, sébacé, assez épais, tuberculeux et grossièrement granuleux, parfois lacuneux et aminci vers les bords, ardoisé, gris violacé ou bleuâtre, séparable par fragments sur le frais, puis céracé mou, opalin bleuté, contracté et brunâtre sur le sec. — Hyphes 1—2,5 μ, souvent guttulées ; dendrophyses peu rameuses et peu abondantes ; basides 9—12—16×5—7,5 μ, stérigmates 7— 15 μ long. ; spores ellipsoïdes, peu ou pas déprimées 6—7—9× 3—4,5 μ, à plasma granuleux ou guttulé.

Hiver. Sur bois pourris, peuplier, aune, chêne.

64. — S. sphaerospora Bourd. et Galz., Soc. Myc. de Fr., 1924, p. 263.

Étalé, indéterminé, peu épais, céracé gélatineux, granuleux tuberculeux, et plissé rugueux par les temps très humides, de blanchâtre opalin à hyalin sombre, à la fin muqueux et évanescent sur le sec, ou plus souvent laissant une tache jaunâtre, roussâtre, peu vernissée. — Hyphes 0,5—2 μ, gélatineuses peu distinctes, émettant des rameaux paraphysoïdes, simples ou rameux ; basides

22. — *Sebacina sphaerospora* Bourd. et Galz.

ovoïdes, 8—9—12×6—10 μ, 2—4 stérigmates, 16—30×1—2 μ ; spores obovales spériques, apiculées à la base, 4—4,5—6×3,5— 5,5 μ, 1-guttulées ; spromycélium 6—10×1—1,5. *(Fig. 22)*.

Toute l'année, plus fréquent en été et automne. Toujours récolté sur souches et branches d'aune très pourries.

Sect. II. EXIDIOPSIS Bref. — Espèces céracées ou pulvérulentes, corticiformes et persistantes.

Le *S. caesia*, à cause de ses affinités, a été laissé dans la section précédente, quoique par les temps très secs, il soit plutôt arescent que diffluent.
Par contre, plusieurs espèces de cette section, notamment le *S. grisea*, qui
présentent normalement les caractères des *Exidiopsis*, peuvent se gonfler par
les temps très humides et devenir gélatineux diffluents.

65. — **S. uvida** (Fr., Épicr. — Hym. eur., p. 657 *Corticium*)
Bres. — *Exidiopsis effusa* Bref. — *E. quercina* Vuill. — R. Maire,
Rech. cyt., p. 66.

Étalé, très mince. formant comme un enduit savonneux,
qui s'enlève au moindre froissement, plus rarement céracé plus
épais, séparable en fine membranule fragile, pruineux, rose clair,
fleur de pêcher, argenté-bleuâtre, gris blanchâtre, décoloré pâle
sur le sec. — Hyphes 1—2 μ, à parois peu distinctes, en masse
granuleuse ; basides 12—14—18×9—10—14 μ, 2—4 stérigmates
peu allongés, 2 μ d. ; spores cylindriques arquées, 11—13—18×
4—4,5—6,5 μ,

Toute l'année. Sur branches tombées ou tenant à l'arbre,
dans les forêts, sur tous bois à feuilles, surtout le hêtre ; plus
abondant dans les régions montagneuses. — Non lignivore.

66. — **S. peritricha** Hym. de Fr., Soc. Myc., XXV, p. 26.
Étalé, céracé, mince, gris hyalin puis lilacé-argenté et
pruineux ; marge blanche, pubescente, étroite. — Hyphes mycéliales et basilaires à parois minces, 2—4,5 μ, celles de la trame,
agglutinées, peu distinctes, 1—3 μ ; basides obovales 10—15×8—
11 μ ; 2—4 stérigmates 2—2,5 μ d. ; spores cylindriques arquées,
10—12—15×4—6,5 μ.

Toute l'année. Sur bois morts des arbres debout, lieux secs,
poirier, aubépine, alisier, églantier, figuier. — Pas lignivore.

Par la réduction de la bordure et des hyphes mycéliales,
cette plante arrive à se confondre avec *S. uvida* ; et les formes
arides et maigres de *S. grisea*, qui viennent sur les petites
branches de sapin, prennent tout-à-fait l'aspect de *S. peritricha*,
et s'en distinguent difficilement.

67. — **S. calcea** (Pers.) Bres., Fungi Trid., II, p. 64, t.
CLXXV. — *Corticium calceum* Quél., Fl. myc., p. 6.

Étalé, pubérulent, fendillé, farineux dans les interstices,
argileux, ocracé, chamois ou brun clair ; contours plus pâles avec
bordure étroite, blanche, farineuse. — Hyphes 1,5—4 μ, les

basilaires très fines, parallèles au substratum, les supérieures en trame lâche, émettant de nombreux filaments paraphysoïdes, les uns cylindriques 1,5—3 µ incrustés ou non d'oxalate, les autres subclaviformes ; basides 15—18—24×8—12×16 µ, souvent 2 stérigmates 2—3 µ d. ; spores cylindriques arquées, 12—15—19×4,5—7 µ ; couche superhyméniale, brun huileux, granuleuse.

Toute l'année. Commun sur branches mortes, tenant à l'arbre ou tombées ; arbres et arbustes à feuilles ou à aiguilles.

S. Letendreana Pat. est une forme brunissant au centre, avec teinte rosée parfois assez prononcée ; sur sphériacées, chêne, hêtre, érable.

68. — **S. plumbea** Bres. et Torr., Basid. Lisb. et S. Fiel, p. 87.

Étalé, assez épais, assez régulièrement tuberculeux ondulé, ferme, gélatineux céracé, incarnat roussâtre, revêtu d'une abondante pruine bleu lilas, subargentée. — Hyphes à parois minces, 1,5—2 µ ; basides 18—25×12—17 µ, 2—4 stérigmates allongés, 2—3 µ. d. ; spores cylindriques, déprimées latéralement ou un peu arquées, 10—19×5—7 µ.

Février. Sur branche morte et en partie décortiquée de *Quercus sessiliflora* ; St-Estève (Aveyron).

Unique récolte, qui séchée sans doute avant maturité, a conservé sa teinte bleu lilas, tandis que le type noircit en séchant.

69. — **S. grisea** Bres., Fungi gall., p. 45 ! — *Thelephora* Pers., Myc. eur., I, p. 149.

Largement étalé, céracé mou, assez épais, pruineux, gris de fer brillant, puis arescent concolore, ou gris ardoisé, brunâtre et subliquescent par les temps très humides. — Hyphes à parois minces, 1,5—3(—6) µ ; basides immerses dans une couche gélatineuse, 9—12—18×8—12 µ, 2—4 stérigmates 30—45×2—3 µ ; spores cylindriques, plus ou moins arquées, 7—10—15×4—6 µ.

De l'automne à l'été. Recouvrant l'écorce et empâtant les mousses ; typique sur souches de sapin pectiné ; plus aride et moins diffluent sur petites branches de sapin ; frêne, hêtre, *Quercus rubra, Cerasus mahaleb,* envahis sans doute par contagion.

70. — **S. podlachica** Bres., Fungi polon., p. 117.

Étalé en croûte molle céracée, pruineuse, lilacin très clair avec bords blancs ; hyménium exsudant des gouttelettes fauve brun, en pleine végétation, maculiforme blanchâtre ou grisâtre sur le sec ; surface parfois tuberculeuse raduloïde par des amas de granules d'oxalate de chaux. — Hyphes 1,5—3 µ, agglutinées,

peu distinctes ; basides 10—13—18×9—10—12 μ, stérigmates
2 μ d. ; spores ovoïdes, apiculées à la base, souvent déprimées
latéralement, ou larmiformes, 9—13×3,5—5—6,5 μ, blanches en
masse, avec très légère teinte lilacée.

Toute l'année. Assez fréquent sur souches de peuplier, plus
rare sur aune, platane ; terrains humides. — Lignivore très actif,
le bois est absorbé, la souche se creuse et se fend par retrait en
se désséchant.

Forme *heterochaetiformis*. — Hyménium parsemé d'aiguillons subulés, simples, fourchus, ou fasciculés, formés de
faisceaux d'hyphes stériles, qui entraînent seulement quelques
basides vers leur base. — Peuplier.

71. — **S. calospora** Bourd. et Galz., Soc. Myc. de Fr.,
1924, p. 263.

Peu étendu, adné, mince, céracé, hyalin ou gris, légèrement teinté de bleuâtre ou de
lilacé, puis pâlissant, muqueux,
maculiforme et pruineux. —
Hyphes 2—4,5 μ, à parois
minces, boucles rares ; basides
obovales ou globuleuses, 15—
16×12—13 μ, 2—4 (souvent 2)
stérigmates cylindriques, 3 μ d. ;
spores fusiformes, flexueuses,
24—30—36×4—4,5 μ, souvent
géniculées ou portant latéralement un spicule épais, subulé,

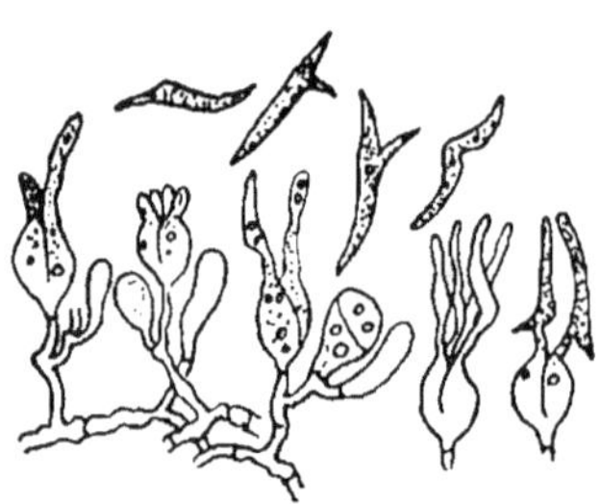

23. — *Sebacina calospora* Bourd.
et Galz.

d'ou spores souvent à trois pointes ou fourchues. *(Fig. 23)*.

Octobre à Mars. Sur bois très pourris, orme, aune, peuplier.
noyer, chêne, cerisier ; Allier, Aveyron.

L'espèce paraît affine à *Tulasnella calospora* Boud. qui a la spore
semblable, mais ici la baside est nettement trémellinée.

Le *S. carneola* Bres., Sel. Myc., 1926, p. 14, récolté à Saint-Claude, sur
écorces d'arbres à feuilles, est donné comme affine à *Bourdotia cinerea*,
mais il n'est pas fait mention des gléocystides dans la description ; on le reconnaîtrait aux caractères suivants : Mince, gélatineux submembraneux, incarnadin avec marge blanche pruineuse ; spores ellipsoïdes, 12—18×8—9 μ.

IX. — EICHLERIELLA Bres., Fungi polon., p. 115. —
Sebacina section *Hirneolina* Pat., Ess. tax.

Membraneux céracé, cupulaire ou résupiné à bords libres ;

hyménium lisse, ruguleux ou raduloïde ; basides trémellinées. La trame assez épaisse formée d'une couche d'hyphes parallèles, entre l'hyménium et la villosité du chapeau, fait de ce genre, par rapport aux *Sebacina*, ce que *Stereum* est aux *Peniophora*.

72. — E. leucophaea Bres., l. c., pl. III, f. 2.

Cupuliforme, 0,5—2 cm., puis résupiné réfléchi, sillonné-zoné, tomenteux, fauve rouillé ou brun, avec marge pubescente, citrine, puis concolore ; hyménium mou céracé, blanc grisâtre, glauque pruineux. — Hyphes de la couche externe parallèles, serrées, formant par leurs extrémités libres, 3—4 µ d., les poils du péridium ; celles de la trame gélatineuses, 2,5—3 µ ; basides 17—23×9—13 µ ; spores cylindriques arquées, rarement virguliformes, 16—18—21×5,5—7—10 µ.

Toute l'année, Sur vieux bois des haies sèches ; commun dans le Centre, rare dans l'Aveyron, et parait manquer dans les Vosges, Epinal, Corcieux, etc. — Peu lignivore.

73. — E. spinulosa (Bk. Curt.) Burt. Thel. N. Am., V, p. 747. — *E. Kmetii* Bres. — Hym. de Fr., Soc. Myc., XXV, p. 30.

Résupiné à marge libre ou réfléchie, confluent séparable, coriace mou, incarnat, pruineux (rougissant au froissement par l'enlèvement de la pruine), blanc au bord ; hyménium ordinairement orné de tubercules distants, entiers ou multifides ; décolorant sur le sec, isabelle, acajou, grisâtre, etc. — Hyphes 2—4 µ d., basilaires parallèles, flexueuses, puis ascendantes, à parois assez épaisses, à boucles petites ; basides 30—45×8—13 µ, claviformes, puis fusoïdes, à 2—3 stérigmates, plus rarement 4, cloisonnées longitudinalement et lobées au sommet ; spores oblongues subcylindriques, déprimées ou arquées, très obtuses aux deux bouts, 12—16—23×7—10 µ. *(Fig. 24)*.

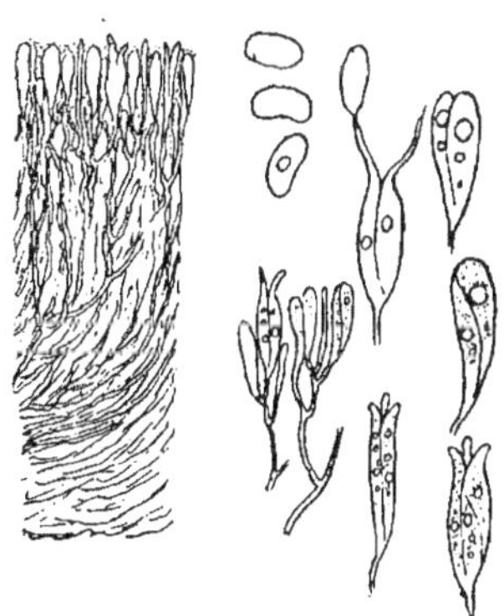

24. — *Eichleriella spinulosa* (Bk. Curt.) Burt.

Toute l'année, surtout Mai et Novembre. Sur branches mortes tenant à l'arbre ; toute espèce d'arbres à feuilles, surtout champêtres. — Peu lignivore.

E. incarnata Bres., Fungi polon., p. 116, t. III, f. 1, a l'aspect de *Cytidia*

flocculenta, avec marge libre brun clair, et hyménium rose pâle ; il a été
récolté sur branches d'arbres à feuilles, en Pologne.

X. BOURDOTIA Bres. et Torr. — Bres., Fungi gall., p. 46 *(subgenus)*.

Réceptacle céracé gélatineux, diffluent, ou céracé corticiforme arescent. Gléocystides à parois minces, à suc coloré, brunissant par l'iode.

Nettement limité du coté de *Sebacina* ; les dernières espèces tendent
plutôt vers les Autobasidiés, leurs basides se montrant souvent sans cloisons,
tronquées au sommet, à 2—4 stérigmates.

B. Pululahuana (Pat. et Lagh., Champ. de l'Equateur, Soc.
Myc., IX, p. 138). — Représenté en Europe par les deux formes :

74. — **B. Galzini** (*Sebacina* Bres., Fungi Gall., p. 46).

Largement étalé, gélatineux visqueux, opalin blanchâtre,
brun fauve ou rougeâtre et ver-
nissé sur le sec. — Trame hyaline
formée d'hyphes 0,5—2 μ, agglutinées, flexueuses, ascendantes
avec rameaux paraphysoïdes
simples ou rameux, traversée par
des gléocystides droites ou
flexueuses, 60—150—270×4—9 μ,
remplies d'un suc jaunâtre huileux,
granuleux puis concret et fendillé
interrompu, se colorant en brun
foncé par l'iode ; basides obovales
ou subclaviformes, 15—18—30×
8—9—12 μ, 2—4 stérigmates 2,5—

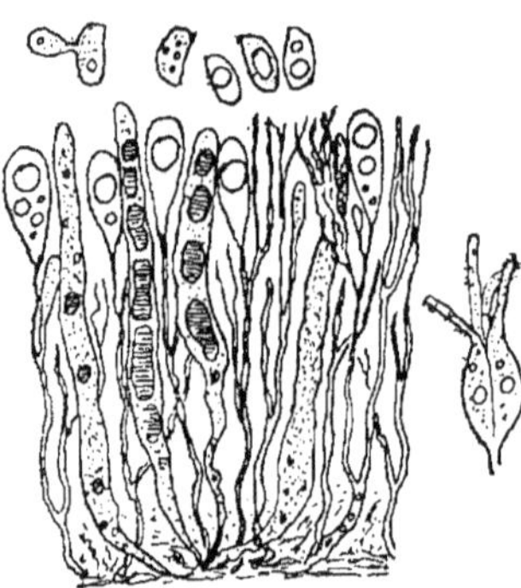

25. — *Bourdotia Galzini* (Bres.)

3 μ d. ; spores ovoïdes ou elliptiques, souvent déprimées latéralement, 8—10—14×5—6—8 μ ; promycélium long de 6—12 μ,
produisant une conidie semblable à la spore. (*Fig. 25*).

Toute l'année, surtout été et automne. Pas rare sur troncs
et bois pourris, saules, aune, frêne, noyer, hêtre, chêne, etc. —
Peu lignivore.

Le type, récolté dans le cratère de Pululahua, ne diffère, selon **M.**
Patouillard, que par sa teinte brun ocracé et sa consistance plus céracée. (n.v.)

75. — **B. caesia** Bres. et Torr., Basid. Lisb. et S. Fiel,
1913, p. 54 et fig. 9. *Specim. orig !*

Largement étalé, gélatineux ferme, presque cartilagineux,
lisse, pâle, puis cendré bleuâtre, noircissant sur le sec. — Hyphes

0,5—3 μ, peu distinctes ; gléocystides flexueuses, atténuées au sommet, 120—300×3—6 μ, à contenu jaune, bruni par l'iode ; basides ovoïdes, 18—21×9—16 μ, 2—4 stérigmates de 30×3—4 μ ; spores obovales oblongues ou subcylindriques, déprimées latéralement, 9—12×6—8 μ.

Printemps, été. Sur troncs pourris, aune, pommier.

76. — **B. cinerea** (Bres., Fungi Trid., p. 99, t. CCX, f. 2) *Specim. orig.* ! — *Exidiopsis cystidiophora* v. Hoehn., Myk. Fragm. in Ann. Myc., III, 1905, p. 323. *Specim. orig!*

26. — *Bourdotia cinerea* (Bres.)

Étalé, adhérent, céracé, lisse, plus gélatineux et tuberculeux par les temps humides, hyalin grisâtre, bientôt pruineux, argenté, cendré ou noisette sur le sec ; bordure similaire ou pruineuse. — Épaisseur 30—60 μ : hyphes 1,5 μ, ordinairement indistinctes ; gléocystides très nombreuses, subcylindriques, 15—25—60×4—6—9 μ, à parois minces, contenu primitivement hyalin, bientôt jaunâtre, puis résinoïde et fendillé ; basides obovales, 10—20×8—12—15 μ, à 2—4 stérigmates subulés, 9—15×3 μ ; spores largement ellipsoïdes, à mucron ordinairement distinct, 7—10—13×4,5—7—9 μ ; promycélium 10×1,5 μ, conidies 6×5 μ. (*Fig. 26*).

Toute l'année, moins abondant en hiver et en été. Pas rare, sur tiges et branches mortes touchant le sol, genévrier, thym, genêt, pin, chêne, coudrier, clématite, etc.

Les gléocystides se terminent souvent par une sorte de stérigmate conique, qui produit un corpuscule caduc, de même forme que la spore, 7—9 ×6—8 μ, mais à contenu coloré, brunissant par l'iode.

77. — **B. cinerella** Not. crit., Soc. Myc., XXXVI, p. 71.

Étalé, 1—3 cm., indéterminé pruineux, subpubescent, puis poré-interrompu et presque continu, céracé, blanchâtre, blanc-gris, souvent brillant, subocracé et crustacé sur le sec ; bordure similaire. — Hyphes 1—2 μ, rarement distinctes ; gléocystides nombreuses, cylindriques, fusiformes, ou claviformes, ondulées, 12—15—40×5—9 μ, hyalines, puis à contenu jaunâtre, à la fin résineux fragmenté, bruni par l'iode ; basides subglobuleuses, 9—12—16×7—

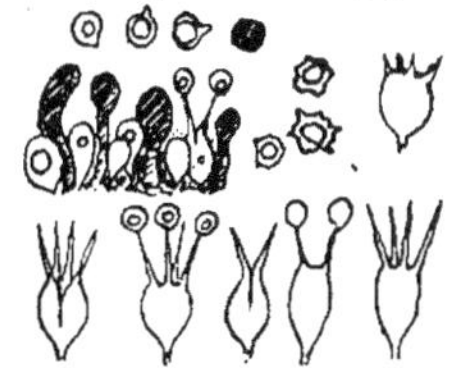

27. -- *Bourdotia cinerella* Bourd. et Galz.— Section; diverses formes des basides ; spores du type et de la var. *trachyspora.*

9—12 µ, 2—4 stérigmates subulés, droits, de 6—12 µ lg. ; spores sphériques, 5—7,5 µ d. avec mucron obtus, subcylindrique, guttulées. (*Fig. 27*).

Toute l'année. Sur bois cariés, pin, genévrier, châtaignier, bruyères, fougères, etc. Assez fréquent dans l'Aveyron ; Tarn, Allier, Haute-Saône, Alpes-Maritimes.

La segmentation des basides est souvent tardive ; fréquemment elles donnent des spores sans se segmenter, 2—3—4 fides au sommet, quelquefois à sommet tronqué. Les corps sporiformes issus de la gléocystides sont globuleux, de même dimension que la spore, mais à contenu coloré, brunissant par l'iode.

var. *trachyspora* : spores aspérulées de verrues peu nombreuses, ou légèrement anguleuses. Avec le type.

78. — **B. Eyrei** Wakef., Tr. Brit. myc. Soc., V, 1915, p. 126. *Specim. org !* — *Gleocystidium croceotingens* Bres., Ann. Myc., XVIII, 1920, p. 48.

Largement étalé, indéterminé, très adhérent, céracé, mince, gris clair, rose clair, ou pâle, subpruineux ; subiculum (ou plutôt couches supérieures du substratum) granuleux et souvent coloré en rouge safrané. — Hyphes 1,5—2 µ, granuleuses subindistinctes ; gléocystides nombreuses, cylindriques ou subfusoïdes, à contenu jaunâtre, puis résinifié fragmenté, 15—35×4—8 µ ; basides 9—13×6—8 µ, à 2—4 stérigmates subulés, longs de 4—8 µ ; spores sphériques, peu distinctement mucronées, 4—6 µ d.

Mai-Octobre. Sur bois dénudé de hêtre, Andelot (Haute-Marne), L. Maire ; Angleterre, Miss Wakefield.

On trouve assez fréquemment des branches de hêtre colorées en rouge safrané, peut-être par le mycélium de cette espèce ; il n'y a pas de réceptacle fructifère. — Les basides sporifères sont aussi à cloisonnement tardif ou nul. Les sphérules issues de la gléocystide sont de mêmes forme et dimension que la spore.

79. — **B. deminuta** (Bourd., Mat. p. la Fl. myc. de Fr., Ass. fr. p. l'Av. des Sc., 1921, p. 576).

Étalé indéterminé, très mince, céracé, adhérent, gris argenté puis cendré ou gris luride, à peine continu, finement fendillé poré ; bordure subsimilaire, pruineuse. — Hyphes cohérentes, rarement distinctes, 1—3 µ ; gléocystides nombreuses, 15—45×3—6 µ, hyalines, puis jaunâtres à suc résinoïde ; basides 7—10×4—5—8 µ, 0—1—2-septées, à 2—4 stérigmates, droits 4,5—6 µ lg. ; spores oblongues, brièvement et obliquement atténuées à la base, 4—5×3—4 µ. (*Fig. 28*).

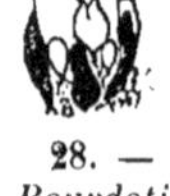

28. —
Bourdotia deminuta (Bourd.)

De l'automne à l'été. Sur branches tombées de pin ; Causse Noir.

Formes insuffisamment connues :

80. — **B. rimulenta** : adhérent, céracé, inégal, granuleux ou tuberculeux, subréticulé, gris lilacé, puis aride très fendillé et ocracé ou noisette. Trame épaisse de 40—90 μ à hyphes peu distinctes, 1,5—3 μ ; gléocystides hyalines, flexueuses, puis à contenu résineux, fragile, 30—90×4—6 μ ; basides subglobuleuses, 9—12× 7,5—11 μ, cloisonnées ou non, à 2—4 stérigmates droits, courts, 4—6 μ lg. ; spores ovoïdes subglobuleuses, 4,5—6×4—5 μ. — Mai - Novembre ; sur pin, érable ; Aveyron.

29. —
Bourdotia grandinioides
Bourd. et
Galz.

81. — **B. grandinioides** : très adhérent, très mince, isabelle, couvert de granules assez réguliers, grandinoïdes. Hyphes indistinctes (0,5—1 μ) ; gléocystides à contenu fragmenté, brunissant par l'iode, 30—45×5— 6 μ, ; basides 9×6 μ (sans cloisons) ; ordinairement stérigmates divergents longs de 6 μ ; spores subellipsoïdes, 2—4×3 μ. — Avril ; sur peuplier ; Aveyron. (*Fig. 29*).

82. — **B. mucosa** : céracé, puis trémelleux muqueux, gris clair à isabelle. Hyphes mycéliales distinctes 2—3 μ, celles de la trame agglutinées, indistinctes ; gléocystides nombreuses, flexueuses à suc jaune, brunissant par l'iode, 40—100×4—6 μ ; basides 9—10×6—8 μ, immergées dans la couche gélatineuse ; spores ovoïdes, un peu déprimées, et atténuées à la base, 1—guttulées, 5—6×4—4,5 μ. — Avril, sur tronc debout de cerisier ; Aveyron.

Dans ces trois formes, la structure est celle de *B. Pululahuana*, où les gléocystides se prolongent bien au-dessous des basides, dans une trame gélatineuse relativement épaisse.

XI. — HETEROCHAETELLA Bourd., Tr. Brit. Myc. Soc., VII, 1920, p. 53 (*Subgenus*).

Réceptacle étalé, gélatineux ferme, muqueux, ou pruineux ; cystides à parois minces, fermes ou épaissies, longuement émergentes.

83. — **H. dubia** Hym. de Fr., Soc. Myc., XXV, p. 30. — Ass. fr. p. l'Av. des Sc., 1921, p. 577.
Étalé, indéterminé, muqueux - céracé, hérissé de soies hyalines et souvent finement papilleux, blanchâtre, puis grisâtre

ou légèrement fuscescent, peu apparent sur le sec, pruineux effrité aux bords. — Hyphes indistinctes ; cystides 60 — 300 × 4 — 5 μ., éparses ou fasciculées ; basides ovoïdes 10—14×7—9 μ. ; spores variables, de globuleuses à oblongues déprimées. — Toute l'année. (*Fig. 3o*).

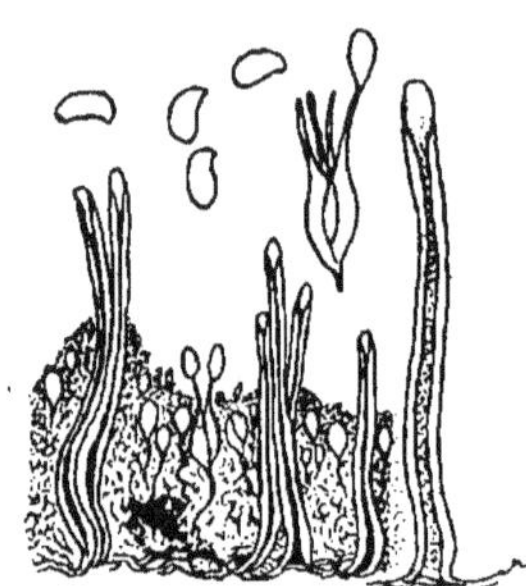

30. — *Heterochaetella dubia* Bourd. et Galz.

H. dubia forme un groupement assez complexe, et ses variations sont analogues à celles qu'on trouve entre *Peniophora glebulosa*, *P. subalutacea* et *Odontia barba-Jovis* ; mais à cause des intermédiaires trop nombreux qui les relient, il semble préférable de les donner comme simples variétés.

A. — **dasychaeta** (*H. dubia* Hym. de France) : cystides éparses, à parois épaisses, et canalicule capillaire, dilaté seulement au sommet, 60—150×4—5 μ. ; spores oblongues plus ou moins déprimées latéralement, 6—7—9×3,5—4,5 μ. — Assez fréquent sur bois pourris d'arbres à feuilles.

b. sphaerospora : spores subsphériques, 5—6×4,5—5,5 μ. — Sur pin, Causse Noir.

B. — **mesochaeta** : cystides ordinairement rapprochées par 2—5, en faisceau lâche, à parois assez épaisses à la base, minces au sommet, fortement colorables dans une solution potassique d'éosine ; canalicule non capillaire ; spores oblongues 6—9×3—4 μ. — Pas rare, sur arbres à feuilles et à aiguilles.

b. — *crassior* : brun livescent, épais, céracé ; cystides fasciculées, 200—300×4—5 μ. ; spores 7—9×4,5—5 μ. — Sur pin. Causse Noir.

c. — *brachyspora* : spores ovoïdes, atténuées à la base, un peu déprimées latéralement, 5—6×4—5 μ. — Sur pin, genévrier ; Causse Noir.

C. — **psilochaeta** : étalé continu, gris clair, persistant sous forme de pruine grise, légère ; cystides à parois minces, 25—32× 5—8 μ., émergeant de la moitié de leur longueur ; spores oblongues, déprimées, et atténuées obliquement à la base, 5—6×3—3,5 μ. — Sur frêne, Aveyron.

84. — **H. crystallina** (Bourd., Tr. Brit. Myc. Soc., VII, p. 53, fig. 2).

Petits réceptacles cristallins, 0,04—0,16 mm. densément

groupés, obovales substipités, anguleux ou 2—3-lobés, hérissés à la loupe de une ou plusieurs soies hyalines, puis confluents en réseau et en membranule céracée gélatineuse, très limpide ou opaline, indéterminée et interrompue, peu adhérente, ténue et collapse (non diffluente ?) sur le sec ; bordure similaire ou réticulée. — Hyphes 0,5—3 μ, émettant en touffes vers la base, des rameaux fertiles et des paraphyses émergentes, peu rameuses, 1,5—3 μ d., avec des organes en forme de basides stériles claviformes ou de gléocystides cylindriques, 3—7 μ, peu ou pas émergentes ; cystides naissant isolées ou lâchement fasciculées au centre des touffes, 60—130×7—15 μ, cylindriques, obtuses, émergeant de 10—60 μ, à parois minces, fermes ; basides obovales, 8—12×6—9 μ, à 2—4 stérigmates subulés, 5—6 μ lg. devenant flexueux et plus allongés ; spores subglobuleuses ou obovales, atténuées à la base, 4—4,5—6×3—4,5 μ, germant latéralement ou par leur base qui devient subulée allongée.

Hiver, printemps. Sur bois très pourris, pin, genévrier ; Aveyron ; Angleterre (A. A. PEARSON).

III. TULASNELLACÉES

Basides subglobuleuses, non septées, à 2—4 stérigmates volumineux ; spores germant en se renouvelant.

Pour Juel, les stérigmates susdits sont des spores sessiles, qui germent sur la baside même et donnent des conidies (spores de Patouillard)

TULASNELLA Schroet. Bres. — *Prototremella* Pat.

Réceptacle céracé, gélatineux ou muqueux, rarement filamenteux, étalé corticiforme ; pas de cystides, ni de gléocystides ; basides tulasnellacées. Sur bois pourris et autres matières en décomposition.

Tableau analytique des espèces

(Les caractères de coloration doivent être pris sur le frais)

1. Espèces aranéeuses, céracées ou pruineuses, d'aspect corticioïde : 2.
Espèces gélatineuses muqueuses d'aspect sébacinoïde, et souvent diffluentes à l'état adulte : 12.

2. Spores (libres) étroites fusiformes, sinueuses, vermiformes ou spirilliformes : 3.
Spores cylindriques arquées : 4,
Spores globuleuses, obovales, oblongues, ou largement fusiformes-ellipsoïdes : 5.

3. Rose lilacé, puis palissant : *T. rosella*, n. 90.
Blanc ou pâle : *T. calospora*, n. 89.

4. Lilas clair, puis palissant, aride et très fendillé. Hyphes 4—6 μ, à boucles éparses : *T. rubropallens*, n. 95, obs.
Hyalin ou très légèrement teinté de lilacin. Hyphes 2—3 μ, sans boucles. Sur conifères, Angleterre : *T. allantospora*, n. 95.

5 { Blancs, blanchâtres, pâles ou gris brun : 6.
{ Rosés, lilacins, violacés ou purpurins sur le frais : 9.

6 {
Taches aranéeuses formées d'hyphes guttulées, 3—6 µ, difficiles à séparer du substratum. Spores oblongues ou obovales, déprimées latéralement, 6—8×4—5 µ : *T. araneosa*, n. 101.

Membrane corticiforme, feutrée-filamenteuse, séparable, pâle. Sur plantes vivantes : *T. anceps*, 101, obs.

Pruineux céracé, ou céracé mou : 7.

7 {
Spores 8—14×4,5—6 µ, obovales oblongues, ou subfusiformes ; Champignon céracé-subgélatineux, hyalin, puis pâle ; hyphes 4—6 µ, sans boucles ; basides obovales, 10—14×8—10 µ ; écorces d'arbres à feuilles, Pologne : *T. pallida* Bres. Fungi polon., p. 114.

Spores 4,5—9×3—7 µ, oblongues déprimées latéralement ou subcylindriques : 8.

Spores 3—4×3 µ, globuleuses ou ovoïdes arrondies : *T. lactea*, n. 87.

8 {
Pruineux céracé, très ténu ; spores 6—9×4—7,5 µ obovales ou elliptiques. peu ou pas déprimées : *T. albida*, n. 93.

Pruineux céracé, très ténu ; spores 6—9×4,5 µ, oblongues ou subcylindriques, atténuées obliquement à la base et déprimées latéralement : *T. pruinosa*, n. 94.

Céracé, puis gélatineux mou avec bordure céracée ; spores subcylindriques, droites, 4,5—6×3,5—4 µ : *T. bifrons*, n. 96.

9 {
Spores globuleuses, ou largement obovales, atténuées à la base, non déprimées latéralement : 10.

Spores largement fusiformes 9—10×5—7 µ ; violacé ou lilacé : *T. violacea*, n. 88.

Spores oblongues ou subelliptiques, souvent déprimées d'un côté : 11.

10 {
Spores 5—11×4—10 µ, incarnat ou violet lilas : *T. violea*, n. 85.

Spores 5,5—6×3—3,5 ; pulvérulent, lilacin pâle. Bois de conifères, Angleterre : *T. microspora* Wak. et Pears. (Tr. brit. Myc. Soc., t. VIII, p. 220).

Spores 3,5—5×3—4 µ ; céracé furfuracé, gris lilacé : *T. Eichleirana*, n. 86.

Céracé, puis formant une croûte très mince, fendillée peu
  adhérente, violacé puis rosé ; spores oblongues déprimées,
  rarement subfusoïdes, 9—15×4—5 μ. Ecorce d'aune, Westphalie : *T. Brinkmanni* Bres. (Sel. Myc. in Ann. Myc.
  XVIII, p. 50).

11 ⟨ Céracé, adhérent, violet obscur puis lilacé ; spores oblongues,
  atténuées à la base, et déprimées latéralement, 7—12×4,5—
  6 μ : *T. fuscoviolacea*, n. 91.

Pruineux céracé aride, incrustant, blanc puis teinté de lilas ;
  spores subelliptiques, à peine déprimées, 8—10×5—6 μ :
  T. albolilacea, n. 92.

Epais, plissé trémelloïde, purpurin, puis brun pellucide, et
  induré noircissant sur le sec. Empâtant les aiguilles de pin,
  T. tremelloides, n. 97 bis.

12 ⟨ Mince ou épais, inégal ondulé, rosâtre obscur ou hyalin grisâtre, puis induré brunissant ; spore oblongue, atténuée à
  la base, ordinairement déprimée latéralement, 6—10×4—
  6 μ : *T. pinicola*, n. 97.

Minces, étalés sébacinoïdes, diffluents : 13.

Hyphes gélatineuses, 1—2 μ ; basides souvent résorbées par le
  développement des stérigmates. Muqueux, puis oblitéré, ou
13 ⟨ vernissé brunâtre : *T. vernicosa*, n. 98.

Hyphes à parois minces, distinctes, 2—7 μ : 14.

Largement étalé, opalin sordide ou fumeux, puis souvent roux
  livescent ; spore 5—12×4—8 μ : *T. sordida*, n. 99.
14 ⟨
Peu étendu, maculiforme, hyalin sombre ou noirâtre ; spore
  largement obovale, 4—7,5×3—6 μ : *T. obscura*, n. 100.

85. — **T. violea** (Quél., Ass. fr. 1882 ; Fl. myc., p. 2
Hypochnus) Hym. de Fr., Soc. Myc., t. XXV, p. 31. — Burt., Th.
N. Am., XI, p. 257. — *T. lilacina* Schroet.— *Prototremella Tulasnei*
Pat.

Enduit très mince, céracé mou, violet lilas, à la fin gris
rosâtre, ou décoloré pâle sur le sec, formé d'abord de grêles cordonnets réticulés (*lilacina* Schroet), puis en membranule continue
(*Tulasnei* Pat.). — Hyphes à parois minces, 3—6 μ, sans boucles ;
basides obovales sphériques, 9—15×7—12 μ ; stérigmates ovoïdes
sphériques, 5—7—10×4,5—6—9 μ.

Toute l'année, fréquent d'octobre à mai. Sur toute espèce
de bois, dans les lieux humides, sur humus. charbon de bois,

toiles pourrissantes, champignons divers. Commun. — Lignivore léger comme tous les autres *Tulasnella.*

var. incarnata. *Tul. incarnata* (Tul.) Juel. — Facile à distinguer sur le frais ; plus épais, plus persistant, rose incarnat moins décolorant, mais finissant néanmoins par perdre sa coloration en herbier. Septembre à mai ; souches et branches surtout de pin silvestre.

86. — **T. Eichleriana** Bres., Fungi polon., p. 114.

Étalé, céracé très mince, presque furfuracé, gris lilacé ou violacé, palissant sur le sec. — Hyphes à parois minces, sans boucles, 2,5—5 μ ; basides obovales, 6—13×5—6 μ, à 4 stérigmates ovoïdes, puis fusiformes subulés ; spores subglobuleuses ou obovales, 3,5—5×3—4 μ.

Août-décembre. Bois pourris, frêne, aune, châtaignier. Peu commun.

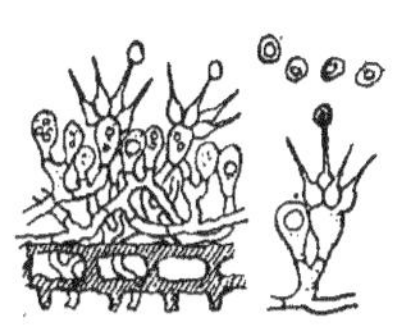

31. — *Tulasnella lactea* Bourd. et Galz.

(*Fig. 31*).

87. — **T. lactea** Bourd. et Galz., Soc. Myc. de Fr., 1924, p. 263.

Etalé, très mince, céracé pruineux, blanc pâle. — Hyphes 3—4 μ, sans boucles ; basides obovales oblongues, 8—12×4,5—6 μ, stérigmates ovoïdes, avec prolongement finement subulé, allongé, 8—11 μ; spores subsphériques, 1—guttulées, 3—4×3 μ ou 3—3,5 μ diam.

Septembre. Bois pourris, pommier, aubépine. Rare.

88. — **T. violacea** (Joh. Ols.) Juel. — *Pachysterigma* J. Ols.

Très mince, adhérent, céracé, violacé, ou lilacé, puis gris pâle sur le sec. — Hyphes à parois minces, sans boucles 3—6 μ ; baside largement obovale, 12—18×9—12 μ ; stérigmates globuleux, puis fusiformes ; spores fusiformes, 9—12—16×5—7 μ. (*Fig. 32*).

32. — *Tulasnella violacea* (Joh. Ols.) Juel.

Toute l'année. Sur toute espèce de bois, et plantes herbacées sèches. Assez commun.

La var. *lilacea* Bres. F. pol p. 114, à teinte plus claire, et spores en moyenne plus petites, est plus fréquente que le type.

89. — **T. calospora** (Boud. !) Juel. — Bres., Fungi polon., p. 114 ! — *Prototremella* Boud., Journ. Bot., 1896, p. 85, fig. 1—4.

Étalé, céracé, très mince, blanchâtre. — Hyphes à parois minces, 3—7 μ, sans boucles ; basides obovales, 18—21×9—12 —15 μ, 2—4 stérigmates devenant ovoïdes à extrémité subulée, 18— 30×9—12 μ ; spores fusiformes, droites, courbées ou un peu flexueuses, 18—45×4—6 μ, à spicule nul ou latéral.

Drap pourissant sur le fumier (BOUDIER, specim. orig !) ; bois pourri de chêne, Pologne (EICHLER !).

Forme *media* : pruineux, subpubescent, continu, pâle, bordure pruineuse ; hyphes 3—4 μ ; basides 14—21×12—16 μ, assez nettement 2—4 lobées au sommet, ce qui les rapproche de celles du *Sebacina calospora* ; stérigmates ovoïdes ou coniques, puis fusiformes allongés, souvent coudés ; spores (? stérigmates à l'état libre) 20—30×3—4 μ, à guttules huileuses. — Février, sur chêne, *Phellinus dryadeus* ; Aveyron.

Forme *spirillifera* : étalé, indéterminé, céracé, très mince, blanchâtre, pruineux. Hyphes 3—6 μ, guttulées ; basides subsphériques, 13—16×10—12 μ ; stérigmates d'abord sphériques, 5—7 μ d.. puis ovoïdes fusiformes, 12—15×6—7 μ, donnant naissance à des spores très étroites vermiformes, sigmoïdes ou à 1-2 tours de spire, 25—35×3—3,5 μ. — Janvier sur peuplier, Aveyron.

90. — **T. rosella** Bourd. et Galz., Soc. Myc. de Fr., 1924, p. 263.

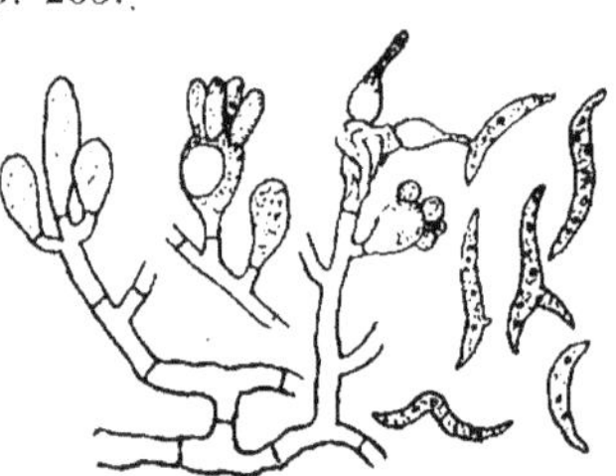

33. — *Tulasnella rosella* Bourd. et Galz.

Etalé, farineux-poré, puis continu, céracé, rosé, puis pâlissant et très fendillé, bordure atténuée, pruineuse. — Hyphes 3—7 μ, à parois minces, sans boucles ; basides obovales, 14— 18—24×10—15 μ, à 2—4 stérigmates arrondis, 6—9 μ d., puis ellipsoïdes ou fusiformes ; spores fusiformes flexueuses, 18—24—45 ×3—4 μ, souvent coudées, ou à spicule latéral allongé, rendant la spore fourchue quand il est près d'une extrémité, ou à trois pointes presque égales quand il est vers le milieu de la spore. *(Fig. 33.)*

Mai-Décembre. Sur écorce des branches tombées de pin, sur humus et bruyères sous les pins ; Aveyron, Allier ; Vienne (P. BRÉBINAUD).

91. — **T. fuscoviolacea** Bres. !, Fungi Trid., II, p. 98, t. CCX, f. 1.

34. — *Tulasnella fusco-violacea* Bres.

Etalé, céracé, adhérent, mince, violet obscur puis lilacé et pâlissant. — Hyphes 3—7 μ, à parois minces, sans boucles ; basides obovales, 12—18×7,5—10 μ ; stérigmates globuleux, puis obovales et fusiformes ; spores oblongues, atténuées obliquement à la base, et déprimées latéralement, 7—10—12×4,5—6 μ. (*Fig. 34*).

Avril-décembre. Sur chêne et autres bois pourris ; Epinal ; Belfort (E. GILBERT).

92. — T. albolilacea Bourd. et Galz., Soc. Myc. Fr., 1924, p. 264.

Pruineux, épars puis confluent et assez épais, céracé aride, poré ou continu, inégal, incrustant, blanc puis légèrement lilacé, décolorant, bordure similaire, émiettée ou pruineuse. — Hyphes 4—4,5 μ, à parois minces, sans boucles ; basides obovales, 14—20×8—9 μ, 2—4 stérigmates obovales puis fusiformes, 10—15×5—6 μ ; spores subelliptiques, brièvement atténuées à la base, 8—10×5—6 μ, germant latéralement.

Novembre-Décembre. Sur vieilles écorces et bois de chêne, et incrustant les mousses.

93. — T. albida.

Pruine très ténue, puis céracée, blanchâtre. — Hyphes 3—6 μ ; basides obovales 12—18×7—10 μ ; 4 stérigmates sphériques, puis oblongs et fusiformes ; spores obovales ou elliptiques, légèrement déprimées, 6,5—7,5—9×4—5,5—7,5 μ, germant sur le côté ou les extrémités.

Juillet-Décembre. Sur bois de chêne très pourri.

94. — T. pruinosa Bourd. et Galz., l. c., p. 264.

Pruine céracée en petites taches indéterminées, à la fin porées, puis continues très minces, blanc gris, puis légèrement teinté de rosâtre. — Hyphes 2—4 μ, à parois minces, sans boucles, hyphes subbasidiales souvent divisées en deux segments basidiformes, donnant naissance à deux autres segments similaires ou à deux basides ; basides obovales, 8—10—14×5—6—8μ ; 2—4 stérigmates, ovoïdes subulés, longs de 10 μ env. ; spores oblongues, obliquement atténuées à la base et aplanies ou légère-

35. = *Tulasnella pruinosa* Bourd. et Galz.

ment déprimées latéralement, 6—7—9×3—4,5 μ. *(Fig. 35)*.

Mars à Décembre. Sur bois pourri de châtaignier, assez commun dans l'Aveyron ; sur coudrier, Allier.

Forme *renascens :* pruine céracée, très molle, blanchâtre. Hyphes 4—5 μ ; basides ovoïdes 6—10×4—7 μ ; 4 stérigmates ovoïdes subulés, 9—12×4 μ ; spores subelliptiques, souvent un peu déprimées 4,5—6—7,5—3×4,5 μ. — Sur coudrier, chêne, *Diatrype*, etc. ; se renouvelle rapidement par les temps doux et humides, sur les surfaces où l'on a récolté le champignon, et gagne les bois avoisinants.

95. — **T. allantospora** Wakef. et Pears., Tr. Brit. Myc. Soc., 1923, p. 220.

Etalé, très ténu, céracé, hyalin ou très légèrement teinté de lilacin. — Hyphes 2—4 μ, sans boucles ; basides obovales, 7—10× 6—7,5 μ ; stérigmates elliptiques puis subulés, 7—9×5 μ ; spores cylindriques, un peu arquées, 9—11×2,5—4 μ.

Février-Avril. Sur bois de conifères, Angleterre (A. PEARSON).

36. *Tulasnella rubropallens* Bourd. et Galz.

Nous n'avons connu la description et le spécimen de cette espèce qu'après publication du *T. rubropallens* Soc. Myc. Fr., 1924, n. 15. Ce dernier, s'il est distinct de *T. allantospora*, en différerait par sa teinte plus franchement rose lilas sur le vif, et ses hyphes un peu plus grosses, 4—6 μ, çà et là bouclées ; il a l'aspect et la structure de *Corticium rubropallens* avec basides tulasnellées. Décembre, sur aune, Aveyron. *(Fig. 36)*.

96. — **T. bifrons** Bourd. et Galz., l. c., p. 264.

Etalé, interrompu, céracé corticiforme, puis gélatineux muqueux, au moins au centre, hyalin opalin. — Hyphes 1,5—3 μ, à parois minces et boucles éparses ; basides piriformes, 6—10×4,5—6 μ, 4 stérigmates arrondis, puis ovoïdes ou oblongs, atténués en pointe fine subulée, 10×4 μ env. ; spores oblonges subcylindriques, droites, 4,5— 6×3,5—4 μ. *(Fig. 37)*.

37. *Tulaneslla bifrons* Bourd. et Galz.

Avril. Sur bois décortiqué de pin ; Millau.

97. — **T. pinicola** Bres., Fungi polon., p. 14 (Bres. determ !).

Largement étalé et interrompu inégal, mince, ou épaissi ondulé, gélatineux, hyalin grisâtre, ou rosâtre obscur, puis induré, brunissant. — Hyphes 2—4 μ à parois minces, boucles nulles ou très rares ; basides claviformes ou obovales, 9—25×7—8 μ, 2—3—4 stérigmates obovales, puis fusoïdes et longuement subulés, 24—30×5—6 μ ; spores obovales, atténuées à la base, un peu déprimées latéralement, 6—10×4—6 μ.

Mars-Décembre. Sur bois dénudés de pin silvestre ; Millau.

97 bis. — T. tremelloides Wakef. et Pearson, Trans. Brit. Myc. Soc,, 1917, p. 70. *Specim. orig !*

Largement étalé, épais, trémelloïde, tuberculeux et onduléplissé, gélatineux, ferme, purpurin, puis brun hyalin corné et noircissant sur le sec ; bordure similaire. — Hyphes basilaires à parois fermes, teintées de purpurin, 3—4,5 μ, les supérieures 4—6 μ, toutes sans boucles ; basides obovales piriformes, 13—18×6,5—9 μ, à 2—4 stérigmates obovales ou claviformes puis oblongs, 10—18×3—4,5 μ ; spores libres hyalines, oblongues un peu déprimées latéralement et atténuées obliquement à la base, 7—10×4,5—5,5 μ.

Empâtant les aiguilles de pin, sur un nid de fourmis, Angleterre (A. A. Pearson, comm. Mss Wakefield).

Rappelle *T. pinicola* par sa structure micrographique ; mais il s'éloigne de tous les *Tulasnella* par son épaisseur et son grand développement.

98. — T. vernicosa Bourd. et Galz., l. c., p. 265.

Etalé, muqueux gélatineux, assez épais, hyalin sordide, puis en croûte vernissée brunâtre sur le sec. — Hyphes 1—2μ, gélatineux ; basides piriformes, 10—12×7—8 μ, à 4 stérigmates oblongs, puis fusiformes subulés, paraissant le plus souvent portés directement par l'extrémité des hyphes ; spores oblongues subelliptiques, rarement subdéprimées, 5—7,5×3—5 μ. (*Fig. 38*).

Mars à Septembre. Sur bois pourri de peuplier, noyer, etc.

La baside d'abord obovale porte quelquefois 4 stérigmates, mais le plus souvent les stérigmates sont sessiles à l'extrémité des hyphes, comme si les éléments de la baside avaient été absorbés au fur et à mesure de la formation des stérigmates.

38. *Tulasnella vernicosa* Bourd. et Galz.

Forme similaire à spore subsphérique, apiculée, 6×5—6 μ.

99. — T. sordida Bourd. et Galz., l. c., p. 265.

Assez largement étalé, gélatineux ou céracé muqueux, mince, uniforme, opalin, hyalin-sordide, fumeux puis évanescent, ou plus souvent laissant un enduit roussâtre ou brun livescent, parfois fendillé. — Hyphes à parois minces, sans boucles, 2—7 µ ; basides obovales oblongues 8—16—30×6—12 µ, à 2—4 stérigmates oblongs, 9—10 ×4—5 µ, puis fusiformes, 10—15×4,5 —5,5 µ ; spores obovales ou oblongues, atténuées à la base, rarement déprimées, 5—9—12×4—8 µ, variables. (*Fig. 39*).

Toute l'année. Pas rare sur bois pourris, pommier, châtaignier, aune, chêne, branches et poutres ; sur genêt, *Poria megalopora*, etc.

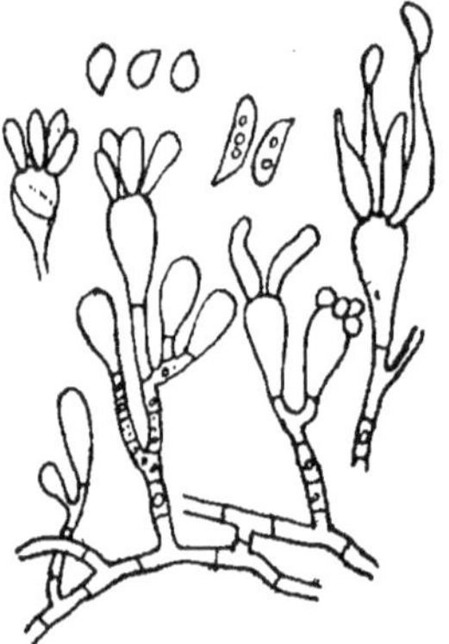

39. *Tulasnella sordida* Bourd. et Galz.

100. — T. obscura Bourd. et Galz., l. c.. p., 265.

Gélatineux muqueux, très mince maculiforme, hyalin sombre, évanescent, ou laissant une tache indéterminée, noirâtre ou rougeâtre. — Hyphes 3—4 µ, guttulées, à parois minces, sans boucles ; basides obovales, 8—9—12×4,5—6—8 µ, promptement flétries ; stérigmates obovales, puis étroitement fusiformes, 9—15×2,5—3 µ ; spores obovales subglobuleuses, atténuées à la base, 4,5—6×3—5 µ, 1 guttulées. (*Fig. 40*).

Juillet-Décembre. Sur bois pourris, noyer, peuplier ; Aveyron.

Var. **subatrata** : tache sombre, presque noirâtre ; basides 10—12×7—10 µ ; spores largement obovales, atténuées à la base, 6—7,5× 5—6 µ. — Avril, sur chêne, Aveyron.

40. *Tulasnella obscura* Bourd. et Galz.

101. — T. araneosa Bourd. et Galz., l. c., p. 265.

Taches aranéeuses lâches, puis plus denses ; filaments très difficiles à détacher du substratum. — Hyphes 3—8 µ, guttulées, à parois très minces, sans boucles ; basides obovales ou piriformes, 8— 15×6—8 µ, à 4 stérigmates sphériques, bientôt fusiformes, 9×4—5 µ, et se flétrissant promptement comme les basides ; spores obovales ou oblongues, atténuées

41. *Tulasnella araneosa* Bourd. et Galz.

obliquement à la base ou déprimées latéralement, 6—8×4—5 μ. (*Fig. 41*).

Octobre-Novembre. Bois pourris de frêne, aune, cerisier ; Aveyron, Allier.

Obs. — La section *Botryodea* des *Corticium* comprend des espèces qui se distinguent bien des *Tulasnella* par leur consistance sèche, feutrée filamenteuse ; quelques-unes cependant s'en rapprochent par la germination de leur spore et le volume que prennent normalement ou accidentellement leurs stérigmates. Nous leur rapportons le *Tulasnella anceps* Bres. et Sydow, pour ne pas le séparer de ses affines.

Le genre *Tulasnella* en est encore à une période analytique : on décrit tout ce qui a l'apparence d'espèce nouvelle ; plusieurs de ces espèces ne diffèrent que par les dimensions ou une variation dans la forme de la spore, ou bien par une différence de teinte ; or, ces caractères sont ici très variables. Il est probable qu'il se fera une sélection, quand on aura pu suivre de plus près, l'évolution de ces espèces.

GLOEOTULASNELLA v. Hœhn. et L., Oesterr. Cort., 1907, p. 59.

Caractères des Tulasnella, mais avec des gléocystides généralement bien différenciées.

102. — **G. hyalina** v. Hœhn. et L., Beitr. z. Kennt. d. Cort., 1908, p. 34, f. 8.

Irrégulièrement étalé, très mince, mucogélatineux, hyalin, continu, disparaissant à peu près sur le sec, ou ne laissant qu'une légère tache livescente. — Hyphes 2—3 μ, peu distinctes, parois minces ; gléocystides fusiformes ou subcylindriques, 15—50×7—12 μ, à parois minces, contenu hyalin, homogène ; basides claviformes, 12—15×4—7 μ, à 4 stérigmates oblongs, puis subulés ; spores obovales ou subglobuleuses, atténuées et mucronulées à la base, à contenu finement granulé, 4,5—7—9×4,5—6 μ.

Novembre. Sur pin maritime ; Aveyron. Rare.

103. — **G. metachroa** Bourd. et Galz., l. c., p. 265.

42. *Gloeotulasnella metachroa* Bourd. et Galz.

Largement étalé, continu ou interrompu, céracé mou, hyalin sombre ou plus ou moins teinté de violacé, brunissant ou évanescent. — Hyphes 3—6 μ, à parois minces, boucles assez fréquentes ; gléocystides cylindriques ou fusiformes, obtuses, souvent flexueuses, à parois minces, fermes, à contenu hyalin, homogène,

24—60×7—10 μ : basides obovales, 12—18×8—12 μ, à 2—4 stérigmates arrondis, oblongs, puis fusiformes, atteignant 15×7,5 μ ; spores subglobuleuses ou ovoïdes élargies, atténuées à la base, 6—9×6—8 μ. (*Fig. 42*).

Toute l'année. Sur bois très pourris, peuplier, pommier, pin, etc.

104. — G. cystidiophora v. Hœhn. et L., Beitr., 1906, p. 9, Fig. 1.

Etalé, mince, céracé gélatineux, (quelquefois épaissi et ondulé rugueux tuberculeux), hyalin gris clair, gris bleu, puis brun, ardoisé, olivacé, ou noirâtre, souvent évanescent. — Hyphes 1—4 μ, à plasma très granuleux ou guttulé, à parois peu distinctes, immergées dans une masse mucilagineuse, boucles rares ; gléocystides très variables, à contenu jaune huileux, 10—45—75×6—11 μ ; basides ovoïdes ou subsphériques, 9—15×5—10 μ, à 2—4 stérigmates oblongs, claviformes, 9—12×4—4,5 μ ; spores ovales oblongues ou subglobuleuses, 4,5—6—9×4—7 μ, atténuées et finement mucronées à la base, à contenu granuleux.

Mars à Octobre. Assez fréquent sur peuplier, plus rare sur cerisier, frêne, hêtre, etc.

La description primitive établie sur un unique échantillon d'herbier, est toute contenue dans la description ci-dessus, qui a dû être sensiblement élargie par l'adjonction de nombreuses récoltes, qui ne pouvaient être séparées.

105. — G. traumatica Hym. de Fr., Soc. Myc., t. XXV, p. 32.

Largement étalé, assez épais, finement bosselé ondulé, céracé gélatineux, puis muqueux, hyalin, opalin ou grisâtre, pruineux en séchant, puis roussâtre ou brunâtre. — Hyphes 1.5—3 μ, granuleuses, guttulées, bouclées ; gléocystides irrégulières, subcylindriques, obtuses, souvent ventrues, parfois fourchues, 80—210×5—16 μ, à contenu jaunâtre, huileux, puis résinoïde ; basides ovoïdes, 12—17×7—12 μ, à 2—4 stérigmates arrondis, oblongs, puis ovoïdes subulés ; spores ovoïdes ou ellipsoïdes, rétrécies à la base, 8—13×4—7 μ,

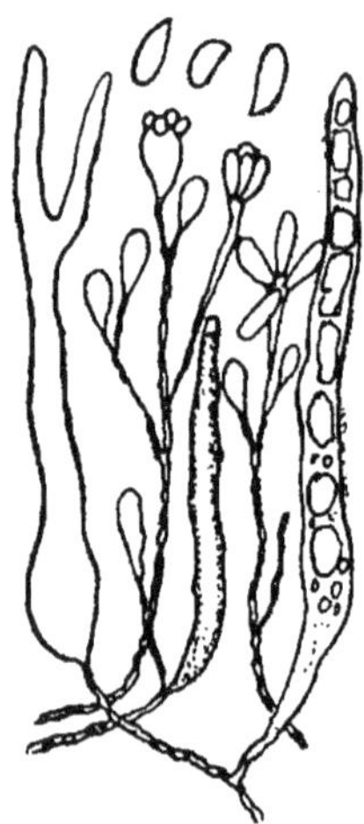

43. *Glocotulasnella traumatica* Bourd. et Galz.

produisant par un mycéluim court une conidie de même forme que la spore, 10×7 μ. (*Fig. 43*).

Toute l'année, surtout hiver. Sur bois déjà attaqués, pommier, peuplier, frêne.

Obs. 1. — On trouvera sans doute des *Tulasnella* cystidiés : nous avons plusieurs récoltes sur peuplier d'une plante *(Peniotulasnella conspersa p. t.)* qui a la structure de *Odontia conspersa* Bres., mais plus molle et plus lâche, avec les mêmes cystides à parois épaisses, mais non incrustées, avec basides à peu près sûrement tulasnellées, mais qui doivent être observées sur spécimens mieux caractérisés.

II. — Les Tulasnellacées comprennent encore le genre *Muciporus* Juel, qui a le réceptacle creusé de fossettes ou de pores, qui lui donnent l'aspect d'un *Poria*, avec basides de *Tulasnella*. Deux espèces : *M. deliquescens* Juel et *M. corticola* Juel *(Polyporus corticola* Fr., S. M. ; Hym. Eur., p. 680 ?).

IV. CALOCÉRACÉES

Basides cylindriques ou étroitement claviformes, devenant fourchues par le développement de deux stérigmates subulés, allongés ; spores ovoïdes ellipsoïdes, plus ou moins courbées ou déprimées, se cloisonnant souvent en plusieurs loges. Plantes lignicoles.

TABLEAU DES GENRES

1
- Réceptacle étalé corticiforme, céracé ou gélatineux : **Ceracea** I.
- Réceptacle tuberculiforme ou pézizoïde, sessile ou brièvement stipité : **2**
- Réceptacle dressé, renflé mitriforme ; hyménium limité à la surface de la mitre ; **Dacryomitra** III.
- Réceptacle dressé, cylindrique, clavariiforme, complètement entouré par l'hyménium : **Calocera** VI.

2
- Réceptacle entièrement gélatineux, tuberculiforme ou pezizoïde, sessile ou brièvement stipité : **Dacryomyces** II.
- Réceptacle gélatineux ferme à stipe induré obliquement dilaté en cupule striée longitudinalement à l'extérieur : **Guepiniopsis** IV.
- Réceptacle péziziforme, à disque plan, vivement coloré hétérogène, blanc villeux extérieurement : **Femsjonia** V.

I. — CERACEA Cragin. — Pat., Ess. tax., p. 29.

Réceptacle étalé corticiforme, céracé ou gélatineux ; basides fourchues ; spores déprimées ou arquées.

106. — C. crustulina Bourd. et Galz., Soc. Myc. de Fr., 1924, p. 266.

Etalé, adhérent, céracé, mince, continu, lisse, isabelle puis fauve pâle, bordure pruineuse-réticulée, plus claire. — Hyphes 3 μ, à parois minces, boucles éparses ; basides étroitement claviformes, 30—45×3—4 μ, stérigmates divergents, 12—15×2,5—3 μ, spores hyalines cylindriques, atténuées obliquement à la base déprimées ou un peu arquées, 9—12×3—4 μ, non cloisonnées.

Mai. Sur bois pourris de hêtre ; St-Guiral (Gard).

Le *C. aureofulva* Bres. in Krieg., Fungi Sax., n. 1909 (Allemagne, Suède), gélatineux ferme, fauve doré, à marge fimbriée, subbyssoïde, n'a pas encore été trouvé en France.

II. — **DACRYOMYCES** Nees. — Fr. — Pat., Ess., p. 29.

Réceptacle tuberculiforme ou pezizoïde, sessile ou substipité, gélatineux homogène, lisse ou chiffonné plissé ; basides fourchues.

107. — D. deliquescens (Bull., t. 455, f. 3) Duby. — Fr., Hym., p. 698. — Quél., Fl., p. 18. — Gillet, pl.

Subarrondi, 1—4 mm., lenticulaire ou tuberculiforme, souvent confluent, lisse ou chiffonné, gélatineux, jaunâtre ambré diaphane, palissant et semifluide, jaune brun induré sur le sec. — Hyphes 1—3 μ ; basides 20—45×3—5 μ ; spores oblongues ou cylindriques arquées, jonquille doré à chamois orangé en masse, 8—12—19×4—5—7 μ, prenant à la fin 3 cloisons, chaque article produisant 1-2 conidies ovoïdes, 3—4×2 μ.

Toute l'année. Très commun sur bois morts ou travaillés, arbres ou arbustes de toute essence. — Comme tous les *Dacryomyces*, c'est un lignivore sérieux, produisant une pourriture active. Chez les conifères surtout, le bois est résorbé ; il s'y produit des vides et il devient sec et cassant.

Etat oïdifère : tubercules orangé vif, durs puis pulpeux, constitués à la base par des hyphes hyalines, 2 μ d., donnant naissance à des hyphes ascendantes, 3—5 μ, qui se sectionnnent en articles de 6—15 μ de long. — Mêlé ou confluent avec la forme basidifère ou en tubercules séparés. Dégage par trituration une odeur qui rappelle l'abricot.

1. Formes ou variétés *tremelloïdes*, réceptacle subglobuleux, rugueux chiffonné :

D. hyalinus Quél., Fl. p. 17 (et déterm.). — Absolument hyalin, puis opalin, ne différant pas autrement du type. — Sur bouleau, peuplier, pin, etc.

D. tortus (Berk. *Tremella*) Mass. — C. Rea, brit. Basid. p. 741. — Tubercule arrondi, 4-8 mm., chiffonné, contourné, bosselé, gélatineux ferme ; spores cylindriques arquées, 12—14×4—5 μ, à la fin triseptées. — Sur branches mortes, chêne, bouleau.

2. Forme *discoïde cupulée*, puis plissée, aplanie, ambre brunâtre, puis brun noir; spores cylindriques arquées ou flexueuses, 10—16×4—6 μ, à 2—4 cloisons : *nigricans* Hym. de Fr.

3. Formes ou variétés en *groupes* denses ; tubercules petits ou très petits, distincts ou confluents :

fagicola : tubercules lenticulaires, 0,5 mm. diam., en groupes serrés ; spores 12—13×4,5—6 μ, oblongues subcylindriques, à 1—2 cloisons. Été, sur branches tombées et décortiquées de hêtre, églantier.

myriadeus : punctiforme, ambré, sur mycélium radié fibrilleux, en groupes serrés, confluents et noircissants ; spores 7—12×3—5 μ, cylindriques arquées, tardivement et rarement cloisonnées. Avril-Octobre ; sur branches tombées et décortiquées de pin.

4. Confluent ?, largement *étalé en membrane* gélatineuse continue, devenant bleuâtre sombre, pruineux ; hyphes 3—4 μ, les basilaires 4,5—6 μ, à parois épaisses ; spores cylindriques, subdéprimées latéralement, sans cloisons, 12—18×4—4,5 μ. Sur pin maritime : *ardosiacus* (*Ceracea ?*).

5. Formes distinctement *stipitées*, à stipe blanc villeux à la base :

stipitatus : discoïde, convexe puis aplani ou concave, 1—3 mm., jaune doré, puis fulvescent, à stipe ordinairement blanc villeux à la base, radicant et dilaté dans le bois en mycélium floconneux, groupé puis confluent par les bords. Hyphes 2—3 μ ; spores 11—16 ×4,5—6,5 μ, triseptées, donnant naissance à de petites conidies sessiles. Assez fréquent sur coudrier, noyer, pin, palissades de chêne.

Ditiola radicata Fr. nec Quél., nec Hym. de Fr. — Tuberculiforme, villeux, puis en disque aplani, souvent avec 1—2 plis, jaune d'or ou orangé, brunissant sur le sec ; stipe bien distinct, revêtu d'une villosité blanche, radicant. Hyphes 2,5—4,5 μ ; spores cylindriques arquées, 8—12×3,5—5 μ, sans cloison, ou à une cloison tardive. — Groupé en longues séries sur vieux bois de pin travaillés ; commun en Suède (spécim. ex Lloyd). — La différence avec *stipitatus* est seulement dans la spore ; mais comme on retrouve dans quelques-unes des formes énumérées ci-dessus la même spore que dans *D. radicata*, cette plante ne peut être séparée ni spécifiquement, ni génériquement du *D. deliquescens*.

108. — **D. stillatus** Nees. — Fr., Hym., p. 699. — Quél., Fl., p. 18. Gillet, pl.

Obconique, 1,5—4 mm., souvent blanc villeux à la base ; disque convexe, puis aplani et concave, uni puis ondulé, jaune

44. — *Dacryomyces stillatus* Nees.

d'or ou orangé, à couleur vive persistante, mais finissant par brunir en herbier. — Hyphes 1,5—3 μ, avec petites boucles aux cloisons ; basides 50—60×7—12 μ, chargées de gouttelettes jaune orangé ; spores ovoïdes ou largement elliptiques, atténuées à la base, peu ou pas déprimées, 18—25×7—9—10 μ, à guttules jaune doré, à la fin 1—cloisonnées. *(Fig. 44)*.

Toute l'année. Sur branches mortes de sapin, cortiquées et tenant à l'arbre.

109. — D. chrysocomus (Bull., t. 376, f. 2, *Peziza*) Tul. — Fries, Hym., p. 699. — Quél., Fl. myc., p. 18. — Gillet, pl. suppl.

Orbiculaire puis déprimé, mince, cupuliforme 1,5—3 mm., lisse, ambre doré. — Hyphes 1,5—4 μ, avec quelques boucles ; basides 45—60—85×6—7—11 μ. ; spores 12—18—25×6—7—11 μ ; oblongues ou subelliptiques, atténuées et incurvées vers la base, accrescentes, vacuolées, puis à 6—10 cloisons. *(Fig. 45)*.

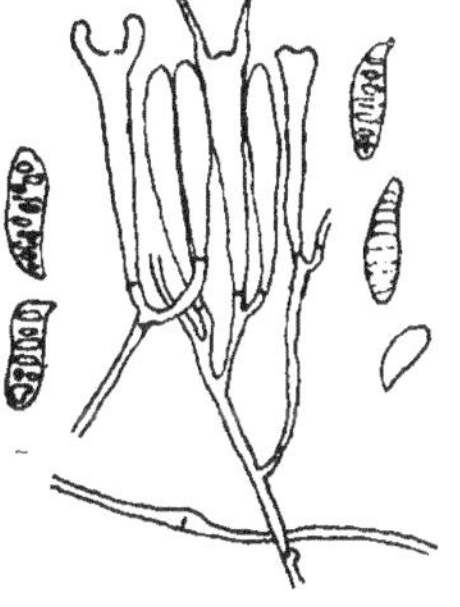

45. — *Dacryomyces chrysocomus* (Bull.) Tul.

Toute l'année. Commun sur branches tombées et décortiquées de pin.

110. — D. palmatus (Schw. *Tremella*) Bres. — v. Hœhn., Mykologisches, 1904. — Burt, Ann. Miss. bot. Gard., 1921, p. 379 et pl. 3, f. 2. — *D. multiseptatus* Beck. — Sacc. VI, p. 779.

Groupé ou cespiteux, arrondi, 1—3 cm., ondulé lobé, subdressé, gélatineux assez ferme, jaune doré, puis étalé collapse, orangé sur le sec. — Hyphes 2,5—6 μ, à parois épaisses gélatineuses ; basides 75—90×6—9 μ, stérigmates 30—45×6 μ. ; spores oblongues, un peu courbées, 22—29×7—10 μ, à 6-10 cloisons.

Hiver. Sur pin silvestre ; Vosges.

III. — DACRYOMITRA Tul. — Sacc., VI, p. 811. — Pat., Ess., p. 30.

Réceptacle stipité, gélatineux ferme, terminé en clavule fructifère, ovoïde ou allongée, lisse, plissée longitudinalement, ou morchelloïde. Basides fourchues ; spores oblongues, arquées.

111. — D. glossoides Bref., Unt., VII, t. XI, f. 1. — Sacc., VI, p. 811. — Bres., Fungi polon., p. 115.

Clavule ovoïde, sillonnée en long et en travers, presque morchelloïde, jaune orangé clair ; stipe cylindrique pâle, subhyalin, à peu près de même longueur que la clavule ; hauteur totale : 1,5 cm. — Spores oblongues ou ellipsoïdes, atténuées et un peu déprimées vers la base, 13—18×5—6 μ.

Septembre 1890, sur vieux bois de chêne, forêt de Moladier (Allier). Unique récolte répondant bien à la fig. de Brefeld, pour l'aspect et la taille ; les autres récoltes sur chêne ont aussi la clavule ovoïde et souvent morchelloïde, mais la hauteur du champignon n'est que de 3—5 mm. et elles ne peuvent être séparées des formes similaires du *D. pusilla* sur châtaignier.

112. — D. pusilla Tul. — Sacc., Syll. VI, p. 811. — Pat., Ess., fig. 23.

Stipité, épars ou 2—3 connés par la base, 2—5 mm. haut ; clavule ovoïde ou oblongue le plus souvent déprimée au milieu sur ses deux faces, (comme formée d'un bourrelet ourlant longitudinalement la partie supérieure du stipe), assez souvent simplement ovoïde, lisse ou scrobiculée morchelloïde, jaune ambré, pruineuse ; stipe, 1,5—2 mm., cylindrique, concolore ou plus pâle, bien distinct. — Hyphes 2—6 μ, les subhyméniales 1,5—2,5 μ, paraphyses simples 1,5 μ d. ; basides 30—60×4—4,5 μ ; stérigmates 15—45×2—3 μ ; spores subcylindriques, déprimées ou arquées, obliquement atténuées à la base, 10—12—15×3—4,5—5 μ, guttulées, puis à 1—3 cloisons.

Toute l'année. Sur bois pourri de châtaignier, plus rare sur chêne.

IV. — GUEPINIOPSIS Pat., Hym. ; Ess. tax., p. 30.

Réceptacle gélatineux ferme, plus ou moins stipité, obliquement cupuliforme ou lobé ; hyménium discoïde ou unilatéral. Basides fourchues ; spores courbées.

113. — G. merulinus (Pers. *Phialea*) Pat., Ess., p. 30 et fig. 22. — *Guepinia peziza* Tul. — Fr., Hym., p. 697. — *G. merulina* Quél., Jura, III, p. 119, t. XX, f. 6.

Simple ou cespiteux, 6—15 mm., jaune, ambré ; stipe cylindrique claviforme, obliquement dilaté en cupule, gélatineux ferme, finement plissé de nervures longitudinales à l'extérieur et descendant jusqu'à la base du stipe ; hyménium cupuliforme, concolore, lisse. — Conidies formées à l'extérieur du réceptacle, subsphériques, aspérulées, 9—12 μ d. portées comme les basides, par des hyphes à extrémités renflées et à ramification opuntioïde ; basides env. 40×4—5 μ ; spores obovales ou oblongues, déprimées latéralement, 9—13×5—6 μ,

Hiver. Assez fréquent sur hêtre, dans les Vosges. — Peu lignivore.

V. — **FEMSJONIA** Fr., Summ. Veg. Sc.

Réceptacle cupuliforme, gélatineux, disque épais à couleur vive, plan, lisse. Basides fourchues ; spores déprimées ou arquées. Lignicoles, érompants.

114. — **F. luteoalba** Fr., Mon. — Hym. eur., p. 695. — C. Rea, Brit. Basid., p. 843. — *Ditiola radicata* Quél., Fl., p. p. — Hym. de Fr., Soc. Myc., t. XXV, p. 34, nec Fries.

Érompant peziziforme, 3—15 mm., plus ou moins nettement stipité, puis sessile, blanc et finement villeux à l'extérieur ; chair diaphane gélatineuse ferme, disque jaune vif, aplani, puis subdiffluent. — Hyphes hyalines 1,5—3,5 μ, à boucles quelquefois ansiformes ; basides ambrées, 55—85×5—9 μ ; stérigmates peu allongés 25×4—6 μ ; spores subelliptiques un peu déprimées latéralement, non cloisonnées, 1—2 guttulées, ou à contenu granuleux (14)—18—31×7—8—10 μ. (*Fig. 46*).

Du printemps à l'automne. Sur branches tombées de chêne, bouleau, *Cerasus padus*. Allier, Vosges, Marne.

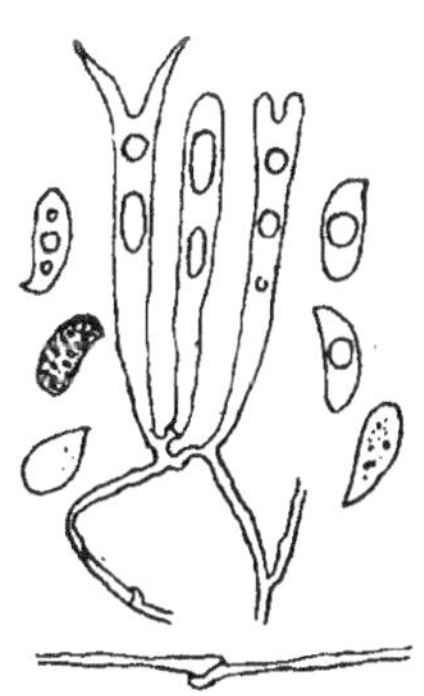

46. *Femsjonia luteoalba* Fr.

115. — **F. pezizaeformis** v. Hoehn., in litt. — *Exidia* Lév.

Cupule turbinée, 3—4 mm., isolée ou par 2—3, pâle ou blanche, finement villeuse à l'extérieur : disque ondulé, subcrispé, jaune clair. — Hyphes 1,5—5 μ, à boucles rares, ansiformes et ramuligères ; basides 60—90×6—7(—9) μ ; stérigmates subulés, 30×4—6 μ ; spores oblongues, atténuées obliquement ou légèrement courbées vers la base, 23—25—30×7—9—11 μ, à 12—24 cloisons.

Décembre. Sur sapin, Alsace (L. Maire) ; Tyrol (V. Hœh-nel).

VI. — **CALOCERA** Fr. — Pat.. Ess., p. 31.

Réceptacle dressé, cylindrique, simple ou rameux, tenace gélatineux ; hyménium amphigène ; basides fourchues ; spores oblongues ou cylindracées, déprimées ou arquées. Lignicoles, produisant une pourriture plus ou moins active, sèche, à la fin rougeâtre, avec disparition du bois.

Tableau analytique des espèces

1 {
Clavule rameuse : 2.
Clavule simple ou légèrement incisée au sommet, isolée ou cespiteuse : 4

2 {
Radicant, tenace, 3—6 cm. ; rameaux dichotomes, jaune vif ou doré : *C. flammea*, n. 116.
Plantes plus grêles et plus basses, 0,5—2 cm. haut. : 3.

3 {
Tronc grêle, dilaté au sommet en rameaux simples, divariqués, jaune orangé : *C. palmata*, n 117.
Rameaux dichotomes ; plante formant une petite touffe, ambrée ou jaune cire. Branches tombées, merisier ; Alsace : *C. expallens* Quél., Fl., p. 457. Ass. fr., 1893, pl. III, f. 14.

4 {
Petite plante érompante, cespiteuse, à clavules 2 mm. long., subulées, pellucides, incarnates ou jaune pâle. Sur branches sèches : *C. corticalis* Fr., Hym., p. 680. Quél., Fl., p. 457.
Solitaire, filiforme, 0,5—1 cm., blanc, puis jaunâtre au sommet. Bois cariés et humus des forêts de pins : *C. gracillima* Weinm. Fr., Hym., p. 681. Quél., Ass. fr., 1882.
Clavule comprimée-ligulée au sommet : *C. glossoides*, n. 120.
Clavules cylindriques : 5.

5 {
Clavule linéaire fusiforme, à stries longitunales flexueuses : *C. striata*, n. 119.
Clavule lisse, bulbeuse radicante, 2—5 cm., tenace, glutineuse, fasciculée sur souches (tremble) : *C. tuberosa* Fr., S. M., Hym., p. 686. Quél., Fl., p. 456.
Clavule lisse, 1 cm. env., égale, brièvement radicante : *C. cornea*, n. 118.

116. — C. flammea (Schæff., t. 174) Quél., Fl., p. 457. — *Clavaria viscosa* Pers. — *Calocera* Fr., Hym., p. 680. — Gillet, pl.

Radicant, rameux, tenace, 3—6 cm., lisse, jaune vif ou doré. — Hyphes 2—4 μ ; basides 40—50×5—6 μ ; sporeś oblongues, 7—12×4—4,5 μ, ocracé vif en masse.

Toute l'année. Commun sur souches pourries de pin. Lignivore plus actif que ses congénères.

Var. **furcata** Quél., Fl., p. 457. *Calocera* Fr., S. M. — Hym. p. 680. — Clavule cylindrique ou fusiforme, gélatineuse tenace, éparse ou fasciculée, simple ou à 2—3 rameaux courts, jaune vif, base villeuse et blanche. — Troncs de conifères.

117. — C. palmata (Schum. *Tremella*) Fr., Hym., p. 680. — Quél., Fl., p. 457.

Solitaire ou cespiteux (2—3), souvent blanc villeux à la base, 1—2 cm. haut., jaune ambré ou orangé, comprimé dilaté au sommet en rameaux divariqués, aigus ou obtus, jaunes-orangés. — Hyphes 2—4 μ ; basides 22—36×4—5 μ ; spores oblongues, déprimées latéralement, 7—12×3,5—4,5 μ.

Hiver, printemps. Sur branches tombées, chêne, aune, cerisier.

118. — C. cornea Batsch. — Fr., Hym., p. 680. — Quél., Fl., p. 456. — Gillet, pl. — Pat., Ess., p. 31, f. 24. — *Clavaria aculeiformis* Bull., t. 463, f. 4

Cespiteux ou isolé, 1 cm. haut. environ, simple, lisse, visqueux, jaune pâle, crème orangé, blanc villeux à la base et courtement radicant. — Hyphes 1,5—4 μ ; basides 30—45×4—5 μ ; spores oblongues, déprimées latéralement, 7—9×4—4,5 μ.

Toute l'année. Commun sur bois pourris, chêne, noyer, aune, peuplier, etc.

119. — C. striata (Hoffm.) Fr., Hym., p. 681. — Quél., Fl., p. 456.

Simple, épars, 1—2 cm., linéaire fusiforme, tenace, jaune ambré, se fonçant en séchant et prenant des stries longitudinales, flexueuses, interrompues. — Hyphes 2—3 μ ; basides 28—36×4 —5 μ ; spores oblongues, déprimées latéralement, 7—10×3—5 μ.

Toute l'année. Commun sur troncs et souches, chêne, hêtre, peuplier, sureau, etc.

C. cornea, striata et *palmata* sont bien voisins. *C. cornea* et *striata* présentent chacun une forme *fasciato-ramosa* qui les fait ressembler à *C. palmata.*

120. — C. glossoides (Pers., *Clavaria*) Fr., Hym., p. 681.
— Quél., Fl., p. 456.

Clavule simple, 1—1,5 cm., gélatineuse pellucide, comprimée ligulée ou lancéolée, obtuse, jaune clair ; stipe cylindrique, concolore, blanc villeux à la base. — Hyphes 2—4 µ ; basides 21—36 ×4—5 µ ; spores ellipsoïdes, déprimées et atténuées à la base, 8—10×3—4,5 µ.

Printemps. Groupé sur bois pourris, chêne, bouleau ; peu commun.

V. EXOBASIDIACÉES[1]

Mycélium végétant à l'intérieur des tissus vivants, et fructifiant en dehors. Hyménium disjoint, à basides variables, 2—4-polyspores ; cystides nulles ; spores hyalines.

EXOBASIDIUM Woron. — Pat., Ess., p. 34.

Caractères de la famille. Basides non stipitées.

121. — **E. Vaccinii** (Fuck., *Fusidium*) Wor., Nat. Gesells. Freib., IV. — Juel, Svensk. bot. Tidskr., VI, 1912.

Mycélium provoquant des déformations arrondies ou ovales, plus ou moins étendues, du limbe de la feuille qui est épaissi, charnu et se couvre d'un revêtement floconneux blanc. Basides saillantes extérieurement, claviformes. Spores hyalines, allongées, subfusiformes, 8—12×2—3 μ.

Pas rare sur divers *Vaccinium* : *V. Vitis Idaea*, *V. Myrtillus*, *V. uliginosum*, surtout dans les régions montagneuses : Vosges, Alpes, Pyrénées ; aussi dans les plaines (sur *V. Myrtillus*) : Nord, env. de Paris, Nord-Ouest, etc.

122. — **E. Rhododendri** Cramer ap. Rab. ; Fung. Eur., n. 1910. — *E. Vaccinii* var. *Rhododendri* Fuck.

Espèce voisine de la précédente provoquant sur les feuilles du *Rhododendron ferrugineum* des galles volumineuses, pouvant atteindre le volume d'un œuf, charnues, rouges. Basides et spores comme chez *E. Vaccinii*.

Alpes, Pyrénées sur *Rhododendron ferrugineum*.

(1). — Quoique rangés parmi les Homobasidiés, les *Exobasidium* donnent par germination une spore secondaire ; il en est de même pour un très petit nombre d'autres espèces : *Aleurodiscus dryinus,* quelques *Corticium* du groupe *botryodea*.

Le genre *Exobasidium* a été traité par M. MAUBLANC, que nous avons prié de vouloir bien suppléer à notre connaissance trop imparfaite de ces plantes parasites.

123. — ? E. Azaleæ Peck, 26ᵉ rep., p. 72. — Saccardo, Syll. Fung., VI, p. 665.

Provoque sur les feuilles des Azalées des galles rappelant celles de l'*E Rhododendri*, bien que plus irrégulières, ou bien amène la déformation totale des bourgeons. Basides très saillantes, cylindriques, un peu en massue à l'extrémité, $50—90 \times 5—9$ μ à 4—6 stérigmates ; spores cylindriques, $7—15 \times 2,5—4$ μ, se cloisonnant transversalement avant de germer par petites conidies droites.

Cette espèce a été introduite en France et n'est pas rare actuellement sur les Azalées cultivées : Cherbourg (Corbière), environs de Paris, vallée de la Loire.

Plusieurs espèces d'*Exobasidium* ont été signalées sur les Azalées au Japon et en Amérique du Nord ; l'espèce introduite en Europe paraît bien répondre à l'*E. Azaleae* Peck, bien que Petri (Ann. Mycol., V, p. 341, 1907) la rapporte à *E. discoideum* Ellis.

124. — Vaccinii-uliginosi Boudier, Bull. Soc. bot., XLI, p. CCXLIV, 1894. — *E. Vaccinii* Auct. pro parte.

Champignon provoquant des balais de sorcière sur les *Vaccinium*, avec tiges plus ou moins hypertrophiées et feuilles charnues. Basides à 2 stérigmates. Spores de grande taille, $22—30 \times 7—10$ μ.

Sur feuilles et rameaux des *Vaccinium uliginosum*, *Myrtillus* et *Vitis Idaea*. Çà et là en France.

Cette espèce se distingue très nettement des précédentes par son mode de vie : au lieu de provoquer de simples galles sur certaines feuilles, elle procède par infection généralisée donnant naissance à de véritables balais de sorcière. Ce caractère se retrouve chez les espèces suivantes qui se distinguent facilement à leurs spores bien plus petites.

L'*E. aequale* Saccardo (N. Giorn. bot. Ital., 1917, p. 33) paraît très voisin de l'*E. Vaccinii-uliginosi* dont il a les grandes spores ; cette forme signalée sur *Vaccinum Myrtillus* dans le nord de l'Italie, serait caractérisée par ses fructifications blanches et la moindre déformation de l'hôte.

125. — E. Vaccinii-Myrtilli (Fuck. prof. *E. Vaccinii*) Juel, l. c. — *E. Andromedae* f. *Vaccinii-Myrtilli* R. Maire, Bull. Soc. bot., LIV, 1907, p. CLVIII.

Champignon attaquant les bourgeons dont le développement produit des rameaux déformés (balais de sorcière) hypertrophiés avec feuilles épaissies, pourpre foncé. Basides saillantes, à 4 stérigmates. Spores hyalines, fusiformes, $10 \times 3—4$ μ.

Attaque les *Vaccinium Myrtillus*, *Vitis-Idaea*, *uliginosum* ; les deux derniers dans les montagnes, le premier également dans les plaines : Nord, environs de Paris, Normandie, etc.

125 bis. — **E. Uvæ-Ursi** (Maire, l. c., f. d'*E. Andromedae*) Juel, l. c.

Forme des balais de sorcière sur les rameaux d'*Arctostaphylos Uva-Ursi*. Basides à 2—4 stérigmates. Spores 9—10×3—4 μ (n. v.).

Pyrénées : Cauterets (R. MAIRE).

Espèces à rechercher

E. Oxyccocci Rostrup, forme voisine d'*E. Vaccinii*, spéciale à *Oxycoccos vulgaris*, Nord de l'Europe, Amérique du Nord.

E. Andromedæ Karst, Hattsv., II, p. 153. — Très voisin des *E. Uvæ-Ursi* et *Vaccinii-Myrtilli* et produisant des balais de sorcière sur *Andromeda polifolia* dans les régions septentrionales.

E. Unedonis R. Maire, Bull. St. rech. forest. Afrique du Nord, I, p, 123, 1916. — Attaque en Algérie les rameaux d'*Arbutus Unedo* ; basides à 4 spores de 13—41×4—6 μ.

E. hesperidum R. Maire, Ibid., p. 183, 1917. — Déformations sur les feuilles du *Rhus oxyacantha*, Mauritanie. Basides à 2 spores de 12—25×7—9 μ.

E. patavinum D. Sacc., Mycoth. Ital., nᵒ 8 ; Sacc., Syll., XIV, p. 230. — Taches blanches ou blanc cendré sur les feuilles d'*Ilex Aquifolium*, sans déformation du limbe. Basides à 4 spores ellipsoïdes, 8—10×5—6 μ. — Italie.

E. Lauri Geyl., Bot. Zeit., 1874, p. 322. — Espèce provoquant sur les rameaux de *Laurus* des excroissances ligneuses, de taille et de forme variables, généralement clavariiformes et sillonnées en long. Basides à 4 spores oblongues, courbes, 15—16 μ. — Région Méditerranéenne, Canaries.

Ce champignon n'est peut être pas un *Exobasidium* et les galles ne sont pas sûrement dues à son action.

E. Warmiingii Rostr., Fung. Groenl., p. 530, 1889. — Taches déformantes sur les feuilles de *Saxifraga Aizoon* ; basides cylindracées, 13—15×2,5 μ ; spores fusiformes, étroites, 6—10×1 μ. — Suède, Suisse, Tyrol, Piémont.

Espèces douteuses ou à exclure

E. Schinzianum P. Magn., Naturf. Ges. Zurich, 1891. — Sur *Saxifraga rotundifolia*, Suisse. Sec. Bubak serait la conidie d'*Entoloma Schinzianum* Bub.

E. graminicola Bres. ap. Krieger, F. saxon., n° 664 ; Hedw., 1893, p. 32. — Sur diverses Graminées dont les feuilles sont recouvertes d'un revêtement étalé, mince, adné, blanc, puis jaunâtre, sans déformation du limbe. — Saxe.
N'est probablement pas un *Exobasidium* vrai.

E. Vitis (Viala et Boyer, *Aureobasidium*) Prill. et Delacr., C. R. Acad.-Sc., CXIX, p. 106, 1894. — Sur feuilles et fruits de la vigne.
N'est certainement pas un Basidiomycète, mais un Hyphomycète à éléments bourgeonnants, probablement identique à *Dematium pullulans* de Bary (Cfr. G. Arnaud, Potebnia).

E. Juglandis (Berang.) Pat. — Sur feuilles de noyer.
C'est un Hyphomycète dont les filaments fertiles, terminés par une conidie, ont été à tort considérés comme des basides monosporiques. (Cf. R. Maire).

E. Brevieri Boud., Soc. Myc. Fr., XVI, p. 15, Pl. I, fig. 1, 1900. — Sur les frondes vivantes d'*Athyrium Filix-fœmina*, Puy de Dôme.
Identique à *Glœosporium filicinum* Rostr., ce champignon est, d'après J. Lind (Arkiv. f. Bot., VII, n. 8, 1908), un Protobasidiomycète, l'*Herpobasidium filicinum* Lind, voisin des *Helicobasidium*.

VI. APHYLLOPHORACÉES

Surface hyménienne à développement indéfini. Au début le réceptacle a l'aspect d'un tubercule nu, près de l'extrémité duquel paraissent les premiers éléments hyméniens. Au fur et à mesure de l'allongement de ce tubercule, de nouvelles basides se montrent, entre les premières et l'extrémité du corps fructifère, jusqu'au complet développement du champignon ; en sorte, que l'hyménium est d'autant plus âgé que la partie envisagée est plus rapprochée de la base de la plante. (Pat, Ess.).

Les Aphyllophoracées se divisent en deux tribus :

1. — CLAVARIÉS : réceptacle dressé dendroïde, simple ou rameux, quelquefois infundibuliforme, mais formant très rarement un véritable chapeau. Hyménium presque toujours amphigène, mais dans les espèces comprimées en lames, l'hyménium se localise à la face inférieure.

2. — POROHYDNÉS : réceptacle résupiné ou piléiforme, sessile ou stipité, hyménium infère.

Tribu I : CLAVARIÉS

TABLEAU ANALYTIQUE DES GENRES

1. Espèces tenaces indurées persistantes. Réceptacle filiforme, dendroïde ou à rameaux aplatis. Hyménium assez souvent unilatéral (*Théléphores*) : 2.

   Espèces charnues putrescentes. Réceptacle cylindrique ou comprimé, simple ou rameux. Hyménium amphigène (*Clavaires*) : 3.

2. Dendroïdes, rameux, clavariiformes, à rameaux très grêles, filiformes, tenaces ; hyménium amphigène : **Pterula** II.

   Ligneux ou coriaces, dressés, simples (quelquefois presque infundibuliformes), ou diversement lobés, ou à rameaux cylindracés, ou étalés en lames ; hyménium amphigène ou infère : **Thelephora** I

3. Hyménium lâche, disjoint ; stérigmates volumineux par rapport à la baside : **Hirsutella** IX.

   Hyménium continu : 4

4. Divisions du réceptacle comprimées en lames : **Sparassis** III.

   Réceptacle simple ou rameux à divisions cylindracés : 5.

5. Hyménium entourant toute la surface de la clavule : 6.

   Hyménium limité au sommet arrondi de la clavule : **Pistillina** VIII.

   Hyménium entourant seulement la partie moyenne de la clavule ; sommet stérile : **Ceratella** VII.

6. Espèces généralement grandes, charnues : **Clavaria** IV.

   Espèces petites à stipe élancé filiforme, clavule souvent linéaire : **Typhula** V.

   Espèces petites à stipe très court, clavule élargie, souvent ovoïde : **Pistillaria** VI.

I. — **THELEPHORA** Fr., p. p. — Pat., Ess.

Réceptacle dur ligneux ou subcoriace, dressé, simple ou rameux, diversement lobé, à rameaux cylindracés ou en lames concrescentes ; spores hyalines, arrondies ou ellipsoïdes. Espèces humicoles.

126. — **T. pallida** Pers., Ic. et descr. ; Syn., p. 565. — Fr., Hym., p. 633. — Quél., Fl., p. 430. — *Bresadolina* Brinkm., Ann. Myc., IX, n. 3.

Haut de 2—6 cm. ; stipe blanc villeux à la base, souvent concrescent, dilaté en chapeau obconique, plus ou moins infundibuliforme, villeux satiné, pâle et subzoné de mèches strigueuses fauve rougeâtre, décolorantes ; hyménium pâle, puis crème ou teinté de chamois ou de roussâtre, rugueux bosselé, pruineux ; chair blanche puis pâle, subéreuse, coriace. — Hyphes 3—5 μ, à parois minces ou peu épaisses ; basides 50—75×5—6 μ, à 2—4 stérigmates ; spores ellipsoïdes, 1-guttulées, 6—7—9×4—6 μ.

Août à Décembre. Sur la terre nue, sentiers des bois de hêtres.

127. — **T. intybacea** Pers., Syn., p. 567, non Fries. — Quél. ! Fl. myc., p. 430. — *Clavaria foliacea* St-Am., Fl. Agenn., p. 511. — *Sparassis* pl. auct. — *Thelephora Amansii* Brond., Cr. Agenn. — Quél., Descr. Ch. nouv. in Revue Myc., 1892, p. 1.

Cespiteux conné, en touffes denses, 5—8 cm. de haut, 8—10 cm. de large ; stipes courts, dilatés en chapeaux obconiques, concrescents, imbriqués concentriques, à divisions dressées, épaisses, foliacées, fibrostriées, incisées et crénelées, enchevêtrées en tous sens à la surface, pâles ou légèrement teintées d'améthyste, puis fulvescentes, blanches et fimbriées aux bords ; hyménium crème incarnat ou lilacin grisâtre, pruineux, grossièrement rugueux ; chair coriace, ligneuse, épaisse et continue à la base, largement caverneuse supérieurement par la concrescence des chapeaux, incarnat-alutacé, puis lignicolore. — Hyphes de la trame 3—6 μ, les unes solides ou à parois épaisses, flexueuses, à cloisons distantes, les autres et les subhyméniales à parois minces, boucles rares ; organes conducteurs peu nets, tubuleux, à parois minces, s'élevant à diverses hauteurs dans l'hyménium ; hyphes paraphysoïdes simples ou à 1-2 ramules, 1,5 μ d. ; basides 30—60× 3—5 μ, à 2(—4) stérigmates ; spores ovoïdes arrondies ou largement elliptiques, 5—6×4—5 μ, 1-guttulées, hyalines ou légèrement teintées de jaunâtre.

Septembre-Octobre. Allées des bois feuillus, chemins herbeux sous les chênes ; Allier. Rare.

La surface hyménienne dans les parties caverneuses offre des touffes arrondies ou confluentes de basides courtes, largement claviformes, portant une conidie sessile, de même forme et grandeur que la spore normale.

128. — T. multizonata Bk. Br. — Fr., Hym., p. 633. — *Stereum* C. Rea, Brit. Basid., p. 662.

Cespiteux, 8—12 cm. de haut ; stipe 1—5 cm. dilaté en rameaux élargis, peu épais, concrescents en un chapeau infundibuliforme, profondément incisé et lobé, roux vif ou bruni, avec zones plus foncées ; hyménium finement côtelé ou lisse, subconcolore, plus clair ou gris chamois. — Hyphes de la trame subparallèles, 3—6 µ, à parois minces et à parois épaisses mêlées, les supérieures 2—3 µ, plus flexueuses ; basides 45—75×5—7 µ, à 2 (—4) stérigmates ; spores hyalines, globuleuses ou largement elliptiques, 4,5—6,5×4—5 µ, à grosse guttule huileuse.

Septembre-Octobre. A terre dans les bois feuillus ; forêt de Moladier, Allier ; environs de Troyes (PLOYÉ).

Les trois espèces précédentes sont très affines ; mais comme les deux dernières sont rares, il ne s'est pas présenté de formes de passage.

129. — T. contorta Karst. — Fr., Hym., p. 635. — *Polyozus* Karst.

Base stipitiforme très rameuse, subcoriace, dressée ; rameaux anguleux ou comprimés, fastigiés, pâles, légèrement brunâtres ou grisonnants, pruineux, tantôt incisés palmés au sommet, tantôt effilés très aigus et tordus en vrille sur le sec ; hauteur totale, 3—5 cm. — Hyphes 2—4 µ, à parois minces, à cloisons le plus souvent sans boucles ; basides de deux sortes : 1° normales étroitement claviformes, 50—90×8—10 µ, à 2—4 stérigmates de 7,5×2,5 µ ; 2° basides obovales ou largement claviformes, 30—60—×13—18 µ, 2—4-lobées au sommet par de forts stérigmates coniques de 18×3 µ, souvent cloisonnées jusque vers le milieu de leur longueur ; spores ellipsoïdes fusiformes, atténuées et incurvées à la base, obtuses ou subaiguës au sommet, 15—19×5—7 µ, à contenu huileux ou 1-pluriguttulé.

Septembre. Sur la terre ombragée, Parc de Nacqueville, Manche (L. CORBIÈRE) ; Aveyron ; Suède (C.-G. LLOYD).

Cette espèce semble bien voisine, si elle est distincte, de *T. tuberosa* (Grev.) Fr. Du moins, les caractères donnés par M. Bresadola, pour un spécimen japonais de l'Herbier de Berlin, concordent avec les nôtres, de même que l'aspect de la plante, qui est plutôt celui d'un *Pterula* que d'un *Thelephora*. Elle est surtout remarquable par ses basides dimorphes : les basides obovales lobées au sommet ou semi-cloisonnées, rapprochent singulièrement l'espèce des Trémellinées et notamment du genre *Tremellodendron*, dont elle a aussi le port, comme le fait remarquer M. Lloyd.

II. — **PTERULA** Fr. — Pat.

Réceptacle tenace, filiforme, simple ou rameux ; trame homogène ; spores hyalines, ovoïdes. Plantes terrestres ou lignicoles.

130. — **P. multifida** Fr., Hym., p. 682. — Quélet, p. 456. — Lloyd, Myc. Notes, n. 60, p. 863, f. 1464-1465.

Très rameux en touffe dès la base, 1—3 cm. flasque, puis induré, pruineux, blanc pâle, isabelle clair, puis brun clair ; rameaux filiformes, intriqués flexueux, effilés à l'extrémité. — Hyphes axiles à parois minces ou peu épaisses, 3—4—6 μ, sans boucles ; tissu sous-hyménial plus ou moins abondant, à éléments peu distincts ; basides 24—30×5—6 μ, à 2—4 stérigmates ; spores hyalines, oblongues, aplaties latéralement et obliquement atténuées à la base, 4,5—7,5×3—4 μ.

Septembre-Décembre ; sur humus des bois de conifères.

Nous rapportons à cette espèce une forme grêle, en touffes serrées, à ramules très fins peu nombreux, avec rameaux plus gros ressemblant à des stolons ; mêmes caractères micrographiques ; spores un peu plus ovoïdes, 1—2 guttulées. — Sur marcs de raisin vieux de deux ans ; Tours, Novembre 1921 (L. Corbière).

M. Lloyd cite en France deux formes qui peuvent être aussi rapportées provisoirement à P. multifida :

P. abietis Lloyd, Myc. Notes 75, p. 1357, fig. 3.200.

Densément cespiteux sur aiguilles tombées de pin ; tronc peu marqué, rameux dès la base, fimbrié en haut, ambre foncé sur le sec, avec extrémités plus claires. Nord-Est (R. Maire) (n. v.).

P. densissima Bk. et C. — Sacc., VI, p. 741. — Lloyd, Cf. Vol. V, fig. 1469 ; Vol. 75, p. 1358, f. 3213.

A part son mode compact de croissance, il a le même aspect et la même couleur que *P. multifida* et il pourrait être une forme compacte de cette espèce, mais ce dernier croît en groupes séparés et a un aspect tout différent (R. P. Dollfus) (n. v.).

131. — **P. subulata** Fr. — Hym., p. 682. — Quél., Fl., p. 458. — Lloyd, l. c., p. 863, f. 1.468.

Touffes denses, raides, dressées, 2,5—3 cm. ; ramules peu nombreux, multifides et subulés au sommet, blanc cendré, puis jaunissant.

Terre humide. (n. v.).

132. — **P. taxiformis** Mont. — Lloyd, l. c., p. 866, f. 1.474. — *Lachnocladium* Sacc., VI, p. 740.

Petit arbuscule, 1—1,5 cm., à tronc dressé, villeux pubescent à la base, pâle, grisâtre, à rameaux courts, étalés, très ténus, les supérieurs simples, les inférieurs assez ramuleux. — Hyphes axiles, 2—3 μ, tenaces, parallèles, à cloisons distantes, la plupart à parois assez épaisses ; couche subhyméniale mince, à éléments peu distincts ; basides 18—24×5—6 μ ; spores obovales, atténuées obliquement à la base et déprimées latéralement, quelques unes gibbeuses, 1-guttulées, 4—5×3—4 μ.

Août ; sur écorce de pin pourrissant dans une serre, Cherbourg. (L. CORBIÈRE).

Bien ressemblant avec la fig. donnée par M. Lloyd ; et il n'y en a pas d'autre à laquelle on puisse le comparer.

III. — **SPARASSIS** Fr.

Réceptacle charnu, substipité, divisé en rameaux foliacés, plus ou moins soudés, basidifères sur les deux faces ; spores hyalines, ovoïdes. Humicoles.

133. — **S. crispa** (Wulf.). — Fr., Hym., p. 666. — Quél., Fl. Myc., p. 16. — Gillet, pl. 180. — *Elvella ramosa* Schaeff., t. 163.

Stipe épais, plus ou moins radicant, dilaté en rameaux nombreux, aplatis, entrelacés et confluents, crispés, formant une tête de 10—30 cm. et plus, blanc crème. — Hyphes à parois minces ou peu épaissies, serrées, 2—6 μ ; hyphes de la partie médiane très irrégulières, avec renflements ovoïdes jusqu'à 45 μ, formant un faux parenchyme d'aspect lacuneux, à travers lequel courent des hyphes rameuses, peu cloisonnées, remplies d'un suc semblable à celui des basides, non autrement différenciées ; basides 45 —60×4—7,5 μ à 2—4 stérigmates ; hyménium régulier à la face inférieure ; basides éparses émergentes sur la tranche et par plages, en hyménium régulier sur la face supérieure ; spores hyalines, oblongues ou elliptiques, peu sensiblement atténuées à la base, 6—7,5×4—5 μ, à grosse guttule.

Septembre-Octobre. Humus des bois de conifères ; Allier, environs de Paris (R. GARNIER), Vosges, Alpes, etc. Peu commun.

Le *S. laminosa* Fr. (Hym., p. 666. — Quél., Fl., p. 17. — C. Rea, Brit. Basid., p. 664) diffère de *S. crispa* par ses rameaux en lames étalées plus lâches, paille ; chair jaunâtre. Bois de chênes. (n. v.).

IV. — **CLAVARIA** Fr.

Réceptacle charnu dressé simple ou divisé en rameaux subcylindracés. Hyménium amphigène ; basides **2—4** stérigmates ; cystides nulles, spores, globuleuses, oblongues ou elliptiques ; lisses ou aspérulées, hyalines ou ocracées. Plantes putrescentes, terrestres ou epiphytes.

Tableau analytique des espèces

1 \Clavaires rameuses : **2.**
/Clavaires simples, isolées ou fasciculées à la base : **32.**

2 \Spores ocracées, souvent oblongues et plus ou moins rugueuses : 3.
/Spores hyalines, souvent ovoïdes ou subsphériques : **17.**

3 \Grandes clavaires, 8—15 cm. à tronc épais ; spores grandes,
     9—18×4—6 μ. ; terrestres : **4.**
(Clavaires moyennes ou petites, à tronc souvent grêle : **10.**

4 /Tronc très épais ; rameaux irréguliers, blancs ou teintés de citrin, courts avec extrémités rosées ou purpurines ; spores 12—16×4,5—6 μ, finement striées, ruguleuses : *C. botrytis*, n. 134.
\Tronc blanc ; rameaux jaune franc, doré ou orangé : **5.**
Tronc et rameaux incarnat rosé : **6.**
Rameaux blanchâtres, alutacés, roux pâle, cannelle ou jaune bistré : **7.**
Tronc ou rameaux en partie violacés : **9.**

5 /Rameaux épais, ascendants, très ramifiés-dichotomes, jaune doré : *C. aurea*, n. 136.
Rameaux fastigiés dressés, sulfurins ou jonquille clair (quelquefois teintés de vineux) : *C. flava*, n. 137.
\Rameaux dressés, orange ocracé, à extrémités comprimées orangées, brunissant au toucher et sur le sec ; spores 14—20×6—8 μ, aculéolées. Angleterre : *C. Broomei* Cott. et Wakef., Clav., p. 170.

6 /Tronc incarnat rosé ; rameaux allongés, rose aurore, à extrémités d'abord citrines : *C. formosa*, n. 138.
Tronc rose orangé ; rameaux concolores, mais bientôt gris-violacés puis fauvâtres, brunis au froissement : *C. Bataillei*, n. 143.
\Incarnat, puis pâle alutacé. Espèce molle à rameaux nombreux subverticillés . *C. suecica* Fr. Hym. p. 672.

Ocre roussâtre ; rameaux accolés, épais, striés, peu divisés ;
    spores 16—18×5—6 μ : *C. Rielii* n. 135.

7 {

Tronc court ; rameaux épais rugueux, café au lait subincarnat,
    puis pâles, extrémités à dents courtes teintées de lilacin ;
    spores 9—12×4—5 μ : *C. pallida*, n. 139.

Extrémités jaune d'œuf, obtuses ; tronc court, roux pâle ; ra-
    meaux roux cannelle ; chair blanchâtre, vineuse par
    froissement : *C. testaceo-flava*, n. 140.

Espèces noisette, ombre ou bistre, à extrémités concolores : 8.

8 {

Tronc blanc alutacé ; rameaux à aisselles arquées, noisette
    puis ombre cannelle ; spores 12—16×4—6 μ, amygdali-
    formes oblongues : *C. Strasseri* Bres. in P. Strass.
    Pilzfl. Sonntagb., 1902, II, p. 4.

Tronc épais, ombre ou jaunâtre bistré ; rameaux dressés, su-
    bulés, spinuleux ; spores obovales, 10—12×5—6,5 μ,
    C. spinulosa Pers. Fr., Hym., p. 671. Quél., Fl., p. 468.

9 {

Tronc blanc à la base, violet lilas ainsi que les rameaux, puis
    gris ocracé roussâtre ; dernières ramifications ordinaire-
    ment fourchues, longtemps violacées : *C. versatilis*, n. 141.

Tronc violacé ; rameaux et ramules très nombreux, jaune oliva-
    cé, puis jaunâtre bistré, avec extrémités jaunes noircis-
    santes : *C. fennica*, n. 144.

Rameaux simples ou fourchus, améthyste, avec extrémités
    obtuses, bifides, jaunes ou roussâtres ; spores rouillées
    ou brun roux : *C. rufo-olivacea*, n. 142.

Cf. *C. Bataillei*, acc. 6.

10 {
Lignicoles : 11.
Terrestres ou muscicoles : 14.

11 {

Extrémités virescentes ; tronc assez épais ; rameaux subverti-
    cillés, serrés, fourchus, ocre roussâtre ; sur sapin : *C.
    apiculata* Fr., Hym., p. 673.

Extrémités jaunes au moins dans la jeunesse ; rameaux denses ;
    spores 8—10×4—5 μ : 12.

Extrémités blanches ou concolores, ni jaunes, ni virescentes ;
    spores 4—6×3—4 μ : 13.

12 {

Tronc distinct, blanchâtre ; rameaux primaires peu nombreux,
    les secondaires nombreux, serrés, dressés, ocracés à ocre
    brunâtre : *C. dendroidea*, n. 145.

Tronc court ou nul, très rameux : rameaux serrés, à aisselles
    arquées, alutacés, puis roux cannelle : *C. condensata*,
    n. 146.

13 { Hauteur 4—8 cm. ; tronc grêle ; rameaux et ramules dressés,
pâles, puis ocre brunâtre, poudrés de spores ; brun foncé
en herbier ; spores 4—6×3—3,5 μ : *C. stricta*, n. 147.
Hauteur 2—3 cm. ; rameaux grêles, multifides, divariqués : *C. crispula*, n. 148.

14 { Blanche ou blanchâtre, puis alutacé pâle ou incarnat, 3—6 cm.
haut. ; rameaux 2—3 fois dichotomes, un peu flasques ;
odeur d'anis ; spores paille clair, 5—7,5×3—4 μ : *C. gracilis*, n. 153.
Alutacées ou ocracées dès le début; spores ocracées : 15.
Grises ; spores subsphériques : *C. grisea*, n. 167.

15 { Ocracée, verdissant au froissement ; rameaux nombreux, serrés ;
spore virguliforme, 7—10×4—5 μ : *C. abietina*, n. 149.
Ne verdissant pas au froissement : 16.

16 { Cespiteuse, très rameuse dès la base, 4—7 cm., alutacé clair ;
rameaux aplatis aux bifurcations et subpalmés ; spores
6—7,5×4—4,5 μ : *C. palmata*, n. 152.
Très rameuse, 4—5 cm., rigide, ocracéc ; rameaux cylindriques,
dressés ; spores obovales, légèrement incurvées à la base,
échinulées, 7—9×4 : *C. Invalii*, n. 148.
Plante plus grêle, 2—4 cm., flasque, ocracée ; spores 5—8×3
—4 μ : *C. flaccida*, n. 151.
Plante très grêle, 2—3 cm., à rameaux multifides, divariqués ;
spores 5—6×3—4 μ : *C. crispula*, n. 148.

17 { Lignicoles : 18.
Terrestres : 21.

18 { Clavaires blanches : 19.
Clavaires jaunâtres, chamois grisâtre : 20.

19 { Tronc rameux, villeux ; rameaux grêles, allongés, dressés ;
C. delicata Fr., Hym., p. 699. *Ramaria* Quél., Fl., p. 462
(sp. ovoïde sphér. 9 μ).
Tronc simple à la base, glabre, très rameux au sommet, naissant d'un mycélium byssoïde ; rameaux grêles, divariqués ou recourbés : *C. epichnoa* Fr., Hym., p. 670. Quél.,
Ass. fr., 1885 (sp. ov. sphér. 11 μ). Fl myc., p. 463 (sp.
6 μ, ovoïde).

{ 2—3 mm. haut. ; jaunâtre à la base, 2—3-furqué, farineux et
blanc au sommet : *C. corticalis* Batsch. Quél., Soc. bot.,
1877 (Sp. ovoïde 5 μ).

20 {
3—10 mm. ; pâle puis noisette ou roussâtre ; rameaux courts, peu nombreux ; mycélium tomenteux et rhizoïde ; spores 12—18×4—6 μ : *C. byssiseda,* n. 171.

0,5—2,5 cm. ; blanchâtre puis brun clair et très pruineux ; cespiteux, clavules peu divisées : *C. afflata,* n. 172.

3—10 cm. ; pâle puis alutacé roussâtre, très rameux ; rameaux dilatés en cupules portant des ramules obconiques également verticillés-prolifères : *C. pyxidata* Pers., Comm., t. 1, f. 1. Fr., Hym., p. 669. (Sp. subglob. 4—4,5×3 μ Schroet). *Ramaria* Quél., Fl. (Sp. prunif. 6—7 μ).

21 {
Grise ou gris violeté ; spores subsphériques, 7—10×6—8 μ : *C. cinerea,* n. 166.

Violettes ou lilacées : **22.**

Argileuses, jaunes, gris jaunâtre, brun clair : **23.**

22 {
0,5—2 cm. ; très grêle, peu rameuse ; spores 3—5 μ : *C. pulchella,* n. 163.

Cf. *C. tenuicula,* acc. 31.

2—4 cm. ; violette puis améthyste lilacin ; rameaux comprimés, dichotomes, à aisselles arrondies, fastigiés à extrémités obtuses ; spores oblongues, 4—7×3—4 μ : *C. lavendula,* n. 164.

3—6 cm. ; violet lilas ; rameaux cylindriques, obtus ou dentés : spores ovales, ou globuleuses : *C. amethystina,* n. 165.

23 {
Jaune ; tronc grêle, divisé en rameaux 2—3 fois dichotomes ; spores globuleuses, 6 μ : *C. corniculata,* n. 169.

Jaune grisâtre ; spores 5—9 μ de largeur : **24.**

Argileuses ou brun pâle ; spores 2—4 μ de largeur : **25.**

24 {
Spores grandes 10—20×7—9 μ ; rameaux irréguliers à ramules dressés, simples ou fourchus, gris jaune ; bruyères moussues : *C. gigaspora* Cott. et Wakef., Clav., p. 179.

Spores ovoïdes sphériques, 5—6 μ d. ; clavules presque simples ou divisées vers le sommet en rameaux pointus, gris ocracé pâle : *C. tenella,* n. 170.

25 {
Éparse ou cespiteuse, brun pâle ; rameaux naissant près de la base, irréguliers, subfastigiés ; spores 4—6×3—4 μ ; gazons : *C. umbrinella,* n. 168.

Tronc blanc tomenteux, radiculeux à la base ; rameaux très nombreux dichotomes, argileux pâle, puis crème alutacé ; extrémités blanches, citrines, puis subvirescentes ; spores 8—10×2—2,5 μ : *C. Patouillardii* Bres., Fungi Trid., II, p. 39, pl. 146, f. 1.

26 {
Rameaux ordinairement peu nombreux, quelquefois nuls, épais, irréguliers, obtus : 27.
Rameaux plus ou divisés, subulés ou aplatis : 28.

27 {
Rameaux rugueux obtus, blancs ou blanchâtres : *C. rugosa*, n. 154.
Rameaux lisses, fragiles, comprimés, blanc pur ; souvent cespiteux : *C. grossa*, n. 155.

28 {
Spores subsphériques, 7—9×6—8 μ ; rameaux comprimés, sillonnés, irrégulièrement divisés en ramules courts, sétacés ou fimbriés : *C. cristata*, n. 156.
Spores oblongues, finement grènelées, 8—9 μ lg. Blanc ou ocre incarnat ; tronc entouré de rameaux filiformes ; rameaux supérieurs dilatés, fimbriés au sommet : *C. fimbriata* Pers. *sensu* Quél., Ass. fr., 1887, p. 4, pl. XXI, f. 12.
Spores subsphériques, ovoïdes ou elliptiques ne dépassant pas 3—6×2—4 μ : 29.

29 {
Rameaux contournés en cornes, massues, lanières et cornets ; spores 3—5×3—4 μ : *C. Favreae* Quél., Ass. fr., 1893, p. 6, pl. III, f. 13.
Cespiteuse, à rameaux comprimés, serrés ; spores 3—5×3—4 μ : *C. Krombholtzii* Fr. *sensu* Bres. : 155, obs.
Clavules en touffes, rameuses dès la base, à rameaux grêles, lâches, plus ou moins régulièrement dichotomes, ramules dressés : *C. Kunzei*, n. 157.
Clavules délicates, à stipe distinct, ordinairement allongé et pas plus gros que les rameaux qui sont grêles, peu nombreux, fourchus, fastigiés : 30.

30 {
3—6 cm. Rameaux dichotomes, allongés, obtus, comprimés ou fourchus au sommet : *C. dichotoma*, n. 158.
1—3 cm. Rameaux grêles, assez tenaces ; ramules peu nombreux, dichotomes, subfastigiés, à extrémités aiguës ; sp. 4—6×3,5—4,5 μ : *C. subtilis*, n. 159.
0,6—2,5 cm. Très grêles ; spores 3—4×2,5—3 μ : 31.

31 {
1—2 cm. ; blanc pur ou teinté de gris purpurin vers le sommet ; rameaux simples ou ramuleux, flexueux, aigus ou bidentés ; spores 3—3,5×2,5—3 μ : *C. tenuicula*, n. 161.
6—15 mm. Clavule entièrement blanche, ne portant que 2—3 rameaux simples ou fourchus ; spores 2,5—3×2,5 μ : *C. minutula*, n. 162.

32 { Lignicoles, odontioïdes : clavules en forme d'aiguillons groupés ou fasciculés sur un mycélium fibrilleux ou cotonneux : 33.
Lignicoles, foliicoles ou muscicoles, non odontioïdes : 34.
Terrestres : 35.

33 { Clavules 1—2 mm., crème olivacé, en groupes denses ; spores ocracées, 6—9×2,5—4 μ : *C. Bourdotii*, n. 208.
Clavules 4—5 mm., pâles, puis gris glauque, sur subiculum cotonneux, assez épais, blanc ; spores 8—10×4—5 μ : *C. himantia*, n. 207.
Clavules 3—8 mm., blanchâtres, puis ocracées, quelquefois verdâtres ou rosées au sommet, moins densément groupées ; spores 8—10×5—6 μ : *C. Bresadolae*, n. 206.

34 { Clavules de 1 cm., filiformes, simples, pellucides, cespiteuses sur feuilles pourrissantes d'aune : *C. epiphylla* Quél., Ass. fr., 1883, t. 6, f. 16. — Sp. pruniforme, allongée, 6 μ.
Clavules de 1—2 cm., simples, tenaces, obtuses ; sur tiges herbacées et mousses : *C. uncialis* (209, Obs.).
Clavules de 1—2 cm., simples ou incisées dentées, ou fourchues, et à la fin ocracées au sommet ; sur bois pourri et humus : *C. mucida* n. 209.

35 { Clavules d'un blanc pur : 36.
Clavules non d'un blanc pur : 44.

36 { Espèces fasciculées à la base, très fragiles : 37.
Clavules éparses ou groupées, non connées à la base : 38.

37 { Clavules cylindriques subulées, souvent arquées vers le sommet ; spores ellipsoïdes 5—6×3—4 μ : *C. vermicularis*, n. 173.
Clavules plus grêles, pellucides, flexueuses ; spores ovoïdes pruniformes 7—8 μ : *C. nivea*, n. 174.

38 { Spores globuleuses, 5—8 μ d., longuement aculéolées : *C. asterospora*, n. 176.
Spores lisses : 39.

39 { Clavules de 3—10 cm. : 40.
Petites clavules grêles, hautes de 0,5—2 cm. : 41.

{ Clavule 8—10 cm., comprimée, canaliculée, parfois bifurquée ; spores largement ellipsoïdes, 8—12×7—9 μ : *C. canaliculata*, n. 175.
Clavule 3—4 cm., simple obtuse, souvent arquée ; spores ovoïdes

sphériques ou subelliptiques, 7—10×5—9 μ : *C. falcata*,
n. 176.

40 Clavules grêles, atténuées au sommet, et à la base en stipe assez
distinct ; spores oblongues ou subsphériques : *C. vermicularis* var. *gracilis*, n. 173 var.

Clavule régulièrement épaissie de bas en haut, à sommet
obtus, tronqué ou déprimé ; spores subglobuleuses ou
largement elliptiques, 3,5—4,5×3—4 μ ; sur terre et bois
décomposé : *C. Corbierei*, n. 178.

Clavule régulièrement épaissie de bas en haut, à sommet obtus
41 comprimé ; spores subcylindriques, 4×2,5 μ ; à terre,
bois de pins : *C. Guillemini*, n. 177.

Clavule filiforme, cylindrique ; stipe fin, pellucide ; tannée et
bois de conifères : *C. exilis*.

Clavule pointue ou acuminée : 42.

Cf. *C. falcata, acuta*, n. 176.

Stipe bien distinct, court ; clavule 3—5 mm., fusiforme pointue :
42 *C. Brondaei* Quél., Rev. Myc., 1892, pl. 126, f. 3.

Stipe peu ou pas distinct : 43.

Clavule simple, filiforme, acuminée, pruineuse ou pubescente : *C. candida*, n. 180.

Clavule simple, incisée dentée ou fourchue, blanche puis
ocracée au sommet : *C. mucida*, n. 209.

43 Clavule simple ou peu rameuse, tomenteuse et roussâtre à la
base, insensiblement atténuée vers le haut, avec pointe
aiguë et stérile : *C. Bessonii* Pat., Tab. an., f. 359. Sacc.,
VI, p. 727. — Sp. ovoïde. 7×5 μ. — Terre nue, Jura.

Clavules jaune vif ou doré : 45.

Clavules rosées ou purpurines ; 48.

44 Clavules pâles, argileuses, jaune pâle, ocracées, grises ou brunes : 49.

Clavules cespiteuses fasciculées, fusiformes ; spores subglobuleuses, 5—8 μ ; *C. fusiformis*, n. 182.

45 Eparses ou subcespiteuses ; spores spinuleuses : 46.

Eparses ou subcespiteuses ; spores lisses : 47.

Clavules subcylindriques, atténuées en stipe peu distinct ; spores 4—7 μ d. : *C. dissipabilis*, n. 185.

46 Clavules comprimées, élargies : stipe distinct ; spores 6—9 μ
d. : *C. geoglossoides*, n. 186.

47 { Spores ovoïdes ou oblongues, apiculées à la base ou sur le
côté ; clavules subcylindriques : *C. inæqualis*, n. 183.
Spores ovoïdes, sans apicule distinct ; clavules atténuées à la
base et au sommet, à extrémité souvent blanche : *C. luteo-alba*, n. 184.

48 { Cespiteuse ; clavules grêles, 10—12 cm., pourpre brunâtre : *C.
purpurea*, n. 188.
Solitaire ou groupée ; clavule 2—4 cm., grêle, cylindrique ou
comprimée, incarnate : *C incarnata*, n. 184.
Solitaire ou groupée ; clavules 2—4 cm.. élargies, 2—5 mm.
d'épaisseur, ordinairement obtuses, rosées ; stipe très
distinct : *C. rosella*, n. 189.

49 { Clavule profondément sillonnée de côtes longitudinales aiguës,
jaune ocracé ; spores ovoïdes 5—6×3—3,5 μ : *C. Daigremontiana*, n. 195.
Clavule difforme, tranversalement sillonnée, ocre fauve ; spores
globuleuses, 7 μ : *C. coliformis*, n. 197.
Clavules lisses, ou simplement rugueuses : 50.

50 { Blanchâtre, pâle ou gris clair ; spores ovoïdes ou elliptiques : 51.
Jaune pâle ou paille : 53.
Gris ocracé, ocre bistre ou roussâtre, gris fumeux à noirâtre : 55.

51 { Spores 4—5×2,5—3 μ, en pépin ; clavule grisâtre, grêle, pointue, à stipe peu distinct : *C. Crosslandii* Cott. — Cott. et
Wakef., Clav., p. 186.
Spores 5—6×3—4 μ, ovoïdes ; clavule blanchâtre, jaunissant un
peu en séchant, obtuse ; stipe distinct : *C. affinis*, n. 193.
Spores 7—9×4—6 μ ; clavules gris clair, souvent comprimées,
obtuses, atténuées en stipe de 1—2 cm. : 52.
Spores ellipsoïdes, 10—14×5—7 μ ; clavules argileuses alutacées
jaune cire ; stipe souvent citrin : *C. argillacea*, n. 190.

52 { Clavules isolées, rarement groupées par 2—3, gris pâle à noisette ou un peu jaunâtre, claviformes, souvent comprimées,
ruguleuses ; spores 7—9×4—5 μ : *C. tenuipes*, n. 191.
Clavules cespiteuses, à stipes connés, très distincts, grises, pruineuses, puis teintées de crème bistre, arrondies ou bilobées
au sommet ; spores 7—9×5—6 μ : *C. Daulnoyae*, n. 192.

53 { Spores sphériques 5—7 μ d. ; clavules paille, brunissant au
froissement et par l'âge, fusiformes aiguës ; stipe distinct,
jaune cannelle : *C. straminea* Cott. — Cott. et Wak., Brit.
Clav., p. 190.

Spores subsphériques, 4—5×3—4 μ ; clavules jaunâtres subfusi-
  formes, atténuées en stipe roux ocracé : *C. luteo-ochracea*
Spores oblongues ou ellipsoïdes : 54.
  Cavara, F. longob., exs. 1892, n. 64 !

Clavule 5—8 cm., pâle jaunâtre, un peu atténuée au sommet et
  à la base en stipe citrin peu distinct : *C. sphagnicola*,
  n. 194.
Clavule 3—4,5 cm., pâle, teintée d'ocre sulfurin, ordinairement
54   comprimée, grêle, subégale ou dilatée et quelquefois
  rétuse au sommet : *C. affinis*, n. 193.
Clavule 2 cm., cylindrique un peu renflée en massue arrondie,
  crème citrin, un peu verdoyant vers la base : *C. argillacea*
  v. citrina.

55 Fasciculées soudées à la base : 56.
  Isolées, à base libre : 57.

Spores 6—8×3—4 μ ; clavules fistuleuses, fragiles, blanchâtres
  puis gris de souris ou bistre, lisses, droites ; chair blanche :
  C. fumosa, n. 199.
Spores 5×2—2,5 μ ; clavules fistuleuses, fragiles, noir roussâtre,
56   souvent comprimées, canaliculées, à extrémités aiguës,
  droites ou réfléchies ; chair gris bistre : *C. nigrita*, n. 200.
Clavules tenaces, fasciées-rameuses, obtuses, roux bistre ou grises, à base blanchâtre : *C. tenacella* Pers. — Hym., p. 675.
  Quél., Fl., p. 462.

Clavule gris ocracé pâle, grêle, simple ou divisée vers le sommet
  en 2—3 rameaux pointus et ramuleux ; spores subglobuleuses, 5—6 μ : *C. tenella*, n. 171.
Clavule simple, cylindrique allongée, presque filiforme, flasque,
  fistuleuse, aiguë, pâle roussâtre, avec base fibrilleuse
57   rampant sur les feuilles mortes : *C. juncea*, n. 205.
Clavules simples, pleines, subcylindriques, grêles, 2—3 mm. d.,
  arrondies obtuses, mais non sensiblement épaissies au
  sommet : 58.
Clavules plus ou moins en massue, quelquefois difformes, très
  variables : 59.

Clavule brun bistre, 1—2 mm. d. ; spores subglobuleuses,
58   7—10 μ : *C. Greletii*, n. 198.
Clavule gris pâle ocreux, 2—3 mm. d. ; spores ovoïdes oblongues,
  9—10×5—6 μ : *C. obtusata*, n. 196.

59 ⎰ Clavaire en pilon de 10—30 cm. de haut. et de 3—6 cm. d'épaisseur, ocre bistré ; bois feuillus : *C. pistillaris*, n. 201.

Clavaire de 2—4 cm. d'épaisseur, turbinée, tronquée ou déprimée au sommet, rugueuse, brun jaunâtre ; sapinières : *C. truncata*, n. 202.

Clavaires plus grêles, ou érompantes, difformes : 60.

60 ⎰ Clavule obtuse, subocracée, longuement amincie à la base villeuse et blanche ; spores 10—14×3—4 μ ; sapinières montagneuses : *C. ligula*, n. 203.

Clavule tubuleuse, grêle, ordinairement renflée et obtuse au sommet, jaune roux ; spores 12—15×6—7 μ ; sur débris, humus : *C. fistulosa*, n. 204.

Clavules érompantes sur branches d'aune, orme, etc. : 61.

61 ⎰ Rameaux peu nombreux, épais, obtus, étalés : *C. brachiata*, n. 204 var.

Difforme, très variable : ovoïde courte ou allongée grêle, obtuse ou aiguë : *C. contorta*, n. 204 var.

A. — CLAVARIELLA. — Espèces rameuses, à spores ocracées, ordinairement grénelées.

a. — Terrestres, grandes Clavaires.

134. — **C. botrytes** Pers., Syn., p. 587. — Fr., S. M. ; Hym. eur., p. 667. — Quél., Jura et Vosg., I, t. 21, f. 4. — Gillet, pl. — Bres., F. mang., t. 101. — R. Maire, Soc. Myc. Fr., 1914, p. 449. — Cott. et Wakef., Clav., p. 171. — *C. acroporphyrea* Schæff., t. 176. — *Ramaria* Quél., Fl., p. 466.

Haut. 6—10 cm. Stipe très épais, charnu, blanc ; rameaux cylindriques, épais, courts, blancs ou teintés de citrin ; ramules fins rosés ou purpurins. — Hyphes subparallèles, 3—12 μ ; basides 60—68×8—10 μ, à 2—4 stérigmates ; spores ellipsoïdes oblongues ou subfusiformes, atténuées en pointe un peu courbée à la base, granuleuses, puis finement striées ruguleuses, ocracées en masse, 12—16×4,5—6 μ.

Août-Octobre. Commun dans les bois feuillus ombragés.

F. parvula. — Aspect du type, mais haut de 2 cm. à peine. entièrement d'un beau rose pourpré, sauf la base du stipe presque blanche. — Été. Forêts de Grosbois, Moladier (Allier).

135. — **C. Rielii** Boud., Soc. Myc. Fr. 1897, p. 13, pl. II.

10—12 cm. Tronc épais, blanchâtre ; rameaux très épais, ocre roussâtre, peu divisés, rugueux striés.

Grande Chartreuse, (n. v.).

Regardé par M. R. MAIRE comme une forme âgée de *C. botrytes,* dont les rameaux, dévorés par des animaux rongeurs, se sont cicatrisés.

Le *C. rufescens* Schæff., t. 288, d'abord rapporté à *C. condensata* par Quélet (Ench.) est mis en var. à *C. aurea* par Quél., Rouen, IXe suppl. et Fl. myc. — Bresadola compare cette clavaire à *C. botrytes* : elle est plus grande et les extrémités, au lieu d'être purpurines, sont d'un rouge obscur. — M. R. MAIRE, après l'avoir réunie à *C. pallida,* la rapporte à *C. botrytes.*

136. — C. aurea Schæff., t. 285, 287. — Fr., Hym., p. 670. — Bres., F. mang., t. 102. — Gillet, pl. — *Ramaria* Quél., Fl., p. 467.

8—14 cm. Tronc épais, court, blanc ou crème ; rameaux jaunes, jaune orangé, fermes, dressés ou tortueux, cylindriques, épais, très ramifiés au sommet en ramules cylindriques fourchus, obtus ou bidentés au sommet. — Hyphes à parois minces, subparallèles, 3—15 μ, à boucles éparses ; basides 45—75×6—8 μ, à 2—4 stérigmates ; spores jaunâtre clair, oblongues subcylindriques ou subfusiformes, déprimées et atténuées obliquement à la base, grènelées et finement guttulées, 8—13×4—4,5 μ (8—11×4 μ sur le sec), citrines, puis crême ocre en masse.

Été, automne. Bois à feuilles et à aiguilles, pas rare.

137. — C flava Schæff., t. 175. — Pers., Comm. ; Syn., p. 586. — Fr., S. M. ; Hym. eur., p. 666. — R. Maire, Soc. Myc. Fr., 1911, p. 450. — Bres., F. mang., t. 100. — Cott. et Wakef., Clav., p. 169. — *Ramaria* Quél., Fl., p. 466. — Konr. et Maubl., Ic. sel., pl. 491.

8—10 cm. Tronc épais, blanc ; rameaux cylindriques, irrégulièrement dichotomes, fragiles, jaune sulfurin, pâlissant ; ramules grêles, dressés subfastigiés, obtus ou dentés ; chair blanche, molle, fragile. — Hyphes 8—12 μ ; basides 45×10 μ, à 4 stérigmates droits ; spores presque hyalines, elliptiques oblongues, atténuées à la base, pluriguttulées, puis finement grènelées, 9—14×4—5 μ, crème ocre en masse.

Automne. A terre, dans les bois à aiguilles ou à feuilles ; rare.

Nous n'avons jamais vu le tronc taché de rouge sanguin ou vineux, comme MM. R. MAIRE et KONRAD l'ont observé sur les spécimens des bois montagneux de conifères.

138. — **C. formosa** Pers. — Fr., S. M. ; Hym. eur., p. 671.
— Gillet, pl. — Roll., pl. 104, n. 234. — Cott. et Wakef., p. 173.
— *Ramaria* Quél., Fl., p. 466.

8—25 cm. Tronc épais, court, blanc, puis incarnat rosé ;
rameaux fragiles, cylindriques, allongés, subdressés, rose saumoné, orange clair, nankin, à la fin poudreux ocracés, très ramifiés
avec extrémités citrines, obtuses ou 2—3-dentées. — Hyphes à
parois minces, 3—12 μ, assez lâches, boucles éparses ; basides
40—60×6—8 μ, à 2—4 stérigmates ; spores copieuses, oblongues
subcylindriques ou elliptiques, à peine déprimées latéralement
et brièvement atténuées à la base, presque lisses, puis finement
verruqueuses, 8—12—13×4—6 μ, jaune buis à ocracées en masse.

Juillet-Octobre. Commun dans les bois feuillus.

139. — **C. pallida** Bres., F. mang., p. 116. — Schæff., t.
286. — R. Maire, Not. crit. Soc. Myc. Fr., 1911, p. 451. — Atl.
Soc. Myc., t. XLI., pl. 3.

6—18 cm. Tronc épais, court, café au lait, plus pâle à la base ;
rameaux à aisselles élargies, serrés et même cohérents, épais,
dressés dichotomes, couverts de rugosités longitudinales, incarnat
pâle, puis blanchâtres, nuancés d'ocre et d'incarnat ; extrémités
très obtuses, avec dents courtes, teintées de purpurin dans la
jeunesse ; chair blanche, devenant parfois dure, crayeuse, en herbier.
— Hyphes à parois minces, 2,5—8 μ ; basides 40-80×6—9 μ, à 2—4
stérigmates longs de 8—9 μ ; spores ellipsoïdes oblongues, apiculées et un peu courbées à la base, obscurément verruqueuses,
9—12×5—6 μ, 1-pluri-guttulées.

Août. Bois de conifères, Alpes (LARONDE et GARNIER) ; forêt
de Fontainebleau ; Alpes-Maritimes (E. GILBERT) ; Monts du Lyonnais (JOUFFRET).

140. — **C. testaceo-flava** Bres., F. Trid., I, p. 61, t. 69.

3—5 cm. Tronc assez épais, roux pâle, bientôt divisé en
rameaux serrés, dichotomes ou subverticillés, roux cannelle, peu
ramifiés, mais à extrémités obtuses, multifides, jaune d'œuf ;
chair blanche vineuse à l'air. — Spores jaune clair (s. m.), oblongues, atténuées à la base, grènelées, 10—14×4—5 μ ; basides 35
—45×4—5 μ.

Été. Forêts de sapins, Alpes. (n. v.).

141. — **C. versatilis** (Quél., Ass. fr., 1893, p. 6, *Ramaria*)
Hym. de Fr., II, n. 78. — *Clavariella* R. Maire, Soc. Myc. Fr.,
t. XXX, p. 20 et pl. IX, f. 1.

6—12 cm. Mycélium en cordons rameux, blancs ; tronc épais, blanc inférieurement, lilas-violet du reste, divisé en rameaux dressés ou ascendants, lilacés, à la fin pulvérulents et roux ocracé ; ramules nombreux, comprimés, dichotomes, bifurqués au sommet ou terminés par 3—5 pointes obtuses. — Hyphes hyalines, à parois minces, 1—8 μ ; basides 30—50×6—7 μ, 2—4 stérigmates ; spores oblongues subfusiformes, quelquefois un peu déprimées, amincies et un peu courbées à la base, finement verruqueuses, 9—12,5×4—5 μ, ocracé pâle en masse.

Septembre-Octobre. Pas rare sous les hêtres, forêts du Centre, Provence, Pyrénées, Cévennes (QUÉLET), Lorraine (R. MAIRE).

142. — C. rufo-violacea Barla, t. 42, f. 3-13. — Fr., Hym. eur., p. 672.

Tronc mince, cylindrique, blanc à la base ; rameaux lâches, simples ou fourchus, améthyste avec extrémités jaune roussâtre, bifides, obtuses. Spores oblongues, rouillées, brun roux.

Provence, Alpes. (n. v.).

143. — C. Bataillei R. Maire, Ann. Myc., 1913, p. 351, pl. 18.

Appartient comme les deux espèces précédentes, au groupe de *C. fennica* : il se distingue par son tronc aurore et ses rameaux rose orangé, puis gris violeté, à la fin pruineux et fauvâtres, se tachant de brun au toucher ; sa chair blanche, puis brun violacé à l'air. Haut. 7—11 cm. — Spores ellipsoïdes oblongues, finement, verruqueuses, apiculées et un peu courbées à la base, 12—15×4—5 μ, ocre pâle en masse.

Été, automne. Forêts de conifères, Jura, Doubs. (n. v.).

144. — C. fennica Karst. — Fr., Hym., p. 672. — Bres., F. Trid., I, p. 24, t. 27.

10—12 cm. Tronc épais, violacé, blanc à la base ; rameaux très nombreux, jaunâtre olivacé, puis jaune bistré, à extrémités jaunes, noircissant par l'âge. — Spores ovoïdes elliptiques, obliquement atténuées, granuleuses, jaune clair, 8—10×6—7 μ.

Automne. Bois ombreux de conifères, Tyrol, Finlande. (n.v.).

b. — Sublignicoles et muscicoles.

145. — C. dendroidea Fr., Hym. eur., p. 673. — *C. stricta* pl. auct.

5—10 cm. Mycélium blanc, plus ou moins abondant, parfois en cordons rhizoïdes, englobant feuilles et brindilles ; tronc pâle, très distinct, long de 3—6 cm., cylindrique, 3—5 mm. diam. ; rameaux ocracés, ocre brunâtre, dichotomes, à aisselles arrondies, dressés ; extrémités subulées, à 1—3 pointes grêles, citrin vif, puis concolores. — Hyphes axiles assez lâchement parallèles, à parois souvent un peu épaissies, 3—9 μ, à cloisons distantes, quelquefois bouclées ; les subhyméniales serrées, 3 μ env. ; basides 30—40×6—8μ, à (2)—4 stérigmates ; spores paille, oblongues, plus ou moins déprimées latéralement et brièvement atténuées obliquement à la base, 8—10×4—5 μ, finement grènelées rugueuses, ocre rouillé en masse.

Août-Octobre. Pas rare sur brindilles de pin, sapin et aiguilles entassées ; vient aussi sur les branches tombées de chêne, hêtre ; plus rare sur les souches.

Probablement peu distinct de *C. apiculata* et très affine à *C. condensata.*

? var. **compacta.** — 3—5 cm. Pâle, crème ocracé, avec extrémités des rameaux blanchâtres ; rameaux très serrés, assez épais ; ramules courts, tuberculiformes ou subulés ; chair fibreuse. Hyphes 3—9 μ lâchement parallèles, boucles éparses ; basides 45—80×6—7,5 μ ; spores oblongues, apiculées obliquement et très finement grènelées, 6—7 (—9)×4—4,5 μ, ocre clair ou paille en masse. — Décembre. Sur souche de pin, Causse Noir.

146. — **C. condensata** Fr., Hym. eur., p. 612. — Bres., F. Trid., I, p. 90, t. 101. — *Ramaria* Quél., Fl., p. 467.

3—8 cm. Mycélium blanc, subtomenteux, agglutinant brindilles et feuilles ; tronc ordinairement très court ou presque nul ; rameaux assez tenaces, très nombreux, serrés, dressés, 2—3 fois dichotomes, à aisselles peu ouvertes, alutacés, puis roux cannelle ; ramules aigus, 2—3-dentés, jaune clair. — Hyphes 2—9 μ ; basides 38—45×4—5 μ, à 2—4 stérigmates ; spores ocre clair, oblongues un peu déprimées latéralement et atténuées à la base, presque lisses, 7—10×4—5 μ.

Octobre, Novembre. Sur humus, brindilles et feuilles, souches et racines de conifères et de feuillus, chêne, aune, peuplier.

var. **violaceo-tincta.** — Tronc teinté de violacé ; hyphes serrées, cohérentes, 2—3 (—6) μ ; spores 7—9×4—5 μ. — Septembre ; souche d'aune, Combette (Aveyron).

147. — **C. stricta** Pers., Comm., pl. IV, f. 1 ; Myc. Eur., I, p. 163 (*sensu* Bress. !). — Hym. de Fr., (1910), II, n. 80.

3—9 cm. Tronc grêle, blanchâtre à la base ; rameaux nombreux, dichotomes, allongés, dressés apprimés, à aisselles étroitement arrondies, pâles, puis poudreux, ocracés, devenant ocre olivacé ou bistre en séchant, bruns ou noirs en herbier ; ramules droits, aigus ou 2—3 dentés, blanchâtres, puis concolores. — Hyphes flasques, 3—4—14 μ, souvent guttulées ; basides 15—30 $\times$3,5—6 μ, à 2—4 stérigmates ; spores subocracées, oblongues, obliquement atténuées à la base, obscurément grènelées, 4—6$\times$3 —3,5 μ, ocracées en masse.

En groupes denses qui se succèdent de Septembre à Décembre, au bord d'une haie, prenant naissance par un mycélium en longs cordons blancs, sur de vieilles racines, orme ou érable, St Priest ; dans une haie, Savigné, Vienne (Abbé GRELET).

Les premiers individus qui paraissent sont souvent très grêles, en touffes de 1—2 cm. de hauteur, à rameaux crispés. Aspect de *C. muscoides* Bull., t. 358, f. A-B.

148. — C. crispula Fr. — *Ramaria* Quél., Fl., p. 464. — *C. muscigena* Schum. — Pers., Myc. eur., I, p. 169. — *C. decurrens* Pers., l. c., p. 164.

1,5—3 cm. Mycélium en rhizoïdes filamenteux, très fins ; cespiteux, très rameux, souvent dès la base, ocre plus ou moins teinté d'alutacé ou de crème bistré ; tronc grêle, 1 (—2) mm., villeux-radiculeux ; rameaux flexueux, multifides, lisses ; ramules concolores, divariqués, subulés, aigus, ou à 2—4 pointes sétacées. — Hyphes à parois minces, flasques, 2—12 μ, subparallèles ; basides 26—30—33$\times$4,5—6μ ; spores subhyalines, crème paille, oblongues, rarement déprimées, atténuées plus ou moins obliquement à la base, lâchement aspérulées et finement ruguleuses, 5—6—7,5$\times$3 —4 μ, souvent agglutinées par 2—4, ocracées en masse.

Mai à Janvier. En séries autour des troncs dans les mousses, sur débris de feuilles et brindilles, sur le sol et même sur les pierres entassées ; jamais rencontré dans les bois de conifères.

c. — Humicoles, bois de conifères.

149. — C. abietina Pers, Comm. ; Syn., p. 588. — Fr., Hym., p. 671. — Gillet, pl. — Cott. et Wakef., p. 174. — Burt, Clav., pl. V, f. 28. — *Ramaria* Quél., Fl., p. 467.

3—6 cm. Mycélium filamenteux, blanc ; tronc flasque, 2—4 mm. diam., blanc et villeux à la base, crème ocracé ; rameaux serrés, jaune clair, puis souci ou ocre olivacé, verdissant au froissement, un peu rugueux ; ramules denses, aigus ou 2—3 dentés. — Hyphes à parois minces, subparallèles, à boucles éparses parfois très grosses, les médianes 2—11 μ, les subhyméniales 2—3 μ ; basides 18—27—34×4—5 μ, à 4 stérigmates ; spores paille, obovales virguliformes ou oblongues déprimées et atténuées à la base souvent obliquement, finement verruqueuses, 7—10×(3)—4 —5 μ, ocre brunâtre en masse.

Septembre-Novembre. Humus des bois de conifères ; commun.

150. — G. Invalii Cott. et Wakef., Clav., p. 176.

4—5 cm., très rameux, rigide, ocracé ; stipe court, blanc tomenteux, avec rhizoïdes blancs ; rameaux grêles, cylindriques, dressés, à extrémités aiguës. — Hyphes irrégulières, lâches, 5— 10 μ, basides 30—40×7—9 μ ; spores ocracées obovales, légèrement incurvées à la base, échinulées, 7—9×4 μ.

Sur le sol, dans des plantations denses de sapins et de mélèzes, Angleterre.

Nous avons récolté plusieurs années de suite, une Clavaire qui croissait en troupes nombreuses, sous des sapins très enchevêtrés, à Fromenteau, près de Moulins. Quélet l'avait regardée comme forme de *C. condensata*, puis de *C. abietina* ; elle semble répondre à *C. Invalii*, quoique les spores (6—8×3—4 μ) et surtout les basides (24—30×4—5 μ) soient un peu plus petites.

151. — G. flaccida Fr., S. M. ; Hym., p. 674. — Cott. et Wak., p. 175. — Burt., Clav., fig. 25 et 26.

2—4 cm. Mycélium floconneux, blanc, plus ou moins abondant, grêle, très rameux, flasque, ocracé ; tronc plus pâle, court, 1—2 mm. diam. ; rameaux serrés, plusieurs fois fourchus, dressés, à aisselles médiocrement ouvertes ; ramules aigus, simples ou bifides. — Hyphes assez lâches, 2—10 μ, à parois minces, assez tenaces, boucles rares ; basides 21—30×4,5—7 μ ; spores ocracées, obovales ou oblongues, atténuées à la base, finement grènelées, 5—8×3—4 μ, souvent agglutinées par 2—4.

Octobre. Sur aiguilles de conifères, peu commun.

Le *C. corrugata* Karst. — Fr., Hym., p. 674. — Sacc., VI, p. 702, est aussi une petite espèce, 1—3 cm. haut., intermédiaire entre *C. abietina* et *flaccida* : très rameuse, rugueuse, ocracée ; rameaux inégaux, dichotomes ou verticillés rameux, dilatés au sommet, convergents aigus ; spores 6—8×3— 4 μ (Sacc.).

152. — G. palmata Pers., Comm. ; Syn., p. 588. — Fr., Hym., p. 672. — Bres. determ. ! — *Ramaria* Quél., Fl., p. 467.

4—7 cm. Cespiteux, très rameux dès la base, alutacé pâle ; tronc très court, grêle, 2 mm. env. ; rameaux grêles, flexueux, comprimés, ramifiés digités, à ramules grêles, divergents, aigus ou 2—3-dentés. — Hyphes à parois minces, 3—9 μ, sans boucles,

les axiles assez tenaces ; basides 27—32×4,5—6 μ ; spores jaunâtre ocracé, oblongues, plus ou moins déprimées latéralement
et obliquement atténuées à la base, 6—7,5×4—4,5 μ.

Novembre. Humus, aiguilles et débris divers, sous des conifères, Labastide-Pradines (Aveyron) ; Aube (PLOYÉ).

153. — **C. gracilis** Pers., Comm. ; Syn., p. 592. — Fr.,
Hym., p. 672. — R. Fr., Anteckn., p. 31. — Bres., F. polon., p.
113. — *Ramaria* Quél., Fl., p. 463.

3—6 cm. Grêle, flasque, naissant d'un mycélium filamenteux aranéeux ; odeur d'anis constante ; tronc décombant, 2—3
mm. diam., blanchâtre ou pâle ; rameaux subflexueux, à aisselles
arrondies, pâles puis argileux, tirant sur incarnat, chamois ou
alutacé ; ramules nombreux, dressés, blanc de cire, à extrémités
bifurquées, subulées ou obtuses et pluridentées. — Hyphes à parois minces, 3—9 μ, avec quelques hyphes rigides à parois épaisses qui traversent la trame dans la partie axile, boucles rares ;
basides 24—36—45×4,5—6—7 μ ; spores subhyalines, oblongues,
déprimées latéralement et obliquement atténuées à la base, finement aspérulées ruguleuses, 5—7—7,5×3—4 μ, crême paille, jaune de Naples en masse.

Septembre-Novembre. Humus des bois de pins, parmi les
Hyphes et les aiguilles, Allier, Aveyron, Meuse, Haute-Saône,
Ain.

B. — **CLAVULINA**. — Espèces rameuses, à spores hyalines, souvent subglobuleuses.

a. — Terrestres.

154. — **C. rugosa** Bull., t. 448, f. 2. — Fr. S. M. ; Hym.,
p. 669. — Gillet, pl. — Cott. et Wakef., p. 185 . — *Ramaria*
Quél., Fl., p. 464.

5—12 cm. Subtenace, simple ou à rameaux peu nombreux,
épaissis au sommet (jusqu'à 8 mm.), rugueux, tuberculeux, obtus,
blancs ou blanchâtres. — Hyphes 4—10 μ ; basides 50—70×7—
9 μ, ordinairement 2 stérigmates longs de 6—8 μ ; spores hyalines, subsphériques, apiculées à la base, 9—12×7—9 μ, 1-guttu-
lées.

Septembre-Décembre. Bois à feuilles et à aiguilles, très
commun.

Formes : *macrospora* Britz. — Spores plus grandes, 12—14
×7—10 μ.

fuliginea Fr. — Plus robuste, et grisâtre bistré. Peu commun.

mitruloides. — Stipe court 5—7 mm., épais de 3—4 mm., bien distinct de la clavule ; clavules 2—3, régulièrement oblongues, soudées à la base, ondulées, crispées, cérébriformes à la surface qui est molle, céracée, recouvrant un axe charnu-fibreux, fissile. Hyphes 4—15 μ : basides 75—100$\times$9—12 μ, à 2 stérigmates, membreuses basides gléocystidiformes, cloisonnées, stériles ; spores ovoïdes subglobuleuses, 9—12$\times$7—10 μ. — Février 1916 ; sous des sapins, Assé-le-Boine Sarthe, (Abbé Letacq).

155. — **C. grossa** Pers., Comm. ; Myc. Eur., I, p. 168. — *Ramaria* Quél., Fl., p. 464. — *C. Krombholzii* Gillet, pl.

3—6 cm. Subcespiteux ou épars, fragile, blanc pur, peu rameux ; rameaux épais, difformes, subcomprimés, lisses, obtus. — Hyphes 9—15 μ ; basides 50—60$\times$7—9 μ, à 2 stérigmates ; spores elliptiques ou obovales, subglobuleuses, hyalines, 9—12 $\times$6—9 μ, 1-guttulées.

Septembre-Décembre. En troupes nombreuses dans les bruyéres et bois, surtout de conifères ; très commun. Il ressemble à *C. rugosa*, mais il est plus petit, plus blanc, plus fragile, et non rugueux. Comestible.

? Le *C. Krombholzii* Fr. établi sur le *C. Kunzei* Kromb., t. 53, f. 15—16 et sur *C. grossa* Kromb., t. 54, f. 18—20, est, d'après M. Bresadola, tout-à-fait différent de *C. grossa*. D'après le spécimen qu'il nous a communiqué, c'est une clavaire rameuse dès la base à rameaux et ramules densément fasciculées ; hyphes 3—6 (—10) μ, à boucles assez fréquentes ; basides 25—30$\times$4—5 μ ; spores hyalines oblongues-subgloleuses, un peu déprimées, finement ponctuées, 3—6$\times$3—5 μ. Tyrol.

Une forme assez voisine du *C. Krombholzii* (sensu Bres.) et qui est peut-être le *Ram. corralloides* Quél., Fl. myc., p. 465 (*Ramaria alba* Quél., Ass. fr., 1893) quoique ne ressemblant guère à la fig. citée de Bulliard, t. 358, f. C, a été récoltée par M. Gilbert, dans les Alpes-Maritimes. C'est une clavaire d'un blanc pur, haute de 4—6 cm. ; tronc assez épais, court, à rameaux serrés, divisés en ramules grêles, flexueux courbés qui donnent à la plante un aspect frisé, obtus ou bidentés à l'extrémité, très fragiles sur le sec. Hyphes parallèles cohérentes, 2—15 μ ; basides 30—42$\times$4,5—5 μ, à 2 stérig-mates ; spores lisses, largement obovales, atténuées à la base, 4,5—5$\times$4 μ. — A terre, dans le gazon, vallée du Mardarit, Novembre 1925.

156. — **C. cristata** (Holmsk) Pers., Syn., p. 591. — Fr., S. M. ; Hym., p. 668. — *Ramaria* Holmsk. — Quél., Fl., p. 464.

3—5 cm. Tenace, lisse, blanc plus ou moins pur, à rameaux aplatis cristulés, ou laciniés au sommet. — Hyphes à parois

minces avec quelques boucles 4—9 (—15) μ ; basides 30—50×6
—9 μ, à 2 stérigmates ; spores ovoïdes sphériques, atténuées un
peu obliquement, hyalines, 7—9×6—8 μ, 1-guttulées.

Eté, automne. Commun dans les bois à feuilles et à aiguilles.

a. nivea Pers. — *C. albida* Schaeff., t. 170. — Bull., pl. 358,
f. C. — Entièrement blanc, rameux dès la base.

b. fuligineo-cinerascens. — Passant à *C. cinerea*.

c. lappa Karst. Sacc., VI, p. 695. — 1—1,5 cm. ; cespiteux
très rameux dès la base, blanc ; rameaux grêles, ramuleux crispés
et sétacés spinuleux. Hyphes 2—9 μ, assez fréquemment bouclées ;
basides irrégulières, 27—75×6—7,5 μ, à 2 stérigmates ; spores
ovoïdes subelliptiques, un peu aplaties latéralement, 6—10×5—
7,5 μ, 1-guttulées. — Août-Septembre ; à terre, talus des fossés,
dans les chemins ombragés ; Allier, Saône-et-Loire (F. Guillemin), Manche (L. Corbière).

Le *C. fallax* Pers. n'est que le *C. cristata* bruni et ponctué de noir à
la base, par un parasite, *Scoletotrichum clavariarum*.

La plante que nous avions citée (Hym. de Fr., II, n. 65) comme *C.
alba* Pers. (*C. coralloides* Fr.) est une forme robuste de *C. cristata*. La fig.
de Bulliard, t. 358, f. C., que Quélet (1893) rapporte à son *R. alba*, ne répond
pas à la description de Persoon. Quant au *C. coralloides* Fr., dans le sens de
M. Bresadola, c'est une espèce à spores petites, finement ponctuées, que
nous ne connaissons pas.

157. — **C. Kunzei** Fr., S. M. ; Hym., p. 669. — Quél., Jura
et Vosg., t. II, f. 11. — Cott. et Wakef., p. 177. — *Ramaria*
Quél., Fl., p. 464. — *C. chionea* Pers., M. Eur., I, p. 167.

3—6 cm. Blanc, tendre ; tronc grêle, cespiteux et très rameux dès la base ; rameaux grêles, cylindriques, plus ou moins
régulièrement dichotomes, comprimés aux bifurcations. — Hyphes
à parois minces, 4—8 μ, subcohérentes ; basides 27—36×5—6 μ,
2—4 stérigmates ; spores hyalines, subsphériques, 3—5×3—4 μ,
finement apiculées à la base, 1-guttulées.

Septembre-Octobre. Parmi les mousses et le gazon, bois
feuillus ; env. de Moulins, rare.

158. — **C. dichotoma** God. Gillet, Champ., p. 766. —
Sacc., VI, p. 706.

3—6 cm. Cespiteux, blanc ; tronc grêle, assez allongé, ramifié dichotome, à rameaux grêles, flexueux, cylindriques ou un peu
comprimés, obtus, entiers, rarement bidentés au sommet. — Trame très tendre, formée d'hyphes à parois minces, 3—9(—15) μ,
parallèles subcohérentes ; basides 18—36×4—6 μ, à 2—4 stérig-

mates ; spores hyalines, arrondies ou obovales, atténuées à la base et nettement apiculées, 4—4,5—6×3,5—5 μ, 1-guttulées.

Septembre-Novembre. A terre et parmi les mousses, dans les haies et les bois de hêtres ; Allier ; env. de Paris (L. Corbière), Vienne (Abbé Grelet), Meurthe-et-Moselle (L. Maire).

Moins rameux à la base que *C. Kunzei*, rameaux plus obtus, souvent un peu épaissis et comprimés au sommet. Ce dernier caractère distingue aussi *C. dichotoma* de l'espèce suivante, dont elle est également très voisine.

159. — C. subtilis Pers., Com. ; Syn., p. 592 ; Myc. eur., I, p. 169. — Fr., Hym., p. 669. — *Ramaria* Quél., Fl., p. 464.

1—3 cm. Grêle ; tronc et rameaux d'égale grosseur, 1—2 mm., assez tenace, blanc, puis pâle ; rameaux peu nombreux, dichotomes, subfastigiés, à extrémités aiguës. — Hyphes à parois minces, parallèles, 3—12 μ ; basides 30—36×4,5—6 μ, à 2 stérigmates longs de 6 μ ; spores hyalines, subglobuleuses, un peu atténuées à la base et nettement apiculées, 4—6×3,5—4,5 μ, 1-guttulées.

Été, automne. A terre, sous les mousses et parmi les gazons, autour des souches ; Aveyron : St-Sernin, St-Estève, Bordeaux, etc.

160. — C. macropus Pers., Comm. ; Syn., p. 593.

2—4 cm. Blanc, puis blanchâtre, pâle ou gris roussâtre, sur le sec ; tronc grêle, peu rameux ; rameaux fourchus, subulés. — Hyphes parallèles, cohérentes, à parois minces, 3—6 μ ; basides 30—36×5—6 μ ; spores oblongues, atténuées à la base, (très finement grènelées, 7—8×4—6 μ à la récolte), 4—5×3—3,5 μ sur le sec, souvent agglutinées par 4.

Juillet. Sur la terre argileuse d'un talus ombragé, Trezelles (Allier). *Determ*. Bres.

Les rameaux ont ordinairement la même épaisseur que le tronc, mais ils sont quelquefois fasciés en lame, et, de ce fait, le champignon parait cunéiforme. Une autre autre récolte a été faite dans l'Aveyron sur des mousses battues par l'eau ; la plante, d'un blanc pur, a bruni en herbier. Ces plantes ont l'aspect de *C. subtilis*, dont *macropus* serait une variété selon Fries. Leur spore est hyaline au microscope ; nous n'avons pu l'observer en masse, mais pour la forme de la spore, elles se rapprochent de *C. crispula*.

161. — C. tenuicula.

1—2,5 cm. Grêle, 0,5—1 mm., blanc pur ou teinté au sommet de gris purpurescent ; rameaux naissant vers le milieu ou vers la base, simples ou ramuleux, divariqués, flexueux, aigus ou bidentés. — Hyphes à parois minces, 2—5 μ ; basides 114—8×4—4,5 μ ;

spores hyalines, subglobuleuses, un peu atténuées et apiculées à la
base, 3—3,5×2,5—3 μ, 1-guttulées.

Décembre, Janvier. Sur la terre nue, l'humus, les grès ; Aveyron. — Cf. *Cl. exigua* Peck. Burt, Clav., p. 42, pl. 8, f. 64, qui
a les rameaux gris lavande, moins allongés et moins divariqués.

162. — C. minutula.

Très petit, 6—10 mm., très grêle, 0,2—0,5 mm., tout blanc,
puis pâlissant, donnant naissance vers le milieu de sa hauteur à
2—3 rameaux simples ou fourchus. — Hyphes à parois minces,
2—4 μ ; basides 14—20×4—4,5 μ ; spores subglobuleuses, apiculées
à la base, 2,5—3×2,5—2,75 μ, 1-guttulées.

Septembre, Octobre. Sur la terre nue, Aveyron.

F. *subasperata*. — 1—2 cm. ; rameaux fourchus ou bidentés.
Hyphes 2—6 μ ; basides 18—24×4—4,5 μ ; spores 4—4,5×3—4 μ,
très lâchement et vaguement aspérulées.

163. — C. pulchella Boud., Soc. Myc. Fr., 1887, t. 13, f. 2.

— Quél., Fl., p. 446. — *C. Bizzozeriana* Sacc., VI, p. 694. —
Cott. et Wakef, p. 180.

Très grêle, ramifié dichotome, à aisselles arrondies, lilas violeté, décolorant, passant à isabelle en herbier.

a. pulchella. — 1—2 cm. env. ; spores lisses, ovoïdes, 4—5
×2,5—3 μ, 1-guttulées. — Septembre, Octobre. Sur la terre nue.

b. **Bizzozeriana**. — 1 cm. env. ; rameaux filiformes ; hyphes
serrées, 2—4 μ ; basides 15—18×3—4 μ ; spores hyalines, lisses,
subsphériques, atténuées à la base, 2—3,5 μ d., 1-guttulées. —
Décembre. Sur la terre nue, l'humus ; entre les pierres et sur les
grès, à Boutaran (Aveyron).

c. **asperula**. — 1—2 cm. ; tronc grêle, rameux dichotome au
sommet, violet lilas. Hyphes à parois très minces, 2—6 μ ; basides 12—22×4—4,5 μ ; spores exactement sphériques, brièvement
mais nettement aspérulées, 2,75—4 μ d. — Novembre. Sur humus,
Millau.

Ces trois formes ne diffèrent que par les dimensions et par la spore :
d'après M. Bresadola, elles ne sont pas spécifiquement distinctes. Elles sont
aussi bien voisines de *C. tenuicula* et *minutula*. Il semblerait que les Clavaires peuvent avoir des formes naines, qui les précèdent ou les accompagnent,
mais qui, d'autrefois, se comportent comme des formes autonomes. En tous
cas, les petites plantes ci-dessus n'ont pas toutes les mêmes affinités. *C. minutula* pourrait dériver de *C. subtilis*, tandis que *C. pulchella* a des rapports assez étroits avec *C. lavendula*.

164. — C. lavendula Peck, N. Y. Mus. Bull., 139, p. 47.
— Burt., Clav., p. 47 et pl. 9, f. 73.

2,5—4 cm. Violet, puis améthyste lilacin sur le sec, pâle roussâtre ou brunâtre en herbier, très fragile, tantôt en touffes rameuses dès la base, tantôt isolés à tronc grêle, 2 mm. d., long de 0,5—1 cm. ; rameaux comprimés, plus ou moins nombreux, ramifiés dichotomes, à aisselles largement arrondies, fastigiés, bifurqués-obtus au sommet. — Hyphes lâchement parallèles, à parois minces, à cloisons fréquentes, sans boucles, 3—9 μ, les médianes jusqu'à 20 μ ; basides 28—45—50×4,5—6—7 μ, à 2—4 stérigmates longs de 6 μ env. ; spores hyalines, oblongues, déprimées latéralement et obliquement atténuées à la base, lisses, 4—5—7× 3—4 μ, ordinairement 1-guttulées.

Juillet à Octobre. Dans l'humus, sous des châtaigniers ; Aveyron : Evès, Bordes, etc.

Notre plante paraît bien être identique avec l'espèce américaine, dont elle a exactement l'habitat, la taille, le mode de ramification et la spore. Dans nos spécimens, la teinte violette serait peut-être plus accentuée que « lilac pink ». La diagnose de Peck qui indique bien la ramification subdichotome et les aisselles arrondies de l'espèce empêche tout rapprochement avec *C. purpurea* Schaeff. Elle se porterait plutôt du côté de *C. versatilis :* les spores déposées sur les rameaux semblent avoir une légère teinte crème.

165. — C. amethystina (Batt.) Fr., S. M. ; Hym., p. 667.
— Burt, Clav., pl. 8, f. 62 (phot. de la pl. de Batt.). — *Ramaria* Quél., Fl., p. 463, et déterm. 1894 !, nec Ass. fr., 1891. — *C. amethystea* Bull., t. 496, f. 2.

3—6 cm. Isolé ou en touffes compactes, assez fragiles, lilas violet ; tronc presque nul ; rameaux cylindriques, lisses ou ruguleux, obtus ou dentés. — Hyphes lâchement parallèles, 4—18 μ ; basides 42—60×4—8 μ, à 2(—4) stérigmates ; spores obovales oblongues, apiculées à la base, hyalines, 7—10×6—8 μ, 1-guttulées.

Été, automne. A terre, dans les bois feuillus.

Var. **purpurea** Schæff., t. 172. — *C. Schaefferi* Sacc., VI, p. 693. — *C. lilacina* Fr., Hym., p. 667. — Cespiteux, lilas purpurin, rigide ; clavules peu rameuses, linéaires, dentées ou incisées au sommet.

Notre plante est très voisine de *C. cinerea* v. *sublilascens*, dont elle se distingue par sa coloration franchement violette. Elle est toutefois différente de l'espèce décrite par Cotton et Wakefield : lilas ou mauve, jaunissant en séchant, à odeur forte et spores globuleuses, finement apiculées, 5—7 μ d.

D'après les spores données par les auteurs pour ces Clavaires violettes, il est probable qu'il y a dans le groupe, plusieurs espèces encore confondues.

Pour *C. amethystina* :

Cott. et Wakef   5—7 μ, globuleuses hyalines.
Quél. Fl.   5—8 μ, ovoides sphériques, ocellées, hyalines.
Schroet.   10×7 μ.
Sacc.   10—12×7—8 μ, obovales, ocre clair.
Britzm.   10—12×8 μ.
Killerm., Pilz. Bay.   9—12×7 μ, ovales elliptiques.

Pour *C. Schaefferi :*

Bresadola   5×4 μ.
Killerm. l. c.   7—8 μ d. arrondies hyalines.
Britzm.   9×7,5.
Sacc.   8—10×6—8 μ.

166. — C. cinerea Bull., t. 354. — Fr., S. M. ; Hym., p. 668. — Cott. et Wak., p. 178. — *Ramaria* Quél., Fl., p. 465.

3—10 cm. Tronc court, épais, blanchâtre ; rameaux gris, ascendants ou dressés, inégaux, plus ou moins rugueux, branchus, à extrémités cylindriques, subulées ou dentées. — Hyphes lâchement parallèles, à parois minces 2—15(—24) μ, boucles rares ; basides 40—70×5—12 μ, à 2(—4) stérigmates ; spores subsphériques, apiculées à la base, 7—10×6—9 μ, 1-guttulées, un peu glaucescentes.

Septembre-Octobre. Assez commun dans les bois, surtout à feuilles.

F. *subcristata*. — Plus petit, d'un gris plus clair ; rameaux comprimés, laciniés au sommet. Souvent noirci par un parasite (*C. fallax* Pers.). — Commun.

F. *sublilascens*. — De même forme que le précédent mais teinté de lilas plus ou moins foncé. — Commun.

var. odorata. — Haut de 8 cm. ; tronc et rameaux comprimés, se tachant de noir au froissement, surtout vers le sommet ; odeur forte et persistante de *Muscari racemosum* ou de mirabelle. Spores hyalines, largement ovoïdes, 8—10×7—7,5 μ, 1-guttulées. — Septembre, dans les bois, Pouilly-sous-Charlieu (Loire) Cap. JOUFFRET.

167. — C. grisea Pers., Comm. — Fr., S. M. ; Hym., p. 672.

3—8 cm. Tronc blanchâtre ou jaunâtre, court, épais, ou rameux dès la base, dilaté en rameaux nombreux, serrés, formant des touffes compactes, gris foncé ; ramules dilatés palmés, à divisions aigües ou obtuses. — Hyphes à parois minces, assez fermes, parallèles, à boucles rares, 3—15 μ ; basides 60—70×6

—12 μ., à 2 stérigmates ; spores obovales ou piriformes, un peu brunies (s. m.), 7—12×6—7,5 μ, 1-guttulées, jaune ocracé et ocre roussâtre en masse, et en pruine sur les rameaux.

Octobre, Décembre. Sur la terre nue dans les bois, peu commun.

F. *petricola*. — Adhérent aux pierres par un large mycélium membraneux, blanc ; rameaux obtus, inégaux, poudrés d'ocre. — Sur les grès, Boutaran (Aveyron).

Le *C. grisea* P., d'après M. Bresadola, appartient au groupe de *C. fennica*. Cotton et Wakefield le mettent simplement en synonyme à *C. cinerea*. Notre plante pourrait bien être une variété de cette dernière espèce, à spores plus ou moins ocracées.

Le *C. gigaspora* Cott. paraît être assez voisin ; il est surtout distinct par sa teinte grise teintée de jaunâtre et ses spores hyalines, en pépin, 10—20×7—9 μ.

168. — **C. umbrinella** Sacc., VI., p. 695. — Cott. et Wak., p. 182. — *C. umbrina* Bk., nec Lév. — Fr., Hym., p. 668.

2—2,5 cm. Épars ou cespiteux, brun pâle ; rameaux grêles, naissant près de la base, irréguliers, dichotomes, subfastigiés. Spores hyalines, lisses, en pépin, latéralement apiculées, 4,5—6 ×3—4 μ, ordin. guttulées (Cott. et Wakef.).

Gazons, Angleterre (n. v.).

La spore donnée pour la plante de Bavière par Britzelmayr et Killermann, indiquerait une forme du groupe *C. cinerea*.

169. — **C. corniculata** Schaeff., t. 173. — Cott. et Wakef., p. 181. — *Ramaria* Quél., Fl., p. 466. — *C. muscoides* Fr., Hym., p. 667. — Gillet, pl.

2,5—8 cm. Tenace, jaune d'œuf, puis plus terne subocracé ; tronc grêle, plus pâle, bientôt divisé en rameaux dichotomes, 2—3 fois bifurqués ; ou tronc allongé dilaté au sommet en rameaux courts fasciés, subdigités ; odeur de farine constante. — Hyphes 3—8 μ, assez régulières, parallèles, non cohérentes ; basides 50—60 ×8—9 μ, à 2 (—4) stérigmates droits, longs de 6—8 μ ; spores hyalines, globuleuses, apiculées à la base, 4,5—7 μ d., 1-guttulées.

Octobre-Novembre. Dans les prés et les bois moussus, commun.

var. **pratensis** (Pers.) Cott. et Wakef., p. 182. — *C. fastigiata* Bull., t. 358, f. DE. — Fr., Hym., p. 667. — *C. pratensis* et *vitellina* Pers. — Cespiteux, très rameux, 2—4 cm. ; rameaux courts, divariqués ; ramules fastigiés. — Pelouses, dans les mousses.

170. — C. tenella Boud., Soc. Myc. Fr., 1917, p. 11, pl. IV, f. 1.

3—4 cm. Solitaire ou peu cespiteux, gris ocracé pâle, grêle, 1—1,5 mm. d., simple ou divisé vers le sommet en 2—3 rameaux cylindriques, pointus et ramuleux. Spores hyalines, lisses, ovoïdes sphériques, 5—6 μ d., 1-guttulées.

Oct. A terre, Meudon. (n. v.)

b. — Lignicoles.

171. — C. byssiseda Pers., Obs. — Bres., F. polon., p. 112! — *Ramaria* Quél., Fl., p. 462 (praeter sporam).

3—10 mm. Groupé ou cespiteux sur un mycélium aranéeux tomenteux et rhizoïde ; tronc court, grêle, pâle puis concolore ; rameaux courts, peu nombreux, bifurqués ou verticillés, blanchâtres, puis noisette clair ou roussâtres, à extrémités subulées, dentées ou palmées. — Hyphes à parois minces, assez fermes, lâchement parallèles, 3—5 (—8) μ, les mycéliales 2—4 μ, avec renflements ampullacés jusqu'à 9 μ ; basides 30—48×6—8 μ, à 2 (—4) stérigmates droits, longs de 7—9 μ ; spores hyalines, puis crème paille, lisses, oblongues subcylindriques, souvent sinueuses, atténuées obliquement à la base, (8) —12—18×4—6 μ.

Septembre à Janvier. A la base des troncs de chêne (rare sur genévrier), à la surface des vieilles écorces, surtout dans les parties recouvertes de mousses qui entretiennent l'humidité. La pourriture produite dans l'écorce est assez active.

172. — C. afflata Lagger. — Fr., Hym., p. 670.

0,5—1 cm. Cespiteux, produisant dès la base 3—4 rameaux simples ou 1—2 fois fourchus vers le sommet, glabres, blanchâtres puis châtain clair, à la fin revêtus d'une pruine presque furfuracée, grise. — Hyphes axiles parallèles, fauvâtres, un peu fragiles, à parois minces, sans boucles, parfois rugueuses, 4—8 μ ; couche subhyméniale confuse, subgranuleuse, à hyphes agglutinées, (1—3 μ) ; basides 18—24×4—5 μ, à 2 (—4) stérigmates longs de 3—4 μ ; spores hyalines, lisses, oblongues, déprimées latéralement ou subarquées, quelquefois atténuées à la base, 5—6×2,75—3 μ, 1-pluri-guttulées.

Novembre. Sur la face inférieure d'un tronc pourrissant de pin silvestre ; Causse Noir.

La forme décrite ci-dessus est de teinte uniforme, châtain clair, un peu grisonnant ; elle n'a pas les rameaux teintés de violacé au sommet et elle est aussi un peu inférieure aux dimensions que donne Fries. Les clavules sont quelquefois isolées, étroitement claviformes ou divisées au sommet ; le plus souvent elle croît en petites touffes de 3—4 clavules, à rameaux les uns entiers cylindriques ou étroitement claviformes, les autres 1—2 fois fourchus vers le sommet. *C. afflata* est mis par Quélet en variété à *C. virgata* Fr., qui ne semble différer que par ses rameaux plus nombreux, allongés, sillonnés et aigus.

c. — Clavella. Clavaires simples.

1. — Espèces blanches.

173. — C. vermicularis Scop. — Fr., Hym., p. 675. — Quél., Jura et Vosg., t. 21, f. 3 ; Fl. myc., p. 462. — Barb., Soc. Myc. Fr., 1911, p. 189. — Cott. et Wakef., p. 183. — Burt, Clav. pl. IX, f. 74 (Phot. de Holmsk. I, pl. 2 dextra). — *C. fragilis* Holmsk. — Fr., Hym., p. 675. — Gillet, pl. — Quél., Fl., p. 462. — *C. nivea* Bull., t. 463, f. 1.

5—8 cm. Cespiteux, fragile, blanc pur ; clavules farcies ou creuses, cylindriques subulées, souvent arquées vers le sommet, rarement comprimées subobtuses, souvent tordues sur le sec. — Hyphes subhyméniales serrées, 2—3 μ, les médianes parallèles subagglutinées, 3—18 μ ; basides en hyménium dense, 24—30—42 $\times$5—6 μ, à 2—4 stérigmates ; spores hyalines, lisses, ellipsoïdes, un peu atténuées et très brièvement apiculées plus ou moins obliquement, 5—6(—7,5)$\times$3—4(—5) μ, blanches en masse.

Septembre-Novembre. Cespiteux dans les pelouses et les prés moussus, assez commun.

var. gracilis. — *C. gracilis* Sow. — Pat., Ess. tax., fig. 33. — *C. eburnea* v. *gracilis* Pers., Myc. Eur., I, p. 283. — Plus petit, 2—5 cm., moins fasciculé ; stipe assez distinct, pellucide ; clavule blanc mat, assez grêle, cylindrique atténuée au sommet. Hyphes 3—15 μ, serrées, cloisons assez rapprochées ; basides 24—30$\times$4—5 μ ; spores oblongues, brièvement atténuées et subapiculées à la base ou obliquement, 4,5—5$\times$3—4 μ. Septembre, Décembre ; sur la terre nue dans les prés et les allées de jardins.

F. *sphaerospora*. — Haut de 3—4 cm. ; clavules un peu épaissies vers le sommet. Spores subglobuleuses, brièvement apiculées, 3—6 μ d., quelques unes subpiriformes, 4,5—5$\times$3 μ. — Septembre ; terrain calcaire, sous des buis, St Pierre-d'Exideuil (Vienne), abbé GRELET.

F. *fasciata*. — Cespiteux, 3—5 cm. ; clavules cylindriques, le plus souvent connées, formant des rameaux 1—2 fois bifurqués,

à extrémités aiguës ou obtuses dentées. Spores 4,5—6×2,5—4 μ.
— Septembre ; prés, env. de Pouilly-sous-Charlieu (Loire) Cap.
JOUFFRET.

Le *C. fragilis* Holmsk. se distingue de *C. vermicularis* par sa clavule
moins subulée et creuse. Les formes intermédiaires rendent la distinction si
embarrassante qu'à l'exemple de Cotton et Wakefield, nous les avons réunis.

Spores données par divers auteurs pour *C. vermicularis :* ovoïde pruniforme, pointillée, 7 μ (Quél.). — 8×6 μ (Britzm.). — 6—9×3—4 μ (Boudier).
— 6×3,5 μ (Barbier). — 5×2 μ (Rick.). — 3—5×3—4 μ (Cott. et Wak.). —
— pour *Cl. fragilis :* ovoïde sphérique, grènelée, 9 μ (Quél.) — 8—10×6 μ
(Britzm.) — 10—12×4—5 μ (Sacc.) — cylindrique, 7×4 μ ; globuleuse, 5 μ ;
ellipsoïde-arrondie, 4—5×3 μ (Killerm.).

174. — C. nivea Quél., XXIIe Suppl., p. 496, pl. III, f. 11.
3—5 cm. Cespiteux ; clavule très grêle, flexueuse très fragile,
blanc de neige, pellucide, aiguë et quelquefois bifide et blanc un
peu ocracé au sommet. — Spores hyalines, ovoïdes pruniformes,
7—8 μ.
Automne. En touffes denses dans les pâturages, Jura.

Nous avons quelques récoltes qui semblent bien être ce *C. nivea,* qui
ne diffère de *C. vermicularis* que par ses clavules plus grêles et ses spores
à peine plus grandes.

175. — C. canaliculata Fr., S. M. ; Hym. eur., p. 678. —
Quél., Jura et V., t. XXI, f. 1 ? ; Fl. myc., p. 460. — Bull., t. 496,
f. LM.
8—12 cm. Solitaire ou géminé ; clavule fistuleuse, assez tenace, blanche, cylindrique ou claviforme, à la fin comprimée ou canaliculée, ou fissile, rarement bifurquée, lisse. — Spores hyalines, lisses, largement elliptiques 8—12×7—9 μ, 1-guttulées.
Octobre-Novembre. A terre dans les pelouses, env. de
Moulins.

Nous n'avons pas de récoltes récentes de cette espèce ; les déterminations que QUÉLET nous en avait données, pourraient s'appliquer à une forme
robuste de *C. falcata,* à clavules comprimées et à spores un peu plus
grandes.

176. — C. falcata Pers., Comm. — Fr., Hym., p. 678. —
Quél., Fl., p. 460.
1,5—4 cm. Solitaire ou à 2—4 stipes rapprochés non connés ; clavule simple, lisse, blanche, obtuse (quelquefois dilatée au
sommet, flabellée ou rétuse), souvent incurvée, atténuée en stipe
pellucide, court. — Hyphes à parois minces, lâchement parallèles,
3—15 μ ; basides 45—60×5—9 μ, à 2—4 stérigmates arqués ;

spores hyalines, ovoïdes sphériques ou subelliptiques, brièvement apiculées à la base, 7—9—10×5—9 μ, ordinairement 1-guttulées (réduites jusqu'à 4,5×4 μ sur le sec).

Octobre-Décembre. A terre, parties déclives des près ; peu commun.

COTTON et WAKEFIELD rapportent avec doute *C. falcata* en synonyme à *C. acuta* Sow. Fr., dont la description s'écarte de notre plante par des clavules plus grêles, plus longues et souvent aiguës.

177. — C. Guillemini.

Clavule haute de 10—12 mm., simple, pleine, un peu molle, blanc de gypse, brunissant en séchant, claviforme ou comprimée tronquée au sommet, régulièrement atténuée jusqu'à la base ; stipe non distinct. — Hyphes 3—12 μ, à parois minces, parallèles, subcohérentes ; basides 18—24×4 μ ; spores ellipsoïdes-subcylindriques, atténuées brusquement et obliquement à la base, 4×2,25—2,75 μ. (*Fig. 47*).

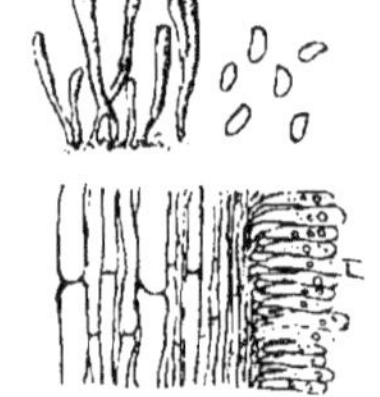

47. — *Clavaria Guillemini* Bourd et Galz. — Gr. nat. et coupe hyméniale.

Octobre 1924. En troupes, à stipes rapprochés, mais non connés, sur la terre nue dans un bois de pins, Jully-les-Buxy (S.-et-L.) F. GUILLEMIN.

Cette petite Clavaire blanche, pellucide, est étroitement cunéiforme, quand elle est comprimée ; son sommet affecte souvent la forme d'une tête de tibia ; sa spore ellipsoïde étroite la distingue des formes naines de *C. falcata*, *Corbierei* et des autres du même groupe.

178. — C. Corbierei.

7—12 mm. Blanc, blanchâtre sur le sec ; stipe à peine distinct, 2×0,3—0,5 mm. ; clavule de 1 mm. diam. vers le haut, régulièrement épaissie depuis le stipe jusqu'au sommet obtus, ordinairement tronqué et déprimé. — Hyphes centrales parallèles cohérentes, 2,5—6 μ, les subhyméniales indistinctes ; basides 15—18×3—4,5 μ ; spores hyalines, lisses, subglobuleuses ou largement ellipsoïdes, apiculées à la base, 3—4,5(—5)×3—4 μ, ordinairement 1-guttulées. (*Fig. 48*).

Décembre. Sur la terre, en petits groupes, à l'intérieur d'une souche pourrie ; Cherbourg, L. COR-BIÈRE.

46. — *Clavaria Corbierei* Bourd. et Galz. — Gr. nat. et coupe hyméniale.

Ressemble à une forme naine de *C. falcata*, mais sa petite spore le rapprocherait plutôt de *C. gracilis* Sow. Il est voisin aussi de *C. luticola* Lasch. qui est plus grand, pâle puis fuscescent. Surtout remarquable par sa clavule étroitement conique, souvent déprimée ombiliquée au sommet.

179. — **C. asterospora** Pat. — Sacc., VI, n. 8135. — Cott. et Wak., p. 186.

2—3 cm. Clavules éparses, fusiformes, aiguës, blanches, atténuées en stipe court. Spores globuleuses, spinuleuses, hyalines, 5—8 μ.

A terre, dans les bois ; Jura. (n. v.).

180. — **C. candida** Weinm. — Fr., Hym., p. 679. — Quél. Soc. bot. Fr., 1879, p. 232 ; Fl. myc., p, 460.

Groupé, simple, égal, filiforme, pellucide, pruineux, acuminé ; stipe indistinct. Spore pruniforme, aculéolée, blanche, 10 μ. (Quél.).

Automne. Dans les serres et forêts marécageuses. (n. v.).

181. — **C. exilis** Pers., Myc. Eur., I, p. 186. — Quél., Fl., p. 460.

Clavule filiforme, cylindrique, 1—1,5 cm. blanc crème ; stipe très fin et blanc. Spore ellipsoïde allongée, pointillée, 11—15 μ (Quél.).

Été. Dans les forêts de conifères et la tannée (n. v.).

Le *C. minor* Lév. Fr. Quélet, Fl., p. 460, indiqué aux env. de Paris, à terre en groupes, a une clavule 2—3 cm., filiforme, acuminée, naissant d'un tubercule subglobuleux, jaune paille *(Typhula ?)*.

2. — Espèces jaunes.

182. — **C. fusiformis** Sow. — Fr., Hym., p. 674. — Quél., Fl., p. 461. — Gillet, pl. — Cott. et Wakef., p. 184.

4—10 cm. Cespiteux fasciculé à la base, jaune vif ; clavules fusiformes, simples, rarement divisées au sommet, cylindriques ou comprimées. — Hyphes à parois minces, 3—9 μ, hyalines, jaune doré près de la surface ; basides 30—45×6—8 μ, à 4 stérigmates ; spores subglobuleuses, quelquefois plus larges que longues, avec apicule grêle, assez long, 5—8 μ.

Septembre-Novembre. Pelouses et bruyères près des bois ; commun.

183. — **C. inæqualis** Müll. — Fr., Hym., p. 674. — Quél., Fl., p. 461.

3—6 cm. Groupé ou subcespiteux, rarement conné à la

base ; clavules jaune d'or ou orangé, claviformes ou cylindriques, assez souvent comprimées, simples, quelquefois fourchues, atténuées à la base sans stipe distinct. — Hyphes à parois minces, assez lâches, 3—10 µ ; basides 45—60×6—7,5 µ, à 4 stérigmates ; spores lisses, ovoïdes ou oblongues, atténuées et apiculées à la base ou sur le côté, 6—7(—9)×4—6 µ, 1-guttulées.

Été, automne. Terre moussue, pelouses, bruyères et bois : assez commun.

1. C. persimilis Cott. — Jaune orange, se fonçant en séchant ; clavules grêles. Spores oblongues avec apicule latéral, 5—6×4 µ.

2. C. aurantia Pers., Obs. ; Syn., p. 598. — 3—5 cm. Isolé subcespiteux ; mycélium blanc ou jaune, revêtant la base de la clavule ; clavule étroite, subrugueuse, orangée, plus rouge sur le sec. Hyphes 2—9 µ, les axiles jusqu'à 25 µ ; basides 25—40×4—7 µ ; spores subcitrines, variables sur une même clavule, subsphériques un peu atténuées et apiculées à la base, obovales oblongues, apiculées ou obtuses à la base, quelquefois apiculées latéralement, 4—8×4—6 µ, ordinairement 1-guttulées. — Septembre-Novembre. Humus et terre parmi les mousses, Aveyron : St-Estève, Loubotis, etc.

Spores attribuées par divers auteurs à *C. inaequalis* : Quélet : ovoïde sphérique, 8—10 µ. — Britzm. : 6—8×6 µ. — Schroeter : 5—7×4 µ. — Sacc. : 10—12×5—6 µ et 8 µ d. — Killerm. : 10×4—6 µ. — Rick. : 15×6 µ.

184. — C. luteo-alba C. Rea. — R. Maire, Soc. Myc. Fr., t. XXVI, p. 196. — Cott. et Wakef., p. 191.

3—5 cm. Clavules isolées ou fasciculées, simples, 1,5—3 mm. diam., atténuées à la base et au sommet, abricot ou orangées, puis ocre clair sur le sec, extrémités souvent blanches ; chair orange crème. — Hyphes assez lâches, 5—6 µ, à contenu orangé granuleux ; basides 25—60×4—7 µ, à 4 stérigmates ; spores hyalines, lisses, ovales elliptiques, sans apicule distinct, 5—6(—8)×3—4 µ, blanches en masse.

Automne. A terre dans les pelouses et clairières des bois ; Allier, forêt de Moladier.

185. — C. dissipabilis Britzm. — Sacc., Syll. VI, p. 749. — *C. similis* Boud. et Pat., Journ. de Bot., 1888, p. 406. — *C. inaequalis* Cott. et Wakef., p. 189.

3—6 cm. Isolé ou cespiteux ; clavule jaune vif, jaune doré, plus foncée au sommet, subcylindrique, puis comprimée, atténuée en stipe peu distinct. — Hyphes subhyméniales cohérentes, les médianes parallèles, 3—10 μ ; basides 27—30—45×6—9 μ, à 2—4 stérigmates, longs de 6—7 μ ; spores hyalines, subsphériques, hérissées d'aiguillons coniques, 4—7×4—6 μ, à guttule huileuse.

Été, automne. A terre, parmi les mousses et les graminées, dans les pelouses et les clairières des bois. Commun, au moins dans le Centre.

1. — Clavule étroite, flexueuse ou circinée, jaune franc ; spores 6—6,5 μ d., spinuleuses et à mucron obtus, assez long ; basides 40—50×6—8 μ, à 1—2—3 stérigmates souvent très inégaux et atteignant jusqu'à 12 μ. Vienne (Abbé GRELET).

2. — Aspect de *C. bifurca* Bull., t. 264 ; haut. 4—6 cm. ; subcespiteux ; clavules flexueuses fusiformes ou fourchues ; spores très variables : 1° identiques à celles de *C. dissipabilis* ; 2° lisses, subsphériques, 1-guttulées ; 3° anguleuses, trigones ou pentagones ; 4° oblongues piriformes à mucron obtus, 4—8×3—4,5 μ. Meurthe-et-Moselle (L. MAIRE).

186. — C. geoglossoides Boud. et Pat., Soc. Myc. Fr., 1892, p. 42, pl. VI, f. 1.

3—5 cm. Simple ou cespiteux, à clavules comprimées sillonnées, élargies et quelquefois divisées au sommet, jaune vif ; stipe distinct, plus lisse et plus pâle. — Hyphes 2—10 μ ; basides 28—45×6—8 μ, à 4 stérigmates ; spores hyalines ou légèrement teintées de jaune, ovoïdes arrondies ou oblongues, lisses, puis globuleuses et couvertes de verrues largement coniques, 6—9×4 —8 μ ou 6—8 μ d., ordinairement 1-guttulées et apiculées à la base.

Septembre-Octobre. Dans les pelouses, Allier ; env. de Paris (A. LARONDE) ; dunes de Lestre, Manche (L. CORBIÈRE).

3. — Espèces roses ou purpurines.

187. — C. incarnata Weinm. — Fr., Hym., p. 678. — Quél., Fl., p. 460. — Cott. et Wakef., p. 189.

1,5—4 cm. Solitaire ou groupé ; clavule simple, cylindrique ou comprimée, 2—2,5 mm. diam., subaiguë, rose incarnat clair, subpruineuse, décolorante ; stipe peu distinct. — Hyphes 3—12 μ ; basides 30—50×7—8 (—10) μ, à 2—4 stérigmates ; spores hyalines, lisses, ovoïdes à contenu granulé, 7—8×4,5—6 μ.

Octobre, Novembre. A terre ; Millau ; env. de Paris (A. LARONDE).

Les spores de ces récoltes sont un peu plus petites que celles que donnent Cotton et Wakefield : 7—10×6—8 μ.

188. — C. purpurea Fr.. S. M. ; Hym., p. 674. — Cott. et Wakef., p. 188.

10—12 cm. Cespiteux ; clavules grêles, comprimées, aiguës, pourpre foncé ; stipe peu distinct. Spores ovoïdes, 7—9×4—5 ν (C. et W.).

Forêts de sapins des montagnes (n. v.).

189. — C. rosella Fr., S. M. ; Hym., p. 674. — Cott. et Wakef., p. 188. — *C. rubella* Pers. — Quél., Fl., p. 461.

2—4 cm. Solitaire ou subcespiteux, fragile ; clavule rose vif, jaunissant au sommet, cylindrique obtuse ou comprimée, atténuée à la base en stipe distinct plus pâle. Spores hyalines, lisses, ovoïdes ou largement elliptiques, 7—10×5—6 μ (C. et W.).

Prés moussus, Jura (n. v.).

4. — Espèces pâles, argileuses, jaune pâle cire ou verdoyant, ocracées, roussâtres, bistrées.

190. — C. argillacea Pers., Comm. — Fr., Hym., p. 675. — Cott. et Wakef., p. 191. — Burt, pl. 9, f. 15 (Boudier, pl. 75). — Gillet, pl. — *C. ericetorum* Pers., Obs. ; Syn., p. 600. — Quél., Fl., p. 461.

3—6 cm. Souvent fasciculé, fragile ; stipe 1 cm., citrin clair, sulfurin ; clavule simple, 3—4 mm. diam., argileux pâle, alutacé, jaune cire, claviforme, subcomprimée, quelquefois dilatée bilobée au sommet, ou cylindrique atténuée (*C. flavipes* Pers.). — Hyphes 3—12 (—24) μ, à parois minces ou peu épaisses, parallèles subcohérentes ; basides 60—70×6—8 μ, à 2—4 stérigmates ; spores hyalines, lisses, elliptiques, avec apicule latéral, très court, 10—12 (—14)×5—7 μ.

Novembre, Décembre. Parmi les bruyères.

1. — Spores plus petites 6—9×4—5 μ ; basides 30—40×6 —7 μ ; hyphes 2—15 μ.

2. — *citrina* Quél., Soc. bot. Fr., 1876, t. III, f. 4. — 2 cm. ; étroitement claviforme, citrin, un peu verdoyant à la base. Bruyères, Vosges.

3. — *dispar* Pers., Myc. Eur., I, p. 180, sensu Boudier. — 4—6 cm. Clavule aigüe ou obtuse, souvent comprimée, légèrement ridée, sulfurin très clair, puis crème alutacé ou crème incarnat. Spores ovoïdes subelliptiques, 6—10×4,5—6 μ. Pelouses et pacages, Vienne (Abbé GRELET) ; Allier.

191. — C. tenuipes Bk. Br. — Fr., Hym., p. 678. — R. Maire, Soc. Myc. Fr., t. XXVI, p. 197. — Cott. et Wakef., p. 187.

3—6 cm. Clavules isolées, rarement groupées par 2—3, gris jaunâtre, gris pâle, noisette, claviformes ou subcylindriques, 2—10 mm. diam., souvent comprimées ruguleuses, souvent creuses dans la vieillesse, arrondies au sommet, atténuées à la base en stipe plus ou moins distinct long de 1—2 cm., épais de 2 mm. — Hyphes longitudinales, peu serrées, 8—10 μ ; basides 30—40×7 —9 μ, à 4 stérigmates ; spores hyalines, lisses, ovales ellipsoïdes avec apicule oblique, très petit, 7—9×4—5 μ.

Gazons courts, bruyères. — (Descr. ex auct. cit.). Non rencontré, ou confondu avec le suivant qui paraît très voisin.

192. — C. Daulnoyae Quél., Ass. fr., 1895, p. 7 et pl. III, f. 36.

Clavule 2—4 cm. long., épaisse de 2—7 mm., obtuse, arrondie ou bilobée au sommet, pleine puis creuse, pruineuse, gris clair puis un peu bistré, atténuée en stipe grêle, rigide, long de 1 cm., cylindrique, blanc hyalin, très distinct. — Hyphes 3—12 μ, plus ou moins cohérentes ; basides 30—45×6—9 μ, à 2—4 stérigmates ; spores hyalines, lisses, ellipsoïdes, 7—9×5—6 μ, blanches en masse.

Septembre-Novembre. Cespiteux à stipes rapprochés et connés, dans les pelouses ; Allier.

193. — C. affinis Pat. et Doass. — Sacc., VI, p. 728.

1—4 cm. Clavule simple, blanchâtre, (rarement teintée de crème ocre ou crème sulfurin), puis pâle jaunâtre sur le sec, obtuse, assez souvent comprimée, tronquée ou rétuse au sommet, atténuée en stipe long de 5—10 mm., grêle, non pellucide, brunissant sur le sec. — Hyphes à parois minces, subparallèles, 4—9 μ avec renflements jusqu'à 30 μ ; les subhyméniales 1,5—4 μ, très denses ; basides 21—30—40×5—7 μ ; spores hyalines, ovoïdes ou oblongues, brièvement atténuées et apiculées obliquement, 5—6—8×3—4 μ, à contenu granulé ou 1-guttulé.

Juin-Novembre. A terre, près des haies ou dans les bois, parmi les mousses et les graminées ; Allier, Aveyron, Meurthe-et-Moselle, Ain.

Si notre plante est bien le *C. affinis,* il nous paraît distinct de *C. falcata,* auquel Quélet le rapporte. Nous lui avons réuni une forme qui a exactement les mêmes éléments micrographiques et ne diffère que par une légère teinte de jaune ocracé ou sulfurin. Elle vient tantôt isolée, tantôt à stipes rapprochés et connés, par 2—4, quelquefois en société avec *C. dissipabilis.*

194. — C. sphagnicola Boud., Soc. Myc. Fr., 1917, p. 12, t. IV, f. 3.

5—8 cm. Clavule simple, pâle jaunâtre, subcylindrique ou déprimée, 2—4 mm. diam., atténuée en stipe citrin peu distinct. Basides 50—55×6—7 μ ; spores hyalines, ovoïdes, 7—10×5—6 μ.

Septembre. Parmi les sphaignes, Jura. Très voisin de *C. argillacea* (n. v.).

195. — C. Daigremontiana Boud., Soc. Myc. Fr., 1917, p. 10, t. I, f. 3.

1—3 cm. Non cespiteux, jaune ocracé ; clavule simple, rarement fourchue, souvent un peu comprimée, assez profondément sillonnée de côtes longitudinales, aiguës ; stipe indistinct. Basides 25×5 —6 μ, à 2—4 stérigmates ; spores hyalines, lisses, ovoïdes, 5—6×3—3,5 μ.

Septembre. Sur la terre des marécages, Beauvais (n. v.).

196. — C. obtusata Boud., Soc. Myc. Fr., 1917, p. 12, t. IV, f. 2.

5—7 cm. Isolé ou groupé par 2—3 ; clavule simple, grêle, 2—3 mm. diam., gris pâle un peu ocracé, blanchâtre à la base, obtuse arrondie au sommet, atténuée en stipe non distinct. Basides 50—60×7—10 μ ; spores hyalines, lisses, ovoïdes ou ovoïdes oblongues, atténuées ou apiculées à la base, 9—10×5—6 μ.

Octobre. — Lieux tourbeux, Jura (n. v.).

197. — C. coliformis Boud., Soc. Myc. Fr., 1917, p. 11, t. III, f. 2.

2—5 cm. Peu cespiteux ; clavule ocre fauve, creuse et jaune en dedans, épaisse de 4—6 mm., normalement simple, cylindrique claviforme, obtuse, plissée transversalement avec un sillon longitudinal, atténuée et blanche tomenteuse à la base ; saveur amère, odeur de suif. Spores blanches, globuleuses, apiculées à la base, 7 μ d., 1-guttulées.

Novembre. Amiens (n. v.).

198. — C. Greleti Boud., Soc. Myc. Fr., 1917, p. 13, t. IV, f. 4. Specim. orig !

3—6 cm. Isolé ou géminé, à stipes non connés ; clavule simple, grêle, 1—2 mm. diam., brun bistre, non fistuleuse, bistre intérieurement, subobtuse, atténuée en stipe court, glabre, blanc tout-à-fait à la base. — Hyphes à parois minces, cohérentes parallèles, 3—12 μ ; basides 16—30×5—6 μ ; spores hyalines, subglobuleuses, apiculées à la base ou latéralement, 7—8—10 μ d, (6—8×5—6 μ sur le sec) à contenu granuleux ou 1-pluri-guttulé.

Novembre, Pelouses sablonneuses, à l'orée d'un taillis de chênes ; Savigné (Vienne) (Abbé GRELET).

199. — C. fumosa Pers., Comm. — Fr., Hym., p. 676. — Sacc., VI, p. 721. — Cott. et Wakef., p. 183.

5—8 cm. Fasciculé, flexueux, fragile ; clavules 3—5 mm. diam., isabelle, alutacées, gris ou ocre bistré, cylindriques ou claviformes, à la fin creuses, comprimées, aiguës, obtuses ou 2—3-fides et droites ou réfléchies au sommet ; chair blanche. — Hyphes à parois minces, cloisons fréquentes, subparallèles, irrégulières avec nombreux renflements, 3—24 μ, les subhyméniales agglutinées ; basides 27—40×4,5—6 μ, à 2—4 stérigmates ; spores oblongues atténuées et finement apiculées à la base ou obliquement, 4,5—6×2,5—3,5 μ, à contenu granulé ou guttulé.

Automne. Pâturages, Cherbourg (L. CORBIÈRE).

Quélet regarde *C. fumosa* comme l'état jeune de *C. nigrita* ; M. Bresadola, au contraire, tient les deux espèces comme distinctes. Le *C. striata* Pers. Fr., Hym., p. 675. Quél., Fl., p. 462, à clavules longues, flexueuses, listrées, striées et tordues, serait une forme de *C. fumosa* d'après Fries, de *C. vermicularis* d'après Cotton et Wakefield.

Spores de *Cl. fumosa* : Britzm. Sacc., 6—8×3 μ ; Cott. et Wak., 6—8 ×3—4 μ ; Killerm. 5×3 μ.

200. — C. nigrita Pers., Comm. ; Syn., p. 604. — Bres., F. Trid., p. 62, t. 67, f. 4.

6—10 cm. Clavules fasciculées par 5—9, roux brun puis noirâtres, cylindriques ou comprimées, 4—5 mm. diam., déprimées canaliculées au milieu, fragiles, fistuleuses, atténuées au sommet avec extrémités subaiguës, droites ou réfléchies ; chair bistre. — Basides 20—25×5—6 μ ; spores hyalines. ovoïdes, 5×2—2,5 μ.

Été, automne. Lieux herbeux, pâturages ; rare (n. v.).

201. — C. pistillaris L. — Fr., Hym., p. 676. — Gillet, pl. — Quél., I, t. 21, f. 2 ; Fl. myc., p. 459. — Bull., t. 244.

10—20 cm. Epars, en massue de 3—6 cm. diam., obtuse, ocre plus ou moins bistré ; chair blanche, molle. — Spores paille clair, lisses, ellipsoïdes oblongues ou obovales, brièvement et obliquement atténuées à la base, 9—16×5—7 μ.

Été, automne. Commun dans les bois feuillus.

202. — C. truncata Quél., Fl., p. 450. — Konr. et Maubl., Ic. sel., pl 495. — *C. herculeana* Lightf., Scot. — R. Fries, An-

teckn., p. 31. — *Cl. pistillaris B herculeana* Pers., Syn., p. 597.
— *C. pistillaris* Schaeff., t. 169.

5—15 cm. Claviforme ou turbiné, aplati ou déprimé au sommet, veiné et rugueux, citrin jonquille, souci à la base. Spores 9—10×5—6 μ (R. Fr.), ellipsoïdes ovoïdes pruniformes avec apicule sublatéral, 9—13×5—7 μ (Konr.).

Forêts de sapin montagneuses (n. v.).

203. — **C. ligula** Schaeff., t. 171. — Fr., Hym., p. 676. — Quél., Fl., p. 459. — Cott. et Wakef., p. 193. — *C. luteola* Pers.

3—8 cm. Clavule simple, allongée, obtuse, crème jaunâtre, puis ocre ou ocre roussâtre, longuement amincie et blanche villeuse à la base. — Spores 11—15×3—5 μ, lisses, étroitement elliptiques, apiculées à la base.

Été, automne. En troupes sur brindilles et humus, dans les forêts de sapins montueuses ; Alpes (A. Laronde) ; Luxembourg (Schroell).

204. — **C. fistulosa** Holmsk. — Fr., Hym., p. 677. — Quél.,

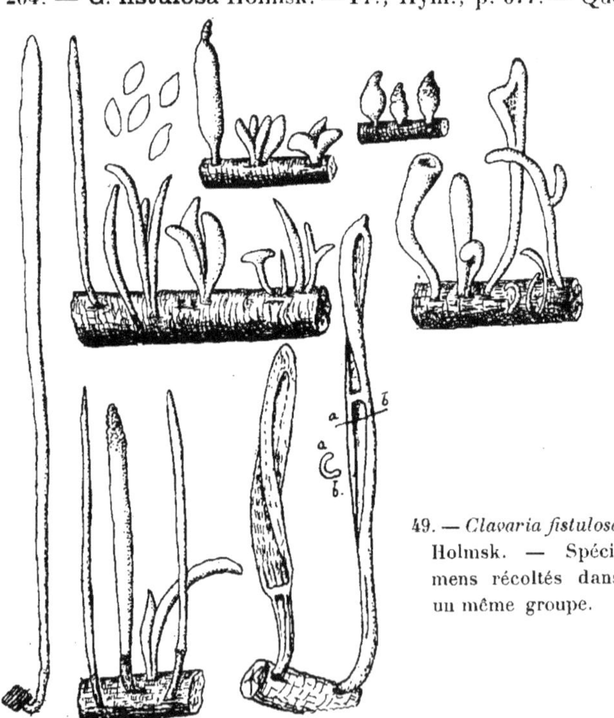

49. — *Clavaria fistulosa* Holmsk. — Spécimens récoltés dans un même groupe.

Fl., p. 459. — Cott. et Wakef., p. 194. — Burt, Clav., pl. 10, f. 96 (d'après Holmsk., Fl. dan., I, f. 6 dextra). — *C. ardenia* Sow.

6—20 cm. Clavule simple, droite, grèle, renflée et obtuse au sommet, tubuleuse, rigide puis flasque, pruineuse, jaune roussâtre ou fauvâtre, brunissant par le sec ; stipe concolore, peu marqué, terminé en racine courte, blanche villeuse. — Hyphes assez tenaces, à boucles éparses, 1,5—7—15 μ ; basides 50—65×8—10 μ, à 4 stérigmates atteignant 12×3 μ ; spores hyalines, lisses, subfusiformes élargies, acuminées aux deux bouts (oculiformes) ou obovales, acuminées seulement à la base, 12—15×6—7 μ, à contenu granulé ou finement guttulé, blanches en masse. (*Fig. 49*).

Septembre-Novembre. Sur débris, aune, chêne, fougères, etc. et dans l'humus.

Fa *contorta*. — *C. contorta* Holmsk. — Fr., Hym., p. 677. — Boud., Soc. Myc. Fr., 1917, p. 11, pl. V, f. 1. — Cott. et Wakef., p. 194. — Burt, Clav., pl. X, f. 97 (phot. de Holmsk, f. 12 dextra).

1—3 cm. Erompant, subcespiteux, argileux pellucide, puis ocre bistré et pruineux, fragile, puis flasque et comprimé difforme rugueux, ovoïde ou en clavule allongée, grèle, obtuse ou aiguë, simple ou à rameaux peu nombreux, étalés, obtus ; stipe nul ou long de 1 cm. et nettement limité. — Hyphes 2—9 μ et jusqu'à 30 μ dans la partie centrale spongieuse, à parois minces, boucles éparses ; basides 45—60—80×4—6—9 μ, à 4 stérigmates longs de 8—12 μ ; spores hyalines, subfusiformes, acuminées aux deux extrémités ou seulement à la base et obovales, 12—15—19×6—9 μ, à contenu granuleux ou finement guttulé. — Novembre à Février. Sur branches sèches, aune, orme, chêne, coudrier, érable, etc.

Les caractères ci-dessus ont été pris séparément sur *C. fistulosa* et *C. contorta* ne croissant pas en mélange. Mais nous avons pu suivre le développement de formes qui se montraient chaque année, au début de l'hiver, dans une haie sèche formée de branches d'orme entrelacées. Les individus qui croissaient à une certaine hauteur au dessus du sol, plus ou moins cespiteux, courts, trapus, répondent pour la plupart à *C. contorta* ; d'autres échantillons ont des rameaux épais, étalés, obtus : on peut y voir le *C. brachiata* Fr. Ces formes passent graduellement à la forme *fistulosa*, qu'on trouve parfois sur les mêmes rameaux à l'extrémité qui repose sur le sol, mais plus ordinairement sur des débris plus ou moins enfouis dans l'humus. Il y a des formes épaisses de 3—5 mm. et longues de 5—8 cm., creuses, souvent comprimées leur section transversale est en croissant ou en fer à cheval, d'autres encore plus allongées sont très grèles, 1—2 mm., aiguës, obtuses ou même déprimées au sommet. Le stipe est tantôt nul, tantôt très distinct et même parfois séparé de la clavule par un bourrelet, glabre ou couvert d'une villosité laineuse ou hispide, blanche, fauve ou purpurine. M. von Hochnel, qui a eu aussi l'occasion de faire les mêmes observations, conclut à l'identité de *C. fistulosa* et *contorta*; R. Fries, Goth., I, p. 76, avait déjà signalé des formes de *C. fistulosa* ressemblant à *C. contorta*.

Fa *macrorrhiza* (Sw). — *C. macrorrhiza* Fr., Hym., p. 677. — Cylindrique, obtus, jaune brun, terminé en longue racine hérissée de fibrilles. Humus.

Fa *brachiata*. — *C. brachiata* Fr., Hym., p. 677. — Erompant, jaune brun, farci puis creux, rameaux peu nombreux, latéraux, épais et obtus, étalés. Brindilles d'aune, orme.

205. — **C. juncea** Fr., S. M.; Hym., p. 677. — Gillet, pl. — Quél., Fl., p. 459. — Cott. et Wakef., p. 195.

5—12 cm. Clavule grêle, 0,5—1,5 mm. diam., fistuleuse, flasque, aiguë, blanc jaunâtre sale, pâle roussâtre, ocre brunâtre; base stoloniforme, fibrilleuse. — Hyphes parallèles, 3—15 μ, les subhyméniales collapses, 2—4 μ; basides 18—45×5—7—8 μ, à 4 stérigmates droits, longs de 6 μ; spores oblongues ou subfusiformes, atténuées plus ou moins obliquement à la base, 7—9—10 ×3—5 μ.

Octobre, Novembre. Parmi les feuilles tombées, chêne, hêtre, etc. Commun.

vivipara (Bull., t. 463, f. 2). — Clavules portant latéralement des clavules filiformes, en forme de fibrilles.

D. — **CERATELLA** Qt. non Pat. — Clavule petite, filiforme, aiguë.

206. — **C. Bresadolæ** Quél., Fl., p. 458. — Bres., F. Trid., II, p. 40, pl. 146, f. 2.

3—8 mm. Groupé et fasciculé, fixé par des fibrilles blanches, radiantes; clavule subulée, subfloconneuse, blanchâtre, puis ocracée, quelquefois verdâtre ou rosée au sommet. — Basides 40—45×8—10 μ; spores hyalines, largement elliptiques obovales, finement grènelées, 8—10×5—6 μ.

Eté, automne. Sur bois pourrissant de mélèze, Tyrol (n. v.).

207. — **C. himantia**. — *Hydnum* Schw., Car. — Fr., Epicr. — Sacc., VI, p. 471. — Bres., Hym. Kmet., n. 103. — *Odontia*

Bres., F. polon., p. 75. — *Clavaria byssacea* Roth. — Pers., Myc.
Eur., I, p. 172. — Hym. de Fr., 1910, n. 86.

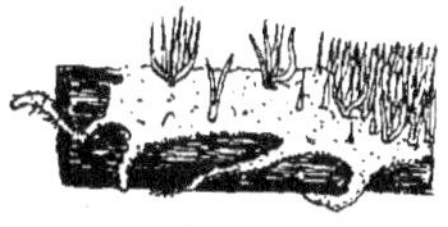

50. — *Clavaria himantia.* — Gr. nat. ; grossi 3 fois ; spores.

4—5 mm. Mycélium étalé, mou, laineux, assez épais, blanc, souvent bordé de filaments rhizoïdes ; clavules 0,5 mm. diam., en forme d'aiguillons odontioïdes, pâles, puis gris glauque, brunissant en herbier, droites, subulées, simples, parfois connées, rarement fourchues. — Hyphes 3—5 μ, à parois minces, bouclées, lâches, les mycéliales ampullacées jusqu'à 7—9 μ ; basides 24—34—45×7—9 μ, à 2—4 stérigmates droits, longs de 6—7 μ ; spores hyalines, puis crème paille, obovales oblongues ou subcylindriques, atténuées et légèrement incurvées à la base, obscurément verruqueuses, 7,5—10(—12)×4—5 μ. (*Fig 5o*).

Septembre à Mai. Sur toute espèce de bois pourri, à feuilles et à aiguilles ; gagne quelquefois le sol. Pas rare dans les env. de Millau : Causse Noir, Labastide-Pradines, etc. Lozère, Causse Méjean. — Evolution lente. mais le mycélium détermine une pourriture sèche assez active.

208. — **C. Bourdotii** Bres., Fungi gall. — Ann. Myc., 1908, p. 45 — Hym. de Fr., 1910, n. 87.

1—2 mm. Subiculum blanc, aranéeux et en cordons rhizoïdes ; clavules grêles, droites, subulées, crème olivacé, pulvérulentes, éparses ou en groupes denses comme les aiguillons d'un *Odontia*. — Hyphes à parois minces, les subhyméniales 1—2 μ, les axiles 3—6 μ avec quelques boucles, les mycéliales 1—2,5 μ plus ou moins cohérentes, et ampullacées jusqu'à 9 μ ; basides 15—24—30×4—6 μ, à 2—4 stérigmates longs de 2—3 μ ; spores ocre olivacé, oblongues subfusiformes, atténuées obliquement à la base, finement verruqueuses, 6—9(—12)×2,5—4 μ, souvent agglutinées par 4.

Mai-Février. Sur débris des haies sèches, brindilles, feuilles ; pas rare dans l'Allier ; sur buis enfoui sous les pierres, et sur les pierres, les schistes, dans l'Aveyron. — Evolution lente, ordinairement humicole, mais, sur le bois, il arrive à produire une pourriture rouge, assez sensible.

209. — **C. mucida** Pers.. — Fr., Hym., p. 679. — Sacc., VI, p. 729. — Quél., Soc. bot., 1896, p. 331 ; Fl. myc., p. 458.

1—2 cm. Clavule blanche, jaunâtre, quelquefois rosée, simple ou incisée en rameaux linéaires, ou cristulée au sommet; stipe peu distinct. — Spores ellipsoïdes, blanches, 6 μ (Quél.); 5—6×2—3 μ et 6—7×3—4 μ (Sacc.); arrondie, 7 μ (Killerm.)

Été, automne. En troupes, souches pourries et humus, Jura, Vosges (n. v.).

Le *C. uncialis* Grev. — Fr., Hym., p. 679, est le type du genre *Gliocoryne* R. Maire, ainsi défini : Réceptacle clavariiforme, farci, à context gélatineux corné, formé d'hyphes à membrane externe épaissie-gélifiée.

C. uncialis (Grev.) R. M. — Clavule 5—15×1 mm., simple, comprimée, subatténuée à la base, obtuse au sommet, blanche puis pâle. Basides 30—35 ×4—5 μ, à 2—4 stérigmates; spores hyalines, lisses, oblongues ellipsoïdes, 6—7×2—3 μ, 1 pluri-guttulées. Sur *Mulgedium Plumieri*, Lorraine (R. Maire, Soc. bot., 1909, p. CXX).

V. — **TYPHULA** Fr.

Réceptacle dressé, charnu céracé ou tenace, simple, très rarement rameux, formé d'un stipe allongé, grêle, portant une clavule cylindracée couverte de basides claviformes à 2—4 stérigmates; spores ovoïdes ou oblongues, hyalines, lisses. Cystides nulles.

Espèces minuscules, croissant sur feuilles, herbes sèches, brindilles pourries, humus, naissant souvent d'un sclérote.

Tableau analytique des espèces.

1 {Un sclérote : 2.
{Pas de sclérote : 19.

2 {Espèces cespiteuses ou rameuses, à stipe peu distinct : 3.
{Stipe distinct de la clavule, plus grêle : 4.

3 {Clavules pubescentes, blanches; rameaux subfastigiés, obtus; spores 3—3,5×1—2 μ. Sur écorce de lilas, framboisier, Ardennes : *T. ramealis* Lib. Sacc., VI, p. 747.
{Clavules glabres, blanches flexueuses, simples ou 2—3-furquées; spores 6 μ : *T. corallina* Quél., Ass. fr., 1883, p. 9, t. VI, f. 15.
{Clavules glabres, bleuâtre clair, subclaviformes arquées : *T. caespitosa*, n. 213.
{Clavules glabres, blanches, puis glaucescentes et brun clair, simples ou bifurquées, flexueuses : *T. coacervata*, n. 213 var.

4 — Clavule insensiblement atténuées en stipe ; plantes de 2,5
—10 cm. : 5.
Clavule de 2 cm. à peine, blanc de lait, souvent bleutées au
sommet, veloutées et atténuées inférieurement. Sur paille
de maïs pourrissante : *T. lactea* Tul. Sacc., VI, p. 748.
Clavules assez brusquement atténuées en stipe : 6.

5 — Glabre, pâle, subfuscescent à la base ; spores 8—9×4—5 μ
(Schrœt.) ; à terre et parmi les feuilles tombées (*Sclerotium
scutellatum* A. S.) : *T. phacorhiza*, n. 209bis.
Blanchâtre, incarnat au sommet, cylindrique, hérissé et atténué
en stipe à la base ; parmi les feuilles entassées : *T. incarnata* Lasch. Fr., Hym., p. 683.

6 — Clavule élargie, subglobuleuse ; stipe un peu velu, brun. Sur
tiges décortiquées d'Euphorbe ; Allemagne : *T. Euphorbiae*
Fuck. — Fr., Hym., p. 684.
Clavule élargie, ovale ; stipe court, blanc, glabre ; spores ellip-
soïdes, 7—8×3—5 μ (Sacc.). Sur feuilles sèches de peuplier :
T. ovata Karst. Sacc., VI, p. 745.
Clavule étroite, oblongue ou linéaire : 7.

7 — Stipe coloré, plus foncé que la clavule : 8.
Stipe blanc ou concolore à la clavule : 11.

8 — Stipe brun noir, épaissi à la base ; clavule acuminée, blanche ou
rose pâle. Sur feuilles entassées de frêne : *T. crassipes*
Fuck., Fr., Hym., p. 682.
Stipe allongé, grêle ; clavule non accuminée : 9.

9 — Clavule finement villeuse, pâle ou crème jonquille ; stipe glabre, rougeâtre. Sur brindilles et feuilles tombées : *T. villosa* (Schum.) Fr., Hym., p. 683. Quél., Fl., p. 454.
Clavule glabre ; stipe capillaire, brun noir ou violacé : 10.

10 — Sclérote sphérique, brun noir ; stipe noir violacé : *T. neglecta*,
n. 211.
Sclérote déprimé, noirâtre ; stipe marron, brun rougeâtre ou
brun fauve : *T. erythropus*, n. 210.

11 — Clavule blanche : 12.
Clavule jaunâtre ou grisâtre : 16.

12 — Petites espèces ; clavule de 1 mm. environ ; stipe de 4 —5 mm. : 13.
Clavule de 2—5 mm. de long. : 14.

Clavule fusiforme ; stipe capillaire ; sclérote fauve, oblong. Sur feuilles sèches de graminées : *T. graminum* Karst. Fr., Hym., p. 684.

13 Clavule obovale oblongue, obtuse ; stipe finement pubescent ; sclérote sous-épidermique, globuleux, 0,5—1 mm. d. Sur feuilles pourries de *Carex* : *T. caricina* Karst. Sacc., VI, p. 747.

Stipe glabre, 2,5 cm. ; clavule blanchâtre, 5 mm. ; sclérote globuleux, 1—4 mm. ; spores elliptiques, 6—9×3—4 µ (Schrœt.). Sur tiges de *Mulgedium, Cacalia*, Vosges : *T. sclerotioides* Fr. — Hym., p. 682. Quél., Fl., p. 453.

14 Stipe pruineux, puis glabre ; clavule cylindrique, blanchâtre puis fuscescente ; sclérote subcomprimé, rugueux, noirâtre. Sur ronces, sarments de vignes : *T. Laschii* Rabenh. Fr., Hym., p. 684.

Stipe velu : 15.

Stipe grêle, 2—4 mm. lg., pellucide hyalin, pubescent ; sclérote ellipsoïde, pâle ou brunâtre : *T. gyrans* (Bastch) Fr., Hym., p. 684.

15 Stipe capillaire, 4—6 mm. lg., blanc, poilu, fixé par un stolon filiforme et brun sur un sclérote globuleux, noir ; spore ovoïde pruniforme. Dans les feuilles pourrissantes : *T. stolonifera* Quél., Ass. fr., 1883, t. VI, f. 17 ; Fl. myc., p. 454 (lusus de *T. gyrans*?).

16 Clavule jaune ou jaunâtre : 17.
Clavule grisâtre livescente : 18.

Stipe à poils épars ; sclérote fauve oblong ; spores oblongues cylindracées, 9—12×3—4 µ. Sur pétioles pourris de frêne : *T. lutescens* Boud., Soc. Myc. Fr., XVI, p. 197, pl. IX, f. 2.

17 Stipe grêle, glabrescent ; sclérote globuleux. A terre, parmi les mousses : *T. flavescens* Saut. Sacc., VI, p. 747.

Clavule 0,5—1,5 cm. grisâtre ou bistrée ; stipe finement pubescent, blanc hyalin ; sclérote sphérique noir ; spores lancéolées, 12 µ. Humus : *T. semen*, n. 212.

18 Clavule 4—10 mm. livide, un peu jaunâtre, simple ou subrameuse ; stipe villeux à la base ; sclérote globuleux, souterrain, brun jaunâtre ; spores 10—13×4—6 µ (Britzm.), 6—7×2,5—3 µ (Schrœt.) : *T. variabilis* Riess. Fr., Hym., p. 683. Quél., Fl., p. 454.

19 {Clavule colorée : 20.
{Clavule blanche ou blanchâtre : 22.

20 {
Clavule rose, 2,5—4 mm. ; stipe 2—4 fois plus long, un peu
  velu à la base. Sur chaumes et racines de *Triticum repens* :
  T. elegantula Karst. Sacc., VI, p. 748.
Clavule rose roussâtre clair ; stipe blanc. A terre : *T. limicola*
  Saut. Sacc., VI, p. 751.
Clavule sordide ; stipe rameux. Sur *Rhizopogon rubescens* : *T.
  mycophila* Fuck. Fr., Hym., p. 685.
Clavule bistre, piriforme ; hauteur totale 4—7 mm. Sur brin-
  dilles : *T. tenuis* Fr., Hym. eur., p. 686. Quél., Fl., p. 455.
Clavule olivacée, puis canescente ; stipe dilaté bulbiforme, rose ;
  spores ovales oblongues, 8×3—3,5 μ. Sur tiges pourris-
  santes d'Héllébore, Corse : *T. lividula* Roll., Soc. Myc. Fr.,
  XIV, p. 83, pl. IX, f. 2.
Clavules jaunes, jaune miel, jaune cannelle : 21.

21 {
Clavule jaune, 2—3 mm. : stipe capillaire blanc. Sur fougères :
  T. Todei, n. 214.
Clavule souci, jaune cannelle ; stipe bistre. Sur ramilles dans les
  forêts : *T. fuscipes* (Pers.) Fr., Hym., p. 686. Quél., Fl.,
  p. 455.
Clavule jaune miel ; stipe plus pâle. A terre, parmi les mousses :
  T. gilva Lasch. Sacc., VI, p. 751.

22 {
Espèce assez grande, blanche, à stipe bulbilleux, sur mousses ;
  basides auriculariées : *Eucronartium muscicola*, n. 8.
Stipe très court, blanc ; clavule linéaire, cylindracée, arquée,
  souvent rameuse, jaunissant sur le sec ; spores ellipsoïdes,
  6—8×3—4 μ. Sur tiges mortes d'*Epilobium* : *T. falcata*
  Karst. Sacc., VI, p. 750.
Stipe droit, grêle, assez long : 24.
Stipe filiforme très allongé, rampant ou décombant, souvent
  rameux : 23.

23 {
Clavule un peu épaissie ; stipe brun, pubérulent au sommet. Sur
  feuilles : *T. filiformis*, n. 217.
Clavule cylindrique, blanche ; stipe pâle, glabre. Sur bouses,
  dans les bois : *T. ramentacea* Fr., Hym., p. 685 (= *T.
  filiformis*, sec. Quél., Fl.).

24 {Stipe villeux ou pubescent : 25.
{Stipe glabre : 28.

25 {Poils du stipe moniliformes glanduleux ; clavule élargie ; basides fourchues à stérigmates longs, subulés ; spores inéquilatérales. Sur la terre des jardins : *T. glandulosa* Preuss. Fr., Hym., p. 685 (*Cf. Hirsutella*).
Poils non moniliformes : 26.

26 {Clavule fusiforme, courte ; stipe 1—2 cm., pubescent, adné aux cônes de pin par un mycélium villeux : *T. peronata* (Pers.) Fr., Hym., p. 685. Quél., Fl., p. 455.
Clavule obtuse. Sur feuilles, herbes : 27.

27 {Stipe hérissé, creux ; sur feuilles de pommier, Ardennes : *T. hirsuta*, n. 215.
Stipe poilu, plein, capillaire : *T. Grevillei* Fr., Hym., p. 685 Quélet, Fl. p. 455.

28 {Très petite clavule, ovoïde oblongue, 0,2 mm. long. ; stipe long de 2 mm. flexueux. Feuilles sèches, dans les serres : *T. longipes* (Karst. Sacc., VI, p. 731. *Clavaria*).
Clavule plus grande ; stipe relativement moins long : 29.

29 {Clavule allongée ; stipe très grêle ; hauteur totale, 0,5—2 cm. Sur plantes herbacées : *T. gracillima* B. et Br. Sacc., p. 751. C. Rea, Brit. Hym., p. 722.
Clavule obovale ou subcylindrique, obtuse : 30.

30 {Sur la terre nue ; blanc pellucide ; stipe épaissi en clavule obovale : *T. translucens* B. Br. Sacc., VI, p. 751.
Sur feuilles et ramilles : 31.

31 {Stipe grêle, glabre ; spores subcunéiformes 9—10×2—3 μ. Sur feuilles pourrissantes : *T. mucor* Pat., Tab. an., n. 472. Sacc. VI, p. 750.
Stipe court ; spores obovales subcylindriques, obliquement atténuées, 6—9×2—4 μ : *T. candida,* n. 216.

209bis. — T. phacorrhiza (Reich.) Fr., Epicr., p. 585 ; Hym. eur., p. 683. — Quél., Soc. bot., 1876, p. 352. — Sacc., VI, p. 745.

Clavule simple, 3—8 cm., grêle, 0,7—1 mm. d., glabre, blanchâtre, subobtuse ou terminée en pointe effilée, flexueuse et brunâtre inférieurement, naissant d'un sclérote pâle à brun d'ombre, comprimé discoïde, 2—4 mm. d. (*Sclerotium scutellatum*). — Hyphes parallèles cohérentes, 2—9 μ ; spores obovales, assez longuement et un peu obliquement atténuées à la base ou largement subfusoïdes, 9—10×4—5 μ.

Novembre ; sur terre calcaire, parmi les feuilles mortes ; Angleterre (A. A. PEARSON). — La fig. Schnizl. 31, t. 12, citée par Fries, est bien différente d'aspect.

210. — **T. erythropus** Fr., S. M. ; Hym.., p. 683. — Quél., Fl., p. 453.

Clavule longue de 1—2 mm., épaisse de 0,3 mm. env. linéaire-cylindrique ou fusiforme, glabre, blanche, puis pâle ou jaunâtre sur le sec ; stipe long de 3—10 mm., épais de 0,12—0,18 mm., filiforme, subcorné, fauve rougeâtre, rouge noirâtre, blanchâtre au sommet, pubescent, hérissé vers la base ; sclérote oblong, 0,5—1 ×0,4—0,6 mm., érompant ou subétalé, noirâtre, à la fin déprimé, ridé, portant 1—2 clavules. Hyphes de la clavule à parois minces, avec quelques boucles, hyalines, 2—9 μ ; celles du stipe parallèles, cohérentes, brunies, 3—7 μ ; poils du stipe à parois épaisses, brunes, en forme de corne ou de spinule, 15—24×5—6 μ, ceux du sommet du stipe effilés en pointe allongée, hyaline ; basides 15—24—28×3,5—6 μ, à 2 (—4) stérigmates longs 4—6 μ ; spores cylindriques, légèrement courbées, 5—7—8×2,5—3,5 μ.

Octobre, Novembre. Sur pétioles et herbes diverses, noyer, topinambours, etc. ; pas rare.

b. — Spores oblongues, déprimées latéralement et obliquement atténuées, 6—9×3—4 μ ; stipe incrusté de granules d'oxalate de chaux ; pointe hyaline des poils longue jusqu'à 180 μ. — Sur tiges de Galium, lierre terrestre.

211. — **T. neglecta** Pat. in Rev. Myc., 1885, p. 152.

Clavule 2—9 mm. long. linéaire cylindrique, droite ou un peu arquée, épaisse de 0,2—0,4 mm., blanche, glabre ; stipe long de 1,5—2 cm., épais de 0,09—0,2 mm., capillaire rigide, noir violacé, glabre à l'œil nu, hérissé (au micr.) de poils bruns, courts, ascendants, cystidiformes, 15—22×4 μ ; sclérote brun noir, globuleux, caché sous l'écorce et à terre, 1 mm. diam. — Hyphes de la clavule irrégulières, 6—19 μ, en pseudoparenchyme, les subhyméniales 2,5—3 μ ; basides 16—21×3—4 μ, à 2—3—4 stérigmates ; spores cylindracées, droites ou à peine arquées, 5—7×2—3 μ.

Novembre. Sous des tiges entassées de topinambours et à terre.

212. — **T. semen** Quél., Soc. bot. Fr., 1877, n. 51, t. VI, f. 2.

Clavule cylindrique, 1—1,5 cm., tubuleuse, cannelée, glabre, grisâtre ou bistrée ; stipe capillaire, 1 cm., subtilement pubescent, blanc hyalin, villeux à la base ; sclérote sphérique, grènelé et noir ; spore lancéolée, 12 μ.

Nous rapportons ici une récolte qui semble aussi voisine de *T. stolonifera* et de *T. neglecta* ; elle s'écarte de la description ci-dessus de Quélet, par sa clavule crème de 2—3 mm. de long., non fistuleuse ni cannelée ; le stipe blanc hyalin est revêtu de poils hyalins ; très tortueux à la base, il naît d'un sclérote globuleux brun noir, gris à l'intérieur ; basides 30—35×6—7 μ, à 2 stérigmates ; spores oblongues, déprimées latéralement et obliquement atténuées à la base, rarement subfusiformes, 9—10×4 μ.

Septembre. A terre, dans un champ de navets, St-Priest.

213. — T. caespitosa Ces. — Sacc., VI, p. 748.

Clavules 6—12 mm., cespiteuses, azuré clair, subclaviformes, un peu arquées, obtuses, naissant d'un sclérote érompant, brun, oblong, convexe.

Sur pétioles et nervures des feuilles de noyer, Italie.

var. **coacervata**. — Clavules 1,5—2,5 cm., subcylindriques, obtuses ou un peu épaissies au sommet, simples ou à 1(—2) rameaux, blanches, puis un peu glauques, brun clair sur le sec, réunies par 10—20 sur un sclérote brun, raboteux, subglobuleux, de 2 mm. diam. environ. — Hyphes à parois minces, flasques, 2—6 μ, parallèles et cohérentes ; hyménium recouvrant toute la surface de la clavule, même le sommet ; basides 18—27×5—7 μ, à 2 stérigmates droits, longs de 4—5 μ ; spores oblongues ou elliptiques, atténuées à la base, 7—9×4—4,5 μ.

Octobre, sur écorce pourrissante de châtaignier, Les Vives (Aveyron).

Ne paraît pas spécifiquement distinct de *T. caespitosa* ; les *T. corallina* Quél. et *T. lactea* Tul. sont aussi des plantes du même groupe.

214. — T. Todei Fr., Obs. ; Hym., p. 685. — Quél., Fl., p. 455. — *Clavaria chordostyla* Pers., Myc. Eur., I, p. 189.

Clavule 2—3×0,3—0,5 mm., fusiforme, obtuse, glabre, pâle ou jaune très clair ; stipe très grêle, long de 5—8 mm., blanc, similaire ou à peine bulbilleux à la base, revêtu de poils courts dans sa moitié inférieure. — Hyphes du stipe 3—6 μ, parallèles, assez fréquemment septées ; poils 12—30×2,5—4 μ, hyalins ; hyphes de la clavule 3—6 μ avec des hyphes irrégulières renflées jusqu'à 24 μ, toutes à parois minces, sans boucles ; basides 18—24×5—7 μ, à 2—4 stérigmates ; spores oblongues ou subcylindriques, souvent un peu arquées et obliquement atténuées à la base, 8—9×3—4 μ, abondantes et parfois agglutinées par 2—4.

Août-Décembre. Sur débris de fougères, peu commun.

F^a *Clavaria filicina* Pers., l. c., p. 190. — Clavule blanchâtre ou pâle, puis roux pâle.

215. — T. hirsuta Lib. — Sacc., VI, p. 751.

Clavule ellipsoïde oblongue, subobtuse, longue de 0,3—0,5

mm., blanche, simple ; stipe 1,2—2 mm., très ténu, blanc, poilu.
— Hyphes du stipe parallèles, 2—4 μ ; poils du stipe subulés,
bossus ou bulbeux à la base, longs de 15—45 μ ; basides 18—24×
3—5 μ, à 2 stérigmates ; spores subcylindriques cunéiformes, 10—
14×3—4 μ,

Novembre. Sur feuilles humides, hêtre, charme ; forêt de
Château-Charles.

A peine visible à l'œil nu ; nous n'avons pas remarqué que le stipe
fût creux comme le porte la description si brève, d'autre part, que la détermination peut être incertaine.

216. — **T. candida** Fr., Mon. ; Hym., p. 685. — Sacc., VI,
p. 748. Bres. déterm !

Clavule 0,5—1,5×0,3—0,7 mm., obovale ou piriforme obtuse,
blanche (rarement crème jonquille ou incarnat au sommet) ; stipe
long de 1—3 mm., très distinct, blanc hyalin, puis blanchâtre,
roussâtre clair, parfois entouré à la base d'une petite couronne
pubescente blanche. — Hyphes à parois minces, sans boucles,
3—4,5 μ ; stipe aspérulé de cristaux d'oxalate de chaux, parfois
hérissé de quelques poils accidentels, très rares ; hyphes du stipe
parallèles cohérentes, 2,5—7 μ ; basides 15—24—33×4—6—7,5 μ,
à 2—4 stérigmates coniques, longs de 5—7,5 μ ; spores oblongues,
atténuées à la base, souvent obliquement, 6—8—10×3—4 μ.

Octobre-Décembre. En troupes, très commun sur toute
espèce de feuilles pourrissantes, par les temps humides.

var. fruticum. *T. fruticum* Karst. (?). — Clavule un peu
plus cylindrique, atténuée en stipe assez épais ; mêmes caractères micrographiques que dans le type. — Sur ronce, églantier,
sarments de vigne, écorces de lilas.

217. — **T. filiformis** (Bull., t. 448, f. 1), Fr., Hym., p. 685.
— Quél., Fl., p. 455. — Gillet, pl.

Clavule un peu épaissie au sommet, glabre, blanchâtre ;
stipe filiforme, très allongé, décombant, subrameux, brunâtre. —
Hyphes du stipe et de la clavule 4—6 μ, à parois minces, sans
boucles, lâchement parallèles.

Octobre-Décembre. Rampant sur les feuilles, dans les endroits humides des bois, pas rare ; çà et là les filaments se redres-
sent, leur extrémité renflée est constituée par des basides que
nous n'avons jamais rencontrées stérigmatifères.

VI. — PISTILLARIA Fr. — Pat., Ess. tax., p. 48.

Réceptacle charnu ou céracé, dressé, simple, très rarement

fourchu, claviforme, fusiforme ou linéaire ; stipe court, épais, glabre ou villeux ; clavule fertile sur toute sa surface, même au sommet. Hyménium continu, à basides claviformes, à 1—2—4 stérigmates ; cystides nulles ou peu distinctes ; spores hyalines, lisses, globuleuses, ovoïdes, cylindriques ou cordiformes. Sclérote nul ou rare.

Plantes épiphytes, très petites, venant en arrière-automne ou en hiver par les journées douces et humides.

Tableau analytique des espèces.

1 { Clavule lancéolée étroite ou filiforme, terminée en pointe aiguë : **2**.
Clavule obtuse : **6**.

2 { Stipe fauve ou brun, glabre, très court mais distinct ; clavule blanche, filiforme, pruineuse. Hauteur 3 mm. Spores ovoïdes, 4×2 µ. Sur feuilles pourries, houblon, cirse, etc. Jura : *P. Patouillardii* Quél., Ass. fr., 1883, p. 9. Pat., tab., n. 48. Sacc., VI, 757.
Stipe concolore ou indistinct : **3**.

3 { Stipe bulbilleux, pellucide pubérulent ; sclérote bosselé, brunâtre ; clavule blanche, linéaire fusiforme, aiguë. Hauteur 4—5 mm. Spores ovoïdes, incurvées ou atténuées. Conidies cylindriques sur un appareil cupuliforme, naissant du sclérote. Sur tiges mortes d'eupatoire : *P. bulbosa* Pat., Soc. bot., 1885, p. 45 ; Tab., n. 473. Quél., Fl., 452.
Stipe peu distinct ; pas de sclérote : **4**.

4 { Clavule rose subulée, pellucide à la base. Haut. 2 mm. à peine. Feuilles de pommier : *P. rosella* Fr., Hym., 689.
var. *ramosa* Pat., Tab., n. 53. Sacc., VI, 755. Clavule lancéolée, simple ou rameuse ; spores ovoïdes, 5×2 µ ; conidies 10×3 µ (stylospores) naissant parmi les basides ou au centre de tubercules bruns ou chamois, qui accompagnent les clavules. Sur tiges mortes de pivoine, Jura.
Clavules blanches, blanchâtres, quelquefois jaunâtres à la base, longues de 1—3 mm. : **5**.

5 { Clavule étroitement fusiforme, un peu renflée et villeuse à la base : *P. aculina*, n. 225.
Clavule linéaire, flexueuse, blanche, puis jaunâtre, non tubéreuse à la base : *P. equiseticola*, n. 226.

6 { Clavule rosée, purpurine ou rousse : **7**.
Clavule blanche ou jaunâtre : **13**.

7 {Clavule ovoïde ou claviforme : 8.
   {Clavule cylindracée ou linéaire : 12.

8 {Clavule 2—3 mm., rousse ou purpurine, puis baie, atténuée en
      stipe de 2 mm. entouré à la base de fibrilles radiées et
      naissant d'un tubercule sclérotiforme, bistre. Sur tiges
      sèches de gentianes : *P. sclerotioides* Fr. — Hym., 686.
      Quél., Fl., 450.
   {Pas de sclérote : 9.

9 {Stipe blanc : 10.
   {Stipe incarnat ou taché de carmin : 11.

10 {Clavule incarnat orangé, atténuée en stipe : *P. carnea* Preuss.
      Fr., Hym., 687. (= *P. micans* sec. Quél.).
   {Clavule rose vif ou écarlate, obovale : *P. micans*, n. 217bis.

11 {Clavule purpurine ; stipe distinct, taché de carmin et souvent
      accompagné d'un mycélium rouge sang. Spores 4×3 μ
      (C. Rea). Serres chaudes : *P. purpurea* Worth. Sm. —
      Sacc., VI, 754. C. Rea, Brit. Bas., 724.
   {Clavule incarnate, testacée sur le sec, parfois comprimée, ridée ;
      stipe concolore. Haut : 2—4 mm. Spores ovales, $8—9 \times 6$ μ
      (Sacc.). Sur scirpe, eupatoire : *P. incarnata* Fr., Hym.,
      685 (var. de *P. micans* pour Quél.).

12 {Clavule blanche, puis rousse ou incarnate et granuleuse ; stipe
      très court, distinct, plus clair ; spores ovoïdes, 6×3 μ. Sur
      feuilles pourrissantes de tremble, etc. : *P. granulata* Pat.
      Sacc., VI, 756.
   {Clavule écarlate, linéaire, souvent arquée, un peu plus épaisse
      à la base ; stipe jonquille très court, épaissi à la base ;
      spores ovales. Haut. 2—3 mm. Feuilles pourries de lilas : *P.
      syringae* (Fuck.) Fr., Hym., 689. Quél., Fl., 451.
   {Clavule fauve à fauve orangé, lancéolée claviforme, 1—2 mm. ;
      stipe blanc ou jaune, très court : *P. fulgida*, n. 218.
   {Clavule purpurine, subcylindrique, simple ou géminée, obtuse ;
      stipe distinct, très court ; spores globuleuses : *P. uligi-
      nosa*, n. 219.

13 {Clavule subglobuleuse ; stipe villeux, long, dressé : 14.
   {Clavule obovale ou cylindrique : 15.

{Haut. 3—4 mm. Clavule déprimée à la base à l'insertion du
   stipe ; spores ovoïdes, 6×3 μ. Sur tiges et feuilles mortes

14 | de ronces : *P. capitata* (Pat.) Sacc., 759. *Pistillina Patouillardii* Quél., Ass. fr., 1883, p. 9; Fl. myc., 449.
Haut. 4—6 mm. Clavule non déprimée à la base ; spores oblongues, un peu arquées, 17×4 μ. Feuilles mortes de Carex : *P. Boudieri* Pat., tab., 573. Sacc., VI, 759.

15 | Sclérote 3—4-lobé, de 2—5 mm., caché sous l'écorce des conifères ; clavule jaunâtre, puis paille, obovale ou comprimée spatulée ; stipe 2 mm., filiforme. Hyphes 3—5 μ ; basides 30—35×6—8 μ ; spores oblongues inéquilatérales, 9—11 ×4—6 μ. Rameaux de pin, sapin : *P. abietina* Fuck. Fr., Hym., 688. Bres., F. polon., p. 113.
Sclérote lenticulaire, petit, jaune clair, châtain ; clavule 3—4 mm., pâle, oblongue, non atténuée à la base ; stipe très court, filiforme. Face inférieure des feuilles mourantes de lierre : *P. hedericola* Ces. Sacc., 757.
Pas de sclérote : 16.

16 | Clavule cylindrique ou linéaire : 17.
Clavule ellipsoïde ou obovale : 18.

17 | Clavule allongée, linéaire ; chair formée comme le stipe seulement d'un petit nombre (10—20) d'hyphes parallèles ; stipe très grêle, égalant environ le quart de la clavule : *P. mucedinea*, n. 224.
Clavule cylindrique ou lancéolée, simple ou géminée, sans stipe distinct : *P. pusilla*, n. 222.

18 | Stipe distinct, brun ; clavule ovoïde, blanche, atténuée en stipe. Haut. 2 mm. Spores subcylindriques, 4×1,5 μ ; stipe chargé de cristaux d'oxalate. Sur feuilles putrescentes de poirier : *P. albobrunnea* Quél. Pat., tab., n. 52. Sacc., VI, 756. (var. de *P. diaphana* pour Quél.).
Stipe 1 mm., bulbilleux, jaune ou jaunâtre ; clavule 1—2 mm. ellipsoïde, pellucide, incurvée sur le sec ; spores 4×3 μ (Pat.), ovoïdes pruniformes, 5—6 μ (Quél.). Feuilles tombées, hêtre, aune : *P. diaphana* (Schum.) Fr., Hym., 688. Pat., t. 51. Quél., Ass. fr., 1883, p. 9.
Stipe blanc rosé, villeux ; clavule blanche, obovale, granuleuse à la loupe. Haut. 1—2 mm. Sur sarments de vigne : *P. Bellunensis* Speg. Sacc., VI, 756.
Stipe blanc ou hyalin : 19.

19 {
Clavule ellipsoïde, blanche, atténuée en stipe glabre ou pubé-
rulent ; spores cordiformes triangulaires : *P. cardiospora*,
n. 221.
Clavule lancéolée : Cf. *P. pusilla*, n. 222.
Clavule obovale ou claviforme : 20.

20 {
Stipe glabre : 21.
Stipe plus ou moins villeux, pubescent ou floconneux : 22.

21 {
Hyalin pellucide, induré sur le sec ; stipe distinct, très court.
Haut. 1,5—3 mm. Spores 4—6×2 µ (Schrœter), ellipsoïdes
cylindriques, 6—7 µ (Quél.). Chaumes secs de graminées :
P. culmigena Fr. — Hym., 687. Sacc., 753. Quél., Fl., 451.
Clavule subcomprimée, creuse, obovale, blanche ; stipe court,
pellucide. Haut. 4—7 mm. Spores ellipsoïdes, 7—8×3,5 µ
(Sacc.), pruniforme allongée, 12 µ (Quél.). Feuilles tombées, orme, ronces, etc, : *P. ovata* (Pers.) Fr., Hym., 687.
Pat., tab., 54. Quél., Fl., 452.
Clavule subcomprimée, claviforme, blanchâtre, atténuée à la
base, substipitée. Haut. 5—9 mm. Spores en saucisson
ou oblongues déprimées, 12—15×5—6 µ. Groupé sur
fougères : *P. quisquiliaris* Fr. — Hym., 687. Quél., Rouen,
1879, p. 26. C. Rea, Brit. Bas., 723.

22 {
Clavule jaunâtre ; stipe blanc, à poils épars, naissant sur des
taches des feuilles vivantes ou tombées, tremble, pommier.
Haut. 2 mm. à peine. Spores ovoïdes pruniformes, 6—7 µ
(Quél.) : *P. maculaccola* Fuck. Fr., Hym., 689. Quél.,
Fl., 451.
Clavule blanche : 23.

23 {
Clavule obovale ventrue, 1—2 mm. ; stipe court, fibreux, tomenteux. Fougères : *P. puberula* Berk. Fr., Hym., 688 (var.
de *P. culmigena* pour Quél.).
var. *viscidula* Karst. Sacc. — Haut. 3—5 mm. ; clavule
visqueuse, subgélatineuse, blanche, jaunissant sur le sec ;
stipe pellucide, finement hérissé, ordinairement plus long
que la clavule. Tiges d'*Epilobium angustifolium*.
Clavule obovale oblongue, 1—2 mm., ou piriforme triangulaire,
pruineuse ; stipe 2—3 mm., floconneux ou pubescent, un
peu épaissi à la base. Spores oblongues, 3×1 µ (Pat.), pruniformes oblongues, 12 µ (Quél.). Rameaux de genêt,
graminées, etc. : *P. inaequalis* Lasch. Fr., Hym., 688. Pat.,
t. 46. Quél., 1882, p. 16 ; Fl. myc., 451.

217 bis. — **P. micans** (Pers.) Fr. Hym., p. 686, — Quél., Fl., p. 450. — Gillet, pl. — Pat., Ess., fig. 34, 2.

Clavule 1—1,5×0,5 mm., obovale ou claviforme, obtuse, rose vif, glabre, d'aspect pruineux ou micacé à la loupe ; stipe court, distinct, 0,5—0,8×0,25 mm., blanc ou lilacé. — Hyphes 3—4 µ ; basides 30—40×6—8 µ, à 2 stérigmates coniques, de 7—9×3 µ ; spores oblongues, atténuées à la base, parfois un peu déprimées, 9—13×5—7 µ.

Janvier à Mai. Sur tiges et feuilles sèches, digitale, molène, panicaut, etc. ; pas rare.

218. — **P. fulgida** Fr., Hym., p. 687. — Quél., Fl., p. 450.

Clavule 1—2×0,10—0,24 mm., cylindrique, flexueuse ou incurvée, glabre, aurore, puis rose orangé ; stipe égal, blanchâtre ou concolore, très court, épais de 0,04—0,2 mm. — Hyphes à parois un peu épaissies, parallèles cohérentes, 2—8 µ dans le stipe, serrées, peu distinctes dans la clavule, avec amas de cristaux d'oxalate dans la trame ; basides 18—25×6—9 µ, à 2—4 stérigmates longs de 4—6 µ ; spores oblongues subcylindriques, déprimées latéralement et obliquement atténuées à la base, 8—10×4—5 µ.

Septembre-Janvier. Sur tiges entassées de topinambours, Allier ; feuilles pourries de *Gunnera scabra*, Cherbourg (L. Corbière).

219. — **P. uliginosa** Crouan. — Sacc., VI, p. 757.

Clavule subcylindrique ou claviforme, purpurine ; stipe court ; spores sphériques.

A la base des tiges mortes d'angélique, œnanthe, cirse ; Finistère.

220. — **P. ampelina.**

Clavule 0,4—1 mm., purpurine, puis pourpre noirâtre sur le sec, cylindrique, épaisse de 0,07—0,1 mm., obtuse, simple ou géminée ; stipe très distinct, très court, 0,2—0,6 mm., glabre, concolore. — Hyphes axiles serrées parallèles, 2—3 µ, similaires dans le stipe, les subhyméniales similaires avec quelques boucles ; basides 25—30×9—10 µ, à 2 stérigmates ; spores subglobuleuses, très brièvement atténuées à la base ou subapiculées, 7—11×6—8 µ.

Automne. Sur sarments de vignes gisant sur le sol, Vignoles (Aveyron).

Sous espèce probable de *P. uliginosa*, avec lequel nous ne la réunissons pas, à cause de la différence d'habitat, vu surtout l'absence d'indications sur les caractères micrographiques et les dimensions de cette espèce.

221. — P. cardiospora Quél. in Pat., tab., n. 55. — Quél.,
Ass. fr., 1883, p. 10 ; Fl. myc., p. 450.

Clavule 0,5—1×0,2—0,4 mm., ovoïde ou elliptique, glabre,
blanc pâle, atténuée en stipe fin, très court, glabre ou pubescent,
pellucide. — Hyphes à parois minces, bouclées, 1,5—4,5 μ ; basides 18—32×3—4,5 μ, à 2—4 stérigmates ; spores irrégulièrement
cordiformes ou triangulaires, 3—4,5(—5) μ.

Automne. Sur digitale, bouillon-blanc, graminées. Naît
tantôt directement sur le substratum, tantôt au centre d'un petit
tubercule noirâtre, déprimé.

222. — P. pusilla (Pers.) Fr., Hym., p. 688. — Sacc., VI,
p. 755. — Quél., Ass. fr., 1883, p. 9 ; Fl. myc., p. 452. — C. Rea,
Brit. Bas., p. 724.

Haut. 2—3 mm. Clavule linéaire cylindrique, blanche, obtuse, atténuée en stipe court, glabre et blanc. Spores oblongues
elliptiques, 10×4 μ ; basides à 2 stérigmates (C. REA).

Sur brindilles et feuilles tombées de bouleau. (n. v.).

223. — P. sagittiformis Pat. — Sacc., VI, p. 756. — *P.
pusilla* var. *lanceolata* Quél., Fl., p. 452

Haut 0,5—1 mm. Clavule 0,5—1×0,09—0,12 mm., lancéolée
fusiforme, simple ou divisée en deux lobes très inégaux, blanche
puis crème, recouverte d'incrustations cristallines, atténuée en
stipe à peine distinct. — Hyphes axiles, parallèles, 2,5—3 μ, les
subhyméniales enchevêtrées, peu distinctes ; basides 15—20×4—
5 μ, à 2 stérigmates longs de 3 μ ; spores ovoïdes oblongues, atténuées obliquement et finement apiculées, 6—7×3,5 μ.

Hiver Sur mousses, *Barbula*, *Hypnum* et sur feuilles sèches de sauge ; Aveyron.

Considéré par Quélet comme var. de *P. pusilla* que nous ne connaissons pas.

224. — P. mucedinea Boud., Soc. bot., 1877, p. 308. —
P. mucoroides Sacc., VI, p. 757.

Haut. 0,6—1 mm., très grêle, 0,03—0,04 mm., blanc ; clavule 0,5—0,8 mm., allongée linéaire, fertile jusqu'au sommet ;
stipe bien distinct, blanc hyalin, glabre, long de 0,2 mm. env. —
Hyphes du stipe 1—2 μ, cohérentes parallèles, en petit nombre
(10—20), se séparant vers la base où le stipe s'épanouit en un
petit tapis blanc, mucédinoïde ; les hyphes du stipe se prolongent
similaires et pas plus nombreuses dans la clavule ; basides 10—

12×4 μ, à 2—4 stérigmates ; spores oblongues subcylindriques, 6×1,5—2 μ.

Septembre. Sur écorce des branches tombées, chêne, charme ; forêt de Dreuille.

D'après Boudier, l. c. : spores ovales fusiformes, 7—8×3—3,5 μ ; Sacc. : ovoïdes hyalines, 6×4 μ.

225. — P. aculina. — *Clavaria* Quél., Ass. fr., 1880, p. 10. pl. VIII, f. 11 ; Fl. myc., 458.

Clavule 1—4 mm. de long, 0,08—0,14 mm. diam. fusiforme, droite ou arquée, terminée en pointe aiguë, fertile, blanche, puis blanchâtre et plus foncée sur le sec ; stipe peu distinct, 0,1—0,3 mm., finement hérissé, un peu dilaté à la base en disque très ténu, villeux, apprimé, ou en petite cupule, souvent aussi simplement greffé. — Hyphes sans boucles, à parois un peu épaissies, 2—3 μ ; couche subhyméniale indistincte, granuleuse ; basides 15—24—30×6—7—10 μ, ordinairement à 2 stérigmates ; spores oblongues, déprimées latéralement, obliquement atténuées ou subuncinées à la base, 12—16×5—7 μ.

Juin-Janvier. Sur joncs pourrissant sous les touffes, feuilles d'eupatoire, etc. ; commun.

Une forme à spores plus petites, 6—9×4,5 μ, sur feuilles pourrissantes de *Gunnera scabra*, Cherbourg (L. Corbière), représenterait peut-être le *Clavaria microscopica* Malbr. et Sacc., qui, d'après Sacc., VI, p. 730, ne différerait que par ses spores de moitié plus petites.

P. aculina est fréquent dans l'Allier ; il varie beaucoup et passe aux cinq formes ci-dessous, dont les deux dernières, par leur clavule terminée en pointe très aiguë, stérile, formée seulement d'un faisceau d'hyphes accolées, se rattachent de très près au genre *Ceratella*.

226. — P. equiseticola Boud., Soc. Myc. Fr., 1917, p. 13, pl. IV, f. 5.

Clavules 1—3 mm., épaisses de 0,3—0,5 mm., droites ou flexueuses, aciculaires, blanches, puis jaunâtres, non renflées à la base, aiguës et fertiles sur toute leur longueur, même au sommet. — Hyphes parallèles 2—4 μ ; basides 12—18×7—8 μ ; spores oblongues fusiformes, 9—10×4,5—5 μ.

Mai-Septembre. Sur tiges mortes d'*Equisetum*, dans les marais.

227. — P. juncicola.

Clavule filiforme linéaire, longue de 2—5 mm., épaisse de 0,07—0,1 mm., aiguë et fertile au sommet, simple ou fourchue, blanchâtre ou pâle ; stipe similaire ou nul. — Hyphes 2—4 μ, à parois minces ou peu épaissies, sans boucles, les subhyméniales peu distinctes, 1—1,5 μ ; basides 18—25—32×7,5—9 μ, à 2 stérigmates un peu arqués, longs de 4—4,5 μ ; spores oblongues, brièvement atténuées à la base un peu obliquement, 7,5—10—15 ×4,5—6 μ.

Été. Sur tiges pourrissantes et recouvertes, *Juncus effusus.*

228. — *P. typhicola* (*Typhula gracilis* Hym. de Fr., II, n. 106, nec Berk.)

Tout blanc, subcylindrique, droit puis flexueux ; stipe 1,5—2,5 mm., mollement hispide, de même diamètre que la clavule ; clavule 0,9—1,5 mm. fertile au sommet. — Hyphes à parois, un peu épaissies, 2—4 μ, parallèles, avec traînées longitudinales d'oxalate de chaux ; poils du stipe 20—200×1—3 μ, flexueux ; basides 18—21 —29×6—10 μ, à 2 stérigmates de 9×3,5 μ ; spores oblongues, atténuées à la base un peu obliquement ou uncinulés, 7—9×3,5 —4 μ.

Juillet-Novembre. Sur tiges et feuilles de *Typha* et sur joncs.

229. — *P. graminicola* (*Pistillaria acuminata* Hym. de Fr., n. 113, non Fuck.)

Clavule 2—3 mm. blanc pur puis brune, filiforme, flexueuse, simple, terminée par une pointe stérile très aiguë ; base de la clavule stérile, hérissée de poils très courts (basides atrophiées). — Hyphes 1,5—2,5 μ, parallèles ; basides 12—18×4—5 μ, à 2—4 stérigmates filiformes, longs de 4 μ ; cystides nulles ; spores obovales oblongues, atténuées à la base ou presque piriformes, 6 -7 ×4 μ.

Septembre-Octobre. Sur graminées entassées et pourrissantes.

230. — *P. acicula*

Clavule 4—5×0,7 mm., aciculaire, blanche, rigide sur le frais, flexueuse en séchant, simple ou fourchue, terminée en pointe stérile très aiguë ; base de la clavule hérissée de rares poils courts, 2—3 μ d. — Hyphes axiles cohérentes parallèles, 2—3 μ, se prolongeant en faisceau au sommet, les subhyméniales 1—1,5 μ ; basides 18—24×6—9 μ, à 2 stérigmates droits, longs de 4—5 μ ; cystides ? (stylospores) hyalines, fusiformes aiguës aux deux bouts, 24—30×4—5 μ ; spores oblongues, uncinées à la base, ou brièvement atténuées obliquement, 9—11×4,5—6 μ.

Septembre-Octobre. Sur joncs entassés.

VII. — **CERATELLA** (Quél.) Pat., Ess. tax., p. 49.

Céracés ou tenaces, filiformes, simples ou rameux, sessiles ou stipités, terminés en pointe. Hyménium entourant la partie moyenne de la plante, manquant à la base et à l'extrémité ; trame formée d'hyphes parallèles, peu nombreuses, septées, souvent incrustées de calcaire. Basides de *Pistillaria* ; cystides aiguës, délicates, petites ; spores hyalines, lisses.

Espèces minuscules, réviviscentes, croissant en troupes, en automne et hiver, sur les débris végétaux.

231. — **C. Helenae** Pat., Ess. — *Pistillaria* Pat., tab., n. 57. — Sacc., VI, p. 758. — Quél., 1883, p. 10 ; Fl. myc., p. 453.

5—6 mm. blanc, bientôt incarnat, filiforme, simple ou très rameux ; stipe court glabre, plus foncé, rosé puis bai ou bistre ; basides 2-spores.

Cespiteux ou groupé sur débris végétaux, Jura (n. v.).

232. — **C. Queletii** Pat., Ess. — *Pistillaria* Pat., tab., n. 45. — Sacc., VI, p. 758. — Quél., Ass. fr., 1883 ; Fl. myc., p. 453.

2—3 mm., blanc, sessile, cylindracé et brusquement rétréci au sommet, en pointe filiforme, subobtuse. Cystides allongées : basides à 2 stérigmates ; spores ovoïdes 6×3 μ.

En troupes, sur tiges mortes d'armoise, Jura (n. v.).

Nous avons récolté à St Priest, en février 1926, sur un tronc pourrissant de *Salix viminalis*, une petite espèce répondant bien exactement aux descriptions de *C. acuminata* Pat., Ess. *Pistillaria* Pat., t. 572. Quél., Ass. fr., 1883 et Fl. myc., p. 453, et de *C. aculeata* Pat., Ess. *Pistillaria* Pat., tab. 58. Sacc., VI, p. 758. — Petites clavules 0,3—0,8 mm. de haut., épaisses de 0,1—0,12 mm., d'un blanc pur, coniques ou lancéolées, aiguës, avec pointe stérile, hyaline, très distincte ; stipe hyalin, long de 0,12—0,2 mm. Hyphes à parois minces, 2—3 μ, parallèles, non agglutinées, sans boucles, se prolongeant en faisceau stérile au sommet ; basides 15—20×4,5—6 μ, à 2 stérigmates longs de 3 μ ; spores obovales, atténuées à la base, 4,5—6×2,5—3 μ. — A la même place, le lendemain et les jours suivants, les clavules étaient bien plus nombreuses ; quelques-unes pareilles à celles déjà observées ; d'autres, à stipe plus court ou nul ; la plupart étaient obtuses au sommet, sans prolongement d'hyphes stériles, de forme cylindrique, droites ou un peu arquées, simples ou géminées. Les caractères microscopiques étaient les mêmes, sauf que les basides avaient souvent 4 stérigmates, et que les spores, de mêmes dimensions, étaient souvent de forme plus oblongue. La plante répondait alors assez bien à *Typhula falcata*. Il est probable que diverses espèces de *Typhula* peuvent présenter les caractères du genre *Ceratella* dans leur jeunesse, alors que l'hyménium n'a pas encore recouvert toute la longueur de la clavule.

VIII.— PISTILLINA Quél. — Pat., Ess., p. 49.

Réceptacle minuscule, dressé ou pendant, formé d'un stipe cylindrique, glabre ou villeux, élargi au sommet en un disque convexe, couvert par l'hyménium et quelquefois bordé de cils. Structure des *Pistillaria* ; spores hyalines, lisses, ovoïdes.

233. — **P. hyalina** Quél., Ass. fr., 1880, p. 11, t. 8, f. 2 ; Fl. myc., p. 449.

Blanc et diaphane, aspect d'un poil glanduleux ; capitule semiglobuleux, puis lentiforme, 0,2—0,3 mm. ; stipe très fin, droit, long de 1 mm., dilaté au sommet, bulbilleux à la base, pubérulent. Spore pruniforme, allongée, 10—12 μ.

Été. Suspendu aux feuilles de graminées sèches dans les forêts, Jura (n. v.).

234. — **P. brunneola** Pat., tab., n. 574. — Sacc., 759.

2 mm. ; capitule diaphane, brun clair, convexe en dessus, aplani et plus pâle en dessous, marge ciliée ; stipe dressé, villeux, bulbilleux, brun. Spores ovoïdes, 8—9×3 μ.

En troupes, sur feuilles pourries de graminées ; Jura (n.v.).

IX. — HIRSUTELLA Pat., Ess. tax., p. 49.

Réceptacle filiforme (ou claviforme), dressé, charnu, céracé ou tenace, simple ou rameux. Trame peu serrée, composée d'un petit nombre d'hyphes parallèles et septées ; hyménium disjoint à éléments ordinairement épars sur toutes les parties du réceptacle ; basides à 1—2—4 stérigmates généralement volumineux, allongés, subulés ; spores hyalines, lisses.

Espèces petites, croissant sur des matières organiques en décomposition.[1]

235. — **H. gracilis** (Bk. et Desm.) Pat., Ess., p. 50. — *Typhula* (Bk.) Pat., tab. n. 575, II, p. 30. — *Clavaria Brunaudii* Quél.; Ass. fr., 1884, t. VIII, f. 14 ; Fl myc., p. 458. — *Isaria brachiata* Batsch. sec. Bres. in litt.

Clavules 2—4×0,1—0,2 mm., filiformes, flexueuses, blanches, pubescentes-hérissées, simples ou rameuses, souvent groupées, entrelacées. — Hyphes 1,5—3 μ, lâchement parallèles, à parois minces et boucles rares ; basides unispores ou plutôt sté-

1. — M. Maublanc nous fait remarquer que les *Hirsutella* (au moins l'espèce type) ne sont pas des Basidiés et devraient rester dans les *Fungi imperfecti*.

rigmates allongés, subulés, 30×3 μ, sessiles, 2 opposés et un terminal, sur des tronçons d'hyphes 6—8×4—5 μ ; spores oblongues elliptiques ou subcylindriques, peu ou pas déprimées, 3—4 ×1—1,5 μ.

Septembre-Juin. Sur débris, feuilles pourrissantes entassées. Allier, Aveyron, Manche, Alsace.

La plante est hérissée sur toute sa longueur, à la base par des poils et sur le reste de sa longueur par des stérigmates allongés, très saillants. Ces stérigmates volumineux remplacent les basides : ils sont insérés vers l'extrémité de rameaux un peu épaissis, mais peu ressemblants à des basides. Si le rameau est sans cloison vers son extrémité, il est terminé par deux stérigmates sessiles ou trois stérigmates, dont un terminal et deux opposés. Souvent, il y a, 6—8 μ au dessous de l'extrémité, une cloison au niveau de laquelle naissent deux stérigmates opposés ; de sorte que les stérigmates naissent par 2—3—5, rarement plus, vers l'extrémité ou à l'extrémité des hyphes de l'hyménium.

236. — H. piligena.

Mycélium blanc, villeux, interrompu, émettant avec les réceptacles normaux, claviformes, des filaments ascendants, simples ou rameux, rarement basidifères ; clavule 0,5—1 mm. long., 0,3—0,5 mm. diam., obovale ou ellipsoïde, obtuse, blanche, pruineuse, fugace ; stipe blanc gris, long de 1—4 mm., souvent atténué de bas en haut. — Hyphes 3—4 μ, à parois minces, lâchement parallèles dans le stipe et l'axe de la clavule, avec renflements jusqu'à 6 μ aux cloisons ; hyphes subhyméniales à divisions dichotomes ; basides claviformes subcylindriques, géminées à l'extrémité des rameaux, 15×4—4,5 μ, à 2—4 stérigmates volumineux subfusiformes, 15× 2,5—3 μ ; spores ellipsoïdes 4,5—6(—9)× 2,5—3(—5) μ. (*Fig. 51*).

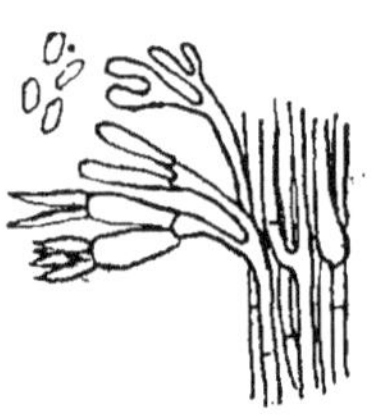

51. — *Hirsutella piligena* Bourd. et Galz.

Septembre 1922 ; sur feutrage de poils, probablement boulette rejetée par des animaux carnassiers ; Brumatt (Alsace), L. Maire.

Rapporté à *Hirsutella* à cause de son tissu lâche et de la forme des basides ; l'aspect serait plutôt d'un *Pistillaria*.

Tribu II : *POROHYDNÉS*

Réceptacle résupiné ou piléiforme, sessile ou stipité ; hyménium infère.

DIVISION EN SOUS-TRIBUS

Hyphes normales, capillaires ou dendroïdes.
> Hyménium lisse ou plissé, plis formant parfois des pores
> imparfaits, fertiles sur la tranche : I. **CORTICIÉS.**
> Hyménium couvert de granules, tubercules, dents ou aiguil-
> lons fertiles, ou stériles seulement au sommet : III.
> **HYDNÉS.**
> Hyménium formé de tubes : V. **PORÉS.**

Hyphes normales ; trame colorée ; spores colorées, anguleuses ou
> spinuleuses : IV. **PHYLACTÉRIÉS.**

Hyphes se terminant en étoiles à rayons aigus, fauves : II **ASTÉ-
ROSTROMÉS.**

I. CORTICIÉS

Réceptacle dimidié, étalé-réfléchi, cupulaire ou résupiné, tendre, coriace ou dur subligneux. Hyménium lisse ou hérissé de poils courts (cystides) ou de soies stériles formées d'hyphes serrées, souvent caduques, ou plissé ridé, plis fugaces ou persistants, arrivant à former des pores imparfaits, fertiles sur la tranche ; spores hyalines, rarement aspérulées ou colorées, lisses.

Les Corticiés ainsi limités correspondent à peu près aux Théléphorées des auteurs, ou mieux aux *Frondini* de Quélet. Si les Méruliés, qui sont ordinairement et à bon droit classés dans les Porés, auxquels les relient leurs espèces les mieux caractérisées, ont été réunis à cette Sous-Tribu, c'est surtout pour éviter des difficultés pratiques d'analyse : il y a dans les Méruliés des genres à hyménium lisse *(Coniophora, Coniophorella, Jaapia)*, de plus certaines espèces, ou bien sont corticiformes au début, ou bien dérivent des *Corticium*, genre avec lequel ces espèces confluent d'une manière évidente.

SUBDIVISIONS DES CORTICIÉS

Hyphes normales ou capillaires.
    Hyménium tendre, subcéracé ; espèces charnues, subgélatineuses, membraneuses, céracées ou crustacées.
        Réceptacles cupuliformes ou tubuliformes, épars, ou groupés sur un subiculum commun : espèces généralement petites et minces : 1. **Cyphellinés.**
        Réceptacle étalé, à bords rarement libérés et relevés ; hyménium lisse ; spores hyalines : 2. **Corticinés.**
        Réceptacle étalé, réfléchi ou dimidié ; hyménium lisse avec spores colorées, ou plissé ridé, à plis parfois poriformes avec spores hyalines ou colorées : 3. **Mérulinés.**
    Hyménium aride ou dur ; espèces coriaces ou subligneuses, dimidiées, étalées-réfléchies ou résupinées : 4. **Stéréinés.**
Hyphes dendroïdes ; hyménium non continu : 5. **Astérostromellinés.**

I. CYPHELLINÉS

TABLEAU DES GENRES

Leucospores.

Stroma nul ou floconneux.

Espèces gélatineuses : **Cytidia** I.

Espèces céracées ou tenaces, en forme de cupules ou de tubes cylindriques, sessiles ou stipitées : **Cyphella** II.

Stroma membraneux.

Appareils hyménifères concaves : **Porothelium** IV.

Appareils hyménifères plans ou convexes : **Punctularia** note.

Chromospores ; cyphelles à spores brunes : **Phaeocyphella** III.

I. — CYTIDIA Quél., Fl. myc., p. 25. — Pat. Ess., p. 34.

Réceptacles cupuliformes, insérés par le dos, épars ou confluents, charnus céracés subgélatineux ; basides allongées, étroitement claviformes ; spores hyalines, lisses, ovoïdes ou cylindriques, droites ou courbées.

Plantes lignicoles.

237. — **C. rutilans** (Pers.) Quél., Fl. myc., p. 25. — *Corticium salicinum* Fr., Epicr. ; Hym., p. 647. — Quél., Soc. bot., 1879, p. 231. — Bres., F. polon., p. 93.

Coriace gélatineux, puis induré rigescent, cupuliforme, 3—10 mm., puis étalé et confluent, à bords libres, blancs villeux ; hyménium orangé, glabre et lisse. — Hyphes de la trame gélatineuses, flexueuses, agglutinées, émettant de nombreuses paraphyses, d'abord émergentes, à extrémités simples ou très flexueuses rameuses ; basides 60—120—225×7—9 µ, immerses puis émergentes, bientôt flasques, à 2—4 stérigmates fortement arqués, 7—9×2—3 µ ; spores cylindriques arquées, 12—15—18×4,5—5 µ.

Été, automne. Sur branches sèches de *Salix capraea* et *grandifolia*, Trentin, Hongrie (Comm. Bresadola). — Vosges, Alsace (in Quél.).

238. — **C. flocculenta** (Fr.) v. Hœhn. et L., Œsterr. Cort.
1907, p. 161. — *Corticium* Fr., Epicr. ; Hym., p. 647. — *Lomati-
na* Lagh. — *Cyphella* Bres., F. polon., p. 111. — *C. ampla* Lév.
— Fr., Hym., p. 662. — *Auriculariopsis* R. Maire, Rech. tax. et
cyt., p. 102. — *Auricularia Leveillei* Quél., Soc. bot., 1879 ; Fl.
myc., p. 25.

Cupule 2—10 mm., sessile, arrondie urcéolée ou en capuchon, quelquefois en partie étalée, blanche tomenteuse, à bords
enroulés sur le sec ; chair tendre, membraneuse subgélatineuse ;
hyménium brun plus ou moins foncé, souvent veiné ridé. —
Hyphes à parois gélatineuses, plus ou moins épaisses, bouclées,
4—6 µ., enchevêtrées en trame dense, agglutinées en couche
linéaire, brune, sous la villosité du chapeau, qui est constituée
par des hyphes flexueuses, à parois assez épaisses, moins gélatineuses, 2—4 µ d., parfois incrustées verruqueuses ; basides 30—
36×4—5 µ., à 4 stérigmates grêles ; spores cylindriques, déprimées latéralement ou un peu arquées, 10—12×2,5—3 µ sur le
frais, 8—11 µ sur spécimens secs, légèrement teintées d'isabelle
en masse.

Toute l'année. Sur branches tenant à l'arbre ou tombées,
Populus fastigiata, nigra, tremula ; Salix alba ; assez commun.

II. — CYPHELLA Fr. — Pat., Ess., p. 54. — *Cyphella,
Calyptella* et *Solenia* Auct.

Réceptacles cupulés ou tubiformes, stipités ou sessiles, épars
ou rapprochés, coriaces, charnus ou membraneux tendres, pendants ;
hyménium infère, lisse ou veiné ; spores hyalines, lisses, globuleuses
ou allongées. Conidies solitaires ou en files courtes à l'extrémité
de filaments mycéliens ou des poils du réceptacle.

Petites plantes croissant sur les herbes sèches, les mousses,
le bois mort.

Le genre *Cyphella* est divisé par M. Patouillard en trois sections, qui
correspondent à des genres admis habituellement par les auteurs : le genre
est très homogène et la délimitation de ces trois groupes est assez peu marquée.

Tableau analytique des espèces.

Calyptella Quél. : Réceptacles délicats, membraneux céracés
    minces, tubuliformes, tubiformes, campanulés, urcéolés ou
    cupulaires : 2.
Cyphella Quél. : Réceptacles céracés ou membraneux coriaces,

1 cupuliformes, aplanis, concaves et fermés sur le sec ; orifice souvent villeux : 32.
Solenia Fr. : Réceptacles presque subéreux ou coriaces, piriformes ou urcéolés, groupés, souvent sur un tapis feutré ou floconneux : 40.

2 Agrégés, tubuliformes très délicats, fixés par le sommet ou par le côté, blancs : 3.
Epars, tubiformes, infundibuliformes, urcéolés ou cupulaires, stipités ou sessiles : 4.

3 En petits groupes serrés, ou fasciculé ; réceptacle cylindrique un peu claviforme, 2—5 mm. long. Ordinairement sur bois de feuillus : *C. fasciculata*, n. 239.
Réceptacles non fasciculés, mais en groupe dense, cylindriques, 1—2 mm. long. Ordinairement sur bois de feuillus : *C. candida*, n. 240.
Réceptacles en groupes, non contigus, 0,5—0,8 mm., suspendus obliquement. Sur sapin, génévrier : *C. nivea*, n. 241.

4 Stipités : 5.
Sessiles : 17.

5 Sur bois ou écorces : 6.
Sur tiges herbacées et feuilles : 8.
Sur mousses ou algues : 15.

6 Sur cônes et ramilles de pin. Tout blanc ; stipe grêle, 6 mm. ; réceptacle infundibuliforme, gibbeux, 1 mm. d. : *C. infundibuliformis* (A. Schw. *Helotium*) Fr., Hym., 665.
Cendré blanchâtre ; haut. 0,5—0,7 mm., très brièvement stipité obliquement ; spores ovoïdes 2,5—3×2 μ (Pat.). Sur rameaux décortiqués, Jura : *C. perexigua* Sacc., VI, 670.
Cf. *C. albissima*, acc. 24.
Jaunâtres : 7.

7 Cupulaire, 2—4 mm. d., striolé de fibrilles noires, à la fin lacéré, nettement stipité ; haut. 4—6 mm. Brindilles entassées : *C. lacera* Fr., Hym., 664. *Calyptella* Quél., Fl., 26.
Turbiné sur le sec, hémisphérique sur le frais, 0,5—0,7 mm. d., revêtu de poils paille, lisses, aigus, de 3 μ d., très brièvement stipité ; hyménium blanchâtre ou jaune clair ; spores elliptiques, 9—10×4—5 μ. Sur tilleul, Silésie : *C. straminea* Schrœt. Sacc., VI, 674.

8   Sur feuilles de marsaule. Blanc, 1—2 mm. d., couvert de cils
étalés : *C. niveola* Sacc., VI, 678. *C. nivea* Fuck., nec Crouan,
nec Quél.

Sur tiges herbacées et chaumes de graminées : 9.

9   Espèces glabres : 10.

Espèces pubescentes ou fibrilleuses : 13.

10   Blanches ou blanchâtres : 11.

Sulfurines ou jaunâtres : 12.

11   Obliquement cupulaire ou campanulé conique, atténué en stipe ;
spores 7,5—9×4—4,5 μ : *C. capula*, n. 242.

Cupule 3—5 mm. d., infundibuliforme, gibbeuse à la base ;
stipe grêle, long de 1—3 mm. Sur tiges de pommes de
terre : *C. gibbosa* Lév. Fr., Hym., 664. (= *C. capula* pour
Quél.).

Cupule oblongue, blanchâtre, diaphane. Sur graminées sèches,
Angleterre : *C. cuticulosa* (Dicks.) Bk. Fr., Hym., 665.

12   Ouvert obliquement ; hyménium veiné scrobiculé : *C. læta*,
n. 243.

Largement campanulé, atténué en stipe court ; hyménium lisse :
C. sulfurea Fr., Hym., 665. (= *C. capula* pour Quél.).

13   Campanulé, 2—5 mm. d., gris cendré avec marge blanche,
pubescent ; spores ovoïdes, 5—7×4—5 : *C. albomarginata*, n. 246.

Campanulé, 4—6×2—3 mm., à la fin lacéré multifide, densé-
ment striolé de fibrilles noires ; spores pruniformes, 10—12 μ
(Quél.). Tiges pourrissantes entassées : *C. lacera* Fr.,
Hym., 664. Quél., Fl., 26.

Campanulé, 2—3×1 mm., à la fin ondulé et fendu, tomenteux,
noir violacé et granuleux-strié : *C. Gilletii*, n. 245.

Pubescents ou hérissés, blancs ou jaune pâle : 14.

14   Cupule 4×2 mm., fasciculé, cyathiforme, pubescente, blanche
ou jaune pâle ; stipe grêle, court : *C. Pimii*, n. 244.

Cupule tubiforme, obliquement atténuée en stipe, villeuse hispide, blanchâtre, tordue sur le sec ; hyménium ruguleux,
pâle, farineux : *C. tuba* Weinm. Fr., Hym., 664. *Calyptella*
Quél., Ench.

15   Sulfurin, cupuliforme, villeux. Groupé sur des *Vaucheria* dans
des pots à fleurs : *C. vernalis* Weinm. Fr., Hym., 663.

Blancs ou un peu grisonnants : 16.

16 { Urcéolé, subsessile, dressé, pubérulent ; marge très entière :
    C. elegans Saut. Sacc., 680.
Urcéolé, puis campanulé, suspendu par un stipe égal ; marge
    très entière : *C. Neckerae* Fr., Hym., 663.
Aplani, conchoïde, spatulé, villeux ; marge ondulée ; hyménium
    ruguleux : *C. muscigena* n. 248.

17 { Sur *Diatrype, Valsa,* etc. ; campanulé, 1—2 mm., villeux, blanc,
    poilu et cilié, peu ouvert ; spores ellipsoïdes, 10—13 μ
    (Quél.) : *C. episphæria* Quél.. Jura et Vosges, III, p. 109.
    Sacc., VI, 684.
Sur feuilles de hêtre ; globuleux, puis campanulé, 0,5—1 mm.,
    blanc pur, pubescent : *C. faginea* Lib. Sacc., VI., 679.
    Quél., Fl., 29.
Sur mousses ; membraneux mince, ruguleux, sessile ou stipité,
    cupulaire, étalé, conchoïde, spatulé, etc. : *C. muscigena,*
    n. 248.
Sur fougères : 18.
Sur plantes herbacées : 19.
Sur ronces, clématite, plantes ligneuses : 24.

18 { Cupuliforme, 3—5 mm. subcylindrique, blanc, à poils clavi-
    formes fasciculés : *C. Friesii* Crouan. Sacc., VI, 683. *Calyp-*
    tella Quél., Fl., 26 (digité, 1—2 mm. ; spore pruniforme
    oblongue).
Obliquement cupulaire, villeux ; poils granuleux, $100\times4\,\mu$, obtus
    au sommet; spores $4—7\times2—3\,\mu$: *C. filicina* Karst. Fr.,
    Hym., 706.

19 { Sur joncs, graminées, carex : 20.
Sur ombellifères, cirse, ortie, etc. : 22.

20 { Cupule concave puis aplanie, grise. Sur chaumes et feuilles de
    Triticum repens : C. culmicola, n. 250.
Cupule blanche : 21.

21 { Profondément concave, 2—3 mm. d. ; spores ovoïdes. Sur joncs :
    C. junci Crouan. Sacc., 680.
Plante villeuse à poils claviformes ; spores claviformes, 10—18
    $\times3—5\,\mu$: *C. lactea,* n. 247.
Plante villeuse, urcéolée, lobée ; spores moitié plus petites que
    dans le précédent. Sur chaumes de graminées, seigle,
    canche, etc. : *C. Goldbachii* Weinm. Fr., Hym., 665. *Calyp-*
    tella Quél., Fl., 26.

22 { Gris noirâtre, pubérulent ou poilu ; cupuliforme, 2—3 mm. d. :
   C. *Cirsii* Crouan. Sacc., VI, 678. *Calyptella* Quél., Fl., 26.
  Blancs : 23.

23 { 1 mm. à peine de diam. et de haut., cylindrique ou digitaliforme suboblique, blanc, villeux ; spores 5×3 μ ; poils granuleux, $100 \times 2,5$—$3,5$ μ. Sur ombellifères : C. *solenioides* Karst. Fr., Hym., 706.
  2—3 mm. Hyménium lisse, puis plissé veinuleux, jaunissant : C. *Malbranchei* Pat., t. 466 ; syn. de C. *lactea* pour Quélet.

24 { Espèces blanches : 25.
  Espèces grises ou jaunâtres : 29.

25 { Dimidié conchoïde, 1 cm. d., tomenteux ; hyménium incarnat ; spore allantoïde, 7×2 μ. Bois morts : C. *cyclas* Cooke et Phill. Sacc., VI, 670.
  Turbiné, puis campanulé, subsessile, villeux ; hyménium blanc : C. *albissima*, n. 251.
  Subcupuliforme ou hémisphérique : 26.

26 { Sur branches de sapin. Campanulé, villeux, poils 4—4,5 μ, granuleux, ; hyménium lisse ; spore ellipsoïde ou oblongue. 6—$8 \times 2,5$—3 μ : C. *abieticola* Fr., Hym., 706. (Syn. de C. *infundibuliformis* in Quél., Ench.).
  Sur ronces, framboisier, églantier : 27.

27 { 0,5 mm. d. ; hémisphérique, couronné à la marge de poils hyalins, fasciculés ; spores globuleuses. Sur églantier : C. *nivea* Crouan. Sacc., 670. *Calypella* Quél., Fl., 26.
  2—6 mm. d. ; subcupuliformes à marge lobée ou déchirée : 28.

28 { Groupé, fixé latéralement, 3 mm. d. ; hyménium pruineux, veiné ; spores claviformes, 12—15×3—5 μ ; C. *dumetorum* Bomm. et Rouss. Sacc., VI, 677.
  Cupulaire 2—6 mm. d., puis aplani ; hyménium pâle, sordide ; spores obovales claviformes : C. *rubi* Fuck. Fr., Hym., 662. (Syn. de C. *griseo-pallida* in Quél., Ench.)
  Cf. var. *alba* de C. *griseo-pallida*.

29 { Espèces grises : 30.
  Espèces jaunâtre clair : 31.

30 { Urcéolé, farineux ou furfuracé : C. *urceolata*, n. 259.
  Globuleux, puis campanulé, floconneux, ridé : C. *griseo-pallida*, n. 249.

31 { 2 mm. d, et plus ; cupulaire, villeux, jaune clair ; hyménium
pâle ocracé. Sur ronces : *C. ochroleuca* Bk. Br. Fr., Hym.,
662 (Syn. de *C. griseo-pallida* in Quél., Ench.)

0,5—1 mm. ; orbiculaire, puis lobé irrégulièrement, tomenteux ; hyménium pâle ocracé, à la fin rugueux ; spores
ellipsoïdes, 6—9 μ. Tiges de clématite : *C. pallida* Rabenh. Fr., Hym., 664. *Calyptella* Quél., Ench.

32 { Réceptacle blanc, hyménium rose ; urcéolé, 1—2 mm., villeux,
atténué à la base ; spore pruniforme allongée, 10 μ.
Branches sèches de tremble, Jura : *C. albocarnea* Quél.,
Soc. bot., 1878, p. 290, pl. III, f. 13.

Réceptacle blanc, hyménium jaune ; orbiculaire, floconneux ;
marge crènelée ; spores 7—10 μ. Ajonc : *C. Bloxami* Bk.
et Phill. Sacc., VI, 671.

Réceptacle blanc, hyménium blanc, pâle, glauque, olive ou
violacé : 33.

Réceptacle coloré extérieurement ; plantes lignicoles : 36.

33 { Sur troncs cariés d'If. Cupuliforme campanulé, 2 mm., villeux ;
hyménium blanc, puis bistré ; spore ovoïde : *C. Taxi*
Lév., 1837. Quél., Fl., 27.

Sur feuilles pourrissantes. Urcéolé, 0,5 mm., puis étalé, très
mince, hérissé et cilié de poils simples ou rameux, 2,5—
3 μ d., à extrémités obtuses, non aspérulés : *C. ciliata*,
n. 256..

Sur tiges herbacées et ligneuses. Cupulaire, globuleux sur le
sec ; poils à parois épaisses, aigus, granulés de cristaux
ou au moins aspérulés au sommet : 34.

34 { 0,5—3 mm. d. ; cupuliforme, blanc, épars ou lâchement groupé,
assez ferme, persistant ; hyménium lisse, blanc glauque ou
violacé : 35.

0,12—0,20 mm. ; punctiforme, tout blanc, ordinairement en
petits groupes très denses, délicat, presque fugace : *C.
punctiformis*, n. 255.

35 { Spore bossue vers la base ; hyménium glauque, gris lilacé ou
olivâtre ; 1—3 mm. d. ; ordinairement sur plantes ligneuses :
C. albo-violascens, n. 252.

Spore bossue ; hyménium blanc ; 0,5—1 mm. d. ; sur plantes
herbacées : *C. villosa*, n. 253.

Spore oblongue subelliptique, obliquement atténuée à la base ;
0,5—1 mm. d. ; sur plantes herbacées et ligneuses : *C.
orthospora*, n. 254.

36 { Cupules plus hautes que larges ; espèces coriaces ou subgélatineuses, fauves ou brunes : 37.
  Cupules hémisphériques ou aplanies, plus larges que hautes : 38.

37 { Cupule haute de 8 mm. large de 5 mm., brunâtre ; marge grise,
   pruineuse, incurvée, déchirée ; ostiole oblique ; chair pâle,
   subgélatineuse ; spores globuleuses 5—6 μ. Epars ou en
   groupes denses sur écorce et bois de sureau ; Angl. : *C.
   brunnea* Phill. — Sacc., VI, 675.
  Cupules fasciculées, villeuses tomenteuses, fauves, à la fin
   lobées digitées ; spore ellipsoïde, paille, 9—10×5—6 μ :
   C. fasciculata (Schw.) Bres., F. di Valsesia. — *Solenia?*

38 { Cupule 1 mm. hémisphérique, globuleuse par le sec, villeuse,
   fauve clair : *C. leochroma*, n. 257.
  Cupules grisâtres : 39.

39 { Cupule 0,5—1 mm. villeuse, gris brun ; hyménium blanchâtre ;
   spores subréniformes, 12—14×7 μ ; poils bruns, granulés
   et obtus au sommet. Sur frêne, Trentin : *C. tephroleûca*
   Bres., F. Trid., II, p. 57, t. 166, f. 2.
  Cupule aplanie, ferme, farineuse-hérissée, gris verdâtre ; hyménium brun bai. Sur vigne : *C. cinereo-fusca* (Schw.) Sacc.,
   VI, 674.

40 { Espèces blanches ou paille : 41.
  Espèces colorées, plus foncées : 43.

41 { Densément groupé et nidulant sur un mycélium membraneux
   tomenteux, à bords byssoïdes ; cupule hémisphérique,
   glabre. Ecorces et ramilles de sapin, Jura : *Solenia pori-
   oides* (A. Schw.) Sacc., VI, 425. *Cyphella* Quél., Ench.
  Mycélium floconneux, fibrilleux, subradiant, ne formant pas
   membrane ; cupule hémisphérique, 0,15—0,3 mm., villeuse :
   C. araneosa, n. 261.
  Mycélium nul ou à peine distinct : 42.

42 { Subsubéreux, obliquement turbiné piriforme, laineux, 1—2 mm.,
   suspendu par un stipe très court ; hyménium concave,
   blanc ou glauque ; spore ovoïde, 8—9 μ (Quél.). Sur
   feuilles mortes de tremble, rameaux d'aune : *C. erucaeformis* (Batsch.) Fr., Hym., 662. Quél., III. t. 1 f. 12.
   Solenia Quél., Fl., 29.
  Globuleux, puis urcéolé ou cupuliforme, blanc puis paille,
   pubescent : *C. fulvescens*, n. 260.

43 {
Safrané, densément groupé sur fougère, cylindrique, 0,3 mm. haut., dressé, tomenteux ; spores fusiformes clavulées, 9—12 ×3—4 μ : *Solenia crocea* Karst. Sacc., 426.

Espèces jaune-incarnat, ocracées ou jaune rouillé : 44.

Espèces grises : 45.

Espèces brunes ou brun roux : 47.

44 {
Cupules furfuracées villeuses, globuleuses puis piriformes, légèrement atténuées en stipe, blanchâtres, bientôt paille incarnat, puis ocracées, naissant d'un tapis cannelle ; spores ovoïdes, ocre rouillé, 7—9×5—6 μ. Sur tiges de *Phytolacca dioica* : *Solenia endophila* (Ces.) Fr., Hym., 705. *Phaeocyphella* Pat., Ess.

Subclaviforme, brièvement stipité ; haut. 0,5—2 mm., tomenteux ocracé ; hyménium blanc ; spores oblongues, 6—8,5×4 —4,5 μ. (Bres.). Sur troncs et rameaux, orme, chêne, saule, etc. : *Solenia ochracea* Hoffm. Fr., Hym., 596. Bres., F. polon., p. 84. Quél., Fl., 28. *Cyphella Friesii* Quél., Jura, III, t. 1, f. 7.

Hemisphérique, 2—4 mm. d., sessile, jaune ocracé ou rouille pâle, revêtu de poils simples, tortueux ; marge ciliée-hyaline ; spores globuleuses. Vieilles écorces, saule, chêne, ajonc : *C. ferruginea* Crouan. Sacc., 672. *Solenia* Quél., Fl., 30.

45 {
Stipe jusqu'à 5 mm. long. avec un anneau furfuracé ; cupule subglobuleuse, furfuracée, gris foncé, disque noir. Bois pourris : *Solenia annulata* Holmsk. Fr., Hym., 597.

Sessiles : 46.

46 {
Subconfluent sur subiculum plus pâle ; cupules arrondies, ombre cendré ; spores sphériques, 4,5—6 μ d. Bois d'arbres à feuilles : *C. poriaeformis*, n. 262.

Subconfluent sur subiculum velouté, gris argenté de 1 cm. ; cupules urcéolées, gris perle ; spores oblongues, déprimées, 6—9×3—4 μ. Conifères : *C. grisella*, n. 263.

Subiculum nul ; cupules urcéolées, gris clair, 1—1,5×0,8—1 mm. farineuses ; spores subglobuleuses, 5—6 μ : *C. urceolata*, n. 259.

47 {
Sur tiges herbacées, épilobe, etc. Obconique, brun clair, ombiliqué, presque toujours fermé, villeux, très finement sillonné, atténué en stipe, densément groupé sur un tapis concolore : *Solenia caulium* Fuck. Sacc., 429.

Sur troncs et branches de sapin. Digitaliforme, 10—12×6—9 mm.

brun, rayé de fibrilles ; spores globuleuses : *C. digitalis,*
n. 258.
Sur bois d'arbres à feuilles : 48.

48 \ Turbinés, stipités ou substipités : 49.
/ Subglobuleux, ovoïde ou cupulaire, sessile : 50.

49 \
Densément groupé en petits gazons circulaires, larges de 2 mm.,
    puis confluents ; spores cylindriques arquées, 7—10×2
    —2,5 μ : *C. confusa,* n. 265.
Groupes largement étendus, continus; spores plus larges, 4—5
    μ d. : *C. anomala,* n. 264.

50 \
Sur bois dénudé de peuplier ; cupules 0,5—0,6 mm., brun roux,
    à poils laineux, à hyménium jaune roussâtre, accolées
    dans un mycélium brun ; spores cylindriques, 12—15 μ :
    Solenia populicola Pat., t. 457. Sacc., VI, 428. Quél., Fl., 30.
Tubes ou cupules 1 mm. diam. et haut., subglobuleux, striés-
    tomenteux, châtains, avec orifice blanc, poilu ; spores
    8×5 μ. Érable, Allemagne : *Solenia spadicea* Fuck. Fr.,
    Hym., 597.
Cupules oblongues ventrues gris-brun : *C. anomala,* var. *stipata,*
    n. 264.

Section I. — **CALYPTELLA** Quél.

239. — **C. fasciculata** (Pers., Myc. Eur., I, p. 335. t. XII, f.
8-9) Pat., Ess., p. 54. — *Solenia* Fr., Hym. eur., p. 596. —
Quél., Fl., myc.. p. 29.

Réceptacles densément groupés et souvent contigus sur un
mycélium blanc, mou, finement villeux et peu net, subglobuleux
puis allongés, tubuleux, cylindriques ou un peu plus épais à la
base, ou un peu fusiformes, longs de 0,6—3 mm., épais de 0,15
—0,3 mm., blancs, souvent un peu rosés, très finement villeux
soyeux. — Hyphes 2—3 μ, régulières, bouclées, les subhyméniales à parois minces, les autres à parois épaisses ; basides 15—
20×4,5—5 μ, à 2—4 stérigmates droits, longs de 4—4,5 μ ; spores hyalines, brièvement obovales, atténuées à la base, quelquefois un peu obliquement, 3—6×3—4 μ, 1-guttulées.

Toute l'année, avec optimum Mars-Avril et Août-Septembre.
Sur bois pourris et très secs de châtaignier, souvent entre les
fentes du bois ; pas rare dans l'Aveyron, peu commun du reste.

240. — **C. candida** (Pers., Disp.) Pat., l. c. — *Solenia* Fr., Hym., p. 596. — Quél., Fl., p. 29.

Receptacles épars en groupes peu denses, urcéolés, rarement piriformes, puis tubuleux, longs de 0,5—1 mm., épais de 0,3—0,35 mm., glabres, tout blancs, très délicats, se flétrissant et jaunissant sur le sec. — Hyphes parallèles subcohérentes, 0,5—2,5 μ, terminées à l'orifice du tube par des rameaux très fins, très aigus, plus ou moins ramifiés ; basides 12—20—24×4—6—7 μ, accompagnées de paraphyses rameuses, très fines ; spores obovales subglobuleuses, brièvement atténuées ou apiculées à la base, 4,5—6×3—5 μ, ordinairement 1-guttulées.

Mai à Décembre. Sur bois pourris, souches d'aune, frêne, etc. Aveyron, Allier, env. de Paris ; Manche (forme ocracé-isabelle), L. Corbière.

241. — *C. nivea* (Quél., Ass. fr., 1895, p. 6, pl. VI, f. 15).

Réceptacles groupés sur des filaments mycéliens fugaces, granuliformes, puis tubuleux, cylindriques ou légèrement renflés vers la base, longs de 0,5—0,8 mm., suspendus obliquement, très finement pubescents, blanc pur, très délicats. — Hyphes 0,5—1,5 μ ; basides 12—21×4—6 μ ; spores sphériques, peu nettement apiculées à la base, 4,5—6 μ d., 1-guttulées.

Avril-Juin et Octobre-Novembre. Sur écorces et bois de sapin pectiné, plus rare sur pin et genévrier ; Vosges, Côte-d'Or, Aveyron, Manche.

Très voisin de *C. candida* ; *C. fasciculata* est plus distinct, densément groupé fasciculé, de plus grandes dimensions et à hyphes plus distinctes.

Il y a trois *Cyphella* portant le nom de *nivea* : un *C. nivea* Fuck. dont Saccardo a fait le *C. niveola* ; un *C. nivea* Crouan, *Calyptella* Quél. ; et ce *C. nivea* (Quél. *Solenia*), dont le nom devrait aussi être changé si l'on réunit *Calyptella*, *Cyphella* et *Solenia* dans un genre unique, à moins qu'on ne fasse de ce *C. nivea* une var. de *C. candida*, ce qui ne nous paraît pas absolument sûr.

242. — **C. capula** (Holmsk.) Fr., Epicr. ; Hym., p. 664. — Gill., pl. — Quél., Rouen, 1879, p. 26.

Haut. 3—7 mm. Cupule membraneuse, 3—5 mm. d., ouverte ordinairement sur le côté. blanche, blanc de cire ou blanchâtre, glabre, vite flétrie, atténuée en stipe oblique. — Hyphes cohérentes, à parois minces, sans boucles, 3—8—24 μ, à cloisons assez rapprochées ; basides 22—30×6—7—9 μ ; spores oblongues subcylindriques, déprimées latéralement, atténuées obliquement ou oblongues piriformes, 7,5—9×4—4,5 μ.

Septembre-Février, Tiges pourrissantes de haricots, ombellifères, etc., tubercules de pommes de terre restés sur le sol.

minor. — Plus petit, blanc de cire ; spores ovoïdes oblongues, 6×4,5 μ. — Octobre, tiges herbacées diverses.

flocculosa. — Haut. 1—1,5 mm. ; obliquement obconique, 0,5 —0,75 mm. d., blanc, avec flocons farineux ; spores 6—7,5×3— 4 μ. — Septembre, sur *Stellaria holostea*.

Les récoltes sont rarement comparables entre elles, trop peu abondantes et trop rares pour bien connaître ces petites plantes. Les unes se flétrissent sans se décolorer, les autres brunissent ou noircissent ; il y a souvent du jaune à la base du stipe ou sur la cupule. Nous avons une forme sur ortie dioïque dont l'aspect et la spore sont assez différents : cupule 1—2 mm. d., campanulée conique, sulfurine, glabre, marge entière, portée obliquement sur un stipe très grêle, long de 5—6 mm., blanc-villeux à la base. Hyphes 2—7 μ ; bas. 25—28×5—7 μ ; spores subcylindriques 4,5—6×2 μ.

243. — C. laeta Fr., Epicr. ; Hym. eur., p. 664. — Pat., Ess., fig. 38-6.

Groupé, obliquement cupuliforme, 1—3 mm., atténué en stipe, ouvert latéralement, glabre, sulfurin, noircissant sur le sec ; hyménium à la fin veiné et scrobiculé. — Hyphes 3—8 μ, à parois minces, sans boucles ; basides 18—24×5—6 μ ; spores ovoïdes ou oblongues, atténuées à la base, 6—8×4—5 μ.

Mai-Novembre. Sur tiges sèches, ortie, molène. Allier, Aveyron.

244. — C. Pimii Phill. — Sacc., VI, p. 677.

Groupé, cyathiforme, 1—2 mm. d., membraneux, pubescent, blanc, puis sulfurin, ou au moins le stipe, pâlissant sur le sec, atténué en stipe grêle courbé. — Hyphes 3—7 μ, à parois minces, boucles rares ; basides 21—28×7—8 μ ; spores piriformes oblongues, parfois un peu courbées vers la base, 8—12×4—5 μ.

Septembre. Sur tiges d'ortie dioïque, entassées dans un fossé, St-Priest.

Notre plante est plus ou moins densément groupée, mais non fasciculée ; c'est la seule divergence avec la description citée.

245. — C. Gilletii Pat., Rev. Myc., IV, p. 211. — Gillet, pl. — Sacc., VI, p. 678.

Cupule campanulée, 2—3 mm., brièvement stipitée, à marge ondulée ou déchirée, membraneuse mince, pruineuse pubérulente (tomenteuse violet noir, avec des lignes longitudinales

saillantes), gris cendré puis gris brun, teinté de lilas ou de violacé, finement ridé-strié sur le sec. — Hyphes brun clair, 3—9 μ,
les subhyméniales cohérentes, 2—3 μ ; basides 20—30×6—7,5 μ ;
spores obovales, parfois un peu courbées vers la base, 7,5—9×4
—4,5 μ.

Juillet-Septembre. Sur tiges desséchées, hièble, digitale.

Nous avons cette plante de l'Allier et de l'Aveyron, en spécimens bien
identiques. Les détails de la description de *C. Gilletii*, par lesquels elle
s'écarte un peu, sont mis entre parenthèses. La spore donnée dans Saccardo
est obovale, 4 μ.

246. — C. albo-marginata Pat., t. 361. — Sacc., VI, p.
680.

Cupule 2—5 mm. d., campanulée, gris cendré, avec marge
blanche, finement veloutée ou hérissée, plus foncée ou noirâtre
sur le sec, à hyménium gris clair, atténuée en stipe hérissé, concolore. — Hyphes de la trame 3—12 μ ; poils hyalins, lisses ou à
peine aspérulés, 50—80×4—10 μ ; basides 21—30×4—6 μ, à 4
stérigmates, longs de 4—4,5 μ ; spores ovoïdes, 5—7×4—5 μ.

Octobre. Sur tiges sèches, graminées, ombellifères, molène ;
Allier.

247. — C. lactea Bres., F. Trid., p. 61, 104, t. 67, f. 2.

Cupules 1—3 mm., groupées sur un mycélium fibrilleux
blanc, d'abord cupuliformes, puis obliques, conchoïdes, subétalées,
blanches, revêtues et ciliées de poils claviformes brillants ; hyménium crème, lisse ou rugueux. — Hyphes 2—5 μ, à parois minces,
sans boucles ; poils de la cupule similaires aux hyphes, simples ou
bifides, mais terminés par un renflement claviforme de 5—8 μ d. ;
basides 25—36—45×6—7,5—10 μ, à 2—4 stérigmates droits, longs
de 5—6 μ ; spores claviformes, souvent un peu courbées, 10—13
—18×3—4—6 μ, ordinairement pluriguttulées.

Toute l'année, plus fréquent de juillet à décembre. Sur joncs,
graminées, carex, tiges herbacées entassées, débris de ronces,
genêt, ajonc, etc., abrités. Assez commun.

On ne trouve aucun caractère différentiel en comparant, *C. lactea* avec
les descriptions de plusieurs espèces, telles que *C. Malbranchei* Pat., *C. dumetorum* Bomm. et Rouss., *C. rubi* Fuck.

248. — C. muscigena (Pers.) Fr., Epicr. ; Hym., p. 668. ;
non Bres., F. polon. — *Thelephora* Pers., Syn., p. 572. — *Arrhenia*
Quél., Fl. myc., p. 33. — *Thel. vulgaris* Pers., Myc. Eur., t. VII,
f. 6. — *Cyphella muscicola* Hym. de Fr., II, n. 119 (e lapsu).

Membraneux, mince, mou, 1—2—4 mm., villeux, blanchâtre en dessus et adhérent aux mousses par cette villosité, cupulé ou en capuchon, puis conchoïde et étalé, ondulé et lobulé, quelquefois spatulé ou stipité, à la fin crispé, blanc, villeux ou satiné ; hyménium blanc, lisse ou ruguleux. — Hyphes à parois minces, sans boucles, 3—5—10 μ ; basides 18—24—32×5—8 μ, à 2—4 stérigmates droits, longs de 4,5—5 μ ; spores oblongues, plus ou moins déprimées latéralement, brièvement atténuées obliquement à la base, 7,5—9—12×4,5—6 μ.

Toute l'année. Sur les mousses à la base des troncs et les hypnes à terre.

Le *C. muscigena* Bres., F. pol., est *Arrhenia auriscalpium* Fr. (ex ipso). Le *C. muscigena* Burt, Th. N. Am., est aussi une espèce différente de la plante de Persoon ; elle s'en distingue par sa structure et sa plus petite spore.

249. — C. griseo-pallida Weinm. — Fr., Hym., p. 662. — Quél., Fl., p. 28.

Sessile, subglobuleux, puis cupulé, campanulé et un peu étalé, mince, flasque, 1—4 mm. d., un peu ridé, finement pubescent, gris clair ; hyménium pâle, puis crème bistré, onduleux, lisse. — Hyphes à parois minces, sans boucles, 4—8 μ ; basides 18—27—32×5—7 μ, à 4 stérigmates droits ; spores obovales, atténuées à la base, 5—7×4—5 μ, à contenu homogène.

Novembre à Mai. Troncs de chêne, frêne, sureau, etc., entre les fentes de l'écorce et sur les mousses ; aussi sur brindilles, ronces, débris végétaux abrités. Pas rare.

var. **alba** Pat. — Sacc., VI, p. 668. — Tout blanc, 0,5—2 mm., cupulaire, bords souvent flexueux ou déchirés ; hyménium lisse, ondulé. Hyphes 3—10 μ ; basides 15—30×6—9 μ ; spores subglobuleuses, atténuées à la base, 5—7,5×4,5—6 μ.

Juillet à Novembre. Abondant après les pluies, sur écorces et mousses, orme, etc.

250. — C. culmicola Fuck. — Fr., Hym., p. 665. — *Calyptella* Quél., Ench., p. 216.

Membraneux très mince, sessile en cupule fixée latéralement ou par le sommet, 1—3 mm. d., puis un peu élargie, grise, poudrée (à 80 diam.) de flocons ténus, cristallins ; hyménium concolore ou un peu plus foncé, lisse. — Hyphes à parois minces, sans boucles, 3—6 μ ; oxalate de chaux en granules inégaux à la surface ; basides 20—27×6—7,5 μ, à 2—4 stérigmates droits, longs de 3—4 μ ; spores obovales oblongues, longuement atténuées à la base, 7—7,5—9×4—4,5 μ.

Novembre, Décembre. Sur feuilles et chaumes de *Triticum repens* ; St-Priest. — Bien voisin de *C. griseo-pallida*.

251. — C. albissima Pat. et Doass. — Sacc., VI, p. 670.

Cupule obconique campanulée, membraneuse très mince, 1—2 mm. d., sessile puis suspendue par un stipe très court, blanche villeuse ; hyménium blanc (glaucescent ou teinté de rosé dans quelques spécimens). — Hyphes cohérentes, 3—4 μ ; poils de la cupule 180—300×5—6 μ, hyalins, solides ou à parois très épaisses, aspérulés rugueux et subulés au sommet ; basides 18—21 ×5—6 μ ; spores subcylindriques, légèrement déprimées latéralement, 7—8×3—3,5 μ.

Septembre. Groupé sur bois et écorces de tremble, Andelot (Htc-Marne), L. MAIRE.

C. erucaeformis, albissima et *albo-carnea* ont été réunis soit comme synonymes, soit comme variétés par Quélet ; *C. erucaeformis* est plus épais, *subsubéreux*, et Quélet en fait un *Solenia* ; la description et la figure de *C. albo-carnea* Quél. en font un *Cyphella* dans le sens restreint de cet auteur. Notre plante a plutôt l'aspect d'un *Calyptella* et elle répond mieux à *C. albissima*, mais son hyménium parfois rosé la rapproche aussi de *C. albo-carnea*.

Section II. — **CYPHELLA** Fr. Quél.

252. — C. alboviolascens (A. Schw.) Karst. — Sacc., VI, p. 669. — Quél., Fl., p. 27. — *Corticium dubium* Quél., Jura et V., III, p. 16, t. 1, f. 10.

Sessile, dur, globuleux, puis cupulaire, 1—3 mm. d., et aplani, avec bords relevés, blanc villeux ou strigueux ; hyménium lisse, pâle, violet pâle, gris lilacé, glauque ou verdâtre. — Hyphes 1,5—6 μ, en couche horizontale à la base, enchevêtrées et très serrées sous l'hyménium ; poils de la cupule 150—200×5—6 μ, à parois très épaisses, subulés, aspérulés ; basides 60—80×6—16 μ ; spores ovoïdes, bossues vers la base, avec apicule latéral, 13—15 ×9—12 μ.

Toute l'année, après les pluies ; plus fréquent en hiver et au printemps. Sur branches de lilas, vigne, robinier, tilleul, etc. Bien voisin de *C. villosa*.

253. — C. villosa (Pers., Syn., p. 655) Cooke et Quél. — Quél., Soc. bot., 1878, n. 19, t. III, f. 14 ; Fl. myc., p. 28.

Sessile, globuleux, puis cupulaire, 0,5—1 mm., ouvert par les temps humides, blanc, villeux ; hyménium lisse, blanc ou crème. — Hyphes 2—4 μ, agglutinées, peu distinctes ; poils de la cupule 150—300×3—7—12 μ, à parois épaisses, aspérulés et subulés au sommet (gonflés toruleux in KOH) ; basides 30—45—80×6—8 —12 μ, à 2—4 stérigmates, droits ou un peu arqués, longs de 7—9 μ ; spores ovoïdes, plus étroites au sommet, bossues à la base et apiculées obliquement, 9—12—15×7—8—10 μ.

Toute l'année, après les pluies. Sur plantes herbacées, dans les haies ; très commun. — Plus épais et à hyménium subglaucescent sur plantes ligneuses, et passant à *C. alboviolascens*.

254. — C. orthospora. — *C. villosa* v. *orthospora* Hym. de Fr., III, p. 15.

Sessile cupuliforme, 1 mm. d., blanc pur, velu laineux extérieurement, contracté par le sec ; hyménium blanc. — Hyphes peu distinctes, 1,5—3 μ ; poils de la cupule 150—200×3—6 μ, à parois épaisses, subulés ou brusquement rétrécis en pointe plus ou moins longue, rugueux, aspérulés ou granulés ; basides 18—25×4,5—6 μ ; spores oblongues ou subelliptiques, subdéprimées latéralement et brièvement atténuées obliquement à la base, non bossues, 7—10 ×4—5 μ.

Août-Novembre. Sur feuilles et tiges de plantes herbacées, digitale, molène, etc. ; sur branche de pommier, Savigné (Vienne), Abbé Grelet.

Aspect de *C. villosa*, dont il se distingue par ses caractères micrographiques ; nous n'avons pas observé de formes intermédiaires.

255. — C. punctiformis (Fr., S. M., *Peziza*) Karst. — Sacc., VI, p. 678.

Sessile, très petit, 0,15—0,5 mm., mince, cupuliforme, à bords enroulés et globuleux par les temps secs, blanc pur, villeux ou hérissé ; hyménium lisse, blanc. — Hyphes généralement peu distinctes, 1—4 μ ; poils de la cupule 40—100×3—4 μ, à parois épaisses, aigus, rarement septés, aspérulés dans leur moitié supérieure ; basides 15—26×5—8 μ, à 2—4 stérigmates longs de 2—3 μ ; spores oblongues ou amygdaliformes, assez variables, 5—10×3—4 μ.

a. **punctiformis.** — Épars ; spores oblongues subfusiformes, obliquement atténuées à la base, 7—9×2—4,5 μ, 1-guttulées. — Automne ; sur feuilles et tiges de *Rumex*, *Eupatorium*, etc.

b. **juncicola.** — En petits groupes très denses, subglobuleux, 0,15—0,2 mm. d., finement pubescent ; poils externes de la cupule à parois minces ; spores oblongues, atténuées à la base, 5—7,5×3 —4 μ, 1-guttulées. — Août, Septembre ; sur tiges de joncs entassés.

c. **stenospora** Hym. de Fr., III, ut var. *C. villosae*. — En groupes denses, subglobuleux, 0,15—0,4 mm. hérissé : spores étroitement

oblongues, atténuées un peu obliquement à la base, 8—10×3—4 μ.
— Juillet-Octobre ; sur joncs et feuilles de *Carex* ; Allier, Aveyron.
— Paraît voisin de *C. caricina* Peck, mais ce dernier a 1—2 mm.
d. et des spores assez différentes.

d. corticola. *C. Libertiana* Cooke in Grev., 1880. Sacc., VI,
p. 670 ? — Epars ou densément groupé, globuleux, 0,25—0,5 mm.,
ombiliqué puis cupuliforme, mince, villeux ; spores oblongues,
lancéolées ou amygdaliformes, obliquement atténuées à la base,
7—9×4,5—6 μ. Sur écorces, orme, prunellier, érable ; Août à
Octobre.

Cette forme, quoique lignicole, ne nous parait pas distincte de *C. punctiformis*. Elle répond exactement au *C. Libertiana*, dont nous ne connaissons
pas la spore. Elle est très voisine de *C. minutissima* Burt, Thel. North Amer. ;
la principale différence serait la spore qui, dans la plante des Etats-Unis, est
obovale, atténuée à la base ou obliquement, 5—6×4—4,5 μ.

256. — C. ciliata Sauter. — Fr., Hym., p. 263.

Membraneux mou, très mince, sessile, blanc, urcéolé, puis
étalé, 0,5 mm., hérissé et cilié de poils hyalins par les temps
humides, à poils crispés et à bords relevés par les temps secs ;
hyménium pâle, lisse ou avec une papille centrale. — Hyphes
2,5—3 μ, à parois minces, sans boucles ; poils de la cupule similaires avec les hyphes, simples ou rameux, lisses, à extrémités
égales, obtuses ; basides 12—18×5—8 μ, à 2—4 stérigmates ;
spores oblongues, très brièvement atténuées à la base, parfois obliquement, 6,5—8—9×4—5,5 μ.

Hiver, temps humides. En groupes peu denses, sur feuilles
pourries, chêne, noyer, frêne, etc. Allier.

257. — C. leochroma Bres., F. Trid., II, p. 99, t. 211,
f. 2. — Grelet, Soc. myc., 1915, p. 406, pl. XXXI.

Epars, membraneux, sessile, cupulaire hémisphérique, 1 mm.,
fauve pâle, puis rouillé, contracté globuleux sur le sec, entièrement
revêtu de longs poils fauvâtre, débordant la marge ; hyménium
pâle ou crème, concave, lisse. — Hyphes agglutinées indistinctes ;
poils de la cupule 200—300×6—8 μ, quelquefois septés, fauves,
hyalins au sommet et légèrement aspérulés ; basides 45—80×9
—12 μ ; spores hyalines, subelliptiques ou ovoïdes, oblongues, subdéprimées latéralement, 13—15×6—9 μ.

Février, Mars. Sur sarments de vigne, surtout sur vieux bois
de l'année précédente ; Savigné (Vienne) Abbé GRELET. — Sur
érable dans le Trentin, in Bres., l. c.

258. — C. digitalis (A. Schw.) Fr., S. M. — Hym., p. 668.
— *Solenia* Quél., Fl., p. 28.

Cupule 5—10 mm., membraneuse assez épaisse, digitaliforme ou campanulée, suspendue et substipitée au sommet, fauve brun, puis brun foncé, rayée de fibrilles concolores ; hyménium blanc crème, un peu glauque. — Hyphes à parois minces, 3—10 μ, les subhyméniales, 2—4 μ, avec quelques boucles ; basides 70—110 $\times$12—20 μ, à 2—4 stérigmates ; spores hyalines (subglaucescentes), globuleuses, quelques-unes très brièvement atténuées à la base, 16—18—21$\times$15—16—18 μ, 1-pluri-guttulées.

Automne, hiver. Sur écorces, troncs et branches de sapin pectiné, Vosges.

Section III. — **SOLENIA** Hoffm.

259. — **C. urceolata**. — *Solenia* (Wallr.) Fr., Hym., p. 597.

Cupule 1—1,5 mm. haut., 0,8—1 mm. diam., sessile, membraneuse mince, urcéolée, gris clair, farineuse ; hyménium lisse, pâle ou concolore. — Hyphes 0,5 — 2,5 μ, enchevêtrées, à parois minces, boucles éparses, les basilaires et extérieures brunes, 2—3 μ, parallèles ; basides 18—26$\times$4,5—7,5 μ, à 2—4 stérigmates longs de 4—5 μ ; spores subglobuleuses, quelques-unes brièvement atténuées à la base, 5—6$\times$4,5—6 μ.

Mars-Mai et Octobre-Novembre. Sur écorces d'orme, sureau, érable, clématite ; Allier, Aveyron.

260. — **C. fulvescens**.

Densément groupé sur un mycélium peu net, formé seulement de quelques filaments épars ; réceptacles globuleux, 0,2—0,5 mm., puis urcéolés, cupuliformes, pubescents, blancs puis paille, à la fin fauve clair, à bords enroulés. — Hyphes à parois minces, cohérentes, peu distinctes, 2—3 μ ; poils de la cupule à parois épaisses, lisses, très aigus, 75—120$\times$1,5—2 μ ; basides 12—15$\times$4,5—6 μ ; spores hyalines, oblongues, déprimées latéralement et assez longuement atténuées obliquement, 6$\times$3 μ, 1-guttulées.

Juillet. Sur *Calluna vulgaris*, Béno (Aveyron).

Diffère de *S. ochracea* Hoffm. par la couleur et la forme de la cupule qui est dans *S. ochracea* substipitée et claviforme. — *S. populicola* Pat. diffère par la coloration bien plus foncée de toutes ses parties, son subiculum plus abondant, son habitat, et sa spore bien plus grande 12—15 μ (Sacc., Quél.) ; il est vrai que Bresadola indique pour cette espèce une spore bien plus petite, « deux fois plus petite que dans *S. anomala* ».

261. — **C. araneosa**.

Epars sur un mycélium fibrilleux-floconneux, subradiant

autour des réceptacles, mais ne formant pas membrane continue ; réceptacles sessiles, cupuliformes, 0,15—0,3 mm.. blancs, villeux, subciliés, à villosité apprimée sur le sec et bords enroulés paraissant alors ruguleux-furfuracés ; hyménium concave, blanc. — Hyphes à parois minces, bouclées, 1,5—3 μ, les extérieures se terminant en poils de 3 μ d., atténuées au sommet, mais peu aigus, parfois ramuleux ; basides 18—24×6—7 μ, à 4 stérigmates droits, longs de 4,5 μ ; spores hyalines, sphériques, finement grènelées, 6—7×5—6 μ..

Mars. Sur bois pourri de cerisier, St-Sernin (Aveyron).

C. arachnoidea Peck. Burt, Th. North Amer., III, p. 363, a des caractères communs avec notre plante, mais il est plus grand, 2—4 mm., et ses spores sont plus petites et déprimées latéralement, 4—5×3,5—4 μ.

262. — C. poriæformis (DC., Fl. fr., VI, *Peziza*). — *Solenia* Fuck. — Fr., Hym., p. 597.

Réceptacles arrondis, urcéolés ou tubuleux, puis cupulés, 0,3 mm.. finement tomenteux, gris clair, puis gris bistre, en groupes denses sur un subiculum confluent et largement étalé, blanchâtre, submembraneux villeux, puis gris et quelquefois noircissant ainsi que les réceptacles ; hyménium brun pâle. — Hyphes du subiculum hyalines, lâchement enchevêtrées, 1—2 μ, très finement bouclées, similaires dans le réceptacle, les subhyméniales très serrées ; basides 15—18—24×4,5—6—8 μ, à 4 stérigmates droits ; spores globuleuses, quelquefois très brièvement atténuées à la base, 4,5—6—7×3,5—5—6,5 μ..

Toute l'année, surtout saisons humides, fin d'automne et printemps. Souches, troncs et branches pourries, bois travaillés ; cerisier, frêne, hêtre, peuplier, saule, noyer, etc.

Sur hêtre, forme noircissant entièrement, et présentant dans certains points de l'hyménium une sorte de baside obovale, 9—12 ×6—7,5 μ, longuement stipitée, 1-guttulée, qui se détache et semble être une macroconidie.

263. — C. grisella. — *Solenia* Quél., Soc. bot., 1877, p. 329, t. VI, f. 13.

Cupules urcéolées, 0,5 mm., villeuses, gris perle, densément groupées sur de petits tapis de 1 cm. veloutés, gris argenté ; hyménium bistre ou brun. — Hyphes à parois un peu épaisses, à boucles éparses, 2,5—3,5 μ, les basilaires et mycéliales un peu brunies et souvent ruguleuses ; basides 18—27×6 μ, à 2—4 stérigmates droits, longs de 4—5 μ ; spores hyalines, oblongues subcylindriques, un peu déprimées latéralement 6—9×3—4 μ.

Hiver, Sur écorces de sapin pectiné, Vosges. — Bien distinct de *S. poriaeformis*.

264. — C. anomala (Pers., Obs.) Pat., Ess., l. c. — *Solenia* Fr., Hym., p. 596. — Quél., Fl., p. 29.

Réceptacle ovoïde, turbiné, 0,3—0,5 mm. d., sessile ou stipité, villeux, ocre-cannelle à brun cannelle, en groupes denses et étendus, sur un mycélium fauve, floconneux ; hyménium concave, pâle ou jaunâtre. — Hyphes peu distinctes ; poils du réceptacle jaune fauve, 3 μ d., à parois un peu épaissies, à extrémités subulées ou subobtuses, aspérulées ; basides 18—30—48×5—8 μ ; spores hyalines, oblongues subcylindriques, déprimées latéralement, 8—10×4—4,5 μ.

Toute l'année. Sur branches, hêtre, chêne, cerisier, bouleau, peuplier, aune, tilleul ; commun.

var. **stipata.**, *Solenia* Fr., S. M. ; Hym. p. 597. Bres., F. polon., p. 84. — Densément groupé ; réceptacles sessiles, villeux, gris brun, ovoïdes oblongs, cupulaires ; pas. de tapis mycélien distinct ; spores 8×10×3—4 μ. Sur hêtre.

var. **stipitata.** *Solenia* Fuck. Fr., Hym., p. 597. — En larges groupes serrés ; réceptacles stipités, turbinés, villeux, fauve brunâtre ; spore ellipsoïde cylindrique, 7—9×4—6 μ. Sur hêtre, bouleau.

265. — C. confusa. — *Solenia* Bres., F. polon., p. 84.

Réceptacles 0,3—0,5 mm. d., turbinés, substipités, villeux, fauve brun, en petits groupes serrés, circulaires, à la fin confluents, mais moins étendus que dans *C. anomala*, reposant sur un mycélium très ténu. — Hyphes subhyméniales hyalines, 1—2 μ, flexueuses, peu distinctes, les extérieures, ambré brunâtre, à parois assez épaisses, 2,5—3 μ d. ; poils aspérulés, les intérieurs souvent terminés par une vésicule (conidie) hyaline, oblongue, 8—10×5—6 μ ; basides 18—24—30×4—5 μ, à 2—4 stérigmates longs de 4—4,5 μ ; spores hyalines, cylindriques incurvées, 6—9—10×2—2,75 μ.

Hiver, printemps. Sur branches de bouleau, prunellier, aubépine, bourdaine, chêne, hêtre.

III. PHÆOCYPHELLA Pat., Soc. myc. Fr., IX, p. 125 ; Ess. tax., p. 57.

Réceptacles cupuliformes, urcéolés, ou cylindriques, glabres ou villeux, minces, épars ou groupés ; hyménium infère ; spores brunes, ovoïdes ou arrondies, lisses ou aspérulées.

Espèces muscicoles ou corticicoles, peu distinctes les unes des autres.

Tableau des espèces

Réceptacle 0,5—4 mm., blanc gris ; hyménium pâle puis roussâtre ou brun fauve ; spores subglobuleuses 7—12×6—10 µ : *P. galeata*, n. 266.

R. 0,2—0,5 mm. (Quél.), blanc gris ; hym. blanc puis gris ; spores ellipsoïdes sphériques incarnates, 10 µ (Quél.), 6—7×5—6 µ (Schroet.) : *P. muscicola. Cyphella* Fr., Hym., 663. *Arrhenia* Quél.

R. 0,25—0,5 mm. blanc ; hyménium blanc ou jaune clair ; basides à stérigmates très courts ; spore jaune ocracé clair 4 µ d. : *P. chromospora. Cyphella* Pat. Sacc., VI, 683.
Réceptacles groupés sur un tapis évanescent, blanchâtres puis paille incarnat, enfin ocracés ; spores ovoïdes ocre rouillé, 7—9×5—6 µ. Sur phytolaque. Italie : *P. endophila* (Ces.) Pat., Ess. *Solenia* Fr., Hym., 705.

266. — P. galeata (Schum.). — *Merulius* Schum. — *Cyphella* Fr., Epicr. ; Hym., p. 663. — *Arrhenia* Quél., Fl., p. 33. — *Phaeocyphella Crouanii* Pat.

Membraneux tendre, sessile ou subsessile ; réceptacle urcéolé cupuliforme, 0,5—4 mm., parfois ouvert sur le côté, gris ou blanchâtre, villeux ; hyménium pâle, puis roussâtre, cannelle clair, brun fauvâtre, finement ridé, poudré par les spores. — Hyphes hyalines, bouclées, à parois minces, 2—5 µ ; basides 18—25—30 ×7—9 µ, à 4 stérigmates un peu arqués, longs de 5—6 µ ; spores ocre fauve à brun d'ombre, subglobuleuses, souvent brièvement atténuées ou apiculées à la base, chagrinées ou ruguleuses, 7—12 ×6—10 µ.

Toute l'année, par les temps humides. Sur les mousses terrestres et truncicoles, souvent sur l'écorce même, aune, tremble, genévrier, clématite, etc. Pas rare.

IV. — POROTHELIUM Fr. — Pat., Ess., p. 56.

Subiculum ou stroma membraneux, étalé, persistant ; réceptacles en forme de verrues s'ouvrant en cupules, sessiles, d'abord distinctes, puis confluentes, simulant un *Poria* ; hyménium infère, sans cystides ; spores hyalines, ovoïdes ou oblongues.

267. — P. fimbriatum (Pers.) Fr., S. M.; Hym., p. 595. —
Quél., Fl., p. 427. — Pat., Ess., l. c. fig. 39.

Subiculum largement étalé, membraneux coriace, séparable,
blanc, fimbrié et rhizoïde au pourtour; verrues hémisphériques
superficielles, d'abord éparses sur le subiculum, puis confluentes
poriformes vers le centre. — Hyphes du subiculum tenaces, capillaires, 1—1,5 μ, à parois épaisses ou solides, avec boucles petites,
apprimées, distantes, les subhyméniales, 1,5—3 μ, à parois plus
minces; basides 15—18—23×4—6 μ, à 2—4 stérigmates longs de
2—3 μ: spores oblongues, plus ou moins atténuées à la base et
légèrement déprimées latéralement, 4,5—6×3—3,5 μ.

Toute l'année. Sur souches et branches tombées, hêtre,
chêne, bourdaine, viorne; amélanchier, thym et pin sur les Causses,
gagnant le sol et les pierres. — Pourriture très active; sous
l'action du mycélium le bois devient de plus en plus léger et finit
par disparaître.

Le *Punctularia tuberculosa* Pat. a un stroma étalé, coriace membraneux, couvert dans la partie centrale de tubercules charnus, serrés, convexes
par les temps humides, aplanis par le sec. Il a été décrit de l'Equateur et du
Brésil. Cette plante, ou du moins une espèce voisine, a été trouvée par le R.
P. Torrend sur troncs de chêne et d'olivier, en Portugal. Le spécimen que
nous avons vu de cette récolte a l'aspect d'un *Corticium laeve* brun foncé,
finement aréolé par des petits tubercules aplanis. Trame formée d'hyphes à
parois épaisses, bouclées, 3—4 μ, en strate horizontaux dans le subiculum,
ascendantes dans les tubercules, et se terminant à la surface par des rameaux
flexueux dendroïdes, au milieu desquels les basides encore immatures restent
immerses. On se rend compte que chaque tubercule est bien un petit réceptacle à développement centrifuge : dans chaque tubercule, les basides
centrales sont bien plus avancées dans leur développement que celles qui
avoisinent la marge.

II. *CORTICINÉS*

Réceptacle étalé, à bords rarement libres ou réfléchis ; hyménium lisse ou hérissé de cystides ou de soies, tendre. membraneux,
pelliculaire, hypochnoïde, céracé ou crustacé ; hyphes normales
ou capillaires ; spores hyalines.

TABLEAU SYNOPTIQUE DES GENRES

Hyménium homogène, et à la fin régulier : **Corticium**, I.

Hyménium hétérogène,
> Basides avec des soies formées d'hyphes mycéliennes, réunies
> en faisceaux stériles qui font saillie au-dessus de l'hymé-
> nium : **Epithele**, II.
> Basides avec gléocystides : **Gloecystidium**, III.
> Basides avec cystides : **Peniophora**, IV.
> Basides avec éléments mycéliens simples ou ramifiés, et avec
> basides différenciées ou gléocystides variiformes. Champi-
> gnons discoïdes ou à contours nettement limités.
>
>> Hyménium lisse : **Aleurodiscus**, V.
>> Hyménium parsemé de soies saillantes, formées
>> d'hyphes rameuses soudées en faisceau : **Dendro-
>> thele**, VI.

Hyménium discontinu, gélatineux ou céracé-gélatineux.
> Rameaux stériles des hyphes mycéliennes non différenciés
> entourant des basides volumineuses qui naissent dans la
> profondeur de la trame et ne forment pas d'hyménium
> régulier : **Vuilleminia**, VII.
> Basides petites naissant de probasides éparses le long des
> rameaux fructifères, au sein d'une masse gélatineuse :
> **Galzinia**, VIII.

I. **CORTICIUM** Fr.

Réceptacle résupiné, à marge nue ou fibrilleuse, apprimée, rarement libre au pourtour ou à bord supérieur un peu réfléchi. Trame filamenteuse, floconneuse ou charnue, souvent très réduite. Hyménium continu en bon développement, constitué par des basides à 2—4—6—8 stérigmates, quelquefois accompagnées de filaments paraphysoïdes ou de cystidioles ; spores hyalines ou de teinte très claire, lisses, rarement aspérulées, de forme variée.

Plantes lignicoles, corticicoles, muscicoles ou humicoles.

Quelques espèces, *Corticium serum, Harioti, ochraceofulvum*, etc., ont constamment des cystidioles dans l'hyménium ; elles sont accidentelles dans d'autres espèces, *C. laeve, expallens*, etc. Il importe de ne pas confondre ces organes avec les cystides des *Peniophora*. La cystidiole est une baside stérile, terminée en pointe ou obtuse, peu émergente, conservant le diamètre de la baside et naissant au même niveau. La cystide est d'origine plus profonde et sa différenciation est plus accusée. Qu'elle soit à parois épaisses ou à parois minces, elle prend naissance plus profondément dans la trame et elle acquiert un développement qui la fait distinguer facilement.

Tableau analytique des espèces

1 Spores aspérulées, verruqueuses ou anguleuses : 2.
  Spores amyloïdes (colorées en bleu sombre par l'iode) : 14.
  Spores lisses, non amyloïdes : 15.

2 Spores un peu brunies, aspérulées ; hyménium pâle, jaune, fauve ou gris, veinuleux réticulé ; bordure ordinairement très étendue en fibres flabellées souvent jaune vif : *C. sulphureum*, n. 373.
  Spores hyalines : 3.

3 Espèces membraneuses, pelliculaires ou aranéeuses, peu adhérentes, à trame lâche, très distincte : 4.
  Espèces pruineuses, farineuses, granuleuses sans cohérence ; hyphes à peu près indistinctes : 11.

4 Spores trigones : *C. trigonospermum*, n. 345.
  Spores 5—10×3—5 μ, obovales, fortement spinuleuses : 5.
  Spores 3—7×3—4 μ, aspérulées, verruqueuses ou finement spinuleuses : 7.

5 Hyphes 1,5—4,5 μ, à cloisons espacées, régulièrement bouclées et ampullacées ; spores 5—9×3—5 μ ; champignon blanc crayeux, puis pâle, corticioïde ou théléphoroïde : *C. fastidiosum*, n. 364.

Hyphes 3—6 µ, à boucles éparses ; basides à grosses guttules ;
    spores 7—10×5—6 µ, 1-guttulées : 6.

6 {
Blanc, puis pâle ; sur touffes de mousses : *C. leucobryophilum*,
    n. 362.
Blanc ou légèrement teinté de jaune, puis crème orangé sur le
    sec ; bordure similaire *C. petrophilum*, n. 363.
Blanc, puis glaucescent ; subiculum brun noir ; bordure arané-
    euse : *C. dispar*, n. 363 var.

7 {
Hyphes bouclées, 1—3 µ : 8.
Hyphes sans boucles : Cf. sect. *Tomentellastrum* du G. *Tomen-
    tella*.

8 {
Hyphes régulières, non ampullacées ; hyménium lisse, pellicu-
    laire, blanc : *C. mutabile*, n. 295.
Hyphes non ampullacées, peu abondantes ; hyménium granu-
    leux : *Grandinia microspora*, n. 649.
Hyphes nettement ampullacées : 9.

9 {
Spores amygdaliformes, ou oblongues atténuées à la base,
    verruqueuses. Blanc jaunâtre ou subocracé : *C. albo-ochra-
    ceum*, n. 365. Cf. *C. amianthinum*, n. 366.
Spores subsphériques ou largement ovoïdes. Blancs à hyménium
    veinulé : 10.

10 {
Spores finement et densément spinuleuses : *C. araneosum*,
    n. 368.
Spores anguleuses ou sinuolées verruqueuses ; hyphes 2—4 µ,
    ampullacées jusqu'à 5—7 µ : *C. sphaerosporum*, n. 369.
Spores anguleuses à aspérités lâches ; hyphes 0,5—2 µ, ampul-
    lacées jusqu'à 3—5 µ : *C. praefocatum*, n. 370.

11 {
Blancs à blanc crème : 12.
Gris bleuâtre ou ardoisé, glauque cendré : 13.

12 {
Spores à 4—5 angles terminés par un aiguillon très fin : *C.
    stellulatum*, n. 377.
Spores aspérulées de verrues courtes, coniques : *C. submuta-
    bile*, n. 375.

13 {
Pruine très ténue, adhérente, lisse, blanc gris lilacé, bleuâtre ;
    spores ovoïdes, subglobuleuses, densément et finement
    aspérulées-spinuleuses : *C. tulasnelloideum*, n. 376.
Ardoisé, puis glauque cendré, farineux ou finement grènelé ;
    spores lâchement aspérulées : *C. ardosiacum*, n. 374.

14 (Spores oblongues subcylindriques, déprimées latéralement, 7—10×3—4,5 µ : *C. udicolum*, n. 360.
) Spores largement oblongues ou obovales, 7—12×5—8 µ : *C. amylaceum*, n. 359.

15 (Très petits granules arrondis, blancs, épars sur un réseau d'hyphes à peine visible, rapprochés par leur développement, mais distincts ; spores globuleuses, 3,5—4,5 µ : *C. aegeritoides*, n. 361.
Hyménium formé de touffes granuleuses d'aspect hypochnoïde, jusqu'à pelliculaire ou submembraneux ; hyphes à fort diamètre, 5—15 µ, rameuses à angle droit ; basides grosses en bouquets : 16.
Hyménium aranéeux. ou continu : 24.

16 (Hyménium lilas, puis chocolat sur le sec ; hyphes lilas pâle : spores violettes, elliptiques, 6—9×3—4 µ : *Hypochnella violacea*, n. 393.
Hyménium blanc gris ou jaunâtre ; hyphes hyalines ou jaunâtres ; spores hyalines : 17.

17 (Hyphes avec fortes boucles aux cloisons : *C. subcoronatum*, n. 383.
(Hyphes sans boucles : 18.

18 (Spores subcylindriques arquées, 15—18×5—7 µ ; basides à 2 stérigmates volumineux, longs de 21—30 µ : *C. sterigmaticum*, n. 387.
(Spores sphériques, oblongues, ou fusiformes : 19.

19 (Spores larges de 4,5—9 µ : 20.
(Spores larges de 2—4,5 µ : 23.

20 (Touffes pulvérulentes granuleuses, confluentes en membrane mince incomplète, porée ; spores globuleuses ou fusiformes : *C. flavescens*, n. 384.
Plus épais, formé de flocons blancs, membraneux : *C. frustulosum*, n. 385.
Spores oblongues ou obovales : 21.

21 (Céracé membraneux mince ; hyphes 4—5 µ : *C. cornigerum*, n. 388.
(Floconneux membraneux ou aranéeux ; hyphes 5—10 µ : 22.

22 {
Spores oblongues fusiformes. Sur la terre nue : *C. terrigenum*, n. 386.

Spores obovales ou oblongues, souvent déprimées. Sur plantes vivantes : *C. vagum*, n. 391.

23 {
Spores 7—11×3,5—4,5 μ, amygdaloïdes : *C. botryosum*, n. 390.

Spores 4—7×2—4,5 μ, ovoïdes, quelquefois un peu bossues à la base : *C. coronatum*, n. 389.

24 {
Basides renflées à la base, tronquées au sommet et couronnées par 4—6—8 stérigmates. Subpelliculaires, crustacés ou pruineux : **25**.

Basides normales à 2—4 stérigmates : **29**.

25 {
Spores subglobuleuses, 3—5×3—4 μ. Adhérent, pruineux, blanchâtre à crème isabelle : *C. diademiferum*, n. 382.

Spores obovales, oblongues ou subcylindriques : **26**.

26 {
Trame dense, pauvre et souvent peu distincte ; hyphes ne dépassant guère 4 μ : *Grandinia Brinkmanni*, n. 645.

Hyphes distinctes en trame assez régulière et plus ou moins abondante : **27**.

27 {
Aranéeux ou en pellicule très mince, fragile ; hyménium non continu : *C. octosporum*, n. 378.

Peu étendu ; hyménium céracé, continu ou poré ; basides à la fin presque en épi : *C. niveo-cremeum*, n. 381.

Largement étalés ; basides en hyménium continu, naissant sur un même plan : **28**.

28 {
Pelliculaire fragile ; basides à 6—8 stérigmates ; hyphes 3—6 μ : *C. coronilla*, n. 379.

Pelliculaire ; basides avec gléocystides à contenu huileux, parfois peu saillantes, ou des guttules oléo-résineuses dans la trame : *Gloeocystidium coroniferum*, n. 431.

Céracé adhérent, très lisse, à la fin fendillé ; hyphes régulières 2—4 μ, à boucles petites, enchevêtrées en trame dense : *C. calceum*, n. 380.

29 {
Trame coriace, abondante, formée d'hyphes capillaires, 0,5—2 μ, tenaces ; hyménium très glabre : **30**.

Trame coriace, abondante, formée d'hyphes à parois épaisses, tenaces, 3—4 μ d. ; spores subcylindriques, 5—7×3—4 μ ; hyménium membraneux, séparable : *C. subodoratum*, n. 356.

Trame tendre et molle ou indistincte : **31**.

30 {
Spores sphériques, 5—7 μ. d. : *C. portentosum*, n. 355.
Spores oblongues, 5—8×3—4 μ. : *C. odoratum*, n. 354.

31 {
Basides mêlées à des hyphes paraphysoïdes rameuses ; spores
obovales, atténuées à la base, 7—15×6—10 μ. ; membraneux, presque arides, assez adhérents : 32.
Pas de paraphyses rameuses : 33.

32 {
Champignon rose : *C. roseum*, n. 357.
Champignon pâle ou alutacé, à bordure lilacine : *C. polygo-
nioides*, n. 358.

33 {
Hyphes grosses très distinctes, à parois épaisses, presque arti-
culées aux cloisons ; spores oblongues, 5—12×3—6 μ. : 34.
Hyphes indistinctes ou à parois minces : 35.

34 {
Interrompu, pâle, sulfurin ou rosâtre, incrustant les mousses,
ou lâchement adhérent sur bois par des filaments rhizoïdes ;
spores 5—9×3,5—5,5 μ. : *C. hypnophilum*, n. 285.
Etalé sur bois carbonisés, très adhérent, pâle, à la fin très fendillé ; spores 6—9×4—6 μ. : *C. anthracophilum*, n. 286.
Membraneux-céracé rigescent, rose testacé puis rougeâtre ;
spores 7—12×4,5—6 μ : *C. laetum*, n. 283.
Membraneux-céracé, orangé ; spores 7—8×5—6 μ, *C. auratum*,
n. 284.

35 {
Hyphes distinctes et nettement ampullacées : 36.
Hyphes non ampullacées : 38.

36 {
Pellicule très ténue aranéeuse, peu adhérente ; spores 3—4×1,5
—2 μ. ; sur mousses : *C. byssinellum*, n. 367.
Pellicule jaune d'or ; sur mousses, brindilles, etc. : *C. filium*,
n. 291.
Largement étalé, sur bois cariés, débris ; pelliculaire, fragile,
fendillé ; subiculum abondant, amiantoïde ; spores
oblongues, 4,5—7×2,5—3 μ : *C. amiantinum*, n. 366.
Spores subglobuleuses, 3—4 μ. d. : 37.

37 {
Aranéeux subpelliculaire, souvent granuleux-réticulé, blanc ;
bordure byssoïde subradiée : *C. confine*, n. 371.
Aride, fragile, adhérent, poré-fendillé, argileux ; bordure similaire ; sur schistes : *C. argilodes*, n. 372.

38 {
Membraneux charnu, puis induré fragile, épais, souvent réfléchi
stéréiforme ; hyménium tuberculeux et radialement
cristulé et fendillé : *C. subcostatum*, n. 311.
Hyménium rarement tuberculeux ; champignon moins épais,
jamais stéréiforme : 39.

39 { Réceptacle membraneux ou pelliculaire, assez facilement séparable ; trame formée d'hyphes abondantes et bien distinctes : 40.
Membraneux-céracés ou membraneux arescents, peu cohérents,
assez adhérents sur le sec ; trame assez abondante, distincte ou collapse : 61.
Arides ou céracés-arides, non cohérents, adhérents ; trame
presque nulle ou formée seulement d'hyphes courtes, peu
abondantes ou indistinctes : 71.
Céracés mous puis indurés : 81.

40 { Hyphes bouclées, au moins les basilaires : 41.
Hyphes sans boucles : 59.

41 { Membraneux, assez épais : 42.
Pelliculaires séparables, ou hyménium en pellicule séparable
d'un subiculum mou : 47.

42 { Champignon bleu foncé : *C. caeruleum*, n. 268.
Champignon blanc, pâle, jaune pâle ou incarnat : 43.

43 { Spores globuleuses, 5—10 μ d. ; membraneux mou, blanc puis
teinté d'incarnat : *C. vellereum*, n. 271.
Spores obovales, atténuées à la base, subpiriformes : 44.
Spores ovoïdes ou ellipsoïdes, obtuses aux deux bouts : 45.
Spores cylindriques, déprimées ou arquées : 46.

44 { Membraneux assez ferme, blanc, crème alutacé ou crème incarnat, continu avec le subiculum : *C. laeve*, n. 269.
Membraneux flasque, crème, facilement séparable d'un subiculum aranéeux très lâche : *C. Nespori*, n. 270.

45 { Subiculum membraneux mou, crème sulfurin, puis isabelle ;
hyménium à la fin largement fendillé ; spores obovales ou
oblongues, 7—13×6—8 μ : *C. Karstenii*, n. 273.
Subiculum blanc, continu avec l'hyménium ; spores ovoïdes
elliptiques, 6—12×5—9 μ : *C. bombycinum*, n. 272.
Hyménium blanc, puis crème isabelle ; spores oblongues, 8—9
×3—4 μ : *C. Queletii*, n. 274.

46 { Subiculum sulfurin, épais ; hyménium crème ou teinté d'incarnat ; spores subcylindriques, 4,5—6,5×2,5—3,5 μ : *C.
sulphurinum*, n. 276.
Blanc de lait, fendillé ; subiculum concolore, pubescent ;
spores cylindriques subarquées, 6—9×2—3 μ : *C. cebennense*, n. 275.

Spores subcylindriques, un peu courbées ou flexueuses, 5—7
　　　×2 μ ; hyphes 0,5—2 μ ; farineux-subpelliculaire, fragile,
　　　blanc : *C. baculiferum*, n. 294.
47〈Spores étroitement oblongues, 3—4,5×1,5—2,5 μ ; hyphes
　　　1,5—3,5 μ ; pelliculaire, pruineux, blanc teinté de glauque,
　　　bleuâtre ou jaune serin : *C. Galzini*, n. 293.
Spores oblongues ou elliptiques : 48.
Spores subglobuleuses ou largement obovales : 55.

Champignon jaune sulfurin ou doré, lâchement adhérent : 49.
Teinté de vert pomme ; pellicule aranéeuse très mince ; spores
　　　ellipsoïdes, 5—7×3—4,5 μ. : *C. viride*, n. 301.
48〈Subiculum fauve olivacé avec hyménium blanc, fragile, fen-
　　　dillé ; hyphes 1—3 μ., à contenu jaunâtre ; spores 4—5×2
　　　—3 μ : *C. olivaceo-album*, n. 298.
Champignon blanc ou crème : 50.

Membraneux mince, très lâchement adhérent sur mousses,
　　　brindilles, etc. ; hyphes à boucles éparses, les basilaires
　　　renflées aux cloisons jusqu'à 6—10 μ. : *C. filium*, n. 291.
49〈Hyménium pelliculaire très ténu, fendillé et détaché du subi-
　　　culum aranéeux, très mou, crème jonquille ; hyphes régu-
　　　lières bouclées, 4—6 μ : *C. molliforme*, n. 292.

Interrompu, lâchement adhérent par des fibrilles ou des filaments
　　　rhizoïdes ; hyménium blanc, crème jonquille ou légèrement
　　　teinté de lilacé ; hyphes à boucles nombreuses : *C. illa-
　　　queatum*, n. 288.
50〈Largement étalés ; hyménium pelliculaire sur un subiculum
　　　distinct, largement débordant ; hyphes à boucles nom-
　　　breuses : 51.
Subiculum peu distinct ou nul ; hyphes à boucles éparses peu
　　　nombreuses : 52.

Subiculum blanc ; hyphes hyalines : *C. pelliculare*, n. 287.
51〈Subiculum blanc jaunâtre ; hyphes 2—4 μ, les supérieures gut-
　　　tulées, les inférieures jaunâtres : *C. ochroleucum*, n. 290.

Incrustant les mousses, blanchâtre puis jaunâtre alutacé ; bor-
　　　dure fibrilleuse ; spores étroitement obovales, 4—5×2—3 μ :
52〈　　*C. muscicola*, n. 299.
Membranule délicate, étalée, peu adhérente ; bordure finement
　　　aranéeuse : 53.

53 { Hyphes supérieures sans boucles, les basilaires à boucles distantes, rares : 54.

Boucles plus fréquentes, se trouvant même dans les hyphes supérieures : *C. fugax,* n. 303.

54 { Pelliculaire très ténu ; basides à 2—4 stérigmates : *C. centrifugum,* n. 302.

Plus épais, un peu plus floconneux ; basides à 2 stérigmates : *C. bisporum,* n. 305.

55 { Hyphes 1,5—3 μ, souvent aspérulées de cristaux ; spores largement ellipsoïdes ou subsphériques, $2—4,5 \times 2—3 \mu$: 56.

Hyphes 3—9 μ ; spores largement piriformes, $4—7,5 \times 3—6 \mu$: 57.

56 { Très ténu, ressemblant à des taches de chaux sur les mousses ; spores ovoïdes elliptiques, $2—3 \times 2 \mu$: *C. hecistosporum,* n. 297.

Pelliculaire, blanc ou crème, fendillé ; subiculum assez distinct, formant bordure pruineuse ou fibrilleuse ; spores subglobuleuses, $2—4,5 \times 2—3,5 \mu$; sur bois : *C. microsporum,* n. 296, Cf. *Grandinia helvetica.*

57 { Aranéeux, gris blanchâtre ; hyphes 3—5 μ, à boucles très rares ; spores 4—5 μ d., apiculées à la base ; sur crottin : *C. coprophilum,* n. 306.

Pelliculaires submembraneux, largement étalés ; hyphes à boucles nombreuses ; sur écorces et bois : 58.

58 { Blanc ou crème ; subiculum à peu près nul ; hyphes 2,5—6 μ ; spores $4,5—7,5 \times 4—6 \mu$: *C. arachnoideum,* n. 300.

Hyménium alutacé et marbré de gris purpurin et de violacé, lâchement adhérent à un subiculum fibrilleux jaune brun clair ; hyphes 4—9 μ ; spores $4—5 \times 3—3,5 \mu$: *C. violascens,* n. 289.

59 { Bleu, bleu vert, verdâtre ; aranéeux très étendu dans l'humus : *C. atrovirens,* n. 310.

Rose incarnat, pâlissant ; membrane mince presque libre : *Poria terrestris* f. corticioïde, n. 963.

Hyménium fragile, recouvert d'une abondante poussière jaune, formée de spores obovales oblongues, $3—4 \times 2,5—3 \mu$: *C. flavissimum,* n. 308.

Hyménium blanc, crème, sulfurin ou olive ; spores subsphériques : 60.

60
\(
\Big\{
\)
Hyménium blanc puis jaunâtre ; bordure prolongée dans l'humus en cordons rhizoïdes jaune vif ou safranés : *C. croceum*, n. 309.

Hyménium blanc, crème, sulfurin ou olivacé ; bordure blanche, fauve, rouillée ou olivacée : *C. byssinum*, n. 307.

61
\(
\Big\{
\)
Hyphes sans boucles : 62.

Hyphes bouclées : 65.

62
\(
\Big\{
\)
Céracé-membraneux, séparable, orangé, incarnat; spores 9—13 ×4—7 μ : *C. lepidum*, n. 277 et *C. pityum*, n. 278.

Céracés membraneux, blanc de lait, crème alutacé ; hyphes promptement collapses ; spores ellipsoïdes ou obovales, plus ou moins atténuées à la base : 63.

Membraneux minces ou pelliculaires ; hyphes bien distinctes ; spores subcylindriques ou oblongues elliptiques : 64.

63
\(
\Big\{
\)
Hyménium blanchâtre, puis alutacé ou noisette, à la fin très fendillé ; hyphes peu abondantes ; surtout sur tiges de plantes sèches : *C. avellaneum*, n. 280.

Hyménium blanc de lait, isabelle en herbier, plus épais et plus mou ; trame abondante, collapse, plus distincte à la base : *C. lacteum*, n. 279.

64
\(
\Big\{
\)
Blanc, teinté d'incarnat, puis pâlissant ; hyphes régulières, 2,5 3,5 μ ; spores subcylindriques un peu arquées, 7—9×2 —2,5 μ ; *C. rhodoleucum*, n. 281.

Blanc puis crème, à la fin aréolé ; hyphes 3—6 μ, les basilaires renflées jusqu'à 8 μ et comme articulées aux nœuds ; spores oblongues elliptiques, 3,5—6×2,5—3 μ : *C. galactites*, n. 282.

65
\(
\Big\{
\)
Spores subglobuleuses, 5—8×5—6 μ ; hyphes de la trame régulières et très distinctes, 4—7 μ, à cloisons fréquentes, bouclées : *C. Wakefieldiae*, n. 317.

Hyphes de la trame irrégulières, ou plus petites et collapses : 66.

66
\(
\Big\{
\)
Basides accompagnées de cystidioles fusiformes ; spores obovales ou largement ellipsoïdes ; plus ou moins mous et séparables sur le frais, puis arescents et adhérents : 67.

Hyménium sans cystidioles : 68.

Mince, aride, et blanc de craie sur le sec, sans subiculum bien distinct ; cystidioles fusiformes ou renflées en petit bouton au sommet : *C. serum*, n. 313.

67 'Assez épais, membraneux céracé, arescent et fendillé ; subiculum mou, floconneux ; cystidioles les unes très aigües, les autres obtuses ou présentant des renflements globuleux au-dessous du sommet : *C. Harioti*, n. 312.

68 { Spores 4—4,5×2,5 μ, oblongues ; céracé-membraneux ; bordure entière ; hyphes bientôt collapses et indistinctes ; *C. lacteolum*, n. 318.
Spores 6—15 μ long. : 69.

69 { Spores largement obovales ou subglobuleuses ; hyphes irrégulières, 6—18 μ, à articles courts, renflés en tonnelets : aride-membraneux, peu cohérent : *C. albo-cremeum*, n. 316.
Spores ellipsoïdes subcylindriques ; hyphes 2,5—6 μ : 70.

70 { Finement pubescent, blanc ; basides 15—27×5—6 μ ; spores subelliptiques oblongues, 7—9×3—4 μ : *C. niveum*, n. 314.
Glabre, blanc à crème jaunâtre ; basides 24—30×8—10 μ ; spores ellipsoïdes ou subcylindriques, 8—15×5—6,5 μ : *C. cremeo-album*, n. 319.
Glabre, blanc, teinté de rose ou de glauque ; spores cylindriques, 8—15×3—6 μ : *Gloeocystidium roseo-cremeum*, n. 417.

71 { Crustacés arides, subpulvérulents, blancs, très adhérents ; bordure similaire ou pruineuse (aspect d'*Aleurodiscus*) : 72.
Membraneux, pelliculaires ou subcéracés, arescents, glabres : 73.

72 { Spores oblongues ellipsoïdes, 8—12×4—7 μ ; basides longues de 20—45 μ, à 2 stérigmates : *C. commixtum*. n. 333.
Spores ellipsoïdes, 4—7×3—5 μ ; basides longues de 14—18 μ, à 4 stérigmates : *C. crustaceum*, n. 332.

73 { Adné, très mince, céracé, crème aurore, pâlissant ; spores 12—16×3—4,5 μ, subclaviformes ; sur plantes des marécages : *C. aurora*, n. 326.
Adné, subcéracé ; hyménium pâle, teinté d'incarnat vermillon et ponctué à une forte loupe de granules brillants bai pourpré ; spores obovales subfusiformes, 5—9×2—5 μ : *C. gemmiferum*, n. 330.
Blancs, crème, argileux, ocracés, noisette, olivacés, érugineux : 74.

74 { Céracé, très mince, adhérent, puis se détachant en séchant sous forme de pellicule pellucide ; spores subclaviformes, 8—14×4—6 μ : *C. juncicolum*, n. 237.
Céracé très mince et très adhérent ; trame presque nulle ; hyphes ordinairement indistinctes : 75.
Crustacés, farineux-pelliculaires ou submembraneux arides : 76.

75 { Jaune doré clair, puis vert érugineux ; basides à 2 stérigmates ; spores oblongues subcylindriques 5—6×2,5—3 μ : *C. Lloydii*, n. 329.
Blanc hyalin, puis blanc ; basides à 2—4 stérigmates ; spores 6—9×3—4 μ, agglutinées par 2—4 : *C. filicinum*, n. 328.

76 { Spores largement obovales ou elliptiques, 6—11×4—7 μ, à grosse guttule comme les basides ; hypochnoïde aride, adhérent, argileux, crème bistré, ombre olivacé : *C. spurium*, n. 320.
Spores obovales oblongues, atténuées à la base, 4—7×3—4 μ, à contenu homogène ; crustacés arides, adhérents, blanchâtres, noisette ou ocre foncé : 77.
Spores submaviculaires, bossues à la base ou subcylindriques : 78.

77 { Pulvérulent, puis finement fendillé-poré ; hyphes 0,5—1 μ : *C. thymicolum*, n. 331.
Crustacé, blanchâtre, crème alutacé ou noisette ; hyphes 2—3 μ, serrées, à boucles éparses, 2—3 μ : *C. helianthi*, n. 321.
Cf. *C. avellaneum*, n. 280.

78 { Spores 4,5—7×2,5 μ, subcylindriques, atténuées obliquement à la base ; très mince, sans cohérence, blanc : *C. Auriculariae*, n. 322.
Spores 6—12×2—4 μ ; pellicule ou membrane très mince, adhérente : 79.

79 { Glauque, subpelliculaire ; spores subcylindriques, déprimées latéralement : *C. glaucinum*, n. 323.
Blancs ou blanchâtres ; spores submaviculaires : 80.

80 { Submembraneux ; hyphes assez distinctes, à boucles éparses, puis collapses : *C. lembosporum*, n. 324.
Farineux pelliculaire, très finement fendillé ; hyphes rarement distinctes : *C. confusum*, n. 325.

Jaune clair, puis ocracé ; mycélium jaune, tournant à purpurin
    au contact des alcalis : *C. flavo-croceum*, n. 341.
81 Pâle, argileux, alutacé, à la fin très dur, stratifié, très épais et
    très fendillé : *Gloeocystidium insidiosum*, n. 434.
Plus minces et ne tournant pas à purpurin par les alcalis : 82.

Spores largement ellipsoïdes, 6—12×5—9 μ : *C. confluens*,
    n. 334.
Spores globuleuses ; champignons arrondis à bordure nette-
82   ment limitée : 83.
Spores cylindriques arquées, 4—7×1,5—3 μ ; hyménium teinté
    d'incarnat ou testacé : *C. roseopallens*, n. 340.
Spores obovales, oblongues ou naviculaires : 84.

Assez largement étalé, arrondi, 2—3 cm. spores apiculées 9—
    10 μ d. : *C. Rickii*, n. 335.
83
1,5—2,5 mm. d. ; spores 7,5—16×7,5—9 μ : *C. minutissimum*,
    n. 336.

Hyménium présentant des cystidioles émergentes, plus ou
84   moins nombreuses : 85.
Pas de cystidioles : 88.

85 Cystidioles fusiformes aiguës, nombreuses et constantes : 86.
Cystidioles cylindriques, obtuses, éparses : 87.

Sur conifères ; céracé, assez épais ; basides et cystidioles 3—
    5,5 μ diam. ; spores 1,5—2,5 μ diam. : *C. subseriale*, n.
    344.
86
Sur arbres à feuilles ; plus dur, plus mince et plus adhérent ;
    basides et cystidioles 4—7 μ d. ; spores 2,5—4,5 μ d. :
    C. ochraceo-fulvum, n. 345.

Hyménium blanchâtre, très lisse, non fendillé, bordé de lila-
    cin sur le frais ; hyphes à parois minces, très serrées,
87   mais non cohérentes ; spores 5—8×2,5— 3 μ : *C. expal-*
    lens, n. 338.
Hyménium gris pruineux, puis fauvâtre, rougeâtre, livescent ;
    spores 4—5×2—3 μ : *C. umbratum*, n. 346.

Céracé très mince, à la fin maculiforme, gris pruineux ; hyphes
    0,5—2 μ en trame très dense ; spores obovales 3—4,5×
    2,5—3 μ ; stérigmates divergents, renflés un peu bulbil-
    leux à la base : *C. grisellum*, n. 349.
88
Espèces très ténues, maculiformes ou pruineuses ; hyphes indis-
    tinctes ; basides obovales courtes : 89.
Trame plus ou moins épaisse ; espèces céracées à basides
    étroites : 92.

89 { Sur conifères : 90.
   { Sur arbres à feuilles : 91.

90 { Caché dans les fissures du bois carié, céracé pruineux, gris clair ; spores étroitement claviformes, déprimées et un peu arquées, 4,5—6×1,5—2 μ : *C. Pearsonii*, n. 350.
   { Aspect de taches brillantes, subargentées ; spores obovales, 4—5×3—4 μ : *C. subnitens*, n. 351.

91 { Céracé mou, puis simple pruine ; spores oblongues, souvent déprimées latéralement, 4—4,5×2,5—3 μ : *C. pruina*, n. 353.
   { Céracé mou, hyalin, puis maculiforme, grisâtre ; spores oblongues, brièvement atténuées-apiculées à la base, 4—5×2—3 μ : *C. sebacinaeforme*, n. 352.

92 { Hyménium lisse, glauque ou vert clair : *C. pallido-virens*, n. 339.
   { Hyménium blanc de lait ; subiculum fibrilleux ; spores ellipsoïdes, légèrement déprimées, 6—9×3,5—5 μ : *C. praetervisum*, n. 337.
   { Gris, isabelle, bleuâtre ou rougeâtre ; subiculum indistinct ; spores plus étroites : 93.

93 { Largement étalé, céracé-gélatineux, bleuâtre pruineux, puis souvent livide rougeâtre, subliquescent ou contracté détaché du support, souvent granulé par des dépôts blanchâtres. Pourriture sèche un peu rougeâtre, très active : *C. lividum*, n. 348.
   { Moins gélatineux, rarement déliquescents. Pourriture peu active ou filamenteuse : 94.

94 { Sur conifères : 95.
   { Sur arbres à feuilles : 96.

95 { Spores oblongues ou elliptiques, subdéprimées 5—9×2,5—4,5 μ ; pâle, crème isabelle, parfois subliquescent : *C. pallido-livens*, n. 347.
   { Spores obovales ou ellipsoïdes, 3—4,5×2—2,5 μ ; noisette, chamois, testacé, puis lilacé, chocolat : *C. seriale*, n. 343.

96 { Largement étalé, pruineux, argileux, gris ou testacé, puis épaissi, fauve briqueté, brun livide. Pourriture filamenteuse, active : *C. umbratum*. n. 346.
   { Moins robustes, restant plus minces. Pourriture peu active. non filamenteuse : 97.
   { Cf. *C. lilascens*, n. 343 var.

97 {
Hyphes cohérentes peu ou pas distinctes ; spores obovales déprimées, 3—4,5×2 µ ; hyménium pâle jusqu'à crème isabelle, parsemé de quelques papilles : *Grandinia deflectens K.* n. 342, var.

Hyphes basilaires 2—3 µ, assez distinctes, serrées, les autres
cohérentes indistinctes : *C. deflectens*, n. 342.

Hyphes 2,5—4 µ, distinctes et incrustées de petits cristaux : 98.

98 {
Hyménium très fendillé, crème aux bords, passant à ocre chamois vers le centre ; spores oblongues subcylindriques,
légèrement déprimées, 5—8×3—4 µ : *C. cremeo-ochraceum*, n. 342, var.

Hyménium subpruineux, plus foncé : subhyménium obscurci
par une matière granuleuse, brune ; spores subcylindriques, subdéprimées, 6—8×2—2,75 µ : *C. deflectens*, n.
342, var. 3.

182

Synopsis des sections du *G. Corticium*

Basides normales : obovales ou claviformes, à 2—4 stérigmates.
Spores lisses ; hyphes non ampullacées.
Réceptacle continu.
Spores non amyloïdes.
Pas de dendrophyses.
Trame tendre ; hyphes molles ou indistinctes.

Himantia
Membraneux ; hyphes bien distinctes, bouclées : 1. **Membranacea** (268-276).
Membraneux-céracés ; hyphes à boucles nulles ou très rares.
Hyphes à parois minces, sans boucles : 2. **Subceracea** (277-282).
Hyphes à parois épaisses, subarticulées : 3. **Laeta** (283-286).
Pelliculaires.
Hyphes au moins les inférieures bouclées : 4. **Pellicularia** (287-306).
Hyphes sans boucles ; byssoïdes, humicoles : 5. **Byssina** (307-310).

Leiostroma
Arescents, subcrustacés, adhérents sur le sec.
Trame assez épaisse, distincte ou collapse : 6. **Arescentia** (311-319).
Trame très pauvre ou indistincte : 7. **Athele** (320-331).
Crustacés, crayeux, pulvérulents ; trame indistincte : 8. **Aleurodisciformia** (332-333).
Céracés mous, adhérents : 9. **Ceracea** (334-353).
Trame coriace, formée d'hyphes capillaires, tenaces : 10. **Trichostroma** (354-356).
Paraphyses rameuses : 11. **Aleurodiscoidea** (357-358).
Spores amyloïdes : 12. **Amylacea** (359-360).
Réceptacle discontinu, formé de petits granules distincts : 13. **Aegeritoides** (361).
Spores aspérulées (rarement lisses) ; hyphes distinctes ampullacées, ou indistinctes : 14. **Humicola** (362-377).
Basides renflées à la base, couronnées par 4—6—8 stérigmates ; hyphes fines : 15. **Urnigera** (378-382).
Basides épaisses, groupées en bouquets, à 2—4—6—8 stérigmates ; hyphes grosses, rameuses à angle droit : 16. **Botryodea** (383-393).

S. 1. — **MEMBRANACEA**. — Largement étalés, membraneux, tendres, assez épais, plus ou moins séparables sur le frais, et en fragments plus ou moins larges sur le sec. Subiculum formé d'hyphes à parois minces, bouclées, distinctes et régulières, cylindriques, assez lâchement entrelacées ; les subhyméniales plus facilement collapses (268-276).

268. — **C. cæruleum** (Schrad.) Fr., Epicr. ; Hym. eur., p. 651. — Quél., Fl., p. 10. — Burt, Cortic., p. 301.

Etalé, arrondi, bleu foncé, tomenteux avec bordure ordinairement plus claire, puis confluent ; hyménium membraneux drapé, pâlissant ; bordure satinée ou cotonneuse. — Hyphes 3—4,5 μ, à parois minces ou un peu épaissies, bouclées, en trame lâche, colorées en bleu, surtout dans la région subhyméniale ; basides 30—48$\times$6—7,5 μ, à 2—4 stérigmates ; spores obovales subcylindriques, 7—11$\times$5—7 μ, blanches en masse.

Toute l'année. Sur toutes espèces de bois morts depuis longtemps, dans les haies ; sur clématite et plantes herbacées ; rare sur branches tenant à l'arbre. Commun dans le Centre et dans le Midi, plus rare dans les Vosges.

269. — **C. laeve** Pers., Disp., p. 30. — Quél., Fl. myc., p. 8. — Bres., F. polon., p. 94. — Wakef., Tr. Brit. Myc. Soc., t. IV, p. 115, pl. III, f. 23-24. — Burt, Cort. p. 280. — *Thelephora* Pers., Syn., p. 575. — *C. evolvens* Fr., Epicr. ; Hym. eur., p. 646.

Arrondi puis confluent et largement étalé, membraneux mou ou subcharnu, séparable (par fragments sur le sec) ; bordure blanchâtre, pubescente, ordinairement étroite, quelquefois étalée réfléchie à la partie supérieure, ou relevée au pourtour (*C. evolvens*) ; hyménium lisse, blanc de lait, chamois crème, crème alutacé, jusqu'à crème bistré ou brun alutacé, souvent fendillé aréolé sur le sec. — Trame épaisse de 200—400 μ, formée d'hyphes à parois minces, bouclées, 2—3—6 μ, lâchement enchevêtrées, subparallèles près du substratum ; basides 25—40—90$\times$4,5—9 μ, à 2—4 stérigmates, longs de 4—4,5 μ, à peu près droits, fréquemment accompagnées de cystidioles fusiformes, peu émergentes ; spores obovales piriformes, parfois un peu courbées à la base, à contenu homogène, 7—9—12$\times$4,5—7 μ, souvent agglutinées par 2—4.

Toute l'année, plus rare de Mai à Septembre. Sur toute espèce de bois, troncs, branches mortes ; très commun. Lignivore très peu actif.

Formes : *imbricato-reflexa*. — Sur les écorces,hêtre, etc.

   cucullata. — En petits chapeaux coniques, fixés par le côté, pubescents, sillonnés. Sur écorces et bois.

270. — C. Nespori Bres., Sel. Myc., in Ann. myc., t. XVIII (1920), p. 46. — *Specim. orig.!*

Membraneux mou, flasque, crème, sur subiculum aranéeux très lâche, dont il est facilement séparable ; bordure fibrilleuse ; hyménium lisse ou granuleux. — Hyphes à parois minces, bouclées, les subhyméniales 3—5 μ, les basilaires jusqu'à 10 μ, hyphes hyméniales non différenciées et rares, émergeant parfois jusqu'à 60 μ ; basides 21—30×6—9 μ ; spores étroitement piriformes, à contenu homogène ou rarement guttulé, 7—11×4—5 μ.

Sur écorce d'Epicéa, Bohème.

271. — C. vellereum Ell. et Crag., Journ. Myc., 1, p. 58. — Mass., Mon., p. 137. — Burt, Thel. N. Am., XV, p. 179. — *C. Bresadolae* Bourd., Rev. sc. Bourb., 1910, p. 6; Hym. de Fr., III, n. 144.

Membraneux mou, épais, blanc puis teinté d'incarnat ; hyménium pulvérulent ; subiculum fibrilleux, formant bordure plus ou moins large, blanche, pubescente ou aranéeuse. — Hyphes 2—7 μ, à parois minces, septées-noduleuses, distinctes à la base, mais promptement collapses en trame spongieuse sous l'hyménium ; basides 18—30—54×5—7,5 μ, les fertiles émergentes, à 2—4 stérigmates un peu arqués, longs de 3—5 μ ; spores sphériques, apiculées à la base, 1-guttulées, 5—6—10×5—6—9 μ.

De l'automne au printemps. Sur souches et troncs vivants ou morts, assez fréquent sur orme, plus rare sur peuplier, frêne, chêne ; Allier, Saône-et-Loire, Aisne, Aveyron, Tarn ; Portugal, Angleterre, Amérique du Nord.

Formes conidiennes : 1° Hyménium interrompu, disposé par plages sur subiculum floconneux, composé d'hyphes 1,5—3 μ, qui émettent des filaments grêles, portant une conidie un peu plus piriforme que la spore et à parois plus épaisses, 6—7—10×5—7,5 μ. Caves, lieux obscurs.

2° Constitué seulement par des amas épais de poussière blanche ou crème formée de conidies comme ci-dessus. — Face inférieure des troncs abattus.

Champignon de teinte assez variable : blanc et restant blanc, ou passant en herbier à jaunâtre, chamois, incarnat ou même rouge; il est parfois teinté de cendré sur le frais, et il est probable que *C. albidium* Boudier, p. 89, pl. 173, est la même espèce (avec mensurations des spores un peu trop grandes), de même que *C. ulmi* Lasch. Sacc., VI, p. 618.

272. — C. bombycinum (Sommf.) Bres., Hym. Kmet., n. 162. — *C. serum* Fr., non Pers. — *C. granulatum* Karst. — *Hypochnus* Bon.

Membraneux mou, séparable, assez épais, lisse ou couvert d'aspérités variables, blanc puis crème ; bordure pubescente, floconneuse, rarement fibrilleuse. — Hyphes de la trame régulières, à parois un peu épaissies, fortement bouclées aux cloisons, 3—6 μ, les subhyméniales flexueuses, souvent collapses indistinctes ; basides 21—34—45×4—6—9 μ, à 2—4 stérigmates longs de 6—8 μ ; spores ovoïdes elliptiques, ordinairement 1-guttulées, 7,5—9—12 ×6—7—9 μ, 6—8×4—6 μ sur genévrier, avec conidies un peu plus sphériques et à parois plus épaisses que dans la spore.

Toute l'année, plus fréquent en hiver ; sur troncs vivants, saules, marsaules, orme, hêtre, charme, robinier, *Cerasus padus*, genévrier ; pas rare.

var. irpicoides. — Hyménium recouvert d'aspérités hydnoïdes ou irpicoïdes.

Sur marsaules, Allier, Vosges. — Sur *Salix fragilis*, Konigstein -a.-Elbe, leg. Krieger (*Hydnum byssinum* Roth. Schrad. — déterm. Bres !).

Persoon Myc. eur., II, p. 179, rapporte *H. byssinum* Schrad. à *H. mucidum* Pers. — Fries, Hym., p. 617, le met en syn. à *Odontia arguta* (Hydnum). — Bresadola, in Killerman, Pilze aus Bayern, en fait un *Radulum*.

273. — C. Karstenii Bres., Adn. Myc. in Ann. Myc., t. IX (1911), p. 427. — *C. molle* Karst., Hattsv., II, p. 147, non Fr. — *C. granulatum* (Bon.) var. *molle* Karst., Krit Ofv. — *Specim. ex Karst. a Bres. comm !*

Largement étalé ; subiculum membraneux mou, presque séparable, crème sulfurin, puis isabelle ; marge pruineuse ; hyménium pelliculaire, à la fin largement fendillé. — Hyphes subhyméniales flasques, peu distinctes, dressées en couche épaisse de 150—200 μ, les basilaires plus lâches, à parois minces, bouclées, 4—6 μ, subparallèles au substratum ; basides 30—45×7—9 μ, à 4 stérigmates un peu arqués, 4—6×2 μ ; spores obovales ou oblongues, parfois un peu atténuées obliquement à la base ou très légèrement déprimées, 7—9—13×6—8 μ.

Ecorce de pin, Finlande, Allemagne.

274. — C. Queletii Bres., F. di Vallombr., p. 10. — *C. calceum* Quél., Jura et Vosg., p. 10.

Orbiculaire, puis étalé confluent, membraneux mou, adhérent ; bordure sublimbriée, puis similaire et libre ; hyménium blanc, puis crème isabelle, ruguleux, puis fendillé. — Hyphes à parois minces, bouclées, 3—4,5 μ ; basides 35—40×5—6 μ ; spores oblongues. 8—9×3—4 μ.

Novembre. Sur rameaux cortiqués de sapin pectiné, Jura, Suisse, Italie. (n. v.).

275. — C. cebennense Bourd., Rev. sc. Bourb., p. 7 ; Hym. de Fr., n. 142.

Etalé, membraneux mince, mou, lâchement adhérent ; subiculum ténu, pubescent ou satiné ; bordure pubescente, étroite ;

52. — *Corticium cebennense* Bourd.

hyménium lisse et glabre, blanc de lait, fendillé sur le sec. — Hyphes hyalines, 3—5 μ, à parois minces septées-noduleuses, en trame régulière assez lâche ; basides 20—30—40×4—6 μ, à 2—4 stérigmates droits, longs de 4—8 μ ; spores 6—9×2—2,75 μ, cylindriques un peu arquées, ordinairement avec 2 ocelles polaires. (*Fig. 52*).

Hiver, printemps. Sur branches tombées de pin ; pas rare sur le Causse Noir ; Allier, Ain, Alsace ; Suède, Autriche.

Voisin par sa structure de *Peniophora subsulphurea* (Karst.), qui croît dans les mêmes conditions, mais sur des bois, dont la putréfaction est plus avancée.

276. — C. sulphurinum (Karst., Krit. ofv. Finnl. basidv., p. 420, sub *Tomentella*) ! sec. Bres.

Subiculum aranéeux, sulfurin, en large bordure ; hyménium membraneux, crème ou teinté d'incarnat, subtilement pruineux, à la fin largement fendillé, — Hyphes à parois minces et boucles éparses, 4—9 μ, les subhyméniales serrées, 3 μ ; basides 30—45 ×4,5—6 μ, à 2—4 stérigmates droits, longs de 4—6 μ ; spores oblongues subcylindriques, brièvement et obliquement atténuées à la base, 4,5—6,5×2,75—3,5 μ.

Aut., hiver ; sur souches de pins ; Vinnac (Causse Rouge). Peu lignivore.

Les parties jaunes brunissent au contact des alcalis, mais ne tournent pas à purpurin violacé, comme le fait *Peniophora subsulphurea*.

S. 2. — **SUBCERACEA**. — Membraneux-céracés, à hyménium lisse, plus ou moins épais, souvent plissé méruloïde par les temps humides ; hyphes à parois minces, sans boucles, restant distinctes ou à la fin collapses (277-282).

277. — **C. lepidum** Rom., *specim orig. !* — *Merulius* Rom., Hym. Lappl., p. 29, fig. 16.

Etalé, céracé-membraneux, séparable, orangé et mérulioïde sur le frais, incarnat ou incarnat testacé et lisse sur le sec ; subiculum blanc, mou, subspongieux. — Hyphes à parois minces ou peu épaissies, régulières, lâches, sans boucles, 3—5 μ ; basides 45—60×6—9 μ, accompagnées de basides stériles ou cystidioles fusiformes ou claviformes, peu émergentes ; spores subcylindriques, déprimées latéralement ou à peine arquées, 9—12×4—5 μ.

Printemps ; branches mortes de saule, bouleau, tremble, pin, sapin ; Suède, Norvège, Lapponie (Romell).

278. — *C. pityum.*

Membraneux mou, séparable, orangé ; bordure pâle entière ou fibrilleuse byssoïde. — Structure d'un *Coniophora* ; trame formée d'hyphes à parois minces, sans boucles, les basilaires 2—3 μ, les supérieures peu régulières, 3—7 μ ; basides fertiles 50—70×8 —9 μ, à 2—4 stérigmates longs de 6—7,5 μ, émergentes jusqu'à 30—40 μ au-dessus de l'hyménium qui contient en outre des basides jeunes avec basides stériles versiformes, obovales, fusoïdes, 30—45 ×9—13 μ ; spores ellipsoïdes, brièvement atténuées obliquement, 12—13,5×6—7 μ.

Novembre, sur la face inférieure d'un tronc de pin abattu depuis 4 ou 5 ans ; Causse Noir.

279. — **C. lacteum** Fr., Epicr. ; Hym. eur., p. 649. — Quél., Fl., p. 8. — *Thelephora* Fr., S. M.

Etalé, membraneux céracé, séparable et souvent crispé-mérulioïde par les temps humides, blanc de lait, lisse, plus adhérent par le sec et fendillé ou non, isabelle en herbier ; bordure fibrilleuse himantioïde, parfois très étendue, variable. — Hyphes 2—6 (—9), μ, à parois minces, à cloisons plus ou moins distantes, à boucles nulles (ou très rares), d'abord en trame régulière, peu serrée, puis collapses et indistinctes, sauf les basilaires ; basides en hyménium régulier et serré, 15—24—42×3—5—7 μ, à 2—4 stérigmates longs de 4,5—6 μ, droits ; spores ellipsoïdes, souvent atténuées brièvement et un peu obliquement à la base, assez rarement déprimées d'un côté, (4)—6—7,5×3—4,5 μ.

Toute l'année, rare en hiver, plus fréquent en Juillet-Août. Très commun sur troncs, branches et brindilles de toute espèce d'arbres et arbustes à feuilles, sur tiges de grandes herbes, humus et terre nue, très rare sur conifères. Lignivore assez actif.

Formes ou variétés :

1. **C. tuberculatum** Karst. — Hyménium parsemé de tubercules épars, assez réguliers, peut-être accidentels, mais non produits par les inégalités du substratum. Le tissu des tubercules est plus lâche ou farci d'une matière d'aspect résineux.

2. **schidacodes.** — Aspect de *C. laeve* ; épais, chamois, puis alutacé, très fendillé ; bordure blanche. Hyphes sans boucles, flexueuses, assez fermes, 3—7 μ, plus longtemps distinctes ; basides fertiles émergentes, renflées au sommet, 30—45×5—7 μ ; spores oblongues ou obovales, 5—7×3—4 μ. — Hiver, printemps. Sur branches de bourdaine, figuier, *Phyllirea media*, *Erica arborea*.

3. **flavo-carneolum.** — Fendillé, glébuleux, crème incarnat ou saumoné ; bordure jaune pâle. Sur hêtre, St-Guiral (Gard).

280. — *C. avellaneum* Bres. — Hym. de Fr., III, n. 147.

Etalé, membraneux céracé, adhérent, blanchâtre puis alutacé ou noisette ; bordure pubescente, plus pâle ; hyménium à la fin très fendillé. — Hyphes 1,5—3—6 μ, sans boucles, les subhyméniales et moyennes agglutinées, rarement distinctes, les basilaires à parois à peine épaissies ; basides 18—27—33×4—6 μ, à 2—4 stérigmates longs de 4—5 μ ; spores obovales oblongues, brièvement atténuées à la base, 4—5(—7)×2,75—3,5—4 μ. (*Fig. 53*).

Toute l'année surtout l'hiver. Sur tiges désséchées de fenouil, immortelle, thym, eupatoire ; fusain, ronces, etc.

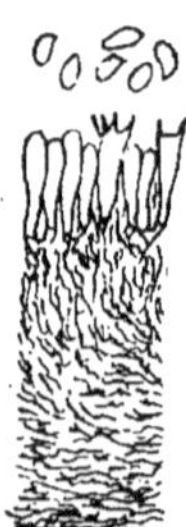

53. — *Corticium avellaneum* Bres.

Plus ou moins membraneuse ou céracée, cette espèce oscille en *C. lacteum* et les Cortices céracés. Les différences micrographiques sont peu marquées entre *C. lacteum* et *C. avellaneum* : les éléments sont en moyenne un peu plus petits dans *C. avellaneum*, et les hyphes sont ordinairement indistinctes. *C. lacteum* est plus estival et sa lésion paraît moins active. *C. avellaneum* est surtout facile à reconnaître par sa teinte noisette et son hyménium si densément fendillé transversalement qu'il parait strié ; il ne devient pas isabelle et ne prend rien de rougeâtre en herbier.

281. — **C. rhodoleucum** Add. aux Cort., Rev. sc. du Bourb., 1922, p. 3.

Etalé, membraneux, mince porulé puis continu, lisse, blanc teinté d'incarnat, puis pâlissant, peu fendillé sur le sec ; subiculum très ténu, fibrilleux, formant bordure subradiée, satinée, évanescente. — Hyphes lâches, distinctes et régulières, à parois minces, sans boucles, 2,5—3,5 μ ; basides 18—25×4—5 μ, à 2 stérigmates droits, longs de 3—4,5 μ ; spores subcylindriques, un peu arquées, 7—9×2—2,5 μ, souvent avec deux granules polaires.

Automne et hiver. Sur bois pourris de pin silvestre, Causse Noir.

Cette espèce a les mêmes spores et à peu près la même structure que *C. cebennense* B. et G., mais ce dernier a les hyphes un peu plus grosses et bouclées à toutes les cloisons, tandis que *C. rhodoleucum* ne présente pas de boucles.

282. — *C. galactites*. — *C. decipiens* Hym. de Fr., III, n. 158. non v. H. et L.

Etalé, peu adhérent ; hyménium pelliculaire ou submembraneux, blanc puis crème, très lisse, à la fin fendillé aréolé ; subiculum blanc, fibrillo-floconneux ; bordure assez étendue, fibrilleuse, avec quelques cordons rhizoïdes blancs, rameux, pénétrant dans les fentes du bois. — Hyphes à parois minces, sans boucles, 3—6 μ, les basilaires parallèles au substratum, présentant des renflements jusqu'à 8 μ et comme articulées aux cloisons ; basides 18—30×4,5—5,5 μ, à 2—4 stérigmates droits, longs de 4,5—6 μ ; spores oblongues elliptiques, rarement un peu déprimées latéralement, 3,5—6×2,5—3 μ.

Automne-printemps. Sur branches tombées de pin, Allier : St-Priest ; Aveyron : pins de Vinnac et autres régions du Causse Noir ; Vosges : sur sapin, Mont Donon (L. MAIRE) ; Suède (ROMELL).

Ces diverses récoltes sont très uniformes et voisines par la structure des *Peniophora laevis, anaemacta, ericina,* mais elles ne présentent jamais trace de cystides. La trame est assez épaisse, constituée par une couche d'hyphes basilaires, assez rigides, parallèles, donnant naissance à des rameaux allongés ascendants ou dressés, plus minces, très ramifiés et portant l'hyménium. Le *C. galactites* ne s'écarte guère de la description du *C. decipiens* v. H. et L., Beitr., 1908, p. 37 ; mais le spécimen communiqué par M. v. Hoehnel n'offre pas d'autre différence avec *C. centrifugum* que l'absence de boucles aux hyphes. Les spécimens communiqués par M. Litschauer ont également l'aspect de *C. centrifugum*, plante pelliculaire, plus mince, sans subiculum distinct, avec une trame bien plus pauvre et homogène.

S. 3. — LAETA. — Charnus ou membraneux-céracés, indurescents ; hyphes de la trame toujours très distinctes, à parois épaisses, presque articulées aux cloisons, à boucles rares et peu normales (283—286).

283. — C. lætum (Karst., Rev. Myc., 1889, *Hyphoderma)*
Bres., Fung. polon., p. 94.

Forme : *coriigena.*

Etalé, membraneux céracé, mou, puis papyracé rigide, se
contractant et se séparant du substratum par le sec, rose testacé
puis rougeâtre ; bordure large finement fibrilleuse satinée, plutôt
muqueuse, puis pelliculaire lustrée ; hyménium finement pruineux,
— Hyphes 4—7 μ, à boucles très rares, les basilaires à parois
épaisses ; basides 32—40×6—8 μ, à 2—4 stérigmates longs de 5
μ ; spores oblongues, atténuées à la base souvent obliquement,
7—12×4,5—6 μ.

Mars ; sur vieux souliers ; Epinal.

Le type de *C. lætum* a été trouvé sur troncs d'aune, coudrier, frêne,
incrustant mousses et feuilles mortes ; d'abord presque blanc, il prend une
teinte rose pâle ; les spores (Bres., l. c.) sont oblongues, parfois subdéprimées
latéralement, 10—14×6—8 μ.

284. — C. auratum.

Etalé, céracé submembraneux, jaune doré ou orangé, lisse ;
bordure plus claire ou blanche, villeuse-pruineuse, assez étendue,
portant des ilots hyméniens qui deviennent confluents. — Hyphes
de la trame à parois épaisses, très irrégulières, rameuses, sans
boucles, 4—9 μ, assez fragiles (dans les liquides non alcalins) ;
basides 30—45×6—7 μ ; spores ovoïdes elliptiques, souvent
biguttulées, à membrane très hyaline, 7—8×5—6 μ.

Avril, sur petites branches, île de Port-Cros (Hyères), A. de
Crozals.

La partie en contact avec le substratum est une trame assez lâche,
épaisse de 120—180 μ, formée d'hyphes à parois épaisses, rameuses à angles
ouverts et enchevêtrées en tous sens. La couche subhyméniale, épaisse de
100—150 μ, est formée d'hyphes à parois plus minces et à direction verticale.
Il y a, surtout dans le subhyménium, une abondante matière jaune orangé,
granuleuse, que les liquides alcalins résolvent en substance huileuse, guttulée, qui gêne beaucoup l'observation. Par sa structure et ses spores, ce
champignon semble se rapprocher un peu de certaines formes méridionales
de *Peniophora macrospora* Bres., très huileuses aussi, mais il n'en a ni les
cystides, ni les hyphes assez régulières, à parois moins épaisses.

285. — C. hypnophilum Karst., Rev. Myc., 1890. — Spécim. orig !

Irrégulièrement étalé en petites plaques assez épaisses,
adhérent et subincrustant sur les mousses, lâchement adhérent
sur les bois, céracé, blanc ou sulfurin, puis pâle, ocracé ou rosâtre. — Hyphes basilaires à parois épaissies, subarticulées, 5—9 μ,
à boucles rares, les subhyméniales à parois minces, 3—5 μ ; basides

18—29×6—7 μ ; spores obovales oblongues, atténuées à la base, souvent obliquement, 5—9×3,5—5,5 μ.

Hiver, Print. Sur souches de chênes, hêtres ; sur le bois et les mousses. Allier, Aveyron, Vosges.

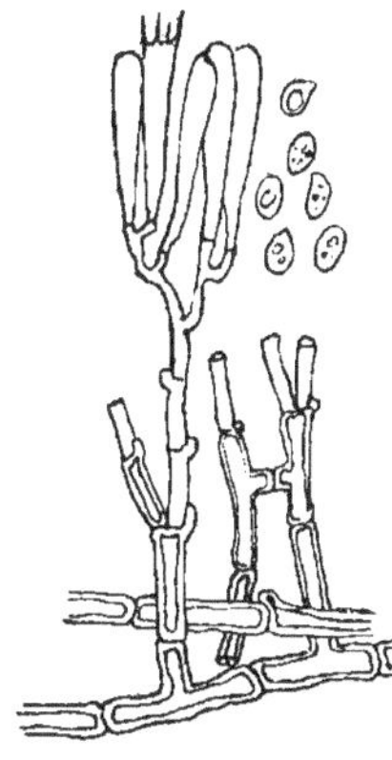

54. — *Corticium anthacophilum* Bourd.

286. — C. anthracophilum Bourdot, Rev. Sc. Bourb., 1910, p. 7.

Etalé, céracé membraneux, très adhérent ; marge blanche, farineuse ou pubescente-fibrilleuse, fugace ; hyménium pâle, jaunâtre, à la fin épaissi, induré, fortement fendillé glébuleux, isabelle ou sublivescent et pruineux. — Hyphes basilaires à parois épaisses, rigides, subarticulées, 3—5 μ, boucles rares ; les subhyméniales à parois minces, 2,5—3 μ ; basides 30—40×4—7 μ ; spores hyalines oblongues ou oblongues ellipsoïdes, à peine déprimées d'un côté, 6—9×4—6 μ. (*Fig. 54*).

Hiver, print. Sur genêt, ajonc, prunellier, châtaignier, chêne, coudrier, etc., toujours sur bois carbonisés. Aveyron, Tarn. — Affine à *C. laetum* K.

S. 4. — PELLICULARIA. — Hyménium mince pelliculaire, souvent crispé mérulioïde par les temps humides, facilement séparable soit du substratum, soit d'un subiculum lâche, formé d'hyphes régulières molles, à parois minces à boucles nombreuses dans les premières espèces, éparses ou localisées dans les hyphes inférieures, dans les dernières espèces ; basides à 2—4 stérigmates. (287—306).

287.— C. pelliculare Karst. — Sacc. IX, p. 232, *Specim. orig.!* — Burt, Cortic., p. 196. — *C. mutabile* v. H. L., Beitr., 1908, p. 24, nec Bres.

Largement étalé, subiculum étendu fibrilleux soyeux et blanc ; hyménium pelliculaire. scrobiculé-mérulioïde et blanc ou crème-olivacé sur le frais, bientôt lisse et très uni, crème et çà et là fendillé, fragile sur le sec. — Hyphes 2,5—6 μ, régulières à parois minces, septées-noduleuses ; basides 15—25×4—5 μ, à 2—4 stérigmates longs de 3 μ ; spores oblongues, brièvement atténuées à la base et subdéprimées latéralement, 4—6×2,5—3 μ.

Eté, automne. Sur branches tombées, pin, sapin, chêne.

var. **cinerella.** — Gris cendré sur le frais, isabelle sur le sec ; bordure finement floconneuse blanche. Tronc vivant de saule.

var. **merulioides**. — Pelliculaire très mince, à la fin presque adhérent, ne se soulevant que par petites écailles ; subiculum ténu, presque nul au centre ; hyménium très scrobiculé, jaune obscur un peu glauque, crème chamois, quelquefois rosé ; bordure lisse plus molle. — Hyphes 2—6 µ ; basides 15—24—30×4—6 µ ; spores hyalines ou paille très clair, étroitement oblongues, atténuées à la base, (3)—4—6×2—3 µ, ordinairement 1-guttulées.— Toute l'année, surtout Juillet-Novembre. Sur châtaignier, chêne, pin, genévrier ; plus fréquent que le type.

Les plis mérulioïdes de la partie centrale sont tantôt oblitérés sur le sec, tantôt persistants, et il y a toutes les formes de passage avec *Merulius porinoides* Fr.

288. — **C. illaqueatum** Hym. de Fr., III, n. 152. — Burt., Cortic., p. 236.

Etalé, mince, lâchement adhérent, mycélium et bordure aranéeux, avec cordonnets rhizoïdes fibrilleux, blancs ; hyménium pelliculaire ou finement membraneux, lisse, glabre, blanc, crème jonquille ou teinté de lilacé. — Hyphes à parois minces, bouclées, 3—7,5 µ, les subhyméniales plus fines ; basides en corymbe, 21—32—45×4—8 µ à 2—4 stérigmates longs de 4—5 µ ; spores obovales ou oblongues, atténuées à la base, 4,5 —7×3—4,5 µ. (*Fig.* 55).

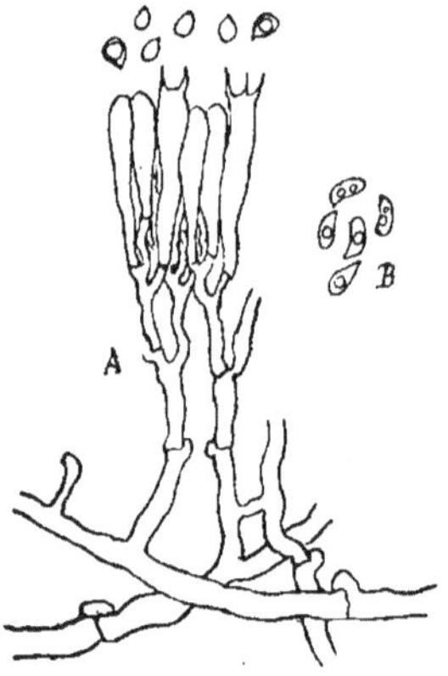

55. — *Corticium illaqueatum* Bourd. et Galz. : A, forme typica : B, f. communis.

F. 1 : *typica*. — Presque libre, adhérent seulement par quelques fibrilles, blanchâtre ou jaune plus ou moins vif ; spores obovales ou subsphériques atténuées à la base. — Hiver sur châtaignier, humus ; rare.

F. 2 : *communis*. — Plus largement étendu, blanc, jaune plus ou moins vif ou subolivacé, mérulioïde puis lisse, crème ou crème ocre sur le sec, fendillé ou non ; hyménium pelliculaire ; spores 4—6— 7×3—4—4,5 µ, oblongues, atténuées à la base, plus ou moins déprimées.— Août à Mai, fréquent sur châtaignier.

F. 3 : *Corticium rhizophorum* Hym. de Fr., III, n. 153. — Blanc, teinté de lilacé, fragile et déchiré sur le sec ; spores 4,5—7 ×3—3,5 µ, oblongues, atténuées à la base, parfois un peu déprimées. — Automne, hiver ; sur genévrier, bruyères, hêtre, pin et sapin ; Allier, Aveyron, Var ; Autriche.

289. — **C. violascens** Fr., Hym., p. 658. — *Thelephora* Fr., S. M.

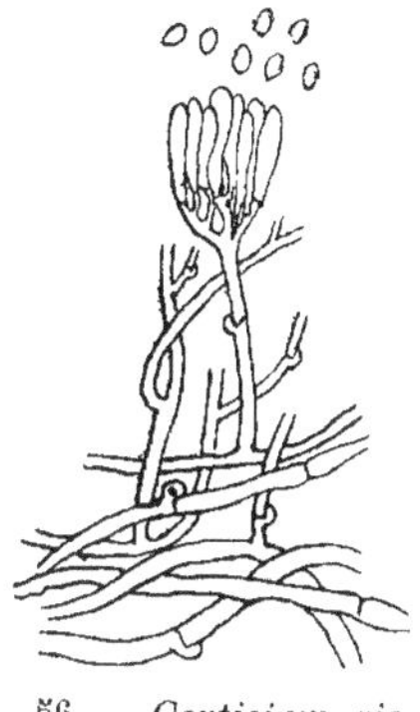

56. — *Corticium violascens* Fr.

Etalé, lâchement adhérent et se détachant assez largement de lui-même par les bords, qui brunissent ou jaunissent en dessous ; subiculum fibrilleux, brun jaune clair ; bordure blanche, fibrilleuse, himantioïde ou à rhizoïdes pubescents, jaunâtres ; hyménium pelliculaire, fragile, continu ou poré, subfarineux, alutacé et marbré de gris purpurin ou de violacé. — Hyphes de la trame à parois minces, 4—5—9 μ, à boucles nombreuses, les basilaires presque fasciculées en cordons, les subhyméniales 3—4 μ ; basides 21—25×4,5—6 μ, à 2(—4) stérigmates longs de 4,5—6 μ ; spores obovales subpiriformes, 4—5×3—3,5 μ. (*Fig. 56*).

Sur vieux bois de pin, Bygget (Suède) C. G. Lloyd, 9216 et 9221.

290. — **C. ochroleucum** Bres., F. Trid., II, p. 58, t. 167, f. 1. — *Specim. orig.* !

Largement étalé, mince, pelliculaire, mou, séparable, puis fragile ; hyménium lisse, à la fin fendillé, blanc ou crème chamois au centre ; subiculum lâchement fibrilleux, blanc jaunâtre ; bordures fimbriée ou fibrilleuse, plus ou moins large, blanche. — Hyphes régulières en trame très distincte, à parois minces, bouclées à peu près à toutes les cloisons, 2—3—4 μ, souvent guttulées, les supérieures 2,5 μ, ordinairement peu teintées, celles de la trame nettement jaunâtres ; basides 15—18—24×4—5 μ, en larges corymbes, à 4 stérigmates droits, longs de 2 μ env. ; spores oblongues, atténuées plus ou moins obliquement à la base, 4,5—6×2,5—3 μ.

Printemps, automne. Bois très pourris de pin et de sapin ; Trentin, Pologne (Bresadola) ; Autriche (V. Litschauer) ; sur mélèze, le Tournairet, Alpes mar. (E. Gilbert).

291. — **C. filium** Bres., F. Gall., p. 43 ! — Hym. de Fr., n. 151.

Membraneux très mince, lâchement adhérent, jaune sulfurin ou jaune vert, puis jaune d'or ou safrané, à surface scrobiculée sur le frais ; bordure et subiculum fibrilleux aranéeux, très lâches. — Hyphes hyalines, à parois minces, les supérieures 2—3 μ, à boucles éparses, les inférieures inégales, renflées jusqu'à 6—10 μ

et subarticulées aux cloisons, qui sont distantes et ordinairement sans boucles ; basides 15—18—30×4,5—7 μ, à 4 stérigmates droits, fins, longs de 4 μ env. ; spores obovales ou oblongues, rarement un peu déprimées latéralement, hyalines à reflet citrin, 4—5—7,5 ×3—4,5 μ, teintées de jaune très clair en masse.

Toute l'année, surtout automne et hiver ; se dévelope par les temps humides et se ratatine par le sec. Sur ou sous les mousses (*Hypnum, Polytrichum, Dicranum*), sur brindilles, bruyères, chatons de châtaignier, *Cladonia*, etc. ; largement développé sur les pierres, schistes. Pas rare ; Allier, Aveyron.

292. — *C. molliforme.*

Subiculum aranéeux floconneux en bordure très étendue, crème jonquille ; hyménium en fine pellicule peu adhérente, très molle, d'un beau jaune clair, puis jonquille, presque cinabre. — Hyphes à parois minces, bouclées, 4—6 μ ; basides 16—22×4—5 μ, en corymbe serré ; spores oblongues ellipsoïdes, 4—5×3,5 μ, 1-guttulées.

Juillet. Sur branches pourries de pin silvestre, St-Priest.

293. — **C. Galzini** Bourd., Rev. sc. du Bourb., 1910, p. 9 ; Hym. de Fr., III, n. 159. — Wakef., Tr. Brit. Myc. Soc., 1916, p. 479.

Etalé, poré-aranéeux, puis finement pelliculaire, lâchement adhérent, fragile, pruineux, blanc avec une légère teinte glauque, bleuâtre ou jaune serin ; subiculum ténu, aranéeux, formant bordure plus ou moins marquée. — Hyphes régulières, 1,5—3,5 (—5) μ, à parois minces, bouclées ; basides 7—9—14×3—4 μ, à 2—4 stérigmates droits, longs de 3—4 μ ; spores étroitement oblongues, atténuées à la base, 3—4,5×1,25—2,5 μ.

Toute l'année, surtout Avril-Juillet. Sur pin et sapin, bois morts depuis longtemps ; Aveyron, Lozère, Allier, Vosges, env. de Paris, Orne ; Angleterre, Autriche.

294. — **C. baculiferum.**

Etalé, farineux-subpelliculaire, à peine cohérent, très mince et fragile, blanc, continu ou poré à la loupe ; bordure similaire, à peine fibrilleuse. — Hyphes de la trame très fines, 0,5—2 μ, assez tenaces, à boucles distantes, les subhyméniales à boucles plus fréquentes, à parois minces, 2—2,5(—3) μ ; basides 14—16×4—5 μ, à 2—4 stérigmates droits, longs de 4,5 μ ; spores subcylindriques un peu courbées ou légèrement flexueuses, 5—7×2 μ, souvent agglutinées par 2—4.

Octobre, Novembre. Sur écorce de pommier, Frégère (Aveyron).

295. — C. mutabile Bres., F. Trid., II, p. 59, t. 168, f. 2.

Largement étalé ou interrompu en petites plaques ; hyménium finement membraneux ou pelliculaire, lisse, blanc puis
crème, sur subiculum ténu, fibrillo-floconneux, formant bordure
pubescente ou fibrilleuse radiée. — Hyphes à parois minces,
septées-noduleuses, les basilaires 3—3,5 μ, souvent incrustées de
cristaux, les moyennes et subhyméniales 2—3 μ, à guttules huileuses ; basides 16—36×3,5—5 μ, à 2—4 stérigmates longs de
3 μ ; spores obovales, lâchement aspérulé-verruqueuses, 3—4×2,5
—2,75 μ.

Hiver ; assez fréquent dans les Vosges, sur Sapin pectiné.

Les aspérités de la spore, très nettes sur la plante fraîche, le sont
bien moins après quelques années d'herbier ; l'espèce est alors assez facile à confondre avec *C. microsporum* qui est très affine.

V. Hœhnel et Litschauer, Beitr., 1908, p. 24, décrivent sous le nom
de *C. mutabile* Bres., le *C. pelliculare* Karst. Parmi les spécimens que nous
avons reçus de M. v. Hœhnel, il n'y en a qu'un (*C. mutabile* teste Bres. ! auf
Fichten, Sachsenwald, leg. O. Jaap), qui soit le *C. mutabile* Bres. ; les autres
sont *C. pelliculare*, ou des formes voisines de *C. centrifugum*.

296. — C. microsporum (Karst.) Hym. de Fr., III, p. 241,
n. 160. — *Tomentella* Karst., *Specim. orig !* — *C. byssinum* K.
var. *microspora* Bres., F. polon., p. 96. — Brinkm., exs. II,
n. 54. !

Pelliculaire, poré ou continu, lisse, blanc de lait ou crème,
puis fendillé fragile ; subiculum fibrillo-floconneux, plus ou
moins développé, formant bordure pruineuse ou fibrilleuse. —
Hyphes 1,5—3 μ, régulières, à parois minces, bouclées, souvent
verruqueuses ou aspérulées de cristaux prismatiques, les subhyméniales flexueuses, serrées, granuleuses ; basides 9—15—30×3
—4—6 μ, à 2—4 stérigmates droits, longs de 3—6 μ ; spores
subsphériques, 2—3—4,5×2—3—(3,5) μ.

Toute l'année. Sur souches et branches, châtaignier, chêne,
pin. —

Bien distinct de *C. byssinum* qui est une espèce bien plus robuste,
et à hyphes non bouclées ; il est bien plus affine à *Peniophora sublaevis* et à *C.
mutabile* : il diffère du premier par l'absence des cystides, du second par ses
spores lisses.

297. — *C. hecistosporum*

Étalé, très ténu, lâchement pelliculaire, poré réticulé à la
loupe, pruineux, blanc ; bordure fibrillo-pruineuse. — Hyphes

régulières, à parois minces, bouclées, 1,5—3 μ, çà et là granuleuses ; basides 9—10×3—4 μ, à 4 stérigmates droits, filiformes, longs de 3 μ ; spores obovales elliptiques, 2—3×2 μ, 1-guttulées.

Automne. Sur les touffes de Polytrics, forêt de Dreuille (Allier).

Il ressemble à des gouttes de lait de chaux, qui seraient tombées sur les touffes de mousses ; pour la structure, c'est un diminutif de *C. microsporum*.

298. — C. olivaceo-album Hym. de Fr., III, n. 155.

Étalé, pelliculaire, lâchement adhérent ; subiculum et bordure fibrilleux, bientôt collapses, jaune à fauve olivacé ; hyménium fragile, à la fin fendillé, blanc. — Hyphes à parois minces, flasques, 1—3 μ, à boucles éparses, farcies d'un contenu jaunâtre, les basilaires parfois fasciculées en cordons réticulés ; basides 9—15—18×4 μ, à 2—4 stérigmates droits, longs de 3 μ ; spores lisses, oblongues, très brièvement atténuées à la base ou un peu déprimées, 4—5×2—3 μ, 0—2-guttulées.

Toute l'année. Lieux arides, sur humus, débris et branches de toute espèce de bois, sur tiges herbacées, pierres ; assez fréquent dans l'Aveyron ; récolté récemment dans le Var par M. A. DE CROZALS.

Voisin par ses caractères micrographiques de *C. ochroleucum*, mais bien distinct par son mycélium olivacé. Il est en outre moins épais et ne forme qu'une pellicule fragile sur le subiculum ; les hyphes du subiculum étant farcies d'une matière résineuse, celui-ci s'affaisse et s'agglutine en séchant, ne laissant qu'une tache olive ; dans *C. ochroleucum* la trame reste plus épaisse, plus molle, à hyphes distinctes. Il a souvent l'aspect de *C. sulphureum*, dont il est bien distinct, surtout par ses spores lisses, oblongues.

299. — C. muscicola Bres., F. polon., p. 96. — *Specim. orig.* !

Étalé interrompu, adhérent aux mousses subincrustant, blanchâtre, puis jaunâtre alutacé ; hyménium peu ou pas fendillé ; bordure fibrilleuse byssoïde. — Hyphes lâches, à parois minces, boucles éparses, les subhyméniales 3—5 μ, les basilaires plus rigides, plus tenaces, à boucles distantes, 4—9 μ : basides 15—24 ×4—5 μ ; spores obovales, 4—5×2—3 μ.

Août. Sur hypnes. Aveyron.

Distinct de *C. hypnophilum* par ses spores bien plus petites et ses hyphes à parois minces ; diffère de *C. filium* par sa couleur blanchâtre à alutacé, tandis que *C. filium* est jaune vif ou orange, bien moins adhérent aux mousses, et à spore plus cylindrique.

300. — C. arachnoideum Berk. sensu Bres. ! — Brinkm., Westf., III, n. 103. — Burt, Cort., p. 184.

Pelliculaire, submembraneux, blanc ou crème, très fendillé ; bordure subfibrilleuse, évanescente. — Hyphes lâches, à parois minces, 2,5—6 μ, à boucles éparses, assez nombreuses, même dans les hyphes supérieures ; basides 16—27×6—8 μ, à 2—4 stérigmates longs de 5—6 μ ; spores largement piriformes, atténuées à la base, 4,5—7,5×4—6 μ.

Eté. Sur écorces et bois, bouleau, peuplier, sapin ; rare.

Plus épais que *C. centrifugum* et *C. fugax*, spores plus larges, hyphes à boucles plus fréquentes. Dans l'hyménium d'un spécimen (bouleau, Hambourg, leg. O. Jaap), au milieu des basides, s'élèvent de nombreuses hyphes 1—3 μ d. qui portent une ou plusieurs conidies, dont l'une terminale, les autres subsessiles sur un axe flexueux, en épi distique. Les conidies sont à peu près de même forme que les spores, 4—6×3—4 μ, mucronées à la base.

301. — C. viride Bres. *specim. orig.!* — von Hœhn., Mykologisches, Oesterr. bot. Zeitschr., 1904. p. 4. — v. Hoehn. et L., Beitr., 1907, p. 98. — *Chloridium viride* Link, sensu Bres.

Etalé, indétermiué, en pellicule très mince, aranéeuse non continue, séparable, jaune soufre teinté de vert pomme ; bordure aranéeuse, à peine distincte. — Hyphes en trame lâche, hyalines, à parois minces, à boucles éparses, 3—6 μ ; basides 10—15×4—6 μ, à 2—4 stérigmates droits, longs de 3—4 μ ; spores ellipsoïdes, 5—7×3—4,5 μ, finement et obliquement apiculées à la base.

Novembre. Sur pin, Causse Noir.

Le type a été récolté sur écorce de saule, Vienne (v. Hœhnel); notre spécimen n'en diffère que par les hyphes plus fines, 2—4 μ, à boucles plus fréquentes.

302. C. centrifugum (Lév.) Bres., F. polon., p. 96. — *Rhizoctonia* Lév., Ann. sc. nat., 1843. — *Athelia epiphylla* Pers. — *Hypochnus* Wallr. — Sacc., VI, p. 655. — *Fusisporium Kuhnii* Fuck. — v. Hoehn., Oesterr. bot. Zeitschr., 1904, p. 3 (état sclérotiforme).

Membranule très délicate, aranéeuse ou continue, peu adhérente, blanche, blanc glauque, blanc gris ; bordure très fine, aranéeuse ; subiculum à peu près nul. — Hyphes 2—6 μ, à parois minces, les basilaires à boucles rares, les supérieures ordinairement sans boucles ; basides 8—15—27×3—5—7 μ, à 2—4 stérigmates longs de 3—7 μ, droits ; spores obovales ou oblongues, atténuées à la base, rarement un peu déprimées, 3—6—9×2,5—3—6 μ, souvent agglutinées par 2—4.

Toute l'année. Très fréquent sur débris de bois pourris, feuilles, etc. Peu lignivore.

soredioides. — Hyménium parsemé de petits granules pulvérulents, blancs, formés de rameaux d'hyphes dressés, portant au sommet et unilatéralement 4—5 conidies.

Variations de couleur :

tephra. — Gris cendré ; spores 5—6× 2,5—3 µ.

olivella. — Floconneux aranéeux, gris olive ; spores 7—8×4 —4,5 µ.

flavidula. — Très voisin de certaines formes de *Tomentella echinospora*, dont il ne diffère guère que par sa spore lisse.

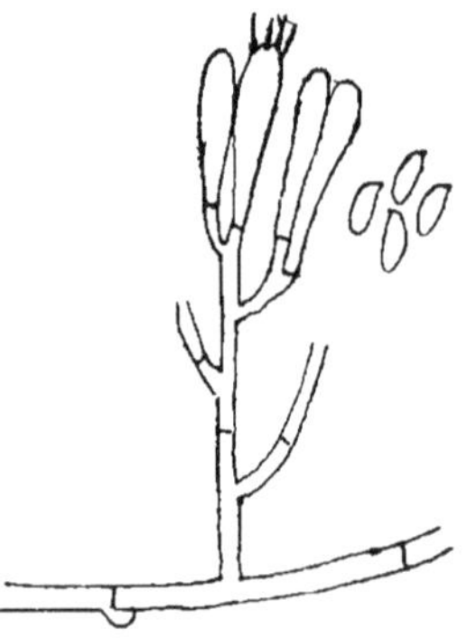

57. — *Corticium centrifugum* (Lév.) Bres. var. *macrospora* B. et G.

var. **macrospora**. — Un peu plus épais souvent jaune bistré en dessous et aux bords. Hyphes 2,5 —4—6 µ., à boucles rares ; basides 18 —25—36×6—10 µ, à 2—4 stérigmates longs de 5—7 µ ; spores oblongues, subfusiformes ou un peu déprimées latéralement, atténuées obliquement à la base, 7—9—12×4—4,5—7 µ. (*Fig. 57*).

Sur châtaignier surtout ; chêne, noyer, *Phellinus torulosus*.

Il n'y a pas de limite précise entre cette variété et le type : la courbe de fréquence établie sur l'ensemble des formes ci-dessus rapportées à *C. centrifugum*, débute à 3 µ, passe par le maximum de 6 µ, et décroît jusqu'à 12 µ pour la longueur de la spore, 2,5—3—7 µ pour la largeur.

303. — *C. fugax* (Karst., *Tomentella*) — *Specim. orig. !*

Pelliculaire, très ténu, blanc, subpruineux, séparable, crispé mérulioïde par les temps humides (*Merulius fugax* Fr.?), très uni sur le sec. — Hyphes à parois minces, 4—4,5 µ, à boucles assez fréquentes, même dans les hyphes supérieures, les basilaires à parois à peine épaissies ; basides 14—18×5—7 µ, à (2)—4 stérigmates courts, 2,5—3 µ ; spores oblongues, vaguement atténuées à la base, 6—7×4—4,5 µ.

Automne, hiver. Sur écorce de sapin (Finlande) KARSTEN ; sur pin, Allier, Aveyron ; assez rare.

304. — *C. alnicolum*. — *C. mutabile* v. Hoehn. et L., p. p.

Pelliculaire fragile, séparable, blanc puis crème ocracé ; bordure blanche assez étendue, fibrilleuse - pelliculaire. — Hyphes à parois minces, les basilaires à boucles distantes, les supérieures sans boucles, les subhyméniales à articles courts, élargis, presque dichotomes ; basides 18—30×6—7,5 μ, à 2—4 stérigmates droits, longs de 4,5—5 μ ; spores oblongues, atténuées obliquement à la base et aplaties ou déprimées latéralement, 7—7,5×3—4 μ.

Octobre 1908, sur *Alnus incana*, Allemagne du Nord (O. Jaap).

Distinct par le mode particulier de ramification des hyphes subhyméniales. Il nous a été communiqué par M. v. Hœhnel sous le nom de *C. mutabile* Bres.

305. — **C. bisporum** (Schrœt.) Hym. de Fr., III, n. 157. — Wak. et Pears., Tr. Brit. Myc. Soc., vol. VIII, p. 216, f. 1. — *Hypochnus* Schrœt., Pilz. Schles.

Plus étendu, plus épais, bordure plus floconneuse que dans *C. centrifugum*. — Hyphes à parois minces et boucles éparses, 3—6 μ ; basides 15—18—25×5—6—8 μ, à 2 stérigmates droits, plus ou moins divergents, longs de 5—8 μ ; spores oblongues, atténuées à la base, 5—8—11×3—4—7 μ.

Hiver, printemps. Sur feuilles, débris divers, linges, papiers en putréfaction ; commun.

306. — **C. coprophilum** Wakef., Tr. Brit. myc. Soc., 1916, p. 480.

Etalé, mince, aranéeux, gris blanchâtre, farineux, séparable. — Hyphes basilaires 3—5 μ, à boucles très rares ; basides 15—25 ×6 μ, à 3—6 stérigmates un peu arqués, longs de 2—5 μ ; spores subglobuleuses, apiculées à la base, 4—5 μ d., ordinairement 1-guttulées.

Septembre. Sur crottin en tas dans un pré, Chapaize (S.-et-L.), F. Guillemin.

Notre plante répond exactement à la description ci-dessus, mais nous n'avons pu voir les basides avec stérigmates : les éléments sont promptement collapses et ne reviennent que partiellement en turgescence. Le champignon était accompagné d'un appareil conidien (ou étranger), formé d'hyphes similaires, dressées, portant des conidies verticillées par 3—6.

S. 5. — **BYSSINA.** — Pelliculaires ou aranéeux byssoïdes ; trame formée d'hyphes, 2—4 μ, régulières, à parois minces, sans boucles ; spores petites, 2—4 μ, subglobuleuses ou obovales ; humicoles. Dans ce petit groupe les hyphes sont normalement sans trace de boucles ; cependant dans quelques formes précédentes que nous avons examinées récemment, la partie mycéliale se trouvait constituée par des hyphes très fines portant de petites boucles. (307-310).

307. — C. byssinum (Karst.) Massee, Mon., II, p. 133. — Bres., Hym. Kmet., n. 163. — *Lyomyces* Karst., F. rar. Fenn. et Sib., p. 137. — *Tomentella* Karst., Finn. Basidsv. — Specim. orig. !

Largement étalé, pelliculaire ou submembraneux, peu adhérent, fragile, farineux, blanc ou crème ; subiculum aranéeux, à pourtours byssoïdes ou fibrilleux. — Hyphes assez rigides, régulières, 2—3 μ, sans boucles, souvent granuleuses ou aspérulées de cristaux bacillaires ; basides 9—18$\times$3—4,5 μ, à 2—4 stérigmates longs de 2,3—4 μ ; spores subsphériques ou ovoïdes, souvent 1-guttulées, 2,5—4$\times$2—3 μ.

Octobre à Mai. Sur débris divers, pin, bruyères, etc., humus, pierres, recouverts par les mousses ou les feuilles ; pas rare.

b. **xanthellum.** — Ne diffère du type que par sa couleur jaune ; pins et détritus végétaux, Causse Noir. On peut trouver quelques boucles petites et très rares aux cloisons des hyphes.

c. **sulfurellum.** — Plus mince, aranéeux pelliculaire, sulfurin. Causse Noir, sur brindilles, et grès à Boutaran.

d. **grandinellum.** — Bordure large, aranéeuse, gris-jaune, olive clair ; hyménium sulfurin clair, parsemé de papilles convexes, grandinoïdes. Grès, Aveyron ; sur cônes de pin, Var (A. de CROZALS).

e. **discolor** — Subiculum largement étendu en bordure floconneuse, olivacée, verdâtre ou rouillée ; hyménium pelliculaire, blanc ou jaune soufre. Grès, Aveyron.

f. **tomentellastrum.** — Bordure aranéeuse gris olive ; hyménium non pelliculaire, floconneux-feutré, rouillé ; hyphes et basides à contenu jaunâtre. Grès de Boutaran.

g. **depauperatum.** — Aspect de *C. centrifugum* ; pellicule blanche, très légère, se détachant facilement de la pierre avec la pointe d'une aiguille ; bordure aranéeuse peu visible ; hyphes rigides, plus fortement aspérulées de petits cristaux bacillaires que dans les autres formes. Grès de Boutaran.

h. **farinellum.** — Non pelliculaire ni aranéeux, farineux, sans cohérence ; même structure que le type. Sur grès et débris de chêne, Boutaran.

308. — C. flavissimum (Link, Obs., II, p. 34, *Sporotrichum*) Bres., in litt. — Hym. de Fr., III, n. 162.

Subiculum fibrillo-floconneux, épais, submembraneux ; hyménium fragile, revêtu d'une abondante poussière jaune ; hyphes régulières, 2,5—3 μ, assez fragiles, sans boucles aux cloisons ; basides 12—18×4—5 μ, à 2—4 stérigmates droits, longs de 2—4 μ ; spores obovales oblongues, souvent 1-guttulées, jaune clair, 3—4 ×2,5—3 μ.

Aut. Sur vieux étais de galeries, à l'air ; Bézenet (Allier).

309. — **C. croceum** (Kunze) Bres., Hym. Kmet., n. 165. — Brinkm., Westf. Pilze, II, n. 55. — *Sporotrichum* Kunze. — *C. sulphureum* Fr. saltem p. p. — Burt, Cortic., p. 177.

Pelliculaire-aranéeux, puis submembraneux, pruineux ou farineux, blanc, mou, séparable sur le frais, assez adhérent et jaunâtre sur le sec ; bordure aranéeuse blanche ou citrine, prolongée en cordons rhizoïdes rameux, jaune vif ou safranés. — Hyphes régulières, 2—3 μ, à parois minces, souvent verruqueuses ou aspérulées de petits cristaux ; basides 12—17×3—4,5 μ ; spores subglobuleuses ou ovoïdes, 2,75—3,5×2,5—3 μ.

Toute l'année, saisons humides. Sur humus, brindilles et branches très pourries : pin, hêtre, chêne, sous les feuilles, les mousses et les bruyères, particulièrement autour des souches. Pas lignivore. Assez commun.

310. — **C. atrovirens** Fr., Epicr. — Bres., Fungi polon., p. 96. — *C. cærulescens* (Karst.) Sacc., Syll., VI, p. 619.

Floconneux-fibrilleux ou aranéeux, à mycélium très étendu dans l'humus, bleu, bleu-vert, verdâtre obscur ; hyménium submembraneux, bleu plus clair ou taché de jaune vert. — Hyphes régulières, 2—3,5 μ, bleu-vert, tenaces, à parois minces, sans boucles ; basides 18—21×4—6 μ, à 2—4 stérigmates longs de 3—4 μ ; spores subsphériques, un peu bleutées, subgranulées, souvent 1-guttulées, 3—4×3—3,5 μ.

Toute l'année, en saisons humides. Sur humus, branches très pourries, hêtre, chêne, pin, etc., sur pierres, sous les feuilles et les bruyères. Assez commun.

var. **spora majore**. — Plus corticioïde, bleu clair ; spores bleuâtres, farcies de gouttelettes ou à une grosse guttule, 4,5—7 μ d. — Ville-d'Avray, galeries de taupes, dans l'humus (HARIOT) ; bois pourri de châtaignier, Vialette (Aveyron).

S. 6. — **ARESCENTIA**. — Membraneux-céracés, puis arescents ou subcrustacés, adhérents sur le sec ; hyphes à parois minces, bouclées, en trame assez épaisse persistante, promptement collapse dans *C. lacteolum* (311-319).

311. — C. subcostatum (Karst., in Hedw., 1881) Hym. de Fr., III, n. 144. — *Stereum* Karst. — Sacc., VI, p. 570. — Bres., F. polon., p. 92. — *Stereum album* Quél., Ass. fr., 1882, pl. XI, f. 16 ; Fl. myc., p. 14.

58. — *Corticium subcostatum* (Karst.) Bourd. et Galz.

Résupiné ou réfléchi, chapeau villeux ou strigueux, membraneux charnu puis induré ; bords frangés, fibreux ou ciliés ; hyménium crème à crème chamois, tuberculeux au centre, rugueux cristulé radialement vers les bords, à la fin fortement fendillé, et chamois, aurore ou rougeâtre en herbier. — Trame épaisse, blanche, fibrilleuse, fragile ; hyphes 2—4 µ, régulières, à parois minces, septées-noduleuses, les subhyméniales et moyennes verticales serrées ; basides 12—25—45 ×3—4—7 µ, en hyménium dense, 2—4 stérigmates droits, longs de 4—4,5 µ ; spores oblongues subcylindriques, un peu déprimées latéralement, 5—6—8,5×2,75—4 µ, à contenu homogène. (*Fig. 58*).

De l'automne à l'été, végétation plus active au printemps. Sur branches mortes sur l'arbre ou tombées, racines, bois carbonisés ; chêne, hêtre, coudrier, bouleau, noyer, orme, etc. ; pin, genêt. Lignivore assez sérieux.

312. — C. Harioti Bres., Sel. Myc., 1920, p. 48. — *Specim. orig.* !

Largement étalé, membraneux ou céracé, arescent, très adhérent sur le sec, séparable seulement par petits fragments, lisse, puis largement fendillé ; subiculum mou, floconneux ; marge pruineuse ; blanc puis blanc crème. — Trame épaisse, assez serrée, formée d'hyphes régulières, à parois minces ou un peu épaissies, assez flasques, 2,5—4 µ, à boucles petites et nombreuses ; basides 18—30×4,5—6 µ, accompagnées de nombreuses cystidioles de même diamètre que les basides, peu émergentes (5—15 µ), les unes subulées, très aiguës, les autres obtuses ou présentant un renflement globuleux près de leur sommet ; spores obovales, 4,5—6×2,75—4 µ.

Janvier. Sur tronc de fusain, bois de Boulogne (comm. HARIOT et BRESADOLA). — Très affine à *C. serum*.

313. — **C. serum** (Pers., Syn., p. 580, *Thelephora*) Bres., Hym. Kmet., n. 169 ; non Fries. — *Thelephora sambuci* Pers., Syn., p. 581. — *Corticium* Fr., Epicr. — Wakef., Tr. Brit. Myc. Soc., 1912, p. 115, pl. III, f. 1—2.

Etalé, subindéterminé, mince, uni ou bosselé tuberculeux d'aspect villeux, crispé et subséparable par les temps humides, adhérent, lisse et glabre sur le sec, blanc de craie, passant quelquefois à blanc de lait ou crème ; bordure blanche, pruineuse ou farineuse, rarement subfloconneuse pubescente, généralement étroite et très mince. — Hyphes à parois minces, bouclées, 2—3—4,5 μ, le plus souvent distinctes, mais facilement collapses ; basides 15—18—30×3—4—6 μ, accompagnées de cystidioles plus ou moins saillantes, fusiformes ou renflées en petit bouton au sommet ; spores largement ellipsoïdes, 3,5—5—7×3—3,5—4,5 μ, souvent 1-guttulées.

Toute l'année. Très commun sur toute espèce de bois à feuilles ou à aiguilles, troncs, branches tombées, brindilles, plantes herbacées, humus, vieux cuirs, pierres. Peu lignivore.

Forme *conidifera*. — Conidies portées soit sur des basides fusoïdes, 1-spores, soit sur des hyphes spéciales nombreuses dans l'hyménium, 2 μ diam., droites et portant une conidie au sommet ; ou bien flexueuses et portant les conidies en épi distique ; conidies oblongues, 5—7,5×3—4,5 μ. — Hiver, printemps.

var. **ambigua**. — Pruineux pubescent, puis lâchement membraneux, poré à la loupe, aride, peu adhérent, blanc ou blanc crème. Hyphes à parois minces, bouclées, peu abondantes, assez fragiles, 2—3 μ ; basides 15—20×4—4,5 μ ; cystidioles 25—50×3—4,5 μ, les unes aiguës, les autres terminées en bouton, comme souvent dans *C. serum*, d'autres terminées par une tête globuleuse, ou capuchonnées d'une grosse guttule résinoïde ; spores obovales, 4,5—7×3,5—5 μ. Il y a quelquefois dans l'hyménium des hyphes portant en épi flexueux des conidies 5—6×4—4,5 μ. — Toute l'année ; sur joncs, graminées, grandes ombellifères, clématite, cerisier, etc.

Cette variété se rapporte en majeure partie à *C. serum* ; elle comprend probablement aussi des états jeunes ou appauvris de *Peniophora pallidula* et de *Odontia arguta*.

314. — **C. niveum** Bres., F. polon., p. 98. — *Specim. orig* ! Hym. de Fr., III, n. 170. — v. Hœhn., Fragm. z. Myk., 1914, n. 831.

Largement étalé, mou submembraneux, mince, finement pubescent et poré à la loupe, blanchâtre ; bordure similaire, atténuée. — Hyphes régulières, 2,5—4 μ, à parois minces, septées-noduleuses ; basides 15—27×5—6 μ, à 2—4 stérigmates droits, longs de 4—5 μ ; spores oblongues subelliptiques, 7—9×3—4 μ.

Août. Sur bois pourris de bouleau, Pologne.

315. — C. trigonospermum Bres., Ann. Myc., III, 1905, p. 163. — Brinkm., Westf. Pilze, III, n. 101 ! (Specim. orig.). — Hym. de Fr. III, n. 172 ; non *Tomentella trigonosperma* v. H. et L.

Etalé, pelliculaire crétacé, fragile, blanc puis crème argileux, aspect pulvérulent ; subiculum finement aranéeux et bordure aranéeuse très fugace. — Hyphes distinctes, 2,5—4 μ, à parois minces, bouclées, souvent aspérulées ; basides 16—22×4—6 μ, à 2—4 stérigmates droits, longs de 3—3,5 μ ; spores subtriangulaires à angles arrondis vues latéralement, ellipsoïdes dorsiventralement, 4,5—6 μ.

Hiver. Sur la terre nue, les mousses, débris de fougères et brindilles ; Allier, Vosges, Aveyron. Rare.

316. — C. albocremeum v. Hœhn. et L., Œsterr. Cort., p. 64. — *Specim. orig. !*

Etalé, membraneux aride, adhérent, peu cohérent, séparable par petits fragments, blanc à crème jaunâtre ; bordure étroite, farineuse, émiettée ou presque similaire ; hyménium continu, lisse, céracé sur le frais, non fendillé. — Hyphes irrégulières, 6—18 μ, à parois minces, contractées aux cloisons qui sont rapprochées et le plus souvent bouclées, les subhyméniales et la partie inférieure des basides incrustées de cristaux granuleux ou bacillaires ; basides 21—28(—38)×5—8 μ, à 2—4 stérigmates un peu arqués, longs de 4,5—7 μ ; spores largement obovales ou subsphériques, atténuées à la base, 6—10×4,5—6,5 μ, 1-pluri-guttulées.

Juin, Juillet. Sur vieux bois de sapin, Vienne (v. HŒHNEL), Innsbruck (LITSCHAUER).

317. — C. Wakefieldiæ Bres., Select. Myc. in Ann. Myc., t. XVIII (1920), p. 48. — *Specim. orig. !*

Largement étalé, membraneux céracé ; mycélium blanc villeux-pruineux ; hyménium lisse, puis largement fendillé, blanchâtre puis crème jaunâtre ; marge pâle, pruineuse subfimbriée. — Hyphes de la trame très distinctes, enchevêtrées ascendantes, à parois minces, fermes, à cloisons fréquentes et fortement bouclées, 4—7 (—9) μ ; basides 5—7 μ d. ; spores ovoïdes subglobuleuses, rarement atténuées brièvement à la base, 6—8×5—6 μ.

Sur la terre nue et le bois, Angleterre.

Les affinités de cette espèce semblent être avec les *Gloeocystidium* de la section *Hypochnoidea*.

318. — C. lacteolum Bourd., Soc. sc. Bourb., 1922, p. 3.

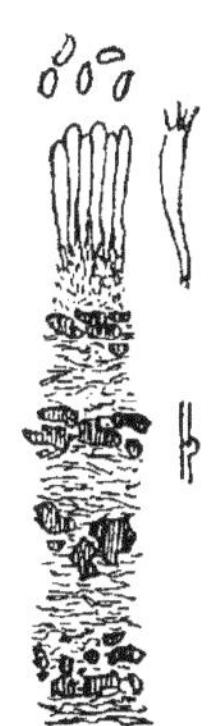

Largement étalé, céracé membraneux, adhérent, blanc de lait, crème sur le sec, très fendillé au centre, lisse vers les bords nettement limités, très finement pubescents. — Hyphes à parois minces, bouclées, 3 μ, flasques et bientôt collapses, les entoxyles similaires ; basides étroitement claviformes, 27—30×4—4,5 μ, à 4 stérigmates longs de 4—5 μ ; spores oblongues, souvent atténuées obliquement à la base, à peine déprimées latéralement, 4—4,5×2,5 μ. (*Fig. 59*).

Automne et Hiver. Abondant sur écorces et bois de genévrier, Layrolle, Labastide-Pradines (Aveyron).

59. — *Corticium lacteolum* Bourd.

Voisin de *C. pelliculare*, qui diffère par sa trame lâche, formée d'hyphes distinctes, et son hyménium pelliculaire. Dans *C. lacteolum*, la trame, formée d'hyphes le plus souvent indistinctes, est dense et assez épaisse, obscurcie par des strates d'oxalate de chaux en gros cristaux, qui, dissous par HCl, laissent des vides dans la trame. *C. lacteum* est généralement peu fendillé et himantioïde au pourtour ; ses hyphes sont sans boucles et ses spores plus grandes, 6×3,5—4 μ en moyenne.

319. — C. cremeo-album v. Hœhn. et Lit., Oesterr. Cort., 1907, p. 63. — *Specim orig. !*

Etalé, peu épais, poré aux bords ou finement membraneux, adhérent, séparable seulement par petits fragments, blanc à crème jaunâtre ; bordure farineuse ou presque similaire, non fibrilleuse ; hyménium lisse, subcéracé, non fendillé. — Hyphes à parois minces, 3—6 μ, à boucles éparses, en trame assez lâche ; basides 24—36×8—10 μ, à 2—4 stérigmates longs de 6—9 μ, accompagnées d'hyphes paraphysoïdes peu émergentes ; spores oblongues ellipsoïdes, ou subcylindriques, parfois brièvement atténuées à la base, 8—15×5—6,5 μ. (*Fig. 60*).

Octobre, sur conifères, Vienne (Autriche) v. Hœhnel.

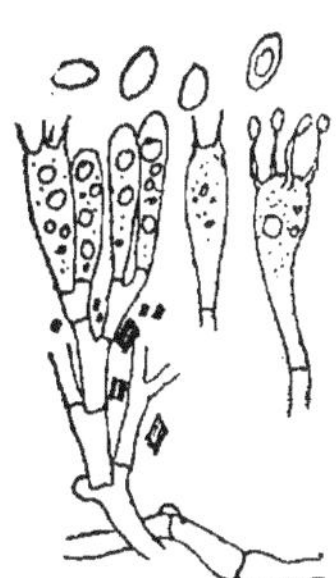

60. — *Corticium cremeo-album* v. Hœhn. et Lit. (specim. orig.).

S. 7. — **ATHELE**. — Céracés ou subpelliculaires, arides, adhérents; trame formée d'hyphes peu abondantes, courtes, ou le plus souvent indistinctes; spores généralement agglutinées par 2-4. Espèces venant surtout sur des herbes sèches ou des débris herbacés, plus rarement sur bois très pourris. — Les hyphes sont assez distinctes dans les cinq premières espèces, généralement indistinctes dans les autres. (320-331).

320. — **C. spurium** Bourd., Add. aux Cort., Rev. sc. Bourb., 1922, p. 4.

Etalé, hypochnoïde puis lâchement membraneux, aride, adhérent; subiculum mou, bistré, souvent nul; hyménium poré à la loupe, puis subcontinu, argileux ou blanc grisâtre, pruineux; bordure similaire, rarement un peu fibreuse. — Hyphes 3-7 μ, brun clair, peu régulières, à parois minces, sans boucles, les basilaires peu nombreuses, parallèles au substratum; hyphes du subiculum dressées portant les basides en épi, les plus anciennes étant progressivement immergées dans la trame; basides 30—48—75×7—9 μ, à grosses guttules huileuses, accompagnées d'hyphes paraphysoïdes simples, 3 μ d., 2—4 stérigmates longs de 4,5—10μ; spores obovales ou subellipsoïdes, ordinairement atténuées brièvement et obliquement à la base, subapiculées, 7—11×5—7,5 μ, souvent 1—guttulées. (*Fig. 61*).

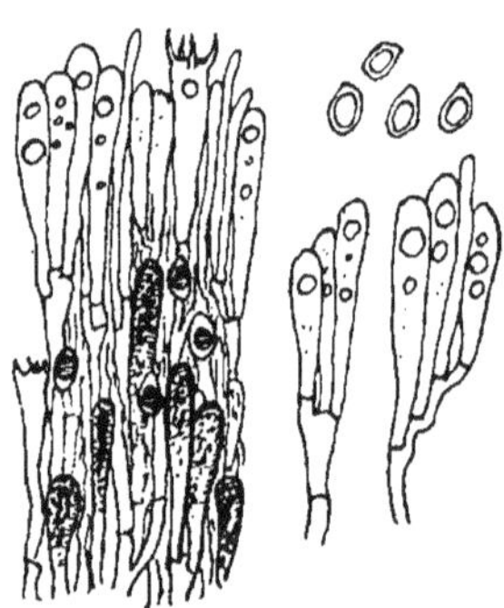

61. — *Corticium spurium* Bourd.

Toute l'année. Sur troncs pourris de chêne, tiges de bruyères, thym, *Dorycnium*, mousses, terre nue, grès; Aveyron.

Fⁿ *olivacea*. — Epars en petites plaques irrégulières, mince, ombre olivacé. Hyphes à boucles éparses, 2—6 μ, brun clair; basides teintées d'olivacé, à grosse guttule, 15—25×6—9 μ; spores obovales, atténuées à la base, subdéprimées latéralement, 6—7×4—5 μ, 1-guttulées. — Toute l'année, à la base des tiges de *Calluna vulgaris*, bois pourri de châtaignier; Aveyron.

Les hyphes brunes et la spore teintée de paille de ce champignon en feraient facilement un *Coniophora*, mais, de fait, la spore est plutôt hyaline avec guttule paille. La forme *olivacea*, malgré ses spores et autres éléments constamment plus petits, pourrait être l'état jeune de *C. spurium*, comme le subiculum brun de certains spécimens le suggère. Ce champignon hypochnoïde à ses débuts, peut sans doute avoir une assez grande épaisseur à la fin de sa végétation, puisque les hyméniums se superposent les uns aux autres, sans former toutefois de stratification bien nette, parce qu'il n'y a qu'un certain nombre de basides qui restent turgescentes dans chaque couche hyméniale, simulant des gléocystides à parois brunes et à contenu brun-noirâtre, les autres devenant flasques et indistinctes. Ces organes sont sûrement des basides : à l'intérieur de la trame on en trouve encore quelques-unes stérigmatifères. Il y a aussi dans toute la trame de nombreuses spores flasques, brunies, ou à peine modifiées. Tous ces caractères de structure, aussi bien que les dimensions des éléments microscopiques, sont exactement les mêmes que dans *Stereum repandum.* Il y aurait donc lieu de surveiller encore l'évolution de ce champignon. En attendant, il paraîtra sans doute invraisemblable de supposer que ce Cortice hypochnoïde, jaunâtre, puisse prendre l'aspect de *S. repandum,* cupule noire, dure, épaisse jusqu'à 8 mm.

321. — C. helianthi.

Etalé, adhérent, très mince, finement poruleux à la loupe, crustacé puis céracé, blanchâtre, noisette, crème alutacé ; marge similaire ou étroite amincie. — Hyphes à parois minces, 2—3 μ, à boucles éparses, assez rares dans les hyphes supérieures ; trame assez serrée, parfois farcie de cristaux aciculaires ; basides 15—21—28×4—5 μ, à 2—4 stérigmates droits, longs de 3—4,5 μ ; spores oblongues, atténuées à la base, parfois obliquement, 4—7×3—4 μ, souvent agglutinées par 2—4 μ.

Mai-Septembre. Sur tiges entassées de topinambours, eupatoire ; Allier, Aveyron.

322. — *C. auriculariæ.*

Très mince, sans cohérence, très adhérent, blanc puis sub-glaucescent ; bordure nulle ou subpruineuse, à peine fibrilleuse. — Hyphes assez distinctes, à parois minces, bouclées, 2—3 μ, enchevêtrées en trame assez dense ; basides 8—10×4,5—6 μ, à 2—4 stérigmates droits, longs de 3—6 μ ; spores subcylindriques, atténuées obliquement à la base, souvent déprimées latéralement, 4,5—7×2,5 μ, souvent agglutinées étroitement par (2)—4.

Juillet. Sur l'hyménium de *Auricularia mesenterica* (frêne), Vialette (Aveyron).

323. — C. glaucinum.

Pelliculaire, très ténu, assez adhérent, fragile, très finement porulé à la loupe ou continu, lisse, glauque ; bordure similaire, à peine fibrilleuse. — Hyphes à parois minces, bouclées, 2,5—3,5 μ, les subhyméniales indistinctes ; basides 15—18×6—7,5 μ, à 2—4 stérigmates longs de 5—6 μ, droits ; spores subcylindriques déprimées latéralement et obliquement atténuées à la base, 7—12×3—3,75 μ.

Juin. Sur vieux bois de châtaignier, Le Rec (Aveyron).

Il y a dans la trame des masses subcristallines, jaunâtre clair, qui se dissolvent à chaud dans une solution de potasse; après ébullition, la région subhyméniale et les insterstices entre les basides qui sont peu serrées, sont remplis d'une matière granuleuse subhyaline (hyphes collapses ?)

324. — **C. lembosporum** Bourd., Rev. sc. Bourb., 1910, p. 9. — Hym. de Fr., III, n. 169.

Irrégulièrement étalé, submembraneux, puis aride et adhérent, blanc, crème; bordure pubescente ou pruineuse. — Hyphes à parois minces, 2-5 µ. à boucles éparses, souvent mal formées, en trame peu abondante, ordinairement collapse; basides 12—16—24×5—7,5—10 µ., à 2—4— stérigmates épais, puis subarqués, longs de 5—6 µ.; nombreuses basides jeunes ou hyphes paraphysoïdes; spores atténuées au sommet, bossues à la base, déprimées latéralement ou arquées, submaviculaires, 7—9—12×3—4 µ, 1-pluriguttulées.

Toute l'année. Sur bois très pourris ou sur branches encore vivantes, érable, chêne, orme, tilleul, aune; Aveyron, Tarn, Allier. Végétation très lente, toujours assez maigrement développé; peu lignivore.

Ressemble à *C. udicolum*, qui a une spore différente de forme et amyloïde.

325. — *C. confusum* Hym. de Fr., III, n. 181.

Etalé, mince, farineux-pelliculaire, adhérent, blanchâtre, très finement fendillé sur le sec; bordure subsimilaire, farineuse, insensiblement évanescente. — Hyphes peu abondantes, rarement distinctes, 1,5—4 µ; basides 10—15—21×4—6—9 µ, avec rares hyphes paraphysoïdes, 2—4 stérigmates arqués, longs de 4,5—6 µ; spores naviculaires, oblongues, atténuées au sommet, déprimées latéralement ou arquées, amincies et souvent incurvées à la base, 6—8—11×2—4,25 µ, agglutinées par 2—4.

Mai à Décembre. Sur rachis de fougères mâle et femelle, genévrier.

Cette plante tient le milieu entre *C. lembosporum* et *C. filicinum*; les deux formes ci-dessous pourraient aussi être rapportées la première à *lembosporum*, la seconde à *filicinum*.

1. Sur joncs. Hyphes distinctes 1,5—2,5 µ, bouclées; spores 7—8×3 µ, moins renflées vers la base, presque en croissant.

2. Sur lierre, Lamalou-les-Bains. Hyphes tout-à-fait indistinctes; spores à peine arquées, moins atténuées au sommet, aiguës à la base, 6—7,5×3—3,5 µ.

326. — C. aurora Berk., Outl. — Fr., Hym., p. 657. —
Massee, Thel., p. 141.

Indéterminé, adné, très mince, céracé, puis subpruineux,
crème, aurore, pâlissant. — Hyphes indistinctes, en trame spongieuse
très peu développée ; basides 24—36×6—12 μ,
à 4 stérigmates droits, longs de 4 μ ; spores
subclaviformes, longuement atténuées à la base
et ordinairement un peu courbées, 2—3-guttu-
lées, 12—16×3—4,5 μ. (*Fig. 62*).

Eté, aut. ; pas rare sur les tiges mortes de
joncs des endroits très humides ; pas dévorant.
Allier, Aveyron, Tarn.

62. — *Corticium
aurora* Berk.

C'est à tort que cette espèce a été rapprochée
de *C. incarnatum* et de *C. lætum ;* plus heureusement Massee la compare
à *C. typhae.*

327. — *C. juncicolum* Bourdot, Rev. sc. Bourb., 1910, p. 9.
— Hym. de Fr., III, n. 185.

Etalé, mince, blanchâtre, lisse, séparable sous forme de pellicule cartilagineuse pellucide ; marge similaire assez nette, quelquefois décollée et noircie. — Hyphes cohérentes
parallèles, 3—5 μ, subindistinctes, formant une
couche très mince ; basides non contiguës,
fusoïdes, 15—24×8—10 μ, ordinairement à
2 stérigmates droits, de 4×1,5 μ ; spores subclaviformes, ou oblongues longuement atténuées à la base, et souvent déprimées d'un
côté, 8—14×4—6 μ. (*Fig. 63.*)

63. — *Corticium
juncicolum* Bourd.

Fin de l'été, sur tiges mortes de joncs,
lieux très humides ; pas dévorant. Aveyron.

Non retrouvé ; peut-être forme inondée du précédent.

328. — C. filicinum Bourdot, Rev. sc. Bourb., 1910, p. 10.
— Hym. de Fr., III, n. 182.

Céracé tendre, blanc hyalin, puis blanc, crustacé, très mince, adhérent ; hyménium lisse, continu, rarement finement fendillé ; bordure assez
nettement limitée ou pruineuse. — Hyphes 1—3 μ, peu
abondantes, rarement distinctes ; basides 10—18×
4—7 μ, 2—4 stérigmates droits ou un peu arqués,
4—7 μ ; spores oblongues, longuement atténuées à
la base, souvent déprimées latéralement, 6—7—9×3—4 μ, agglutinées par 4. (*Fig. 64*).

64. — *Corti-
cium filicinum*
Bourd.

Eté, aut. hiver ; sur débris, de fougères dans les lieux couverts et humides, surtout sur *Pteris aquilina*. Pas lignivore.

Commun, mais peu variable, au moins sur les fougères ; il varie un peu d'épaisseur sur ronces, marsaule, prunellier, mais ses caractères micrographiques restent les mêmes.

329. — C. Lloydii.

Etalé interrompu, très mince, céracé, puis crustacé, très adhérent, jaune doré clair, puis vert bronze, érugineux, olivacé ;

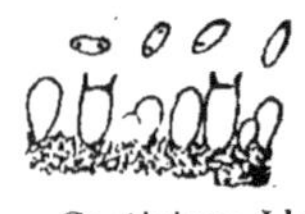

65. — *Corticium Lloydii* Bourd. et Galz.

bordure indéterminée. — Hyphes complètement indistinctes, ne formant qu'une couche mince, granuleuse, vert foncé, sur le substratum ; basides ellipsoïdes, 9—12×4,5—6 μ, à 2 stérigmates longs de 2,5—3 μ ; spores oblongues subcylindriques, quelquefois atténuées à la base, 5—6×2,5—3 μ, hyalines avec deux granules polaires, vert foncé. (*Fig. 65*).

Sur bois de pin, rare ; Bygget (Suède) C. G. Lloyd, n. 131.

Nous n'avons vu qu'une récolte de ce champignon, mais ses caractères sont tellement tranchés qu'ils sont une garantie de sa validité. Il n'est pas étonnant que ce *Corticium*, peu étendu, extrêmement mince, de teinte sombre, ait échappé aux regards des Mycologues ; mais, signalé à leur attention, il est très probable qu'il sera retrouvé.

330. — C. gemmiferum Hym. de Fr., III, n. 180.

Etalé, mince, subcéracé, puis aride, très adhérent ; bordure pruineuse ou fibrilleuse radiée ; hyménium pâle teinté d'incarnat vermillonné, ponctué (à une forte loupe) de granules brillants, bai-pourpré, lisse ou veinulé par des cordons rameux, qui se prolongent çà et là à la bordure en rhizoïdes fauves ou testacés. — Hyphes à parois minces, peu distinctes, 1—5 μ, les basilaires parallèles en couche de 9—18 μ d'épaisseur ; hyphes des cordons 2—4 μ, fasciculées ; basides 11—16—24×4,5—7 μ, à 2—4 stérigmates longs de 3—4,5 μ. ; spores obovales oblongues, quelquefois subfusiformes un peu rétrécies au sommet et atténuées aiguës à la base, 4,5—6—9×2—4—5 μ, (rarement un peu déprimées). Masses résineuses bai-pourpré, 3—8 μ d. à l'extrémité d'hyphes hyméniales et quelquefois dans la trame. (*Fig. 66*).

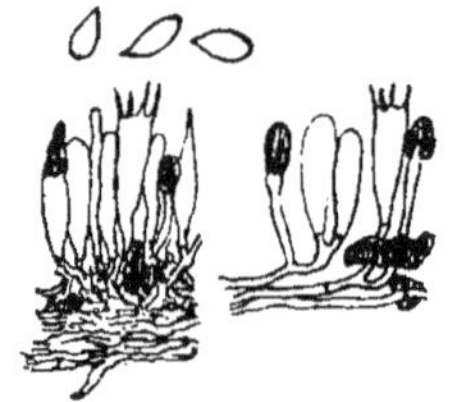

66. — *Corticium gemmiferum* Bourd. et Galz.

Toute l'année. Dans les haies épaisses, sur tiges desséchées d'herbes et sur brindilles pourries, chêne, aune, coudrier, ronce,

genévrier, etc. Pas rare, mais peu abondant, dans l'Allier ; Aveyron ;
Saône-et-Loire (F. Guillemin) ; Var (A. de Crozals).

La matière résinoïde est d'abord contenue soit dans les hyphes hyméniales qui sont assez nombreuses, soit dans des organes qui ressemblent à
de jeunes basides, sous forme de suc nébuleux de teinte foncée ; elle se dépose ensuite à l'extérieur, au sommet de ces organes soit en sphérules, soit
en forme de capuchon incrustant. Elle n'est soluble à froid ni dans les solutions alcalines, ni dans les acides acétique, chlorhydrique, nitrique. A chaud,
l'acide lactique l'émulsionne en gouttelettes huileuses.

331. — *C. thymicolum.*

Crustacé aride, adhérent, pulvérulent puis épaissi et très
finement fendillé-poré, ocre foncé ; bordure similaire atténuée, ou
étendue blanche, subbyssoïde, satinée, très ténue. — Hyphes
$0,5$—1 μ, en trame peu épaisse densément enchevêtrée et agglutinée, plus ou moins teintée de jaunâtre ; basides 13—15—$20\times4,5$
—6υ, à 2—4 stérigmates droits, longs de 3—4 μ, en hyménium peu
dense, accompagnées d'hyphes paraphysoïdes simples et de rares
basides fusoïdes ; spores obovales ou oblongues atténuées à la base,
rarement subfusiformes, 4—$4,5$—7×3—4 μ.

Avril-Mai et Novembre. Sur tiges de thym ; trouvé assez abondamment sur la falaise sud du Causse Noir, pays calciné, où ne
poussent que quelques rares thyms et lavandes ; récolté aussi à
Navadou sur la falaise nord du Larzac, très sèche aussi. Il est
probable que le champignon se trouverait partout où le thym
pousse dans ces conditions ; mais ces recherches sont très péni-
bles : le champignon est peu apparent et il faut arracher un grand
nombre de souches pour le trouver.

S. 8. — ALEURODISCIFORMIA. — Ces deux espèces ont l'as-
pect extérieur des *Aleurodiscus* : crustacés subpulvérulents, à
contour net ; mais ils n'en ont pas la structure, qui est celle de
Corticium, avec trame tout-à-fait indistincte. (332-333).

332. — **C. crustaceum** (Karst.) v. Hoehn. et Lit., Beitr.,
1906, p. 12. — *Xerocarpus* Karst. in Hedw., 1896. — *Specim.*
orig. !

Crustacé aride, subpulvérulent, mince, inégal, très adhérent ;
bordure similaire ou farineuse, blanche ; hyménium lisse, blanc à
crème jaunâtre, subcéracé (sur le frais), peu ou pas fendillé. —
Hyphes à parois minces, peu régulières, 2—3 μ, peu abondantes,
la plupart cohérentes indistinctes, avec gros cristaux d'oxalate
de chaux dans la trame ; basides 14—$18\times4,5$—8 μ, à 4 stérigmates
subulés, droits, 4—$6\times1,5$—2 μ ; spores ellipsoïdes, souvent atté-

nuées brièvement et obliquement à la base, ou très légèrement aplaties latéralement, 4—7×3—5 μ.

Sur écorce de peuplier et de tremble, Finlande.— Aspect de *C. serum* ou de *Aleurodiscus acerinus*.

333.— C. commixtum v. Hœhn. et Lit., Beitr., 1907, p. 83, f. 9.— *C. acerinum* var. *quercinum* et *dryinum* Pers. et Auct. p. p.

Irrégulièrement étalé interrompu, crustacé pulvérulent, mince, plus turgescent en végétation, très adhérent, blanc de craie à blanc jaunâtre, ordinairement à bords nettement limités, quelquefois insensiblement évanescents; hyménium lisse, à la fin fendillé.— Trame farcie de cristaux d'oxalate de chaux, peu épaisse, à hyphes indistinctes (après lavage par HCl, hyphes en trame serrée, fragiles, 1,5—3 μ); hyménium assez régulier, formé de basides jeunes étroites et de basides fertiles claviformes, 20—45 ×6—9 μ, à deux stérigmates cylindriques puis subulés, 6—12 ×2,5 μ, rarement accompagnés d'un troisième stérigmate rudimentaire; spores oblongues ellipsoïdes, brièvement atténuées à la base et apiculées, 8—10—12×4—6—7 μ, blanches en masse.

Hiver, après période de température douce et pluvieuse. Sur écorces de chêne ; Aveyron.

Ce champignon ne peut se distinguer à l'œil nu de *Aleurodiscus acerimus* et ses variétés, ni de *A. dryinus* qui ont une structure microscopique toute différente.

S. 9.— CERACEA.— Espèces céracées molles, puis indurées, très adhérentes, très peu cohérentes; hyphes molles, distinctes, ordinairement bouclées, ou indistinctes.

a) *Spores grandes, largement ellipsoïdes ou globuleuses ; céracés (334-336).*

334.— C. confluens Fr., Epicr.; Hym. eur., p. 655.— Quél., Soc. bot., 1879, p. 231; Fl. myc., p. 7.— Bres., Hym. Kmet., 167.— *Thelephora epidermea* Pers., M. E., I, p. 136.— *Cort. padinum, cæsio-album* Karst. — *Xerocarpus levissimus* Karst. p. p.— *C. gilvescens* et *tephroleucum* Bres.

Arrondi, confluent, céracé mou, adhérent, hyalin glaucescent, crème incarnat, bleuâtre sur le frais, puis blanc de lait, blanc crème, crème alutacé en séchant, lisse, rarement fendillé ; bordure nulle, pruineuse ou pubescente, plus ordinairement byssoïde radiée ou soyeuse.— Hyphes à parois minces, 1—3—4,5 μ, à boucles éparses, souvent assez rares, les basilaires parallèles, plus persistantes, les moyennes et subhyméniales souvent collapses indistinctes; basides 20—45—80×4—8—12 μ, à 2—4 stérigmates longs de 5—9 μ; spores largement ellipsoïdes ou subsphériques. 6—9—12×5—7—9 μ, à contenu finement granuleux ou nébuleux.

Toute l'année, surtout hiver. Sur souches, branches tombées ou sur l'arbre, bois travaillés, carbonisés, à feuilles et à aiguilles. Assez lignivore, avec pourriture blanche.

Très commun et très variable, mais variétés difficiles à caractériser et passant de l'une à l'autre. Même en herbier, il se comporte de façons très diverses, restant crème ou pâle, ou bien prenant une teinte jaunâtre, isabelle ou incarnat très vif. Cette diversité de teinte se rencontre sur des échantillons provenant d'un même mycélium.

Radulum membranaceum (Bull.), tel qu'on le trouve sur les branches de chêne en forêt, malgré son aspect si différent, a la même consistance, la même structure et la même spore que *C. confluens*, et sur les branches morte des haies, on peut suivre assez fréquemment le passage de la forme *Corticium* à la forme *Radulum*; nous avons en herbier les deux formes contiguës sur une même branche et apparemment issues d'un même mycélium.

335. — C. Rickii Bres. in Rick, Œst. Bot. Zeitsch., 1898, p. 2.

Arrondi, puis confluent, céracé, puis induré, crème blanchâtre, hyalin, puis pâle; marge pruineuse ou radiée, bientôt à contours nets. — Hyphes irrégulières, à parois minces, souvent indistinctes; basides (18)—30—45 ×7—11 μ, à 2—4 stérigmates droits ou flexueux, longs de 5—8 μ; spores sphériques, 7—9 (—10) μ, avec apiculum très distincts à la base, contenu homogène. (*Fig. 67*).

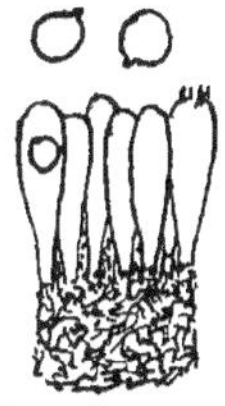

67.— *Corticium Rickii* Bres.

Hiver, print.; sur buis (et sphériacées), clématite, prunier, racine de bruyères; Aveyron, Allier.

Notre plante ne s'éloigne de la description originale que par la consistance, qui est dite membraneuse molle; sous ce rapport tous nos échantillons sont de même consistance que *C. confluens*, mais plus crustacés sur le sec. Affine à *C. confluens*, mais facilement distinct.

336. — *C. minutissimum* v. Hœhn. et Lit., Oesterr. Cort., 1907, p. 65. — *Specim. orig.!*

Toujours petit, 2,5×1,5 mm., arrondi ou irrégulier, céracé, mince, très adhérent; bordure similaire, nettement limitée; hyménium continu, lisse, pâle, gris jaunâtre clair avec très léger reflet verdâtre. — Hyphes peu distinctes, 2—5 μ, irrégulières, à parois

minces, sans boucles ; basides 25—30×8—12 μ, ordinairement à
2 stérigmates droits, 8—12×2—4 μ ; spores subglobuleuses ou largement obovales, obtusément atténuées à la base, de dimensions
assez variables, 7,5—16×7,5—9(—12) μ.

Octobre. Vieilles écorces d'orme, érable, Autriche.

Les auteurs comparent leur espèce à *C. commixtum* et *Aleurodiscus
acerinus* ; c'est un champignon céracé du groupe de *C. confluens* et particulièrement affine à *C. Rickii* dont il a toute la structure.

b) *Spores obovales, oblongues, subcylindriques, souvent
déprimées ; basides étroitement claviformes. Espèces céracées
molles, parfois presque gélatineuses, très affines et de détermination souvent difficile. (337-348).*

337. — C· prætervisum.

Céracé, mince, adhérent, fendillé et contracté sur le sec ;
subiculum fibrilleux-agglutiné, distinct dans les parties plus épaisses ; hyménium blanc de lait, taché de fauve livescent dans les
parties froissées ; bordure subsimilaire, un peu fibrilleuse. —
Hyphes enchevêtrées très serrées, 2—3 μ, les supérieures indistinctes ; basides 15—30×4,5—5 μ, à 4 stérigmates droits, longs de
4—5 μ ; spores ellipsoïdes, très légèrement déprimées latéralement
et très brièvement atténuées obliquement à la base, 6—9×3,5
—5 μ.

Mai-Juillet. Sur bois et planches de peuplier, Aveyron.

338. — C. expallens Bres., Fungi gall., p. 43.

Largement étalé, céracé tendre, mince, très adhérent, sub-
hyalin-glaucescent ou incarnadin, puis blanc, blanchâtre, pâle,
chocolat-crème, crustacé aride, rarement fendillé ; bordure très
étroite, pubescente ou similaire, ordinairement nettement limitée,
restant longtemps lilacée, vineux clair, puis concolore ou brunâtre. — Hyphes à parois minces, boucles espacées, en trame très
serrée mais non cohérentes, 2—3,5 μ ; basides 12—25—45×3—4
—7 μ, à 2—4 stérigmates droits, longs de 3—4 μ, accompagnées
de basides stériles claviformes, éparses, atteignant 60—70×4,5
—7 μ, et émergeant jusqu'à 15—18 μ ; spores oblongues, obliquement apiculées et un peu déprimées latéralement, 5—8×2,5—3 μ.

Toute l'année, surtout été, automne. Sur souches ou troncs
abattus depuis 4-5 ans, pénétrés d'humidité : peuplier, saule, marsaule, aune, coudrier, pommier, frêne ; Allier, Aveyron.

var. **albo-glaucum** Hym. de Fr., III, n. 183.

Etalé, interrompu en petites plaques subarrondies, irrégulières, 0,5—2 cm., céracé aride, glabre, blanc glauque, puis blanc

de lait ou crème, un peu fendillé sur le sec ; bordure nettement limitée, subpruineuse. — Hyphes indistinctes ; basides 12—15×4,5 —6 μ, à 2—4 stérigmates droits, longs de 3—4 μ. ; spores oblongues subfusiformes, 6—7×3—3,5 μ.

Eté, automne. Sur écorces et bois cariés en haut des troncs de saule (têtards) ; Allier.

339. — C. pallido-virens.

Etalé, très adhérent, mince, céracé, lisse, puis très dur et un peu fendillé, vert glauque dès le début, ou blanc pâle puis glauque ; bordure très légèrement byssoïde pruineuse. — Hyphes 3— 6 μ, à parois minces, bouclées, très serrées, ordinairement peu distinctes, en trame spongieuse, les basilaires plus nettes, non parallèles au substratum ; basides 18—27×5—6 μ ; spores oblongues, à peine déprimées latéralement et très brièvement atténuées obliquement à la base, 4—7×2,5—4 μ.

Mai 1922 et 1923. Sur vieux bois de buis pourrissant dans des endroits ombragés, Trou d'Enfer, près Millau. — Mai 1922. Sur branches décortiquées de coudrier, Tyrol (V. Litschauer).

Cette espèce a été récoltée à peu près simultanément en France et en Autriche. Nous avons proposé à M. Litschauer de lui donner un nom : il avait suggéré *C. viride-salebrosum*. Si ce nom n'a pas été publié, nous lui préférerions celui de *pallido-virens* qui aurait l'avantage de rappeler *C. pallido-livens*, tout en différenciant ces deux espèces qui ont l'une et l'autre un hyménium très lisse, très uni, presque glacé, les inégalités de la surface, quand elles existent, étant dûes à des particules de bois ou de terre recouvertes par le champignon.

340. — C. roseo-pallens Burt in Lyman, Bost. Soc. Nat.

Hist., 33, p. 173, pl. 20, f. 56-73 ; Thel. N. Am., XV, p. 240. — *C. rubropallens* Bres. F. polon., p. 97. — Bourd. et Galz., Hym. de Fr., n. 196. — *C. incrustans* v. H. et L., Beitr., 1906, p. 54. — *C. subtestaceum* Bourd., Rev. sc. du Bourb., p. 10.

Irrégulièrement étalé puis confluent. céracé, incrustant, très longtemps interrompu-poré ou finement réticulé à la loupe, subhyalin blanchâtre, teinté de rose ou crème testacé ; bordure pruineuse ou similaire, rarement fibrilleuse radiée. — Hyphes à parois minces ou un peu épaissies, bouclées, 3—4,5 μ, les basilaires en trame lâche, les entoxyles similaires, 4—6 μ ; basides 11—15—24 × 3—6 μ, à 2—4 stérigmates droits, longs de 3—4 μ : spores subcylindriques arquées, 4—6—7×1,5—3 μ.

Toute l'année ; très fertile dès le début : dans les parties minces les basides naissent presque sur le substratum. Sur troncs et bois mort ; peuplier, aune, chêne, cerisier, châtaignier, ronces, sphériacées, mousses et lichens ; tantôt sur bois très humides, presque dans l'eau, tantôt dans des endroits très secs; Allier, Aveyron.

Nous avons étudié : 1° un échantillon récolté par Burt (sur hêtre et Polypore), qu'il avait d'abord identifié avec le type de *C. rubropallens* Schweinitz, mais qu'il en sépare maintenant sous le nom de *C. roseopallens ;* 2° le type des *Fungi polonici* (sur aune, Eichler); 3° un fragment du type de *C. incrustans* v. H. et L. (incrustant les mousses, Bosnie) : il n'y a pas de différences bien appréciables entre ces plantes. L'espèce s'adapte à des conditions de milieu très différentes : l'ayant d'abord récoltée sur peuplier très humide, assez épaisse et céracée molle, puis sur les débris des haies brûlées par le soleil, mince, sèche, pulvérulente, nous avions cru à une espèce différente *(C. subtestaceum).* De nouvelles et nombreuses récoltes nous ont permis de relier ensemble ces diverses formes avec celles que nous apportons en synonymie.

341. — C. flavo-croceum Bres. — Hym. de Fr., III, n. 193.

Largement étalé, adné, céracé, mou, puis induré, jaune clair, (rarement olivacé), puis ocracé ou testacé; bordure ordinairement similaire; mycélium sulfurin ou jonquille. — Hyphes 2—4 μ, agglutinées, rarement distinctes; basides 12—20—30×3—6 μ, à 2—4 stérigmates droits, longs de 2,5—5 μ ; rares hyphes paraphysoïdes; spores oblongues, parfois déprimées latéralement, 4,5—5,5×2—3 μ, 1—2-guttulées.

Toute l'année. Sur bois pourrissants, peuplier, cerisier, pommier, prunier, chêne ; Aveyron, Tarn. Pourriture blanc jaunâtre ou blanche pointillée de jaune par le mycélium, non filamenteuse.

Le mycélium jaune tourne à pourpre violet au contact des solutions alcalines ; il est surtout visible dans les fentes du bois ou dans les galeries d'insectes, mais il est rarement étalé en bordure.

Nous avons reçu récemment de M. Romell un fragment authentique du *C. flavo-ferrugineum* Karst., Hedw., 1895 ; Sacc., XIV, p. 215 *(in ligno putrido pini*, 20 VII 1888, leg. O. Karsten, determ. P. A. Karsten), et une récolte du même (sur pin, Femsjo, 14 XII 1910) faite par M. Romell.

Il tend à identifier ces plantes avec le *C. seriale* Fr. Elles sont certainement différentes du fragment de *C. seriale*, que M. Bresadola nous a communiqué comme étant l'original de Fries ; mais *C. flavo-ferrugineum* semble assez voisin de *C. flavo-croceum*, quoiqu'il n'ait été récolté que sur conifères et qu'il ait une teinte et un aspect un peu différents. *C. flavo-ferrugineum* se colore en entier en purpurin au contact de l'ammoniaque, tandis que dans *C. flavo-croceum* il n'y a que le mycélium sulfurin qui donne cette réaction. Les deux spécimens de *C. flavo-ferrugineum* n'ont donné à l'examen microscopique ni spores, ni basides, ni aucun caractère permettant la comparaison avec *C. flavo-croceum*.

342. — C. deflectens Karst., Auct.

Le *C. deflectens* est un groupe d'espèces très affines, différant par les dimensions de la spore, et par la structure de la trame, qui est tantôt formée d'hyphes toutes cohérentes indistinctes, ou avec des hyphes basilaires plus ou moins parallèles et distinctes, tantôt formée d'hyphes en majeure partie distinctes et assez lâchement enchevêtrées. Toutes ces formes ont, plus ou moins accusé, le caractère commun de s'étaler largement en une bordure qui s'amincit insensiblement en même temps qu'elle prend une teinte de moins en moins foncée, du centre à la périphérie. C'est, croyons-nous, ce que Karsten a voulu indiquer par le mot *deflectens*. Mais les larges plages défléchies dont il parle, ne sont pas stériles : elles sont constituées par des basides à divers âges, reposant presque directement sur le substratum ; elles répondent, selon nous, aux formes minces dont nous avons parlé à propos du *C. lividum*.

Nous avons identifié par comparaison quelques spécimens français avec les formes décrites ci-dessous, mais nous n'avons guère que des récoltes isolées, dont nous n'avons pas pu suivre le développement en nature. Le mode de lésion reste également douteux : cette lésion semble peu active ; en tout cas, nous n'avons pas observé la pourriture rougeâtre de *C. lividum*, ni la lésion filamenteuse de *C. umbratum*.

1) Grandinia deflectens Karst., Symb. Myc. Fenn., IX, p. 50. — Sacc., VI, p. 503. — *Specim orig.!*

Largement étalé, indéterminé, très adhérent, céracé, argileux, pâle jaunâtre, passant à subocracé, crème isabelle ou gris jaunâtre clair, parsemé de petites papilles éparses. à la fin induré et finement fendillé ; bordure pâle, plus ou moins continue ou porée. — Trame d'aspect granuleux à éléments indistincts ; hyphes subhyméniales 2 μ, rarement distinctes ; basides 18—25×3—3.5 μ ; hyphes paraphysoïdes 3—4 μ d., émergeant jusqu'à 20 μ, éparses ou absentes ; spores obovales ou oblongues, 3—4,5×3—3,5 μ.

Sur tremble. Finlande (KARSTEN).

2) Corticium deflectens Karsten, *specim. auth.* — Bres., Fungi polon., p. 94. — Hym. de Fr., III, n. 191.

Céracé puis rigescent corné, blanchâtre pâle, ocracé, testacé clair, fauvâtre, chocolat clair, un peu pruineux, les bords restant pâles ; marge étroite pubescente. — Hyphes 2—4 μ, les basilaires distinctes, en couche parallèle plus ou moins épaisse, à parois minces, bouclées, les moyennes et subhyméniales cohérentes, indistinctes ; basides 15—20—30×4—6 μ, à 2—4 stérigmates longs de 3—4 μ ; spores oblongues ou subelliptiques, ordinairement atténuées brièvement et obliquement à la base, 4—8×2—4 μ, souvent pluriguttulées.

Sur peuplier. Finlande (KARSTEN) ; sur saule, Pologne (EICHLER). — Eté ; sur souches et branches tombées, peuplier, saule, coudrier, chêne, hêtre, genêt ; Aveyron, Allier ; Saône-et-Loire (abbé GIRARD).

Forme : *hederae*. — Céracé mou, mince, lisse ou papillé, pâle, ocracé ou isabelle, revêtu en partie ou entièrement d'une pruine grisâtre, très finement fendillé-poré, à la fin grisâtre, fauve, rougeâtre, quelquefois livescent et vernissé à l'arrière-saison. Hyphes 2—3 μ, tantôt assez distinctes, bouclées, tantôt confuses ; spores 4—6×2—3 μ, 1—2-guttulées, blanc mat en masse. — Débute en mai, meurt avec les premiers froids et disparaît pendant l'hiver. Sur tiges arrachées et vermoulues de lierre, d'où il passe par contact à l'aune ; Aveyron.

Cette forme, quoiqu'un peu plus molle, répond assez bien au spécimen d'Eichler ; elle a été suivie de 1912 à 1920. Les bois attaqués sont gorgés d'eau et la végétation est très active ; elle vient aussi dans des localités très sèches : elle pousse alors moins activement, mais elle reste bien pareille. La pourriture est blanchâtre et à la longue très dévorante, mais le bois de lierre est tendre et se laisse facilement attaquer.

3) C. deflectens Bres. *in specim. ex* Romell.

Étalé arrondi, puis confluent, membraneux-céracé, adhérent ; hyménium lisse, continu subpruineux, blanc, crème chamois, jaune grisâtre, puis chamois roussâtre, en allant de la bordure au centre ; bordure étroite blanche, pubescente subradiée. — Hyphes 2,5—3,5 μ, bouclées, régulières, distinctes, les basilaires plus ou moins parallèles au substratum, les supérieures ascendantes, la plupart fortement incrustées granuleuses, les subhyméniales obscurcies par une matière granuleuse brunâtre abondante ; basides 15—24—40×4—5 μ, à 2—4 stérigmates, longs de 3—4 μ ; spores subcylindriques subdéprimées et brièvement atténuées obliquement à la base, 6—8×2—2,75 μ.

Sur saule, Suède, L. Romell ; C. G. Lloyd, n. 8350. — Spécimens mal caractérisés et douteux, Allier, Aveyron.

4) C. cremeo-ochraceum Hym. de Fr., III, n. 194 B.

Étalé, très adhérent, céracé, puis induré, très fendillé, largement crème aux bords, passant insensiblement à crème ocracé, puis ocre chamois vers le centre ; bordure blanche, pubescente ou byssoïde frangée. — Hyphes 2,5—4 μ, assez distinctes, les inférieures à parois un peu épaissies, à boucles très rares, subarticulées aux cloisons, incrustées de petits cristaux aciculaires, les subhyméniales plus serrées ; basides 21—30—60×4—5 μ, à 2—4 stérigmates longs de 4—5 μ ; spores oblongues subcylindriques, légèrement déprimées latéralement, 5—8×3—4 μ.

Printemps ; sur branches de frêne et de hêtre ; environs de Millau.

343. — C. seriale Fr., Epicr., p. p. — *C. seriale* Fr. *specim.
orig.!*

Etalé, céracé, adhérent, mince, réticulé-subfendillé, puis lisse
et continu, fendillé sur le sec, noisette, chamois, isabelle, testacé,
puis lilacé plus ou moins livescent et chocolat ; bordure plus
claire, pruineuse ou très finement fibrilleuse. — Hyphes agglutinées, rarement distinctes (1—4 μ), les basilaires et mycéliales jusqu'à 6 μ ; basides 18—26—30×3—5 μ, à 2—4 stérigmates longs de
3 μ ; spores ellipsoïdes oblongues ou obovales, 3—4,5×2—2,5 μ,
souvent 1—2-guttulées.

Toute l'année. Sur bois dénudé de pin, Suède (FRIES. — C. G.
LLOYD, n. 235). Sur pin silvestre, Causse Noir : Bapaume, Cade,
Carbassas ; sur sapin, Cormatin, S. et L. (F. GUILLEMIN).

Ce *Corticium* ne peut rester confondu, sous un même nom, avec le *C.
subseriale*. Nous conservons le nom friesien à l'espèce qui répond à l'exemplaire original de Fries, dont M. Bresadola nous a donné un fragment. Elle
est facile à distinguer surtout par l'absence constante de cystidioles et par
sa petite spore. Aussi le *C. cacao* Karst., specim. orig.! qui semble avoir le
même aspect à l'état vieux, à cause de sa spore subcylindrique, 4,5—7×2,5
—3 μ, serait peut-être à rapprocher de *C. lividum* ? Au contraire, *C. lilascens*
qui n'a pas de caractères distinctifs bien nets, peut être considéré comme une
forme de *C. seriale* particulière aux arbres feuillus ; mais elle ne vient pas
des conifères aux feuillus par contact.

C. lilascens Bourd., Rev. sc. Bourb., 1910, p. 11 ; Hym. de Fr., III,
n. 192. — Peu étendu, céracé tendre, mince, adhérent, lisse, crème jonquille
ou isabelle, rigescent fragile et devenant lilas et finement fendillé en vieillissant. Hyphes 3—5 μ ; basides 14—21×3—5 μ ; spores subelliptiques, rarement déprimées, 3—4,5×1,5—2,5 μ, souvent 2-guttulées.

Eté, automne ; sur troncs et branches pourrissants, cerisier, chêne ;
Allier.

344. —, C. subseriale. — *C. seriale* Fr., Epicr. ; Hym. eur.,
p. 653, p. p.— *Kneiffia serialis* Bres., F. polon., p. 101. *Specim.
auth.! — Cort. sordidum* Brinkm., Exs.! p. p., non Karst.

Souvent étalé en séries longitudinales, céracé, pâle, alutacé,
isabelle, glaucescent, très fendillé sur le sec, et ocracé, fauvâtre,
testacé, chocolat, glauque-cendré, bleuâtre-vineux, plus rarement
glacé rigescent et brun livide ; bordure étroite, pubescente, blanche, variable. — Hyphes souvent cohérentes à parois minces ou
un peu épaissies, boucles éparses, 2—5 μ ; les hyphes du subiculum, quand il est pubescent, bien développé, sont à parois minces,
distinctes, 3 μ env. ; basides 12—27—40×3—4,5—5,5 μ, à 2—4
stérigmates longs de 4—7 μ ; cystidioles constantes, du même diamètre que les basides, ordinairement nombreuses, émergentes
jusqu'à 35 μ ; spores subcylindriques déprimées ou un peu arquées
et atténuées obliquement à la base, 4,5—6—7,5×1,5—2,75 μ.

Toute l'année. Sur bois de pin, même carbonisés ; commun sur les Causses, rare dans le Centre. — Pourriture ocracée, sèche, plus ou moins active.

Quoiqu'elle soit généralement plus robuste, cette espèce a à peu après le même aspect que *C. seriale*, et il est probable qu'elle a été confondue avec lui, par Fries, dans une même description. Elle présente toutefois, dans sa structure micrographique, des différences notables et constantes, et elle doit en être séparée spécifiquement.

F^a *cerasi*. — Spores cylindriques arquées, 6—7×2—2,5 μ ; hyphes basilaires à parois épaisses. Sur cerisier carbonisé. Aspect de *C. subseriale* plutôt que de *C. ochraceo-fulvum*.

345. — *C. ochraceo-fulvum* Hym. de Fr., III, n. 194, C.

Céracé, puis induré, très adhérent, lisse ou tuberculeux, parsemé à la loupe d'atomes micacés, ou bien revêtu d'une pruine grise ou bleuâtre, fendillé sur le sec, isabelle, ocre ou fauve-testacé ; bordure pubescente ou similaire. — Hyphes 3-5 μ, à parois minces, boucles rares, en trame serrée, souvent cohérentes et indistinctes, englobant de l'oxalate de chaux en gros cristaux ; hyphes basilaires (parfois à parois légèrement épaissies) et entoxyles plus distinctes ; basides 12—21—30×4—5,5—7 μ, à 2—4 stérigmates droits, longs de 4—5 μ ; cystidioles constantes, 35—45—60×4—6 μ, à parois minces, émergentes de 15—40 μ ; spores oblongues subcylindriques, déprimées latéralement et atténuées très brièvement et obliquement à la base, 5—6—8×2,5—4,5 μ, blanc opaque en masse.

Toute l'année. Assez fréquent sur bois dénudés de coudrier, aubépine, châtaignier, aune, chêne, hêtre, poirier. Pourriture blanche active.

Plante toujours assez uniforme comme aspect et comme structure. Sa végétation passe par un *optimum* en mai, avec ralentissement de décembre à mars, mais elle est de toute l'année et on la trouve en belle végétation même en plein été. On pourrait peut-être la regarder comme une forme de *C. subseriale* venant sur arbres à feuilles, mais elle n'est sûrement pas transmise des conifères aux feuillus par contagion ; et malgré la similitude que peuvent présenter certains spécimens, il y a pour l'ensemble une assez grande différence d'aspect et les éléments hyméniens sont sensiblement plus allongés et plus étroits dans le *C. subseriale*.

346. — *C. umbratum*.

Largement étalé, très adhérent, céracé mou, mince, pruineux, pâle jaunâtre, gris ou testacé clair, puis épaissi, roussâtre, fauve briqueté, brun vineux ou livide rougeâtre, induré ou subliquescent ; bordure similaire pruineuse ou pubescente. — Hyphes basilaires 4—5 μ, parallèles, cohérentes peu nombreuses, les moyennes et supérieures 2—3 μ, ascendantes, cohérentes, peu distinctes, à boucles éparses ; basides 18—24—45×4—5 μ, à 2—4 stérigmates grêles, longs de 3—4,5 μ ; cystidioles fusiformes ou cylindriques, émergeant jusqu'à 18—36 μ, souvent absentes : spores oblongues, brièvement et obliquement atténuées à la base, 3—5× 2—3 μ, souvent 1-guttulées.

Toute l'année, en végétation active par les temps doux et humides. Sur bûche de chêne abritée, St-Priest ; d'abord très ténu mais bien fertile, puis en larges plaques plus ou moins épaisses ; observé de 1913 à 1920, jusqu'à épuisement du bois réduit en filaments. Il avait gagné un tronc de coudrier à proximité : il y a végété pendant quelque temps, puis a disparu.

2. testaceo-castaneum. — Mince céracé, puis ramolli-gélatineux, rose testacé puis gris ou châtain, brun fulvescent sur le sec, nu ou pruineux ; bordure nulle. Hyphes 2-3 μ cohérentes, ascendantes, peu distinctes ; basides 24—40×4—4,5 μ, à 2—4 stérigmates grêles, longs de 4—4,5 μ ; pas de cystidioles ; spores oblongues, brièvement et un peu obliquement atténuées à la base, 3—5×2—3 μ. Végétation de août à novembre ; sur peuplier, ordinairement à l'intérieur des souches. Pourriture très active, franchement filamenteuse. Observé de 1917 à 1920.

3. griseo-livens. — Plus pâle, gris hyalin, isabelle, pruineux, moins mou ; bordure pruineuse ou fibrilleuse évanescente. Hyphes 2—3 μ, ascendantes, serrées ou cohérentes, les basilaires horizontales, peu abondantes, à parois minces, (sans boucles) ; basides 22—28×4—4,5 μ ; pas de cystidioles ; spores ovoïdes ou oblongues subdéprimées, 3,5—5×2,5—3 μ. — Végétation de juin à novembre ; sur écorces et bois de tremble. Pourriture filamenteuse. Observé de 1911 à 1915. Très près de *C. lividum*, dont il diffère surtout par le mode de lésion.

4. Juglandis. — Largement étalé, céracé mou, gris foncé, pruineux, puis livide rougeâtre, mince, adhérent, parfois déliquescent. Hyphes 2—3 μ, les moyennes ascendantes, peu distinctes, les basilaires flexueuses, à boucles éparses ; basides 15—24—33× 4—5 μ, à 2-4 stérigmates grêles, longs de 4—4,5 μ ; cystidioles clairsemées, fusiformes, émergeant de 18—36 μ, quelquefois absentes ; spores ovoïdes ou oblongues, à peine aplaties latéralement, 4—5×2—3 μ, quelquefois 1-guttulées. — Végétation de mars à novembre ; sur noyer. Grande vitalité et pourriture active filamenteuse. Observé en de nombreuses localités de 1908 à 1918.

C. umbratum et ses diverses formes sont probablement confondues avec *C. lividum* : elles en diffèrent notamment par leur mode de pourriture tout différent, et elles sont plutôt affines avec *Gloeocystidium insidiosum*.

347. — C. pallido-livens Hym. de Fr., III, n. 190.

Étalé, arrondi puis confluent, céracé mou, glabre, crème, pâle, crème isabelle, subliquescent ou rigescent-corné sur le sec et jaunâtre-isabelle à châtain, quelquefois fendillé-aréolé par plages ; bordure large plus pâle avec extrême marge blanche, pubescente, ou byssoïde-muqueuse. — Hyphes 2—4 (—6) μ, les basilaires distinctes, bouclées, à parois minces, plus ou moins gélatineuses, les supérieures ordinairement agglutinées ; basides 15 . 25—40×4—6,5 μ, à 2—4 stérigmates droits, longs de 4—5 μ ; pas de cystidioles ; spores oblongues ou elliptiques, subdéprimées latéralement et assez souvent atténuées à la base ou obliquement, 5—6—9×2,5—4,5 μ.

Toute l'année. Sur bois et écorces de pin silvestre, pin noir d'Autriche, sapin pectiné ; Aveyron, Allier, Côte-d'Or, Vosges ; Tyrol autrichien (LITSCHAUER).

Cette espèce diffère de *C. seriale* par sa large bordure pâle, son aspect glacé (elle est souvent réduite, à l'état sec, à une simple tache vernissée sur le bois). et par sa spore du double plus grande ; de *C. subseriale* par l'absence de cystidioles, et sa spore plus large et moins cylindrique ; des diverses formes de *C. deflectens*, par sa consistance plus molle, plus sensible aux conditions hygrométriques, déliquescente par les temps humides. La plante se récolte le plus souvent sur des branches tenant encore à l'arbre ; c'est un lignivore très peu actif : le bois reste blanchâtre ou n'est pas attaqué.

348. — C. lividum Pers. — Fr., Hym., p. 652. — *Phlebia* Bres., Hym. Kmet., p. 105. — *Thelephora viscosa* Pers., Syn., p. 580.

Largement étalé, céracé-subgélatineux, gris hyalin, bleuâtre pruineux ou teinté de rougeâtre, subliquescent et glacé adhérent, ou bien rigescent en membrane cornée, qui se contracte ou se déchire, mais se fendille rarement ; bordure nulle, similaire ou blanche fimbriée fugace. — Hyphes serrées, les basilaires à parois épaissies gélatineuses, 3—5 μ, avec boucles assez rares, les supérieures 2—3 μ, rarement distinctes ; basides 15—25—34×3—4,5 μ, à 2—4 stérigmates droits, longs de 3 μ env. ; spores oblongues elliptiques, ou plus allongées subcylindriques déprimées latéralement, 3—6×1,5—3 μ.

Toute l'année. Sur souches, bois mort d'arbres à feuilles ou à aiguilles ; pas rare. Lésion très active et caractéristique, sèche et un peu rougeâtre ; lorsque le cortice est bien venu, elle suffit à le faire reconnaître.

Varie : 1º : lisse, bleuâtre ou purpurescent ; état jeune.

2º : *odontioïde*. Les accidents de la surface sont dûs le plus souvent à des amas d'oxalate de chaux granuleux, qui se rencontrent dans presque tous les spécimens âgés.

3º : *phlébioïde*. Tuberculeux au centre, rugueux radialement. Confine à *Phlebia*.

4º : *hemileucum*. Poré-mérulioïde sur le frais, puis lisse, charnu céracé peu épais, ombre clair avec large bordure blanche aranéeuse ou subpelliculaire. Hyphes 2—4 μ ; spores ellipsoïdes, 1-guttulées, 3—3,5×2,5 μ. — Décembre, sur chêne très pourri, Aveyron.

C. lividum débute souvent par une couche étalée très mince, céracée ou pruineuse. Les basides naissent sur des hyphes qui rampent sur le substratum, mais elles sont déjà bien fertiles et donnent des spores en général plus petites, ovales ou ellipsoïdes. Quelques unes de ces formes minces, observées pendant assez longtemps, ont fini par prendre l'aspect normal de l'espèce. D'un autre côté, les conditions atmosphériques peuvent modifier considérablement l'aspect de cette espèce, tantôt céracée assez ferme, tantôt subgélatineuse ou subliquescente, de sorte que l'autonomie de plusieurs espèces du groupe suivant, de même que celle de *Merulius lividus* et *phlebioides*, pourrait laisser quelques doutes. Nous n'avons conservé que les formes qui se sont montrées, plus ou moins longtemps, assez constantes dans leurs caractères et dans leurs stations.

c) Espèces peu visibles, maculiformes ou pruineuses, à basides courtes, obovales; hyphes en trame très dense dans la première espèce, indistincte dans les autres. (349-353).

349. — **C. grisellum** Bourd., Add. aux Cort., Rev. sc. Bourb., p. 6.

Étalé, très adhérent, céracé, mince, çà et là poré-réticulé et continu, blanchâtre, puis pâle ou argileux, à la fin maculiforme, gris pruineux ; bordure similaire ou graduellement évanescente. — Hyphes 0,5—1(—2,5) μ, à boucles éparses, en trame enchevêtrée très dense ; basides obovales, 7—10×3—4,5 μ, à 2—4 stérigmates droits, à base bulbilleuse, longs de 5—6 μ ; spores obovales, 3—4,5×2,5—3 μ.

Toute l'année. Sur bois pourris, noyer, chêne ; Aveyron.

Ce petit champignon peu apparent, maculiforme, est bien caractérisé par la finesse de ses hyphes et ses stérigmates rigides, plus ou moins renflés en petit bulbe à la base.

350. — **C. Pearsonii** Bourd., Brit. Myc. Soc., 1921, p. 51, f. 1

Adné, très mince, caché dans les fissures du bois carié,

céracé-pruineux, gris clair, à peine continu, bientôt furfuracé-granuleux, et formant sur le sec des linéoles crustacées, blanches, finement réticulées. — Hyphes 2—2,5 μ, très serrées, rarement distinctes, à parois minces et boucles éparses ; hyménium formé de basides et de rares hyphes paraphysoïdes, simples, non émergentes ; basides obovales, 9—15×5—6 μ, à 2—4 stérigmates, à la fin arqués, atteignant 6 μ de long. ; spores étroitement claviformes, déprimées latéralement ou un peu arquées, 4,5—6×1,5—2 (—2,5) μ.

Septembre-Octobre. Très abondant dans les fissures de bois de pin pourri; Angleterre (A. A. Pearson).

351. — C. subnitens.

Interrompu, très ténu, presque inné, formant des taches qui ne se distinguent du bois que par un brillant un peu argenté ; pas de bordure distincte. — Hyphes indistinctes ; basides obovales, 9—14×4,5—6 μ, à 2-4 stérigmates droits, grêles, longs de 4—4,5 μ ; spores obovales, 4—5×3—4 μ, à contenu homogène ou 1 - guttulé.

Novembre. Sur pin, Causse noir.

Le contenu des hyphes est colorable par le bleu de méthylène, et les canalicules des hyphes apparaissent comme des filaments 0,5—1,5 μ, densément enchevêtrés au milieu d'une masse subhyaline ; les basides ne sont pas contiguës et naissent dans une masse gélatineuse granuleuse.

352. — C. sebacinæforme.

Peu étendu, adné, céracé mou, très mince, peu visible sur les parties cariées du bois, plus distinct sur les parties lisses, hyalin glaucescent, puis grisâtre ; bordure atténuée, maculiforme. — Hyphes 1—1,5 μ, peu abondantes (Congo amm.); basides arrondies, puis obovales, 6—12×4—5 μ, à 2—4 stérigmates droits ou divergents, longs de 2—4 μ ; spores oblongues, plus ou moins déprimées latéralement, brièvement atténuées-apiculées à la base, 4—5×2—3 μ, ordinairement 1-guttulées.

Mars, Septembre. Sur bois cariés de châtaignier, Moncan, Barthe (Aveyron).

353. — C. pruina.

Etalé, très ténu (épais de 15-25 μ), adné, céracé mou, hyalin, ne formant sur le sec qu'une tache pruineuse, blanchâtre ou grise. — Hyphes indistinctes; basides obovales, 7—9×4—4,5 μ, à 2—4 stérigmates grêles, droits, longs de 1,5—3 μ ; spores oblongues, plus ou moins atténuées à la base et souvent déprimées latéralement, 4—4,5×2,5—3 μ.

Juin. Sur brindilles de coudrier, ronces, dans les haies : St-Priest.

S. 10. —TRICHOSTROMA. — Subiculum coriace, formé d'hyphes capillaires solides ou à canalicule très étroit, tenaces enchevêtrées ; hyménium lisse, céracé indurescent. (354-356).

354. — **C. odoratum** (Fr.) — *Thelephora* Fr., S. M. — *Stereum* Fr., Epicr. ; Hym. eur., p. 644. — Bres., Ann. myc., t. XVIII, p. 63.

Largement étalé, spongieux coriace, mince, puis épaissi ou stratifié avec l'âge, très adhérent, blanc puis crème alutacé, finement pubescent, se recouvrant d'un hyménium lisse et glabre. — Hyphes tenaces, à parois épaisses ou solides, rameuses, 1—2 (—3) μ ; basides 18—20×4—5 μ, à 4 stérigmates ; spores hyalines, subnaviculaires, ou oblongues un peu ventrues, 7—8×3,5—4 μ.

Pérenne. Sur troncs de pin et autres conifères. Vosges (L. MAIRE); Suède (C. G. LLOYD) ; Valais (A. LARONDE).

Tous nos spécimens étant stériles, nous donnons les dimensions des basides et des spores d'après Bresadola, l. c.

Var. alni Bres., l. c. — *Thelephora* Fr., S. M. — *Stereum alneum* Fr., Epicr. ; Hym. eur., p. 644. — *S. suaveolens* Fr., Epicr. ; Hym. eur., p. 644. — Bres. determ. !

Aspect de *Cort. lacteum*, mais dur, coriace, très adhérent. — Hyphes solides ou à parois épaisses, 1—2 μ ; basides en hyménium dense, 30—45×4 μ, à 2 (—4) stérigmates longs de 2—3 μ ; spores obovales ou subcylindriques, quelquefois brièvement et obliquement atténuées à la base, 5—6×3—4 μ.

Sur souche de pin, Alsace (L. MAIRE) ; vient aussi sur aune, peuplier, saule.

355. — **C. portentossum** Berk. et Curt. — Sacc., Syll., VI, p. 636.

Largement étalé, membraneux-coriace, assez adhérent ; bordure blanche, pubescente-villeuse ; hyménium crème, crème chamois, jaune de Naples. céracé, finement pruineux, rarement craquelé. — Hyphes de la trame tenaces, 0,5—3 μ, rameuses enchevêtrées en tous sens ; basides 40—60× 6—7 μ, à 2—4 stérigmates droits, longs de 4—4,5 μ, naissant isolés au sein de la trame, mais finissant par constituer un hyménium assez régulier,

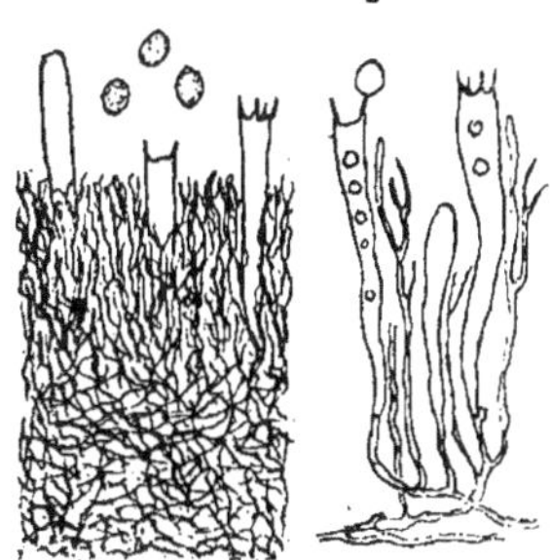

68. — *Corticium portentosum* Berk. et Curt.

entremêlé d'hyphes paraphysoïdes simples ou rameuses ; spores hyalines, sphériques, 5—7 μ, diam., munies à la base d'un mucron assez allongé, subcylindrique. (*Fig. 68*).

Toute l'année. Sur écorces d'arbres vivants, mais surtout sur bois morts recouverts : chêne, orme, peuplier, noyer, érable, frêne, poirier, aubépine, prunellier, sorbier, cerisier, amélanchier, *Phyllirea latifolia*, clématite, coronille, fragon, busserole, thym, détritus et mousses ; rare sur bois travaillés. Plus lignivore que la plupart des *Corticium*. Pas rare dans le Midi ; Allier, Saône-et-Loire, Côte-d'Or, env. de Paris, Haute-Saône, Doubs ; Trentin.

Les spécimens américains (Canada, Brésil) que nous avons vus, sont plus étendus, plus lisses, plus pâles, blanc de lait à crème, plus rigides et cassants que les spécimens d'Europe qui ont d'ordinaire la surface onduleuse, variant de crème à crème chamois, crème aurore ; mais la structure est absolument la même.

Grâce à l'obligeance du regretté M. Hariot, nous avons pu étudier le spécimen n. 569 récolté par Thwaites, à Ceylan, qui est la base du *Stereum duriusculum* Bk. Br. Cette plante appartient au même groupe que *C. portentosum* : elle se compose d'hyphes rameuses, 1—2 (—3) μ, subverticales à extrémités flexueuses, flasques, ce qui l'éloigne des *Asterostromella*. Le champignon est épais d'un millimètre à peine, assez rigide, lisse, pâle, argileux ou crème chamois ; substance lignicolore, stratifiée et un peu fibreuse verticalement ; non fructifié.

M. J. Moreau nous a envoyé presque chaque mois, d'octobre 1925 à juin 1926, un champignon qu'il récoltait sur une souche de robinier, à Laon, et qui ressemble en tous points à *S. duriusculum*. La fructification de ce dernier étant inconnue, nous préférons le rapporter provisoirement à *C. portentosum* comme forme stratifiée.

C'est une plaque épaisse de 0,5—1 mm., dure, lisse, pâle à crème chamois, fulvescente ou livescente au froissement et par les temps humides ; bordure nulle, ou étroite, blanche pruineuse. — Hyphes 1—3 μ, rameuses à direction générale ascendante ; strates marqués par des zones plus claires ou plus denses, sans qu'il y ait trace de formations successives d'hyménium ; pas de gléocystides ; basides 45—60×5—7 μ, à 2 (—4) stérigmates longs de 4 μ, éparses et incluses dans la trame ou peu émergentes ; spores très finement verruqueuses, subglobuleuses ou largement ellipsoïdes, (très légèrement teintées de jaunâtre *s. m.* ?), souvent 1-guttulées. 6—7×5—6 μ.

Sensiblement hygrophane, le champignon peut se détacher du substratum sous forme de plaque brun roux, cartilagineuse coriace. Il diffère de la forme commune de *C. portentosum* par sa plus grande épaisseur, sa plus grande dureté sur le sec, sa stratification, sa bordure moins nette et ses spores plus sensiblement aspérulées.

356. — C. subodoratum Karst. — Specim. orig. !

Etalé, membraneux séparable, coriace, lisse, pâle ou crème ocracé, subiculum et bordure mous tomenteux. — Hyphes de la trame tenaces, à parois épaisses, 3—4μ d., à cloisons et boucles très rares, lâchement entrelacées, les subhyméniales agglutinées ;

basides 30—40×5—6 μ, à 2 (—4) stérigmates droits, longs de 4,5
—6 μ ; spores oblongues subcylindriques, à peine déprimées latéralement, 5—7×3—4 μ.

Spécimen communiqué par M. Bresadola, avec cette note :
« ad ligna pini, Mustiala, leg. Karsten. — Nescio an publici juris
factum ».

L'espèce se rapproche de *Cort. (Stereum) odoratum*, dont elle se distingue par ses hyphes plus grosses, non capillaires.

S. 11.—ALEURODISCOIDEA. — Membraneux denses ; hyménium longtemps incomplet formé de basides obovales puis cylindriques, entourées d'hyphes paraphysoïdes simples ou rameuses.
Assez voisins de *Aleurodiscus* pour la structure, mais aspect de
Corticium. (357-358).

357. — C. roseum Pers., Disp.; Syn., p. 575. — Fr.
Epicr.; Hym. eur., p. 650. — Quél., Fl. myc., p. 6 (absque spora).
—·*C. roseolum* Mass., Mon., p. 140, pl. IV, f. 2.

Etalé, séparable par petits fragments, rose vif, pruineux, puis
pâlissant et fendillé ; bordure fimbriée ou pubescente blanche. —
Hyphes à parois un peu épaissies, 2—4,5 μ ; basides d'abord vésiculaires, bosselées, immergées dans des hyphes paraphysoïdes
simples ou rameuses, puis normales, 28—45×6—10 μ, à 2—4 stérigmates arqués, longs de 6—8 μ ; spores hyalines ou légèrement
teintées de rose, obovales, 8—12—16,5×6—9—10 μ.

Toute l'année. Sur bois mort, quelquefois sur troncs vivants,
d'arbres à feuilles champêtres et forestiers, genêt à balai, genêt
d'Espagne. Peu lignivore. Commun.

69. — *Corticium polygo-
nioides* Karst. specim.
orig. ! — Basides à divers
âges et paraphyses den-
droïdes.

358. — C. polygonioides Karst.,
Symb. Myc. Fenn. —Mass., Mon., p. 139.
— *Specim. orig. !*

Petit tubercule villeux, violacé, ou
disque 2—3 mm. à bords apprimés, ou
cupulaire, puis confluent et largement étalé, membraneux, lilacé puis pâle, argileux,
noisette, la teinte lilacine se localisant
plus ou moins largement vers les bords
pubescents puis glabres, nettement limités ; hyménium finement pruineux, à la
fin fendillé. — Trame formée d'hyphes
2—3(—4) μ, à parois minces ou un peu épaissies, septées-noduleuses, subparallèles

et serrées à la base ; basides 30—60×4,5—7 μ, à 2—4 stérigmates ; spores obovales, 7—12×5—7 μ, à contenu homogène. (*Fig. 69*).

Toute l'année. Sur toute espèce de bois mort des arbres à feuilles champêtres ou forestiers ; sur ronces, chèvrefeuille, ciste, etc. Peu lignivore. Assez commun.

Dans cette espèce et dans la précédente, l'hyménium est à développement irrégulier ; longtemps formé de basides ovoïdes, puis subcylindriques sinueuses, qui traversent une couche formée de basides anciennes flasques et d'hyphes paraphysoïdes simples ou rameuses, 2—3 μ d. La teinte lilacine disparaît après quelques années de séjour en herbier.

S. 12. — AMYLACEA. — Pelliculaires ou submembraneux ; trame peu épaisse ; spores à membrane colorable en bleuâtre foncé dans une solution iodo-iodurée. (359-360).

359. — C. amylaceum Hym. de Fr., III, n. 198.

Largement étalé, fertile par plages irrégulières ; hyménium pelliculaire ou membraneux mince, lâchement adhérent, blanc de lait ou crème ; bordure largement stérile ou conidifère, farineuse, blanche. — Hyphes 2-3 μ, à parois minces ou à peine épaissies, bouclées, peu abondantes, mais distinctes ; basides 24—45×6—9 μ, à 2—4 stérigmates droits, 7—9×1,5—3 μ, accompagnées de basides jeunes étroites et d'hyphes paraphysoïdes simples ; spores largement elliptiques. 8—12×5—8 μ, amyloïdes, très abondantes.

Toute l'année. Sur branches et ramilles de genévrier, pas rare dans l'Aveyron.

Var. **ericaecola**. — Hyménium blanc puis crème alutacé, plus céracé ; bordure étroite farineuse, évanescente ; spores un peu plus fusiformes, amyloïdes.

Sur rameaux et feuilles de bruyère, rare.

360. — C. udicolum Bourd., Rev. sc. Bourb., 1910, p. 8 ; Hym. de Fr., III, n. 197.

Irrégulièrement étalé, pelliculaire, poré ou continu, peu adhérent, blanc puis crème ; bordure similaire, à peine farineuse ou fibrilleuse. — Hyphes 1,5—4 μ, à parois minces ou à peu près, boucles éparses, trame distincte plus ou moins serrée ; basides 12 —16—22×5—8 μ, à 2—4 stérigmates épais, cylindriques puis coniques et un peu arqués, 4—6×2—2,5 μ ; spores cylindriques déprimées ou subincurvées, 7—10 (—12)×3—4,5 μ, amyloïdes.

Mars à Octobre. Dans les marais, sur brindilles, saule, genêt, pommier ; joncs, feuilles. Peu lignivore. Aveyron, Tarn.

S. 13. — ÆGERITOIDES. — Réceptacle composé de petits granules, disposés sur un réseau lâche d'hyphes hyalines, rapprochés ou presque contigus par leur développement, mais non confluents. (361).

361. — **C. ægeritoides** Hym. de Fr., III, n. 179.

Granules blancs, hémisphériques ou subglobuleux, 0,02—0,15 mm., pubescents, épars, puis rapprochés, mais non confluents, sur un mycélium hyalin, très finement aranéeux. — Hyphes à parois minces, 2—3 μ, à boucles éparses, çà et là anastomosées, les subhyméniales indistinctes ; basides 9—13—18×4,5—6 μ, à 2—(4) stérigmates droits, 2,5—3,5 μ long. ; spores subglobuleuses, assez longuement apiculées à la base, 3,5—4,5×3—4 μ.

Hiver. Sur rachis de *Pteris aquilina* et *Athyrium filix-fœmina* ; Allier, Aveyron. ·

A un grossissement de 40 diam., on observe autour des granules, des poils dressés, terminés par une petite tête brillante ; ce sont les débuts des péridioles, qui, à la fin, sont très rapprochés, mais, à la loupe, paraissent toujours distincts. Il est possible que cette petite espèce doive prendre place dans le groupe *Humicola* quoiqu'elle ne nous ait pas encore montré les boucles ampullacées caractéristiques ; elle croît dans les mêmes conditions, lieux humides. Peu lignivore.

S. 14. — HUMICOLA. — Hyménium membraneux, pelliculaire ou farineux, plus ou moins veinulé ou granuleux, émettant dans une espèce des rameaux théléphoroïdes ; spores spinuleuses, aspérulées ou verruqueuses, rarement lisses ; hyphes indistinctes ou distinctes, et alors à parois minces, bouclées et ampullacées. Les boucles sont çà et là très développées, et l'hyphe se renfle insensiblement en tige d'oignon vers les nœuds, tantôt d'un seul côté de la cloison, tantôt des deux côtés, les renflements s'opposant bout à bout, plus ou moins obliquement.

Plantes croissant dans l'humus, les débris de bois consommés, fougères, graminées, etc. (362-377).

362. — **C. leucobryophilum** (P. Henng., *Thelephora*). — *Specim orig. !*

Membraneux pelliculaire, peu adhérent, blanc, puis pâle. — Hyphes 3—6 μ, à parois minces, bouclées, peu sensiblement ampullacées ; basides 20—50×7—11 μ, à grosses guttules, absorbant fortement l'éosine, 2—4 stérigmates longs de 5—8 μ ; spores obovales, fortement spinuleuses, 7—10×6 μ, 1-guttulées.

Sur touffes de *Leucobryum vulgare*, Jard. bot. de Berlin (Hennings).

363. — C. petrophilum.

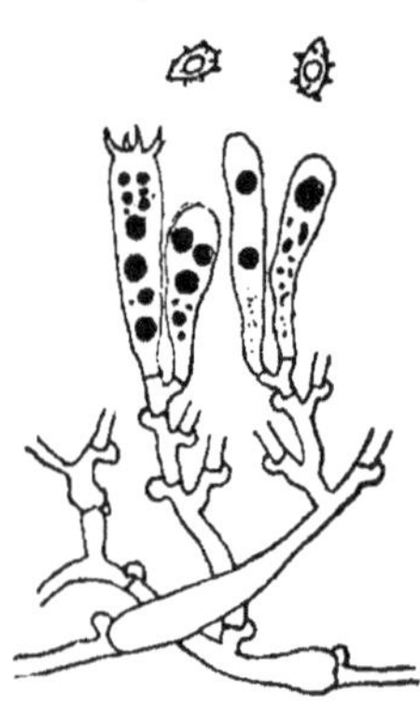

70. — *Corticium petrophi-lum* Bourd. et Galz.

Membraneux ou pelliculaire, mou, séparable ; hyménium ondulé, lisse, blanc, à peine teinté de jaune sur le frais, puis fragile, largement fendillé, crème à crème orangé sur le sec ; bordure subsimilaire. — Hyphes à parois très minces, bouclées, inégales ou ampullacées 3—4—9 µ ; basides 30—45×7,5—9 µ, à guttules absorbant fortement l'éosine, 4 stérigmates longs de 4,5—6 µ ; spores obovales, atténuées à la base, spinuleuses-verruqueuses, 7,5—10×4,5—6 µ, 1-guttulées, blanches à peine teintées de jaunâtre en masse. (*Fig. 70*).

Hiver, printemps. Sur grès, humus, mousses, Boutaran (Aveyron).

Var. dispar. — Membraneux pelliculaire, fragile, finement poré-fendillé ou continu, blanc un peu glaucescent, puis épaissi, à subiculum brun noir ; hyménium blanc ou crème, parsemé de tubercules convexes, assez larges, peu saillants ; bordure aranéeuse, pâle ou brune. — Hyphes du subiculum brunes, à parois minces, bouclées, 4—6 µ, et fortement ampullacées jusqu'à 9—10 µ ; hyphes supérieures similaires, mais hyalines, à parois très minces ; basides 30—38 ×8—10 µ, à grosses guttules huileuses, absorbant peu l'éosine, 2—4 stérigmates droits, longs de 6—7 µ ; spores hyalines obovales, aspérulées d'aiguillons plus ou moins serrés, 7—9× 4,5—6 µ. (*Fig. 71*).

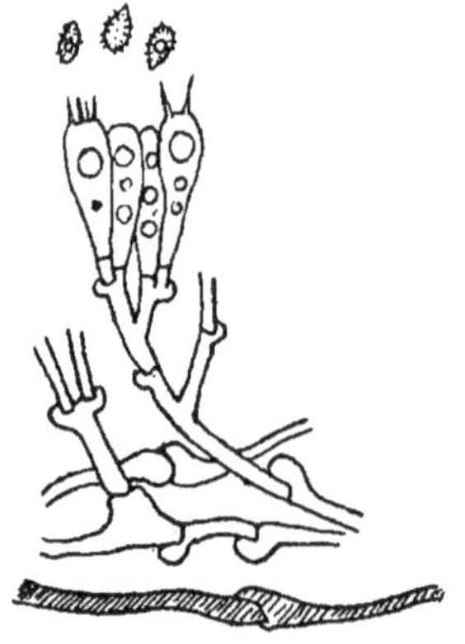

71.— *Corticium petrophilum* var. *dispar* Bourd. et Galz.

Octobre. Sur grès, Carrières (Aveyron).

364. — C. fastidiosum (Fr.) Hym. de Fr., III, n. 203. — Wakef., Tr. Brit. Myc. Soc., 1916, p. 480. — *Thelephora* Fr., S. M. ; Hym. eur., p. 636.

Largement et irrégulièrement étalé en membrane mince, blanche, crayeuse, puis crème, peu adhérente, fragile, émettant quelquefois vers les bords et à la surface des émergences éparses, subulées ou laciniées ; hyménium papillé, granuleux ou veinuleux réticulé ; subiculum et bordure blanc pur, fibrillo-floconneux, parfois développés en cordons rhizoïdes formant lacis dans l'humus ; hyphes 1,5—4,5 μ, à parois très minces, à cloisons espacées, avec boucles quelquefois ansiformes, et renflements ampullacés jusqu'à 6—12 μ ; basides 15—20(—34)×5—6—9 μ, à 2—4 stérigmates un peu arqués, longs de 4—6 μ ; spores hyalines, obovales, aspérulées spinuleuses, 5—6—9×3—5 μ.

Toute l'année, surtout saisons humides ; sur débris ; genévrier, chêne, humus ; sous les mousses. Non lignivore.

Exhale souvent une odeur d'ail prononcée sur le frais. Pour l'étude microscopique, il faut se défier des solutions alcalines, de l'acide lactique concentré et même de l'eau bouillante, qui dissolvent quelquefois les membranes surtout celles des basides, et les aspérités de la spore.

Forme A. *communis*. — Corticiforme, à peine cristulé.

B. *Odontia alliacea* Weinm. — Odontioïde.

C. *Cristella cristata* Pat., Ess. tax., p. 41. — Forme luxuriante, incrustante et théléphoroïde. Assez souvent mêlé aux autres formes.

Le *Merisma cristatum* Pers. « subcoriaceum, pallidum » ne peut appartenir à cette espèce, mais bien à *Sebacina laciniata*.

365. — **C. albo-ochraceum** Bres., F. polon., p. 96. — *Specim. orig.!*

Etalé, fibrilleux-byssoïde, blanc jaunâtre ou subocracé ; bordure fibrilleuse frangée ; hyménium lisse, un peu fendillé, finement pruineux à la loupe. — Hyphes basilaires à parois minces, 2 μ env. à boucles distantes, fortement ampullacées, 5—12 μ ; les subhyméniales agglutinées collapses ; basides 18—20×3—4 μ ; spores hyalines un peu jaunâtres, amygdaliformes ou oblongues atténuées à la base, verruqueuses, 5—7,5×3,5—4,5 μ.

Sur bois pourris d'aune, Pologne.

366. — *C. amiantinum* Hym. de Fr., III, n. 200.

Largement étalé, pelliculaire, lisse ou granuleux, fragile, fendillé, crème puis jaunâtre, subiculum mycélial abondant, recouvrant et agglutinant les brindilles et l'humus, blanc pur amiantoïde ou rhizoïde. — Hyphes distinctes, 2—4,5 μ, à parois minces, bouclées, ampullacées, jusqu'à 9 μ ; basides 12—18×4—5 μ, à 2—4 stérigmates droits, longs de 3—4 μ ; spores oblongues, atténuées à la base et souvent un peu courbées, lisses (rarement et lâchement aspérulées), 4,5—5(—7)×2,5—3 μ.

Toute l'année. Sur brindilles, feuilles, humus, dans les haies, s'étendant parfois sur une longueur de plusieurs mètres.

367. — C. byssinellum Bourdot, Rev. Sc. Bourb., p. 11.

Pellicule très ténue, aranéeuse, fragile, à peine adhérente, blanche, farinuleuse, à pourtours aranéeux et prolongés çà et là en fins cordons rhizoïdes. — Hyphes 1,5—4 μ, en trame lâche, à parois minces, bouclées, avec boucles et renflements ampullacés, jusqu'à 7,5 μ ; basides 8—13×3—4,5 μ, à 2—4 stérigmates droits, longs de 1,5—3 μ ; spores lisses, étroitement oblongues, souvent atténuées à la base un peu obliquement, 3—4×1,5—2 μ.

Automne, hiver. Sur ou sous les mousses, aiguilles et brindilles de pin, bruyères, etc. Allier, Aveyron. Pas rare.

368. — C. araneosum (v. Hoehn. et Lit., Beitr., 1907, p. 92, *Tomentella*).

Etalé, très délicat, aranéeux ou interrompu, blanc pur ; hyménium non fendillé, finement grènelé ; bordure insensiblement évanescente. — Hyphes lâchement enchevêtrées, à parois minces, bouclées, rétrécies et subarticulées aux cloisons, ou légèrement ampullacées, incrustées de cristaux bacillaires, les subhyméniales 3—5 μ, les basilaires 6—8 μ, fasciculées en cordons qui rendent l'hyménium veinulé ; basides 5—7 μ d., à 4 stérigmates subulés, longs de 4—6 μ ; spores hyalines, largement elliptiques ou subglobuleuses, nettement spinuleuses, 4—6×3—4 μ, 1-guttulées.

Août. Sur bois pourris. Autriche (n. v.).

369. — C. sphærosporum R. Maire, Soc. Myc., XXI, p. 164. — von Hœhn. et L., Beitr., 1908, p. 25.

Aranéeux pelliculaire, peu adhérent, blanc ; hyménium réticulé ou poré à la loupe, puis subcontinu, farineux ou granuleux ; bordure aranéeuse, émettant parfois des cordons rhizoïdes. — Hyphes 2—4 μ, régulières, à parois minces, septées-noduleuses, avec boucles et renflements ampullacés 5—7 μ ; basides 9—15×4—6 μ, à 1—4 stérigmates longs de 2—4,5 μ ; spores subsphériques ou obovales, atténuées à la base, 1-guttulées, aspérulées-anguleuses ou verruqueuses, 3—4,5—6×2,5—4 μ.

Toute l'année, plus commun en automne ; sur souches pourries et humides, brindilles, bruyères, fougères, joncs, graminées, mousses. Très commun.

Bien que la description ci-dessus élargisse un peu le cadre de celles que nous citons, nous croyons avoir affaire à la même espèce. On trouve bien des spécimens à spore petite, lâchement verruqueuse-anguleuse, et conformes à la description et à la Fig. 5 (v. H. et L., l. c.) ; mais ils sont indubitablement reliés à la forme que nous décrivons, extrêmement commune tant dans le centre que dans le Midi, et qui a en moyenne la spore un peu plus grande et un peu plus nettement aspérulée-verruqueuse.

370. — *C. præfocatum.* — *C. suffocatum* Hym. de Fr., III, n. 205.

Floconneux-aranéeux ou réticulé-pelliculaire, farineux, peu adhérent, blanc ; bordure fibrilleuse ou rhizoïde. — Hyphes 0,5— 2 μ, à parois minces, septées-noduleuses, avec renflements simples ou opposés, 3—5 μ ; basides 9—21×4,5—6 μ, à 2—4 stérigmates droits, longs de 4—6 μ ; spores obovales, spinuleuses, 1-guttulées (4)—5—6×3—4 μ.

Toute l'année ; enfoui dans l'humus, sur brindilles consommées, aiguilles de pin, débris de fougères, etc. ; face inférieure des troncs abattus. Commun.

Trame chargée de cristaux prismatiques ou aciculaires d'oxalate de chaux, comme du reste dans la plupart des espèces de ce groupe. Facile à distinguer de *C. sphaerosporum* à ses hyphes très fines, la plupart de 1 μ, et à ses spores plus longuement et plus finement spinulées ; mais trop voisin pour en être séparé spécifiquement.

371. — C. confine Hym. de Fr., III, n. 204. — Wakef., Tr. Brit. Myc. Soc., 1912, p. 117, pl. III, fig. 12-14.

Largement étalé, subpelliculaire-aranéeux, souvent couvert de granules céracés, confluents en réseau, bientôt collapse subcrustacé, blanc, puis crème argileux ; bordure byssoïde, subradiée, insensiblement amincie. — Hyphes basilaires 2,5—4 μ, à parois minces, bouclées, çà et là ampullacées, à la fin collapses, les subhyméniales 1—2 μ, ordinairement obscurcies de cristaux ; basides 9—15×3—5 μ, à 2—4 stérigmates droits, longs de 4—4,5 μ ; spores subglobuleuses, atténuées à la base, ou obovales, lisses, très rarement grènelées, 3—4×2,75—3 μ, souvent agglutinées par 2—4.

Toute l'année. Sur toute espèce de bois cariés, dans les haies, très commun.

var. pterigena. — Floconneux, puis continu, crayeux, pulvérulent ; hyphes souvent peu distinctes ; spores obovales, 2—4,5× 1,5—2,5. — Sur fougères, fétuque.

372. — *C. argilodes.*

Etalé, aride, fragile, mince, adhérent, poré-fendillé, argileux ; bordure similaire ou atténuée ; hyménium veinulé. — Hyphes à parois minces, flasques, bouclées, 2,5—4 μ, renflées ou irrégulièrement ampullacées jusqu'à 10 μ, les subhyméniales peu distinctes, les basilaires fasciculées çà et là en cordons de 10—20 μ d. ; basides 16—24×5—6 μ, à 2 stérigmates grêles, longs de 2—3 μ ; spores globuleuses, lisses, 4×3—3,5(—4)μ, parfois 1-guttulées, abondantes.

Hiver. Sur schistes, ressemblant à une tache terreuse ; Aveyron.

373. — C. sulphureum Pers., Obs., I, p. 38 ; non Fries. — Bres., F. polon., p. 90 et 96. — *Coniophora* Quél., Fl. myc., p. 3. — *Phlebia vaga* Fr., Epicr. ; Hym. eur., p. 625. — *Caldesiella* Pat., Ess. tax., p. 120. — *Hypochnus fumosus* Fr. — Burt, Thel. N. Am., VI, p. 239. — *Corticium* Fr., Hym., p. 651.

Aranéeux pelliculaire ; hyménium granulé ou veinuleux-réticulé, pâle, jaune, fauve, cannelle, gris ou brunâtre ; bordure ordinairement très étendue en fibres satinées, flabellées, jaune vif (ne tournant pas à purpurin par les alcalis) ou jaune vert, plus ou moins décolorantes sur le sec, ou bien bordure simplement fibrilleuse subconcolore. — Hyphes subhyalines, les basilaires parallèles 1,5—4 μ, à parois minces, cloisons distantes avec boucles et assez nettement ampullacées, souvent collapses indistinctes ; les supérieures plus denses en trame brunie, indistincte et obscurcie par des cristaux ; basides 11—14—24×3—4,5—6,5 μ, à 2—4 stérigmates longs de 3 μ ; spores subhyalines, un peu brunies, globuleuses ou obovales, aspérulées ou brièvement spinuleuses, 3—4,5 —7×3—5 μ.

Toute l'année. Sur humus et débris de toute espèce de bois ; commun et très variable.

374. — C. ardosiacum.
Indéterminé et interrompu, farineux ou finement grènelé, très mince, adné, aride, ardoisé puis glauque cendré ; bordure similaire peu visible. — Hyphes collapses cohérentes indistinctes (2—4,5 μ) ; basides 8—12—18×4,5—7 μ, à 2—4 stérigmates longs de 2,5—4 μ ; spores subglobuleuses, apiculées à la base, nettement aspérulées, 4—5×3—4 μ, 1-guttulées.

Juin à Novembre. Sur bois cariés et friables de châtaignier ; probablement pas rare, mais difficile à voir et à étudier à cause de son manque absolu de cohérence et de son habitat sur des bois presque en poussière.

375. — C. submutabile v. H. et L., Beitr., 1907, p. 84.
Etalé, depuis simple pruine peu adhérente jusqu'à membra-

nule incomplète, pulvérulente, sans cohérence, quelquefois parcourue en dessous par un réseau de fibrilles qui s'épanouissent en éventail, blanc crème, jusqu'à crème alutacé ; bordure similaire pruineuse. — Hyphes 1—3 μ, à parois minces, septées-noduleuses, rarement distinctes ; basides 8—12×4—4,5 μ, à 2—4 stérigmates droits, longs de 2,5—3 μ ; spores subsphériques, atténuées à la base, ordinairement 1-guttulées, aspérulées de verrues courtes coniques, 3—4×2—3 μ ou 2—3 μ diam.

Toute l'année, surtout saisons humides ; sur débris recouverts, fougère mâle et femelle, *Blechnum*, etc., sur brindilles d'aune, bruyère. Peu lignivore. Pas rare.

376. — C. tulasnelloideum v. H. et L., Beitr., 1908, p. 38. — Wakef. et Pears., Tr. Brit. Myc. Soc., 1923, p. 217.

Etalé sous forme de pruine très ténue, blanc-gris, bleuâtre, adhérente ; bordure similaire. — Hyphes 2,5 μ, à parois minces, septées-noduleuses, très rarement distinctes ; basides 9—10×4,5 μ, à 4 stérigmates longs de 4—5 μ, droits ; spores ovoïdes subglobuleuses, densément et finement aspérulées-spinuleuses, 3,5—4×3 μ.

Eté ; sur écorce de genévrier, brindilles de chêne, débris divers : feuilles, mousses. Aveyron.

Notre plante est très voisine de la précédente espèce ; elle est plus ténue, plus uniformément pruineuse ; les aspérités de la spore sont plus fines et plus serrées. Nous l'avons comparée avec un échantillon récolté par Brinkmann et déterminé par von Hoehnel : elle nous semble être la même espèce. Toutefois, la plante de Westphalie a une teinte plus plombée, presque gris lilacé et la spore un peu plus grande, 4,5—6×4—4,25 μ.

377. — C. stellulatum Hym. de Fr., III, n. 207.

Irrégulièrement étalé, farineux ou finement granuleux, réticulé par places à la loupe, crème ; bordure similaire ou pruineuse. — Hyphes 2,5—4 μ, à parois minces, bouclées, rarement distinctes ; basides 9—11×4—4,5 μ, à 2—4 stérigmates longs de 4,5 μ ; spores subglobuleuses, à 4—5 angles terminés par un aiguillon très fin, assez long, et souvent apiculées à la base, 3—3,5×2,5 —3 μ.

Toute l'année. Sur rachis pourrissants de fougères, Aveyron.

S. 15. — URNIGERA. — Pelliculaires aranéeux ou pulvérulents, subcéracés ou arides ; baside d'abord globuleuse ou obovale, émettant par son sommet un prolongement cylindrique, qui s'élargit un peu à son extrémité et porte 4—6—8 stérigmates disposés en couronne. (378-382).

378. — C. octosporum Schroet. — V. Hoehn. et Litsch.,
Ann. Myc., 1906, p. 292.

Etalé en plaques blanches, très délicates, mucédinoïdes ; hyménium non continu. — Hyphes de la trame peu rameuses, çà et là anastomosées, 6—8 μ, à parois minces et boucles peu nombreuses, les subhyméniales plus fines très ramifiées ; basides subsphériques puis claviformes, 5—6 μ d., 6—7—8 stérigmates courts, subulés, disposés en couronne ; spores elliptiques 4×2—2,5 μ, ordinairement amincies a la base (v. H. et L.).

La description de v. Hœhnel, établie sur un unique échantillon de l'herbier de Schrœter (sur *Cirsium arvense*, Rastatt, 1877) est, ou bien trop étroite pour nos récoltes, qui ont en moyenne la spore sensiblement plus grande, 4,5 —7$\times$2,5—4,5 μ, ou bien plutôt l'espèce n'est pas homogène : elle se présente sous les formes suivantes :

1°. — Pelliculaire, poré-aranéeux, fragile, peu adhérent ; hyphes régulières, 3—8 μ, bouclées ; basides 15—18$\times$4—6 μ, à 6—8 stérigmates ; spores oblongues, déprimées latéralement, 4,5—6$\times$3 —4,5 μ. — Sur mousses, aiguilles et écorces de pin, bruyères. Varie à hyphes ampullacées.

2°. — Adhérent ; spore plus étroite, subcylindrique, atténuée à la base, déprimée ou un peu plus arquée, 5—7$\times$2,5—3 μ. — Sur débris de fougères.

3°· — Pelliculaire continu, séparable, bordure fibrilleuse pruineuse ; hyphes bouclées, 3—9 μ ; basides 26—30$\times$6 μ, à 4—6—8 stérigmates ; spores oblongues ou obovales, 6—7$\times$3,5 μ. — Sur branches de pin. Varie à hyphes renflées aux nœuds, presque sans boucles.

Il y a certainement aussi des formes qui sont l'état jeune de *C. coronilla*, ou qui s'en rapprochent ; d'autres avoisinent *Grandinia Brinkmanni*. Cette dernière espèce est souvent corticioïde, ou du moins peut rester longtemps en cet état. Nous croyons pouvoir la distinguer à sa trame plus dense, souvent peu distincte, à hyphes ne dépassant guère 4 μ d.

379. — C. coronilla v. Hoehn. et Litsch., Ann. Myc., 1906, p. 291. — Specim. orig !

Etalé, farineux, émietté, puis pelliculaire, poré ou continu, peu adhérent sur le frais, fragile et adhérent sur le sec, blanc puis crème jaunâtre ; bordure insensiblement évanescente, subréticulée ou pruineuse. — Hyphes à parois minces, septées-noduleuses, 3—6 μ ; basides 15—22$\times$4—5 μ, à 6—8 stérigmates ; spores oblongues subcylindriques, déprimées latéralement, 4,5—6$\times$2—3,5 μ.

Toute l'année, sur souches et bois morts, peuplier, pommier, pin. *Auricularia mesenterica*, etc. Pas rare.

Gloeocystidium coroniferum v. H. et L. a tout à fait l'aspect de cette espèce ; de plus, à cause de la ténuité des membranes, ses gléocystides sont souvent oblitérées et la détermination devient difficile. Nous laissons dans *C. coronilla* les formes qui déposent de l'oxalate de chaux, et rapportons à *G. coroniferum* celles qui exsudent dans la trame un liquide oléo-résineux.

La description originale indique qu'il y a dans l'hyménium des hyphes cloisonnées, dressées rigides, 100—110×2 μ, qui, semblables aux basides auriculariées, portent de courts stérigmates aux cloisons, avec spores semblables aux spores normales, mais ordinairement 4×1,5 μ. Nous n'avons pas observé cette particularité, mais une autre déformation qui semble avoir des relations avec elle. Dans un de nos spécimens sur pin, avec les basides urniformes normales, on trouve 1° des basides obovales portant 6 stérigmates disposés en éventail à partir du sommet jusque vers le milieu d'un des côtés de la baside, l'autre côté restant normal ; 2° des hyphes ou basides étroites, presque subulées, allongées, portant vers le milieu de leur longueur 1—2 stérigmates et les autres réunis en touffe au sommet de ces hyphes, ou basides subulées. Il y a, dans ces deux cas, dispersion des stérigmates le long d'un des côtés de la baside ; mais nous n'avons pas observé de cloisons entre les divers stérigmates.

380. — **C. calceum** Fr., Epicr., p. 362 ; Hym. eur., p. 652, p. p.

Etalé, adhérent, céracé puis aride, peu épais, très glabre, blanc puis blanchâtre ou crème alutacé ; bordure similaire, assez nette ; hyménium lisse, fragile, fendillé sur le sec. — Hyphes 2—4 μ, à parois minces ou peu épaissies, à boucles petites, éparses, flexueuses, enchevètrées en trame dense ; basides obovales, puis claviformes, 12—18—21×4,5—7 μ, à 4—6—8 stérigmates longs de 3—4 μ ; hyphes paraphysoïdes, simples, quelquefois incrustées, visibles surtout dans les parties jeunes ou peu fertiles de l'hyménium ; spores oblongues subcylindriques, assez rarement ou à peine déprimées latéralement, 4,5—6×2— 3 μ.

Hiver, printemps. Sur branches de pin, Allier ; sur pin silvestre en bûcher, Méry-sur-Seine (Aube), P. Hariot ; sur écorce de pin, Suède, Romell ; sur vieilles barrières, Suède, C. G. Lloyd, n. 128.

Les spécimens suédois que nous avons reçus de M. Romell et de M. Lloyd répondent si exactement à la description de Fries qu'il parait bien vraisemblable qu'ils représentent le type du *C. calceum* de Fries, quoiqu'il y ait adjoint des variétés qui sont spécifiquement bien différentes. Les spécimens français ont l'aspect plus pruineux, mais la structure identique.

381. — **C. niveo-cremeum** v. Hœhn. et Lit., Beitr., 1908, p. 37. — Specim. orig. !

Peu étendu, mince, céracé puis aride, adhérent, ordinairement poré interrompu à la la loupe, blanc, pâle, crème alutacé, noisette, à la fin finement fendillé. — Hyphes 3—4(—10) μ, à parois minces,

72. — *Corticium ni-
veo-cremeum* v. Hœhn.
et Litsch.

boucles éparses ; basides 12—18(—30)×4,5
—7 μ, disposées à diverses hauteurs sur les
rameaux fertiles, à sommet tronqué, à 4—6
(—8) stérigmates droits, longs de 4—5 μ, à la
fin déjetés en dehors ; spores oblongues subcylindriques, légèrement déprimées d'un
côté, 4,5—6,5—10×2,5—4,5 μ. (*Fig. 72*).

Toute l'année, sur bois tombés à feuilles
ou à aiguilles, surtout attaqués par d'autres
champignons. Très commun.

382. — **C. diademiferum** Hym. de Fr., III, n. 167. —
Wakef. et Pears., Tr. Brit. Myc. Soc., 1923, p. 217, f. 2.

Etalé, adné, très mince, pruineux. pubérent, puis céracé
aride, sans cohérence, blanchâtre, crème isabelle ; bordure similaire, pruineuse, insensiblement évanescente. — Hyphes fragiles,
à parois minces bouclées, 2,5—5 μ, les basilaires guttulées ; basides 6—15—23×3—5 μ (7—8 μ d. à la base renflée), à 6—8 stérigmates en couronne, longs de 3—5 μ ; spores subglobuleuses,
brièvement et obscurément atténuées à la base, 3—5×3—4 μ.

Du printemps à l'hiver. Sur écorces et bois, branches sur
l'arbre ou tombées, chêne, hêtre, charme, *Gnaphalium stœchas* ;
Allier, Aveyron, Orne ; Angleterre.

Var. **perfuga**. — Farineux, blanc. — Hyphes 3—4 μ peu
nombreuses ; basides 27—33×4,5—6 μ, à 4-6 stérigmates, accompagnées de rares cystidioles étroitement fusiformes, assez longuement
émergentes et terminées en tête arrondie, 8—9 μ d. ; spores largement obovales ou piriformes, aiguës à la base, 6—6,5×
4,5—5,5 μ. — Sur églantier, Lozère.

S. 16. —**BOTRYODEA**. — Hyménium formé de granules plus
ou moins serrés, d'aspect hypochnoïde jusqu'à pelliculaire ou
submembraneux. Ces granules sont formés de bouquets de basides
épaisses, à 2—4—6—8 stérigmates, portés sur des rameaux d'hyphes dressés ; hyphes à fort diamètre, fortement colorables par les
bleus coton (6B BAYER, C^4 B, etc.), à ramifications à angle droit.
(383-393).

383. — **C. subcoronatum** v. Hœhn. et Litsch., Beitr.,
1907, p. 84. Specim. auth. !

Aranéeux-pelliculaire ou membraneux-mince, lâchement
adhérent, blanc puis crème jusqu'à crème ocracé, pâle glaucescent, taché de brun dans les parties froissées ; bordure similaire ou

finement réticulée. — Hyphes 4—14 μ, à parois minces ou à peu près, à boucles fortes et nombreuses ; basides 12—18—30× 5—9 μ, à 4—6 stérigmates longs de 3—5 μ ; spores amygdaliformes, subnaviculaires, rarement fusiformes, 5—9×2,5—4,5 μ.

Toute l'année, plus fréquent en automne ; sur bois pourris, souches et branches tombées d'arbres à feuilles ou à aiguilles ; bois travaillés, carbonisés, polypores. Commun.

Bien distinct de toutes les espèces du groupe par ses hyphes bouclées aux cloisons.

384. — **C. flavescens** (Bon., *Hypochnus*) Massee, Thel., p. 149. — v. H. et L., Beitr., 1906, p. 59.

Pulvérulent, formé de touffes granuleuses, confluentes en membrane ordinairement incomplète et porée, blanc, pâle, puis isabelle clair, luride ou subolivacé. — Hyphes 5—12 μ, à parois minces, à cloisons fréquentes sans boucles; basides 15—24—40× 9—12 (—15) μ, à 2—4 stérigmates à la fin arqués, 8—10×3 μ ; spores largement fusoïdes, inéquilatérales, 7,5—12—18×6—9 μ, souvent teintées de paille.

Toute l'année, surtout saisons humides ; sur bois très pourris à feuilles ou à aiguilles, débris de fougères, polypores, humus. Peu lignivore. Pas rare.

La variabilité de forme de la spore de cette espèce provient des diverses positions dans lesquelles on l'observe. Cette spore est largement fusoïde avec l'axe du fuseau excentrique : elle paraît sphérique quand elle présente verticalement son axe longitudinal ; obovale ou amygdaliforme, quand les axes longitudinal et dorsiventral sont plus ou moins inclinés. En faisant voyager les spores par une légère pression de la lamelle, on se rend compte que les spores sphériques présentent deux gibbosités ou mamelons plus ou moins accusés, dans le prolongement d'un axe excentrique.

Le stérigmate dans cette espèce et les deux suivantes offre une anomalie fort suggestive : il est quelquefois renflé, fusoïde ou ovoïde (en spore sessile), exactement comme dans *Tulasnella*, et certaines spores produisent une conidie obovale par un promycélium court ventral ou apical.

385. — **C. frustulosum** Bres., F. polon., p. 98 ; Adn. Myc., 1911, p. 425.

Voisin du précédent, plus épais, formé de flocons confluents en une membrane molle et incomplète porée, blanc puis crème; bordure étroite, pubescente, pruineuse. — Hyphes 5—9 μ ; basides 18—21×9—12 μ, à 2—4 stérigmates longs de 12—15 μ ; spore sphérique ou obovale atténuée seulement à la base en un mucron aigu, 7—12×6—8 μ.

Hiver, sur souches d'aubépine, coudrier, *Stereum hirsutum*. Allier.

var. **intermedia**. *Coniophora ochracea* Mass., Mon., p. 137, pl. 47, f. 13.

Hypochnoïde, hyphes mycéliales portant de petits bouquets de basides non contigus, gris jaunâtre, puis plus épais, réticulé-poré, à la fin submembraneux, ocracé, fendillé. — Hyphes 6—15 μ, sans boucles ; basides 18—24×9—11 μ à 4 stérigmates longs de 7—9 μ ; spores légèrement teintées de paille, globuleuses avec apicule oblique ou latéral, 7—9—12×6—9 μ.

Mai-Octobre. Sur écorces de frêne, hêtre, charme, et sur schistes ; Aveyron ; Haute-Marne (L. Maire).

Moins épais que *C. frustulosum* et jamais blanc ; diffère de *C. flavescens* par ses spores qui sont presque toujours globuleuses, avec mucron assez long. On en trouve cependant quelques unes qui sont largement elliptiques et un peu aplaties latéralement, d'autres présentent un petit mamelon peu marqué sur le côté de la spore, près du sommet. Ces spores émettent un filament germinatif.

386. — **C. terrigenum** Bres., F. polon., p. 98.

Etalé interrompu, finement floconneux, submembraneux, blanc ou pâle ; bordure furfuracée ; hyménium subondulé, inégal. — Hyphes irrégulières, 6—10 μ ; basides 30—35×9 μ, stérigmates jusqu'à 12 μ de long ; spores hyalines, oblongues ou plus souvent fusiformes et déprimées à la base, 14—15×5—6 μ.

Août. Sur la terre nue, Pologne (n. v.)

387. — **C. sterigmaticum** Bourd., Add. aux Cort., Rev. Sc. Bourb., 1922, p. 4.

Peu étendu, lâchement et très mollement membraneux, continu, pubescent à la loupe, gris pâle ; bordure assez nettement limitée. — Hyphes à parois minces, sans boucles, 5—12 μ, les unes régulières, les autres à cloisons rapprochées, avec articles inégalement renflés ; basides 21—27—45×11—13 μ, munies d'une cloison transversale près de leur base, 2 stérigmates épais subulés, dressés ou divergents, 21—30×4—6 μ ; spores subcylindriques arquées, obliquement atténuées à la base, 15—18×5—7 μ. *(Fig. 73)*.

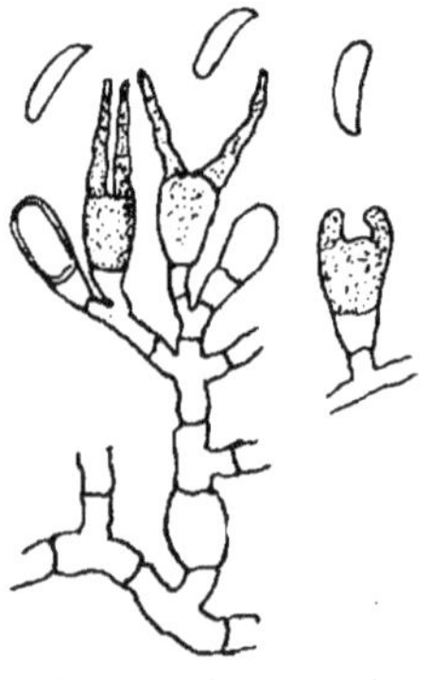

Eté. Sur la terre nue, dans les haies ; St-Priest.

73 —*Corticium sterigmaticum* Bourd.

Cette espèce, évidemment affine à *C. terrigenum*, est remarquable par ses stérigmates volumineux, subarticulés sur la baside, à plasma granuleux, puis flasques, et par la cloison transversale qui partage ordinairement la baside en deux loges très inégales. L'importance que prennent les stérigmates dans cette espèce, accentue les rapprochements indiqués entre les *Tulasnella* et plusieurs espèces du groupe *Botryodea*.

388. — C. cornigerum Bourd., Add. aux Cort., Rev. Sc. Bourb., 1922, p. 4.

Etalé, céracé membraneux, incrustant, mince, blanchâtre ; bordure similaire, pruineuse. — Hyphes à parois minces, sans boucles, 4—5 μ ; basides obovales, 12—15×9—10 μ, à 2—4 stérigmates un peu arqués, 12—15×2—2,5 μ ; spores obovales ou oblongues, atténuées aiguës à la base, déprimées latéralement, 8—12×5—7 μ. (*Fig. 74*).

Printemps-été. Sur tiges putrescentes de topinambours, St-Priest.

74. — *Corticium cornigerum* Bourd.

Ce cortice appartient au groupe *Botryodea* par ses hyphes ramifiées à angle droit, à membrane très colorable par les bleus-coton ; il se distingue bien par sa consistance presque céracée, ses stérigmates subulés rigides, égalant la longueur de la baside, et ses hyphes régulières, de moitié plus petites que dans les autres espèces du groupe.

389. — C. coronatum (Schrœt. — Sacc., VI, p. 654, *Hypochnus*) v. H. et L., Beitr.. 1907, p. 94. — *C. pruinatum* Bres., F. pol., p. 98.

Couche pulvérulente de petits granules jaunâtres, distincts puis réticulés en membranule lâche incomplète, blanchâtre puis crème, luride, jaune de Naples, ou bien jaune gris, subolivacé dès le début. — Hyphes 5—12 μ, à cloisons fréquentes sans boucles ; basides 10—18—30×6—9 (—12) μ, à 6—8 stérigmates longs de 3—6 μ ; spores obovales un peu déprimées latéralement et apiculées obliquement à la base, rarement un peu atténuées au sommet et bossues à la base (brièvement amygdaliformes), 4—5—7× 2—3—4,5 μ.

Toute l'année, sur bois très pourris d'arbres à feuilles et à aiguilles, bruyères, mousses, champignons coriaces. Peu lignivore. Commun.

390. — C. botryosum Bres., F. polon., p. 99. — v. H. et L., Beitr., 1907, p. 96.

Granules pulvérulents, formant bientôt par leur ensemble une membranule plus ou moins complète, séparable, blanche, crème, jaunâtre, crème bistre par l'âge et le froissement ; bordure aranéeuse, peu adhérente. — Hyphes flasques, à cloisons fréquentes sans boucles, 5—13 μ; basides 12—16—27×7—10 μ, à 2—4—6 stérigmates longs de 4,5—7 μ, droits ou peu arqués; spores oblongues subfusoïdes, amygdaliformes ou submaviculaires, 7—10,5× 3,5—4,5 μ.

Toute l'année, sur branches tombées de pin, rare sur chêne. Très commun dans l'Allier; rare dans l'Aveyron, Vosges.

391. — **C. vagum** Berk. et Curt. — Sacc., VI, p. 616. — *Tulasnella anceps* Bres. et Syd., Ann. Myc., VIII, p. 489. *Specim. orig. !*

Aranéeux réticulé, puis submembraneux mince, séparable, subpruineux, évanescent à la bordure; hyménium blanc, argileux gris luride, floconneux, puis poré non continu, bientôt collapse. — Hyphes 3—9 μ, à parois minces, sans boucles, les basilaires parallèles au substratum, lâches, çà et là anastomosées, hyalines ou un peu teintées, émettant des rameaux dressés, courts qui se ramifient vers le sommet et portent les basides (2—5) en bouquet lâche; basides 15—20×6—12 μ, à 2—4 stérigmates très variables, épais puis allongés subulés, 6—9×2,5—3 μ, parfois renflés, tulasnelloïdes et de même forme que la spore; spores obovales ou oblongues, souvent un peu déprimées latéralement et atténuées obliquement à la base, 7—13×4,5—7 μ, produisant par un promycélium conique, 6—10 μ, une conidie semblable à la spore ou un peu plus petite.

Eté-automne. Sur écorces et bois de branches et brindilles de conifères ou de feuillus, et de là passant sur plantes vivantes : à la base des tiges d'ortie, des rachis et écailles d'*Athyrium filix-fœmina*, de *Pteris aquilina,* un peu au-dessus du niveau du sol; plus rarement sur les frondes vertes des fougères; assez rare, Allier.

392. — *C. solani* (Prill. et Delacr., Soc. Myc. de Fr., VII, p. 220, *Hypochnus*) Hym. de Fr., III, n. 175.

Membranule incomplète très ténue, porée, blanchâtre ou grisâtre; subiculum brun. — Hyphes 4—10 μ; basides 18—24× 9×12 μ; spores obovales ou oblongues, déprimées latéralement, 7—12×4,25—7 μ.

Automne. Sur tiges (récemment arrachées) de pommes de terre. Allier.

Ce *Corticium* est la fructification basidifère du *Rhizoctonia solani* Kühn. qui se développe sur les tubercules des pommes de terre, les stolons et la partie hypogée des tiges; la partie hyménifère est reliée par de fins cordons mycéliens à des sclérotes ou réserves stromatiques hypogés, qui lui fournissent les éléments nécessaires à la formation des basides et des spores.

Nous n'avons récolté qu'une seule fois le *C. solani* et nous n'avons pas remarqué ses liens génétiques avec le *Rhizoctonia*. De même, nous n'avons pas observé le mycélium souterrain de *C. vagum*, ni les sclérotes qu'il forme sur la partie hypogée des plantes vivantes qui le portent. M. Burt assimile le *C. botryosum* à *C. vagum* : bien que *C. botryosum* soit très abondant dans les bois de pins de nos environs, nous ne l'avons jamais vu sur plantes vivantes ; il diffère du reste de *C. vagum* par sa spore de forme assez différente et reste assez sensiblement semblable à lui-même. Ajoutons toutefois que notre attention a été attirée trop tard sur ce groupe intéressant et que nous nous bornons à relever quelques différences morphologiques entre ses diverses formes. *C. vagum, botryosum* et *coronatum* sont, de fait, extrêmement voisins.

393. — **Hypochnella violacea** (Auersw.) Schroet. — Wakef., Tr. brit. Myc. Soc., 1914.

Irrégulièrement étalé, membraneux feutré, mou, très mince, d'un beau lilas sur le frais, gris-brun, chocolat sur le sec. — Hyphes 5—9 μ, les basilaires lilas pâle, sans boucles, les subhyméniales plus claires, souvent incrustées ; hyménium composé de basides et de cystidioles courtes, obtuses ou allongées, émergentes, pouvant atteindre 80×5—7 μ, fréquemment aspérulées de cristaux ; basides 18—27×6—9 μ, à 2—4 stérigmates longs de 3—4 μ ; spores violettes, elliptiques, subdéprimées latéralement, apiculées obliquement à la base, 6—9×3—4 μ.

Février, Septembre. Face inférieure des branches tombées, Angleterre (E. M. WAKEFIELD, A. A. PEARSON).

Cette plante a toute la structure du groupe *Botryodea*, dont elle s'écarte par ses spores colorées et ses organes cystidiformes.

Espèces de classification douteuse, qui ne nous sont connues que par la description.

394. —**C. Zurhausenii** Bres. in Rick, Œsterr. bot. Zeitschr., 1898, p. 2.

Etalé par plages irrégulières de 1—5×1—2 cm., à marge similaire à la fin libre et souvent subréfléchie, d'abord céracé, puis induré, aride, fragile et non lignescent, pâle, puis isabelle, et à la fin décoloré blanchâtre ; hyménium ordinairement tuberculeux, puis largement fendillé ; trame blanche, épaisse de 1—1,5 mm. devenant friable. — Hyphes de la trame à parois minces, cohérentes, bouclées, 3—5 μ, bientôt collapses ; basides 25×7—8 μ ; spores oblongues, déprimées latéralement, 8—10×4—5 μ.

Sur troncs pourris de hêtre, Autriche. (n. v.)

395. — **C. flavicans** Bres., Sel. Myc. in Ann. Myc., t. XVIII (1920), p. 47.

Largement étalé, étroitement adhérent, céracé-membraneux, à marge pruineuse, blanc puis jaunissant ; hyménium lisse (au moins sur le sec), à peine fendillé. — Hyphes de la trame irrégulières, à boucles très rares, 3—6 μ. ; basides 24×6—7 μ. ; spores subcylindriques, 8—10×5—6 μ.

Sur bois d'arbres à feuilles, Madère (TORREND). (n. v.)

396. — C. teutoburgense Brinkm., Beitr., 1916, p. 38. — *C. flavescens* Bres., Ann. Myc., III (1905), p. 163.

Largement étalé, céracé-membraneux, blanc puis jaune vif ; marge pruineuse, blanche, persistante ; hyménium lisse, à la fin fendillé. — Hyphes basilaires 4—6 μ, les subhyméniales 3 μ ; basides 30—35×7—8 μ. ; spores obovales oblongues, 7—9×4—5 μ,

Sur écorce et bois de pin silvestre, Westphalie. (n. v.)

397. — C. crustulinum Bres., Select. Myc. in Ann. Myc., t. XVIII (1920), p. 47.

Largement étalé, céracé-membraneux, isabelle puis bai clair ; marge pruineuse, similaire ; hyménium ruguleux, puis lisse, largement fendillé. — Hyphes irrégulières, 3—5 μ, bouclées ; basides claviformes ou plus rarement capitées, 30—35×6—7 μ ; spores elliptiques ou obovales oblongues, 7—9×4—4,5 μ.

Ecorces ou bois dénudés des branches de chêne, Portugal (TORREND). (n. v.)

398. — C. pallens Bres. in Brinkm., Westf. Pilze.

Largement étalé, floconneux, submembraneux ; marge farineuse ; hyménium subruguleux, non fendillé, pâle, puis subargileux. — Hyphes 4—5,5 μ ; basides 20—25×5 μ ; spores obovales ou subglobuleuses, 4,5—6×3—5 μ.

Eté, automne ; sur bois et écorces des troncs de saule, peuplier, chêne ; Westphalie. (n. v.)

399. — C. geogenium Bres., Fungi polon., p. 98.

Largement étalé et interrompu, subfloconneux-membraneux, blanc, puis pâle ; bordure presque similaire ; hyménium lisse, non fendillé. — Hyphes basilaires 6 μ, les subhyméniales 4 μ ; basides 25—30×6—7 μ ; rares cystidioles obtuses, peu saillantes ; spores obovales, parfois déprimées latéralement, 8—9×5—6 μ, 1-guttulées.

Novembre ; terre sablonneuse, très rare sur bois (saule) ; Pologne, Autriche. (n. v.)

400. — C. fuciforme (Berk.) Wakef., Trans. Brit. Myc. Soc., 1916, p. 481. — *Isaria* Bk. — *I. graminiperda* Bk. et Müll. — *Hypochnus* Mc Alp. — *Epithele* v. Hoehn. et Syd.

Incrustations subgélatineuses, minces, étalées, éparses sur feuilles et tiges de graminées et accompagnées de filaments mycéliens stériles, développés en forme d'*Isaria* et agglutinant les feuilles. — Hyphes teintées de rose, à parois minces, bouclées, 2—4 μ ; basides claviformes, 5,5—7 μ, d., à 2—4 stérigmates épais, incurvés, quelques basides développées en filaments dressés ; spores hyalines, en pépin, déprimées latéralement et apiculées à la base, 11—12,5×5—6 μ.

Août ; tiges et feuilles de graminées, Angleterre, WAKEF. l. c. (n. v.)

400 ᵃ. — C. straminellum Bres., Sel. Myc., 1926, p. 11.

Largement étalé, pelliculaire, lisse, crème paille ; bordure similaire ou subradiée. — Hyphes de la trame septées avec boucles unilatérales, 1,5—3,5 μ ; spores cylindriques-oblongues, droites, plus rarement arquées, 8—9×2—2,5 μ.

Sur l'hyménium de *Phellinus torulosus*, Stockolm, ROMELL. (n. v.)

400 ᵇ. — C. Neuhoffii Bres., Sel. Myc., 1926, p. 12.

Largement étalé, pruineux blanc. — Hyphes minces, bouclées, 2,5—3 μ, aspérulées granuleuses à la base, 4 μ ; basides 12—15× 6—7 μ, à 2—4 stérigmates ; spores obovales, 4—5×3,5—5 μ.

Sur écorce d'arbres à feuilles, Kœnigsberg, NEUHOFF. (n. v.)

II. — EPITHELE Pat., Soc. Myc. Fr., vol. XV, p. 202 ; Ess. tax , p. 59.

Réceptacle résupiné, floconneux, céracé ou crustacé ; hyménium traversé par des émergences cylindriques, grêles, stériles, naissant des parties profondes de la trame et constituées par des hyphes grêles fortement accolées entre elles ; basides claviformes à 2—4 stérigmates ; spores hyalines, lisses, ovoïdes, elliptiques, subcylindriques, droites ou courbées.

Espèces croissant sur herbes pourries, joncs, fougères, bois morts.

401. — E. Galzini Bres. — Hym. de Fr., III, n. 210.

Etalé, céracé, crustacé, continu, densément hérissé (à la loupe) de soies courtes ; bordure ordinairement entière, parfois vaguement pruineuse, indéterminée. — Hyphes 2—3,5 μ, à parois minces, rarement distinctes ; basides 9—18×4,5—6 μ, à 2—4 stérig-

mates droits, longs de 4—6 μ ; spores oblongues ou fusiformes, un peu arquées, atténuées à la base, 5—9×3—4 μ, souvent agglutinées par 2—4. (*Fig. 75*).

Toute l'année. Sur pétioles de fougères entassées dans les endroits humides, souvent mêlé à *Corticium filicinum, submutabile, Glœocystidium cretatum*, etc.

75. — *Epithele Galzini* Bres.

Les soies permettent de distinguer l'espèce, même à la loupe ; elles émergent de 30—45 μ, avec un diamètre de 12—26 μ, et sont formées d'hyphes accolées, à rameaux serrés, enchevêtrés. Facilement caduques, elles laissent après leur chute, la surface du champignon pointillée de petits trous. M. Patouillard juge notre plante voisine de *E. Dussii* Pat., mais distincte ; cette dernière espèce, qui croît à la Guadeloupe, pareillement sur fougères, forme de petites plaques oblongues, plus épaisses et plus nettement limitées, à soies plus molles et à spores un peu courbées, renflées à la base et étirées en pointe vers le haut.

402. — E. Typhae (Pers.) Pat., Soc. Myc. de Fr., 1899, p. 202. — v. Hœhn. et L., Beitr., 1906, p. 46. — *Athelia* Pers., Myc. Eur., I, p. 84. — *Corticium* Fuck. — Quél., Fl., p. 5. — Bres., F. polon., p. 97. — *Athelia scirpina* Thüm.

Subarrondi ou étalé longitudinalement, blanc, floconneux, puis en croûte mince, blanc jaunâtre, hérissé d'émergences stériles ; bordure blanche, fibrilleuse ou farineuse. — Hyphes irrégulières, 2—5 μ, bouclées ; émergences de 8—10 μ diam., saillantes jusqu'à 80—160 μ ; basides 25—35×8—10 μ, à 2—4 stérigmates arqués ; spores oblongues lancéolées, 10—30×6—8 μ, pluriguttulées.

Printemps, automne. Sur *Typha Scirpus, Carex*. (Ex Bres. et v. H. L. — n. v. fruct.)

403. — E. ochracea Bres., Sel. Myc. in Ann. Myc., XVIII, p. 49.

Etalé et entourant les rameaux, blanc pruineux, puis membraneux. — Crustacé, subocracé ; bordure blanche pruineuse ; hyménium granuleux, puis fendillé, velouté de soies plus ou moins abondantes. — Hyphes 3—5 μ, à parois minces, bouclées ; émergences 80—120×15—28 μ, formées d'hyphes parallèles ; spores oblongues, 8—12×4—5,5 μ.

Printemps. Sur tiges et rameaux d'*Ampelopsis hederacea*, Trente. — Très voisin de *Odontia corrugata*, d'après un spécimen authentique.

III. — **GLOEOCYSTIDIUM** Karst.

Réceptacle résupiné, céracé, membraneux, floconneux ou aride ; hyménium composé de basides à 2—4, rarement 6—8 stérigmates, et de gléocystides naissant dans la trame, peu ou pas émergentes ; spores hyalines de forme variée, lisses ou aspérulées.

Plantes venant sur bois et écorces, rarement sur herbes sèches, débris, humus.

Les gléocystides sont des organes de même origine et de même nature que les cystides ; mais dans les vrais *Gloeocystidium*, leurs parois ne s'épaississent jamais, ni ne s'incrustent de dépôts cristallins. Le contenu des gléocystides est souvent un liquide hyalin de composition voisine du suc des basides ; d'autres fois, il est guttulé, plus ou moins jaunâtre, ou contient des matières glycogénées qui brunissent au contact d'une solution iodo-iodurée. A l'état de vieillesse, les gléocystides sont les unes vides et flétries et dans cet état elles ont échappé à plusieurs observateurs, ou bien leur contenu s'est solidifié, est devenu rugueux, fragmenté et, dans ce cas, elles sont souvent confondues avec les vraies cystides.

Il y a un assez grand nombre de *Peniophora* dont la cystide est d'abord à parois minces et identique aux gléocystides, mais leur membrane ne tarde pas à s'épaissir et l'on trouve tous les passages de la gléocystide à la cystide. M.M. von Hœhnel et Litschauer avaient établi le genre *Gloeopeniophora* pour les espèces présentant à la fois des gléocystides et des cystides ; mais il n'y a peut-être pas un seul *Peniophora* qui ne se présente avec des cystides jeunes, à parois minces. Le genre *Gloeocystidium* est donc relié très étroitement à *Peniophora*, tandis qu'il est assez nettement limité du côté de *Corticium* : à peine trouve-t-on un ou deux cas embarrassants.

Pour ne pas compliquer la synonymie, plusieurs espèces dont les cystides sont toujours à parois minces, ont été laissées dans le genre *Peniophora*, où elles ont été décrites par leurs auteurs, mais elles sont faciles à distinguer, leurs cystides étant en majeure partie exsertes.

Tableau analytique des espèces

1 Hyménium jaune clair, jonquille ou safrané ; bordure blanche : 2.
   Hyménium blanc, pâle, subocracé ou alutacé : 3.
   Hyménium orangé, incarnat, lilacé ou gris ; spore cylindrique arquée à contenu homogène : Cf. *Peniophora* divers du groupe *coloratae*, n. 507-537.

2 Spores oblongues subdéprimées ; gléocystides à contenu jaune doré : *G. luteum*, n. 435.
   Spores globuleuses ; gléocystides hyalines, flasques : *G. alutaceum f. citrinum* n. 423.

3 {
Spores amyloïdes, colorées en bleu sombre par une solution iodo-iodurée : 4.
Spores non amyloïdes : 11.

4 {
Spores densément hispides, globuleuses, 4,5—7 μ d. ; hyménium furfuracé - farineux, subcéracé : *G. furfuraceum*, n. 412.
Spores lisses (obscurément ou lâchement aspérulées dans quelques espèces) : 5.

5 {
Spores 12—19×4,5—9 μ, oblongues - subcylindriques, déprimées ou subarquées : *G. leucoxanthum*, n. 404.
Spores 7—12×4—6 μ, oblongues ou elliptiques à peines déprimées : *G. luridum*, n. 405.
Spores 3—8×3—4,5 μ, ellipsoïdes, ovoïdes ou subglobuleuses : 6.

6 {
Bleu livide ou pâlissant à reflet bleuâtre, pruineux ; couche granuleuse bleu-noir sous l'hyménium : *G. livido-caeruleum* n. 407.
Isabelle subocracé ; trame très dense ; spores oblongues subdéprimées, 5—7×4—5 μ : *G. Karstenii*, n. 409.
Blancs ou pâles, céracés tendres, puis indurés et se fonçant parfois sur le sec : 7.

7 {
Floconneux mou, mince, non continu ; gléocystides brunies par l'iode ; spores obovales oblongues, 6—7×3,5 μ : *G. Letendrei*, n. 406.
Céracés, continus, plus épais et plus largement étalés : 8.

8 {
Spores ellipsoïdes, ordinairement biguttulées, 4—7×3—4 μ ; gléocystides jaunies mais non brunies par l'iode, longues de 15—150 μ. Blanc de lait puis crème : *G. porosum*, n. 408.
Spores ovoïdes oblongues ou largement elliptiques ; gléocystides brunies par l'iode : 9.

9 {
Gléocystides avec cystides ; bordure rhizoïde. Pelliculaire ou floconneux - membraneux : *Peniophora heterogenea*, n. 505.
Pas de cystides à parois épaisses : 10.

10 {
Epais substratifié, fendillé avec enroulement des bords ; hyménium orné de papilles arrondies ; spores oblongues subdéprimées, 4,5—5×3—3,5 μ ; gléocystides longues de 60—200 μ : *G. convolvens*, n. 410.
Peu épais ; spores ovoïdes ou largement elliptiques, 3—6×3—4,5 μ, quelquefois lâchement aspérulées ou subanguleuses ; gléocystides longues de 15—45 μ : *G. contiguum*, n. 411.

11 { Spores subglobuleuses ou très largement elliptiques, souvent
      aspérulées : 12.
    Spores obovales, oblongues ou cylindriques : 18.

12 { Hyménium aranéeux puis pelliculaire, séparable d'un subicu-
      lum aranéeux floconneux ; large bordure : *G. mixtum*
      n. 424.
    Hyménium floconneux-submembraneux ; hyphes inférieures
      fermes, à boucles nombreuses, enchevêtrées en trame bien
      distincte : 13.
    Hyménium céracé ; trame en majeure partie cohérente, indis-
      tincte : 14.

13 { Spores 6—12×5—8 μ ; pinicole, largement étalé assez épais :
      G. albo-stramineum, n. 426.
    Spores 5—8×4—6 μ ; plus interrompu, plus hypochnoïde,
      moins épais : *G. cremicolor*, n. 428.
    Spores 6—9×5—7 μ ; crustacé pulvérulent, puis inégalement
      membraneux ; hyphes plus petites, 4—4,5 μ ; gléocystides
      égales, incluses : *G. Eichleri*, n. 429.

14 { Espèce céracée, très mince, blanc gris à reflet bleuâtre ; gléo-
      cystides courtes à contenu résinoïde : *G. caesio-cinereum*,
      n. 425.
    Espèces minces, blanche, crème, crème chamois ; gléocystides
      à contenu hyalin, homogène : 15.
    Espèces céracées, subcharnues, assez épaisses ; gléocystides à
      contenu jaune ou guttulé : 16.

15 { Subiculum fibrilleux, blanc, formant une large bordure radiée ;
      gléocystides incluses : *G. alutaceum*, n. 423.
    Pas de subiculum distinct, ni de bordure ; gléocystides assez
      longuement saillantes : *G. sphaerosporum*, n. 427.

16 { Spores finement ruguleuses 8—10×7—9 μ ; gléocystides larges
      de 6—15 μ : *G. analogum*, n. 422.
    Spores lisses : 17.

17 { Lactescent en végétation active ; gléocystides cylindriques,
      étroites, serrées en palissade, à contenu jaune : *G. lactes-*
      cens, n. 420.
    Non lactescent ; marge à la fin presque libre ; gléocystides
      subfusiformes, à contenu granuleux : *G. Torrendii*, n. 421.

18 { Champignon épais devenant très dur, fendillé aréolé, trame très serrée : 19.
   { Subiculum coriace formé d'hyphes capillaires, 1,5—2 μ, tenaces ; hyménium céracé : *G. ochroleucum*, n. 430.
   { Champignons minces, sans subiculum bien distinct et sans hyphes capillaires : 20.

19 { Sur conifères ; champignon crème ocracé puis ocracé ; gléocystides obtuses 60—90×4—8 μ ; spores oblongues, un peu aplaties latéralement. 5—6×3—3,5 μ. *G. ochraceum*, n. 433.
   { Sur chêne et châtaignier ; champignon blanchâtre, crème, ou isabelle, à la fin 2-3 stratifié ; gléocystides étroites, à la fin oblitérées ou nulles ; spores obovales ou oblongues, rarement déprimées. *G. insidiosum*, n. 434.

20 { Pelliculaires ou farineux-membranuleux, peu adhérents ; spores petites. 4—6×1,5—3 μ subcylindriques arquées : 21.
   { Céracés ; spores plus grandes, 5—13×3—6 μ : 22.

21 { Pelliculaire ou membraneux ; basides d'abord obovales, puis étirées en col et couronnées par 6—8 stérigmates ; sur écorces et bois : *G. coroniferum*. n. 431.
   { Farineux membranuleux, blanc de craie : trame très serrée ; basides normales à 2—4 stérigmates ; sur fougères : *G. cretatum*, n. 432.

22 { Spores ellipsoïdes, atténuées à la base ; gléocystides la plupart très aiguës ; plante très maigre : *G. tophaceum*, n. 416.
   { Spores cylindriques arquées ; plantes largement étalées : 23.
   { Spores subelliptiques, plus ou moins déprimées ; plantes largement étalées, blanches ou crème : 24.

23 { Hyménium pointillé à une forte loupe de granules résinoïdes enchassés dans la trame ou dans l'hyménium :
        { Granules jaunâtre ambré rarement brun clair : *G. pallidum*, n. 418.
        { Granules rubis, grenat : *G. argillaceum*, n. 419.
   { Pas de granules dans la trame, ni dans l'hyménium ; gléocystides éparses cylindriques, hyalines, immerses ou émergentes : *G. roseo-cremeum*, n. 417.

24 { Gléocystides en assez grand nombre, émergentes, fusiformes ou cylindriques, renflées en boule au sommet ou coiffées d'un petit capuchon d'oxalate de chaux ; spores 7—11×4—5 μ ; *G. tenue*, n. 413.
   { Gléocystides subincluses ; trame plus serrée ; champignon plus épais : *G. praetermissum*, n. 414.

Plus aride, floconneux, puis poré-membraneux, blanchâtre puis
crème jaunâtre ; spores plus petites, 5—8×3—5 µ : *G. inaequale*, n. 415.

A. — **AMYLOIDEA**. — Spores mûres colorées en bleuâtre
foncé par la solution iodo-iodurée de potassium.

A part quelques différenciations latérales, les espèces de ce groupe
forment une série continue, décroissante au point de vue du volume de la spore
et par conséquent aussi des éléments hyméniens, les dimensions de la spore
étant en rapport avec celles de la baside. Au niveau de *G. luridum*, il y a un
point de contact avec le groupe du *G. praetermissum* ; et sans l'emploi du
réactif iodé, il serait sinon impossible, du moins extrêmement difficile d'établir des déterminations précises. L'appréciation de ce caractère est rendue
facile par l'abondance des spores qui est ordinaire dans les *Gloeocystidium*.
Elles se trouvent souvent en grand nombre absorbées dans la trame, mais
plus ou moins déformées. Les spores très jeunes sont moins sensibles à l'iode,
ou bien la coloration bleuâtre de la membrane est masquée par la teinte brun
foncé que prend le protoplasma. On a un moyen pratique et qui paraît assez
sûr, pour reconnaître immédiatement les espèces amyloïdes, c'est de mettre
une goutte de la solution iodée sur l'hyménium ; celui-ci se colore instantané-
ment en noir bleuâtre (404-412).

404. — G. leucoxanthum (Bres., Trid., II, p. 57, t. 166,
f. 3) — v. Hoehn. et Lit., Beitr., 1907, p. 6. — *Specim. orig.!*

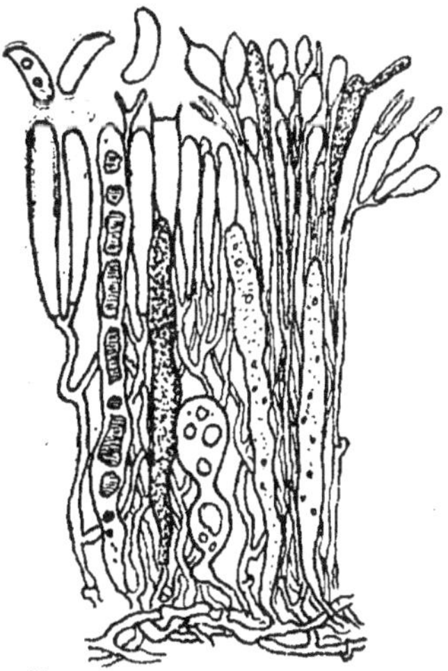

76. — *Gloeocystidium leucoxanthum* (Bres.) v. Hoehn. et Litsch. —
A droite chlamydospores.

Etalé, quelquefois décorticant, adhérent, épais, céracé
tendre, puis induré ; hyménium
lisse ou bosselé, blanchâtre hyalin, puis crème, alutacé, finement
pruineux, à la fin fendillé. —
Hyphes à parois minces, à boucles
rares, 3—5 µ, tantôt distinctes,
tantôt serrées ; gléocystides irrégulièrement cylindriques ou fusiformes, 35—75—150×6—9—24 µ,
à contenu granuleux ou guttulé,
un peu jaunâtre ; basides 30—60
×6—9 µ, à 2—4 stérigmates subarqués, 6—11×2 µ ; spores oblongues
subcylindriques, déprimées ou un
peu arquées, 12—15—19×4,5—7
—9 µ (*Fig. 76*).

Toute l'année. Sur branches
tombées, hêtre, troène, chêne

commun et chêne vert, coudrier, saule, tremble ; Aveyron, Allier, Saône-et-Loire, H^te-Saône, H^te-Marne, Alsace : Suède.

On trouve souvent sur l'hyménium de cette espèce, et quelquefois sur la suivante, des tubercules céracés puis indurés, pulvinés ou discoïdes, qui sont constitués par des gerbes de filaments qui débordent l'hyménium et se déversent sur lui. Ces filaments portent des conidies analogues à celles que figure M. Patouillard (Ess. Tax., fig. 46) pour *Michenera artocreas*; ces conidies de 9—20×5—15 μ, ressemblent pour la forme à des basides trémellinées à divers âges, mais elles ne sont jamais cloisonnées et ne portent jamais qu'un seul stérigmate quelquefois renflé au sommet, mais non sporifère. Y aurait-il un rapprochement à faire avec *Tremella versicolor* Berk. qui est indiqué sur l'hyménium de *Corticium nudum*, ou encore avec *Tr. lutescens* qui est en connexion avec *Radulum laetum* ?

405. — G. luridum (Bres., Trid., II. p. 59, t. 169) v. Hoehn. et Lit., Oesterr. Cort., p. 69. — *Specim. orig.!*

Largement étalé, adhérent, céracé lisse, pruineux, glabrescent, subhyalin, blanc, pâle, puis crème ocre, alutacé, noisette, induré et souvent très fendillé ; bordure subsimilaire ou pruineuse, rarement pubescente. — Hyphes peu distinctes, les basilaires à parois minces, bouclées, 1,5—3,5 μ ; gléocystides nombreuses, cylindriques, subfusiformes, 50—300×5—12 μ, à contenu subhyalin, fortement bruni par l'iode ; basides 28—45—60×4—7—9 μ, à 2—4 stérigmates longs de 5—8 μ, parfois accompagnées d'hyphes paraphysoïdes simples ; spores oblongues ou elliptiques, à peine déprimées, 7—9—12×4—6 μ.

Toute l'année, plus rare en automne. Très commun. Lignivore assez léger, avec pourriture blanche.

Forme 1 : *typica*. — Plus épais, plus coloré, plus dur. Sur bois dénudés ou travaillés, rarement sur écorces : chêne, hêtre, églantier, frêne, orme, etc.

— 2 : *confusa*. — Erompant sous forme de petits tubercules pâles, alutacés ou isabelle. Sur branches de prunellier, églantier, etc. Souvent pris pour *G. aemulans* Karst.

— 3 : *Bourdotii*. — *Gl. praetermissum* var. *Bourdotii* Bres., F. gall., p. 44. — Blanc puis crème, plus mince, plus lisse ; spores 6—9×4—5 μ ; hyphes paraphysoïdes plus saillantes ; aspect de *Gl. praetermissum* ou de *Gl. porosum*. Sur frêne, coudrier, cornouiller, etc.

406. — G. Letendrei (Karst., Rev. Myc., 1884, p. 214. *Xerocarpus*) — *Specim. orig.!*

Etalé, céracé-floconneux, mince ; hyménium blanc ou pâle,

non continu, poré à une forte loupe, à la fin fendillé. — Hyphes
très serrées, la plupart indistinctes, 2—4,5 μ ; gléocystides renflées
à la base et étirées en tube au sommet, 30—90×7—16 μ, à contenu jaunâtre, granuleux ou résinoïde, coloré en brun par l'iode ;
basides 10—15×4—5 μ ; spores obovales, brièvement et obliquement atténuées à la base, 6—7×3—4 μ.

Sur *Ulex europaeus*. Ouest (Abbé LETENDRE).

Nous ne connaissons cette espèce que par le fragment du type que M.
Bresadola nous a aimablement communiqué. Très voisine de *G. porosum*, elle
s'en distingue par son hyménium moins lisse, la forme de ses spores et le
brunissement par l'iode de ses gléocystides.

407. — G. livido-caeruleum (Karst.) v. H. et Litsch., Bei-
trag., 1906, p. 6. — *Corticium* Karst., Not. Soc. Fenn., IX. —
Fr., Hym. eur., p. 652.

Longitudinalement et irrégulièrement étalé, céracé, mince,
très adhérent ; hyménium uni, bleu noir ou pâle bleuâtre, recouvert d'une pruine blanche ; bordure similaire. — Hyphes peu
distinctes, 2—2,5 μ ; couche subhyméniale farcie d'une substance
granuleuse bleu noir, qui se dissout dans les alcalis en les colorant en violacé ; gléocystides cylindriques ou fusiformes, 15—40
×5—10 μ, à contenu plus ou moins granuleux, fortement colorable en brun par l'iode ; basides 15—22×4—6 μ, à 2—4 stérigmates longs de 4—5 μ ; spores oblongues subcylindriques arquées
et obliquement atténuées, 6—8×3—4 μ.

Sur bouleau, Riwa, Finlande (KARSTEN) ; sur troncs d'*Abies
excelsa*, Trente (leg. BRESADOLA, determ. KARSTEN) ; Autriche (P.
STRASSER).

Les mensurations de v. Hœhnel pour les basides et les gléocystides,
sensiblement supérieures aux nôtres, indiquent que le champignon peut avoir
une épaisseur plus grande.

408. — G. porosum (Bk. et Curt.) Wakef. — *Corticium* Bk.
Curt. Mass., Mon. Thel., p. 121. — *Gl. stramineum* Bres. in
Brinkm., Westf. Pilze, n. 18.

Étalé, céracé puis induré, adhérent, blanc de lait, puis
crème, paille ; bordure blanche, pruineuse ou réticulée-porée,
peu étendue. — Hyphes 1,5—3 μ, cohérentes ; gléocystides nombreuses, variables de forme, quelquefois bifurquées, 15—40—150
×6—14 μ, à contenu jaunâtre, puis résinoïde, jaune huileux mais
non bruni par l'iode ; basides 12—18—28×3—6 μ, à 2—4 stérigmates longs de 3—4 μ ; spores ellipsoïdes, 4—6—7×3—4 μ, ordinairement biguttulées, nombreuses dans la trame.

Toute l'année. Sur branches tombées, écorces et bois dénudés des arbres à feuilles ; commun. — Plus pelliculaire, fragile, à bordure étendue, lustrée ; sur pin, Causse Noir.

Nous avons reçu de Miss Wakefield un spécimen identifié à *C. porosum* Bk. par comparaison avec l'original et bien identique aussi avec *G. stramineum* Bres.

Forme : *grandinioides*. Sur tilleul, H⁰-Marne (L. Maire).

409. — G. Karstenii. — *Corticium ochraceum* Karst., Hattsv., II, p. 145 ; non Fries. — *Gloeocystidium ochraceum* Bres., Adn. Myc. in Ann. Myc., IX, p. 428. — *Specim orig. !*

Étalé, très adhérent, céracé, lisse ou ruguleux, puis induré et fendillé, isabelle subocracé ; bordure similaire. — Trame dense, formée d'hyphes 3—4 μ, à parois minces ou un peu épaissies, peu distinctes, sauf dans la partie mycéliale entoxyle ; gléocystides nombreuses, 30—75×7—10 μ, cylindriques ou renflées à la base, à contenu résinoïde jaunâtre souvent fragmenté, se colorant par l'iode un peu plus fortement que les basides ; basides 16—24×6 μ, à 4 stérigmates longs de 3 μ ; spores oblongues, subdéprimées, 5—7×4—5 μ.

Sur peuplier, Finlande (Karsten).

Le *C. ochraceum* Fr. étant lui-même un *Gloeocystidium*, différent de cette espèce, le nom *ochraceum* Karst. a dû être changé.

410. — G. convolvens (Karst.) Hym. de Fr., IV, p. 8. — *Corticium* Karst., Symb. Myc. Fenn. — Sacc., VI, p. 621. — Mass., Mon. Thel., p. 133.

Largement étalé, céracé mou, épais ; subiculum fibrilleux ou floconneux, blanc ; hyménium continu, pâle, subglaucescent, souvent orné de papilles hémisphériques éparses, à la fin fendillé et contracté-enroulé sur le sec, souvent taché de fauve livescent ; bordure similaire. — Hyphes basilaires en trame lâche, çà et là agglutinées en faisceaux, à parois à peine épaissies, les autres verticales entre les gléocystides, à parois minces et sans boucles, 3—4 μ ; gléocystides subfusoïdes, 60—200×7—15 μ, à contenu jaunâtre plus ou moins granulé, disposées en 2—3 couches stratifiées, quelques-unes cependant se prolongeant d'une couche à l'autre ; basides 30—70×4—5 μ ; spores ellipsoïdes, quelquefois un peu déprimées, 4,5—6×3—4 μ, abondantes à la surface de l'hyménium et dans la trame entre les strates.

Sur bouleau, Finlande (Karsten).

M. Bresadola soupçonne cette espèce d'être le *Grandinia mucida* Fr. — L'espèce que v. Hœhnel a identifiée avec le type de Karsten est un *Peniophora* différent de la plante de Karsten et très voisin des *Stereum*.

411. — **G. contiguum** (Karst., Symb. myc. fenn.) *Specim. orig.!* — *G. clavuligerum* v. H. et L., Beitr., 1906, p. 55. — Hym. de Fr., IV, n. 244.

Très largement étalé, céracé, adhérent, continu, lisse, subpruineux, blanc de lait ou crème, crème incarnat, puis jaunâtre, alutacé, fulvescent, largement fendillé, avec tendance à se rouler ; bordure similaire ou insensiblement atténuée. — Hyphes 2—3 µ, cohérentes, indistinctes, les mycéliales à parois épaissies, 1,5—3 µ, abondamment ramifiées dans les éléments du bois, (quelquefois avec de forts renflements contenant un suc analogue à celui des gléocystides) ; gléocystides fusiformes ou étirées en col au sommet, 15—45×4,5—9—12 µ, à contenu granuleux un peu jaunâtre ; basides 9—16—24×3—5 µ, à 2—4 stérigmates longs de 2,5—4 µ ; spores ovoïdes ou largement elliptiques, subdéprimées latéralement, 4—5×3—4 µ, lisses ou très lâchement aspérulées.

Toute l'année, végète même l'hiver ; sur bois déjà attaqués ; très abondant dans ses stations, mais peu commun ; sur cerisier, noyer, peuplier, frêne. Aveyron.

Forme 1 : *furfurella*. — Crustacé-céracé, farineux, pâle ; spores ovoïdes subsphériques, lâchement verruqueuses-anguleuses, 4,5—6×4—4,5 µ. — Été, aut. Sur chêne, forêt de Dreuille (Allier) ; St-Estève (Aveyron).

Forme 2 : *laxa*. — Céracé mou, tuberculeux, peu étendu ; spores 4—6×3—4 µ ; hyphes distinctes, à parois minces 2,5—3 µ, septées-noduleuses ; gléocystides toutes hyméniales. — Avril ; sur bois très sec à l'intérieur d'un châtaigner, Vialette (Aveyron). Peut-être distinct de *G. contiguum*, mais insuffisamment connu.

Forme 3 : *odontioidea*. — Hyménium couvert d'aiguillons fins et courts, dentés ou villeux au sommet. — Printemps, sur noyer, coudrier.

412. — **G. furfuraceum** (Bres., Fungi trid., II, p. 97, t. 208 f. 2, *Hypochnus*) von Hoehn. et L., Oest. Cort., p. 68. — *Specim. orig.!*

Irrégulièrement et maigrement étalé, furfuracé-farineux ou formé de granules pulvérulents, confluents en hyménium poré ou continu, blanc ou blanchâtre ; bordure largement atténuée pruineuse. — Hyphes à parois minces, bouclées, 2—3 µ, peu abondantes ; gléocystides subcylindriques, 36—65×4—6 µ, à contenu jaunâtre guttulé, puis résinoïde-fragmenté ; basides 24—30×6 µ, à 2—4 stérigmates longs de 4—6 µ ; spores subsphériques, spinuleuses ou hispides, 4,5—7 µ diam., ordinairement uniguttulées.

Saisons humides, automne-printemps ; sur bois de pin déjà attaqués par d'autres champignons. Allier, Aveyron. Peu lignivore.

B. — CERACEA. — Céracés, rarement subpellicullaires ; hyphes à parois minces, non capillaires, souvent collapses ou peu distinctes ; basides normales à 2—4 stérigmates ; spores grandes ou moyennes non amyloïdes.

a) *Spores cylindriques, ellipsoïdes ou obovales, plus ou moins déprimées ou presque arquées. (413-419)*

413. — G. tenue (Pat., Rev. Myc., 1885, p. 182) v. Hoehn. et Lit., Oesterr. Cort., p. 70. — *Peniophora* Massee, Mon. Thel., p. 149. — *Kneiffia* Bres., Fungi polon., p. 104.

Etalé, indéterminé, mince, non continu, poré, puis membraneux céracé, lisse, blanc crème ; bordure étroite, similaire, porée ou pruineuse, rarement pubescente. — Hyphes 3—5 μ, bouclées, peu régulières, en partie collapses, les entoxyles 3—8 μ ; gléocystides 30—80×6—12 μ, les unes fusiformes incluses, les autres tubuleuses émergentes, renflées en boule, 9—15 μ d., nues ou coiffées d'un petit capuchon cristallin rayonné, plus rarement d'une grosse guttule huileuse ou résineuse ; basides 17—33×6—9 μ, à 2—4 stérigmates longs de 3—5 μ ; spores oblongues subcylindriques, déprimées latéralement, 7—11×4—6 μ, souvent 1-guttulées.

Toute l'année. Très commun sur toute espèce de bois à feuilles ou à aiguilles. Peu lignivore.

414. — G. praetermissum (Karst., Finl. basidsv.) Bres., Fungi polon., p. 99. — v. Hoehn. et Lit., Beitr., 1906, p. 17 (exclus. syn. *Pen. guttulifera* Karst.) — *Specim. orig !*

Largement étalé, céracé, hyalin, blanc, crème, glaucescent, puis submembraneux continu, lisse ; bordure porée à la loupe, atténuée subsimilaire, rarement floconneuse pubescente. — Hyphes peu régulières, 2—7 μ, les moyennes et supérieures souvent flasques en tissu spongieux ; gléocystides très variables, normalement cylindriques subsiformes, 21—150×4,5—21 μ, à contenu hyalin, ordinairement incluses ; basides 16—21—45×4,5—7—9 μ, à 2—4 stérigmates longs de 6—9 μ ; spores ellipsoïdes, déprimées latéralement, 7—12×4—6,5 μ, souvent guttulées.

Toute l'année. Très commun sur toute espèce de bois.

Les intermédiaires entre *G. tenue* et *praetermissum* sont aussi fréquents que les types. *G. praetermissum* n'est peut-être qu'un état plus avancé de *G.*

tenue, les cystides saillantes de celui-ci finissant par être absorbées dans la trame, à mesure qu'elle s'épaissit. D'autre part, *G. pertenue* Karst. *specim. orig.!* paraît être lui-même un état jeune de *G. praetermissum*, mais à cystides incluses dès le début.

415. — *G. inaequale* v. Hoehn. et Litsch., Beitr., 1907, p. 88. — Brinkm., Westf. Pilze, III, n. 102.

Céracé membraneux ou floconneux, aride, mince, finement poré-fendillé à la loupe, blanchâtre, subglaucescent, puis crème jaunâtre ; bordure subsimilaire, floconneuse-farineuse. — Hyphes à parois minces, flasques, 2—3 (—5) μ ; gléocystides éparses, cylindriques, fusoïdes ou subulées, 58—90×5—12 μ, incluses ou un peu émergentes ; basides 20—27×5—7 μ, à 2—4 stérigmates longs de 4—5 μ ; spores subelliptiques à peine déprimées, 4,5—8×3—4,5 μ.

Printemps. Sur tronc creux de lilas ; branches pourries, chêne, prunellier ; souche de châtaignier ; bouleau, conifères ; Peu commun.

416. — **G. tophaceum** Hym. de Fr., IV, n. 237.

Maigrement étalé, granuleux, puis submembraneux, mou, inégal, rarement continu, argileux ou isabelle ; bordure blanche, pubescente ou réticulée farineuse. — Hyphes à parois minces, et à boucles éparses, 2,5—5 μ ; gléocystides subcylindriques ou fusiformes très aiguës, ou encore renflées en tête, rarement incrustées au sommet, 40—75×5—10 μ, à contenu huileux ; basides 30—50×6—9 μ, à 2—4 stérigmates subdressés, longs de 6—12 μ ; spores obovales ou largement ellipsoïdes, brièvement et un peu obliquement atténuées à la base, 5—12×4—6,5 μ, 1-pluri-gutlées.

Hiver. Sur les souches cariées de buis et de *Erica arborea*, et sur la terre. — Très abondant dans le Travès de Guergues, Peyre, Combette, Fortune, Bétirac (Aveyron). Assez peu lignivore.

Ce champignon a la même structure que la partie fertile de *G. ochroleucum*, dont il n'a pas le subiculum coriace. Voisin aussi de *G. tenue*, mais bien distinct par ses gléocystides la plupart très aiguës, sa spore différente et ses caractères externes. Il a l'aspect d'une tache argileuse ; difficile à découvrir et à récolter à cause de la grande friabilité des bois sur lesquels il croît.

417. — **G. roseo-cremeum** (Bres.) Brinkm., Beitr. westf. Pilze, n. 47. — *Corticium* Bres., Ann. Myc., 1905. — Brinkm., westf. Pilze, II, n. 56 ! — Hym. de Fr., III, n. 148.

Membraneux céracé, tendre blanc crème, souvent taché de

rose lilacé ou de vineux, rarement gris cendré ; hyménium lisse, finement atômé à la loupe, continu ou finement troué ; bordure blanche, pruineuse ou pubescente. — Hyphes mycéliales et basilaires assez distinctes, à parois minces et boucles éparses, 2,5×7 μ, les entoxyles similaires, les supérieures bientôt collapses ; gléocystides éparses, parfois très rares, cylindriques, 60—90× 5—10 μ, immerses ou émergentes jusqu'à 75 μ ; basides 22—45× 4—7 μ, à 2—4 stérigmates longs de 4—6 μ ; spores ellipsoïdes, subcylindriques souvent déprimées latéralement, 9—13×3—5 μ.

Toute l'année, plus fréquent en été. Commun sur bois morts d'arbres feuillus.

Formes *grandinioïdes* ou *odontioïdes*.

Dans cette espèce, les gléocystides sont parfois nulles ou très clairsemées, peu développées ; mais les formes gléocystidiées sont les plus nombreuses. La principale difficulté de détermination viendra surtout du côté de *Peniophora setigera* qui a des formes très ressemblantes (v. n. 496).

418. — **G. pallidum** (Bres., Fungi trid., II, p. 59, *Corticium*) F. von Hoehn. et L., Beitr., 1907, p. 100 — *Specim. orig.!*

Étalé, céracé-aride, peu épais, adhérent, subfarineux, non continu à la loupe, (à plus fort grossissement : aspect spongieux poré, avec granules résineux dans les pores), blanchâtre luride, puis gris-subolivacé, très rarement crème incarnat ; bordure similaire émiettée, parfois largement étendue, plus villeuse. — Trame flasque spongieuse, formée d'hyphes souvent peu distinctes, 2—3—4,5 μ, à boucles rares, les mycéliales et entoxyles plus régulières, 2—5 μ ; gléocystides normales fusiformes obtuses, 45—75×4—9 μ ; nombreux grains résinoïdes confluents dans la trame, d'abord contenus dans des gléocystides obovales, 15—24 μ diam., ou en goutte à l'extrémité des hyphes hyméniales, ou le long de leurs parois : basides 20—45×5—8 μ, à 2—4 stérigmates longs de 4—6 μ ; spores oblongues subcylindriques, déprimées latéralement, 7,5—9—12×3—4,25 μ, souvent uniguttulées.

Toute l'année, surtout hiver-printemps ; assez fréquent sur les pins des Causses. Peu lignivore.

Formes *grandinioïdes* ou *raduloïdes* (*Odontia pallida* Hym. de Fr., n. 344)

419. — **G. argillaceum** v. Hoehn. et L., Beitr., 1908, p. 14. — Brinkm., Westf. Pilze, n. 157 ! non *Peniophora argillacea*, nec *P. carneola* Bres. !

Indéterminé, très ténu, blanc ou blanchâtre, pointillé de granules résinoïdes rougeâtres, ce qui donne à l'ensemble une

teinte crème incarnat ; substance résineuse incluse dans la trame
ou capuchonnant l'extrémité des hyphes hyméniales ou des gléocystides ; mêmes caractères micrographiques que *G. pallidum*.

Toute l'année ; sur troncs ou branches de saule, peuplier,
pommier. Allier, Aveyron.

Probablement variété de *G. pallidum*, particulière aux arbres à feuilles ;
toutefois un de nos échantillons du saule n'a que des granules jaune-ambré ;
ceux du pin sont d'ailleurs quelquefois rougeâtres.

b) *Spores subglobuleuses ou largement elliptiques* (420-425).

420. — **G. lactescens** (Berk., Outl.) v. H. et L., Oest. Cort.
— *Corticium* Fr., Hym., p. 650. — Qt., Fl., p. 9. — Bres., Fungi
polon., p. 95.

Étalé, céracé, mou, lactescent (en bonne végétation), crème
chamois, crème incarnat, glaucescent, puis isabelle, noisette, assez
épais, ordinairement très fendillé sur le sec, substance striée-
fibreuse visible dans les fentes ; bordure blanche, large, pubescente ou subbyssoïde floconneuse, étroite ; hyphes basilaires
cohérentes, 1 μ, les autres verticales, 1—3 μ, plus ou moins émergentes ; gléocystides cylindriques, égalant l'épaisseur du champignon, 80—600 μ, avec un diam. de 4—9 μ, quelques-unes renflées
à la base, presque contiguës, à contenu huileux ou granuleux ;
basides 20—40×5—8 μ, d'abord dépassées par les extrémités des
hyphes hyméniales ; spores subsphériques, 5—9×4,5—6 μ, brièvement apiculées à la base.

Août à Décembre ; pas rare, ordinairement sur bois déjà attaqués : saule, peuplier, orme, sureau, cerisier, etc. S'étend quelquefois sur humus autour des souches.

Var. **Corticium Brinkmanni** Bres. in Brinkm., Arb. Pilzfl.
Westf. — Diffère par ses spores obovales oblongues, déprimées
légèrement d'un côté, 7—9×4,5—5,5 μ, ses hyphes paraphysoïdes
émergentes et l'absence de lait. Frêne.

421. — **G. Torrendii** Bres., Myc. Lusit., p. 131. — Torr.,
Bas. Lisb. et S. Fiel, 1913, p. 81 (47) et fig. 4. — Hym. de Fr.,
IV, p. 10. — *Specim. orig. !*

Largement étalé, adhérent, épais, céracé, lâchement tuberculeux sur le frais, pruineux à la loupe, pâle puis teinté de fumeux,
induré et fendillé ; marge subsimilaire, pruineuse, presque libre.
— Hyphes à parois minces, sans boucles, 2—4 μ, cohérentes ;
gléocystides 130—150×7—9 μ, cylindriques subfusiformes obtuses,
non émergentes, à contenu granuleux, jaunâtre pâle ; basides

30—45×7,5—8 μ, à 2—4 stérigmates longs de 6 μ ; spores elliptiques subglobuleuses, 7—10×6—8 μ.

Hiver sur branches d'olivier, Portugal (TORREND).

422. — *G. analogum* Hym. de Fr., IV, n. 239.

Etalé, charnu-membraneux, farineux à la loupe ; hyménium
plus ou moins ondulé sur le frais, pâle, chamois ou isabelle crème,
à la fin fendillé ; bordure blanche pubescente ou byssoïde radiée.
— Hyphes 2—5 μ, à parois minces, à boucles éparses, bientôt collapses ; gléocystides immerses, 50—100×6—15 μ, fusiformes,
cylindracées, quelquefois renflées ovoïdes à la base, à contenu
hyalin ou guttulé ; basides 45—75×8—11 μ, à 2—4 stérigmates
longs de 6—9 μ ; spores subglobuleuses ou largement ellipsoïdes,
ruguleuses, aspérulées, 7,5—10—(11)×7—9 μ, blanches en masse.

Juillet-Décembre. Sur bois très durs de chêne et de frêne,
Aveyron. A peine lignivore.

Cette espèce ressemble assez, extérieurement, à *Corticium confluens*,
et sa spore est de même forme.

423. — G. alutaceum (Schrad.) Hym. de Fr., IV, n. 240
— *Corticium* Bres., F. Kmet., p. 110 ; F. polon., p. 94. — *C.
radiosum* Fr., Hym., p. 640. — *C. citrinum* Pers. — Fr., Hym.,
p. 655.

Largement étalé, céracé, blanc de lait ou jonquille sur le
frais, puis crème, crème chamois ; hyménium très lisse sur subiculum fibrilleux, blanc, formant large bordure radiée satinée. —
Hyphes 2—3 μ, à parois minces bientôt collapses ; gléocystides
incluses, à parois très minces, très hyalines, 50—150×8—16—27 μ,
obovales, fusiformes ou étirées en col, souvent étranglées vers le
milieu, à contenu hyalin, non granuleux, à la fin flasques ; basides 35—60×5—9 μ, à 2—4 stérigmates droits, longs de 4—6 μ ;
spores subglobuleuses, brièvement apiculées à la base, lisses ou
brièvement aspérulées, 4—7×4—6 μ.

Toute l'année, plus fréquent en hiver ; assez commun sur
bois déjà pourris des endroits humides : pin, sapin, genévrier,
coudrier, cerisier, chêne et gagnant les corps voisins. Végétation
très active ; assez lignivore.

424. — G. mixtum.

Mycélium blanc, floconneux aranéeux, très ténu entre les
lits de feuilles mortes, rhizoïde à cordons blancs dans l'humus,
aranéeux sur les schistes, en bordure assez large ; hyménium
aranéeux puis pelliculaire, peu adhérent au subiculum. — Hyphes

2,5—3,5 *µ,* à parois minces, sans boucles, assez régulières, les mycéliales çà et là fasciculées en cordons ; gléocystides éparses, irrégulièrement fusiformes ou cylindriques, 30—45×6—8 *µ,* émergeant de la moitié de leur longueur, à contenu homogène ou guttulé ; basides d'abord claviformes, 5—7 µ d., puis subcylindriques resserrées au milieu, les fertiles émergentes, 18—25×4,5—5 µ, à 2—4 stérigmates droits ou arqués, longs de 3—4,5 *µ* ; spores subglobuleuses, brièvement atténuées à la base, 4—4,5×3—4 *µ.*

Février. Sur débris, feuilles pourries, schistes ; Forques (Aveyron).

425. — G. caesio-cinereum (v. Hoehn. et Lit.) Hym. de Fr., IV, n. 245. — *Corticium* v. Hoehn. et Lit., Beitr., 1908, p. 36. — *Specim. orig. !*

Etalé, mince, très adhérent, d'abord en petites taches pruineuses, formées de très petits granules confluents en hyménium céracé, poré à la loupe, blanchâtre, fumeux, noisette, avec reflet bleuâtre plus ou moins brillant ; bordure similaire ou insensiblement atténuée. — Hyphes peu abondantes, 3 *µ,* rarement distinctes ; gléocystides nombreuses, à contenu subhyalin, puis résinoïde jaunâtre, variables de forme, 15—45×4,5—6 µ, parfois terminées par un globule résineux caduc, 6—8 µ d. ou bien revêtues au sommet d'un capuchon ou globule de la même substance ; quelques hyphes hyméniales capuchonnées de même ; basides obovales 12—21×6—8 *µ,* à 1—2—4 stérigmates droits ou divergents, longs de 4,5—7 µ ; spores globuleuses, brièvement apiculées à la base, 4,5—8 *µ* d., à plasma grènelé ou 1-guttulé.

Toute l'année. Sur bois pourris de chêne, branches et poutres de peuplier.

Nous avons des doutes sur cette espèce, non pas au point de vue de son identité avec le spécimen type récolté par Brinkmann, les deux plantes sont sûrement identiques) ; mais au sujet de la place que doit prendre l'espèce. Depuis la publication de nos *Gloeocystidium* en 1913, nous ne l'avons plus retrouvée, et chaque fois que nous avons cru la rencontrer depuis, il s'agissait de *Bourdotia cinerella,* qui a fréquemment des basides non cloisonnées. Nous avons repris l'étude du spécimen de Brinkmann et des nôtres ; nous n'y avons pas vu de basides cloisonnées, mais de nombreuses basides ovoïdes à 2—4 stérigmates divergents, comme dans *B. cinerella.* Si l'identité de ces deux plantes est démontrée, cette dernière espèce devrait prendre le nom de *Bourdotia cæsio-cinerea* (v. H. L.).

C. — HYPOCHNOIDEA. — Petit groupe très naturel, à espèces reliées par de trop fréquents intermédiaires, remarquable par son aspect floconneux hypochnoïde, moins céracé que dans les autres

Glœocystidium ; caractérisé en outre par ses spores subglobuleuses, souvent aspérulées, ses hyphes inférieures à parois fermes, enchevêtrées en trame très distincte, à boucles fortes et nombreuses. Les membranes se colorent fortement dans les Bleus coton. (426-429).

426. — G. albostramineum Bres., *litt. et specim. orig. !* — *Hypochnus* Fungi polon., p. 109.

Largement étalé, floconneux-submembraneux, hyménium à peine continu, poré à la loupe, blanc, crème ; bordure subréticulée, similaire ou finement fibrilleuse ; trame distincte, formée d'hyphes, 3—8 *μ*, à parois peu épaisses, septées-noduleuses ; gléocystides 46—300×6—9 *μ*, incluses ou émergentes jusqu'à 45 (—90) *μ*, à contenu hyalin, homogène ; basides 25—35—50× 5—9 *μ*, à 2—4 stérigmates peu arqués, longs de 6—12 *μ* ; spores abondantes, 6—9—10,5×5—8 *μ*, ovoïdes sphériques, finement grénelées ou aspérulées (glabrescentes).

De l'automne à l'été ; sur troncs, souches de pin. Pas rare. Peu lignivore.

Var. Causseanum. — Plus membraneux, blanc ou glaucescent ; hyphes distinctes seulement à la base, à boucles éparses ; gléocystides à peu près égales, cylindriques, nombreuses, en palissade, 120—180×5—15 *μ* ; spores ovales elliptiques, 7—12×6—8 *μ*, lisses ou très rarement grénelées. — Abondant sur les pins des Causses. — « Quasi forma glœocystidiata *Corticii bombycini* » Bres. in litt. Rapproche aussi le groupe *hypochnoïde* de *G. praetermissum*.

Cette espèce et les trois suivantes sont bien voisines et reliées par des intermédiaires. C'est parmi ces formes que se placerait *Hypochnus sordidus* Schrœt. (*Peniophora sordidella* v. H. et L. Beitr., 1906, p. 11. *Specim. orig.!*) — Il a l'aspect de *G. albostramineum*, mais ses gléocystides sont assez longuement émergentes, ses hyphes supérieures collapses et ses spores de 5—6×4,5 —5 *μ*, finement aspérulées ou glabrescentes.

427. — *G. sphaerosporum* (v. Hoehn. et L., Beitr., 1906. p. 52, f. 5, *Peniophora*). — *Specim. orig. !*

Largement étalé, très adhérent, mince, épousant toutes les inégalités du substratum, blanc puis crème ; hyménium céracé, continu, non fendillé ; bordure indistincte. — Hyphes 4—8 *μ*, à parois minces, à cloisons fréquentes et bouclées ; gléocystides cylindriques ou fusiformes, obtuses, 30—85×5—8 *μ*, saillantes de 10—40 *μ* ; basides 25—40×6—8 *μ*, à 4 stérigmates subulés, droits, longs de 5—8 *μ* ; spores globuleuses, mucronées à la base, 4—7 *μ* d., ordinairement 1-guttulées.

Eté, automne. Sur la terre nue et les brindilles recouvertes de terre ; pas rare.

Par ses gléocystides assez longuement saillantes, cette espèce pourrait être prise pour un *Peniophora*, mais elle est reliée par des intermédiaires avec *G. albo-stramineum* et *cremicolor*, qui ont souvent eux-mêmes les gléocystides saillantes.

428. — G. cremicolor Bres., *litt. et specim. orig. !* — *Hypochnus* Fungi polon., p. 109.

Largement étalé, souvent interrompu, mince, hypochnoïde-pubescent ou pruineux, puis submembraneux, scrobiculé-poré, blanc ou crème, puis pâle ; bordure similaire ou pubescente pruineuse. — Hyphes à parois minces, 3—8 μ, boucles éparses, les supérieures promptements collapses ; gléocystides 25—150×6—9 μ, fusiformes, incluses ou saillantes, à contenu hyalin ; basides 15—25—50×4,5—7 μ ; spores 5—6—8×4 (—6) μ, subsphériques, lâchement aspérulées, glabrescentes, souvent uniguttulées.

Toute l'année, plus abondant en hiver ; assez commun sur toute espèce de bois, troncs, brindilles, polypores, stéreums, humus. — Peu lignivore.

Forme : *regenerans*. — Cystides émergentes accompagnées d'hyphes qui se ramifient et forment une émergence au-dessus de l'hyménium, laquelle devient le point de départ d'un nouvel hyménium superposé au premier. Deux ou trois hyméniums sont ainsi stratifiés, séparés par une mince couche d'hyphes horizontales, avec nombreuses spores flasques. Même mode de végétation que *Peniophora pallidula* Bres.

429. — G. Eichleri Bres., *litt. et specim. orig. !.* — Brinkm., Westf. Pilze, n. 159.

Etalé, subincrustant, crustacé-pulvérulent ou incomplètement membraneux, inégal, crème, luride ou alutacé ; bordure pubescente ou similaire. — Hyphes 4—4,5 μ, à parois minces, boucles éparses ; gléocystides régulières, fusoïdes, 60—120×6—9 μ, incluses ou peu émergentes, à contenu hyalin ; basides 25—35×4,5—6 μ, 2—4 stérigmates longs de 5—6 μ ; spores ovoïdes sphériques, 6—9×5—7 μ, lisses ou lâchement aspérulées.

Automne ; sur aune. Allier. — Probablement assez répandu, mais facilement confondu avec *G. cremicolor*.

D — TRICHOSTROMA. — Hyphes mycéliales capillaires fines, à parois épaisses ou pleines, très tenaces. Cette section ne diffère de la section de même nom dans le genre *Corticium*, que par la présence de gléocystides. (430)

430. — G. ochroleucum Bres. et Torr., Basidiom. Lisb. et S. Fiel, 1913 p. (47) 81. — Hym. de Fr., IV, n. 236. — *Specim. orig.!*

Subiculum coriace, formé d'hyphes capillaires, à parois épaisses ou solides, 1,5—2 *μ*, enchevêtrées, largement étalé, formant bordure blanche ou blonde, pubescente villeuse : hyménium céracé, continu, finement pruineux, crème, crème ocracé, crème aurore, recouvrant peu à peu le subiculum, qui ne forme plus qu'une bordure étroite tomenteuse. — Hyphes supérieures à parois minces, peu distinctes, 1—3 μ ; gléocystides cylindriques ou fusiformes, la plupart très aiguës, 60—150×6—12 *μ*, à contenu huileux, guttulé, puis résinoïde fragmenté ; basides 30—60×6—10 μ, à 2—4 stérigmates droits, longs de 5—9 μ ; spores largement ellipsoïdes, brièvement et obliquement atténuées à la base ou déprimées latéralement, 8—15×5—8 *μ*, 1-pluriguttulées.

Hiver, printemps, et persistant toute l'année. Sur écorces et bois de genévrier, *Erica arborea*, pin, châtaignier. Aveyron, Portugal.

Espèce remarquable affine à *Corticium portentosum* : on croirait avoir affaire à un *Gloeocystidium* parasitant sur quelque mycélium stérile. Les hyphes mycéliales se colorent fortement par les bleus coton ; elles sont parfois éparses, peu abondantes ; plus ordinairement, elles forment un subiculum épais débordant en large bordure.

E. — **URNIGERA**. — Baside urniforme, d'abord ovoïde ou obovale, émettant par son sommet un tube cylindrique, qui s'élargit un peu au sommet et se couronne de 6—8 stérigmates. Cette section ne diffère de la section de même nom des *Corticium* que par la présence de gléocystides parfois peu différenciées. (431)

431. — G. coroniferum v. Hoehn. et L., Beitr., 1907, p. 87.

Etalé, farineux, puis pelliculaire ou membraneux, séparable sur le frais, fragile et quelquefois fendillé sur le sec, blanc puis crème ; bordure similaire, insensiblement évanescente, quelquefois développée en fibrilles aranéeuses ou rhizoïdes. — Hyphes à parois très minces, septées-noduleuses, les basilaires distinctes, 3—7 *μ*, les moyennes et les subhyméniales 3 μ, bientôt collapses en tissu spongieux ; gléocystides éparses, souvent rares et peu différenciées, 45—90×5—8 μ, incluses ou saillantes jusqu'à 60 *μ*, à contenu tantôt hyalin, tantôt ambré ; basides 12—18×4—5 *μ*, d'abord obovales, puis étirées en col et couronnées par 6—8 stérigmates, longs de 4—6 μ ; spores oblongues cylindriques, déprimées latéralement, 4—4,5—6×1,5—3 μ.

Toute l'année ; assez rare dans l'Allier ; commun dans les Causses, sur écorces et bois de pin silvestre, à la base des troncs et gagnant à l'entour les débris végétaux ; plus rare sur arbres à feuilles ; bois déjà attaqués : peuplier, pommier, peu lignivore.

La plante du pin surtout, est chargée de guttules huileuses ; les membranes sont très ténues et parfois solubles dans les solutions alcalines.

F. — **ATHELE.** — L'unique espèce de cette section correspond au groupe de même nom dans les *Corticium* : plantes arides venant sur fougères, joncs, etc., à éléments très serrés ; spores subcylindriques, très obliquement atténuées à la base, presque naviculaires, agglutinées par 2—4. (432).

432. — **G. cretatum** Hym. de Fr., IV, n. 248.

Etalé, mince, farineux-membraneux, peu adhérent, blanc de craie, puis crème, finement fendillé fragile ; marge similaire ou farineuse. — Hyphes 1,5—2,5 μ, à parois minces, bouclées, en trame très dense ; gléocystides 15—18—45×4,5—9 μ, obovales ou fusiformes, à contenu hyalin, puis contracté ; basides 8—12—18 ×2,5—4 μ, à 4 stérigmates droits, longs de 2—4 μ ; spores oblongues, longuement atténuées à la base, ou subcylindriques, déprimées latéralement, obliquement aiguës à la base, 4—5×1,5—2 μ, souvent agglutinées par 4.

Toute l'année. Sur pétioles putrescents de *Polystichum filix-max et spinulosum*.

Cette espèce peu lignivore est commune sur la fougère mâle : dans certains endroits, la base de toutes les touffes et les frondes qui traînent sur le sol en sont couvertes. Elle se distingue de *Corticium filicinum* par son aspect crétacé : elle est plus épaisse, moins céracée, moins adhérente ; la spore est de même forme, mais plus petite. Cette plante est assez difficile à étudier à cause de sa trame très dense à éléments très fins, mais en colorant avec le Congo ammoniacal et en battant un peu la lamelle, les hyphes, basides et gléocystides deviennent bien distinctes.

G. **INSIDIOSA**. — Les deux espèces de ce petit groupe ont les caractères des Cortices céracés, mais ils s'en écartent par la grande épaisseur qu'ils prennent avec l'âge. *G. insidiosum* devient bien nettement stratifié et sa structure le rapproche de *Stereum frustulosum*, près duquel nous l'avions placé en négligeant les gléocystides rudimentaires qu'il présente quelquefois, mais qui sont le plus souvent complètement indistinctes ou absentes. Ces gléocystides sont étroites, peu différenciées, ressemblant à des basides qui prendraient naissance plus profondément dans la trame, avec toutefois un contenu un peu jaunàtre. Elles sont plus nettes dans *G. ochraceum*, et la parenté des deux espèces est telle que *G. insidiosum* doit revenir aux *Gloeocystidium* (433-434).

433. — G. ochraceum (Fr.) Litschauer in litt. — *Corticium* Fr., Épicr. — Bres., Fungi trid., II, p. 60, t. 170, fig. 1. — Burt, Cort. p. 241.

Largement étalé, très adhérent, céracé, crème ocracé, puis épais, induré, ocracé, crème alutacé, à la fin tout fendillé en aréoles de **2 mm.** d. environ ; subiculum épais, crustacé ; bordure pruineuse, bientôt similaire, entière. — Hyphes basilaires peu distinctes, 1,5—2,5 μ, à parois assez épaisses, peu abondantes, les autres, dressées cohérentes, au milieu desquelles naissent des gléocystides cylindriques, obtuses, 24—60—90×4—8 μ, à contenu peu coloré, jauni ou légèrement bruni par l'iode, d'aspect huileux, puis résineux, non émergentes, inégalement distribuées, parfois rares ; basides 24—30×4—5 μ, à 2—4 stérigmates longs de 4—5 μ ; spores oblongues, un peu aplaties latéralement et très brièvement atténuées obliquement à la base, 5—6×3—3,5 μ, à contenu homogène.

Septembre ; sur bois et écorce de sapin, mélèze ; Turini, Alpes mar. (E. Gilbert) ; Trentin (Bresodola) ; Innsbruck, Tyrol (V. Litschauer). La lésion en filaments ou en lamelles paraît voisine de celle de *G. insidiosum*.

Nous n'avions pas trouvé de gléocystides dans le spécimen du Trentin (Hym. de Fr., n. 194 A), mais seulement des traînées de cristaux. A nouvel examen, leur présence reste encore douteuse ; mais, comme il a été dit ci-dessus, elles sont parfois très rares et c'est bien la même plante que celles du Tyrol et des Alpes-Maritimes, qui montrent facilement leurs gléocystides. *G. ochraceum* est très voisin de *G. insidiosum*, mais celui-ci est particulier aux arbres à feuilles, plus dur, moins densément fendillé et à stratification à la fin très distincte. Au début, il peut bien présenter quelque rudiment de gléocystides, mais ces organes sont toujours clairsemés et peu différenciés et, dans la plupart des cas, ils ne laissent aucune trace sur l'adulte. *Stereum insidiosum* rentre donc dans les *Gloeocystidium* par attraction. Ce groupe est peut-être le seul où la séparation entre *Corticium* et *Gloeocystidium* soit diffi-cile : sa place dans la classification demeure incertaine.

434. — G. insidiosum Hym. de Fr., IV, n. 246. — *Stereum* l. c., n. 384.

Largement étalé, étroitement adhérent, céracé, puis deve-nant très dur, très épais, stratifié et fendillé en aréoles, finement pruineux, blanchâtre, pâle ou isabelle ; bordure nette ou étroite, atténuée pruineuse. — Trame très dense, brunâtre ; hyphes basilaires peu abondantes, horizontales à parois assez épaisses, fragiles, 2—4,5 μ, les autres verticales très serrées, peu distinctes, à la fin disposées en 2—3 strates ; gléocystides étroitement cylindriques, 30—70×4—6 μ, à contenu devenant résinoïde, très clairsemées, peu distinctes et ne se trouvant plus dans le champignon âgé ; basides 15—20—35×3—5 μ, à 2—4 stérigmates longs de 2—4 μ ; spores obovales oblongues, parfois déprimées latéralement, 3—5×2—3 μ.

Toute l'année. Assez fréquent sur chêne et châtaignier, dans le Midi. — Lésion en galeries au début : le mycélium ne pénètre pas le bois en masse ; il s'étend dans les canaux du bois, le corrodant de proche en proche ; avec le temps, il le réduit en filaments blanchâtres.

H. — INCERTAE SEDIS.

435. — **G. luteum** (Bres., Trid., II. p. 58, t. 167, f. 1, *Corticium*) v. Hoehn. et Lit., Beitr., 1908, p. 5.

Etalé, céracé, mince, très adhérent, de jaune clair à jaune safrané vif ; hyménium lisse, puis largement fendillé ; bordure blanche pubescente, subfimbriée. — Hyphes 3—5 μ, bouclées ; gléocystides assez nombreuses, 40—50×6—9 μ, cylindriques ou fusiformes obtuses, à contenu jaune doré, finement grenelé ; basides 35—40×5—6 μ (v. H.) ou 7—8 μ (Bres.) ; spores hyalines ou un peu jaunâtres, oblongues subdéprimées latéralement, 9—12 ×4,5—6,5 μ (Bres.), 8—9,5×4—4,75 μ(P. Strass.), 6—8×3—3,5 μ (v. H.).

Sur rameaux cortiqués d'arbres à feuilles : fusain, poirier, pommier ; Italie, Autriche, Allemagne. (n. v.).

IV. — **PENIOPHORA** Cooke, Grév., VIII, p. 20.

Entièrement résupinés, rarement à bords libres, céracés, membraneux, floconneux ou arides ; hyménium composé de basides à 2—4 stérigmates et de cystides naissant plus ou moins profondément dans la trame, immerses ou émergentes, à parois minces ou plus ordinairement épaissies, incrustées ou non ; spores lisses, hyalines ou teintées de jaune ou d'incarnat.

Plantes venant sur bois morts, écorces, humus, rarement sur herbes sèches. (Pour la distinction entre cystides, cystidioles et gléocystides, voir genres *Corticium* et *Gloeocystidium*).

Tableau analytique des espèces

1 { Espèces colorées, orangé, incarnat, lilacé, gris ou brun, céracées puis indurées, très adhérentes ; cystides à parois épaisses, débutant souvent en forme de gléocystides à contenu granuleux ; spores elliptiques oblongues déprimées, ou cylindriques incurvées, à contenu homogène, le plus souvent rosées en masse : **2**.

Espèces blanches, pâles ou colorées en jaune, alutacé, safrané, brunâtre, mais différant par un mycélium distinct ou des cystides à parois minces : **19**.

2 { Hyménium vermillon, orangé ou testacé-incarnat sur le frais : **3**.

Hyménium versicolore : brun pourpré, bai ou rouillé, pâlissant en séchant et passant souvent à testacé : *P. versicolor*, n. 523.

Hyménium rosâtre, lilacé, violacé, gris ou brun, ne changeant pas sensiblement en séchant : **4**.

3 { Orangé ou vermillon ; bordure blanche, radiée ; spores 13—20 ×10—13 μ ; sur aune : *P. aurantiaca*, n. 520.

Testacé, pâlissant ; bordure entière nette ; spores 9—13×5—9μ : *P. proxima*, n. 521.

Orangé-incarnat, rose testacé ; spores 8—10×3,5—4,5 μ : *P. incarnata*, n. 522.

4 { Membraneux-coriaces, puis rigides, à bords libres et enroulés sur le sec : **5**.

Entièrement adhérents, à bords apprimés : **7**.

5 { Hyménium incarnat lilacé, grisonnant ou pâlissant, pruineux, bords largement enroulés sur le sec : *P. corticalis*, n. 536.

Brunâtre ou grisâtre violacé, hygrophane, pruineux avec large bande brun-roux ; largement libre aux bords : *P. rufomarginata*, n. 537.

Étroitement libres aux bords, gris ou bruns non pruineux : **6**.

6 { Brun ou bistre, étroitement réfléchi ; hyménium contenant des hyphes dendroïdes noirâtres : *P. versiformis*, 534 obs.

Pas d'hyphes dendroïdes noirâtres : gris lilacé à gris brun ; *P. cinerea* v. *piceae*, n. 531.

Pas d'hyphes dendroïdes noirâtres ; noisette à gris cannelle, épais ; sur genévrier : *P. laevigata*, n. 532.

7 { Epais, à bords entiers, rosâtres ou lilacés, très pruineux ; cystides à parois minces ou peu épaisses : 8.
{ Plus minces ; pruine nulle ou légère : 9.

8 { Cystides incluses, obovales ; spores cylindriques arquées, 8—13×3—4 μ. ; sur tremble : *P. polygonia*, n. 518.
{ Cystides subfusiformes, quelques-unes émergentes ; spores elliptiques, un peu aplaties d'un côté, 13—14×7—9 μ : *P. lilacea*, n. 519.

9 { Cystides basilaires et moyennes fusiformes, ou étroitement claviformes (forme dominante), 6—10 μ. diam. : 10.
{ Cystides basilaires et moyennes obovales ou claviformes (forme dominante), 10—24 μ. diam. : 13.

10 { Gris cendré (quelquefois un peu lilacé), gris noisette ; rigides durs : 11.
{ Moins durs, pourpre violacé, gris plombé, brun bistré : 12.

11 { Gris noisette à gris cannelle ; cystides fusiformes peu variables ; spores blanches en masse ; sur genévrier : *P. laevigata*, n. 532.
{ Gris cendré (quelquefois un peu lilacé) ; cystides très variables ; spores roses en masse : *P. cinerea*, n. 531.

12 { Gris de plomb fumeux, très fendillé ; trame brune jusqu'à l'hyménium, en majeure partie composée d'hyphes verticales, ou cystides tubuleuses, 4—7 μ. diam. ; cystides basilaires très rugueuses, fusiformes, peu abondantes : *P. plumbea*, n. 533.
{ Brun bistré, marron, brun purpurescent : cystides hyalines, fusiformes vitreuses : bordure nette : *P. obscura*, n. 534.
{ Brun bistré, chocolat, fumeux ; marge étroite, subfimbriée, puis souvent détachée ; hyphes dendroïdes noires dans l'hyménium : *P. carbonicola*, n. 535.

13 { Brun chocolat à brun cendré, avec bordure étroite, blanche fibrilleuse ou pruineuse : *P. cinctula*, n. 529.
{ Gris blanc, gris lilacé clair, jaunâtres ou noisette : 14.
{ Rosâtres, lilacés, violacé livide, brun purpurescent : 16.

14 { Noisette jaunâtre ; rameaux d'hyphes brun noir, simples ou peu rameux dans l'hyménium ; cystides obovales ou oblongues vitreuses : *P. carbonicola* v. *ravida*, n. 535.
{ Pas de paraphyses noirâtres dans l'hyménium : 15.

15 {
Gris lilacé, gris bleuâtre, puis gris blanc ; cystides inférieures obovales ou arrondies, promptement vitrifiées : *P. caesia*, n. 530.

Litharge clair, puis pâlissant ; cystides longtemps à parois minces et contenu granuleux : *P. lithargyrina*, n. 525.
}

16 {
Peu ou pas pruineux ; hyménium lisse : 17.

Nettement pruineux ; hyménium papilleux ou tuberculeux : 18.
}

17 {
Rose ou lilacé pâle : cystides en majeure partie obovales, très obtuses : *P. nuda*, n. 512.

Pourpre violacé livescent, puis fumeux ; cystides en majeure partie fusiformes. *P. purpurascens*, n. 526.
}

18 {
Tuberculeux, assez épais, violacé livide ; cystides à parois minces, puis vitrifiées : *P. violaceo-livida*, n. 527.

Orbiculaire plus confluent, mince, papilleux, rose ou lilacé, gris bleuâtre : *P. maculaeformis*, n. 528.
}

19 {
Cystides à parois épaisses, au moins dans leur moitié inférieure, lisses ou rugueuses, non incrustées extérieurement de dépôts cristallins, étroitement fusiformes coniques, subcylindriques ou en aiguille : 20.

Cystides à parois épaisses, ordinairement incrustées à l'extérieur de granules cristallins qui se détachent par compression : 38.

Cystides à parois minces : 58.
}

20 {
Cystides à canalicule étroit, non sensiblement dilaté au sommet : 21.

Cystides à parois amincies au sommet par l'élargissement du canalicule étroit à la base : 25.
}

21 {
Cystides coniques ou subfusoïdes, lisses : spores cylindriques ou obovales oblongues : 21 bis.

Cystides rugueuses aspérulées : spores subglobuleuses ou grandes fusiformes-claviformes : 22.
}

21 bis {
Spores obovales oblongues ; hyphes à parois peu distinctes, subverticales : *P. segregata*, n. 446.

Spores cylindriques arquées subvirguliformes ; hyphes à parois minces, bouclées ; les basilaires horizontales : *P. gilva*, n. 447.

Spores cylindriques étroites ; trame indistincte : *P. livida* et *lactinea*, n. 444 et 445.
}

22 {
Cystides verruqueuses, très étroites, 2,5—4 μ., en aiguille ; trame distincte ; spores très étroites, 12—18×1—3 μ : *P. longispora*, n. 475.
Cystides plus larges, 9—22 μ d. ; spores grandes fusiformes ou claviformes, 18—26×3,5—5 μ : *P. vermifera*, n. 448.
Spores subglobuleuses : 23.
}

23 {
Cystides ruguleuses et fragiles, en partie incluses ; spores 6—7,5 ×4,5—5 μ ; toujours en contact avec *Aegerita candida* : *P. aegerita*, n. 451.
Cf. *P. farinosa*, n. 452.
Cystides rigides, coniques, aiguës, longuement saillantes : 24.
}

24 {
Spores 2—4×1,5—2 μ ; cystides granuleuses rudes ; sur *Erica arborea* : *P. subglobulosa*, Obs. sous 448.
Spores 4—5 μ diam. ; cystides à peine ruguleuses ; sur clématite : *P. clematidis*, n. 449.
Spores 6—11 μ diam. ; cystides aspérulées ; sur sapin : *P. abietis*, n. 450.
}

25 {
Spores étroites, subcylindriques, souvent incurvées : 26.
Spores obovales ou subelliptiques : 33.
}

26 {
Cystides à canalicule très étroit, capillaire à la base : 27.
Cystides à parois moins épaisses et canalicule non capillaire, même à la base ; (membranes colorées par la sol. KE) : 33.
}

27 {
Cystides terminées par un renflement globuleux, à parois minces, bien plus large que le diamètre de la cystide : 28.
Cystides non capitées : 29.
}

28 {
Hyménium blanc à crème, finement papillé : *P. juniperina* n. 458.
Hyménium crème alutacé glaucescent, très fendillé : *P. sororia* n. 458 var.
}

29 {
Cystides à canicule étroit, brusquement dilaté au sommet : 30.
Canalicule insensiblement dilaté dans la moitié ou le quart supérieur de la cystide : 32.
}

30 {
Cystides coniques, épaisses ; champignon blanc, finement papillé : *P. subulata*, n. 457.
Cystides cylindriques : 31.
}

Cystides courtes, épaisses, souvent aspérulées de cristaux : *P. propinqua*, n. 456.
Cystides courtes, épaisses, immerses ; cystidioles émer-

| | gentes ; plante crétacée : *P. cretacea*, n. 455. |

34 Cystides allongées, épaisses ; plante à la fin épaisse, très fendillée glébuleuse : *P. glebulosa*, n. 454.

Cystides grêles, 4—5 μ diam., très aiguës, à canicule élargi très brusquement, assez loin au dessous du sommet ; hyménium jaune-gris : *P. hirtella*, n. 461.

Cystides 6—7 diam., à sommet obtus ; spores 4,5—6×2 μ, subcylindriques déprimées ; champignon grisâtre : *P. pirina*, n. 459.

32 Cystides comme ci-dessus : spores cylindriques arquées, 6—7,5 ×4,5 μ : champignon blanc : *P. media*, n. 467.

Cystides plus grêles, 4,5—6 μ diam., atténuées subaiguës au sommet : *P. attenuata*, n. 469.

Cystides atténuées de la base au sommet, à parois à peu près d'égale épaisseur partout ; champignon crème alutacé, mou, séparable : *P. lurida*, n. 468.

33 Cystides subcylindriques obtuses ; champignon olive ou crème ocracé : *P. viridis*, n. 470.

Cystides obtuses, plutôt élargies vers le haut ; champignons gris ou alutacés : 34.

Cystides isolées ; spores 7—7,5×2,5—3 μ ; *P. cineracea*, n. 466.

34 Cystides ordinairement fasciculées ; spores 6—8×1,5—2 μ : *P. subalutacea*, n. 465.

Largement étalé, épais floconneux ou tomenteux : *P. chaetophora*, n. 453.

35 Espèce très mince adhérente : cystides très aiguës à canalicule souvent non dilaté : *P. abnormis*, n. 460.

Espèces très minces, peu visibles : trame peu abondante : cystides subobtuses : 36.

Cystides grêles, terminées en tête arrondie bien plus large que le diamètre de la cystide ; champignon pâle ou gris : *P. accedens*, n. 463.

36 Cystides non capitées : 37.

Petites taches grises : cystides à parois épaisses, cylindriques, assez grêles ; spores oblongues, 5—6×3—3,5 μ : *P. effugiens* n. 462.

37 Farineux, blanc ; cystides cylindriques, courtes, à parois très épaisses ; spores subglobuleuses, 3—4,5×3—3,5 μ : *P. farinacea*, n. 464.

38 { Bordure fibrilleuse, himantioïde ou prolongée en cordons rhizoïdes rameux : 39.
  { Bordure nulle ou peu développée : 42.

39 { Spores amyloïdes ; hyphes cystidiophores fines ; cystides et gléocystides étroitement claviformes ; pelliculaire ou sub-membraneux, puis très fendillé : *P. heterogenea*, n. 505.
  { Spores non amyloïdes ; hyphes plus grosses : 40.

40 { Très étendu, céracé, hyalin, épais, puis cartilagineux ; bordure radiée, contractée sur le sec : *P. gigantea*, n. 514.
  { Crustacé épais, lépreux-farineux, blanc ou isabelle ; longs rhizoïdes épais de 1 mm., tenaces ; hyphes et cystides incrustées, fragiles : *P. leprosa*, n. 501.
  { Membraneux lâche, puis fragile, ocre jaunâtre, bordé de rhizoïdes concolores ; hyphes à parois minces : *P. filamentosa*, n. 500.
  { Champignons membraneux, blancs ou blanchâtres sur le frais : 44.

41 { Blanchâtre, finement velouté, devenant incarnat ou rouge après un temps plus ou moins long : hyphes basilaires sans boucles, 4—10 μ, et cystides fusoïdes à parois épaisses ; *P. velutina*, n. 493.
  { Blanc, puis isabelle en herbier, lisse et glabre ; hyphes sans boucles et cystides à parois peu épaisses : *P. laevis*, n. 491.
  { Blanc persistant, finement papillé ; hyphes basilaires, à parois minces bouclées : *P. nivea*, n. 504.
  { Cf. *P. anaemacta*, n. 503.

42 { Hyménium rougeâtre, puis brun ardoisé : mycélium safrané : *P. Egelandi*, n. 517.
  { Hyménium blanc, pâle, grisâtre ou jaunâtre ; mycélium blanc ou indistinct : 43.

43 { Trame indistincte à éléments très serrés : 44.
  { Trame à éléments bien distincts, au moins dans la couche inférieure : 47.

44 { Très mince, hyalin puis blanc ; cystides émergentes, subfasciculées ; spores déprimées, 3—5×1—2,5 μ : *Odontia hydnoides*, n. 682.
  { Plus ou moins épais ; cystides éparses ou étagées dans la trame : 45.

Céracé gélatineux, puis cartilagineux, couleur de corne, à la fin contracté et enroulé ; cystides éparses : *P. cornea*, n. 515.

45 Céracé indurescent, très adhérent, gris noisette, puis brun ; spores cylindriques un peu arquées, 7—8×2—2,5 μ ; *P. avellanea*, n. 516.

Céracé adhérent, blanc puis rouge ; cystides éparses : *P. alnea*, n. 494.

Céracé puis aride, hyalin, puis blanc ou pâle : 46.

Hyménium velouté ordinairement très fendillé ; cystides nombreuses, à la fin étagées dans la trame : *P. Molleriana*, n. 511.

46 Hyménium lisse ou finement pruineux ; cystides éparses, obtuses : *P. subascondita*, n. 512.

47 Cystides allongées cylindriques, 75—250 μ, souvent cloisonnées, avec ou sans boucles, longtemps à parois minces : 48.

Cystides bien moins longues : 49.

Tubercules globuleux ou ellipsoïdes, confluents, céracés cartilagineux ; spores subcylindriques, déprimées, 6—7×4—5 μ : isabelle puis brun : *P. tremelloidea*, n. 507.

48 Étalé, tomenteux, blanc ; spores oblongues, 6—9×4,5 μ : *P. polonensis*, n. 506.

Étalé, hispide ou papillé ; spores subcylindriques un peu incurvées, 8—16×3—5 μ ; cystides à plusieurs cloisons, souvent bouclées : *P. setigera*, n. 496.

Cystides nombreuses, subclaviformes, très obtuses, longuement émergentes ; spores ellipsoïdes, 4—5×2—3 μ ; crème jaunâtre ou ocracé : *P. mimica* Karst. v. H. et L., Beitr., 1906, p. 16.

49 Cystides éparses, épaissies à la base, peu saillantes ou immerses ; spores ellipsoïdes, 3—4×2 μ ; citrin à crème alutacé : *P. sulfurina* v. H. et L., Beitr., 1906, p. 25.

Cystides subfusiformes ; champignon blanc ou crème : 50.

50 Espèces membraneuses, en général peu adhérentes : 51.

Espèces céracées, très adhérentes au moins sur le sec : 56.

Spores grandes, 8—16×3—6 μ, cylindriques déprimées ; membraneux charnu assez épais : *P. mutata*, n. 497.

51 Spores moyennes ou petites, 3—12×2—5 μ ; champignon peu épais : 52.

52 (Hyphes toutes à parois minces, 2—4 μ, à boucles éparses :
velouté puis submembraneux ; spores subcylindriques
déprimées, 4—8×1,5—3 μ : *P. subcremea*, n. 483.
Hyphes à parois épaisses, sans boucles : 53.

53 (Hyphes basilaires 3—5 μ ; hyménium pelliculaire fendillé, sur
subiculum fibrilleux mince : *P. laevissima*, n. 485 var. 2.
Hyphes basilaires 4—9 μ, à cloisons assez rapprochées, subarticulées : 54.

54 (Hyphes basilaires à parois épaissies ; champignon membraneux, aspect de *Corticium laeve*; spores ellipsoïdes, à peine
déprimées, 5—7×3—4 μ : *P. Martelliana*, n. 489.
Hyphes basilaires à parois très épaisses : spores oblongues,
déprimées latéralement, 5—8×2,5—3 μ : 55.

55 (Membraneux tendre ; cystides à parois peu épaisses, souvent
capuchonnées d'oxalate : *P. cremea*, n. 485.
Plus épais ; hyménium subpelliculaire, à la fin largement fendillé ; cystides incluses à parois épaisses et fortement
incrustées, les émergentes à parois plus minces : *P. Allescheri*, n. 486.

56 (Céracé tendre, constellé à la loupe de petits globules brillants ;
hyphes basilaires à parois peu épaisses à boucles éparses :
cystides la plupart très obtuses à parois ordinairement peu
épaisses : *P. guttulifera*, n. 513.
Pubescents à la loupe ; hyphes basilaires à parois épaisses ;
cystides fusiformes ou longuement coniques, à parois
épaisses, incrustées : 57.

57 (Céracé, puis induré subcartilagineux, contracté déchiré sur le
sec, gris jaunâtre, couleur de corne ; trame basilaire lâche,
assez épaisse : *P. livescens*, n. 510.
Céracé, puis arescent, blanc, crème, puis jaunâtre ; hyphes
basilaires peu abondantes : *P. pubera*, n. 509.

58 (Cystides à parois minces et nues : 59.
Cystides à parois quelquefois un peu épaissies, assez souvent
incrustées : 48.

59 (Trame indistincte, presque nulle : 60.
Hyphes distinctes et assez abondantes : 64.

(Cystides claviformes ou cylindriques, obtuses : 61.
Cystides subconiques, renflées au sommet en bouton aplati ou

60 { obtus ; espèces très ténues, formant une tache pruineuse : 62.

Cystides étroitement coniques, très aiguës : espèces formant de petites taches pruineuses, indéterminées : 63.

64 {
Cystides saillantes de 60×100 μ ; spores largement ellipsoïdes, 8—11×6—8 μ. 1 guttulées : hyphes serrées, subparallèles au substratum. Aspect de *Sebacina uvida* : *P. rimicola*, 439 Obs.

Cystides émergentes de presque toute leur longueur ; spores ellipsoïdes, 6—9×3—5 μ ; hyphes indistinctes ; très ténu, pruineux, gris cendré, émettant des filaments très minces, fertiles comme l'hyménium : *P. chordalis*, n. 439.

62 {
Spores subelliptiques, 7—9×5—6 μ : hyphes peu nombreuses, 2—3 μ : *P. orphanella*, n. 440.

Spores subglobuleuses, 9—13×7,5—9 μ ; hyphes 3—9 μ, les cystidiophores plus distinctes : *P. pinastri*, n. 441.

63 {
Spores subglobuleuses, 4—6,5×3,5—6 μ : cystides 90—110× 6—9 μ : *P. populnea*, n. 443.

Spores subcylindriques un peu arquées, 4,5—7×2—3 μ ; cystides à parois très minces, 40—75×6—8 μ : *P. vilis*, n. 442.

64 {
Mycélium rampant dans le bois, en flocons citrins (passant à pourpre au contact des alcalis) ; hyménium pâle, sulfurin ou isabelle ; spores cylindriques arquées, 6—9×3 μ : *P. subsulphurea*, n. 499.

Mycélium en bordure orange vif ou rouge sang : 65.

Mycélium blanc, jaunâtre ou indistinct : 66.

65 {
Hyménium lisse, crème ou teinté de rose vermillonné ; mycélium et bordure fibrilleux, rouge sang ; cystides éparses, 4—7 μ diam. : *P. sanguinea*, n. 502.

Hyménium orangé vif ou rouge, puis pâlissant ou grisonnant ; mycélium safrané vif, formant bordure subconcolore ; cystides 6—10 μ diam. : *P. viticola*, n. 482.

66 {
Spores cylindriques déprimées, 10—14×3,5—5 μ ; cystides fusiformes ; hyphes basilaires à parois épaisses subarticulées. Céracé membraneux, pâle puis brun rougeâtre : *P. cacaina*, n. 495.

Spores grandes fusiformes ou en croissant ; cystides 200—300 μ long. : 67.

Spores piriformes ou obovales elliptiques ; champignons crème
  alutacé : 67 bis.
Spores subglobuleuses, elliptiques, oblongues ou subcylindriques : 68·

67 — Champignon mince ; hyphes 4—12 μ ; spores 7—15 μ long. :
       P. fusispora, n. 480-481.
    Champignon épais ; hyphes 2—4 μ ; spores 15—27 μ long. :
       P. odorata, n. 471.

67 bis — Membraneux mou, assez épais, peu adhérent ; spores obovales
    elliptiques, très brièvement atténuées à la base, 7—12×4—
    7 μ : *P. macrospora*, n. 487.
    Céracé adhérent ; spores obovales ou piriformes, 5,5—7,5×
    3,5—4 μ ; *P. Torrendii*, n. 508.

68 — Cystides obovales claviformes, ou renflées ovoïdes à la base,
    de 8—21 μ diam. : 69.
    Cystides plus égales, 3—8 μ dans la partie la plus large : 71.

69 — Cystides obovales ou claviformes, subfasciculées : *P. clavigera*.
    n. 438.
    Cystides subulées, souvent flexueuses, longuement émergentes,
    renflées ovoïdes à la base : 70.

70 — Membraneux mince, pâle : *P. argillacea*, n. 436.
    Aranéeux membraneux, crème incarnat : *P. carneola*, n. 437.

71 — Spores subglobuleuses ou largement elliptiques, non déprimées
    latéralement : 72.
    Spores oblongues subcylindriques, nettement déprimées laté-
    ralement : 78.

72 — Cystides septées, çà et là étranglées ou renflées en boule, sou-
    vent incrustées d'une substance résineuse. Aspect pubescent,
    granuleux, pâle à crème jaunâtre : *P. pallidula*, n. 472.
    Cystides non toruleuses, étroitement claviformes ; spores sub-
    globuleuses : 73.
    Cystides non toruleuses, cylindriques ou fusiformes : 74.

73 — Blanc ; spores 4,5—6×4—4,5 μ ; cystides 75—100 μ long. : *P.
    detritica*, n. 476.
    Blanchâtre à crème isabelle ; spores 3—4×2—3 μ ; cystides 25—
    40 μ long. ; *P. sublaevis*, n. 477.

74 — Trame formée à la base d'hyphes 4—7 μ, rigides enchevêtrées,
    les subhyméniales collapses ; spores subglobuleuses, 5—6×
    4—5 μ : *P. subtilis*, n. 436.
    Hyphes fines, 1,5—4 μ, en trame lâche : 75.

75 Hyphes solides ou à parois épaisses, tenaces, peu rameuses, à peines bouclées, 1—3 μ ; spores 3,5—4,5×2—3 μ ; membraneux, blanc puis crème : *P. rudis*, n. 484.
Hyphes à parois minces, à boucles assez fréquentes : 76.

76 Blanc puis crème jaunâtre, subpellicullaire aride, adhérent ; cystides 40—60×4—7 μ, non septées ; spores 3—4,5×2 μ : *P. Greschikii*, n. 478.
Membrane molle, aranéeuse, séparable : cystides 60—90 μ long.., souvent septées et rugueuses : spores 1-guttulées, 3—5,5×2—3,5 μ : 77.

77 Mince, membranuleux, peu coriace, blanc ou crème : *P. tomentella*, n. 474.
Jaune de Naples, subocracé : trame tenace : *P. byssoidea*, n. 473.

78 Cystides étroitement claviformes, 75—150×5—8 μ, longuement émergentes. Mince séparable, mou puis fragile ; trame lâche : *P. mollis,* n. 479.
Cystides fusiformes ou cylindriques, plus courtes : 79.

79 Safrané puis fauve, membraneux-floconneux ; hyphes colorées. 3—4 μ ; spores jaunâtres, oblongues, déprimées latéralement et obliquement atténuées, 6—7×2—3 μ ; bois pourris de conifères : *P. crocea* (Karst.) v. H. et L., Beitr., 1906, p. 25.
Crème puis ocre vif et isabelle fauvâtre, induré coriace et à bordure pubescente ou radiée, détachée sur le sec : *P. ericina*, n. 492.
Blancs ou pâles : 80.

80 Hyphes basilaires 3—4 μ, bouclées, régulières, horizontales. Membraneux mou, blanchâtre, puis crème alutacé ; bordure frangée ; spores 7—9×4—5 μ : *P. frangulae*, n. 498.
Hyphes basilaires, 3—7 μ, sans boucles : 81.

81 Hyphes basilaires à parois très épaisses, comme articulées aux cloisons. Céracé, adhérent, blanchâtre, puis plus foncé et très fendillé : *P. sordida*, n. 488.
Hyphes basilaires à parois un peu épaissies. Membraneux céracé, séparable sur le frais, blanc puis crème, isabelle-incarnat en herbier : *P. Eichleriana*, n. 490.

1. — **GLOEOCYSTIDIALES**. — Cystides à parois minces, jamais incrustées, la plupart longuement saillantes, mais prenant naissance peu profondément dans la trame, ce qui les distingue des *Gloeocystidium*, ne pouvant d'autre part, à cause de leur volume, être confondues avec des cystidioles.

A. *Submembranaceae* : trame distincte, avec hyphes supérieures assez promptement collapses ; cystides renflées au sommet ou vers la base. (436-438).

436. — **P. argillacea** Bres., Fungi trid., II, p. 63 (non *Glœocystidium argillaceum* v. H. et L.) — Bres., Adnot. myc., 1911, p. 425. — *Specim orig.* ! — *Hypochnus subtilis* Schroet. — Sacc., VI, p. 657. — *Peniophora* v. H. et L., Beitr., 1907, p. 99, fig. 19.

Etalé, peu étendu, réticulé-pruineux, puis en membrane molle, lâche, mince, porée, assez adhérente, blanchâtre, pâle,

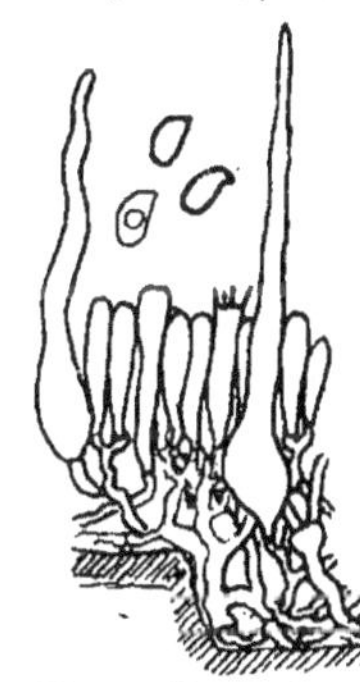

hérisée à la loupe de soies denses, hyalines ; bordure pruineuse ou similaire atténuée. — Hyphes à parois minces, 3—6 µ, sep-; tées-noduleuses, les basilaires assez distinctes, les subhyméniales promptement collapses cystides subulées, souvent flexueuses, 75—200×6—12 µ, souvent ovoïdes renflées à la base, 15—20 µ, toujours longuement émergentes, à parois très minces ; basides 14—25—48×5—8 µ, 2—4 stérigmates longs de 3—5 µ, droits ; spores subelliptiques, déprimées latéralement, 6—10×4—6 µ, souvent uniguttulées (*Fig. 77*).

77. — *Peniophora argillacea* Bres.

Toute l'année, sur bois très pourris à feuilles ou à aiguilles, surtout souches tenant au sol ; pas rare.

Forme : *coriigena.* — Spongieux-fendillé, alutacé-sale ; spores ovoïdes, flasques, 5—7×4,5—5 µ.
Sur vieux cuirs ; Frégère (Aveyron).

437. — **P. carneola** Bres., Fungi polon., p. 103. — *Specim. orig.* !
Très mince, subindéterminé, aranéeux-membraneux, blanc mat, puis crème incarnat, hérissé de fines soies rougeâtres. — Hyphes septées-noduleuses, 2,75—5 µ ; cystides flexueuses subulées, 70—150×6—8 µ, renflées à la base jusqu'à 12—18 µ, émer-

gentes de 75—100 μ ; basides 18—27—45×3—8 μ, à 2—4 stérigmates longs de 4—5 μ ; spores ovales apiculées latéralement, un peu bossues, 6—9×4—5,5 μ.

Toute l'année ; sur bois très pourris : peuplier, noyer, pin, etc. Allier, Aveyron.

Diffère surtout de *P. argillacea* par sa teinte incarnate, qui est due à une substance résineuse rougeâtre, soluble dans les alcalis, tandis que chez *P. argillacea* les concrétions sont plutôt ambrées ; il y a des intermédiaires.

438. — P. clavigera Bres., Fungi polon., p. 103 (*Kneiffia*). — Bresadola determ. !

Floconneux-spongieux, puis largement étalé membraneux, tendre, mince, continu, blanc, blanchâtre, puis crème (jusqu'à crème briqueté en herbier), ponctué à la loupe, quelquefois papilleux, peu fendillé ; bordure similaire, pruineuse porulée, rarement fibrilleuse satinée. — Hyphes 3—6 μ à parois minces, bouclées, les entoxyles similaires ; cystides à parois minces, obovales, 30—110×8—21 μ, subfasciculées, émergeant jusqu'à 45 μ ; basides 15—34—45×4,5—8 μ, à 2—4 stérigmates longs de 5—6 μ ; spores subelliptiques, déprimées, latéralement, 6—7,5—10×4—6 μ, à contenu granuleux, huileux, puis résineux, assez souvent déformées. (*Fig. 78*).

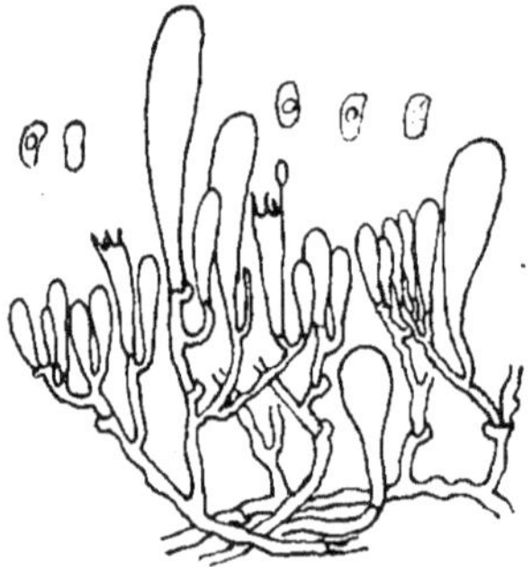

78. — *Peniophora clavigera* Bres.

Été. Sur troncs abattus de peuplier, occupant parfois toute la face inférieure ; lieux très humides. Aveyron, Tarn, Allier.

Cette espèce a une certaine similitude de structure avec *P. guttulifera* Karst.

B. *Ceraceae* : très adhérents, trame serrée, indistincte ; cystides subcylindriques ; spores ellipsoïdes. (439).

439. — P. chordalis v. Hoehn. et Lit., Beitr., 1906, p. 51.

Très ténu, formant des taches pruineuses peu visibles, puis développé en membranes muqueuses hyalines, cendrées, émettant des tubercules ou des cordonnets filiformes, hyalins, pruineux, fertiles sur toute leur surface, comme formés par le durcissement d'une matière visqueuse et filante, corné sur le sec, ou contracté-décollé en pellicule rigide ; bordure indéterminée. —

Hyphes hyalines agglutinées (2—6 μ ?) ; hyménium discontinu, formé de cystides à parois minces, cylindriques ou coniques, rarement élargies au sommet, flexueuses, 60—100×5—9 μ, longuement saillantes, et de basides éparses, émergeant de 6—8 μ au-dessus de la trame, et de 6—8 μ diam. ; spores subelliptiques légèrement déprimées, 6—9×3—5 μ, abondantes et souvent flasques.

Toute l'année. Sur bois d'arbres à feuilles, dans les lieux humides. Peu lignivore.

Le *P. rimicola* (Karst., Hedw., 1896. — Sacc., XIV, p. 221) v. Hoehn. et L., Beitr., 1906, p. 9, que nous ne connaissons pas, à l'aspect de *Sebacina uvida* ; hyphes très serrées, subparallèles au substratum, cylindriques, de 6—10 μ diam., saillantes de 60—100 μ, quelques unes plus étroites, claviformes ou capitées ; basides 6—8 μ d., à 4 stérigmates courts, subulés arqués ; spores subglobuleuses ou largement elliptiques, 8—11×6—8 μ, 1-guttulées (v. H. et L.).

C. maculiformes : très minces, pruineux, maculiformes : trame pauvre, à peu près indistincte ; cystides coniques, à extrémité très aiguë ou un peu renflée en bouton obtus. Petites plantes qui pourraient être prises pour l'état jeune d'autres espèces : celles que nous avons pu suivre n'ont pas modifié leurs caractères. (440-443).

440. — P. orphanella Hym. de Fr., IV, n. 252.
Etalé indéterminé, très mince, peu visible (à un grossissement de 40—80 diam., aspect d'une fine croûte céracée, porée-interrompue, furfuracée, hérissée de poils à extrémités jaune doré). — Hyphes peu nombreuses, 2—3 μ, parfois incrustées ; cystides à parois à peine épaissies vers la base, jaunâtres, coniques à sommet épaissi et tronqué, 40—75×6—14 μ ; basides 18—26 —30×6—9 μ, à 2—4 stérigmates longs de 4,5—5 μ ; spores subelliptiques à base un peu gibbeuse et brusquement atténuées obliquement, 7—9×5—6 μ. (*Fig. 79*).

79. — *Peniophora orphanella* Bourd. et Galz.

Toute l'année. Sur bois dénudés de pin, dans les endroits humides. Causse noir.

441. — P. pinastri Bourd. et L. Maire, Notes crit., Soc. Myc. de Fr., 1920, p. 73, et fig.
Etalé, très mince, pruineux-pulvérulent, blanchâtre puis cendré, poré-spongieux et partout couvert de granules hyalins, brillants (à un gross. de 40 diam.) ; bordure similaire. — Hyphes

irrégulières à parois minces, 3—5 μ, avec renflements jusqu'à 9 μ,
boucles éparses ; hyphes cystidiophores à parois plus épaisses ;
cystides nombreuses, subconiques, à sommet ordinairement renflé et aplati en bouton, parois minces, 50—75×9—12 μ, émergentes de moitié ; basides obovales claviformes, 30—40×8—10 μ,
à 2 stérigmates longs de 9—12 μ, à peine arqués ; spores subglobuleuses ou obovales, brièvement atténuées et apiculées à la base,
9—13×7,5—9 μ, à contenu granulé ou 1-guttulé.

Mai ; sur souche de pin, Lepanges, Vosges (L. MAIRE).

442. — P. vilis

Etalé, adné, très mince, peu visible, gris hyalin, pruineux,
puis maculiforme gris ocracé, poruleux et atomé-hispide à la
loupe. — Hyphes indistinctes (0,3—1 μ), peu abondantes ; cystides à parois minces, coniques, très aiguës,
à contenu colorable par l'éosine comme celui
des basides, un peu renflées et vacuolées à
la base, 40—75×6—8 μ, émergentes de 15—
60 μ ; basides 10—16×4,5—6 μ, à 2—4 stérigmates grêles, droits, longs de 4 μ ; spores
subcylindriques, un peu arquées, 4,5—7×
2—3 μ. (Fig. 80).

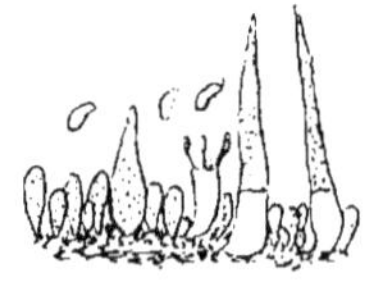

80. — *Peniophora vilis*
Bourd. et Galz.

Juillet, Août. Sur bois humides, peuplier, pin ; Sous-Jumels,
Bouisson (Aveyron).

443. — P. populnea

Etalé en petites plaques pruineuses, indéterminées, hispides à la loupe, adhérentes, blanches. —
Hyphes 2—3—6 μ, peu abondantes, peu régulières et peu distinctes, à parois minces, flasques et fragiles ; cystides coniques aiguës, plus
ou moins renflées à la base, à parois minces
ou légèrement épaissies, 90—110×6—9 μ, émergeant de moitié ou des deux tiers de leur longueur ; basides 15—22—30×6—9—10 μ, à 2—4
stérigmates, longs de 6 μ, droits ou flexueux :
spores subglobuleuses, atténuées apiculées à la
base, 4—6—6,5×(3,5)—5—6 μ, 1-guttulées.
(Fig. 81).

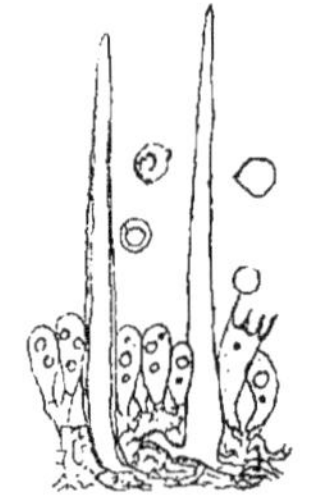

81. — *Peniophora
populnea* Bourd.
et Galz.

Novembre, Février. Sur bois de peuplier, Entraygues, Bois
Dufour (Aveyron).

Affine à *P. clematitis* et *abietis*, dont il a l'aspect ; il diffère des deux par
ses cystides à parois minces et à peu près lisses, et par la dimension des spores.

2. — TUBULIFERAE. — Cystides étroites, cylindriques, coniques ou au contraire insensiblement un peu élargies dans leur moitié supérieure, à parois épaisses au moins inférieurement, lisses ou rugueuses, mais normalement sans incrustations.

* Cystides coniques, petites, à parois plus ou moins épaisses, à canicule non dilaté au sommet, naissant à peu près au même niveau que les basides. Trame subindistincte. (444-447).

444. — P. livida (Fr., Herb.) Burt, Thel. N. Am., XIV., p. 239. — *P. calcea* Bres., teste Lloyd. — *Chaetocorticium livido-pallens* Romell !

Etalé longitudinalement, membraneux-céracé mou ou subgélatineux, très adhérent, mais se détachant parfois spontanément sur quelques points en séchant sous forme de pellicule parcheminée, hyalin, pâle, blanchâtre, noisette à gris brun, pruineux atomé à la loupe ; bordure blanche pruineuse, ou muqueuse, ou similaire nettement limitée. — Hyphes indistinctes, agglutinées en couche amorphe, hyaline, épaisse de 120×180 μ ; cystides nombreuses, subulées ou subfusiformes, très aiguës ou subobtuses, à parois plus eu moins épaisses, $30—75\times5—7$ μ, naissant à peu près au même niveau que les basides et émergeant de $20—45$ μ ; basides $10—21\times4,5$ μ ; spores cylindriques plus ou moins arquées, $4,5—7\times2—3$ μ. (*Fig.* 82).

82. — *Peniophora livida.* (Fr.) Burt.

Mai, Septembre ; sur conifères, Suède : Stockholm (ROMELL) ; Femsjo, Bygget (C. G. LLOYD).

Nous avons limité cette espèce aux caractères de *P. calcea* et de *Chaetocorticium livido-pallens*, répondant aussi aux nᵒˢ de M. Romell : 108, 109, 198 que M. Burt cite sous *P. livida*. Les autres récoltes de Lloyd, à Bygget, présentent bien une structure analogue, mais ne semblent pas pouvoir être identifiées complètement avec *P. livida* :

1. — Céracé aride, gris luride, finement pruineux ; bordure indéterminée. Hyphes très serrées subcohérentes, flexueuses enchevêtrées, $2—3$ μ ; cystides coniques, très aiguës, $50—70\times5—9$ μ, émergeant de $30—45$ μ ; basides $20—26\times5—7$ μ, à $2(—4)$ stérigmates longs de $4,5$ μ ; spores oblongues subcylindriques, $6\times2—3$ μ. Sur pin.

2. — Céracé puis crustacé, jaune verdâtre, puis gris livescent, à la fin noisette-isabelle, parsemé de papilles granuliformes ; bordure indéterminée. Trame farcie de cristaux d'oxalate

de chaux, hyphes 1—3 μ, peu distinctes ; cystides assez clairsemées, 36—60×5—6 μ, subulées, subobtuses ; basides 20—27×4
—6 μ : spores ellipsoïdes oblongues, un peu atténuées à la base,
5—6×3 μ. Sur arbres à feuilles.

3. — Céracé induré, très fendillé, fauve foncé, puis chocolat, pruineux : bordure similaire ou un peu fibrilleuse. Hyphes
peu distinctes, 1,5—2,5 μ ; cystides éparses, subulées, très rugueuses, mais non incrustées, 40—50×4—5 μ, émergeant de 10—
36 μ : basides 12—24×4 μ ; spores cylindriques arquées, 4,5—6×
1—1,5 μ. Tronc de pin abattu.

445. — *P. lactinea*

Céracé, mince, lisse, continu, très adhérent, blanc de lait ;
bordure similaire atténuée. — Hyphes 1,5—4,5 μ, peu distinctes,
les basilaires à parois minces, horizontales, peu abondantes, les
autres plus fines, flexueuses, subverticales : cystides naissant, les
unes des hyphes basilaires, les autres un peu au-dessous du
niveau des basides, subulées, à parois minces ou un peu épaissies, 45—75×4—6 μ, émergeant de 10—36 μ ; basides 18—24×
4,5—6 μ : spores cylindriques plus ou moins arquées, 6—7,5×2—
2,5 μ.

Juillet 1926 : sur pin, Cagnes-sur-Mer, Alpes-Mar., (E. Gilbert).

C'est la première forme du groupe de *P. livida* qui ait été récoltée en
France. Elle se distingue des autres par sa couleur blanche et ses cystides
plus profondes, dont quelques-unes naissent presque sur le substratum.

446. — **P. segregata**

Etalé, céracé mou puis induré très adhérent, pâle, crème
isabelle, puis épaissi gris clair ou glaucescent, subpruineux ; bordure indéterminée. — Hyphes 2 μ environ, à parois peu distinctes, comme gélatineuses, flexueuses, presque verticales ; cystides à parois épaissies, subulées ou subfusiformes, 50—60×5—7 μ,
égales ou émergentes jusqu'à 30 μ, naissant à 30—35 μ au dessous des basides ; basides 25—36×4,5—6 μ : spores obovales,
souvent brièvement atténuées à la base, 4,5—5×4 μ, souvent 1-
guttulées.

Septembre ; sur sapin, environs de Turini, Alpes Mar. (E.
Gilbert). .

447. — **P. gilva**

Etalé, indéterminé, céracé, mince, très adhérent, pâle isabelle, aspect pruineux ; bordure insensiblement évanescente. —

Hyphes peu régulières, à parois minces, bouclées, 3—4,5(—6) µ ; cystides régulièrement fusiformes, la plupart à parois minces puis un peu épaissies, 15—30—60×6—7,5 µ, naissant à peu près au même niveau que les basides, égales ou émergentes jusqu'à 20 µ ; basides 24—30×6,5—7,5 µ, à 2—4 stérigmates longs de 3—6 µ ; spores cylindriques arquées, atténuées obliquement à la base ou larmiformes, ovoïdes elliptiques dorsiventralement, 7,5—9× 3—4 µ.

Septembre ; sur sapin ; Turini, Alpes Mar. (E. GILBERT).

✸✸ Cystides coniques, à parois épaisses, plus ou moins rugueuses et à canalicule étroit, non dilaté au sommet, naissant à la base de la trame et se prolongeant souvent par une ou deux racines. (448-452).

(Cf. ✸✸✸ *P. chaetophora* et *abnormis,* qui, à l'état jeune surtout, ont des cystides à canalicule non dilaté).

448. — P. vermifera Bourd., Rev., sc. du Bourb., 1910, p. 11. — Hym. de Fr., IV, n. 257.

Adné, maculiforme, hérissé, blanchâtre, jaunâtre, crème

83. — *Peniophora vermifera* Bourd.

alutacé, fendillé sur le sec dans les parties plus épaisses. — Trame presque nulle, formée d'hyphes à parois minces, 2—2,5 µ, souvent incrustées et indistinctes ; cystides coniques, 80—150×9—22 µ, à plusieurs racines, émergentes de 50—75 µ, à parois très épaisses plus ou moins rudes ; basides, 18—30×6—12 µ, à 2—4 stérigmates arqués 6—12×3 µ ; spores fusoïdes-claviformes, terminées en pointe aux deux bouts ou seulement au sommet, flexueuses vermiformes, 18—25×3,5—6 µ. (*Fig. 83*).

Toute l'année. Très abondant à la base des tiges d'*Erica arborea*, ou sur les tiges gisant sur le sol ; assez fréquent sur *Erica cinerea* ; très rare sur *Calluna vulgaris* ; Aveyron. Peu lignivore.

pinicola. — Crustacé, blanc, puis jaunâtre ou glaucescent ; spores obclaviformes, très atténuées au sommet, 15—18×3,5—4 µ. Sur pin, l'Hospitalet.

Tiliae. — Spores 20—28×3,5—4 µ, blanches en masse. Sur écorce de tilleul.

Arbuti. — Aspect d'un *Aleurodiscus*, nettement limité ;

cystides moins émergentes, très aiguës ; spores 18×3—4 µ. Sur
arbousier, Lamalou-les-Bains (Hérault).

P. subglebulosa v. Hoehn. et Lit., Beitr., 1907, p. 86 et fig. 10, d'après la
description et la figure, aurait des spores ovoïdes, 2—4×1,5—2 µ ; mais l'habitat et les caractères externes sont identiques à ceux de *P. vermifera*. Nous
avons étudié le spécimen original de *P. subglebulosa*, l'hyménium ne montrait
ni spores, ni basides.

449. — **P. clematitis** Hym. de Fr., IV, n. 256.

Etroitement étalé, adné, maculiforme ou très finement crustacé, pruineux, hérissé de fines soies très nombreuses, blanc ou
gris blanchâtre. — Hyphes 1,5—2,5 µ, à parois
minces, bouclées, visibles seulement dans les fentes de l'écorce ; cystides 75—100×9—14 µ, coniques, à 1-2 racines à la base, à parois très épaisses,
ruguleuses, émergentes jusqu'à 75 µ ; basides 9—12
×4—4,5 µ, à 2—4 stérigmates longs de 4—4,5 µ ;
spores subglobuleuses, brièvement apiculées à la
base, 4—5×4—4,5 µ, 1-guttulées. (*Fig. 84*).

Toute l'année. Sur écorces mortes de *Clema-
tis alba*, souvent sur la plante encore vivante.

84. — *Penio-
phora clema-
titis* Bourd. et
Galz.

Diffère de *P. aegerita* et *abietis* par sa trame presque nulle, ses
hyphes et ses organes de fructification bien plus petits.

450. — **P. abietis** Hym. de Fr., IV, n. 255.

Indéterminé, très mince, adné en forme de tache pubescente, blanchâtre. — Trame spongieuse, à hyphes presque indistinctes, 3—6 µ ; cystides 80—120×9—15 µ, coniques avec base
souvent renflée ovoïde, à parois épaisses, aspérulées rugueuses,
longuement émergentes ; basides 18—21×6—9 µ, à 4 stérigmates
longs de 4—4,5 µ ; spores globuleuses, 6—8—11 µ diam., très finement ruguleuses.

Du printemps à l'hiver. Sur sapin pectiné et genévrier.
Aveyron ; Manche (L. CORBIÈRE).

Diffère de *P. aegerita* par sa ténuité, sa spore, sa cystide plus régulière, longuement saillante ; il n'est jamais en connexion avec *Ægerita
candida*.

451. — **P. aegerita** v. Hoehn. et Lit., Beitrage z. Kenntn.
Cort., 1907, p. 76. — *P. candida* (Pers.) Lyman. — Burt, XIV,
p. 226.

Etalé, mince submembraneux-porulé, adhérent, blanc, un
peu hispide, membraneux-mou dans les parties épaisses. —

Hyphes à parois minces, 3—4,5 μ, promptement collapses ; cystides à parois épaisses et fragiles incrustées rugueuses, et immerses à mesure que la trame s'épaissit, 50—120×7—12 μ, souvent renflées ovoïdes à la base ; les cystides débutent quelquefois par des gléocystides longuement saillantes, à parois minces, puis épaissies, à contenu hyalin, puis granuleux ; basides 24—30×5—7 μ, à 2—4 stérigmates longs de 4,5—6 μ ; spores subglobuleuses, 6—7,5×4,5—5 μ, brièvement apiculées à la base, 1-guttulées.

Été, automne. Sur branches pourries d'aune, saule, frêne, etc. dans les endroits humides ; assez commun.

452. — **P. farinosa** (Bres., F. polon., p. 105, *Kneiffia*) v. Hoehn. et Lit., Beitr., 1908, p. 15.

Largement étalé, farineux puis submembraneux, mince, lâche, puis séparable, blanc puis crème ; hyménium à peu près lisse, finement furfuracé, bordure pruineuse. — Hyphes 2,5—4,5 μ ; cystides éparses subcylindriques, atténuées mais obtuses au sommet, à parois épaisses incrustées, puis glabrescentes, 75—90×7—12 μ ; basides 30—35×7—8 μ ; spores subglobuleuses ou subelliptiques, 7—11×5—7,5 μ.

Toute l'année. Sur branches de saule, orme, etc. Pologne (n. v.)

Cette espèce est rapportée par M. Burt en synonyme à la précédente.

*** Cystides à parois épaisses et canalicule étroit, capillaire, quelquefois presque nul à la base, se dilatant plus ou moins brusquement vers le sommet ; cystide à membrane ne se colorant pas par l'éosine potassique. (453-564).

453. — **P. chætophora** v. H. et L., Beitr., 1907, p. 10 et fig. 1.

Largement étalé, membraneux mou, séparable, tomenteux-substrigueux, blanc, blanchâtre ou crème, inégal, bosselé ou lacuneux. — Hyphes de la trame distinctes, 2—3—4 μ, à parois épaisses, les subhyméniales à parois minces, collapses ; cystides très nombreuses, 100—200×4—10 μ, à parois épaisses jusque près du sommet, étroitement coniques, rameuses à la base, ou greffées latéralement sur d'autres cystides ; basides 12—15×3,5—4,5 μ, à 2—4 stérigmates longs de 3 μ ; spores largement ellipsoïdes-subcylindriques, 4—6,5×2,75—4 μ, uniguttulées.

Été, sur tronc abattu de pin, recouvrant la face inférieure ; L'Hospitalet, sur mamelon très sec et non calcaire, quoique sur le Larzac (faille qui ramène les terrains anciens) ; Turini (Alpes Mar.), E. GILBERT ; Toulon (Var), A. DE CROZALS.

454. — P. glebulosa Bres., Fungi Trid., II, p. 71, t. 170, f. 2. — *Thelephora calcea* v. *glebulosa* Fr., Elench.

Membraneux-céracé, assez adhérent, pubescent, crème puis blanchâtre, tirant sur gris ou jaunâtre, à la fin fendillé-glébuleux ; bordure pruineuse ou similaire. — Hyphes à parois minces, 2—3 μ, les cystidiophores à parois épaisses, 3—5 μ, souvent en trame très dense ; cystides cylindriques, 60—100—300×5—9—12 μ, incluses ou émergentes jusqu'à 110 μ, à parois très épaisses et canalicule capillaire, ordinairement dilaté brusquement au sommet ; basides 15—32×3—6 μ ; spores cylindriques peu arquées, (5)—9—10×1,5—2—3 μ.

Toute l'année. Très fréquent sur écorces et bois dénudés de pin, sapin ; branches sur l'arbre ou tombées, même carbonisées. Assez lignivore.

La description ci-dessus est prise sur la forme triviale dans nos régions, à laquelle s'applique exactement le qualificatif de *glebulosa*. Elle n'est pas identique à la plante que les Mycologues suédois regardent comme le type friesien. Nous avons étudié un fragment du spécimen original récolté par Fries, à Femsjo, un autre récolté par Burt dans la même localité, un troisième récolté à Stockholm par Romell ; ces trois récoltes sont bien identiques et répondent sans doute au *Corticium calceum* Fr., type complexe ; mais elles ne sont pas glébuleuses. Nous en donnons ci-dessous les principaux caractères :

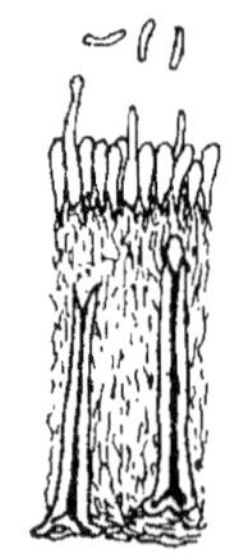

85. — *Peniophora cretacea* (Rom.)

455. — P. cretacea (Romell in herb.). — *Corticium calceum* v. *glebulosum* Fr., herb.

Membraneux-aride, fragile, inégal, blanc de craie. — Hyphes 2,5—4 μ, bouclées, à parois minces, collapses ; cystides incluses, 40—60×6—8 μ, subconiques, à parois très épaisses, très inégalement distribuées, parfois très rares ; basides 12—17×3—4,5 μ ; cystidioles nombreuses, 18—35×4—5 μ, subulées ou terminées par un petit bouton arrondi ; spores cylindriques un peu arquées, 6—9×1,25—2 μ. (*Fig. 85*).

Sur bois pourris de conifères. Suède.

456. — *P. propinqua*

Étalé, aride, adhérent, très finement papillé à la loupe, blanchâtre, pâle, puis crème alutacé, très finement glébuleux sur le sec ; bordure indéterminée. — Hyphes 2—4 μ, à parois minces, collapses, bouclées ; cystides subcylindriques ou un peu coniques, 50—150×6—15 μ., à parois très épaisses, à canalicule très étroit, nul vers la base, incluses ou émergentes de moitié, presque toujours chargées de cristaux vers leur extrémité ; basides 12—21× 3—4 μ. ; spores cylindriques un peu arquées, 4,5—7×1,25— 1,75 μ.

Sur pin silvestre, Brefeld (Aveyron) ; Suède, C. G. LLOYD, n. 8240, 9122. — Formes à peu près identiques dans l'Allier, l'Aveyron, le Var. etc. ne paraissant pas bien constantes.

457. — P. subulata Hym. de Fr., IV, n. 260.

Etalé, très mince, adné, submembraneux, finement papillé à la loupe, blanc puis crème, non glébuleux ; bordure similaire. — Hyphes 2—3 μ., à parois minces, les supérieures agglutinées ; cystides coniques, subaiguës, 60—100×6—12 μ., à canalicule nul ou capillaire brusquement dilaté au sommet, immerses ou émergentes de moitié, à 1—2 racines à la base, à la fin ouvertes au sommet ; basides 15—20×2,5—4 μ ; pas de cystidioles ; spores cylindriques à peines arquées, 6—9×1,5—1,75 μ., quelquefois à deux granules polaires.

Toute l'année. Pas rare sur bois et écorces de pin.

458. — P. juniperina Hym. de Fr., IV, n. 261.

Peu largement étalé, submembraneux très mince, adhérent, densément papillé et finement hérissé à la loupe, blanc, crème, ocracé, finement fendillé ; bordure indéterminée. — Hyphes basilaires à parois minces et bouclés éparses, les cystidiophores peu abondantes, les supérieures collapses ; cystides 45—90×4—6—9 μ, émergentes jusqu'à 60 μ, cylindriques ou étroitement coniques, à extrémité renflée globuleuse, 9—

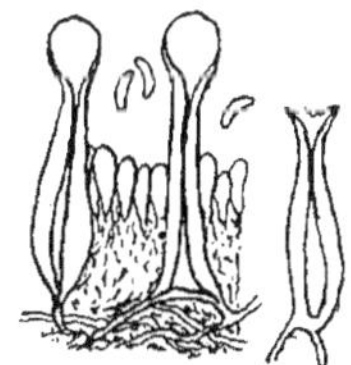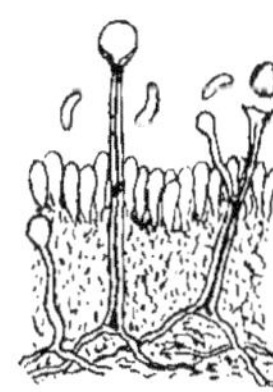

86, 87. — *Peniophora juniperina* Bourd. et Galz. — *1. communis.* — *2. subsubulata.*

12 μ d., à parois épaisses et canalicule capillaire brusquement dilaté au sommet ; basides 8—15×4—5 μ ; spores 4,5—6—9×1,5—2 μ, cylindriques arquées.

Toute l'année. Fréquent sur bois et écorce de genévrier ; plus rare sur pins, bruyères. Allier, Aveyron, Tarn, Meuse, etc. Peu lignivore. — Plus variable que *P. accedens.*

1. communis. — Cystides grêles, presque linéaires ou étroitement coniques ; spores arquées. (*Fig. 87*).

2. subsubulata. — Cystides courtes, coniques, à parois très épaisses ; spores arquées. (*Fig. 86*).

3. orthospora. — Subfurfuracé, crème à glaucescent ; spores à peine arquées. Sur châtaignier.

4. quercina. — Pruine très légère, puis furfur alutacé ; spores très arquées. Sur bois de chêne pourris ou carbonisés.

5. papillata. — Cystides saillantes (1—2) au-dessus d'une petite papille, presque odontioïde. Sur genévrier.

6. sororia Hym. Fr., n. 262. — Continu puis fendillé-aréolé, jaunâtre, alutacé ou noisette ; cystide grêle, 3—4 μ d. ; spores peu arquées, mais assez longuement atténuées obliquement. Sur châtaignier.

88. — *Peniophora pirina* Bourd. et Galz.

459. — **P. pirina** Hym, de Fr., IV, n. 266.

Adhérent, floconneux-pulvérulent, puis épaissi et fendillé, grisâtre. — Hyphes 3—4 μ, à boucles éparses et parois minces, collapses ; cystides cylindriques, 50—100×6—7 μ, à parois très épaisses inférieurement et s'amincissant insensiblement vers le sommet, incluses ou émergentes jusqu'à 60 μ, quelquefois aspérulées de cristaux au sommet ; basides 15—20× 4—4,5 μ ; spores subcylindriques incurvées, 4,5—6×2—2,5 μ, souvent 1-guttulées.

Été. Sur poivrier. Aveyron.

460. — **P. abnormis**

Étalé, indéterminé, adhérent, très mince, pubescent (densément hispide à plus fort grossissement), blanc ou blanc pâle ; bordure similaire. — Hyphes 2—4,5 μ, à parois minces, entrelacées ascendantes, boucles éparses ; cystides cylindriques-subulées, aiguës, à parois épaisses et canalicule étroit non dilaté au sommet ou insensiblement dilaté, 120—210×5—10 μ, émergentes de moitié environ, et se terminant à la base par 1—2 racines à parois épaisses ; basides 15—21×4—5 μ à 4 stérigmates ; spores ovoïdes ou elliptiques, légèrement déprimées d'un côté, à membrane très ténue, 4—6,5×2,5—3 μ.

Septembre ; sur bois de sapin pourri ; Turini, Alpes Mar. (E. GILBERT).

Hyphes et cystides absorbant l'éosine, ce qui est très rare dans les espèces ayant des cystides à canalicule capillaire.

461. — **P. hirtella** Hym. de Fr., IV, n. 263.

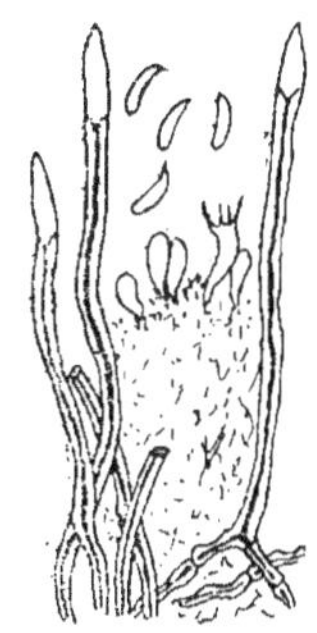

89. — *Peniophora hirtella* Bourd. et Galz.

Subfloconneux-furfuracé, grisâtre ou olivâtre, densement hérissé à la loupe, de poils brillants. — Hyphes peu distinctes, sauf les cystidiophores à parois épaisses ; cystides étroites, cylindriques, flexueuses, aiguës, 40—80×4,5—7 μ, semi-émergentes, à canalicule capillaire, dilaté brusquement vers le sommet, où les parois de la cystide sont très minces ; basides 9—18×4—5 μ ; spores oblongues claviformes, un peu arquées, 6—9×2—2,5 μ. (*Fig. 89*).

Février à Octobre. Sur bois humides de châtaignier, à l'air ou à l'intérieur des souches ; Aveyron : les Vives, Canteloup, Loubotis, Matavalès, Segondin. — Sur pin : plus blanc, pruineux ; Causse Noir, Valat-Nègre.

462. — **P. effugiens** Hym. de Fr. IV, n. 266.

Petites taches grisâtres, porées-réticulées (×40 diam.), peu visibles. — Hyphes à parois minces, bouclées, le plus souvent indistinctes, 2,5—4 μ, les cystidiophores à parois épaisses ; cystides 75—100×5—6 μ, grêles cylindriques, aiguës, à canalicule capillaire ou peu élargi, assez brusquement dilaté au sommet, où la cystide est à parois minces, émergentes de moitié ; basides 12—15×4—5 μ ; spores ovoïdes elliptiques, atténuées à la base, quelquefois un peu déprimées, 4,5—5×3—4 μ.

Mars, avril. Sur châtaignier, Aveyron, Tarn. — Voisin de *P. accedens*, dont il diffère par ses cystides à parois plus minces, aiguës, non capitées au sommet.

463. — **P. accedens** Hym. de Fr., IV, n. 265.

Étalé interrompu, très mince, pruineux-maculiforme, réticulé-poré à la loupe, non fibrilleux, sétuleux, de blanchâtre à grisâtre ; bordure indéterminée. — Hyphes cystidiophores 3—4 μ, à parois épaisses, les autres, 2—3 μ, à parois minces, rarement distinctes ; cystides 30—52—80×3—5 μ, linéaires grêles, à parois épaisses, amincies au sommet pour former un capitule arrondi de 6—9 μ diam., émergentes de moitié ou plus ; basides 9—12—15×4—5 μ, à 2—

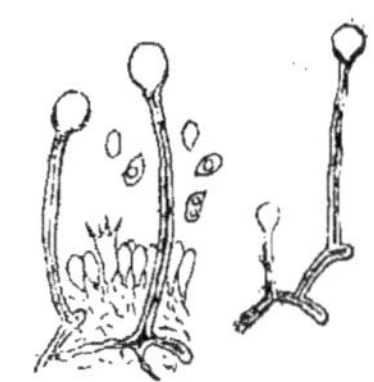

90. — *Peniophora accedens* Bourd. et Galz.

4 stérigmates longs de 3—4 μ : spores oblongues brièvement et souvent obliquement atténuées à la base, 4—5×3—4 μ, ordinairement 1-guttulées. (*Fig. 90*).

Toute l'année. Fréquent sur châtaignier, débris déjà pourris, gisant sur le sol ; plus rare sur chêne. Peu lignivore.

Ce petit champignon peu visible doit se trouver partout où il y a de vieux châtaigniers ; même au plus fort de l'été, il reste de belle venue et donne sur verre des spores abondantes, blanchâtres. Dans plusieurs centaines de récoltes que nous avons étudiées, la structure et les éléments se sont montrés très uniformes ; les variations de l'extrémité de la cystide sont fort rares. Il forme une pruine sétuleuse reconnaissable à la loupe ; à un peu plus fort grossissement, il est irrégulièrement poré non continu et hérissé de fines soies, terminées par une petite tête brillante. Il n'est pas fibrilleux, ce qui le distingue des petits Corticiés avec lesquels il croît souvent mélangé.

464. — P. farinacea

Irrégulièrement étalé, très mince, farineux, subpapilleux, puis finement glébuleux, blanc, finement hispide à la loupe. — Hyphes cystidiophores rares, 3 μ, à parois épaisses ; hyphes de la trame et basidiophores collapses ou cohérentes indistinctes ; cystides cylindriques, à parois épaisses lisses, à 1-2 racines à la base, acuminées au sommet, puis ouvertes, à parois assez brusquement amincies, immerses ou peu émergentes, 45—60×6—8 μ ; basides obovales subclaviformes, 8—10×4—5 μ, à 2—4 sté

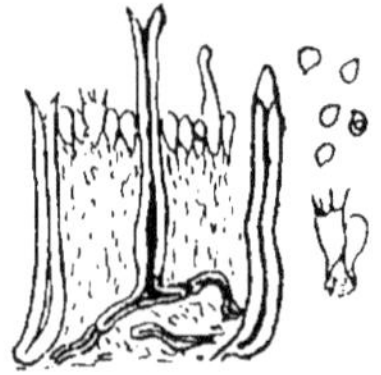

94. — *Peniophora farinacea* Bourd. et Galz.

rigmates longs de 3—3,5 μ : cystidioles éparses ; spores subglobuleuses, apiculées, 3,5—4,5×3—3,5 μ. (*Fig. 91*).

Mai. Sur bois dénudé des branches tombées de pin, Labastide-Pradines (Aveyron).

Cystides à parois épaisses inférieurement, s'amincissant insensiblement dans leur moitié supérieure, canalicule non capillaire ; membranes des hyphes et des cystides se colorant fortement par l'éosine potassique. (465-474).

465. — P. subalutacea (Karst. !) v. Hœhn. et L., 1906. —

Hym. de Fr., IV, n. 268. — Burt., XIV, p. 288. — *Corticium* Karst., Symb. Myc. Fenn., X, p. 65. — Massee, Thel., p. 140. — *Kneiffia* Bres., Fungi polon., p. 103.

Largement étalé, floconneux-furfuracé, submembraneux, adhérent ou séparable par flocons, continu ou subporé, sétuleux.

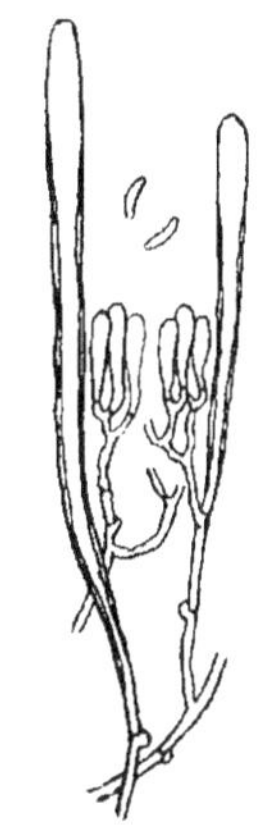

92. — *Peniophora
subalutacea.*
(Karst.) v. Hœhn
et Litsch.

crème à crème alutacé ; bordure similaire ou
très étroite pruineuse. — Hyphes à parois minces ou un peu épaissies, 2—4 µ, boucles éparses ;
cystides subcylindriques, un peu atténuées à la
base, 70—300×4—8 µ, à parois un peu épaissies, plus minces au sommet, à canalicule élargi,
non capillaire, souvent à 1-2 cloisons, émergeant
de 1/4 à 1/2 de leur longueur, assez souvent
rapprochées en faisceau lâche ; basides 10—24×
3—5 µ, à 2—4 stérigmates longs de 4—5 µ ;
spores cylindriques plus ou moins arquées, 5—8
×1,5—2,5 µ. (*Fig. 92*).

Toute l'année. Pas rare sur branches tombées de pin, plus rare sur sapin, genévrier.
Peu lignivore.

Quoique les cystides soient fréquemment fasciculées et déterminent un aspect légèrement papilleux, il
n'est cependant pas odontioïde. Le spécimen type, qui
est dans l'Herb. de Bresadola, a l'hyménium lisse et
est absolument identique à nos spécimens de l'Aveyron, sur conifères. Au
contraire, la plante qui est assez commune sur pin dans les environs de
Montmarault (Allier), est toujours floconneuse odontioïde et de teinte alutacée,
foncée. Nous en avons fait *Odontia floccosa* : peut-être répond-elle au spécimen
de Karsten, qu'a étudié von Hœhnel et qu'il regarde comme un *Odontia* ?

Formes de *P. subalutacea* ·

tenuior. — Plus floconneux, ou duveteux, très mince, blanc
à crème jaunâtre ; cystides isolées. Chêne, poirier ; Aveyron,
Tarn ; *Pistacia lentiscus*, Var. (A. DE CROZALS).

castaneae. — Crème jaunâtre ou grisâtre, floconneux-farineux ; cystides fasciculées ; spores plus arquées. Sur châtaignier.

466. — *P. cineracea* Hym. de Fr., IV, n. 267.

Peu étendu, mince, finement floconneux-poruleux, blanc
cendré ; bordure similaire. — Hyphes 2—4 µ, à parois minces,
boucles éparses ; cystides isolées, 90—200×6—8 µ, cylindriques,
un peu élargies vers le haut, à parois minces, un peu épaissies
inférieurement, émergentes jusqu'à 75 µ ; basides 15—20×4—5 µ ;
spores cylindriques, déprimées latéralement, 6—7,5×2,5—3 µ,
souvent 1-guttulées.

Été. Sur *Erica arborea*, Aveyron.

Cette plante se distingue à simple vue de *P. subalutacea*, et en outre
par ses spores plus larges, ses cystides éparses, plus émergentes ; elle
paraît en être une forme ténue, particulière à la bruyère en arbre.

467. — *P. media* Hym. de Fr., IV, n. 261.

Peu étendu, mince, subflocconneux-membraneux, finement papillé et poruleux à la loupe, blanc à blanc gris ; bordure similaire. — Hyphes 3—4 μ, collapses, boucles éparses, les cystidiophores plus fermes, peu nombreuses ; cystides subcylindriques, un peu élargies vers le sommet, 50—100×5—9 μ, émergentes de moitié, à parois très épaisses à la base, insensiblement amincies vers le tiers supérieur, très obtuses ; basides 9—15×4—5 μ ; spores cylindriques arquées, 6—7,5×1,25—1,5 μ.

Avril à Novembre. Sur bois de pin, Causse Méjean, Lozère ; Causse Noir, l'Hospitalet, Aveyron ; Allier ; Bagnoles-de-l'Orne (E. Gilbert).

Le canalicule des cystides est étroit, quoique non capillaire ; il s'élargit quelquefois et la plante se rapproche de *P. subalutacea*.

468. — *P. lurida*

Membraneux-mou, subflocconneux, séparable, jaunâtre, crème alutacé, finement fendillé-poré ou subcontinu ; bordure similaire ou étroite fibrilleuse-villeuse. — Hyphes distinctes, à parois fermes, 3—4 μ, très rameuses, à cloisons fréquentes et boucles rares ; cystides subulées, 75—110×7—8 μ, émergentes jusqu'à moitié, à parois légèrement épaissies ; basides 18—21×4,5—5,5 μ ; spores subcylindriques, aplaties latéralement ou un peu déprimées, 5—7,5×3—3,5 μ.

Automne. Sur genévrier, Aveyron.

469. — *P. attenuata*

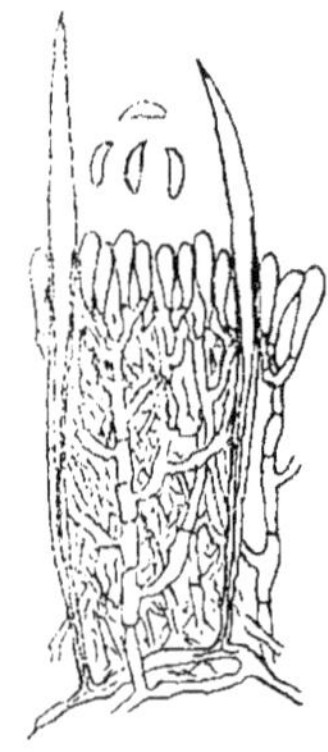

93. — *Peniophora attennata* Bourd. et Galz.

Peu étendu, assez épais, mou, peu adhérent et peu cohérent, blanc ou blanchâtre, finement poré et pubescent à la loupe ; bordure similaire ou indéterminée. — Hyphes 2—6 μ, distinctes ou collapses, à parois minces, rameuses, à cloisons fréquentes, sans boucles, les cystidiophores 2—3 μ, à parois épaisses ; cystides nombreuses, linéaires subulées, 90—120×6 μ, à parois épaisses dans les deux tiers inférieures et insensiblement amincies jusqu'au sommet très aigu, émergentes de 15—45 μ ; basides 12—16×4,5—6 μ ; spores étroitement subclaviformes, subarquées et assez longuement atténuées à la base, 7—9×2—3 μ. (*Fig. 93*).

Septembre à Novembre. Sur bois cariés de châtaignier, Aveyron.

Les cystides sont quelquefois moins longuement atténuées et la plante se rapproche de *P. hirtella* ; plus rarement il y a quelques cystides obtuses comme dans *P. media* et *subalutacea*. — Sur pin, Causse Noir ; spores plus variables, subuncinées.

470. — P. viridis (Preuss) Bres.! — *Corticium* Preuss, in Linn., 1851. — Fr., Hym. Eur., p. 652.

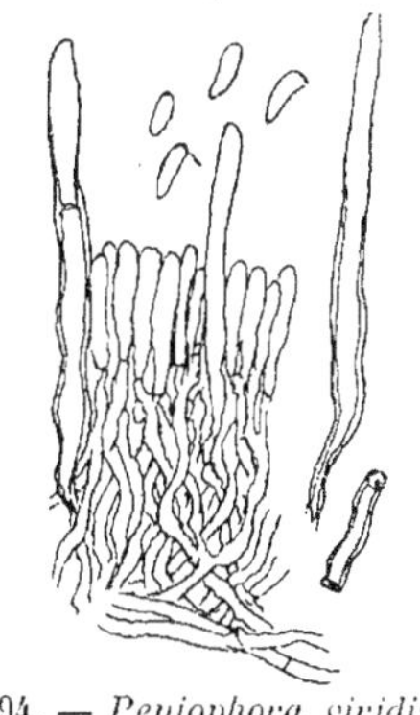
94. — *Peniophora viridis* (Preuss.) Bres.

Etalé, céracé induré, adhérent, mince, ocracé verdâtre, olivacé, parsemé à la loupe de nombreuses soies blanches, dressées ; bordure concolore, glabre. — Hyphes à parois fermes ou un peu épaissies, 3—4,5(—7,5) μ, les basilaires et moyennes un peu jaunâtres, très serrées, mais distinctes par macération et battage, boucles éparses rares ; cystides à parois jaunâtres et épaisses à la base, à parois minces et hyalines au sommet, 40—110×5—7,5 μ, subcylindriques, émergentes de 20—80 μ ; basides 24—28 ×4,5—5 μ, en hyménium dense ; spores subcylindriques ou subfusiformes, atténuées obliquement à la base, 7,5—9×3— 4 μ, hyalines puis un peu jaunâtres. *(Fig. 94).*

Sur conifères, Suède (ROMELL).

Une forme appartenant sûrement à cette espèce a été récoltée par M. A. de Crozals en Avril 1926, sur tronc de pin pourrissant, à Toulon. Elle est d'un jaune vif sur le frais et prend en séchant une teinte luride ocracée avec très légère teinte virescente ; bordure similaire, légèrement poreuse. Hyphes 3—4,5 μ, serrées, jaunâtres ; cystides 100—300 μ, émergeant jusqu'à 50—70 μ, basides 18—30×4—6 μ ; spores de même forme que ci-dessus, parfois un peu courbées, 4—9×2—3 μ, hyalines puis jaunâtres.

471. — P. odorata (Karst., Finsk. Vet. Soc., 48, p. 427, *Phanerochaete*) Burt, Thel. N. Am., XIV, p. 289.

Etroitement étalé en petites plaques pulvinulées, longitudinalement confluentes 0,5—10 cm.×3—10 mm., adhérent, aride, chamois à chamois rosé pâle, velouté feutré ; marge épaisse entière. — Epaisseur 0,5—1 mm. ; trame blanche, à la fin zonée et stratifiée, formée d'une couche d'hyphes basilaires, entrelacées, 3—4 μ, et de 1—4 couches hyméniales ; cystides nues, cylindriques, 80— 150×6—9 μ, saillantes jusqu'à 80 μ ; basides à 4 stérigmates ; spores abondantes, lisses 12—15×4—6 μ.

Sur bois décortiqués et pourrissants de conifères ; Nord de l'Europe, Etats-Unis.

Cette diagnose est la traduction de celle de Burt, l. c. ; mais nous rapporterions à cette espèce les spécimens de Suède et de Laponie que nous avons reçus de M. Romell sous le nom de *Chaetocorticium fusisporum* et *Peniophora lunata*. Ces échantillons ont sur le frais une teinte sulfurine, qui n'est mentionnée ni par Karsten, ni part Burt. Il est vrai qu'ils passent à une teinte chamois en herbier. De plus, aucun de ces échantillons ne présente de stratification. Les hyphes 2—4 μ sont à parois minces mais fermes pour la plupart, à cloisons distantes et boucles très rares, enchevêtrées à la base, mais bientôt ascendantes et se continuant directement avec les basides et les cystides, comme dans la plupart des *Stereum*, notamment *S. striatum*, dont ces plantes paraissent assez voisines par la structure. Basides 60—120×9 μ ; cystides 200—300×7—9 μ, subcylindriques ou longuement claviformes ; il y a des cystides immerses à parois épaisses, et les courtes cystides, qui sont à la base de la trame, sont même à parois très épaisses, avec canalicule étroit, brusquement dilaté au sommet ; les cystides émergentes sont très rarement incrustées de cristaux bacillaires. Spores fusiformes, aplaties ou un peu déprimées d'un côté, 15—27×5—8 μ.

3. — HYPHALES. — Trame toujours distincte ; cystides naissant assez profondément dans la trame et conservant avec les hyphes une plus ou moins grande ressemblance : elles peuvent être étroitement claviformes, fusiformes, cylindriques, parfois renflées en boule au sommet ou vers les nœuds, souvent cloisonnées avec ou sans boucles ; spores subglobuleuses, obovales, elliptiques ou fusiformes. (472-484).

472. — **P. pallidula** Bres. in litt. ! — *Gonatobotrys* Bres., Fungi polon., p. 127. — *Gloeocystidium* v. Hoehn. et L., Beitr., 1908, p. 16. — *G. oleosum* v. H. et L., 1907, p. 89.

Irrégulièrement étalé ou interrompu, finement membraneux mucédinoïde, inégal, aspect pubescent, souvent granuleux, pâle, crème jaunâtre, argileux ; bordure similaire, rarement pruineuse. — Hyphes d'abord assez distinctes, 2—4 μ, à parois minces, puis flasques, boucles éparses ; cystides 40—120×4—6 μ, à parois minces, 1—4 septées, çà et là étranglées ou renflées en boules, souvent incrustées d'un manchon de substance résinoïde, émergentes de moitié environ ; basides 12—21×4 μ, à 2—4 stérigmates longs de 3—4 μ ; spores obovales ou largement elliptiques, brièvement atténuées à la base un peu obliquement, 4—6×3—4 μ, souvent 1-guttulées.

Toute l'année. Assez commun sur souches déjà pourries d'arbres à feuilles ou à aiguilles. Peu lignivore.

Varie 1° : regenerans. — Les cystides se prolongent au-dessus de l'hyménium, et des rameaux d'hyphes basidiophores forment un second hyménium.

— 2° : **gloeocystidiata**. — Normal, mais ayant en même temps des gléocystides fusiformes, 75—90×7,5—9 μ, incluses, à contenu hyalin, homogène, semblables à celles de *Gloeocystidium inaequale* ou *Eichleri*. — Sur chêne, Aveyron.

— 3° : **subbyssoidea**. — Avec les cystides normales, renflées en boules, il y a des cystides plus ou moins nombreuses, étroites, cloisonnées et souvent bouclées, comme dans *P. byssoidea*.

Cette espèce est donc affine à *P. byssoidea* d'une part, mais elle a aussi des formes grandinioïdes qui la rapprochent beaucoup de *Odontia arguta*. Les formes blanches corticioïdes ou grandinioïdes semblent se rapporter plutôt soit à *Corticium serum*, soit à *Odontia arguta*.

473. — **P. byssoidea** (Pers., Syn., p. 577) v. Hoehn. et L., Ann. Myc., 1906, p. 290. — Beitr., 1908, p. 4. — *Corticium* Fr., Hym., p. 659. — *Coniophora* Quél., Fl., p. 3. — *Coniophorella* Bres., Fungi polon., p. 111.

Largement étalé en membrane molle, aranéeuse, séparable, crème, jaune de Naples, subocracé ; hyménium à la fin subpelliculaire pulvérulent ; bordure fibrilleuse. — Trame assez coriace, distincte, formée d'hyphes régulières, 2,5—4 μ, à parois minces ou peu épaissies, septées-noduleuses, un peu jaunâtres, les basidifères plus hyalines et moins tenaces ; cystides 60—90×3—6 μ, cylindriques ou étroitement fusoïdes, émergeant de 28—75 μ, à parois minces ou peu épaisses, souvent à 1—4 cloisons ordinairement bouclées ; basides 12—254×—5,5 μ, à 2—4 stérigmates longs de 2,5—3,5 μ ; spores citrin clair, paille ambré, subhyalines, 3,5—4,75×2—3,5 μ, largement ellipsoïdes, ordinairement uniguttulées.

Toute l'année ; plus ou moins humicole, forme un tapis sous les feuilles et s'étend sur tout ce qu'il rencontre : souches, débris, humus, pierres, dans les bois à feuilles et surtout à aiguilles. Très commun ; peu lignivore.

474. — *P. tomentella* Bres. *in litt. et specim. orig.!* — *Kneiffia* Fungi polon., p. 103.

Très voisin du précédent, mais plus mince, membranuleux, blanc ou crème, moins coriace, à subiculum peu développé ; bordure aranéeuse. — Hyphes 3—4 μ ; cystides hyalines, fusoïdes, 45—75×5—6 μ, souvent rugueuses, à 1—3 cloisons souvent bouclées ; basides 18—25×4—6 μ ; spores hyalines 4—4,5×2,5—3 μ.

Toute l'année ; sur débris entassés et bois pourris.

La description de *P. arachnoidea* Burt, XIV, p. 220, est tellement conforme à *P. tomentella* qu'il s'agit vraisemblablement de la même espèce.

Forme *depauperata*. — Floconneux puis farineux-pellicu-laire. Hyphes 1,5—3 μ ; cystides 50—60×3 μ ; spores 2,5—3×2 —2,5 μ. — Écorces de genévrier.

475. — **P. longispora** (Pat.) Hym. de Fr., IV, n. 278. — *Hypochnus* Pat., Journ. bot., 1894, n. 220. — *Kneiffia* Bres., Fungi polon., p. 105.

Largement étalé, mince, pubescent, puis en membrane feu-trée incomplète, peu adhérent, blanc ou blanchâtre ; bordure si-milaire ou pruineuse. — Hyphes rigides, 2,5—4 μ, à parois peu épaissies, souvent verruqueuses, bouclées ; cystides en aiguilles, 60—75×2,5—6 μ, à base parfois renflée, à parois assez épaisses, cristulées-verruqueuses, émergentes de 30—45 μ ; basides 12—24× 4—5 μ ; spores fusiformes ou aciculaires, droites ou un peu flexueuses, 12—18×1—3 μ, pluriguttulées,

Du printemps à l'hiver. Sur tous bois humides et pourris des endroits frais, commun. Peu lignivore.

Varie 1° : **mycelialis.** — Mycélium très développé en tomen-tum blanc jaunâtre, pubescent, peu adhérent, formé d'hyphes tenaces, 2—3 μ ; plante peu fertile, sensiblement voisine de *P. byssoidea.*

— 2° : **gloeocystidiata.** — Gléocystides incluses, cylindriques, à contenu un peu jaunâtre, à la fin fortement granulé ; cystides comme dans le type.

— 3° : **clavispora.** — Spores en massue, un peu arquées, 1-2-guttulées, 9—12×4—4,5 μ.

— 4° : **cylindrospora.** — Spores exactement cylindriques, droites, obtuses aux deux bouts, 12—14×3—3,5 μ ; basides 15— 18×7—8 μ.

Obs. — Cette espèce est fréquemment associée avec un petit *Ægerita* que nous avons désigné sous le nom de *Æ. tortuosa*, pour le distinguer de *Æ. candida*. Il diffère de ce dernier par sa taille plus petite, ses hyphes tortueuses de 2,5—4 μ, et les renflements terminaux de ces hyphes, qui ne dépassent pas 5—8 μ, tandis que dans *Æ. candida*, les hyphes sont moins abondantes, plus grosses, subarticulées, avec des sphérules terminales de 9—15 μ. Nous avons constaté par de très nombreuses récoltes, tant dans l'Allier que dans l'Avey-ron, que l'*Ægerita* qui accompagne *P. longispora* est constamment le même. En contact avec *Ægerita*, *P. longispora* est toujours maigre et peu étendu, tandis qu'il acquiert un plus grand développement s'il n'y a pas d'*Ægerita*. Au contraire, *Æ. candida* est fréquent sans son *Peniophora*, mais on ne ren-contre pas *P. Ægerita* sans son *Ægerita*. — M. v. Hœhnel (Frag. z. Myc. 1914, p. 34) pense que les granules qui accompagnent *P. longispora*, ne sont pas un *Ægerita*, mais des bulbilles ou de petits sclérotes. Les vrais *Æge-*

rita se composent de basides stériles arrondies. Il nous semble que les deux formations granulaires sont tout-à-fait comparables. Elles sont toutes deux accompagnées des cystides caractéristiques du *Peniophora* qui croît en contact, et si les éléments de .*E. candida* sont plus grands, c'est évidemment parce que les hyphes et les basides de *P. .Egerita* sont plus grands aussi que les mêmes éléments dans *P. longispora*.

476. — P. detritica Bourdot, Rev. sc. du Bourb., 1910, p. 13. — Hym. de Fr., IV, n. 271. — Wakef. et Pears., Tr. Brit. Myc. Soc., 1920, p. 319, fig.

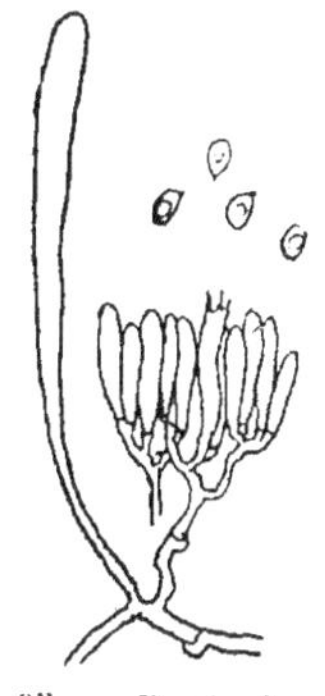

Etalé, peu étendu, floconneux-membraneux, ténu, lâchement adhérent, blanc, hyménium non continu, poré à la loupe, à la fin parsemé de papilles grandinioïdes éparses ; bordure similaire. — Hyphes à parois minces, 2—4 μ, bouclées ; cystides 75—100×4—8 μ, étroitement claviformes, obtuses, à parois minces, lisses, émergeant jusqu'à 75 μ ; basides 12—15—24 ×4—4,5 μ, à 2—4 stérigmates longs de 3—4 μ : spores abondantes, obovales subsphériques atténuées brièvement à la base. 4,5—6×4—4,75 μ, uniguttulées. (*Fig. 95*).

95. — *Peniophora detritica* Bourd.

Eté, automne ; sur plantes entassées : fougères, joncs, prêles, carex, feuilles, etc. Allier, Aveyron, Tarn ; Angleterre.

477. — P. sublævis (Bres., Fungi polon., p. 95) v. Hoehn. et L., Beitr., 1908, p. 9. — *Specim orig. !*

Etalé, finement pelliculaire, fragile, fendillé aréolé, blanchâtre, puis crème isabelle ; subiculum fibrilleux ; bordure pruineuse fibrilleuse, blanche, ou plus épaisse, tomenteuse, jaunâtre. — Hyphes du tomentum 1—3 μ, assez rigides, celles de la trame 3—4,5 μ, à parois minces, bouclées ; cystides éparses, assez rares, cylindriques ou claviformes, 40—60×4,5—6 μ, à parois minces, lisses ou ruguleuses, émergeant jusqu'à 36 μ, quelquefois septées-noduleuses vers la base ; basides 14—25×3—4,5 μ, à 4 et souvent 2 stérigmates droits, longs de 4—4,5 μ, spores subsphériques brièvement atténuées à la base, 2,75—4,25×2—3 μ, uniguttulées.

Eté, automne ; sur troncs cariés de chêne, châtaignier. Allier, Aveyron.

Dans cette espèce, les cystides sont variables et souvent assez rares : elle est facile à confondre avec *Corticium microsporum* Karst. Dans le spécimen original (récolté sur aune, en Pologne par Eichler), les cystides sont plus courtes, obovales, à parois rugueuses, peu saillantes, et les spores, 4—4,5×3 μ, un peu plus oblongues. — La forme *resupinato-effusa* de *Stereum purpureum* est souvent prise pour cette espèce.

478. — P. Greschikii Bres., Rev. Myc., 1890, p. 109. *Specim. orig.* ! — P. Strasser, Pilzfl. Sonntagb., 1901, p. 641 (non Sydow, nec v. Hoehn.)

Étalé, adhérent, finement floconneux, subpelliculaire aride, blanc puis crème jaunâtre ; hyménium inégal, ruguleux, velouté puis fendillé ; bordure pruineuse ou finement tomenteuse. — Hyphes 2—3 μ, bien distinctes, la plupart à parois minces, à boucles espacées, les autres à parois un peu épaissies ; trame farcie surtout inférieurement de cristaux, un peu jaunâtres, abondants ; cystides fusiformes, à parois minces, 40—60×4—7,5 μ, émergeant de 15—20 μ ; basides 15—30×4—6 μ, à 2—4 stérigmates droits ; spores obovales ellipsoïdes, 3—4,5×2 μ.

Novembre, Janvier ; sur *Xanthochrous Evonymi*, bois pourri de hêtre ; Allemagne, Autriche.

479. — P. mollis (Bres.) Hym. de Fr., IV, n. 273. — *Corticium* Bres., Fungi Gall., p. 44. — v. Hoehn. et Lit., Beitr., 1908, p. 24 (*cystidiis praetervisis*).

Étalé, aranéeux puis pelliculaire ou membraneux, mince, très mou sur le frais, puis aride, très fragile et largement fendillé, blanc, blanchâtre, crème sulfurin, puis jaunâtre, crème alutacé, parfois papillulé, pubescent à la loupe ; bordure aranéeuse, avec rhizoïdes cotonneux. — Hyphes régulières, 3—6 μ, à parois minces ou un peu épaissies, à fortes boucles parfois ansiformes ; cystides étroitement claviformes, 5—9 μ diam., longues de 75—150 μ et plus, émergeant de 30—90 μ, à parois minces ou épaissies ; basides en corymbe, 15—30×4—7 μ, à 2—4 stérigmates longs de 4—5 μ ; spores ellipsoïdes subcylindriques, souvent un peu déprimées latéralement, 4,5—6—7,5×2,75—4 μ.

Toute l'année. Sur bois et écorces de pin, genévrier. Peu lignivore. Allier, Aveyron ; Tyrol (LITSCHAUER)

480. — P. fusispora (Schrœt., *Hypochnus*) v. Hœhn. et L., Ann. myc., 1896, p. 288.

Irrégulièrement étalé en membranule mince, lâche, interrompue, pubescente ou molle-floconneuse, pâle alutacé, jaune de Naples ; bordure similaire, pruineuse ou pubescente. — Hyphes un peu jaunâtres, 4—12 μ, à parois minces ou à peu près, à cloisons fréquentes (boucles nombreuses ou presque nulles suivant les échantillons) ; cystides cylindriques, 180—320×4,5—6—9 μ, à parois minces ou peu épaisses, un peu ondulées, émergeant de 75—150 μ ; basides 30—52×6—9 μ, à 2—4 stérigmates longs de 6 μ ; spores fusiformes, ou oblongues atténuées seulement à la base un peu obliquement, 7—11—15×5,5—7 μ.

Toute l'année ; sur bois humides : châtaignier, aune ; assez rare, peu lignivore.

var. **subpallidula** Hym. de Fr., IV, p. 44 — Granules crème, longuement pubescents-hérissés, confluents au centre, éparpillés vers les bords. Hyphes à parois minces, 6—9 μ, sans boucles ; cystides à parois minces, bosselées rugueuses, subaspérulées, 75—150×6—9 μ, à 1—3 cloisons, émergeant de 30—90 μ ; basides 15—24×6—8 μ ; spores obovales oblongues, 5—8×4—4,5 μ, atténuées à la base. — Juillet ; souche pourrie d'orme, St-Priest-en-Murat (Allier).

481. — **P. ochroleuca** (Bres.) v. Hoehn. et Lit., Beitr., p. 27, fig. 6. — *Coniophora* Bres. in Brinkm., Westf. Pilze, n. 26. — *Coniophorella* Brinkm. Beitr., W. Pilze, n. 103.

Etalé, tomenteux, lâchement adhérent ; hyménium lâche, non continu, de gris jaunâtre à ocracé ; bordure similaire. — Hyphes à parois épaisses jaunâtres, sans boucles, 6—8(—12) μ, peu régulières ; cystides nombreuses, cylindriques, atténuées ou obtuses, rarement septées, à parois épaissies, jaunâtres, 100—185 ×6—8 μ ; basides 25—30×8—11 μ, à 4 stérigmates droits, 8—12 ×1,5—2 μ ; spores fusiformes presque en amande, 11—17×6—8 μ, un peu jaunâtres.

Bois pourris de chêne, Westphalie (n. v.). — Paraît très voisin de *P. fusispora*.

482. — **P. viticola** (Schw.) v. H. et L., Beitr., 1907, p. 41, f. 4. — Burt. XIV, p. 322. — *Thelephora* Schw. — *Corticium* Fr.. Epicr., 561. — Massee, Thel., p. 146.

Etalé, confluent. lâchement adhérent ; hyménium pelliculaire, mince, fragile, orange vif ou rouge, puis jaunâtre ou grisâtre ; subiculum rouille safrané vif, formant bordure floconneuse-fibrilleuse, subconcolore. — Trame farcie de matière jaune rouge ; hyphes à parois minces 2—4,5 μ, sans boucles, aspérulées de petits granules jaune rouge, quelques hyphes basilaires à parois plus épaisses ; cystides à parois peu épaisses, cylindriques obtuses, 60—90×9—10 μ ; basides 30—36×6—9 μ ; spores ellipsoïdes, déprimées latéralement et obliquement atténuées à la base, 7—10 ×4—6 μ.

Sur vigne, États-Unis (C. G. Lloyd). Indiqué en Italie par von Hœhnel.

483. — **P. subcremea** v. Hœhn. et Lit., Beitr., 1906, p. 52. — *Corticium lacteum* determ. Fries, *teste* Karsten. — *C. lacteum* Karst. — *Specim. orig. !*

Étalé, mince, d'aspect velouté pruineux, puis submembraneux, porulé ou continu, plus ou moins adhérent, blanc, crème sulfurin ou jaunâtre pâle ; hyménium céracé, non fendillé sur le sec ; bordure subsimilaire, farineuse ou subfibrilleuse. — Hyphes à parois minces ou peu épaissies, 1,5—4 μ, à boucles éparses, quelquefois ansiformes ; trame assez lâche, plus confuse sous l'hyménium ; les mycéliales quelquefois en cordons qui font saillie sous l'hyménium : cystides subcylindriques, atténuées au sommet ou subobtuses, à parois minces, quelquefois cloisonnées et bouclées, lisses ou incrustées de granules ou de cristaux, avec parfois un dépôt de matière jaune résinifiée au sommet, à l'intérieur de la cystide, 40—100×4—7 μ, saillantes de 15—40 μ ; basides 12—28×3—5 μ, à 2—4 stérigmates longs de 3—4,5 μ : spores subcylindriques, un peu déprimées latéralement, et atténuées un peu obliquement à la base, 4—6×1,5—2 μ.

Novembre ; Sur bois de pin, traverses ; Finlande (Karsten) ; Suède (C. G. Lloyd, n. 8292, 9145).

var. **subuncinata**. — Même aspect, un peu plus membraneux et séparable ; hyphes 2—6 μ, à boucles éparses petites ; cystides 90—120×4—7—9 μ, émergeant jusqu'à 75 μ ; basides 18—45×4—5 μ ; spores subcylindriques plus ou moins arquées, et uncinées à la base, 6—8×2,5—3 μ, pluriguttulées. — Juin à Novembre ; sur écorces et bois de cerisier, chêne ; sur humus et pierres très dures ; Bordes, Bordeaux, St-Sernin, etc. (Aveyron).

484. — **P. rudis.** — *Corticium* Karst., Symb. Myc. Fenn., IX, p. 53. — *Specim. orig. !* — Massee, Mon. Thel., p. 128. — *Gloeocystidium* v. Hœhn. et Lit., Beitr., 1906, p. 10.

Étalé subarrondi, confluent, tomenteux, mou, subcoriace, adhérent, puis épaissi et plus ou moins séparable, continu, fendillé ou non sur le sec, blanc passant à crème alutacé, parsemé de globules brillants à une forte loupe ; bordure villeuse, rhizoïde ou similaire. — Hyphes tenaces, 1,5—4 μ, à parois assez épaisses et boucles éparses, les basilaires lâchement parallèles au substratum, les supérieures enchevêtrées, les subhyméniales ordinairement indistinctes ; cystides à parois minces, 30—70×5—8 μ, subfusiformes, assez fréquemment terminées par une tête arrondie, 15 μ d., quelquefois aussi incrustées de cristaux, émergentes jusqu'à 60 μ ; basides 12—18×4—5 μ, à deux stérigmates courts ; spores oblongues ou ellipsoïdes, à peine déprimées latéralement, 3,5—4,5×2—3 μ.

Sur écorce de sapin, Finlande (KARSTEN), Suède (C. G. LLOYD, n. 8247).

4. — **MEMBRANACEÆ** : espèces membraneuses, assez épaisses, facilement séparables sur le frais ; trame bien distincte (sauf dans *P. alnea*) ; cystides peu différenciées dans quelques espèces, plus fortes cependant que des cystidioles, à parois épaisses et incrustées dans d'autres.

A. — Hyphes basilaires sans boucles, généralement à parois épaisses, paraissant subarticulées aux cloisons et à ramification presque à angle droit. (485-495).

485. — **P. cremea** Bres., Fungi Trid., II, p. 63, t. 173, f. 2. — Burt, Th. N. Am., XIV, p. 261. — *Kneiffia* Bres., F. polon., p. 100.

Largement étalé, membraneux, tendre, blanc crème, pâle, glaucescent, puis paille, crème ochracé, chamois ou isabelle, lisse ou fendillé ; bordure ordinairement étroite, érodée, pubescente, peu fibrilleuse. — Hyphes basilaires et moyennes, 4—8 μ, à parois épaisses rigides, subarticulées, à rameaux ouverts, assez lâchement enchevêtrées ; les subhyméniales dressées, à parois minces, 3—4 μ ; cystides 40—120×4,5—7 μ, étroitement fusiformes, à parois peu épaisses, incluses ou saillantes jusqu'à 75 μ, souvent capuchonnées d'oxalate ; basides 15—36×3,5—6 μ à 2—4 stérigmates longs de 3—4 μ ; spores oblongues, déprimées latéralement, 5—8×2,5—4,5 μ, blanches en masse.

Toute l'année, plus rare en hiver ; très commun sur bois à feuilles et à aiguilles, même carbonisés. Peu lignivore.

Variations de couleur : Sulfurin puis pâlissant, rare. — Blanc puis jaunissant, rare. — Blanc puis isabelle plus ou moins rosé.

1) glaucescens : glaucescent bleuâtre, puis décolorant ; cystides semblables à celles de *Peniophora subalutacea*, émergentes jusqu'à 90 μ.

2) laevissima (*Xerocarpus laevissimus* Karst. *specim. orig. !* sed non *typus* qui est *Corticium confluens* sec. Bres.). — Hymé-

nium pelliculaire, fendillé, sur subiculum fibrilleux ; hyphes 3—5 μ, à parois peu épaisse : cystides assez nombreuses, fusoïdes, 40—50×6—8 μ, à parois presque minces, aspérulées de granules cristallines, émergentes de moitié. Sur peuplier (KARSTEN) ; chène, pin.

3) **parilis.** — Même structure, hyphes 3—7 μ, cystides 75—120×6—8 μ, mais membraneux mince, peu fendillé. Sur branches tombées : pin, sapin, coudrier, cornouiller.

4) **Eichleriana** (*Corticium Eichlerianum* Bres. *Specim. orig. !*) — Le spécimen récolté par Eichler sur branche de chène, en Pologne, ne diffère de *P. cremea* que par la rareté de ses cystides : elles sont très inégalement distribuées et il y a de larges surfaces sur les coupes où l'on ne les rencontre pas ; elles sont pour la plupart peu différenciées ; on en trouve cependant à parois un peu épaissies, aspérulés de quelques granules cristallins, et émergentes jusqu'à 20 μ. Spores 6—8(—9)×3—4 μ, plus grandes que dans *P. Eichleriana*.

5) **tamaricis.** — Cystides également très rares, 45×6 μ, ordinairement peu différenciées : basides en bouquets : hyphes subhyméniales presque similaires, les basilaires 4—6 μ à parois peu épaisses et cloisons assez distantes ; spores 6—9×3—5 μ. Céracé, adhérent, très fendillé. Sur *Tamarix gallica*, Toulon (A. DE CROZALS).

486. — ***P. AlleScheri*** Bres., Fungi Trid., II, p. 62, t. 172. — *Specim. orig.* !

Largement étalé, membraneux, plus épais que *P. cremea*, crème, crème jonquille, chamois clair puis chamois incarnat ; hyménium fragile à la fin largement fendillé ; subiculum pubescent, formant bordure plus ou moins étendue, blanche, villeuse. — Hyphes 4—9 μ à parois épaisses, sans boucles, les supérieures 2—4 μ, à parois minces ; cystides 40—60×6—9 μ, incluses à parois épaisses et fortement incrustées, 11 μ d. ou émergentes à parois plus minces, souvent capuchonnées d'oxalate de chaux ; basides 18—30×4—5 μ ; spores oblongues subcylindriques déprimées latéralement, 5—8×3—4,5 μ.

Toute l'année ; assez rare sur hêtre, chène.

P. AlleScheri reste une espèce douteuse. Le spécimen original, qu'a étudié von Hœhnel, est en partie *P. cremea*, et en partie la plante répondant à la description et à la fig. données par Bresadola. La partie de l'original que nous avons étudiée nous-mêmes est, en effet, une forme à peine différente de *P. cremea* par son subiculum plus épais, plus distinct de l'hyménium et par ses cystides plus incrustées. D'autre part, le spécimen qu'a étudié M. Burt ne diffère de *P. mutata* que par la présence de cystides à parois minces. Dans *P. mutata*, les cystides débutent souvent par des gléocystides de forme très variable, fusiformes, largement piriformes et se terminant parfois en un prolongement grêle. Ces variations de la cystide jeune ne sont pas rares chez les *Peniophora*, et *P. setigera* présente aussi des cystides à parois minces, largement piriformes ou étroitement cylindriques.

487. — P. macrospora Bres., *in litt.* ! — Hym. de Fr., n. 285.

Largement étalé, membraneux, mou, assez épais, lâchement adhérent, lisse, crème alutacé ; subiculum blanc, distinct ; bordure pubescente-villeuse. — Hyphes du subiculum lâchement enchevêtrées, régulières, à parois un peu épaissies, 3—5—8 µ, sans boucles, les subhyméniales à parois minces, 3—4,5 µ, à boucles éparses ; cystides 55—110×4—9 µ, fusoïdes subulées, très aiguës, quelquefois ramuleuses au sommet, jamais incrustées, parfois 1-2 septées, émergentes jusqu'à 45—70 µ ; basides 25—40—60×6—9 µ, à 2—4 stérigmates longs de 4—5 µ ; spores obovales ellipsoïdes, non ou très brièvement atténuées à la base, 7—12×4—7 µ, 1 pluriguttulées.

Du printemps à l'hiver. Sur branches et brindilles diverses pourrissant dans les haies sèches. Assez lignivore. Pas rare dans l'Allier sur débris ; prunellier, aubépine, ronces, frêne, etc. ; moins commun dans l'Aveyron, où on le trouve surtout sur *Erica arborea*, vers la fin de l'hiver.

Cette espèce varie peu : elle ressemble extérieurement à *Corticium laeve*. Les spécimens des environs de Toulon sont souvent chargés d'une matière grasse huileuse, très abondante.

488. — P. sordida (Karst.) Burt, Th. N. Am., XIV, p. 282. — *Corticium* Karst., Symb. Myc. Fenn., X, p. 65. — Massee, Thel., II, p. 140. — *Specim orig.* !

Étalé, oblong, céracé, adhérent, assez épais ; subiculum finement floconneux ; hyménium lisse, blanchâtre sale, puis isabelle brunâtre luride, fendillé en aréoles distantes, caduques sur le sec ; bordure furfuracée ou finement floconneuse, puis similaire, entière, ordinairement non aréolée. — Hyphes de la trame à parois épaisses, sans boucles, 4—6(—9) µ, enchevêtrées en tous sens en trame lâche, les supérieures à parois plus minces, serrées peu distinctes ; cystides nombreuses ou clairsemées, cylindriques ou fusiformes, 50—120×5—7 µ, émergeant de 15—45 µ, à parois minces ou un peu épaissies, lisses ; basides 20—34×4—6 µ ; spores oblongues, quelques-unes aplaties latéralement, 4,5—7× 3—4 µ.

Sur branches pourries de pin silvestre, Finlande Karsten 1865. — Printemps été, sur genêt carbonisé ; Aveyron, Hérault.

L'exemplaire de Karsten, aussi bien que nos spécimens sur genêt sont stratifiés : il y a à la base une couche d'hyphes de 300—500 μ d'épaisseur, portant un vieil hyménium à éléments un peu flétris : cette couche hyméniale fait défaut en certains points. Au-dessus est une seconde couche d'hyphes assez lâches, de 45—60 μ d'épaisseur, portant l'hyménium fertile. L'épaisseur totale du champignon peut varier de 300—750 μ. — Le *Cort. sordidum* de Brinkmann (Westf. Pilze, n. 8) n'est pas la plante de Karsten, mais le *C. subseriale* (*Peniophora serialis* Bres.).

489. — P. Martelliana Bres., Giorn. bot. Ital., XXII (1890). *Specim. orig. !* — Sacc., IX, p. 239. — v. H. et L., Beitr., 1908, p. 6.

Étalé, membraneux, crème puis alutacé et brun clair ; hyménium finement pruineux à la loupe, à la fin un peu fendillé ; subiculum blanc, bordure assez régulière, étroite, blanche, pruineuse, subvilleuse. — Hyphes basilaires à parois épaisses, sans boucles 4,5—7 μ, les subhyméniales serrées, à parois minces, collapses, 3—4 μ ; cystides 50—75×6(—10) μ, à parois à peine épaissies, fusiformes étroites, immerses ou émergentes jusqu'à 40 μ, à extrémités subaiguës, lisses ou plus souvent avec incrustations cristallines peu abondantes ; basides 36—60×6—8 μ, à 4 stérigmates longs de 6 μ ; spores ellipsoïdes, à peine déprimées latéralement, 5—7×3—4 μ.

Sur bois pourri de *Laurus nobilis*, Florence (MARTELLI) ; peuplier, Aveyron.

Cette plante ressemble extérieurement à *Cort. laeve* ; pour la structure, elle est voisine de *P. laevis, cremea* et *macrospora*. Distincte de ce dernier par sa spore bien plus petite et de forme différente ; de *P. cremea* par ses hyphes basilaires à parois bien moins épaisses. *P. laevis* a les hyphes à parois encore plus minces, moins intriquées et plus horizontales, avec cloisons bien plus distantes.

490. — P. Eichleriana (Bres., p. p.) Hym. de Fr., IV, n. 289. — *Corticium* Bres. Fungi pol., p. 95 ; Adn. Myc. in Ann. Myc., 1911, p. 425. — *Specim. auth. !*

Étalé, assez épais, membraneux, céracé ou charnu, continu, rarement fendillé, très finement atomé-pubescent à une forte loupe, séparable sur le frais, lisse ou parsemé de tubercules hydnoïdes atteignant 2 mm., blanc puis crème, chamois (isabelle-incarnat, testacé rougeâtre en herbier) ; subiculum blanc, subspongieux ou satiné, formant bordure plus ou moins étendue, blanche pubescente. — Hyphes entoxyles, basilaires et moyennes distinctes, 3—7 μ, à parois plus ou moins épaissies, assez rigides, subarticulées, à boucles nulles ou très rares, les supérieures à parois minces, 3,5—4 μ ; cystides inégalement distribuées, cylindriques, 54—110×3—5 μ, à parois peu épaisses, quelquefois incrustées de granules cristallins épars, peu émergentes (mais parfois jusqu'à 60 μ et plus) ; basides 15—32×3—5 μ, à 2—4 stérigmates droits, longs de 3—4,5 μ ; spores oblongues à peine déprimées latéralement, 4,5—6,5×2—3,5 μ.

Été. Sur troncs debout ou abattus, bûches, éclats : peuplier, chêne, hêtre, châtaignier, cerisier, saule, noyer, *Coriolus versicolor*, etc. Assez commun.

Le spécimen original de *Corticium Eichlerianum* Bres. (Pologne, Eichler) ne diffère, comme il a été dit, de *P. cremea* que par ses cystides peu nombreuses et peu développées. Nous avons reçu depuis, de M. Bresadola, un nouvel exemplaire « ad ramos Alni, in regione Tridentina » qui est identique en tous points avec une espèce assez fréquente dans l'Allier et dans l'Aveyron, et que nous avions depuis longtemps en herbier sous le nom de *P. cremeo-rubens* : elle a des caractères très constants et, quoiqu'elle ait été confondue par v. Hœhnel avec *P. velutina* et par M. Burt avec *P. laevis*, elle se distingue facilement de ces deux espèces par sa bordure finement pubescente-villeuse, non fibrilleuse radiée ni prolongée en cordons rhizoïdes, par ses hyphes enchevêtrées en tous sens, à cloisons plus fréquentes et par ses cystides cylindriques obtuses, jamais incrustées que de granules épars. Elle est bien plus affine avec *P. cremea*, dont elle se distingue surtout par ses cystides et la coloration plus franchement rouge qu'elle prend en herbier.

491. — P. laevis (Fr.) Burt, *teste* Bresadola, Thel. N. Am., XIV, p. 257. — *Kneiffia* Bres., Fungi polon., p. 99.

Largement étalé, membraneux, charnu, peu adhérent, blanc, puis crème-isabelle, plus ou moins fendillé sur le sec ; bordure himantioïde, fibreuse radiée. — Hyphes régulières, à boucles rares ou nulles, à parois peu épaissies, les subhyméniales 3—4 μ, les basilaires jusqu'à 7—8 μ ; cystides fusoïdes, 40—90×4—7 μ, nues, ou incrustées (6-11 μ), à parois minces ou un peu épaissies, prenant naissance au-dessous de la couche des basides et émergentes de 0—45 μ ; basides 20—34—60×3—4,5—7 μ, à 2—4 stérigmates longs de 4—6 μ ; spores elliptiques oblongues, 4,5—6× 2,5—3,5 μ, uniguttulées.

Été ; assez commun dans les forêts du Centre, sur branches tombées de hêtre, chêne, pin silvestre ; rare dans le Midi.

P. affinis Burt, Thel. N. Am., XIV, p. 266. — Plus épais, moins adhérent, et moins fendillé que *P. laevis* ; hyphes non incrustées. Forêt de Dreuille.

492. — **P. ericina** Bourdot, Rev. sc. du Bourb., 1910, p. 12 ; Hym. de Fr. IV, n. 291.

Peu étendu, membraneux-céracé, assez adhérent ; subiculum blanc, fibrilleux-soyeux : hyménium crème, puis ocracé, à la fin fauvâtre ou brunâtre, induré rigescent, contracté et décollé, mais non fendillé ; bordure blanche pubescente ou fibrilleuse radiée. — Hyphes à parois minces, boucles nulles ou très rares, les basilaires 4—6 μ, les subyméniales 2—4 μ, collapses ; cystides peu différenciées, fusiformes, 40—60×3—5 μ, peu émergentes, naissant au même niveau que les basides, très rarement aspérulées au sommet : basides 24—36×3—5 μ, à 2—4 stérigmates longs de 3—4.5 μ ; spores oblongues subcylindriques, obliquement atténuées à la base, 4,5—8×3—4 μ, souvent uniguttulées.

Toute l'année ; fréquent dans le Midi, à la base des tiges de bruyères, thym, buis, ciste, genêt, dorycnie, etc. Assez dévorant, mais s'étend sur débris de toute sorte et devient humicole. — Très affine à *P. laevis*, qu'il semble remplacer en partie dans le Midi.

493. — **P. velutina** (DC. — Fr., Hym., p. 650) Cooke. — Massee, Thel., p. 152. — Bres., Hym. Kmet., p. 100. — *Corticium decolorans* Karst. — Sacc., VI, p. 616.

Largement étalé, mou, subcharnu, finement velouté, blanc, blanchâtre, puis incarnat et rouge ; bordure blanche largement himantioïde. — Hyphes basilaires à parois plus ou moins épaisses, 8—10 μ, boucles rares, les supérieures à parois minces, 3—4 μ ; cystides fusiformes 30—140×6—9 μ, à parois épaisses, nues ou incrustées de cristaux (18 μ d.), immerses ou émergentes jusqu'à 75 μ ; basides 20—32—50×4—7 μ, à 2—4 stérigmates longs de 4—6 μ ; spores ellipsoïdes, très brièvement et obliquement atténuées à la base, 4—6—7×2,5—3—4,5 μ.

Toute l'année, surtout l'été. Commun sur tous bois à feuilles ou à aiguilles. Très lignivore.

494. — **P. alnea** (Karst.) — *P. Karstenii* Mass., Thel., p. 153.

Hyménium semblable à celui de *P. velutina*, mais reposant presque directement sur le substratum ; le subiculum est très mince, céracé, subgélatineux, formé d'hyphes toutes agglutinées indistinctes ; cystides ordinairement nues, souvent contractées effilées ou difformes au sommet. Sur peuplier, aune, etc.

495. — **P. cacaina** Hym. de Fr., IV, n. 288.

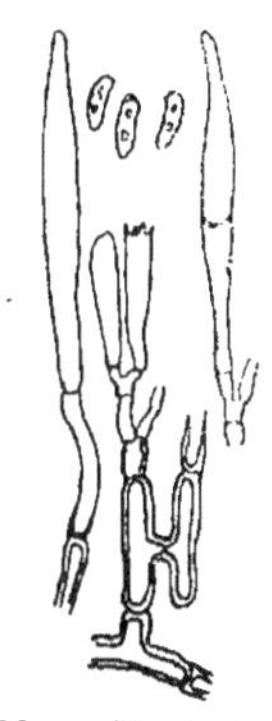

96. — *Peniophora cucaina* Bourd. et Galz.

Étalé, membraneux-céracé, lisse, pâle ou isabelle, puis très fendillé-aréolé, brun chocolat, un peu rougeâtre ; bordure plus pâle, presque similaire, à peine pubescente . — Hyphes basilaires à parois épaisses, subarticulées, fragiles, 4—8 µ ; les supérieures 3—5 µ, à parois minces avec quelques boucles ; cystides fusiformes 50—60×6—8 µ, à parois minces, çà et là avec 1-2 cloisons, émergentes jusqu'à 30—45 µ ; basides 30—50×6—9 µ, à 4 stérigmates ; spores subcylindriques, déprimées latéralement, ou à peine arquées, 10—14× 3,5—5 µ. (*Fig. 96*)

Hiver et printemps. Sur branches tombées de pin, Causse Noir.

Structure de *P. cremea*, mais spores et éléments hyméniens bien plus grands.

B. — Hyphes basilaires plus ou moins bouclées. généralement à parois minces. (496-499)

496. — **P. setigera** (Fr.) Bres., litt. — *Kneiffia* Fr., Epicr. p. 529. — Bres., F. polon., p. 102. — *Corticium myxosporum* Karst !

Largement étalé ou indéterminé, assez adhérent, membraneux floconneux, subcéracé, hyménium papillé et hérissé de soies hyalines, blanc, crème, crème-alutacé, souvent très fendillé. — Hyphes basilaires distinctes, à parois minces ou à peu près, 2—4—8 µ, bouclées, les moyennes et subhyméniales bientôt collapses, 2—3 µ ; cystides 75—250×7—15 µ, cylindriques, cloisonnées avec ou sans boucles, incluses ou émergentes, souvent incrustées de granules cristallins ; basides 21—45×4—8 µ ; stérigmates 7—8 µ ; spores subcylindriques, déprimées ou un peu incurvées, à contenu granuleux ou 1-pluri-guttulées, 8—11—16×3—4—6 µ.

Toute l'année ; très commun sur tous bois à feuilles ou à aiguilles déjà pourris. Assez lignivore.

Formes *grandinioïdes* ou *odontioïdes*, qu'il ne faut pas confondre avec *Odontia cristulata*.

P. setigera est très variable, tant pour les caractères extérieurs que pour la structure. Les hyphes sont tantôt très développées, à parois fermes ou même un peu épaissies, tantôt peu distinctes, à parois minces, collapses. L'espèce tient de près à *Gloeocystidium roseo-cremeum* dont les gléocystides peuvent prendre un assez grand développement, avec léger épaississement

de leur membrane. On trouve quelques spécimens ayant à la fois des gléocystides et des cystides de *P. setigera* bien normales. Dans ce cas, c'est *P.
setigera* qui a débuté par une forme qu'il est impossible de distinguer de *Gl.
roseo-cremeum*. Nous croyons toutefois qu'il ne faut pas généraliser le fait
et identifier *G. roseo-cremeum* avec *P. setigera*, ni regarder le premier comme étant simplement l'état jeune du second. Ordinairement *G. roseo-cremeum*
conserve ses caractères de *Gloeocystidium* pendant tout son développement,
et les cystides de *P. setigera* sont souvent bien normales dès le début de la
plante, sans passer par la forme de gléocystides.

497. — P. mutata (Peck, 43 Rep., p. 23) Bres. litt. ! —
Hym. de Fr., IV, n. 294.

Arrondi, confluent, puis largement étalé, membraneux
charnu, assez épais, blanc à crème-chamois, inégal, tuberculeux,
hérissé d'aiguillons raduloïdes quand il naît sur les fentes des
écorces, lisse d'ailleurs, ou plissé phlebioïde sur le frais, isabelle,
fauvâtre, induré et fendillé sur le sec ; subiculum blanc, fibrilleux ; bordure radiée subbyssoïde. — Hyphes 2,5—4—7 μ, à parois
peu épaisses, boucles éparses, les basilaires bien distinctes, les
supérieures collapses ; cystides très inégalement distribuées, les
unes à parois minces, fusoïdes ou cylindriques, 40—115×4—9 μ ;
quelques-unes capitées vésiculaires, 60—70×14—18 μ ; les autres
à parois épaisses, incrustées de granules cristallins, 60—70×7—
13 μ ; basides 30—45—75×5—7 μ ; spores cylindriques déprimées ou légèrement incurvées, 8—16×3—5 μ.

Toute l'année ; sur troncs et branches mortes, ou parasite
sur arbres mourants : cerisier, noyer, peuplier, tremble, tilleul,
pommier. — Gros dévorant comme *Radulum orbiculare*, dont il
diffère surtout par la présence de cystides plus ou moins nombreuses. Cf. *P. Allescheri*, n. 486.

498. — P. frangulae (Bres., F. polon., p. 100, *Kneiffia*).
Etalé, membraneux-mou ; subiculum épais, fibrilleux, bordure fimbriée ; hyménium lisse ou un peu ondulé, non fendillé,
blanchâtre, puis crème alutacé. — Hyphes 3—4 μ, les basilaires
assez rigides, régulières, horizontales, bouclées ; les subhyméniales, minces, irrégulières ; cystides fusiformes, nues, 30—45×
6—8 μ, peu émergentes, rarement jusqu'à 15 μ ; basides 25—30
×5—6 μ ; spores oblongues, déprimées vers la base, 7—9×
4—5 μ.

Octobre, sur branches de bourdaine, Pologne. — Aspect
de *Corticium laeve*. (n. v.)

499. — P. subsulphurea (Karst., Symb.) v. H. et L. —
Burt., XIV, p. 329. — *Kneiffia* Bres., F. pol., p. 103 !

Etalé, submembraneux, séparable, poré, puis continu, blanchâtre pâle, sulfurin, isabelle, souvent taché de citrin ; bordure subsimilaire, blanchâtre, ordinairement citrine ou safranée, pubescente ; mycélium rampant dans le bois en flocons citrins. — Hyphes à parois peu épaisses, 2—4 μ, bouclées, en trame lâche, les mycéliales similaires ; cystides inégalement distribuées, 50—120×4,5—6 μ, cylindriques, peu différenciées, à parois minces, incluses ou émergentes à 45 μ, rarement un peu aspérulées au sommet ; basides 15—28×4—6 μ, à 2—4 stérigmates droits, longs de 6—7,5 μ. ; spores cylindriques arquées, 6—9×2—3 μ, souvent à 2 ocelles polaires.

Saisons humides ; abondant sur les débris de pin gisant sur le sol. — Peu lignivore.

Dans les endroits humides, il se produit sur l'hyménium des échappées mycéliales en forme de tubercules floconneux, accompagnées de dépôt d'une matière résineuse safranée. Les parties jaunes prennent une belle teinte pourprée au contact des vapeurs amoniacales et des solutions alcalines.

5. — **RADICATAE**. — Espèces pelliculaires ou membraneuses à subiculum mou, développé en fibrilles ou cordons rhizoïdes allongés, rameux (Cf. *P. velutina*, dans la Sect. précédente) (500-505).

500. — **P. filamentosa** (Bk. Curt.) Burt, XIV, p. 321. — *Corticium* Bk. et Curt., Grev., I, p. 178. — Massee, Thel., p. 154. — *C. radicatum* P. Henngs, Pilze Ostafrik. — Sacc., XIV, p. 222. *Peniophora* v. Hoehn. et Lit., 1907, p. 8. — Hym. de Fr., IV, n. 280.

Etalé en membrane lâche, peu adhérente, jaunâtre, jaune bistré, bordée de fibrilles et de cordonnets pubescents, pâles ou concolores ; hyménium blanc gris, farineux-pubescent. — Trame peu dense, formée d'hyphes 2—4,5—9 μ, hyalines ou un peu jaunâtres, les unes rigides fragiles, les autres flasques, à parois minces, çà et là renflées jusqu'à 9—11 μ, souvent verruqueuses incrustées d'une matière jaunâtre plus abondante dans le subhyménium, boucles opposées ou normales, mais rares, se trouvant surtout sur les hyphes inférieures ; cystides d'abord à parois minces puis épaissies, quelquefois à une cloison, fusiformes, rarement claviformes, 30—90×5—9—12 μ, souvent aspérulées ou incrustées, saillantes de 30—60 μ ; basides 16—30×4,5—6 μ, à 2(—4) stérigmates longs de 3—5 μ ; spores hyalines, teintées de paille, ovoïdes ou oblongues, peu ou pas déprimées, quelquefois brièvement atténuées obliquement. 4—6×2,5—4 μ., souvent 1-guttulées.

Mars-Décembre. Sur bois pourris, souches, bouleau, chêne, châtaignier, hêtre ; Vosges : Mont Donon (L. MAIRE), Épinal ; Aveyron. — Espèce à aire très étendue : Allemagne, Amérique du Nord, Afrique occidentale.

501. — **P. leprosa** Hym. de Fr., IV, n. 81. — Wakef. et Pears., Tr. Brit. Myc. Soc., 1920, p. 318 et fig.

Plaque crustacée, épaisse, floconneuse-farineuse, blanche ou teintée de rose, puis isabelle, souvent finement sillonnée en tous sens ; bordure blanche tronquée ou fimbriée, avec longs rhizomorphes épais de 1 mm. — Hyphes 2,5—6 μ, à boucles éparses, presque toutes entourées d'une gaîne de calcaire, fragiles ; cystides immerses ou émergentes des deux tiers, souvent renflées ovoïdes à la base, subulées au sommet, fortement incrustées, 40—90×8—14 μ, portant quelquefois un rameau latéral ; basides 11—27×4—5 μ. ; spores ovoïdes elliptiques, 4,5—6×2—4 μ.

Toute l'année. Sur racines et bois enfouis : hêtre, coudrier, buis, saule, etc., sur le Larzac ; sur calcaires du Lias, en plaques très étendues et très épaisses, Aveyron ; à terre, dans un terrier de lapin, Alsace (L. MAIRE) ; Angleterre.

P. leprosa a été rapporté par M. Burt (Thel. N. Am., XIV, p. 253) à *P. coccineo-fulva* (Schw.) Burt, que nous ne connaissons que par la description. Le nom nous met d'abord en défiance, notre plante étant blanche ou teintée seulement de rose ou d'isabelle ; de plus, dans la description donnée par M. Burt, il n'est fait aucune mention des longs et gros cordons rhizomorphes, qui ne manquent jamais dans *P. leprosa*, ni de son habitat tout spécial, toujours à l'abri de l'air, sur bois enfouis, terriers, plaques de calcaire amoncelées. *P. leprosa* peut dépasser 1 mm. d'épaisseur ; sa surface est alors fendillée en aréoles, grossièrement glébuleuse et le champignon est alors presque entièrement constitué par des cystides fortement incrustées, pressées les unes contre les autres et disposées à diverses hauteurs dans la trame.

502. — **P. sanguinea** (Fr. Epicr. ; Hym., p. 650, *Corticium*) Bres., Fungi polon., p. 101. — Burt, XIV, p. 274.

Etalé, aranéeux membraneux, lâchement adhérent ; mycélium et bordure fibrilleux rouge sang ; hyménium lisse, pelliculaire ou membraneux, crème pâle, puis teinté de rose vermillonné, fendillé sur le sec. — Hyphes à suc rouge orangé, les basilaires 3—9 μ, à parois peu épaisses, boucles assez rares, quelquefois opposées, les subhyméniales 3—4 μ ; cystides éparses, 40—60×4—7 μ, à parois minces ou peu épaissies, ordinairement nues, émergentes de 15—27 μ.; basides 16—40×4—7 μ. ; spores subelliptiques pas ou peu déprimées, 4,5—6×3—4 μ.

Toute l'année ; commun sur branches tombées recouvertes de mousses : pin, sapin, genévrier, bruyères, genêt, même carbonisé, prunellier, chêne, châtaignier, etc., même dans les stations ou manquent absolument les Conifères. — Gros dévorant ; le bois disparaît sous l'action de son mycélium ; teint fortement en rouge le bois attaqué.

503. — *P. anæmacta* Hym. Fr., n. 284.

Peu étendu, blanc puis crème ; subiculum blanc, fibrilleux-floconneux, s'étendant en longs cordonnets abondamment ramifiés ; caractères micrographiques de *P. sanguinea*, mais ordinairement rien de rouge ; spores 5—6,5×2,75—3,5 μ.

Toute l'année ; sur débris divers : cerisier, prunellier, etc.

var. terricola. — Membraneux mou, pâle ; subiculum blanc, englobant la terre par de nombreuses fibrilles cotonneuses spongieuses, qui forment bordure rhizoïde ; hyphes 3—7 μ, sans boucles, fragiles incrustées ; cystides rares et peu différenciées ; spores 4—7×2,5—4 μ. — Toute l'année, sur le sol, terreau, radicelles.

P. miniata (Bk.) Burt, Th. N. Am., XIV, p. 277, diffère de *P. sanguinea* en ce qu'il ne teint pas le bois en rouge ; sa coloration est plus vive quand il est exposé à la lumière, tandis que les parties où la lumière n'arrive pas, restent presque blanches et, selon M. Burt, ses hyphes ne sont jamais incrustées. Nous ne l'avons pas dans nos récoltes. — Angleterre, Etats-Unis.

504. — **P. nivea** (Karst.) Hym. de Fr., IV, n. 282. — *Kneiffia* Karst. *teste Bresadola.*

Membraneux ou pelliculaire, bientôt apprimé, aride et souvent lacéré, lisse ou couvert de fines papilles confluentes cristulées, blanc de lait ; subiculum fibrilleux, formant bordure himantioïde, avec cordonnets très rameux, rampant dans l'écorce. — Hyphes 2—4 μ, à parois à peu près minces, bouclées, fragiles, souvent chargées de cristaux d'oxalate de chaux ; cystides subclaviformes, obtuses, rarement acuminées, 20—75×5—6 μ, à parois épaisses, incrustées à l'extérieur de dépôts cristallins, 8—12 μ d., incluses ou émergentes ; basides 15—23×

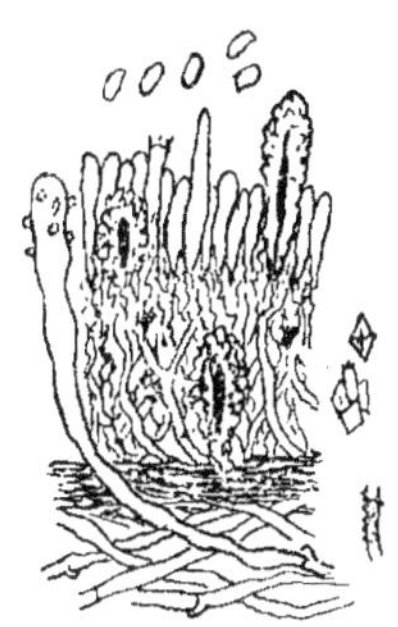

97. — *Peniophora nivea* (Karst.) Bourd. et Galz.

4—4,5 µ, accompagnées de cystidioles ; spores oblongues subelliptiques, 4—6×2,25—4 µ. (*Fig. 97*).

De Juin à l'hiver. Sur brindilles et racines : églantier, thym, etc., gagnant les gazons et les mousses ; largement étalé sur troncs : cerisier, sorbier, conifères. Aveyron ; Autriche (LITSCHAUER), Allemagne (JAAP).

Les fines papilles de cette espèce pouvaient la faire classer dans les *Odontia* comme nous l'a écrit M. Bresadola, mais sa structure, qui tient de très près à *P. subcremea, Greschikii, anaemacta*, en fait plutôt un *Peniophora*.

505. — P. heterogenea Hym. de Fr., IV, n. 279.

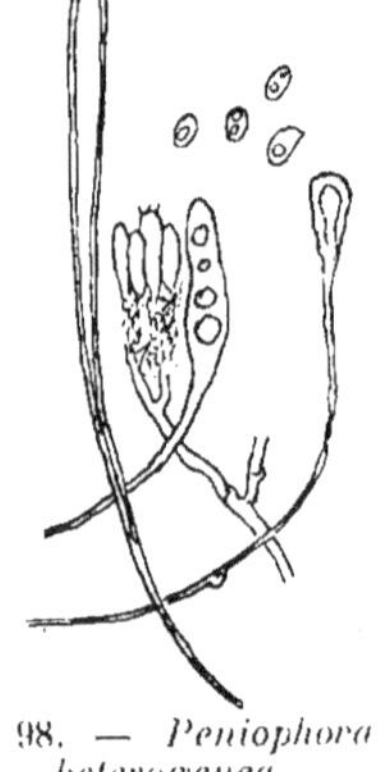

Étalé, mince, pelliculaire, mou, peu adhérent, blanc, fendillé-fragile, puis membraneux par l'épaississement du subiculum, subocracé, écailleux-lépreux ; bordure aranéeuse, avec filaments rhizoïdes épais, rameux ou flabellés. — Hyphes cystidiophores tenaces, 1-2 µ, à parois épaisses ; gléocystides la plupart immerses, 45—90×6—7 µ, subfusiformes ou subclaviformes, à contenu jaunâtre, puis guttulé et résinoïde ; cystides longuement claviformes, 4—9 µ diam., émergentes jusqu'à 40—60 µ, à parois épaisses, souvent aspérulées de cristaux ; hyphes basidiophores à parois minces, 2—5 µ, bouclées ; basides 12—18×4—5 µ, à 2—4 stérigmates longs de 3 µ ; spores ovoïdes, 3—5×2—3,5 µ, 1-guttulées, amyloïdes. (*Fig. 98*).

98. — *Peniophora heterogenea* Bourd. et Galz.

Toute l'année, végétation en été et automne. Sur bois pourris, brindilles, Polypores, humus, dans les endroits ombragés ; dans une fourmilière. Allier, Aveyron ; Saône-et-Loire ; Alpes mar. ; Tyrol. — Peu lignivore.

Cette espèce singulière varie beaucoup d'aspect avec l'âge : c'est d'abord une fine pellicule blanche, aranéeuse, puis une membrane assez épaisse, floconneuse, à hyménium si finement fendillé qu'il paraît pulvérulent. La trame lâche se compose de deux sortes d'hyphes, dont les unes, très fines, rigides et tenaces portent les cystides, qui sont tantôt primitives, tantôt issues de la gléocystide. C'est le seul *Peniophora* à spore amyloïde.

6. — CERACEAE : céracés, très adhérents, pubescents, hispides ou d'aspect glanduleux à la loupe ; cystides nombreuses, à parois épaisses, fortement incrustées de granules cristallins détersiles ; trame très dense à hyphes peu distinctes sauf tout-à-fait à la base. (506-517).

506. — P. polonensis Bres., Fungi polon., p. 102.

Subcrustacé, finement tuberculeux, fendillé glébuleux, pubescent subfloconneux, blanc, blanchâtre ; bordure similaire assez nette. — Hyphes à parois minces, bientôt flasques, avec d'autres à parois épaisses, 5—8µ, septées-noduleuses, portant des gléocystides incluses et des cystides cylindriques, 90—250×6—8 µ, à parois un peu épaissies et émergeant jusqu'à 70 µ, nues ou rarement subgranuleuses au sommet ; basides 30—36×5—6 µ ; spores abondantes (même dans la trame), oblongues elliptiques, 7—9×5—6 µ, souvent 1—2 guttulées.

Avril ; sur souche de sapin ; environs d'Epinal.

507. — P. tremelloidea Bres., Sel. Myc. in Ann. Myc., XVIII (1920), p. 48. — *Specim. orig. !*

Céracé cartilagineux, formant des plages arrondies ou ellipsoïdes, confluentes, épaisses de 2—3 mm., ruguleuses, subcérébriformes, puis collapses, isabelle puis bai fauvâtre ; bordure pâle, fimbriée. — Hyphes inférieures enchevêtrées, à parois épaisses, 4—7 µ, à boucles nulles ou très rares, les supérieures verticales, à parois minces ; cystides immerses ou émergentes, jusqu'à 70µ, subcylindriques, à parois minces, 90—220×6—9 µ, incrustées (12— 18 µ d.) de cristaux détersiles ; basides 30—45×5—6 µ, à 2—4 stérigmates longs de 5—6 µ ; spores oblongues, déprimées latéralement et atténuées obliquement à la base, 6—7×4—5 µ, souvent 1-guttulées.

Sur écorce de chêne, Westphalie (BRINCKMANN).

Il y a sur le spécimen original, dans des dépressions de l'hyménium, un parasite, peut-être un *Platygloea*, à basides verticales serrées, très étroites, encore sans stérigmates, et dans la trame de nombreuses spores ou conidies ellipsoïdes ou cylindriques, 7—10×4—4,5 µ.

508. — P. Torrendii Bres. in Torr.. Basid. Lisb. et S. Fiel, 1913, p. 43.

Largement étalé, adhérent, céracé, pâle alutacé ; hyménium finement bosselé, très fendillé, pruineux à la loupe. — Hyphes de la trame minces, peu régulières, à boucles éparses 12—4 µ ; cystides rares, fusiformes à parois minces, nues, 45—50×5—6 µ, émergentes de 15—20 µ ; basides 30—35×6 µ ; spores piriformes ou obovales, 5,5—7,5×3,5—4 µ.

Sur écorce et bois de platane, Portugal. (n. v.).

Très ressemblant à *P. scutellaris*, qui est indiqué en Angleterre et en Amérique, mais il a les spores plus grandes et les cystides plus grêles. Dans *P. scutellaris*, les spores sont elliptiques, 6—7×3—3,5 µ, les cystides à parois épaisses, purpuracées, 70—90×13—18 µ et les hyphes 3—5 µ. (Bres. l. c.).

509. — **P. pubera** (Fr.) Sacc., VI, p. 646. — *Corticium* Fr.,
Hym., p. 652. — Bres., F. Trid., II, p. 38, pl. 145, f. 1. — Quél.,
Fl., p. 5.

Étalé ou interrompu, céracé, adhérent, glauque hyalin, blanc
ou crème, puis jaunâtre, crème alutacé, pubescent-sétuleux, à la fin
largement fendillé dans les parties épaisses ; bordure similaire ou farineuse, rarement pubescente. — Hyphes basilaires à parois épaisses,
3,5—6 μ, peu abondantes, les moyennes verticales, cohérentes, peu
distinctes, 2—4 μ, à parois minces, les unes et les autres à boucles très
rares ; cystides fusiformes ou longuement coniques, à parois épaisses,
incrustées de cristaux détersiles, 25—90—150×6—12—35μ, immerses ou émergentes jusqu'à 90 μ ; (la cystide débute quelquefois sous
forme de gléocystide cylindrique ou subulée, à contenu hyalin) ;
basides 18—25(—60)×4—6—7 μ, à 2—4 stérigmates ; spores subcylindriques, déprimées latéralement, 7—9—12×3,5—5μ, blanches
en masse.

Toute l'année. Très commun sur toutes sortes de bois déjà
attaqués. Peu lignivore.

510. — **P. livescens** (Karst., *specim. orig.!*) Bres., Ann.
myc., 1911, p. 427.

Assez épais, céracé, puis induré subcartilagineux, contracté
déchiré, gris jaunâtre, couleur de corne, pubescent à la loupe ;
bordure blanche, pubescente pruineuse. — Hyphes basilaires à
parois épaisses, fragiles, 6—11 μ, boucles très rares, les moyennes
cohérentes, à parois minces 3—4 μ ; cystides cylindracées ou subulées à parois épaisses, 75—150×7—9 μ, jusqu'à 24 μ diam. avec
les incrustations détersiles ; basides 18—30×4—6 μ ; spores oblongues subcylindriques un peu déprimées, 6—7—9×3,5—4,5 μ.

Février ; sur genévrier, Bouriette (Aveyron).

Très voisin de *P. pubera*, dont il se distingue par les
caractères externes et sa trame basilaire moins serrée et
plus développée.

99. — *Penio-
phora Roume-
guerii* Bres. (*P.
macra* Karst.)
spec. orig.!.

511. — **P. Roumeguerii** Bres. — Burt, Th.
N. Am., XIV, p. 270. — *Corticium* Bres., F. Trid.,
II, p. 36, pl. 144, f. 1. — *P. Molleriana* (Bres.)
Sacc. in Brot., 1893, p. 13. — Hym. de Fr., n. 299.
— *P. macra* Karst., *specim. orig.!*

Irrégulièrement ou largement étalé, céracé
mou, très adhérent, hyalin pâle, puis blanchâtre
crème, à la fin chamois, isabelle, grisâtre, induré
fragile, épais, farineux velouté, ordinairement très

fendillé ; bordure pruineuse-pubescente, étroite. —Hyphes 2—4,5 μ, peu distinctes, à part les mycéliales et entoxyles qui portent déjà des rudiments de cystides ; cystides nombreuses, subconiques, 20 —60—90×7—10(—21) μ, à parois épaisses incrustées, la plupart incluses, à la fin étagées ; basides 12—20—30×3—5 μ ; spores ovoïdes oblongues, brièvement et obliquement atténuées à la base. 3,5—6,5×2,5—3,5 μ. (*Fig. 99*).

Toute l'année ; sur tous bois d'arbres à feuilles ; pérennant surtout sur souches de chêne, où il atteint une grande épaisseur. Assez commun. Assez gros dévorant avec pourriture blanche : le bois disparait sous son action.

512. — *P. subascondita* (Bres., F. polon., p. 102, *Kneiffia*) — *Corticium confluens* var. *subcalceum* Karst., Rev. Myc., 1888.

Etalé, très adhérent, céracé submembraneux, continu, lisse ou tuberculeux, finement pruineux à la loupe, blanc pâle ou crème, subalutacé ; bordure pruineuse, pubescente ou finement fibrilleuse radiée. — Hyphes 2,5—6 μ, à parois un peu épaissies, serrées ; cystides éparses, cylindriques ou subfusiformes, obtuses au sommet, subpédicellées, 45—75×6—21 μ, à parois un peu épaissies, incrustées de gros granules cristallins, la plupart incluses, rarement émergentes ; basides 20—27×4—5 μ, à 2—4 stérigmates droits, longs de 4—5 μ ; spores oblongues subelliptiques, 3,5—5×2—3,5 μ.

Du printemps à l'hiver. Sur troncs de bouleau, aune, pin ; Pologne. Sur châtaignier, Barthe (Aveyron). Sur chêne, Neuhof (Alsace) L. MAIRE (basides 35—45×4—5 μ ; cystides fusiformes moins obtuses, incrustées, toutes immerses ; spores oblongues aplaties latéralement, 4,5—5×2—2,5 μ.)

P. *subascondita* semble être une variété, peut-être même un état jeune de *P. Roumeguerii*, à cystides en majeure partie incluses, ce qui donne à l'hyménium un aspect plus lisse, qui le fait ressembler à *Corticium confluens*.

513. — **P. guttulifera** (Karst.) Sacc., IX, p. 240. — *Gloeocystidium* Karst. *Specim. orig.!*

Largement étalé, céracé tendre, mince, continu, pruineux-pubescent à l'œil nu, constellé à la loupe de petits globules brillants, hyalin-glaucescent, puis induré, très adhérent, blanchâtre, puis noisette ou isabelle en herbier ; bordure similaire ou pruineuse. — Hyphes à parois peu épaisses, 3—6 μ, à boucles éparses ; cystides claviformes, cylindriques ou fusiformes, la plupart très obtuses, 32—60—90×9—12—18 μ, incluses ou émergentes jusqu'à

75 μ., à parois minces s'épaississant rarement beaucoup, à sommet aspérulé de granulations jaunâtres souvent confluentes en guttule résinoïde ; basides 20—30×5—7 μ, à 2—4 stérigmates ; spores abondantes, subcylindriques, un peu déprimées latéralement, 7,5—10×3,5—4,5 μ. (*Fig. 100*).

Eté. Sur troncs et souches dans les endroits humides : frêne, peuplier, hêtre, pin ; Allier, Aveyron, Gard.

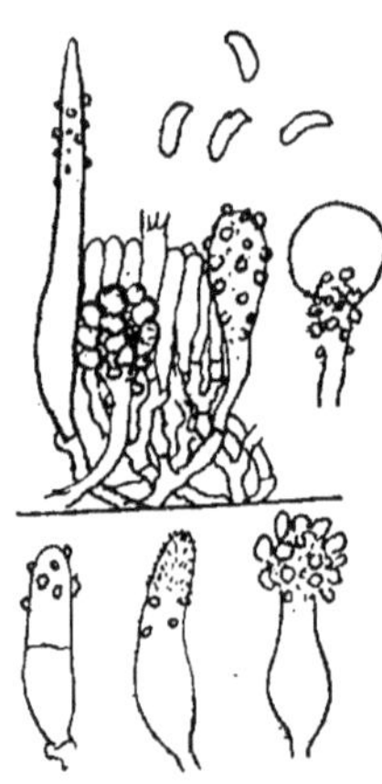

100. — *Peniophra guttulifera* (Karst), Sacc.

514.— P. gigantea (Fr.) Massee, Thel., p. 142. — Bres., Kmet., p. 113. — *Corticium* Fr., Hym., p. 648. — Quél. Fl., p. 7. — *Kneiffia* Bres., F. polon., p. 99. — *Thelephora pergamenea* Pers., Myc. Eur., I, p. 150.

Largement étalé, sébacé ou céracé, épais, lisse ou tuberculeux, blanc hyalin, glaucescent, pruineux, puis parcheminé, contracté et détaché du substratum en séchant, et blanc ou jaunâtre ; bordure radiée apprimée ou strigueuse. — Hyphes à parois très épaisses de 4—7 μ d., à boucles assez rares, en trame coriace, distincte à la base, les subhyméniales à parois minces, 2,5—3 μ ; cystides à parois épaisses, fusiformes, subulées, souvent contractées vers leur milieu, 40—100×9—16 μ, ordinairement incrustées au sommet ; basides 12—18—30×4—5 μ ; spores oblongues subcylindriques, brièvement et obliquement atténuées à la base, 5—6—8×2,75—4 μ.

Toute l'année. Largement étalé et incrustant sur souches de pin sylvestre, aussi sur *Pinus strobus*, *Abies pectinata*, et s'étendant sur le sol et les aiguilles ; très commun. Lignivore actif.

515. — *P. cornea*

Céracé-gélatineux, épais, chamois grisâtre, puis livescent, roux brunâtre, formant une plaque cornée rigide, enroulée en séchant. — Hyphes à parois très épaisses, 3—6 μ, très denses ; basides 36—45×7—8 μ ; cystides éparses, cylindriques ou subulées, 60—75×9—11 μ, à parois minces ou épaissies, peu profondes, émergeant jusqu'à 60 μ ; spores subelliptiques déprimées latéralement, 6—10,5×3—5,5.

Sur pin mort, Suède, C. G. Lloyd, n. 9118.

Forme probable de *P. gigantea* qui paraît être à cette espèce ce que *P. livescens* est à *P. pubera*.

516. — P. avellanea Bres., Fungi polon., p. 102.

Largement étalé, mince, céracé rigescent, adhérent, noisette puis brun clair, velouté à la loupe, non fendillé : bordure blanche pruineuse. — Hyphes cohérentes, 3—4 μ ; cystides fusiformes, cuspidées, à parois épaisses, 75—100×9—12 μ, à incrustations détersiles ; basides 18—20×4—5 μ ; spores cylindriques un peu arquées, 7—8×2—2,5 μ.

Été, automne. Sur branches d'orme, Pologne (n. v.)

Bresadola compare sa plante à *P. cinerea* ; v. Hoehnel et Litschauer (Beitr. 1908, p. 4) la rapprochent de *P. pubera*.

517. — P. Egelandi Bres., Adn. Myc. *in* Ann. Myc., t. IX, (1911), p. 428. — *Specim. orig.!*

Étalé, très adhérent, céracé, puis aride, brun pourpré, brunâtre, gris bleuâtre, pruineux, puis fragile et fendillé ; mycélium épais, safrané vif, farineux friable, floconneux fibrilleux dans le bois ; bordure pruineuse. — Hyphes mycéliales parallèles, fragiles, 3—6 μ, hyphes de la trame ascendantes, 2—2,5 μ, rarement distinctes, obscurcies par une matière granuleuse, jaunâtre, résinoïde, les subhyméniales bouclées ; cystides fusiformes, à parois épaisses, incrustées, 25—60×7—12 μ, immerses ou peu saillantes ; basides 18—30×3—6 μ, à 2—4 stérigmates droits, longs de 3—4 μ ; spores hyalines, oblongues, brièvement atténuées obliquement à la base, 4—5×2,5—3,5 μ.

Sur sapin, Norvège (EGELAND). — Le mycélium safrané tourne à rougeâtre purpurescent au contact des solutions alcalines.

7. — COLORATAE. — Les espèces de ce groupe, d'abord céracées, deviennent dures rigides, très adhérentes au substratum ; quelques-unes cependant, en se contractant par la dessiccation, se relèvent vers les bords ou bien se fendillent avec enroulement le long des fentes. Elles présentent toutes les teintes depuis orangé ou testacé jusqu'à gris cendré ou brun bistre, en passant par rosâtre, purpuracé, violacé-livide, etc. Les cystides débutent fréquemment par une gléocystide, dont le contenu granuleux se concrète, le long des parois internes, en masse vitreuse ou ambrée, plus ou moins rugueuse ou fendillée, incrustant la cystide entière ou seulement la partie supérieure : dans ce dernier cas, la cystide paraît stipitée. D'autres cystides, ovoïdes dans la couche inférieure, fusiformes dans la trame moyenne, sont analogues aux cystides des autres groupes ; leur membrane s'épaissit plus ou moins vite, mais elles ne sont presque jamais incrustées de granules cristallins. Les spores presque dans toutes les espèces sont sensiblement colorées en rose, si on les recueille en masse. (518-537).

518. — P. polygonia (Pers.). — *Corticium* Pers., Disp., p. 30. — Fr., Hym., p. 655. — Quél., Fl., p. 7. — Bres., F. polon., p. 97. — *Glœocystidium* v. H. et L., Œsterr. Cort., p. 69. — Hym. de Fr., n. 230.

Tuberculeux polygonal ou suborbiculaire, confluent, adhérent, céracé puis induré : hyménium rosé, revêtu d'une pruine abondante et à reflet lilacé ou bleuâtre ; bordure entière, similaire. — Hyphes basilaires 3—6 μ, à parois assez épaisses, bouclées ; cystides incluses, obovales subsphériques, à parois minces ou un peu épaissies, 24—50×16—32 μ, les supérieures plus allongées, subfusiformes ; basides 45—52×6—7 μ ; spores cylindriques, plus ou moins arquées, 8—13×3—3,5(—5) μ.

Toute l'année. Particulier au tremble ; commun. Peu lignivore.

519. — P. lilacea Hym. de Fr., IV, n. 303.

Etalé, très adhérent, céracé puis induré, gris-incarnat, sublilacé, recouvert d'une pruine épaisse, pâlissant sur le sec ; bordure subsimilaire ou pruineuse indéterminée. — Trame un peu brunie à la base, formée d'hyphes peu nombreuses, agglutinées, 4—7 μ, et de cystides nombreuses 69—90×4—7 μ, hyalines, à parois peu épaissies, les inférieures obovales ou subcylindriques, les autres fusiformes, souvent aspérulées au sommet de petits granules en forme de verrues dressées, ou encore un peu ramuleuses, peu émergentes ; basides 30—40×8—12 μ ; spores ellipsoïdes, un peu aplaties latéralement et brièvement atténuées ou apiculées obliquement à la base, 13—14×7—9 μ.

Septembre. Sur écorce de frêne, Jussey (Hᵗᵉ-Saône).

Espèce voisine de *P. polygonia*, dont elle a l'aspect, et de *P. proxima*, dont elle se rapproche par sa spore et sa structure.

520. — P. aurantiaca Bres., F. Trid., p. 37, pl. 144, f. 2 ; F. polon., p. 103. — *Glœopeniophora* v. Hœhn. et Lit., Beitr., 1908, p. 13.

Papilliforme, puis étalé orbiculaire et confluent, lisse, orangé ou vermillon, puis pâlissant ; bordure blanche, radiée, puis fibrilleuse et plus étroite. — Hyphes irrégulières, serrées, à parois minces, 3—6(—11) μ ; cystides incluses ou peu émergentes, d'abord à parois minces, à contenu granuleux, puis à parois épaisses, incrustées, 20—100×8—10 μ ; basides 54—95×11—15 μ ;

spores elliptiques, souvent atténuées brièvement à la base, 10—
20×8—13 *u.*, roses en masse.

Mai-Décembre. Sur branches cortiquées d'aune, le plus souvent encore sur l'arbre, dans les bois marécageux ; Allier, pas
rare ; Côte-d'Or ; Vosges ; Alpes ; Angleterre ; Etats-Unis.

521. — **P. proxima** Bres., *Specim. orig.*! — Hym. de Fr.,
IV, n. 302.

Etalé, arrondi, puis confluent, assez adhérent, céracé, puis
un peu induré, assez épais, testacé clair, recouvert d'une pruine
pâle, fendillé sur le sec ; bordure abrupte. — Hyphes 2—4 *u*, rarement distinctes, en trame dense formée en majeure partie de
cystides stipitées, de longueur variable et de 5—7,5 *u* diam., à
contenu concret, rugueux, étagées à diverses hauteurs dans la
trame ; basides 30—45×8—9 *u* ; spores ellipsoïdes, rarement déprimées, 9—13×5,5—9 *u.*, rosàtres en masse.

Toute l'année ; très fréquent sur le buis mort et gisant sur
le sol ; Aveyron. Pourriture assez active.

M. Bresadola n'a pas encore publié la diagnose de cette espèce. Elle
est intermédiaire entre *P. aurantiaca* et *versicolor*, mais plus voisine de ce
dernier avec lequel nous l'avions d'abord confondue ; elle s'en distingue surtout par sa trame moins dure, sa coloration uniforme et sa spore plus grande.
Notre plante est en tout conforme à l'original, qui a été récolté à Tiflis, par
Woronow, sur *Betula sempervirens*.

522. — **P. incarnata** (Pers.) Cooke. — Massee, Thel., p.
147. — *Thelephora* Pers., Syn., p. 573. — *Corticium* Fr., Hym.,
p. 654. — Quél., Fl., p. 7. — *Kneiffia* Bres., F. polon., p. 103. —
Glocopeniophora v. H. et L., Beitr., 1907 p. 79. — *Thelephora
fallax, bolaris, lateritia* Pers. — *Peniophora aemulans* Karst.,
Sacc., IX, p. 239.

Etalé, adhérent, céracé, mou, orangé, testacé-incarnat, testacé, très finement pruineux, puis induré et pâlissant ; marge
subbyssoïde, fugace. — Trame entièrement hyaline ou un peu
jaunâtre à la base ; hyphes 3—5 *u*, presque toutes verticales, peu
distinctes ; gléocystides à contenu granuleux, passant graduellement à la forme de cystides à contenu vitrifié rugueux, et à la
fin nombreuses, étagées à diverses hauteurs dans la trame ; basides 20—40×5—7 *u* ; spores subcylindriques, déprimées latéralement, 8—10(—12)×3,5—4,5(—6) *u*, d'un beau rose en masse.

Toute l'année. Très commun sur toute espèce de bois, avec
pourriture assez active.

Au point de vue des cystides, on observe les états suivants :
1° *Glococystidium* : gléocystides incluses ou égales, 60—95—200

$\times 8$—17 μ, cylindriques, fusiformes, souvent étirées en col au sommet, remplies d'un suc granuleux jaunâtre. Le champignon est de coloration vive et durcit assez peu en séchant. — 2° *Gloeopeniophora* : gléocystides comme ci-dessus, mais accompagnées de toutes les formes de transition avec la cystide incrustée par la concrétion de son contenu. C'est à cette phase que correspond le *Peniophora aemulans* Karst. Specim. orig. ! — 3° *Peniophora* : il n'y a plus que des cystides rugueuses vitrifiées, disposées à diverses hauteurs dans toute l'épaisseur de la trame, avec quelques cystidioles dans l'hyménium. En se concrétant, les cystides ont diminué sensiblement de volume : 15—40$\times$5—15 μ (non compris le stipe ni le col qui sont le plus souvent oblitérés). En même temps le champignon est devenu plus dur et ordinairement de couleur testacée plus pâle. — Il n'est pas douteux que ces trois états ne soient les phases successives de l'évolution normale de l'espèce : mais l'une ou l'autre prédomine dans le développement individuel, selon les conditions d'humidité, de température, etc.

var. hydnoidea (Pers., Obs., p. 45 : Syn., p. 176). — *Radulum laetum* Fr., Hym., p. 624. — Forme subépidermique et raduloïde très commune sur charme, où elle occasionne une pourriture assez active. La production des tubercules paraît due à l'adhérence de certains points de l'hyménium avec la face interne de l'épiderme, qui en s'enroulant progressivement détermine la formation raduloïde de celui-ci. Spores 10—12$\times$4,5—5,5 μ ; hyphes mycéliales 3—4 μ, plus abondantes que dans *P. incarnata* : l'état ordinaire est *Gloeocystidium* ; il atteint quelquefois l'état *Gloeopeniophora* ; jamais vu à la phase *Peniophora*.

523. — **P. versicolor** Bres., F. Trid., p. 64, t. 171. — *Specimen orig.* !

Céracé puis dur, très adhérent, subpruineux, à la fin fendillé, brun pourpré, chocolat, violacé noirâtre, bai-rouillé, puis pâlissant en séchant, testacé ou subocracé ; bordure nulle ou un peu pruineuse, fugace. — Hyphes peu distinctes, 3—4 μ ; cystides comme dans *P. incarnata* ; basides 30—45$\times$6—9 μ : spores oblongues subcylindriques un peu déprimées, 6—10$\times$4—6 μ.

Printemps, automne. Sur écorces et bois d'arbres à feuilles.

Assez facile à distinguer quand il est gorgé d'eau, hygrophane, mais, en se desséchant, il prend souvent l'aspect de *P. incarnata* dont il a aussi les caractères micrographiques.

524. — **P. nuda** (Fr., S. M.) Bres. — *Corticium* Fr., Hym., p.

655. — *Peniophora* Bres., Fungi Kmet., p. 114. — Burt., XIV, p. 345.

Céracé puis induré, adhérent ; hyalin-livide, puis rose ou lilacé pâle, finement pruineux, pâlissant et glabrescent, fendillé sur le sec ; bordure similaire ou étroite, pruineuse. — Trame brunâtre à la base, hyphes 3—5 μ, peu distinctes ; cystides hyalines, les basilaires obovales ou elliptiques, 15—45×(6—)15—19 μ ; les moyennes et supérieures plus allongées, 45—50×6—8 μ, à parois minces ou à peu près, à contenu granuleux puis concrété le long des parois, rugueux et fendillé ; basides 15—27×4—7 μ ; spores cylindriques incurvées, 7—12×3—4,5 μ.

Toute l'année, surtout été ; sur branches tombées d'arbres à feuilles et à aiguilles.

525. — *P. lithargyrina*
Céracé aride, lisse, litharge clair, puis pâlissant ; bordure similaire ou très finement byssoïde. — Hyphes hyalines, peu abondantes, serrées, env. 3 μ ; gléocystides à parois minces, à contenu granuleux, 15—40×10—20 μ ; basides 20—40×4,5—7 μ ; cystidioles fusiformes ; spores cylindriques incurvées, 7—10×3—4 μ.

Mars-Octobre. Sur bois carbonisés : pommier, coudrier, bruyères, amélanchier.

526. — *P. purpurascens* (Bres.). — *P. cinerea* var. *purpurascens* Bres. — *Specim. orig.!*
Pourpre violacé, rosâtre livescent, puis gris de plomb, fumeux, très finement fendillé sur le sec. — Hyphes 3—5 μ, irrégulières, peu nombreuses ; gléocystides 40—70×9—18 μ, à contenu granuleux ; cystides fusiformes, rugueuses, 24—36×7—10 μ ; basides 20—32×5—7 μ ; spores cylindriques déprimées ou arquées, 9—11×3—4,5 μ.

Toute l'année. Sur bois dénudés de pin et sapin ; Trentin (BRESADOLA) ; Allier, Vosges, etc.

— *carneo-livida*. — Gléocystides obovales, la plupart étirées en col allongé ; cystides plus rares. — Sur conifères, hêtre, tremble, etc.

— *atro-fumosa*. — Même structure. — Bois lisses.

Ces formes diffèrent trop par la structure de *P. cinerea*, pour lui être rapportées en variété ; elles sont plus voisines de *P. nuda* et *violaceo-livida*.

Le *Corticium plumbeum* (Specim. de Karsten), gris de fer, noirâtre plombé, à reflet un peu métallique, très finement fendillé, mince, sans bordure, n'a guère de gléocystides, mais des cystides vitrifiées, fusoïdes, avec une autre forme de cystides élargies à la base, à parois fermes peu épaisses, comme on les trouve souvent dans *P. cinerea.*

527. — ***P. violaceo-livida*** (Sommf.) Bres. determ ! — Burt. XIV, p. 347. — *Corticium* Fr., Hym., p. 655.

Arrondi, tuberculeux, assez épais, céracé, violacé-livide, puis cendré-lilacé et induré, finement pruineux, fendillé, pâlissant. — Hyphes 2—4 µ, peu distinctes ; cystides 24—45×12—21 µ, à parois minces, puis à contenu vitrifié, ovoïdes ou largement fusiformes ; basides 20—26×6—8 µ ; spores cylindriques, subincurvées, 9—12×3—5 µ, blanc rosé en masse.

Printemps, automne. Sur cerisier, prunellier, etc.

Les intermédiaires avec les espèces voisines sont trop fréquents.

528. — ***P. maculaeformis*** (Fr.). — *Thelephora* Fr., Obs. — *Corticium* Fr., Hym., p. 656. — *Gloeopeniophora* v. Hoehn. et Lit., Beitr., 1908, p. 29, f. 7.

Orbiculaire, puis confluent, mince, très adhérent ; hyménium à papilles irrégulières, rosâtre ou lilacé, gris ou bleuâtre-pruineux ; bordure similaire, glabre. — Trame un peu jaunâtre à la base ; hyphes basilaires 3—4 µ, avec quelques boucles ; cystides basilaires obovales, à parois peu épaisses, 15—45×8—18 µ, les moyennes claviformes ou fusiformes, 45—60×6—12 µ ; basides 30—34×6 µ ; cystidioles ou cystides émergentes ; spores cylindriques arquées, 8—9×2,75—3 µ.

Printemps-automne. Généralement sur écorces, tremble, bourdaine, prunellier.

Oscille entre *P. violaceo-livida, nuda* et même *caesia.*

529. — ***P. cinctula*** (Quél., Fl. myc., p. 8). — *Specim. auth.* !

Céracé, puis induré, aride, adhérent, finement pruineux, brun chocolat à brun cendré ; bordure étroite blanche, subvilleuse ou pruineuse. — Hyphes cohérentes ; cystides basilaires obovales ou subfusiformes, les unes à parois minces, les autres vitrifiées, 15—50×10—27 µ ; basides souvent accompagnées de cystidioles ; spores cylindriques arquées, 7—9×3—4 µ.

Hiver, printemps. Fréquent sur prunellier, cerisier, nerprun, genêt, etc,

Souvent bien caractérisé, mais se rapprochant par sa structure tantôt de *P. cinerea,* tantôt de *P. obscura.*

530. — **P. cæsia** Bres., Fungi trid., II, p. 39, t. 145, f. **2**. — Burt, XIV, p. 353. — *Thelephora Lycii* Pers., Myc. eur., I, p. 148.

Céracé, mince, très adhérent, pruineux, gris-lilacé, gris-bleuâtre, pâlissant, à la fin finement fendillé ; bordure nette ou indéterminée. — Hyphes indistinctes ; cystides basilaires 5—18—32×3—14—24 μ, hyalines, promptement vitrifiées (pleine ou à cavité ovoïde), obovales ou arrondies, les moyennes étirées en col, cylindriques ou fusiformes ; basides 25—32×4—6 μ ; spores cylindriques incurvées, 7,5—11,5×3—4 μ.

Toute l'année ; commun sur rameaux herbacés ou ligneux : fusain, troëne, prunellier, ronces, thym, bardane, etc. — Peu lignivore.

531. — **P. cinerea** (Fr.) Cooke. — *Corticium* Fr., Hym., p. 654. — Bres., F. polon., p. 103.

Céracé, puis aride rigescent, très adhérent, gris cendré, finement pruineux ; bordure atténuée. — Trame brune à la base, serrée et fragile, à hyphes rarement distinctes, 3 μ ; cystides inférieures brunâtres, obovales, claviformes, subfusoïdes, promptement vitrifiées, avec cavité centrale tubulaire, les supérieures basidiformes, 20—35—80×4,5—6—14 μ ; basides 21—40×3—6,5 μ ; spores cylindriques incurvées 7—10(—12)×2,5—3,5(—4,5) μ, roses ou testacées en masse.

Toute l'année. Très commun sur bois et écorces. Peu lignivore.

var. interrupta Pers., Syn., p. 580. — *Thelephora fraxinea* Myc., Eur., I, p. 145. — Suborbiculaire puis régulièrement étalé, très adhérent, à papilles anguleuses, brun cendré, puis pâlissant ou noircissant. Peu différent de *P. cinerea* au début, mais la plupart des échantillons finit par prendre une bordure noire sinueuse, et la plante représente alors le *Cort. limitatum* Fr., Hym., p. 656. Les bords finissent aussi par se détacher et l'aspect est celui de la var. *piceae*.

Sur écorce des branches tombées de frêne, lieux humides ; pas rare.

var. piceae (Pers., Myc. Eur., p. 123, *Thelephora*). — Tuberculiforme avec bords libres dès le début, ou bien adné puis confluent, fendillé et enfin relevé aux bords et sur les fentes ; hyménium gris lilacé, puis gris brun ; cystides fusiformes étagées à diverses hauteurs dans la trame.

Sur sapin, pas rare.

Ces deux variétés se rapprochent déjà de *P. corticalis* par la présence
d'une couche d'hyphes basilaires horizontales, qui ont un rôle dans le décol-
lement du champignon ; cette couche existe dans la var. *piceœ*, moins épaisse
que dans *P. corticalis*, moins épaisse encore et moins nette dans la var. *interrupta*.

532. — P. lævigata (Fr.) Massee, Mon., p. 149. — *Corticium*
Fr., Hym., p. 656. — *Kneiffia* Bres., F. polon., p. 404. — *Xerocarpus juniperi* Karst., Hattsv., II, p. 138.

Etalé, très adhérent, noisette cannelle, pâlissant, à la fin
épais, 0,5—1 mm. fendillé et à bords détachés. — Hyphes 1,5—
4 μ, peu distinctes, verticales ; cystides fusiformes, aiguës ou obtuses, 32—150×6—9 μ, à parois épaisses, plus ou moins jaunâtres,
rugueuses ou granuleuses, nombreuses et étagées à diverses hauteurs dans la trame ; basides 25—30×4—5 μ ; spores cylindriques,
déprimées latéralement, 7—10×3—4 μ, blanches en masse.

Toute l'année. Commun sur écorces et bois de genévrier ;
très rare sur cyprès.

Les spécimens âgés se détachent du substratum et se relèvent par les
bords : dans cet état *P. lævigata* est souvent identifié avec *Stereum areolatum* Fr. Ce dernier a un véritable chapeau, épais, sillonné-strié, souvent en
capuchon, et la partie résupinée est généralement peu étendue. Au point de
vue de la structure, il n'y a, en effet, guère de différence entre *P. lævigata*,
Stereum areolatum et *S. Chailletii*. La couche d'hyphes basilaires parallèles
au substratum, est cependant plus constante et un peu plus épaisse dans *S.
areolatum* et surtout dans *S. Chailletii*.

533. — P. plumbea (Fr., Hym., p. 653, *Corticium*) — *Specim. orig.!* — *Kneiffia* Bres., F. polon.

Etalé, interrompu, très adhérent, pourpre violacé, puis bleu
d'acier, gris plombé, glabre et nu, très fendillé ; bordure nette similaire. — Trame brune dans ses deux tiers inférieurs, formée
d'hyphes verticales, 4—7 μ, ou de cystides en majeure partie tubuleuses, à parois minces et terminées au sommet soit en forme de
baside, soit par un renflement fusoïde, à contenu vitrifié rugueux ;
cystides basilaires également vitrifiées, plus courtes et plus larges,
40—90×9—11 μ pour l'ensemble ; basides 6 μ d., avec cystidioles
peu saillantes ; spores cylindriques, déprimées ou un peu arquées,
6—7,5×2,5—3,5 μ.

Sur troncs de pin, Finlande (Laestade).

var. **plumbeo-atra**. — Très adhérent, sec, mince, lisse et nu,
bistre foncé, avec reflet presque métallique ; bordure similaire,
nettement circonscrite. Trame brun foncé à la base ; hyphes indistinctes ; cystides 30—60×6—7 μ ; basides 5—6 μ d. ; spores oblon-

gues, déprimées latéralement et obliquement atténuées à la base,
10×5—5,5 μ.

Avril, sur bouleau, Epinal.

Peut être rapproché soit de *P. plumbea*, soit de *P. obscura*, mais identique ni à l'un ni à l'autre.

534. — **P. obscura** (Pers., Myc. eur., I, p. 146, *Thelephora*)
Bres., Fungi Kmet., p. 113.

Assez largement étalé, promptement induré aride, brun-violacé ou purpurescent, marron, brun-bistre, finement pruineux,
très fendillé ; bordure assez nette. — Trame fragile, brune, avec zones
plus foncées ; hyphes basilaires 2,5—4,5 μ, parallèles, très serrées ;
cystides basilaires obovales, assez petites, 8—15×7—10 μ, celles
de la couche moyenne 30—50×8—16 μ, hyalines, vitrifiées avec
cavité centrale, les supérieures fusiformes à parois minces ou
épaisses, un peu saillantes ; basides 21—30×4—4,5 μ ; spores 8—
10×3 μ.

Hiver ; sur aubépine, poirier, châtaignier, etc. Pas rare, mais
passant à *P. cinctula* et à *carbonicola*.

P. obscura, caractérisé comme ci-dessus, est la forme qui se présente sur
bois non carbonisés : elle n'a pas d'hyphes noires dans l'hyménium et elle est
toujours entièrement adhérente. *P. carbonicola* vient presque toujours sur bois
plus ou moins carbonisés ; il est adhérent ou libre aux bords : ses formes typique ont des hyphes dendroïdes noires dans l'hyménium. Il y a bien quelques
transitions entre les deux formes, mais on peut les distinguer dans la plupart
des cas.

P. versiformis (Bk. Curt.). — *Stereum* Bk. Curt. — Sacc., VI, p. 580. —
Burt, Thel., XII, p. 222, ne diffère pas pour la structure de *P. carbonicola*, mais
il peut prendre un rebord étroitement réfléchi, 1—2 mm. : il semblerait moins
variable que notre *P. carbonicola*, et il n'est pas indiqué, à notre connaissance,
sur bois carbonisés. Ce serait peut-être une forme américaine, à caractères
plus fixes et plus limités, alors que notre *P. carbonicola* serait plus étroitement
relié à *P. obscura*.

535. — *P. carbonicola* (Pat., Rev. myc., 1885, p. 152, *Corticium*) Massee, p. 146. — *Pat. determ.!*

Arrondi, confluent et largement étalé, submembraneux-adhérent, bistre, marron, chocolat, puis fumeux et pruineux, à la fin
fendillé : marge étroite, subfimbriée, puis souvent détachée. — Hyphes de la trame plus abondantes que dans les espèces voisines,
brunâtres, à parois épaissies, boucles éparses, 3 μ env., émettant
dans l'hyménium des rameaux dendroïdes, à extrémités stériles
aiguës ; cystides subincluses, fusiformes ou semihastées, 20—50
×6—7 μ, à parois très épaisses, vitreuses ; basides 21—30×3—4 μ :
spores cylindriques incurvées, 6—7×2,5 μ.

Toute l'année ; sur toute espèce de bois carbonisés. Pas rare. Peu lignivore.

Var. **ravida**. — Gris sale, noisette-jaunâtre, dur, fragile ; hyphes plus distinctes que dans *P. cinerea*, 3—3,5 μ, émettant dans l'hyménium des rameaux brunâtres, simples ou peu ramifiés, peu émergents ; cystides 27—45×12—18 μ, obovales ou oblongues-obtuses, vitreuses ; spores 6—9×2,5—3 μ.

Hiver, printemps ; sur châtaignier, chêne vert et rouvre, etc. — Tient de *P. carbonicola* et de *caesia*.

536. — **P. corticalis** (Bull., t. 436, f. 1, *Auricularia*) Bres., Hym. 'Kmet., p. 114. — *Corticium* Quél., Fl., p. 10. — *Thelephora quercina* Pers. — *Corticium* Fr., Hym., p. 654. — *Peniophora* Cooke. — Mass., Mon., p. 141.

Arrondi, apprimé puis à bords relevés, bruns, coriace puis induré ; hyménium céracé, pruineux, incarnat, lilacé, gris livescent. — Trame formée à la base d'hyphes 3—4,5 μ, brunes, parallèles, serrées ou cohérentes, à parois plus ou moins épaisses, fragiles plutôt que coriaces ; cystides claviformes ou fusiformes, 50—70 ×5—11 μ, à parois épaisses, lisses ou rugueuses, incluses, étagées et saillantes jusqu'à 48 μ ; basides 30—40×5—7 μ ; spores cylindriques un peu arquées, 9—13×3—5 μ, d'un beau rose incarnat en masse.

Toute l'année. Très commun sur branches encore sur l'arbre ou tombées : chêne, hêtre, châtaignier, bouleau, coudrier, poirier, coignassier, alisier, frêne, genêt d'Espagne, *Liquidambar styraciflua*, chênes exotiques, cèdre. Très lignivore.

var. **ciliata**. — *Cort. ciliatum* Fr., Hym., p. 653. — Brun noir en dessous et strigueux-hispide, avec cils à la marge.

537. — **P. rufomarginata** (Pers., Myc. eur., I, p. 124, *Thelephora*)

Membraneux, résupiné, étroitement libre aux bords, hygrophane ; brun violet par l'humide, brun-grisonnant, pruineux et rigide par le sec, bordé d'une assez large bande roux-brun, avec extrême marge blanche, pubescente ; trame à éléments fragiles. — Hyphes basilaires à parois épaisses, 3—4,5 μ, bouclées, parallèles ; cystides à diverses hauteurs dans la trame, 50—60×13—15 μ, les inférieures claviformes à parois épaissies en stipe à la base, renflées au sommet et à contenu concrété vitreux, les autres fusiformes ou subcylindriques, plus longues et plus étroites ; basides

30—45×5—6 μ, 2—4 stérigmates longs de 3 μ ; spores cylindriques, plus ou moins incurvées, 7,5—10×3—4 μ.

Mai et Décembre ; sur vieux tilleuls, Epinal.

Le *Th. rufomarginata* Pers. est communément mis en synonyme à *Stereum rufum* Fr. Cependant, Rob. Fries (Hym. goth. suppl., p. 36) fait cette remarque : *St. rufomarginatum* Pers. prorsus diversum, e Romell, in Bot. not., 1895. Nous ne connaissons pas cette note de M. Romell et ne savons pas comment il interprète le *Th. rufomarginata* Pers., mais nous croyons avoir ici le véritable sens de la plante de Persoon, en nous basant sur la description, l'habitat et la place que Persoon attribue à sa plante, entre *Th. piceae* et *quercina*. Elle nous parait trop voisine de *P. corticalis* pour en être séparée spécifiquement.

V. — **ALEURODISCUS** Rabenh. — v. Hoehn. et Lit., Beitr., 1907, p. 55.

Réceptacle cupuliforme sessile ou étalé à bords nets, charnu, céracé ou crustacé : hyménium pruineux, formé de basides claviformes, grandes, à 2—4 stérigmates, accompagnées de basides stériles versiformes ou de gléocystides normales, ou noueuses, toruleuses, ramuleuses-aspérulées, rarement de cystides à parois épaisses incrustées, et d'hyphes dendrophysoïdes.

Tableau analytique des espèces

1 \Discoïdes à bords libres ; spores amyloïdes : **2**
  /Etalés adhérents : 4

2 \Blancs, gris clair, crème alutacé ; spores lisses : 3
  /Rougeâtre ; spores hispides : *A. amorphus*, n. 540.

3 \Dur, épais, 1-3 cm. diam. ; basides stériles (ou gléocystides) claviformes ou toruleuses ; sur chêne et châtaignier : *A. disciformis*, n. 538.
  /Flasque, mince, 2-7 mm. diam. ; basides claviformes ou linéaires, accompagnées de cystides à parois épaisses, incrustées : *A. scutellatus*, n. 539.

4 \Lilacé roussâtre, pâlissant ; céracé induré ; spores ovoïdes, non amyloïdes : *A. ionides*, n. 547.
)Orangé jaunâtre ou pâle ; spores hispides amyloïdes : **5**
  (Blancs ; spores lisses : 6

5 \Basides stériles et hyphes paraphysoïdes terminées par un appendice hérissonné : *A. apricans*, n. 542.
  (Pas d'appendice hérissonné : *A. aurantius*, n. 541.

6 { Céracé, indurescent ; appendices hérissonnés ; spores amyloïdes : *A. cerussatus*, n. 544.

Mince, aride ; basides stériles et hyphes paraphysoïdes très finement ramuleuses-granulées, à granules bleuis par l'iode ;
spores amyloïdes : *A. botryosus*, n. 543.

Crustacés ; pas d'appendices hérissonnés ni colorables par
l'iode : 7

7 { Spores subglobuleuses, ellipsoïdes ou oblongues, peu ou pas
sensibles à l'iode : 8

Spores cylindriques arquées, non amyloïdes : 9

8 { Spores subglobuleuses ou largement ellipsoïdes, 17—25×12—
15 μ ; gléocystides claviformes à contenu jaunâtre granulé,
avec basides stériles toruleuses au sommet : *A. nivosus*,
n. 546.

Spores largement ellipsoïdes ou oblongues allongées : pas de
gléocystides : *A. acerinus*, n. 545.

9 { Spores 10—20×5—7 μ ; organes cystidiformes cylindriques
émergents : *A. macrosporus*, n. 548.

Spores 20—36×9—12 μ ; pas de cystides émergentes ; sur écorces de chêne : *A. dryinus*, n. 549.

538. — **A. disciformis** (D. C.) Pat., Soc. Myc., 1894, p. 80.
— v. Hoehn. et Lit., Beitr., 1907, p. 60. — *Thelephora* D. C., VI,
p. 31. — *Stereum* Fr., Hym., p. 642. — Quél., Fl., p. 42. —
Corticium evolvens Schnizl. ap. Sturm, 31, t. 7 (*hymenio vi-
rente*).

Cupulaire ou étalé disciforme, 1-3 cm., à bords libres pubescents, crème chamois ou fulvescents, subcoriace puis induré ; hyménium finement velouté ou farineux, blanc, gris pâle, à la fin
crevassé. — Hyphes à parois assez épaisses, 3—5 μ ; basides 60—
90×10—14 μ, accompagnées de basides stériles ou gléocystides
toruleuses, 5—9 μ d., et de paraphyses cylindriques ; nombreuses
spores flasques entre les éléments hyméniens ; spores ovoïdes ou
largement ellipsoïdes, lisses, rarement aspérulées très finement,
14—22×11—15 μ, amyloïdes, blanches en masse.

Toute l'année ; en végétation après les grandes pluies, surtout du printemps à l'hiver. Assez commun sur troncs de chêne
et de châtaignier ; une récolte sur érable, Vosges.

alnicola. — Plus petit que sur le chêne et le châtaignier ;
spores un peu rugueuses ou très finement aspérulées, 13—15—17

$\times$11—13 μ. L'iode colore la membrane en bleu très foncé et les aspérités apparaissent plus nettement.

Sur aune ; Loubotis, Béno (Aveyron),

539. — A. scutellatus Litsch., Osterr. bot. Zeitschr., 1926, p. 47. *Specim. orig. !*

Cupulaire, 0,2—1,5 cm., fixé par le centre, irrégulièrement arrondi ou oblong, parfois confluent, mince, 0,4 mm., charnu céracé puis coriace, blanc et très finement villeux. extérieurement ; hyménium d'abord gris-vert clair, puis blanc-gris, subalutacé, un peu pruineux, parfois fendillé. — Hyphes 2—4,5 μ, à parois épaisses, et cloisons distantes sans boucles, se prolongeant à l'extérieur du péridium en poils capités ou non, et à l'intérieur en paraphyses flexueuses, les unes non modifiées, les autres à parois épaisses cystidiformes, aiguës ou obtuses, incrustées ou non, 5—10 μ diam. ; basides 40—75$\times$12—14 μ, à 4 stérigmates subulés, 10$\times$3—4 μ ; spores ellipsoïdes, lisses, flasques, à membrane colorée par l'iode, 12—22$\times$8—16 μ, à contenu granulé et guttulé.

Eté ; sur *Pinus montana*, Alpes du Nord tyrolien (V. Litschauer).

Cette jolie petite espèce ressemble à *A. disciformis*, mais elle est plus petite, bien plus mince et plus molle, avec structure toute différente. Elle a aussi été récoltée en Chine dans le Yunnan, vers 4000 m. d'altitude.

540. — A. amorphus (Pers.) Rabenh. — v. Hoehn. et Lit., Beitr., 1907, p. 61. — *Peziza* Pers., Syn., p. 657.— *Corticium* Fr., Hym., p. 648. — *Cyphella* Quél., Fl., p. 27.

Subglobuleux, cupulaire puis disciforme aplani, 3—5 mm., souvent confluent, céracé, puis subcoriace, blanc tomenteux à l'extérieur ; hyménium orangé, pâlissant. — Hyphes 3—6 μ, à parois assez épaisses, les basilaires un peu colorées ; poils de la bordure similaires, souvent incrustés comme les hyphes de cristaux d'oxalate de chaux ; basides 100—150$\times$15—24 μ, à 2—4 stérigmates subulés arqués, 20—30$\times$4—5 μ, accompagnées de basides stériles ou gléocystides toruleuses de 6—10 μ d. ; spores largement ellipsoïdes, hérissées de poils courts, hyalins, 24—30$\times$ 19—25 μ, amyloïdes.

Toute l'année. A la base des branches mortes tenant à l'arbre, dans les plantations de sapin pectiné, Vosges : Epinal ; Gérardmer (E. Gilbert) ; Aveyron : Arnac ; env. de Lyon (M. Josserand). — Peu ou pas lignivore.

541. — A. aurantius (Pers., Syn., p. 576, *Thelephora*))

Schroet. — v. Hoehn. et Lit., Beitr., 1907, p. 63. — *Corticium Marchandii* Pat.

Étalé, adhérent, céracé tendre sur le frais, puis crustacé, pruineux, farineux ou atomé, orangé, testacé, isabelle ou ocracé, pâlissant : bordure blanche étroite, similaire ou pubescente. — Hyphes à parois minces, 1—4,5 μ, à boucles rares ; basides fertiles 30—45—70×9—18 μ, à 2—4 stérigmates de 15—21×3—4,5 μ, accompagnées de basides stériles obovales obtuses, ou terminées par 1-4 sphérules en chapelet, ou bien étirées en pointe effilée simple ou rameuse : spores largement elliptiques, 12—16—22×10—15 μ, très finement hispides, glabrescentes, à membrane colorée en bleu par l'iode.

Toute l'année : très commun sur bois mort depuis longtemps : églantier, ronces, plantes herbacées, brindilles d'arbres à feuilles et à aiguilles, etc. Assez lignivore.

542. — **A. apricans** Bourdot, Rev. sc. du Bourb., 1910, p. 5.

Peu étendu, céracé-crustacé, adhérent, pruineux à la loupe, noisette puis jaunâtre : bordure nulle ou pruineuse. — Hyphes à parois minces, 3—4 μ, les mycéliales similaires ; basides fertiles 30—65×8—13 μ, à 2—4 stérigmates subulés arqués, longs de 8—10 μ, accompagnées de basides stériles obovales, 16—22×4—12 μ, obtuses ou terminées par un appendice toruleux, ou bien hérissées en brosse au sommet, avec des hyphes paraphysoïdes, lisses ou hérissonnées au sommet : (vers la bordure presque tous les organes sont terminés par un appendice ovale hérissonné de dents obtuses) : spores ellipsoïdes, 12—15×7,5—12 μ, lisses ou ornées de fines verrues éparses, à membrane bleuie par l'iode. (*Fig. 101*).

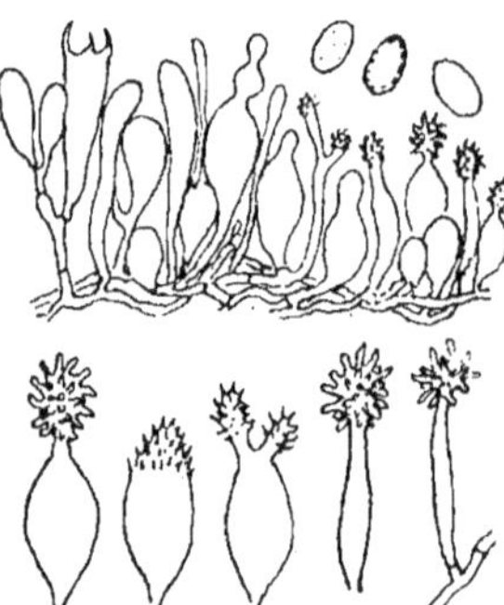

101. — *Aleurodiscus apricans* Bourd.

Été ; sur *Calluna vulgaris*, environs de St-Sernin (Aveyron) ; sur *Pteris aquilina*, Toulon, A. DE CROZALS. Très rare.

543. — **A. botryosus** Burt, Thel. N. Am., IX (1918), p. 89, f. 10. — Bourd., Add. aux Cort., p. 7.

En petites plaques, 2-3 mm., puis confluent et assez largement étalé, peu épais, adhérent, blanc puis pâle ; marge similaire

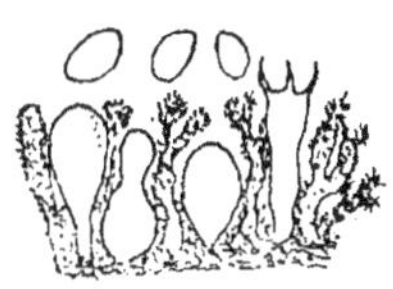

102. — *Aleurodiscus botryosus* Burt.

assez nettement limitée ou à peine pruineuse. — Hyphes 2—3 μ, peu abondantes ; basides 40—65×12 μ, à 4 stérigmates longs de 12—15 μ, accompagnées de basides jeunes ou stériles, ou de gléocystides piriformes, claviformes ou lagéniformes, 30—60× 6—21 μ, et de dendrophyses très irrégulières, à ramules épars, portant surtout vers le sommet des grappes de granules très fins, colorables en bleu par l'iode ; spores lisses, largement ovoïdes, 13—16×8—11 μ, amyloïdes. (*Fig. 102*).

Sur débris de ronces sèches, environs de Cherbourg, **24** avril 1921 (L. CORBIÈRE) ; Toulon (A. de CROZALS).

Cette rare espèce, trouvée par M. L. Corbière, professeur honoraire au Lycée de Cherbourg, est nouvelle pour l'Europe : elle a été décrite. en 1918, en Amérique, par M. E.-A. Burt, qui n'en cite que trois récoltes : Massachussets, Maryland et Mexique. M. Burt nous avait aimablement communiqué deux spécimens de cette espèce, de sorte que avons pu reconnaître et identifier avec certitude la plante française. Elle a assez de ressemblance avec *A. cerussatus* Bres., mais l'examen microscopique la fait aisément distinguer. Les appendices en brosse sont, dans *A. botryosus*, beaucoup plus ténus, ressemblant à des grappes de granules, qui se colorent en bleu au contact d'une solution iodée. Ces grappes se rencontrent, non seulement au sommet des dendrophyses. mais elles sont éparses sur toute leur longueur et revêtent même, comme une exsudation, la surface des basides stériles (ou gléocystides), où l'iode les décèle, pointillant de bleu toute l'épaisseur de la trame, caractère qui ne se rencontre dans aucun autre de nos *Aleurodiscus*.

544. — **A. cerussatus** (Bres.) v. Hoehn. et L., Beitr., 1907, p. 69. — *Peniophora* Bres., F. Trid., II, p. 37, t. 144, f. 3. — *Specim. orig. !*

Etalé, céracé puis induré, adhérent blanc à crème jaunâtre, lisse ou à peine pruineux, à la fin fendillé ; bordure pruineuse puis similaire. — Hyphes mycéliales et entoxyles 0,5—2,5 μ, celles de la trame jusqu'à 4 μ, à boucles éparses ; basides fertiles 30 —40—60×6—7—10 μ, à 2—4 stérigmates longs de 4,5—6 μ ; gléocystides 60—120×6—12 μ, cylindriques ou un peu toruleuses, à contenu jaunâtre clair, bruni par l'iode ; basides stériles et hyphes paraphysoïdes terminées par un appendice ovoïde hérissonné ; spores ellipsoïdes, 6—7,5—11×4—6—6,5 μ, à membrane bleuie par l'iode.

Toute l'année. Très abondant sur bruyères mortes depuis quelque temps, et en général sur les arbustes des endroits ensoleillés, très secs : thym, cistes, genêt, immortelle, ronces, buis,

chêne vert, genévrier, aussi sur tiges herbacées, feuilles sèches ;
Aveyron, Tarn, Var. Assez lignivore.

Notre plante affectionne les ramilles et est moins étendue que celle
d'Autriche et de Hongrie ; les spores sont aussi en moyenne un peu plus
petites.

545. — A. acerinus (Pers.) v. Hoehn. et Lit., Beitr., 1907,
p. 67. — *Thelephora* Pers., Syn., p. 581. — *Stereum* Fr. — *A.
subacerinus* v. H. et L., l. c., p. 69.

Irrégulièrement étalé en petites plaques crustacées, farineuses
puis lisses, blanches, à la fin fendillées ; bords abrupts. — Hyphes très rameuses, 0,5—1,5 μ, formant une trame compacte, peu
distincte, farcie d'oxalate de chaux, qui enveloppe les éléments
hyméniens ; basides fertiles 36—50—60×6—9—14 μ, à 2—4 stérigmates longs de 6—7 μ ; basides stériles obovales, étirées en
pointe au sommet ou terminées par 1—2 globules, ou encore en
forme de gléocystides à contenu homogène hyalin ; spores ovoïdes elliptiques, 10—15×7—11 μ, souvent flasques, à membrane
peu sensible à l'iode.

Toute l'année, en végétation dans les saisons humides. Sur
écorce d'érable champêtre, érable de Montpellier et Sycomore,
tilleul, pommier ; très commun.

Forme : *buxi*. — Naît le plus souvent d'une fente de l'é-
corce et s'étale alentour ; blanc à crème alutacé ; plus mince,
moins crayeux que le type, il se désagrège et ne laisse qu'une
tache pulvérulente. Hyménium mince, composé de basides stériles
étirées en longue pointe, avec basides fertiles à divers âges,
éparses au milieu de dendrophyses peu distinctes : spores subglobuleuses ou largement elliptiques, avec mucron très court, 9—11
—15×6—7—10 μ.

Eté, pas rare sur les vieux buis.

Forme : *tricornis*. — Aspect de *A. acerinus* ; pas de basides
stériles étirées en pointe ; spores (recueillies sur verre) en majeure
partie trigones, ou subarrondies avec trois prolongements subcylindriques obtus, 9—12—15×8—11 μ ; d'autres spores ont quatre
prolongements dont un très allongé ; d'autres subfusoïdes avec
deux prolongements ; quelques-unes aussi comme celles de *A.
acerinus*. Les prolongements que ces spores émettent sont probablement des tubes germinatifs.

Eté, sur chêne, orme, tilleul, marsaule.

var. **alliaceus.** — *Corticium alliaceum* Quél. (*Specim. auth.!*)

Ass. fr., 1883, p. 8 ; Fl. myc., p. 5. — Même aspect que *A. ace-rinus*, et même structure ; odeur alliacée inconstante et fugace ; spores oblongues ou subcylindriques, quelquefois un peu déprimées, 11—15—17×5—6—8 μ, à membrane peu sensible à l'iode.

Été, sur écorces de chêne, orme, noyer, aune, marsaule, saule, peuplier ; commun : Allier, S.-et-L., Hᵗᵉ-Marne, Aveyron, Tarn.

Les *Aleurodiscus* crustacés sont des plantes presque lichénoïdes qui, tout en vivant aux dépens des écorces, empruntent peu au substratum. Leur vie est très ralentie pendant une grande partie de l'année, et ces espèces, plus que les plantes à végétation vigoureuse, sont soumises aux conditions atmosphériques. Leur fructification est éphémère, après des pluies abondantes, surtout pendant la belle saison. Leur structure sera donc bien différente selon qu'on étudiera la plante en période de repos ou en période active. *A. subacerinus* v. H. et L. est caractérisé par la présence avec les basides fertiles, de pseudophyses claviformes obtuses ou étirées en pointe dressée ; ces pseudophyses se trouvent aussi bien dans la plante de l'érable, à spores courtes, que dans les plantes des autres essences, à spores courtes ou allongées. Les seules formes que nous puissions distinguer dans *A. acerinus* sont basées sur les variations de la spore. On obtient les spores en masse en plaçant sur une lame de verre les spécimens qui ont subi une assez longue période de pluie ou des spécimens convenablement humectés.

Il est possible qu'il y ait encore dans ce groupe quelque espèce confondue avec *A. acerinus* : nous avons plusieurs fois recueilli une spore allongée, étroitement claviforme ou subfusiforme, très aiguë et un peu courbée à la base, 12—18×3—4 μ, mais nous n'avons pu voir les éléments hyméniens de la plante qui donnait ces spores ; son aspect serait tout-à-fait celui de *A. acerinus*.

546. — **A. nivosus** (Berk. Cke) v. H. et L., Beitr., 1907, p. 70. — Burt, Thel. N. Am., IX, p. 103. — *Stereum acerinum* Pers. var. *nivosum* Berk. Cke. Sacc., VI, p. 588.

En petits coussinets blancs, étroits, oblongs, nettement bordés, lisses, puis fendillés et pulvérulents. — Tissu chargé d'oxalate de chaux ; basides 60—150×12—18 μ ; basides stériles cylindriques ou toruleuses au sommet ; gléocystides obovales ou claviformes ; spores subglobuleuses ou largement elliptiques, 15—25 ×12—16 μ, non amyloïdes.

Sur écorce de *Juniperus Virginiana*, Amérique du Nord, specim. ex Burt, Lloyd, Ellis (Bresadola).

Nous avons assez fréquemment récolté, sur écorces de cyprès et de genévrier de Virginie, de petites plaques oblongues, pulvérulentes, que nous n'avons jamais vues fructifiées ; elles donnaient cependant quelques spores qui répondent exactement à celles de *A. nivosus*.

547. — A. ionides Bres. in Brinkm., Westf. Pilze, 1900, nº 10, *Corticium*. — *Specim. orig.!*

Etalé, assez épais, céracé puis induré, très adhérent, pubescent-pruineux, à la fin fendillé, lilacé-roussâtre puis pâlissant ; bordure pubescente ou similaire, lilacée puis concolore. — Hyphes à parois un peu épaissies, à boucles rares, 2,5—4 μ, émettant dans l'hyménium de nombreux rameaux simples ou ramifiés ; basides en hyménium irrégulier, les adultes 45—90×6—8 μ, à 2—4 stérigmates ; spores obovales, brièvement et souvent obliquement atténuées à la base, 9—12×6—7 μ, membrane insensible à l'iode.

Hiver, printemps ; sur *Sorbus Aria* et *Erica arborea*, rare ; Aveyron.

Voisin de *Corticium roseum* et *polygonioides* pour la structure, mais bien distinct par sa consistance céracée, puis indurée subcrustacée ; non membraneux et très adhérent au substratum.

548. — A. macrosporus Bres., in litt. — Hym. de Fr., IV, n. 221. — *Corticium* Bres., F. gall., p. 43.

Etalé en petites plaques arrondies ou oblongues, céracé induré, assez épais, blanc ou blanchâtre, finement pruineux, à la fin fendillé ; bords abrupts. — Hyphes 1—3 μ, à boucles rares, parois minces ou un peu épaissies, flexueuses en trame serrée, émettant des rameaux verticaux, plus ou moins ramifiés dendroïdes, émergents au dessus de l'hyménium ; basides 30—90×5—7—10 μ, à 2—4 stérigmates, en hyménium irrégulier ; cystides 60—120×6—10 μ, à parois plus ou moins épaissies, cylindriques, rigides, émergentes de 40—50 μ, obtuses, renflées ou subtronquées au sommet ; spores cylindriques incurvées, 10—15—21× 4,5—7 μ, non amyloïdes. (*Fig. 103*).

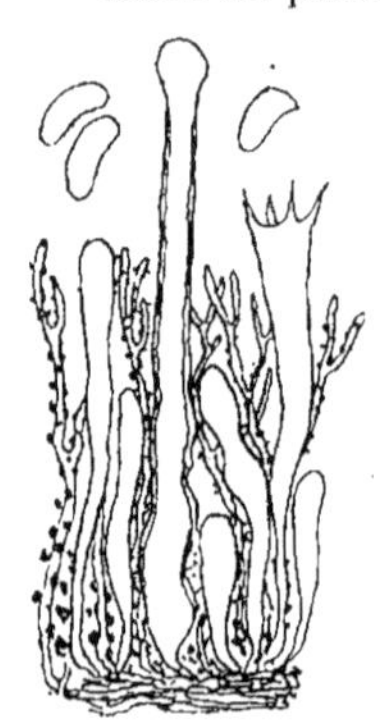

103. — *Aleurodiscus macrosporus* Bres.

Toute l'année. Très commun dans les lieux secs, sur branches mortes et brindilles : prunellier, églantier, ronces, cornouiller, bruyères, amélanchier, pistachier, chêne vert, etc. — Pourriture blanche comme la plupart des cortices.

On trouve dans le Midi quelques spécimens qui tendent plus ou moins à se rapprocher de *A. cerussatus*.

549. — A. dryinus (Pers.) Bourd., Add. aux Cort., Rev. sc. Bourb., 1922, p. 7. — *Thelephora dryina* Pers., Myc. Eur., I,

p. 153. — *Aleurodiscus acerinus* var. *dryinus* Hym. de Fr., IV, n. 220.

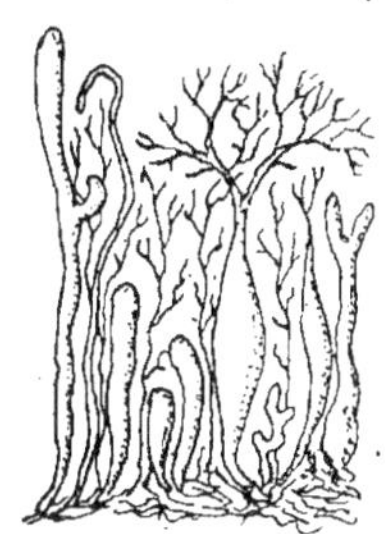

104. — *Aleurodiscus dryinus* (Pers.) Bourd. (stérile)

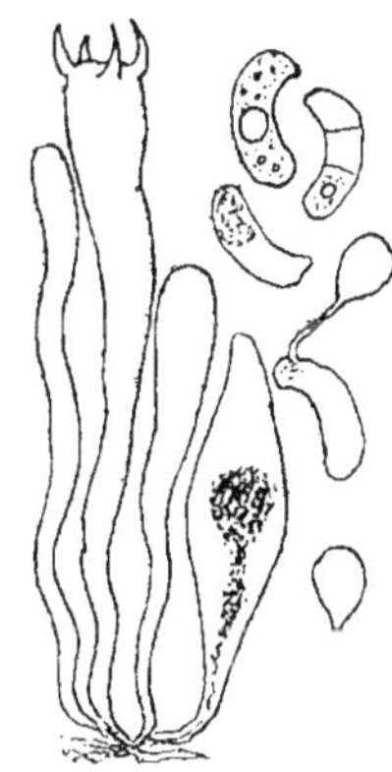

105. — *Aleurodiscus dryinus* (Pers.) Bourd. (fructifié)

Irrégulièrement étalé, interrompu, crustacé, très adhérent, ruguleux, pulvérulent, blanc ou pâle ; bordure peu nette. — Trame toujours abondamment chargée d'oxalate. A l'état stérile, il est constitué par des hyphes, 0,5—2 μ, ascendantes, serrées et très rameuses, au milieu desquelles s'élèvent, plus ou moins haut dans la trame, des organes basidiformes d'abord clavulés puis irrégulièrement cylindriques, souvent très ramifiés à leur sommet, avec les dernières ramifications fines comme les hyphes de la trame. Dans le spécimen fertile, les basides atteignent 120—200×12—18 μ, à 4 stérigmates arqués de 9—10 μ long. Ces basides sont éparses au milieu de nombreuses basides jeunes ou paraphysoïdes de 5—12 μ d. ; spores cylindriques arquées, 20—36×9—12 μ, avec mucron assez distinct, à contenu granulé ou guttulé, non amyloïdes, émettant un filament germinatif de 2—3 μ diam., qui produit une conidie obovale ou piriforme, 9—12 μ d., et en se vidant de leur contenu, les spores prennent 1-2 cloisons plus ou moins nettes. (*Fig. 104 et 105*).

Longtemps stérile, comme la plupart des espèces lichénoïdes, et à fructification éphémère pendant la saison chaude après de grandes pluies. Commun sur l'écorce des vieux chênes.

La structure de cette espèce semble assez voisine de celle de *Vuilleminia comedens* : mais elle s'écarte tout-à-fait de celle de *Aleurodiscus acerinus*, qui lui ressemble extérieurement.

VI. — **DENDROTHELE** v. Hoehn. et Lit., Beitr., 1907, p. 81.

Ce genre diffère de *Aleurodiscus* par les fines papilles qui recouvrent l'hyméninm ; elles sont constituées par des hyphes très fines, rameuses enchevêtrées, et sont analogues aux soies des *Epithele* ; mais dans les *Dendrothele* bien fructifiés les basides finissent par égaler ou dépasser les faisceaux d'hyphes émergentes, ce qui n'a pas lieu dans *Epithele*, où les soies sont plutôt caduques.

550. — **D. griseo-cana** (Bres.) Hym. de Fr., IV, n. 223. — *Corticium* Bres., F. Trid., II, p. 59, t. 147, f. 3. *Specim. orig. !* — *D. papillosa* v. Hoehn. et L., l. c.

Étalé en petites plaques subarrondies, mince, très adhérent, crustacé-farineux, blanchâtre, pâle puis noisette, isabelle, orné de petites papilles éparses, visibles à la loupe ; bordure nettement limitée, blanche. — Hyphes 0,5—2 μ, très serrées, peu distinctes ; basides 30—45×(6)—8—(11) μ, à 2—4 stérigmates droits de 4,5× 4,5 μ ; spores ovoïdes 7—8—10×6—9 μ, non amyloïdes.

Toute l'année. Sur écorces de *Salix alba*, *ciminalis*, orme ; assez rare. Aussi peu lignivore que possible.

VII. — **VUILLEMINIA** R. Maire, Rech. tax. et cyt., Soc. Myc. de Fr., t. XVIII, p. 81.

Hyménium longtemps irrégulier, formé de basides volumineuses, éparses, naissant dans la partie profonde de la trame ; spores grandes, cylindriques arquées, non colorables en bleu par l'iode.

551. — **V. comedens** (Nees) R. Maire, l. c. — *Corticium* Fr., Epicr. ; Hym. eur., p. 656. — Quél., Fl., p. 4. — Bres., Hym. Kmet., n. 170. — *Thelephora decorticans* Pers., Myc., Eur., I, p. 137.

Étalé sous l'épiderme des branches ou corrodant, lisse, glabre, céracé mou, épaissi gélatineux par les temps humides, puis induré, blanchâtre. pâle ou teinté d'incarnat. — Trame formée d'hyphes fines, 1—3 μ, en lacis très serré, flexueuses, rameuses, formant une masse d'aspect mucilagineux, au sein de laquelle s'élèvent les basides ; basides fertiles très allongées, et jusqu'à 9—15 μ diam., à 2—4 stérigmates arqués, 8—10×3 μ, accompagnées de nombreuses basides jeunes, obovales, et de basides stériles allongées flexueuses, avec nombreux filaments paraphysoïdes flexueux et rameux ; spores cylindriques arquées, 12—19—24 ×5—7,5 μ, blanches teintées de paille en masse.

Toute l'année. Décorticant et corrodant sur bois dénudés ; très commun sur branches mortes de chêne, coudrier, châtaignier ; se trouve aussi sur aune, aubépine, prunellier, poirier, noyer, hêtre, charme, sorbier, tilleul, ronce (rongeant), etc. — Lignivore très actif.

Le mode de végétation de ce champignon rappelle celui de certains Hétérobasidiés ; il reprend sa vitalité après 24 heures de pluie et donne alors des spores abondantes. Ces spores peuvent émettre un filament germinatif, mais le cas est assez rare. Quand il est en végétation très active, la trame se réduit beaucoup, et on peut le trouver avec un hyménium à peu près régulier, formé de basides claviformes, en palissade et accompagnées seulement de quelques filaments paraphysoïdes. Il est assez voisin par sa structure de certains *Aleurodiscus*, notamment *A. macrosporus* et *A. dryinus*. Comme lignivore, il tranche avec l'ensemble des *Corticium* par sa grande activité.

552. — *V. nigrescens* (*Thelephora* Schrad., Spic., p. 186.) — *Corticium* Fr., Épicr. ; Hym. eur., p. 656. — Massee, Thel., II, p. 155. — Pius Strasser, Pilzfl. d. Sonnt., II.

Interrompu, sous-épidermique, mince, jaunâtre puis noircissant, subpruineux. — Spore cylindrique oblongue arquée, 18—20×5—6 μ (Massee), 20—30×6—8 μ (P. Strasser).

Sur branches de chêne, hêtre. Variété de *V. comedens* selon M. Bresadola. (n. v.)

553. — **V. megalospora** (*Aleurodiscus megalosporus* Bres., *Specim. orig.!*)

Aspect d'un *V. comedens* dont la surface serait revêtue d'une pruine blanche ou tendant légèrement vers incarnat ou lilacin. Décorticant, ou contigu à *V. comedens* normal et non décorticant. La structure est la même que dans *V. comedens*, mais la spore est toute différente, ellipsoïde ou subfusiforme, plus ou moins longuement atténuée obliquement vers la base, 21—28×10—15 μ, ne bleuissant pas par l'iode. Je n'ai pu voir ces spores qu'à l'état libre, mais M. Bresadola m'écrit qu'il a trouvé la spore sur une baside à 2 stérigmates. J'ai reçu aussi de M. A. de Crozals la même plante, mais non pruineuse décorticante sur chêne vert, Toulon, Juillet 1925. Humectée, elle a donné de nombreuses spores ellipsoïdes-fusiformes, 18—31×9—13 μ. Ni M. de Crozals ni moi n'avons pu les rencontrer sur la baside, mais sur des filaments droits isolés, un peu plus longs que la spore.

Sur branches mortes de pommier, Hongrie (Kmet) ; sur branche de chêne, Bohème (Nespor) comm. Bresadola ; sur chêne vert, Toulon (A. de Crozals).

VIII. — **GALZINIA** Bourdot, Ass. fr. p. l'avanc. des Sc., Rouen, 1921, p. 578.

Réceptacle étalé, muqueux ; hyménium non continu, formé de basides non septées, à 2—4 stérigmates, pédicellées, rarement sessiles, naissant de probasides ovoïdes, disposées en grappe sur les rameaux des hyphes fructifères ; spores cylindriques, arquées, hyalines.

554. — **G. pedicellata** Bourd., l. c.

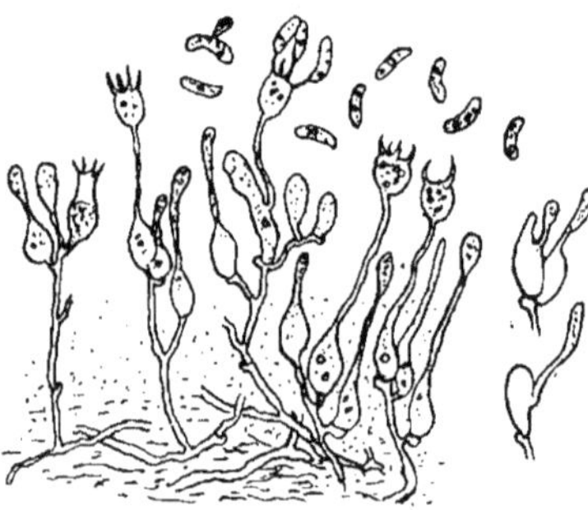

106. — *Galzinia pedicellata* Bourd.

Etalé, mince, interrompu, muqueux, gris hyalin, puis vernissé fuscescent sur le sec, ou évanescent. — Hyphes à parois minces, 2—4 μ, à.boucles éparses ; probasides ovales ou ovales déprimées, 7—12×4,5—6 μ, émettant par le sommet (quelquefois latéralement) un filament basidifère, grêle, 15—60×1,5—2 μ ; basides largement ovoïdes, 8—10×6 μ, à 2—4 stérigmates droits ou arqués, longs de 5—6 μ ; spores subcylindriques arquées, 8—10×3—4 μ, pluriguttulées. (*Fig. 106*).

Avril-Juin. Sous les écorces à demi détachées des branches pourries de pin silvestre, Causse Noir.

Cette plante n'est peut-être pas très rare, mais on ne peut la récolter qu'au hasard, par les temps humides ; elle a l'aspect commun des espèces muqueuses de *Platygloea, Sebacina, Tulasnella,* etc., et sur le sec elle disparait presque complètement.

III. MÉRULINÉS

Substipités, dimidiés, étalé-réfléchis ou entièrement résupinés ; membraneux, pelliculaires, charnus ou céracés. Hyménium orné de saillies obtuses et fertiles sur la tranche, en forme de plis rayonnants, de lamellules sinueuses, crispées, ou de veines réticulées en alvéoles ou en pores incomplets, lisse et corticiforme dans les *Coniophora*, qui se distinguent des Corticiés par leur spore colorée.

TABLEAU ANALYTIQUE DES GENRES

1. Spores blanches : hyménium nu ou vaguement pruineux : 2.
   Spores rouillées ou ocracées ; hyménium pulvérulent : 3.

2. Hyménium couvert de tubercules irréguliers et de plis rayonnants, non anastomosés ; champignons céracés, puis indurés, résupinés : *Phlebia*, I.
   Hyménium à plis lamelliformes, crispés ; champignons membraneux : *Plicatura*, II.
   Hyménium à plis anastomosés en alvéoles ou poriformes : *Merulius*, III.

3. Plis alvéolaires ou poriformes : *Gyrophana*, IV.
   Hyménium lisse : 4.

4. Des cystides : *Coniophorella*, VI.
   Pas de cystides : 5.

5. Spores continues : *Coniophora*, V.
   Spores avec un prolongement hyalin, à chaque extrémité : *Jaapia*, VII.

I. — **PHLEBIA** Fr. — Pat., Ess. tax., p. 107.

Réceptacle céracé, résupiné ; hyménium fertile sur toute son étendue, portant des veines rayonnantes non anastomosées, continues ou interrompues tuberculiformes.

556. — P. aurantiaca (Sow.) Karst. — Pat.. Ess. tax., p. 107.

Etalé, irrégulièrement arrondi ou incrustant-ramuleux, céracé mou, puis durci, corné, incarnat pâle à rouge, souvent plus terne, violacé livide au centre ; hyménium orné de tubercules ou de petits plis droits ou flexueux, subradiants, souvent pruineux ; bordure fimbriée, concolore ou plus rouge, adnée puis détachée et relevée par retrait. — Hyphes hyalines, à parois minces ou épaissies, 2—6 μ, avec boucles fortes souvent ansiformes, parallèles au substratum, un peu flexueuses ; celles de la frange similaires, à extrémités obtuses ; trame plus lâche sous les plis de l'hyménium, où s'accumulent souvent de gros cristaux, hyphes 2—4 μ, ordinairement agglutinées peu distinctes sous l'hyménium : basides 30—40(—55)×(3,5)—4—6 μ, en hyménium très dense, 2—4 (plus souvent 2) stérigmates. droits, longs de 4—5 μ ; spores hyalines. cylindriques, légèrement arquées, souvent à deux ocelles polaires, blanches ou teintées de paille en masse, 4,5—6(—6,5)×1,75 —2,5 μ.

Juillet à Avril. Commun sur troncs debout ou abattus, souches et branches des arbres à feuilles et à aiguilles, gagnant les mousses, lichens et humus autour des souches. Pourriture blanche très active.

a var. merismoides. — *Phlebia merismoides* Fr., Hym. eur., p. 624. — Quél., Fl. myc., p. 11. — Gillet, pl. suppl. — Etalé ou ramuleux-incrustant, incarnat-briqueté, blanc villeux en-dessous ; bordure laciniée, orangée. — Sur souches et incrustant sur mousses.

b var. radiata. — *Ph. radiata* Fr., l. c., p. 625. — Quél., p. 11. — Subarrondi, glabre, incarnat-rosé ; bordure frangée, dentée ; plis plus régulièrement radiants. — Sur les écorces, cerisier, bouleau, etc.

c var. contorta. — *Ph. contorta* Fr., p. 625. — Quél., p. 11 (ut var.) — Etalé, subindéterminé, glabre, couleur chair : plis rameux, flexueux, ou agglomérés tuberculiformes, irréguliers. — Sur écorces.

Les caractères distinctifs de ces trois espèces de Fries ne sont pas connexes : on trouve quelques spécimens répondant à l'une ou l'autre, mais le plus grand nombre est un mélange des caractères de ces trois formes.

Espèces exclues ou non rencontrées

Ph. albida Fr. Hym., eur., p. 625, d'après la description, paraît être une forme à hyménium rugueux de *Corticium subcostatum*. Quélet (Ass. fr., 1882, p. 15) l'identifie à *Stereum album* qui est la même espèce que *C. subcostatum*. Bresadola *in litt.* serait disposé à regarder *Ph. albida* comme une espèce distincte.

Ph. centrifuga Karst., Symb., VIII., p. 10, ne diffère de *Ph. albida* que par sa consistance subgélatineuse et sa marge radiée.

Ph. livida (Pers.) Bres. est le *Corticium lividum* Pers.

Ph. vaga Fr. est le *Corticium sulphureum* Pers.

Ph. lirellosa (Pers., Myc. eur., III, p. 2, t. 18, f. 2—3) Bk. et Br. *Daedalea* Pers. est indiqué en Angleterre. Pour Bresadola, le *D. lirellosa* Pers. ne serait qu'un état vieux et très fendillé de *Hymenochaete tabacina*.

II. — **PLICATURA** Peck. — Pat., Ess. tax., p. 108.

Réceptacle substipité, latéral, dimidié ou résupiné, membraneux mou, subcoriace. Hyménium à plis lamelliformes crispés, obtus sur la tranche. Spores très étroites, cylindriques arquées.

557. — P. faginea (Schrad., *Merulius*) Karst. — *M. crispus* Pers. — Quél., Fl. myc., p. 32. — *Cantharellus* Fr., S. M. — *Trogia* Fr., Hym. eur., p. 492. — Quél., Jura et Vosges, I. t. XIV, f. 4. — Gillet, pl. suppl. — Luc., pl. 10.

Chapeau atténué en stipe latéral ou dorsal, ou sessile, cupulaire cuculliforme réfléchi, lobé, sillonné, subzoné, villeux, fauve clair à fauve brun ; bords plus clairs, enroulés en séchant ; plis radiants, dichotomes, crispés subporiformes en arrière, blancs ou glauques. — Hyphes à parois épaisses, 4—7 μ, à cloisons et boucles distantes, en trame molle, peu compacte ; celles de la villosité du chapeau similaires, mais fauves ; les subhyméniales 1,5—4 μ, à parois minces ou épaissies, à boucles souvent ansiformes ; hyménium très compact ; basides 10—14—21×3—4,5 μ, à 2—4 stérigmates droits, longs de 1,5—2,5 μ ; spores hyalines, cylindriques arquées, très ténues, 3—4×0,5—0,75(—1) μ.

Automne et hiver, mais persistant et pouvant se rencontrer toute l'année. Sur branches tenant à l'arbre ou tombées, hêtre, noyer, coudrier, chêne, *Pinus strobus* ; assez fréquent sur hêtre dans les Vosges ; peu commun, du reste. Pourriture blanche.

558. — P. nivea Karst. — *Merulius* Fr., Hym. eur., p. 592.
— Quél., Fl. myc., p. 32. — Burt, XI, p. 327. — *Trogia* et *Plicatura alni* Peck. — *Merulius petropolitanus* Fr., Hym., p. 591.

Résupiné, 1-3 cm. diam., membraneux mou, mince, à bords entiers, libres ou étroitement réfléchis ; hyménium crème à jaunâtre-alutacé, fendillé en aréoles de 0.5—1 cm., laissant voir le subiculum blanc fibrilleux ; plis assez élevés, flexueux, ne formant pas des pores. — Hyphes du subiculum 3—5 μ, les unes à parois un peu épaissies, les autres à parois minces, flasques, boucles fortes, distantes ; sous-hyménium granuleux, à éléments peu distincts, oxalate de chaux ; basides très serrées, 15—18 × 3—4 μ ; spores hyalines, cylindriques, peu arquées, 4—4,5×0,75 —1 μ.

Automne. Sur branches d'aune : Vosges ; Suède, États-Unis.

III. — MERULIUS Fr.

Résupinés ou étalés réfléchis ou subdimidiés, membraneux, charnu-trémelleux, céracés ou pelliculaires. Hyménium réticulé en alvéoles ou pores plus ou moins formés.

Un assez grand nombre de Cortices ont l'hyménium tout-à-fait mérulioïde, quand ils sont en végétation active par les temps humides, mais les plis disparaissent ordinairement par la dessiccation. Il y a toutefois à peine différence spécifique entre *Corticium pelliculare* et certaines formes de *Merulius porinoides*, à plis peu accentués et de formation tardive. D'autres espèces de *Merulius* sont assez voisines des *Poria*. Celles qui ont la spore ovoïde sont affines aux *Gyrophana*.

Tableau analytique des espèces

1
- Espèces normalement étalées et largement réfléchies : 2.
- Marge quelquefois étroitement réfléchie ; hyménium orangé ou jaune d'or : 3.
- Espèces toujours résupinées : 4.

2
- Charnu-trémelleux, tomenteux, marge dentée ; plis flexueux ou poriformes, roux-orangé ; spores 4×1 μ : *M. tremellosus*, n° 559.
- Membraneux villeux ; hyménium réticulé-poré, blanc puis chamois, aurore ou incarnat par l'âge ; spores 5—8×3—4 μ ; *M. papyrinus*, n° 560.

Plus coriace ; hyménium chamois-rosé, à pores plus larges et
  plus profonds ; spores 4,5—6×2,5 μ. Sur branches d'arbres
  à feuilles : *M. confluens* Schw. Burt, XI, p. 319. Canada,
  Etats-Unis (spécim. ex Burt). — Cité en Angleterre, non
  encore indiqué en France.

3 {
Spores ellipsoïdes arrondies, 5—7×4—4,5 μ : *M. aurantiacus*
  Klotszch, sensu Quélet (n. 569 en note).
Spores cylindriques, un peu arquées, 4—4,5×1,25—2 μ : *M.*
  aureus, n° 568.

4 {
Champignons devenant purpurin noirâtre et plus franchement
  porés ; *Poria taxicola* et *purpurea*, n°ˢ 970, 971.
Membraneux mous sur le frais, et peu adhérents au substra-
  tum : 5.
Très adhérents, souvent crustacés : 8.

5 {
Largement étalé, mince, membraneux· tendre ; plis en réseau
  irrégulier, formant des pores incomplets, larges de 1-3 mm.,
  anguleux, jaunes, puis orangé clair, à la fin aurore ou testacés ; marge fibrilleuse blanche : *M. molluscus*, n° 569.
Autres espèces à hyménium orangé : 3.
Hyménium blanc, crème, chamois ou paille : 6.

6 {
Spores subcylindriques, obliquement atténuées à la base, 6—8
  ×2—2,5 μ. Largement étalé, blanc puis crème ; hyménium lisse, puis lâchement réticulé. Sur écorce de bouleau : *M. borealis* Romell, Hym. of Lappl., p. 27. — Spécimen de Suède, comm. C.-G. Lloyd.
Spores oblongues, 4—4,5×2—3 μ : 7.

7 {
Peu étendu, 0,5—2 cm., blanc paille ; plis subréticulés dentés
  çà et là ; spores 4—4,5×2,5—3 μ ; hyphes subhyméniales
  5—7 μ : *M. albostramineus* Torr., Basid. Lisb. et S. Fiel,
  1913, p. 70. Portugal.
2—7 cm., crème à chamois, lisse, puis à pores anguleux petits,
  très superficiels ; spores 4—4,5×2—2,5 μ ; hyphes 3 μ, incrustées d'oxalate sous l'hyménium. Sur conifères : *M. bel-*
  lus Bk. et Curt. Sacc., VI, p. 448. [Burt, XI, p. 331.
  Etats-Unis (specim. ex Burt).

8
> Céracé, crème roussâtre, roux-carné, bords blancs ; plis pori-
> formes ; spores cylindriques-déprimées, 4,5—6×2—3 μ : *M.
> rufus*, n° 565.
> Céracés-subgélatineux, brun-roux, livides ou violacés, veinulés
> puis porés, très pruineux ; spores oblongues, déprimées et
> obliquement atténuées, 4,5—7×2,5—3 μ : 9.
> Arides, crustacés ou pelliculaires : 10.

9
> Livide, bleuâtre ou violacé, puis rougeâtre : plis phlébioïdes
> radiants, puis réticulés en pores polygonaux, 1 mm. diam. ;
> spores 5—7×2,5—3,5 μ : *M. phlebioides*, n° 567.
> Brun-roux, très pruineux, mince ; pores plus petits, 0,4—0,5
> plus réguliers : *M. lividus*, n° 566.

10
> Spores cylindriques arquées, 4,5—5×1,75—2 μ ; pelliculaire
> glauque ; hyménium réticulé-poré, cystidié *M. glaucinus*,
> n° 564.
> Spores oblongues elliptiques : 11.

11
> Mince, pelliculaire, largement corticioïde au bord ; hyménium
> scrobiculé ou marqué de rides éparses, puis en réseau poré,
> 0,4—1 mm. ; pâle, puis glaucescent ou jaunâtre sale : *M.
> porinoides*, n° 561
> Pores plus petits, 0,2—0,5 mm., plus profonds et plus accu-
> sés : 12.

12
> Pâle ou glaucescent, scrobiculé, puis à pores sinueux crispés ;
> bordure ordinairement similaire : *M. crispatus*, n° 562.
> Crème ocre, alutacé, fauve-ocracé, à la fin fendillé ; pores bien
> marqués, assez profonds, à orifice sinué interrompu ; hy-
> phes à boucles rares : *M. ceracellus* (n° 563 en note).
> Pâles avec teinte rosée ou rougeâtre plus ou moins accu-
> sée : 13.

13
> Aride, glabre ; hyménium d'abord rugueux, puis à pores an-
> guleux, petits, assez réguliers ; spores oblongues elliptiques :
> *M. serpens*, n° 563.
> Plus mou, chair subgélatineuse ; très légèrement pubescent ;
> plis poriformes : *M. pallens* Bk. — Fr., Hym., p. 593. Indi-
> qué en Angleterre.

559. — **M. tremellosus** (Schrad.) Fr., Hym. eur., p. 591.
— Quél., Fl. myc., p. 32. — Gillet, pl. suppl.

Résupiné, confluent, puis réfléchi, ou dimidié, auriforme ou
imbriqué-concrescent, tomenteux ou strigueux, blanc ; plis alvéo-

laires poriformes, 1-3 mm., ou linéaires flexueux, anastomosés, incarnat-pâle, puis roux-orangés. — La section du chapeau montre à la surface une couche molle, cotonneuse, formée d'hyphes 4—6 μ, à parois épaisses, bouclées, enchevêtrées, agglutinées en faisceaux dans les mèches du chapeau ; au-dessous de cette couche, les hyphes sont similaires, mais serrées, agglutinées, parallèles ; région sous-hyméniale formée d'hyphes, 3 μ env., d'aspect gélatineux, à parois minces, très flexueuses, à boucles souvent ansiformes ; basides 15—24×3—4,5 μ, à 2—4 stérigmates longs de 2 μ ; cystidioles fusiformes, de même diamètre que les basides, et émergeant de 9—12 μ, ou simples filaments hyméniens de 2—3 μ diam. ; spores hyalines, cylindriques arquées, 3,5—4,5×1—1,25 (—1,5) μ, blanches en masse, rarement teintées de crème.

Saisons humides, surtout hiver. Commun sur souches déjà attaquées par d'autres champignons, pin, peuplier, aune, hêtre, chêne, bouleau. Le champignon produit une pourriture blanche, probablement peu active : il est difficile de préciser la part qui lui revient dans cette pourriture.

560. — **M. papyrinus** (Bull., t. 402) Quél., Fl. myc., p. 32. — *M. corium* Fr., Hym. eur., p. 591. — *Xylomyzon serpens* Pers., Syn., p. 497.

Etalé, puis réfléchi, ou en capuchon, blanc, puis grisonnant, membraneux, villeux, zoné ; hyménium réticulé-poré, blanc, puis chamois, testacé ou incarnat en herbier. — Trame du chapeau homogène, formée d'hyphes à parois assez épaisses ou minces, 3—6 μ, à boucles à peu près nulles ; les subhyméniales 2,5—3 μ, à parois minces, promptement collapses et indistinctes ; basides 18—24(—45)×4—5—(8) μ, à 2—4 stérigmates droits, longs de 4— 4,5 μ ; spores hyalines, à contenu homogène, subcylindriques ou oblongues, peu ou pas déprimées, 5—6—8×2,5—3—4 μ, blanches en masse.

Toute l'année, avec régression pendant les mois secs. Fréquent sur toute espèce de bois. Pourriture blanche active.

561. — **M. porinoides** Fr., S. M. ; Hym. eur., p. 593. — *Xylomyzon paucirugum* Pers., Myc. eur., II, p. 33. — *Merulius* Duby, Bot. gall., II, p. 796.

Etalé largement, mince, subincrustant, adhérent, blanc crème, puis jaunâtre tendant vers crème olive ; hyménium pelliculaire, d'abord lisse, puis à plis réticulés, formant des pores lar-

ges de 0,5—0,7 (—1) mm., incomplets et superficiels, jaunâtres,
fendillé sur le sec en squamules fragiles ; marge largement corticioïde, avec bords blanchâtres, fibrilleux, développant des cordons
rhizoïdes dans les spécimens enfouis ; subiculum blanc, crustacé,
à peine fibrilleux, — Hyphes à parois minces, 2,5—4,5 (—6) μ, à
boucles assez nombreuses, mais pas à toutes les cloisons, en trame assez régulière ; les subhyméniales 2—3 μ, flexueuses peu
distinctes ; basides 18—21—28×4—4,5—6 μ, à 2—4 stérigmates
longs de 3—4,5 μ ; spores elliptiques oblongues, atténuées à la
base, rarement un peu déprimées, souvent 1-guttulées, 3,5—4,25
—5×2—3 μ.

Avril à Décembre. Sur branches tombées ou enfouies, pin,
chêne, hêtre, etc., et gagnant brindilles et feuilles en contact.

M. porinoides est un groupe mal limité : il y a des formes plus pelliculaires, moins adhérentes, simplement scrobiculées sur le sec, qu'il est
difficile de distinguer de *Corticium pelliculare* : d'autres à spores plus ovoïdes, 3,5—4×2,75—3 μ, sont reliées de la même façon à *Corticium microsporum*. Quand au contraire les pores s'accentuent, il passe à *M. crispatus* et à
M. serpens, selon que la teinte tend vers glaucescent ou vers rougeâtre clair.
Une autre forme à subiculum fibrillo-cotonneux, plus lâche et moins adhérente, ressemble assez à *M. bellus* B. et C. : elle en différerait par sa trame
moins chargée d'oxalate de chaux et ses boucles peut-être plus fréquentes.
Elle est accompagnée, à Layrolle (Aveyron), sur genévrier et genêt, d'une
forme *luteola*, dont l'hyménium est teinté de jaune jonquille assez franc.

562. — **M. crispatus** (Fl. dan.) Fr., Hym. eur., p. 594. —
Bres., Fungi polon., p. 82.

Étalé, crustacé, adhérent ; bordure similaire (souvent aussi
corticiforme) ; hyménium scrobiculé de pores sinueux crispés,
blanchâtres subglaucescents, sur subiculum ténu satiné farineux
visible dans les fentes. — Hyphes de la trame, 2,5—6 μ, à parois
minces et boucles rares ; les subhyméniales tortueuses 2—2,5 μ,
cohérentes ; basides 15—24×4—6 μ, en hyménium dense, 4 stérigmates longs de 2—3 μ ; spores oblongues, légèrement déprimées latéralement, 4—5×2,5—3 μ.

Avril à Novembre. Sur branches tombées, pin, hêtre, aune, etc.

563. — **M. serpens** (Tode) Fr., Hym. eur., p. 593. — Romell, Hym. of Lappl., p. 31, f. 17.

Largement étalé, crustacé, adhérent, pâle, puis plus ou
moins rosé ou isabelle ; bordure byssoïde, blanche, ordinairement
peu étendue ; hyménium réticulé, puis à pores serrés, anguleux,
entiers, 0,25—0,5 mm. — Hyphes de la trame 2,5—3 (—5) μ, à
parois minces, bouclées, portant quelques renflements sphériques
jusqu'à 10—15 μ diam. ; les subhyméniales 2—3 μ ; basides 15—

20—30×4—4,5—6 μ, à 2—4 stérigmates longs de 4—4,5 μ ; spores ellipsoïdes, atténuées à la base, rarement déprimées, souvent 1-guttulées, 4—6×2—2,5 μ.

Mai à Novembre. Sur branches tombées de pin ; sur nerprun, le Larzac, moins caractérisé que sur le pin et passant à *M. porinoides* et à *M. crispatus*.

Ces trois formes semblent avoir une même pourriture blanche, active, mais elles viennent sur des bois déjà attaqués et l'intensité de leur action reste douteuse. Elles sont entendues dans le sens que M. BRESADOLA nous a indiqué et qui concorde avec celui de FRIES. QUÉLET réunissait, dans ses déterminations, sous le nom de *M. crispatus*, les formes *porinoides* et *crispatus*.

M. ceracellus Bk. et Curt. est plus crustacé et son hyménium crème ocre au début finit par prendre une teinte foncée, alutacé-brunâtre ; ses pores sont aussi plus marqués, 0,2—0,4 mm. à parois épaisses interrompues. Nous avons une récolte des Vosges, sur bouleau, qui paraît bien voisine ; mais notre plante étant un peu plus molle, moins aride, il convient d'attendre de nouvelles récoltes, avant d'indiquer en France l'espèce américaine.

564. — **M. glaucinus** Hym. de Fr., n. 407.

Étalé, mince, pelliculaire, glauque ; bordure étroite ; hyménium veinuleux, réticulé, puis à pores incomplets, anguleux, 0,2—0,3 mm. — Hyphes à parois minces non bouclées, 3—4,5 μ, les basilaires régulières, fragiles ; basides 12—16×4,5 μ, à 2—4 stérigmates longs de 4—4,5 μ ; organes cystidiformes épars, à parois minces, quelquefois septés, 30—36×5—7 μ, émergents de 10—15 μ ; spores cylindriques arquées, biguttulées, 4,5—5×1,75—2 μ.

Décembre. Sur bois de pin, même carbonisé ; Causse noir. Une seule récolte, mais à caractères qui semblent bien définis. Mentionné pour de nouvelles recherches.

565. — **M. rufus** Pers., Syn., p. 498. — Fr., Hym. eur., p. 593. — Quél., Fl. myc., p. 31.

Largement étalé, adhérent, céracé-charnu, puis induré, crème blanchâtre, puis isabelle roussâtre, roux-incarnat clair ; hyménium à pores assez réguliers, anguleux, 0,5-1 mm., à bords épais, obtus, pruineux ; bordure stérile plus ou moins large, blanche, pubescente avec marge fibrilleuse, radiée, ou étroite glabrescente. — Hyphes de la trame à parois minces ou peu épaissies, flexueuses, bouclées, 2—3 (—9) μ, souvent cohérentes ; basides longuement claviformes, 18—24—30×3—4,5—6 μ, à 2—4 stérigmates longs de 2,75—4 μ ; spores oblongues subcylindriques, déprimées ou courbées, 4,5—6,5×1,5—2 (—3,5) μ.

Août à Décembre. Commun sur chêne, châtaignier, noyer, frêne, érable, lierre, etc. Pourriture blanche, assez active.

Forme B : *subicularis*. — Bosselé, inégal ; subiculum charnu, épais, blanc, formant bordure ordinairement large, stérile.

Forme C : *isoporus*. — *Xylomyzon isoporum* Pers., Myc. eur., II, p. 33 et pl. XVI, f. 1-2. — *Merulius* Duby, Bot. gall., p. 796. — Mince, roux-carné, à pores réguliers ; aspect de *Poria* ; marge blanche ou isabelle, très étroite ou presque nulle. — Sur bois et écorces, hêtre, nerprun.

566. — **M. lividus** Hym. Fr., n. 409.

Etalé, très adhérent, céracé, subgélatineux, mince, brun-roux, gris-roussâtre, recouvert d'une abondante pruine cendrée ou bleuâtre ; bordure lisse ou veinulée, avec extrème marge pubescente ou byssoïde, fugace ; plis veinulés phlébioïdes, puis réticulés en pores assez réguliers, 0,4-0,5 mm. ou 2-3 par mm., céracés, puis parcheminés, parfois détachés enroulés. — Hyphes rarement distinctes, $1,5—3$ (—6) μ, boucles rares ; basides $30—45 \times 4—5 \mu$, $2—4$ stérigmates longs de $5—6 \mu$; spores oblongues, atténuées obliquement à la base et un peu déprimées latéralement, 1-2 guttulées, $5—6 \times 3 \mu$.

Avril à Novembre. Sur écorces et bois dénudés, très pourris ; chêne.

Cette plante a bien des rapports avec *Corticium lividum* : même pourriture d'un jaune rougeâtre très active ; elle devrait peut-être s'inscrire *C. lividum* var. *merulioides*, mais elle est constante dans ses stations ; elle disparaît pendant l'hiver et reparaît au printemps, avec les mêmes pores.

567. — **M. phlebioides** Hym. de Fr., n. 410.

Etalé, céracé-gélatineux, assez épais, puis induré rigescent, très adhérent, bleuâtre ou violacé, puis rougeâtre livescent ou roussâtre vernissé ; plis mérulioïdes, puis poriformes, 1 mm. diam., avec tubercules tendant à s'orienter radialement ; hyménium à la fin très pruineux ; bords assez largement lisses, mais fertiles, avec extrème marge frangée radiée. — Hyphes basilaires à parois minces, bouclées, régulières, horizontales, $3—4 \mu$: les moyennes et subhyméniales très flexueuses, bouclées, $2,5—3,5 \mu$, souvent collapses indistinctes ; basides $22—30 \times 4—5 \mu$, à $2—4$ stérigmates ; spores oblongues subcylindriques, obliquement atténuées, déprimées latéralement, souvent 1-pluriguttulées, $5—7 \times 2,5—3,5 \mu$.

Printemps et automne. Sur bois dénudés, saule, noyer.

La plante du saule est bien constante ; aspect de *Phlebia*, puis avec plis poriformes, pruineux, qui ressemblent à ceux de *M. lividus*, mais constamment plus grands.

568. — **M. aureus** Fr., El. ; Hym. eur., p. 592. — Burt, Merul., 1917, p. 343. — *Xylomyzon croceum* Pers., Myc. eur., II, p. 33 et pl. XIV, f. 3. — *Merulius croceus* Duby, Bot. gall., p. 796.

Membraneux, mou, cupuliforme à marge gonflée, villeuse et blanche, disque jaune vif, puis étalé, 0,5-1 cm., confluent à bords plus ou moins libres et blancs, quelquefois étroitement réfléchis ; hyménium lâchement réticulé, formant des pores composés, 2-3 mm. diam., superficiels, jaune vif, puis orangés, se tachant parfois d'olivacé et devenant cassant et rougeâtre sur le sec. — Hyphes basilaires subparallèles, les autres densément intriquées, sinueuses, à boucles souvent largement ansiformes, 2—6 μ ; les subhyméniales 2—3 μ ; basides 13—18—24×3,5—4,5—5 μ, à 2—4 stérigmates longs de 1,5—2,5 μ ; spores hyalines, cylindriques, un peu arquées, 4—4,5×1,25—2 μ.

Végétation en automne ou en hiver, mais tissu assez résistant, et se rencontrant à peu près toute l'année. Sur bois pourris, plus fréquent sur conifères que sur feuillus (cornouiller). A R. Pourriture rouge sèche, assez active.

Cette petite espèce est remarquable par le bourrelet villeux et blanc qui borde l'hyménium jaune vif. La description de Fries portant « *ambitu concolore* », nous avions quelques doutes sur l'identité de cette espèce ; mais Miss Wakefield nous informe qu'il y a, dans l'herbier de Kew, un spécimen authentique du *M. aureus* Fries. L'échantillon est unicolore, sans doute par vétusté, mais il donne les spores bacilliformes caractéristiques de cette espèce.

569. — **M. molluscus** Fr., Hym. eur., p. 592. — Bres., Fungi polon., p. 83. — Quél., Fl. myc., p. 32. — Romell, Hym. of Lappl., p. 30, fig. 18. — *M. lacticolor* Bk et Br. — *M. fugax* Burt, XI (1917), p. 352.

Largement étalé, marge rarement un peu réfléchie, peu adhérent, membraneux mou, mince, fragile sur le sec ; marge blanche, cotonneuse ou fibrilleuse ; mycélium mou, fibrilleux ; hyménium céracé, jaune orangé sur le frais, puis crème aurore, crème incarnat, testacé sur le sec ; plis irréguliers formant un réseau ou des pores incomplets, 1-3 mm. — Hyphes à parois minces, boucles assez distantes, quelquefois ansiformes, 3—7 μ ; basides 18—22—35×6—7,5 μ, à 2—4 stérigmates longs de 4,5—6 μ ; spores hyalines, largement elliptiques, 5—7×3,5—4,5 μ, blanches en masse, paraissant toutefois teintées de paille dans les parties plus foncées de l'hyménium.

Hiver. Sur bois cariés, débris de pin, peuplier, châtaignier, sapin, genévrier, saule ; gagnant aussi l'humus et les pierres. Peu vigoureux et peu lignivore, il ne vient que sur bois très pourris, déjà attaqués par d'autres mycéliums.

D'après M. Romell, le *M. molluscus* serait dans l'herbier de Fries, à Upsal et à Christiania, sous le nom de *M. fugax*, et à Kew, sous celui de *M. porinoides*. Malgré cela, M. Romell a conservé le nom de *M. molluscus*, qui est conforme à la description de Fries, tandis que celle de *M. fugax*, ni celle de *M. porinoides* ne peuvent s'appliquer à cette plante. Quant à *M. fugax* Fr., Bresadola (Fungi Kmet.) était disposé à l'identifier avec *Poria reticulata* ; dans ses *Fungi polonici*, il en fait une variété blanche de *M. serpens*. La plante qui, à notre avis, répondrait le mieux à la description de *M. fugax* Fr. serait le *Tomentella fugax* Karsten ! C'est une forme à boucles plus nombreuses du *Corticium centrifugum*, qui est souvent mérulioïde sur le frais.

Le *M. aurantiacus* Klotzsch in Bk. Fr., Hym., p. 594. Quél., Ass. fr., 1891, p. 3 et Ass. fr., 1895, p. 6, pl. VI, f. 4, paraît être une forme jeune et à teinte plus vive de *M. molluscus*.

IV. — **GYROPHANA** Pat., Hym. de France ; Ess. tax., p. 108. — *Merulius* Fr., p. p.

Réceptacle résupiné, rarement réfléchi, membraneux floconneux ou charnu ; hyménium infère, relevé d'alvéoles largement poriformes, à tranche obtuse et fertile. Pas de cystides ; spores jaunâtres, rouillées ou brunâtres, ovoïdes, lisses. — Bois morts, murs humides, etc.

570. — **G. lacrymans** (Wulf.) Pat. — *Merulius* Fr., Hym. eur., p. 594. — Quél., Fl. myc., p. 30. — Burt, 1917, p. 340. — *Merulius* et *Xylomyzon destruens* Pers. — *M. vastator* Tode.

Largement étalé, assez souvent réfléchi, épais, spongieux charnu, jaune rouillé à bistre rouillé ; plis poriformes amples, 1-3 mm., quelquefois dentés hydnoïdes ; hyménium parfois tuberculeux, presque prolifère ; marge blanche, gonflée, tomenteuse. — Hyphes serrées, à boucles rares, ou opposées, les basilaires à parois épaisses, plus ou moins ocracées, 4—7,5 μ ; les autres à parois minces, 2—7,5 μ ; les subhyméniales hyalines, 2—4 μ ; basides flasques, 45—80×6—8 μ, avec hyphes paraphysoïdes, 2 μ d. ; spores ellipsoïdes, parfois déprimées, ocre vif à ocre bistré, 9—10,5 —12×4,5—6 μ, souvent guttulées.

Toute l'année. Sur planchers humides, bois en grange, etc.

Forme : *M. Guillemoti* Boud., Soc. myc. de France, X, p. 63, pl. II, f. 2. — *M. lacrymans* var. *terrestris* R. Ferry, Rev. myc., XVII, p. 72. — Etalé, réfléchi et imbriqué, épais, bordure souvent teintée de violacé fugace ; spores 11—16×5—6 μ. — A terre et sur bois, lieux obscurs. Allier, Vosges, etc.

Nous n'avons jamais rencontré *M. lacrymans* en forêt ; il est, comme *Poria megaloporá* Pers. et *P. bibula* Pers., plus spécial aux lieux habités. Il a été indiqué sur conifères vivantes par M. LUDWIG (Prillieux, Maladies des pl. agr.) ; ROMELL le signale aussi, et dit que, sur les arbres forestiers, le champignon conserve les caractères du type, très épais et souvent piléolé. Dans les habitations, ce sont les bois de conifères qu'il attaque le plus, mais il peut gagner tous les autres bois et, s'il trouve l'humidité voulue, c'est un très gros dévorant, à pourriture rouge sèche. — Le champignon ne se développe bien normalement qu'à la surface des bois, à l'air libre ou confiné, dans des placards, sous des planchers supportés par des poutres, etc. Il est souvent accompagné d'épaisses masses spongieuses, blanches, de mycélium. Entre les boiseries et les murs ou dans les jointures des boiseries, il reste stérile et son mycélium prend les formes les plus variées, s'étalant en larges plaques aranéeuses ou floconneuses, parcourues par des cordons à ramifications flabellées, ou bien en xylostromes plus ou moins épais, plus ou moins durs, émettant des cordons rhizomorphes qui peuvent atteindre 3—5 mm. de diam. Ce mycélium est constitué par des hyphes disposées à peu près parallèlement, subhyalines ou brunies, solides ou à parois très épaisses, 1—6 μ d., accompagnées d'hyphes plus grosses dont le contenu absorbe fortement l'éosine : ces tubes conducteurs se retrouvent aussi dans le champignon normalement développé.

571. — G. umbrina (Fr.). — *Merulius* Fr., El. ; Hym. eur., p. 594 (*teste Bresadola* !).

Orbiculaire. puis confluent, 5—10 cm. ; subiculum membraneux mou, hygrophane, blanchâtre, brun et à peine pubescent en dessous, à la fin entièrement détaché du support et très fragile sur le sec ; bordure étroite, relevée, ordinairement entière, quelquefois développée en cordons rhizoïdes rameux ; plis poriformes, anguleux irréguliers, larges et profonds de 1—3 mm., brun d'ombre puis brun bistré. — Hyphes 2—6 μ, cohérentes, peu distinctes, subhyalines, les basilaires parallèles au substratum et accompagnées d'hyphes solides, 2—4 μ ; basides promptement collapses, 40—60×6—8 μ ; spores brun fauve, ellipsoïdes, 9—12×6—7,5 μ.

Décembre, sur traverses de pin, dans une prise d'eau, Millau.

Le *Merulius squalidus* (Fr.), « *incarnato-hyalinus* », serait d'après M. BRESADOLA, un état jeune de *M. umbrinus* Fr. dans de bonnes conditions de végétation.

572. — G. pulverulenta (Fr.) *Merulius* Fr., El. ; Hym. eur., p. 594. — *M. umbrinus* Burt, 1917, p. 355.   non Fries (*teste Bresadola* !).

Etalé en membrane molle, entièrement séparable, marge stérile blanchâtre ou alutacée, à la fin très étroite ; pores larges de 0,8—1,2 mm., jusqu'à 2—3 mm. de profondeur, sinueux, épais et obtus vers la marge, à parois plus minces, dentées et déchirées vers le centre, parfois centrifuges et localisés près de la bordure, de rouillé à brun cannelle, légèrement olivacé. — Hyphes hyalines à parois minces, flasques, 2—5 μ, boucles rares, les basilaires accompagnées de rares hyphes solides, 2—3 μ d. ; basides 30—45 $\times$5—6 μ ; spores ovoïdes elliptiques, ocre clair à brun clair, 7—9 $\times$4—4,5 μ (sur le frais), 4,5—6$\times$3,5—4 μ (sur le sec).

Probablement toute l'année. Vieux bois de sapin, à l'air, ou à l'entrée des galeries de mines, planchers humides.

M. BRESADOLA avait d'abord regardé cette espèce comme *M. umbrinus* Fr. (spécimen de Hongrie communiqué à M. BURT), mais ayant vu le type de *M. umbrinus* Fr., il a modifié sa manière de voir (Bres., litt. 13, XII, 1922).

573. — **G. himantioides** (Fr.) *Merulius* Fr., S. M. ; Hym. eur., p. 592. — Romell, Hym. Lappl., p. 28. — Burt, Merul., 1917, p. 349. — nec Bres., Fungi polon., p. 82. — *Xylomyzon versicolor* Pers., Myc. Eur., II, p. 30.

Largement étalé, membraneux mince, mou, peu adhérent, fragile sur le sec ; subiculum floconneux puis fibrilleux lâche, émettant souvent des rhizoïdes blanchâtres, gris clair, fumeux ou violet pâle ; bordure ordinairement en large membrane blanchâtre teintée de lilas, fibrilleuse à l'extérieur ; plis minces formant réseau de pores incomplets, anguleux 1,5—3 mm., devenant assez profonds, gris fumeux, jaune d'or, orangés, puis rouillés et subolivacés. — Hyphes basilaires ocracées ou brun jaune, fragiles, les supérieures hyalines, à boucles éparses, promptement collapses, 2—5—9 μ ; basides 45—55—75$\times$6—9—10 μ, à 2—4 stérigmates longs de 4—7 μ ; spores ellipsoïdes, 8—9—13$\times$5—7 μ, de rouillé à fauve, et brun rouillé en masse.

Débute avec l'hiver et disparaît en été, mais craint les grands froids. Sur troncs abattus de châtaignier, humus et débris avoisinants, pin. — Pourriture sèche, la même que celle de *G. lacrymans*, mais moins active. Le bois brunit, se fendille dans tous les sens quand il se dessèche, puis tombe en poussière. Le champignon peut pousser dans des cavités de troncs assez sèches où *G. lacrymans* ne viendrait pas.

1. — Sur les mêmes troncs et paraissant en relation avec cette espèce, des conidies jaune-vert, subelliptiques tronquées, avec des prolongements hyalins à chaque bout.

2. — Hyménium membraneux très mince, sans trace de pores ni de plis ; forme entravée par le froid ; mars 1918.

574. — **G. pinastri** (Fr.) — *Hydnum* Fr., S. M. ; Hym. eur., p. 614. — *Merulius* Burt, 1917, p. 356. — *Hydnum sordidum* Weinm. — Fr., Hym. eur., p. 614. — *Merulius himantioides* Bres., Fungi polon., p. 83, non Fries.

Étalé, 2—5 cm., membraneux mou, fragile sur le sec, peu adhérent, se détachant souvent en séchant ; bordure blanche ou pâle, membraneuse mince, fibrilleuse à l'extérieur, ou étendue en mycélium fibrilleux jaunâtre ou olivacé ; plis réticulés porés, 0,5 —1,5 mm., jaune-roux, devenant lamelleux dentés, incisés, irpicoïdes, ou formés d'aiguillons allongés, comprimés, à la fin brunroux olivacé. — Hyphes basilaires à parois très minces, à cloisons distantes et boucles éparses, 4—6 μ, avec renflements jusqu'à 7—10 μ aux articulations ; les moyennes, 2—4 μ, flexueuses, à parois peu distinctes ; les subhyméniales 1,5—3 μ, agglutinées en masse granuleuse ; basides 18—30×4,5—7 μ, à 2—4 stérigmates droits, longs de 4—6 μ ; spores ovoïdes elliptiques, 5—6,5×3,5—4.5 μ, citrines, crème ocracé, jaunâtre olivacé, selon l'âge.

Août à Janvier. Sur bois déjà attaqués par d'autres champignons, peuplier, châtaignier, pommier, pin, et gagnant les débris et le sol environnant. — Champignon frêle, peu vigoureux, souffrant beaucoup de la dessiccation. Pourriture peu active.

V. — **CONIOPHORA** DC., Fl. fr., VI, p. 34. — Fr., Hym., p. 657. — Pat,, Ess. tax., p. 109 (p. p.).

Réceptacle résupiné, charnu mou, membraneux ou aride ; hyménium lisse ou à tubercules irréguliers, accidentels ; basides à 2—4 stérigmates ; pas de cystides ni de gléocystides ; spores lisses, continues, colorées de rouillé à brunâtre ou olivâtre.

Champignons venant sur bois morts, rarement terrestres ; ils végètent pendant les saisons humides, automne et hiver, et produisent une pourriture sèche active, comme les *Gyrophana*.

Les espèces de *Coniophora* sont difficilement limitées : les caractères différentiels sont de peu de valeur et les intermédiaires sont très nombreux.

Tableau analytique des espéces

1 \Spores grandes, 15—23 μ lg. fusiformes ou piriformes : 2.
(Spores plus petites ovoïdes elliptiques : 4.

2 \Champignon épais, adhérent, argileux, puis bai-brun ; spores
    fusiformes, sinueuses 15—23×5—9 μ : *C. Bourdotii*,
    n. 578.
\Champignon mince, facilement séparable : 3.

3 \Spores piriformes ou obovales allongées, 15—18×6—7 μ : hy-
    ménium pâle, puis bai-brun ; marge fibrilleuse puis enrou-
    lée. Écorce de pin maritime, Portugal : *C. fuscata*, n. 575.
\Spores fusiformes. 18—21×5—6 μ : hyménium fauve olive à
    brun tabac : *C. fusispora*, n. 577.
\Spores fusiformes ou piriformes, 15—18×6—8 μ ; hyménium ar-
    gileux à chamois : *C. media*, n. 576.

4 \Charnus ou membraneux, assez épais, séparables sur le frais ;
    bordure blanche membraneuse, fibrilleuse ou floconneuse
    à l'extérieur : 5.
\Arides, plus ou moins adhérents ; hyphes promptement collap-
    ses : 6.
\Membraneux minces ou pelliculaires, séparables, olivacés ; hy-
    phes hyalines restant distinctes ; spores 5—9 μ long. : 7.

5 \Charnu bosselé tuberculeux, séparable, devenant brun ou bis-
    tre olivacé ; hyménium pulvérulent : *C. cerebella*, n. 579.
\Membraneux, plus mince et plus uni, devenant apprimé et assez
    adhérent sur le sec, ocre rouillé, fauve ou ombré : *C. laxa*,
    n. 580.

6 \Hyphes de la trame 3—4 μ avec renflements en tige d'oignon
    jusqu'à 12 μ : *C. Kalmiae*, n. 584.
\Hyphes de la trame incrustées de cristaux d'oxalate de chaux :
    C. betulae, n. 583.
\Hyphes de la trame hyalines ou légèrement teintées ; pas d'oxa-
    late : *C. arida*, n. 581.
\Hyphes de la trame hyalines, les basilaires à parois plus rigi-
    des ou même épaissies, brunes ou noires : *C. fumosa*,
    n. 582.

7 \Citrin puis vert bleuâtre et ocre olivacé ; basides 12—28×4—
    6 μ ; spores 4—6×3—4,5 μ : *C. olivascens*, n. 585.
\Jaune sale, puis ombre olivacé ; basides 28—36×6—8 μ ; spores
    6—12×4—6 μ : *C. prasinoides*, n. 586.

575. — **C. fuscata** Bres. et Torr., Basidiom. Lisb. et S. Fiel, Broteria, 1913, p. (45) 79.

Largement étalé, membraneux, séparable, pâle puis bai brun ; marge fibrilleuse puis enroulée ; hyménium lisse pulvérulent. — Hyphes 2—7(—12) μ ; basides 45—50×8—12 μ ; spores jaunâtres piriformes ou obovales allongées, 15—18×6—7 μ.

Ecorce de pin maritime, Portugal (Descr. ex Torr., l. c.).

576. — **C. media** Hym. Fr., n. 419 (*subsp. v. var.*).

Etalé indéterminé, facilement séparable, pelliculaire, mou, argileux à chamois, subfarineux ; bordure étendue aranéeuse, ténue. — Hyphes à parois minces, distinctes 3—10(—12) μ, sans boucles, incrustées de cristaux d'oxalate de chaux, les basilaires réunies çà et là en cordons ; basides très irrégulières, 45—90×9 —12 μ ; spores le plus souvent fusiformes, avec les deux extrémités incurvées du même côté, ou régulièrement fusiformes ventrues, ou encore obovales ou elliptiques, atténuées et incurvées à la base, jaune brun-olivacé, (12)—15—18×6—7,5—8 μ.

Novembre. Sur pin silvestre, Causse Noir.

Il est possible que cette plante doive se rapporter à *C. fuscata* ; elle en diffère toutefois par sa coloration bien plus claire et par la variabilité de ses spores qui la rapprochent aussi de *C. fusispora*.

577. — **C. fusispora** (Cooke et Ell.) Cooke. — Sacc., VI, p. 650. — Burt, Th. N. Am., VIII, p. 243.

Etalé, mince, mou, facilement séparable, fauve olive à brun tabac ; marge mucédinoïde, pâle ; hyménium lisse, pulvérulent. — Couche basilaire formée d'hyphes lâches, longitudinalement disposées, collapses, 4—5 μ, parfois incrustées-granuleuses, quelquefois réunies en cordons mycéliaux de 20—25 μ ; couche hyméniale compacte ; spores concolores à l'hyménium, fusiformes obtuses aux deux bouts, courbées vers la base, 18—21×5—6 μ.

Sur pin. Etats-Unis (Desc. ex Burt, l. c.).

578. — **C. Bourdotii** Bres., Fungi gall., Ann. myc., 1908, p. 45. — C. Rea, Brit. Basid., p. 627.

Largement étalé, membraneux mou, assez épais, adhérent, argileux, jaunâtre, puis bai, ou bistre teinté de rougeâtre ; marge plus pâle, fimbriée. — Hyphes à parois très minces, flasques, sans boucles, les basilaires 4—12 μ en couche subparallèle, les subhyméniales cohérentes, avec cellules renflées jusqu'à 15 μ ; hyphes paraphysoïdes peu ou pas émergentes, simples ou rarement fourchues, 2—3 μ. ; basides 45—60×7—10 μ, à 2—4 stérigmates ; spores fusiformes, sinueuses ou subnaviculaires, 15—23×5,5—9 μ.

Automne. Sur platane, Heuilley (Côte-d'Or).

579. — C. cerebella (Pers., Syn., p. 580, *Thelephora*) Duby, Bot. gall., p. 773. — Bres., Fungi polon., p. 110. — Burt, Th. N. Am., VIII, p. 244. — *C. puteana* Fr., Hym., p. 657.

Arrondi, confluent et largement étalé, charnu assez épais, séparable, bosselé tuberculeux ; large bordure blanche, lâche, radiée ou floconneuse à l'extérieur, passant vers le centre à crème ocre, fauve, fauve olive, puis brun ou bistre olivacé ; hyménium pulvérulent, largement fendillé sur le sec. — Hyphes hyalines, à parois minces, 2—6 μ, promptement collapses ; basides fertiles émergentes au milieu de basides jeunes et d'hyphes paraphysoïdes, 60—75×7,5—9 μ ; spores ovoïdes elliptiques, miel, ocre olivacé, brun olivacé, 9—11—15×6—7—9 μ.

Toute l'année. Dans les caves, granges, hangars, sur toute espèce de bois, surtout de conifères, et douves de châtaignier, gagnant les murs, le sol, le verre, etc.

Forme *campestris*. — Plus compact, séparable sur le frais, très adhérent sur le sec. Hyphes basilaires parallèles, atteignant 6—12 μ.

Automne, hiver ; sur troncs et souches, aune, etc.

580. — C. laxa Fr., Hym. eur., p. 659. — Bres., Fungi polon., p. 110.

Largement étalé, membraneux mou, lâchement adhérent sur le frais, mais induré et ne se détachant sur le sec que par petites écailles, quelquefois fendillé et se détachant en morceaux par retrait, aranéeux tomenteux en dessous ; bordure fibrilleuse ou byssoïde en dehors, formant une assez large membrane blanche, qui passe, vers le centre, à pâle, chamois, ocre rouillé, puis brun fauve ou ombré ; hyménium finement farineux. — Hyphes hyalines, les moyennes et subhyméniales collapses, peu distinctes, 1,5—6 μ, les basilaires similaires ou bien élargies jusqu'à 12—15 μ, quelquefois en cordons peu volumineux ; trame avec ou sans oxalate de chaux ; basides fertiles émergentes, 36—90×6—8—12 μ, à 2—4 stérigmates ; spores ovoïdes elliptiques, rarement un peu déprimées latéralement, ambrées, ocre-miel à brun-rouillé et rouille olivacé, 8—12—16×4—7,5—10 μ.

Toute l'année, surtout de Septembre à Juin. Assez commun sur bois morts, souches et troncs, chêne, châtaignier, aubépine, cerisier, ajonc, etc. et sur conifères.

Bien voisin de *C. cerebella*, se rapproche aussi parfois de *C. arida*, mais en général facile à distinguer.

581. — C. arida Fr., Hym., p. 650. — Bres., Fungi polon., p. 110. — Burt, Th. N. Am., VIII, p. 249.

Etalé, adhérent, floconneux, puis plus continu, submembraneux aride, ne se détachant sur le sec que par flocons ; hyménium lisse, sulfurin, ocracé, chamois, puis fauve olive, ombre rouillé ou olivacé, pulvérulent ; bordure assez large blanchâtre, fibrilleuse byssoïde, à la fin très réduite. — Hyphes à parois minces, hyalines ou peu colorées, 3—6 μ, collapses, les basilaires quelquefois plus grosses, 9—12 μ, ou réunies en cordons ; trame sans oxalate de chaux ; basides fertiles émergentes, 30—75$\times$7,5—9—10 μ ; spores ovoïdes ou elliptiques, assez souvent déprimées latéralement, subhyalines, ocre clair, puis brun-ocracé ou ocre-olive, 7,5—11—14 $\times$6—7—9 μ.

Toute l'année. Sur bois morts, troncs et branches tombées, pin, genévrier, châtaignier, prunellier, etc.

Varie 1. — *flavobrunnea* Bres. l. c. — Floconneux, sulfurin ou jonquille, à la fin lisse, brun au centre, sécédent. Ecorces et bois de pin.

2. — *lurida* (Karst.) Bres., l. c. — *Coniophora lurida* Karst. ; Massee, p. 132. — Mince, adhérent, lisse, de jaunâtre argileux à alutacé. Sur branches tombées de pin. Nous avions de nombreuses récoltes de cette variété, déterminées d'après la description de KARSTEN, et conformes aux déterminations de M. BRESADOLA ; mais ayant éliminé tous les spécimens à hyphes incrustées, pour les rapporter à *C. betulae*, il ne nous reste presque rien de *C. lurida*.

3. — *fasca* Karst. — *C. Karstenii* Mass., p. 134. — *C. furva* Karst. — *C. macra* Karst. — Membraneux très mince, adhérent, continu, bai-brun à bistre ; bordure similaire promptement concolore. Sur branches tombées de pin. Rare.

582. — C. fumosa Karst. — Sacc., VI, p. 651.

Aranéeux, puis membraneux continu, lisse, adhérent ; hyménium alutacé, noisette, fumeux, puis ombre clair, quelquefois largement fendillé et relevé aux bords, noirâtre en dessous dans les parties âgées ; bordure fibrilleuse blanche, remplacée en certains points par des filaments noirâtres, floconneux ou rhizoïdes, pénétrant dans le bois ou formant à sa surface un feutrage noir rhacodioïde. — Hyphes moyennes et supérieures hyalines, collapses, 2,5—4 μ, les basilaires distinctes plus rigides, ou même à parois épaissies, 4—7,5 μ, plus ou moins brunies à noires, boucles rares ; basides 45—75×7—10 μ ; spores ellipsoïdes, subhyalines, ocre clair, puis ocre bruni, 9—10—13×6—7—9 μ.

Mai à Décembre. Sur bois morts, pin, cèdre ; sur les bruyères, la plante est plus maigre et ne donne pas de mycélium noir, mais il y a les hyphes basilaires brun noir, à parois rigides. Les intermédiaires avec *C. arida* sont assez nombreux.

C. fumosa Karst., d'après un spécimen authentique, serait, selon v. HOEHNEL et LITSCHAUER (Beitr., 1906, p. 26), une forme de *C. arida* à spores plus petites, 9—10×6—7 μ. L'original du même *C. fumosa* ne diffère pas de *C. olivacea*, selon les mêmes auteurs (Beitr., 1908, p. 16).

583. — C. betulae (Schum.) Karst., sensu Bres., Fungi polon., p. 110. — Brinkm., West. Pilze, n. 30. — *C. suffocata* (Peck) Massee. — Burt, Th. N. Am., VIII, p. 255.

Étalé indéterminé, longtemps floconneux, pulvérulent ou furfuracé, subréticulé, argileux, crème jonquille, jaune de Naples, puis submembraneux aride, adhérent ou plus ou moins séparable, inégal, ocre chamois, gris jaunâtre, noisette, fauve ou brun ; subiculum et bordure généralement étendue, blanchâtres ou jaunâtres, aranéeux ou filamenteux. — Hyphes hyalines ou teintées de jaunâtre, 2—6 μ, d'abord très distinctes, puis collapses, incrustées de cristaux d'oxalate de chaux, les basilaires parfois en cordons ; basides d'abord éparses, non contigües, puis en hyménium dense, les fertiles émergentes, 30—60×5—7—10 μ, 2—4 stérigmates longs de 5—7 μ ; spores elliptiques, souvent obliquement atténuées et apiculées à la base, ou subdéprimées, jaune doré ou huileux, peu brunies, 7—10—14×5—7—10 μ.

Toute l'année, surtout printemps et automne. Sur toute espèce de bois morts, souches, racines, branches tombées.

Cette espèce est la plus commune du genre ; elle est si variable qu'il est bien difficile de la définir. Hypochnoïde au début, et à éléments hyméniens très lâches, elle est déjà très fertile, mais donne surtout de petites spores, 7—9×5—6 μ. Le caractère des hyphes incrustées semble, dans bien des cas, être le seul qui permette de différencier *C. betulae* de *C. arida*, et nous n'avons qu'une médiocre confiance dans sa valeur.

584. — C. Kalmiae (Peck) Burt, Th. N. Am., VIII, p. 246.

Étalé, peu étendu, assez cohérent, séparable sur le sec par gros flocons ; hyménium lisse, pelliculaire, chamois, isabelle ou teinté d'ombre ; subiculum et bordure plus pâles, aranéeux, parfois avec des filaments rhizoïdes, fins, rampant au pourtour. — Hyphes assez distinctes, lâches, hyalines, 3—4 μ, avec renflements en tige d'oignon jusqu'à 12 μ., sans boucles ; basides 25—30×9—12 μ, à 2—4 stérigmates longs de 3—4 μ. ; spores ellipsoïdes, jaune doré à jaunâtre bistré, 9—12×6—7 μ.

Avril, Août. Sur écorces et bois de pin. Causse Noir ; Bagnoles (Orne), E. GILBERT.

Notre plante répond de très près à la description de *C. Kalmiae* et la comparaison avec un fragment de l'original permet de l'identifier. Comme M. BURT, nous avons des doutes sur la valeur de cette espèce ; les spécimens de l'Orne, sans oxalate, se rapprocheraient de *C. arida,* tandis que ceux des Causses, assez homogènes sous les autres rapports, ont des hyphes incrustées d'oxalate, qui les rapprochent de *C. betulae.*

585. — C. olivascens (Berk. Curt., *Corticium*) Mass., Mon. Th., p. 138. — Burt, Th. N. Am., VIII, p. 265. — *Corticium prasinum* Bk. Curt. ; Mass., p. 153. — *Coniophora* v. H. et L., Beitr., 1907, p. 43.

Etalé, 1—3 cm., membraneux mince, fragile, séparable, citrin un peu verdâtre, puis vert poireau, vert bleuâtre ou ocre olivacé, lisse ou granulé et hérissé de soies courtes, hyalines, éparses ou rapprochées (×80 diam.) ; subiculum et bordure blanchâtres, floconneux aranéeux, prolongés çà et là en cordons filiformes, blancs. — Hyphes 2—6 μ. à parois minces, distinctes, à boucles éparses, quelquefois assez nombreuses, en trame lâche, peu distincte sous l'hyménium ; basides 12—18—28×4—6 μ, à 2—4 stérigmates droits, longs de 3—5 μ. ; cystidioles cylindriques ou subulées, 4—6 μ d., ordinairement peu émergentes ; spores ellipsoïdes, jaune olivacé, 4—6×3—4—4,5 μ, citrin clair puis vert pomme en masse.

Printemps, automne. Sur bois pourris, pin maritime, cèdre, peuplier, noyer.

Absolument identique à l'espèce américaine ; c'est chez nous une plante peu résistante, qui finit par être chassée de ses stations, étouffée par d'autres *Coniophora* plus vigoureux.

Forme 1 : *merulioide* sur le frais, mais à plis disparaissant sur le sec.

Forme 2 : *gyrophana,* plis poriformes irréguliers, 0,5—1 mm., assez élevés vers le centre, décroissant insensiblement vers les bords ; hyménium induré sur le sec ; caractères micrographiques du type. — Septembre ; bois morts, châtaignier et sol avoisinant. — Ces deux formes établissent une affinité très proche entre *C. olivascens* et *Gyrophana pinastri.*

586. — C. prasinoides Hym. Fr., n. 429.

Etalé peu étendu, subiculum blanc débordant çà et là en

bordure irrégulière, furfuracée aranéeuse ou filamenteuse ; hyménium membraneux mou, séparable, très fragile, ocracé olive, ombre olivacé. — Hyphes hyalines, bien distinctes 3—7,5(—9) µ, sans boucles, les basilaires en cordons peu fournis ; basides 27—36—40×6—8 µ, rarement déformées utriformes, ou cylindriques émergentes ; spores 6—9—12×4—6 µ, ocre olivacé, ovoïdes elliptiques, rarement un peu déprimées.

Hiver. Sur tiges piétinées de *Festuca duriuscula, ovina* ; brindilles recouvertes ou semi-enfouies, vigne, osier, pommier, etc. Aveyron ; Allier ; Saône-et-Loire (F. GUILLEMIN).

Cette plante relie aux autres *Coniophora* le *C. olivascens*, dont elle est très voisine ; elle en diffère par sa coloration moins vive et ses spores et basides presque du double plus grandes.

VI. — **CONIOPHORELLA** Karst., Finl. Basidsv. — Bres., Ann. Myc., I, p. 110.

Caractères des *Coniophora*, mais avec cystides volumineuses, septées, à parois ordinairement épaisses et incrustées.

587. — **C. olivacea** (Fr.) Karst. — Bres., Fungi polon., p. 110. — *Coniophora* Sacc., VI, p. 649. — Burt, Th. N. Am., VIII, p. 257.

Largement étalé, submembraneux, adhérent ou séparable sur le frais, lisse, sétuleux, brun d'ombre ou brun rouillé, plus ou moins teinté d'olivacé ; bordure étendue, amincie byssoïde, subaranéeuse, blanchâtre ou pâle, à la fin très réduite. — Hyphes 3—9 µ, les inférieures brunâtres, parfois en cordons, trame assez lâche, boucles rares, les moyennes dressées, serrées, brun jaune, les subhyméniales presque hyalines, souvent collapses, 3—4 µ ; cystides subcylindriques, variables, à parois plus ou moins épaisses et brunies, septées, 90—300×6—10—36 µ, émergentes jusqu'à 100 µ ; basides 30—80×7—9 µ ; spores elliptiques ou obovales, souvent aplaties d'un côté, ocre clair, puis jaune brun, 7—9—14 ×4—8 µ.

Mai-Décembre. Sur écorces et bois morts, pin, sapin.

588. — **C. fulvo-olivacea** (Massee, Mon. Th., p. 134).

Etalé, indéterminé, mince, floconneux, furfuracé, adhérent, fauve olivacé ; bordure fibrilleuse très fugace ou nulle. — Hyphes à parois minces, sans boucles, 3—9 µ, les supérieures subhyalines, les inférieures plus foncées à parois plus fermes ; cystides 150—300×9—12—27 µ, à parois plus ou moins épaisses et brunies,

1—15 cloisons, émergentes jusqu'à 200 μ ; basides en hyménium compact, 30—65×4—9 μ, à 2—4 stérigmates longs de 7—7,5 μ ; spores ovoïdes ou elliptiques, irrégulièrement déprimées, 6—14 ×4—7,5 μ, jaunâtres, puis brun olivacé, bistre olive en masse.

Août à Mai. Sur bois très pourris, pin maritime, châtaignier.

Forme : *cunabularis*. — Épars, furfuracé pubescent, argileux, gris pâle, à peine fulvescent. Hyphes à parois minces, 3—6 μ, boucles rares ; cystides variables, obovales piriformes, 12—18 μ d., immerses, ou cylindriques fusiformes obtuses, 40—75×9—15 μ, émergentes, avec ou sans rameau latéral, à contenu hyalin ou à 2—3 grosses guttules huileuses, nues ou incrustées au sommet d'un chapeau d'oxalate ; basides 15—36×5—7,5 μ avec cystidioles passant à la forme des cystides ; spores oblongues obovales, subhyalines, 6—7×3—4,5 μ.

Sur bois très cariés de châtaignier.

C. olivacea et *umbrina*, à l'état très jeune, n'ont que de rares cystides, la plupart hyalines, piriformes ou fusiformes, peu émergentes, à peine cloisonnées et quelquefois ramuleuses ; dans cet état, elles donnent des spores en moyenne plus petites que dans l'état adulte. Malgré ces analogies, nous ne sommes pas sûrs des relations de ces plantes avec la var. *cunabularis* de *C. fulvo-olivacea*, n'ayant pu en suivre l'évolution, et M. Bresadola pense qu'il s'agirait plutôt d'une espèce de *Peniophora*.

Le *C. fusco-olivacea* Massee est basé sur un spécimen de Karsten dans l'exs. Rab. et Wint., n. 2721 ; cette plante est regardée comme identique à *C. umbrina* par v. Hoehnel et Litschauer (Beitr. 1908, p. 21) ; elle est mise en synonyme à *C. olivacea* par Burt et Bresadola. Nos récoltes assez nombreuses s'écartent de ces deux espèces par des caractères externes assez constants et répondent bien à la description de Massee.

589. — **C. umbrina** (Alb. Schw.) Bres., Fungi polon., p. 111. — *Coniophora* Fr., Hym., p. 658. — Burt, Th. Am., VIII, p. 256.

Etalé, membraneux mou, adhérent, aride, presque crustacé, sétuleux, devenant plus ou moins fendillé, brun d'ombre à brun bistré ; subiculum noirâtre, villeux, bordure nulle ou étroite fibrilleuse, subréticulée, concolore ou plus pâle. — Hyphes 3—5—9 μ, jaunâtres à brunes, rigides, en trame lâche ; cystides subhyalines, puis brunes, à parois épaisses, ordinairement incrustées, 100—300 ×9—14—21 μ, émergentes jusqu'à 120 μ ; basides 30—75×5—9 μ ; spores obovales ou elliptiques, apiculées à la base et souvent aplaties latéralement, ocre bruni à ombre clair, 9—12×5—6—9 μ.

Janvier-Avril. Sur vieux bois de pin, troncs et branches, bois travaillés ; planches de peuplier. Surtout distinct de *C. olivacea* par la couleur qui n'a rien d'olivacé.

590. — **C. atrocinerea** Karst., Finl. basidv. — *Coniophora* Karst. — Sacc., VI, p. 650. — Mass., p. 132 et 136. — Burt, Th. N. Am., VIII, p. 260.

Etalé, floconneux membraneux, mou, adhérent, puis continu, lisse, bistre ou noir fumeux ; bordure plus claire ou blanchâtre puis grise, aranéeuse pulvérulente en dehors. — Hyphes rigides, fragiles, brun foncé, 3—5—7 μ ; cystides à parois épaisses, brunes, incrustées et septées, 75—190×9—15 μ ; basides 30—75×7—9 (—11) μ ; spores ovoïdes ou elliptiques, jaunâtres, 8—12×4,5—6 (—9) μ.

Octobre, Décembre. Sur bois pourris de pin ; très rare.

VII. — **JAAPIA** Bres., Adn. myc. in Ann. myc., 1911, p. 428.

Caractères de *Coniophora*, mais spores fusiformes avec une grosse guttule colorée, remplissant la partie moyenne de la spore et laissant incolores les deux extrémités.

591. — **J. argillacea** Bres., l. c. — Wakef. et Pears., Tr. Brit. myc. Soc., VI, p. 319. — Cf. v. Hoehn., Fragm. z. Myc., 1912, p. 2.

Etalé, mince, adhérent, floconneux membraneux ou crustacé, sans cohérence, puis continu ou finement poré à la loupe, pulvérulent, argileux, luride alutacé : bordure étroite, plus lâche ou similaire. — Hyphes à parois minces, flasques, 3—6 μ, à boucles éparses ; basides 45—70—90×7—9 μ, 2—4 stérigmates longs de 6—9 μ ; basides stériles émergentes cystidiformes, assez rares ; spores fusiformes, 15—24×6—8 μ, souvent un peu courbées vers la base, contenant une épaisse guttule jaunâtre, 1-pluri-vacuolée, laissant les deux extrémités de la spore hyalines.

Octobre, Décembre. Sur pin silvestre, Triglitz (Allemagne) leg. JAAP (*Specim. orig.* ! comm. BRESADOLA et V. HOEHNEL) ; sur branche tombée, Weybrige (Angleterre), A.-A. PEARSON.

On trouve quelques spores jeunes, fusiformes ou rétrécies seulement à une extrémité, entièrement remplies par un plasma homogène, sans vides aux extrémités ; quelques-unes de ces spores restent toujours hyalines, à contenu incolore et homogène. Ordinairement, dans la spore normale, le contenu oléo-résineux occupe seulement la partie moyenne de la spore, laissant les deux extrémités hyalines, vides ou à contenu incolore. Dans la spore âgée à membrane flasque, la guttule résinifiée conserve sa forme, tandis que les extrémités conoïdales se déforment et se contractent, faisant paraître la spore appendiculée. Quant aux cloisons rendant la spore tricellulaire, comme l'a indiqué von HOEHNEL, nous n'avons jamais pu les voir.

IV. STÉRÉINÉS

Réceptacle coriace ou ligneux, stipité, dimidié, étalé-réflé-chi ou résupiné. Hyménium infère, lisse ou hérissé de soies, porté sur une couche de tissu variable, mais non constitué par des hyphes dendroïdes, rigides. Cystides variables, toujours présentes dans les formes typiques. Spores ovoïdes oblongues ou subcylindriques.

I. — **PODOSCYPHA** Pat., Ess. tax., p. 70.

Stipités, dressés, en coupe ou flabelliformes, coriaces minces ; stipe ligneux ou cartilagineux, simple ou rameux. Hyménium très mince, lisse ou strié longitudinalement ; basides courtes ; cystides hyalines à parois minces ; spores ovoïdes, lisses, hyalines.

592. — **P. undulata** (Fr.) R. Maire, Ann. Myc., VI, (1909), p. 428, f. I-III. — *Cantharellus* Fr., S. M. — *Thelephora* Fr., Hym., p. 633. — *Stereum* Lloyd, Syn. stipit. Ster., p. 20, fig. 535.

Chapeau 5—25 mm. membraneux, coriace, gris jaunâtre, translucide, plus foncé par l'humidité, souvent à 2-3 zones brunes, infundibuliforme, subglabre ; marge ondulée plissée, fissile ; hyménium lisse, à la fin fissuré ; stipe court, 4—12 mm., velu, concolore ou blanchâtre, tenace. — Trame du chapeau formée d'hyphes à parois épaisses, cloisons distantes, parallèles cohérentes, traversées par les hyphes cystidiophores ; poils du chapeau épars, ressemblant aux cystides ; subhyménium très mince ; cystides assez nombreuses, plus ou moins saillantes, à parois minces ; basides 13—20×4—5µ, à 2—4 stérigmates ; spores ellipsoïdes, déprimées latéralement et atténuées obliquement à la base, 4—6 ×1,5—2,5 µ, ordinairement 1-2-guttulées.

Sur la terre nue, surtout brûlée et mêlée de cendres ; Vosges, Suède, Finlande, Russie. (Ex R. Maire) (n. v.)

593. — **P. Sowerbyi** (Bk. Br.) Pat. — Rolland, Champ., fig. 225. — *Thelephora* Bk. Br. — Fr Hym. eur., p. 633. — *Stereum* Lloyd, l. c., fig. 536 — C. Rea, Brit. Basid., p. 661. — *Elvela pannosa* Sow., t. 155.

Chapeau 1—2,5 cm. infundibuliforme ou flabellé, coriace, azone, fibrilleux, blanc, jaunissant sur le sec, marge entière ou incisée ; stipe court, concolore ; hyménium lisse et glabre. Spores irrégulièrement globuleuses ou ovoïdes anguleuses, 7—8 μ diam. (Sacc.), ovoïdes 3×2 μ (C. REA).

Groupé, subcespiteux sur la terre nue, les écorces de pin ; Angleterre, Allemagne (n. v.)

II. — **STEREUM** Fr., Epicr. — Pat., Ess. taxon., p. 71.

Réceptacle coriace ou ligneux, dimidié, étalé-réfléchi ou résupiné. Hyménium infère, lisse, non hérissé de soies colorées, porté sur une couche de tissu variable plus ou moins épaisse, non constituée par des hyphes dendroïdes, rigides.

Le genre *Stereum*, qui forme un groupe bien naturel si l'on ne considère que ses espèces typiques, se définit surtout par des caractères extérieurs, parce qu'à ces formes typiques on a adjoint des espèces qui n'ont avec elles rien de commun au point de vue de la structure. Il y a cependant deux caractères micrographiques exclusifs : les espèces qui ont, dans l'hyménium ou dans la trame, des cystides colorées spinuliformes, constituent le genre *Hymenochaete* ; celles qui ont la trame composée d'hyphes dendroïdes, rigides, sont communément reportées dans le genre *Asterostromella*.

Les espèces typiques sont voisines de *Peniophora*, dont elles se distinguent par une couche d'hyphes parallèles plus ou moins épaisse sous l'hyménium. Certains *Peniophora* ayant eux-mêmes cette couche assez développée, il faut ajouter à ce caractère celui de la consistance coriace ou subligneuse du réceptacle chez les *Stereum*.

Le tableau analytique ci-dessous ne nécessite pas l'emploi du microscope ; mais, par des subdivisions nombreuses dans le texte, sont donnés les éléments d'un Tableau synoptique permettant d'arriver à la détermination des espèces d'après la structure micrographique.

Tableau analytique des espèces

1 {Réceptacle résupiné : 2.
{Réceptacle étalé-réfléchi, conchoïde ou dimidié : 11.

2 {Hyménium rougissant au froissement, sur le frais (et souvent
{   sur le sec, si on l'humecte) : 3.
{Hyménium ne rougissant pas quand on le blesse : 4.

{Petit champignon, 3—15 mm., étalé, mais à bords promptement
{   libres et relevés. Hyménium bulleux, gris clair ou gris

3 {
lilacé, pruineux. Sur écorce des branches de pin : *S. pini*, n. 608.

Etalé, arrondi, 1—4 cm., puis confluent, à bords libres, puis réfléchis, membraneux coriace. Hyménium uni, blanchâtre à crème chamois. Sur conifères : *S. sanguinolentum*, n. 599.

Disciforme ou cupuliforme à bords libres, coriace-ligneux, devenant épais, stratifié. Hyménium bosselé onduleux, crème, chamois ou noisette. Sur feuillus, rare sur conifères : *S. rugosum*, n. 601.

4 {
Trame noire ; réceptacle cupuliforme, dur, épais, 3—8 mm., sillonné, brun-noir ; hyménium aplani, gris pruineux : *S. repandum,* n. 614.

Trame brun rouillé ou fauve foncé : 5.

Trame blanche, lignicolore ou lilacée : 6.

5 {
Plaque épaisse, dure, stratifiée, très adhérente, ordinairement cachée sous les grosses racines de chêne, châtaignier : *Asterostremella dura*, n. 630.

Floconneux-mou puis rigescent ; hyménium gris pruineux. Sur conifères : *S. abietinum*, n. 605.

6 {
Erompant, groupé, tuberculiforme, puis libre au pourtour, charnu-cartilagineux, non stratifié, brun-roux, brun-vineux. Sur peupliers : *S. rufum*, n. 615.

Tubercules groupés, puis contigus, formant par leur ensemble une plaque épaisse stratifiée, très dure, aréolée. Sur chêne, lésion en galerie : *S. frustulosum*, n. 613.

Hyménium aplani, blanc, pâle, gris, chamois, roussâtre ou purpurin : 7.

7 {
Hyménium blanc ou pâle, très fendillé et couvert de petits tubercules papilleux ; trame lignicolore : *S. Murrayi*, n. 610.

Hyménium lisse : 8.

8 {
Hyménium gris, roussâtre ou purpurin obscur : 9.

Hyménium de teinte claire, blanc, pâle ou lilacé : 10.

9 {
Hyménium purpurin obscur, à la fin fendillé ; bordure et trame lilacées décolorantes : *S. umbrinum*, n. 612.

Hyménium roussâtre à noisette : bordure épaisse entière ou détachée ; substance dure, lignicolore. Sur conifères : *S. Chailletii*, n. 606.

Membraneux, arrondi puis largement confluent, blanc puis crème, à la fin très fendillé ; bords entiers. Sur conifères : *S. Karstenii*, n. 616.

10 — Membraneux, pâle ou lilacé, non fendillé ; bords villeux en dessus. Peupliers, saules : *S. purpureum*, n. 609.

Membraneux-coriace, blanc puis crème, adhérent ; bordure indéterminée : *Corticium odoratum*, n. 354.

Céracé puis très dur, pâle, à la fin épais et très fendillé : *Glocecystidium insidiosum* et *ochraceum*, n. 433, 434.

11 — Hyménium rougissant au froissement sur le frais (et souvent sur le sec, si on l'humecte) : 12.

Hyménium ne rougissant pas quand on le blesse : 13.

12 — Chapeaux imbriqués ou cespiteux, coriaces, minces, ondulés-crispés, fibreux-striés de brun rouillé ou mordoré avec gris ou chamois : *S. gausapatum*, n. 600.

Chapeau non strié de brun-fauve : 3.

Champignon charnu-membraneux, puis induré, fragile, blanchâtre ou pâle sur le frais ; chapeau fibreux ; hyménium radialement rugueux, puis fissuré : *Corticium subcostatum*, n. 311.

13 — Chapeau épais, rigide et dur, tomenteux, zoné, brun rouillé ; trame jaune : *S. subpileatum*, n. 602.

Chapeau dur, ligneux, sillonné, brun noir ; hyménium gris clair, fumeux : *S. areolatum*, n. 607.

Chapeau mince, coriace-élastique ou flasque : 14.

Chapeau floconneux mou, au moins sur le frais, gris, brun ou bistre ; substance rouillée ou brune : 15.

14 — Chapeau rigide élastique, noir bleuâtre velouté ; hyménium rouillé vif : *S. radiatum*, n. 598.

Chapeau rigide élastique ; chair dense, mince, pâle ou lignicolore : 16.

Chapeau sillonné, brun à zones plus foncées, brièvement villeux, puis glabrescent, mou puis rigide ; hyménium gris cendré pruineux. Sur conifères : *S. abietinum*, n. 605.

Chapeau floconneux-tomenteux, flasque, brun tabac ; hyménium blanchâtre, pâle, à la fin fendillé. Sur feuillus : *S. fuscum*, n. 611.

15 — Chapeau tomenteux-strigueux, gris, bistre ou brun, coriace-mou ; hyménium gris-bistre à brunâtre, souvent aréolé de veines plus claires et fendillé radialement : *S. spadiceum*, n. 604.

16 {
Hyménium lilacin ou purpurin, puis livescent pruineux ; chapeau tomenteux ou mollement hispide, blanchâtre, gris ou pâle fulvescent : *S. purpureum*, n. 609.

Hyménium chamois puis noisette, finement hérissé ; chapeau strigueux, chamois, puis pâle ou gris : *S. cinerascens*, n. 603.

Hyménium très lisse, jaune ou chamois plus ou moins vif, puis souvent pâlissant ou grisonnant : 17.

17 {
Réfléchi, conchoïde, rarement substipité, brièvement tomenteux, chamois puis blanc gris pâle avec zones étroites plus foncées ; marge restant longtemps chamois : *S. fasciatum*, n. 597.

Réfléchi, conchoïde ou flabellé, tomenteux-substrigueux à zones nombreuses, fauves, brun-rouillé, à la fin brunissant ou grisonnant : *S. insignitum*, n. 596.

Réfléchi, conchoïde, confluent, hérissé-strigueux, blanchâtre, pâle, grisâtre, jaunâtre ou fulvescent avec marge souci ou fauve : *S. hirsutum*, n. 594.

Plus petit, plus mince, cupuliforme puis étalé réfléchi, poilu strigueux, blanchâtre ; hyménium pâle ou chamois : *S. sulphuratum*, n. 595.

I. — **STEREA GENUINA**. — Hyphes de la trame (tissu intermédiaire) en couche plus ou moins épaisse, disposées longitudinalement dans le plan de développement du réceptacle ; vers le haut, ces hyphes s'agglutinent en couche colorée, formant une croûte qui manque rarement et qui émet des hyphes libres ou fasciculées qui constituent la villosité du chapeau ; vers le bas, les hyphes de la couche intermédiaire s'inclinent pour former l'hyménium et se différencient en hyphes basidiophores et en organes cystidiformes toujours présents. Basides étroitement claviformes, à 2—4 stérigmates. Spores hyalines, oblongues ou subcylindriques, quelquefois déprimées ou arquées, à contenu ordinairement homogène. Plantes lignicoles, produisant une pourriture blanche plus ou moins active.

I. A. — **Luteola**. — Cystides tubuleuses, à parois épaisses et canalicule filiforme élargi vers le sommet, atteignant ou dépassant légèrement la surface hyméniale. Ces cystides sont les extrémités plus ou moins différenciées des grosses hyphes de la trame. (On trouve accidentellement quelques cystides à parois moins épaisses et à contenu coloré ou guttulé, qui établissent un lien avec le groupe *cruentata*. Plus rarement, quelques cystides sont plus courtes, renflées fusiformes, à parois épaisses, comme dans *Lloydella*). Hyphes basidiophores plus étroites et à parois minces. Hyménium coloré d'un des tons du jaune, pâlissant ou grisonnant, ne se tachant pas de rouge au froissement.

594. — **S. hirsutum** (Willd.) Pers., Syn., p. 570. — Fr., Hym. eur.,p. 639. — Gillet, p. 741 avec pl. — Quél., Fl. myc., p. 14. — Burt, Theleph. N. Amer., XII, p. 150. — *Auricularia reflexa* Bull., t. 274.

Etalé, réfléchi ou conchoïde, confluent et imbriqué, rarement cyathiforme, fixé par le centre, coriace élastique, hérissé strigueux, légèrement zoné, blanchâtre, jaunâtre, grisâtre ou fulvescent ; marge jaune, souci ou fauve ; hyménium lisse, glabre, jaune pâle, souci, chamois pâlissant, noisette ou fumeux. — Villosité du chapeau à poils libres ou réunis en mèches, à parois épaisses, hyalines, 3,5—7 μ. Croûte jaune formée d'hyphes agglutinées. Trame à hyphes subparallèles, serrées, les unes à parois minces ou peu épaissies, 2,5—4 μ d. ; les autres plus rigides, à parois épaisses, 5—9 μ d., ces dernières plus abondantes dans la partie voisine de l'hyménium où elles s'incurvent verticalement, très nombreuses dans l'hyménium, formant des cystides peu différenciées, tubuleuses, à canalicule capillaire, dilaté au sommet par l'amincissement de leurs parois ; basides 30—50×3—4,5 μ, à 2—4 stérigmates, portées par les rameaux des hyphes à parois minces ; spores 4—6—8×2,5—3,5 μ, oblongues légèrement déprimées latéralement, blanches en masse ou à peine teintées de jaune-grisâtre ou fumeux.

Toute l'année. Très commun sur toute espèce de bois à feuilles, assez fréquent sur le mélèze, plus rare sur les autres conifères. — Très gros dévorant, avec pourriture blanche.

Forme *crassa*. — Unicolore, noisette ; chair fibro-ligneuse, épaisse jusqu'à 3 mm. ; caractères micrographiques du type. Sur bouleau (Allier).

Fréquent et très polymorphe dans les mines, sur les bois d'étais. Pour ces formes souterraines, qu'il est souvent impossible d'identifier, voir Gillot, Rev. Myc., 1882, p. 183 ; Roumeg., Rev. Myc., 1886, p. 203 ; Gill. et Luc., Champ. de S.-et-L., p. 409.

595. — *S. sulphuratum* Bk. et Rav. — Burt, Th. N. Am., XII, p. 148. — *S. ochroleucum* Bres., Fungi polon., p. 94 ! — Brinkm., Westf. Pilze, exs. I, n. 49 ! nec Fr. sec. Burt l. c. — *Thelephora ramealis* Pers., Obs. myc. ; Syn., p. 570.

Cupuliforme, puis étalé confluent à marge réfléchie satinée et strigueuse, coriace mince, teinté de jaune très clair puis blanchâtre ; hyménium veiné par les lignes de confluence, blanc soyeux au bord, pâle ou noisette puis chamois ou crème testacé. — Basides 15—30×3—4 μ ; spores oblongues subcylindriques, un peu déprimées latéralement, 5—8—9,5×2,5—3,25 μ, blanches en masse.

Toute l'année. — Sur branches mortes sur l'arbre ou tombées. Lignivore moins actif que *S. hirsutum*. Allier : assez commun, sur chêne et sphériacées, hêtre, charme, cerisier, églantier, sapin pectiné ; Aveyron : chêne, châtaignier, *Erica arborea, Calluna vulgaris* ; parasite assez fréquent des ceps de vigne. Seine-et-Marne (P. HARIOT) ; Côte-d'Or (M. BARBIER) ; Hte-Saône (L. MAIRE) ; Belfort (A. GILBERT).

Cette plante est souvent étiquetée dans les herbiers comme *Corticium evolvens*. QUÉLET nous l'a donnée plusieurs fois comme un état jeune de *S. hirsutum* : ce n'est pas un état jeune, mais une variété ou sous-espèce assez caractérisée, à laquelle nous aurions volontiers restitué le nom de *ramealis* Pers., si nous n'avions craint d'introduire une confusion avec une espèce américaine, le *S. rameale* Schw. Elle est facile à distinguer de *S. hirsutum* par sa forme cupulée puis étalée, sa taille et surtout son épaisseur moindres. M. BURT donne, comme principal caractère distinctif entre *S. sulphuratum* et *S. hirsutum*, l'absence d'une croûte dorée dans le premier, et qui est très nette dans le second. Le spécimen de l'Alabama, que nous a aimablement communiqué M. BURT, ne présente pas en effet de ligne dorée séparant la trame de la villosité du chapeau ; mais le n° 49 de l'exs. Brinkmann, cité par M. BURT, présente cette ligne en certains points. Les spécimens déterminés par M. BRESADOLA comme *S. ochroleucum* ont aussi cette ligne très nette. Parmi nos récoltes les unes ont cette croûte colorée aussi nette que dans *S. hirsutum* ; les autres l'ont très étroite, formée seulement de quelques hyphes, ou à peine discolore ; d'autres ne l'ont pas du tout. Est-ce une simple différence d'âge, ou bien l'indication d'une parenté plus ou moins proche avec *S. hirsutum* ? Les deux types sont reliés par des formes, assez rares il est vrai, intermédiaires et indécises au point de vue des caractères externes. Mais, d'après l'ensemble de nos récoltes, il nous semble que cette variété est communément facile à distinguer à simple vue de *S. hirsutum*, tandis que, dans la plupart des cas, elle ne le serait pas, même à l'aide du microscope, ni de la plante de Westphalie, ni de la plante américaine. Peut-être aussi n'y a-t-il pas identité complète entre le *S. sulphuratum* américain et notre *S. ochroleucum* Bres., qui souvent n'a rien de sulfurin ?

596. — **S. insignitum** Quél., Ass. fr., XVIᵉ Suppl., 1889, p. 6. — Bres., Fungi Kmct., p. 106.

Réfléchi conchoïde ou flabellé, parfois atténué en faux stipe latéro-dorsal, coriace, mince, tomenteux, fauve vif ou fauve rouillé, puis brunissant ou grisonnant, avec zones concolores ou discolores, glabrescentes ou satinées ; hyménium pâle, buis, crème ocre, crème chamois. — Hyphes de la villosité du chapeau, jaunâtres ou hyalines, à parois épaisses, 4—7 μ d., croûte jaune doré de 30—90 μ d'épaisseur ; hyphes de la trame serrées ; les unes à parois minces, 2,5—4 μ, les autres à parois épaisses, 4—7 μ d., formant les cystides très serrées, entre lesquelles on aperçoit difficilement les hyphes basidiophores, 1,5—3 μ, flexueuses, rameuses ; basides 18—30—40×3—4,5 μ, d'abord très grêles et dépassées par les cystides ; 4 stérigmates longs de 2,5 μ ; spores oblongues subcylindriques, légèrement déprimées latéralement, 4,5—6×2,5—3 μ.

Toute l'année. Sur branches mortes de hêtre. Fontainebleau (FEUILLEAUBOIS, A. LARONDE) ; Aveyron : Montclarat ; Var. : la Sᵗᵉ-Baume (A. DE CROZALS).

Cette plante a été donnée comme une variété de *S. hirsutum* : cependant, quoique récoltée abondamment tous les ans, elle n'a jamais donné de formes indécises, même quand elle est accompagnée de *S. hirsutum*, ce qui est du reste assez rare. A Montclarat, le chêne est mêlé au hêtre, mais on ne trouve *S. insignitum* que sur le hêtre, au-dessus du domaine de la Prade, dans un terrain aride du Jurassique inférieur dolomitique, et pas dans les autres parties du bois. On a rapproché aussi *S. insignitum* de *S. lobatum* Fr. : il y a, en effet, un groupe de *Stereum* exotiques (*lobatum*, *versicolor*, etc.), qui ont à peu près la même structure et qui ne se distinguent entre eux que par des caractères extérieurs assez variables. *S. insignitum* paraît aussi distinct de *S. hirsutum* et des autres que ces diverses formes le sont entre elles.

597. — S. fasciatum (Schw.) Fr., Epicr., p. 546. — Sacc., VI, p. 500. — Massee, Thel., p. 180. — Burt, Thel. N. Am., XII, (1920), p. 155, f. 43-45.

Réfléchi-conchoïde ou atténué, rarement substipité, 2—7 cm., mince, coriace, revêtu d'un tomentum dense, court, chamois, devenant blanchâtre ou gris pâle, avec zones étroites plus foncées, fauves ou brunes, parfois satinées ; bords restant longtemps chamois ; hyménium glabre, chamois, testacé ou pâle, parfois un peu livescent. — Hyphes de la trame à parois épaisses, 2,5—6 μ, agglutinées en croûte jaunâtre à la surface du chapeau ; hyphes de la villosité à parois épaisses, 3—5 μ, celles de la couche subhyméniale plus hyalines, mêlées à des hyphes à parois moins épaisses ; cystides 5—7,5 μ d., à parois épaisses, amincies vers le sommet, égales ou émergentes de 6—9 μ ; basides 15—21—30×3—4 μ, en hyménium très dense ; spores oblongues subcylindriques, à peine déprimées latéralement, 5—6—7,5×2,5—3 μ.

Eté, automne ; sur troncs et branches d'arbres à feuilles, aune, peuplier, hêtre : France (C. G. LLOYD, comm. BRESADOLA) ; Tyrol,

Salzbourg (V. Litschauer) ; Russie (Lloyd) ; abondant aux Etats-
Unis.

598. — **S. radiatum** Peck. — Sacc., VI, p. 571. — Massee,
Mon., p. 195. — Burt, Thel. N. Am., VII, p. 181, pl. V, f. 53.

Suborbiculaire, résupiné avec marge libre au pourtour, ou
réfléchi, à chapeau noir velouté ; hyménium largement ondulé en
plis rayonnants, rouillé vif. — Villosité du chapeau à hyphes
noires, à parois épaisses, 3—5 μ, celles de la trame parallèles, assez
serrées, 3—4 μ, à parois épaisses, un peu jaunâtres ; hyménium
formé de basides 30—35×6—7 μ et de cystidioles ou paraphyses
nombreuses, grêles, 3—4 μ d., simples, émergentes de 6—10 μ ;
spores hyalines, oblongues subcylindriques, atténuées obliquement à la base, 6—10×3—4 μ.

Sur conifères ; Bohème, leg. Nespor, comm. Romell ; indiqué en Russie sur bois pourri d'une serre ; Etats-Unis, Lloyd,
Burt ; Japon.

Cette curieuse espèce a l'aspect d'un *Hymenochaete* et n'a guère d'affinité avec nos autres *Stereum*. Les hyphes noires de la croûte, examinées dans
l'eau, sont un peu aspérulées verruqueuses, avec teinte noir bleuâtre ; les
hyphes de la trame sont de teinte foncée et la section assez obscure ; en
ajoutant de la potasse, la solution se colore en bleu vert ; les hyphes noires
prennent cette teinte très foncée et les hyphes de la trame deviennent plus
claires.

I. B. — **Cruentata.** — Cystides ou organes conducteurs, subcylindriques, à parois minces ou peu épaissies, contenant un suc
coloré et se terminant à diverses hauteurs dans l'hyménium ou le
sous-hyménium ; hyphes de la trame à parois moins épaisses. Hyménium se tachant de rouge au froissement.

599. — **S. sanguinolentum** (Alb. Schw.) Fr., Epicr. ; Hym.
eur., p. 640. — Quél., Fl. myc., p. 14. — Bres., Fungi polon., p.
92. — Burt, Thel. N. Am., XII, p. 145.— *S. crispum* Quél., Ass.
fr., 1891, XVIIIe suppl., p. 2 !

Etalé, arrondi puis confluent, à bords détachés gris ou fauvâtres, subsatinés ; étalé-réfléchi sur substratum vertical, dimidié,
conchoïde, sillonné concentriquement, striolé-fibreux, villeux-stri-
gueux ou glabrescent satiné, gris blanchâtre avec zones fauvâtres,
mince, coriace puis rigescent, lobé infléchi et ondulé crispé aux
bords ; hyménium blanchâtre, blanc-grisâtre, crème chamois,
lisse, glabre, se tachant de rouge purpurin puis bistre. — Hyphes
de la villosité à parois assez épaisses, 3—6 μ ; croûte épaisse de
15—25 μ, à éléments jaunâtres agglutinés ; trame formée d'hyphes

2—3 *µ*, à parois minces ou à peu près, serrées, traversées par quelques hyphes plus épaisses, 6 *µ*. d. ; cystides verticales à parois épaissies, 100—300×4—9 *µ*, à contenu brun vacuolé ; basides 30—45×4—6 *µ*, à 2—4 stérigmates droits, longs de 4—5 *µ* ; spores hyalines, étroitement oblongues ou cylindriques, un peu déprimées latéralement, 6—8—9×**2**—3(—4) *µ*.

Toute l'année, avec régression pendant les mois secs. Assez commun sur écorces et bois des souches et troncs de pin silvestre ; plus rare sur pin maritime, pin du Lord, épicéa et sapin pectiné. Pourriture blanche peu active.

Le *S. crispum* Quél. n'est pas la plante de Persoon, mais une forme de *S. sanguinolentum*, imbriquée crispée, particulière aux supports verticaux, souches ou troncs debout. Elle a l'aspect de *S. gausapatum*, dont elle se distingue bien par son habitat sur conifères, son chapeau bien moins coloré, etc.

600. — **S. gausapatum** Fr., El. ; Hym. eur., p. 638. — Bres., Fungi Kmet., p. 105. — Burt, Th. N. A., XII, p. 136. — *S. spadiceum* Fr., Epicr. ; Hym. eur., p. 640 et pl. auct., nec Pers. — *S. cristulatum* Quél., III, p. 15, pl. I, fig. 15 ; Fl. myc., p. 14. — *Auricularia tabacina* Pers., Myc. eur., I, p. 118. — Bull., t. 483, f. 5.

Etalé-réfléchi, conchoïde, imbriqué-cespiteux, parfois à piléoles arrondis ombiliqués substipités, mince, coriace, lobé, ondulé-crispé, strigueux, fibro-strié et satiné, avec zones brun-rouillé, fauves, mordorées, gris chamois et marge pâle ; hyménium lisse ou plissé, pruineux, pâle à chamois, taché au froissement de rouge, qui passe à brun ou bistre. — Hyphes de la villosité à parois épaisses jaunâtres, 3—7 *µ* ; croûte jaunâtre à éléments agglutinés, 15—30 *µ* épaiss. ; trame à hyphes 3—6 *µ*, pleines, ou à parois épaisses, souvent à parois plus minces dans le sous-hyménium ; cystides éparses, 5—7 *µ* d., se terminant à diverses hauteurs, à contenu coloré ; basides 30—45×4—5 *µ*, à **2**—4 stérigmates longs de 3—4 *µ* ; spores hyalines, oblongues subcylindriques, peu déprimées latéralement, 5—8—11×3—4,5 *µ*, légèrement teintées de blanchâtre fumeux en masse.

Toute l'année, avec régression par les temps secs. Commun sur troncs et branches de chêne, plus rare sur châtaignier. Pourriture blanche assez active. — Si l'on exclut les mensurations de spores faites sur spécimens secs, la longueur devient 7—8—11 *µ*.

601. — **S. rugosum** Pers. — Fr. Epicr. ; Hym. eur., p. 643. — Quél., Fl. myc., p. 12. — Bres., Fungi Kmet., p. 107. — Burt, Th. N. Am., XII, p. 142.

Arrondi, cupuliforme ou étalé, puis largement confluent ; marge supérieure flexueuse, assez souvent étroitement réfléchie, blanchâtre villeuse, puis glabrescente et brune à stries profondes concentriques dans les individus stratifiés ; rigide, dur, épais, stratifié, substance lignicolore ; hyménium onduleux, velouté ou pruineux, glabrescent, crème, chamois, crème incarnat, noisette, se tachant au froissement, sur le frais, de rouge devenant brun puis bistre. — Hyphes de la villosité assez rigides, ordinairement peu abondantes, 3—6 μ, hyalines ou jaunâtres, à parois épaisses ; croûte 30 μ ép., jaunâtre, formée des mêmes hyphes très serrées ; hyphes de la trame à parois minces ou peu épaissies, 2—3—5 μ, avec hyphes plus rigides, 4—6 μ, à parois plus épaisses ; cystides (gléocystides) à parois peu épaisses, 90—150×5—7—12 μ, à contenu brunâtre, disposées dans les spécimens statifiés en plusieurs couches superposées ; hyphes basidiophores à parois minces ; basides 20—33—50×3—6 μ, à 2(—4) stérigmates longs de 2—3 μ ; spores oblongues, déprimées latéralement, hyalines, 7—9—12×2,75—4,5 μ.

Toute l'année, avec arrêt de végétation par les temps trop secs. Sur souches et branches ; assez commun sur arbres et arbustes à feuilles ; plus rare sur sapin pectiné. Pourriture blanche, assez active.

I. C. — **Lloydella** Bres. — Cystides plus différenciées, à parois épaisses plus ou moins rugueuses et colorées, le plus souvent fusiformes, arrivant à diverses hauteurs dans l'hyménium et le sous-hyménium, en étages superposés dans les espèces pérennantes ; celles de l'hyménium d'abord émergentes et plus claires.

602. — **S. subpileatum** Bk. et Curt. ; Burt, Th. N. Am., XII, p. 214. — *Lloydella* v. Hoehn. et Lit., Œsterr. Cort., 1907, p. 60. — *S. insigne* Bres., Bull. soc. bot. ital., XXIII, 1891, p. 158 ; Fungi Kmet., p. 106. — Burt, l. c., p. 227.

Coriace, puis rigide et dur, étalé ou réfléchi, tomenteux velouté, sillonné, brun rouillé avec quelques zones grises ou brunes ; marge pâle ; hyménium lisse, blanchâtre à crème chamois. — Hyphes de la villosité dorées, 4—5 μ d. ; croûte brun jaunâtre opaque ; hyphes de la trame jaunes, à parois épaisses ou solides, 2—6 μ, s'incurvant pour former l'hyménium et se terminant à diverses hauteurs sous forme de cystides jaunes, rugueuses, 6—9 μ d., au milieu des hyphes basidiophores plus ténues, 2—3 μ. La plante est pérennante avec plusieurs couches hyméniales superposées : la dernière formation plus hyaline se compose de basides

fertiles en petit nombre, 18—24×4—5 μ, à 2 stérigmates longs de
4,5 μ ; de basides stériles nombreuses, aspérulées en brosse au
sommet, 4—6 μ d. ; et de cystides, les unes simplement aspérulées,
les autres rugueuses émergeant jusqu'à 15 μ ; spores rares, (vues
aussi sur stérigmate), ovoïdes, arrondies, brièvement atténuées à
la base, 4—4,5×3 μ.

Cette espèce n'a pas encore été récoltée en France : elle a été indiquée
par M. Bresadola, sur troncs feuillus, à Florence ; sur chêne, en Hongrie ; et
par v. Hoehnel, sur chêne, etc., en Autriche. Les caractères de structure donnés ci-dessus on été pris sur un spécimen de *S. insigne* (Floride, févr. 1899,
C.-G. Lloyd, 4846) que nous a communiqué M. Burt ; structure qui nous paraît
identique à celle de *S. subpileatum* B. et C. (Mammoth Cave, Kentucky, C.-
G. Lloyd, 2998), sauf que les basides stériles, aspérulées en brosse, sont bien
plus abondantes dans le premier de ces spécimens. Ces organes en brosse
sont analogues à ceux que nous connaissons dans le *S. frustulosum*, et leur
abondance varie sans doute comme dans cette dernière espèce : ils constituent presque à eux seuls tout l'hyménium, quand la plante est en période de
repos ; au contraire, ils disparaissent, ou sont bien moins fréquents, quand
la fructification devient active.

603. — **S. cinerascens** (Schw., *Thelephora*) Massee, Mon.,
p. 179. — Burt, Th. N. Am., p. 203, pl. VI, f. 64.

Etalé et réfléchi, coriace puis rigide, chapeau tomenteux
strigueux, sillonné, chamois puis pâle ; zones anciennes grison-
nantes et glabrescentes ; substance lignicolore claire ; hyménium
noisette, pâlissant, finement hérissé (à la loupe), à la fin finement
fendillé. — Hyphes à parois épaisses, 2,5—4 μ d., celles de la
villosité lâches, similaires ; croûte jaune ; trame assez dense ; cystides fusiformes à parois épaisses vitreuses, à la fin colorées en
jaune, immerses ou émergentes, 45—100×12—20 μ ; basides flasques, 50—60×9—10 μ ; spores hyalines, ellipsoïdes, 10—12×5
—6 μ.

Indiqué sur chêne en Portugal (Torrend, Bas. Lisb. et S. Ficl,
1913, p. 76). — Etudié sur spécimen américain (tilleul, Middlebury, Vermont), communiqué par M. Burt.

604. — **S. spadiceum** (Pers., Syn., p. 568, *Thelephora* ; non
Fr.) Bres., Fungi Kmet., p. 106. — *S. venosum* Quél., Ass. fr.,
1883, XIIᵉ suppl., p. 8.

Etalé confluent à bords relevés blancs villeux, ordinairement
réfléchi-dimidié ou conchoïde, coriace mou, tomenteux-strigueux,
gris bistre, brun (teinté de rouillé ou d'olive), sillonné-zoné ;
marge blanche ou jaunâtre ; hyménium gris, gris bistre, brun-bis-
tré ou subolivacé, souvent fendillé radialement, côtelé de veines
qui sont la trace des lignes de confluence, blanchâtre ou jaunâtre

et pubescent vers les bords. — Hyphes de la villosité abondantes, 3—4 µ, à parois épaisses plus ou moins brunies ; croûte souvent peu accusée, diffuse, ou formée d'hyphes distinctes ; trame lâche formée d'hyphes à parois minces ou épaissies, bouclées çà et là, les unes subhyalines, 2—4,5 µ, flexueuses rameuses, les autres plus brunes, plus rigides, 3—6 µ, terminées en cystides ; cystides 15—90×4,5—11 µ, immerses, égales ou émergentes jusqu'à 45 µ, brunes, subcylindriques ou étroitement fusiformes, à parois épaisses, scabres ou légèrement incrustées, en étages superposés dans la plante âgée ; basides 21—27×4—6 µ ; spores hyalines, oblongues elliptiques, à peine déprimées latéralement, à contenu homogène ou finement guttulé, 6—7—10×3—5 µ, blanches légèrement teintées de paille en masse.

Toute l'année, avec régression par les temps secs. Assez commun sur écorces et bois d'arbres à feuilles ou à aiguilles, même carbonisés. Pourriture blanche, assez active.

605. — **S. abietinum** Pers., Myc. eur., I, p. 122. — Fr., Hym. eur., p. 643. — Quél., Fl. myc., p. 13. — Pat., Ess. tax., p. 72 f. 48. — Burt, Th. N. Am., XII, p. 186. — *Thelephora striata* Schrad. — *Stereum* Fr., Hym. eur., p. 641. — Quél., Soc. bot., 1877, p. 525 ; Fl. myc., p. 16. — *S. glaucescens* Fr., Hym. eur., p. 644. — *Thel. crispa* Pers., Syn., p. 568 et *melius* in Myc. eur., I, p. 122 ; nec Quélet.

Résupiné ou réfléchi à chapeaux en capuchon, étagés, brun marron, sillonnés avec zones noirâtres, brièvement villeux tomenteux, glabrescents ; marge étroite cendrée ; substance molle coriace, puis indurée, rigide, ombre-fauve ; hyménium gris cendré, pruineux-velouté. — Hyphes de la villosité, 3—4,5 µ, à parois épaisses, brunes ; croûte assez dense, opaque, brun rouillé ; trame peu serrée, formée d'hyphes brunes, rigides, à parois épaisses ou solides, 3—4 µ, laissant voir par places un tissu plus serré d'hyphes 2—2,5 µ ; cystides brunes, à parois un peu rugueuses, mais non incrustées, étagées à diverses hauteurs dans le champignon âgé, les supérieures émergentes jusqu'à 75 µ et étroitement claviformes, larges de 7—12 µ vers le sommet où elles sont à parois amincies et hyalines ; basides 60—90×6—8 µ ; spores hyalines, oblongues, uu peu déprimées latéralement et obliquement atténuées à la base, 9—12×4,25—5 µ.

Février et Juin 1918, sur sapin, Gérardmer (L. MAIRE) ; Alpes mar. (E. GILBERT).

606. — S. Chailletii (Pers., Myc. eur., I, p. 125, *Thelephora*)
Fr., Epicr.; Hym. eur., p. 642. — Bres., Fungi Kmet., p. 106. —
Burt, Th. N. Am., XII, p. 200.

Débute par une petite tache fauvâtre à bordure blanche
pruineuse, plus ordinairement par un petit disque arrondi, 2—4
mm., à bords obtus, puis confluent et largement étalé, assez épais,
membraneux-subligneux; bords bien déterminés, à la fin libres et
relevés, marge supérieure quelquefois réfléchie, tomenteuse, sillonnée, brun fauve ou brun d'ombre; hyménium brun roux clair,
plus ou moins briqueté par l'humide, gris cannelle, noisette et
pâlissant par le sec, pruineux-pubescent puis glabre. — Hyphes de
la villosité peu abondantes, 3—5 μ, brunâtres; croûte peu distincte; hyphes de la trame 1,5—4 μ, à parois plus ou moins épaisses, à boucles rares, les plus fines subhyalines, les autres plus
colorées, parallèles et distinctes vers le substratum, puis s'inclinant et portant de très nombreuses cystides disposées sans ordre
ou obscurément stratifiées dans la trame; cystides fusiformes, 45
—50—120×4—7 μ, brun clair, à parois épaisses rugueuses et aspérulées, les supérieures dépassant un peu l'hyménium et si nombreuses qu'elles cachent souvent les basides; basides 14—24×3—
5 μ; spores hyalines, oblongues subcylindriques à peine déprimées
latéralement, 6—7(—9)×3—4 μ.

Toute l'année, avec arrêt de végétation pendant les temps
secs. Sur sapin pectiné et épicéa, genévrier de Phénicie, thuya;
jamais rencontré sur les pins. Allier, R. R. Aveyron, Tarn, Vosges, etc. Pourriture blanche qui n'est pas active.

Le *Trichocarpus ambiguus* Karst. *specim. orig.!* est une forme stérile,
à hyménium composé presque exclusivement de cystides, celles de la trame
étant pour la plupart granuleuses, incrustées de cristaux.

607. — S. areolatum Fr., Elench.; Hym. eur., p. 642.
Petit tubercule blanc-gris, ou plaques apprimées confluentes,
ordinairement réfléchi en chapeau épais, dur, irrégulier, concentriquement sillonné-strié, brun foncé, plus clair et grisonnant ou
fauvâtre vers la marge étroite, pubescente et blanche; hyménium
blanc-grisâtre, gris fumeux ou isabelle, pubescent pruineux surtout près des bords, à la fin très fendillé. — Hyphes de la villosité du chapeau peu abondantes, courtes, crispées, 3 μ; croûte
brun rouillé, peu dense; partie de la trame en contact avec le substratum, formée d'hyphes assez peu serrées, un peu brunies, 2—
3 μ, à peu près horizontales, puis s'incurvant et portant de très
nombreuses cystides presque contiguës, qui laissent çà et là aper-
cevoir des hyphes verticales de 3—5 μ d.; cystides 40—65×4,5—

7 μ, brun huileux, étroitement fusiformes, à parois épaisses rugueuses, quelquefois incrustées au sommet, disposées plus ou moins vaguement en couches stratifiées, nombreuses dans l'hyménium qu'elles égalent ou dépassent un peu ; basides 15—21×4,5—6 μ ; stérigmates 3—4 μ long. ; spores 7—7,5—9×3,5—4,5 μ, hyalines (se teintant de brunâtre par vétusté), oblongues subcylindriques, un peu déprimées latéralement.

Toute l'année. Sur souches de sapin et conifères exotiques, Château d'Epinal ; sur sapin pectiné, Hautes-Vosges.

Très voisin de *Peniophora lævigata*, et surtout de *Stereum Chailletii*, dont il a à peu près la structure, mais suffisamment distinct par son chapeau subligneux, concentriquement sillonné.

I. D. — **Cystophora**. — Des organes vésiculaires obovales ou piriformes dans la couche subhyméniale ou dans la trame.

608. — **S. pini** (Schleich., *Thelephora*) Fr., Epicr. ; Hym. eur., p. 643. — Quél., Fl. myc., p. 13. — Burt, Th. N. Am., XII, p. 123.

Résupiné, à bords libres, 3—15 mm., membraneux coriace, puis rigescent, glabre ou à villosité très courte, peu adhérent ; hyménium gris clair, teinté de bleuâtre, lilacé ou incarnat, rougissant au froissement, à la fin brunissant, chocolat ou gris lilacé pruineux. — Villosité du chapeau formée de poils ou crampons, courts, bruns, 4—6 μ ; croûte peu marquée, à peine discolore ; hyphes de la trame 2—4—7 μ, à parois épaisses, subgélatineuses, à boucles rares, serrées cohérentes ; cystides de la trame sphériques ou obovales, 20 μ env. de diam. souvent à parois épaisses, celles de l'hyménium plus allongées, claviformes ou fusiformes, peu émergentes, souvent incrustées de cristaux ; surface de l'hyménium ordinairement recouverte d'une substance granuleuse brunâtre ; basides 24—30×4—5 μ ; spores subcylindriques, déprimées latéralement ou arquées, 6—9×2—3 μ.

Toute l'année. Assez fréquent sur l'écorce des branches encore sur l'arbre, pin silvestre, pin noir d'Autriche. Rare sur les Causses. Pourriture blanche très peu active et peu apparente.

Par les temps humides, ce champignon se présente parfois sous forme de tubercules ou de disques incarnats, qui s'étalent avec bordure blanche, apprimée, radiée, comme le fait *Peniophora corticalis* dans les mêmes conditions.

609. — **S. purpureum** Pers., Obs. ; Syn., p. 571. — Fr., Hym. eur., p. 639. — *S. lilacinum* (Batsch) Pers., Syn., p. 572. —

Fr., l. c. — Quél., Fl. myc., p. 13. — *S. corticosum* Fr., Obs. ;
Hym. eur., l. c. — Quél., l. c.

Résupiné avec bords plus ou moins relevés, villeux, ou étalé
réfléchi à chapeaux étagés subimbriqués, confluents ou non par la
base ou les côtés, tomenteux ou mollement hispides, blanchâtre
pâle ou fauve clair, obscurément sillonnés ou subzonés, ondulés
ou festonnés et gris clair aux bords, coriaces puis indurés ; hyménium lisse, quelquefois mérulioïde sur le frais, lilacin, crème purpurin, puis brun pourpré et livescent, céracé-gélatineux par l'humide, corné et pruineux sur le sec. — Poils du chapeau à parois
minces ou un peu épaissies, 3—6 µ d., libres ou fasciculés en
mèches ; croûte ombre bruni, formée d'hyphes serrées, parallèles ;
hyphes de la trame peu serrées, hyalines, à parois minces, à boucles distantes, à peu près parallèles, puis s'incurvant et se ramifiant en un tissu plus lâche, dans lequel se trouvent des vésicules
arrondies ou obovales, 15—20—30×10—18 µ, à parois minces,
plus allongées, claviformes ou fusiformes quand elles pénètrent
dans l'hyménium ; basides 24—30—60×4,5—6 µ, à 2—4 stérigmates longs de 1,5—2 ; spores hyalines, oblongues ou subcylindriques, un peu déprimées latéralement, 4,5—7—10×3—5 µ,
blanches en masse (1).

Végète de Septembre à Mai et disparaît à peu près pendant
les chaleurs de l'été. Très commun sur troncs feuillus debout ou
abattus, bois travaillés ou en bûcher ; genêt, vigne, etc., gagne
les brindilles et les feuilles avoisinantes. Rare sur conifères.
Pourriture blanche qui n'a pas l'intensité de celle des autres
Stereum.

Les formes résupinées en plaques arrondies sont souvent prises pour le
Corticium evolvens Fr. La villosité du péridium, toujours assez distincte à la
bordure, et les caractères micrographiques permettent de reconnaître *S. purpureum*. Il n'en est pas de même pour une forme larvée, dont nous avons déjà
parlé (Trans. brit. myc. Soc., 1921), qui est communément déterminée comme
Peniophora sublaevis Bres., et qui demande une observation plus longue et
plus attentive. Elle naît ordinairement sur des peupliers abattus, sur le bois
encore recouvert de l'écorce à demi détachée. D'abord hypochnoïde, largement étalée, elle prend bientôt l'aspect d'un *Corticium* mince, à hyménium
pelliculaire, blanc puis crème alutacé. La structure est celle d'un *Peniophora*.
Hyphes de la trame peu abondantes, 2—3 µ, à parois minces, boucles fortes,
distantes ; basides 20—36×4—4,5 µ, accompagnées de nombreuses cystides
ou cystidioles de même diamètre que les basides et émergentes jusqu'à 30 µ ;
spores 4,5—6×3—4 µ. — Si l'on continue à suivre l'évolution de la plante, on
voit les bords supérieurs se réfléchir et se couvrir de villosité, l'hyménium

(1) Les spores d'un unique échantillon, recueillies en masse, ont donné
(4)—5—6×2,75—3 µ, mesurées dans l'acide lactique coloré par le bleu 6 B
Bayer, et 5—7—9×2,75—3,75 µ, mesurées dans le Congo ammoniacal.

prendre insensiblement des tons lilacés. Les cystides vésiculaires, absentes au début, se forment peu à peu au-dessus des hyphes horizontales, et atteignent 15—18×9—15 µ ; dans la région sous-hyméniale et surtout dans l'hyménium, elles sont plus allongées, en forme de basides claviformes ou de cystidioles élargies. A l'état adulte, la plante a pris tous les caractères de *S. purpureum* : dans l'hyménium devenu très compact, il ne reste plus que quelques cystidioles éparses qui finissent elles-mêmes par disparaître.

Cette forme serait probablement considérée comme *S. rugosiusculum* Bk. et Curt. (*S. Micheneri* Bk. C. p. p.) par les mycologues américains. Les caractères différentiels de *S. rugosiusculum* d'après M. BURT (Th. N. Am., XII, p. 127) sont : l'état largement résupiné, puis simplement réfléchi de la plante ; la présence dans l'hyménium de cystidioles (hair-like cystidia) émergentes ; et l'affaissement de la villosité du chapeau qui prend un aspect glabre, ruguleux : d'où le nom. Notre plante est bien, en effet, largement résupinée ; mais à l'état adulte, elle ne présente plus les nombreuses cystidioles indiquées, pas plus du reste que les spécimens américains de *S. rugosiusculum* et *Micheneri* que nous avons pu voir. Quant à l'agglutination de la villosité en surface ruguleuse, ce caractère nous a jusque là échappé dans les spécimens français.

I. E. — **Cystostroma** v. Hoehn. et L. — Trame subéreuse, épaisse substratifiée, constituée en majeure partie par des vésicules obovales.

610. — **S. Murrayi** (Bk. et Curt.) Burt, Th. N. Am., XII, p. 131, pl. IV, f. 31, 32. — *S. tuberculosum* Fr., Hym. eur., p. 644.

Largement étalé, très adhérent, subéreux, épais jusqu'à 2 mm., couvert de tubercules obtus, recouverts eux-mêmes de papilles, blanc ou pâle, à la fin très fendillé ; marge finement villeuse, teintée de chamois. — Hyphes basilaires 1—2 µ, hyalines, peu nombreuses, parallèles au substratum ; trame formée d'hyphes verticales, 1—1,5 µ, à parois minces, bouclées, très serrées, souvent peu distinctes, et de vésicules très nombreuses, souvent pressées les unes contre les autres, à parois minces ; les unes piriformes, 28—32×12—18 µ, les supérieures claviformes ou fusoïdes, 32—60×8—12 µ, ou même tubuleuses (gléocystides) 60—90×6—8 µ, à contenu granuleux hyalin ou ambré, à la fin résinoïde fragmenté ; basides 18—36—40×3—4—6 µ ; spores hyalines, oblongues, déprimées latéralement, 4—4,5(—6)×1,75—2(—3) µ, non colorées en bleu par l'iode.

Novembre. Sur sapin pectiné, Epinal, Corcieux (Vosges).

La description a été prise sur la plante des Vosges, résupinée, et répondant au *S. tuberculosum* Fr. Les spécimens américains, que nous avons reçus de M. LLOYD et de M. BURT, sont en général plus robustes ou plus âgés ; les gléocystides, toujours présentes au moins dans les couches récentes, sont moins distinctes et de moindres dimensions. La plante américaine se présente quelquefois avec une marge réfléchie, revêtue d'une croûte dure, brun noir, concentriquement sillonnée.

I. F. — **Malacodermium** Fr. — Pat., Ess. — Trame molle formée d'hyphes colorées, lâches, enchevêtrées en tous sens, formant la partie supérieure du chapeau, qui n'a pas de croûte distincte.

611. — **S. fuscum** (Schrad.) Quél., Fl. myc., p. 14. — Bres., Fungi Kmet., p. 106. — Burt, Th. N. Am., XII, p. 117. — *Thelephora bicolor* Pers., Syn., p. 568. — *Stereum* Fr., Epicr.; Hym. eur., p. 640.

Flasque et mou (quoique sur le frais et gorgé d'eau il puisse offrir une certaine rigidité), étalé et plus ou moins réfléchi ; chapeau floconneux tomenteux, puis lisse glabrescent, sillonné quand il est largement réfléchi, brun tabac, marge plus claire ; hyménium hyalin-pâle, crème, puis blanc crayeux, un peu velouté, glabrescent, à la fin craquelé. — Couche villeuse et brune du chapeau formée d'hyphes 2,5—6 μ, concolores, à parois minces ou peu épaisses, à boucles éparses ; couche moyenne formée d'hyphes hyalines, 1,5—3 μ, à parois minces flasques, à boucles éparses, à direction lâchement verticale, et entourant des gléocystides à parois minces, cylindriques ou fusiformes ventrues, 30—65—150 ×5—12 μ, qui contiennent une matière huileuse en grosses guttules, la plupart immerses, quelquefois émergentes jusqu'à 15 μ ; basides, 18—27×3—5 μ, à 2—4 stérigmates un peu arqués, de 3,5 —4 μ ; spores hyalines, ovoïdes ou oblongues, brièvement atténuées obliquement à la base, 1—2 guttulées, 4—4,5—6×2—3 μ.

Juin à Septembre. Sur branches tombées et pourries de chêne, hêtre ; peu commun.

Ordinairement franchement gléocystidié ; dans certains individus cependant, les parois de la gléocystide s'épaississent un peu et deviennent rugueuses, ondulées transversalement. On trouve aussi, mais rarement, entre la couche brune et la couche hyaline, des rudiments de cystides analogues à celles des *Lloydella*, formées par les extrémités des hyphes colorées.

612. — **S. umbrinum** Bk. et Curt. — Burt, Th. N. Am., XII, p. 191, pl. VI, f. 59. — *Kneiffia purpurea* (Cooke et Morg.) Bres., Fungi polon., p. 100.

Coriace spongieux, résupiné, quelquefois avec rebord réfléchi, épais ; marge apprimée, fibrilleuse ou byssoïde, violacée vineuse ; substance lilacée, puis pâle ou cannelle ; hyménium pourpre brunâtre, chocolat crème ou cannelle, finement fendillé. — Hyphes 3—7 μ, à parois assez épaisses, sans boucles, lâchement enchevêtrées ; cystides allongées, subfusoïdes, à parois épaisses, colorées, incrustées ou non, 60—180×8—12 μ, immerses et émergentes ; basides 30—45×6—9 μ ; spores hyalines, ellipsoïdes sub-cylindriques, 6—9×3—5 μ.

Indiqué par BRESADOLA en Pologne ; non encore récolté en France ; décrit sur spécimens américains comm. par M. BURT.

II. — STEREA SPURIA. — Les espèces réunies dans cette section s'écartent du type *Stereum*, soit par l'absence de strate intermédiaire, les éléments étant dressés ou enchevêtrés dès la base, soit par une consistance plus tendre subcharnue.

II. A. — Corticia stratosa. — Espèces stratifiées, sans cystides, ni gléocystides.

613. — S. frustulosum Fr., Epicr. ; Hym. eur., p. 643. — Lloyd, Myc. not., 40, p. 696, fig. 1041. — Burt, Th. N. Am., XII, p. 227, pl. 6, f. 76. — *Thelephora frustulata* Pers., Syn., p. 577 ; Myc. eur., I, p. 134. — *Th. sinuans* Myc. eur., I, p. 128.

Débute toujours par des tubercules ou disques pulvinés, isolés, puis contigus par leur développement, et donnant l'aspect de plaques profondément craquelées, en aréoles presque égales, 0,5—1,5 cm. d., épaisses jusqu'à 6—8 mm., brun noir à la base, avec zones plus ou moins nettes sur les côtés ; hyménium gris cannelle, noisette pâle ou blanchâtre pruineux ; substance très dure, lignicolore, densément striée-stratifiée. — Couche basilaire formée d'hyphes brun clair, 3—6 μ, entrelacées, très serrées, peu distinctes ; strates plus ou moins épais, constitués par des basides claviformes, aspérulées ou non au sommet ; la base de chaque strate est plus claire, plus lâche ; on y distingue des hyphes brunies, 4—5 μ, à parois épaisses souvent rugueuses, et de rares hyphes subhyalines, à parois moins épaisses, 3—4 μ d. La couche la plus récente est également constituée par des hyphes verticales à parois épaisses, fauvâtres à la base, plus claires en haut, se terminant soit en basides normales, soit en basides aspérulées ; basides normales claviformes, 12—15—24×4,5—5,5 μ ; basides stériles aspérulées au sommet de petits aiguillons longs de 1—1,5 μ ; hyphes paraphysoïdes plus étroites que les basides, lisses ou aspérulées au sommet, mais peu abondantes ; spores ovoïdes ou ovoïdes oblongues, 4 5×3—3,5 μ, hyalines (puis brun fauve sur les parties vieilles et fauves de l'hyménium).

Végétation pendant les périodes humides, de l'automne à l'été, et toute l'année dans les endroits couverts. Sur poutres et bois de chêne. Epinal : Quartier Bonnard ; Aveyron : Belmont, Bélirac, Vignoles, Arnac ; Moulins, Lyon, etc.

Lésion en galeries comme celle de *Hymenochaete rubiginosa*, mais plus ample. Au Quartier Bonnard, des poutres ayant une arête de 15×10 cm. étaient complètement minées par le mycélium, sans que rien fit soupçonner le dégât, sauf la légèreté du bois. Ces poutres étaient à un rez-de-chaussée, sur du machefer : les sels de potasse ou autres semblent favoriser le développement du champignon. C'est pendant un laps de 20 ans que la lésion s'est produite. La croissance est fort lente en général, et certains tubercules peuvent bien avoir une cinquantaine d'années, vu l'étendue de la lésion. On trouve aussi le champignon sur souche de chêne, mais il est toujours rare en forêt et moins dévorant. En station verticale, la partie supérieure est plus développée et arrive à simuler un piléole.

Les basides aspérulées en brosse, quoique moins différenciées, sont analogues aux dendrophyses de certains *Aleurodiscus*. Comme dans ces derniers, leur abondance est en rapport inverse de l'activité de la fructification. Certains spécimens à hyménium pâle n'ont que des basides normales, avec de rares hyphes paraphysoïdes aspérulées ; les spores sont alors hyalines. Dans les spécimens à hyménium bruni, presque toutes les basides sont aspérulées ; ce qui n'empêche pas qu'on trouve parfois, à la surface d'un tel hyménium, des spores assez nombreuses, mais teintées de brun fauve. Les basides deviendraient-elles aspérulées après fructification, prenant le rôle d'organes conducteurs, pour la formation d'un nouvel hyménium ?

614. — S. repandum Fr., Elench. ; Hym. eur., p. 642.

Le type de l'espèce ne nous est pas connu, mais nous avons reçu de M. Bresadola le spécimen original du *S. repandum* var. *lusitanica* Torr., Basid. Lisb. et S. Fiel, 1913, p. 76.

Cupuliforme résupiné, irrégulièrement arrondi, concentriquement sillonné et brun noir à l'extérieur, avec rebord étroit, glabre ; hyménium noir, à revêtement gris pruineux, aplani, fendillé ; substance dure, cassante, noirâtre à la base, ombre gris dans la partie supérieure. — Constitué par des strates formés uniquement de basides accolées et portées par des hyphes verticales ; tous les éléments sont à parois minces, flasques et brunes ; basides de la surface subhyalines au sommet, 40—45×6—9 μ ; spores subhyalines, ovoïdes-subglobuleuses, 6—11×5—9 μ ; on trouve aussi des spores flasques et plus brunes dans la trame, à la surface des anciens hyméniums.

Cavités des troncs d'olivier, Portugal (Torrend).

Comme Fries l'indique, la plante rappelle l'aspect de *Nummularia repanda* ; la forme portugaise semble s'écarter bien peu de la description de Fries.

II. B. — Ambigua. — Espèces à cystides ou gléocystides ; subcharnues puis indurées : *Peniophora, Gloeocystidium.*

615. — S. rufum Fr., Epicr. ; Hym. eur., p. 644. — Bres.,

Fungi Kmet., p. 168. — Burt, Th. N. Am., XII, p. 120 et pl. IV, f. 27.

Érompant subcespiteux, en tubercules ou disques à bords libres, obtus, glabres, brun roux, charnu-cartilagineux, puis indurés ; trame pâle fragile ; hyménium corné, brun vineux obscur, gris pruineux, grossièrement ridé. — Hyphes à parois épaisses, hyalines, d'aspect gélatineux, densément enchevêtrées, 2—5 μ dans les solutions aqueuses ou acétiques, 3—7 μ dans les solutions alcalines ; gléocystides fusiformes, 30—100×7—12—21 μ, à contenu granuleux, parfois résinoïde et accumulé au sommet, simulant une cystide ; on trouve aussi ces mêmes organes vides et à parois très épaisses gélatineuses ; hyménium très dense, basides cohérentes, 20—30×3—4 μ ; spores hyalines, cylindriques, un peu arquées, 6—8×2—2,5 μ.

Sur les branches de diverses espèces de peuplier : Suède, Norvège, Hongrie, Etats-Unis. — Spécimen étudié : sur *Populus tremuloides*, Middlebury, Etats-Unis (E. A. BURT).

616. — S. Karstenii Bres., Fungi Kmet., p. 108. — *Xerocarpus odoratus* Karst. (non *S. odoratum* Fr.). — *Peniophora crassa* Burt, Th. N. Am., XIV, p. 286.

Résupiné, membraneux subcharnu, puis induré, assez épais, arrondi, puis largement confluent ; subiculum satiné fibrilleux ; bords souvent radiés fibrilleux, puis nettement limités ; hyménium lisse, blanc ou blanchâtre, pubescent dans la jeunesse, puis crème, crème isabelle, et enfin roux clair ou crème noisette, fendillé et contracté en séchant. — Constitué par deux couches distinctes, hyalines, de chacune 200—750 μ ; la première formée d'hyphes à parois épaisses, 3—4,5 μ d., entrelacées, mais à direction générale parallèle au substratum, puis s'inclinant verticalement et pénétrant sous forme de cystides dans la seconde couche, où elles se terminent à diverses hauteurs ; seconde couche formée d'hyphes 1—3 μ, à parois minces, avec petites boucles non constantes, serrées, flexueuses, verticales, se ramifiant pour porter les basides, et de cystides hyalines, 100—600×4,5—6 μ, cylindriques à parois épaisses et canalicule capillaire, immerses ou émergentes jusqu'à 25 μ ; basides en hyménium très dense, 18—36×2—3(—4) μ, à 2—4 stérigmates droits, longs de 2,5—3 μ ; spores hyalines, étroitement cylindriques, légèrement arquées, 5—6×1(—2) μ.

Automne et printemps. Sur souches et troncs abattus de pin. Aveyron : l'Hospitalet et le Causse Noir. Alpes Maritimes, E. GILBERT. — Pourriture blanche, active et profonde, exhalant une odeur d'anis très prononcée.

Par sa structure, cette espèce est un *Peniophora*, voisin de *P. glebulosa*, mais, par son aspect, elle se rapproche des *Stereum* ; elle vient dans les couches profondes du bois, comme *Polyporus trabeus* et certains *Poria*, et y produit une lésion très étendue : il n'y a pas de *Peniophora* venant dans ces conditions. — Elle demande à être étudiée dans des liquides ni alcalins, ni turgescifs, qui déforment les membranes et dissolvent quelquefois complètement les cystides.

S. Karstenii débute quelquefois, comme *S. purpureum*, par une forme *indeterminato-effusa*, dans laquelle il serait difficile de reconnaître l'espèce, si on la récoltait isolée. Cette forme est irrégulièrement étalée, pruineuse, puis membraneuse ; la couche d'hyphes à parois épaisses fait complètement défaut : il n'y a que des hyphes à parois minces, 2 µ d., en trame serrée ; les cystides sont moins longues et bien plus larges, 9—12 µ d., à parois simplement épaissies et cavité centrale élargie ; elles émergent de la moitié ou des deux tiers de leur longueur ; spores 6—7,5×1,75—2 µ.

Espèces exclues

S. avellanum Fr., d'après Bresadola (Kmet., p. 107), est synonyme de *S. rugosum* Pers. *e descr.* Il y a dans l'herb. de Fries deux spécimens : l'un est *S. rugosum*, l'autre un vieux *S. Chailletii.* — D'après Burt (Th. N. Am., X, p. 325), *S. avellanum* (spécim. de Fries in Herb. Kew) est *Hymenochaete tabacina* (Sow.) ; un autre spécimen, récolté à Femsjo, est *St. glaucescens* Fr.

S. rufomarginatum Pers. est le *Peniophora rufomarginata*, n. 537.

S. subcostatum Karst. et *S. album* Quél. sont *Corticium subcostatum* (Karst.), n. 311.

S. ochroleucum Fr. Le type authent. dans l'herb. de Kew, d'après Burt (XII, p. 235), serait plus près de *Corticium* que la plante communément désignée sous ce nom.

S. disciforme (DC) Fr. est *Aleurodiscus disciformis* (DC) Pat.

S. cyclothelis Pers. serait l'état conidien de *Ustulina vulgaris* Tul., d'après v. Hoehnel et Litschauer (Beitr. 1907, p. 13).

S. tumulosum Karst. : forme *frustuleuse* de *Peniophora cinerea*, d'après v. Hoehnel et Litschauer (Beitr. 1905, p. 31).

S. odoratum, reporté à *Corticium*, n. 354.

S. insidiosum, Voir *Gloeocystidium*, n. 434.

III. — HYMENOCHAETE Lév. — Pat., Ess. taxon., p. 99.

Réceptacle dimidié, réfléchi ou résupiné, parfois stratifié. Trame aride, de fauve vif à brun fauve. Hyménium traversé par des spinules fauves ou brunes faisant saillie au-dessus de la surface sous forme de soies courtes, rigides. Spores hyalines, puis souvent fulvescentes, oblongues ou cylindriques, droites ou déprimées latéralement.

Espèces lignicoles à développement généralement lent, mais de longue durée, produisant une pourriture ordinairement active et étendue, blanche ou le plus souvent en galeries.

Les espèces de ce genre ont été séparées de *Stereum* et *Corticium* à cause de leur trame colorée et de la présence d'une cystide particulière (spinule), à parois épaisses, nues, fortement colorées, et ressemblant à une épine dure cornée.

Tableau analytique des espèces

1 {Hyménium rouge purpurin foncé, étalé ou à bords relevés. Sur sapin : *H. Mougeotii*, n. 617.
Hyménium de teinte rouillée, cannelle, ombre ou bistre : 2.

2 {Dimidié ou étalé-réfléchi : 3.
Entièrement résupiné : 4.

3 {Chapeau rigide et dur, sillonné, brun rouillé puis bistré ; couche spinuligère atteignant avec l'âge une grande épaisseur ; trame serrée, brun rouillé. Sur chêne et châtaignier ; *H. rubiginosa*, n. 621.
Chapeau mince et flasque, zoné ; marge soyeuse, safranée ; hyménium simple, souvent fendillé radialement ; trame lâche, fauve doré ou safrané : *H. tabacina*, n. 618.

4 {Rouillé cannelle avec bordure soyeuse, jaune doré : *H. tabacina*, fᵃ effusa.
Bordure à peu près concolore, floconneuse, pubescente ou nulle : 5.

5 {Trame molle, formée d'hyphes lâches au-dessous de l'hyménium : 6.
Trame dure, formée d'hyphes serrées ; couche spinuligère reposant directement sur le substratum : 7.

6 {Champignon en petits disques arrondis, puis confluents, mince, aride, argileux-chamois, non stratifié : *H. arida*, n. 619.
Largement étalé, membraneux mou, fauve, cannelle, stratifié ; bordure souvent floconneuse : *H. cinnamomea*, n. 620.

Hyménium noisette ou fumeux, sur subiculum brun rouillé ou bistré, très adhérent, à la fin fendillé en aréoles : *H. corrugata* n. 624.

7 Hyménium brun bistré ou brun fauve foncé, non aréolé ; subiculum concolre : *H. fuliginosa*, n. 623.

Hyménium brun cannelle, à reflet purpuracé. Sur chêne et châtaignier : *H. subfuliginosa*, n. 622.

617. — H. Mougeotii (Fr., El.) Massee, Monogr., p. 111. — *Stereum* Fr., Hym. eur., p. 654. — Quél., Fl. myc., p. 16. — Konr. et Maubl., Ic. sel., pl. 481.

Etalé avec bords plus ou moins libres et réfléchis, brun rouillé mordoré et finement tomenteux, marge plus claire ; hyménium bosselé, rouge sang, purpurin sombre, pruineux et hérissé de soies brun pourpre. — Epaisseur 200—400 μ ; trame assez dense, formée d'hyphes sans boucles, les unes ambre clair, 2,5—3 μ, les autres brun pourpre, 3,5—4,5 μ ; spinules rares dans la trame ; zone obscure inégale sous la villosité du chapeau, et souvent une autre zone interrompue, dans la partie sous-hyméniale, avec cristaux d'oxalate de chaux ; sous-hyménium ambré ; spinules brun pourpre, 45—70—80×6—10 μ ; basides subhyalines, 18—25 ×4—5 μ, à 2—4 stérigmates droits, longs de 4—5 μ ; spores hyalines, cylindriques, à peine déprimées latéralement, 6,5—8×2 —3,5 μ.

Toute l'année. Sur sapin pectiné, branches mortes sur l'arbre, ou tombées depuis peu, troncs abattus. Vosges : Corcieux, Gérardmer, etc. Alsace ; Aveyron : Arnac. — Pourriture blanche, probablement peu active.

618. — H. tabacina (Sow.) Lév. — Bres., Fungi Kmet., p. 109. — Burt, Th. N. Am., X, (1918), p. 325. — *Stereum* Fr., Hym. eur., p. 641. — Quél., Fl. myc., p. 15.

Etalé, arrondi, puis confluent et ordinairement réfléchi ; chapeau coriace, mince, flasque, satiné, tomenteux, rouillé clair à marron, zoné de fauve et bordé de jaune doré ; hyménium brun tabac ou bai clair, fendillé radialement, hérissé de soies brun fauve. — Epaisseur 50—100 μ ; trame fauve ambré, formée d'hyphes à parois minces, non bouclées, 2,5—3,5 μ, lâches, rarement traversée par des spinules obliques ; zone opaque sous la villosité du chapeau, et une autre accidentelle sous l'hyménium ; spinules brun fauve, subulées, 75—110(—150)×7—14 μ, rarement incrustées au sommet ; basides hyalines en leur moitié supérieure, 15—40×3—

5 μ ; spores hyalines, oblongues ou subcylindriques, légèrement déprimées latéralement, 5—7×1,5—2—3,5 μ.

Toute l'année. Assez commun sur bois pourrissants, souches, branches et brindilles d'arbres et d'arbustes champêtres ; plus rare sur conifères. — Pourriture blanche, très active.

1. — *crocata*. — Le champignon jeune, encore étalé ou à marge étroitement réfléchie, à couleurs plus vives, constitue le *Stereum crocatum* Fr. El. ; *Thelephora cerasi* Pers. Souvent le champignon ne prend pas de plus grand développement, et ses teintes vives s'obscurcissent ; c'est dans cet état qu'il a toujours été trouvé dans l'Aveyron, où il est, du reste, très rare.

2. — *effusa*. — Cette forme ressemble à *H. cinnamomea* ; on la distingue à sa bordure radiée et satinée jaune doré.

3. — *conglutinans*. — Le mycélium forme quelquefois des plaques arrondies confluentes, jaune clair, crème chamois, à marge épaissie en bourrelet, qui agglutinent ensemble les brindilles, et rappellent *H. agglutinans* Ell. ; spinules 45—70×7—10 μ ; hyménium mal formé, stérile.

619. — **H. arida** (Karst.) Sacc., Syll., IX. — Burt, Th. N. Am., X, p. 343.

Résupiné, orbiculaire, puis confluent, mince, aride, adhérent, chamois-argileux à ocre-fauve très pâle ; bordure très étroite, similaire, assez nettement circonscrite.—Épaisseur 60—80(—150) μ ; trame formée d'hyphes lâchement enchevêtrées, jaunâtres ou fauve clair, à parois épaisses, 2—4,5 μ, boucles très rares ; couche hyménienne épaisse de 45 μ env. ; spinules 30—75—140×6—9 μ, à parois épaisses, brunes, subulées aiguës, émergentes de 40—80 μ ; basides hyalines, 15—18—24×4—5 μ ; spores hyalines, cylindriques, à peine déprimées, obliquement atténuées à la base, 4,5—6—7×2—3 μ.

Mai ; sur noisettier, Gousseau (S.-et-L.), F. Guillemin, n. 542.

C'est l'unique récolte qui réponde bien au spécimen original de Karsten, que nous a obligeamment communiqué M. Burt. Ce qu'on regarde communément comme *H. arida* est un *H. cinnamomea* jeune, pas encore stratifié, et à bordure plus entière, non floconneuse ; la ressemblance est encore plus grande quand, sous l'action du soleil, la teinte cannelle du champignon s'est notablement éclaircie. Il semble bien que la lésion de *H. arida* ne soit pas en galerie ; il faudrait toutefois mieux connaître son mode de développement et s'assurer qu'il ne prend pas de stratification avec l'âge.

620. — **H. cinnamomea** (Pers.) Bres., Fungi Kmet., p.

110. — Wakef., Tr. brit. Myc. Soc., 1916, p. 479. — Burt, Th. N. Am., X, p. 347. — *Corticium* Fr., Hym. cur., p. 650.

Largement étalé, membraneux tomenteux, mou, stratifié (1—10 couches) ; marge floconneuse fibrilleuse, brun fauve, parfois presque nulle ; hyménium fauve rouillé, cannelle vif, hérissé de soies brun fauve. — Epaisseur 50—800 μ ; constitué d'abord par une couche d'hyphes brun jaune à brun fauve, 2,5—3(—6) μ, à parois minces, non bouclées, lâchement enchevêtrées, portant une couche hyménienne dense ; spinules brun fauve ou baies, à parois épaisses, subulées aiguës, 45—100—180×6—7—9 μ, émergentes jusqu'à 75 μ ; basides 12—21×4—5 μ, à 2—4 stérigmates longs de 3—4 μ ; spores hyalines, puis fulvescentes, elliptiques subcylindriques, légèrement déprimées latéralement, (4)—5—7×2,5—3,5 μ. Dans le champignon âgé, il se produit des stratifications constituées chacune par une couche d'hyphes lâches, épaisse de 20—120 μ, et une couche hyménienne dense, spinuligère, épaisse de 30—90 μ, régulièrement alternantes.

Commun sur toute espèce de bois, à la base des troncs ou sur branches et brindilles recouvertes ; quelquefois humicole, à terre ou sur les pierres, grès, schistes. — Evolution lente, de très longue durée ; au début, il produit un simple maillage du bois, mais avec le temps, la lésion est toujours en galerie (par ilôts sur conifères), mais en général très étendue. Quand le champignon vient dans l'humus, il ne fait que s'étaler sur bois et ne donne pas de galeries ; la pourriture blanche de ces bois n'appartient pas à *H. cinnamomea.*

H. spreta Peck. — Burt, l. c., p. 348, est une espèce américaine que M. Bresadola regarde comme identique à *H. cinnamomea* ; elle s'en distinguerait : 1° par ses couches hyméniennes très compactes, plus épaisses que la couche d'hyphes sous-jacente. Ce caractère est, de fait, fréquemment réalisé dans *H. cinnamomea* : 2° par son hyménium largement fendillé. Cette rupture par retrait se trouve aussi dans *H. cinnamomea*, mais accidentellement, sur spécimens très âgés, tandis que *H. spreta* a l'aspect d'une plante vigoureuse, dont l'hyménium se fendille normalement. De plus, M. Burt, p. 342, dit que la pourriture de *H. spreta* est molle, fibreuse, attaquant uniformément l'aubier par l'extérieur, et non pas en galeries.

Cette plante paraît être une forme très voisine de *H. cinnamomea* et difficile à différencier de certaines variations de cette dernière espèce, mais elle n'a pas d'équivalent exact dans nos plantes françaises.

621. — H. rubiginosa (Dicks.) Lév. — Burt, Th. N. Am., X, p. 335. — *Stereum* (Schrad.) Fr., Hym. cur., p. 641. — *Auricularia ferruginea* Bull., pl. 378. — *Stereum* Fr., Hym. cur., p. 640. — Quél., Fl. myc., p. 15. — *Hymenochaete* Bres., Fung. Kmet., p. 109.

Etalé avec marge libre ou réfléchie, subdimidié, imbriqué, coriace rigide, peu adhérent ; chapeau sillonné, velouté, rouillé ou brun rouillé, puis glabrescent et noirâtre ; marge plus claire ; trame fauve rouillé ; hyménium rouillé à ombre châtain, brun chocolat, hérissé de soies brun fauve ou rougeâtre. — Epaisseur 0,3—3,0 mm. ; croûte opaque sous la villosité du chapeau et se continuant sur le substratum, dans la partie résupinée ; entre la croûte et la région hyménienne ou spinuligère, s'étend une couche épaisse jusqu'à 300 μ, formée seulement d'hyphes, 2,5—3 μ, brunes, serrées et vaguement parallèles ; couche spinuligère à développement continu, formée d'abord d'un hyménium simple, qui prend par l'âge une très grande épaisseur. Cette couche est constituée par des hyphes subverticales, serrées, au milieu desquelles sont dispersées sans ordre et à diverses hauteurs, sans trace de stratification distincte, de nombreuses spinules brun foncé, subulées, 45—100×6—9 μ, les supérieures saillantes jusqu'à 60 μ ; basides 12—28×4—5 μ, à 2—4 stérigmates longs de 3,5—4,5 μ ; spores hyalines, puis fulvescentes, oblongues elliptiques, 4,5—6,5 ×2,5—3,5 μ, très rarement déprimées d'un côté.

Commun sur chêne et châtaignier ; souches, troncs abattus, bois travaillés ; souvent parasite sur troncs vivants.

Le champignon naît sur une branche coupée ou sur une fente du bois, et le mycélium gagne le cœur du tronc, s'étend vers le haut et le bas, produisant de très graves lésions. Avant que la galerie soit bien établie, il y a déjà un changement dans la coloration du bois : il se fonce, modifié par un ferment soluble. Dans l'attaque ancienne, il y a toujours une galerie, à mailles de 1—2 mm. de diamètre, et étranglées tous les 1/2 ou 1 cm., suivant toujours les canaux du bois et formant une couronne autour des nœuds ; les rayons médullaires ne sont pas attaqués. Ces galeries ne communiquent pas avec l'extérieur ; elles s'arrêtent au bord des fentes. Le mycélium vit tant qu'il y a du bois pour le nourrir ; son action est très lente, mais avec le temps il produit des lésions formidables. Le champignon végète en toute saison, et pour peu qu'il soit abrité, sa végétation se continue pendant des années, un siècle peut-être.

Dans des spécimens très âgés, résupinés ou à marge très étroite, 1 mm., poussant sur de vieilles poutres, la couche hyphale, qui se trouve normalement au-dessus de la couche spinuligère accrescente, est très réduite ou même entièrement nulle. Certains de ces échantillons atteignent 3 mm. d'épaisseur ; leur trame est devenue très dure, à cassure nette, d'un brun ferreux.

622. — *H. subfuliginosa,* Hym. de Fr., n. 396.

Etalé, aride, très adhérent, brun cannelle à ombre bistré, avec reflets gris et purpurescents ; bordure similaire assez nettement circonscrite, ou plus ou moins étendue, veloutée, indéterminée. — Epaisseur 160—1000 μ ; couche hyphale nulle ou presque nulle ; couche spinuligère comme dans *H. rubiginosa* ; spinules

30—90—100×6—9 μ, saillantes jusqu'à 75 μ ; basides subhyalines, 18—24—40×4—4,5 μ, à 2—4 stérigmates de 1,5—2 μ ; spores hyalines, puis brunies, oblongues, 4,5—5×2,75—3 μ.

Sur de vieilles poutres de maisons abandonnées et découvertes, mêlé a *H. rubiginosa* résupiné ; même lésion en galeries.

Quoique cette plante ait bien des caractères de *H. fuliginosa*, il est impossible de la confondre avec l'espèce suivante, qui est dans le sens communément reçu en Europe pour *H. fuliginosa*, et conforme aux déterminations de M. Bresadola.

623. — **H. fuliginosa** (Pers.) Bres., Fungi polon., p. 93. — *Stereum* Fr., Hym. eur., p. 645. — Quél., Fl. myc., p. 46.

Etalé, mince, très adhérent ; hyménium brun bistre ou brun fauve foncé, hérissé de fines soies brunes ; bordure entière, similaire, rarement un peu villeuse et plus fauve. — Epaisseur 45—220 μ ; couche hyphale nulle ou formée seulement de quelques hyphes ; couche spinuligère à développement continu, hyphes subverticales, brunes, 1,5—2,5 μ, en trame serrée ; spinules nombreuses, dispersées dans la trame, 48—90×6—7,5 μ, brun fauve, presque opaques, subulées, saillantes de 40—75 μ ; basides hyalines au sommet, 15—18×4,5—5 μ, à 2—4 stérigmates longs de 2—4 μ ; spores hyalines, subcylindriques, déprimées latéralement, 6,5—8 ×2,5—4 μ.

Toute l'année, sur écorces et bois de conifères, assez rare. Très maigre et très rare sur bruyères. — Pourriture blanche, probablement peu active.

624. — **H. corrugata** (Fr.) Lév. — Bres., Fungi Kmet., p. 109. — Burt, Th. N. Am., X, p. 358. — *Stereum* Fr., Hym. eur., p. 650. — Quél., Fl. myc., p. 45.

Largement étalé, dur, très adhérent, cannelle pâle, puis brun-cannelle, teinté de noisette ou gris fumeux dans les parties fertiles, finement fendillé en aréoles polygonales, velouté de soies brunes, courtes, serrées ; bordure étroite, très finement pubescente, blanche ou citrine, puis similaire, très nettement limitée. — Epaisseur 90—300 μ ; couche hyphale nulle ou presque nulle ; hyphes brun fauve, 2—3 μ : les entoxyles plus claires ; couche spinuligère à développement continu, partie profonde brune ou brun fauve, couche superficielle presque hyaline ; hyphes subverticales, très serrées, 1,5—3 μ, spinules nombreuses dispersées dans la trame, à parois très épaisses, brunes, subfusiformes subulées, un peu rugueuses et plus claires au sommet, 40—60—90×6—7—12 μ ; basides 12—18×2,5—3,5 μ, à 2—4 stérigmates longs de 1,5—3 μ ;

spores hyalines, subcylindriques, déprimées latéralement, $3,5 \times 1$—$1,5$ μ (4—$4,5 \times 1,5$—3 μ, sur la forme *Callunae*).

Toute l'année, sur coudrier, orme, prunellier, ronce, bruyère. Pas rare. — Champignon de très longue durée, à action lente, mais finissant par produire des lésions très étendues. Sur coudrier, la pourriture est blanche massive ; sur *Calluna vulgaris*, quand il est ancien, la pourriture est toujours en galeries.

1. — *detersa*. — Teinte uniforme, brun fauve bistré ; c'est une plante fruste, dont l'hyménium a été détruit, et si ressemblante à *H. fuliginosa*, qu'on ne peut la distinguer que si l'on trouve en contact des parties normales plus jeunes, ou au microscope, par sa spinule plus épaisse un peu fusiforme.

2. — *conglutinans*. — Bordure s'étendant en plaques mycéliales épaisses, agglutinantes, et finissant par noircir.

V. ASTÉROSTROMELLINÉS

Caractères du genre.

ASTEROSTROMELLA v. Hoehn. et Lit., Beitr., 1907, p. 34 ; Œsterr. Cort., p. 58.

Réceptacle aride, mince, crustacé ou submembraneux, ou épais, dur et stratifié, lisse ou granuleux, composé d'hyphes fines, à ramifications épaissies, jaunâtres ou fauves, branchues en corne de cerf, ou à rameaux rigides, divariqués dendroïdes aigus ; hyménium discontinu, formé de basides saillantes à 2—4 stérigmates, souvent accompagnées de gléocystides à parois minces, hyméniales ou naissant profondément dans la trame ; spores lisses ou finement aspérulées, hyalines ou légèrement colorées.

Ce genre établi sur une espèce américaine très ténue et sans gléocystides, caractérisé par des hyphes à rameaux dendroïdes qui constituent presque entièrement la trame, a dû être étendue à des espèces gléocystidiées, puis à des espèces ligneuses et stratifiées. Il est voisin de *Asterostroma*, qui diffère par ses hyphes en étoile dont les rameaux sont sensiblement dans un même plan. Il touche de trop près à diverses espèces laissées en section *Trichostroma* dans leurs genres propres, qui ont des hyphes capillaires ramifiées à leur extrémité, mais à rameaux plus ou moins flasques.

Les hyphes dendroïdes de *Peniophora versiformis, carbonicola* sont plutôt des paraphyses rameuses.

625. — **A. gallica.** — *A. epiphylla* var. *gallica* Hym. de Fr., III, n. 211.

107. — *Asterostromella gallica* Bourd. et Galz.

Croûte très mince, adhérente, d'aspect farineux ou pubescent, blanche ou crème ; bordure similaire atténuée. — Hyphes basilaires à parois minces sans boucles, 2—3 μ, peu abondantes et rarement distinctes ; rameaux primaires des hyphes dendroïdes 1,5 μ, les autres 1 μ environ, formant par leur ensemble une tête de 12—30 μ diam. ; basides éparses, subcylindriques, 18—32×4—7,5 μ, à 2—4 stérigmates droits, longs de 4—6 μ ; spores hyalines, assez variables, obovales, atténuées à la base, jusqu'à oblongues fusiformes, souvent un peu courbées, 8—12×4—5 μ. (*Fig. 107*).

Toute l'année ; sur feuilles de joncs, débris de fougères recouverts, ronces, ciste, genêt, redoul, immortelle, etc. Peu lignivore. Commun dans le Centre et dans le Midi. En fouillant sous les touffes de joncs (surtout *Juncus glaucus*), se trouvera probablement partout.

A. epiphylla v. Hochm. et Lit., Beitr., 1907, p. 35, diffère de la plante française par ses spores plus allongées, plus étroites, 10—22×1,5—3 μ, et par l'hyménium plus lisse, d'aspect plus membraneux (*Peniophora phyllophila* Mass., Mon., p. 150. — Rea, Brit. Bas., p. 697. — Burt, XIV, p. 241).

626. — A. investiens (Schw., *Radulum*) v. H. et L., Beitr., 1908, p. 2. — *Corticium* Bres., Fungi Kmet., p. 46.

Largement étalé, mince, membraneux mou, assez adhérent, d'aspect pubescent, jaune de Naples clair, puis ocracé ou chamois, et plus céracé ; bordure large, spongieuse, pubescente. — Hyphes basilaires et basidiophores hyalines, 2—4 μ, à parois minces, mêlées à d'autres hyphes plus fines, 1,5—2 μ, à parois plus épaisses, ces dernières donnant naissance aux rameaux dendroïdes jaunâtres ou fulvescents, rigides, épais de 1,5—3 μ ; basides 40—50×6—7,5 μ, à 2—4 stérigmates de 6—7 μ ; spores fusiformes, 8—12×3,5—4,25 μ.

Printemps, été. Sur souches et éclats de hêtre, et gagnant les corps avoisinants. Vrai lignivore, destructeur du bois avec pourriture rouge. Aveyron : St-Sernin, La Roque, Montclarat ; Gard : St-Guiral.

627. — A. ochroleuca Hym. de Fr., III, n. 213.

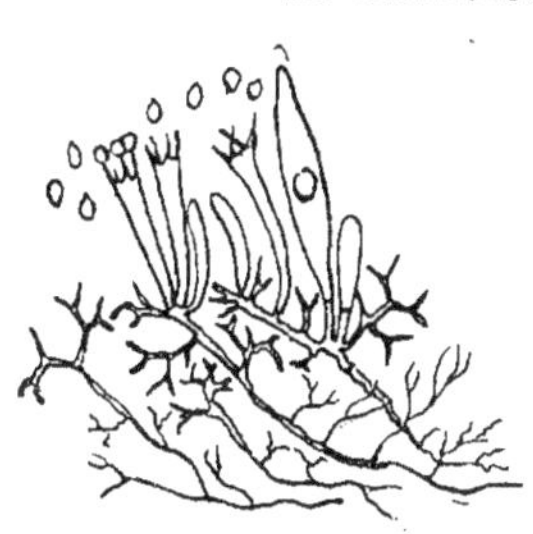

108. — *Asterostromella ochroleuca* Bourd. et Galz.

Largement étalé, mou, crème ocracé ; hyménium pelliculaire, fragile ; bordure blanche, fibrilleuse ou pruineuse. — Hyphes basilaires tenaces, très fines, 0,5—1 μ, rameuses, les supérieures 2—3 μ, à rameaux rigides, dichotomes divariqués ; cystides (ou gléocystides) à parois minces, fusiformes, éparses, 18—36×6—7 μ, à contenu hyalin ; basides 15—23×4—4,5 μ, à 2—4 stérigmates droits, longs de 4,5—6 μ ; spores hyalines, subsphériques, très brièvement apiculées à la base, 3—4×2,75—3 μ. (*Fig. 108*).

Novembre à Mai. Sur brindilles d'orme, chêne, genévrier,

pin, etc. et s'étalant en membrane sur feuilles, débris divers, humus,
pierres. Aveyron : Dermo, Fortune, Travès de Guergues, grès de
Belly ; H^te-Marne : Andelot (L. Maire) ; Env. de Paris (E. Gilbert) ;
Var (A. de Crozals) , Angleterre (comm. Miss Wakefield).

628. — A. effuscata (Cooke et Ell.). — *Corticium* Cooke et
Ell. — Massee, Mon., p. 142.

Etalé incrustant, fragile, pulvérulent, crème ocre, jaune de
Naples, chamois, puis alutacé fuscescent ; bordure similaire ou
pruineuse. — Hyphes basilaires à parois épaisses, fauves, 2—4 µ,
rameaux courts, rigides et aigus, passant dans la partie supérieure
de la trame à des hyphes subhyalines 1,5—3 µ, plus allongées,
moins rameuses, à rameaux flasques flagelliformes ; gléocystides
très nombreuses, subcylindriques, parfois septées, 30—150×7—
12 µ, à contenu granuleux ou guttulé, puis résinoïde ; basides 30—
45×6 µ, à 2—4 stérigmates longs de 5—6 µ, droits ; spores (ou
conidies) très abondantes, subglobuleuses ou largement ellipsoïdes,
lisses ou à peu près, 6—9×5—8 µ, un peu brunies.

Sur bois et écorces pourrissant sur le sol. Saxe (Krieger),
comm. Bresadola.

Nous ne trouvons aucune différence entre la plante de Saxe et les spécimens américains que nous avons étudiés : Ellis, N. Am., n. 1208 ; Canada.
determ. Ellis ; Ohio, Lloyd ; Humphrey, n. 3312, 5462.

629. — A. granulosa (Fr.). — *Grandinia* Fr., Epicr. ; Hym.
eur., p. 620, nec Pers.

Etalé, aride subcrustacé sur le sec,
très adhérent, argileux, alutacé ; bordure
similaire ; granules courts, hémisphériques, très serrés. — Hyphes 3—5µ, à parois
épaisses, ramifiées en corne de cerf, les
subhyméniales granuleuses indistinctes ;
basides émergentes, 15—24×4—5 µ, à 2—4
stérigmates droits, longs de 4—5 µ ; spores oblongues ellipsoïdes, 5—6×3,5—4 µ.
(*Fig. 109*).

109. — *Asterostromella*
granulosa (Fr.).

Sur bois de pin, Suède (Romell) ;
sur mélèze, Canada (Lloyd).

630. — A. dura Hym. de Fr., VII, n. 390 ; Notes crit. in
Bull. Soc. Myc. Fr., t. XXXVI, p. 74. — *Stereum duriusculum*
Bres., Fungi gall., p. 48.

Résupiné, 2—10 cm., très adhérent ; marge supérieure par-

fois épaissie et noirâtre, jamais nettement réfléchie ; substance
très dure, fauve cannelle, stratifiée, épaisse jusqu'à 1 cm. ; hyménium ordinairement noisette ou isabelle, passant à crème incarnat,
quand il est en active fructification, fauve cannelle ou brun rouillé,
quand il est stérile. — Entièrement
constitué par des hyphes 1,5—4 μ,
fauves, à parois épaisses, rigides,
très ramifiées dichotomes, à extrémités fourchues aiguës ; basides hyalines, subcylindracées, 15—60×4—
6 μ, éparses et peu émergentes au-
dessus des hyphes, à 2—4 stérigmates
grêles, longs de 3—4 μ. ; spores hyalines, 4—6(—9)×4—6(—8) μ, arron-

110. — *Asterostromella dura*
Bourd. et Galz. — Rameaux basidifères et conidifère.

dies, très obscurément aspérulées anguleuses, roses en masse !
fulvescentes dans la trame et à la surface des spécimens stériles.
(*Fig. 110*).

Pérenne, végétant en été. Sur chêne, châtaignier, aune, poirier. Allier : Murat, St-Priest ; sur les granits. Aveyron : assez
fréquent dans le terrain rouge du Trias, rare sur les schistes, nul
sur les Causses. Haute-Marne : Andelot (L. MAIRE).

La plante est ordinairement souterraine, ne se trouvant qu'à l'arrachage
des souches, sous les grosses racines, sur bois dénudé ou à l'intérieur de l'é-
corce, englobant terre et cailloux ; elle vient plus rarement à l'air, jusqu'à 30
cm. du sol. Certains individus doivent avoir plus de 10 ans, mais la végétation
ne paraît active qu'en été : l'hyménium prend alors une surface veloutée pruineuse, qui a du testacé et de l'incarnat ; puis elle pâlit, et redevient vite fauve
ou rouillée ; les échantillons qu'on trouve en hiver ne sont pas fructifiés. Ce
champignon est peu lignivore, presque humicole ; il est cependant accompagné
parfois d'une pourriture blanche, active ; il demande pour végéter plus d'humidité que *Hymenochaete rubiginosa*, qu'on trouve souvent dans les mêmes
conditions. — Les basides naissent d'un rameau des hyphes dendroïdes et sont
parfois remplacées par une conidie de mêmes forme et dimensions que les
spores ; mais ces conidies sont rares.

Cette plante paraît au moins très voisine de *Asterostroma epigaeum*
Lloyd, Myc. not., 50 (1917), p. 709, fig. 1060, que nous ne connaissons que par
la description.

II. ASTÉROSTROMÉS

Les Astérostromés sont caractérisés par la présence dans la profondeur de la trame de cellules étoilées à parois épaisses (stelles), terminant les hyphes. Ces cellules sont comparables aux cystides et, comme elles, représentent des rameaux stérilisés. On les rencontre aussi dans l'hyménium, mais elles sont moins rameuses et passent à l'aspect des cystides spinuliformes des *Hymenochaete*, *Phellinus* et *Xanthochrous*.

I. — **ASTERODON** Pat., Soc. Myc., X, p. 129, pl. 5.

Résupiné, membraneux-floconneux ; stelles brunes, passant à la forme de spinules dans les aiguillons ; hyménium infère à aiguillons subulés.

631. — **A. ferruginosum** Pat., l. c.

Largement étalé, subiculum atteignant 3—8 mm. d'épaisseur, floconneux feutré, ocre rouillé ou fauve, couvert au centre d'aiguillons longs de 1—1,5 mm., fins, subulés, serrés, fauve brun, un peu pruineux ; bordure floconneuse en bourrelet plus vivement coloré. — Subiculum formé d'hyphes 1,5—3 μ, à parois assez épaisses, fauves, sans boucles, terminées par des stelles à rayons longs de 30—100 μ, simples, épais de 5—7 μ vers la base ; dans les aiguillons, les stelles ressemblent aux spinules des *Hymenochaete*, 45—90×4,5—6 μ ; près du sommet des aiguillons, elles deviennent subhyalines et se changent peu à peu en une touffe d'hyphes terminales, 1,5—2 μ, flasques ; basides 18—25×5—8 μ ; spores hyalines, lisses, ovoïdes, 5—6×4—4,5 μ.

Face inférieure d'un tronc de *Pinus strobus* gisant sur le sol, Etats-Unis (C. J. Humphrey, 19065) ; Finlande (Pat., l. c.)

L'unique spécimen que nous ayons cherché à rapporter à cette espèce dans nos récoltes, a été trouvé dans une souche creuse de peuplier au Mas de Poujade (Aveyron). C'est un exemplaire très vieux, fauve rouillé, à aiguillons mal formés granuliformes, sans trace de fructification. La localité a été visitée bien des fois, mais le champignon n'a repris aucun développement.

II. — **ASTEROSTROMA** Massee, Monogr. Thel., p. 154.
— Pat., Ess. tax., p. 121.

Résupiné, corticiforme à hyphes grêles, hyalines, terminées
par des stelles fauves à rayons simples ou fourchus ; hyménium
pelliculaire quand il est bien développé ; basides ordinairement
accompagnées de cystides hyalines, à parois minces ; spores lisses
ou anguleuses aspérulées, ou épineuses.

Plantes peu robustes, vivant sur des bois déjà attaqués par
d'autres champignons et gagnant les débris avoisinants, la terre
nue sous les mousses. Peu lignivores.

632. — **A. ochroleucum** Bres., specim. orig. ! — Torrend,
Basid. Lisb. et S. Fiel, 1913, p. 83.

Largement étalé, mou fragile, lâchement adhérent ; subiculum assez épais, floconneux, fauvâtre, cannelle clair ; hyménium
pelliculaire séparable, en îlots épars puis confluents, crème abricot, crème orange, puis pâlissant, blanchâtre en séchant, pruineux ; bordure assez large, fibrilleuse floconneuse, ou en cordonnets radiants subaranéeux, blanche ou pâle. — Hyphes hyalines,
à parois minces, sans boucles, 1—2—4 μ, les basilaires parallèles
au substratum et se redressant, peu abondantes, jusqu'à l'hyménium ; stelles de la trame fauves, à 3—6—9 rayons rigides, longs

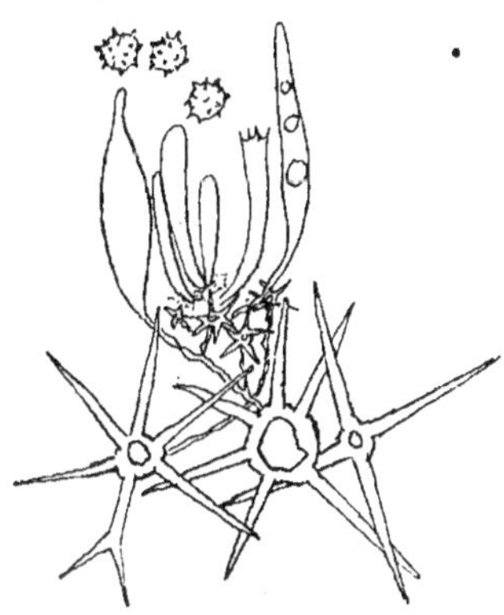

111. — *Asterostroma ochroleu-*
cum Bres.

de 15—60—120 μ, épais de 2—3
—4,5 μ, prenant naissance sur
une cellule 3-6-gone, de 6—12 μ
diam., à parois épaisses et concolores ; stelles supérieures plus
petites et plus claires ; tissu sous-
hyménial granuleux avec des
stelles petites et hyalines ; basides hyalines, 14—30—60×5—6—
8 μ, à 4 stérigmates droits, longs de
4—6 μ ; cystides (gléocystides)
hyalines, subfusiformes, peu différenciées, 50—70×10 μ, à contenu guttulé comme celui des basides, puis résinoïde fragmenté ;
spores hyalines, arrondies ou peu
anguleuses, spinuleuses, à aiguillons longs de 1—1,5 μ, apiculées
et souvent uniguttulées, 5—6—7,5×4,5—6—7 μ. (*Fig. 111*).

Mai à Décembre, rarement persistant jusqu'au printemps.
Toujours sur bois déjà attaqués ; troncs abattus de peuplier sur-

tout sur écorces et sur la face tournée vers le sol ; sur thym et lavande ; sur pin silvestre (et pommier par contagion) ; Allier, Aveyron, Tarn. Non pérenne et peu dévorant, quoique produisant quelquefois une pourriture assez apparente, filamenteuse, jaunâtre.

A. ochroleucum est très voisin de *A. cervicolor* (Bk. Curt.) Massee, Mon. Thel., p. 155. — Burt, XIII, p. 29. — (*Specim. ex Herb.* Cooke, n. 3341, Sud-Caroline, comparé avec le type par Miss Wakefield ; *specim. ex* Lloyd.) — et de *A. Gaillardii* Pat. (fragm. ex herb. Pat., Majorque : R. Maire, Mycoth. boreali-afric., n. 264) ; il semble toutefois se distinguer de ces deux espèces par les rayons de ses stelles souvent rameux, naissant sur une cellule plus ou moins dilatée qui parait manquer dans les deux espèces susdites ; et par ses spores sphériques, à aiguillons longs et serrées ; les spores peu nombreuses que nous avons observées dans *A. cervicolor* et *Gaillardii* sont globuleuses ellipsoïdes, avec aiguillons courts, épars. — Une récolte de M. A. DE CROZALS, Toulon, parait se rapporter à *A. Gaillardii*.

633. — A. medium Bres., Select. myc. in Ann. Myc., XVIII (1920), p. 50. *Specim. orig.* !

Etalé, mince, peu adhérent ; subiculum spongieux mou ou aranéeux, fauve clair ; hyménium pelliculaire, très fragile, pâle puis crème fauvâtre, pruineux ; bordure floconneuse ou aranéeuse rhizoïde, peu étendue, évanescente. — Hyphes hyalines à parois minces, sans boucles, $1,5—3\,\mu$; stelles fauve clair, à $4—12$ rayons grêles de $40—75 \times 2—3\,\mu$, à cellule centrale arrondie peu dilatée ; basides $15—45 \times 4—7\,\mu$, à 4 stérigmates longs de $4—5\,\mu$; gléocystides hyalines, fusiformes ventrues, $30—60 \times 10—15\,\mu$; spores hyalines, un peu anguleuses, aspérulées de verrues coniques hautes de $1\,\mu$, $4—8 \times 4—7\,\mu$.

Mai-Novembre. Sur bruyères et mousses, Aveyron : Bouisson, Balzaguet, Castellas ; sur petits liteaux en sapin, sur le sol, Brefeld ; sur éclats de bois de conifère, Allier : Montmarault, à Concise.

Biologiquement cette forme ne diffère en rien de *A. ochroleucum* ; elle s'en distingue par son subiculum plus mince, ses gléocystides ventrues, et surtout ses spores plus petites en moyenne, plutôt anguleuses-verruqueuses qu'aculéolées, rappelant assez celles d'*Inocybe asterospora*. Identique au type, sur pin, Westphalie (BRINKMANN).

634. — A. laxum Bres., *Specim. orig.* ! — Hym. de Fr., VI, n. 364.

Etalé, peu étendu, mince, peu adhérent, fragile, puis apprimé aride, fauve clair, chamois, noisette, recouvert d'une pruine farineuse abondante, pâle ou blanchâtre, puis fauve rouillé par froissement ou vétusté ; mycélium floconneux aranéeux, avec quelques cordonnets vagues, floconneux, blanchâtres ; bordure assez large, fibrilleuse aranéeuse. — Hyphes hyalines à parois minces, 2—6 μ, à boucles rares ou nulles ; stelles à 5—6 rayons de 10—45 ×2,5—3 μ, fauve clair, souvent bi-tri-furqués, et partagés en deux groupes par le nodule central, allongé subrectangulaire ; basides 22—36—45×6—6,5—9 μ, à 2—4 stérigmates droits, longs de 4— 5 μ ; gléocystides hyalines, fusiformes, 75—150×9—18 μ, longuement saillantes, à contenu guttulé ; spores hyalines, lisses, subarrondies avec spicule latéral (souvent plus larges que longues), 5— 7×4—8 μ, ordinairement 1-guttulées.

Toute l'année ; il semble commencer à pousser vers la fin de mai, un peu plus tardif que *A. ochroleucum*. Sur châtaignier, souches et écorces recouvertes de mousses, et sur débris et humus avoisinant, rarement à découvert. Pas lignivore. Aveyron, très nombreuses récoltes.

Identique au spécimen récolté en Suède par M. Romell et communiqué par M. Bresadola. — Assez voisin et peut-être simple forme de *A. bicolor* Ell. et Ev. que nous ne connaissons que par un spécimen des Etats-Unis récolté par M. Burt (Herb. Bresadola). Ce spécimen a un subiculum laineux spongieux, fauve châtain presque bai ; spores de même forme que dans *A. laxum*, 6—7,5×6,5—9 μ ; cystides non rencontrées ; l'aspect est assez différent au microscope, à cause des stelles de la trame à 3—5 rayons très allongés, 120— 180×4—6 μ.

III. HYDNÉS

Stipités,. dimidiés ou résupinés, charnus membraneux, céracés ou crustacés, à face hyménienne couverte de granules, dents, tubercules ou aiguillons ; spores lisses ou aspérulées, hyalines ou de teinte claire.

Ce groupe répond à peu près aux *Hydnei* de Fries et comprend tous les champignons hydnoïdes ou odontioïdes, sauf les espèces à spores brunes, anguleuses, qui constituent les genres *Sarcodon*, *Calodon* et *Caldesiella* des Phylactériés. Les *Irpex* sont classés dans les Porés.

TABLEAU SYNOPTIQUE DES GENRES

I. Aiguillons subulés naissant directement sur le substratum ; subiculum nul ou à peu près : **Mucronella** V.

II. Aiguillons développés sur un subiculum très distinct.

    A. Trame coriace formée d'hyphes à parois épaisses : spores petites.

        1. Chapeau latéral stipité : **Pleurodon** VII.

        2. Résupinés ou réfléchis ; cystides allongées : **Mycoleptodon** VIII.

    B. Trame charnue ou grumeleuse, épaisse ; aiguillons subulés allongés.

        1. Chapeau charnu à stipe central ; terrestres : **Hydnum** X.

        2. Champignon formé de tubercules épais, irréguliers, ou à chapeau latéral spatulé, plus ou moins rameux ; aiguillons flexueux ; gléocystidiés avec spores amyloïdes ; arboricoles : **Dryodon** IX.

    C. Trame molle, charnue ou floconneuse ; champignons à chapeau stipité ou flabellé, ou entièrement résupinés ; hyménium réticulé-interrompu ou à aiguillons irréguliers et lamellulés ; humicoles : **Sistrotema** VI.

D. Espèces minces, résupinées, membraneuses, céracées,
ou crustacées.

1. Champignons céracés, à aiguillons obtus, souvent difformes, irrégulièrement épars ou confluents : **Radulum** I.

2. Champignons céracés, très adhérents ; aiguillons subulés, ordinairement entiers : **Acia**
III.

3. Champignons membraneux, pelliculaires ou
crustacés ; aiguillons obtus ou aigus entiers ;
hyménium sans cystides ni cystidioles : **Grandinia** II.

4. Champignons membraneux, céracés, crustacés
ou farineux ; aiguillons fimbriés ou pénicillés
au sommet ; cystides ou cystidioles : **Odontia**
IV.

I. — **RADULUM** Fr.

Etalés, céracés ou membraneux-céracés ; aiguillons généra·
lement épais, difformes, obtus, simples ou rameux, irrégulièrement
épars ou confluents molariformes.

Les caractères extérieurs sont très changeants dans les espèces du genre
Radulum: R. membranaceum et *R. quercinum* prennent, sur les écorces lisses,
tout à fait l'aspect de *R. orbiculare*. Ces trois espèces ont des formes à aiguillons connés molariformes, de sorte que *R. molare* s'applique tantôt à l'une,
tantôt à l'autre de ces trois espèces, pour lesquelles il est bien difficile d'établir une synonymie exacte. Le *R. quercinum* des planches de GILLET représente tout aussi bien *R. orbiculare* et *R. membranaceum*. Les spécimens de *R.
membranaceum*, que nous avons soumis au Dr QUÉLET, ont été déterminés les
uns comme *R. molare*, les autres comme *R. quercinum* ; ceux de *R. orbiculare*
étaient notés tantôt comme *R. orbiculare*, tantôt comme *R. molare*. L'examen
de la spore et de la structure lève toute hésitation, car les espèces du genre
Radulum n'ont pas d'affinité directe entre elles.

635. — **R. membranaceum** (Bull., t. 481, f. 1 *Hydnum*)
Bres., Fungi Kmet., n. 134. — *R. molare* Fr., Hym. eur., p. 622.
— *Odontia hirta* Fuck. — Fr., Hym., p. 628, sec. Bres., non
Romell.

Arrondi, confluent, puis largement étalé, céracé, adhérent,
pâle, jaunâtre, alutacé, induré, contracté et fendillé sur le sec ;
tubercules difformes courts, cylindriques ou coniques, épars ou
confluents-connés, glabres ou fimbriés ; bordure byssoïde ou

fibreuse-radiée. — Hyphes distinctes à parois minces ou un peu épaissies, 2,5—4 μ, à boucles rares espacées ; basides 24—45×7—9—12 μ ; spores ellipsoïdes-subsphériques, 7,5—9—13×5—7—8 μ.

Toute l'année ; commun sur branches tenant à l'arbre ou tombées : chêne, cerisier, coudrier, aune, charme, bouleau, châtaignier, lierre. Très gros dévorant.

M. ROMELL regarde *O. hirta* Fuck. comme identique avec l'original *Hydnum argutum* de FRIES, qui est la même espèce que *H. barba-jovis.*

Varie accidentellement : 1° à aiguillons divisés dès la base en rameaux multifides à extrémités très aiguës. Sur la surface où nous avions prélevé cette monstruosité, le mycélium a reproduit le champignon avec aiguillons normaux.

2° à bordure épaisse, tomenteuse.

3° à bordure violette, décolorante à la dessiccation.

Nous avons déjà indiqué la connexion de cette espèce avec *Corticium confluens* : il y a en effet des formes accidentelles de passage ; mais les formes normales du *Radulum* ont les hyphes un peu plus fortes et plus tenaces, et la différenciation externe est telle que *R. membranaceum* doit conserver son entité dans la nomenclature.

636. — **R. orbiculare** Fr., El. ; Hym. eur., p. 623. — Quél., Fl. myc., p. 436. — *R. byssinum* Pilat, Tr. Hydn. nov. Cechy !

Orbiculaire puis confluent, céracé-charnu, tubercules allongés, cylindriques, épars ou fasciculés, blancs puis jaunissant ; bordure blanche, membraneuse byssoïde. — Hyphes hyalines, à parois minces ou à peu près, 2—3 μ, septées-noduleuses ; basides 32—40×6—9 μ, en hyménium régulier, même à l'extrémité des aiguillons ; spores cylindriques subarquées, 8—10—12×3—(4) μ. L'oxalate de chaux se dépose abondamment dans la trame des aiguillons.

Toute l'année ; commun surtout sur les écorces ; cerisier, bouleau, tremble, marsaule, charme, pin, sapin, *Liquidambar styraciflua, Cedrus Libani, Abies balsamea.* Gros dévorant.

Var. **junquillina** Quél., Fl. myc. — *luteolum* Quél., Ass. fr., 1885. — Remarquable par sa teinte jonquille très prononcée ; plus fréquent sur conifères.

R. orbiculare est très affine et ressemblant à la forme condensée tuberculeuse de *Peniophora mutata* Peck ; il s'en distingue par ses hyphes plus fines et l'absence des cystides : celles-ci sont parfois bien clairsemées dans *P. mutata.*

637. — **R. quercinum** Fr., Hym., p. 623. — Quél., Fl. myc.,

p. 436. — *Sistotrema fagineum* Pers., Syn., p. 552. — *Radulum* Fr., Hym., p. 624.

Arrondi, puis largement étalé, souvent subdécorticant, crustacé-céracé, adhérent, blanc puis pâle, crème alutacé ; bordure blanche, villeuse floconneuse ; tubercules très variables, cylindriques, aigus ou obtus, ou aplatis avec 1—3 pointes, ou fasciculés, souvent villeux au sommet. — Hyphes hyalines, à parois minces ou peu épaissies, 2—4,5 μ, souvent incrustées de cristaux d'oxalate, boucles éparses, distantes ; basides 10—21—60×3,5—4—6 μ, à 2—4 stérigmates ; spores hyalines, oblongues subcylindriques, très légèrement déprimées latéralement, avec granules brillants ou guttulées, 5—7—8,5×2,5—4 μ.

Toute l'année, plus fréquent en été ; commun sur branches tenant à l'arbre ou tombées, aussi sur bois travaillés : arbres à feuilles, genévrier. Très lignivore, mais moins dévorant que *R. membranaceum*.

Var. **fallax**. — *Hydnum fallax* Fr., Hym., p. 614. — Subiculum villeux-furfuracé, blanc ; aiguillons plus fins, plus serrés. Sur chêne, hêtre.

Les basides de *R. quercinum* sont accompagnées de filaments paraphysoïdes nus ou incrustés de cristaux ; il y a aussi des basides stériles, fusiformes, plus ou moins émergentes ; de plus, dans la var. *fallax*, les hyphes sont sensiblement colorées par l'éosine. Ces caractères rapprochent *R. quercinum* des *Odontia arguta, crustosa*.

638. — **R. mucidum** (Pers.) Hym. de Fr., V, n. 318. — *Hydnum* Pers. in Gmel., Syst. nat. Linn., 2, p. 1440. — Bres., Hym. Kmet., n. 102 ; nec *H. mucidum* Fr.

Étalé, membraneux mou puis fragile, mince, peu adhérent, glabre ou pubescent, blanchâtre, paille ou sulfurin pâle, puis crème chamois, alutacé ou isabelle ; aiguillons cylindriques, subobtus, courts, épars ou distants ; bordure fibrilleuse. — Hyphes régulières, à parois minces, bouclées, 4—7 μ, jusqu'à 8—9 μ dans la partie inférieure fibrilleuse du subiculum ; basides 25—38—45×6—8 μ ; aiguillons terminés par des hyphes stériles, lâchement fasciculées ; spores subhyalines (paille clair), irrégulièrement arrondies ou ovoïdes, brièvement atténuées ou apiculées à la base, 4,5—7×4—5 μ, 1-guttulées.

Septembre-Novembre. Sur branches de chêne, Ebreuil (Allier) ; sur hêtre, Epinal ; sur bouleau, Suède (ROMELL) ; Angleterre (A.-A. PEARSON).

Espèces exclues

Radulum pendulum Fr. est une forme à hyménium tuberculeux de *Corticium subcostatum* (Karst.).

R. tomentosum Fr. reste une espèce douteuse, qui s'applique peut-être à une variété de *Odontia arguta*, à bordure mycéliale très développée, gonflée et tomenteuse.

R. lactum Fr. est une variété sous-épidermique de *Peniophora incarnata* (Fr.).

R. Kmetii Bres. par ses basides cloisonnées longitudinalement, appartient aux Trémellinées: *Eichleriella Kmetii* Bres., n. 73.

R. botrytes Fr. serait, d'après Quélet, une forme raduloïde de *Vuilleminia comedens* que nous n'avons jamais rencontrée.

R. aterrimum Fr. est *Eutypa hydnoides* Fr. v. Hoehnel.! Bresadola, litt.).

II. — GRANDINIA Fr. — Pat., Ess. tax., p. 68.

Etalés, minces, membraneux, pelliculaires ou crustacés, portant des granules hémisphériques obtus ou des aiguillons subulés entiers ; pas de cystides ni de cystidioles dans l'hyménium. — Chez certaines espèces (*G. helvetica, mutabilis, alnicola*), l'hyménium s'étend régulièrement sur toute la surface des aiguillons, même au sommet ; chez les autres, l'aiguillon se termine par un faisceau plus ou moins saillant d'hyphes stériles non sensiblement différenciées. — Les espèces de ce genre répondent aux divers groupes des *Corticium* ; mais, comme dans les *Grandinia*, les cadres sont très éclaircis, ces espèces n'ont plus d'affinités entre elles.

Tableau analytique des espèces

1 {
Spores subglobuleuses : **2**.
Spores oblongues, cylindriques ou subfusiformes, ordinairement déprimées d'un côté : **6**.

2 {
Spores aspérulées, 3—4,5×2,5—4 μ : **3**.
Spores lisses : **4**.

3 {
Floconneux-membraneux ou farineux ; aiguillons mous, fragiles, à la fin subulés, grêles : *G. farinacea*, n. 648.
Croûte pulvérulente, friable, mince, formée de granules plus ou moins confluents : *G. microspora*, n. 649.

Crustacé, très adhérent, crème, puis isabelle ; bordure himantioïde blanche ; aiguillons papilliformes : *G. alnicola*,
n. 650.

4 {
Aiguillons réguliers, subulés ; trame lâche ; hyphes fortement
ampullacées ; basides urniformes à 4—6—8 stérigmates :
G. muscicola, n. 646.
Aiguillons granuliformes ; hyphes non ampullacées ; basides à
2—4 stérigmates : 5.

5 {
Bordure himantioïde fibrilleuse ; hyménium pelliculaire, mou ;
hyphes basilaires régulières : *G. helvetica*, n. 639.
Bordure similaire ou pruineuse ; hyménium céracé puis aride ;
hyphes de la trame irrégulières : *G. granulosa*, n. 640.

6 {
Basides urniformes, à 4—6—8 stérigmates : 7.
Basides normales : 8.

7 {
Spores oblongues subfusiformes, 6—8×3—3,5 μ : *G. raduloides*,
n. 647.
Spores cylindriques déprimées : *G. Brinkmanni*, n. 645.

8 {
Spores grandes, 10—13×3—4 μ, oblongues : *Odontia transiens*,
n. 685.
Spores ne dépassant pas 6×4,5 μ : 9.

9 {
Trame formée d'hyphes à parois épaisses, à rameaux dichotomes,
rigides, aigus ; spores oblongues : *Asterostromella granulosa*, n. 629.
Trame formée d'hyphes non ramifiées en corne de cerf : 10.

10 {
Spores en demi-sphère, ou brièvement fusiformes, déprimées
d'un côté : *G. granulosa* var. *cyrtospora*, n. 640.
Spores oblongues, cylindriques ou subvirguliformes : 11.
Spores elliptiques, 5—6×4—5 μ ; mince, adhérent, pâle ; marge
pruineuse : *G. Bonderzewii*, n. 641.

11 {
Subiculum tomenteux, blanc, couvert en entier d'aiguillons très
serrés, granuleux puis verruciformes ; spores subvirguliformes, 3—4,5×1,5—2 μ : *G. brassicaecola*, n. 644.
Subiculum crustacé ou membraneux ; marge stérile ou pruineuse : 12.

12 {
Hyphes à parois épaisses, sans boucles, flexueuses, tenaces ;
bordure membraneuse fimbriée, stérile : *G. straminella*,
n. 642.
Hyphes à parois minces, bouclées : 13.

Membraneux crustacé ; marge pruineuse ; granules très serrés,
　　très petits ; spores oblongues ou obovales oblongues. 4—
　　5×2—2,5 *μ* : *Odontia papillosa*, n. 674.
13 Céracé crustacé ; bordure similaire à peine fibrilleuse ; aiguillons
　　courts, fragiles ; spores oblongues-subcylindriques ou
　　fusiformes, un peu arquées, 3—4×1,5—2 *μ* : *G. lunata*,
　　n. 643.

639. — G. helvetica (Pers., Myc. eur., II, p. 184, *Hydnum*)
— Fr., Hym. eur., p. 627. — Bres., Fungi polon., p. 89. — *Corticium tomentelloides* v. Hoehn et L., Beitr., 1907, p. 86 et 1908,
p. 9.

Etalé, pelliculaire ou membraneux-céracé, séparable, pâle,
crème ocracé, gris clair, se tachant parfois de jaune au froisser,
prenant en herbier une teinte noisette, isabelle, testacée ou gris-
lilacé ; papilles petites pulvérulentes, subglobuleuses, bientôt
affaissées ; mycélium et bordure formés de fibres rameuses réticulées, qui rendent souvent l'hyménium veinuleux. — Hyphes à
parois minces ou peu épaissies, à boucles éparses quelquefois ansiformes, 3—6(—8) *μ*, les mycéliales lâches, çà et là fasciculées, en
cordonnets, souvent ramifiées à angle droit, les subhyméniales
bientôt collapses ; basides 15—24—40×4,5—6 *μ*, à 4 et souvent 2
stérigmates droits, longs de 3,5—4,5 *μ* ; spores légèrement teintées d'isabelle, ovoïdes-arrondies, atténuées à la base, souvent
uniguttulées, 3,5—6×3—5 *μ*.

Mai à Janvier, *optimum* de Juin à Novembre ; commun sur
brindilles dans l'humus des haies, souches arrachées, feuilles entassées. Assez dévorant.

Forme 1 : *filicina*. — Trame serrée ; hyphes sans boucles.
Sur fougère femelle, Aveyron.

Forme 2 : *scirpina*. — Plus mou ; spores sphériques, munies d'un apiculum cylindrique assez long. Sur *Scirpus lacustris*,
Allier.

Cette espèce se rattache aux *Corticium* pelliculaires et membraneux ;
elle ressemble d'abord à *C. centrifugum* et elle arrive quelquefois très près
de *C. vellereum*.

640. — G. granulosa (Pers.). — *Thelephora* Pers., Obs.
Myc. ; Syn., p. 576. — *Hydnum* Myc. eur., II, p. 184.

Etalé, céracé puis aride, adhérent, mince, blanc, puis pâle,
alutacé ou isabelle en herbier ; granules hémisphériques, rarement subcylindriques, épars ou assez serrés ; bordure similaire,

pruineuse ou pubescente. — Hyphes irrégulières souvent peu distinctes, en trame spongieuse, à parois minces, 3—7 μ, boucles très rares ; basides 9—12—21×4,5—6—8 μ, à 2—4 stérigmates longs de 3—5 μ ; spores subglobuleuses, lisses, très rarement aspérulées de petites verrues éparses, 3,5—5,5×3—5 μ.

Toute l'année. Très commun sur brindilles, bois morts de toute espèce, dans les haies et les buissons ; rare sur branches tenant à l'arbre ; sur vieux champignons ligneux, mousses. Assez lignivore : la pourriture qu'il produit ressemble assez à celle des *Dacryomyces* : le bois finit par se creuser et devient un peu rougeâtre.

Forme 1 : *corticina*. — Hyménium à papilles rares ou nulles. Pas rare.

Forme 2 : *cirsii*. — Lisse, très mince, pruineux ou farineux ; trame presque nulle. Sur plantes herbacées.

Forme 3 : *crassa*. — Trame épaisse, formée d'hyphes plus régulières, plus distinctes ; basides 40—50×6—9 μ ; spores 7—7,5×5—6 μ. Sur *Erica arborea* et sur le sol ; Aveyron.

Var. b : **cyrtospora**. — Aspect de *Corticium centrifugum*, mais plus adhérent ; papilles éparses très petites ; basides ovoïdes, 10—12×8—9 μ ; spores 4,5—5×4—4,5 μ, subhémisphériques déprimées d'un côté (vues dorsiventralement elles paraissent fusoïdes ou obovales). Sur genévrier, Bétirac (Aveyron).

Var. c : **mutabilis** Pers.. Myc. eur., II, p. 184. — *Grandinia* Hym. de Fr., V, n. 320 p. p. — *Odontia* Bres., Adn. myc., 1011, p. 426. — *O. olivascens* Bres., F. Trid., II, p. 36, t. 141 f. 2, *Specim. orig. !*. — Blanc, crème ou glaucescent, puis jaune citrin, vert pomme, ou jonquille en herbier. Commun sur bois morts.

Forme 1 : *Corticium sulfurellum* v. H. et L., Œst. Cort., p. 68, *Specim. orig.* !. — Très mince, sulfurin ou verdâtre clair ; hyménium lisse. Pas rare.

Hypochnus Mustialensis Karst. — Fr., Hym., p. 705, subfloconneux mou, bleuâtre, puis verdâtre est une forme de *Caldesiella viridis* plutôt que de *G. mutabilis*.

641. — G. Bonderzewii Bres., Select. Myc., 1926, p. 10.
Largement étalé, subiculum mince, adhérent, pâle ; marge pruineuse ; granules concolores, 0,3—0,5 mm. d. — Hyphes de la trame à parois minces, septées, irrégulières, agglutinées, 4—5 μ ; basides 15—18×4—5 μ ; spores elliptiques, 5—6×4—4,5 μ.

Sur troncs de bouleau, Russie (n. v.).

La description laisse soupçonner une forme bien voisine de *G. mutabilis.*

642. — G. straminella (Bres.). — *Odontia* Bres., Myc. Lusit., 1902, p. 9. *Specim. orig. !*

Assez adhérent, subiculum blanc puis pâle, submembraneux mince ; marge fimbriée stérile ; aiguillons blancs puis paille, subdistants ou serrés, verruciformes, fins, nus ou pénicillés au sommet. — Hyphes à parois épaisses, flexueuses, 2—4 *μ*, en trame assez coriace ; basides 12—15×4—4,5 *μ* ; spores obovales oblongues, 4—5×2,5—3 *μ*, souvent 1-guttulées.

Hiver. Sur brindilles, cônes de pin, etc. Portugal (TORREND).

643. — G. lunata. — *Hydnum* Romell, *Specim orig. !.* — Rom. in Nat. Hist. Juan Fernandez and East. Isl., II (1927), p. 469 (*Nomen*).

Etalé, très adhérent, céracé crustacé ; subiculum très mince ; bordure peu étendue, similaire, à peine fibrilleuse, blanche ; aiguillons fragiles, céracés, puis collapses, blancs ou crème jaunâtre, puis crème alutacé, fertiles au sommet. — Hyphes 1,25—3 *μ*, à parois minces bouclées, promptement collapses, (il y a dans l'axe des aiguillons une matière semi-cristalline qui se réduit en gouttelettes après ébullition dans KOH 1/250) ; basides 15—18× 4—4,5 *μ*, à 2—4 stérigmates droits, grêles, longs de 4—4,5 *μ* ; spores oblongues déprimées latéralement, atténuées à la base, ou subfusiformes arquées, 3—4×1,5—2 *μ*, ordinairement 1-guttulées.

Avril, Novembre. Sur sapin, Upsal (C. G. LLOYD, 08499) ; Femsjo (ROMELL).

644. —G. brassicicola (Bres., Myc. Lusit., 1902, p. 9, *Odontia*).

Subiculum tomenteux, blanc, recouvert entièrement par les aiguillons fins, serrés, granuleux verruciformes, légèrement fimbriés au sommet, blancs, longs de 0,5 mm. — Hyphes 2,5—4,5 *μ* ; basides 15—18×5 *μ* ; spores subvirguliformes, 3,5—4,5×1,5—2 *μ*.

Hiver. Sur vieilles tiges desséchées de choux. Portugal (n.v.).

645. — G. Brinkmanni (Bres., Fungi polon., p. 88, *Odontia*) Hym. de Fr. n. 321.

Etalé, d'abord très ténu, pruineux, puis céracé, à la fin aride crayeux, très adhérent, blanc pur, jaunissant parfois ; aiguillons très variables, tantôt en papilles verruciformes, tantôt en aiguillons subulés allongés, serrés ; bordure pruineuse ou très finement fibrilleuse. — Trame chargée d'oxalate ; hyphes peu abondantes, à parois minces, septées-noduleuses, 1,5—4,5 μ, promptement collapses : basides 6—12—22×3—6 μ, d'abord obovales, puis prolongées en tube couronné de 4—6—8 stérigmates arqués, longs de 2—3 μ ; spores subelliptiques un peu déprimées latéralement, 3—4,5—6×1,5—3 μ.

Toute l'année ; très commun sur toute espèce de bois, sur champignons ligneux ou coriaces, cuirs et toiles pourrissants ; rare sur branches tenant à l'arbre. Lignivore avec pourriture blanche.

Affine aux Cortices du groupe *Urnigera*, cette espèce est exactement à *Corticium octosporum* ce que *Grandinia farinacea* est à *C. sphaerosporum*. Elle se reproduit facilement sur les surfaces où l'on a recueilli des échantillons, mais elle est inconstante dans la formation de ses aiguillons et elle reste souvent corticioïde.

646. — **G. muscicola** (Pers.) — *Hydnum* Pers., Myc. eur., II, p. 181. — *Odontia limonicolor* Bk. Br. ; Sacc., VI, p. 465. — *H. Bresadolae* Quél., in Bres., Fungi Trid., p. 14 ? — *H. sepultum* Bk. Br. ?

Etalé, peu adhérent ; subiculum membraneux pelliculaire, très mou, fragile, blanc crème ou sulfurin ; bordure pelliculaire ou aranéeuse, quelquefois prolongée en cordonnets rameux ; aiguillons réguliers subulés, rarement rameux, longs de 0,5—1,5 mm. — Hyphes à parois très minces, 3—5 μ, souvent farcies de guttules huileuses, bouclées avec renflements ampullacés jusqu'à 8—10 μ ; basides 12—20×6—8 μ, obovales puis urniformes, à 4—6—8 stérigmates longs de 2,5—3 μ ; spores obovales ou subglobuleuses, brièvement atténuées à la base, lisses (rarement aspérulées très finement), 3—4,5×2,5—4 μ, uniguttulées. (*Fig. 112*).

Saisons humides, surtout Septembre à Mars. Sur ou sous les mousses, débris divers, bruyères, châtaignier, chêne, feuilles sèches, pierres. Humicole, pas lignivore.

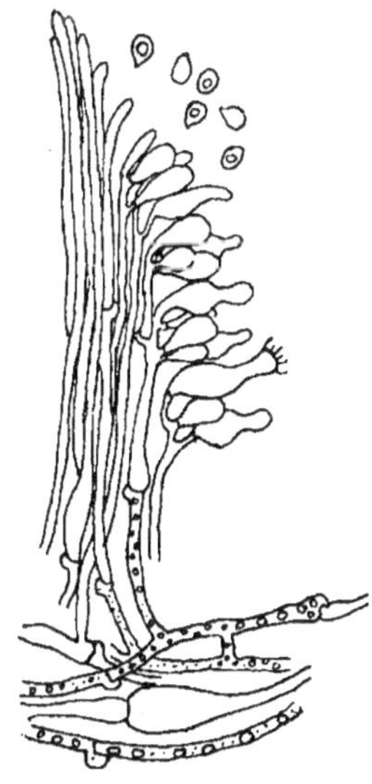

112. — *Grandinia muscicola* (Pers.).

F. 1. *albo-lutea.* — Subiculum et bordure sulfurins, safranés, jaune-vert ou olivacé ; aiguillons sulfurin clair, puis jaunissant. Pas rare dans le S.-O. de l'Aveyron et le Tarn. Tyrol autrichien (LITSCHAUER).

F. 2. *albo-pallida*. — Subiculum souvent brunâtre en dessous; hyménium blanc. Plus spécial à l'humus des conifères, dans les Causses.

647. — G. raduloides. — *Hydnum* Karst., Symb. Myc. Fenn., XII, p. 110. *Specim. orig.*! — Sacc., VI, p. 676.

Subindéterminé, mince, adhérent, floconneux furfuracé, blanc puis ocre pâle; bordure similaire ou corticioïde; aiguillons plus ou moins serrés, mous flasques puis fragiles, cylindriques ou subulés, entiers, pruineux, longs de 1—1,5 mm. — Trame farcie de gros cristaux irréguliers d'oxalate de chaux: hyphes lâches, à parois très minces, 2,5—4,5(—6) μ, souvent guttulées, collapses, à boucles éparses parfois très grosses, les supérieures à articles plus courts et plus serrées; basides urniformes, 12—18—27×5—8 μ, à 6—8 stérigmates droits, longs de 4,5—5 μ; spores oblongues subfusiformes, 7—8×3—3,5 μ, souvent agglutinées.

Juin. Sur bois pourrissants, Finlande (KARSTEN, comm. ROMELL); Suède (ROMELL); Etats-Unis (C. G. LLOYD, n. 1444).

648. — G. farinacea (Pers., Syn., p. 562, *Hydnum*). — *Odontia* Bres., Kmet., p. 35; F. polon., p. 87. — *O. nivea* Quél.!

Largement étalé, mince, floconneux ou membraneux-mou, blanc de neige puis crème, jusqu'à crème chamois; bordure byssoïde ou himantioïde, finement fibrilleuse ou simplement pruineuse subindéterminée; aiguillons ordinairement serrés, subulés, 1-2 mm., rarement dentés, quelquefois confluents-cristulés, ou granuleux-subglébuleux, très mous et fragiles, terminés par des hyphes stériles. — Trame chargée d'oxalate; hyphes 1,5—4 μ, à parois très minces, septées-noduleuses avec renflements ampullacés jusqu'à 7 μ, rares et peu réguliers; basides 6—12—21×3—5 μ, à 2—4 stérigmates longs de 3—4,5 μ; spores ovoïdes, sphériques, finement et densément aspérulées-spinuleuses, 3—4,5×2,5—4 μ.

Toute l'année; très commun sur souches et bois pourris de toute espèce, feuilles, humus, pierres surtout dans les lieux frais. Peu lignivore, vient sur les bois attaqués par d'autres champignons. — Sur un parquet de chêne, Paris: habitat insolite, qui n'a modifié ni ses caractères, ni sa lésion qui reste au moins bien superficielle.

Forme: *sorediosa*. — Amas plus ou moins abondants de poussière farineuse blanche, accompagnant le plus souvent la forme fertile, et composés de conidies anguleuses, très irrégulières, provenant de la segmentation d'hyphes mycéliales.

649. — G. microspora Karst., *specim. orig.* !.

Etalé, pulvérulent, en granules plus ou moins confluents formant une croûte fragile, à peine continue, blanc crème, puis crème jaunâtre ; bordure effritée ou fibrilleuse-pulvérulente. — Hyphes à parois minces, septées-noduleuses, 1—2,5 μ, peu abondantes ; basides 7—14×4 μ, à 2—4 stérigmates longs de 3—4 μ ; spores obovales subsphériques, densément aculéolées, uniguttulées, 3—4×3 μ.

Toute l'année ; sur coudrier, peuplier, etc. Allier, Aveyron.

650. — G. alnicola Hym. de Fr., n. 325.

Très largement étalé, crustacé, mince, très adhérent, pruineux, souvent veiné par des fibrilles radiantes, crème, isabelle, chocolat crème, couvert de papilles serrées, inégales, largement corticiforme aux bords, à pourtour byssoïde, satiné ou himantioïde, apprimé. — Hyphes à parois très minces, 1—3,5 μ (souvent agglutinées indistinctes), à boucles petites assez rares, çà et là ampullacées ; basides 12—24—27×4—5 μ, à 2—4 stérigmates droits, longs de 3—4 μ ; spores abondantes, ovoïdes-globuleuses, lâchement aspérulées, 3—4,5×2,5—4 μ.

Toute l'année. Sur bois humides, aune, saule blanc ; Allier, Aveyron.

Cette espèce croît sur les bois déjà attaqués par d'autres champignons ; son mycélium les teint en rouge-clair presque saumoné ; sa végétation est de toute l'année, mais bien plus active de Juillet à Octobre. Les parties du bois où l'on a prélevé le champignon, sont recouvertes en moins d'un mois. La plante jeune forme une croûte corticioïde, isabelle, à structure très voisine de celle de *Corticium tulasnelloides*. A l'état adulte, la trame est toujours chargée d'oxalate de chaux en gros cristaux vaguement disposés par strates : on ne peut reconnaître la texture qu'après lavage à l'acide chlorhydrique ou azotique. Les hyphes basilaires sont très serrées subcohérentes et fasciculées en cordonnets dans les parties flabellées. Cette espèce et les deux précédentes se rattachent aux *Corticium* du groupe *Humicola*, et celle-ci est particulièrement affine à *C. sulphureum* Pers.

Elle est ordinairement accompagnée d'une *forme conidienne* en plaques étendues, épaisses, formées d'une poussière qui varie de crème ocracé à ocracé vif. Les conidies sont subelliptiques, 5—9×4—5 μ, naissant tantôt sur des filaments très ténus, tantôt sur des organes basidiformes qui portent une conidie sessile ou sur un stérigmate conique.

Un fragment de l'original de *Gr. rigida* Bk. (Rio-de-Janeiro, GLAZIOU) communiqué par M. ROMELL, montre une structure assez voisine de *Gr. alnicola* ; mais le fragment est trop ténu pour pouvoir affirmer l'identité des deux plantes.

III. — **ACIA** Karst., Symb. myc. Fenn. — Pat., Ess. tax.,
p. 68.

Etalés, céracés, très adhérents ; aiguillons subulés, normalement entiers, distincts ou connés à la base ; trame serrée ; basides à 2—4 stérigmates, accompagnées ou non de cystidioles peu nettes ; spores oblongues, ellipsoïdes ou obovales.

Ce genre correspond aux Cortices céracés microspores.

651. — **A. uda** (Fr., S. M., *Hydnum*. — *Odontia* Bres., Fungi Kmet., n. 110).

Largement étalé, céracé mou, adhérent, sulfurin, citrin ou olivacé ; bordure citrine, pruineuse ou fibrilleuse, blanche à l'extérieur ; aiguillons fins, allongés, subulés, entiers ou denticulés, concolores ou crème-incarnat, fulvescents. — Hyphes à parois minces, 1,5—3,5 μ, les axiles serrées parallèles, émergentes en faisceau stérile à l'extrémité des aiguillons, où elles sont insensiblement renflées, 4,5—6 μ, et aspérulées de cristaux prismatiques ; les subhyméniales sinueuses, en trame granuleuse peu distincte ; basides 9—15—20×3—4,5 μ, accompagnées de cystidioles surtout vers l'extrémité des aiguillons ; spores ellipsoïdes, à peine déprimées latéralement, 4—6,5×2—3,5 μ.

Mai à Novembre, disparaît pendant l'hiver ; commun sur branches tombées, bord des ruisseaux, bois humides, rarement sur souches ou troncs debout ; sur *Aspidium angulare*. Pourriture blanche assez active.

Le mycélium et les parties citrines de cette espèce tournent au purpurin au contact des alcalis. Quand la plante est en bonne végétation, elle exhale souvent une odeur anisée très prononcée. QUÉLET ne donne pas cette espèce dans sa Flore : elle est sans doute comprise dans son *Odontia denticulata*, mais tous les échantillons que nous lui en avions envoyés ont été déterminés par lui comme *O. aurea* Fr.

var. grisea. — *Sistotrema griseum* Pers., Myc. Eur., II, p. 198, t. XXII, f. 2 (sinistra) ? — *Odontia* Bres., F. polon., p. 85 ?

Subiculum cendré bleuâtre ou gris brun ; bordure blanche pruineuse ou nulle ; aiguillons subdistants, courts, gris noirâtre avec pointe blanche subobtuse ou finement fimbriée, puis allongés très grêles. Hyphes axiles 2—3 μ, cohérentes, brunies ; spores oblongues subcylindriques, 4,5—6×2—3 μ.

Août ; récolté abondamment sur chêne, Boutaran, St-Estève (Aveyron). Pourriture blanche assez active.

A l'état jeune, cette plante répond assez bien à la description et à la fig. de Persoon, mais elle finit par prendre des aiguillons allongés, très grêles et ne paraît pas devoir être séparée de *A. uda,* avec lequel elle croît parfois en contact.

652. — A. griseo-olivacea. — *Odontia* v. Hoehn., Myc. Fragm., Ann. Myc., III (1905), p. 548.

Maculiforme puis céracé, très adhérent, gris jaunâtre à vert olive ; bordure blanchâtre subfimbriée ; aiguillons granuliformes puis subulés, longs de 0,5—1 mm., densément ciliés de cystidioles et d'hyphes hyméniales, portant à leur sommet une guttule résinoïde caduque. — Hyphes axiles à parois assez épaisses, parallèles cohérentes, 3—4 µ ; cystidioles 20—35×4—5 µ, terminées ordinairement par une guttule de 4—6 µ d. ; spores oblongues, 4—5×2—2,5 µ, souvent 1-guttulées.

Septembre. Sur branches de hêtre, Autriche. — Sur branches d'aune, Allier, rare et à cystidioles non constantes.

La forme typique a la même structure que *A. denticulata,* mais elle en diffère bien par la couleur et la teinte violette qu'elle prend au contact des alcalis. Les parties jaunes de *A. denticulata* ne tournent pas au violet au contact des alcalis, mais restent jaunes ou prennent une teinte un peu verdâtre.

653. — A. denticulata (Pers.) Hym. de Fr., V, n. 327. — *Hydnum* Pers., Myc. Eur., II, p. 181.

Subiculum pâle puis fauvâtre, membraneux-céracé, pruineux ; bordure étroite subradiée ; aiguillons 2—3 mm., serrés, réguliers, subulés, dentés ciliés dans leur moitié supérieure, jaune vif, puis fulvescents. — Hyphes axiles à parois épaisses, 3—4 µ, en faisceaux qui se divisent et forment des émergences stériles le long des aiguillons et au sommet ; les subhyméniales à parois minces, 2—3 µ ; basides 12—15×3—4 µ, accompagnées de cystidioles fusiformes, portant souvent une gouttelette huileuse ou résineuse à leur extrémité ; spores oblongues elliptiques, un peu déprimées latéralement, 5—9×2,5 µ.

Août-Septembre. Sur troncs et branches d'aune, Allier. — Odeur d'anis sur le frais.

En rejetant dans *A. uda* les formes jaunes, robustes, qui tournent vivement à violet pourpré par les alcalis, il reste comme *A. denticulata* une forme élégante à aiguillons très réguliers, qui a en réalité plus d'affinité avec *A. squalina* ou *stenodon* qu'avec *A. uda.*

654. — A. stenodon (Pers., Myc. eur., II, p. 188, *Hydnum*). — *Odontia* Bres., F. Kmet, n. 107 ; F. polon., p. 86.

Etalé, charnu céracé, adhérent ; bordure byssoïde, fibrilleuse-radiée ou pubescente, étroite et blanche ; aiguillons grêles effilés, serrés ou connés à la base, longs de 1—3 mm., entiers ou fimbriés, ciliés, quelquefois rameux, blanc-hyalin puis paille, crème ocracé fulvescent. — Hyphes 2—3 μ, à parois minces, les axiles parallèles cohérentes, se prolongeant en pointe stérile, extrémités des hyphes insensiblement renflées jusqu'à 4—6 μ ; basides 9—14—28×3—4(—7) μ ; spores oblongues subelliptiques, plus déprimées que dans *A. uda*, et souvent biguttulées, 3—4,5 (—6,5)×1,5—2,75 μ.

Toute l'année, *optimum* en Juillet-Septembre : pas rare sur branches tombées des arbres à feuilles, champêtres ou forestiers. Très lignivore avec pourriture rouge caractéristique.

Varie 1º **nodulosa**. — *Hydnum nodulosum* Fr., Hym., p. 616 ? — Subiculum développé çà et là en nodules ou tubercules qui portent des aiguillons pendants, connés, souvent comprimés canaliculés, longs de 2—4,5 mm. Caractères micrographiques de *A. stenodon*. — Sur support vertical, chêne, frêne, etc.

— 2º **Hydnum diaphanum** Schrad. — Pers., Syn., p. 653. Fr., Hym., p. 616. — Subiculum largement étendu, stérile aux bords, sous forme de membrane pellucide qui se contracte et se déchire en se desséchant, ayant l'aspect d'une feuille mince de gélatine ou de parchemin transparent. Caractères micrographiques de *A. stenodon*. — Sur peuplier, hêtre, etc.

La membrane des hyphes mycéliales de *A. stenodon*, dans certaines conditions, doit se gélifier et les hyphes s'agglutinent en membrane dans la forme *diaphana*, de même que les axiles verticales s'agglutinent en faisceaux dans la forme suivante.

— 3º **Hydnum barba-Jobi** Bull., I, p. 303, t. 481, f. 2. — Hyphes axiles à parois épaissies, agglutinées en faisceaux rameux divergents, qui émergent longuement vers le sommet des aiguillons ; la base de l'aiguillon est fertile et donne les mêmes caractères que dans *A. stenodon*. Vers la bordure ces faisceaux forment des fibres rigides, radiées, les unes ascendantes en touffes, les autres apprimées. En certains points, ces fibres forment un véritable *Ozonium* fulvescent. Cette anamorphose ozonioïde expliquerait que Léré, l'ami de Bulliard, ait pu communiquer à Persoon l'*Ozonium fulvum* comme étant le véritable *Hydnum barba-Jobi* de Bulliard (Cf. Pers., Myc. eur., II, p. 200 : *Sistotrema barba-Jovis*).

— 4º **dendroidea** (*Hydnum proliferum* Pers., Myc. eur., p. 213 ?). — Aiguillons très rameux dendroïdes à ramules nombreux, fins, très aigus. Peuplier, robinier, etc.

655. — **A. fusco-atra** (Fr.) Pat., Ess. tax. — *Odontia* Bres.,
Hym. Kmet., n. 105 ; Fungi polon., p. 85.

Subiculum mince, céracé mou, très adhérent, blanc, pâle,
glauque, fumeux ou gris jaunâtre, souvent pruineux, puis glabre,
fulvescent ; bordure blanche ou blanc jaunâtre similaire, pruineuse
ou étroitement fimbriée byssoïde, évanescente ; aiguillons fins,
subulés aigus ou à 2—3 pointes peu distinctes, glauque cendré,
gris, alutacé incarnat puis brun noir, avec pointe plus claire. —
Hyphes 2—3 μ, à parois minces ou un peu épaissies, quelquefois
aspérulées, à boucles rares, parallèles subcohérentes dans l'axe
des aiguillons, les subhyméniales granuleuses ; cristaux bacillaires
dans la trame ; cystidioles subulées non constantes ; basides 12—
16—24×3—4,5 μ, à 2—4 stérigmates longs de 2,5—3,5 μ ; spores
oblongues ou cylindriques un peu arquées, 4,5—6×2—3 μ.

Toute l'année, débuts en Avril, Mai. Sur branches tombées,
noyer, coudrier, charme, aune, frêne, tilleul, pommier, prunier ;
Allier, Aveyron, Saône-et-Loire, Orne. — Pourriture filamenteuse
active.

La coloration primitive du champignon est assez variable ; la teinte et
glauque la pruine ne sont pas constantes, il est souvent isabelle fauvâtre dès le
début ; quand il est à la fin de son évolution, il devient entièrement noirâtre.

656. — **A. membranacea** (Fr., non Bull.) — *Odontia* Bres.,
Fungi Kmet., n. 106 ; F. polon., p. 85.

Etalé, céracé, mince, très adhérent, fauve rougeâtre, livescent, puis brunissant ; bordure similaire atténuée ; aiguillons serrés, grêles, concolores. — Hyphes 2,5—4 μ, à parois minces ;
basides 9—24×3,5—4,5 μ, accompagnées de basides stériles subulées peu émergentes ; spores oblongues subcylindriques, à peine
déprimées latéralement, 4,5—5×2—2,75 μ.

Eté, automne ; sur orme, chêne ; Allier, Aveyron. Echan-
tillons rares et maigres qui ne nous donnent pas une bonne idée
de cette espèce. D'après M. BRESADOLA, elle différerait de *A. fusco-atra* par ses aiguillons plus grêles et plus serrés, fauve rougeâtre
dès le début.

657. — **A. subochracea** (Bres. in Hedw., *Odontia*) *ex ipsius*
determ.

Etalé, très adhérent, céracé ; subiculum subhyalin ou crème,
puis crème ocracé, jonquille ocracé, plus ou moins fulvescent ;
bordure subsimilaire plus pâle, ou blanche floconneuse ; aiguillons
peu serrés, inégaux, entiers, fragiles, concolores. — Hyphes à
parois très minces, flasques, 2—5 μ, à boucles très rares ou nulles,
peu régulières ; basides, 15—20—28×4—6 μ, à 2—4 stérigmates

longs de 3—4 μ ; spores oblongues subelliptiques, à peine déprimées latéralement, 4—6—7×3—4 μ.

Toute l'année ; à l'intérieur des couches de bois déjà attaqués par d'autres champignons (*Phellinus fulvus, Xanthochrous hispidus*), branches mortes sur l'arbre, troncs abattus : pommier, poirier, cerisier, noyer ; Aveyron. Peu lignivore. — Affine à *Corticium deflectens, cremeo-ochraceum*.

658. — A. setosa (Pers., Myc. Eur., II, p. 213). — *Hydnum* Bres., Fungi Kmet., n. 100. — *Dryodon* Hym. de Fr., n. 360. — *H. luteo-carneum* Secr. — *Dryodon* Quél., Fl. myc., p. 437. — Bataille, Soc. Myc., 1911, p. 381. — *H. Schiedermayeri* Heufl. ; Fr., Hym. eur., p. 609.

Étalé-noduleux et tuberculeux subimbriqué, céracé puis induré, pâle, crème aurore ; mycélium abondant, sulfurin, grumeux : aiguillons souvent fasciculés, subulés, grêles, pâles, sulfurins ou teintés d'aurore. — Hyphes hyalines à parois minces, 2—4,5 μ, à boucles rares ; basides 18—42×5—7 μ, à 2—4 stérigmates ; spores hyalines, légèrement teintées de citrin, obovales, uniguttulées, 4,5—6—8,5×3—5 μ, non colorables en bleu par l'iode.

Toute l'année ; végète de Septembre à Mars, avec régression au printemps ; pas rare sur pommier ; moins fréquent sur *Sorbus aria* et *domestica*. C'est un lignivore très actif, surtout sur pommier ; les sorbiers résistent mieux.

var. **fraxinicola**. — Aiguillons longs de 6—12 mm., naissant sur un mycélium granuleux citrin, blanchâtres puis incarnats ou roussâtres, pressés les uns contre les autres et portant sur toute leur longueur de petits aiguillons de 1—2 mm. perpendiculaires ; spores 5—6,5×3,5—4,5 μ.

Automne. Sur troncs et bûches de frêne, Allier.

659. — A. squalina (Fr., S. M. ; Hym. eur., p. 612). — *Dryodon* Quél., Fl. myc., p. 438.

Largement étalé ; subiculum mince submembraneux, adhérent, céracé puis induré, crème jonquille pâle, jaune de buis ; bordure similaire étroite avec des rudiments d'aiguillons, ou plus floconneuse, blanche ; aiguillons serrés, un peu courbés, longs de 4—7 mm., la plupart subulés aigus, les autres comprimés, souvent connés en gouttière, dilatés et incisés au sommet, jaunes. — Hyphes parallèles dans les aiguillons, non cohérentes, à parois minces ou épaissies, 2,5—4,5 μ, sans boucles, souvent aspérulées soit de granules très fins, soit de cristaux bacillaires, celles de la trame enchevêtrées ; basides 15—18×3—4(—4,5) μ ; spores ovoïdes, 3—4—(4,5)×1,75—2 μ.

Mai 1925 ; sur chêne liège, environs de Toulon (A. DE CROZALS).

Les aiguillons allongés de *A. setosa* et *squalina* leur donnent l'aspect des *Dryodon*, mais ils s'écartent des autres espèces de ce Genre par leur spore non amyloïde et l'absence de gléocystides : ils ont tout-à-fait la structure des *Acia*. Sur le vif, *A. squalina* était d'un beau jaune, ne tournant pas à purpurin au contact des alcalis, plus conforme pour la couleur à la description de QUÉLET. FRIES dit : *statura* et *colore varium* ; sa description indiquerait une plante moins jaune, plus fuscescente, de même que le *Sistotrema taurinum* Pers. que FRIES met en synonymie et qui s'écarte par sa couleur « *fere cervinus, inamoenus* ».

Deux récoltes de M. CORBIÈRE, dans une serre tempérée à Cherbourg, sur pin et sapin, diffèrent de la plante de Toulon par leurs aiguillons plus courts, 2—3 mm., pâles puis brun clair, connés subconcrescents, et leur spore 4—5×2,5—3 μ.

Il y a aussi des formes à subiculum uni ou noduleux, à aiguillons flexueux plus ou moins incarnats et à mycélium plus ou moins jaune, non purpurescent par les alcalis, parmi lesquelles nous n'avons pu situer exactement les *Hydnum subcarnaceum* Fr. et *opalinum* Quél.

IV. — **ODONTIA** Fr. — Pat., Ess. tax., p. 60.

Etalés, membraneux, crustacés ou pruineux, rarement céracés ; aiguillons coniques, multifides, pénicillés ou ciliés ; cystides ou cystidioles plus ou moins différenciées ; basides claviformes à 2—4 stérigmates ; spores variables.

Ce genre se distingue de *Grandinia* par ses aiguillons plus ou moins pénicillés et la présence de cystides. Il correspond donc aux *Peniophora* ; mais il ne faut pas s'attendre à trouver, chez les *Odontia*, la cystide bien caractérisée de ces derniers. Chez *O. stipata*, il n'y a comme cystides que les hyphes axiles, nettement différenciées, il est vrai, par leurs parois épaisses et leur ténacité. Dans les *O. papillosa, crustosa, Bugellensis*, etc., les cystides ne sont plus que des cystidioles subulées, quelquefois à peine émergentes. Mais ces espèces sont reliées si intimement avec les *O. bicolor, arguta, barba-Jovis*, etc., qu'il était impossible de les en séparer. Ces espèces se rattachent aux *Peniophora* du groupe des *Hyphales*. Le point d'appui est *P. pallidula*, avec lequel *O. arguta* a une étroite parenté ; mais les cystides à renflements globuleux du *Peniophora* se sont perdues dans l'aiguillon de l'*Odontia* et ne présentent plus qu'un seul renflement terminal, qui encore manque souvent. Chez d'autres espèces (*O. conspersa, Queletii*), la cystide est bien normale, incrustée : elles se rattachent au groupe des *Peniophorae ceraceae*.

Tableau analytique des Espèces

1. Cystides fusiformes, à parois très épaisses, fortement incrustées : 2.
Cf. *Mycoleptodon*, VIII.
Cystides variables, incrustées, souvent peu différenciées ou
remplacées par de gros cristaux dans l'axe des aiguillons ;
spores ellipsoïdes, 5—10×3—6 μ ; plantes céracées ou
crustacées arides : 4.
Cystides ou cystidioles nues, rarement avec quelques granules
épars, quelquefois renflées en tête au sommet ou terminées
par une petite macle radiée sphérique : 5.

2. Aiguillons longs de 6—10 mm., charnus puis cornés, très serrés,
subhyalins puis incarnat-fumeux ; subiculum submembraneux puis cartilagineux : *O. lusitanica*, n. 684.
Aiguillons petits, fragiles ; subiculum blanc, très ténu, céracé
puis crustacé : 3.

3. Spores oblongues ou subcylindriques, plus ou moins déprimées
latéralement, 3—5×1—2,5 μ : *O. hydnoides*, n. 682.
Spores oblongues ou obovales, peu ou pas déprimées, 4—6×3
—3,5 μ ; plante plus épaisse : *O. Queletii*, n. 683.
Spores 7—8×4 μ : *O. pinastri* Quél. non Fr., n. 683, obs.

4. Spores 6—12×4—7 μ ; plante céracée puis crustacée épaisse,
fendillée, crème isabelle, alutacée ; aiguillons difformes,
hispides : *O. corrugata*, n. 680.
Spores 5—6×3—4 μ ; crustacé aride, très mince, blanc puis
crème ; aiguillons papilliformes, pénicillés au sommet, à
la fin très serrés, confluents ; trame chargée d'oxalate ;
cystides peu distinctes ou nulles : *O. pruni*, n. 684.

5. Spores étroites, cylindriques arquées : 6.
Spores élargies oblongues ou subcylindriques, plus ou moins
déprimées : 8.
Spores globuleuses, obovales ou largement elliptiques, non sensiblement déprimées : 11.

6. Cystides allongées, 50—300×5—7 μ, étroitement claviformes
ou subcylindriques, à parois épaisses à la base, amincies
vers le haut : 7.
Cystides cylindriques, moins différenciées, souvent septées et
bouclées : aiguillons granuliformes puis coniques aigus :
O. alutacea, n. 660.

Cystides étroites 3—5 μ, en faisceau dans l'axe des granules et
émergeant en touffe ; granules épars, à la fin cupuliformes
ou tronqués, portant une gouttelette brillante : *O. sudans*,
n. 663.

Hypochnoïde floconneux, peu adhérent, crème alutacé, gri-
sàtre ; aiguillons floconneux : *O. floccosa*, n. 661.

7 Floconneux membraneux, puis plus dense, pâle puis crème
alutacé ; aiguillons granuliformes, petits, très serrés : *O.
intermedia*, n. 662.

Cystides en tète arrondie, 8—15 μ. diam., ou remplacées par
des macles radiées cristallines de mème diamètre : *O. bicolor*, n. 673.

8 Cystidioles fusiformes ou subulées aiguës, peu émergentes ;
spores 5—7×2,5—4 μ. : *O. crustosa*, n. 676.

Cystides en forme d'hyphes fasciculées dans l'axe des aiguillons,
à terminaison obtuse ou capuchonnée d'oxalate : 9.

Spores 4—6×2—2,5 μ ; blanc de lait puis crème chamois, à la
fin très fendillé ; hyphes supérieures à rameaux opposés :
9 *O. papillosa*, n. 674.

Spores 7—13×2,5—4 μ ; non fendillés : 10.

Crustacé adhérent, marge tomenteuse fimbriée ; aiguillons granuliformes obtus, isabelle ; hyphes renflées en tète de 5 μ
diam. au sommet des aiguillons ; spores 10—13×3—4 μ. :
O. transiens, n. 685.

10 Céracé puis crustacé, très adhérent, pâle à crème incarnat , cystides fasciculées étroites, septées : *O. cristulata*, n. 679.

Membraneux, peu adhérent, blanc ou blanchàtre : *O. subalbicans*, n. 678.

Cf. formes odontioïdes de *Gloeocystidium roseo-cremeum*, *pallidum* et de *Peniophora setigera* (417-418-496).

Cystides allongées, 60—600×5—7 μ, étroitement claviformes ou
subcylindriques, à parois épaissies à la base, mais amincies vers le haut : 12.

11 Hyphes cystidiformes, rigides, à parois épaisses, fasciculées
dans toute la longueur des aiguillons et les débordant en
touffe : *O. stipata*, n. 664.

Cystides ou cystidioles seulement hyméniales, ne se prolongeant
pas dans l'axe des aiguillons : 13.

12 Aiguillons peu visibles, granuliformes : *O. abieticola*, n. 667.

Aiguillons 1—2 mm., subulés et dentés : *O. barba-Jovis*, n. 665.

13 | Aiguillons longs de 5—10 mm. ; subiculum membraneux, se détachant largement du substratum en séchant : *O. macrodon*, n. 668.
Aiguillons courts ; subiculum adhérent : 14.

14 | Cystidioles très nombreuses, subulées ou fusiformes aiguës, peu émergentes ; crustacé, très fendillé ; bordure entière : *O. Bugellensis*, n. 677.
Cystides éparses versiformes, souvent renflées vers le sommet et portant une guttule : 15.

15 | Spores amyloïdes ; gléocystides subincluses : V. formes odontioïdes de *Glœocystidium contiguum, porosum* (408-411).
Spores non amyloïdes : 16.

16 | Hyphes capillaires, flexueuses, 1—2 μ ; crustacé, à bords abrupts : *O. subabrupta*, n. 675.
Hyphes à parois minces, 2—4 μ ; plantes membraneuses ou pruineuses : 17.

17 | Membraneux, peu adhérent ; aiguillons 0,5—2 mm., à la fin subulés, pénicillés dentés ou digités : *O. arguta*, n. 669.
Aiguillons très petits, à peine visibles à l'œil nu : 18.

18 | Farineux pruineux ; cystides 70—120×6—10 μ, cylindriques ou fusiformes ; spores 5—6×4—4,5 μ : *O. pruinosa*, n. 672.
Cystides peu développées, en simples cystidioles fusiformes ou renflées au sommet, capuchonnées ou non d'oxalate ou d'une guttule résinoïde : 19.

19 | Farineux crustacé, blanc de lait ; verrues subfimbriées, aculéiformes très aiguës sur le sec ; spores 4—5×3,5—4,5 μ : *O. lactea*, n. 670.
Membraneux très tendre, adhérent, à la fin maculiforme, blanchâtre puis jaunissant ; aiguillons verruciformes distants, coniques ponctiformes, rudes au toucher : *O. aspera*, n. 671.

660. — **O. alutacea** (Fr., Ic., t. 194, f. 1, *Hydnum*). — *Kneiffia stenospora* Karst., Hedw,, 1886. — Sacc., Syll., IX, p. 214.

Indéterminé, aride, mince adhérent, pâle alutacé, crème bistré ; aiguillons épars, groupés ou densément connés, courts, granuliformes, puis coniques aigus ; bordure similaire. — Hyphes fermes, à parois à peine épaissies, 3—5 μ, bouclées ; cystides en touffe terminale, généralement peu différenciées, 3—6 μ d., à parois minces, assez souvent cloisonnées avec ou sans boucles, obtuses ; basides 12—18×4,5—5 μ ; spores subcylindriques arquées, souvent atténuées à la base, 6—10×1,5—2 μ. (*Fig. 113*).

Avril-Septembre. Sur conifères, Suède, Romell ; Lloyd, n. 09130 ; Tyrol autrichien, V. Litschauer.

Nous avons reçu de M. Romell un petit fragment de l'original avec cette note : « Le spécimen original sur lequel a été fait l'Icon. de Fries existe encore, non dans l'herbier de Fries, mais dans celui de von Post (Musée national de Suède). Quoiqu'il ne soit pas absolument sûr que Fries ait eu cette plante en vue quand il a décrit *H. alutaceum*, on doit accepter la figure qu'il en donne, et par conséquent le spécimen qui a servi de base à la figure ». *O. alutacea* sensu Bres. est une forme plus foncée de *O. arguta*.

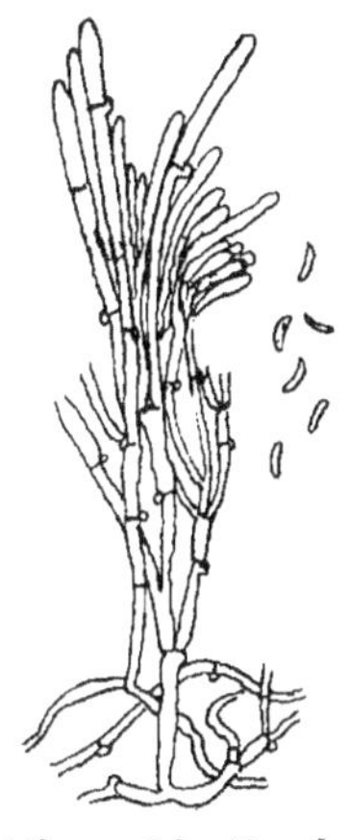

113. — *Odontia alutacea* (Fr.).

661. — *O. floccosa.*

Subindéterminé, hypochnoïde, floconneux-furfuracé jusqu'à lâchement membraneux, peu adhérent ; granules poilus, d'abord mal formés, connés-subglébuleux sur un subiculum fendillé autour des granules, à la fin coniques aigus, hérissés pubescents, crème ocracé, alutacés, ocre grisâtre ; bordure nulle ou pulvérulente. — Trame lâche formée d'hyphes 2—3,5 μ, à parois minces ou à peu près, bouclées, très rameuses ; cystides en faisceaux abondants lâches, subcylindriques ou un peu élargies vers le haut, obtuses, à parois peu épaisses, mais plus minces dans leur moitié supérieure, 125—300×4,5—6—8 μ ; basides 12—18(—24)×3—5 μ ; spores cylindriques à peine arquées, 4,5—6—7,5×1,5—2,5 μ.

Mai-Octobre. Sur écorces et bois des souches et branches tombées de pin ; pas rare dans le Centre ; env. de Lyon (M. Josserand).

662. — *O. intermedia.*

Irrégulièrement étalé, confluent, floconneux-membraneux, mou, puis assez ferme et séparable par écailles, pâle, crème alutacé, très fendillé-glébuleux, glébules formés de papilles ou aiguillons courts, pressés les uns contre les autres, un peu pubescents à la loupe ; bordure pruineuse ou farineuse. — Hyphes bouclées, les cystidiophores abondantes vers la base, à parois plus ou moins épaisses, 2—3,5 μ ; les basidiophores à parois minces ; cystides nombreuses, isolées ou en gros faisceaux lâches, cylindriques ou un peu claviformes, 90—250×5—7 μ, à parois épaisses vers la base, amincies au sommet obtus, émergentes de 30—60 μ, rarement cloisonnées ; basides 10—18×4—5 μ ; spores cylindriques arquées, 6—7,5(—9)×1,5—2 μ.

Septembre, Octobre. Sur pin et sapin, Andelot (Hte-Marne) L. Maire.

O. alutacea et surtout *O. floccosa* et *intermedia* ont une structure micrographique très voisine de *Peniophora subalutacea* ; leurs membranes et particulièrement les cystides absorbent fortement l'éosine potassique. Leurs caractères extérieurs les différencient facilement.

663. — O. sudans (Alb. Schw. — Pers., Myc. eur., II, p. 185) Bres., Hym. Kmet., n. 125. — *Grandinia* Lloyd, Myc. Not., 52, p. 741, fig. 1110-1111. — *G. exsudans* Karst. ; Sacc. — *G. Agardhii* Fr.

Etalé, membraneux-céracé, séparable seulement par petites écailles, très lisse entre les granules, blanc crème ou pâle ; granules épars, courts, cupuliformes, coniques ou tronqués portant au sommet une gouttelette brillante ambrée, visqueuse puis résineuse, plus rarement terminés par un faisceau sec de cystides ; bordure variable, similaire, byssoïde ou farineuse. — Hyphes cohérentes, peu distinctes, 1—3 μ, les unes à parois minces, les autres à parois épaisses, celles-ci donnant naissance à des cystides peu différenciées, tubiformes, 0—3-septées, réunies en faisceau dans l'axe des granules et émergeant en touffe, 60—150×3,5—5 μ ; basides 15—24×3—4 μ à 2—4 stérigmates droits, longs de 2—3 μ ; spores cylindriques, un peu arquées, 5—6—8×1—1,75 μ.

Toute l'année ; assez fréquent sur écorce et bois des branches de pin et de sapin tenant à l'arbre ou tombées. Identique sur chêne et peuplier. Assez gros lignivore.

664. — O. stipata (Fr., S. M. ; Hym. eur., p. 617) Quélet, Fl., p. 435. — Bres., Fungi polon., p. 87 !

Largement étalé, floconneux ou tomenteux, mince, peu adhérent, blanc de neige, puis crème jusqu'à ocracé et isabelle ; bordure subsimilaire stérile, parfois largement étendue, gonflée et tomenteuse, rarement himantioïde satinée ; aiguillons fins, serrés, granuliformes, puis subulés aigus, à 1 ou plusieurs pointes hyalines, mous, blancs puis concolores. — Hyphes de la trame 1,5—3,5 μ, septées-noduleuses, à parois minces, assez distinctes, se confondant dans la trame avec d'autres hyphes à parois épaisses, tenaces, un peu jaunâtres ; les subhyméniales peu abondantes collapses ; les hyphes tenaces se réunissent en faisceau dans les aiguillons, où elles deviennent plus rigides, 2—4,5 μ, émergentes en touffe, et à parois un peu amincies vers le sommet : basides 9—18×3—4—6 μ, à 2—4 stérigmates droits, longs de 3 μ ; spores oblongues, 3—4—6,5×2,5—3—4 μ.

Toute l'année ; commun sur souches et branches des arbres champêtres feuillus. Assez dévorant. — Les hyphes tenaces de la trame et les axiles se colorent par l'éosine, les autres peu sensiblement.

665. — **O. barba-Jovis** Fr., Epicr. ; Hym. eur., p. 627. — Bres., Fungi Kmet., n. 113 ; F. polon., p. 86.

Etalé, membraneux-lâche, floconneux, peu adhérent, blanc puis crème ocracé ; bordure pubescente subbyssoïde, étroite ; aiguillons à la fin assez allongés, 1—4 mm., subulés, à une ou plusieurs pointes très effilées et plus ou moins hérissés sur les côtés. — Hyphes à parois minces ou peu épaissies, septées-noduleuses, 2,5—4 μ ; cystides 60—600×4,5—7 μ, ordinairement fasciculées (souvent mal différenciées, à parois minces, 1—2 septées), les normales cylindriques ou étroitement claviformes, à parois épaisses à la base, à canalicule étroit s'élargissant insensiblement .vers le haut où les parois deviennent minces ; basides 15—24—30×4—6 μ ; spores obovales subsphériques, obliquement atténuées ou apiculées à la base, souvent uniguttulées, 4—7×3,5—4,5 μ.

Printemps-automne. Sur chêne, charme, bouleau, pin, sapin ; Vosges, Belfort, Aube, Côte-d'Or, Env. de Paris, Saône-et-Loire, Allier, Aveyron.

Forme à cystides à parois très épaisses jusqu'au sommet, fusiformes, 25—250×6—8 μ, nues ou lâchement incrustées de cristaux au sommet. — Janvier, sur chêne, Saône-et-Loire (Abbé Girard).

Un spécimen, que M. Romell regarde comme étant le véritable *Hydnum argutum* de Fries, répond exactement à *Od. barba-Jovis* ci-dessus, et il serait aussi la même espèce que *O. hirta* Fuck. rapporté par Bresadola en synonyme à *Radulum membranaceum*. Quant à *Od. arguta* dans le sens de Bresadola, il serait le vrai *H. stipatum* de Fries, quoique le spécimen friesien, dans l'herbier de Kew, semble être *O. lactea*. Nous avons néanmoins conservé le sens de Bresadola pour *O. barba-Jovis, arguta, stipata* ; autrement nous n'aurions su que faire de *O. stipata* sensu Bres. qui est une espèce bien caractérisée, fréquente et généralement connue sous ce nom.

666. — *O. castaneae* Hym. de Fr., V, n. 334, var.

Floconneux, mince, pâle puis gris subocracé ; aiguillons papilliformes peu marqués ; bordure pruineuse. — Hyphes 2—5 μ, à parois minces ou peu épaissies, bouclées ; cystides subcylindriques ou un peu élargies de bas en haut, 60—140×5—7 μ ; spores ovoïdes ou elliptiques, 4,5—6,5×3—4 μ, souvent 1-guttulées.

Été ; sur châtaignier, bois très pourri, Aveyron.

667. — *O. abieticola*

Largement étalé floconneux, mince, adhérent, blanchâtre, pâle, ou crème ocracé, puis ocracé assez vif ; hyménium chagriné, presque corticioïde, puis recouvert d'aiguillons très courts granuliformes, serrés, confluents cristulés : subiculum très ténu, floconneux, plus blanc que les granules ; bordure similaire, fertile jusqu'au bord, ou pruineuse, pubescente. — Hyphes 2,5—4 μ, à boucles fréquentes petites, celles de l'extrémité des aiguillons tantôt similaires, tantôt élargies au sommet en cystides jaunâtres, étroitement claviformes, 45—300×4—6—7,5 μ ; basides 45—48—24×4—6 μ ; spores ovoïdes oblongues, souvent obliquement atténuées à la base, 4—6,5×3—4,5 μ.

Été, automne. Sur bois des souches très pourries de sapin pectiné, Vosges : Corcieux, Vanémont ; Gérardmer (L. Maire) ; Alpes mar. : Turini (E. Gilbert).

Indépendamment des caractères externes, cette plante diffère encore de *O. barba-Jovis* par la forme plus allongée de sa spore. Ses cystides sont de même nature que celles du groupe *O. barba-Jovis*. *O. floccosa*, *Peniophora subalutacea*, *Heterochaetella mesochaeta*, absorbant fortement l'éosine, mais elles ne sont pas constantes ; quand elles font entièrement défaut, la plante devient très voisine de *O. lactea*.

668. — **O. macrodon** (Pers., Syn., p. 560). — *Hydnum* Bres., Fungi Kmet., n. 101 et determ. ! — *Dryodon mucidum* Quél., Fl. myc., p. 438 et determ. !

Étalé, subiculum blanc puis crème, mince, mou, se détachant spontanément du substratum en séchant, fragile ; aiguillons égaux, subulés ou 2—3-dentés, allongés, 0,5—1 cm., serrés, libres ou connés par 4—5, flasques, blancs puis pâles ; bordure similaire avec aiguillons plus courts. — Hyphes distinctes, assez tenaces, à parois minces, bouclées, 2,5—5 μ ; basides 25—35×5—7 μ avec cystidioles fusiformes à pointe allongée ; hyphes en faisceau lâche stérile au sommet des aiguillons ; spores 4,5—6,5×4—5 μ, subsphériques-obovales, souvent flasques.

Février ; sur souche pourrie d'orme ; Iseure (Allier) ; sur noyer, Cormatin (S.-et-L.) F. Guillemin.

Cette espèce, par ses aiguillons allongés, a l'aspect d'un *Dryodon*, mais sa structure et ses hyphes colorables par l'éosine semblent la rapprocher davantage de *O. arguta*.

669. — **O. arguta** (Fr., S. M. ; Hym. eur., p. 616, *Hydnum*) Quél., Fl. myc., p. 435. — Bres., Fungi Kmet., n. 114. — *H. stipatum* Fr. sensu Romell.

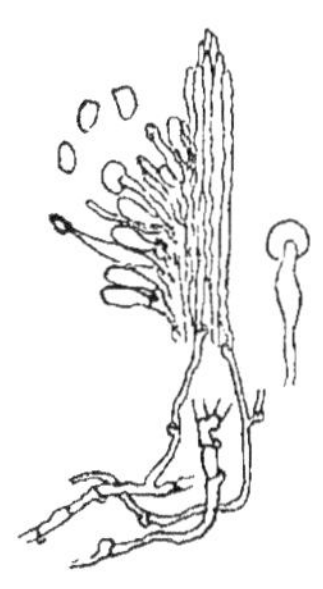

114. — *Odontia arguta* (Fr.) Quél.

Etalé, mince, tomenteux ou finement pubescent, peu adhérent, moins cohérent, plus aride que *O. stipata*, à la fin finement fendillé ; bordure similaire ou floconneuse ; aiguillons granuliformes pubescents, puis cylindriques ou subulés, 1—2 mm., pénicillés au sommet, quelquefois connés à la base, blancs puis crème ocracé. — Hyphes à parois minces ou peu épaissies, bouclées, assez tenaces, 2—4 μ, les subhyméniales peu distinctes ; basides 10—15—18× 3—4—6 μ, accompagnées de nombreuses hyphes émergentes à terminaison très variable, formant touffe au sommet ; spores obovales souvent uniguttulées, 4—6×3—5 μ. (*Fig. 114*).

Toute l'année, avec régression pendant la période sèche ; commun sur troncs, souches et branches d'arbres à feuilles et à aiguilles. Très lignivore.

Sur genévrier surtout, il y a des formes corticioïdes ou grandinioïdes qui ne diffèrent guère de *Peniophora pallidula*. D'autres formes tendent vers *Irpex deformis*, et la délimitation est encore assez difficile de ce côté-là. — Les cystides ou cystidioles sont tantôt en pointe effilée, nue ou incrustée, rugueuse au sommet, tantôt terminées en bouton comme dans *Corticium serum*, ou bien renflées en tête comme dans *Peniophora pallidula*, et portant une goutte résineuse de 7—9 μ de diamètre.

Var. digitata Bres. in litt. — Mycélium aranéeux ; aiguillons groupés en gazon, rameux, dendroïdes, ressemblant à une petite clavaire ; caractères micrographiques du type. — Sur souches pourries de pin, sapin ; Allier, Vosges.

Var. alutacea. — *O. alutacea* Bres., Kmet., n. 112. — La plupart des échantillons sur pin, plus foncés, ocre-alutacé, à aiguillons plus forts, répondent à la description de *O. alutacea* Bres. ; mais on ne trouve pas de caractère permettant de les séparer de *O. arguta*.

670. — *O. lactea* Karst., Symb. Myc. Fenn., IX, p. 51. — Sacc., VI, p. 508.

Indéterminé, farineux-crustacé, très mince, adhérent, blanc

de lait puis crème ; bordure similaire ou pruineuse ; verrues sub-fimbriées, puis contractées sur le sec et ordinairement très aiguës aculéiformes, concolores, très fines, bien visibles seulement à la loupe. — Hyphes à parois fermes, 2—6 μ, bien distinctes, flexueuses, bouclées, plus rigides dans l'axe des aiguillons qui sont fertiles au sommet, où l'hyménium est formé de basides normales, de basides stériles, cloisonnées et de cystidioles capuchonnées ou non d'un globule hyalin ou résineux, 6—12 μ d. ; basides 24—30 ×4,5—6 μ ; spores ovoïdes ou largement ellipsoïdes, parfois brièvement atténuées à la base, 4—5,5×3—4,5 μ, 1-guttulées.

Sur écorces et bois, genévrier, sapin ; Suède (ROMELL, C. G. LLOYD, n. 09111).— Sur sapin, Gérardmer (L. MAIRE) ; Alpes mar. (E. GILBERT).

M. ROMELL regarde comme synonymes de cette espèce les *Kneiffia abietina* et *breviseta* Karst. Elle n'offre pas de différence appréciable de structure avec *O. arguta* ; elle est liée aussi avec *O. abieticola*, comme il a été indiqué plus haut. Elle a, au point de vue externe, l'aspect d'un état jeune de *O. arguta* ; mais d'après M. ROMELL, elle ne prend jamais l'aspect de cette espèce bien développée.

671. — *O. aspera*. — *Grandinia* Fr., Hym. eur., p. 627.

Largement étalé, indéterminé, membraneux très mince, très adhérent, blanchâtre, puis jaunâtre sur le sec ; bordure et subiculum finement floconneux ; verrues distantes, coniques ou allongées granuliformes, finement floconneuses au sommet puis nues, très fines, à peine visibles mais sensiblement rudes au toucher. — Hyphes régulières à parois minces, bouclées, assez fragiles, 2,5—4 μ, parfois collapses ; basides 21—36×4,5—6 μ, à 2(—4) stérigmates longs de 5—6 μ ; hyménium mélangé, vers le sommet des aiguillons, d'hyphes émergentes tantôt renflées, tantôt aspérulées de cristaux, rarement guttulifères ; spores obovales atténuées à la base, 5—6(—7)×4—5 μ.

Février-Novembre. Sur écorces et bois, sapin, pin, tremble, sureau ; Gérardmer (L. MAIRE), Saône-et-Loire (F. GUILLEMIN) ; Aveyron. — Suède (ROMELL, C. G. LLOYD, n. 08241) ; Tyrol autrichien (V. LITSCHAUER).

O. ambigua Karst., Symb. ; Sacc., VI, p. 508 serait un synonyme ou une variété de *O. aspera*. Ce dernier est aussi une plante bien voisine de *O. arguta* par sa structure. Dans une récolte de *O. arguta*, sur pin, Millau, nous avons pu extraire des parties qui ne peuvent se distinguer des spécimens suédois de *O. ambigua* ; le n. 08241 de M. LLOYD répond bien dans son ensemble à *O. aspera*, mais il y a un point où les aiguillons sont allongés, grêles. On ne peut, à notre avis, avoir qu'une confiance très limitée dans les caractères extérieurs des *Odontia* et *Grandinia*.

672. — **O. pruinosa** Bres., Select. myc. in Ann. myc., XVIII (1920), p. 43. *Specim. orig.* !

Farineux pruineux, très mince, adhérent, blanchâtre ; bordure similaire ; aiguillons épars, courts, granuliformes, fimbriés, manquant sur de larges surfaces, surtout près des bords. — Hyphes à parois minces, bouclées, 3—4 μ ; cystides cylindriques ou fusiformes, çà et là lâchement aspérulées de cristaux, 70—120×6—12 μ ; basides 15—22×4—5 μ, à 2—4 stérigmates longs de 2,5—3 μ ; spores obovales, quelques-unes aplaties latéralement, 5—6×4—4,5 μ, ordinairement 1-guttulées.

Sur bois d'arbres à feuilles, Westphalie (Brinkmann).

673. — **O. bicolor** (Alb. et Schw. — Pers., Myc. eur., II, p. 187. — Fr., S. M. ; Hym. eur., p. 645) Bres., Fungi polon., p. 87 et determ. ! — *Hydnum subtile* Fr., S. M. — Pers., Myc. eur., II, p. 182 (et 186 double emploi). — *Odontia* Quél., Fl. myc., p. 435 et herb. ! — Bres., Fungi Kmet., n. 123. — *H. echinosporum* Velenovsky ! (macle prise pour la spore).

115. — *Odontia bicolor* (A. et S.) Bres.

Largement étalé, mince, subtomenteux mou, blanc ou blanc glaucescent, puis alutacé, pruineux, çà et là céracé, puis fendillé autour des aiguillons ; bordure indéterminée ou blanche pruineuse ; aiguillons petits, granuliformes, finement villeux, obtus ou avec un petit mucron roux brunâtre. — Hyphes du subiculum 2—3 μ, celles de l'axe des aiguillons en faisceau ambré, agglutinées par une substance résineuse et se terminant à l'extrémité des aiguillons par une touffe de teinte huileuse, les subhyméniales collapses ; basides, 10—24×3—5 μ, à 2—4 stérigmates longs de 4—5 μ ; cystides en tête arrondie, 8—15 μ diam., à parois minces à contenu à la fin concrété jaunâtre, souvent aussi terminées par une macle radiée cristalline, 6—20 μ diam. ; spores oblongues, à peine déprimées latéralement, 4,5—7×2,75—4 μ.

Printemps, automne et probablement toute l'année ; sur sapin pectiné et épicéa, dans les Vosges et à Arnac (Aveyron) ; sur pin, dans l'Allier et dans les Causses ; sur robinier, Miramont (Lot-et-Garonne) ; etc. Pas rare.

Forme : *capitata.* — Aiguillons papilliformes, la plupart très aigus ; gléocystides nombreuses, cylindriques, 4—5 μ diam., terminée par une tête arrondie, nue, 9—12 μ d. ; spores oblongues subcylindriques, déprimées, 5—7×3—3,5 μ. — Sur pin, Causse Noir, hiver.

Forme : *filicina*. — Membraneux mince, fragile, blanc, simplement papillulé à la loupe : hyphes à parois minces, assez fragiles, 2,5—3,5 µ ; basides 14—16×4—4,5 µ ; cystidioles terminées par une petite macle radiée d'oxalate ; spores, 5—6×3—3,5 µ. Aussi voisin de *O. bicolor* que de *papillosa*. — Sur fougère femelle, Aveyron.

674. — O. papillosa (Fr., Epicr. p. 528 ; Hym. eur., p. 626, *Grandinia*) Bres., Fungi Kmet., n. 116 ; F. polon., p. 86. — *O. corrugata* Bres., F. Kmet., p. 34 ; F. polon., p. 86. — *O. Nespori* Bres., Select. Myc., 1920, p. 43. *Spec. auth.* !

116. — *Odontia papillosa* (Fr.) Bres.

Etalé, membraneux, peu adhérent, blanc de lait, crème chamois ; bordure blanche, très ténue, pubescente ou pruineuse ; hyménium très fendillé ; granules petits, très serrés, subsphériques, égaux, puis régulièrement subulés grêles. — Trame formée d'hyphes distinctes, à parois un peu épaissies, assez tenaces, boucles fréquentes, plus étroites que le diamètre de l'hyphe, les subhyméniales plus serrées, 3—4,5 µ ; basides 10—20×3—4,5 µ, à 2—4 stérigmates longs de 3—4,5 µ, accompagnées de basides stériles subulées portant parfois un petit capuchon d'oxalate, et de nombreuses hyphes paraphysoïdes nues ou aspérulées de cristaux et formant touffe au sommet des aiguillons ; spores oblongues subcylindriques, déprimées latéralement, 4,5—6 ×2—2,75 µ. (*Fig. 116*).

Mai à Novembre ; sur branches tombées de hêtre, chêne ; forêt de Dreuille (Allier) ; sur sapin, Arnac (Aveyron) ; etc. Pas rare. Assez lignivore.

Il y a dans cette espèce une telle différence d'aspect entre l'état jeune et l'état adulte, qu'il serait bien impossible de la reconnaitre sans l'examen microscopique. Aux caractères donnés on peut ajouter celui des hyphes moyennes et supérieures, dont les rameaux naissent assez régulièrement opposés, affectant une disposition trichotome ; de plus les membranes sont assez sensiblement colorées par l'éosine.

675. — O. subabrupta. — *O. artocreas* Bres., Fungi Brasil. in Hedw., XXXV (1896) p. 286 ! ; nec Berk.

Largement étalé, adhérent, subcrustacé, fendillé aréolé ; aiguillons granuliformes irrégulièrement disposés, isolés ou connés, finement pénicillés ou villeux au sommet, qui est tantôt fertile, tantôt terminé par une touffe d'hyphes, crème alutacé ; bordure ordinairement entière, abrupte, quelquefois pruineuse ou villeuse, ou prolongée en gros cordons villeux. — Hyphes subcapillaires,

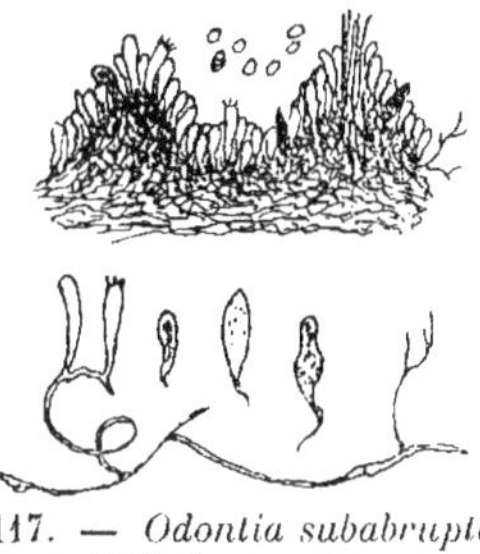

117. — *Odontia subabrupta*
Bourd. et Galz.

1—2 μ, flexueuses enchevêtrées, à boucles petites, rares, avec rameaux fourchus et ramules aigus faisant saillie entre les basides ; gléocystides rares, peu différenciées, fusiformes, 21—24 ×6 μ, à contenu huileux, puis résinifié ; basides 10—15×3—5 μ, à 2(—4) stérigmates courts, 2 μ, grêles ; spores subglobuleuses obovales ou subcylindriques, 3—4×2—3 μ, non amyloïdes. (*Fig. 117*).

Mai-Août. Endroits secs, sur branches pourries de chêne, forêt de Château-Charles (Allier) ; sur hêtre, Vézins, bois de Méjanel (Aveyron). — Le spécimen du Brésil (leg. Moller, comm. Bresadola), est absolument identique.

Cette espèce présente seule le type *Trichostroma* parmi les Hydnés : elle est par conséquent facile à reconnaître à ses hyphes capillaires.

676. — **O. crustosa** (Pers., Syn., p. 561. — Fr., Hym., p. 627, *Hydnum*) Quél., Fl. myc., p. 436. — Bres., Fungi Kmet., n. 119.

Etalé, crustacé, mince, adhérent, blanc crème, puis argileux, jaunâtre, crème alutacé, à la fin très fendillé, finement aréolé ; bordure blanche assez nette, étroite, pruineuse ou finement pubescente ; aiguillons granuliformes courts, aigus ou obtus, épars ou subcontigus. — Hyphes 1.5—4 μ, à parois minces, à boucles assez rares, petites, en trame assez distincte dans le subiculum, mais promptement collapses sous l'hyménium ; basides 12—21—30×3—4—6 μ, accompagnées de nombreuses cystidioles fusoïdes ou subulées, de même diamètre que les basides, quelquefois ramuleuses, peu émergentes ; spores 4,5—6—8×2—4 μ, oblongues subcylindriques, déprimées latéralement. (*Fig. 118*).

118. — *Odontia crustosa* (Pers.) Quél.

Toute l'année ; commun sur branches tombées d'arbres à feuilles et à aiguilles ; sur lierre, ronces, choux, terre de bruyère. Assez lignivore.

677. — **O. Bugellensis** Ces. *Specim. orig.* ! — Fr., Hym. eur., p. 628. — *Corticium serum* var. *juniperi* Bourd. et Galz., Hym. de Fr., III, n. 171.

Etalé, crustacé très adhérent, à la fin très fendillé, blanc ou crème ; bordure entière plus ou moins nettement limitée ; aiguillons granuliformes, épars ou assez serrés, souvent nuls. — Trame chargée d'oxalate de chaux ; hyphes à parois minces ou à peu près, 2—4 μ, à boucles petites, éparses ; basides 15—30×3—6 μ, à 2—4 stérigmates longs de 3—4 μ ; cystidioles nombreuses, subulées, parfois flexueuses, 40—50×4 μ, peu émergentes ; spores 4,5 —6×3—4,5 μ, obovales oblongues, légèrement déprimées latéralement, uniguttulées.

Toute l'année ; sur *Juniperus communis* et *phoenicea*, cyprès, poirier, acacia, pommier, châtaignier, buis, thym, clématite, lavande ; Aveyron. Assez dévorant.

La plupart de nos échantillons sur thym, lavande, genévrier sont corticioïdes et se rapprochent par leur structure de *Corticium serum*. La spore réalise un moyen terme entre celle de ce cortice et celle de *O. crustosa*, dont *O. Bugellensis* n'est pas toujours bien distinct. La comparaison de Fries avec *Stereum frustulosum* est plutôt malheureuse et faite pour dérouter. L'échantillon type, que M. Bresadola nous a communiqué, nous a été très utile, mais il ne justifie pas, non plus que les nôtres, les mots « *ambitu byssino* » de la description.

678. — **O. subalbicans** (Pers.) Bres., Fungi polon., p. 87 et determ. ! — *Thelephora granulosa* B *subalbicans* Pers., Syn., p. 576.

Largement étalé, blanchâtre, floconneux mou, ou finement membraneux, peu adhérent ; bordure similaire presque indéterminée ; aiguillons assez serrés, très courts, pubescents, fimbriés ou cristulés. — Hyphes régulières, à parois minces, à boucles éparses, 3—9 μ ; cystides peu différenciées, constituées par des amas de cristaux qui incrustent l'extrémité de certaines hyphes paraphysoïdes ; basides 12—18×4—6 μ ; spores oblongues subcylindriques, un peu incurvées et atténuées obliquement à la base, 7—8,5×2,75 —3 μ, souvent 1-guttulées.

Août, Sur éclats de bois de châtaignier, Allier. — Voisin par sa structure de *Radulum quercinum*.

679. — **O. cristulata** Fr., Epicr. ; Hym. eur., p. 628. — Bres., Fungi gall. in Ann. myc., 1908, p. 42 !

Largement étalé, mince, subcéracé, puis crustacé adhérent, pâle ou crème incarnat ; bordure émiettée similaire, ou étroitement byssoïde pubescente ; aiguillons courts, serrés, distincts ou confluents-cristulés, terminés par une petite pointe pénicillée, concolore ou brun-rougeâtre. — Hyphes hyalines, à parois minces, septées-noduleuses, 3—6 μ ; aiguillons terminés par un faisceau d'hyphes à 1—2 cloisons parfois bouclées, 4—5 μ diam. ; basides 25—32×

4,5—7 μ ; spores 8—10×3,5—4 μ, cylindriques, un peu déprimées latéralement, à plasma granuleux. *(Fig. 119)*.

Septembre ; sur souche d'aune, St-Priest (Allier).

Très affine à *Peniophora setigera*, mais distinct par sa coloration, ses cystides fasciculées et bien plus étroites. Les cystides n'existent pas dans les parties lisses du subiculum.

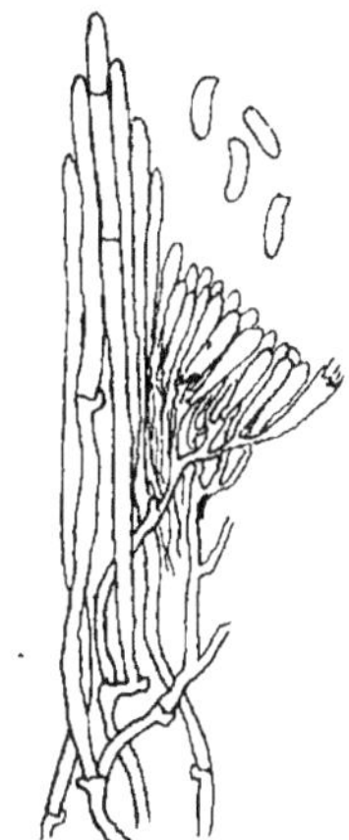

119. — *Odontia cristulata* Fr.

680. — **O. corrugata** (Fr.). — *Grandinia* Fr., Hym. eur., p. 625. — *O. junquillea* Quél., Soc. bot., 1878, n. 18 ; Fl. myc., p. 434. — Hym. de Fr., 5, n. 342. — *Hydnum granulosum* var. *rimosa* Pers., Myc. eur., p. 184.

Etalé, céracé, hyalin subincarnat, hérissé à la loupe de soies hyalines, puis épaissi, crustacé et subtomenteux, crème jonquille, isabelle, alutacé, fendillé, hérissé de soies rigides et couvert d'aiguillons courts, difformes, hispides au sommet ; bordure blanche, pruineuse ou un peu fibrilleuse. — Hyphes à parois minces, d'abord bien distinctes, 2—6 μ, à boucles fréquentes ou rares, à la fin collapses ; cystides 60—100×6—12 μ, cylindriques ou étroitement claviformes, rugueuses, puis agglutinées en faisceau incrusté d'oxalate en gros cristaux fendillés, qui forment, dans l'axe des granules, des trainées de 150—200×9—24 μ ; basides 16—30—75×5—6—9 μ, à 2—4 stérigmates longs de 4—7 μ ; spores 5—8—12×3—5—7,5 μ ellipsoïdes, un peu atténuées à la base, 1-pluri-guttulées, jaune clair en masse.

Toute l'année ; très commun sur tous les bois à feuilles et à aiguilles ; cupatoire, choux, fougères, *Diatrype*. Très gros dévorant : pourriture très active sur le buis, analogue à celle des *Hymenochaete* ; parasite sur lilas.

C'est le plus commun de nos Odontiés. Très variable : c'est d'abord un *Peniophora* céracé, qui exhale en bonne végétation, une forte odeur d'anis ou de violette. Il développe ensuite des papilles, les unes terminées par quelques cystides rugueuses, longuement émergentes ; les autres par un simple faisceau d'hyphes non différenciées, qui s'incrustent d'une épaisse couche d'oxalate très fendillée, qui est peut-être rejetée progressivement au dehors, par le sommet des aiguillons. — Le *Grandinia corrugata* Fr. est fondé sur des spécimens envoyés de Norvège par Blytt, qui existent encore dans l'herbier de Fries. L'un de ces spécimens est probablement *Odontia crustosa* ; les autres sont identiques avec *O. junquillea* Quél. et aussi avec *O. livida* Bres. ce dernier étant un état vieux livescent (Romell, litt. 13-III-1919 ; Photo n. 2038-2039).

681. — *O. pruni* Lasch in Rabh., Exs. — Fr., Hym., p. 628.

Etalé, crustacé aride, très mince, adhérent, blanc puis pâlissant, crème alutacé au centre ; bordure pubescente byssoïde blanche ; aiguillons très petits, arrondis, pénicillés au sommet, puis confluents. — Trame et hyménium chargés d'oxalate ; hyphes 2—4 μ, serrées ou collapses, à parois minces ou peu épaissies, boucles rares ; hyphes axiles en faisceau émergent ; basides 28—40×4,5—6 μ ; spores ellipsoïdes 5—6(—7)×3—4 μ.

Toute l'année. Sur prunellier, peuplier, chêne et *Diatrype*, châtaignier, genévrier, lavande, fougères : Vosges, Hte-Marne (L. MAIRE) ; Allier, Aveyron ; Var (A. de CROZALS).

O. pruni différerait de *O. corrugata* par sa teinte plus claire, son épaisseur moindre et ses spores plus petites. Ses cystides sont nulles ou bien ne sont qu'une légère hypertrophie des basides et de l'extrémité des hyphes axiles. Sous ce rapport *O. corrugata* varie beaucoup : on trouve des spécimens à cystides bien nettes ; d'autres, macrospores ou microspores, n'ont que des hyphes axiles peu ou pas différenciées : on peut même constater ces variations sur les diverses parties d'un même échantillon. *O. pruni* pourrait bien n'être qu'une forme maigre de *O. corrugata* : la description de ce dernier, établie sur un grand nombre de récoltes non douteuses, englobe à peu près celle de *O. pruni*.

682. — O. hydnoides (Cooke et Mass.) v. Hoehn., Fragm. myc., 1909, p. 5. — *Peniophora* Mass., Mon., p. 154, pl. 47, fig. 15-16 (*praeter sporam*). — *O. conspersa* Bres., Hym. Kmet., n. 124. — Hym. de Fr., V, n. 345. — *Peniophora crystallina* v. H. et L., Beitr., 1907, p. 90, f. 13.

Etalé, céracé-hyalin, mince, très adhérent, parsemé à la loupe de soies éparses ou fasciculées, puis crustacé, pulvérulent, blanc, blanchâtre, luride, argileux ; aiguillons à la fin subulés très ténus, serrés, fragiles. — Hyphes de la trame cohérentes indistinctes, 2—3 μ ?, les cystidiophores peu nombreuses, à parois épaisses, 4—6 μ ; cystides subconiques ou fusiformes, à parois épaisses et fortement incrustées, 18—55(—150)×6—10—18 μ (y compris les incrustations), éparses dans les parties lisses, fasciculées ou en épi allongé dans les aiguillons, dont l'axe est formé d'hyphes elles-mêmes fortement incrustées ; basides 7—12—15×3,5—4 μ : spores 3—5×1—2,5 μ, oblongues ou subcylindriques, plus ou moins déprimées latéralement.

Mai à Décembre ; très commun sur tous bois pourrissants dans les endroits humides ; sur tiges herbacées, quelquefois sur la terre et les pierres. Assez lignivore.

M. von HOEHNEL, Fragm. mycol., 1909, p. 5, identifie cette espèce avec le *Peniophora hydnoides* Cooke et Massee, et cette manière de voir a été généralement adoptée, quoique MASSEE indique une spore globuleuse, dont il est bien sûr, puisqu'il la figure sur stérigmates. Les aiguillons dans cette espèce sont d'abord peu marqués ; elle a, au début, l'aspect d'un *Peniophora*.

683. — **O. Queletii** Hym. de Fr., n. 346. — *O. farinacea* Quélet, Fl. myc., p. 435 !

Suborbiculaire puis confluent, adhérent, aride, fendillé glébuleux ; bordure nulle ou étroitement limitée, pruineuse subradiée : aiguillons serrés, subulés, denticulés, souvent fasciculés, blancs, puis crème ocracé. — Hyphes à parois minces, 2,5—3,5 μ, fragiles, peu distinctes ; cystides à parois épaisses, en partie incrustées, 30—90×6—12 μ (y compris les incrustations), étroitement fusiformes ou claviformes, très nombreuses subimbriquées dans les aiguillons ; basides 12—18—36×3—4,5—7 μ ; spores 4,25—6× 3—3,5 μ, oblongues ou obovales, peu ou pas déprimées.

Toute l'année ; sur branches tombées, sapin, marsaule ; Allier, Aveyron, Vosges.

Forme *Phoenicis* : large bordure blanche très fimbriée ; aiguillons granuliformes, très serrés, confluents, crème chamois. Sur *Phoenix canariensis*, Toulon, A. de CROZALS.

Cette espèce est très voisine de *O. conspersa*, mais elle s'en distingue facilement par son aspect, ses cystides plus étroites et sa spore différente. C'est cette plante que QUÉLET nous a nommée *O. farinacea* ; nous l'avons vue aussi dans son herbier, récoltée sur sapin et étiquetée *O. farinacea* ; elle répond bien du reste à la description qu'il en donne dans sa Flore. — D'après M. BRESADOLA *(in litt.)*, *O. pinastri* Quélet non Fr. aurait la même structure et les mêmes cystides, mais la spore un peu plus grande, 7—8×4 μ.

684. — **O. lusitanica** Bres., Myc. lusit., 1902, p. 9.

Largement étalé ; subiculum mince, submembraneux puis cartilagineux ; aiguillons charnus puis cornés, subulés, serrés ou connés, fimbriés au sommet, glabrescents, hyalins, puis incarnat-fumeux pâle, longs de 6—10 mm., épais de 1 mm. à la base. — Cystides subfusiformes, obtuses au sommet, 12—15 μ diam. ; basides 25—30×6—7 μ ; spores obovales, 6—7×4—4,5 μ.

Hiver, sur amandier, Portugal (n. v.).

685. — **O. transiens** Bres. in Torr., Basid. Lisb. et S. Fiel, 1913, p. 72.

Subiculum largement étalé, crustacé, blanc crème ; marge tomenteuse fimbriée ; verrues distantes, granuliformes puis coniques, isabelle, à pointe blanche fimbriée, hautes de 0,5 mm. — Trame blanche ; hyphes 1,5—4 μ, celles du sommet des granules terminées par une tête de 5 μ d. ; basides 25—30×7—8 μ; spores oblongues, 10—13×3—4 μ.

Sur écorces de chêne liège, Portugal (n. v.).

V. — **MUCRONELLA** Fr., Hym. p. 629. — Pat., Ess. tax., p. 114.

Subiculum nul ou réduit à quelques filaments mycéliens fugaces ; aiguillons simples, subulés ; basides à 2—4 stérigmates : spores hyalines petites, ovoïdes ou oblongues.

686. — **M. calva** (Alb. Schw. ?) Fr., Hym. eur., p. 629. — Quélet, Fl. myc., p. 432.

Blanc puis pâle ; aiguillons épars, rigides, grêles, 1—3 mm. — Hyphes à parois minces, 3—6 μ, émergeant en faisceau stérile ; basides 12—18×4 μ; spores 4—6×3 μ, oblongues à peine déprimées.

Automne ; souches pourries de pin.

Obs. Le *M. calva* sensu Pat., Soc. Myc., t. V, p. 32, que nous avons plusieurs fois rencontré, se mue en se développant, en *O. arguta*, dont il est un état jeune à subiculum presque nul.

687. — **M. aggregata** Fr., Hym. eur., p. 629. — Quél., Fl. p. 432. — Lloyd, Myc. Notes, 39, p. 531, fig. 724-725.

Subiculum nul ou inégal, pruineux ou fibrilleux ; aiguillons subulés courts, libres, mais rapprochés par groupes, blancs puis pâles. — Hyphes, 2—4 μ, à parois minces, boucles éparses avec ampoules rares, jusqu'à 6—7 μ; basides 10—20×3,5—5 μ; spores oblongues-subelliptiques, 4—6(—7)×2,5—4 μ.

Toute l'année, avec ralentissement ou arrêt de végétation pendant la saison chaude ; pas rare sur bois pourris : pin, sapin, frêne, poirier, aune. Trop voisin de *M. calva*.

Le *M. fascicularis* (A. Schw.) Fr. est, selon M. BRESADOLA, un *Protohydnum* (V. n. 52).

VI. — **SISTOTREMA** Pers. — Pat., Ess.

Champignons stipités à chapeau orbiculaire flabellé ou spatulé, ou résupinés-réfléchis ou simplement étalés ; hyménium formé de lamellules interrompues ou de dents éparses sur un réseau plus ou moins net ; trame très tendre, hyphes à parois minces ; basides à 4—6—8 stérigmates ; cystides nulles ; spores hyalines, obovales ou oblongues, lisses ou aculéolées. Humicoles.

688. — S. sublamellosum (Bull., t. 453, f. 1, *Hydnum*) Quél., Ass. fr., 1895, p. 6. — *S. confluens* Pers., Syn., p. 551. — Fr., Hym., p. 619. — Quél., Fl., p. 378.

Stipes souvent connés, subexcentriques, pruineux. Chapeau 1—3 cm., charnu, arrondi ou irrégulier, mince, tendre, villeux, blanc puis jaunâtre ; lamellules flexueuses contournées. Odeur résineuse ou de salol. — Hyphes à parois très minces, à boucles éparses, 2—3 μ, irrégulièrement ampullacées ou renflées jusqu'à 6—10 μ ; basides 15—24×4—6 μ, à 4 stérigmates longs de 2,5—3 μ ; spores oblongues, lisses, 4—4,5×2—3 μ.

Septembre-Novembre. Parmi les mousses et sur l'humus des bois de conifères ; peu commun. Vosges, Meuse, Aisne, Hte-Marne, Allier, Loire.

689. — S. ericetorum Hym. de Fr., V, n. 350.

Chapeau orbiculaire stipité, plus ordinairement spatulé ou étroitement étalé-réfléchi, blanc ou jonquille, puis safrané et fulvescent ; marge inférieure byssoïde aranéeuse ou satinée ; hyménium blanc ou sulfurin, réticulé puis irpiciforme ou hydnoïde. Odeur de salol ; mycélium en cordons jaunes. — Trame molle fragile, formée d'hyphes à parois très minces, bouclées, 1,5—3,5 μ et ampullacées jusqu'à 6—9 μ ; basides renflées à la base, 10—18×5—7 μ, à 2—4—6 stérigmates longs de 4 μ ; spores obovales ou oblongues, un peu déprimées latéralement, brièvement atténuées obliquement à la base, 3—4,5×2—3,5 μ, souvent uniguttulées.

Printemps et automne pluvieux. Sous les mousses dans les bruyères, à terre et sur les brindilles ; Aveyron, Saône-et-Loire (F. GUILLEMIN).

Cette plante est très voisine de *S. sublamellosum*, avec lequel elle est souvent confondue, surtout quand elle se présente avec un chapeau orbiculaire et stipité. Le plus souvent le chapeau est mal formé, flabellé ou étroitement réfléchi ; il arrive aussi que, dans des localités où on l'a récoltée abondante une année, on ne trouve plus les années suivantes que des formes résupinées hydnées ou porées, passant à *Grandinia muscicola* et à *Poria albo-lutea*. Logiquement ces plantes auraient dû prendre place à la suite de cette espèce, mais elles auraient entraîné avec elles d'autres espèces : *Poria albo-pallescens, subtilis, onusta, trachyspora* ! Les genres en Mycologie, surtout ceux qui sont basés sur un caractère externe, sont souvent exposés à de pareilles difficultés.

690. — S. variecolor. — *S. sulphureum* var. *variecolor* Hym. de Fr., V, n. 351, 1°. — Wakef. et Pears., Tr. Brit. myc. Soc., XXX, p. 274. — *Odontia* Bres. in litt.

Subiculum mince, fibrillo-aranéeux ou subpelliculaire, séparable, jaune clair puis pâle ; bordure similaire ou fibrilleuse, blanche ; aiguillons épars, jaunes, crème orangé, puis fauves, aigus ou tuberculiformes, mous, longs de 0,2—0,3 mm., disparaissant souvent à la dessiccation. — Hyphes lâches, à parois très minces, boucles éparses ou rares, 1,5—9 μ, flasques, les basilaires en cordons ; basides 30—45×7—9 μ, à (2)—4 stérigmates ; spores jaune doré, obovales, aiguës à la base, avec aiguillons coniques peu serrés, 7—10×4—5 μ, à grosses guttules. (*Fig. 120*).

120. — *Sistotrema variecolor* Bourd. et Galz. — b., spores de la forme *laevispora* B. et G.

Hiver. Sur pin, écorces de chêne, feuilles, débris, mousses, calcaires du Lias, grès ; Aveyron, Pyrénées Or^[les], Angleterre.

Forme : *laevispora*. — Spore entièrement lisse, 7,5—9×5—5,5 μ. Calcaires du Lias, Costo-Roumive ; sur chêne liège, env. de Toulon (A. DE CROZALS).

S. sulphureum et *variecolor* sont affines à *Corticium leucobryophilum, petrophilum* et *dispar*, et se rapprochent de certains *Tomentella*.

691. — S. sulphureum (Quél., Ass. fr., 1893, p. 4 et pl. III, f. 10) Hym. de Fr., V, n. 354.

Etalé, 1—2 cm., mince, fibrilleux-aranéeux, puis floconneux-membraneux, mou, peu adhérent, blanc sulfurin ou citrin ; bordure similaire ou fibrilleuse frangée ; hyménium sulfurin, puis ocracé-orangé ou fulvescent, constitué par des aiguillons obtus, épars, avec des lamellules flexueuses, blancs et pubescents au sommet. — Hyphes à parois très minces, à cloisons fréquentes mais boucles rares, avec quelques renflements irréguliers ampulliformes, 3—9 μ ; basides 28—60×6—10 μ, avec grosses guttules (non huileuses), 2—6 stérigmates légèrement arqués, longs de 5—6 μ ; spores jaune clair, subhyalines, obovales oblongues, apiculées à la base, lisses dans la jeunesse sur les stérigmates, puis aspérulées d'aiguillons hyalins caducs, 6—9(—10)×4,5—6 μ.

Toute l'année. Sur la terre nue, les pierres, les racines des plantes herbacées, les brindilles plus ou moins enfouies, etc. Allier, Aveyron.

Le *S. sulphureum* var. *retigera* Hym. de Fr., V, n. 354, 2°, plissé-réticulé avec papilles coniques, jaune d'or, et spores subglobuleuses densément spinuleuses, est l'état jeune de *Poria trachyspora*, n. 969.

VII. — **PLEURODON** Quél.

Chapeau porté par un stipe dressé latéral ; trame coriace ; aiguillons subulés, terminés en pointe stérile ; basides à 2—4 stérigmates ; cystides nulles ou ne se distinguant pas des hyphes axiles ; spores hyalines, oblongues, petites. Lignicoles.

692. — P. auriscalpium (L. — Fr., Hym., p. 607) Pat., Ess., p. 116. — Schaeff., t. 143. — Bull., t. 481, f. 3. — Gillet, pl. — *Leptodon* Quél., Fl., p. 441.

Chapeau 1—2 cm., stipité, réniforme, coriace, hérissé, brun puis noirâtre ; stipe grêle, vertical, long de 4—8 cm. tenace, hérissé, bistre ; aiguillons fins, tenaces, gris brunâtre. — Hyphes flexueuses, tenaces, à parois épaisses, un peu brunies, 2,5—3,5 μ, lâchement parallèles dans les aiguillons, cohérentes en faisceau dans les mèches du chapeau ; basides 12—15×6 μ ; spores obovales, quelques-unes déprimées ou atténuées obliquement à la base, 4—5× 3,5—4 μ.

Toute l'année, fréquent là où il y a des cônes de pin enfouis ; trouvé une fois sur branche de genévrier.

693. — P. luteolum (Fr., S. M. ; Hym., p. 607).

Stipe long de 1 cm., épais de 2 mm., vertical, légèrement scrobiculé en arrière, granulé en avant vers le sommet par la décurrence d'aiguillons rudimentaires, pâle ; chapeau latéral, flabellé ou réniforme, 1,5—2 cm. de diam. glabre, pâle avec 3—4 sillons concentriques subsatinés peu marqués ; chair blanche, épaisse de 1 mm. ; aiguillons fins, subulés, longs de 1—2 mm., serrés, pâles puis crème ocracé. — Trame du chapeau formée d'hyphes fragiles, à parois peu épaisses, 2,5—4,5 μ, plus serrées, plus minces et parallèles pour former la cuticule du chapeau ; trame des aiguillons coriace, formée en majeure partie d'hyphes tenaces, 2,5—5 μ, peu cloisonnées, à parois épaisses, mais amincies vers l'extrémité ; hyphes subhyméniales peu abondantes et peu distinctes, à parois très minces et cloisons fréquentes ; basides 8—10×3—4 μ ; spores hyalines oblongues subelliptiques, parfois un peu déprimées latéralement, 3—3,5×1,75 μ.

Sur branche tombée de chêne ; Séganges, près Moulins ; août 1888.

P. luteolum, ou du moins notre plante, n'est peut-être pas distinct de *P. pusillum* Brot. qui est souvent pleuropode (Cf. Quél., Fl. myc., p. 441. Gillot et Luc., Cat. S. et L., p. 380) ; mais les figures citées pour *P. pusillum* (Paul. t. XXXV, f. 4 (5). Quél., Jura et Vosg., II, t. 2, f. 5) représentent une plante plus grêle, et la description de *P. luteolum* convient mieux à notre récolte. L'hyménium a tout à fait l'aspect et la couleur de *Mycoleptodon ochraceum*, mais il n'en a pas les cystides caractéristiques.

VIII. — **MYCOLEPTODON** Pat., Ess., p. 116.

Membraneux-coriaces, résupinés ou réfléchis ; aiguillons hispides au sommet ; trame formée en majeure partie d'hyphes tenaces à parois épaissies ; cystides à parois épaisses, rugueuses ou incrustées, abondantes surtout vers l'extrémité des aiguillons ; basides à 2—4 stérigmates ; spores hyalines, ovoïdes ou oblongues, petites. Lignicoles.

694. — **M. ochraceum** (Pers., Obs. ; Syn., p. 559, t. V, f. 5. — Bres., Fungi Kmet., n. 98, *Hydnum*) Pat., Ess., l. c. — *Hydnum pudorinum* Fr., Hym., p. 612. — *Leptodon* Quél., Fl., p. 441. — *H. alnicolum* Velenowsky !

Membraneux-coriace, peu adhérent, arrondi puis confluent étalé, ou à marge supérieure étroitement réfléchie, ou en capuchon, tomenteuse, quelquefois étroitement sillonnée, blanche ou pâle ; bordure inférieure membraneuse, blanche, pubescente subfimbriée : aiguillons réguliers, subulés, allongés, plus courts à la périphérie, crème ocracé, crème orangé. — Trame dense, formée d'hyphes 2—3,5 μ, tenaces, flexueuses, à parois épaisses, infléchies subparallèles dans les aiguillons, où elles se terminent par des cystides claviformes ou fusiformes, 24—100×5—10 μ, à parois épaisses ou incrustées ; hyphes subhyméniales peu abondantes, à parois minces, à cloisons fréquentes, avec quelques boucles ; basides 12—15 ×3,5—4,5 μ ; spores obovales oblongues, 3—4×2—2,5 μ, souvent uniguttulées.

Toute l'année ; commun sur branches tenant à l'arbre ou tombées de conifères ou de feuillus ; sur *Helichrysum stœchas*. Assez lignivore.

Il y a une grande ressemblance extérieure et presque identité de structure entre cette espèce et le *Poria eupora* Karst. ; néanmoins on ne constate jamais d'intermédiaires entre la forme hydnée et la forme porée.

695. — **M. dichroum** (Pers.) — *Hydnum* Pers., Myc. eur., II, p. 213. — Bres.. Fungi polon., p. 84. — *Leptodon ochraceum* Quél. non Pers.

Moins étendu et plus réfléchi, tomenteux zoné, imbriqué ; chair fibreuse-coriace, légèrement teintée de crème aurore ; aiguillons plus épais, à extrémité souvent comprimée-spatulée, crème

incarnat. — Structure comme dans le précédent ; hyphes 2,5—
5,5 μ ; spores obovales élargies, 4—6,5×3,5—4 μ.

Hiver, printemps et probablement toute l'année ; sur aune,
chêne ; Allier.

696. — M. fimbriatum (Pers., Obs. ; Fr., Hym., p. 627.
— Quél., Fl. myc., p. 434. — Bres., Fungi pol., p. 85, *Odontia*).

Etalé, membraneux-coriace, séparable, veiné, pâle-roussâtre
violeté ; bordure fimbriée ou en rhizomorphes ; aiguillons courts,
hérissés au sommet. — Hyphes la plupart à parois épaisses tenaces, peu cloisonnées, un peu brunies, 2,5—4,5 μ, se terminant
surtout dans les aiguillons par des cystides claviformes ou fusiformes, à parois épaisses, rugueuses ou incrustées, souvent obtuses
et un peu arquées, 7—9 μ diam. ; hyphes subhyméniales peu abondantes, hyalines, à parois minces et boucles rares ; basides 12—18
×3,5—6 μ, à 2—4 stérigmates ; spores ovoïdes subelliptiques, quelquefois légèrement déprimées, 3,5—4,5×1,75—3 μ.

Toute l'année ; très commun sur toute espèce de bois, débris
et humus. Très dévorant.

Par ses aiguillons, cette espèce ressemble aux *Odontia*, mais elle s'en
éloigne par sa trame coriace et par toute sa structure, qui en font une plante
très voisine de *M. ochraceum*.

697. — M. Litschaueri

Subiculum étalé membraneux, blanc ou crème ; bordure
blanche avec rayons rhizoïdes courts, grêles, apprimés ; aiguillons
serrés, grêles, longs de 1—2 mm., terminés ordinairement par une
soie aiguë, blancs ou crème, puis jonquille ocracé. — Hyphes
tenaces, à parois épaisses, 2—3 μ, formant dans les aiguillons un
faisceau axile très distinct ; cystides à parois épaisses, incrustées,
subclaviformes, 50—70×9—12 μ, la plupart incluses ; basides 15—
25×4—5 μ, à 4 stérigmates longs de 4—5 μ ; spores oblongues,
étroites, atténuées brièvement à la base, 4—5,5×2 μ, 1—2-guttulées.

Septembre ; sur *Abies excelsa*, env. d'Innsbruck, Tyrol autrichien (V. Litschauer).

Espèce voisine de *M. fimbriatum*, dont elle se distingue à simple vue
par ses aiguillons grêles, allongés et serrés, et par sa couleur. Sa structure et
sa trame assez tenace la placent, sans aucun doute, dans le genre *Mycoleptodon*.

IX. — **DRYODON** Quél.

Réceptacles charnus, céracés grumeux ou membraneux, résupinés, noduleux-tuberculiformes ou spatulés rameux et substipités : aiguillons fasciculés, allongés, plus ou moins pendants ; gléocystides à contenu huileux puis résinoïde ; spores hyalines ou crème. ellipsoïdes subglobuleuses, amyloïdes. Arboricoles.

698. — **D. coralloides** (Scop. — Fr., Hym., p. 607, *Hydnum*) Quél., Fl. myc., p. 438. — Schæff., t. 142. — Bull., t. 390. — Roll., Atl., f. 221.

Tronc divisé en rameaux dendroïdes, nombreux, entrelacés, portant à leur face inférieure des aiguillons subulés, grêles, souvent fasciculés, blancs puis crème, avec teinte aurore crème. — Chair blanche, formée d'hyphes à parois très hyalines d'aspect gélatineux, mais assez tenaces, 3—24 μ diam., à cloisons distantes, avec quelques boucles peu régulières : ces hyphes se colorent en bleuâtre par l'iode et une goutte de solution iodée colore la chair en bleu noir ; à travers la trame courent des organes conducteurs à parois minces, 6—9 μ diam., contenant un suc d'aspect huileux, guttulé ou granuleux, qui pénètrent dans l'hyménium à diverses hauteurs ou émergent à sa surface ; basides 15—18—32×3—5 μ, à 4 et souvent 2 stérigmates ; spores et microconidies arrondies ou subelliptiques, 3,5—5×3—4 μ, colorées en bleu par l'iode.

De l'automne au printemps ; peu commun ; sur hêtre, orme, frêne, noyer. Assez lignivore. — Cette espèce et la suivante produisent des microconidies très abondantes et des macroconidies. Cf. de Seynes, Bull. Soc. myc., VII, p. 77 ; et Pat., Soc. myc., X, p. 159.

Forme tératologique : *Hydnum caput-ursi* Fr., Hym., p. 608. — *Dryodon* Quél., Fl., p. 438, ut var. — Tubercule épais, charnu, émettant des rameaux grêles, très courts ; aiguillons inégaux, parfois prolifères ; caractères micrographiques du type. — Sur mûrier, Millau ; sur noyer, Costo-Roumive (Aveyron), Novembre 1912 : sur le même noyer, en Novembre 1913, la forme normale !

699. — **D. erinaceus** (Bull., t. 34) Quél., Fl. myc., p. 438. — *Hydnum* Fr. ; Hym., p. 608. — Gillet, pl. — Atl. Rolland, f. 220.

Chapeau substipité, spatulé, formé de rameaux épais, entrecroisés, plus ou moins complétement soudés entre eux, blanc puis crème, revêtu en dessus d'aiguillons stériles, flexueux, courts et

grêles, formant une villosité grossière strigueuse ; chair blanche.
caverneuse ; aiguillons très allongés, pendants, pruineux, blanc
crème. — Trame comme dans l'espèce précédente ; hyphes hyalines, 4—21 μ, septées avec ou sans boucles ; organes conducteurs
se terminant en gléocystides, 6—12 μ diam. ; basides 24—38×6—
9 μ, à 2—4 stérigmates ; spores ovoïdes sphériques, 5—7×4,5—6 μ,
colorables en bleu par l'iode.

Automne, hiver ; pas rare sur vieux chênes ; hêtre, noyer,
Ailanthus glandulosa. Gros dévorant.

Forme : *Hydnum caput-Medusae* Bull., t. 412. — Fr., Hym.,
p. 608. — Plante étouffée, moins compacte, croissant à l'intérieur
des chênes creux (Allier). Dans cette forme, les cavités du chapeau
s'élargissent et les rameaux deviennent plus évidents, parfois
libres comme dans *D. coralloides* ; en même temps, les aiguillons
sont moins déterminés, les inférieurs flexueux, obliquement pendants et divergents, la villosité de la partie supérieure est remplacée par des aiguillons lâchement dressés, flexueux ; caractères
micrographiques du type.

700. — **D. cirrhatum** (Pers.) Quélet, Fl. myc., p. 439. —
Konr. et Maubl., Ic. sel., pl. 466. — *Hydnum* Pers., Syn., p. 558.
— Fr., Hym., p. 609. — Gillet, pl. — Barbier, Soc. myc., 1911, p. 188.

Chapeau charnu, étalé, étagé-réfléchi, à marge incurvée, fimbriée, blanc ou pâle, hérissé en dessus d'aiguillons stériles ou libres
éparses flexueuses ; aiguillons allongés, 1—1,5 cm., subulés, crème.
— Chair épaisse, subéreuse molle, blanche puis crème aurore, ne
se colorant pas en bleu noir par l'iode, formée d'hyphes, 3—15 μ,
à parois minces ou à peu près, à boucles fortes mais assez rares,
ne se colorant pas sensiblement en bleu par la solution iodée ; à
ces hyphes sont mêlés des organes conducteurs, 4—10 μ diam.,
remplis d'un suc granuleux guttulé puis résinoïde ; ces tubes égalent ou dépassent les basides sous forme de gléocystides ; basides
18—24×5—6 μ, accompagnées de filaments paraphysoïdes et de
nombreuses microconidies en chaîne toruleuse ; spores et microconidies subelliptiques, 3,5—4×2,75—3 μ, souvent uniguttulées,
colorables en bleu par l'iode.

Eté ; sur chêne, Parc de Montjeu, Autun (Roidot-Errard) ;
Var (L. Maire).

701. — **D. diversidens** (Fr.) Quélet, Ass. fr., 1886, p. 5
et Fl. myc., p. 439. — *Hydnum* Fr., S. M. I, p. 411 ; Hym. eur.,
p. 439.

Subsessile, globuleux-difforme, 4—6 cm., sublobé, blanc à blanc crème, avec tendance à se colorer légèrement en rose ou incarnat, composé de rameaux peu distincts, enchevêtrés et confluents, portant dessus et dessous des aiguillons fasciculés longs de 1 cm. environ, simples ou à 1—2 rameaux, les uns subulés, les autres obtus ou plus courts dilatés en lames fimbriées ; chair blanche tendre, ne se colorant pas en bleu noir par l'iode. — Hyphes 2—3,5 μ, à parois minces, guttulées, dans la région voisine de l'hyménium ; celles de la trame des rameaux plus grosses, 3—9 μ, à parois un peu épaisses, irrégulières, à cloisons rares : gléocystides nombreuses, irrégulières, 4—7 μ diam., très allongées, se prolongeant longuement dans la trame, à contenu huileux hyalin, ne brunissant pas par l'iode ; basides guttulées, 20—30×4—5 μ ; spores largement elliptiques, 4—4,5(—5)×3—4(—4,5) μ, souvent 1-guttulées, colorées en bleu gris par la solution iodée.

Novembre ; sur la partie horizontale d'une souche tronquée de hêtre ; Brix (Manche) L. Corbière.

Obs. — *Acia nodulosa* Pilat, Tri Hydn. nov. Cechy (Tchechy), p. 2, f. 1-3 ! est un *Dryodon* largement étalé, 5—10 cm., lisse et en partie noduleux, blanchâtre ou jaunâtre, qui, au point de vue de la structure, ne diffère en rien de l'espèce ci-dessous.

702. — **D. fragile** (Pers., Syn., p. 561, *Hydnum*).

Membraneux mince, se détachant du substratum en séchant, blanchâtre ; bordure floconneuse-subbysoïde ou similaire ; aiguillons fragiles, allongés, 1—1,5 cm., grêles, flexueux, serrés. — Hyphes 2—4 μ, à parois minces, cloisons distantes ; gléocystides irrégulièrement fusiformes ou cylindriques, plus ou moins toruleuses, 40—75×4—9 μ, à contenu guttulé jaunâtre, légèrement bruni par l'iode ; basides 21—36×4,5—6 μ, avec guttules quelquefois bleuies par l'iode ; spores ovoïdes sphériques, 4,5—6 μ diam., amyloïdes.

Septembre-Novembre. Sur feuillus, hêtre ; Gde Chartreuse (M. Josserand) ; Suède (Romell) ; Autriche (Litschauer).

Les *Gloeocystidium contiguum* et *porosum* ont des formes odontioides à aiguillons courts, 0,5 mm. qui ont les mêmes éléments hyméniens que les *Dryodon*.

X. — HYDNUM Fr. — Pat., Hym. eur. — *Tyrodon* Karst.

Champignons charnus, à chapeau stipité ; chair blanche ou pâle ; aiguillons subulés, pendants ; basides à 2—4 stérigmates ; spores subhyalines, subsphériques. Terrestres.

703. — **H. repandum** L. — Fr., S. M. ; Hym., p. 601. — Schæff., t. 141, 318. — Bull., t. 172. —Gillet, pl. — Roll., Atl., p. 222. — *Sarcodon* Quél., Fl., p. 446.

Spores subsphériques, à grosse guttule huileuse, 7,5—9×7 —7,5 μ, crème en masse, devenant paille, crème ocracé sur le sec ; basides 40—50×6—8 μ ; hyphes des aiguillons à parois minces flasques, 3—9—12 μ, celles du chapeau similaires, plus serrées vers la cuticule et relevées, à extrémités obtuses subclaviformes pour en former la villosité.

Août-Novembre ; très abondant dans les bois surtout feuillus. Comestible.

Hydnum rufescens Pers., Fr. — *Sarcodon* Quél. est une variété plus grêle, plus ou moins teintée de roux-fauve dans toutes ses parties.

La var. *serotinum* Quél. in Bourdot, Hym. des environs de Moulins, II p. 38, est aussi ocracé fauvâtre, à chapeau à la fin déprimé-infundibuliforme ; aiguillons plus courts en avant et en arrière, ce qui rend l'hyménium sinué ; stipe grêle, fusiforme, cortiqué et farci d'une chair molle médulleuse ; basides 38—46×8— 12 μ ; spores comme dans le type.

Octobre, Novembre ; pas rare dans les forêts du Centre, bois à feuilles ou à aiguilles, parmi les bruyères. Cf. *H. politum* Fr.

IV. PHYLACTÉRIÉS

Réceptacle piléolé, entier ou concrescent, coralloïde, foliacé ou résupiné ; charnu coriace, membraneux ou crustacé, à trame colorée : hyménium hydnoïde, tuberculeux ou lisse ; spores aspérulées ou anguleuses, plus ou moins colorées, le plus souvent brunâtres.

TABLEAU ANALYTIQUE DES GENRES

1 — Hyménium hydnoïde : 2.
Hyménium lisse ou à papilles irrégulières, obtuses et peu saillantes : 3.

2 — Chapeau charnu, stipité : **Sarcodon, I.**
Chapeaux coriaces, souvent concrescents : **Calodon, II.**
Plante résupinée, mince, floconneuse ou membraneuse : **Caldesiella, IV.**

3 — Plantes entièrement résupinées, à hyménium lisse : 4.
Plantes à chapeau infundibuliforme, flabellé, foliacé, coralloïde ou incrustant, ramuleux ; hyménium souvent granulé ou côtelé : **Phylacteria, III.**

4 — Pas de cystides (ou des cystidioles qui ne sont que des basides plus ou moins modifiées dans leur forme) : **Tomentella, VI.**
Des cystides provenant des hyphes profondes de la trame : **Tomentellina, V.**

I. — SARCODON Quél., Ench. — Pat., Ess. tax., p. 149.

Réceptacle charnu à stipe central ou excentrique, glabre, villeux ou écailleux ; aiguillons subulés, simples ; basides à 2—4 stérigmates ; cystides nulles ; spores petites, arrondies anguleuses ou aspérulées, brunes. Champignons humicoles.

Les espèces de ce genre difficile sont très variables et changent considérablement de couleur avec l'âge. Comme, d'autre part, les caractères micrographiques sont très voisins, les spécimens secs sont peu utilisables pour l'étude. Un certain nombre d'espèces affectionnant les régions montagneuses, nous ne les avons pas rencontrées ; nous les mentionnons brièvement d'après les descriptions de BRESADOLA, QUÉLET, FRIES, etc.

Tableau analytique des Espèces

1
- Aiguillons blancs, non décolorants ; chapeau violet sale, puis gris violeté : *S. violascens*, n. 721.
- Aiguillons blancs, puis rosés : 2.
- Aiguillons blancs ou blanchâtres, puis grisonnant : 3.
- Aiguillons d'un beau violet à pointe blanche, non décolorants ; chair violette à saveur et odeur agréables ; chapeau violet foncé à marge blanche, puis cendré brun : *S. violaceum*, n. 722.
- Aiguillons décolorants, à la fin bruns ou fauvâtres : 4.

2
- Chapeau blanc pâle, teinté de rosé ou de brun clair ; chair blanche, rosée à la cassure : *S. fuligineo-album*, n. 719.
- Chapeau cendré ; chair blanche ; champignon grêle : *S. gracile*, n. 718.

3
- Chapeau pubescent, puis glabre, ruguleux scrobiculé, gris, gris lilacé ou testacé ; aiguillons très fragiles, blancs, puis gris à pointe blanche ; chair molle, blanc violeté, puis cendrée ou bistrée : *S. fragile*, n. 717.
- Chapeau finement tomenteux, blanc grisonnant, convexe ombiliqué ou infundibuliforme : *S. cinereum*, n. 713.
- Chapeau revêtu d'un épais tomentum, blanc grisonnant, convexe ombiliqué : *S. molle*, n. 714.

4
- Chapeau lisse et glabre : 5.
- Chapeau tomenteux, scabre ou écailleux : 6.

5
- Chapeau infundibuliforme à bords dressés, gris clair puis brun de datte ; aiguillons courts : *S. infundibulum*, n. 715.
- Chapeau convexe, puis aplani ou déprimé, à marge rabattue, brun purpurin, gris fauve ou brun d'ombre ; aiguillons longs, brun clair à pointe blanchâtre : *S. laevigatum*, n. 716.
- Cf. *S. fragile*.

6
- Stipe teinté à la base de noir bleuâtre ou verdâtre, en dedans et en dehors : 7.
- Stipe non teinté de bleu ni de vert à la base : 8.

7 { Chair blanche ou à peine bistrée, à saveur très acerbe ; aiguillons longs de 3—5 mm. ; chapeau floconneux squamuleux : *S. fennicum*, n. 707.
Chair blanche, puis vineuse ou olivâtre et violacée, amaricante ; aiguillons 1—2 mm. ; chapeau velouté : *S. amarescens*, n. 708.

8 { Chapeau turbiné puis aplani, tomenteux strigueux ou hérissé de fines écailles : 9.
Chapeau convexe, puis aplani déprimé : 10.

9 { Chapeau ombre rouillé, tomenteux puis squamuleux ; stipe noirâtre à la base ; chair blanche : *S. scabrosum*, n. 711.
Chapeau tomenteux strigueux, jonquille, isabelle, puis fauve ou bistre ; chair indurée, jonquille ou crème bistre, âcre et amère : *S. acre*, n. 712.

10 { Chapeau finement tomenteux, glabrescent ou gercé, bleu noir, violet bistré, puis noirâtre ; chair violet noir dans le chapeau, rougeâtre dans le stipe : *S. fuligineo-violaceum*, n. 720.
Chapeau lisse. testacé clair, puis cervicolore ; chair lilacine, puis vineuse dans le chapeau, violacée dans le stipe : *S. commutatum*, n. 710.
(Cf. *S. ionides*, n. 709).
Chapeau écailleux ; rien de violet : 11.

11 { Chapeau 6—30 cm., épais, tessellé de larges écailles, gris brun, puis bistre ; chair blanchâtre, puis bistrée ; stipe court gris brun, épais : *S. imbricatum*, n. 704.
Chapeau 10 cm. fauve incarnat, brun rouillé, moucheté d'écailles superficielles brunes ; stipe blanc ou roussâtre ; chair blanc jaunâtre : *S. badium*, n. 705.
Chapeau, 4—6 cm., glabre, puis fendillé en écailles irrégulières, ou mèches fibrilleuses roussâtres, puis bistrées ; chair blanche sapide : *S. squamosum*, n. 706.

704. — S. imbricatum (Fr.) Quélet, Ench. ; Fl. myc., p. 448. — *Hydnum* Fr., Hym. eur., p. 598. — Schæff., t. 140. — Gillet, pl. suppl. — Roll., f. 217. — *H. cervinum* Pers.

Chapeau 6—30 cm., charnu, épais 2—5 cm., aplani ou ombiliqué, floconneux, tessellé de larges écailles gris brun, puis bistre, persistantes ou caduques ; stipe court, épais, lisse, gris brun ; aiguillons décurrents, blanc cendré, puis bruns ; chair blanc sale,

puis bistrée. subzonée, acerbe ou amère. — Hyphes 2,5—7 μ, à
parois minces, peu colorées, sans boucles ; basides 40—50×8—
9 μ, à 2—4 stérigmates ; spores subglobuleuses, anguleuses, finement tuberculeuses ou aspérulées, 5—6(—7) μ, teintées de brun
clair.

Septembre-Novembre. En groupes dans les bois de conifères ;
commun. — Comestible étant jeune, mais prenant parfois une
odeur chevaline désagréable.

705. — *S. badium* (Pers., Myc. eur., II, p. 155, t. XXI. —
Hydnum subsquamosum Fr., Quél., nec Batsch. — *H. imbricatum* Krombh., t. 49 (exclus. f. 6) nec L., nec Fr. (*Teste Bres.!*).

Chapeau 10 cm. env., charnu, convexe plan, subombiliqué,
fauvâtre et bosselé d'écailles brun bai, caduques ; stipe glabre,
plus élancé que dans *S. imbricatum*, blanchâtre, puis gris roussâtre, plus foncé à la base ; aiguillons fins, blanchâtres, puis bruns
à pointe blanche ; chair épaisse, ferme, blanc jaunâtre. — Hyphes
des aiguillons subhyalines, 2,5—6 μ, à parois minces, sans boucles ; basides 30—45×6—8 μ ; spores subglobuleuses, finement
tuberculeuses-aspérulées, 6,5 μ d., brun très clair.

Septembre-Octobre. En groupes, parmi les bruyères, dans
les bois de conifères et mixtes ; Centre. Rare.

706. — **S. squamosum** (Fr.) Quél., Fl. myc., p. 448. —
Hydnum Fr., Hym., p. 598. — *H. leucopus* Pers.

Chapeau 4—6 cm., charnu, convexe puis déprimé, glabre et
lisse, puis fendillé en écailles irrégulières ou mèches fibrilleuses,
roussâtres, châtaines, puis bistrées sur le sec ; stipe atténué à la
base, assez grêle, glabre, blanc, puis concolore aux aiguillons vers
le sommet ; aiguillons fins, roux clair ou gris brun, avec pointe
blanche ; chair ferme, blanche, sapide. — Hyphes à peu près hyalines, 3—6 μ, à parois minces, sans boucles ; basides 36—40×7—
9 μ ; spores subhyalines, arrondies, tuberculeuses-anguleuses, 4—
5,5×4—5 μ.

Septembre, Octobre. — Forêts sablonneuses, surtout de conifères, Centre, env. de Paris, Vosges. Rare.

707. — **S. fennicum** Karst., Rev. myc., 1887, p. 10. —
Sacc., VI, p. 433.

Chapeau 3—10 cm., convexe ombiliqué, charnu, fragile,
d'abord floconneux, squamuleux, puis craquelé en écailles apprimées, roux testacé, puis bai clair et brun, marge ondulée lobée ;

stipe inégal, flexueux, glabre, concolore, atténué inférieurement, finement tomenteux à la base et teinté de noir bleuâtre ; aiguillons décurrents, fins, 3—5 mm. long., blanchâtres, puis isabelle briqueté et fauve brun : chair blanche, légèrement bistrée, plus foncée dans le stipe et bleu noir tout-à-fait à la base, à saveur acerbe et amère. — Hyphes 3—6 μ, subhyalines, à parois minces sans boucles ; basides 36—48×6—8 μ ; spores subglobuleuses ou ellipsoïdes sphériques, finement tuberculeuses ou aspérulées, 5—7,5×3—6,5 μ, ocre rouillé, brunâtres, en masse bistre briqueté.

De mi-août à mi-octobre. — Sur humus, débris, plus rarement sur les souches, dans les châtaigneraies ; Aveyron, où il est assez abondant, quoique plus rare que *S. commutatum* et *acre*. — La chair est ordinairement blanche, légèrement bistrée et non changeante ; dans quelques spécimens, elle bleuit et rougit très faiblement.

708. — S. amarescens Quél., Fl. myc., p. 448. — Konr. et Maubl., Ic. sel., pl. 467. — *Hydnum* Quél., Ass. fr., 1882, p. 13 et pl. XI, f. 14.

Chapeau 6—9 cm., convexe ombiliqué, ondulé, velouté, incarnat fauve ou abricot, puis châtain pâle et brun fauve ; stipe aminci en bas, glabrescent, incarnat fauve, bleu bistre ou gris érugineux à la base ; aiguillons fins, 1—2 mm. long., blanc grisonnant, puis châtains avec pointe blanche ; chair cassante, devenant très dure en séchant, blanche puis vineuse ou violacée et olivâtre, vert noir à la base du stipe, tardivement amère. — Hyphes à peu près hyalines, denses, 2—6 μ dans les aiguillons, jusqu'à 18 μ dans le chapeau, à parois minces, sans boucles : basides 40—50×6—8 μ ; spores subhyalines, paille clair, globuleuses, avec aspérités courtes et fines, parfois simplement anguleuses, 4—6×4—5 μ.

Août-Octobre. — Bois et bruyères ; Alpes-Maritimes (BARLA in Herb. Mus. Paris !) : Aveyron ; Valais (LARONDE et GARNIER).

La plante du Valais, sous sapins et mélèzes, a une saveur d'abord poivrée puis extrêmement amère. *S. amarescens* se différencie de ses voisins, même en herbier, par sa chair dure, très rigide et sa coloration toujours pâle.

709. — S. ionides (Pass., N. Giorn. bot. ital., 1872, p. 157. — Sacc., Syll., XXI, p. 365).

Chapeau charnu, mince, pâle terreux, lisse ou à la fin à peine floconneux, aplani ; stipe lisse, ponctué au sommet par des aiguillons rudimentaires, atténué à la base, concolore ; aiguillons courts, concolores, puis rouillés-brunâtres ; chair molle, très friable, pre-

nant une teinte franchement violacée à la cassure ou à la section ;
odeur et saveur faibles, agréables (Pass.) ; spores globuleuses, brièvement et finement spinuleuses, hyalines, $3,2 \times 3$ μ (Sacc.).

Châtaigneraies, Nord de l'Italie. (n. v.).

710. — *S. commutatum* Hym. de Fr., n. 440.

Chapeau 3—5 cm., convexe et assez régulier, lisse (gercé
squamuleux après les pluies), testacé clair, puis cervicolore ; aiguillons testacés puis bruns, fragiles et facilement caducs, 2—4
mm. ; stipe égal ou atténué à la base, glabre concolore : chair hygrophane, fragile, molle, jamais blanche, mais lilacine vineuse
dans le chapeau, violacée dans le stipe, restant violacée ou lilas
sur le sec, tardivement amère. — Hyphes à parois minces, flasques, sans boucles, brunes, 6—15 μ dans le chapeau, 2—6 μ et
plus ou moins cohérentes dans les aiguillons ; basides 24—36—45
$\times$6—7 μ ; spores arrondies, tuberculeuses, 1-guttulées, 4,5—5,5
(—7)$\times$4—4,5(—6) μ, testacées en masse, puis chocolat clair.

Juillet-Novembre. Abondant en cercles irréguliers dans l'humus, sous les châtaigniers, Aveyron ; Manche (L. Corbière).

Assez facile à reconnaître, en herbier, à sa petite taille, sa teinte presque uniforme et sa chair molle, dans laquelle il reste toujours un composant
violacé plus ou moins net. Il est bien probable que c'est cette même plante,
qui est dans l'herbier de Tulasne (Mus. Paris) ainsi étiquetée : « Hydnum
fuligineo-album Fr. — ad terram, in castanetis ; Fleury, pr. Parisios, 25 VIII
1841. — Tul. ».

Hydnum ionides Pass., d'après la description, semble assez voisin de
notre espèce. Il en différerait toutefois par la coloration plus pâle et plus terne du chapeau et du stipe, la chair changeante à l'air et de saveur agréable,
et la spore hyaline, 3 μ.

711. — S. scabrosum (Fr., Hym. eur., p. 599. — C. Rea,
Brit. Basid., p. 632).

Chapeau 4—8 cm., compact, turbiné puis aplani, ombre
rouillé, tomenteux, puis hérissé de flocons fasciculés en fines
écailles serrées ; stipe court, cendré, noirâtre à la base ; aiguillons décurrents brun rouillé avec pointe blanchâtre formant un
ensemble gris brun ; chair blanche, épaisse, noirâtre à la base du
stipe.

Bois de pins, Suède, Finlande, Angleterre, Italie (n. v.).

Il est possible que certains de nos échantillons déterminés sur le sec
comme *S. acre*, appartiennent à cette espèce.

712. — S. acre Quél., Fl. myc., p. 449. — *Hydnum* Quél.,
Soc. bot. Fr., p. 324, t. VI, f. 1.

Chapeau 4—10 cm., irrégulier, turbiné puis aplani, souvent concrescent, subimbriqué, hérissé tomenteux et strigueux, jonquille, isabelle clair, puis fauve olivâtre ou bistre ; aiguillons fins, blancs, puis bruns avec pointe jonquille, ou isabelle ; stipe court, souvent ramifié, villeux, crème olivâtre ; chair humide, puis indurée subligneuse, plus molle vers la surface. crème bistre, très âcre et amère. — Hyphes des aiguillons 3—4,5(—6) μ, subhyalines, à parois minces, sans boucles, 4—9 μ dans le chapeau ; basides 24—45$\times$6—7,5 μ ; spores arrondies, finement tuberculeuses ou aspérulées, souvent 1-guttulées, 5—7$\times$5—6 μ, brun très clair s. m., fauve grisâtre, châtain briqueté en masse.

Fin Juin à Novembre. Forêts sablonneuses ; pas rare dans l'humus des châtaigneraies de l'Aveyron ; châtaigniers, bouleaux, conifères : Centre, Paris, Vosges.

Nos échantillons, mêmes jeunes, offrent assez rarement les teintes jonquille et olive indiquées par QUÉLET.

713. — S. cinereum (Bull., t. 449) Quél., Ench. ; Fl. myc., p. 448.

Chapeau 5—9 cm., convexe ombiliqué ou infundibuliforme, finement tomenteux, blanc grisonnant, parfois teinté de lilacé ou de chocolat ; aiguillons décurrents, fins, blancs puis gris clair ; stipe court, aminci en bas, souvent rameux, dur, glabre, blanc puis gris ; chair tendre, blanchâtre ou lilacine.

Eté. Forêts de conifères, Paris, Alpes, Vosges. (n. v.).

714. — S. molle (Fr.) Quél., Fl. myc., p. 448 (ut var. *S. cinerei*). — *Hydnum* Fr., Hym., p. 599.

Chapeau 5—10 cm., convexe, ombiliqué, recouvert d'un tomentum épais, blanc gris ; aiguillons fins, décurrents, blanchâtres ; stipe court, dur, fragile, glabre, blanchâtre puis gris.

Automne. Bois de pins arénacés, Fontainebleau (n. v.).

715. — S. infundibulum (Swartz) Quél., Fl. myc., p. 446. — *Hydnum* Fr., Hym,, p. 600. — *H. fusipes* Pers., Myc. eur., II, p. 162, t. 20, f. 4-6.

Chapeau 5—10 cm. ou plus, infundibuliforme, à bords dressés, sublobés, lisse, gris clair, brunissant un peu ; aiguillons serrés, décurrents, courts, 3—6 mm., assez grêles, blancs, puis ombre clair ; stipe court, pâle, puis crème bistré ou roussâtre, atténué en bas ; chair fibreuse à la cassure, élastique, blanche, à peine teintée de crème alutacé ; odeur forte de fenu-grec persistant longtemps. — Hyphes des aiguillons hyalines, cohérentes, 2—4,5

μ., à parois minces, sans boucles, celles du chapeau à parois très
minces, irrégulières, 4—9 μ, plus colorées vers la surface du chapeau ; basides 18—45×5—6 μ ; spores arrondies anguleuses, finement tuberculeuses ou aspérulées, ordinairement 1-guttulées, 3,5
—4,5×3 μ ou 4—4,25 μ d., brun très clair.

Septembre-Octobre ; bois de pins, Allier ; Fontainebleau
(P. Dumée).

Le champignon de Fontainebleau, volumineux, parait formé de plusieurs chapeaux concrescents, concave au centre, largement lobé aux bords ;
le stipe parait également formé de plusieurs stipes soudés ; odeur nette de
fenu-grec ou de mélilot.

716. — S. laevigatum (Swartz) Quél., Ass. fr., 1882, p.
13 ; Fl. myc., p. 446. — Konr. et Maubl., Ic. sel., pl. 468. — *Hydnum* Bres., Fungi Trid., II, p. 34 et t. 138.

Chapeau 5—13(—30) cm. souvent peu régulier ou latéral,
convexe puis plan et déprimé, glabre, lisse (parfois lacéré en fines
squamules), légèrement teinté de brun purpuracé, mais bientôt
gris fauve ou brun d'ombre ; aiguillons 1—2,5 cm., gris roux, puis
bruns, à pointe blanchâtre, décurrents sur le stipe ; stipe épais,
lisse, gris teinté de rougeâtre, puis concolore ; chair ferme, tendre, blanche, puis légèrement teintée de violacé clair ; odeur faible, douceâtre, nauséeuse ; saveur amère après un instant de mas-
tication. — Hyphes des aiguillons 2,5—3(—9) μ, à parois minces ;
basides 32—45×6—7 μ, à 2—4 stérigmates longs de 4—5 μ ; spores arrondies-anguleuses et tuberculeuses, brun clair, 5,5—6(—7)
×4,5—5—5,5 μ, 1-guttulées, brun bistre en masse.

Eté, automne ; bruyères et bois de conifères ; monts de la
Madeleine et Bois Noirs ; forêts de sapins du Jura Neuchâtelois
(P. Konrad).

Le bel envoi de M. Konrad nous a permis de compléter la description
de cette espèce ; notre récolte dans la montagne bourbonnaise remonte à
1888.

717. — S. fragile (Fr.) Quél., Ass. fr., 1889, p. 6. — *Hydnum* Fr., Hym., p. 599. — Lloyd, lett. n. 60, note 326.

Chapeau 8—12 cm., ondulé, glabrescent, finement ruguleux-
scrobiculé, gris, testacé ou gris lilacé, marge étalée, parfois lobée ; aiguillons longs de 4—8 mm, grêles, très fragiles, blanchâtres, puis gris à pointe blanche ; stipe épais, inégal, glabre, grisâtre, gris bistré ; chair épaisse, tendre et fragile, un peu zonée près
des bords, blanc violeté, puis cendrée et bistre à l'air, à odeur et
saveur agréables (*Psalliota campestris*). — Hyphes des aiguillons,

2—4,5 μ, parallèles subcohérentes, hyalines à parois très minces, sans boucles ; basides 30—40×5—6—8 μ ; spores hyalines, arrondies ou largement elliptiques, brièvement aspérulées, 4—4,5×4 μ, souvent guttulées.

Septembre-Octobre. — Humus des sapinières ; Monts du Lyonnais (G. Jouffret).

718. — S. gracile (Fr.) Quél., Fl. myc., p. 446.

Chapeau 4 cm., convexe plan, lisse, glabre, cendré : aiguillons allongés, blanchâtres puis incarnats ; stipe grêle, 5—8×0,4 —0,7 cm., tenace grisâtre ; chair mince, élastique, blanche.

Eté. Bois de conifères ; Alpes. (n. v.).

719. — S. fuligineo-album (Schmidt) Quél., Fl. myc., p. 447. — *Hydnum* Fr., S. M. — Bres., Fungi Trid., II, p. 33, pl. 141, f. 1.

Chapeau 5—6 cm., convexe puis étalé ou cyathiforme, blanc pâle, un peu rosé vers les bords, ou teinté de brun clair, glabre ; aiguillons blancs puis rosés, ou teintés d'améthyste ; stipe furfuracé, blanchâtre rosé, puis roussâtre ; chair blanche, rosée à la cassure, douceâtre, à odeur nauséeuse ou de réglisse. Spores 4—5× 3,5—4 μ.

Automne. Bois de conifères ; Vosges. (n. v.).

720. — S. fuligineo-violaceum (Kalchbr.) Pat., Ess. — *Hydnum* Fr., Hym., p. 602. — Bres., Fungi Trid., II, p. 32 et t. 139.

Chapeau 6—9 cm., convexe déprimé, peu régulier, marge souvent sinuée et lobée, finement tomenteux, glabrescent, puis aréolé et fendillé-squamuleux, bleu noir ou violet bistré, puis noirâtre, marge roussâtre ; aiguillons décurrents, incarnats puis brun violacé, à pointe blanche ; stipe roux bistré ; chair violet noir dans le chapeau, rougeâtre dans le stipe, amarescente un peu âcre. Spores 5—6×4—4,5 μ.

Automne. Bois de conifères. (n. v.).

721. — S. violascens (Alb. Schw.) Quélet., Ass. fr., 1882, p. 13, et 1887, t. 21, f. 11. — *Hydnum* Fr., Hym., p. 602. — Bres., Fungi Trid., II, p. 33 et t. 140.

Chapeau 3—10 cm., convexe ombiliqué, aplani puis déprimé, finement pubescent ou squamuleux, brun violacé puis gris violeté ; aiguillons courts, 2 mm., blancs puis gris clair unicolores ; stipe concolore ou plus foncé que le chapeau, ou blanc et vineux à la base ; chair ferme, fibreuse à la cassure, pâle teintée de roussatre violacé, à saveur douce. — Hyphes de la villosité du chapeau subparallèles cohérentes, brunes, 4—9 μ ; celles de la chair·

hyalines, irrégulières, subtoruleuses, 4—12 μ, traversées par des hyphes brunes, 3—4 μ ; hyphes des aiguillons parallèles cohérentes, 3—6 μ ; basides 15—18(—24)×4,5—6 μ ; spores globuleuses ou ovoïdes sphériques, finement aspérulées verruqueuses, 4—5 μ d., ou 4—5×3,5—4,5 μ, subhyalines.

Octobre, dans les sapinières, Monts du Lyonnais (Cap. JOUFFRET).

722. — S. violaceum Quél., Ass. fr., 1893, p. 5 et pl. III, f. 12.

Chapeau 5—6 cm., convexe, puis aplani, pubescent, rugueux, violet foncé avec marge blanche, puis cendré brun, subzoné ; aiguillons 1 cm. long., serrés, d'un beau violet, à pointe blanche ; stipe épais, aminci en bas, concolore ; chair tendre cassante, violette, à odeur et saveur agréables.

Aut. Sous les sapins ; Landes, Fontainebleau. (n. v.)

II. — CALODON Quél., Ench., p. 190. — Pat., Ess. tax., p. 118.

Réceptacle subéreux, tenace élastique, stipité, entier ou lobé, souvent conné, glabre, villeux ou raboteux ; trame colorée souvent zonée ; spores petites, arrondies, verruqueuses ou anguleuses, brun plus ou moins foncé. Humicoles.

Tableau analytique des Espèces

Champignon teinté de bleu azuré, soit extérieurement, soit en zones dans la chair : 2.

Champignon sans coloration bleue ; chapeau, stipe et chair jaunes au moins primitivement : 3.

Champignon d'abord blanc tomenteux, suintant des gouttes de liquide rouge, et devenant rouillé incarnat : chapeau déprimé très anfractueux et scrobiculé : *C. ferrugineum*, n. 727.

Champignon brun rouillé ou briqueté ; aiguillons décolorants ; spores fauves : 4.

Champignons (blancs) gris ou noirs (quelquefois à zones versicolores), aiguillons blancs ou gris ; spores subhyalines : 6.

Stipe azuré lilacin, pâlissant ; chair zonée de blanc et d'azuré, à odeur d'anis : *C. suaveolens*, n. 723.

2 { Stipe fauve brunâtre ; chair inodore, zonée de bleu et de blan châtre ; rougeâtre dans le stipe : *C. compactum* (Pers.) Suède, Angleterre, Allemagne.

Stipe orangé puis fauve jaunâtre ; chair inodore, pâle puis rouillé fauve, avec des zones brunâtres et lilacées, safranée dans le stipe : *C. caeruleum*, n. 724.

3 { Stipe jaune orangé ; chair zonée, afranées puis orange rouillé dans le stipe : *C. aurantiacum*, n. 725.

Stipe citrin, souvent nul ; mycélium sulfurin ; chair et chapeau sulfurins, passant à vert noirâtre ; aiguillons jaune gris : *C. sulphureum*, n. 725 bis.

4 { Chapeau épais, tomenteux, non. scrobiculé, ni sensiblement déprimé, roux briqueté, puis brun ; stipe épaissi spongieux, velouté : *C. velutinum*, n. 726.

Chapeau déprimé, anfractueux, scrobiculé : 5.

5 { Chapeau mince, flasque, soyeux glabrescent, radié-rugueux ou lamellé, testacé-rouillé, puis brun chocolat, zoné : *C. zonatum*, n. 729.

Chapeau assez épais, peu flexible, pubescent, écailleux-scrobiculé, fauve ou brun rouillé, zoné : *C. scrobiculatum*, n. 728.

Chapeau assez épais, tomenteux, glabrescent, très anfractueux-scrobiculé au centre, testacé rougeâtre, rouillé purpurin, zoné rugueux, à marge blanche ; chair fragile ; stipe revêtu presque jusqu'en haut d'un mycélium agglutinant, testacé rouillé. Etat adulte de *C. ferrugineum*, n. 727.

6 { Stipe grèle, glabre, chapeau mince : 7.

Stipe épaissi difforme, tomenteux ou revêtu d'une couche cotonneuse ou aranéeuse ; chapeau plus ou moins épais, tomenteux : 10.

7 { Chapeau 2—3 cm. cyathiforme, satiné et zoné de couleurs vives ; stipe bai : *C. variecolor*, n. 734.

Chapeau bistre, brun cendré ou violeté, avec zones subconcolores ou nulles : 8.

8 { Aiguillons blancs, puis gris clair ; chapeau ombiliqué ou cyathiforme, bistré, puis ombre ou gris : *C. graveolens*, n. 732.

Aiguillons blancs, peu décolorants, ou légèrement teintés d'incarnat : 9.

9 {
Chapeau cendré ou brun, revêtu d'un fin duvet subtomenteux ;
aiguillons céracés, blancs puis fulvescents ; stipe allongé,
naissant d'un abondant mycélium étalé, fauve ou chocolat clair : *C. tomentosum*, en note sous n. 734.
Chapeau satiné, cendré, gris violeté avec zones baies ou noirâtres ; stipe grêle, court, gris fumeux ou noir : *C. cyathiforme*, n. 731.

10 {
Chapeau bleu noir, tomenteux ou glabrescent ; stipe noir,
épaissi ou tomenteux à la base : *C. nigrum*, n. 730.
Chapeau tomenteux gris ; stipe tomenteux aranéeux, fauve
pâle : *C. amicum*, n. 733.

723. — **C. suaveolens** (Scop.) Quél., Ench. ; Fl. myc., p.
442. — Konr. et Maubl., Ic. sel., pl. 472. — *Hydnum* Fr., Hym.,
p. 602. — Strauss *in* Sturm, 33, t. 7.

Chapeau 5—10 cm., convexe plan, épais, tuberculeux et anfractueux, tomenteux, blanc ou teinté de bleuâtre ; aiguillons 4—
5 mm., fins, blanc bleuté, gris, puis châtains et bistrés avec pointe
blanche ; stipe court épais, tomenteux, azuré lilacin, pâlissant ;
chair molle, subéreuse, puis dure, zonée de blanc et d'azuré, à
fine odeur d'anis et d'amandes amères. — Hyphes hyalines ou à
peu près, à parois minces, sans boucles, 2,5—4,5 μ dans les aiguillons, plus larges dans le chapeau ; basides 27—32×6—7 μ ; spores
subglobuleuses, un peu anguleuses, obscurément tuberculeuses,
4—6,5×4—6 μ, hyalines ou très légèrement gris bleuté.

Eté. En cercles dans les sapinières des montagnes ; Vosges,
Alpes.

724. — **C. caeruleum** (Fl. Dan.) Quél., Ench. ; Fl. myc., p.
442. — Konr. et Maubl., Ic. sel., pl. 473. — *Hydnum* Fr., Hym.,
p. 602 (ut var. *H. suaveolentis*) — Bres., Fungi Trid., I, p. 80
et t. 100.

Chapeau 5—10 cm., subéreux coriace, obconique puis plan
et déprimé, onduleux subscrobiculé, tomenteux, d'abord azuré
lilacé, mais bientôt blanchâtre, taché de fauve et de brun rougeâtre ; aiguillons pâles, puis brun rouillé, avec pointe azurée, pâlis-
sante ou concolore ; stipe court, épais, bulbeux marginé, safrané
ou orangé, puis fauve jaunâtre ou brunâtre ; chair pâle puis rouillé
fauve, avec zones brunes et bleuâtres, safranée dans le stipe. —
Hyphes du chapeau 4—6 μ, subhyalines, à parois minces ou peu
épaissies, sans boucles, farcies ou incrustées çà et là d'une matière granuleuse jaunâtre ; celles des aiguillons assez lâches, hya-

lines, 3—4,5 μ ; basides 30—45×6—8 μ ; spores subhyalines, arrondies anguleuses et lâchement tuberculeuses, mucronées à la base, 5,5—6,5×4,5—5,5 μ.

Eté, automne. — Groupé et conné dans l'humus des bois de conifères ; Vosges, Meuse, Hte Saône, Hte-Marne, Rhône, Alpes maritimes, etc.

Sur le sec, la teinte bleue est bien oblitérée ; elle persiste dans la chair. en zones gris bleu ardoisé plus ou moins vague ; la chair du stipe passe à orangé et brun rouillé ; aiguillons bruns.

725. — C. aurantiacum (Alb. Schw.) Quél., Fl. myc., p. 442. — *Hydnum* Fr., Hym., p. 603. — Bres., Fungi Trid., II, p. 34, t. 142.

Chapeau 4—6 cm., turbiné, aplani, ondulé anfractueux, tomenteux, blanc puis crème orangé, marge blanche puis concolore ; aiguillons décurrents, courts, blanchâtres, orangés, puis brun rouillé à pointe blanche puis concolore ; stipe court, conique, velouté, orangé ; chair épaisse, subéreuse fibreuse, zonée, jaune clair, pâlissant, orangé rouillé dans le stipe. — Hyphes tenaces, un peu brunies, à parois minces, sans boucles, 2,5—4,5 μ dans les aiguillons ; basides 42—54×6—7 μ ; spores subglobuleuses, un peu anguleuses aspérulées, 5—6×4,5—5 μ, un peu jaunâtres.

Eté, automne. — Sur humus et troncs pourris de conifères ; Vosges, Alpes, Jura.

725 bis. — C. sulphureum (Kalchbr., En. Fung., *Hydnum*) Quél., Fl. myc., p. 443. — *H. geogenium* Fr., Vet. Ak., 1852, p. 131 ; Ic., t. 8. — *Calodon* Quél., Ass. fr., 1882, p. 14. — Lloyd, lett. n. 47, p. 14.

Imbriqué, longitudinalement concrescent, sulfurin, puis noir verdâtre ou fuscescent ; chapeau irrégulier, jaune serin, (puis roux, Quél.), villeux, parfois à stipe court, jonquille, (puis fauve roux) ; chair sulfurine, molle, un peu fibreuse ; aiguillons longs de 1— 1,5 mm., très grêles. 0,10—0,15 mm. d., aigus, entiers ; mycélium floconneux, sulfurin, rampant dans le sol. — Hyphes 2—4,5 μ, à parois minces, rarement un peu épaissies, hyalines ou à peu près dans la trame, plus colorées dans les aiguillons. à cloisons distantes, boucles non vues ; basides 18—24×4,5—5,5 μ ; spores légèrement colorées, arrondies ou ovoïdes, rendues un peu anguleuses par des verrues peu saillantes, 3,5—4,5×3—4 μ, uniguttulées.

Août 1927, sur souches pourrissantes de hêtre, La Clusaz (Hte-Savoie), A. de CROZALS. — *Ex auct. cit.* : Sur la terre nue,

talus sableux des chemins et des fossés ; forêts montagneuses ;
Suède, Finlande, Hongrie, Suisse, Tyrol.

Cette espèce semble bien être un *Calodon*, mais nous ne lui connaissons
pas d'affine. Les parties jaunes, chapeau, chair et mycélium, ne tournent pas
à purpurin au contact des alcalis ; la chair prend plutôt une teinte verte, puis
noirâtre.

726. — C. velutinum (Fr.), Quél., Fl. myc., p. 443. —
Hydnum Fr., Hym., p. 604. — Gillet, pl. suppl.

Chapeau 4—8 cm., épais, bosselé, turbiné, convexe puis
aplani, plus étroit à la base que le sommet du stipe, velouté tomenteux, isabelle testacé sur le jeune, souvent gorgé de suc aqueux
rougeâtre et se tachant de roux briqueté, à la fin brun ou brun
roux ; aiguillons 6 mm., fins, testacés, brun purpurin avec pointe
incarnate, puis bruns ; stipe inégal, épais, spongieux subéreux,
velouté, fauve rouillé ; chair molle spongieuse, brun rouillé vers
la surface, dure fibreuse au centre. — Hyphes à parois minces ou
peu épaisses, brunes, sans boucles, en trame assez lâche dans le
tomentum du stipe et la partie spongieuse du chapeau, 3—6 μ,
plus serrées et parallèles dans les parties ligneuses, similaires, 3—
4,5 μ dans les aiguillons ; basides 24—45×5—8 μ ; spores globuleuses, tuberculeuses, souvent guttulées, brun clair, 5—7 μ d., testacées en masse.

Juillet-Novembre. — Groupé dans l'humus des bois de chênes
et de châtaigniers ; pas rare dans le Centre.

1. — Forme à aiguillons d'abord violacé lilas, ainsi que le
tomentum du stipe et du chapeau.

2. — Déformation à chapeaux spatulés ou avortés, et alors
stipes rameux corniformes. Dans les troncs creux.

727. — C. ferrugineum (Fr.) Pat., Ess. — Konr. et Maubl.,
Ic. sel., pl. 474. — *Hydnum* Fr., Hym., p. 608. — Bres., Fungi
Trid., II, p. 35 et pl. 143. — *Calodon floriforme* Quél., Fl. myc.,
p. 442.

Chapeau 3—6 cm., obconique, puis étalé et déprimé ou cyathiforme, d'abord blanc tomenteux, exsudant des gouttelettes purpurines, puis rouge brun, et enfin rouillé purpurin, subzoné, très
anfractueux et scrobiculé rugueux, marge longtemps blanche ; aiguillons décurrents, fragiles, blancs, mais bientôt incarnats et brun
rouillé, avec pointe blanche ; stipe épais et spongieux à la base,
comprimé ou sillonné, glabrescent, rouillé, bai brun ; chair spon-

gieuse subéreuse, zonée, bai purpurin clair, rouillée et fragile sur le sec. — Hyphes peu foncées, en trame lâche dans la partie spongieuse du stipe et du chapeau, 3—4 μ, similaires mais plus brunes, parallèles et serrées dans la partie fibreuse, 2,5—5 μ et brun clair dans les aiguillons ; basides 24—36×4,5—6 μ ; spores subglobuleuses, tuberculeuses anguleuses, 4,5—6 μ diam., brun clair.

Juin-Novembre. — Humus des bois, chênes, châtaigniers, conifères ; pas rare.

Cette espèce peut se relier soit à *C. velutinum*, soit à *C. zonatum*, selon les localités. Dans les bois à bruyères des environs de Moulins, on la trouve avec *C. velutinum*, qui exsude lui-même des gouttelettes purpurines. A travers l'épais tomentum de ce dernier, émergent dans certains individus, des processus ou crêtes fibreuses, qui deviennent, dans d'autres, de plus en plus saillantes et scrobiculées, à mesure que le tomentum se déprime, de sorte qu'il devient difficile de limiter les deux espèces. Dans les régions où *C. zonatum* abonde, c'est avec cette espèce que se trouvent les formes de passage : *C. ferrugineum* reste plus bas, peu tomenteux, avec un chapeau très mince, à bords largement étalés ou rabattus.

728. — C. scrobiculatum (Fr.) Quél., Ench. ; Fl. myc., p. 443 (ut var.). — *Hydnum* Fr., Hym., p. 604. — *H. cyathiforme* Bull., t. 156, non Schaeff.

Chapeau 3—6 cm., déprimé ou cyathiforme, radié cristulé et subzoné-écailleux, glabrescent, brun rouillé puis ombre fauve, marge blanche puis concolore ; aiguillons 2—4 mm., châtains, grêles, fragiles ; stipe concolore ou plus foncé, ferme, souvent radicant; chair fauve brun, puis plus pâle, zonée, subéreuse fibreuse, assez épaisse, dure et non flexible, brusquement amincie vers les bords du chapeau. — Hyphes à parois minces, sans boucles, subhyalines ou brun jaunâtre très clair, 2,5—4,5 μ ; basides 18—30× 5—7 μ ; spores arrondies, tuberculeuses, verruqueuses, 1-guttulées, mucronées à la base, 4,5—6×4—4,5 μ, brun très clair.

Septembre-Octobre. — Humus des sapinières et bois mêlés. Rare.

C. scrobiculatum se distingue d'ordinaire assez facilement de *C. zonatum* par sa chair plus épaisse, rigide, peu ou pas flexible ; elle est moins fragile que celle de *C. ferrugineum* dont il n'a ni les saillies fibreuses, ni le tomentum, ni les gouttelettes purpurines.

729. — C. zonatum (Batsch) Quél., Fl. myc., p. 443. — *Hydnum* Fr., Hym., p. 604. — Gillet, pl. suppl. — Roll., Champ., t. 99, n. 218.

Chapeau 2—4 cm., cyathiforme ou infundibuliforme, mince, ridé radié, zoné, soyeux glabrescent, brun rouillé, puis chocolat, marge blanchâtre stérile en dessous ; aiguillons 1—3 mm., fins, pâles, puis roux briqueté avec pointe grise et chatoyante ; stipe grêle, court, villeux, bai clair, épaissi ou tubéreux à la base ; chair égale, mince, coriace fibreuse, brun rouillé. — Hyphes brun clair, à parois minces, sans boucles, 2,5—4,5 μ dans les aiguillons, plus flasques, 3—6 μ dans le chapeau ; basides 30—45×5—6 μ ; spores arrondies ou un peu allongées, anguleuses, tuberculeuses, 4,5—6 ×4—4,5 μ, brun bistre clair.

Septembre-Novembre. — Humus des bois à feuilles et à aiguilles ; assez commun.

var. **Queletii**. — *Hydnum* Fr., Hym., p. 605. — Quél., Jura et Vosges, I, p. 277, t. 20, f. 2.

Chapeau 3—12 cm., orné de crêtes radiées et hérissé de pointes et de lanières très saillantes, ordinairement peu zoné, châtain puis brun foncé. — Isolé ou avec le type dont il est une forme luxuriante.

730. — **C. nigrum** (Fr.), Quél., Fl. myc., p. 444. — *Hydnum* Fr., Hym., p. 605. — Gillet, pl. suppl.

Chapeau 5—7 cm., obconique puis étalé tuberculeux, squarreux, anfractueux, tomenteux puis glabrescent, à zones peu marquées, bleu noir, bordure blanche villeuse ; aiguillons 2—4 mm., fins, blancs puis cendrés ; stipe épaissi et tomenteux à la base, noir ; chair subéreuse rigide, noire, prenant ordinairement en séchant l'odeur de mélilot. — Hyphes des aiguillons 2—3 μ, subhyalines, à parois minces, sans boucles, celles du chapeau brunes et flasques, 2,5—4 μ ; basides 16—25×3—4,5 μ ; spores subhyalines, ovoïdes ou subglobuleuses, finement aspérulées, peu anguleuses, 3—4,5 μ d. ou 4—4,5×3—4 μ.

Septembre-Novembre. — Humus des bois à feuilles et surtout à aiguilles.

L'espèce se rencontre dans toutes les régions, mais il est rare de la trouver bien typique : elle forme, du reste, avec toutes les espèces suivantes des séries ininterrompues.

Var. **melilotinum** Quél., Fl. myc., p. 444.

Chapeau 3—5 cm., couvert d'un tomentum plus ou moins épais, gris puis teinté d'olive ; stipe grêle, dur, revêtu d'une couche cotonneuse, grise, puis olivâtre et souvent bistrée ; chair subéreuse, noire dans le stipe, à odeur de mélilot ou de fenu-grec. — Sous les pins, Causse Noir, Env. de Paris, Alpes maritimes.

731. — C. cyathiforme (Schaeff., t. 139) Quél., Fl. myc., p. 445. — *Hydnum* Fr., Hym., p. 606.

Chapeau 1,5—3,5 cm., aplani, déprimé ou cyathiforme, souvent confluent, mince, cendré pâle, avec zones baies, noirâtres et subconcolores, satiné, marge blanche ; aiguillons fins, courts, 1,5 mm., blancs ; stipe grêle, glabre, gris fumeux ; chair fibreuse coriace, pâle, puis grisâtre, prenant sur le sec une odeur de mélilot. — Hyphes à parois minces, sans boucles, 2—5 µ, subhyalines ; basides 15—24×4—6 µ ; spores arrondies, finement aspérulées, subhyalines, 3,5—4,5 µ d.

Septembre-Octobre. En troupes, dans les clairières des bois à bruyères, chênes, pins ; Allier, Rhône (M. JOSSERAND).

732. — C. graveolens (Delast.) Quél., Fl. myc., p. 444. — *Hydnum* Fr., Hym., p. 605.

Chapeau 2—4 cm. aplani ombiliqué ou cyathiforme, mince, mou, rugueux, soyeux, brun noir, puis ombre ou gris, à zones très vagues ou nulles, marge blanche ; aiguillons fins, courts, 1—1,5 mm., blancs puis gris clair ; stipe grêle, inégal, dilaté au sommet, glabre, bistré ; chair subéreuse molle, bistrée, prenant en séchant une odeur de fenu grec très persistante. — Hyphes à parois minces, sans boucles, hyalines, 2—3 µ et brun clair, fragiles, 3—6 µ ; basides 18—24×5—6 µ, à contenu bruni ; spores arrondies, finement aspérulées, 4—4,5(—6)×3—4,5 µ, subhyalines.

Septembre-Novembre. — Groupé dans les clairières des bois à feuilles et à aiguilles ; pas rare.

1. *nigricans* : parties blanches, bords du chapeau et aiguillons, noircissant au froissement.

2. *ramosum* : stipe divisé au sommet en 3—5 rameaux, portant des chapeaux claviformes ou en cornets profonds à bords droits ou rabattus, ou prolifères floriformes. Sept. oct. Sous les sapins ; Alsace, Neuhof, etc. (L. MAIRE) ; Loire (G. JOUFFRET).

Toutes les espèces de cette section prennent en séchant une odeur comparée à celle du Mélilot bleu et de la Trigonelle fenu-grec : ce caractère ne sépare pas *C. graveolens* de *C. cyathiforme*.

Quant à *H. melaleucum* Fr., que QUÉLET regarde comme une variété élégante de *C. graveolens*, à chapeau strié et hérissé de pointes ou de crêtes au milieu, il semble se trouver dans les nombreuses formes grêles de *C. nigrum*, qui tendent à se rapprocher de *C. cyathiforme*.

733. — C. amicum Quél., Ass. fr., 1883, t. IV, f. 14 ; Fl. myc., p. 444. (Quél. determ.). — *H. confluens* Pers., Myc. Eur., II, p. 165.

Chapeau 3—10 cm., orbiculaire, lobé, anfractueux, tomenteux ou strigueux, blanchâtre gris, puis fauve clair, bords blancs ; aiguillons fins, courts, 2 mm., gris argenté, quelquefois teintés de lilacin ; stipe court, fibreux, aranéeux ou revêtu d'un tomentum assez épais fauve pâle ; chair fibro-charnue, puis indurée, cotonneuse à la surface, gris pâle à la fin fauvâtre, et bistrée dans le stipe, prenant en séchant une forte odeur de mélilot. — Hyphes à parois minces, sans boucles, 2—3 μ, plus larges et plus flasques dans le chapeau ; basides 21—33×4—5 μ ; spores subglobuleuses ou ovoïdes, très finement aspérulées, 3—4 μ diam., ou 4—4,5 μ d. et un peu anguleuses, hyalines ou brun très clair (s. m.), gris fauve clair en masse.

Juillet-Novembre. — En cercles dans l'humus et les clairières des bois surtout à feuilles ; assez commun. — Passe, en se fonçant, vers *C. nigrum* ; à stipe plus grêle et chapeau plus mince, glabrescent, vers *C. cyathiforme* et *graveolens*.

734. — **C. variecolor** (Secr.) Quél., Fl. myc., p. 445 (ut var. *C. cyathiformis*). — *Hydnum connatum* Schultz, Starg. — Fr., Hym., p. 605. — Gillet, pl. suppl.

Chapeau 2—3 cm., cyathiforme ou infundibuliforme, satiné, zoné de gris, de fauve et de brun, gris brun sur le sec ; aiguillons courts, fins, orangé pâle ; stipe grêle, glabre, bai brillant ; chair coriace, plus claire.

Aut. — Forêts de conifères montagneuses. (n. v.).

Hydnum tomentosum L. sensu Karsten, Nylander, développe également une odeur apioïde, mais il est bien distinct de toutes les espèces de ce groupe : chapeau 1—4 cm., cyathiforme, châtain ou cendré, tomenteux et fibrillo-squamuleux ; aiguillons fins, 1,5—3 mm., céracés, blancs, puis indurés pellucides fulvescents ; stipe allongé aminci de haut en bas, fauve ou brun, naissant d'un abondant mycélium fauve ou chocolat clair, englobant aiguilles, mousses et humus. Hyphes hyalines, 2,5—4,5 μ ; basides 18—27×4,5—6 μ ; spores subglobuleuses, brièvement et finement aspérulées, 4—5×3—5 μ. Finlande (Mus. Paris).

Hydnum candicans Fr., Hym., p. 606. *Calodon* Quél., Fl., p.445. *H. tomentosum* Kr., t. 5, f. 12 est donné par Quélet comme une var. entièrement blanc de lait de *C. cyathiforme*. — Jura, Vosges, Auvergne.

III. — **PHYLACTERIA** Pers., Myc. Eur., I, p. 111. — Pat., Ess., p. 119.

Réceptacle fibreux coriace ou spongieux mou, stipité, sessile ou incrustant, entier, incisé ou divisé en lanières ; pas de cuticule ; trame colorée ; hyménium souvent ridé ou à granules épars.

Basides à 2—4 stérigmates ; cystides nulles ; spores brunes, anguleuses ou verruqueuses aspérulées. Humicoles ou accidentellement
lignicoles.

Tableau analytique des Espèces

1 { Espèces dressées : 2.
Chapeau horizontal ou ascendant dimidié, ou étalé réfléchi,
sessile, ou substipité conné ou cespiteux : 4.
Espèces incrustantes, largement étalées au moins à la base : 5.

2 { Cespiteux, rameux dès la base ; rameaux aplatis, bruns, puis
noirs. Inodore : *P. coralloides*, n. 735.
Clavariiforme ; tronc épais, divisé en rameaux aplatis. Odeur
fétide : *P. palmata*, n. 736.
Tronc grêle, dur, dilaté en chapeau cyathiforme, ou en segments cunéiformes ou linéaires, verticillés ou digités : 3.

3 { Chapeau cyathiforme, mince, entier ou divisé en lobes flabellés, élargis, subimbriqués ; hyménium lisse ou finement
radié-ridé, brun violacé : *P. caryophyllea*, n. 737.
Chapeau divisé en segments nombreux, subverticillés, étroits,
comprimés cunéiformes ou linéaires ; hyménium finement
chagriné-pruineux, d'aspect pubescent, gris violeté : *P.
anthocephala*, n. 738.
Segments peu nombreux, digités inégaux ; hyménium partiellement amphigène : *P. anthocephala* var. *clavularis*.

4 { Souvent cespiteux à lobes ascendants, épais, fragiles, blanchâtres puis roux, à marge blanche fimbriée, puis presque
entière ; hyménium brun clair : *P. intybacea*, n. 741.
Plante molle spongieuse, à lobes épais, bordés de blanc citrin ;
hyménium gris noir : *P. atrocitrina*, n. 742.
Chapeaux membraneux coriaces, spongieux-hispides, conchoïdes, cyathiformes, souvent imbriqués ; hyménium chagriné, brun roux : *P. terrestris*, n. 744.

5 { Incrustant à la base, mou, villeux, blanchâtre, émettant des
rameaux ascendants laciniés et fimbriés, ou cylindriques
fasciculés, brun-purpurescents dans les parties fertiles ;
hyphes bouclées : *P. mollissima*, n. 740.
Largement étalé à marge étroitement réfléchie ; gris brun ;
hyphes sans boucles : *Tomentella phylacteris* v. *fuscocinerea*, n. 741.

Entièrement étalé incrustant, bistre, pruineux, bordé au pourtour de fins spicules centrifuges à pointe pénicillée blanche : hyphes bouclées : *P. spiculosa*, n. 739.

735. — P. coralloides (Fr.). — *Thelephora* Fr., Hym. eur., p. 634. — Quél., Fl. myc., p. 430. — *Clavaria coriacea* Bull., t. 452, f. 2.

Cespiteux dès la base, coralloïde, coriace ; rameaux denses, dressés, dilatés au sommet, dentés fimbriés à l'extrémité, graduellement plus courts du centre à l'extérieur.

Aut. — A terre, dans les bois humides (n. v.).

736. — P. palmata (Scop.) Pat., Ess. — *Thelephora* Fr., Hym., p. 634. — Quél., Fl. myc., p. 431. — Gillet, pl. suppl. — *Merisma foetidum* Pers., Syn. — *M. palmatum* Pers., M. Eur.

Dressé, 3—10 cm. haut., tronc simple, inégal, radiculeux, divisé en rameaux très nombreux dressés, subarrondis, bistre violacé, puis bais, avec couche abondante de spores cannelle, extrémités des rameaux aplaties, cunéiformes ou linéaires (rarement en piléoles infundibuliformes), subfastigiés, entiers ou fimbriés, blanchâtres au sommet ; odeur stercorale, persistante et très diffusive pendant la dessiccation. — Hyphes à parois minces, brunies, 3—4,5—9 μ, à boucles éparses, souvent surbaissées ; basides 75—100 ×9—12 μ, 2—4 stérigmates 9—15×2,5—3 μ ; spores ovoïdes ou oblongues, anguleuses aspérulées, souvent 1-guttulées, 8—12× 7—9 μ, brun rouillé cannelle.

Octobre-Novembre.   Parties humides des bois de pins ; Allier, Hte-Saône, Vosges, etc.

Var. **diffusa**. — *Thelephora* Fr., Hym., p. 635. — Quél., Ass. fr., 1884, p. 6. — Sessile ou subsessile, coriace mou, à rameaux aplatis ascendants, peu rameux, fimbriés au sommet. — Octobre. Bois de conifères très ombragés ; Busset (Allier).

737. — P. caryophyllea (Schaeff.) Pat. — *Thelephora* Fr., Hym., p. 634. — Quél., Fl., p. 431. — Burt, Thel. N. Am., p. 209, pl. IV, f. 9.

Stipe central, subcylindrique ou épaissi à la base, châtain bistré, nu ou chaussé d'un tomentum dense, incrustant, chocolat clair ; chapeau 2 cm., infundibuliforme, mince, coriace, assez mou, radié fibreux et lacéré, subzoné et quelquefois lobulé à la surface, brun purpurescent, isabelle ou noisette, pubérulent, marge blanchâtre, incisée en rameaux linéaires ou élargis ; hyménium lisse ou finement rayé de quelques rides longitudinales, brun violacé, marron, plus pâle et blanchâtre aux bords. — Hyphes à parois minces, hyalines ou un peu brunies, 3—4(—8) μ, à boucles éparses ; basides 60—90×9—12 μ, à 2—4 stérigmates un peu arqués, 6 μ long ; spores ovoïdes ou oblongues, anguleuses, peu et lâchement aspérulées, 6—10×5—7—8 μ, souvent 1-guttulées, brun jaunâtre clair.

Août-Décembre. — Isolé ou cespiteux sur le sol gramineux des bois de chêne, bouleau, pin ; Aube, Marne, Loire-Inférieure, Jura. Rare.

Var. **radiata** (Holmsk.). — *Thelephora* Fr., Quél. — Chapeau infundibuliforme, entier, mince, radié-strié, brun rouillé ; hyménium strié. — A terre, dans les bois de conifères (n. v.).

738. — P. anthocephala (Bull., t. 452, f. 4) Pat. — *Thelephora* Fr., Hym., p. 634. — Quél., Fl., p. 430. — Burt, Thel. N. Am., p. 203, pl. IV, f. 4.

Stipe court, quelquefois nul, souvent chaussé d'une croûte dense brun rouillé, divisé en rameaux coriaces, dressés, verticillés ou digités, cunéiformes ou linéaires, pubescents, brun rouillé, et blanchâtres aux bords ; hyménium finement chagriné pruineux ou d'aspect pubescent, gris violeté, grisâtre lilacé, blanc aux bords. — Trame coriace, formée d'hyphes subhyalines ou peu colorées, les médianes parallèles, à parois un peu épaissies, à boucles rares, 3 μ env. ; les subhyméniales à parois minces, plus lâches, 3—4,5(—7) μ, bouclées ; basides 40—55—80×6—9—11 μ, hyalines ou à contenu brun gris, 2—4 stérigmates, 3—7×2—3 μ ; spores arrondies ou oblongues, plus ou moins anguleuses et brièvement spinuleuses, 6—10×4,5—8 μ, brun très clair.

Juillet-Novembre. — En troupes, à terre, dans les forêts ombragées, hêtre, chêne, charme, et parmi les bruyères. Peu commun.

Var. **clavularis** Quél., Fl. — *Thelephora* Fr. — *Merisma flabellare* Pers., Myc. eur. — Stipe cylindrique subtubéreux, comprimé en haut et dilaté en rameaux coriaces, digités, subcylindriques, brun roux ou gris purpurescent, à extrémités aiguës, pubescentes, blanches ; hyménium le plus souvent amphigène. Hyphes flasques, 3—6 μ ; basides 36—70×7—11 μ ; spores 6—7—10×6—7 μ. — A terre, bois à feuilles et à aiguilles ; Saône-et-Loire (F. GUILLEMIN), Meurthe-et-Moselle (L. MAIRE), Vosges.

Forme 1. *repens* : stipe couché en forme de rhizòme rampant, 3—5 cm. long, émettant çà et là en sa partie supérieure des rameaux isolés ou en touffe, cunéiformes, entiers ou incisés, subulés ou fimbriés ; hyménium amphigène, chocolat clair à ombre châtain. — Août. Malay, bois de la Rongère, S.-et-L. (F. GUILLEMIN).

Forme 2. *incrustans-resupinata* : la croûte, qui entoure la base du stipe des spécimens normaux, se dilate et s'étend largement sur la terre nue, formant une Tomentelle à hyménium lisse, gris violeté, chocolat clair, avec bordure blanche subvilleuse ; basides et spores du type. — Septembre. Sur la terre nue et incrustant feuilles et brindilles ; St-Dizier, Hte-Marne (L. MAIRE).

739. — **P. spiculosa** (Fr., S. M.) *Thelephora* Fr., Hym., p. 637, nec alior. — *Merisma cristatum* b Alb. Schw. Cfr. Lloyd, Lett. 56, note 265. — *Phylacteria spiculosa* f. *typica* Bourd. et L. Maire, Soc. Myc. Fr., t. XXXVI, p. 78.

Etalé en croûte molle, membraneuse, châtain bistré et pruineuse, se moulant exactement sur les aiguilles de conifères qu'elle empâte ; bordure formée de spicules très fins, subulés, rayonnants, libres ou apprimés, à extrémités blanches, longuement ciliées ou pénicillées. — Hyphes à parois minces, 4—6 μ, bouclées, bistre clair, les basilaires plus fermes et réunies en cordonnets ; basides hyalines, 60—70×9—12 μ, accompagnées de quelques basides stériles, fusiformes et brunies ; spores brunes, assez régulièrement arrondies ou ovoïdes, finement et assez lâchement spinuleuses, 8—12×7,5—9 μ, brun bistre clair.

Octobre, Novembre. — Largement incrustant sur aiguilles de conifères ; env. de Moulins.

Cette plante peut être prise pour le *Th. crustacea* Schum, dont le sens restera sans doute indéterminé. En tout cas, elle diffère notablement de celle que M. BRESADOLA nous a donnée sous ce nom. Elle doit être considérée comme spécifiquement distincte de l'espèce suivante, avec laquelle elle n'a guère de rapports au point de vue extérieur et dont elle diffère, en outre, par ses hyphes colorées et sa spore peu ou pas anguleuse.

740. — **P. mollissima** (Pers.). — *Thelephora* Pers., Syn., p. 572 (nec herb. sec. Lloyd). — Fr., Hym., p. 636. — *Thelephora spiculosa* Auct. — Bres., Fungi polon., p. 91. — Burt, Thel. N. Am., III, p. 225, t. IV, f. 2. — Wakef., Tr. Brit. Myc. Soc., 1916, p. 476.

Extrêmement variable. Débute par une membrane villeuse, étalée incrustante, blanche ou pâle, émettant de nombreux rameaux, tantôt subulés, apprimés, tantôt cristulés, fimbriés, flabelliformes, blanchâtres, puis prenant, aux points où se forme l'hyménium, une teinte gris violacé, chocolat, puis brune. A la fin, le champignon tend à se redresser, produisant en tous sens des rameaux de forme très variée et en partie incrustants. — Hyphes subhyalines, 3—7,5 μ, les subhyméniales en tissu lâche, avec quelques renflements jusqu'à 15 μ, plus régulières, plus fermes et subparallèles dans la partie médiane ; basides 30—60—75×7—11 μ ; spores ovoïdes oblongues, anguleuses et assez lâchement spinuleuses, 7—8—11 ×6—7(—9) μ, brun clair.

Juillet à Octobre (et Décembre). — Sur la terre nue ou incrustant les mousses, feuilles, brindilles, dans les lieux frais des forêts, surtout de hêtres ; assez commun dans l'Allier et diverses régions ; très rare dans l'Aveyron.

Forme 1. *subfimbriata* : étalé et incrustant sur graminées, brindilles, etc., émettant de nombreux rameaux pâles, puis bruns, allongés, cylindriques, subulés ou incisés, souvent recourbés vers le sol et fasciculés subunilatéraux. Mêmes caractères micrographiques que dans le type. — Identique à *Th. fimbriata* Schw. des États-Unis, mais confluent indissolublement, en France, avec *mollissima*.

Forme 2. *byssoideo-fimbriata* : étalé, corticioïde ; hyménium lisse, chocolat clair ; bordure blanche byssoïde satinée, et en certains points fibreuse-spiculée. — Sur branches, frêne, genévrier, cèdre, etc. Allier, Aveyron.

741. — P. intybacea (Fr.) — *Thelephora* Fr., Hym., p. 635, nec Pers. — *Phylacteria* Bourd. et L. Maire, Soc. Myc. Fr., t. 36, p. 76.

Simple ou cespiteux, sessile ou à stipes connés, centraux ou latéraux, d'abord obconique, puis à chapeau élargi, divisé en lobes flabellés, subimbriqués, confluents ou divergents en forme de coupe irrégulière, 3—6 cm., à surface radiée ou bosselée par des piléoles ordinairement apprimés, lobulés ou linéaires, blanchâtre, puis roussâtre au centre ; marge finement pubescente fimbriée et blanche puis subentière : hyménium noisette à brun roux, grossièrement ondulé-radié ; chair molle, fragile, liège pâle, plus dure et plus fibreuse vers le stipe. — Partie supérieure du chapeau formée d'hyphes très lâches, enchevêtrées, hyalines, (2)—4—7,5 μ, à parois minces, bouclées, formant une couche souvent très épaisse, revêtant le strate médian qui est opaque et constitué par des hyphes parallèles cohérentes ; couche subhyméniale épaisse.

formée d'hyphes lâches, comme la couche superficielle, mais à direction générale plus sensiblement parallèle ; basides 45—90× (7)—9—12 μ, à 2—4 stérigmates subarqués, longs de 7—9 μ ; spores subarrondies, obtusément anguleuses, à aiguillons épars, 6—7,5 —11×5—6—9 μ, brun jaunâtre clair.

Juillet à Septembre. — A terre et sur les débris végétaux dans les clairières et les sentiers des bois : Allier, Marne, Hte-Marne ; assez rare.

Forme A. *typica* : lobes du chapeau larges, étalés aplanis, blancs à blanc roussâtre. Cette forme a quelque ressemblance avec le *Th. vialis* Schw. des Etats-Unis. Hte-Marne (L. Maire). Rare.

Forme B. *strigosa* (*Merisma strigosum* Pers., Syn., p. 584) : cespiteux conné, subtomenteux, mou spongieux ; chapeau à lobes flabellés horizontaux, hérissonné à sa surface de nombreux rameaux courts, épais, fibrostriés, rayonnants et étagés, en forme de pyramide surbaissée et tronquée. Inodore. — Juillet, Août. Sentiers des bois, Allier, Côte-d'Or, Marne, Hte-Marne. — Cette plante a été plusieurs fois déterminée par Quélet comme *Thel. fastidiosa* Fr.

Forme C. *subsimplex* : dressé, clavariiforme, obconique ou flabellé, presque simple, radié rugueux, lobulé ou fimbrié au sommet. Juillet, Septembre. Allier, Vosges, Hte-Marne.

742. — **P. atrocitrina** (Quél.) Pat., Ess., — *Thelephora* Quél., Jura et Vosges, III, p. 15, t. 2, f. 8 ; Fl. myc., p. 429.

Ordinairement cespiteux, d'abord obconique, noirâtre à la base, scrobiculé au sommet, puis se développant en lobes larges, épais, ondulés, très mous, gris puis gris noirâtre à bords blanc citrin, entiers ou peu fimbriés, pâlissant sur le sec ; hyménium pruineux, gris noirâtre, légèrement lilacé ; chair spongieuse, à peine fibreuse, crème bistre pâle, zonée de plus foncé. — Hyphes hyalines, à parois minces, bouclées, 3—6 μ, réunies en faisceaux parallèles assez lâches dans la partie médiane ; basides 45—75×7,5—9 —13 μ, à contenu noirâtre violeté dans leur jeunesse, 2—4 stérigmates longs de 8—9 μ ; spores assez régulièrement arrondies et couvertes de verrues et d'aspérités spinuleuses, 8—12×8—10 μ, brun bistre violeté.

Août à Novembre. — Sur la terre nue, dans les bois ombragés, hêtre, chêne ; Aveyron, Saône-et-Loire, Jura, Haute-Saône, Meuse.

743. — P. uliginosa (Boud., Soc. myc. Fr., t. XXI, p. 70 et pl. III, f. 3, *Thelephora*).

Cespiteux, 2—4 cm., lobé incisé, mou, gris fauvâtre ; hyménium lisse, gris purpurescent. Spores 7—10 μ, irrégulièrement arrondies, couvertes de verrues courtes, larges, coniques.

Humus des tourbières du Jura (n. v.).

744. — P. terrestris (Ehrh.) Pat. — *Thelephora* Fr., Hym., p. 635. — Quél., Fl., p. 430. — Burt, Th. N. Am., p. 220. — *T. laciniata* Pers ; Fr. — *Auricularia caryophyllea* Bull., t. 278 et 483, f. 6-7.

Incrustant à la base, puis ascendant dimidié, conchoïde ou cyathiforme, subimbriqué, coriace mou, spongieux, fibro-écailleux, brun rouillé, bai ou bistre, frange blanche puis concolore ; hyménium radié-rugueux ou papillé chagriné, pruineux, brun chocolat, ombre roussâtre. — Hyphes 3—8(—12) μ, à parois minces, boucles éparses, bistre-hyalin ou fulvescentes, lâches sous l'hyménium, rapprochées parallèlement dans la trame médiane et fasciculées en cordons vers la surface du chapeau ; basides 40—55—90×9—12 μ, à contenu bistre clair, 2—4 stérigmates ; spores ovoïdes ou arrondies, irrégulièrement anguleuses, bosselées, peu ou pas spinuleuses, ombre ou brun bistre clair, souvent 1-guttulées, 7—9 —12×5—9 μ, brun de fer un peu violacé en masse.

Août à Décembre (et Avril). — Commun dans l'humus des bois secs et bruyères, adhérant aux racines, troncs, brindilles de conifères et de feuillus.

Var. 1 : infundibuliformis. — Substipité et assez régulièrement infundibuliforme.

Var. 2 : digitata. — Profondément lacinié en rameaux linéaires, dilatés ou subulés ; des formes plus grêles prennent l'aspect de *clavularis*.

Var. 3 : resupinata. — Résupiné, bordure striguose et hyménium comme dans le type.

Var. 4 : eradians. — *Hypochnus eradians* Bres., Fungi polon., 106. — Hyménium lisse ou radié-rugueux, assez épais ; bordure blanche, fibrilleuse radiée. Sur branches tombées, pierres lisses, etc.

Cette forme a le même aspect que *Ph. spiculosa f. byssoideo-fimbriata* ; les deux formes peuvent se distinguer par la spore. C'est, d'ailleurs, cette spore irrégulièrement anguleuse, peu ou pas spinuleuse, de *P. terrestris*, qui reste à peu près le seul fil conducteur qui permette de suivre cette espèce à travers ses nombreux déguisements. — Le *Th. eradians* Fr. serait un *Coniophora*, d'après von HOEHNEL et LITSCHAUER.

Var. 5 : **tomentella**. — Largement et entièrement étalé, de membraneux, mince et séparable, à pelliculaire très ténu et subcrustacé ; hyménium lisse, isabelle à briqueté et châtain ; bordure aranéeuse blanche, ou similaire presque nulle. Hyphes flasques, 4—9 μ ; spore 6,5—8—10×4—5—9 μ.

Novembre à Juin. — Sur humus des bois de pins, tiges et racines de bruyères, mais surtout sur pierres lisses, schistes.

Nous avons récolté chaque année, pendant plus de dix ans, cette variété que nous considérions comme un *Tomentella n. sp.* Ce n'est que depuis quelques années que nous l'avons trouvée en relations avec les formes *resupinata* et *eradians*. Ordinairement, elle se comporte comme une espèce indépendante, ne conservant rien de *P. terrestris*, si ce n'est la spore et à peine la coloration. Elle est de l'hiver et du printemps.

IV. — **CALDESIELLA** Sacc. — Syll., VI, p. 477. — Pat., Ess., p. 119.

Réceptacle résupiné, floconneux-membraneux, à trame colorée ; aiguillons mous, coniques ; basides à 2—4 stérigmates ; cystides nulles ; spores colorées, anguleuses-verruqueuses ou spinuleuses. Plante vivant sur les bois pourris.

745. — **C. ferruginosa** (Fr.) Sacc., VI, p. 478. — *Hydnum* Weinm. — Fr., Hym., p. 613. — *Hydnum crinale* Fr., Hym., p. 613. — *O. barba-Jovis* pl. Auct.

Subiculum largement étalé, fauve ou cannelle, floconneux, bordure fibrilleuse ou satinée, ordinairement plus claire ; aiguillons mous, arrondis ou comprimés, souvent courts et terminés par des filaments fauve rouillé, ou cylindriques subulés, atteignant 3 mm. — Hyphes brunes, 2,5—4,5 μ, à parois minces, bouclées, parfois en cordons dans la trame ; basides 45—65×7,5—9 μ, à 2—4 stérigmates longs de 7—8 μ ; spores arrondies ou ovoïdes, plus ou moins anguleuses sinuées, à aspérités courtes (6)—9—12×5—8—10 μ, ombre, fauve brun, et en masse : châtain briqueté, ou brun teinté de violacé.

En toute saison, surtout Mai-Décembre. Sur ou sous les troncs, planches ; peuplier, hêtre, noyer, aune, etc. Pas rare.

Var. **calcicola**. — Brun rouillé, puis brun bistré, mince, adhérent, couvert d'aiguillons peu serrés, coniques aigus, 1—1,5 mm. ; bordure brun rouillé. — Hyphes 1—3 μ, brunes, spores concolores, globuleuses, à contour entier, densément et finement aspérulées,

4,5—5×4—4,5 μ. — Sur pierres calcaires, sous des genévriers ; Charente (J. Moreau).

746. — *C. italica* Sacc., Syll. VI, p. 477.

Largement étalé, subiculum membraneux floconneux, fauve ou fauve brun, bordure blanche puis concolore ; hyménium couvert de verrues rétrécies en papille au sommet, souvent difformes comprimées ou confluentes, revêtues d'une villosité blanche. — Hyphes 3—8, brun clair ; basides 40—60×7,5—9 μ ; spores arrondies, anguleuses subsinuées, densément spinuleuses 7—8—10×6—9 μ, brun clair fumeux.

Juillet-Septembre. — Occupant de larges surfaces, sur les souches et l'humus, dans les haies ombragées ; Allier, Env. de Paris. — Peu distinct du précédent, dont il paraît être une forme étouffée.

747. — *C. viridis* (Alb. Schw.) Pat., Ess. — *Hydnum* Fr., Hym. p. 614. — *Odontia* Quél., Fl., p. 434. — Bres., Fungi Kmet, n. 111, p. 97. — *Hydnum Sobolewski* Weinm. ; Fr.

Étalé, tomenteux mou, mince, séparable, bleu vert, puis vert clair ou olive, bordure et subiculum très ténus, aranéeux blanchâtres ou bleutés ; aiguillons courts, coniques, ou granules irréguliers, cristulés confluents. — Hyphes 2,5—6 μ, subhyalines, teintées de vert, à parois minces, bouclées ; basides 15—24—32×4,5—7 μ, à 2—4 stérigmates longs de 3—4,5 μ ; spores arrondies ou ovoïdes, finement aculéolées, souvent 1-guttulées, subhyalines ou teintées de bleu vert, 4—6×3—5 μ, bleu noirâtre ardoisé en masse.

Toute l'année. — Sur bois cariés, arbres à feuilles et à aiguilles. Assez commun. — La solution de potasse, à froid, dissout une matière granuleuse, qui colore les hyphes en verdâtre et les basides en bleu violacé.

Forme *tomentella*. — *Hypochnus mustialensis* Karst. Fr., Hym., p. 705 : aranéeux subfloconneux ; hyménium pulvérulent, lisse, sans aiguillons. — Sur aubépine, etc.

V. — **TOMENTELLINA** v. Hœhn. et L., Beitr. z. Kenntn. d. Cort., 1906, p. 56. — *Kneiffiella* Karst. *p. p.*

Réceptacle floconneux étalé, à hyménium hypochnoïde ; cystides nombreuses, saillantes, isolées ou en touffes, naissant dans la profondeur de la trame ; basides à 2—4 stérigmates ; spores colorées, anguleuses ou aspérulées.

Plusieurs Tomentelles présentent des organes cystidiformes

assez développés et saillants ; ces organes sont plutôt des basides stériles (cystidioles) ; ils naissent au même niveau que ces dernières ; les uns se terminent en pointe allongée subulée ; les autres, au contraire, sont une baside hypertrophiée émergente et largement claviforme. Nous avons laissé ces espèces dans le genre *Tomentella*, parce que, dans quelques-unes, ces organes ne sont pas constants.

748. — **T. bombycina** (Karst.) — *Kneiffiella* Karst., Act. Soc. pro Fauna et Flora Fenn., XI (1895), p. 1. — *T. ferruginosa* v. H. et L., l. c. — Hym. de Fr., X, n. 478. — *Hypochnus canadensis* Burt.

Etalé, arrondi confluent, floconneux mou, villeux, inégal, peu adhérent, rouillé fauve, puis brun fauve ; bordure similaire, ordinairement plus vivement colorée ; hyménium non continu, puis plus dense et granuleux. — Hyphes jaune brun clair, à parois minces, à boucles éparses souvent assez rares, 2—3—7 μ, parfois réunies en cordons ; les basilaires brunes, rigides, à parois épaisses 4—7,5 μ ; basides 20—60—75×6—8—9 μ, à 2—4 stérigmates longs de 4—7 μ ; cystides isolées ou rapprochées en faisceaux, cylindriques étroites, 80—200×4—5—9 μ, ordinairement à plusieurs cloisons, à parois plus ou moins épaisses, brunes, longuement saillantes ; spores subsphériques, brièvement verruqueuses et aspérulées (aspérités quelquefois élargies confluentes), 6—7,5—10×6—8 μ, à mucron obtus assez souvent visible, jaune brun à brunes.

Toute l'année. Sur bois pourris des arbres à feuilles et à aiguilles, sur la terre moussue, sur *Tomentella spongiosa*, etc. Assez commun.

Forme *saxicola* : subiculum et bordure brun bistré ; hyphes 3 μ ; spores plus anguleuses, plus petites, 4,5—7 μ d. — Sur les grès (silice) ; calcaires liasiques ; Aveyron.

VI. — **TOMENTELLA** (Pers., Obs.) Pat., Hym. ; Ess. tax., p. 122. — *Hypochnus* Karst.

Réceptacle résupiné, lisse ou granuleux, floconneux membraneux mou, ou adné crustacé ; hyménium souvent hypochnoïde ; pas de vraies cystides ; basides à 2—4 stérigmates ; spores colorées, anguleuses, verruqueuses ou aspérulées.

Les Tomentelles sont des plantes humicoles, venant pour la plupart sur des bois très altérés, d'où elles passent facilement sur toute espèce de substratum. Elles aiment les endroits frais et abrités. Le nombre relativement élevé des espèces proposées comme nouvelles est dû à des recherches longtemps continuées dans des habitats encore à peu près inexplorés. Les éboulis, les pierres entassées sont de véritables nids à Tomentelles, mais il faut déblayer jusqu'à la profondeur où elles trouvent l'humidité et les conditions qui leur conviennent. Là, on rencontre des espèces qui semblent particulières à ce genre d'habitat, croissant pêle-mêle avec d'autres espèces normalement ligni coles, qui, sur la pierre, tantôt conservent intégralement leurs caractères, tantôt se modifient assez pour mériter un nom de forme ou de variété, selon l'importance et la constance des caractères qu'elles donnent. Cette promiscuité rend souvent les déterminations difficiles, parce que les espèces empiétant les unes sur les autres, leurs éléments s'enchevêtrent à divers degrés, modifiant les teintes et rendant la texture d'autant plus incertaine qu'il n'est possible de pratiquer des coupes que sur les espèces à membrane épaisse et séparable. Il faut, dans tous les cas, noter la coloration sur la plante fraîche, car un bon nombre d'espèces à teintes claires, isabelle, noisette, gris olive, etc., prennent, après quelque temps de séjour en herbier, une teinte uniforme, fauve ou brun briqueté.

Tableau analytique des Espèces

1   \{Hyphes sans boucles (*Tomentellastrum*) : 2.
     \{Hyphes bouclées (*Eutomentella*) : 11.

2   \{Hyphes grosses, 7—14 *μ* diam., ramifiées à angle droit. Champignon argileux passant à isabelle : *T. isabellina*, n. 749.
     \{Hyphes de 1—7 *μ* diam. : 3.

3   \{Champignon blanc, puis taché d'incarnat, ou hyménium incarnat avec bordure blanche ; spores ovoïdes ou elliptiques, à contour entier, finement aculéolées : *T. mollis*, n. 754.
     \{Champignons jaunes, verts ou bleus : 4.
     \{Champignon gris, gris rosé, lilacés, bleu noir, olivacés, ocracés, fauves ou bistre : hyménium nu ou à pruine blanche : 6.

4   \{Spores rendues anguleuses par de grosses verrues obtuses. Sulfurin, puis jaune de Naples : *T. verrucispora*, n. 750.
     \{Spores elliptiques, anguleuses, peu ou pas aculéolées ; hyphes 1—3 *μ*. Bleu puis vert : *T. cyanea*, n. 764.
     \{Spores régulièrement globuleuses ou ovoïdes, couvertes d'aspérités aiguës, mais pas ou peu anguleuses : 5.

5   \{Jaune vert. Spores ovoïdes globuleuses, à grosse guttule et à aiguillons coniques, verruciformes : *T. flavovirens*, n. 751.
     \{Jaune clair, sulfurin, passant souvent à vert clair : basides à 2—4 stérigmates de 4—5 *μ* ; spores à aiguillons fins, généralement serrés : *T. echinospora*, n. 753.
     \{Jaune vert vif ; basides à 2 stérigmates longs de 6—9 *μ* ; spores à aiguillons fins, serrés : *T. viridiflava*, n. 752. Cf. *Caldesiella viridis* var. *tomentella*, n. 747.

Floconneux ou lâchement membraneux, de blanchâtre à fauve
ou brun tabac ; hyménium souvent discolore, blanchâtre :
T. zygodesmoides, n. 755.

6 Pelliculaire ; hyménium ocracé, gris rosé, gris lilacé, fumeux,
ou bleu-noir ; hyphes fines, 1—3 μ : 7.

Subiculum feutré, brun fauve ou noirâtre ; hyménium souvent
discolore ou pruineux ; hyphes 3—9 μ, fermes : 8.

Gris rosé, gris lavande ou brun vineux clair : *T. roseogrisea*,
n. 762.

7 Gris lilacé ou fumeux, ordinairement bleu noir, accompagné
d'un abondant mycélium noir bleuté : *T. nigra*, n. 761.

Crème ocracé à ocracé clair ; spores globuleuses, non sinuées :
T. Gilberti, n. 763.

Plantes largement étalées, à subiculum ordinairement épais,
formé d'hyphes régulières, feutrées : 9.

8 Espèces peu étendues ou à subiculum peu distinct, à hyphes
peu abondantes et peu régulières : 10.

Hyphes 3—9 μ, toutes similaires, les inférieures brunies, enchevêtrées ; les supérieures hyalines ; hyménium gris blanc,
pruineux : *T. phylacteris*, n. 758.

9 Hyphes 3—6 μ, à cloisons distantes, les basilaires rigides, horizontales, à parois épaisses, brunes, les supérieures ascendantes, à parois minces ; hyménium foncé avec teinte de
bleu, olive ou fumeux : *T. tristis*, n. 757.

Membraneux mince, lisse, noir ; spores 9—12×7—9 μ : *T. macrospora*, n. 759.

10 Peu étendu, granuleux furfuracé, gris de fer ; spores 6—9×5—
8 μ : *T. molybdaea*, n. 760.

Basides accompagnées de cystidioles fusiformes ou claviformes,
11 assez longuement émergentes : 12.

Pas de cystidioles : 14.

Cystidioles claviformes ; champignon membraneux mou, tomenteux, fauve clair, à hyménium gris ou brun-bistre : *T.
pilosa*, n. 780.

12 Cystidioles fusiformes ou subcylindriques, aiguës ou légèrement renflées en bouton au sommet ; espèces petites et
minces : 13.

Gris blanc à gris brun ; cystidioles fusiformes aiguës : *T. Gal-zini*, n. 765.

Vert grisâtre, puis vert clair ; cystidioles obtuses ou en bouton au sommet : *T. viridula*, n. 766.

13 Saumon, isabelle testacé ; cystidioles cylindriques ou étroite-ment fusiformes : *T. subtestacea*, n. 767.

Isabelle fumeux, rouan, plus étendu, plus spongieux ; cysti-dioles variables, moins différenciées et souvent peu émer-gentes : *T. roana*, n. 768.

Espèce généralement peu étendue, formée de granules flocon-neux, confluents, vermillon ou rouge briqueté : *T. puni-cea*, n. 769.

Espèces jaune rouillé, brun rouillé : 15.

14 Hyménium olivacé, jaune-vert, vert noirâtre, bleu foncé, la bordure pouvant être discolore : 19.

Espèce blanche ou blanchâtre : *T. trigonosperma*, n. 801.

Espèces grises, isabelle, testacées, fauves, brunes (vineux, cho-colat, châtain), ou noirâtres : 24.

15 Spores régulièrement globuleuses ou subglobuleuses : 16.
Spores anguleuses, irrégulières : 17.

Hyphes jaunes, avec basilaires à parois épaissies et brunes ; spores entières, ordinairement hérissées de longs aiguillons :
Hyphes 4—7 μ : T. ferruginea, n. 791.
Hyphes 2—3 μ : T. ferruginella, n. 794.
16 Hyphes 2—4 μ, jaune clair, toutes à parois minces, les basilaires fasciculées en cordons ; spores régulièrement sinuolées et aspérulées de verrues ou d'aiguillons très courts : *T. gre-sicola*, n. 794.

Brun tomenteux, avec centre lisse, rouillé fauvâtre ; hyphes 4—6 μ : *T. ferruginea* v. *fuscomarginata*, n. 791.

Bordure floconneuse, rouillé vif ; hyménium brun rouillé sur le frais, devenant olive ou vert ; hyphes 2—4 μ, les basilai-res en cordons : *T. coriaria*, n. 797.

17 Fauve rouillé, se fonçant au centre jusqu'à ombre bistré ; hy-phes 2—4 μ, les basilaires en cordons : *T. liasicola*, n. 795.

Hyménium et bordure peu ou pas discolores : 18.

Membraneux épais ; hyménium à grosses verrues, serrées, brun rouillé, plus clair vers les bords ; hyphes 4—6 μ : *T. Jaapii*, n. 789.

18 Floconneux, fauve rouillé vif ; hyphes jaunes, 2—4 μ, les basi-laires en cordons : *T. rubiginosa*, n. 793.

19 {
Hyménium olive ou vert, granuleux ; bordure jaune rouillé vif ;
    T. coriaria, n. 797.
Hyménium ocracé olive ; bordure brune : *T. bicolor. Hypochnus*
    Atk. et Burt., Th. N. Am., VI, p. 229.
Hyménium et bordure non discolores : 20.
}

20 {
Citrin puis jaune vert : *T. olivascens* (Bk. Curt.) *Hypochnus*
    Burt., Th. N. Am., VI, p. 220.
Bleu foncé : *T. caerulea. Hypochnus* Bres., F. polon., p. 109.
Olivacés : 21.
}

21 {
Hyménium lisse ; spores régulières, à peine sinuolées, aspéru-
    lées de forts aiguillons : *T. viridescens. Hypochnus* Bres.
    et Torr., Bas. Lisb. et S. Fiel, p. 86.
Spores anguleuses, à aiguillons très fins et très courts : 22.
}

22 {
Hyphes 2—4 μ, les basilaires en cordons ; hyménium plus ou
    moins chagriné ou granuleux : *T. granulosa*, n. 796.
Hyphes 3—9 μ ; pas d'hyphes fasciculées en cordons : 23.
}

23 {
Vert noirâtre ou brun olivacé ; spores brun olive, finement et
    lâchement aculéolées : *T. atrovirens. Hypochnus* Bres., F.
    Kmet., n. 183. *H. olivaceus* Fr. p. p. Bres., F. polon.,
    p. 111.
Gris olive (variant ou passant à briqueté), mince, furfuracé ;
    spores brun clair, fortement sinuées, aculéolées : *T. mu-*
    tabilis, n. 770.
}

24 {
Subiculum foncé et hyménium (quand il est bien formé) nette-
    ment discolore, pâle ou gris : 25.
Pas de subiculum discolore, ou hyménium plus foncé que le
    subiculum : 30.
}

25 {
Subiculum brun noir, très mince ; hyménium blanc gris ; hyphes
    3—4 μ, égales. Terrestre, incrustant : *T. Mairei*, n. 783.
Subiculum châtain à bistre ; hyménium normalement granuleux,
    revêtu d'une pruine grisâtre ; hyphes ruguleuses, 3—7 μ :
    T. granosa, n. 799.
Hyménium lisse ; subiculum fauve à châtain : 26.
Hyménium lisse ; subiculum brun foncé à bistre : 28.
}

26 {
Subiculum spongieux, épais, inégal, incrustant, châtain, brun
    tabac. Sur humus et débris : *T. crustacea*, n. 775 [bis].
Tomenteux, brun d'ombre ; hyménium alutacé, teinté d'isabelle :
    T. alutaceoumbrina. Hypochnus Bres., F. polon., p. 109.
Subiculum fauve clair à brun d'ombre, formant une membrane
    feutrée qui se sépare facilement en entier du substratum ;
    hyménium argileux pâle ou blanc gris : 27.
}

{Subiculum mou, fauve clair ; spores arrondies, sinuées.
    brièvement et largement aspérulées : *T. nitellina*, n. 779.
27}Subiculum membraneux, brun d'ombre ; spores à contour très
    entier, aspérulées d'aiguillons courts, ordinairement
    serrés : *T. flaccida*, n. 781.

{Subiculum épais, ferme, spongieux, formé d'hyphes bistre, à
    parois plus ou moins épaissies ; hyménium gris-blanc, isa-
28   belle, poré-spongieux : *T. fuliginea*, n. 785.
{Subiculum moins épais et plus mou ; hyphes à parois minces
    ou peu épaissies ; hyménium continu, plus uni : 29.

{Hyménium gris de fer ou plombé, sur le frais ; subiculum mem-
    braneux lâche, séparable en entier du substratum, brun
    foncé : *T. chalybaea*, n. 782.
29}Hyménium gris de souris à fumeux ; subiculum tomenteux,
    brun : *T. spongiosa* v. *murina*, n. 786.
{Hyménium noisette ; subiculum assez ferme, brun foncé ; hy-
    phes basilaires brun clair : *T. avellanea*, n. 784.

{Hyménium brun de fer, noirâtre un peu violacé, densément
    granuleux ; basides jeunes et hyphes subhyméniales à
30   contenu bleu noir, soluble dans la potasse en la colorant
    en vert bleu : *T. botryoides*, n. 798.
{Pas de coloration bleu vert par la potasse : 31.

{Brun noir ou bistre (se dégradant par des éléments orange ou
    rouillé) : 32.
{Brun plus clair, teinté de violacé vineux ou chocolat, châtain,
31{   ombre briqueté (ombre modifié par un élément rouge ou
    violet) : 35.
{Gris, noisette, ombre clair, gris brun, gris luride, chamois : 40.
{Isabelle ou testacé plus ou moins pâle : 46.

{Hyphes nettement dimorphes, 4—8 µ environ, les basilaires
    brun noir, rigides, à parois épaisses et boucles distantes ;
    celles de la trame noirâtre-hyalin, à parois minces, flas-
    ques, à cloisons et boucles fréquentes ; spores régulières, à
    contour presque entier : 33.
32}Hyphes de la trame gris clair, à parois minces, cloisons et bou-
    cles fréquentes ; les basilaires plus rigides, à parois un peu
    plus épaisses et plus foncées, ruguleuses, incrustées, fra-
    giles ; hyménium grènelé : *T. granosa*, n. 799.
{Hyphes similaires, les basilaires un peu plus régulières, mais
    non sensiblement épaissies : 34.

33 { Mince, aride, adhérent, tomenteux, ombre bistré ; spores jaune
brun : *T. Bresadolae*, n. 790.
Membraneux mou, aranéeux, bistre noir ; spores noirâtre-hyalin : *T. spongiosa*, n. 786.

34 { Spores anguleuses sinuées et brièvement aspérulées ; hyphes
jaunâtres ou olivâtres, flasques : *T. granulosa* v. *fuliginosa*, n. 796.
Spores à contour presque entier, à aiguillons fins ; basides souvent brunes et élargies jusqu'à 12—18 µ :
    Hyphes irrégulières, 4—9 µ : *T. porulosa*, n. 788.
    Hyphes régulières, 3—5 µ : *T. umbrinella*, n. 787.

35 { Granules isabelle brunâtre, à pruine ou pubescence blanchâtre,
confluents en membrane interrompue ; bordure formée de
granules épars ; spores anguleuses, spinuleuses : *T. mycophila*, n. 773 bis.
Feutré continu : 36.

36 { Spores régulièrement arrondies ou ovoïdes, à contour entier,
aculéolées ou simplement grènelées : 36 bis.
Spores anguleuses, sinueuses : 37.

36 bis { Hyphes 6—8 µ, ramifiées à angle droit, à courts articles, tous
bouclés. Adhérent, brun d'ombre, avec légère teinte chocolat : *T. subfusca*, n. 774 bis.
Hyphes 3—4 µ, régulières, à cloisons et boucles assez distantes.
Séparable par flocons mous, bai à châtain bistré : *T. badiofusca*, n. 775 ter.

37 { Spores anguleuses et sinueuses à aiguillons lâches, très courts
ou nuls. Membraneux mince, de isabelle foncé à briqueté
et marron ; bordure fibrilleuse *Phylacteria terrestris* v.
tomentella, n. 744.
Spores anguleuses et bien distinctement aculéolées : 37 bis.

37 bis { Subiculum irrégulier épais, largement incrustant, châtain foncé :
T. crustacea, n. 775 bis.
Champignon très adhérent, mince et peu cohérent (ne se détachant au grattage que par petits flocons pulvérulents) ;
bordure peu nette : 38.
Champignon séparable ou au moins assez cohérent ; bords discolores et souvent fibrilleux : 39.

38 {
Brun vineux, brique foncé, à la fin granuleux ; hyphes subdressées, 3—5 μ, à boucles rares : *T. subvinosa*, en note,
n. 772.
Ombre briqueté, châtain, lisse, poruleux ; hyphes peu régulières, 4—9 μ, bouclées à peu près à toutes les cloisons :
T. castanea, n. 775.

39 {
Facilement séparable, granuleux et brun rouge au centre, avec
large bordure discolore : *T. atrorubra* (*Hypochnus* Burt,
Th. N. Am., VI, p. 230.
Séparable par flocons ou fragments ; hyménium lisse, violacé,
vineux, chocolat, puis brun, plus clair et souvent fibrilleux
aux bords : *T. fusca*, n. 773.

40 {
Cendré bleuâtre, puis gris blanc et brunâtre ; bordure subfim-
briée ; spores sinuées, 8—11×7—9(—11) μ. Terre et feuil-
les : *T. caesia*, sensu Bres., n. 773 bis.
Rien de bleuâtre : bordure bien nette, large et discolore : 41.
Rien de bleuâtre ; bordure subconcolore, peu nette : 43.

41 {
Hyménium granuleux, gris noisette, fumeux ; bordure large,
blanchâtre, fibrilleuse aranéeuse ; hyphes subhyalines, souvent ruguleuses, verruculeuses et fragiles ; spores sinuolées, peu anguleuses : *T. cinerascens*, n. 800.
Hyménium lisse, gris brun ; bordure fortement radiée, rose
pâle : *T. rhodophaea*, v. H. et L., 1907, p. 94.
Hyménium lisse, alutacé noisette à ombre clair ; bordure plus
claire, pâle ou jaunâtre : 42.

42 {
Spores globuleuses ou subelliptiques, très régulières à contour
entier, brièvement aspérulées, 1-guttulées, 8—12×6—9 μ :
T. hydrophila, n. 774.
Spores anguleuses ou sinuées, à aspérités lâches, 8—9×7 μ :
T. fusca var. *flavoumbrina*, n. 773.

43 {
Hyménium granuleux ou chagriné : 44.
Hyménium lisse ou poruleux : 45.

44 {
Hyménium brun d'ombre, chagriné ; hyphes brunâtres, les basilaires à parois épaissies : *T. granulosa* var. *terricolor*,
n. 796.
Ombre gris, aspect lépreux pulvérulent, tuberculeux granuleux ;
hyphes peu abondantes, hyalines : *T. cinerascens* v. *verrucarioides*, n. 800.

Très mince, aride, subcrustacé, ne se détachant qu'en poussière
au grattage, gris brun ; hyphes irrégulières, hyalines, à
courts articles ; spores 6—7,5×6—7 µ : *T. sparsa (Hypochnus)* Burt, Thel. N. Am., VI, p. 225.

45 Mince, adhérent, assez cohérent, alutacé, noisette, puis ombre
clair ; hyphes assez régulières, les basilaires ombre clair ;
spores 6—8×5—7 µ : *T. microspora*, n. 776 bis.

Membraneux tomenteux poruleux, puis lisse, et séparable quand
il est plus épais, ombre gris, fulvescent, cannelle ; spores
anguleuses, sinuées et fortement aculéolées : *T. pannosa*,
n. 777.

Spores régulièrement arrondies, 1-guttulées, à aiguillons forts,
coniques, 2—2,5 µ ; membraneux tomenteux, puis lisse,
fauve testacé ; bordure aranéeuse fibrillo-tomenteuse, con-
46 colore : *T. testaceogilva*, n. 776.

Spores irrégulières anguleuses ou à aiguillons courts et grêles ;
espèces très adhérentes : 47.

Petite espèce furfuracée, très mince, adhérente, partie gris
olive, partie briqueté, ou prenant successivement ces deux
teintes ; hyphes 3—7 µ : *T. mutabilis*, n. 770.

47 Petites espèces très minces, très adhérentes, formant de petites
plaques arrondies, puis confluentes, saumon testacé ou
fauves, plus ou moins nettement auréolées de blanc : 48.

Autres espèces irrégulièrement étalées, pâle isabelle à fauve
testacé ; hyphes petites, régulières, 3 µ environ : 49.

Hyménium pulvérulent, fragile, saumon testacé ou fauve ; spores anguleuses, finement aculéolées : *T. cervina*, en note,
48 n. 772.

Hyménium lisse, isabelle à testacé incarnat ; spores sphériques,
régulièrement sinuolées aculéolées, à grosse guttule : *T.
testacea*, n. 772.

Mince, poruleux, isabelle testacé ou ombre ; spores largement
ellipsoïdes à contour entier, à aiguillons courts et fins :
49 *T. gilva*, n. 771.

Floconneux pubescent, pâle isabelle à fauve testacé ; spores
anguleuses sinueuses, fortement aspérulées : *T. puberula*,
n. 778.

Section I. — **TOMENTELLASTRUM** : hyphes sans boucles.

)(*Botrytes*. — Hyphes grosses, 7—14 µ, ramifiées à angle

droit. Même structure que dans la section *Botryodea* des *Corticium*, mais spores subglobuleuses, spinuleuses.

749. — **T. isabellina** (Fr., Obs.) *Hypochnus* Fr., Hym., p. 660. — Bres., Fungi polon., p. 106. — Burt, Thel. N. Am., VI, p. 222. — *H. argillaceus* Karst., Symb. — Sacc., VI, p. 657.

Largement étalé ou indéterminé, floconneux pulvérulent ou aranéeux membraneux, adhérent, gris jaunâtre, argileux ombré, tournant à isabelle ou jaunâtre, bordure similaire. — Hyphes à parois minces, sans boucles, à cloisons fréquentes, rameaux à angle droit, 6—15 μ, teintées de brun jaunâtre ; basides en bouquets, 15—33×9—13 μ, à 2—4 stérigmates subulés arqués, longs de 6—9 μ ; spores paille, ovales subglobuleuses, 6—8—13×6—8—12 μ, aspérulées d'aiguillons longs de 1,5—3 μ. (*Fig 121*).

Juillet à Novembre. Sur écorces et bois pourrissants d'arbres à feuilles et à aiguilles. Assez commun.

Le *T. ochraceoviridis* Pat. et Lagh., Champ. de l'Équateur, Soc. M. Fr., t. IX, p. 134, appartient à ce groupe ; il est d'un vert ocracé pâle.

121. — *Tomentella isabellina* Fr.

)()(*Festivae* — Espèces de couleurs vives ou claires, citrin, vert clair, jaune de Naples, blanc taché de rouge, ou fauve clair jusqu'à brun tabac, pelliculaires, peu adhérentes ; hyphes 2—5 μ et spores subhyalines. — Ce petit groupe assez homogène se relie, d'une part, aux Tomentelles des groupes suivants ; certaines espèces sont très affines à *Sistotrema sulphureum* Quél., et par une forme récédente il se rapproche de *Corticium viride* Bres.

750. — **T. verrucispora** Hym. de Fr., n. 480.

Épars, en plaques membraneuses, molles, peu adhérentes, jaune soufre, puis jaune de Naples sur le sec ; hyménium finement pulvérulent ; bordure fibrilleuse. — Hyphes hyalines, à parois minces, sans boucles, 3—4,5 μ ; basides 25—30×7 μ ; 2—4 stérigmates droits, longs de 4,5—6 μ ; spores largement elliptiques, ren-

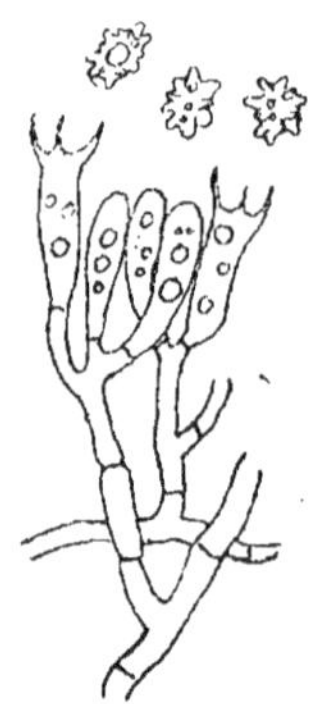

122. — *Tomentella verrucispora* Bourd. et Galz.

dues anguleuses par des verrues coniques obtuses, 6—8×5—6 μ, subhyalines ou sulfurin clair. (*Fig. 122*).

Août. Sur humus et souche de châtaignier : Aveyron. — La forme de la spore rappelle celle de *Inocybe asterospora*.

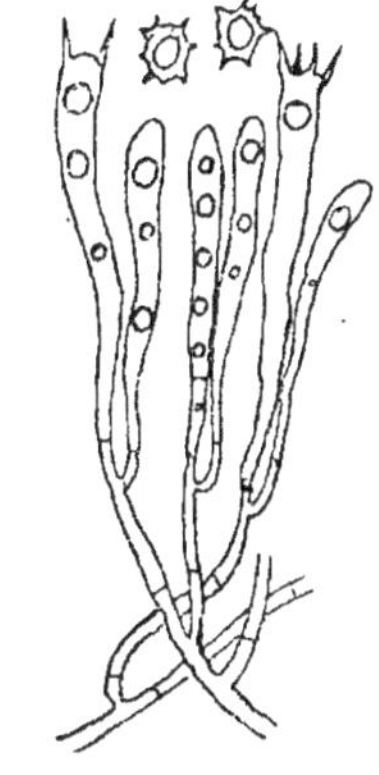
123.— *Tomentella flavovirens* v. Hoehn. et Litsch.

751. — T. flavovirens v. Hoehn. et L., Beitr., 1907, p. 93.

Membraneux mince ou aranéeux, peu adhérent, vert jaune, érugineux clair. — Hyphes 2—4 μ, sans bouclés, à parois minces, teintées de verdâtre ; basides guttulées, étroitement claviformes, 50—75×5—7 μ, 2—4 stérigmates longs de 4—9 μ ; spores arrondies, rendues légèrement sinueuses par des verrues ou des aiguillons assez larges à la base, peu serrés, 6—7—10×5—6—9 μ, jaune-verdâtre, à grosse guttule. (*Fig. 123*).

Août. Sur terre nue, et sur branches tombées de sapin, Tyrol (V. Litschauer).

752. — *T. viridiflava* Hym. de Fr., n. 482.

Aranéeux ou lâchement pelliculaire, peu adhérent, jaune vert vif, à la fin continu. — Hyphes hyalines, à parois minces, sans boucles, 4—6 μ ; basides 27—32×7,5—10 μ, toujours à 2 stérigmates cylindracés, puis arqués 6—9 μ long. ; spores sphériques à contour très entier, 5—7 ×4,5—6,5 μ, couvertes de fins aiguillons, courts et très serrés, jaune vert, à grosse guttule. (*Fig. 124*).

Décembre. Sur bois pourri de chène, Aveyron. Intermédiaire entre *T. flavovirens* et *T. echinospora*.

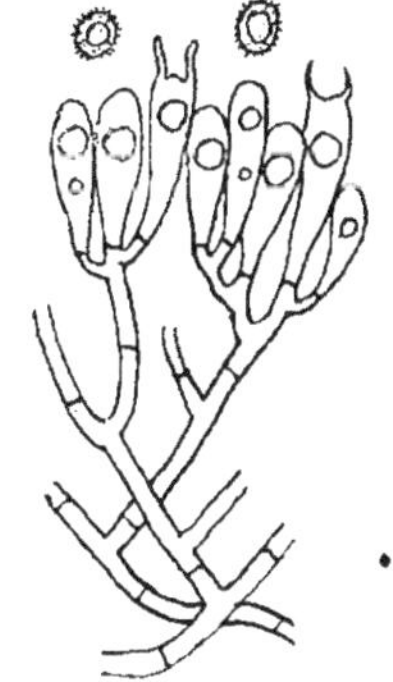
124. — *Tomentella viridiflava* Bourd. et Galz.

753. — T. echinospora (Ell.) — *Corticium* Ell. — Sacc. VI, p. 633. — Mass., p. 150. *Hypochnus* Burt, Th. N. Am., VI, p. 237.

Epars, aranéeux à pelliculaire, lâche, séparable, parfois scrobiculé et mérulioïde sur le frais, subiculum floconneux, bordure aranéeuse ou un peu filamenteuse ; hyménium pulvérulent, jaune pâle, crème sulfurin, jaune de Naples, pâlissant en herbier ou passant à chamois, verdâtre, etc. — Hyphes hyalines,

3—6 μ, à parois minces, sans boucles ; basides 15—30—48×6—9 μ., à 2—4 stérigmates droits, longs de 4—5 μ. ; spores hyalines ou jaune très clair, globuleuses, rarement ovoïdes, à contours entiers, aspérulées d'aiguillons courts, fins, plus ou moins serrés, 4,5—6—9×4—5—7 μ, 1-guttulées. (*Fig. 125*).

Septembre à Mars. Sur écorces et bois pourris d'arbres à feuilles ou à aiguilles, souches, brindilles, humus sous les mousses, sur pierres, grès.

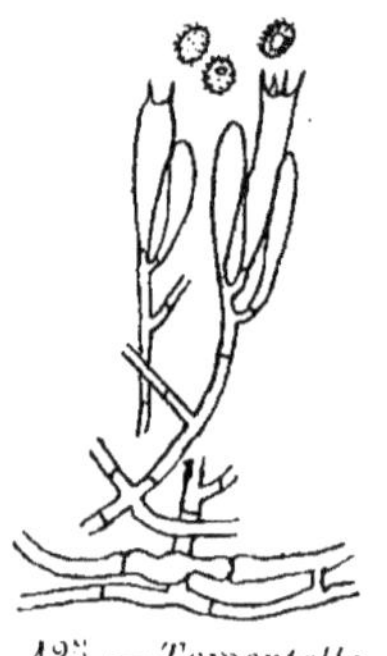

125. — *Tomentella echinospora* (Ell.).

La coloration de cette espèce varie beaucoup par la dessiccation ; ces changements de teinte sont sans importance au point de vue spécifique : un spécimen, en séchant, est devenu vert dans ses parties minces et chamois dans les parties plus épaisses. Nous donnons quelques exemples de ces variations : *citrino-pallens, sulfureo v. citrino v. aureo-virens, sulfureo-aurantiaca, sulfureo-rosella, etc.* — Des échantillons sur grès, pin et peuplier, ont montré des boucles aux hyphes basilaires, et le dernier à spores elliptiques, à peine aspérulées se rapproche, par ses éléments, de *Corticium centrifugum* et *viride.*

754. — **T. mollis** (Fr.). — *Corticium molle* Fr., Hym., p. 660.

Pelliculaire ou membraneux mince, mou, à peine continu, séparable, blanc ou pâle, puis taché d'incarnat, ou tout incarnat, sauf la bordure blanchâtre, fibrilleuse. — Hyphes hyalines, à parois minces, sans boucles, 2—5 μ, collapses sous l'hyménium ; basides 28—34×6—8 μ, à 2—4 stérigmates droits ; spores elliptiques, à contour entier, hérissées d'aiguillons fins, courts, assez serrés, 6—9×5—7 μ. (*Fig. 126*).

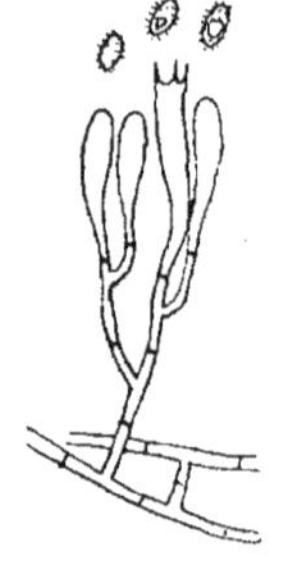

126 — *Tomentella mollis* (Fr.).

Octobre-Novembre. Sur écorces et bois pourris, pin. bouleau ; forêt de Bellème, Vosges.

755. — **T. zygodesmoides** (Ell.) v. Hoehn. et L., Beitr., 1907, p. 49. — *Thelephora* Ell., N. Am. Fungi, n. 715 ! — *Hypochnus* Burt, Th. N. Am., VI, p. 236.

Feutré floconneux, puis lâchement pelliculaire, ou membraneux mou, fragile, mince, séparable, granuleux-farineux, blanchâtre, pâle, noisette ou argileux ; subiculum blond passant à fauve clair ; bordure fibrilleuse concolore. — Hyphes 2,5—6 μ, à parois minces, sans boucles, subhyalines à fauve clair ;

basides 21—32—50×5—6,5—9 μ, à 2—4 stérigmates longs de 4—
5 μ ; spores largement elliptiques ou subglobuleuses, à contour
entier, hérissées d'aiguillons fins, longs de 0,5—1,5 μ, ordinairement serrés, 4,5—7×4—6 μ, subhyalines ou légèrement fulvescentes.

Septembre à Mai. Sur bois pourris, surtout de conifères.

Le spécimen original a la spore ellipsoïde très entière et finement aculéolée de *T. mollis*, dont il ne se distingue plus après quelques années de séjour
en herbier, les deux plantes prenant une teinte uniforme, isabelle testacé. Les
auteurs ont successivement élargi l'espèce, en y faisant entrer des formes plus
colorées, à spores arrondies sinuolées, jusqu'à y inclure *Hypochnus tabacinus*
Bres., comme l'a fait von HOEHNEL. De fait, les deux plantes typiques sont
assez distinctes, mais la continuité entre les deux est telle qu'il est presque
impossible de les délimiter.

**756. — *T. tabacina*. — *Hypochnus* Bres., in Brinkm., Westf.
Pilze, n. 108 !**

Membraneux lâche ; bordure radiée ou similaire, fauve, tabac
ou ombre. — Hyphes 3—6 μ, à parois minces, flasques ; basides
30—40—75×6—7—9 μ ; spores fulvescentes, subglobuleuses, plus
ou moins sinuolées ou largement aculéolées, 4,5—7—9×4—8 μ.

Septembre à Mai. Sur bois pourris, conifères et surtout
feuillus. Assez commun.

1. — *saxicola* : plus compact, plus uni et continu, ombre
fauve. Sur grès, schistes.

2. — *fulvorubella* : fauve rougeâtre, testacé ; hyménium
blanc gris. Spores arrondies, 1-guttulées, à contour sinueux acu-
léolé. Novembre ; sur feuilles de chêne, terre et schistes.

)()()(*Lugubres*. — Espèces à teinte sombre ; subiculum
brun foncé, bistre ou noirâtre ; hyphes assez grosses, 3—9 μ.

**757. — *T. tristis* (Karst.) v. Hoehn. et L., 1906. — *Hypoch-
nus* Karst. — Sacc., VI, p. 663. — Bres., Fungi polon., p. 107. — *H.
umbrinus* (Fr.) Burt, Th. N. Am., VI, p. 213.**

Subiculum largement étalé, tomenteux feutré, assez épais,
séparable, brun châtain, ferme dans les parties fertiles, floconneux
à la bordure ; hyménium brun noir, teinté de bleuâtre, verdâtre
ou fumeux. — Hyphes de la trame à parois minces, sans boucles,
4—5 μ, brunâtres, quelquefois fasciculées en cordons, et mêlées à
des hyphes rigides à parois épaisses, brun noir, 3—6 μ ; les supérieures subhyalines ; basides 35—60—90×7—10—12 μ, teintées de

brunâtre ou de bleuâtre, à 2—4 stérigmates un peu arqués, 6—12
×2—3 μ. ; spores brunâtres, quelquefois à contenu bleu noir, subsphériques anguleuses verruqueuses, et aculéolées ou non, 7—9
—13×5—9—12 μ, ombre foncé en masse.

Juillet à Décembre. Sur bois pourris, débris, humus, sous
les mousses, trous d'animaux fouisseurs ; sur calcaires, grès siliceux. Commun.

a. — *typica* : hyménium noirâtre, avec reflet olivacé verdâtre.

b. — *ardosiaca* Bres. : hyménium brun bleuâtre, ardoisé.

c. — *Hypochnus sitnensis* Bres., Fungi Kmet., p. 115 ! : hyménium fumeux, puis brun chocolat.

Var. **lapidicola**. — Largement étalé, mince, d'abord plombé
ou gris de fer, bientôt bistre olivacé ou ardoisé, assez adhérent ;
bordure brun fauvâtre, mollement floconneuse. — Hyphes 3, rarement 4 μ, à peu près toutes similaires, les basilaires plus rigides,
mais à parois à peine épaissies ; basides 45—80×8—12 μ ; spores
brun bistre, régulièrement arrondies, à grosses verrues généralement obtuses, 7,5—9—12 μ d. — Cette variété est spéciale aux
pierres siliceuses, grès, schistes ; elle n'est pas une simple forme
d'habitat, puisque *T. tristis* vient souvent sur les calcaires et aussi
sur les grès, en conservant tous ses caractères.

758. — **T. phylacteris** (Bull., 1. p. 286 et t. 436, f. 2). —
Notes crit. in Soc. Myc. Fr., vol. XXXIV, p. 81. — *Thelephora
umbrina* Pers., Syn., p. 518.

Largement étalé, membraneux, adhérent ou séparable ; subiculum à la fin très épais, ferme, densément feutré, gris, puis brun
noir ; hyménium gris blanc, noisette, fumeux (azuré très clair sur
le frais), puis fuligineux ou restant pâle, pruineux farineux ; bordure villeuse ou brièvement fibrilleuse, blanchâtre ou concolore.
— Hyphes 3—9 μ, sans boucles, les inférieures brun bistre clair,
à parois fermes, peu épaissies, les supérieures subhyalines, plus
serrées, à cloisons nombreuses ; basides 25—60—75×6—10—
16 μ, à 2—4 stérigmates longs de 6—8 μ ; spores brun bistre, arrondies ou ovoïdes, à contour entier ou sinueux, à aiguillons fins et
courts, 7—9—15×6—8—10 μ, à mucron obtus, souvent distinct.

Du printemps à l'été. Bois frais, humides ; sur la terre, l'humus et les troncs, englobant les débris qu'il rencontre et finissant
par former de grands cercles. S'il trouve à sa portée des arbustes
ou des arbres, après avoir formé à la base des bourrelets plus ou

moins nombreux et épais, il s'étale en remontant sur les troncs,
en forme d'épaisse membrane limitée au sommet par une bordure
frangée et blanche. Nous n'avons jamais récolté ce champignon
que sur les calcaires, soit dans l'Aveyron, soit dans l'Allier, et les
spécimens que nous avons vus d'autre part, semblent aussi calci-
coles ; les plus beaux spécimens viennent de Millau, sur les marnes du Lias. M. A. DE CROZALS l'a récolté récemment sur sables
siliceux.

b. — *Thelephora fuscocinerea* Pers., Myc. Eur., I, p. 114.
— Étalé, ondulé, gris noirâtre ; bords relevés en forme de petits
chapeaux subconchoïdes ou linguiformes, à bords dentés ou lobés,
blanchâtres ; hyménium gris noir. — Hyphes à parois minces, les
inférieures noirâtres, les supérieures subhyalines, 3—5(—8) μ ;
basides légèrement teintées, 70—80×9 μ, guttulées ; spores brun
bistre, subglobuleuses ou ellipsoïdes, à aspérités peu saillantes quelquefois peu nombreuses ou nulles, 10—14×7,5—9 μ ou 9—10 μ d.
— Septembre, Novembre ; sur la terre nue, St-Dizier (Hte-Marne),
L. MAIRE ; sur talus sablonneux d'une route, Laon (Aisne),
J. MOREAU.

Cette forme piléolée pourrait faire ranger *T. phylacteris* (Bull.) parmi
les *Phylacteria* ; l'espèce est maintenue dans les *Tomentella* parce que ces
petits chapeaux sont très rares et peut-être accidentels ; les formes typiques,
les plus robustes, sont toujours entièrement résupinées. On ne peut l'identifier
avec *Thelephora biennis* : d'après BRESADOLA (Select. myc., 1920, p. 70), l'espèce de FRIES serait le *Thel. terrestris, vetusta.* Le *Th. biennis* Quél. est le
T. tristis (Karst.), d'après un spécimen de QUÉLET ; mais la description de
la Fl. Myc. ne peut évidemment pas se rapporter à *T. tristis*, ni probablement à *T. phylacteris.* Le *Th. biennis* Roumeg., F. gall. exs. est le *Stereum
spadiceum* Pers.

c. — *Thelephora caesia* Pers., Myc. eur., l. c., sed vix Pers.,
Syn., p. 579. — Mince, gris fumeux, teinté de bleuâtre très clair.
État jeune, croissant en petites plaques éparses, sur la terre nue.

d. — *griseoatra.* — Subiculum noir aride, hyménium gris
pruineux. — Hyphes fragiles 3—6 μ ; spores brun noir, subsphériques ou elliptiques, à contour entier, densément couvertes de
verrues ou d'aiguillons très courts, parfois simplement grenelées
ou ruguleuses, 8—13×7,5—11 μ. — Sur thym, aiguilles de pin,
humus. — Le caractère si particulier de la spore, qui pourrait en
imposer, n'est pas constant.

759. — **T. macrospora** v. Hoehn. et L., Beitr., 1906, p. 54.
Specim. orig.!
Feutré membraneux, mince, noir ; hyménium concolore,

lisse. — Hyphes irrégulières, brunes, 3—8 μ ; basides 45—60×8—12 μ : spores subglobuleuses, aplaties d'un côté, ou elliptiques anguleuses, sinueuses et lâchement aculéolées, 8—12×7—9 μ.

Sur la terre nue. — La spore n'est pas plus grande que dans *T. phylacteris*, dont cette plante pourrait bien être une forme à subiculum mince et à hyménium concolore encore mal formé.

760. — T. molybdaea Hym. de Fr., n. 490.

Très peu étendu, spongieux-poré, granuleux furfuracé, gris ou brun de fer. — Hyphes 3—9 μ, à parois minces, flasques, sans boucles, teintées de bleu noir, irrégulières (on peut trouver quelques boucles) ; basides teintées de bleu noir, 18—25—58×6—9 μ, à 2—4 stérigmates longs de 5—9 μ, droits ; spores arrondies anguleuses, sinuées et aspérulées, 6—9×5—8 μ, brunes, 1-guttulées.

Novembre à Juin. Endroits couverts, tiges et racines de thym, souches de chêne ; Aveyron. Rare et toujours très maigre.

)()()(*Leptotrichae*. — Pelliculaires, gris rosé, lilacé, fumeux ou bleu noir ; hyphes fines, 2 μ en moyenne.

761. — T. nigra v. Hoehn. et L., Beitr., 1907, p. 78. *Specim. orig.* !

Subiculum très variable, floconneux aranéeux, lâche, peu adhérent, bleu noir, ou bien peu abondant, en bordure byssoïde, apprimée, grisâtre, fumeuse ; hyménium pelliculaire, mince, gris lilacé, bleuâtre, gris de fer, fumeux, cannelle, grisâtre, testacé ou brun violacé. — Hyphes de la trame subhyalines ou noirâtre hyalin, à parois minces, sans boucles, 1—2—4 μ, les subhyméniales souvent teintées de glauque verdâtre (KOH) ; basides à contenu bleu vert subolivacé ou ardoisé, souvent aussi guttulées et subhyalines, 30—50—100×7—9—12 μ, à 2—4 stérigmates 6—10×2,5 μ ; spores arrondies sinueuses et verruqueuses aspérulées, 6—7—12 ×4—8—12 μ, brun clair tirant sur noirâtre ou olive.

Octobre, Novembre, rarement jusqu'en Mai. Sur bois pourris, surtout de conifères, souches, humus, sous les mousses, sur la terre nue ; sur les schistes, débute sur débris de pin et s'étale sur la pierre, avec bordure fauvâtre et hyménium brun violet livescent, puis grisonnant, olive ardoisé sur le sec. Aveyron, Allier, Doubs.

762. — T. roseo-grisea (Wakef. et Pears.) Hym. de Fr., X, p. 7. — *Hypochnus* Wakef. et Pears., Tr. Brit. Myc. Soc., p. 141. *Specim. orig.* !

Etalé, mou, pelliculaire ou membraneux, mince, facilement

séparable ; bordure grise, subradiée ; hyménium pulvérulent, gris
vineux pâle. — Hyphes basilaires grises, 2,5—3 µ, les subhyméniales presque hyalines ; basides subhyalines, 40—55×7—10 µ,
à 2—4 stérigmates longs de 7—9 µ ; spores anguleuses-subglobu-
leuses, à grosses verrues, subhyalines ou brunes, 7—9 µ diam.,
souvent 1-guttulées.

Sur écorces et bois pourris de pin, Angleterre. Alpes marit.
(E. GILBERT) septembre 1925.

Var. lavandulacea Pears., Tr. Br. Myc. Soc., VII, p. 57. *Specim. orig.* ! — Hyménium gris lavande, sans trace de rose. Sur
brindilles consommées et humus, sous châtaigniers, Angleterre. —
Très voisin de *T. nigra*.

763. — **T. Gilberti**

Membraneux mince, séparable, fragile, un peu farineux,
crème ocracé ou ocracé clair ; bordure blanche, pubescente ou finement fibrilleuse, ordinairement peu étendue. — Hyphes hyalines,
à parois minces, sans boucles, cloisons distantes, 2—3 µ ; basides
36—75×7—9 µ, à 4 stérigmates un peu arqués longs de 6 µ, accompagnées de filaments paraphysoïdes simples, de même diamètre
que les hyphes, peu ou pas émergents ; spores brun clair fulvescent, régulièrement arrondies ou très largement ellipsoïdes, peu
sensiblement sinuolées, aspérulées-spinuleuses, aiguillons fins et
courts, 7,5—9×7,5—8 µ, 1-guttulées.

Septembre ; sur bois de sapin pourri ; Turini, Alpes marit.,
E. GILBERT.

Facilement distinct de toutes les espèces de cette section par sa couleur ocracée et ses spores à contour régulier, finement spinuleuses.

764. — **T. cyanea** (Wakef.) Hym. de Fr., X, p. 7. — *Hy-pochnus* Wakef., Tr. brit. Myc. Soc., V, p. 478. *Specim. orig.* !

Etalé, mince, facilement séparable, tomenteux, bleu puis glaucescent, et gris-vert ou vert vif en herbier ; bordure aranéeuse, concolore. — Hyphes basilaires bleutées, çà et là incrustées, 1—3 µ ;
basides longuement claviformes, 30—40×5—7 µ, à 2—4 stérigmates ; spores teintées de bleu, elliptiques, déprimées latéralement,
à la fin aspérulées d'aiguillons très fins, épars, 5—8×3—4 µ.

Septembre. Sur bois pourris de conifères, Angleterre.

Section II. — **EUTOMENTELLA** : hyphes bouclées.

)(*Cystidiolatae.* — Petites espèces très affines, très minces, furfuracées ou granuleuses, grises, vert clair, testacées ou brun fumeux ; hyphes hyalines ou un peu rougeâtres, boucles fréquentes, mais pas à toutes les cloisons ; basides accompagnées de cystidioles fusiformes ou subcylindriques, aiguës ou légèrement renflées en bouton. émergeant du tiers ou de la moitié de leur longueur ; hyphes basilaires jamais en cordons. Presque toujours pétricoles.

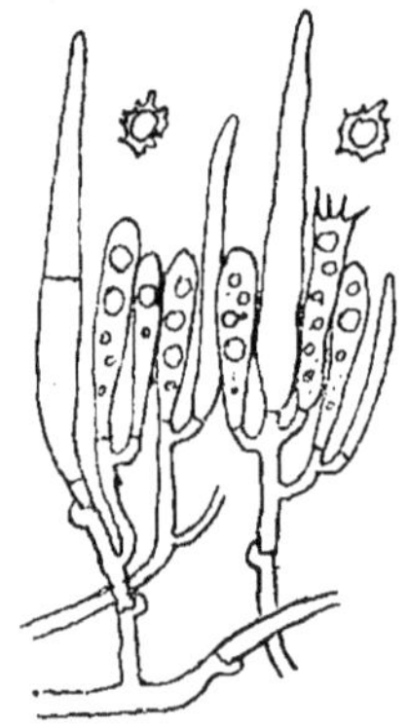

127. — *Tomentella Galzini* Bourd.

765. — T. Galzini Bourd. herb. et comm. ; Hym. de Fr., n. 492.

Formé de granules éparpillés, confluents en plaques porées-scrobiculées, floconneux, gris blanc, gris luride, jusqu'à gris brun ; bordure similaire. — Hyphes à parois minces, 3—6 μ, bouclées, hyalines à brun très clair ; basides 35—42—60×6—8—9 μ, à 2—4 stérigmates longs de 4—6 μ ; cystidioles à parois minces, fusiformes subulées, 0—1-septées, 45—90×5—8 μ, émergeant de 20—45 μ ; spores brun clair, arrondies, sinuolées et lâchement aspérulées, 6—9 —11×6—8—9 μ, 1-guttulées, et à mucron cylindrique obtus souvent distinct. (*Fig. 127*).

Octobre à Janvier. Sur tiges et racines de Thym, *Dorycnium*, rarement sur pierres. Pas rare dans les environs de Millau, mais difficile à découvrir.

766. — T. viridula Hym. de Fr., n. 493.

Etalé interrompu, aride, mince, adhérent, granuleux, bleu grisâtre, puis vert clair sur le sec. — Hyphes à parois minces, flasques, 2—5 μ, bouclées ; basides guttulées, 40 —60×7—9—12 μ, à 2(—4) stérigmates longs de 5—9 μ, arqués ou flexueux ; cystidioles à parois minces, 0—1-septées, cylindriques obtuses ou renflées au sommet, 60—100×5—8 μ, émergeant de 40—50 μ, à contenu homogène ; spores régulièrement arrondies, sinuolées et lâchement aspérulées, 7—9 μ d. jaune brun teinté d'olive, 1-guttulées, ordinairement à mucron cylindrique obtus. (*Fig. 128*).

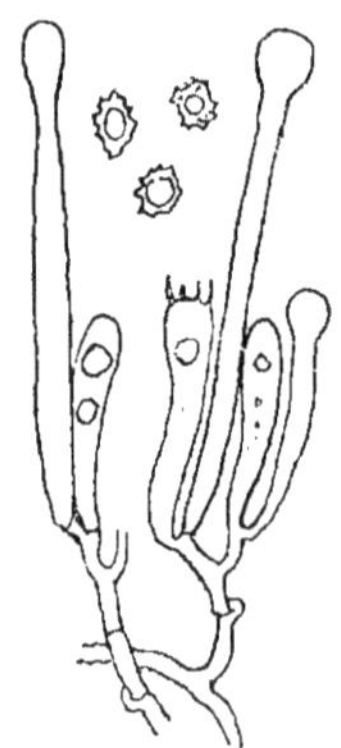

128. — *Tomentella viridula* Bourd. et Galz.

Octobre à Février. Sur tiges et racines de Thym, souches de

chêne, *Phellinus dryadeus* ; crustacé, très adhérent et plus largement étendu sur grès. Environs de Millau.

767. — *T. subtestacea* Hym. de Fr., n. 494.

Peu étendu, membraneux floconneux, séparable, saumon, isabelle-testacé ; bordure formée de quelques fibrilles pâles. — Hyphes hyalines, 4—6 µ, à parois minces, bouclées ; basides 36—40×8—10 µ, à 2—4 stérigmates de 6×2,5 µ ; cystidioles à parois minces, 0—1-septées, 45—60×4,5—6 µ, étroitement fusiformes, émergeant de 15—30 µ ; spores arrondies, sinuolées, très brièvement aspérulées, 7—9—12×7—9 µ, 1-guttulées, brun clair ou à contenu rougeâtre foncé.

Août-Novembre. Sur brindilles pourrissantes, cerisier, chêne, bruyères.

La matière colorante rouge se dépose quelquefois en granules dans les basides, les cystides et les hyphes ; cette substance se modifie facilement pour passer au vert, comme on le voit dans les espèces très affines de ce petit groupe, et surtout dans *T. mutabilis* du groupe suivant, qui est tantôt briqueté, tantôt olive.

768. — *T. roana* Hym. de Fr., n. 495.

Submembraneux, séparable par fragments, poré-spongieux, mince, isabelle fumeux, rouan, puis collapse, apprimé adhérent, et bai brun, chocolat ; bordure similaire, à peine fibrilleuse. — Hyphes à parois minces, flasques, 3—9 µ, bouclées, hyalines ou teintées de rougeâtre clair ou de brunâtre : basides guttulées, 45—70×7—10 µ, à 2—4 stérigmates longs de 5—8 µ ; cystidioles peu émergentes, souvent peu différenciées et rares, 75—90×5—8 µ ; spores arrondies, un peu anguleuses, sinueuses, 7—10×6—9 µ, à aiguillons fins, serrés ou épars, brun fauve ou rougeâtre clair.

Octobre à Janvier. Assez fréquent sur les schistes, plus rare et moins caractérisé sur les grès. La plante des grès de St-Estève n'a jamais montré de cystidioles. Aveyron.

)( )(*Bolares*. — Espèces ordinairement peu étendues, vermillon, testacé ou briqueté (passant quelquefois à olive) ; structure comme dans le groupe précédent, mais cystidioles absentes.

769. — *T. punicea* (Alb. Schw.) Schroet. — *Hypochnus* Fr., Hym., p. 661. — Quél., Fl. myc., p. 1. — Bres., Fungi Kmet., p. 115. — Wakef., Tr. Brit. Myc. Soc., 1916, p. 478.

Formé de granules pulvérulents, puis confluents en membrane floconneuse molle, lâchement feutrée, peu adhérente, rouge vermillon rarement persistant, passant à brun rouge, briqueté ; bordure nulle ou plus claire, aranéeuse. — Hyphes hyalines, à parois minces, bouclées, 3—6(—9) μ, les inférieures teintées de bistre jaunâtre ; basides 30—42—50×6—7—10 μ, à 2—4 stérigmates plus ou moins arqués, longs de 6—8 μ ; spores arrondies ou ovoïdes, assez régulièrement sinuolées et aspérulées, 7—8—12×5—7,5—9 μ, 1-guttulées, hyalines, contenant, comme les basides et les hyphes subhyméniales, une matière rouge soluble et brunissant par KOH.

Octobre à Mars. Sur écorces et bois, bases des troncs, débris ; chêne, noyer, bruyère, pin, genévrier, *Phellinus dryadeus*, etc.

Var. **bolaris** Bres., Fungi polon., p. 107. — Plus largement étalé, briqueté ; spores plus anguleuses, 8—10×6—8 μ. Sur humus, troncs au niveau du sol, etc.

Var. **microspora**. — Floconneux-granuleux, mince, vermillon testacé, puis fauve briqueté ; hyphes 2—3 μ, à boucles petites, mal formées ; spores globuleuses, anguleuses et spinuleuses, 6—8 μ d.

Novembre-Juin. Sur chêne, hêtre.

Cette variété se rapproche, par ses hyphes plus étroites et ses spores plus petites, du *T. aurantiaca* Pat., S. Myc. Fr., vol. XXIV, p. 3, Guadeloupe ; mais ce dernier est aranéeux, orangé sombre.

770. — **T. mutabilis** Hym. de Fr., n. 497.

Furfuracé puis spongieux-poré, très mince, sans cohérence, gris, gris olive ou briqueté ; bordure similaire ou émiettée. — Hyphes 3—7 μ, à parois minces, bouclées, brun clair, olive clair ; basides 30—40—60×6—9 μ, à 2—4 stérigmates longs de 5—7 μ, droits ou peu arqués ; spores 6—7—9×5—6—9 μ, irrégulièrement arrondies, anguleuses et sinueuses, plus ou moins lâchement aspérulées, brun clair. (*Fig. 129*).

Juillet à Mai. Sur écorces et bois pourris, genévrier, prunellier, orme, chêne, peuplier.

129. — *Tomentella mutabilis* Bourd. et Galz.

La coloration est variable : des spécimens sont gris olive sur bois et briquetés sur écorce ; d'autres qui ont été notés : briquetés sur le frais, sont devenus gris ou crème olive en herbier. Peut-être assez voisin de *T. microspora* Karst.

771. — *T. gilva* Hym. de Fr., n. 498.

Poré-spongieux, mince, puis submembraneux, non continu, vineux-clair, puis isabelle tirant sur testacé ou ombre ; bordure émiettée, blanchâtre, fugace. — Hyphes hyalines, à parois minces, flasques, 2,5—3 μ, bouclées ; basides 40—58×7—9 μ, à 2—4 stérigmates arqués, longs de 6—7 μ ; spores sphériques ou ovoïdes, presque toujours très entières, couvertes d'aiguillons courts, fins et plus ou moins serrés, 7—8×6—7 μ, brun jaunâtre. (*Fig. 130*).

Novembre. Sur pin, Causse noir.

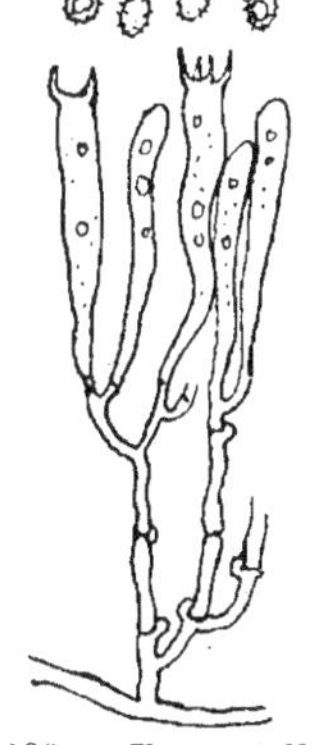

130. — *Tomentella gilva* Bourd. et Galz.

772. — **T. testacea** Hym. de Fr., n. 499.

Petites taches de 1—2 mm., puis confluentes, minces, très adhérentes, à la fin un peu épaissies plus lâches, fauve testacé, puis isabelle ou noisette : pas de subiculum distinct, ni de bordure, sauf çà et là une auréole blanchâtre. — Hyphes hyalines, à parois minces, bouclées, 3—5 μ ; basides 30—60×5—7—8 μ, hyalines ou teintées de rougeâtre (KOH), à 2—4 stérigmates ; spores régulièrement arrondies et sinuolées, rarement un peu anguleuses, finement aculéolées, 7—8×6—7,5 μ, gris hyalin ou rougeâtre très clair. (*Fig. 131*).

Octobre à Février. Sur grès, schistes entassés. Pas rare dans l'Aveyron.

T. testacea pourrait être une forme saxicole très mince de *T. cervina* (*Hypochnus* Burt, N. Am. Thel., VI, p. 232) ; quoique cette espèce soit dite cervicolore, le fragment du type, que nous a communiqué M. Burt, a maintenant une teinte saumonée ou isabelle testacé, et la plus grande différence avec *T. testacea* serait peut-être dans la spore.

Le *T. subvinosa* (*Hypochnus* Burt, l. c., p. 231), se rencontrera probablement dans nos régions ; plusieurs formes, que nous avons réparties dans *T. mutabilis, castanea* et la forme *tomentella* de *Phylacteria terrestris*, présentaient un aspect à peu près identiques, mais toutes différaient par le caractère des hyphes, qui sont, dans *subvinosa,* ascendantes et à boucles nulles ou rares.

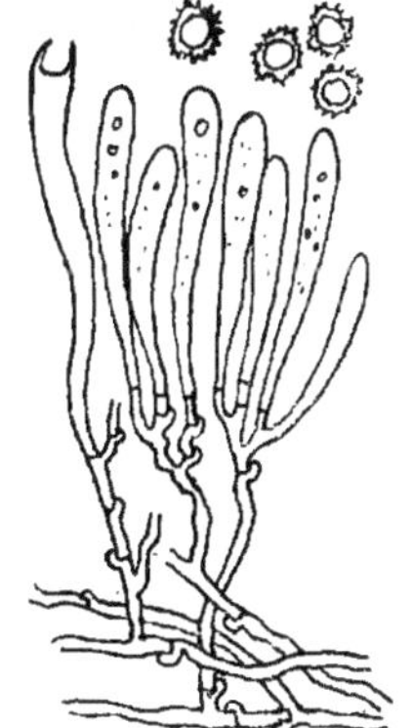

131. — *Tomentella testacea* Bourd. et Galz.

)()()(**Brunneolae**. — Espèces grises, noisette ou brunes (châtain, ombre, brun briqueté, brun vineux, chocolat), assez densément feutrées, peu floconneuses ; bordure nulle ou apprimée, jamais formée par un mycélium mou et lâchement fibrilleux ; hyphes peu régulières, inégales, mais toutes similaires, les basilaires seulement plus foncées, rarement fasciculées en cordons.

773. — **T. fusca** (Pers.) Schroet. — V. Hœhn. et L. — *Corticium* Pers., Obs. ; Fr., Hym., p. 654. — *Hypochnus* Fr., Obs. ; Bres., Fungi Kmet., p. 50 ; F. polon., p. 105. — *Thelephora vinosa* Pers., Syn., p. 578. — *Corticium* Quél., Fl. myc., p. 8. — *Hypochnus fuscellus* Karst. ; Sacc., VI, p. 662.

Largement étalé, membraneux feutré, presque lisse et continu, subpruineux, violacé grisâtre, chocolat, noirâtre vineux, puis brun, ordinairement plus clair vers les bords ; marge subsimilaire duveteuse ou fibrilleuse blanchâtre. — Hyphes 3—10 μ, à parois minces, cloisons fréquentes, ordinairement bouclées, les basilaires assez fermes, brunâtres, les supérieures plus flasques, subhyalines ; basides 20—45—75×7—10—12 μ, à 2—4 stérigmates un peu arqués, 6—9×2—3 μ ; spores 6—9—12×5—9 μ, ovales ou ellipsoïdes, quelquefois à contour assez entier, un peu déprimées, le plus souvent irrégulières, anguleuses et brièvement aspérulées, aiguillons, 0,7—1,2 μ, brun clair. (*Fig. 132*).

Avril à Décembre. Sur bois pourris, à feuilles ou à aiguilles, branches tombées, souches, gagnant les graminées, plantes vivantes, la terre nue, les pierres. Commun.

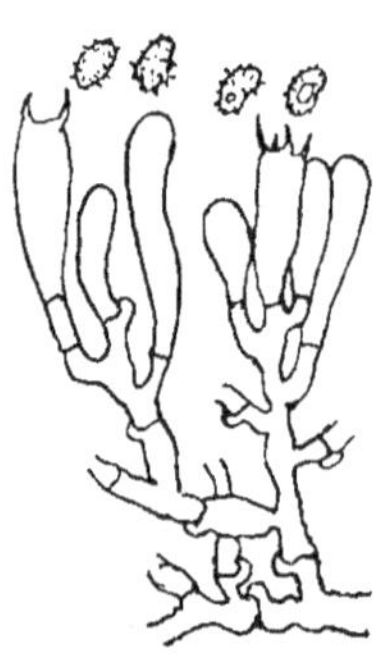

132. — *Tomentella fusca* (Pers.) Schroet.

Var. **radiosa** Karst. — Bordé au pourtour de fibrilles pâles largement apprimées, sur bois et pierres.

Var. **flavo-umbrina** Bres. in herb. — Tout blanc au début, puis noisette, ombre clair, plus pâle aux bords, avec large bordure fibrilleuse, jaune de Naples. Sur pommier, etc.

Var. **ambigua**. — Boucles des hyphes plus rares, manquant dans les basilaires qui sont rameuses à angle droit et disposées subparallèlement au substratum. Lyon (M. Josserand).

773 bis. — **T. mycophila** Hym. de Fr., n. 501. — *Hypochnus caesius* Brinkm., Westf. Pilze, n. 36.

Constitué d'abord par des granules isabelle, brunâtres, testacé-grisâtre, revêtus d'une villosité ou pruine blanc gris, à reflet bleuâtre, à la fin confluents en membrane interrompue ; bordure similaire, formée de granules épars. — Hyphes 3—6(—9) μ, à parois minces, bouclées, paille ou brun très clair ; basides 30—50—80× 6,5—9 μ, à 2—4 stérigmates longs de 5—8 μ ; spores arrondies anguleuses et lâchement spinuleuses, 6—7—9×5—7 μ, brun bistre clair.

Octobre à Février. Sur *Phellinus igniarius, torulosus, Xanthochrous evonymi, Hymenochaete cinnamomea*, etc. et sur la terre nue.

H. caesius Brinkm. répond bien à notre plante et semble différent de *H. caesius* Bres. qui est subfimbrié au pourtour. Quant au *Thelephora caesia* Pers., Syn., c'est bien vraisemblablement le *Sebacina caesia* Tul. qui montre souvent distinctes, à la loupe, les spores par quatre sur les basides. Mais PERSOON, qui n'a pas revu la plante, finit par la rapporter en variété à son *Th. fuscocinerea (T. phylacteris)*, sens adopté ici pour *Th. caesia* Pers.

H. caesius Bres., F. pol., est d'abord gris bleuâtre, puis canescent et gris noisette, hypochnoïde, subcontinu, peu adhérent ; bordure villeuse fibrilleuse subradiée, blanche à l'extérieur. Hyphes brun bistre clair, 4—4,5 μ, à parois fermes, boucles éparses, les basilaires çà et là fasciculées, les supérieures plus irrégulières, 3—7 μ ; basides hyalines, 45—60×9 μ, en petits bouquets presque distincts à la loupe, rendant la surface comme pruineuse ; spores brun bistre, 8—11×6—8(—9) μ, subglobuleuses ou elliptiques, sinuées ou sinuolées, à aiguillons fins et courts. — Sur la terre, les feuilles, les bois pourris. — ? Hte-Saône (L. MAIRE) ; Tyrol (V. LITSCHAUER).

774. — *T. hydrophila* Hym. de Fr., n. 502.

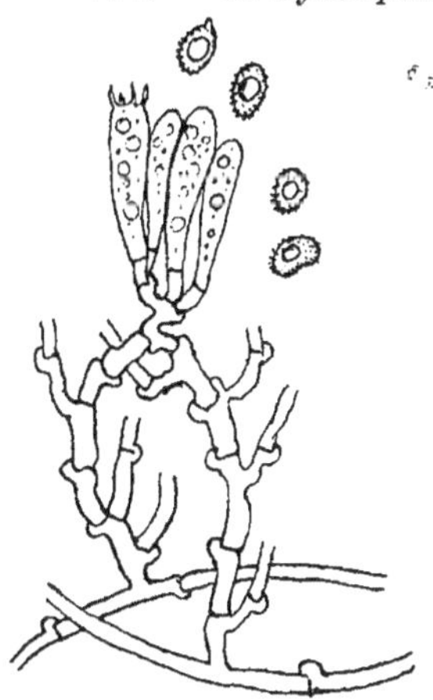

133. — *Tomentella hydrophila* Bourd. et Galz.

Membraneux, fragile, adhérent ; hyménium uni, alutacé noisette, puis ombre clair ; bordure floconneuse pruineuse, blanchâtre ou alutacée. — Hyphes subhyalines, 4—9 μ, à parois fermes, un peu fragiles, très rameuses, à cloisons nombreuses et bouclées, les basilaires plus régulières, 4—5 μ ; basides 45—60×10—15 μ, à 2—4 stérigmates ; spores ellipsoïdes sphériques, quelquefois déprimées, mais à contour très entier, couvertes de granules ou d'aspérités très courtes, 8—10—12×6—8—9 μ, brun clair *s. m.*, brun châtain en masse. (*Fig. 133*).

Juillet-Octobre. Sur racines et brindilles d'aune, marsaule, coudrier, toujours presque dans l'eau.

774 bis. — *T. subfusca* (Karst.) v. Hochn. et L., Beitr., 1906, p. 33. — *Hypochnus* Karst.; Sacc., VI, p. 663. — Brinkm., exs. n. 175!

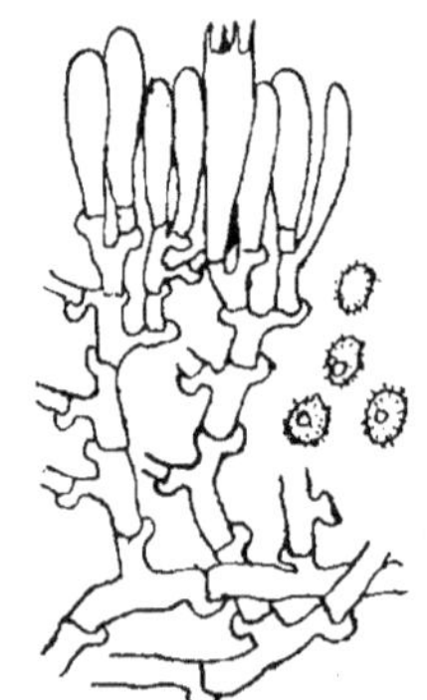

Finement feutré floconneux, rarement submembraneux, brun d'ombre, bistré avec légère teinte violacée; hyménium non continu. — Hyphes rameuses à angle droit, à courts articles, à parois minces, bouclées, 6—8 μ, les basilaires fermes, brun clair, les subhyméniales hyalines; basides 28—36 $\times$8—10 μ, à 2—4 stérigmates longs de 3—4 μ; spores globuleuses ou ovoïdes, parfois légèrement déprimées, à contour entier, 8—9$\times$7—8 μ, couvertes d'aiguillons fins, 1-guttulées, à mucron souvent distinct, brun violacé clair. (*Fig. 134*).

Août-Novembre. Sur troncs, branches et mousses. Rare.

134. — *Tomentella subfusca* (Karst.) v. Hochn. et Lisch.

775. — *T. castanea* Hym. de Fr., n. 504. — *Hypochnus umbrinus* Quél., Ass. fr., 1882, p. 15; Fl. myc., p. 2.

Submembraneux aride ou feutré crustacé, mince, poruleux à la loupe, très adhérent, ombre briqueté, châtain bistré; hyménium lisse; bordure similaire peu distincte, rarement fibrilleuse plus claire. — Hyphes 4—9 μ, les basilaires ombre clair, à parois minces, cloisons rapprochées et bouclées, rameaux faisant un angle ouvert, les supérieures subhyalines; basides 20—45—65$\times$7—9—10 μ, à 2—4 stérigmates droits, longs de 3—6 μ: spores 7—9$\times$6—8 μ, arrondies ou ovoïdes, anguleuses sinueuses et finement aculéolées, brun d'ombre. (*Fig. 135*).

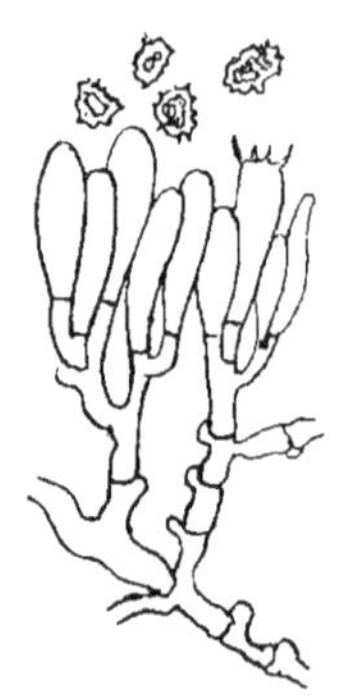

Juillet à Janvier. Souches, face inférieure des troncs abattus, chêne, charme, châtaignier, aune, pin, humus, etc. Assez commun. — Plus mince, plus aride et plus adhérent que *T. fusca*, dont il n'a pas non plus la teinte.

135. — *Tomentella castanea* Bourd. et Galz.

775 bis. — T. crustacea (Schum. Sœll.) — *Hypochnus crustaceus* Bres., Fungi polon., p. 106 et determ.!

Irrégulièrement membraneux, spongieux, épais, incrustant, châtain foncé; hyménium par plages rarement bien formé, brun grisâtre pruineux; bordure similaire nulle ou fibreuse radiée. —

Hyphes du subiculum brun clair, 3—6 µ, à parois fermes, régulièrement bouclées, fasciculées en cordons nombreux et volumineux ;

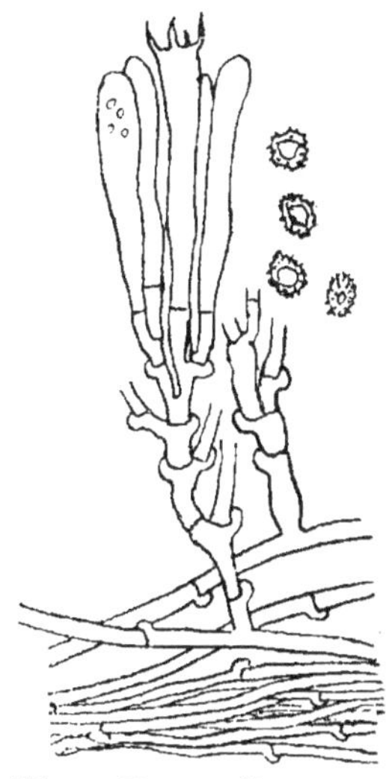

136. — *Tomentella crustacea*
(Schum.).

hyphes supérieures et subhyméniales
4—6—12 µ, plus flasques et moins
régulières ; basides 25—60—120×8—
15 µ, à 2—4 stérigmates subarqués,
longs de 6—9 µ, accompagnées de
basides stériles, brunies, irrégulières,
atteignant 20 µ d. ; spores arrondies
ou ovoïdes, plus ou moins anguleuses
ou sinueuses, brièvement aculéolées,
7,5—9—12×6,5—9 µ, brun bistré.
(*Fig. 136*).

Toute l'année. Sur humus, à la
base des troncs, chêne, épicéa, etc.

Cette espèce serait peut-être mieux
placée dans les *Phylacteria* que dans les
Tomentella. Aucun *Tomentella* n'a sa puissance de végétation : épaisse, feutrée, elle
incruste tout ce qu'elle rencontre, débris,
feuilles, mousses, et s'étend parfois sur une
surface de dix mètres. Elle est de toute l'année, avec régression dans la saison chaude.

On pourrait rencontrer *Hypochnus Schmoranzeri* Bres., très belle et nouvelle espèce que M. BRESADOLA nous a communiquée, et qui peut-être n'a
pas encore été publiée. On la reconnaîtrait à sa couleur violet noir, qui passe
à noirâtre en séchant. Elle prend l'aspect de *T. phylacteris*, mais elle en diffère totalement par la structure, qui rappelle celle de *T. crustacea*.

775 ter. — T. badio-fusca

Membraneux mou, séparable par flocons assez cohérents :
hyménium lisse, bai à châtain bistré ; bordure plus claire, gris
fauve, floconneuse puis similaire. — Hyphes 3—4 µ, à parois minces, régulières, subhyalines ou brun très clair, à boucles normales,
assez distantes ; basides 30—45×10—18 µ, souvent brunies et
difformes ; spores brun assez clair, arrondies, simplement grènelées, 5—6,5 µ diam.

Octobre, Novembre. Sur bois pourris de pin, Vinnac,
Causse-Noir.

L'espèce appartient à ce groupe, mais elle est aussi voisine de *T. umbrinella*.

776. — T. testaceo-gilva Hym. de Fr., n. 506.

Tomenteux-membraneux, spongieux-poré puis lisse et continu, testacé fauve, isabelle foncé ; bordure étendue fibrilleuse ou en rhizoïdes apprimés, tomenteux, à peu près concolores. — Hyphes à parois minces, 3—5(—8) μ, les basilaires brun clair, fasciculées en cordons, à cloisons assez distantes, et fréquemment sans boucles, les supérieures plus claires, normalement bouclées : basides 45—52×8—10 μ, à 2—4 stérigmates droits, longs de 5—8 μ ; spores 8—9×6—8 μ, ovoïdes ou arrondies, peu anguleuses, mais fortement sinuolées par de forts aiguillons coniques, atteignant 2—3 μ de long ; 1-guttulées, brun clair. (*Fig. 137*).

Août-Septembre. Sur branches d'aune, lieux humides ; Allier. Rare.

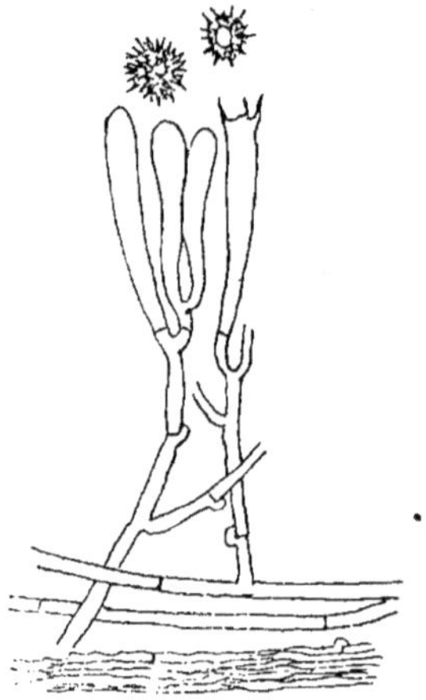

137. — *Tomentella testaceogilva* Bourd. et Galz.

776 bis. — **T. microspora** (Karst.) v. Hoehn. et L., Beitr., 1906, p. 24. — *Hypochnus* Karst., Hedw., 1896 ; Sacc., XIV, p. 225.

Membraneux-tomenteux, poruleux, mou, mince, adhérent ; hyménium lisse ou pulvéracé-granuleux, argileux, noisette, ombre cannelle : bordure similaire, alutacée puis ombre. — Hyphes 3—7 μ, à parois minces bouclées, les inférieures ombre gris, les supérieures hyalines ; basides 30—45—75×6—9 μ, à 2—4 stérigmates subarqués, longs de 4—6 μ ; spores arrondies anguleuses, lâchement et finement aculéolées, 4—6—8×4,5—7 μ, ombre ou bistre hyalin. (*Fig. 138*).

Octobre à Février. Sur écorces et bois, chêne, châtaignier, etc. Allier, Aveyron, Hte-Saône. Rare.

777. — **T. pannosa** (Bk. Curt.). — *Zygodesmus* Bk. Curt. — *Hypochnus* Burt, Th. N. Am., VI, p. 223.

Membraneux-tomenteux, aride, argileux, isabelle, adhérent, puis membraneux assez épais, lisse, continu et séparable, ombre fauve ou cannelle, marge concolore, atténuée. — Hyphes à parois minces, fermes, à boucles fréquentes, 4—6 μ, ombre clair, très rameuses, à angle ouvert, les supérieures renflées çà et là jus-

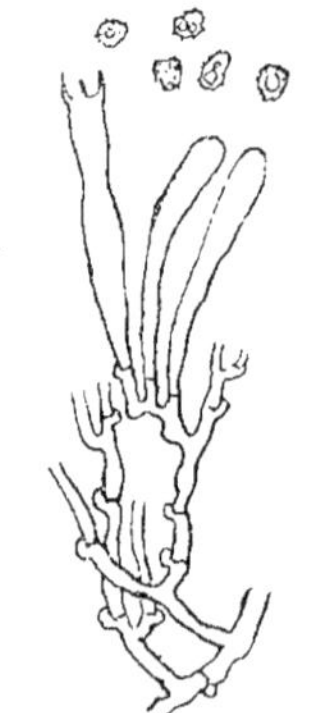

138. — *Tomentella microspora* v. Hoehn. et Litsch.

qu'à 7—10 μ; basides souvent irrégulières, 45—60—80×6—9(—12) μ, à 2—4 stérigmates longs de 5—9 μ; spores subglobuleuses ou ellipsoïdes, sinuées, lâchement aspérulées d'aiguillons assez longs, élargis à la base, 6—8—9×5—7 μ, ombre ou bistre hyalin. (*Fig. 139*).

Septembre-Octobre. Sur hêtre, chêne, *Phellinus dryadeus*. Rare.

Var. **pallida**. — Membraneux mince, restant pâle ou isabelle clair; bordure fibrilleuse, rarement fibrostrigueuse, blanchâtre. Spores 7—10×7—9 μ.

Juillet-Septembre. Bois très pourris et base des troncs, chêne, châtaignier.

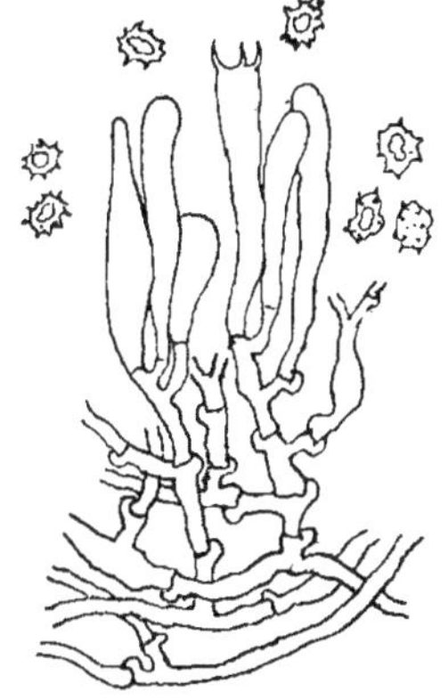

139. — *Tomentella pannosa* (Berk. et Curt.).

778. — **T. puberula** Hym. de Fr., n. 509.

Mou, peu cohérent, formé de flocons pubescents, serrés, puis continu, grènelé ponctué, pâle, isabelle, puis fauve briqueté; bordure floconneuse, grisâtre, fugace. — Hyphes 2—4 μ, subhyalines assez régulières, à parois minces, bouclées; basides 20—38—45×4—7—9 μ, à 2—4 stérigmates droits, longs de 4—6 μ; spores arrondies ou ovoïdes, très sinueuses et un peu anguleuses, fortement aspérulées, 7—9×5—6—9 μ, brun grisâtre clair. (*Fig. 140*).

Octobre-Novembre. Sur chêne, aune; Aveyron. Rare et peu abondant.

)O()(*Discolores*. — Subiculum fauve à brun foncé ou bistre, séparable facilement (sauf dans *T. Mairei*, qui est incrustant), revêtu d'un hyménium nettement discolore, pâle, noisette ou gris plus ou moins foncé. (*T. spongiosa, granosa*, dans les sous-sections suivantes, ont parfois l'hyménium pruineux grisâtre).

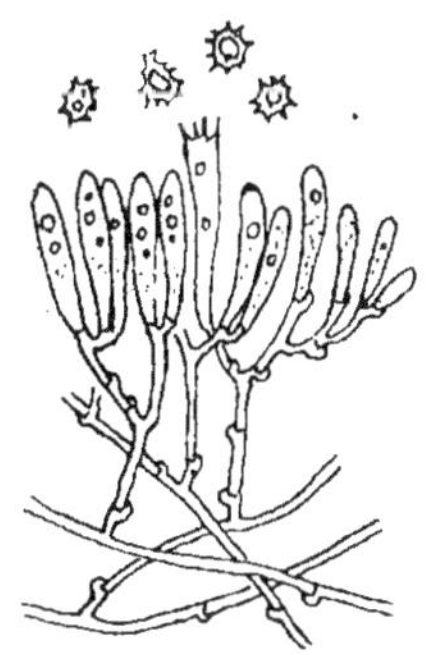

140. — *Tomentella puberula* Bourd. et Galz.

779. — **T. nitellina** Hym. de Fr., n. 510.

Floconneux-membraneux, subiculum assez épais, mollement feutré, facilement séparable en entier, fauve clair, testacé ou rouillé; hyménium uni, subfarineux, brun d'ombre clair, grisâtre fumeux, à la fin fendillé ; bordure similaire ou aranéeuse fauvâtre. — Hyphes à parois minces, bouclées, 3—7 μ, quelquefois renflées jusqu'à 10—20 μ, brun clair fulvescent ; basides 40—50—90 × 8—12—15 μ, mêlées à des basides stériles, brunies, élargies jusqu'à 21 μ, parfois 1-septées ; 2—4 stérigmates subulés droits, de 9—15 × 2,5—3 μ ; spores arrondies sinuées, brièvement et largement aspérulées, 7—9—12 × 7—9 μ, brun clair fulvescent, 1-guttulées, à mucron obtus, souvent distinct. (*Fig. 141*).

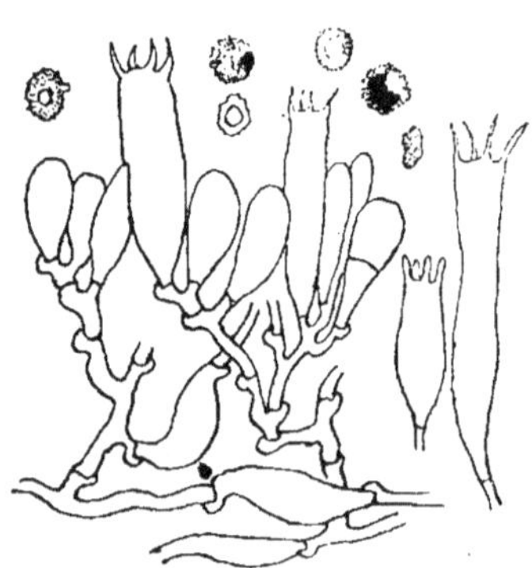

141. — *Tomentella nitellina* Bourd. et Galz.

Novembre à Février. Sur pierres, grès siliceux, calcaires du Lias. Pas rare dans l'Aveyron.

La plante a l'aspect extérieur de *T. zygodesmoides* ; ses affinités sont, d'autre part, avec *T. pilosa*.

780. — **T. pilosa**. — *Hypochnus* Burt, Th. N. Am., VI, p. 222. *Specim. orig.* !

Tomenteux-membraneux, très mou, séparable, chamois rouillé, fauve clair, brun d'ombre ; hyménium lisse ou granuleux, gris ou brun bistré ; marge un peu plus pâle, mince, étroite. — Hyphes 4—7 μ, rameuses à angle ouvert, parois minces, bouclées, quelques cordons formés d'hyphes plus fines, 2—4 μ ; cystidioles constituées par des basides hypertrophiées, à sommet obtus, claviforme, septées-noduleuses à la base, 100 × 6—15 μ, émergeant de 40—90 μ, parfois granulées incrustées ; basides 35—50 × 8—10 μ, à 2—4 stérigmates longs de 4,5—6 μ ; spores subglobuleuses, anguleuses et sinueuses, là-

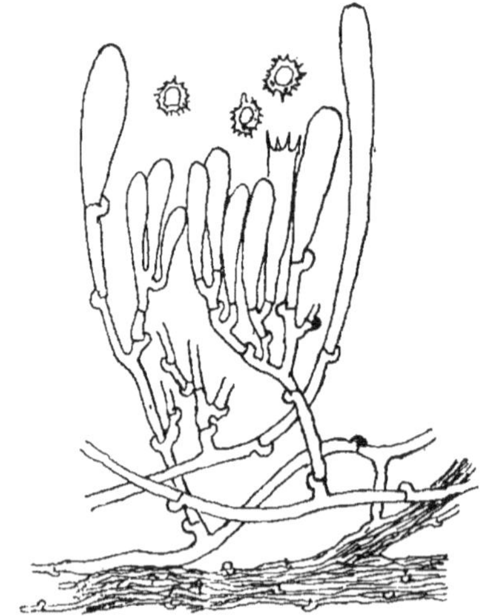

142. — *Tomentella pilosa* (Burt).

chement aculéolées, 6—9×6—7,5 µ, brun jaunâtre, souvent 1-guttulées. (*Fig. 142*).

Novembre. Sur branches tombées de pin, tiges de thym.

Nos spécimens, identiques au type, sont peut-être un peu plus foncés. L'espèce est placée dans cette section surtout à cause de son affinité de structure avec *T. nitellina*.

781. — **T. flaccida** Hym. de Fr., n. 512.

Subcontinu, assez adhérent, pâle, puis formant une membrane épaisse, flasque, brun d'ombre, entièrement séparable ; hyménium argileux pâle, blanc gris, noisette, pruineux et fendillé ; bordure similaire amincie. — Hyphes supérieures hyalines, 3—4,5 µ, et jusqu'à 9 µ sous les basides, à parois minces, boucles fréquentes, les basilaires plus rigides, 3—4 µ, un peu brunies et à cloisons distantes ; basides 40—80×10—18µ, hyalines, à grosses guttules, 2—4 stérigmates droits, longs de 9—12 µ ; spores arrondies, rarement déprimées, à contour très entier, 8—9—13×7—9—10 µ, aspérulées d'aiguillons ordinairement serrés, courts, mucron cylindrique obtus presque toujours saillant, 1-guttulées, brun clair. (*Fig. 143*).

Novembre-Décembre. Sur les grès, plus ordinairement sur grès altérés, presque terreux ; Belly, Evès, Nicouleau, etc. Aveyron.

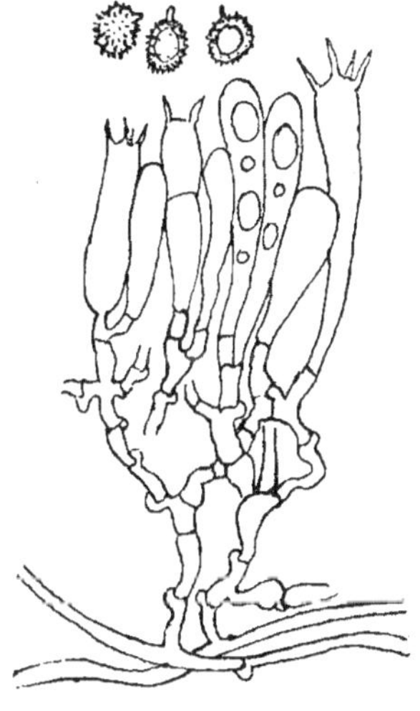

143. — *Tomentella flaccida* Bourd. et Galz.

Var. **euspora**. — Membraneux mou, lisse, finement farineux, gris fumeux ou noisette ; basides 35—45×10—15 µ ; spores sphériques, 6—12 µ diam. entières, à mucron saillant obtus, couvertes d'aiguillons longs de 1,5—4 µ, et à 1(—2) grosses guttules. — Novembre ; sur chènes ; Vignoles, Aveyron.

782. — **T. chalybaea** (Pers. ?). — *Hypochnus* Bres., Fungi polon., p. 106 et déterm. !

Feutré membraneux, lâche, séparable ; subiculum de brun à noirâtre ; hyménium pulvérulent, lisse, blanc gris un peu métallique, puis mat et gris luride ; marge fimbriée ou similaire. —

Hyphes subhyméniales, hyalines, 3—5 μ, celles de la trame brunâtres, régulières, à parois minces bouclées, 4—6 μ ; basides 30—40—60×8—12 μ, 2—4 stérigmates subarqués, 6×2,5—3 μ ; spores subglobuleuses, sinuolées et un peu anguleuses, à aiguillons assez serrés, inégaux, 9—10—12×7—9 μ, brun clair.

Août à Décembre. Sur branches tombées, chêne, frêne ; thym. Allier, Aveyron, Hte-Saône.

783. — T. **Mairei** Bourd., Nouv. esp. Tom., 1918.

Incrustant, adhérent, aride ; subiculum noirâtre, mince, finement feutré ; hyménium blanchâtre ou blanc gris, subpubescent et poruleux. — Hyphes 3—5 μ, à parois minces, bouclées, les supérieures hyalines, les basilaires brunâtres, parfois fasciculées en cordons ; basides hyalines, 45—80×9—11 μ, à 2—4 stérigmates longs de 5—7 μ, un peu arqués ; spores subglobuleuses, sinuolées et un peu anguleuses, lâchement aspérulées, 7,5—10×7—9 μ, brun d'ombre, souvent 1-guttulées et mucronulées. (*Fig. 144*).

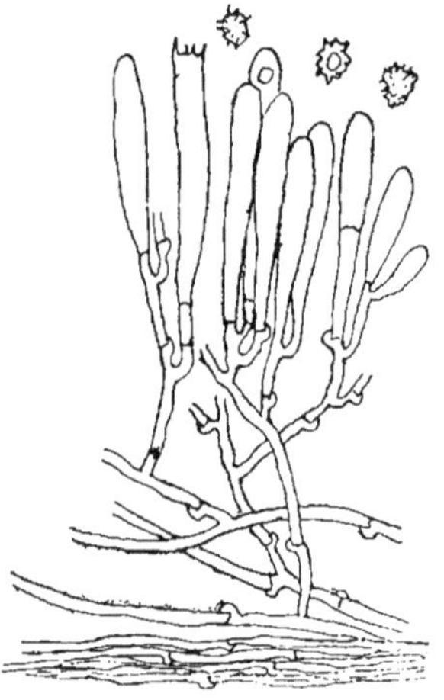

144. — *Tomentella Mairei* Bourd.

Septembre. Sur la terre sableuse et incrustant les brindilles, les feuilles ; Lisy-sur Ourq (S.-et-M.) L. MAIRE. — Les spécimens dont l'hyménium n'est pas formé, ont une teinte uniforme noirâtre.

784. — T. **avellanea**. — *Hypochnus* Burt, Th. N. Am., VI, p. 225. *Specim. orig.* !

Membraneux mou, séparable ; subiculum brun ; hyménium pâle ; noisette ou isabelle clair ; marge étroite radiée, blanchâtre ou brunie. — Hyphes supérieures à parois minces, bouclées, hyalines, les basilaires brun bistre clair à parois assez épaisses, en trame compacte, 4—5 μ, avec renflements jusqu'à 10 μ ; rares cordons peu fournis ; basides 50—60×9—11 μ ; spores subglobuleuses, ou ovoïdes, peu régulières et sinuolées, à aspérités courtes, 6—9 ×6—8 μ, brun bistre clair.

Description d'après BURT, l. c. et le spécimen type. Nos récoltes, quoique très ressemblantes, diffèrent par les hyphes basilaires à parois minces, 3—4(—6) μ ; spores 6—10×6—9 μ.

Septembre-Novembre. Sur racines de lavande, thym, humus et pierres ; Aveyron. Très rare.

785. — T. fuliginea. — *Hypochnus* Burt, Th. N. Am., VI, p. 232. *Specim. orig.* !

Feutré membraneux, épais séparable ; subiculum et marge bistre ; hyménium poruleux, isabelle fauvâtre à blanc grisâtre. — Hyphes bistre, à parois épaisses, bouclées, 3,5—7(—12) μ., les supérieures hyalines, à parois minces ; basides 40—60(—120)×9—12 μ., rarement 1-septées, à 2—4 stérigmates subulés, longs de 7—9 μ. ; spores globuleuses ou subglobuleuses, sinuolées et aspérulées, 6—8—11×6—9 μ, bistre clair.

Octobre-Avril. Sur *Erica arborea*, Aveyron ; sur la terre nue, Chapaize et sur brique, dans une haie, Cormatin (S.-et-L.) (F. GUILLEMIN) ; sur terre argileuse, Andelot (Hte-Marne) (L. MAIRE).

Nos spécimens ont les hyphes basilaires à parois fermes, plus ou moins épaissies, mais moins que dans le type.

)()()(*Dimorphae.* — Espèces pouvant présenter toutes les teintes depuis bistre noirâtre jusqu'à jaune rouillé vif ; bordure souvent en mycélium fibrillo-floconneux mou ; hyphes dimorphes, les supérieures à parois minces et à cloisons rapprochées, les basilaires plus rigides, à parois ordinairement épaisses et brunes ; spores le plus souvent à contour entier et aculéolées.

786. — T. spongiosa. — *Thelephora* Schw. ; Sacc., VI, p. 545. — *Hypochnus* Burt, Th. N. Am., VI, p. 216.

Assez largement étalé, d'abord mince, adhérent, d'aspect villeux, crustacé, poruleux, puis épaissi en membrane floconneuse spongieuse, mollement adhérent, ombre bistré, bistre noirâtre ; hyménium rarement continu, brun d'ombre, furfuracé glébuleux ou simplement pruineux ; bordure rhacodioide, épaisse, floconneuse laineuse, séparable, brun bistre. — Hyphes du subiculum (4)—5—6(—9) μ, brun noir, à parois épaisses rigides, à boucles distantes, souvent petites ou obliques ; hyphes de la trame noirâtre-hyalin, à cloisons et boucles fréquentes, à parois minces, ordinairement 5—6 μ ; basides subhyalines ou concolores aux hyphes de la trame, 40—45—80×8—9—12 μ, à 2—4 stérigmates de 6—9×1,5—3 μ ; spores régulièrement arrondies, parfois déprimées, non sinuées, à mucron obtus, à aiguillons plus ou moins allongés, 6,5—9—12×6 7,5—11 μ, noirâtre-hyalin ou brun bistre, 1-guttulées. (*Fig. 145*).

Toute l'année, surtout Août-Janvier. Sur toute espèce de bois pourris, débris, humus, sous les mousses, sur joncs et graminées ; bien identique sur grès et calcaires. Commun.

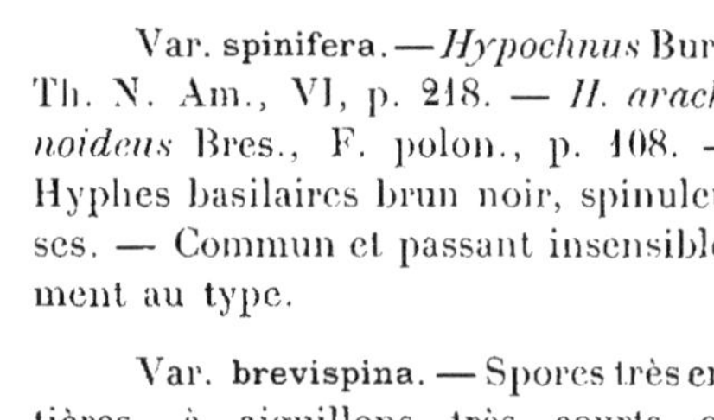

Var. **spinifera.** — *Hypochnus* Burt, Th. N. Am., VI, p. 218. — *H. arachnoideus* Bres., F. polon., p. 108. — Hyphes basilaires brun noir, spinuleuses. — Commun et passant insensiblement au type.

Var. **brevispina.** — Spores très entières, à aiguillons très courts ou même simplement grènelées, 7—9 μ diam. — A terre et sur grès et calcaires, avec hyphes soit lisses, soit spinifères.

Var. **murina** Bres., F. polon., p. 108. — Subiculum brun ; hyménium fumeux ou gris de souris. — Novembre, sur chène, coudrier, etc.

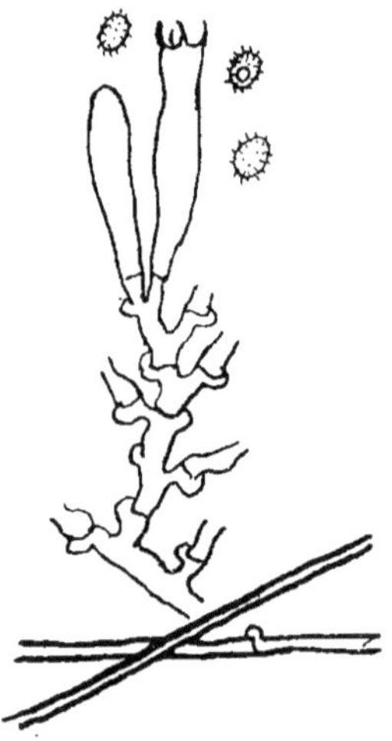

145. — *Tomentella spongiosa* (Schw.).

787. — *T. umbrinella* Hym. de Fr., n. 518.

Très mince adné, puis floconneux et séparable, entièrement ombré ou bistré. — Hyphes de la trame brunes, à parois minces, bouclées, 3—5 μ, les supérieures brun jaunâtre ; basides 30—50× 6—9(—12) μ ; spores brun jaune, arrondies, à peine sinuolées, à aiguillons fins, 7—9×7—8 μ.

Septembre-Novembre. Sur grès et calcaires.

Correspond à *T. ferruginella*, mais par ses hyphes basilaires plutôt en cordons qu'épaissies, il se rapproche davantage des *Chordulatae*.

788. — *T. porulosa* Hym. de Fr., n. 519.

Membraneux mou, plus ou moins floconneux, poruleux subspongieux à la loupe, asséz adhérent, puis épaissi, granuleux ou fendillé, marron bistré ; hyménium rarement revêtu d'une pruine légère grisâtre ; bordure similaire ou fibrillo-floconneuse, concolore ou plus claire. — Hyphes à parois minces et boucles fréquentes, 4—9 μ, noirâtre à bistre hyalin, à peu près similaires, les basilaires à parois un plus fermes, et çà et là fasciculées en cordons peu nets ; basides noirâtre hyalin, 30—65×8—12 μ, à 2—4 stérigmates arqués, longs de 6—12 μ ; spores arrondies, parfois un peu déprimées, à contour entier, 7—9—12×6—8—12 µ, à aiguillons fins, serrés, souvent très courts, mucron obtus souvent distinct, noirâtres. (*Fig. 146*).

Septembre à Juin. Sur bois très pourris, débris, chêne, hêtre, coudrier, etc. Pas rare.

Forme *gresophila* : pelliculaire, interrompu, puis en plaques très épaisses, feutrées, qui se détachent du substratum ; basides fréquemment noirâtres et déformées, élargies jusqu'à 18 µ, tronquées au sommet, 1-septées, etc. ; spores sphériques, sinuolées et aspérulées d'aiguillons courts, 7—11×6—9 µ, ordinairement 1-guttulées. Abondant sur grès, Belly, Boutaran, Vignoles (Aveyron).

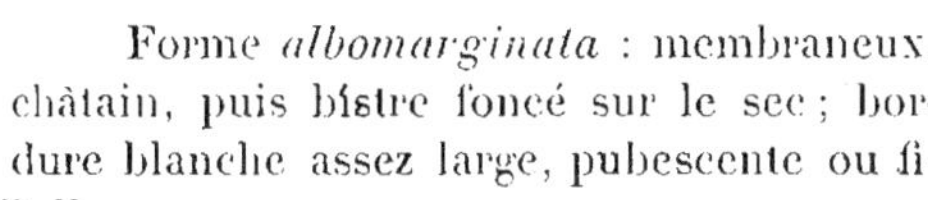
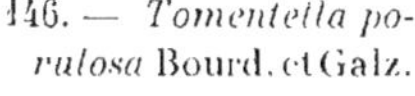

146. — *Tomentella porulosa* Bourd. et Galz.

Forme *albomarginata* : membraneux, châtain, puis bistre foncé sur le sec ; bordure blanche assez large, pubescente ou fibrilleuse. Sur grès, Belly.

Forme *lutricolor* : membraneux mou, gris à brun ; hyménium très uni, brun noirâtre à brun d'acier, chatoyant et pruineux ; bordure fugace ; hyphes 3—6 µ, les basilaires plus fermes et plus régulières, brun jaunâtre ; basides souvent irrégulières'; spores ovoïdes subglobuleuses, sinuolées, à aspérités lâches et courtes, 7—8×7,5 µ, brun tabac. Sur branches de pin, Causse Noir.

789. — **T. Jaapii.** — *Hypochnus* Bres. in Jaap, Fungi sel. exs. 1905. — *Tomentella papillata* v. Hoehn. et L., 1907.

Épais, membraneux tendre sur le frais, puis floconneux membraneux, se détachant par places ; hyménium à gros granules serrés, brun rouillé, plus clair aux bords ; marge abrupte ou fibrillo-floconneuse. — Hyphes à parois minces, à boucles éparses, les subhyméniales hyalines, 3—4 µ, les basilaires brunâtres, 3—6 µ ; basides 30—45×5—7,5 µ, à 4 stérigmates courts : spores globuleuses ou ellipsoïdes, irrégulièrement anguleuses, à longs aiguillons hyalins, et à grosse guttule, 8—11×7—10 µ, ou 8—10 µ diam., brun jaunâtre.

Sur bois morts d'arbres à feuilles.

La forme que nous rapportons ici diffère de la description ci-dessus par son épaisseur moindre, ses granulations moins fortes et son adhérence, différences qui peuvent être dues à son habitat sur grès, Vignoles (Aveyron).

790. — T. Bresadolae. — *Hypochnus* Brinkm. ; Bres., Fungi polon., p. 108 et determ. !

Membraneux tomenteux, aride, à bordure blanchâtre, puis bientôt uniformément brun chocolat, marron ou bistré. — Hyphes brun bistre, 4—8 μ, les basilaires plus rigides ; basides subhyalines, 35—62×9—12 μ, à 2—4 stérigmates longs de 4—7 μ ; spores brun jaune, 9—12 μ diam., arrondies, peu anguleuses, à longs aiguillons.

Septembre à Novembre. Sur bois pourris, chêne. aune, pin, etc.

791. — T. ferruginea Pers.. Obs. — *Thelephora* Pers., Syn., p. 578. — *Hypochnus* Fr., Hym., p. 664. — Quél., Fl. myc., p. 2. — Bres., Fungi Kmet., n. 177. — *H. ferrugineus* et *subferrugineus* Burt, Th. N. Am., p. 207 et 210.

Assez largement étalé, mince, tomenteux, plus ou moins séparable ; hyménium formé de fins granules villeux-pulvérulents, serrés, rouillé vif, sur subiculum variant de rouillé à brunâtre ; bordure molle, rouille à brun. — Hyphes bouclées, les supérieurès jaunes à parois minces, 3—10 μ, les basilaires à parois plus épaisses, plus foncées brunâtres, 3—7 μ, plus rigides, à cloisons plus distantes ; basides jaunes ou subhyalines, 30—45—60×7—9—12 μ, à 2—4 stérigmates longs de 5—12 μ, un peu arqués : spores globuleuses ou subglobuleuses, régulières, non anguleuses, couvertes d'aiguillons coniques, longs de 2,5—3 μ, rouillées ou jaune doré, 7—9—12×6—8—12 μ, à mucron souvent distinct.

Juillet à Février. Commun sur troncs, branches tombées de toutes sortes de bois ; sur feuilles, terre nue, pierres. Les plantes sur grès et calcaires sont, en général, plus minces, plus apprimées et ont les hyphes d'un diamètre peut-être légèrement inférieur en moyenne.

a. — **Hypochnus ferrugineus** Burt. — Hyphes toutes concolores sans hyphes brunes à la base.

C'est peut-être un type idéal ; nous ne l'avons jamais rencontré. Le spécimen envoyé comme tel par M. Burt présente lui-même quelques hyphes brunes. Les hyphes brunes, en très petit nombre dans certains spécimens, finissent dans d'autres par prédominer et l'espèce passe alors à *T. spongiosa* par des transitions insensibles. Au moins pour les plantes qui viennent sur grès et les calcaires, il est très difficile de fixer une limite nette entre *T. spongiosa* et *ferruginea*.

b. — **typica.** *Tom. ferruginea* Pers. *H. subferrugineus* Burt. — C'est la forme la plus commune, dont la description a été donnée ci-dessus.

c. —fuscomarginata (*H. fuscoferrugineus* Bres. ?). — Subiculum brun ou noirâtre formant bordure ; partie centrale d'un jaune rouillé plus ou moins vif; hyphes brunes, basides et spores rouillées, plus ou moins brunies. Sur bois et grès.

d. — obscura. — Ambré fauve à brun fuligineux ; hyphes brunes ; basides et spores restant jaune rouillé plus ou moins franc. Sur bois et pierres.

c. —brevispina. —Spores très entières, à aiguillons très courts, ou même simplement grènelées ; hyphes supérieures, basides et spores jaune doré. Sur tiges de thym, à terre et sur pierres calcaires.

f. — entochroa. —Spores de *brevispina*, couleurs de *obscura*, mais hyphes, basides et spores à contenu sensiblement bleui ou verdi par la potasse. Chêne liège, Toulon (A. DE CROZALS).

792. — *T. ferruginella* Hym. de Fr., n. 523.
Granuleux floconneux, subindéterminé, mince, séparable par flocons, uniformément rouillé. — Hyphes supérieures 2—3 μ, jaunes, à parois minces, bouclées, les basilaires un peu épaissies et brunes, 2—4,5 μ ; basides jaunes, 40—60×7,5—10 μ, à 2—4 stérigmates courts, arqués ; spores arrondies, à contour entier, à aiguillons coniques, épars, 7,5—9×7—8 μ, mucron obtus, jaunes ou jaune brunâtre.
Octobre-Novembre. Sur grès, Aveyron.

)()()()(*Chordulatae*. — Espèces rouillées, olive ou brunes ; hyménium souvent grènelé ; hyphes petites, 3 μ en moyenne, les basilaires souvent fasciculées en cordons, toutes à peu près concolores.

793. — **T. rubiginosa** (Bres.) R. Maire, Ann. Myc., 1906. — *Hypochnus* Bres., Fungi Kmet., n. 182. — Burt, Th. N. Am., VI, p. 209.
Tomenteux floconneux ou submembraneux mou, mince, peu adhérent, fauve rouillé vif, plus rarement fauve clair, se fonçant vers brun rouillé, sur le sec ; hyménium souvent similaire, mais devenant floconneux granulé, et nettement granuleux en bon développement ; bordure fibrillo-floconneuse, plus claire ou plus vive (plus rouge sur les calcaires). — Hyphes subhyalines, jaune clair, jaune doré, les subhyméniales 4—5 μ, les inférieures 1—4 μ, souvent fasciculées en cordons ; basides subhyalines ou jaune clair,

20—40—50×6—7—9 μ, à 2—4 stérigmates longs de 4—9 μ.; spores 6—7,5—10×4,5—7—9 μ, arrondies, fortement sinuées, irrégulièrement aspérulées, parfois mucronées, jaunâtres. (*Fig. 147*).

(Mai) Juillet à Janvier. Sur bois très pourris, souches, branches tombées, bois carbonisés, débris et feuilles, pierres. Commun.

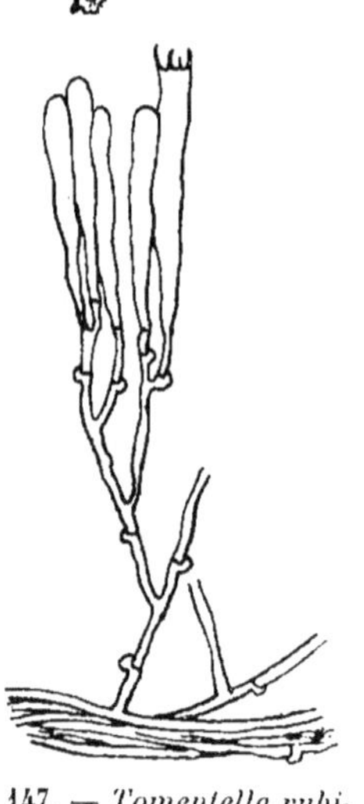

147. — *Tomentella rubiginosa* (Bres.) R. Maire.

794. — *T. gresicola* Hym. de Fr., n. 525.

Mince, très adhérent, puis feutré ou membraneux-aranéeux, rouillé ou fauve ; hyménium granuleux, brun rouillé, fauve foncé ; bordure lâche, aranéeuse. — Hyphes 2—4, à parois minces, flasques, jaune clair, bouclées, souvent fasciculées en cordons à la base ; basides 25—30—42×6—8 μ, à 2—4 stérigmates longs de 4—5 μ ; spores régulièrement arrondies et sinuolées, aspérulées de petites verrues, larges, obtuses, ou d'aiguillons très courts, 7—7,5—9×6—7—9 μ, à mucron obtus et 1-guttulées, jaune fauve ou jaune brun.

Décembre-Janvier. Sur grès durs ou terreux. Se distingue de *T. rubiginosa* par sa bordure fauve rouillé avec hyménium brun, rouillé, fauve bai, et sa spore constamment plus régulière.

795. — *T. liasicola* Hym. de Fr., n. 526.

Membraneux mince, séparable tantôt par plaques floconneuses, tantôt en entier, fauve rouillé, ombre fauve, ombre bistré ou noirâtre, revêtu au centre de granules aigus nombreux ; bordure floconneuse fibrilleuse, fauve, bientôt foncée. — Hyphes 1,5—3 (—5) μ, à parois minces, bouclées, subhyalines ou brunies, les basilaires plus régulières, avec cloisons distantes, souvent sans boucles, cordons plus ou moins fréquents ; basides hyalines ou à contenu granuleux, jaunâtre clair, 45—60×6—7 μ, à 2—4 stérigmates longs de 6 μ, droits ; spores 6—7—9×6—6,5—9 μ, anguleuses acariformes, à aiguillons fins, serrés, quelquefois nuls, brun plus ou moins foncé.

Septembre-Décembre. Assez abondant sur les marnes et calcaires du Lias, Aveyron.

Distinct de *T. rubiginosa* par sa coloration bien plus sombre, ses hyphes non jaunes ; de *T. granulosa* par l'absence de teinte olive ; de *T. gresicola* et des autres par sa spore acariforme, ses hyphes ne changeant pas de couleur par KOH, et la facilité avec laquelle elle se détache de la pierre.

796. — T. granulosa. — *Zygodesmus* Peck. — *Hypochnus* Burt, Th. N. Am., VI, p. 218.— *H. elaeodes* Bres., Fungi Kmet., n. 181.

Mou, séparable, fortement granuleux, brun tabac ou fauvâtre teinté d'olive, avec des zones ou des taches vert olive ; bordure oblitérée ou similaire. — Hyphes 2,5—4,5 μ, à parois minces, bouclées, les supérieures hyalines, les inférieures fauve clair ou un peu olivacé ; basides 40—50×6—8 μ, sans matière jaune, à 2—4 stérigmates longs de 4—5 μ ; spores 7—9×6—8 μ, sinuées et anguleuses à aiguillons très courts, fins, ou nuls, brun clair.

Septembre-Décembre. Sur bois pourris, brindilles, chêne, érable, bouleau, etc. Pas rare.

b. var. laeviuscula. — Mince, adhérent, aride puis membraneux, fendillé et détaché du substratum ; hyménium lisse ou très finement grènelé ou chagriné, brun d'ombre teinté d'olivacé ou de jaune luride. Hyphes 2—4, jaune ou ombre olivacé, à parois minces, bouclées, les basilaires en cordons ; basides 35—46×7—9 μ, hyalines ; spores 7—9×6—9 μ, variables, anguleuses, sinuées, spinuleuses ou non, brun clair ou jaunâtre. Novembre-Janvier. Sur grès. — La teinte olive est parfois peu prononcée, mais la spore est plus irrégulière et anguleuse que dans *T. gresicola*.

c. var. terricolor. — Brun d'ombre terreux, finement chagriné, unicolore ; hyphes 4,5—6 μ, les basilaires à parois un peu épaissies ; spores 7—8×6—7 μ, régulièrement arrondies et sinuolées, à aiguillons élargis très courts, 1-guttulées, brun clair. Sur grès.

d. var. fuliginosa. — Bistre ou bistre olivacé floconneux mince, assez cohérent, peu ou pas granuleux ; bordure aranéeuse, concolore ou plus fauve. Hyphes 3—5 μ, flasques, jaunâtres ou olivacées, cordons plus ou moins nombreux ; spores brun jaunâtre ou olivacé, arrondies, sinuolées anguleuses, très brièvement aspérulées, 1-guttulées, 7—9×7—8 μ. Fréquent sur les grès et très ressemblant aux formes de *T. botryoides* et *T. granosa* qui viennent dans les mêmes conditions.

Cette variété se rattache assez vaguement à *T. granulosa* par des formes plus ou moins olivacées. Les formes similaires de *T. botryoides* s'en distinguent par leurs basides jeunes à contenu bleu noir. Celles de *T. granosa* ont les hyphes d'un brun gris, plus ou moins clair, sans rien d'olivacé ; mais il y a des formes intermédiaires qui restent souvent indéterminées.

797. — T. coriaria. — *Grandinia* Peck. — *Hypochnus* Burt, VI, p. 228. — *H. fulvocinctus* Bres., F. Kmet., n. 184.

Largement étalé, mollement feutré, lâchement adhérent, bicolore ; hyménium floconneux pulvérulent, puis couvert de granules serrés, brun rouille, bistre rouillé, puis après un temps variable devenant vert olive ou d'un beau vert sombre ; bordure large, très molle, floconneuse fibrilleuse, jaune rouillé vif. — Hyphes 2—4(—6) μ, subhyalines, jaunâtres ou jaune olive, à parois minces, bouclées ; les basilaires souvent en cordons ; basides ordinairement en touffes denses, hyalines ou jaunâtres, 27—45—65×4,5 —6—9 μ, à 2—4 stérigmates droits, de 6—7×2—2,5 μ ; spores arrondies ou anguleuses, parfois acariformes, à aiguillons courts, grêles, souvent peu distincts, 6—7,5—9×6—7—8 μ, jaune fauve ou olivacé. Les hyphes, subhyméniales surtout, les basides et les spores contiennent une matière granuleuse vert clair ou brun olive, qui se dissout dans la potasse, au moins à chaud, en la colorant en vert bleuâtre ou vert olive.

Juillet à Janvier. Sur bois cariés, de toute essence ; identique sur grès, briques, calcaires. Assez commun.

798. — T. botryoides. — *Thelephora* Schw. — *Hypochnus* Burt, Th. N. Am., VI, p, 227. — *Th. granosa* Bk. Curt., sec. Burt, (nec Bres., F. polon., p. 108). — *Tomentella glanduligera* v. H. et L., Ann. myc., 1906, p. 290 !

Subiculum très mou, fibrilleux aranéeux, séparable, blanc gris, blond, chamois, fauve rouillé ou cannelle ; hyménium lâchement membraneux, gris noirâtre subolivacé, puis granuleux verruqueux, brun de fer, noirâtre avec reflet olive ou violacé presque métallique. — Hyphes 2—4(—5) μ, à parois minces, bouclées, jaune doré, jaune brun, les basilaires fasciculées en cordons ; basides 30—40—75×6(—9) μ, à 2—4 stérigmates de 4—8×2—3 μ ; spores anguleuses, sinuées, presque acariformes, irrégulièrement aspérulées, 5—7—9×4,5—7—8 μ, brunâtres. Les hyphes subhyméniales, les spores et surtout les basides jeunes (glandes de v. Hoehnel) contiennent une substance granulée, bleu noir, qui se dissout dans la potasse, en donnant une coloration bleu vert.

Juin à Février. Sur bois pourris, chêne, aune, frêne, bruyère, genévrier, etc. Pas rare. Presque identique, mais plus variable, plus foncé, à granules souvent oblitérés, sur les grès, les schistes et les calcaires, où il est fréquent.

)()()()()()(*Rugulosae*. — Hyménium normalement granuleux, gris, ombre, châtain ou bistre ; bordure aranéeuse ; hyphes
subhyalines ou grises, les basilaires plus rigides, ordinairement
rugueuses incrustées et fragiles ; spores arrondies, sinuolées, peu
anguleuses, à aiguillons fins et courts.

799. — **T. granosa.** — *Hypochnus granosus* Bres., Fungi
polon., p. 108, nec *Thelephora granosa* Bk. Curt., sec. Burt.

Submembraneux mou, peu adhérent, châtain, brun d'ombre,
brun noirâtre ; hyménium granuleux en bon développement, pruineux, gris brun, gris fumeux ou noisette ; bordure fibrilleuse aranéeuse, noisette, puis concolore ou oblitérée. — Hyphes brun
gris clair, à parois minces, à cloisons et boucles fréquentes, 3—5
(—9) μ, les inférieures plus rigides, à parois un peu épaissies,
ordinairement rugueuses incrustées, assez fragiles, un peu plus
foncées ; basides 25—45—60×6—9—10 μ, à 2—4 stérigmates droits,
longs de 5—8 μ ; spores subarrondies, sinuolées, peu anguleuses,
à aiguillons fins, courts ou oblitérés, 6,5—9×6—8 μ, grises ou
brun clair.

Juillet à Mars. Sur bois très pourris, chêne, châtaignier, pin,
fougères, etc. Assez commun. — Fréquent sur les grès et les
schistes ; l'hyménium y est souvent plus vaguement grènelé et chagriné ; le champignon s'y trouve aussi fréquemment en mélange
intime avec *T. spongiosa* et *porulosa*.

A l'état jeune, il se présente souvent avec un aspect hypochnoïde et
des touffes de basides distinctes à la loupe. Les basides très jeunes, ainsi
que les hyphes subhyméniales, contiennent une matière granuleuse, noirâtre,
qui est soluble, au moins à chaud, dans une solution de potasse, et colore le
contenu en bistre plus ou moins foncé.

Hypochnus asperulus Karst., Ofs. Bas. ; Sacc., IX, p. 243. — *Tomentella* v. Hoehn. et L. Beitr., 1906, p. 22, ressemble beaucoup à *T. granosa*
(Bres.), mais il en est distinct, d'après les auteurs cités, par ses spores plus
grosses, régulièrement arrondies et jamais anguleuses. La description originale porte en outre : « *adhaerens, laevis, incanus* ».

800. — **T. cinerascens** (Karst.) v. Hoehn. et L., Beitr.,
1906, p. 22. — *Hypochnus* Karst., Symb. ; Bres., F. polon., p.
108. — Burt, Th. N. Am., p. 233. — Wakef., Tr. Brit. Myc. Soc.,
1916, p. 477.

Aranéeux floconneux, puis submembraneux, lâche, mou, peu
adhérent, fragile ; hyménium subfloconneux, puis couvert de granules plus ou moins denses et réguliers, noisette teinté de rosâtre
ou d'isabelle, gris fumeux, puis gris brun clair ; bordure large, plus
pâle, blanchâtre, aranéeuse et rhizoïde fibrilleuse. — Hyphes sub-

hyalines, régulières, à parois minces, bouclées, 2,5—3—6 μ, les inférieures plus rigides, finement verruqueuses ou ponctué-rugueuses, fragiles, quelquefois fasciculées en cordons assez gros, mais lâches ; basides 25—35—45×5—6—9 μ, à 2—4 stérigmates longs de 4—6 μ, droits ou peu arqués ; spores arrondies ou ovoïdes, ordinairement simplement sinuolées, 1-guttulées, quelquefois un peu anguleuses, aspérulées d'aiguillons courts, plus ou moins nombreux ou oblitérés, 5—6—8×4,5—6—7 μ, brun clair, gris jaunâtre ou fumeux.

Juillet à Décembre. Sur bois très pourris d'arbres à feuilles et à aiguilles. Assez commun.

var. **fragilis**. — Isabelle, noisette, adhérent, puis ombre, fendillé et sécédent sur le sec, fragile ; bordure bientôt similaire, oblitérée. Hyphes fragiles, 2—6 μ ; spores fauve clair, 7—11×6—9 μ. Sur grès.

var. **verrucarioides**. — Tuberculeux granuleux, aspect lépreux pulvérulent, ombre gris, bordure nulle. Hyphes irrégulières, peu abondantes, fragiles, 2—6 μ ; spores sinuolées, 1-guttulées, à aspérités éparses, très courtes, 6—9×6—8 μ. Sur grès. — Ces deux variétés ne ressemblent à *T. cinerascens* qu'à l'état jeune ; plus avancées, elles prennent l'aspect des formes brun d'ombre de *T. granulosa*, dont elles diffèrent par leurs hyphes subhyalines.

var. **calcarea**. — Séparable, veinuleux chagriné, gris blanchâtre, puis rouan ou gris brun ; bordure blanche fibrilleuse ou nulle. Hyphes supérieures hyalines, 3—4,5 μ, les basilaires gris brun, 6 μ, à parois épaisses, rigides et très rugueuses ; basides très guttulées, en touffes denses, 30—40×5—6 μ ; spores gris brun, 4,5—6,5×4,5—5 μ, régulièrement arrondies, à grosse guttule, grènelées ou très brièvement aspérulées. Octobre Novembre. Facile à reconnaître à son aspect particulier, ses caractères bien constants ; pas rare sur les marnes schisteuses du Lias, environs de Millau.

var. **capnoides**. — *Hypochnus capnoides* Bres., in Hedw., 1896, p. 62. — Rapporté en synonyme à *T. cinerascens* par von Hochnel, il est plus adhérent, tomenteux, brun fumeux, à granules pulvérulents ; spores 6—7 μ diam., aculéolées. Sur chêne, etc.

)()()()()()(*Pallidae*. — Espèces à teinte claire : blanches, blanchâtres ou pâles.

801. — **T. trigonosperma** v. Hochn. et Litsch., Beitr., 1908, p. 163 pp. ; Brinkm., Westf. Pilze, n. 173.

Membraneux feutré, mince, incrustant, assez adhérent, blanchâtre ; hyménium à peu près continu ; bordure fibrillo-aranéeuse. — Epaisseur : 100—180 µ. Hyphes hyalines à parois un peu épaissies, bouclées, 4—4,5 µ ; basides 18—24×4,5—6 µ, à 2—4 stérigmates droits, longs de 4—4,5 µ ; spores hyalines, subtriangulaires, rendues très anguleuses par des tubercules subcylindriques ou des verrues très inégales, peu ou pas aculéolées, 4,5—7×4,5—6 µ.

Sur bois pourri d'arbres à feuilles, mousses, etc. Lengerich (Westphalie), BRINKMANN.

MM. von HOEHNEL et LITSCHAUER ayant réuni dans leur description le *Tomentella trigonosperma* et le *Corticium trigonospermum* Bres., la description ci-dessus est prise sur le spécimen original récolté par BRINKMANN. Nous avons récolté plusieurs fois le *Cort. trigonospermum*, et nous n'avons pas encore eu l'occasion de constater la variabilité des spores indiquée par ces auteurs. Toutefois, un spécimen récolté en Alsace par M. L. MAIRE ne répond ni à *T. trigonosperma*, ni à *C. trigonospermum* pour la forme des spores, qui réalisent un moyen terme entre celles de ces deux plantes. Par tous les détails de structure, la plante d'Alsace répond exactement à *Hypochnus fibrillosus* Burt, sauf que l'hyménium est plus continu, plus membraneux et moins réticulé. L'espèce du Canada pouvant vraisemblablement se rencontrer aussi, nous en donnons ci-dessous la description d'après M. BURT et le spécimen qu'il nous en a communiqué.

T. fibrillosa (*Hypochnus* Burt, Th. N. Amer., VI, p. 238. — Fibreux-submembraneux, feutré réticulé, poruleux, mince, adhérent, pâle, légèrement teinté de gris chamois. Hyphes la plupart à parois assez épaisses, bouclées, subhyalines, 3—4,5 µ, les basilaires finement rugueuses et émettant des rameaux lâches, portant des bouquets de basides ; basides 15—18×5—6 µ, à 4 stérigmates courts ; spores anguleuses ou à tubercules difformes, obtus, 4—5 ×3—4 µ. — Bois très pourri. Canada.

Le *T. araneosa* v. Hochn. et L. paraît être, d'après la description, une forme intermédiaire entre *Corticium sphaerosporum* R. Maire et *C. fastidiosum* Fr., très voisine de ce dernier.

V. PORÉS

Hyménium indéfini, à surface fertile creusée de pores tapissés par des basides. Les pores réguliers peuvent être remplacés par des lamelles rayonnantes, des sinuosités labyrinthées, des lamellules, palettes ou dents.

Plantes annuelles ou vivaces, le plus souvent lignicoles, à réceptacle charnu, coriace, subéreux ou ligneux, peu putrescent, ce qui permet leur conservation en herbier, pourvu qu'on les protège contre les insectes et l'humidité.

Les spores et la nature des hyphes, très variables dans l'ensemble du groupe, gardent une assez grande similitude dans toutes les espèces naturellement affines et peuvent guider utilement pour reconnaître soit les genres, soit les sections des genres.

Un certain nombre de Porés, surtout parmi les espèces résupinées, sont encore bien diversement interprétés par les Mycologues, quoique les recherches dans les Musées aient contribué à préciser le sens de plusieurs d'entre eux ; mais les spécimens authentiques ne sont pas toujours conformes soit à l'original, soit à la description typique. Dans les cas douteux où il faut avoir recours à l'argument d'autorité, nous avons presque toujours suivi les interprétations de M. Bresadola, basées sur la comparaison d'un très grand nombre de types et sur une connaissance approfondie de la structure.

Certains Polypores peuvent se présenter tantôt sous la forme à chapeau, tantôt sous la forme résupinée ; mais la plupart des formes résupinées se montrent des *Poria* irréductibles. Les unes de ces espèces peuvent se rapporter facilement aux diverses coupes génériques définies par M. Patouillard (Essai taxonomique), et suivies dans ce travail. Tels sont les *Phellinus* et les *Xanthochrous* qui se reconnaissent tous sans difficulté, et qu'il faut comparer de si près, avec les espèces à chapeau, qu'il y avait inconvénient à les en séparer. Mais il est d'autres espèces qu'il serait très difficile de rapporter à leur genre ou qui représentent un type particulier. C'est pour éviter ces difficultés pratiques, que le genre *Poria* a été conservé.

Les Porés sont, pour la plupart, des lignivores très actifs. Les lésions qu'ils produisent peuvent se rapporter à trois types : 1° pourriture blanche, massive, filamenteuse ou lamelleuse ; c'est la plus fréquente. Le mycélium s'étend par les canaux médullaires ; par un suc propre, ferment soluble, il tue le bois s'il est encore vivant, le modifie et s'en nourrit. 2° Pourriture rouge, sèche, massive. Le bois attaqué, en se desséchant, se fendille par retrait, suivant des plans presque perpendiculaires, s'effrite et tombe en poussière impalpable sous la pression des doigts. 3° Lésion en galeries ou alvéolaire ; cette pourriture est à peu près la même que celle de *Hymenochaete rubiginosa* ; souvent cependant, le mycélium blanc, filamenteux est plus abondant, la section au début montre des points blancs et la galerie est moins nette. Dans tous les cas, le bois devient léger, il prend l'eau comme une éponge, ce qui aide le champignon dans son développement. Certains Polypores, ceux qui végétent au printemps et en été, semblent mettre à contribution l'eau de sève.

TABLEAU ANALYTIQUE DES GENRES

1 { Tubes libres entre eux ; champignon charnu, fibreux lingui-
forme : *Fistulina*, XIX.
Tubes d'abord constitués par des verrues distinctes, immergées dans un subiculum résupiné : *Porothelium* (*Cyphellinés*), p. 165.
Tubes soudés sur toute leur longueur : 2.

2 { Cloisons hyméniennes obtuses et fertiles sur la tranche (1) ; pores imparfaits peu profonds : *Merulius* (*Mérulinés*), p. 344.
Pores stériles sur la tranche et tubes bien formés plus ou moins allongés : 3.

3 { Tubes ou fossettes creusés dans la trame, ne formant pas une couche distincte de celle-ci. Espèces subéreuses ou coria-ces, à spores blanches : 4.
Tubes formant une couche distincte de la trame : 7.

4 { Trame composée de deux parties, l'inférieure dure, fibreuse, la supérieure, molle, spongieuse ; hyménium dédaléen : *Daedalea*, X.
Trame homogène : 5.

5 { Hyménium déchiré en palettes ou aiguillons : *Irpex*, IX.
Hyménium lamelleux ou dédaléen : *Lenzites*. XI.
Hyménium formé de pores grands, 2 mm. d. environ, angu-leux-hexagones ; trame coriace subéreuse, indurescenté : *Hexagona*, XIII.
Hyménium formé de pores grands ou moyens, 0,25—1,2 mm. ; trame subéreuse plus ou moins dure : *Trametes*, XII.
Hyménium formé de pores fins ; plantes minces, coriaces : 6.

6 { Plantes dimidiées ou étalées réfléchies : *Coriolus*, VIII.
Plantes résupinées ; trame blanche : *Poria*, XVIII.

(1) *Poria taxicola* et *P. purpurea* ont les tubes fertiles sur la tranche, mais, bien développées, ces espèces ont plutôt l'aspect des *Poria* que des Mérules.

7 { Espèces stipitées (stipe central, excentrique ou latéral) ou mé-
rismoïdes : 9.
Espèces dimidiées ou étalées réfléchies : 13.
Espèces résupinées : 8.

8 { Trame dure, fauve, rouillée ou brun cannelle ; spores hyalines :
Phellinus, XVI.
Trame dure, fauve ou cannelle ; spores jaunes ou fulvescentes :
Xanthochrous, XVII.
Trame tendre céracée, charnue, rarement subéreuse dure, blan-
che ou de teinte claire ; jamais de spinules : *Poria*, XVIII.
Cf. *Sistotrema* résupiné (*Hydnés*), p. 436.

9 { Trame blanche : 10.
Trame colorée, aride, dure ou ligneuse : 18.

10 { Charnus ou fibreux, non coriaces ; pores réguliers : *Polyporus*, I.
Charnus, petits ; pores déchirés en lamellules contournées, anastomosées à la base : *Sistotrema* (*Hydnés*), p. 436.
Coriaces ou charnus-coriaces, non fibreux : 11.

11 { Stipe noir à la base : *Melanopus*, II.
Stipe pâle, concolore à la base : 12.

12 { Pores grands, comme formés de lamelles rayonnantes et anastomosées ; stipe latéral très court : *Favolus*, IV.
Pores moyens ou petits ; stipe grêle, souvent central ou excentrique : *Leucoporus*, III.

13 { Trame tendre ou charnue, à la fin indurée, mais plutôt fragile
que coriace : 14.
Trame dure, subéreuse ou ligneuse : 16.

14 { Trame blanche ou pâle (jaune dans *Leptoporus Braunii*) : 15.
Trame colorée, rhubarbe, rouge, ou devenant versicolore et
brunissante : *Phaeolus*, VII.

15 { Chapeau charnu-spongieux ou fibreux, avec une couche hétérogène, spongieuse hispide à la surface : *Spongipellis*, V.
Chapeau plus mince ; trame homogène : *Leptoporus*, VI.

16 { Surface du chapeau munie d'une croûte rigide, laquée résinoïde ;
spores brunes, obovales, tronquées à la base : *Ganoderma*, XV.
Surface du chapeau ordinairement munie d'une croûte plus ou
moins épaisse ; spores blanches ; espèces généralement
épaisses, volumineuses : *Ungulina*, XIV.

(Surface du chapeau veloutée et sans croûte au moins dans la
jeunesse ; trame jaune fauve ou brune : 17.

17 (Spores blanches : *Phellinus*, XVI.
(Spores jaunes ou fauves : *Xanthochrous*, XVII.

18 (Spores blanches : *Phacolus*, VII.
(Spores jaunâtres ou fauvâtres : *Xanthochrous*, XVII.

I. — **POLYPORUS** Fr., p. p. — Pat., Ess. tax., p. 78.

Chapeau à stipe central, excentrique ou latéral, simple ou
confluent mérismoïde, naissant parfois d'un nodule stipitiforme
ou d'un sclérote ; trame blanche, charnue ; pores réguliers à cloisons entières ou dentées ; cystides nulles ; spores hyalines, globuleuses, oblongues ou elliptiques, lisses, quelquefois tuberculeuses
ou aspérulées. Espèces terrestres ou lignicoles.

Tableau analytique des Espèces

1 (Terrestres, simples ; stipe distinct, le plus souvent central : 2.
(Espèces rameuses ou mérismoïdes, stipitées ou sessiles : 4.

2 (Spores sphériques ou elliptiques, rendues anguleuses par des
tubercules obtus ; chapeau et stipe à la fin bistrés ; pores
blancs, puis gris : *P. leucomelas*, n. 804.
(Spores lisses ou finement aculéolées, subglobuleuses ou largement ovoïdes : 3.

3 (Chapeau ordinairement dimidié flabellé, brun foncé ; pores alvéolaires, 1—1,5 mm. Spores 8—10×6—7 μ : *P. pes-caprae*,
n. 802.
(Blanc puis citrin ; chapeau difforme, pruineux puis gercé-aréolé ;
pores 0,5 mm. Spores subglobuleuses 3,5—4,5×3 μ : *P.
ovinus*, n. 803.

4 (Cespiteux-imbriqué, sessile, de jaune à aurore, pâlissant ; chair
caséeuse, molle, puis fragile, crayeuse : *P. sulfureus*,
n. 813.
(Charnus, fibro-charnus, ou indurés sur le sec : 5.

5 (Spores globuleuses, aculéolées : *P. montanus*, n. 811.
(Spores lisses : 6.

Chapeaux très grands, imbriqués cespiteux, veloutés, subzonés,
roux-bistre à marge plus claire ; trame charnue, puis indurée, fibreuse, noircissant ainsi que les pores : *P. giganteus*, n. 812.

6 Chapeaux concrescents, glabrescents, blancs, puis crème à crème
ocracé ; chair blanche, élastique, très dure sur le sec : *P.
osseus*, n. 810.

Chapeaux charnus, stipités ou sessiles, naissant d'une base commune : 7.

Chapeaux ordinairement entiers, orbiculaires, à stipes distincts
7 en leur partie supérieure : 8.
Chapeaux dimidiés, à stipe concrescents : 9.

Densément cespiteux sur une base sclérotiforme charnue brun
noir, blanche à l'intérieur ; chapeaux excentriques ou sub-
latéraux, ombiliqués, brun roux, avec quelques écailles
apprimées plus sombres ; pores alvéolaires anguleux, décurrents jusqu'à la base du stipe qui est simple, atténué et
légèrement brunâtre à la base. Allées du Jardin du Muséum,
Paris : *P. helopus* Hariot et Pat., Soc. Myc. Fr., t. XX,
8 1904, p. 63 et fig. 1. (— *P. squamosus*, sec. Bres., Syn.
et Adn.).

Chapeaux très nombreux, ombiliqués, minces, pâles, roussâtres ;
stipes rameux, réunis à la base sur une souche commune
épaisse : *P. umbellatus*, n. 806.

Chapeaux peu nombreux, 5—10 cm. diam., épais, déprimés,
roux olivacé avec bords verdâtres : *P. cristatus*, n. 805.

Chapeaux nombreux, pruineux ou pubescents, dimidiés, minces, gris chamois ; chair un peu fibreuse : *P. frondosus*,
n. 807.

Chapeaux peu nombreux, glabres, imbriqués-confluents en
masses difformes, jaune roussâtre ou rougeâtre ; chair
9 épaisse, blanche, puis tachée de rouge ou de safrané sur
le sec : *P. confluens*, n. 808.

Chapeaux peu nombreux, glabrescents, résupinés, dimidiés ou
concrescents, en couche plus ou moins épaisse, rarement
stipités, blancs, puis tachés de brun ; chair épaisse, blanche, tendre, puis indurée, subéreuse : *P. castaneae*, n. 809.

A. — **OVINI** Fr. — *Caloporus* Quél. p. p. — Espèces terrestres
à stipe central, plus rarement latéral, simple ; chair tendre. Comes-
tibles.

802. — **P. pes-caprae** Pers. — Fr., S. M. — Quél., Jura et Vosges, t. 17, f. 2. — Fr., Hym. eur., p. 524. — Gillet, pl. suppl. — Bres., F. mang., pl. 95. — Lucand, pl. 150. — *Cerioporus scobinaceus* (Cum.) Quél., Fl. myc., p. 407. — Paul., t. 31, f. 1-4.

Subcespiteux, chapeau 8—10 cm., charnu, fragile, souvent dimidié réniforme, fendillé en écailles, brun marron ; stipe compact, blanc, réticulé au sommet, jaune à la base ; pores grands, 0,8—1,5 mm., pâles puis jaunâtres ; chair blanche, citrine vers le milieu du chapeau et du stipe. — Hyphes des tubes à parois minces, sans boucles ; basides 30—40×9 μ, à 4 stérigmates ; spores lisses, obovales ou elliptiques, brièvement atténuées à la base, 8—10×5,5—6,5 μ, 1-guttulées.

Septembre-Octobre. Bois de conifères, Vosges ; bois de hêtres et chênes, Roquecézière (Aveyron).

803. — **P. ovinus** (Schæff., t. 121-122) Fr., S. M. ; Hym. eur., p. 524. — Gill. pl. — Bres., Fungi mang., p. 109, f. 94. — Roll., 93, n. 204. — Lloyd, Pol. sect. Ov., 1912, p. 76, f. 497. — *Caloporus* Quél., Fl. myc., p. 405.

Chapeau 5 cm., difforme, inégal, puis gercé aréolé, squamuleux, blanchâtre, gris jaunâtre ; pores 0,5 mm., arrondis, égaux, blancs, puis citrins ; stipe court, inégal, pruineux, blanc ; chair compacte, fragile, blanche, puis citrine, à saveur agréable d'amandes. — Hyphes serrées à parois minces, 2—3 μ ; basides 15—18 ×4—5 μ ; spores ovoïdes sphériques, 3,5—4,5×3 μ.

Forêts de conifères ; Alpes maritimes (E. Gilbert) ; Hte-Savoie (A. de Crozals). — Jura, Vosges.

804. — **P. leucomelas** (Pers., Syn., p. 515, *Boletus*) Fr., S. M. ; Hym. eur., p. 524. — Gillet, pl. suppl. — Lloyd, Pol. Ov., p. 77, f. 498. — *Caloporus* Quél., Fl., p. 405.

Chapeau 5—8 cm., convexe plan, onduleux, isabelle foncé, gris bistré, brunissant au toucher, ordinairement revêtu de fibrilles brunes, à la fin entièrement bistré ; tubes courts, blancs puis brunissant, décurrents ; pores 0,5—1 mm., blancs, à orifice entier, puis gris, dédaléens et souvent déchirés irpiciformes ; stipe bai clair avec fibres concolores, puis bistré ; chair épaisse, tendre, blanche, promptement rose violacé à l'air, puis gris pâle, crème bistré ou un peu érugineuse dans le stipe. — Hyphes à parois minces et boucles rares, irrégulières, 9—50 μ, dans la trame du chapeau ; 2—4 μ et subparallèles en trame dense dans les tubes ; basides 20—30×5—7 μ, à 2—4 stérigmates longs de 2,5—3,5 μ ;

spores subglobuleuses ou elliptiques, rendues anguleuses par des tubercules irréguliers, obtus, 4,5—7,5×4—5 μ, hyalines ou à peine brunies.

Eté, automne. Sur humus des sapinières, Monts du Lyonnais (JOUFFRET), Port Cros, Hyères Hte-Savoie (A. DE CROZALS) ; sous des châtaigniers, (Aveyron). Dans la châtaigneraie où cette espèce a été récoltée, il n'y a ni pins, ni autres conifères. QUÉLET l'indique dans les sapinières montagneuses, Alpes, Jura, Vosges. — Cette espèce semble être un prolongement des Phylactériés parmi les Porés : dans la vieillesse, elle a assez de ressemblance avec un *Sarcodon*.

Le *P. leucomelas* est mis par QUÉLET en variété à *P. subsquamosus* (L., Wulf.) Fr., Hym., p. 523. Ce dernier serait plus grand, 12—15 cm., plus régulier, tenace, glabre, gris clair, gercé aréolé ; stipe blanchâtre ; chair compacte, fragile, blanche. BRESADOLA (Syn. et adnot., 1916, p. 225) donne le *P. griseus* Peck, des Etats-Unis, comme synonyme de *P. subsquamosus*. Les spécimens de *P. griseus*, que nous a communiqués M. LLOYD, n'offrent aucune différence au point de vue micrographique avec *P. leucomelas*, et ne seraient vraisemblablement, comme le pense M. LLOYD, qu'une variété plus claire de *P. leucomelas*.

B. — **MERISMA** Fr. Gillet. — Espèces rameuses ou à chapeaux multiples naissant d'une souche commune.

805. — **P. cristatus** Pers. — Fr., Hym. eur., p. 539. — Rostk., t. 16. — Bres., Fungi Kmet., n. 8. — Lloyd, Pol. Ov., p. 80, f. 501. — *Caloporus* Quél., Fl. myc., p. 406.

Cespiteux à stipes connés à la base, rarement simple ; chapeau 5—10 cm., charnu, orbiculaire ou réniforme déprimé, pulvérulent tomenteux, puis fendillé aréolé, roux ou brun olivacé, à bords verdâtres ; stipe blanchâtre, marbré de citrin ou d'olive ; tubes courts, 1—2 mm., décurrents ; pores fins, anguleux ou lacérés, blancs puis blanchâtres ; chair fragile, blanche, citrine vers la surface du chapeau, à odeur acidule. — Hyphes hyalines ou très légèrement teintées, 2,5—4,5 μ, à parois assez épaisses, sans boucles ; basides 15—30×5,5—8—9,5 μ, à 2—4 stérigmates longs de 6 μ ; spores obovales, atténuées à la base, souvent obliquement, 5—7—9×4—6 μ.

Août-Novembre. Humus des bois de chênes, Allier, Aveyron ; fréquent sous les sapins, Corcieux, Vosges ; Saône-et-Loire ; Ariège ; Alpes maritimes.

806. — **P. umbellatus** Fr., S. M.—Quél., Jura, t. 18, f. 1. — Lloyd, Stip. Pol., p. 150, f. 450. — *Merisma* Gillet, pl. —

Cerioporus Quél., Fl., p. 409. — *P. ramosissimus* (Schæff., t. 111) Bres., F. Kmet., n. 7.

Stipes distincts, soudés à la base en une souche tubéreuse ; chapeaux très nombreux 3—5 cm. d., ordinairement entiers, ombiliqués, pâles à roussâtres ; pores blancs, 1 mm., polygonaux, fimbriés, décurrents sur le stipe ; chair blanche, charnue un peu fibreuse. — Hyphes 3—10 μ, à parois très minces, flasques ; basides 16—35×4—6 μ ; spores oblongues, subcylindriques, un peu flexueuses, ou incurvées à la base en pointe oblique, 7—11×2,5—4 μ, ordinairement pluriguttulées.

Juillet-Octobre. Sur souches de chênes, Allier ; assez rare. Comestible.

807. — P. frondosus Fr., S. M. ; Hym. eur., p. 538. — Lloyd, Stip. Pol., p. 150. — *Caloporus* Quél., Fl., p. 406. — Paul., t. 29.

Haut et large de 15—30 cm. ; stipes radicants, rameux-concrescents, épais ; chapeaux nombreux, dimidiés, minces, rugueux, pruineux ou pubescents, gris chamois ; pores décurrents, 0,5 mm. d., blancs, arrondis dans les parties horizontales ; chair blanche, charnue, un peu fibreuse. — Hyphes à parois minces, sans boucles, 2—3 μ dans les tubes, parallèles, flasques, 3—9 μ dans la trame ; basides 20—30×6—9 μ ; spores subelliptiques, brièvement apiculées à la base un peu obliquement, 5—7×3,5—4,5 μ, à contenu granuleux ou 1-guttulé, blanches en masse.

Eté, automne. Sur souches de chêne et de charme, au bord des chemins ombreux et dans les bois. Pas rare. Comestible étant jeune.

Le *P. intybaceus* Fr., Hym., p. 358. *Caloporus* Quél., Fl., p. 406. Schæff., t. 128-129, serait peut-être une variété de *P. frondosus*, moins élevée, plus aplatie, à chapeaux spatulés horizontaux et plus foncés.

808. — P. confluens Fr., S. M. ; Hym. eur., p. 539. — Bres., F. mang., 96. — Lloyd, Sect. Ov., p. 81. — *Caloporus* Quél., Fl., p. 405. — Schæff., t. 109-110.

Stipes épais, courts, simples ou confluents, blancs puis tachés de roux à la base ; chapeaux 3—5 cm., dimidiés, imbriqués confluents en masse difforme, glabres, puis fendillés ou squamuleux, jonquille incarnat, jaune fauvâtre, roussâtres ou rougeâtres ; tubes courts, décurrents ; pores petits, 0,2—0,3 mm., arrondis, à parois minces, blanc crème ; chair blanche, épaisse, tendre dans le chapeau et dans le stipe, devenant partiellement rouge ou safranée sur le sec. — Hyphes 2,5—6 μ, à parois minces ; basides 25—30

×4 μ.; spores oblongues, subdéprimées latéralement et brièvement atténuées obliquement à la base, 4,5—5×3—3,5 μ, 1-guttulées.

Été, automne. Bois de pins et de mélèzes. Alpes (LARONDE et GARNIER), Alpes maritimes (E. GILBERT).

Affine à *P. ovinus*, qui tend à jaunir, tandis que *P. confluens* rougit plutôt.

809. — P. castaneæ Hym. de Fr., Bull. Soc. Myc., XLI, p. 105.

Très variable, tuberculiforme, puis substipité, à chapeaux 4—8 cm., disposés en coupe lobée, ou dimidiés, subimbriqués concrescents en une souche plus ou moins épaisse, ou étalés-réfléchis, ou même résupinés noduleux ondulés; surface du chapeau villeuse scabre, puis glabrescente rugueuse, blanche, puis tachée de brun; tubes 2—8 mm. long.; pores inégaux 0,15—0,5 mm. (ou 3—5 par mm.), à orifice obtus puis aminci, blancs puis teintés de gris ou gris bistre; chair blanche, très tendre, puis indurée, subéreuse-ligneuse, à grain très fin, à peine fibreuse, prenant çà et là une teinte crème bistré. — Hyphes de la trame 2,5—4 μ, solides ou à parois épaisses, longitudinalement entrelacées, 2 μ et à parois minces à l'orifice des tubes; basides 15—20×7—9 μ; spores ovoïdes ou subglobuleuses, brièvement apiculées à la base, 5,5—6—8×4,5—5,5—7,5 μ, 1-guttulées, blanches en masse. (*Fig. 148*).

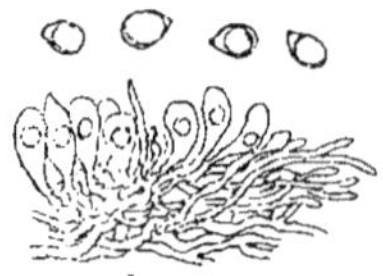

148. — *Polyporus castaneæ* Bourd. et Galz.

Débute avec les chaleurs de l'été et cesse de végéter dès que la température s'abaisse. Particulier au châtaignier, sur lequel il est abondant dans l'Aveyron, région de St-Sernin; il vient sur souches mortes, très rarement sur arbres vivants et toujours sur bois atteints de pourriture rouge sèche. C'est le gros destructeur des souches de châtaignier qui restent dans le sol après l'abattage de l'arbre.

Au début, c'est un tubercule mou, épais, parfois lobé, blanc ou blanc grisâtre, qui suinte des gouttelettes; très tendre, il est souvent dévoré par les limaces; le stipe est plutôt rare et accidentel.

Cette espèce semble inconnue à tous les Mycologues auxquels nous l'avons envoyée; elle nous a été donnée comme *P. epileucus* et comme forme de *Daedalea biennis*, mais elle n'a aucune affinité avec ces espèces; la première ayant une spore cylindrique arquée et la seconde, avec laquelle elle a bien une certaine ressemblance extérieure, diffère totalement par sa structure. Elle a quelques rapports avec *Spongipellis spumeus*, mais sa trame est entièrement homogène. Elle est plus voisine des *Ungulina*, dont sa chair d'abord très tendre et l'absence de cuticule nous l'ont fait séparer.

810. — **P. osseus** Kalchbr. — Fr., Hym., p. 541. — Lloyd, Stip. Pol., p. 191. f. 496. — *Leucoporus* Quél., Fl., p. 404 (exclus. syn. *P. albidus* Schæff.).

Cespiteux, confluent : chapeaux 5—7 cm., suborbiculaires ou subdimidiés, spatulés, convexes ou déprimés, concrescents, glabres ou subpubescents, blancs puis crème à crème ocre ; stipes courts, difformes, concrescents, amincis à la base, subconcolores : pores décurrents, arrondis, 0,18—0,6 mm., puis lacérés, à parois minces, blancs puis blanchâtres : chair blanche, élastique, promptement indurée en séchant et prenant une consistance osseuse. — Hyphes de la trame des tubes à parois minces, 2—3 μ, en tissu très serré, agglutiné, celles du chapeau à parois épaisses, également agglutinées, peu distinctes, 4—7 μ ; basides 9—16×3—4 μ, avec quelques hyphes paraphysoïdes émergentes : spores oblongues, plus ou moins déprimées latéralement, 4—4,5×2—2,5 μ, souvent 1-guttulées.

Eté. Sur souches de mélèzes ; Alpes (LARONDE et GARNIER).

811. — **P. montanus** (Quél.). — R. Ferry, Rev. Myc., XIX (1897), p. 144, pl. 180, f. 27. — Bres., F. Kmet., n. 10. — Lloyd, Polyp. Iss., f. 364. — *Cerioporus* Quél., Ass. fr., 1887, p. 4, f. 10 ; Fl. Myc., p. 408.

Chapeau flabelliforme, 30—50 cm., souvent imbriqué-rameux lobé, onduleux, velouté, chamois pâle, noisette ; pores alvéolaires, 1—2 mm., puis dédaléens, dentés, minces, pubescents, blanc crème ; stipe épais, très court, villeux, blanchâtre ; chair spongieuse, fragile, blanche, amère. — Spores sphériques, aculéolées, hyalines ou paille, 6—8 μ d.

Eté. Cespiteux à la base des troncs de sapin dans les forêts montagneuses (n. v.).

812. — **P. giganteus** (Pers., Syn., p. 521, *Boletus*) Fr., S. M. : Hym. eur., p. 540. — Bres., Fungi Trid., II, p. 28, t. 134. — *Merisma* Gillet, pl. suppl. — *Caloporus acanthoides* (Bull. non Fr.) sec. Quél., Fl., p. 449.

Stipes connés, formant une base tubéreuse napiforme, plus ou moins distincte ; chapeaux imbriqués en touffes de 2—6 décim., dimidiés, veloutés ou granuleux, subzonés, grossièrement radiés rugueux, roux bistré, avec marge crème ou chamois ; pores petits, subarrondis, blancs, puis noircissant ; chair fibreuse, un peu coriace, blanche, puis rougeâtre à l'air et noircissant, à la fin crème bistré. — Hyphes à parois minces, cohérentes parallèles dans les tubes, 3—4 μ, plus lâches dans le chapeau, à parois plus fermes et jusqu'à 6 μ. d. : basides 15—18—24×6—8(—12) μ ; spores hyalines ou à teinte un peu huileuse, largement elliptiques, obscurément atténuées à la base, très rarement un peu déprimées, 5—6—7,5×4—5—6,5 μ, à contenu nébuleux ou 1-guttulé.

Août-Novembre. Sur souches de hêtre, chêne ; assez commun. Pourriture blanche, très active ; en peu d'années, il fait disparaître de grosses souches ; on peut le trouver, mais rarement, parasite sur des arbres mourants.

simplex : spécimen constitué par un unique chapeau pétaloïde, de plus de 20 cm. de diamètre. Chêne. Allier.

813. — **P. sulfureus** (Bull., t. 429) Fr., S. M. : Hym. eur., p. 542. — Roll., Champ., n. 205. — *Leptoporus* Quél., Fl., p. 387. — *P. caudicinus* Schæff., t. 131-132. — Quél., Ass. fr., 1893.

Chapeaux ordinairement sessiles, imbriqués-cespiteux, 10—30 cm., onduleux, pruineux, crème citrin, rose-orangé à la marge, à la fin blancs ou chamois : pores petits, 0.3—0.8 mm., sulfurins, arrondis, puis anguleux dentés : chair molle, caséeuse, puis sèche, légère, fragile ou friable, crème puis blanche, sulfurine près des bords, acidule. — Hyphes des tubes à parois minces, flasques. 3—9 μ, lâchement enchevêtrées dans la trame du chapeau, irrégulières et jusqu'à 20 μ, boucles éparses ou petites, bien plus étroites que le diamètre de l'hyphe ; basides 15—18×5—7 μ, à 2—4 stérigmates courts : spores obovales ou largement elliptiques, atténuées à la base, souvent obliquement, 5—7×3,5—4,5 μ, souvent 1-guttulées, sulfurin pâle ou crème jonquille en masse, mais blanchissant rapidement.

Dès le mois de Mai, pendant l'été et le commencement de l'automne. Sur troncs, chêne, châtaignier, cerisier, pommier, aune, saule : commun. Pourriture rouge, sèche, très puissante : c'est ce champignon qui creuse un grand nombre des troncs de chêne et de châtaignier.

aporus : assez souvent les chapeaux se forment régulièrement, mais les tubes manquent totalement : la face inférieure, crème orange, est indurée et les basides sont remplacées par des hyphes serrées, en palissade, cloisonnées, 6—7 μ d. Saisons chaudes et sèches.

ramosus Quél., Fl. : stipité, à rameaux cylindriques couverts de pores larges irréguliers.

imbricatus Fr., Hym., p. 542. Quél., Fl. : plus pâle, crème ocre ou fauvâtre, chair friable, amarescente. Plante âgée et décolorée. — Assez abondant sur mélèze, au Tournairet (Alpes maritimes) (E. GILBERT).

II. — **MELANOPUS** Pat., Hym. eur. ; Ess. tax., p. 80.
Leucoporus et *Cerioporus* Quél., p. p.

Chapeau charnu-coriace, orbiculaire ou réniforme, entier ou lobé, non zoné, lisse ou écailleux, à stipe central, excentrique ou latéral ; pores variables ; trame dense, homogène, blanche ou pâle formée d'hyphes tenaces, à parois épaisses ; croûte mince, noirâtre à la base du stipe (plus ou moins oblitérée dans des variétés soit du groupe *squamosus*, soit du groupe *varius*) ; cystides nulles ; spores hyalines, lisses, oblongues subcylindriques. Plantes lignicoles, rarement humicoles.

1. — **SQUAMOSUS**. — Chapeau écailleux, charnu puis coriace ; pores assez grands, 1 mm. et plus. Les formes de ce groupe sont reliées par de nombreux intermédiaires.

814. — **M. squamosus** (Huds.) Pat. — *Polyporus* Fr., S. M. ; Hym. eur., p. 532. — Gillet, pl. suppl. — *Cerioporus* Quél., Fl., p. 407. — *Boletus juglandis* Schæff., t. 101-102. — Bull., t. 19. — *B. platyporus* Pers., Syn., p. 524.

Chapeau 10—30 cm., flabellé, réniforme ou orbiculaire, déprimé au centre ou en arrière, crème ou ocracé, moucheté d'écailles fibrilleuses apprimées, plus foncées ; pores d'abord réticulés, larges, 1—2 mm., anguleux, dentés, pâles puis crème ocre ; stipe latéral, rarement central, épais, dur, crème, réticulé en haut, bistre à la base ; chair blanche, tendre puis coriace, à odeur de miel. — Hyphes des tubes, 1,5—4 μ, solides ou à parois épaisses, à cloisons distantes, les subhyméniales peu distinctes ; basides 54—60×7—9 μ ; spores oblongues ellipsoïdes, brièvement et obliquement atténuées à la base, 12—14×4—5 μ.

Avril-Novembre. Sur troncs et souches, surtout parasite ; noyer, peuplier, saule, orme, chêne, hêtre, mûrier, platane, lilas. Végétation rapide et pourriture probablement active. Comestible étant très jeune.

815. — **M. coronatus** (Rostk., 28, t. 17). — *Polyporus Boucheanus* Klotzsch sec. Fr., Hym., p. 533. — Lloyd, Sect. Ov., p. 86, f. 506, nec sensu Bres.

Chapeau 3—7 cm., suborbiculaire, ou latéral, déprimé, crème à chamois, moucheté d'écailles larges plus foncées ; stipe court réticulé par les pores jusqu'à la base ordinairement noirâtre ; pores mous, polygones-oblongs, 2—2,5×1—1,5 mm., pâles puis jaunâtre plus ou moins foncé. — Hyphes à parois minces ou plus ou moins épaisses, 1,5—4 μ ; basides 36—45×9—10 μ ; spores oblongues ellipsoïdes, subcylindriques, brièvement et obliquement atténuées à la base, 11—14—18×4—6 μ.

Juillet-Septembre. Sur branches mortes, tenant à l'arbre, hêtre, chêne : Allier.

Cette plante est évidemment une forme de *M. squamosus* réduite dans ses dimensions par son habitat sur branches mortes d'un petit diamètre ; elle passe aux formes suivantes par des spécimens qui ont même aspect et même taille, mais à écailles plus étroites, à 1—3 pointes hyalines redressées, avec bords du chapeau subciliés et décurrence des pores ciliée-plumeuse sur le stipe.

Le *P. Boucheanus* Klotzsch, d'après M. Bresadola, ne répond pas à la forme ci-dessus décrite ; il y aurait eu dans l'Herbier de Berlin une transposition de spécimens, et le type de *P. Boucheanus*, dont il n'existe qu'un seul échantillon, récolté sur bouleau, est en partie détruit, mais il donne des spores 7—9×3—4 μ, et M. Bresadola le rapporte à *P. (Leucoporus) agariceus* Berk.

816. — *M. lentus* (Berk. — Fr., Hym. eur., p. 526. — Bres., Basid. Philipp., III, p. 291).

Chapeau 1—4 cm., coriace, ombiliqué ou déprimé, pâle à crème ocracé, parsemé d'écailles ou taches fauves et portant vers les bords quelques aiguillons caducs ; stipe court ou allongé, central ou excentrique incurvé, hispide, entièrement pâle ocracé, ou villeux et bistré à la base ; pores décurrents, oblongs, 1—2 mm., blanchâtres, denticulés. — Hyphes à parois épaisses ou solides, 1,5—3 μ, les subhyméniales à parois minces ; basides 24—42×6—9 μ ; spores oblongues elliptiques, quelques-unes subfusiformes, 9—15×4—6 μ.

Mai-Août. Sur tiges mortes d'*Ulex europaeus*, env. de Cherbourg (L. Corbière). — Variable et ne différant guère du suivant que par son habitat.

817. — *M. Forquignoni*. — *Polyporus* Quél., Ass. fr., 1884, p. 5, pl. 8, f. 12. — *Cerioporus* Quél., Fl., p. 408 et determ. !

Chapeau 1—5 cm., déprimé au centre, blanc crème ou crème chamois, puis ocracé, parsemé d'aiguillons fasciculés hyalins, souvent cilié et incisé aux bords ; pores décurrents, oblongs, 1—1,5 mm. de long., dentelés fimbriés, blancs ; stipe blanchâtre, aminci en bas, hérissé de poils et d'écailles laciniées, sériées en réseau vers les pores. — Hyphes à parois épaisses ou pleines, 1,5 —4,5 μ ; basides 30—45×7—10 μ ; spores 12—16×5—6 μ.

Mai-Novembre. Sur branches tombées de chêne, bouleau ; commun dans les taillis des environs de Moulins ; env. de Paris, Autun, Cherbourg, etc.

Le *Polyporus Rostkovii* Fr., Hym., p. 534 ; *P. infundibuliformis* Rostk., t. 17 ; *Cerioporus* Quél., Fl., p. 408, paraît être une espèce fort douteuse. Un spécimen récolté sur peuplier à Neuilly-St-Front (Aisne) par M. C.-A. GÉRARD, ne diffère de *M. squamosus* que par les écailles du chapeau petites et peu marquées ; spores 10—14×4—5 μ : ce serait le *P. Rostkovii* dans le sens de QUÉLET, LLOYD, etc., qui ne paraît pas suffisamment distinct de *P. squamosus*. Une autre plante, que M. BRESADOLA a regardée comme étant probablement *P. Rostkovii* à l'état jeune, est tout à fait différente et semble être une forme humicole de *M. elegans* : chapeau lisse, jaune fauvâtre à brun, coriace, dur ; pores linéaires très étroits, 0,15—0,2 mm. ; stipe allongé, brun noir, se prolongeant en longue racine rameuse : spores 7,5—9×3—4 μ. Sur humus et feuilles de hêtre, bois de St-Thomas (Aveyron).

2. — VARIUS. — Chapeau lisse, coriace, puis induré subligneux ; pores petits, 0,2—0,6 mm. environ. Les formes de ce groupe sont fréquemment reliées entre elles par des intermédiaires.

818. — M. varius (Fr., S. M. — Pers., Myc. eur., II, p. 51. *Polyporus*). — *Leucoporus calceolus* (Bull., t. 360, 445, f. 2) Quél., Fl., p. 404. — Rostk., 28, t. 20 et 24. — *P. picipes* Fr., Hym., p. 534. — *Leucoporus* Quél., Fl., p. 404.

Chapeau 5—12 cm., cyathiforme ou conchoïde, ondulé, charnu-coriace, puis induré subligneux, lisse, crème chamois, puis fauve cannelle, bai ou brun, souvent vergeté ; tubes courts, 2—4 mm., décurrents ; pores arrondis, 0,08—0,5 mm., blancs ou blanchâtres puis crème, à la fin fimbriés dentés ; chair tenace, blanche puis crème ocracé ; stipe central, excentrique ou latéral, souvent cespiteux ou nul, prenant graduellement une teinte bistre vers la base, finement velouté, glabrescent. — Hyphes hyalines ou peu colorées, tenaces, rameuses enchevêtrées, 1,5—5 μ, à parois épaisses, agglutinées en couche jaunâtre à la surface du chapeau ; basides 12—15×5—7 μ ; spores oblongues, subcylindriques ou subfusiformes, 7—10×2,5—4 μ.

Printemps et été, mais persistant et pouvant se trouver toute l'année. Sur troncs de saule, peuplier, noyer, chêne ; commun. Pourriture blanche, active.

819. — M. elegans (Bull., t. 46). — *Polyporus* Fr., Épicr. ; Hym. eur., p. 535.

Chapeau 3—5 cm., anguleux, convexe, plan ou déprimé, lisse, ocracé à jaune fauve ; tubes courts, peu décurrents ; pores arrondis, 0,06—0,1 mm., pâles ou crème ; stipe excentrique ou latéral, lisse, pâle, partie noire de la base nettement limitée, radicant ; chair coriace puis indurée lignescente, blanche, égale jusque vers la marge.

Été, automne. Sur hêtre, saule, frêne, sorbier, etc. Commun. — Mêmes caractères micrographiques que dans *M. varius*. Pourriture blanche, assez active, mais peu étendue.

Forme *undulato-lobatus*. — Chapeau régulièrement ondulé aux bords et lobé.

— *leptocephalus*. *Polyporus* (Jacq.) Fr. — D'après les déterminations de QUÉLET, ce serait une forme de *M. elegans* ou *nummularius*, selon la taille, à stipe unicolore, assez allongé, qui se rencontre quelquefois.

820. — **M. nummularius** (Bull., t. 124). — *Polyporus elegans* v. *nummularius* Fr., Hym., p. 536. — Bres., Fungi Kmet., p. 65. — *Leucoporus leptocephalus* v. *nummularius* Quél., Fl., p. 188.

Chapeau 1—3 cm., mince, aplani, mamelonné ou déprimé, crème chamois, ocracé, ocre fauve, pâlissant ; pores plus ou moins décurrents, arrondis, 0,2—0,4 mm. ou oblongs, à orifice farineux pubescent, crème puis paille ; stipe central, excentrique ou latéral, grêle, crème, noir à la base. — Hyphes rameuses, solides ou à parois épaisses, 1,5—6 μ, en trame coriace ; basides 12—18×6—8 μ ; spores oblongues, subcylindriques ou fusiformes, 6—10—12×2,5—3,5—4 μ.

Mars-Décembre. Sur branches mortes, sur l'arbre ou tombées, hêtre, chêne ; commun. Se trouve aussi sur aune, noyer, cerisier, bouleau, marsaule, alisier, érable, etc. Pourriture blanche peu étendue.

Varie 1° *flexuosus*. — Stipe long de 8 cm., flexueux, grêle, 1,5—2 mm., noir à la base, portant quelquefois latéralement 1—2 rameaux stériles. Hêtre, cerisier.

Varie 2° *bulbillosus*. — Stipe à base sclérotiforme, globuleuse, noire, avec excavation circulaire où naît le stipe. Hêtre.

Varie 3° *cyathiformis*. — Chapeau très mince, profondément cyathiforme ou infundibuliforme ; stipe pâle avec base dilatée concolore. Hêtre.

Varie 4° *petaloides* Fr. — Quél., Ass. fr., 1891, p. 6, pl. III,

f. 35. — Stipe sublatéral, tantôt épais et très court, tantôt plus allongé et grêle, dilaté en petit disque submembraneux, concolore ou de teinte bistrée. Hêtre, bouleau.

821. — *M. podlachicus* (Bres., Fungi polon., p. 73 !).

Simple ou imbriqué confluent ; chapeau 0,5—3 cm., réniforme, un peu strigueux postérieurement, finement tomenteux, puis lisse, crème chamois, noisette ou gris bistre, sessile ou substipité, à stipe infère ou dorsal, quelquefois étalé-réfléchi ; pores 0,2—0,4 mm., arrondis anguleux ou labyrinthés, pâles, crème, puis paille, à orifice épais, pruineux ; chair coriace, puis indurée, blanche. — Hyphes à parois épaisses, 1.5—5 μ, enchevêtrées, assez lâches dans le chapeau, à terminaisons claviformes ou ovoïdes, brunies à la surface du chapeau, plus serrées dans les tubes ; basides 16—18—21×6—7,5 μ, à 2—4 stérigmates longs de 3—4 μ : spores oblongues, atténuées à la base, 7—9—12×3—4,5 μ.

Eté, automne. Sur petites branches de chêne tenant à l'arbre ou récemment tombées, Vignoles (Aveyron) où il est fréquent, mais dans une région assez limitée : les autres récoltes sur chêne, cerisier (Allier, Vosges) sont moins typiques et tendent à *nummularius*. — Les branches sur lesquelles on le trouve, présentent une pourriture blanche, assez active : mais d'autres champignons, tels que *Vuilleminia comedens*, ont pu contribuer à cette pourriture.

822. — **M. melanopus** (Swartz). — *Polyporus* Fr., S. M. : Hym. eur., p. 534. — Rostk., t. 4. — Rom., Lappl., p. 17. — *Boletus infundibuliformis* Pers., Syn., p. 516. — *P. flavescens* Rostk., t. 23.

Chapeau 3—10 cm., convexe, déprimé puis infundibuliforme, finement floconneux pruineux, chamois, puis ombre cannelle ou bistre ; tubes décurrents, courts ; pores 0,4—0,6 mm., blancs, fimbriés à la loupe ; stipe inégal, ordinairement grêle, dilaté en haut et en bas, finement velouté, brun bistre ; chair blanche, assez tendre, puis coriace indurée, restant flexible. — Hyphes 1,5—5 μ, à parois épaisses, quelques-unes à parois minces ; basides 18—30 (—40)×5—8 μ ; spores oblongues, subcylindriques, 7—12×3—4,5 μ.

Août-Octobre. Sur racines et brindilles enfouies dans l'humus, bois de hêtres, bouleaux, sapins ; Meuse, Meurthe-et-Moselle, Haute-Marne (L. MAIRE) ; Aisne, Oise (H. PETIT).

III. — **LEUCOPORUS** Quél., Ench.. p. p. — Pat., Ess. tax., p. 81.

Mésopodes ou pleuropodes : coriaces, élastiques ou indurés subligneux, à trame blanche ou blanchâtre : stipe cylindrique. sans revêtement noir à la base ; pores variables : cystides nulles : spores hyalines, oblongues, subcylindriques. Espèces lignicoles.

Quelques espèces à stipe unicolore (*leptocephalus*. *Forquignoni*. *petaloides*) n'étant, à notre avis, que des variétés de *Melanopus varius* et *squamosus*. ont été décrites dans le genre *Melanopus*.

A. — **GENUINI**. — Charnus coriaces : pores petits.

823. — **L. brumalis** (Pers.) Quél.. Fl.. p. 403. — *Polyporus* Fr.. Hym., p. 526. — Gillet. pl. suppl. — Bres.. Fungi Kmet.. p. 68.

Chapeau 2—8 cm.. convexe aplani. mince, villeux ou scabre, quelquefois cilié, glabrescent, bistré. gris bistré, puis plus pâle. jaunâtre ; pores petits, 0,04—0,2 mm., ronds, blancs. denticulés : stipe grêle, floconneux. gris jaunâtre ou gris bistre ; chair blanche, très coriace, indurée. — Hyphes 4,5—6 μ, tenaces. rameuses, à parois épaisses, lâchement enchevêtrées dans la trame, serrées et parallèles vers la surface du chapeau. où les aspérités paraissent. dans la plupart des cas, formées par des déchirures de la croûte ; basides 8—10—18×3,5—4,5 μ ; spores subcylindriques, 5—6—8 ×1,75—2,5 μ.

Février-Août. Sur troncs. souches. bois travaillés, chêne, hêtre, pommier. saule, etc.: les formes grêles, sur brindilles. etc. — Pourriture blanche. assez active, mais toujours assez limitée.

Forme 1. *gracilis*. — Stipe très grêle, fauve. strigueux à la base ; chapeau gris tomenteux. Brindilles enfouies. chaumes de froment après récolte.

Forme 2. *vernalis* Quélet. Jura, II, p. 253 : Rouen, 1879. t. III. f. 9. — Chapeau mince. plan puis cyathiforme. hérissé de soies raides, ocracées ; stipe grêle, pâle, hérissé d'écailles. Tiges et racines de bruyères, brindilles.

Forme 3. *crassior*. — Chapeau papilleux mais glabre, bistre noirâtre, plus charnu, épais de 5—8 mm. ; stipe épais, bistre noir. Cette forme a été récoltée tous les ans, depuis plus de 12 ans, sur le même pommier, à Frégère (Aveyron), toujours avec le même aspect, qui rappelle *P. fuligineus* Bull., t. 469. Quél., Jura (mais non Ass. fr., 1879).

Forme 4. *rubripes*. — *Pol. rubripes* Rostk., 28, t. 16. — Fr., Hym., p. 557. — Chapeau convexe, glabre, plus ou moins lisse, brun jaunâtre ; stipe court, glabre, rouge purpurin, atténué en bas. Sur branches de hêtre. Aveyron.

B. — **CERIOPORI.** — Pores petits, puis alvéolaires oblongs.

824. — **L. agariceus.** — *Polyporus* Berk. — Sacc., VI, p. 67. — Bres., Basid. Philipp., III, p. 291.

Chapeau 1—2,5 cm., mince, orbiculaire, élastique coriace, brun, grisâtre, puis paille ocracé, chamois ou isabelle, ordinairement lisse et glabre, marge infléchie puis largement enroulée, ciliée, glabrescente ; stipe 3—3,5 cm. de long, épais de 1—2,5 mm., fibreux, flexueux, ocracé fauvâtre, velouté tomenteux et fuscescent à la base : pores petits, puis favoloïdes, oblongs étroits, 1—2,5×0,3—1 mm., décurrents, presque lamelleux vers le stipe, blancs, puis paille ou crème abricot, à orifice mince, subdenticulé. — Trame pâle formée d'hyphes solides, flexueuses, rameuses, coriaces, 1,5—6 *y.* dans les tubes : basides 18—24—32×5—7 *y.* : spores presque cylindriques, droites ou un peu arquées, 6—9—10× 2,75—3—5 *y.*.

Mai-Octobre. Sur bois cariés, souches et troncs, bouleau, chêne, hêtre, prunier. — Pourriture blanche assez active, au moins sur le prunier.

M. BRESADOLA réunit à cette espèce le *P. Boucheanus* Klotzsch dont il a été question, n. 815, ainsi que les formes suivantes :

P. floccipes Rostk., 28, t. 13. — Chapeau floconneux, gris brun, stipe floconneux. Hêtre.

P. anisoporus Mont. — Sacc., VI, p. 90. — Semiorbiculaire, 1 cm., à stipe latéral : aspect de *Panus stypticus*, Laon (DELASTRE).

P. tubarius Quél., Soc. bot., 1878, p. 289 ; Rouen, 1879, t. 3, f. 12. — Chapeau 2 cm., mince, ombiliqué, chamois sous léger duvet grisâtre, avec marge ciliée : pores décurrents, polygones, blancs, puis paille : stipe grêle, cotonneux, ocracé. — Bruyères, brindilles diverses.

825. — **L. arcularius** (Batsch) Quél., Fl., p. 402. — *Polyporus* Fr., S. M. ; Hym. eur., p. 527.

Chapeau 2—5 cm., convexe, ombiliqué ou infundibuliforme, azone, scabre ou hérissé de poils ou d'écailles surtout vers les bords, brun ou jaunâtre ; pores oblongs, favoloïdes, à parois minces, blancs puis fulvescents ; stipe court, subsquameux, brun à gris ; chair blanche, coriace. — Hyphes 1,5—6 μ, peu septées, boucles très rares, pleines ou à parois épaisses, tenaces, flexueuses, rameuses.

Cette espèce se présente sous deux formes souvent si dissemblables, qu'on pourrait les considérer comme distinctes, si elles n'étaient reliées par trop d'intermédiaires. En tous cas, on ne peut voir dans l'une ou l'autre une forme *hornotinus*, attendu qu'elles présentent leurs caractères différentiels, surtout au début de leur développement.

a. **strigosus**. — Chapeau rigide, dur, assez épais, roux ocracé, à bords fortement hispides et ciliés de poils rigides, fauvâtres, assez longs, puis scabre et plus ou moins glabrescent : pores déjà alvéolaires dans la jeunesse, 0,5—2×0,5—1 mm., à orifice entier puis déchiré denté : stipe tomenteux-strigueux à la base, tomenteux puis écailleux du reste. — Basides 15—24—32×4,5—6—7 μ ; spores subcylindriques ou subfusiformes, 6—7,5—10×2,5—3—3,75 μ, souvent pluriguttulées.

Avril-Août. Sur chêne, hêtre, pommier, noyer, châtaignier, peuplier, aubépine, aune, saule, pin. Pourriture blanche, assez active, limitée.

b. **scabellus**. — Chapeau mince, flasque, granulé-scabre à granules coniques, pas de poils marginaux, brun bistre, brun fauve, assez rarement plus jaunâtre : pores arrondis anguleux, puis oblongs, 0,3—1×0,2—0,6 mm., ocre pâle, à orifice blanc pruineux : stipe ordinairement plus central et plus grêle, brun à gris bistré, écailleux subréticulé, glabrescent, base souvent bulbilleuse. — Basides 12—15—24×3—4,5—5 μ ; spores subcylindriques légèrement arquées, 5,5—6,5—8×2—2,5 μ.

Octobre-Juin. Sur cerisier, chêne, châtaignier, coudrier, saule, *Sorbus aria* et *torminalis*, aune, frêne, hêtre, noyer, pin, sapin, genévrier.

826. — **L. hirtus** (Quél.) Pat., Ess. tax. — *Polyporus* Quél., Jura, II, p. 346, t. 2, f. 27. — Fr., Hym., p. 536. — *Cerioporus* Quél., Fl., p. 408.

Chapeau 10 cm., réniforme, excentrique, horizontal, azone, chamois grisonnant, entièrement revêtu d'aiguillons fibreux, simples ou divisés ; stipe court, crème grisâtre, hérissé ou velouté : pores hexagones, 1—2 mm., denticulés, blancs, puis gris ; chair blanche, coriace, amère. — Spore fusiforme, 12 μ, guttulée.

Été. Souches de sapin ; Jura (n. v.).

IV. — **FAVOLUS** Fr. — Pat., Ess., p. 137.

Stipité, charnu coriace ; hyménium sur des lames rayonnantes, anastomosées en alvéoles grandes, anguleuses ; cystides nulles : spores hyalines, subcylindriques. Espèces lignicoles assez nombreuses dans les régions chaudes et reliées intimement aux *Lentinus*. L'unique espèce d'Europe a aussi des rapports très étroits avec les deux genres précédents, dont elle ne diffère guère par sa structure.

827. — F. europæus Fr., Epicr.: Hym. eur., p. 590. — Gillet, pl. —Bres., Fungi Trid., p. 22, pl. 25. — Lloyd, Pol. Iss., 1903, p. 17, f. 256. — *Merulius alveolarius* DC., Fl. fr., VI, p. 43. — *Favolus alveolaris* Quél., Fl., p. 369.

Chapeau 2—7 cm., orbiculaire ou réniforme, mince, crème ocre, fauve clair, tacheté d'écailles maculiformes, glabrescent, puis paille ou blanchâtre ; marge incurvée puis étalée ; pores alvéolaires, 2—5×1—$2,5$ mm., à parois épaisses, puis amincies et fimbriées, paille ou ocracés ; stipe latéral, très court, glabre, concolore, ordinairement brun noir à la base ; chair blanchâtre, charnue coriace, puis indurée. — Hyphes de la trame solides ou à parois épaisses, flexueuses rameuses, tenaces, $1,5$—5 μ, similaires dans les tubes ; basides 18—21—36×6—9 μ, à 2—4 stérigmates courts ; spores subcylindriques, un peu déprimées latéralement et atténuées à la base souvent obliquement, 7—9—12×3—4 μ.

Mai-Juillet. Sur troncs de noyer, cytise, frêne, cerisier.

V. — **SPONGIPELLIS** Pat., Hym. ; Ess., tax., p. 84. — *Leptoporus* Quél., p. p.

Chapeau sessile ou substipité, épais, spongieux-charnu ou fibreux, induré, à trame blanche ou pâle ; surface spongieuse lâche, hispide par des mèches dressées ; tubes hétérogènes (ce qui le différencie de *Daedalea*), à cloisons minces, entières, puis lacérées ou dentées ; cystides présentes ou absentes ; spores ovoïdes, lisses, 1-guttulées. Espèces lignicoles, annuelles.

828. — S. spumeus (Sow.) Pat. — *Polyporus* Fr., Hym., p. 552. — Lloyd, Syn. Pol. Apus, p. 304, f. 641-642.

Chapeau dimidié, 8—20 cm., souvent déprimé à la base ou rétréci en faux stipe, villeux tomenteux, et hérissé de mèches fibreuses, hyalines, épais de 3—8 cm., marge obtuse, blanc pur, puis crème, ocracé, roussâtre sur le sec ; tubes concolores, 4—8 mm. long., distincts de la trame, mais non séparables ; pores blanc-hyalin, subarrondis, 0.2—0,5 mm. (et jusqu'à 0,8—1 mm. près de la marge), à parois minces, orifice uni ou finement denticulé ; chair blanche, lourde (gorgée d'eau), d'abord molle, assez fragile, puis un peu coriace, indurée, légèrement zonée, plus ou moins fibreuse, spongieuse-molle à la surface, à la fin jaunâtre ou roussâtre ; odeur souvent anisée, ou bien analogue à celle de *Melanopus squamosus*. — Hyphes du chapeau 3—8 μ, pleines ou à parois épaisses, à cloisons distantes, similaires dans les tubes, les subhyméniales, 3—4 μ, à parois minces et boucles [en abondantes, mal formées ; basides 12—21×4,5—7.5 μ ; spores largement elliptiques ou subglobuleuses, atténuées brièvement à la base, 5—7—9×4—5—7 μ, souvent 1-guttulées, blanches en masse.

Août-Janvier. Sur tronc d'orme, peuplier, noyer ; assez fréquent. Pourriture humide, très active.

Le *Leptoporus spumeus* Quél., Fl., p. 384, est douteux. Dans les déterminations qu'il nous a données, Quélet nommait *spumeus* le *P. albosordescens* Rom. et les spécimens de *P. spumeus* avaient été déterminés comme *P. epileucus*.

La trame de cette espèce est tantôt assez coriace et résistante, tantôt très molle, à hyphes se déformant dans une solution très étendue de potasse. La safranine colore en safrané la membrane des grosses hyphes de la trame et en purpurin la partie hyméniale et subhyméniale.

Un de nos spécimens est devenu, en séchant, léger comme une meringue et nous a fait penser à *Polyporus leucospongia* Cooke et Hark. ; Sacc., VI, p. 135, mais il ne diffère pas autrement du type.

829 — S. Schulzeri (Fr., Hym., p. 556, *Polyporus*). — *P. Irpex* Schulz.

Chapeau 3—6 cm., sessile, dimidié, épais, triquètre, revêtu d'un tissu mou, floconneux, blanc, de 1—2 mm. d'épaisseur, agglutiné à la surface en cuticule très mince, excoriée, inégale, ou bien d'aspect tomenteux-strigueux, devenant jaunâtre ou fulvescent ; tubes longs de 1—2 cm. ; pores de 0,7—2 mm., très irréguliers, dédaléens, déchirés en pointes irpicoïdes, molles ; chair pâle, très fibreuse, cassante. — Hyphes à parois assez épaisses, 3,5—5 μ, bouclées, les subhyméniales plus serrées, à parois plus minces, 2,5—3 μ : basides 15—

149. — *Spongipellis Schulzeri* (Fr.).

20×6—9 μ, spores subglobuleuses, quelques-unes atténuées ou apiculées à la base, 6—7,5—9×4,5—6—7,5 μ, souvent 1-guttulées.
(*Fig. 149*).

Été, persistant jusqu'au printemps suivant. Sur souches et
troncs de chênes rabougris : Aveyron : St-Estève, Bosc, etc. ; Fontainebleau (DUMÉE). Ces champignons ne semblent pas être dans
un milieu propice et se développent mal. Rare. — Pourriture blanche, paraissant active.

Cette espèce est regardée par quelques Mycologues comme identique à
P. obtusus Bk., des Etats-Unis ; elle nous paraît suffisamment distincte des
spécimens de *P. obtusus* que nous a communiqué M. LLOYD. Remarquons en
passant que *P. tyrolensis* Sacc., donné comme synonyme à *P. obtusus*, est
pour M. BRESADOLA identique à *Trametes hispida* !

830. — S. suberis Pat., Cat. pl. Tunisie. 1897, p. 48.

Chapeau subimbriqué, dimidié, 15—20×8—10 cm., pulviné,
blanchâtre, grossièrement rugueux-hispide, se dénudant avec l'âge ;
marge mince, aiguë, infléchie ; chair compacte, charnue-spongieuse,
ni fibreuse, ni zonée, blanchâtre, épaisse de 10—15 mm. ; tubes
longs de 10—15 mm. ; pores blancs, puis roux sur le sec, moyens,
mous, anguleux, à parois minces, lacérées et irpiciformes ; spores
hyalines, globuleuses ou à peu près, 6—7×5 μ. (n. v.).

Sur chêne-liège, Tunisie. — Notre collègue M. DESCOMPS nous
a informés qu'il avait récolté ce champignon en 1906 sur *Quercus
suber* var. *occidentalis*, forêts des Landes de Lot-et-Garonne, environs de Mézin ; cette récolte avait été déterminée par M. PATOUILLARD.

831. — S. borealis (Wahl.) Pat — Konr. et Maubl., Ic. sel.,
pl. 425. — *Polyporus* Fr., S. M. ; Hym. eur., p. 552. — Lloyd,
Syn. Pol. Apus, p. 326, f. 668-670. — *Daedalea* Quél., Fl., p. 374.

Chapeau 4—15 cm., dimidié, réniforme,
déprimé postérieurement et parfois prolongé en
stipe court, 1 cm. ; bords étalés, puis contractés
et largement infléchis en séchant, rugueux radié,
villeux, spongieux et hérissé de fibres subapprimées vers les bords, blanc puis crème ocre ;
marge aiguë, lobée incisée ; tubes longs de 0,5
—1 cm. ; pores blancs, anguleux ou oblongs,
puis ocracés, flexueux et déchirés, à parois
amincies ; chair formée de deux couches, la supérieure, 2—4 mm. d'épaisseur, blanche, molle,
spongieuse, l'inférieure, pâle, fibreuse subcoriace puis indurée, satinée et subzonée dans le

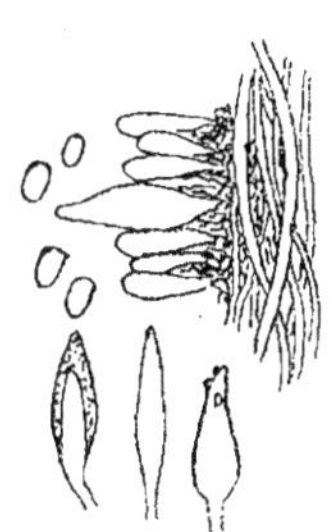

150. — *Spongipel-
lis borealis* (Wahl.)
Pat.

stipe. — Hyphes tenaces, celles de la couche superficielle spongieuse 4—4,5 μ, à parois peu épaisses, lâchement fasciculées et enchevêtrées ; celles de la couche fibreuse, 3—6 μ, parallèles, à parois épaisses ou solides, celles des parois des tubes à parois minces ou un peu épaissies, 2,5—4 μ, subflexueuses, toutes sans boucles et à cloisons très distantes ; cystides 26—30×6—12 μ, ellipsoïdes fusiformes, ou plus étroites, la plupart à parois minces et à contenu homogène hyalin ; basides 18—24×5—6 μ ; spores ovoïdes ou elliptiques, 4—6—7×3—5 μ, à contenu huileux. (*Fig. 150*).

Été, automne. Sur sapin, Jura (P. KONRAD, E. GILBERT) ; Valais (A. LARONDE) ; Grande Chartreuse (M. JOSSERAND) ; Hte-Savoie (A. DE CROZALS).

Le *P. Weinmanni* Fr. a le revêtement du chapeau quelquefois assez abondant pour le faire prendre pour un *Spongipellis* (Cfr. aussi *Coriolus kymatodes*, n. 865).

VI. — **LEPTOPORUS** (Quél.

Chapeau sessile dimidié, étalé-réfléchi ou résupiné, charnu, tendre, puis induré ou fragile, à trame blanche ou pâle, rarement jaune, homogène ou zonée, surface glabre ou villeuse ; tubes formant une couche distincte ; cystides nulles (sauf *Lept. Braunii*) ; spores subcylindriques plus ou moins arquées, rarement globuleuses. Plantes lignicoles, annuelles.

Les *Leptoporus*, *Phaeolus* et groupes affines se distinguent des *Coriolus*, *Daedalea*, *Trametes*, etc. par leur trame molle. Si l'on triture un petit fragment de l'hyménium d'un Leptopore dans le liquide d'observation, eau, ammoniaque, solution de potasse, et qu'on traite de la même façon un fragment d'un *Coriolus*, la différence est très sensible. Dans le premier cas, le fragment s'écrase facilement et semble se dissoudre, tandis qu'il résiste assez longtemps, dans le second. Chez les Leptopores, les membranes des hyphes se gonflent ou se déforment facilement dans des solutions de potasse : le Congo ammoniacal est généralement préférable. Plusieurs espèces ont, dans la trame du chapeau et dans la partie axile des parois des tubes, des hyphes à parois épaisses, d'aspect gélatineux, dont la membrane ne se colore ni par le Congo ammoniacal, ni par les bleus coton dans l'acide lactique. La safranine colore en jaune safran ces membranes gélatineuses (pectiques), tandis que l'hyménium et les hyphes subhyméniales, à parois minces et plus riches en plasmas, sont colorées en purpurin.

Tableau analytique des Espèces

Pores blanchâtres, puis bleu cendré ; chair tendre puis fragile ; spores bleu-gris en masse, cylindriques arquées, 4,5×1 μ :
    L. caesius, n. 833.
Pores roses ou orangés ; chapeau mince, mou puis induré ri-

gide, blanc tomenteux ; spores cylindriques, un peu arquées,
    4×1 μ : *L. amorphus*, n. 844.

1
Pores incarnats, incarnat fauve ou briqueté, pruineux brunis-
    sant ; tubes formant une couche hétérogène, à hyphes gé-
    latineuses, bien distincte de la trame blanche et molle ;
    spores 4,5×1 μ : *L. dichrous*, n. 846.
Pores blancs, tachés au froissement de rouge ou de rougeâtre
    safrané : **2**.
Pores citrins, safranés ou alutacés jaunâtres : **15**.
Pores pâles, gris cendrés, noircissant souvent au toucher ; spo-
    res oblongues ou elliptiques, déprimées latéralement : **4**.
Pores blancs : **5**.

2
Résupiné, peu adhérent, puis à marge étroitement réfléchie ;
    pores blancs, rougissant légèrement au froissement ; sur
    feuillus : *L. revolutus* v. *subrubens*, n. 843.
Etalé-réfléchi, mince, avec rebord étroit, fauve brunâtre ; pores
    blanchâtres puis rougeâtre plus ou moins safrané : *L. fra-
    gilis*, n. 835.
Champignons plus épais, dimidiés, subimbriqués : **3**.

3
Chair blanche, très molle, rouge à la cassure ; chapeau et tubes
    rougissant au toucher, et testacés ou briquetés par l'âge :
    L. erubescens, n. 836.
Chair blanche, fragile ; chapeau blanchâtre prenant vers la
    marge et sur les pores une teinte roussâtre : *L. stipticus*,
    en note, (n. 839).

4
Pores pruineux, gris argenté, puis bistre noir ; chapeau mince,
    villeux, à marge noircissante ; chair molle, blanche, puis
    grise : *L. adustus*, n. 848.
Pores blancs, pâles, gris ou fumeux, puis brun clair ; chair su-
    béreuse tendre, crème alutacé, subzonée : *L. imberbis*,
    n. 847.

5
Trame blanche, très tendre, très fragile, friable sur le sec ;
    champignons souvent résupinés ou à marge réfléchie
    étroite : **6**.
Trame plus ferme, dure sur le sec : **7**.

6
Spores ellipsoïdes ou oblongues, déprimées latéralement, 5×
    3 μ ; chair mince, aqueuse ; tubes à parois très minces,
    blancs puis jaunissant : *L. destructor* Schrad., n. 841, et
    aff. 842, 843.
Spores cylindriques arquées, 5×1,5 μ ; trame un peu fibreuse ;

7. chapeau allongé transversalement et étroitement réfléchi, blanc ou crème fauvâtre : *L. trabeus*, n. 834.

Pores très fins, dépassant peu 0,1 mm., hyalins, puis blancs ou pâles, à parois minces, indurées, fragiles : spores arquées, $3,5 \times 0,5 \, \mu$: champignon souvent résupiné ou étalé-réfléchi, blanc, plus rarement dimidié, blanc, fauve ou brun : *L. chioneus*, n. 838.

Spores et pores plus grands : 8.

8. Chapeau chamois, testacé, brun jaunâtre ou brun roux : 9.
Chapeau blanc ou grisonnant : 11.

9. Chapeau étalé-réfléchi, irrégulier, lobé, incrustant feuilles et brindilles, alutacé à brun jaunâtre : chair mince molle : *L. Wynnei*, n. 845.
Champignon des lieux habités : chapeau brun roux : chair blanche puis roussâtre, molle, un peu zonée : *L. destructor*, Fr., n. 841.
Chapeau pubescent ou tomenteux, dimidié ou étalé réfléchi, chamois ou isabelle : arboricoles : 10.

10. Pores blancs : trame charnue, puis subéreuse subligneuse : *L. testaceus*, n. 849.
Pores blanc glauque : trame tendre et un peu coriace, blanche avec zones hyalines : *L. cervinus*, n. 850.
Cf. *Trametes squalens*, n. 898 bis.

11. Spores subelliptiques, déprimées latéralement et obliquement atténuées à la base, $4-5 \times 1,5-3 \, \mu$: chapeau souvent imbriqué ; chair blanche, acidule, amarescente ; sur conifères : 12.
Spores cylindriques arquées ; chapeau très finement velu, pubescent ou presque glabre : 13.

12. Etagé imbriqué, radié rugueux, subzoné ; chair très indurée sur le sec : *L. floriformis*, n. 840.
Simple, cespiteux ou imbriqué, assez épais : chair un peu fibreuse, fragile, puis rigide : *L. albidus*, n. 839.
Cf. *Coriolus kymatodes*, n. 865.

13. Chair tendre puis ferme, à grain fin, peu à pas fibreuse ; chapeau dimidié, à cuticule très fine, glabrescente, blanc ou gris clair ; pores fins, arrondis ; spores $3,5-5 \times 1,5-2,5 \, \mu$: *L. albellus*, n. 837.
Chair tendre, plus ou moins fibreuse, pas de cuticule ; spore plus étroite : 14.

Chapeau à marge droite aiguë : chair subzonée, très fibreuse, se déchirant en longues fibres cotonneuses : *L. melinus*, n. 832 var.

14 Chapeau subdimidié, étalé-réfléchi ou conique fixé par le dos, blanc, ocracé ou fulvescent sur le sec, marge obtuse, incurvée ; chair tendre assez fragile : *L. lacteus*, n. 832.

Chapeau cendré vers la marge ou entièrement gris cendré : *L. tephroleucus*, n. 832 var.

15 Chapeau mince, ondulé, sillonné, brun rougeâtre ; pores 10—12 par mm. : cystides hyalines : spores globuleuses : *L. Braunii*, n. 831.

Cf. *L. albidus* et *L. imberbis*.

832. — **L. lacteus** (Fr.) Quél., Fl. myc., p. 385. — *Polyporus* Fr., S. M. ; Hym. eur., p. 546. — *P. trabeus* Fr., sec. Lloyd, Syn. Pol. Apus. p. 301, f. 638.

Chapeau 3—10 cm., subdimidié, plus ou moins étalé à la base, imbriqué ou fixé sur le dos, subtriquètre, quelquefois avec 1—2 sillons concentriques, finement pubescent ou farineux blanc, puis ocracé ou fulvescent, marge incurvée ; tubes longs de 6—8 mm., rigides sur le sec ; pores arrondis ou anguleux, 0,12—0,25—0,5 mm. ou 3—4 par mm., blancs, à la fin irréguliers, dentés ; chair blanche tendre, fibreuse, ordinairement fragile. — Hyphes du chapeau 3—5—8 μ, à parois épaisses ou minces, à boucles clairsemées, enchevêtrées en tous sens, plus régulièrement parallèles et moins serrées vers la surface ; villosité formée d'hyphes fasciculées en mèches ou agglutinées en masse presque amorphe simulant une cuticule : hyphes des tubes similaires, 3—4—6 μ ; basides 9—12—18×3—6 μ, à 2—4 stérigmates longs de 2,5—3,5 μ ; spores cylindriques un peu arquées, souvent à deux granules polaires, 3,5—4,5—(7)×1—1,5 μ, blanches en masse.

Végétation dès le printemps, surtout été et automne. — Sur toute espèce d'arbres à feuilles ou à aiguilles, même sur bois carbonisés. Pourriture sèche, très active.

Le champignon en bonne végétation suinte des gouttelettes ; il est souvent gorgé d'eau et se réduit de près de moitié en séchant. Le revêtement du chapeau est variable, farineux, pubescent, quelquefois un peu rude, strigueux ou fibro-strié vers la marge. Les hyphes de la surface peuvent s'agglutiner et former une membranule mince interrompue ou une cuticule glabrescente, qui jaunit plus ou moins ou devient grisâtre.

1. — *Bjerkandera ciliatula* Karst., Symb. Myc. Fenn., XVIII. — *Polyporus* Sacc., Syll., VI, p. 127.

Orbiculaire. 1—1,5 cm., atténué sessile postérieurement, blanc, à marge primitivement ciliée ; spores 4—5×1—1,5 μ.

Sur houx, bois Dufour (Aveyron). A la même place, c'est tantôt cette forme, tantôt *L. lacteus* normal qui reparaît.

2. — *Polyporus tephroleucus* Fr., S. M. : Hym. eur., p. 545, — Rostk., t. 26. — Bres., Fungi Polon., p. 73. — Romell, Hym. of Lappl., p. 25, f. 4.

Chapeau 3—5 cm., obtus, finement villeux, blanc et cendré vers les bords ou entièrement gris cendré : chair blanche subzonée ; pores fins, entiers, puis dentés, blancs. — Hyphes à parois épaisses, molles, avec des hyphes à parois minces, 2,5—5 μ ; basides 9—15×3,5—5 μ ; spores cylindriques un peu arquées, 3,5—5 ×1—1,75 μ.

Sur sapin, pin, mélèze, hêtre : Vosges, Hte-Saône, Aveyron, env. de Paris.

3. — *Bjerkandera melina* Karst., Symb. Myc. Fenn., XVIII. — *Polyporus* Sacc., Syll., VI, p. 134.

Chapeau 2—5 cm., dimidié subimbriqué triquêtre, blanc puis pâle, pubescent, marge aiguë, droite : tubes longs de 3—4 mm. : pores blancs, irréguliers, 0,25 mm., dentés ; chair blanche, fissile, formée de longues fibres cotonneuses, subzonée, 3—4 mm. d'épaisseur. — Trame tendre, formée d'hyphes parallèles, 2,5—6 μ, à parois gélifiées, épaisses ou minces ; basides 12—22×4—5 μ ; spores cylindriques arquées, 5—6×1,5—2 μ.

Sur tronc abattu de peuplier : St-Priest, Allier. — Très voisin de *L. lacteus*, mais facile à distinguer si ses caractères sont constants.

833. — **L. caesius** (Schrad.) Quél., Fl. Myc., p. 386. — *Boletus* Schrad. — Pers., Syn., p. 526. — *Polyporus* Fr., S. M. : Hym., p. 547. — Gillet, pl. — Bres., Fungi Kmet., n° 18 ; Fungi polon., p. 73.

Chapeau dimidié, 2—6 cm., souvent imbriqué substipité ou résupiné réfléchi, parfois fixé par un point dorsal, tendre, scrobiculé ou hérissé de pointes à la base, radié-rugueux par des mèches fibreuses innées, ou subzoné, marge infléchie, pubescent puis glabrescent, blanc, pâle bleuâtre, gris bleuâtre, ardoisé, rarement incarnat fauve : tubes allongés ; pores fins, 0,15—0,30 mm., arrondis ou oblongs, puis flexueux, lacérés, blanchâtres puis tachés de bleu cendré (restant crème ocre ou alutacés dans certains spécimens) ; chair molle, humide, puis aride, fragile, blanche ou lavée de bleu vert. — Hyphes 2—4 μ, à parois épaisses en solution de potasse, 2—3 μ à parois minces dans l'acide lactique, disposées subparallèlement en trame assez dense, boucles éparses ; basides 9—12—18×3—5 μ, à 2—4 stérigmates longs de 2,5—3 μ : spores cylindriques un peu arquées, avec deux granules polaires, 3—4,5 —5,5×1—1,5 μ, gris-bleu clair ou gris ardoisé en masse.

Toute l'année, plus fréquent au printemps et à l'automne. — Sur tous bois très pourris, à feuilles et à aiguilles ; assez commun. Pourriture rouge et active : citrine à la périphérie de la lésion sur genévrier.

Le *P. gossypinus* Lév., Fr., Hym. eur., p. 566, est donné par Bresadola (Syn. et Adnot. Myc., 1916, p. 224) comme un synonyme de *P. caesius* (Schrad.)

834. — L. trabeus. — *Polyporus* Rostk., t. 28. — Fr., Hym. eur., p. 547. — Bres., Fungi gall., p. 39 !

Chapeau étalé 4—8 cm., assez étroitement réfléchi, allongé transversalement, pubescent, blanc à crème fauvâtre, à sillons peu marqués, marge ordinairement infléchie, souvent résupiné à bordure fibrilleuse satinée ou en bourrelet pubescent, étroit, se détachant par les bords ; tubes longs de 3—10 mm. ; pores blancs, anguleux, 0,1—0,6 mm., devenant oblongs, linéaires flexueux, à parois minces et orifice denté et crème, crème alutacé : chair blanche tendre, un peu fibreuse, puis très fragile, friable. — Trame très molle, formée d'hyphes, les unes à parois minces, les autres à parois épaisses gélatineuses, 1,5—3—5 μ ; basides 12—18— 30×3—4—7,5 μ, à 2—4 stérigmates longs de 2—4,5 μ : spores abondantes, cylindriques un peu arquées, ordinairement avec deux granules polaires, 4,5—5—6×1—1,75 μ, blanches en masse.

Toute l'année, surtout automne. — Sur pin et sapin, troncs et branches abattus, et débris restant sur le sol, assez commun. Pas rare sur arbres à feuilles : peuplier, cerisier, saule, châtaignier, bouleau, coudrier. — Mycélium floconneux produisant une pourriture sèche, analogue à celle de *Lenzites quercina*. Le bois attaqué, en se desséchant, tombe en poussière impalpable sous la seule pression des doigts. Le champignon se trouve souvent à l'intérieur du bois qu'il dévore rapidement. De végétation active, son évolution se fait dans l'espace d'un mois. Il est ordinairement moins vigoureux sur bois à feuilles.

M. Romell (Rem. Pol., 1926, p. 7) suggère que la fig. de Rostk., t. 28, pourrait représenter le *Trametes squalens*. Il pense que le *P. trabeus* de Fries ne diffère probablement pas de *P. albidus*. La description de Fries n'est pas décisive, mais les mots « *effuso-reflexo transversim elongato* » représentent mieux la forme ordinaire de *L. trabeus*.

var. **paleata**. — Subiculum blanc, très mince, membraneux ; tubes longs de 6 mm. env., lacérés irpicoïdes, formant des palettes subspatulées, assez larges, blancs puis crème olive ou alutacé. — Hyphes à parois minces, 2—3 μ, bouclées ; basides 15—27×4—7 μ ; spores cylindriques arquées, 4,5—5×1,5—1,75 μ.

Hiver ; sur pins, à l'intérieur de l'arbre mort, debout ou abattu. Le mycélium s'infiltre partout et produit une pourriture sèche, très active.

835. — **L. fragilis** (Fr.) Quél., Fl. Myc., p. 355. — *Polyporus* Fr., Hym. eur., p. 546. — *P. mollis* Fr., Quél.

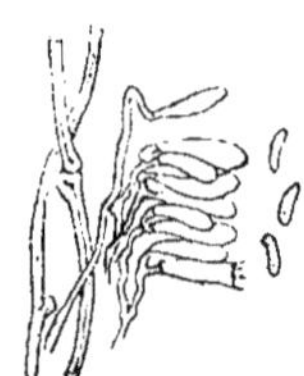

151. — *Leptoporus fragilis* (Fr.).

Résupiné ou étalé-réfléchi, 3—6 cm. de large, bord réfléchi jusqu'à 2—2,5 cm., fauve, brun rougeâtre, parfois nettement zoné, glabre ou villeux, strié-rugueux, raboteux ; pores petits, blanchâtres, puis roussâtres, orifice entier, puis déchiré ; chair molle, fragile, un peu fibreuse. — Hyphes à parois minces et épaisses gélatineuses, 2—3,5 μ, à boucles fortes, peu fréquentes, les subhyméniales tortueuses, 1,5—3 μ ; basides 12—15—21×3—4,5 μ, 2—4 stérigmates longs de 4,5—6 μ ; spores cylindriques un peu arquées, à 2 granules polaires, 4—5×1—1,75 μ. (*Fig. 151*).

Octobre-Décembre. Sur pin et sapin, environs de Millau, Vosges, Manche, etc.

var. **resupinatus**. — *P. albobrunneus* Rom., Hym. of Lappl., p. 10, f. 6.

Cette espèce est prise dans le sens que M. Bresadola nous a donné. Elle est trop voisine de *L. trabeus*, dont elle ne diffère que par sa coloration. Le champignon, sur le sec, est taché de fauve, fauve safrané, fauve brun, mais ces taches sont assez lentes à se produire.

836. — **L. erubescens** (Fr.). — *Polyporus* Fr., Épicr., p. 461. — *P. mollis* Rostk., t. 25. — Romell, Rem. on some Pol., p. 639, f. 2, *nec* Pers., *nec* Fr. — *P. Weinmanni* Fr., Épicr., p. 459.

152. — *Leptoporus erubescens* (Fr.).

(Blanc), puis entièrement incarnat ou briqueté sur le sec. Chapeau 6—8 cm., dimidié, subimbriqué, triquètre, épais de 2—4 cm., tomenteux mou, scabre ou strigueux, azone, (blanc), puis rose incarnat ; chair spongieuse tenace, subzonée et fibreuse à la déchirure ; tubes courts ; pores fins, primitivement assez réguliers, blanc incarnat, puis roussâtres,

brun briqueté au toucher et par l'âge. — Hyphes des tubes 1—2.5
—3 μ, parallèles subcohérentes ; basides 9—12×4—5 μ, à 2—4 stérigmates droits, courts ; spores cylindriques subarquées, 4—5×1
—1.5 μ, souvent à 2 granules polaires. (*Fig. 152*).

Sur bois pourris de pin, sapin (ROMELL) : Pologne (SIEMASZKO).
Env. de Lyon (M. JOSSERAND).

D'après M. ROMELL, la figure de *P. Weinnmanni* (musée de Stockholm)
paraît identique à *P. erubescens* Fr. *mollis* Rostk. Le *P. mollis* Pers. serait
probablement = *P. borealis*, et le *P. mollis* Fr. = *P. albobrunneus* Rom., par
conséquent très voisin de *P. fragilis*, ou identique.

837. — **L. albellus**. — *Polyporus* Peck. — Lloyd., Syn.
Pol. Apus, p. 294.

Chapeau 4—10 cm. sessile, dimidié ou subréniforme à cuticule fine, lisse ou subtilement villeuse, blanc à grisâtre clair :
tubes 5 mm. environ ; pores 0,25 mm., arrondis, blancs puis crème

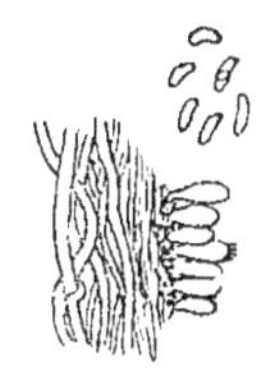

alutacé ; chair blanche, molle, puis fragile, à grain
fin, peu ou pas fibreuse. — Hyphes 2—4,5 μ, enchevêtrées en tous sens, assez lâches dans le chapeau, les plus grosses presque solides, à cloisons
distantes, les plus fines à parois minces et boucles
éparses, flexueuses subparallèles ou cohérentes
dans les tubes ; basides 9—12—15×4—4,5 μ, à 2—
4 stérigmates longs de 1,5—2 μ : spores cylindriques arquées, 3,5—4,5—5×1,5—2,5 μ. (*Fig. 153*).

153. — *Leptopo-
rus albellus*
(Peck).

Septembre-Novembre. — Sur sapin, hêtre,
chêne, charme : Vosges, Hte-Saône : Côte d'Or, Saône-et-Loire
(M. BARBIER) ; Belfort (E. GILBERT) ; Alsace (L. MAIRE) : Luxembourg (SCHROELL).

Cette espèce semble peu variable et nos échantillons sont en tout comparables aux spécimens américains que nous avons reçus de M. LLOYD. Elle
n'est peut-être pas très rare, mais elle est souvent confondue avec *L. lacteus*
et *tephroleucus* ; elle est cependant moins épaisse relativement, avec une surface de chapeau et une chair différentes, et une spore sensiblement plus large
Le *P. epileucus* des déterminations de QUÉLET est le *Spongipellis spumeus* ; dans sa Flore mycologique, il semble comprendre, sous le nom de *Leptoporus epileucus*, le *Phaeolus albosordescens*, au moins partiellement. Le *P. epileucus* Lloyd, Syn. Pol. Apus, p. 309 et fig. 649, que l'auteur identifie avec
Polyporus Hoehnelii, ne semble pas être l'espèce de FRIES, qui est un grand
champignon (8—12 cm.) à chair caséeuse molle, et à laquelle M. BRESADOLA
attribue une spore différente : 4,5—6×2—2.5 μ. Par l'ensemble de ses caractères, l'espèce devrait prendre place dans le voisinage de *L. albellus*.

838. — **L. chioneus** Quél., Fl. myc., p. 385 ! (*praeter sporam*). — *Polyporus* Quél., Soc. bot., 1879, p. 229. — Fr., Obs.

Myc., *sensu* Bres., Fungi Kmet., p. 70 ; Fungi gall., p. 37 ! — *P. semisupinus* Berk. *sec.* Lloyd, Syn. Pol. Apus, p. 316, fig. 654-655. — *P. semipileatus* Peck, 34 Rep., p. 43.

Chapeau subdimidié concrescent, 1—4 cm., ou conchoïde subimbriqué, glabrescent, blanc, ocracé, fauve, brun d'ombre ou brun bistré, quelquefois avec une zone plus foncée près de la marge, plus ordinairement étalé réfléchi, ou simplement résupiné avec bords en bourrelet entier, ou apprimés pubescents, fimbriés

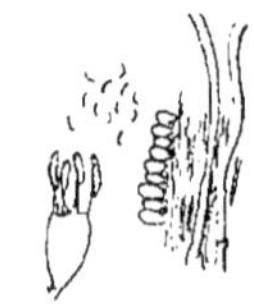

154. — *Leptoporus chioneus*(Fr.)Quél.

radiés : tubes courts : pores très fins, 0,06—0,16 mm., arrondis ou un peu anguleux, blanc hyalin, puis pâles ou légèrement fulvescents, à parois très minces, puis indurées fragiles, denticulées : chair tendre, blanc hyalin, puis blanche. — Hyphes du chapeau et de l'axe des tubes solides ou à parois épaisses et cloisons très distantes, 3—5 ɥ, flexueuses, les autres hyphes à parois minces, 1,5—3 ɥ, et boucles rares ; basides obovales claviformes, 6—8—12×3—4,5 ɥ, à 4 stérigmates longs de 1,5 ɥ : spores cylindriques arquées, 3—4×0,5 ɥ, blanches en masse. (*Fig. 154*).

Toute l'année. Très commun sur toute espèce d'arbres et arbustes à feuilles ; très rare sur conifères, cèdre, genévrier. — Pourriture blanche assez active, mais assez insignifiante, vu la taille du champignon.

Forma resupinata. — *Pol. pannocinctus* Rom., Hym. of Lappl., p. 28, f. 8, *Specim. orig.* !. — Résupiné, adhérent ; subiculum distinct, blanc, mou ; bordure apprimée subfimbriée et finement villeuse : pores très fins, mous, crème blanchâtre : hyphes la plupart à parois minces, collapses, 1,5 ɥ : spores 3—4,5×0,5 (—1) ɥ.

Les formes résupinées peuvent aussi avoir une bordure similaire entière : elles sont quelquefois colorées en vert plus ou moins foncé par un mycélium étranger, et sont alors prises, par erreur, pour le *Poria viridans* Bk.

La citation par Fries du *P. candidus* Pers., Myc. Eur., II, t. 15, f. 4-5, champignon stipité, et aussi la saveur stiptique et l'odeur acidule qu'il indique, rendent si douteux le sens de *P. chioneus* de Fries que Romell incline à croire qu'il est encore identique avec *P. albidus* : il admet toutefois, avec M. Lloyd, que le primitif *P. chioneus* de Fries est une autre espèce que celle de ses derniers ouvrages et que dans les *Obs. Myc.* de Fries, auxquelles se réfère Bresadola, il y a des termes qui aiguillent dans cette direction. Il est bien possible que Fries ait élargi le sens de son *P. chioneus* primitif, par confusion avec d'autres petites espèces qui peuvent être stipitées, plus ou moins stiptiques, et se trouver accidentellement sur feuillus, telles que *P. apalus, floriformis, albidus*. Si la notation « *P. chioneus* Fr. » doit être rejetée, il nous semble qu'on peut cependant tenir compte de l'interprétation qui a été

donnée à cette espèce depuis fort longtemps et conserver le *P. chioneus* de
QUÉLET (et BRESADOLA), que nous connaissons sûrement par plusieurs déterminations que QUÉLET nous en a données et qui est plus ancien que le *P.
semipileatus* Peck. Pour *P. semisupinus* Bk., la description paraît au moins
douteuse. La spore de ces deux espèces américaines ne nous est pas connue.
Elle est si ténue dans *P. chioneus* qu'elle a échappé à presque tous les Mycologues.

839. — L. albidus. — *Boletus* Schaeff., t. 124. — *Polyporus* Trog. — Fr., El. ; Hym. Eur., p. 567. — Bres., Fungi Gall.,
p. 38 ! — *Leptoporus stipticus* Quél., Fl. Myc., p. 385 et determ. !

Simple ou cespiteux, subimbriqué et concrescent, dimidié.
2—6 cm., aplani, réniforme ou rétréci substipité à la base, ou fixé
par le centre, ou encore irrégulier subincrustant, sillonné ou non,
inégal, raboteux à la base finement pubescent, blanc puis jaunissant, ocracé ou pâle roussâtre sur le sec ; marge subobtuse, plus
ou moins roussâtre ; pores 0,2—0,4 mm. (4—4,5 par mm.), blanc
crème à crème chamois, arrondis anguleux puis oblongs, subla-
byrinthés et dentés, suintant des gouttelettes laiteuses, assez souvent déformés, myriadoporiques ; chair blanche, fibreuse fragile, à
saveur stiptique et amarescente, puis indurée, rigide ou presque
friable. — Trame jaunissant par l'iode, molle ; hyphes la plupart
à parois épaisses, à boucles éparses, 4—6 μ dans le chapeau, subparallèles 2,5—4,5 μ dans les tubes : basides 9—12—(18)$\times$3—5 μ,
à 2—4 stérigmates droits, longs de 2—3 μ : spores ellipsoïdes, légèrement déprimées latéralement, souvent obliquement atténuées
à la base et 1-guttulées, 3,5—4—4,5$\times$1.5—2—2,75 μ.

Juillet-Décembre. — Sur souches et troncs, pin, sapin, génévrier ; commun. Végétation et pourriture rouge, actives.

Nous avons une forme flabellée, radiée et subzonée, qui a été regardée
comme identique à *L. floriformis* ; cette forme, cependant, croissait en mélange avec *L. albidus*, vraisemblablement issue d'un même mycélium.

D'autres formes sulfurines ou citrines deviennent jaune ocracé ou alutacé et même safranées sur le sec ; elles peuvent appartenir à *P. alutaceus*
Fr., qui, selon M. BRESADOLA (in litt.), est très voisin de *L. albidus* et en est
peut-être une simple variété bien développée et jaunissante.

Dans *L. albidus* et *L. floriformis*, la consistance de la chair est assez
variable : probablement par suite de certaines conditions atmosphériques,
elle devient parfois très dure, comme la décrit FRIES, et c'est là, sans doute,
la cause de la confusion faite par QUÉLET, de *L. albidus* avec *P. osseus*. —
L. albidus est quelquefois précédé ou accompagné d'un *Ptychogaster (P. rubescens* Boud. ?) plutôt roussâtre que rougeâtre.

Le *P. stipticus* Pers. est pour QUÉLET, BRESADOLA (Fungi Kmet.), Ro-
MELL, etc. une forme de *P. albidus* Schaeff., devenant accidentellement un
peu roussâtre à la marge. M. BRESADOLA le regarde maintenant comme identique avec *P. anceps* Peck. (Cf. v. Hoehnel, Mykologisches, 1909, p. 6 ; et Ro-
MELL, Rem. Pol., 1926, p. 7).

840. — *L. floriformis* (Quél.). — *Polyporus* Bres., Fungi Trid., I, p. 61; t. 68. — *Coriolus* Quél., Ass. fr. 1885 ; Fl. myc., p. 390.

Étagé imbriqué, dimidié sessile, 2—4 cm., conchoïde, ou atténué à la base, ou encore orbiculaire fixé par le centre, mince, radié rugueux, blanc, puis blanchâtre, subzoné près de la marge ; tubes courts : pores fins, 0,09—0,13 mm., arrondis, puis oblongs, lacérés et fimbriés, blancs : chair blanche, acidule amaricante, plus ou moins fibreuse, puis indurée. — Hyphes à parois minces, 3—5 μ, à boucles éparses ; basides 9—14×4.5—6 μ : spores subelliptiques, déprimées latéralement et obliquement atténuées à la base, ordinairement 1-guttulées, 4—5×2—2.5 μ.

Septembre-Novembre. — Sur souches, brindilles et aiguilles de conifères, mélèze, pin, sapin. Meurthe-et-Moselle, Alsace (L. Maire) ; Var (A. de Crozals) ; Luxembourg (Schroell) ; Trentin (Bresadola) : Manche (L. Corbière).

Forme pétaloïde, souvent franchement stipitée, accompagnée d'un *Ptychogaster* blanc intérieurement et d'abord assez dur, ayant la forme d'un petit *Lycoperdon* gris pâle ; il se réduit en substance très molle, pulvérulente et fibreuse, brun d'ombre, composée d'hyphes hyalines 1.5—2 μ, fasciculées en cordons et d'innombrables conidies brun d'ombre, 5—7.5×4.5—6 μ, ovoïdes ou oblongues. Souche d'*Abies pectinata*, Cherbourg (L. Corbière).

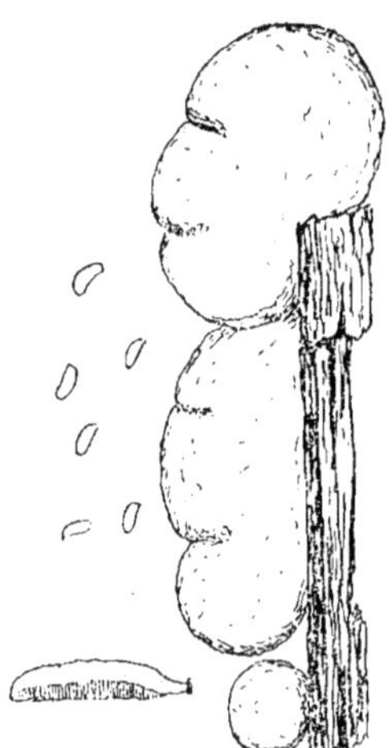

155. — *Leptoporus destructor* (Schrad.).

Cette forme paraît très voisine de *Coriolus apalus* : *L. floriformis* est intermédiaire entre cette espèce et *L. albidus*, et quelquefois difficile à séparer de l'une ou de l'autre.

841. — L. destructor (Schrad.) — *Boletus* Schrad., Spic., p. 166. — Pers., Syn., p. 543. — *Polyporus* Fr., S. M. : Hym. Eur., p. 547. — *B. alutaceus* Rostk., t. 27.

Chapeau 1—3 cm., subdimidié, épais de 3 mm., blanc puis brun-roux en arrière, ridé sur le sec, marge finement pubescente, un peu infléchie et blanche ; tubes courts ; pores cériomycétoïdes et altérés par un parasite ; chair blanche, très molle, floconneuse, subzonée, devenant roussâtre et restant flexible un peu moite en herbier. — Hyphes à parois minces, bouclées, 3—4 ; basides 15—18×6 μ ; spores ellipsoïdes cylindriques, à peine déprimées latéralement, 5—5,5×2,5—3 μ. (*Fig. 155*).

Sur parquet humide de sapin : Moulins.

C'est la seule récolte que nous ayons faite dans une habitation, sur bois travaillés, où elle produit une pourriture sèche, de même nature que celle de *Merulius lacrymans*. Elle répond assez bien aux descriptions citées et à la fig. de Rostkov. — Elle a une structure micrographique analogue à celle de la variété (ou espèce ?) suivante, qui n'en serait, selon M. Bresadola, que la forme résupinée ; ce en quoi nous lui faisons confiance, car notre plante des parquets nous donne une impression différente.

var. ? resupinatus. — *P. destructor* Schrad., vix Fries, *teste* Bres., Fungi Gall., p. 38 !

Largement étalé, rampant entre écorce et bois et s'étendant autour des souches sur aiguilles et mousses, membraneux, très tendre ; bordure large stérile d'un blanc éclatant, lisse ou floconneuse, dentée, lobée, fibrilleuse ou rhizoïde extérieurement ; pores d'abord réticulés, anguleux, 0,2—0,6 mm., inégaux, très fragiles, à orifice denté, blancs puis crème ou jaunissant ; tubes longs de 0,5—2 cm. — Trame très molle, très fragile sur le sec ; hyphes 2—4.5 μ, à parois minces, boucles plus ou moins nombreuses ; basides 9—20—30×3,5—5,5—7 μ, à 2—4 stérigmates longs de 4 μ ; spores ellipsoïdes ou oblongues, un peu déprimées latéralement, 3—5—7×2,5—3,5 μ, souvent 1-guttulées. Conidies mycéliales, obovales, assez rares. (*Fig. 156*).

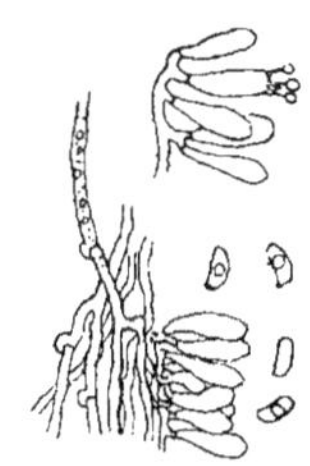

156. — *Leptoporus destructor* (Schrad.), var. *resupinatus*.

Étés humides et automne. — A la surface ou à l'intérieur du bois, souches, troncs couchés de conifères, pin silvestre, pin maritime, sapin, etc. ; empâtant les aiguilles, mousses, gazon. Pourriture rouge, sèche.

Var. graminicola. — Bordure floconneuse ou filamenteuse ; tubes en petits coussinets convexes, 3—10 mm. Toujours petit et mal venu, souvent himantioïde, non poré. Hiver, sur souches de *Festuca duriuscula*, *Brachypodium pinnatum*, etc., sans conifères dans le voisinage.

Cette plante résupinée est commune, constante et bien caractérisée. C'est un vrai *Poria*, qui ne manifeste aucune tendance à se réfléchir ; nous ne l'avons jamais vue sur bois travaillés ou dans les lieux habités ; aussi, étant données les différences morphologiques et l'absence des formes de passage, nous ne pouvons y voir une forme *suffocata* de *L. albidus*. Pour M. Romell, le *P. destructor* Schrad. serait le *P. stipticus* (... *albidus* Schaeff.), et le *P. destructor* Fries probablement le *P. mollis* Fr. (= *albobrunneus*).

842. — L. sericeo-mollis. — *Polyporus* Romell, Hym. of Lappl., p. 22 ; Rem. on some Pol., p. 643, f. 4. *Specim. orig.* !

Étalé arrondi, convexe, très mou, blanc de neige, bordure fibrillo-spongieuse, 1—3 mm., stérile, parfois un peu réfléchie ; pores réticulés puis anguleux, 0.3—0.7 mm., dentés, très mous et très fragiles. — Hyphes 1,5—4 μ, à parois épaisses molles, ou à parois minces, bouclées ; basides 9—15—35×3—4,5—6 μ ; spores ellipsoïdes, parfois déprimées latéralement, 4—5(—6)×2—3—3,5 μ, la plupart 1-guttulées. Presque toujours accompagné de conidies abondantes, en coussinets épais, farineux, blancs ou jaunes. — Hyphes conidifères 2—3 μ, rameuses, portant les conidies en épis ; conidies ovoïdes, à verrues éparses, rarement presque lisses, 5—7,5×4—6 μ. Souvent aussi les tubes ne se forment pas et la plante n'est constituée que par des amas de conidies.

Hiver, printemps. — Souches de pin, genévrier ; pas rare. Voisin de la var. résupinée de *L. destructor*.

843. — L. revolutus. — *Poria* Bres., in litt. et *specim. orig.* ! — *Polystictus* Bres., Select. myc., Ann. myc., XVIII, 1920, p. 35.

Arrondi, 1—2 cm., puis confluent par les bords, résupiné,

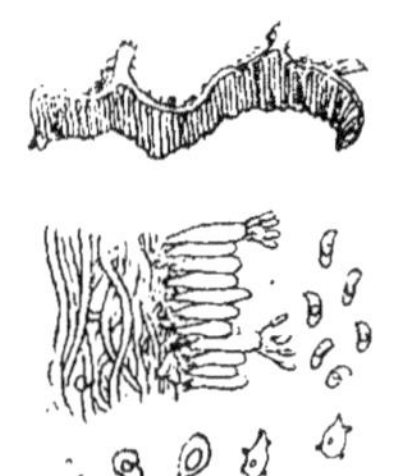

157. — *Leptoporus revolutus* (Bres.).

peu adhérent, souvent pelté avec mamelon dorsal et bords libres, réfléchis tout autour, blancs, soyeux, glabrescents, quelquefois fibreux et fendillés radialement ; marge étroite, aiguë ; tubes longs de 2—5 mm. ; pores 0.2—0.6 mm., inégaux dentés, blancs ou crème, se tachant quelquefois de sulfurin en vieillissant ; subiculum mince, 1 mm., blanc, fibrilleux, à peine coriace, puis induré fragile. — Hyphes 2,5—5 μ, la plupart à parois épaisses, flexueuses, assez tenaces, boucles rares ; basides 8—14—20×3—5 μ, à 2—4 stérigmates droits, grêles ; spores subcylindriques, un peu déprimées latéralement, 4—4,5—6×1,5—2,5 μ, souvent 1-guttulées. (*Fig. 157*).

Vient au début de l'été et végète activement pendant l'automne et une partie de l'hiver. — Sur troncs creux, souches, poutres, etc. ; chêne, châtaignier, saules, aubépine. Pourriture rouge, sèche, mais assez peu active.

Ce champignon est assez voisin de *L. sericeo-mollis*, mais il en est bien distinct par son habitat sur feuillus, sa consistance bien plus dure, sa spore plus étroite et son adhérence par le centre avec bords fortement relevés. Il est de même fréquemment accompagné de conidies en tas plus ou moins épais : hyphes 0,5—4 μ, conidies obovales, 6—7,5×4,5—5 μ, lisses ou aspérulées de quelques verrues.

var. **subrubens**. — Résupiné, peu adhérent, arrondi, 3—8 mm., puis confluent ; marge supérieure ordinairement étroitement réfléchie, glabrescente, pâle, puis crème bistre : bordure étroite, stérile, blanche ; tubes 1—4 mm. ; pores alvéolaires, 0,2—0,6 mm., anguleux, crème, rougissant légèrement au toucher ; subiculum blanc, membraneux, coriace mou. — Hyphes à parois très épaisses, 2—4 μ ; basides 9—20×3—5 μ ; spores subcylindriques légèrement déprimées, 3—4,5×1—2 μ, 1-2-guttulées.

Du début de l'été au printemps. Branches tenant à l'arbre ou tombées, chêne, aune, aubépine, coudrier.

844. — **L. amorphus** (Fr.) Quél., Fl. myc., p. 357. — *Polyporus* Fr., Hym., p. 550. — Bres., Fungi polon., p. 74.

Résupiné avec bords libres, ordinairement conchoïde imbriqué, submembraneux mou, puis induré rigide, sillonné, blanc tomenteux ; pores arrondis, rosés ou orangés (quelquefois blancs) ; large bordure pubescente subbyssoïde dans les parties étalées. — Trame assez coriace, formée d'hyphes lâches, très sinueuses dans le chapeau, 3—5 μ, parallèles à parois épaisses ou solides, 2—4 μ dans les tubes : les subhyméniales cohérentes ; basides 9—12×4 —5 μ ; spores très hyalines, cylindriques, légèrement arquées, 3— 5×1—1,5.

Toute l'année ; il paraît débuter en juin et augmente de fréquence jusqu'à Décembre. — Sur souches, troncs, écorces et débris de pin, sapin, épicéa, mélèze ; incrustant sur les aiguilles. Pourriture blanche, active.

b. *resupinatus*. — *Poria armeniaca* Berk. — Fr., Hym., p. 576. — Étalé confluent, membraneux tendre ; bordure pubescente ou byssoïde ; pores fins, blancs puis orange ou abricot. Écorces et bois de pin. Pourriture filamenteuse assez active.

c. *P. molluscus* Karst., sec. Lloyd. — Entièrement blanc, étalé, réfléchi, glabrescent. Souches pourries de pin.

d. *Poria vitrea* sensu Quélet ! — Entièrement étalé en large membrane hyaline, unicolore, largement stérile sur les bords, indurée puis en partie détachée du substratum au pourtour. Souches et éclats de pin.

845. — **L. Wynnei** (Berk. Br.) Quél.. Fl. myc.. p. 385. — *Polyporus* Fr., Hym., p. 569. — Lloyd, Syn. stip. Pol., p. 150.

Chapeau étalé réfléchi, irrégulier, rameux, lobé, incrustant, satiné, alutacé à brun jaunâtre, ruguleux, zoné ; tubes longs de 4 mm.. ; pores petits. anguleux, blancs ; chair mince, ou simple pellicule, molle et un peu coriace, puis dure et fragile : spores globuleuses. 3 µ. (LLOYD). 5 µ. (QUÉLET).

A terre, incrustant feuilles et brindilles (n. v.).

846. — **L. dichrous** (Fr.) Quél.. Fl. myc., p. 388. — *Polyporus* Fr., S. M. ; Hym. eur., p. 550. — Rostk., t. 39. — *Glocoporus* Mtg.

Résupiné, étalé-réfléchi ou dimidié. confluent latéralement, ou étagé imbriqué, à bordure molle, floconneuse blanche ; chapeau tomenteux, à villosité parfois agglutinée spongieuse, vaguement sillonné, blanc ou crème : marge stérile en dessous ; chair blanche, molle : tubes et sous-hyménium formant une couche hétérogène bien distincte : pores par plages confluentes, incarnats, incarnat fauve, puis bais, pruineux, brunissant plus ou moins, fins, subarrondis, 0,1—0,25 mm. — Trame du chapeau formée d'hyphes. 3—5 µ, à parois plus ou moins épaisses, bouclées, enchevêtrées en tissu lâche, séparé de la couche gélatineuse par des hyphes à parois minces, 1,5—3 µ, subparallèles, serrées, couche subhyméniales gélatineuse à éléments agglutinés avec filaments 1—2 µ. flexueux (canalicules des hyphes) : basides 12—17(—20)×3—4 µ, en hyménium dense ; spores cylindriques arquées, très hyalines, 3—4,5—6×0,75—1,5 µ. *(Fig. 158)*.

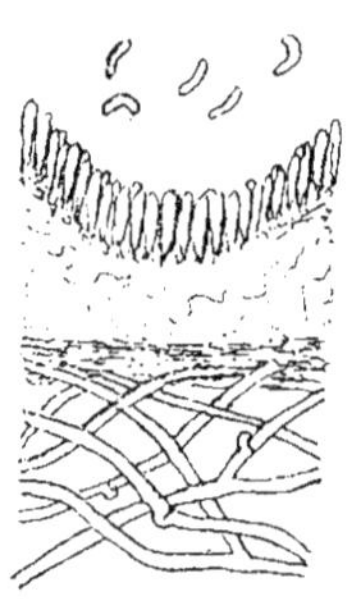

158. — *Leptoporus dichrous* (Fr.) Quél.

Automne surtout. — Sur bois pourris, branches tombées : pas rare sur toute espèce d'arbres à feuilles. Peu robuste, pourriture probablement peu active. Sur pin maritime et pin d'Alep, Alpes-Mar., Var.

847. — **L. imberbis** (Bull., t. 445, f. 1) Quél., Fl. myc., p. 388. — *Polyporus* Fr., Hym. eur., p. 543. — Bres., Fungi Trid., II, p. 29, t. 125. — *P. fumosus* (Pers., Syn., p. 530) Fr., S. M. ; Hym. eur., p. 549. — *P. salignus* Fr. — *P. Holmiensis* Fr. — *P. pallescens* Fr. — *P. albus* Fr. sensu Quélet !

Chapeaux 5—15 cm, étalés réfléchis, confluents, imbriqués, sessiles ou atténués en arrière, finement villeux glabrescents, alutacé fauve, brun roux, puis plus pâles, crème alutacé, paille ou chamois, unis ou sillonnés subzonés : tubes blanchâtres, séparés de la chair par une ligne noire, parfois peu nette ; pores 0,2—0,3 mm., arrondis, oblongs ou dédaléens, à la fin dentés, blanc cendré, souvent crème bistre ou brunissant au toucher, à la fin paille, brunâtres ou bistrés ; chair coriace charnue, puis subéreuse assez tendre, blanchâtre, crème alutacé, lignicolore, subzonée, peu fibreuse ; odeur anisée, inconstante. — Hyphes des tubes à parois minces ou peu épaisses, 2,5—3 μ, parallèles serrées et à parois épaisses plus obscures dans la ligne qui sépare les tubes de la chair ; hyphes du chapeau 3—6 μ, à boucles rares, plus lâches et à extrémités libres à la surface du chapeau ; basides obovales claviformes, 10—15—18×4—6 μ ; spores oblongues subelliptiques, un peu déprimées latéralement, 4—6,5—8×2—3,5—4,5 μ, paille clair en masse.

Toute l'année, avec plus grand développement au printemps et en automne. — Sur souches et à la base des troncs de peuplier, saule, genêt, sorbier, érable. Pourriture blanche, filamenteuse, très active.

flaviporus. — Pores citrins, se tachant de bistre : la teinte citrine accidentelle finit par disparaître en herbier. Alsace (L. MAIRE).

P. salignus Fr., Rostk., 27 f. 2. — *Daedalea* Quél. — Chapeau blanchâtre ; pores plus grands labyrinthés et irpiciformes, à la fin brun jaunâtre ou cannelle. Sur saules. — FRIES citant ROSTK. a été trompé par l'inversion des figures ; c'est bien la couche des pores qui est brune et le chapeau blanc.

P. cineratus Karst. — Chapeau gris luride, uni ; pores contournés labyrinthés, crème alutacé, puis fulvescents ; chair dure subéreuse, fibreuse à la cassure ; trame assez coriace ; spores 4,5—6×3—3,5 μ. — Février : sur *Abies pectinata*, Alsace (L. MAIRE).

848. — **L. adustus** (Willd.) Quél., Fl. Myc., p. 388. — *Polyporus* Fr., S. M. ; Hym. eur., p. 549. — Rostk., t. 37 et 38.
Chapeau 3—8 cm. dimidié réniforme, étalé-réfléchi ou résupiné, confluent, mince, pubescent ou hérissé, plus ou moins rugueux, strié, parfois nettement zoné, pâle, alutacé fauve ou gris et bistré ; marge étalée, noircissante, stérile en dessous ; tubes courts ; pores 0,2—0,8 mm., arrondis ou dédaléens, obtus, blancs pruineux puis cendrés et noircissants ; chair flexible, molle, un peu coriace, blanche puis grisâtre ou noirâtre. — Hyphes lâche-

ment enchevêtrées dans le chapeau, 3—6 µ, à boucles distantes, plus serrées et plus régulièrement parallèles, 3—4 µ, près des tubes, plus brunes et serrées parallèles, 2—3 µ, dans les tubes ; basides 9—12—15×4—4,5 µ ; spores largement elliptiques oblongues, très légèrement déprimées latéralement, 4—4,5—6×2—3—3,5 µ, blanches légèrement teintées de paille ou paille grisâtre en masse.

Toute l'année, avec plus grand développement vers Avril et Octobre. — Fréquent sur toute espèce de bois à feuilles ou à aiguilles, troncs vivants ou morts, gagnant les feuilles, les herbes, les pierres. Pourriture blanche, très active, plus active que celle de *L. imberbis* : le bois semble fondre sous l'action du mycélium et il ne reste que quelques filaments.

resupinatus. Poria argentea Ehrenb. — Il y a des formes à bords largement stériles, quelquefois même sans pores, stéréiformes ; d'autres sont porées jusqu'à la marge.

crispus. P. crispus Fr., Hym., p. 550. — Chapeau gris noircissant, crispé aux bords, mince et flasque : pores gris argenté, à la fin dédaléens.

carpineus (Sow.) Konr., S. M., XXXIX, p. 40. — Chapeau moins épais, de couleur jaunâtre clair, non cendré, ni bistre fuligineux. Arbres à feuilles.

849. — **L. testaceus.** — *Polyporus* Fr., Epicr. : Hym. eur., p. 545. — Bres., Obs. Myc., Ann. Myc., XVIII (1920), p. 58 !
Chapeau inégal, subpubescent, azone, testacé sale, isabelle, jaunâtre : marge ondulée, blanche ; tubes courts ; pores fins, 0,5 mm., arrondis, égaux, blancs : trame charnue, puis subéreuse subligneuse, zonée. — Hyphes molles, à parois épaisses, 3—8 µ ; basides 12—16×5—7 µ : spores oblongues, un peu déprimées et obliquement atténuées à la base, 4—5×2,5—3 µ.
Octobre. Sur tronc de poirier, Monts. Tatra (Greschik), comm. Romell.

350. — **L. cervinus** Quél., Ass. Fr., 1891, p. 6, pl. III. f. 32.
Chapeau 3—6 cm., étalé-réfléchi, tomenteux, chamois avec bordure blanc crème ; pores arrondis, pentagones, pruineux, blanc glauque ; tubes fins, blanc crème ; chair épaisse de 3—10 mm., tendre mais coriace, blanche avec zones hyalines, insipide : spores ovoïdes subsphériques, 6 µ (Quélet), obovales, 5,5—5×2,5—3 µ (Bresadola).

Automne : sur peuplier, saule, Fontainebleau. Paraît très voisin de *testaceus* (n. v.).

M. Romell nous a communiqué un spécimen d'Eichler (= *P. cervinus* Bres., Fungi Polon., p. 74), un autre récolté par Boudier et un troisième par M. Mortillet (Dauphiné) ; ces trois spécimens sont identiques au *Leptop. chioneus*, qui a souvent le chapeau coloré et peut présenter tous les caractères de la description ci-dessus, sauf la spore qui est extrêmement ténue et a vraisemblablement échappé à Quélet, de sorte que son espèce est au moins très douteuse.

851. — **L. Braunii** (Rabenh.) Pat., Ess. tax., p. 85. — *Polystictus* Sacc., VI, p. 289. — *Fomes* Bres., Hym. Kmet., n. 41. — *P. rufo-flacus* Berk. — *Fomes* Sacc., VI, p. 191. — Lloyd, Syn. Fom., p. 220.

Chapeau 3—6 cm., rétréci à la base ou dimidié, mince, ondulé, sillonné-zoné, très finement velouté, mais bientôt très glabre ; croûte mince, rougeâtre ou brune : marge blanche ou jaune, puis concolore ; tubes jaunes, pâlissant, stratifiés ; pores très fins, 0,06—0,1 mm. (10—12 par mm.), arrondis, à parois entières, épaisses de 0,02—0,1 mm., jaune vif, plus ternes sur le sec ; chair mince, 0,5 mm. jaune pâle, puis brune. — Trame plutôt fragile que molle ou coriace, formée d'hyphes jaunâtres, cohérentes, ne se distinguant qu'après battage, 2—3 μ, à parois épaisses ; cystides hyalines, incrustées, 18—30×7—8 μ ; basides obovales, 4,5—5× 3—4,5 μ ; spores hyalines, subglobuleuses, 2×1,5—2 μ.

Dans une serre du Parc Liais, Cherbourg (L. Corbière).

L'aire de dispersion de cette petite espèce est très étendue : Malacca. Bornéo. Ceylan, Cuba. Juan-Fernandez. Vénézuéla : dans les serres, Bruxelles. Berlin : bois travaillés en Italie ; dans les mines. Hongrie, Saxe. Elle jure avec nos Leptopores français par ses tubes stratifiés, ses petites spores sphériques et ses cystides. Par son aspect, elle se placerait très près de *Xanthochrous ribis*, dont elle se sépare nettement par ses spores hyalines et ses cystides du type de *Poria eupora*. M. Patouillard la classe dans une Section *Stereinus* des Leptopores, composée d'espèces exotiques, à part le *P. Broomei*, qui est une forme à chapeau du *Poria undata*, que nous ne connaissons que résupiné.

VII. — **PHAEOLUS** Pat., Ann. bot. ; Ess. tax., p. 86. — *Inodermus* Quél. p. p.

Chapeau sessile ou stipité, hispide ou glabrescent, dépourvu de croûte, d'abord mou spongieux, puis plus dur mais non subéreux ; pores variables ; tubes en couche distincte du tissu du réceptacle ; trame colorée : cystides nulles ; spores ovoïdes, lisses, hyalines. Espèces lignicoles, annuelles. (Cf. *Leptoporus erubescens*, n. 836, qui rougit promptement dans toutes ses parties).

852. — **P. Schweinitzii** (Fr.) Pat. Ess. p. 86. — E. Gilbert. S. M., 1924, p. 209, pl. X. — Konr. et Maubl., Ic. sel., pl. 433. — *Polyporus* Fr., S. M. : Hym. eur., p. 529. — Lloyd, Pol. Iss., p. 43, f. 208 ; Stipit. Pol., p. 159. — *Inodermus* Quél., Fl. Myc., p. 394. — *P. spongia* Fr. — Luc., pl. 172.

Sessile ou à stipe épais, court, excentrique ou central ; chapeau 10—30 cm., épais, bosselé, rarement sillonné, finement tomenteux ou hérissé scabre, jaune rouillé, fauve safrané, puis brun rouillé ou brun ; tubes courts, 2—5 mm. ; pores 0,5—2 mm., alvéolaires, arrondis ou irréguliers, puis sinueux dédaléens, jaunes ou glauque érugineux, puis bruns ; chair spongieuse très molle, puis fragile, aride, très légère, peu ou finement fibreuse, safranée, rouillée, rhubarbe puis brun rouillé. — Trame brunissant fortement dans les solutions alcalines et les colorant en jaune brun ; hyphes jaunes, rameuses enchevêtrées, à parois minces, sans boucles, 3—9 μ, avec articles renflés jusqu'à 12—15 μ ; les subhyméniales plus fines, 2—3 μ, et plus serrées ; basides 20—30—35×6—8 μ ; spores hyalines (quelquefois teintées de jaunâtre olivacé), obovales ou subelliptiques, peu déprimées latéralement et brièvement atténuées à la base, 5—7(—9)×3,5—4(—5) μ, blanches ou teintées de paille en masse.

Mai-Décembre. Sur souches de pin et de sapin, et aussi sur humus de conifères ; assez fréquent sur cerisier, dans l'Aveyron, ordinairement à la base, mais quelquefois en haut des troncs creux. Sur coudrier : une forme ayant l'aspect des *Pelloporus*, plus foncée, à stipes subcentraux, connés à la base ; chapeaux subzonés irrégulièrement infundibuliformes, à mèches fibreuses apprimées ; chair fibreuse ; pores plus fins. — Pourriture rouge, sèche, du type de *Lenzites quercina*.

Ce champignon est à évolution rapide ; ses couleurs changeantes sont comparables à celles de *Xanthochrous hispidus*. Dans des spécimens jeunes, on observe des hyphes conductrices à contenu brun noir, qui pénètrent dans l'hyménium et s'y terminent par un renflement obovale ou claviforme ; cette substance brun noir se retrouve aussi dans quelques basides et spores.

853. — **P. rutilans** (Pers.) Pat., Ess. tax., p. 86. — *Polyporus* Fr., Hym. eur., p. 548. — Lloyd, Syn. Pol. Apus, p. 334, fig. 674. — *Inodermus* Quél., Fl., p. 392. — *P. nidulans* Fr., Hym. eur., p. 548. — Gillet, pl. — *Boletus suberosus* Bull., t. 482.

Chapeau 3—6 cm., dimidié, ou arrondi, ou étalé réfléchi parfois en séries allongées et presque résupiné (Rostk., t. 27, 4), finement villeux, glabrescent ou scrobiculé-scabre, isabelle, fauve tes-

tacé ou brunâtre, rarement jaune ; marge obtuse : pores 0,3—2
mm., ronds, puis polygones, subconcolores ; chair molle floconneuse puis fragile, un peu fibreuse, subzonée, pâle à rhubarbe ou
concolore. — Trame se teintant en toutes ses parties de violet purpurin au contact des alcalis ; hyphes 2—5 μ, à parois minces ou
peu épaisses, molles, puis fragiles, incrustées d'une matière brune
qui se dissout dans des solutions alcalines en les colorant en purpurin lilacé, et y forme des cristaux purpurins tabulaires, souvent
disposés en moulinets ; cloisons assez distantes avec boucles éparses, inconstantes ; basides 12—15×4—5 μ ; spores ellipsoïdes, peu
ou pas déprimées, 3—5×2—2,75 μ, blanches ou teintées de paille
très clair en masse.

Avril à Janvier, surtout estival. — Branches sur l'arbre ou
tombées : chênes divers, hêtre, cerisier, charme, aune, coudrier,
châtaignier, marsaule, genêt, bouleau, peuplier, tilleul, acacia,
sapin, tiges de chou. Pourriture blanche, filamenteuse, très active. Commun.

854. — **P. albosordescens** (Rom., Rem. on som. Pol., p.
636, f. 1). — *Polyporus fissilis* Berk., sec. Lloyd, Syn. Pol. Apus,
p. 319. — *P. rubiginosus* (Fr.) Bres., Fungi Kmet., p. 72. — *P.
albus* (Huds.) Bres., Fungi polon., p. 73.

Chapeau 8—15 cm., sessile, épais, dimidié bossu, subimbriqué, souvent étalé réfléchi, villeux hérissé, à villosité molle, surface raboteuse, substrigueuse, azone, blanc devenant quelquefois
rosé, puis jaunâtre ; tubes longs de 1—3 cm., blancs, puis grisâtres,
tachés de bleu verdâtre et brunissant : pores 0,25—0,8 mm. ou 2—
3 par mm., arrondis anguleux ou flexueux, blancs, puis teintés
de rose, violacé, vineux, puis brun noirâtre : chair fibro charnue,
tendre, lourde, aqueuse, blanche, puis zonée de bistre clair et
parfois teintée de rosâtre, lilacé, bleu verdâtre, à la fin subindurée-
sirupeuse et brun clair. — Hyphes hyalines, à parois minces, 2—
5 μ, à boucles petites et rares ; basides 9—18×5—6 μ ; spores obovales ou ellipsoïdes, atténuées un peu obliquement à la base, 3,5
—4,5—6×3—3,5(—4) μ, blanc pur en masse. (*Fig. 159, S.*).

Juin-Décembre. — Sur troncs vivants ou abattus, souches ;
très fréquent sur pommier, où il est satellite de *Xanthochrous hispidus* ; assez fréquent sur frêne, tremble, peuplier, sorbier, cerisier, saule ; rare ou moins saccharifère sur chêne, hêtre, orme. —
Très lignivore.

Sur le pommier, *X. hispidus* produit une pourriture compacte, blanchâtre, du cœur de l'arbre ; *P. albosordescens* ne laisse que des filaments si ténus

qu'on pourrait les tisser. Sur le frêne, le tremble, etc., il réduit plutôt le bois en lamelles qu'en filaments. La végétation de ce champignon débute avec les chaleurs de l'été ; son évolution est rapide et il exsude des gouttelettes dans sa jeunesse. Il sèche difficilement, reste ou redevient mollasse, comme imprégné de corps gras ou sirupeux ; il goudronne et graisse le papier d'herbier. Odeur faible, acidule sur le frais. L'espèce a été longtemps confondue avec *Spongipellis spumens* ; il lui ressemble beaucoup quand il est encore tout blanc, à l'état frais. Il y a aussi quelques formes qui semblent indiquer que les limites entre ces deux espèces peuvent arriver à se confondre.

855. — *P. albo-rubescens* Hym. de Fr., n. 584.

Chapeau dimidié, épais, ordinairement 6—10 cm. diam., et 4—6 cm. antéro-postérieurement (pouvant atteindre 35×23 cm.), à surface inégale, strigueuse et hérissée de pointes hyalines subdressées, plus apprimées vers la marge, blanc ou blanc crème, devenant rose au toucher et par l'âge ; tubes blanchâtres, puis rosés, à la fin brun fauvâtre ; pores fins, 0,3—0,5 mm., irrégulièrement arrondis ou oblongs, à orifice entier, blanc puis concolore et aminci ; chair tendre, fibreuse, subzonée, blanche puis rosée, à la fin isabelle ou saumon, avec marbrures plus foncées, ou rougeâtre, subindurée, mais restant un peu humide et souple en herbier. — Hyphes des tubes 3—4,5 μ, à parois minces, à cloisons distantes, avec boucles éparses, rares, parallèles mais non cohérentes sur le frais, celles de la trame du chapeau à parois plus fermes, 4,5—6 μ ; basides 27—39×5 μ, à 2—4 stérigmates grêles ; spores ovoïdes, atténuées ou non à la base, 5—6—7×4—5 μ, ordinairement 1-guttulées, abondantes, blanches en masse. (*Fig. 159, R*).

159. — S., spores de *Phaeolus albo-sordescens* (Rom.). — R., spores de *P. albo-rubescens* Bourd. et Galz. — T., spores de *P. subtestaceus* (Bres.).

Août-Octobre. Sur vieux troncs de hêtre, tombés et pourrissants, forêt de Fontainebleau.

Ce polypore, découvert par MM. Decluy et Debaire et présenté à la séance de la Société Mycologique du 6 novembre 1919, n'avait jamais été remarqué à Fontainebleau avant cette époque ; depuis il a reparu plus ou moins abondamment chaque année. Nous devons à MM. Dumée et Joachim des exemplaires, frais et secs, que nous avons comparés avec *P. albo-sordescens*, qui n'est pas rare dans le Centre ni dans l'Aveyron. Les deux plantes sont extrêmement affines, mais *P. albo-rubescens* se distingue facilement par la coloration rose, puis rougeâtre que sa chair prend à l'air et qu'elle conserve en herbier, alors que cette teinte rose, quelquefois nuancée de bleu ou de vert, est passagère dans *P. albo-sordescens*, qui brunit ou pâlit, mais n'a rien de rougeâtre en herbier. Le qualificatif *albo-rubescens*, qui nous a été suggéré par les Mycologues parisiens, fait bien ressortir le caractère le plus saillant qui distingue les deux formes. Il y a aussi une différence dans les spores, qui sont constamment plus grandes, plus largement ovoïdes dans *P. albo-rubescens*. — Ce champignon, à l'état jeune, a aussi une certaine ressemblance avec *Pol. mollis* Rostk., t. 25 (*P. erubescens* Fr.): mais ce dernier a une structure toute différente avec spore allantoïde. — *P. subtestaceus* Bres. se rapproche davantage de *P. croceus* par sa coloration qui est toutefois bien moins vive, et ses spores sont bien plus grandes.

856. — P. croceus (Pers.) Pat., Ess. tax., p. 86. — *Polyporus* Fr., S. M.; Hym. eur., p. 548. — Bres., Fungi polon., p. 74. — Lloyd, Syn. Pol. Apus, p. 331.

Chapeau 3—8 cm., crème orangé, finement velouté (tomentum très délicat, facilement flétri), étalé réfléchi ou dimidié; tubes 1 cm., très tendres, bien distincts de la trame; pores 0,4—0,5 mm.,

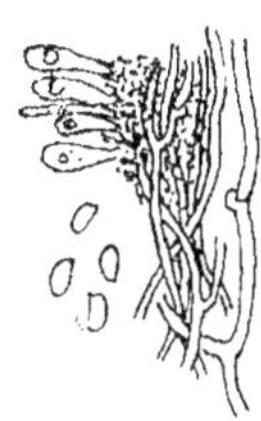

160. — *Phaeolus croceus* (Pers.) Pat.

subarrondis, orange safrané vif, à orifice ténu, subdenté; chair tendre, fibreuse, crème orange clair à carmin safrané, avec zones aqueuses, crème testacé sur le sec. — Hyphes de la villosité du chapeau libres ou fasciculées, flexueuses, à parois minces, molles, 3—4,5 μ, celles de la trame du chapeau 3—4(—6) μ, à parois minces ou épaisses gélifiées plus fragiles, plus serrées et souvent incrustées de granules; les subhyméniales 3—4,5 μ, plus fréquemment bouclées, à parois minces incrustées de matière granuleuse orangée, qui devient jaune pâle dans les alcalis; basides 15—20—22×4,5—5 μ: spores ellipsoïdes, très légèrement déprimées latéralement et brièvement atténuées obliquement à la base, 3—5—6×3—4,5 μ. (*Fig. 160*).

Juin-Décembre, il commence à pousser généralement au début de l'été et en une quinzaine de jours ou un mois son développement est terminé. — Rare, mais constant où on l'a récolté; sur tronc de châtaignier et à l'intérieur de l'arbre, Rodez, Vignoles, Boutaran, Louboutis (Aveyron); sur vieux chênes, Fontainebleau (DUMÉE). — Pourriture très particulière: le bois est fortement attaqué, devient rougeâtre et se sépare suivant les couches annuelles: on peut en tirer des lamelles qui ont un mètre de longueur. Le champignon sèche mal, produit une mélasse qui tache le papier comme *P. albosordescens*. Momifié, le champignon peut persister des années sur l'arbre: il est alors sec, friable.

857. — P. subtestaceus. — *Polyporus* Bres., Hym. novi v. minus cogn., Ann. myc., III (1905), p. 162.

Chapeau 5—14 cm., dimidié triquètre, ruguleux, subtomen-

teux, glabrescent, testacé clair, puis fauve orangé, marge obtuse ;
tubes jaune rougeâtre, 1—2 cm. de long. ; pores moyens, 0,7—1
mm., arrondis anguleux, puis sinués fimbriés, jaune sulfurin, rougeâtres, puis brun briqueté ; chair molle, caséeuse fibreuse, azone,
testacée, assez friable sur le sec. — Hyphes 3—6 μ, à parois minces,
fragiles, à contenu jaune ou jaune brun clair ; spores hyalines obovales, à contenu jaune brun, 6,5—9×5—7 μ. (*Fig. 159, T.*).

Nous rapportons ici une récolte de M. Gilbert, sur sorbier,
environs de Belfort, septembre 1918, qui a plus de rapports avec
P. subtestaceus qu'avec *P. croceus* qui est plus vivement coloré
et à spores plus petites.

858. — **P. fibrillosus** (Karst., Finl. Pol., p. 30. — Bres.,
Kmet., n. 27). — *Pol. aurantiacus* Peck. — Sacc., VI, p. 246. —
Lloyd, Pol. Apus, p. 341 ; Myc. Notes, III, 1908, p. 377. — *Ochro-
porus lithuanicus* Blonski.

Chapeau dimidié, 2,5—5 cm., parfois confluent, mince, mou,
fibrilleux-tomenteux, obscurément zoné, orangé ; tubes longs de 2
mm. env., rigides, fragiles ; pores fins, anguleux, inégaux, aigus
puis lacérés, pâles puis orangés ; chair molle spongieuse, orange
clair, obscurément zonée. — Hyphes à parois minces, fragiles, 3—
6 μ, teintées d'orangé ; basides 12—15×5 μ ; spores ellipsoïdes,
4—5,5×2,7—3 μ.

Août 1922 ; sur tronc de *Picea excelsa*, Pologne (Siemaszko).
— Finlande, Lithuanie, Hongrie, Asie, Etats-Unis.

VIII. — **CORIOLUS** Quél., Ench., p. 175. — Pat., Ess.
tax., p. 93, p. p.

Réceptacles coriaces, peu épais, à surface villeuse, zonée, rarement glabre ; tubes homogènes et continus avec la trame ; pores
fins, trametoïdes, arrondis ou dédaléens, entiers ou incisés. Hyménium avec ou sans cystides : spores cylindriques arquées dans
les formes typiques, oblongues ou obovales.

Espèces lignicoles, à pourriture active.

Tableau synoptique des Espèces

I. **Typici.** — Villeux ou glabrescents, zonés ; trame blanche, coriace, cotonneuse à la déchirure. Pores subarrondis ; pas de cystides ; spores cylindriques plus ou moins arquées.

> Trame peu coriace, presque subéreuse, légère : *C. pubescens*, n. 859.
> Trame très coriace.

>> Tomenteux ou hérissés de poils rigides, blancs, jaunâtres ou fauvâtres.
>>> Epais subdimidié . . . *C. hirsutus*, n. 860.
>>> Mince, petit, subpelté . *C. fibula*, n. 861.
>> Villosité fine, apprimée.

>>> Epais, gibbeux, chamois clair, avec zones plus claires ou plus foncées, non satinées : *C. zonatus*, n. 862.
>>> Peu épais, versicolore, avec des zones satinées, brillantes, alternant avec des zones plus obscures : *C. versicolor*, n. 863.

II. **Lacerati.** — Villeux ou glabrescents ; trame pâle, non d'un blanc pur ; pores anguleux, labyrinthés.

> Spores oblongues ou subelliptiques ; chair pâle, sublignescente ou fibreuse.

>> Chapeau villeux, sillonné-zoné ; trame séparée de la villosité par une ligne noire, brillante à la section. . . . . *C. unicolor*, n. 864.
>> Chapeau non ou vaguement zoné, blanchâtre à jaunâtre, villeux ou strigueux ; spores 5—7×3—5 μ. . . . . *C. ravidus*, n. 864 bis.
>> Chapeau strié, blanc crème, parfois zoné de gris ou de noirâtre ; villosité variable, caduque ; spores 4—5×1,5—3 μ. . . *C. kymatodes*, n. 865.

> Spores cylindriques subarquées ; chair très mince, rigescente ; chapeau tomenteux.

> Chapeau blanc, puis grisonnant ; pores
> gris lilacé, brunissant ou pâlissant ;
> cystides à parois très épaisses : *C.
> abietinus*, n. 867.
> Chapeau lilacin puis pâle ; pores blan-
> châtres ; cystidioles à petit capuchon
> d'oxalate dans les formes stériles :
> *C. pergamenus*, n. 868.

III. Indurati. — Chapeau glabre ou scabre, hérissé de pointes
dures ; pores très fins, arrondis ; trame coriace, puis indurée, non flexible ; pas de cystides.

> Spores grandes, 7—11×3—3,5 μ : *Trametes squalens*,
> n. 898 bis.
> Spores petites, subréniformes.

> Chapeau rude, blanc jaunâtre ; trame des tubes très
> coriace. . . . . *C. Hoehnelii*, n. 869.
> Plus petit ; chapeau à peu près lisse ; trame des tu-
> bes assez molle. . . . . . *C. genistae*, n. 870.

IV. Oxyporus. — Trame blanche ou nulle ; tubes devenant stratifiés ; cystides obovales ou capitées, hérissées de cristaux ;
spores subglobuleuses.

> Chapeaux étalés-réfléchis, imbriqués :
> *C. connatus*, n. 871.
> Résupiné. . . . . *C. obducens*, n. 872.

859. — **C. pubescens** (Schum.) Quél., Fl. myc., p. 391. —
Polyporus Fr., S. M. ; Hym. eur., p. 553. — Bres., Fungi Kmet.,
n. 26. — *P. velutinus* Fr., Hym., p. 568. — *Coriolus* Quél., Fl.,
p. 389.

Chapeau dimidié, 3—6 cm., conchoïde ou épais triquètre,
souvent imbriqué, subzoné, velouté ou hérissé de soies fauves,
blanc ou jaunâtre ; marge aiguë ; pores 0,2—0,4 mm., arrondis,
puis dédaléens, blancs, puis jaunâtres ; chair blanche subéreuse
cotonneuse, peu coriace, très légère. — Hyphes solides ou à canalicule étroit, flexueuses, en trame plus serrée dans les tubes, 2,5—
7 μ (trame bien plus molle que dans les espèces voisines) ; basides 12—16×4—5 μ ; spores cylindriques, droites ou un peu arquées,
4,5—7—8,5×2—2,5(—3) μ.

De la fin de l'été et automne. — Sur troncs d'aune, plus rare sur chêne, osier, bouleau, etc. Pourriture blanche des plus actives : il couvre parfois tout un tronc et détruit l'arbre dans une saison.

Cette espèce se distingue des autres *Coriolus* par la grande légèreté de sa trame et ses hyphes moins coriaces. La forme *pubescens* plus épaisse, plus hispide et plus colorée, ressemble davantage à *C. hirsutus* ; tandis que la forme *velutinus* blanche, mince, à villosité moins abondante, plus molle et souvent glabrescente, se rapprocherait de certaines formes de *C. versicolor*. Les deux formes sont parfois sur le même tronc, en contiguité.

Forme *myriadopora* : tubes remplacés par un tissu criblé de petits trous disposés sans ordre.

Inodermus maritimus Quél., Ass. fr., 1886, p. 4 et pl. IX, f. 8 ; Fl. myc., p. 391, indiqué par Quélet sur pin maritime, Gironde, île d'Oléron, semblerait par sa description bien voisin de *C. pubescens* : dimidié, triquètre, sillonné, finement tomenteux, blanc puis taché de jonquille ou de fauve dans les sillons, marge godronnée, hérissée et chamois ; pores ronds puis déchirés ; chair fibro-charnue, molle subéreuse, blanche ; spore ellipsoïde-fusiforme, 2—3-guttulée, 10—12 μ. — Quélet le dit affine à *P. spumeus* et ressemblant à *P. borealis* ; il finit par le mettre en variété à *C. pubescens*. M. Lloyd le compare à *P. alutaceus*. Bresadola dit qu'il est si affine et si ressemblant à *Trametes flavescens* qu'on ne peut le distinguer sûrement que par la spore. Un spécimen de l'herbier de Bresadola, venant de Quélet lui-même, dont M. Romell nous a communiqué un fragment, appartient sans aucun doute à *Trametes Trogii*, qui peut se trouver aussi sur conifères. M. Marcel Josserand nous a envoyé (Mars 1927) une forme de *Tr. Trogii*, blanchâtre finement veloutée, sans soies rigides, récoltée sur pin, dans les environs de Lyon. Cette forme, qui répond assez bien à la description de *Coriolus maritimus*, peut expliquer comment Quélet a pu établir son espèce sur une forme de *Tr. Trogii*.

860. — **C. hirsutus** (Wulf.) Quél., Fl. myc., p. 389. — *Polyporus* Fr., S. M. ; Hym. eur., p. 567. — Konr., Soc. myc., XXXIX, pl. III, f. 5-6.

Chapeau 3—8 cm., dimidié, zoné sillonné, tomenteux à villosité courte égale, plus ordinairement hérissé de poils rigides, blanc, blanchâtre, jaunâtre ou fauve, brun ou gris noirâtre dans les parties anciennes ; marge souvent brune ou fauve ; pores 0,2—0,4 mm., ronds, épais, blanchâtres, pâles ou jaunâtres, grisonnants ou brunissants ; chair très coriace, blanche, souvent à odeur anisée. — Hyphes de la trame 2—5 μ, à parois très épaisses, tenaces, plus flasques, plus lâches vers la surface, les subhyméniales à parois minces, 1,5—2 μ, avec quelques boucles ; basides 12—16×4—5 μ ; spores hyalines, cylindriques, droites ou un peu arquées, 5—6,5—9×1,5—2—3 μ, blanc mat en masse ou très légèrement teintées de paille.

Toute l'année, surtout saisons humides. — Commun sur

toute espèce d'arbres à feuilles, surtout cerisier, aune. Pourriture blanche très active.

864. — *C. fibula* (Fr.) Quél., Fl., p. 390. — *Polyporus* Fr., Epicr.; Hym. eur., p. 567. — Bres., Kmet., n. 45.

Chapeau 1—2.5 cm., mince, orbiculaire, fixé par le côté ou plus souvent par le dos, subpelté, longuement et mollement hispide et souvent bordé de longs cils, blanc, blanchâtre ou pâle ; pores réguliers, 0.3—0,6 mm., à la fin déchirés et dentés, blancs, grisonnants. — Caractères micrographiques de *C. hirsutus*.

Sur branches coupées, tilleul, peuplier, aubépine, cerisier, bouleau, aune ; Allier, Aveyron : Aisne (E. GILBERT) : Meurthe-et-Moselle (L. MAIRE). — C'est une forme petite et pâle de *C. hirsutus*.

Les spécimens résupinés de *C. hirsutus* peuvent se reconnaître à leurs pores à parois épaisses, grisonnants, et à des traces de la villosité en bordure ou sous le champignon.

**862. — `C. zonatus (Fr.) Quél., Fl. myc., p. 390. — *Polyporus* Fr., S. M. ; Hym. eur., p. 568. — Rostk., t. 44 et 49. — *Polystictus* Bres., Fungi Kmet., n. 46.

Chapeau dimidié, 3—6 cm., parfois imbriqué, gibbeux, épais, finement pubescent, chamois clair avec zones non satinées, plus claires ou plus foncées. 1—2 sillons concentriques peu marqués ; marge blanchâtre ou gris clair, d'abord obtuse, stérile en dessous : tubes longs de 2—4 mm. : pores subarrondis, 0.2—0.4 mm., à orifice entier, épais, blanchâtre puis gris ; chair subéreuse coriace, un peu fibreuse et subzonée antérieurement, blanche. — Hyphes flexueuses, à parois très épaisses, coriaces, 2—6 μ ; basides 15—20 ×4—5 μ : spores subcylindriques, déprimées ou très légèrement arquées, 5—7×2,5—3 μ.

Probablement toute l'année. — Sur tremble. Pourriture blanche, assez active.

On trouve sur chêne, bouleau, peuplier, etc., des formes bien voisines qui ne sont, vraisemblablement, que des variations de *C. hirsutus* et *C. versicolor*. *C. zonatus* est très rare, et, comme le fait remarquer M. BRESADOLA, il n'est bien typique que sur le tremble.

**863. — C. versicolor (L.) Quél., Fl. myc., p. 390. — *Polyporus* Fr., S. M. ; Hym. eur., p. 568. — Rostk., t. 45, 46, 48 et 27, t. 10.

Chapeau 3—8 cm., aplani, ordinairement déprimé en arrière, mince, imbriqué ou confluent en rosace, lisse, velouté, à zones

discolores séparées par des zones satinées brillantes ; pores fins
arrondis, 0,12—0,4 mm., puis déchirés, blancs puis jaunâtres ;
chair blanche, très coriace. — Hyphes à parois épaisses, 2—4 μ, en
trame dense, plus lâches et jusqu'à 6 μ à la surface du chapeau ;
basides 9—14—16×4—6 μ, à 2—4 stérigmates longs de 4—4,5 μ ;
spores cylindriques, déprimées ou très légèrement arquées, 4,5—
6—8×1,5—2—3 μ, crème à crème ocracé en masse, environ de
0,5—0,75 μ, plus larges dans une solution de potasse que dans l'eau
ou l'acide lactique.

Toute l'année. — Très fréquent, sur tous bois. Très gros dévorant à pourriture blanche très active.

L'espèce est tellement polymorphe, qu'il est impossible de noter ses variations. Une forme qui vient dans les lieux obscurs, entièrement blanche,
veloutée et sans zones, peut se confondre avec *C. velutinus*, dont elle se distingue seulement par sa trame très coriace. — Le champignon est parfois entièrement résupiné en plaques arrondies confluentes jusqu'à 20 et 30 cm. La
trace des zones persiste plus ou moins sur la face adhérente au bois et permet
de le reconnaître.

864. — **C. unicolor** (Bull., t. 408, 501 f. 3) Pat., Ess., tax.,
l. c. — *Daedalea* Fr., S. M. ; Hym. eur., p. 588. — Quél., Fl.
myc., p. 375. — Konrad, S. M., XXXIX, p. 42.

Étalé réfléchi, conchoïde, dimidié, 3—8 cm., imbriqué, villeux hérissé, sillonné-zoné, zone antérieure crème, ocre ou chamois, les autres plus claires, puis grisâtres, à la fin glabrescentes
et brunâtres ; tubes 2—3 mm. long., concolores à la chair, avec
pruine blanc cendré à l'intérieur ; pores rarement arrondis, 0,25—
0,5 mm., sinueux oblongs ou linéaires, à la fin labyrinthés, déchirés, blanc crème ou jaunâtres, puis grisâtres, à parois épaisses ;
chair mince, fibreuse-coriace, puis subéreuse, subligneuse, crème
alutacé, avec une ligne noire, séparant la chair de la couche supérieure villeuse. — Hyphes de la villosité du chapeau lâches et à
parois plus minces que celles de la trame, 3—6 μ, réunies en
mèches par leurs extrémités ; hyphes de la croûte jaune-brun, subparallèles cohérentes ; celles de la trame du chapeau et des tubes
tenaces à parois épaisses, densément enchevêtrées, légèrement
brunies, 2—5 μ ; basides 12—15—18×3,5—4,5—6 μ, à 2—4 stérigmates droits, grêles, longs de 4—4,5 μ ; spores ellipsoïdes, 4,5—7
×2,75—3—3,5 μ.

De toute l'année, s'il trouve les conditions d'humidité suffisantes. Pérenne, reprend sa végétation par les bords. — Commun
sur tous les arbres à feuilles. Très dévorant avec pourriture blanche : le tronc attaqué est bientôt couvert de nombreux chapeaux,
et l'arbre est perdu à bref délai.

resupinatus. — Blanc jaunâtre à blanc gris, étalé interrompu, avec ou sans bordure stérile.

var. irpicoides Bres. — *Phyllodontia Magnusii* Karst., in Hedw., 1889, p. 143. — Tubes remplacés par des crêtes ou des pointes ; aspect d'un *Irpex* largement étalé, séparable ; aiguillons longs de 2—2,5 mm. ; spores ellipsoïdes, 4,5—5×3—3,5 μ. Sur hêtre et autres feuillus. Lyon (comm. M. Josserand : Hte-Savoie (A. de Crozals).

Daedalea latissima Fr., S. M. : Hym. eur., p. 589. — Duby, Bot. gall., p. 794. — Étalé jusqu'à 20—30 cm., avec bords quelquefois un peu relevés, ondulé, bosselé, épais de 2 cm. et plus, dur, ligneux ; chair zonée présentant jusqu'à 9 strates bien distincts à la cassure, moins visibles sur la section, formés de fibres rayonnés : zones lignicolores ou grises : surface couverte de pores irréguliers, à parois épaisses, à la fin étirés linéaires et dédaléens. Trame composée d'hyphes flexueuses, à parois plus ou moins épaisses : ni basides, ni spores. — Sur aune, Mazet (Aveyron). — Cette forme répond bien à la description de Fries et c'est sûrement une déformation de *C. unicolor*.

On trouve, sur peupliers, des formes à chapeau primitivement blanc, passant rapidement à blanc jaunâtre, avec bords chamois ou fauves : pores blancs puis crème alutacé, qui pourraient être prises pour le *P. ravidus* Fr., mais elles appartiennent bien à *C. unicolor*, comme le montre le développement ultérieur de ces formes.

De même, le *Daedalea cinerea* Fr. ne paraît différer de *C. unicolor* que par le chapeau épais, à chair blanche, ligneuse, les pores étroits, flexueux, à orifice entier et les tubes qui peuvent être stratifiés. Il y a sur orme et chêne, des formes stratifiées, épaisses, qui présentent tous ces caractères, mais elles ne peuvent être séparées spécifiquement de *C. unicolor*.

864 bis. — **C. ravidus** (Fr.) — *Polyporus* Fr.. Épicr., p. 475 ; Hym. eur., p. 463. — v. Hoehn., Mykologisches, 1909, p. 2. — *Polystictus* Bres., Fungi polon., p. 75. — *Sistotrema cinereum lutescens* Pers., Myc. Eur., II, p. 205 (cit. Fries).

Densément imbriqué concrescent, ou étalé, très mince, avec de petits chapeaux brièvement réfléchis, ou encore étalé-incrustant sur brindilles et feuilles ; chapeau 2—4 cm., mince, à marge infléchie, aiguë, subtomenteuse, villeux ou fibro-strigueux, parfois obscurément zoné vers la marge, blanchâtre pâle à jaunâtre-sordide ; chair subéreuse-coriace et fibreuse à la déchirure, blanche, puis pâle ainsi que les tubes longs de 2—4 mm., très courts ou nuls sous la marge du chapeau : pores arrondis-anguleux, 0,3—0,8 mm., ouverts et flexueux dans les parties obliques, blancs puis crème. — Trame coriace mais assez fragile, formée dans le chapeau par des hyphes assez lâchement enchevêtrées, 2,5—4 μ, à parois minces ou peu épaisses, sans boucles, plus serrées et parallèles surtout vers l'orifice des tubes ; basides 10—12×6—8 μ, à 4 stérigmates ; cystidioles 10—15×4—7 μ, fusiformes, à guttule ou revêtement résineux, inconstantes ; spores oblongues ou subelliptiques, souvent un peu déprimées latéralement et brièvement atténuées obliquement à la base, (4)—5—7(—9)×3—5(—6) μ.

Automne. Pas rare dans le Nord Tyrolien, sur troncs et racines de pommier et sur conifères (LITSCHAUER). — Sur vieux saules (Fr., Hym.) ; aune (Bres., Polon.) : frêne (v. HOEHNEL). Si la citation de PERSOON est exacte, l'espèce a aussi été trouvée près d'Angers par GUÉPIN.

Comme le fait remarquer v. HOEHNEL, le chapeau est souvent recouvert de mousses, comme dans *C. connatus*, avec lequel cette espèce n'est pas sans ressemblance. M. BRESADOLA, à qui nous devons la détermination de ce champignon, nous écrit que les formes minces représentent le *Daedalea rugosa* Allesch. ; Sacc., IX. p. 200. — Dans l'herbier de Persoon, des spécimens étiquetés *P. lutescens*, les uns sont le *P. velutinus*, les autres *P. lutescens* Wulf., *P. ravidus* et *P. versicolor* (Bres., Syn. et Adnot., 1916).

865. — C. kymatodes (Rostk., 4, t. 24). — An *Leptoporus* ?

Souvent imbriqué ; chapeau 3—8 cm., ordinairement prolongé-étalé en dessous vers la base, radialement fibro-strié, d'abord tomenteux ou couvert de soies hérissées parfois réunies en masse spongieuse strigueuse, disparaissant avec l'âge, d'abord blanc crème, puis brun vineux ou variant de gris à bistre, zoné de gris clair ou de noirâtre ; trame charnue-coriace, puis rigide, fissile radialement en fibres grossières, obscurément zonée, blanche, puis souvent plus ou moins rosée à l'air ; tubes longs de 2—4 mm. ; pores 0,2—0,3 mm. ou 3—5 par mm., inégaux, anguleux, devenant linéaires flexueux, blancs, pâles, parfois tachés de rose rouge au toucher, à orifice d'abord épais, à la fin denté. — Hyphes de la trame parallèles, serrées, 3—4,5(—6) μ, à parois épaisses, ou solides, boucles distantes, rares ; hyphes de la villosité jusqu'à 15 μ, lâches, à parois minces, bouclées ; basides 10—15—24×4,5—6 μ ; spores oblongues ou subcylindriques, déprimées latéralement, 4—4,5(—6)×1,5—2,5—3,5 μ.

Août-Novembre. — Sur troncs de hêtre, Fontainebleau (DUMÉE) ; sur genévrier, parc de Versailles (E. WALHEIN) ; sur sapin, parc de Courtillales, St-Rigôme-des-Bois (Sarthe) (Abbé A. LETACQ) ; pin, Strasbourg, sapin et épicéa, Neuhof (L. MAIRE) ; sapin, Pouilly-sous-Charlieu, Loire (Cap. JOUFFRET) ; pin, Trentin (BRESADOLA) ; mélèze, Suède (ROMELL) ; Tyrol (LITSCHAUER).

Nous prenons cette espèce dans le sens des déterminations que M. Bresadola nous a données, et des spécimens de son herbier. La fig. de Rostkov
peut représenter quelques-uns de nos échantillons, mais elle n'a rien de bien
positif. L'espèce varie, en effet, dans de si larges limites qu'on croirait avoir
affaire à plusieurs espèces différentes. On la récolte généralement glabre ou
finement villeuse, le revêtement spongieux disparaissant d'ordinaire assez
vite ou n'existant que vers la partie postérieure du chapeau, et quelquefois
pas du tout. Les spécimens frais se tachent parfois de rougeâtre un peu safrané. La plante d'Alsace est souvent myriadoporique.

D'après M. Bresadola, cette espèce répond aussi à ce que Boudier
regardait comme le véritable *P. apalus* Lév., qui est blanc. Nous donnons ci-
dessous la description d'une forme blanche, avec les intéressantes observations que nous a communiquées M. L. Corbière, de Cherbourg : on pourrait
prendre cette forme pour *Leptoporus floriformis*, mais elle en diffère par la
villosité de son chapeau et ses hyphes à parois plus épaisses.

866. — *C. apalus* Lév. — Fr., Hym., p. 566.

Blanc de neige ; chapeau 3—5 cm., coriace mou, rigescent
sur le sec, mince, se détachant assez vite du substratum sur son
pourtour, puis étalé-réfléchi ou même substipité ; chapeau finement
villeux glabrescent, présentant 1—3 dépressions en forme de
zones concentriques, en même temps que quelques rugosités radiantes peu marquées : marge stérile en dessous, aiguë, lobée incisée ; pores 0,15—0.3 mm. (5 par mm.), anguleux, blancs, à parois
minces, denticulées, indurées fragiles sur le sec : chair blanche,
puis cartilagineuse subpellucide. — Trame molle, formée d'hyphes
lâchement parallèles intriquées, 4—6 μ, boucles éparses ; hyphes
de la surface fasciculées, à parois plus minces ; celles des tubes,
2,5—3 μ, serrées cohérentes : basides 9—10×4—5 μ : spores oblongues ou ellipsoïdes, atténuées obliquement à la base, un peu
déprimées latéralement, 4—4.5×2—2,5 μ, ordinairement 1-gut-
tulées.

Décembre à Mars, sur vieilles planches de sapin, dans une
serre un peu chauffée et humide, parc Liais, Cherbourg (L. Corbière).

Ce champignon se développe soit totalement à l'état de *Ptychogaster*,
soit partie *Ptychogaster* et partie *Polyporus*, soit uniquement *Polyporus*.
Dans le premier cas le champignon se gonfle, devient très convexe, confluent ;
sa surface d'aspect longuement villeuse se creuse d'alvéoles relativement larges et profondes, qui exsudent tout d'abord un liquide ressemblant à des
gouttes de rosée, puis bientôt colorées de rouge incarnat, presque la couleur
du sirop de groseilles. Ce liquide évaporé laisse la masse du champignon
avec une teinte incarnat-briqueté. Ce petit *Ptychogaster* est fibrilleux mou,
constitué par des hyphes, 3—6 μ, à parois minces et cloisons rares, accolées
parallèlement en faisceau et portant vers le sommet des rameaux brièvement
et densément ramuleux, sur lesquels naissent les conidies apicales et latérales, sessiles ou sur un filament très court et très ténu. Conidies par myriades,

ovoïdes ou oblongues. 4.5—6×3—4.5 μ. Ce *Ptychogaster* paraît répondre à *P. rubescens* Bond., mais il est plus franchement rougeâtre et moins gros que celui qui accompagne *L. albidus* et *L. floriformis*.

867. — C. abietinus (Dicks.) Quél., Fl. myc., p. 391. — *Polyporus* Fr., S. M. ; Hym. eur., p. 569.

Chapeau 1—3 cm., étalé-réfléchi ou en capuchon, fixé par un point dorsal, confluent, très mince, tomenteux, sillonné, blanc puis grisonnant, marge parfois purpurescente, puis concolore ; hyménium grisâtre lilacé, puis brun clair (ou pâle) ; tubes courts ; pores subarrondis, puis anguleux, 0,2—0,4 mm., à la fin sinueux labyrinthés et déchirés ; chair très mince, membraneuse, coriace, puis indurée comme l'hyménium, hyalin brunâtre ou purpuracée. — Villosité du chapeau formée d'hyphes, 3—4 μ, à parois épaisses hyalines, en mèches lâches, celles de la trame du chapeau un peu teintées, parallèles, serrées subcohérentes, à parois très épaisses, et accompagnées d'hyphes moins rigides, plus flexueuses, 2—3 μ ; cystides nombreuses, à parois plus ou moins épaisses, fusoïdes ou obovales, 15—21—45×5—10 μ, ordinairement coiffées d'un globule ou de petits cristaux d'oxalate de chaux ; basides 15—21×4—6 μ, à 2—4 stérigmates longs de 3—4,5 μ ; spores hyalines, subcylindriques, déprimées latéralement, 6—8—9×3—4 μ. (*Fig. 161*).

161.—*Coriolus abietinus* (Dicks.) Quél.

Toute l'année. — Sur pin, sapin : branches et bois de clôtures. Pourriture en galeries, mais tout le bois est attaqué et rendu léger : il n'y a pas de cloisons saines, comme dans les lésions de *Stereum frustulosum* et *Hymenochaete rubiginosa*.

Forme *Poria caesio-alba* Karst. — Sacc., VI, p. 305. — Suborbiculaire, séparable, très mince, blanc ; marge finement tomenteuse ; pores très courts, arrondis, anguleux puis lacérés, à peine teintés de lilacin, puis pâles. Bois travaillés.

868. — C. pergamenus (Fr.) Pat., Ess. tax., p. 94. — *Polystictus* Fr., Épicr. — Sacc. VI, p. 242. — Bres., Hym. Kmet., n. 44 (emend.). — *P. simulans* Blonski, non Berk.

Membraneux-coriace, mince : dimidié, linguiforme, flabellé cunéiforme ou en rosace, lilacé sur le vif, puis pâle lignicolore avec zones blanches, crème ocre, grises et noisette, tomenteuses satinées ou striées glabrescentes : marge très aiguë, restant plus longtemps lilacée ; tubes courts, 0,5 mm., puis allongés en palettes

3 mm.; pores arrondis ou oblongs, irréguliers, 0,2—0,3 mm. (diam. transversal), 3—4 par mm., à orifice assez épais, inégal, puis denté et déchiré en lamellules dentées et incisées, lilacins, pâles puis paille brunâtre clair; chair 0,5—1 mm., épaiss., pâle, fibreuse coriace. — Hyphes de la villosité du chapeau lâches, libres ou agglutinées, solides, 3—4,5 µ; trame formée d'hyphes lâchement parallèles, solides, 3—4 µ, celles des tubes similaires, parallèles plus serrées, quelques hyphes à parois minces, 2,5 µ et rares boucles dans le subhyménium; basides serrées, 12—18×4,5

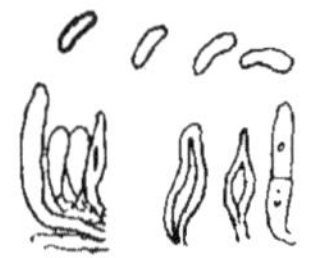

162. — *Coriolus pergamenus* (Fr.) Pat.

—6 µ; cystidioles presque fusiformes, à parois épaisses, parfois septées, atteignant 20—25×4,5 µ et émergeant de 5—6 µ; spores cylindriques plus ou moins arquées, 5—7×2—3,5 µ. (*Fig. 162*).

Très variable, prend en vieillissant la forme *Irpex*; abondant sur chêne liège abattu et sur les pins brûlés et à demi-morts; Var (A. DE CROZALS, F. GUILLEMIN); vallée du Mardarit, Alpes mar. (E. GILBERT); sur charme, Pologne (SIEMAZSKO); bouleau, hêtre, tremble, tilleul, etc. (BRESADOLA, F. KMET.); États-Unis (LLOYD).

869. — **C. Hoehnelii** (Bres.). — *Polyporus* v. Hoehn., Fragm. z. Myk., XIV (1912), p. 5. — Bres., Obs. myc. in Ann. myc., XIV (1920), p. 58. — *Pol. rufopodex* Haglund in Rom., Rem. on some Pol., p. 644, fig. 3.

Chapeau 1—3 cm., étalé-réfléchi, subimbriqué et confluent, raboteux, hérissé de pointes rudes vers la marge, dressées ou subapprimées, blanc jaunâtre, à 1—2 sillons peu marqués; tubes coriaces, longs de 2—7 mm. souvent décurrents, à parois minces; pores fins, 0,12—0,2 mm. (4—6 par mm.), blancs puis jaunâtres ocracés; chair très coriace, un peu fibreuse, puis indurée, blanche puis crème. — Hyphes de la trame 3—

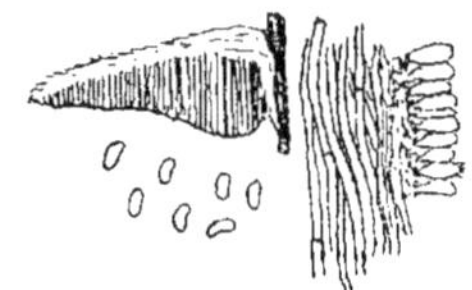

163. — *Coriolus Hoehnelii* (Bres.).

6 µ, tenaces, sans boucles, densément entrelacées, formant vers la surface une couche plus dense et plus dure; hyphes des tubes parallèles 2—5 µ; basides 8—10×4—5 µ; spores hyalines, largement elliptiques, incurvées ou presque en demi-cercle, 3—4—4,5 ×1,5—2—(2,5) µ. (*Fig. 163*).

Été, automne. Sur écorce de hêtre, env. de Paris (JOACHIM); sur chêne, forêt de Bellême, Orne (E. GILBERT); sur hêtre, Vienne

Autriche (V. Litschauer) ; sur pin, Pologne (Siemaszko) ; Suède (Romell).

870. — **C. genistae** Hym. de Fr., n. 596. — *Poria vulgaris* var. (?) *pileata* Not. crit., Soc. Myc., t. XXXVI, p. 84.

Etalé-réfléchi, confluent latéralement et parfois imbriqué ;
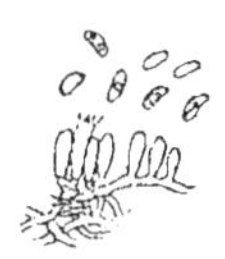 chapeau étroit, 0,5—2 cm., obscurément sillonné, crème, uni ou raboteux, marge aiguë ; tubes 1—2 mm. de long. ; pores fins. 0,1—0,25 mm., arrondis, égaux, à orifice entier, blancs puis crème jaunâtre ; chair blanche, fibreuse coriace, indurée. — Trame formée d'hyphes 2—4 μ, flexueuses, à parois épaisses, celle des tubes assez molles ; basides 6—14—15×3—4—4,5 μ, à 2—4 stérigmates longs de 2—3 μ ; spores très hyalines, oblongues ou subelliptiques, souvent un peu déprimées latéralement, 2,75—3,5—4,5×1,25—2 μ. (*Fig. 164*).

164. — *Coriolus genistae* Bourd. et Galz.

Toute l'année, surtout l'hiver. — Assez fréquent au pied des genêts et sur les racines, caché par les mousses et le gazon, peu adhérent au substratum. Identique sur bruyères, ciste, chêne, coudrier, noyer. Allier, Nièvre, env. de Paris, Vosges, Aveyron, Tarn. Pourriture blanche assez active.

Cette petite espèce est assez voisine de la précédente, qui est plus robuste, avec pointes sur le chapeau qui le rendent très rude au toucher, et à trame bien plus coriace.

Elle est plus voisine encore de *Polyporus pallescens* Karst. Rom., Hym. of Lappl., p. 19, nec Fries, mais ce dernier est largement étalé, 8 cm. et plus, et d'après un spécimen de Lapponie que nous tenons de M. Romell, la structure paraît différente : dans *P. pallescens*, la trame est formée en majeure partie d'hyphes 3—4,5 μ, solides ou à parois très épaisses, subparallèles, traversant un tissu formé d'hyphes 3 μ à parois épaisses, enchevêtrées ; dans *C. genistae*, les hyphes sont toutes similaires, flexueuses.

Nous avions d'abord supposé que *C. genistae* pouvait être le *Poria vulgaris* à bord réfléchi : la structure est à peu près la même, quoique les hyphes de *Poria vulgaris* soient un peu plus coriaces. Mais cette supposition n'a pas été confirmée : nous n'avons pas encore vu de forme de passage entre les deux plantes.

871. — **C. connatus** (Weinm.) Quél., Fl. myc., p. 391. — *Polyporus* Fr., Epicr. ; Hym. eur., p. 563. — *Fomes* Gill., pl. — Lloyd, Syn. Fomes, p. 216, fig. 572. — *Trametes* Pat. — *Polyporus populinus* (Schum.) Fr., S. M. ; Hym. eur., p. 564. — Bres., Fungi Kmet., n. 43.

Etalé-réfléchi, concrescent et imbriqué, chapeau 3—6 cm. villeux glabrescent (souvent couvert de mousses), blanc grisâtre, ocre chamois ; tubes 2—4 mm., stratifiés, blancs puis crème alutacé ; pores fins, 0,1—0,2 mm., arrondis anguleux, fimbriés à l'orifice, blancs puis paille ou alutacés ; chair floconneuse-subéreuse, un peu fibreuse, blanche, puis blanc alutacé. — Hyphes tenaces, 3—4 μ, assez lâches dans le chapeau, à parois minces ou un peu épaissies, 2—3 μ et subcohérentes dans les tubes ; cystides hyalines, ordinairement peu saillantes, obovales ou capitées, incrustées, 12—15×10—12 μ (5—9 μ d. sans les incrustations) ; basides 9—12 ×5 μ ; spores obovales arrondies, atténuées à la base, 3,5—4,5× 3—4 μ.

Végète toute l'année, sauf par les temps très secs. — Sur orme, érable, pommier, robinier, peuplier, marronnier, hêtre, chêne. Pourriture blanche, très active.

872. — **C. obducens** (Pers., Myc. Eur., II. p. 104). — *Polyporus* Fr., Hym., p. 577. — *Poria* Quél., Fl. myc., p. 382. — Bres., F. Kmet., n. 75.

Étalé, séparable sur le frais, mou puis induré, blanc puis crème, crème chamois à aurore en herbier : subiculum mince, 0,5

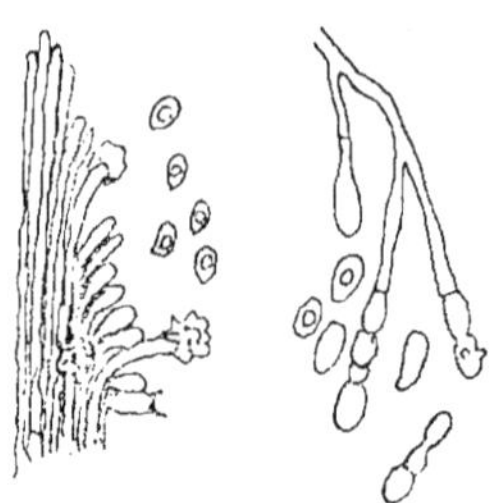

—1 mm., parfois étendu en bordure large stérile, ordinairement à bords abrupts villeux : tubes longs de 4 mm. env., parfois stratifiés ; pores fins, 0,1 —0,15 mm. arrondis anguleux, à orifice cilié ou granuleux à la loupe. — Trame coriace formée d'hyphes flexueuses, 3—3,5 μ, lâchement enchevêtrées, à parois un peu épaissies, sans boucles, celles des tubes 2—3 μ, à parois plus minces, parallèles subcohérentes ; cystides arrondies ou obovales, à parois épaisses, capuchonnées d'une guttule subcristalline ou en sphéroïde échinulé, 6—9—18×4—8(—16) μ ; basides 6—9—15×3—4,5—6 μ, à 2—4 stérigmates droits, grêles, longs de 2,5—3 μ ; spores obovales ou subelliptiques, brièvement atténuées à la base, 4—4,5—5,5×3—4 μ. (*Fig. 165*).

165. — *Coriolus obducens* (Pers.) : Hyménium et conidies.

Toute l'année, végétation ralentie par les temps froids et secs. Sur troncs debout ou abattus, souches, éclats ; peuplier, orme, chêne, noyer, aune, pommier, frêne, sureau, hêtre, érable, et gagnant la terre nue, les pierres ; xylostromoïde ou bombycinoïde dans les souches creuses. Pourriture blanche active.

annosa. — Chair nulle ; les premiers strates formés seulement de tubes sont entièrement résupinés : les couches suivantes, qui peuvent devenir très nombreuses, 20 et plus, débordent les premières antérieurement et finissent, surtout en station verticale, par simuler un chapeau épais. Sur orme et saule.

pileolata. — Plus ou moins étroitement réfléchi, étendu transversalement et confluent, ou à petits chapeaux épars, subconchoïdes, pubescents villeux, blanchâtres, alutacés ; tubes longs de 3—6 mm., rarement stratifiés ; chair mince, floconneuse fibreuse, fragile, blanche : spores et autres caractères de *Poria obducens*, — Sur troncs morts ou vivants, peuplier, chêne, etc.

Les formes peu ou pas stratifiées sont fréquemment accompagnées de conidies en plages étendues, formant une bordure épaisse subvilleuse-pulvérulente, blanchâtre, crème ocre, jusqu'à ocre rouillé en vieillissant. Ces plages sont formées d'hyphes similaires à celles de la trame, mais plus lâches et à parois plus minces : elles se sectionnent au sommet en conidies ovoïdes ou elliptiques, 7—12×5—9 µ.

Au point de vue histologique, il n'y a pas de différence appréciable entre *C. connatus* et *obducens* ; il y a cependant quelques lacunes dans la série des formes intermédiaires. *Poria obducens* et sa forme *pileolata* sont très communs dans l'Allier et dans l'Aveyron : ils ne prennent jamais la forme de *connatus*. Cette dernière espèce, assez fréquente dans d'autres régions, notamment dans l'Est, n'a jamais été trouvée ni dans l'Allier, ni dans l'Aveyron. *Poria obducens* et la forme *pileolata* ne sont chez nous que très rarement stratifiés, 2—3 couches ; ils se dessèchent et se racornissent souvent pendant l'été, sans pousser plus loin leur végétation ; les tubes sont d'ordinaire plus longs ; la lésion que produisent ces formes est peu profonde, celle de *C. connatus* est active et étendue ; enfin elles sont fréquemment accompagnées de conidies, que nous n'avons pas vues dans *C. connatus*, ni dans la forme *annosa*.

IX. — **IRPEX** Fr., El. ; Hym. eur., p. 619. — Quél., Fl., p. 376. — *Coriolus* Pat.

Réceptacle dimidié, suspendu, étalé réfléchi ou résupiné ; hyménium formé d'alvéoles à cloisons presque entièrement divisées en palettes ou lamellules. Espèces lignicoles.

Les espèces de ce genre sont rapportées par M. PATOUILLARD au G. *Coriolus*, et de fait les espèces typiques, à spores subcylindriques déprimées ou arquées, sont de vrais *Coriolus*, sauf peut-être *I. pendulus*, que sa trame molle rapproche des *Leptoporus*. *I. pachyodon* oscille entre *Lenzites* et les Hydnés, mais sa structure le placerait plutôt dans les Hydnés que dans les *Lenzites* qui ont tous, au moins dans nos régions, une trame très coriace et des spores allantoïdes. *I. Galzini* aurait sa place très près de *Poria sinuosa* ; et les *Xylodon* (*I. paradoxus, deformis, obliquus*) sont de simples variations de *Poria mucida*.

Tableau des Espèces

Spores allantoïdes.

>   Cystides plus ou moins abondantes ; trame coriace.
>>   Hyménium purpurin violeté : *I. violaceus*, n. 873.
>>   Hyménium blanc ou pâle : *I. lacteus* et aff. n. 874, 875.

>   Pas de cystides ; trame molle ; chapeau conchoïde ou fixé
>   par un point dorsal : *I. pendulus*, n. 876.

>   Pas de cystides : trame très coriace ; toujours résupiné : *I.
>   Galzini*, n. 878.

>   Cf. formes irpicoïdes des *Coriolus unicolor, abietinus, per-
>   gamenus*, etc.

Spores subglobuleuses.

>   Dimidié ou étalé-réfléchi : *I. pachyodon*, n. 877.

>   Résupinés, minces : *Xylodon* (Voir *Poria mucida*, n. 998).

A. — Espèces à chapeau ou étalées plus ou moins
réfléchies.

873. — I. violaceus (Pers., Syn., p. 551, *Sistotrema*) Quél.,
Fl. myc., p. 376. — Bresad., F. Kmet., n. 126. — *I. fusco-viola-
ceus* Fr., El. ; Hym. eur., p. 620.

Arrondi, résupiné avec bords plus ou moins relevés, soyeux
fimbriés, ou réfléchi, dimidié, imbriqué ; chapeau mince, sillonné
concentriquement, villeux et satiné, blanc puis blanc grisonnant ;
hyménium purpurin violeté, pruineux, lamellé-radié aux bords,
lamelles distantes de 0,5—0,8 mm. à la marge, irrégulier au
milieu et en arrière formé de palettes laciniées ; chair mince,
coriace. — Hyphes 3—7 μ, un peu colorées, à parois très épaisses,
rigides, tenaces ; cystides variables, à parois minces ou épaisses,
souvent coiffées d'un globule irrégulier, 18—25—32×5—7—8 μ ;
basides 15—24×4—6,5 μ ; spores hyalines, cylindriques, déprimées
ou un peu arquées, 6,5—8—9×2,5—3,5 μ.

Toute l'année. — Sur écorce et bois de pin, branches ou
bois travaillés ; mycélium filamenteux sous l'écorce. Pourriture
blanche, filamenteuse, assez peu active, ou en galeries, comme
Coriolus abietinus.

Malgré la grande affinité de *I. violaceus* et de *Coriolus abietinus* et leur similitude de structure, ces deux plantes ne doivent pas être identifiées. *C. abietinus* ne peut être l'état jeune de *I. violaceus*, comme le dit Quélet, puisque, dès le début, les deux plantes possèdent leurs caractères différentiels et nous n'avons pas d'exemplaire indécis entre elles.

b. *Sistotrema Hollii* Schmidt. — *Hydnum* Fr., Hym., p. 615. — Subiculum céracé membraneux, incarnat lilacé, fuscescent ; bordure blanche ; aiguillons 2—4 mm., fasciculés incisés. D'après spécim. auth., c'est pour Bresadola une forme résupinée de *I. violaceus*.

c. *Xylodon candidum* Ehrenb. — *Irpex* Weinm. — Fr., Hym., p. 622. Determ. Bres. ! — Adné (ou séparable), blanc, bordure byssoïde ; dents sériées, comprimées, inégales, pâles ; caractères micrographiques du type. — Sur bois dénudés de pin.

874. — **I. lacteus** Fr., El. : Hym. eur., p. 621. — Bres., Fungi Kmet., n. 127.

Chapeau 2—5 cm., étalé-réfléchi, villeux, concentriquement sillonné, blanc ; hyménium variable, à lamellules contournées, ou à dents sériées aiguës ou incisées, blanc de lait ; chair coriace, blanche. — Hyphes, la plupart à parois épaisses, 2—4 μ ; cystides variables, les unes n'étant que des terminaisons d'hyphes renflées fusiformes, 50—150×4—9 μ ; d'autres claviformes, incrustées, parfois absentes ; basides 12—22—30×3—4—6 μ ; spores hyalines oblongues ou subelliptiques, plus ou moins déprimées, 4—5,5—6,5 ×2—3 μ.

Saisons humides, automne, hiver, persistant jusqu'en mai, très rare en été. — Sur genêt, cerisier, noyer, chêne, robinier, hêtre, houx, genévrier, troëne, amélanchier ; il semble affectionner les bois carbonisés. Pourriture blanche, active.

I. canescens Fr., Epicr. ; Hym. eur., p. 624. — *I. lacteus* f. *cyclomyceloidea* Bres., Kmet., n. 127.

Villeux, blanchâtre sillonné ; palettes disposées transversalement en rangées concentriques ; cystides plus fréquentes. Sur hêtre, peuplier, etc. — Cette forme est rarement caractérisée nettement dans nos régions ; elle offre les caractères de *lacteus* et de *canescens* en proportions variables.

875. — *I. sinuosus* Fr., El. ; Hym. eur., p. 64.

Etalé, puis confluent jusqu'à **20** cm., brièvement réfléchi, ou en petits chapeaux cuculliformes, mince, azone, lisse, blanc puis crème jaunâtre ou fauvâtre ; dents subulées ou incisées, naissant d'une base sinueuse, souvent connexes et comprimées ; chair mince, tendre, plus putrescente que dans *I. lacteus.* — Hyphes à parois peu épaisses, 3—6 µ : cystides fusiformes, incrustées sur toute leur longueur ou seulement au sommet, 45—90—100×6—12µ ; basides 16—18—24×4—5 µ ; spores hyalines, ellipsoïdes, peu déprimées, 6—7×2,5—4 µ.

Juin-Janvier. — Sur genêt à balai, genêt d'Espagne, genévrier, tremble, peuplier, chêne, aune, cerisier, bourdaine, marronnier. Généralement assez distinct de *I. lacteus.*

876. — **I. pendulus** (Alb. Schw., *Sistotrema*) Fr., El. ; Hym. eur., p. 620.

Chapeau 1,5—3 cm., mince, radié rugueux, à fibres squamuleuses très apprimées, glabrescent, étagé subimbriqué, conchoïde, substipité latéralement ou suspendu par un point dorsal, (spécimens robustes à 1 sillon), plus ou moins festonné sur les bords, blanc jaunâtre, puis ocre bistré sur le sec : palettes grandes, peu nombreuses, aplaties, sériées, simples ou laciniées digitées, blanches, puis concolores : chair blanche, mince, tendre, fragile. — Trame molle, constituée par des hyphes à parois minces, 2,5—3,5 µ, régulières : basides 12—15×3—4 µ, à 4 stérigmates subulés, droits, longs de 4.5—6 µ ; spores hyalines, subcylindriques, légèrement déprimées, 4.5—5×2—2,5 µ.

Février, mai. — Sur pin vivant mais souffrant. Le mycélium vit dans les vieilles écorces et sur les cicatrices des branches coupées, assez haut sur le tronc. Causse noir. — Plus voisin des *Leptoporus* que des *Coriolus.*

877. — **I. pachyodon** (Pers., Myc. Eur., II, p. 174, *Hydnum*) Quél., Fl. myc., p. 377. — *Sistotrema* Fr., Hym., p. 619. — Gillet, pl. — *Lenzites* Pat.

Chapeau 3—8 cm., dimidié ou étalé-réfléchi, (rarement résupiné), glabre, uni ou obscurément sillonné, blanc puis crème ; hyménium concolore ou légèrement teinté d'incarnat, variable, formé d'aiguillons allongés, 1—1,5 cm., subulés aigus, souvent connés, ou de lamellules sinueuses, canaliculées, ou franchement lamellé surtout à la partie antérieure ; trame charnue un peu coriace, blanche. — Hyphes 2—4 µ, à parois minces, enchevêtrées en tous sens, plus parallèles dans les aiguillons, boucles éparses, rares ; basides 20—28—38×4,5—6—7 µ, à 2—4 stérigmates droits, longs de 5—7 µ ; spores subglobuleuses ou largement ellipsoïdes, quelques-unes brièvement atténuées à la base ou sur le côté, 5—6—8×4,5—6,5 µ, 1-guttulées, blanches en masse.

Toute l'année, végétation vigoureuse, surtout en automne.

Sur troncs surtout vivants de chêne, hêtre, frêne, érable, noyer.
— Pourriture blanche, des plus actives, très étendue ; les réceptacles se forment à la périphérie de la lésion.

Var. trametea. — Imbriqué sur un subiculum membraneux
coriace, épais de 1—3 mm., stérile ; chapeau rugueux, radié, blanc,
glabrescent, puis ocracé brunâtre ; pores trametoïdes, 0,5—1 mm.,
irréguliers, puis déchirés ; trame coriace flasque, formée d'hyphes
tenaces à parois épaisses, 2,5—3 μ, à boucles rares ; spores ellipsoïdes, atténuées ou non à la base, 6—7,5×5—6 μ, 1-guttulées.

Septembre, forêt de Fontainebleau (P. Dumée). — Assez
différent de *I. pachyodon*, mais connu par une seule récolte.

B. — **Espèce toujours résupinée**.

878. — I. **Galzini** Bres., Fungi gall., Ann. myc., t. VI
(1908), p. 42.

Largement étalé adhérent ; bordure blanchâtre, pruineuse,
subfimbriée, persistante ou fugace ; pores assez grands, dédaléens,
prolongés en dents subulées, atteignant 4 mm. de long., blanchâtres, puis paille ou crème olive, brunâtre clair ou fulvescent sur
le sec. — Hyphes coriaces, pleines ou à parois très épaisses, à
cloisons distantes, 2,5—3 μ, les subhyméniales plus minces ; basides 12—15×3—4 μ ; spores subcylindriques un peu arquées, 4,5
—5,5×1—1,5 μ, ordinairement à deux ocelles polaires.

Printemps. — Sur troncs de genévrier (Aveyron). — Pourriture rouge sèche, bois rendu très friable, de teinte acajou, avec
nombreuses fentes longitudinales et transversales par retrait.

Très voisine de *Poria sinuosa*, dont l'hyménium varie beaucoup, même
irpicoïde, cette espèce en diffère par ses aiguillons allongés, fins, subulés ou
plus rarement aplatis, spatulés au sommet. Elle semble particulière au
genévrier.

X. — **DAEDALEA** Pers. — Pat., Ess. tax., p. 95.

Réceptacle stipité ou dimidié, à trame pâle, composée d'une
couche inférieure dure, et d'une couche supérieure molle et spongieuse ; tubes homogènes ; pores anguleux à cloisons coriaces, lacérées, labyrinthées ou irpicoïdes ; cystides nulles ; spores hyalines,
subsphériques. Une seule espèce, croissant à la base et autour des
troncs, et se dégradant en formes résupinées, à trame homogène.

879. — **D. biennis** (Bull., t. 449. f. 1), Quél., Fl. myc.,
p. 374. — *Polyporus* Fr., Epicr.: Hym. eur., p. 529. — *Daedalea
rufescens* Pers., Myc. eur., II. p. 206. — *P. heteroporus* Fr., Hym.,
p. 543.

Chapeau 3—10 cm., stipité cyathiforme, sessile flabellé ou dimidié, parfois sillonné, villeux ou spongieux-laineux, blanc, suintant des gouttelettes grenat, puis rosâtre ou roussâtre : stipe
variable, villeux, roux, brunâtre ; pores dédaléens, inégaux, lacérés
dentés, blanchâtres, puis rose roussâtre ou fuscescents : chair
coriace fibreuse, puis dure, pâle ou teintée d'incarnat, brune et
presque cornée dans certains échantillons, spongieuse à la surface.
— Hyphes 3—5 μ, solides ou à parois épaisses, tenaces, parallèles
dans la partie dure du chapeau, se relevant et s'enchevêtrant à la
surface en trame très lâche, spongieuse, et réunies en mèches
lâches pour former la villosité : basides 18—30×5—7,5 μ : spores
subglobuleuses ou largement ellipsoïdes, très brièvement atténuées
à la base, ou un peu obliquement, 4—5,5—7,5×3—4,5—6 μ, 1-gut-
tulées, crème paille en masse.

Pas bisannuel, il vient en Juillet et sa bonne végétation est
en été et automne. — Sur tous bois, à feuilles et à aiguilles, sur
souches et racines, et aussi à terre, autour des troncs. L'humus et
le sol qui entourent les souches nourrissent facilement des espèces lignicoles, aux dépens d'éléments provenant de la souche et
des racines. C'est un gros dévorant ; son mycélium ramollit le bois
et le colore en jaunâtre paille.

Ce champignon est fréquemment conidifère : il y a, chez des individus
plus ou moins déformés, à l'intérieur de la trame, des points où sont accumu-
lées de grosses conidies, 1-guttulées, irrégulièrement ovoïdes, 6—9×5—8 μ,
portées par des hyphes plus fines que les hyphes normales. Les mêmes conidies se retrouvent dans l'hyménium, où on les prendrait pour des basides
courtes et élargies. L'hyménium porte aussi des conidies en chapelet, qui ont
à peu près les mêmes dimensions que les basidiospores. Ces déformations
conidifères ont reçu plusieurs noms : *Ceriomyces terrestris* Schulz. Sacc., VI.
p. 386. — *Ptychogaster alveolatus* Boud., Soc. myc. Fr., 1888. p. LV. Pl. III.
— Cf. de Seynes, Rech. p. l'Hist. des vég. inf., 1888, Polypores, p. 46.

D. biennis est si variable qu'il n'y a pas de forme qui lui soit propre :
stipité infundibuliforme, à chapeaux libres ou connés, spatuliforme ou sessile
flabellé, dimidié, imbriqué. Nous indiquons ci-dessous les formes plus ou
moins résupinées, à hyménium supère, dans lesquelles l'espèce est plus difficile à reconnaître.

capitata Bull. — Quélet. Fl. myc. — Globuleux, couvert de
pores. Cespiteux sur racines.

pulvinata. — Aspect de *Poria*, en coussinets plus ou moins
épais, épars ou confluents, formés de pores irréguliers, blancs

rougissant au toucher (par détersion de la pruine). Sur souches, racines et sur le sol.

terrestris. — *Poria terrestris* Pers., Ic. pict. Fung., III, p. 35, t. 16, f. 1 : Myc. eur., II, p. 112, nec *Poria terrestris* DC., nec Bres. — Étalé interrompu, mince, formé de pores oblongs, tendres et fugaces, blancs pruineux, puis rosé roussâtre : bordure duveteuse-pruineuse, fugace. Hyphes à parois épaisses, 2,5—3 μ : spores ellipsoïdes, plus ou moins atténuées à la base, 5—6×3,5—4 μ, 1-guttulées. Conidies plus anguleuses, 5—8×4,5—6 μ, en plaques pulvérulentes jaunâtres, accompagnant souvent le champignon. — Automne : sur la terre sablonneuse, nue et humide.

M. Lloyd a eu l'amabilité de nous envoyer une photographie de la Pl. des Ic. pict. de Persoon, que nous ne possédions pas : elle nous a permis de séparer plus sûrement la plante de Persoon du *Poria terrestris* DC. et de la plante que M. Bresadola désigne sous le même nom et qui est le *P. sanguinolenta* (A. Schw.) v. Hoehn.

XI. — **LENZITES** Fr. — Pat., Ess. tax., p. 87.

Subéreux ou coriaces, sessiles, substipités, étalés-réfléchis, dimidiés ou résupinés, ordinairement marqués de zones concentriques, correspondant à des périodes successives d'accroissement, glabres ou villeux : trame blanche, pâle, rouillée, fauve ou brune, composée d'hyphes tenaces ; hyménium disposé en lames coriaces, arides, rayonnantes, plus ou moins anastomosées à la base, prenant dans plusieurs espèces la forme tramétoïde : cystides présentes ou nulles : spores hyalines, lisses, cylindriques arquées. Lignicoles, vivaces.

Tableau analytique des Espèces

1 {
Trame et lamelles blanches, blanchâtres ou pâles : espèces cystidiées : 2.
Trame et lamelles colorées, plus foncées : 4.

2 {
Chapeau 6—20 cm., glabre, rugueux, épais ; chair et lamelles subéreuses épaisses : *L. quercina*, n. 880.
Chapeau 3—10 cm. hérissé, tomenteux ou velouté : 3.

Chapeau assez épais, obscurément zoné, tomenteux, pâle, gris ou brun : *L. betulina*, n. 881.
Chapeau aplani rigide, velouté, avec zones soyeuses ou glabres,

3 ⎰ versicolores : gris, fauve, rougeâtre, brun : *L. variegata*,
  ⎱ n. 882.
  | Chapeau flasque, hérissé, zoné, blanc, crème ou ocracé : *L.
  | flaccida*, n. 883.

  | Chapeau glabre, aplani, radié rugueux, brun purpurin, avec
  | zones les unes plus foncées, les autres plus claires : *L.
  | tricolor*, n. 884.
4 | Chapeau étalé-réfléchi, étendu transversalement, ou subdimidié
  | imbriqué, bientôt brun, sillonné : chair coriace, mince,
  | brune : cystides à parois épaisses : *L. abietina*, n. 886.
  | Chair jaune-fauve à cannelle : espèces sans cystides : 5.

  | Chapeau hérissé strigueux, avec sillons et zones glabrescentes,
  | fauve puis bai foncé ou bistré : lamelles distantes de 0,5
  | —1 mm. à la marge, dentées, striées, safrané souci, puis
  | fauvâtres : chair fauve rouillé à fauve brun : *L. sepiaria*,
5 ⎰ n. 885.
  | Chapeau tomenteux, inégal ou scrobiculé, sillonné, subglabres-
  | cent, cannelle, puis plus foncé ou au contraire décoloré
  | blanchâtre : lamelles plus serrées, crème chamois ou can-
  | nelle : chair cannelle : *Trametes trabea*, n. 889.

880. — **L. quercina** (L.) Quél., Fl. myc., p. 369. — *Daedalea* Pers., Syn., p. 500. — Fr., S. M. : Hym. eur., p. 586. — *Ag.
labyrinthiformis* Bull., Pl. 352, 442, f. 1.

Chapeau dimidié, 6—20 cm., glabre, rugueux inégal, subzoné, lignicolore, ocre bistré : lamelles larges, espacées, épaisses,
rameuses anastomosées, labyrinthées, ou pores larges obtus blanchâtres, pâles, à parois pruineuses : chair élastique, subéreuse,
fauve liège, subzonée. — Hyphes à parois épaisses, 2—4 μ, jaunâtre

huileux clair, coriaces : basides 15—20×4—5 μ, entremêlées de nombreuses hyphes à extrémité fusiforme, à parois épaisses (cystides plus ou moins
différenciées) ; spores oblongues subcylindriques,
déprimées latéralement, et obliquement atténuées à
la base, 5,5—7(—9)×2,5—3(—4,5) μ. (*Fig. 166*).

166. — *Lenzi-
tes quercina*
(L.) Quél.

Pérenne, durant un grand nombre d'années :
il entre en végétation aussitôt qu'il trouve l'humidité et la température voulues, à la sortie de l'hiver
et à la fin de l'été ; c'est à ce moment seulement qu'il a une sporulation abondante. — Très commun sur chêne, fréquent aussi
sur châtaignier. Parasite redoutable de ces deux arbres, avec

pourriture rouge, sèche, très active, la même que celle de *Gyro-phana lacrymans*. Très souvent saprophyte sur les vieux troncs, les souches, les bois travaillés. Trouvé une fois sur sapin, à Epinal, spécimen maigre, mal venu.

2. *trametea*. — Dimidié et normal, mais hyménium uniquement formé de pores réguliers anguleux, 2—3×1—2 mm. (ou 6—7 par cm. transversalement) ; sur souches.

3. *Trametes hexagonoides* Fr. Hym. eur., p. 585. — Quél., Jura et V., p. 272, t. 22, f. 2 ; Fl. myc., p. 370. — Résupiné, largement étalé. 10—30 cm. : subiculum épais de 0,2—1 cm., séparable, lignicolore pâle ; tubes homogènes, quelquefois stratifiés ; pores hexagones, 1—3 mm. d. ou 6—8 par cm., assez réguliers, à parois épaisses ou amincies ; chair subéreuse, pâle ou concolore. Sur poutres de chêne dans les lieux humides. Il est probable que la plante sur peuplier, indiquée par QUÉLET, est une forme épaisse, à pores larges de *Trametes albida*.

881. — L. betulina (L.) Fr., Hym. eur., p. 473. — Quél., Fl. myc., p. 366.

Chapeau 3—8 cm., épais, rigide, obscurément zoné, tomenteux, pâle, gris ou brun, marge concolore ; lamelles droites, 11—14 par cm. près de la marge, peu rameuses anastomosantes, blanches ou pâles ; chair pâle, coriace, floconneuse-subéreuse, épaisse de 2—3 mm. — Hyphes des lamelles hyalines, tenaces, 3—6 μ, solides à parois épaisses, similaires dans le chapeau, un peu plus grosses en moyenne ; celles de la villosité aiguës ou obtuses à leur extrémité, à contenu brun, analogues aux cystides ; cystides hyméniales inégalement distribuées, généralement nombreuses, fusiformes, aiguës ou obtuses, à parois épaisses et à contenu brun, 15—36×5—7 μ ; basides 14—24×4—4,5 μ ; spores cylindriques, un peu arquées, 4,5—6×1,5—2,5 μ.

Toute l'année, végétation en saisons humides. — Sur bois vivants ou morts, hêtre, chêne, bouleau, genévrier, coudrier, aune. Pourriture blanche, active.

decolora. — Blanc de lait uniforme, finement tomenteux, sans zone, ni sillon, rigide ; lamelles étroites. Lieux demi-obscurs, bois d'étais à l'entrée des galeries.

fuscomarginata.— Tomenteux, blanc crème, avec zone marginale brune ; robuste, chapeau 10 cm., confluent latéralement jusqu'à 25 cm. Sur aune.

882. — *L. variegata* Fr., Epicr. : Hym. eur., p. 493. — Quél., Fl. myc., p. 367 (ut var. *L. flaccidae*). — Bull., t. 537, f. 4, K. L.

Chapeau 3—6 cm., dimidié, aplani, rigide, velouté, avec zones soyeuses ou glabres, grises, fauves, rougeâtres, brunes ; marge blanchâtre : lamelles larges, assez épaisses anastomosantes, blanches, puis pâles.

Sur hêtre, peuplier, sapin. Rarement trouvé bien caractérisé.

883. — *L. flaccida* (Bull., t. 394) Fr., Epicr. : Hym. eur., p. 493. — Quél. Fl., p. 366.

Chapeau subdimidié, 3—10 cm., flasque, tôt infléchi, zoné, hérissé, blanc crème ou crème ocre : marge concolore ou brune : lamelles larges, assez minces et assez serrées, 17 par cm. vers la marge, inégales et rameuses, blanches puis pâles ; chair pâle, floconneuse coriace, mince, 1—3 mm. — Hyphes coriaces, 3—6 μ, à parois épaisses ; basides 12—24×4—5 μ, stérigmates longs de 3 μ : cystides comme dans *L. betulina* ; spores cylindriques un peu arquées, 4,5—6—7×2—3 μ, crème en masse.

Toute l'année, saisons humides. — Fréquent, chêne, aune, genêt, aubépine, etc. Sur épicéa (forme *fuscomarginata*). — Pourriture blanche, active.

884. — **L. tricolor** (Bull., t. 541, f. 2) Fr., Epicr. ; Hym. eur., p. 495. — Quél., Fl., p. 368.

Chapeau 3—8 cm., arrondi ou dimidié, sessile ou fixé par une base stipitiforme, ou dilatée en haut en mamelon gibbeux, stérile vers la base, ou bien étalé-réfléchi, suspendu dorsalement, aplani, radié-rugueux, brun-purpurin, avec zones les unes plus claires, les autres plus foncées : marge aiguë, pâle ou fauve, puis concolore ; lamelles dichotomes, anastomosées à la base, pâles, crème incarnat, paille fauvâtre, épaisses puis amincies et brunissantes ; chair coriace subéreuse, lignicolore ou paille bistré, subzonée. — Hyphes 2—5 μ, solides ou à parois épaisses, flexueuses, tenaces ; basides 15—24×4—5 μ : spores cylindriques arquées, 4,5—9×2—2,5 μ, teintées de paille en masse, chute difficile à obtenir.

Toute l'année. — Pas rare, sur cerisier, coudrier, marsaule, aune, noyer, hêtre, *Sorbus aria* ; sapin. Gérardmer (L. Maire) ; branche tombée de mélèze, Saône-et-Loire (F. Guillemin). Pourriture blanche, très active.

2. — *daedalea*. — *Daedalea confragosa* (Bolt.) Pers., Syn.,

p. 501. — Fr., Hym., p. 587. — Quélet, Fl., p. 375. — Bull., t. 491, f. 1. — Chapeau 6—8 cm., dimidié réniforme, épais, convexe ou ongulé, scabre, zoné, brun briqueté ; marge pâle, obtuse ; pores sinueux, étroits, dédaléens, incisés, gris pruineux, puis roussâtres ou concolores : chair subéreuse, lignicolore foncé, alutacé brunâtre ou teintée de rouillé, zonée ; spores cylindriques arquées, 6—9×1,5—2 μ. — Sur noyer, hêtre, cerisier ; plus rare.

3. — *trametea* Quél. — Aspect et couleur de *L. tricolor* (parfois un peu plus épais), mais hyménium entièrement et régulièrement poré. — Cerisier, saule.

Il existe des formes qui rattachent sans discontinuité *L. tricolor* à *Trametes rubescens* : sur aune, les formes lamellée et porée ensemble, avec coloration de *T. rubescens* ; sur bouleau, forme *trametea* avec coloration de *L. tricolor*, en mélange avec *T. rubescens* normal ; etc.

Sur branches recouvertes par les herbes, on peut récolter le champignon entièrement blanc, se tachant de rose rougeâtre au froissement et restant sur le sec de teinte assez claire.

885. — **L. sepiaria** (Wulf.) Fr., Epic. ; Hym. eur., p. 494. — Quélet, Jura et Vosges, I, t. 14, f. 5 ; Fl. myc., p. 368. — Schæff., t. 76.

Dimidié 3—10 cm., convexe ou aplani, hérissé strigueux, avec sillons et zones glabrescentes, fauve plus ou moins vif, puis bai foncé, marron ou bistré, quelquefois résupiné à bords libres ; lamelles assez minces, rigides, serrées, 16—24 par cm. à la marge, (distantes de 0,5—1 mm.), dentées, striées en travers, rameuses ou subporiformes au centre ou postérieurement, safrané souci, ocre fauve, puis fauvâtres ou brunâtres par l'âge, avec enduit ou pruine blanchâtre ; chair mince, subéreuse coriace, plus ou moins fibreuse, subzonée, fauve rouillé à fauve brun. — Hyphes fauvâtres ou jaune d'huile, à parois épaisses, tenaces, 2—5 μ, les subhyméniales subhyalines, 2—2,5 μ ; basides 18—24—30×4,5—6 μ, entremêlées de filaments hyalins, égalant ou dépassant peu les basides ; pas de cystides ; spores cylindriques un peu arquées, 8—9—12×3—4 μ.

Toute l'année, végétation du printemps à l'hiver. — Sur bois travaillés, troncs morts ; pin, sapin, cèdre ; rare en forêt. Pourriture rouge, sèche, active.

886. — **L. abietina** (Bull., t. 442, f. 2 et 541, f. 1) Fr., Epicr. ; Hym. eur., p. 495. — Quél. Fl., p. 368.

Résupiné, étalé-réfléchi, souvent étendu transversalement et confluent, ou dimidié imbriqué concrescent, tomenteux ou strigueux, ocre fauve, mais promptement brun cannelle et brun d'ombre, sillonné-concolore, à la fin glabrescent, gris noirâtre ; lamelles cannelle clair puis concolores, pruineuses, avec tranche villeuse grisonnante, larges, épaisses, distantes de 0,6—1 mm. (8—10 par cm. vers la marge), entières ou en lamellules interrompues, irpiciformes ; chair coriace, fauve bistré, mince, 0,5—1 mm. — Hyphes solides ou à parois épaisses, brun clair, subparallèles dans les lamelles, les subhyméniales subhyalines, bouclées, 2,5—3 μ ; celles de la trame entrelacées, 2—5 μ, à extrémités lâches, libres ou en faisceau dans la villosité du chapeau : cystides à parois épaisses, 26—40—46×5—7 μ, nues ou capuchonnées d'oxalate, hyalines puis concolores : basides 20—26—35×5—8 μ, à (2)—4 stérigmates : spores subcylindriques, obliquement atténuées à la base, très légèrement arquées ou un peu flexueuses, 10—12(—15)×3—4(—5) μ, hyalines puis subconcolores aux hyphes. (*Fig. 167*).

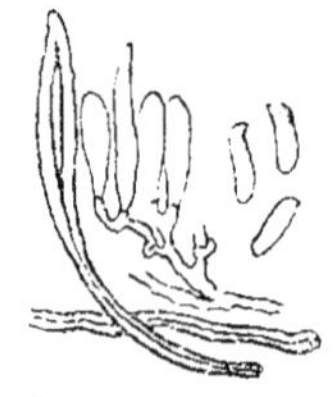

167. — *Lenzites abietina* (Bull.) Fr.

Toute l'année. — Sur bois travaillés, sapin, cèdre. Saprophyte à pourriture rouge, sèche, active.

Variat. : *incrassata*. — En coussinets épais : chair atteignant 1—2 cm. d'épaisseur, subligneuse, brune, lamelles mal formées. Sapin.

Variat. *suffocata*. — Mycélium étalé en larges plages floconneuses, puis collapses satinées, fauve brun, portant des réceptacles cupuliformes ou en petits chapeaux cuculliformes ; lamelles très irrégulières, irpicoïdes. A l'intérieur des parois d'un tramway, Neuchatel (KONRAD) ; bois d'étais des mines.

Variat. : *Irpex umbrinus* Weinm. ; Fr., Hym., p. 620. — Quél., Fl., p. 368. — Brun, membraneux, libre aux bords ; dents lamellulées en séries, incisées, gris cendré, puis brun noir. Sur poutres, etc. Laon (J. MOREAU) ; Luxembourg (SCHROELL).

XII. — **TRAMETES** Fr. — Pat., Ess. tax., p. 91.

Réceptacle coriace ou subéreux, dimidié, étalé-réfléchi ou résupiné ; hyménium à pores moyens ou grands, (fins dans *T. squalens* et *salicina*), creusés dans la substance du chapeau, séparés par des cloisons épaisses ; cystides nulles ; spores hyalines, cylindriques arquées ou oblongues déprimées.

Espèces lignicoles, annuelles ou vivaces, quelquefois stratifiées. — Dégradations lenzitoïdes ou irpicoïdes.

Tableau analytique des Espèces

1 (Chapeau dimidié sessile ou étalé-réfléchi : 2.
  (Espèces toujours résupinées : 16.
  ((Formes résupinées d'espèces dimidiées ou étalées réfléchies :
      17).

2 (Chair rouge ; pores rouge vermillon : *T. cinnabarina*, n. 887.
  (Chair fauve ou cannelle : 3.
  (Chair brun d'ombre : chapeau subzoné, villeux ou hérissé de
      poils raides : *T. hispida*, n. 890.
  (Chair blanche, pâle, crème incarnat, lignicolore ou crème bis-
      tré : 4.

3 (Chapeau épais, ongulé, à marge obtuse, souci puis fauve ;
      pores arrondis ou oblongs, jaune vif, puis fauve cannelle ;
      chair anisée : *T. odorata*, n. 888.
  (Chapeau peu épais ; pores plus ou moins lamelleux, crème cha-
      mois, puis gris chamois, brun tabac ; chair légère, cannelle :
      T. trabea, n. 889.

4 (Chapeau triquètre, étalé-réfléchi ou résupiné ; pores petits. 4—
      5 par mm. : *T. squalens*, n. 889 bis.
  (Chapeau dimidié, épais, bossu ou aplani : 5.
  (Chapeau résupiné avec marge réfléchie ; chair peu épaisse : 8.

5 (Chapeau glabre ou promptement glabrescent, radié-rugueux et
      zoné ; chair pâle ou teintée d'incarnat ou de bistre : 6.
  (Chapeau villeux ou pubescent ; chair blanc pur : 7.

6 (Chapeau brun purpurescent plus ou moins foncé ; chair lignico-
      lore ; pores paille bistré : *Lenzites tricolor* var. *trametea*,
      n. 884.
  (Chapeau pâle, blanc incarnat, isabelle ; chair blanchâtre teintée
      d'incarnat, puis liège ; pores pâles, puis incarnat rosé ou
      roussâtre : *T. rubescens*, n. 895.
  (Chapeau lignicolore ; chair liège ; pores larges, épais, obtus :
      Lenzites quercina var. *trametea*, n. 880.

7 (Chapeau zoné-sillonné ; pores linéaires étroits, 1—2×0.4 mm.,
      spores 4—5×2 μ : *T. gibbosa*, n. 893.

7 Chapeau triquètre, ordinairement azone : pores arrondis anguleux, 0.5—3 mm. diam. : chair anisée ; spores 9×3 μ : *T.
suaveolens*. n. 892.

Chapeau tomenteux puis glabrescent, radié-fibreux, quelquefois
lisse, blanc puis alutacé ; spores cylindriques arquées, 6×
2 μ : *T. cervina*. n. 900.

8 Chapeau à villosité persistante, ordinairement accompagnée
de poils longs, rigides, jaunâtres ou fulvescents ; spores
8—10×3 μ : 9.
Chapeau glabre ou glabrescent : 10.

Tubes longs de 1 cm., blanc pruineux à l'intérieur, pores épais,
alutacés ou rosés : chair lignicolore pâle, plus ou moins
9 fibreuse : *T. Trogii*. n. 891.
Tubes 3—6 mm., pores minces, blanc jaunâtre : subiculum très
mince. Sur conifères : *T. flavescens*, n. 905.

10 Chair plus ou moins colorée dès le début : 11.
Chair blanche, au moins sur le frais : 13.

Chapeau rugueux ou scrobiculé, pâle fauvâtre : chair alutacée,
subéreuse, mince : tubes 3—8 mm. : *T. malicola*, n. 901.
11 Chapeau submembraneux, flasque, sillonné, brun foncé ; chair
mince, tendre, concolore ou plus pâle : 12.

12 Pores 0,6—0,8 mm. : *T. mollis*, n. 902.
Pores 0,1—0,15 mm. : *T. stereoides*, n. 903.

Chapeau à rebord étroit, épais obtus, bosselé, pubescent et
glabrescent ; chair assez épaisse, tendre, non coriace : spo-
13 res oblongues, atténuées à la base, 7—9×3 μ : *T. subalutacea*, n. 894.
Chapeaux à peu près glabres, minces, subzonés, confluents
latéralement ou imbriqués : 14.

Trame très coriace, élastique ; chapeaux blancs puis chamois et
crème bistré : *T. serialis*, n. 904.
14 Trame subéreuse molle ; chapeau blanchâtre, paille ou lignicolore : 15.

Pores blanc de lait, puis crème ocracé ; spores cylindriques subarquées, 6—10×3 μ. Sur conifères : *T. subsinuosa*,
n. 899.
15 Pores épais, lignicolores ; spores subcylindriques peu arquées
ou légèrement sinueuses, 6—16×3,5—6 μ. Sur feuillus :
T. serpens et *albida*, n. 896, 897.

Subéreux, large de 10—30 cm., épais ; pores hexagones 1—3
    mm., lignicolore pâle : *Lenzites quercina* var. *hexagonoï-*
    des, n. 880.

Charnu-subéreux, en coussinet convexe, 3—6 cm., épais de 5—
    15 mm., pâle, paille ocracé, souvent noircissant ; pores 0,3
16   —1,5 mm. : *T. campestris*, n. 906.

Mince, 1—3 mm., blanchâtre ; trame molle ; pores 0,3—0,6
    mm. : *T. salicina*, n. 898.

Rose incarnat, puis isabelle ; bordure byssoïde ; subiculum to-
    menteux, mou : *T. micans*, n. 907.

Formes résupinées d'espèces pouvant aussi se présenter avec
    un chapeau :
    a) Trame brune ou cannelle :
T. hispida : trame des tubes brun d'ombre ; subiculum mince
    ou nul ; bordure étroite, stérile, puis nulle.

T. trabea : trame cannelle ; pores petits, 0,2—0,6 mm.
    b) Trame blanche, pâle ou lignicolore.
T. Trogii : se reconnaît à sa bordure plus ou moins hispide
    avec poils fauves ; pores alutacés ou roses.

T. flavescens : même bordure, mais moins épais ; tubes blanc
    jaunâtre. Sur conifères.

T. serpens : bordure pubescente ou nulle ; pores 0,7—1,2 mm.,
    à parois épaisses, lignicolores. Sur feuillus.

17 *T. subsinuosa* : plus mince, blanc de lait ; pores 0,5—1 mm. ;
    souvent détaché en partie sur le sec. Conifères.

T. cervina : même aspect que *T. serpens*, mais spore petite, 5—
    8×2 μ, cylindrique arquée.

T. malicola : sur pommier ; bordure bientôt nulle ; pores angu-
    leux, pâles puis cannelle clair, gris brun.

T. mollis et *stereoïdes* : minces membraneux, détachés aux bords,
    brun noir en-dessous.

T. subalutacea : largement étalé, très adhérent ; tubes longs ;
    bordure stérile, aplanie ou en bourrelet ; trame tendre ;
    spores oblongues atténuées, 7—9×3 μ.

T. serialis f. *Poria callosa* : coriace mou, séparable en entier,
    blanc. Sur conifères (Cf. formes résupinées de *Ungulina*
    annosa).

887. — **T. cinnabarina** (Jacq.) Fr., Hym. eur., p. 583. —
Phellinus Quél., Fl., p. 395. — *Boletus coccineus* Bull., t. 501,
f. 1.

    Chapeau 3—6 cm., dimidié, convexe aplani, pubescent puis

glabre, lisse ou inégal rugueux, à peine sillonné. rouge orangé, pâlissant ; pores arrondis ou anguleux, 0,25—0,5 mm., à orifice entier ; pubescent, rouge vermillon ; chair molle spongieuse, puis subéreuse, zonée, rouge. — Hyphes de la trame flexueuses, 3—4,5 μ, à parois épaisses, celles des tubes similaires, 2—3 μ, à parois minces à l'orifice des tubes ; basides 13—15×4—4,5 μ ; spores cylindriques un peu arquées, 4,5—6(—7)×2—2,5(—3) μ, blanches en masse.

Végète surtout en été, mais se trouve toute l'année. — Sur troncs, souches, bois de clôture, cerisier, hêtre ; assez rare. Pourriture blanche, assez active, qui s'étend sous l'écorce, mais peu en profondeur.

On peut le trouver presque résupiné, assez largement étalé, 2—6 cm., mince, à bordure nulle ou membraneuse, séparable, concolore ou blanche ; pores irréguliers, sinueux, rouge vif. Cerisier.

888. — **T. odorata** (Wulf.) Fr., Epicr. ; Hym. eur., p. 582. — Quél., Fl. myc., p. 372. — *Fomes* Lloyd, Syn. Fom., p. 273. — Schæff., t. 106.

Chapeau 8—12 cm., pulviné, villeux, fauve, puis réniforme ongulé, concentriquement sillonné, rugueux, tomenteux, brun : marge obtuse, souci, fauve cannelle ; pores arrondis ; chair subéreuse molle, fauve, anisée sur le frais. — Hyphes jaune fauve à brun fauve, **2,5—4** μ, à parois épaisses ou pleines, 3—6 μ dans le chapeau : basides 18—21—25×5—7 μ ; spores ellipsoïdes, atténuées à la base, 6—7—7,5×3—4(—5) μ, hyalines, puis concolores aux hyphes.

Toute l'année. — Sur sapin ; Allier, Saône-et-Loire, Côte-d'Or, Haute-Marne, Vosges, Jura, Alpes. Sur mélèze, Zermatt (A. LARONDE). — Pourriture rouge, sèche.

Indépendamment des formes souterraines : *Ceratophora Freibergensis* Humb., à rameaux corniculés ; *Boletus polymorphus* Hoffm., pulviné, tomenteux, à pores perpendiculaires lacérés ; *Ozonium auricomum* Link ?, mycélium luxuriant, fibrilleux, nous avons fréquemment trouvé cette espèce, à l'air, pulvinée et longtemps stérile, env. de Corcieux.

M. L. MAIRE lui rapporte aussi une forme molle, pulvinée, 5—6 cm. d., orangée, hérissée à la surface : elle a l'aspect d'un *Ptychogaster*, mais elle est stérile, zonée à l'intérieur de blanc et d'orangé et constituée par des hyphes à parois minces, 3—6 μ, renflées en massue et remplies d'une matière orangée, vers la partie superficielle, hérissée. Pin, env. de Strasbourg.

889. — **T. trabea** (Pers., Syn., p. XXIX) Bres., Fungi Kmet., n. 90 ; Fungi gall., p. 59. — *Daedalea* Fr., S. M. — *Lenzites* Fr., Hym. eur., p. 494.

Dimidié sessile, 2—15 cm., réfléchi ou résupiné ; chapeau

bosselé, inégal, tomenteux ou scrobiculé, plus ou moins nettement
sillonné, subglabrescent, chamois, cannelle, brun fauve, puis plus
foncé, ou décoloré, blanchâtre : bordure souvent fauve ; hyménium poré ou lamellé. pores 0,2—0,6 mm. (2—3 par mm.), arrondis anguleux, ou sinueux déchirés, ou lamelles sinueuses anastomosées, quelquefois assez régulières, crème chamois, chamois vif,
gris chamois, brun tabac, pruineuses ; chair ocre fauve, cannelle
ou brun fauve, mince, légère, coriace subéreuse. — Hyphes fauvâtres ou brunâtres, 3—6 μ, en trame lâche, celles de la villosité
similaires, lâches, libres, décolorées ; les subhyméniales 1,5—2 μ ;
basides 16—24×4—6 μ ; spores hyalines, puis subconcolores aux
hyphes, subcylindriques, à peine déprimées, 7—11×3—4,5 μ,
blanches, teintées de roux en masse.

Toute l'année. — Commun sur feuillus et conifères, troncs
et branches tombées, bois travaillé ; très rare sur arbres vivants.
Mycélium jaune litharge, fauve clair ou safrané vif. Pourriture
rouge, sèche, très active.

Variat. 1. *resupinata*.

2. *trametea* : pores réguliers, 2—3 par mm.

3. *lenzitoidea* : lamelles serrées, assez régulières.

4. *communis* : pores les uns arrondis, les autres linéaires, anastomosants. — Quoique les formes trametoïdes soient
plus fréquentes, l'espèce pourrait se placer dans le voisinage de
Lenzites abietina.

Le *Daedalea mutabilis* Quél., Ass. fr., 1893, p. 6 et pl. VI. f. 12 ! est la
forme des bois durs : sessile, blond, puis ocre ou grisâtre, pelucheux aux
bords ; pores ou lamelles pâles puis concolores. Plus petit.

Le *Trametes protracta* Fr., Vet. Ak. ; Hym. eur., p. 583, est une forme
à chapeau étendu transversalement, triquètre, brun fauve ; pores arrondis,
obtus, fauves. Quélet en fait une var. de *Lenzites abietina*.

890. — **T. hispida** (Bagl.) Fr., Hym. eur., p. 583.

Chapeau 5—10 cm., étalé-réfléchi, triquètre ou pulviné, inégal, très raboteux, subzoné, brunâtre, grisonnant, hérissé de brun
fauve, de fauve vers les bords, ou bien revêtu d'une villosité plus
molle, pâlissant souvent ; tubes recouverts à l'intérieur d'une
pruine blanc gris ; pores anguleux, 0,3—1,2 mm., à orifice épais,
uni, puis aminci et denté, grisâtres, gris ombre, souvent rosâtres
au toucher par détersion de la pruine ou villosité qui en recouvre
l'orifice ; chair épaisse de 0,5—2 cm., brun d'ombre, brun alutacé,
plus ou moins teinté d'olive, subéreuse. — Hyphes bistre jaunâtre, 1,5—6 μ, flexueuses rameuses, solides ou à parois épaisses,

les plus fines plus contournées et plus hyalines ; basides 12—20—27×5—7,5—9 μ, se formant dans une couche granuleuse et souvent elles-mêmes revêtues de granules détersiles ; spores subcylindriques, à peine déprimées latéralement, atténuées obliquement à la base, 7—9—10×3—4 μ.

Toute l'année, en végétation dans les saisons humides. — Fréquent sur frêne, bûches et troncs vivants ; identique sur chêne, hêtre, amandier.

var. B. — *tenuis* : chapeau mince ; chair épaisse de 0,5—2 mm. ; tubes longs de 2—3 mm.

1. *dimidiata*. — Dimidié réniforme, 8—15 cm. × 5—8 cm., mince, rigide, sillonné, et à zones, les unes fibreuses, plus claires, les autres tomenteuses, fauve mordoré ; marge droite, très aiguë ; pores 0,5—0,7 mm.

Sur troncs abattus et branches, hêtre, frêne. Midi.

2. *resupinato-reflexa*. — Largement résupiné, avec bord réfléchi de 2—3 cm., couvert de fibres rigides apprimées ou à pointe libre, brun fauve, grisonnant ; chair très mince. Sur chêne, coudrier, frêne, cerisier, érable ; plus fréquent dans le Midi.

3. *resupinata*. — Étalé, subiculum très mince ou nul ; bordure stérile, lisse, étroite, puis porée ; spores 7—12×3—4 μ. Sur orme, chêne, noyer, frêne, hêtre, fusain ? ; planche de pin, Vienne (J. Moreau).

891. — *T. Trogii* (Berk.) Fr., Hym. eur., p. 583.

Chapeau 5—10 cm., étalé-réfléchi, subzoné, velouté ou hérissé de fibres rigides dressées et apprimées, brun fauve, chamois ou pâle, parfois grisonnant ; tubes blancs, pruineux à l'intérieur ; pores 0,4—1,2 mm., concolores, alutacés, quelquefois rosés ; chair subéreuse, plus ou moins fibreuse, subzonée, blanchâtre à lignicolore. — Hyphes 1,5—6 μ, solides ou à parois très épaisses, rameuses, jaunâtre clair et subhyalines, en trame dense ; mèches du chapeau formées d'hyphes lâchement fasciculées, 2,5—3,5 μ, similaires ou à parois moins épaisses ; basides 15—18—27×6—8—9 μ ; spores subcylindriques, atténuées obliquement à la base, 7,5—10—13×2,75—4 μ, blanches en masse.

Toute l'année, saisons humides. — Commun sur peuplier ; identique sur saule blanc, osier, marsaule, aune, hêtre, noyer, mûrier ; pin, Nampcel (Aisne), E. Gilbert ; traverses de sapin, Cherbourg, L. Corbière ; sur palmier vivant, Parc de la Tête-d'Or, Lyon, P. Konrad.

Il y a, comme dans *T. hispida*, des formes *tenuis*, à chair mince, 1—2 mm.; mais elles sont moins fréquentes et plus variables. Dans les formes résupinées de *T. Trogii*, la bordure est tantôt étroite, fibreuse ou radiée, blanche ou fulvescente, tantôt étendue xylostromoïde. La var. *rhodostoma* Quél. à pores incarnat rosé, puis rose jaunâtre, n'est pas rare.

Au point de vue biologique et pour la lésion qu'ils produisent, *T. hispida* et *Trogii* sont identiques: parasites redoutables avec pourriture blanche, très active; plus ordinairement saprophytes. Ces deux plantes sont si voisines qu'on les réunit ordinairement ; elles sont cependant toujours facilement distinctes, au moins dans nos régions. L'une et l'autre se trouve bien caractérisées, également sur hêtre et sur noyer ; ce ne sont donc pas des variations dûes à la diversité de l'hôte, encore moins des états d'âge, comme la description de QUÉLET le laisserait supposer.

892. — T. suaveolens (L.) Fr., Epicr.; Hym. eur., p. 584. — Quél. Fl., p. 373. — Gillet, pl. suppl.

Chapeau 5—10 cm., dimidié, épais, pulviné ou triquètre, pubescent, azone, blanc, crème jaunâtre ou grisonnant : pores arrondis ou anguleux, 0,5—1×0,5—3 mm., inégaux, obtus ou dentés, blancs, puis alutacés ou isabelle ; chair épaisse, blanche, tendre, puis subéreuse coriace, peu distinctement zonée, à odeur d'anis. — Hyphes à parois épaisses, 2—5 μ; basides 11—15—18×5—6 μ; spores subcylindriques, quelques-unes un peu flexueuses, atténuées ou un peu uncinées à la base, 7—9—12×2,75—3—4 μ, blanches, légèrement teintées de crème en masse.

Toute l'année, végétation en automne et en hiver. — Sur troncs vivants, saule blanc, marsaule, osier, peuplier ; sur sapin vivant, le Chazelet (S.-et-L.), F. GUILLEMIN. — Pourriture blanche, active.

893. — T. gibbosa (Pers., Syn., p. 501, *Daedalea*) Fr., Epicr.; Hym. eur., p. 583. — Quél., Fl., p. 373. — Gillet, pl. — Luc., pl. 75.

Chapeau 8—20 cm., dimidié, bossu ou aplani, plus rarement étalé en arrière, pubescent, zoné sillonné, blanc ou blanchâtre ; pores linéaires étroits, 0,9—2×0,3—0,5 mm., parfois plus allongés formant lamelles, blancs ; chair subéreuse compacte, blanche. — Hyphes du chapeau solides ou à parois épaisses, flexueuses, 3—6 μ, accolées en mèches à la surface villeuse, celles des tubes similaires, 2—5 μ, peu coriaces ; basides 14—16×3—4 μ; spores très hyalines, cylindriques un peu déprimées latéralement et obliquement atténuées à la base, 3,5—4,5(—6)×2(—2,5) μ.

Pérenne sur troncs vivants, souches et bois travaillés, hêtre, platane, peuplier, charme, tilleul, vernis du Japon. Fréquent dans le Centre, les Vosges, etc., rare dans le Midi. — Parasite sérieux, avec pourriture blanche, très active ; souvent saprophyte.

894. — T. subalutacea Hym. de Fr., n. 620.

Largement étalé, 5—15 cm., avec bordure stérile, aplanie ou en bourrelet, blanchâtre pâle, puis crème alutacé ou grisâtre, pubescente puis glabre, hérissée à l'extérieur : marge supérieure parfois étroitement réfléchie, épaisse, obtuse, bosselée, pubescente, blanchâtre : tubes longs 6—12 mm. ; pores inégaux, 0,2—1 mm., blancs, puis crème alutacé ou isabelle, à orifice uni ; chair épaisse de 3—8 mm., blanche, tendre, à peine fibreuse, puis subéreuse-tendre. — Trame molle, formée d'hyphes 4,5—5 μ, solides ou à parois épaisses, flexueuses ; basides 15—20×5—6 μ : spores obovales oblongues, atténuées à la base (rarement subcylindriques un peu déprimées), 7—9×2,5—3,5 μ.

Juillet-Septembre, commence avec les chaleurs, évolue très vite et ne reparaît que l'année suivante. — Sur troncs d'aune il se forme sur les tissus vivants, à la limite du bois mort. Toujours assez tendre, il est facilement piqué par les larves. — Pourriture sèche et assez active. St-Sernin (Aveyron).

Nous avons pensé à rapporter cette espèce à *T. odora* ou à *T. inodora* : mais elle diffère de l'une et de l'autre par sa trame tendre, sa coloration et l'absence d'odeur anisée.

T. odora (Sommerf.) Fries paraît être une forme de *T. suaveolens*, dont il a l'odeur, mais dont il se distingue par ses pores fins, arrondis, égaux, blanchâtre ocracé.

T. inodora Fr. est plus petit, sans odeur, tout entier d'un blanc pur, à pores fins restant blancs.

Ces deux espèces nous sont inconnues : tous les spécimens que nous avons vus déterminés comme tels appartiennent soit à *T. suaveolens*, soit à *T. gibbosa*, et même à des formes résupinées de *T. Trogii*.

895. — T. rubescens (Alb. Schw.) Fr., Épicr. ; Hym. eur., p. 584. — Quél., Fl. myc., p. 373. — *T. Bulliardi* Fr., Épicr. ; Hym. eur., p. 584. — Bull., t. 310, f. B. C.

Chapeau 5—12 cm., dimidié, aplani, plus ou moins zoné, pâle, blanc incarnat, pruineux, puis isabelle, roussâtre, aminci au bord ; pores arrondis, 0,5—0,8 mm., ou allongés linéaires, pruineux, blancs (rarement sulfurins), puis incarnat rosé et roussâtres ; chair subéreuse coriace, blanche, puis incarnat lignicolore, enfin crème bistré et zonée. — Hyphes subhyalines, 2—5 μ, flexueuses, à parois épaisses ; basides 16—24×4,5—5 μ ; spores cylindriques arquées, 6—8—10×2—2,5 μ.

Toute l'année. — Sur troncs vivants, saule, marsaule, aune,

bouleau, peuplier, hêtre, noyer, tilleul, charme, cerisier, platane.
— Pourriture blanche, très active.

La chair et les tubes prennent une teinte incarnat lilacé au contact des vapeurs ammoniacales. Il n'y a pas lieu de séparer *T. rubescens* de *T. Bulliardi* : un spécimen présente des pores arrondis, disposés en zones concentriques, alternant avec des pores linéaires, longs de 3 mm. Il y a aussi toute la série des intermédiaires depuis *Lenzites tricolor* jusqu'à *Trametes rubescens*, sous le rapport de la taille, de la couleur et de la nature lamellée ou porée de l'hyménium. On trouve même les deux formes sur une même branche.

896. — T. serpens Fr., Hym., p. 586. — Quél., Jura et V., p. 273 ; Fl. myc., p. 370. — *Daedalea* Fr., S. M.

Etalé arrondi, 2—5 cm., puis confluent longitudinalement, très adhérent, blanchâtre ; bordure entière, épaisse, pubescente ou glabre ; pores 0,8—1,2 mm., arrondis et sinueux, blanchâtres, puis lignicolores, épais, obtus ; chair subéreuse coriace, lignicolore pâle. — Hyphes tenaces, 2—6 μ, solides ou à parois épaisses, flexueuses, les subhyméniales 2—3 μ ; basides 15—30—50×5—8—11 μ ; spores oblongues subcylindriques, déprimées latéralement et obliquement à la base, quelquefois subfusiformes ou un peu flexueuses, 10—17×4—6 μ.

Pérenne, avec végétation active au printemps et en automne. — Sur troncs morts, debout ou abattus, perches, bois travaillés, chêne, saule, frêne, troëne, peuplier. — Toujours saprophyte, à pourriture rouge, active.

897. — T. albida. — *Lenzites* Fr., Epicr. ; Hym. eur., p. 439. — *Daedalea* Bres., Fungi gall., p. 40. — *Trametes sepium* Berk. — Sacc., VI, p. 342. — Bres., Fungi polon., p. 81. — Lloyd, myc. not., n. 59, p. 850, Pl. 1420.

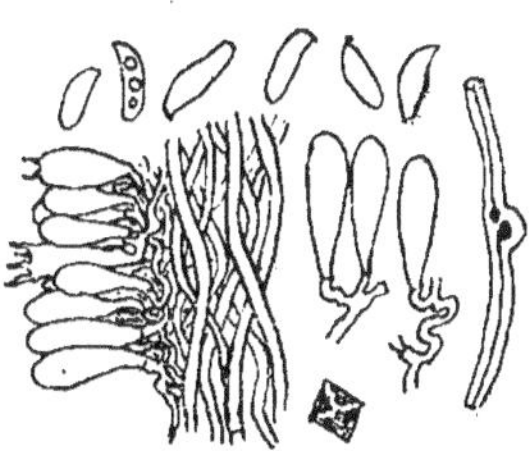

168. — *Trametes albida* Fr.

Chapeau dimidié noduleux, 1—2 cm., plus souvent étalé-réfléchi et largement étendu, confluent, subimbriqué, finement pubescent, puis glabre, souvent zoné, blanchâtre à paille-alutacé, souvent résupiné en entier, à bordure étroite, entière, pubescente, ou similaire porée ; pores, 0,6—1,2 mm., anguleux, inégaux, sinueux, ouverts lamelliformes en position oblique, ou irpiciformes, blancs, pâles ou lignicolores ; chair subéreuse assez tendre, blanche puis lignicolore pâle. — Trame molle, formée d'hyphes 3—6 μ, solides ou à parois épaisses, les subhy-

méniales 1,5—3 μ, à boucles rares ; basides 15—45×4,5—9 μ, à 2—
4 stérigmates droits, longs de 4—6 μ : spores oblongues ou subcylindriques, déprimées latéralement et atténuées brièvement et très
obliquement à la base, 6—16×3,5—7 μ. *(Fig. 168)*.

Toute l'année. — Bois travaillés, poteaux, palissades et troncs
abattus, chêne, frêne, érable, cerisier, bouleau, hêtre, buis, *Pistacia lentiscus*, etc. — Commun. — Pourriture rouge, sèche.

Nous avons rapporté à *T. serpens* quelques récoltes résupinées, plus coriaces ; mais la distinction entre *T. serpens* et *T. albida (sepium)* n'est pas
nette pour nous. *T. sepium* est la forme qui se présente ordinairement, très
commune dans les régions que nous avons explorées, et reçue aussi de nombreuses localités de France, sous le nom de *T. serpens*. C'est ce dernier nom
que Quélet nous a toujours donné, aussi bien pour les formes à chapeau réfléchi que pour les formes entièrement résupinées. D'après M. Bresadola,
T. serpens serait cependant spécifiquement distinct de *T. sepium* : « Dans *T.
sepium*, la spore est plus variable, 8—11×3,5—6 μ (spécimens américains), les
hyphes subhyméniales 2—4 μ, celles du chapeau jusqu'à 4—5 μ. Je n'ai jamais
vu *T. serpens* avec chapeau ; sa spore n'est pas si variable, 12—16—17×5—
6 μ ; hyphes tenaces 1—2,5 μ dans le spec. orig. ; très facile à confondre toutefois avec les formes résupinées de *T. sepium*. » Bres.. litt. 27 III 1919.

Quant au *Lenzites albida* Fr., nous ne l'avons jamais rencontré avec
« lamellis tenuibus, dichotomis, anastomosantibus, integerrimis », mais la
forme *effuso-reflexa*, *effusa*, *porosa*, ne peut être que notre plante.

898. — *T. salicina* Bres., Select. Myc., 1920, in Ann. myc.,
t. XVIII, p. 40.

Résupiné, adhérent, arrondi, 1—2 cm., puis étalé irrégulièrement et confluent, blanchâtre, puis crème alutacé ; subiculum
presque nul : bordure blanche, étroite, pubescente ; tubes longs
de 1—2 mm. ; pores arrondis ou anguleux, 0,3—0,6 mm. — Hyphes hyalines, 2—4 μ, flexueuses, à parois épaisses ; basides 22—
25×7—8 μ, stérigmates droits, longs de 5—7 μ ; spores oblongues
subcylindriques, obliquement atténuées à la base, 9—11×3,5
—4 μ.

Septembre-Décembre. — Sur branches de tremble tenant à
l'arbre, forêt de Dreuille (Allier). — Indiqué par Bresadola, sur
branches de saule, Trentin, Bohème, Suède.

Var. **Greschikii** Bres., l. c. — Pores plus irréguliers, arrondis, oblongs et linéaires réticulés ; hyphes plus coriaces, 3 μ ; basides 18—30×6—7,5 μ ; spores 7—9×3(—4) μ. — Octobre ; sur
branche de châtaignier, Andelot (Hte-Marne), L. Maire. — Sur
cerisier, Hongrie, Bresadola.

898 bis. — T. squalens Karst., Fungi eur. exs., n. 3528. —

Bjerkandera Karst., Symb. Myc. Fenn., XVIII, p. 79. — *Poly-porus* Sacc., VI, p. 121. — *P. anceps* Peck, Torr. Club., XXII, p. 207. — Lloyd, Syn. Pol. Apus, p. 375 ; Myc. Notes, 47, p. 655, fig. 933, 934. — Romell, Rem. Pol., 1926, p. 7. — *Tyromyces* Murrill, N. Amer. Fl., IX, p. 35. — *P. stipticus* Fr. (Bres. determ. !).

Dimidié, triquêtre, 4—10 cm. de large, 1—8 cm. d'épaisseur, imbriqué et confluent, ou étalé-réfléchi, ou encore résupiné ; surface tantôt lisse, tantôt rendue très inégale par des rudiments de chapeaux, parfois rugueuse scrobiculée, très finement pubescente et glabrescente, blanc de lait, jaunâtre, chamois clair, crème orange très clair ou fulvescente ; marge unie ou ondulée, blanche ou teintée de jonquille ou d'ocracé ; chair blanche, assez tendre, fibreuse à la cassure, subéreuse-indurée, parfois un peu fragile sur le sec ; tubes longs de 0,3—1,5 cm., blancs, puis pâles comme la chair et continus avec elle ; pores subarrondis, à orifice entier, 0,12—0,25—0,4 mm. (3—5 par mm.), blancs à crème noisette ou alutacé. — Trame peu coriace ; hyphes pleines ou à parois très épaisses, enchevêtrées, 1—5 μ dans les tubes, 1,5—8 μ dans le chapeau, rameuses ; basides subpiriformes, 12—15—24×6—9 μ, à 4 stérigmates ; subhyménium nul ou peu abondant ; spores ellip-soïdes oblongues, quelquefois un peu déprimées latéralement et obliquement atténuées à la base, 7—10(—12)×3—4 μ, ordinairement pluriguttulées.

Du printemps à l'hiver. Sur troncs de pin silvestre, pin mari-time, pin pignon. Var : îles d'Hyères (P. DUMÉE), Vieille Char-treuse de la Verne (A. DE CROZALS) ; Alpes maritimes : Cagnes-sur-Mer (E. GILBERT) ; Drôme : Valence (M. RÉVEILLET). — Spécim. comm. par M. ROMELL : sur *Tsuga*, Massachusetts, (leg. BURT) *P. anceps* orig. ! : Sibérie (MARTIANOFF) ; Tyrol (BRESADOLA) ; Bohème (NESPOR).

Espèce difficile à classer : sur le frais, on pourrait la prendre pour un *Leptoporus*, mais elle s'écarte de ce genre par sa trame assez dure, constituée par des hyphes pleines, assez grosses, se ramifiant plusieurs fois en rameaux de plus en plus grêles, structure qui lui est commune avec la plupart des *Un-gulina*. Malgré ses pores assez fins, on la cherchera plus volontiers dans les *Trametes*, à cause de son port et de ses tubes continus avec la chair. — Dans l'herbier de Karsten, la plupart des spécimens étiquetés du nom *squalens* se rapportent à *P. albo-brunneus* (*P. mollis* Fr.), mais l'identité de *Trametes squa-lens* Fungi eur. exs. avec *P. anceps* n'est pas douteuse ; la description de Karsten est assez bonne et le nom a la priorité.

899 — **T. subsinuosa** Bres., Fungi polon., p. 81. — *Pol. sinuosus* Auct. pl.

Résupiné, orbiculaire ou sinueux, 2—4 cm., puis largement étalé, assez souvent étalé-réfléchi, à marge aiguë, glabre ou pruineuse, avec un petit sillon près du bord, plus rarement subdimidié, formé de petits chapeaux coniques, ongulés de 8—12 mm. diam., étagés, glabres rugueux, ornés de petits sillons concentriques, blanc de lait, puis pâles ; bordure similaire porée ou stérile étroite, 1,5—2 mm., souvent détachée en séchant ; chair blanche, puis blanc crème ; subiculum mince, membraneux : pores arrondis anguleux, 0,5—1 mm., ouverts ou irpicoïdes en position oblique, blanc de lait, puis crème ocracé ou alutacé. — Trame molle, assez dense, formée d'hyphes à parois épaisses, 3—5 μ, bouclées, rares hyphes à parois minces ; basides 15—25—30×4—6 μ, à 2—4 stérigmates ; spores subcylindriques, un peu arquées, plus ou moins atténuées obliquement à la base, 6—8—10×2,5—3—4 μ.

Toute l'année, végétation au printemps et en automne. — Sur troncs abattus, branches mortes, écorces et bois, le long des fentes ; assez commun sur pin silvestre, pin noir d'Autriche ; rare sur sapin. — Pourriture blanche, peu active.

T. subsinuosa a bien quelque ressemblance avec *T. albida* ; mais on ne peut les confondre. Il ne vient que sur les conifères, il est plus tendre, moins adhérent et de facture moins épaisse, moins grossière que *T. albida* ; sa spore est plus petite et le mode de lésion des deux espèces est différent.

En position oblique ou verticale, les pores de *T. subsinuosa* sont ouverts, linéaires, mais ne prennent pas l'apparence de lamelles, de sorte que, dans nos régions au moins, la forme réfléchie ne peut s'identifier avec *Lenzites heteromorpha*, comme Fries le définit.

D'après M. Bresadola, *L. heteromorpha* a une spore de 12—14×4—5 μ, et c'est une espèce toute différente de *T. subsinuosa*.

900. — **T. cervina** (Schw.) Bres., Fungi polon., p. 81 ; Fungi gall., p. 39. — *Polyporus* Schw. — Sacc., VI, p. 238. — *P. biformis* Fr. — Sacc., VI, p. 240. — *Polystictus* Lloyd, Myc. Not., 1916, f. 817. — *Trametes populina* (Schultz.) Bres., Fungi Kmet., n. 89.

Largement résupiné ou étalé réfléchi, à chapeaux confluents ou étagés imbriqués, 2—9 cm., conchoïdes, amincis au bord, tomenteux, glabrescents, ou à fibres rigides apprimées, radiés striés, subzonés de sillons concentriques, concolores, rarement lisses, blancs, pâles, crème incarnat, cervicolore pâle ou fulvescent ; tubes atteignant 1 cm. à la base ; pores inégaux, 0,6—1,5 mm., arrondis anguleux ou oblongs sinueux, lacérés dentés et irpicoïdes, à parois amincies, blancs, puis lignicolores, alutacés ou fulvescents, brun de datte par l'âge ; chair fibrospongieuse, puis subéreuse subcoriace, blanche puis alutacée ou crème jaunâtre. —

Hyphes pleines ou à parois épaisses, 1,5—3—4 μ, assez tenaces ; basides 12—16—24×3—4—6 μ ; spores cylindriques arquées, 5—6—8×1,5—2—3 μ, souvent avec deux granules polaires.

Toute l'année, avec arrêt de végétation pendant l'hiver. — Abondant et très étendu dans ses stations, mais peu fréquent ; sur troncs vivants ou morts, bois abattus, bûchers, chêne, frêne, pommier, cerisier, noyer, peuplier, mûrier, tremble, genêt d'Espagne ; Aveyron ; Côte d'Or (L. MAIRE), Fontainebleau (DUMÉE). — C'est un des Polypores qui pousse le plus vite et le plus copieusement ; grand destructeur du bois, à pourriture blanche, très active.

Il y a des formes résupinées à pores réguliers, qui prennent tout à fait l'aspect de *Tr. serpens* ; elles se distinguent par leur spore plus petite, cylindrique arquée.

901. — **T. malicola** Bk. C., Journ. Acad. Sc. Philad., II, 3, p. 209. — Murrill, Pol. N. Am., XII, p. 477.

Résupiné ou étalé réfléchi, imbriqué ; chapeau 4—8 cm. inégal, raboteux, strié rugueux ou scrobiculé, brièvement pubescent et glabrescent, pâle fauvâtre ; tubes longs de 3—8 mm. ; pores arrondis, 0,3—0,7 mm., puis anguleux ou oblongs, 1 mm., à orifice entier, finement pubescent, blancs, pâles, puis lignicolores, cannelle clair, gris ou gris brun, ouverts et lacérés en station oblique ; chair pâle, liège, subéreuse, mince. — Hyphes légèrement jaunâtres, 2,5—4,5 μ, solides ou à parois épaisses, en trame serrée, celles de l'orifice des tubes à parois minces, 1,5—2 μ ; basides 15—18—25×4,5—7 μ ; spores oblongues subcylindriques, obliquement atténuées à la base, 6—9—12×3—4 μ.

Trouvé en Décembre, Janvier et Mai ; sur tronc de pommier, Balzaguet (Aveyron). Nos échantillons sont en tout conformes à ceux que nous a communiqués M. LLOYD, des États-Unis, où cette espèce n'est pas rare.

902. — **T. mollis** (Sommf.) Fr., El. ; Hym. eur., p. 585. — Quél., Fl. myc., p. 374 ; Ass. fr., 1891. t. XX, f. 17 *(praeter sporam)*. — *Polyporus cervinus* Pers., Myc. eur., II, p. 87.

Résupiné, confluent, 3—15 cm., submembraneux séparable, brun et pubescent en dessous : bordure déterminée, parfois réfléchie de 2—3 cm., en chapeaux imbriqués, veloutés, sillonnés, flasques, gris brun à brun bistré ; pores arrondis, 0,6—0,8 mm., ouverts irrégulièrement en position oblique, pâles, gris, puis gris brun ou brunâtres : chair mince, molle, puis plus ou moins indurée, pâle puis concolore. — Trame molle formée d'hyphes 1,5—3 μ, solides ou à parois épaisses, teintées de jaune brunâtre ; croûte du chapeau opaque à hyphes brunes, serrées cohérentes ; villosité formée d'hyphes brunes, 3—4 μ ; basides 24—27×6—7 μ, d'abord accompagnées de nombreuses hyphes hyméniales hyalines 1—2 μ ; spores cylindriques un peu arquées, 7,5—10×2,5—3,5 μ.

Automne. — Sur branches tenant à l'arbre ou tombées, charme : Rosières (Aisne), L. Maire. Très rare. — Angleterre, A. A. Pearson.

903. — **T. stereoides** (Fr.) Bres., Fungi polon., p. 84. — *Polyporus* Fr., S. M. ; Hym. eur., p. 569. — Romell, Hym. of Lappl., p. 23, f. 2. — *Coriolus* Quél., Fl., p. 390.

Etalé, 2—6 cm., à bordure d'abord blanche, stérile, ou réfléchi en petits chapeaux, minces, 1 mm., cucullés, concrescents, sillonnés, zonés, ombre et noirâtres : pores 0,12—0,15 mm. (4—5 par mm.), subarrondis, à orifice entier obtus, subpruineux, blanc gris ; chair mince, subéreuse coriace, crème alutacé. — Hyphes 1,5—3 μ, pleines ou à parois épaisses, subhyalines, les subhyméniales plus serrées, hyalines, 1—2 μ ; basides 24—30×5—6 μ ; spores ellipsoïdes. 9—10×3,5—4 μ.

Mai, sur branche tombée de hêtre, Hte-Savoie (A. de Crozals) ; Tyrol (V. Litschauer). — Sur sorbier, saule, bouleau, érable, tilleul, sec. Bresadola et Romell. — C'est à cette espèce que se rapporte, selon Romell, le *Tr. epilobii* Karst. Fr., Hym., p. 585.

904. — **T. serialis** Fr., Hym., p. 585. — Quél., Fl., p. 372. — *Polyporus scalaris* et *frustulatus* Pers., Myc. eur., p. 90-91.

Chapeau étalé réfléchi, étendu en bandelettes étroites confluentes, ou en capuchon, 2—3 cm., blanc, crème chamois, fauve clair, puis ombre ou crème bistré, pubescent, rugueux et subzoné, marge obtuse pâle ; pores 0,2—0,3 mm. (3—4 par mm.), blancs, à orifice entier, obtus ; chair coriace, élastique, blanche. — Hyphes 2,5—5 μ, solides, coriaces, à cloisons très distantes, avec boucles éparses, rares ; basides 18—24—30×5—6 μ (dans les parties stériles de l'hyménium, les basides sont remplacées par des hyphes renflées ou non, et terminées par un capitule d'oxalate de chaux, 6—9 μ d.) ; spores oblongues, obliquement atténuées, à la base, 7—10×3—4 μ.

Pérenne. — Sur troncs de pin, épicéa, forêts montagneuses, Alpes (A. Laronde) ; Alsace (L. Maire) ; Tyrol (V. Litschauer) ; Suède (Romell).

Var. **resupinata.** — *Poria callosa* Fr., S. M. ; Hym. eur., p. 577. — Quél., Fl., p. 382. — Largement étalé, 5—15 cm., uni, coriace, mou, séparable en entier, épais de 2—3 mm., blanc ; subiculum très mince, sauf aux points où il y a des rudiments de chapeau ; bordure étroite, membraneuse, stérile ; pores ronds, 0,25 mm., blancs à orifice entier, obtus. Trame coriace, parfois plus tendre avec hyphes guttulées. Sur bois de conifères.

905. — T. flavescens Bres., Fungi polon., p. 81.

Largement étalé et souvent étroitement réfléchi, en chapeaux allongés confluents ou imbriqués, blanc laineux, puis paille, ou hérissés de soies rigides, jaunes ou fulvescentes ; marge obtuse ; subiculum très mince, membraneux. parfois détaché vers les bords ; tubes longs de 3—6 mm. ; pores 0,3—1,2 mm. (ordinairement 0,4—0,8 mm.) arrondis anguleux, puis sinueux, à orifice aminci, fimbrié, pâles puis fulvescents ; chair fibreuse coriace, lignicolore pâle. — Trame coriace molle, formée d'hyphes hyalines, 2,5—5 μ, à parois épaisses, relevées en mèches, dans la partie réfléchie du chapeau ; les subhyméniales à parois plus minces, 2,5—3 μ ; basides 15—21×3—6 μ ; spores cylindriques arquées, (6)—9—10×2,5—3,5 μ.

Toute l'année. — Sur troncs abattus, palissades ; pin silvestre, pin noir d'Autriche, sapin, mélèze. — Pourriture blanche, filamenteuse, très active. — Nous avons trouvé ce champignon assez fréquent en 1890, commun en 1904-1905, rare en 1908 et 1916 ; nous ne l'avons pas rencontré les autres années.

906. — T. campestris Quél., Jura et Vosges, I, p. 271 ; II, t. 2, f. 6 ; Fl. myc., p. 370.

Toujours résupiné, 3—15 cm., en coussinet convexe ou aplani, charnu subéreux, puis dur, pâle, lignicolore, paille ocracé, souvent noircissant ; bordure nulle, ou étroite stérile, glabre ou pubescente ; pores arrondis anguleux, 0,3—1,5 mm., pâles, puis alutacés, fulvescents ou brunissants, souvent mal formés. — Hyphes hyalines, 4,5—5 μ, pleines ou à parois épaisses, flexueuses rameuses, en trame dense, tissu sous-hyménial plus serré et un peu bruni ; basides 18—27—42×6—9 μ ; spores subcylindriques, quelquefois un peu flexueuses, obliquement atténuées à la base, 12—15×4,5—5,5 μ.

Pérenne, avec végétation estivale. On trouve des spécimens qui ont les tubes très nettement stratifiés et paraissent avoir 5 ou 6 ans. — Sur branches tenant à l'arbre ou tombées ; commun sur chêne, châtaignier, noyer ; accidentel sur coudrier, poirier, prunellier, etc. — Pourriture blanche active.

Forme étalée confluente, recouvrant largement une branche de chêne, et tellement ressemblante à *T. serpens*, qu'il eût été impossible de l'identifier, si le champignon n'eût gardé en un point la teinte paille, brunissante de *T. campestris*.

907. — **T. micans** (Ehrenb. *saltem p. p.)* Bres., Fungi Kmet., p. 93. — *Polyporus* Fr., Hym. eur., p. 573. — *P. albo-carneo-gilvidus* Rom., Fungi exs. Scand., n. 17. — *Poria carneo-gilvida* Rom., Rem. Pol., 1926. — *Physisporus incarnatus* Gillet, pl. suppl.

Étalé, suborbiculaire, puis confluent, adhérent ; pores d'abord en fossettes dans le subiculum tomenteux mou, puis très allongés et souvent stratifiés, roses, incarnats ou incarnat blanchâtre, puis isabelle : bordure byssoïde blanche ; spores subcylindriques, 12—14×6 μ.

Bois pourris, arbres à feuilles, chêne, etc. (n. v.).

M. Bresadola ayant étudié les spécimens originaux du *P. micans* de Ehrenberg, dans l'Herbier de Berlin, les dit identiques à la plante ci-dessus. D'autre part, M. Romell, qui a aussi étudié un spécimen de Ehrenberg, y trouve les cystides et les autres caractères du *Poria eupora* Karst. Les spécimens, pour être authentiques, n'éclaircissent donc pas toujours les questions !

XIII. — **HEXAGONA** Fr., Epicr., p. 496. — Pat., Ess. tax., p. 90. — *Hexagonia* Sacc., VI, p. 356.

Chapeau subéreux ou coriace, sessile, dimidié ; pores grands, polygones ou arrondis, séparés par des cloisons épaisses continues et homogènes avec la trame du chapeau ; spores lisses, blanches.

Espèces lignicoles, particulières aux régions chaudes, voisines de *Trametes*, mais à pores plus larges, formant dès le début des alvéoles amples, régulières.

908. — **H. nitida** Mont. — Fr., Hym., p. 590. — Sacc., VI, p. 366. — R. Maire, Sch. Myc. bor. afr., 10 (1917), p. 78.

Chapeau subéreux coriace, dimidié semiorbiculaire, 7—9 cm., convexe, très glabre, bistre noirâtre, brillant dans sa moitié antérieure et brun cuivré vers les bords, obscurément sillonné, à peine rugueux-radié ou bosselé ; alvéoles larges de 2 mm. env., arrondis ou hexagones, profonds de 1—1,5 cm. et jusqu'à 2,5 cm. vers la base ; chair mince 2—6 mm. (ou moins), brun d'ombre, floconneuse coriace. — Trame très coriace, formée d'hyphes à parois épaisses, brun jaunâtre, 1,5—4 μ, densément entrelacées dans les tubes, plus lâches, 3—5 μ, dans le chapeau et rameuses crispées vers la surface où elles s'agglutinent en croûte noire ;

hyménium constitué d'abord par une couche céracée, hyaline granuleuse atteignant 60 μ d'épaiss., au sein de laquelle se développent les basides 30—45×5—7 μ ; spores hyalines subcylindriques, amincies parfois aux deux bouts, un peu courbes ou déprimées latéralement, 9—12(—14)×4—5 μ, blanches en masse. *(Fig. 169)*.

Mai. Sur tronc vivant de chêne vert, Vieille Chartreuse de la Verne (A. DE CRO-ZALS).

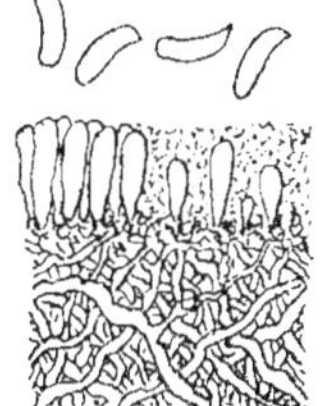

169. — *Hexagona niti-da* Mont.

La description de *H. Marcucciana* Bagl. et de Not. Sacc., VI, p. 357 ne donne pas de caractères saillants pour distinguer cette espèce de *H. nitida*.

XIV. — **UNGULINA** Pat., Ess. tax., p. 102. — *Fomes* Fr. — *Placodes* Quél.

Sessiles, rarement stipités, dimidiés onguliformes, durs, subéreux (plus rarement subcharnus, mous) ; croûte cornée, luisante dans les espèces typiques, mince et peu marquée dans quelques espèces ; tubes souvent stratifiés ; spores blanches ; cystides nulles. — Conidies à l'extrémité des cellules de la croûte, ou dans des cavités spéciales de la trame, ou encore sur des appareils particuliers insérés sur le mycélium.

Tableau analytique des Espèces

1 {
Trame foncée, brune à fauve ; chapeau grand, recouvert d'une croûte dure, brillante à la section : 2.
Trame claire : blanche ou teintée de rosé, de chamois ou de crème bistré : 3.

2 {
Croûte du chapeau mate, canescente, gris pâle : *U. fomentaria*, n. 909.
Chapeau noir brillant : *U. nigricans*, n. 910.

3 {
Trame blanche ou crème, légère, tendre, puis subéreuse-molle ; croûte ou pellicule très mince ; espèces annuelles : 4.
Trame pâle, puis rhubarbe ou rousse, tendre, puis subéreuse-fibreuse ; chapeau brun rouillé, puis brun, avec zones noir bleuté, fauve ou souci au bord : *U. fuliginosa*, n. 916.
Trame dure subéreuse-ligneuse : 6.

4 {
Chapeau arrondi ou réniforme, lisse, obliquement mamelonné
en arrière ou substipité ; pellicule mince, séparable : chair
blanche : *U. betulina*, n. 918.

Chapeau oblong ou linguiforme, ordinairement atténué en
stipe ; croûte peu distincte : *U. quercina*, n. 919.

Chapeau grand, épais, ongulé, plus ou moins zoné ; spore elliptique : 5.
}

5 {
Chapeau sillonné et zoné de pâle et de brunâtre, blanchissant ;
chair blanche, amère, devenant friable ; sur mélèze : *U.
officinalis*, n. 920.

Chapeau obscurément sillonné, crème orange, puis fauve et gris
ou brun ; chair crème aurore, blanchissant, molle puis
subéreuse très tendre : *U. soloniensis*, n. 921.
}

6 {
Chapeau dimidié subréniforme, velouté, brun bistre, subzoné,
avec stipe court latéral, concolore ; chair subéreuse ligneuse, alutacée. Sur conifères : *U. corrugis*, n. 917.

Pas de stipe : 7.
}

7 {
Trame rosée ; chapeau ongulé à croûte rose rougeâtre couverte
d'une pruine cendrée noirâtre : *U. rosea*, n. 915.

Trame pâle, lignicolore : 8.
}

8 {
Petite espèce à chapeau pâle, jaunâtre ou brunissant ; spore
ovoïde, tronquée à la base : *U. ochroleuca*, n. 915 Obs.

Champignon grand ou moyen ; spore globuleuse ou ellipsoïde,
non tronquée ; tubes stratifiés : 9.
}

9 {
Pores orange briqueté, avec couches des tubes les plus récentes
concolores ; trame blanche, puis pâle, fibreuse, assez fragile : *U. ulmaria*, n. 913.

Tubes à peu près concolores avec la chair : 10.
}

10 {
Chapeau blanc ou jaune, puis rouge et brun ou noir, devenant
épais, ongulé, sillonné zoné ; croûte devenant dure, noire,
brillante à la section ; pores pâles, roussâtres au froisse
ment : *U. marginata*, n. 911.

Chapeau aplani, bosselé onduleux, gris fauve ou brunâtre ;
croûte noire, très mince ; pores revêtus d'une pruine isabelle ou incarnate : *U. fraxinea*, n. 912.

Chapeau souvent étalé réfléchi, inégal tuberculeux, brun ;
croûte très mince, noirâtre ; pores blancs, puis plus ou
moins jaunâtres : *U. annosa*, n. 914.
}

909. — U. fomentaria (L. — Fr.) Pat., Ess., p. 102. — *Polyporus* Fr., S. M. ; Hym. eur., p. 558. — *Fomes* Gillet, pl. — Lloyd, Syn. Fom., p. 235, f. 584. — *Placodes* Quél., Fl., p. 398. — *Bol. ungulatus* Bull., t. 491, f. 2.

Chapeau ongulé, 10—40 cm., épais de 10—20 cm., sillonné concentriquement, gris pâle, canescent, marge crème ou gris pruineux, passant vite à fauve clair et noisette ; tubes longs, distinctement stratifiés ; pores arrondis, petits, 0,2—0,3 mm. (3 par mm.), pruineux, gris clair, noisette clair ; chair subéreuse floconneuse, fauve à brun ; croûte épaisse, dure, gris noirâtre brillant à la section. — Hyphes de la trame fauves, 3—9 μ, à parois épaisses sans boucles, denses et brunes dans la croûte, à la surface de laquelle elles forment une couche d'hyphes hyalines, 2—4 μ, simples ou brièvement rameuses, portant des conidies semblables aux spores ; hyphes des tubes, 4—8 μ, les subhyméniales hyalines, 2—3 μ ; basides 30—34×9—12 μ, hyalines, flasques et fugaces ; spores oblongues, un peu atténuées mais obtuses aux deux extrémités, 14—18 —22×5—7 μ.

Végétation active dès le premier été et toute la belle saison. — Assez commun sur troncs vivants ou morts, chêne, hêtre, peuplier, saule, cerisier, frêne, aune, bouleau, noyer, châtaignier, marronnier. — Saprophyte, mais surtout parasite redoutable avec pourriture blanche, active ; le bois est absorbé, réduit en lamelles ou en filaments.

910. — U. nigricans (Fr., p. p.) *Fomes* Fr., S. M. — Bres., Fungi Kmet., n. 36 (praeter syn. *P. roburneus*). — *Polyporus nigricans* f. *typica* Fr., Hym. eur., p. 558. — Lloyd, Polyp. Iss., p. 15, f. 210. — *Fomes nigrescens* (Klotzsch) Lloyd, Syn. Fom., p. 237.

Caractères de *U. fomentaria*, mais croûte du chapeau noire brillante. On trouve des spécimens jeunes avec croûte noire : cette forme n'est donc pas un état d'âge de *U. fomentaria*.

Sur saule, Allier : Nassigny et Forêt de Messarges ; peuplier, Gard : St-Guiral ; hêtre, Ain : Forêts d'Arvières et Virieu-le-Petit (Lucand) ; Sarthe : Forêt de Perscigne (Abbé Letacq).

911. — U. marginata (Fr., Epicr.) Pat. — *Polyporus* Fr., Hym. eur., p. 561. — *Placodes* Quél. — *Fomes ungulatus* (Schæff., t. 137) Bres., Fungi Kmet., n. 42. — *P. pinicola* Fr., El. ; Hym. eur., p. 561. — *Fomes* Gill., pl. suppl. — Lloyd, Syn. Fom., p. 219.

Chapeau 10—30 cm., ongulé épais ou aplati, blanc, jaunâtre

ou fauvâtre, bientôt rouge, puis noir, sillonné-zoné, recouvert
dans les parties âgées d'une croûte résineuse, noirâtre, brillante,
pruineuse ou glabre ; marge obtuse pubescente, jaune ou rouge ;
tubes devenant stratifiés ; pores petits, 0,2—0,25 mm. (3 par mm.),
ronds, blancs, pâles ou sulfurins, puis lignicolore pâle, à orifice
épais, entier, plus ou moins roussâtres au froissement ; chair subéreuse dure, blanche ou sulfurine, ou pâle à crème fauve, à odeur
acide. — Hyphes 3—7 μ, les plus grosses teintées de jaunâtre, à
parois épaisses, sans boucles, à parois minces vers l'orifice des
tubes ; hyphes de la croûte du chapeau agglutinées, et farcies
d'une matière brune granuleuse, qui s'extravase et se liquéfie dans
KOH, émulsionnée et à gouttelettes colorées en rougeâtre dans
Sudan III lactique ; basides 15—21—27×6—9 μ ; spores elliptiques, à peine déprimées ou aplaties latéralement, 6—7—10×3—
4—4,5 μ, blanc opaque, presque paille en masse. Conidies similaires aux spores, sur la croûte.

Végète dès le printemps, quand l'humidité est suffisante, et
cesse toute végétation aux grands froids. — Commun sur troncs
d'arbres à feuilles et à aiguilles, cerisier, aune, chêne, saule, bouleau, vernis du Japon, robinier, tremble, marsaule, pommier, poirier, prunier, peuplier, platane, *Liquidambar styraciflua*, châtaignier ; pin, sapin, mélèze. — Pourriture rouge sèche, extrèmement
active ; parasite redoutable.

F. resupinata. — Etalé en coussinet épais convexe ou hémisphérique ; chair nulle ou épaisse seulement de 1—3 mm. Se reconnaît par le caractère des tubes et des pores ; fertile comme la forme
normale. Sous troncs et branches horizontaux.

F. effusa. — Très largement étalé, adné, quelquefois avec parties xylostromoïdes blanches ; chair nulle ou très mince ; tubes
très allongés ; pores 0,2—0,25 mm. (3,5 par mm.) ; trame très
coriace. Presque toujours stérile, cette forme est remarquable par
sa puissance de destruction ; elle produit une pourriture d'une
activité extrême ; la souche se creuse et il ne reste à l'intérieur que
des filaments très lâches. Les dimensions des pores, la structure
de la trame, rarement un petit rebord rougeâtre, indiquent *U.
marginata* ; mais dans certains cas, il est impossible de se pronon-
cer entre *U. marginata* et *U. annosa*. Sur conifères.

912. — **U. fraxinea** (Bull., t. 435, f. 2). — *Polyporus* Fr.,
Hym. eur., p. 563. — Quél., Ass. fr., 1880, p. 9. — Lloyd, Syn.
Fom., p. 230. — *P. cytisinus* Bk. ; Fr.— *Placodes incanus* Quél.,

Ench., p. 172, et Fl, myc. (exclus. *P. ulmario*). — *Ungulina incana* Pat.

Dimidié subimbriqué, 5—40 cm. (rarement résupiné) ; surface inégale bosselée, pubescente, pâle, blanc gris, isabelle, puis revêtue d'une croûte noire, luisante à la section, mince, et couverte d'un enduit gris, fauve ou brunâtre ; chair subéreuse ligneuse, à grain fin, mais coriace cotonneuse quand on la déchire ; tubes concolores, stratifiés, les strates étant d'ordinaire séparés par une couche de la trame plus ou moins épaisse ; pores arrondis, 0,2—0,25 mm. (4 par mm.), à orifice entier, subconcolore, à pruine isabelle ou incarnate. — Hyphes hyalines ou un peu jaunâtres, 1,5—6 μ, solides ou à parois très épaisses, en trame coriace, cloisons distantes, sans boucles ; basides 15—18×6—8 μ ; spores largement obovales, ou subsphériques, brièvement atténuées à la base, 6—7—9,5×5—6—6,5 μ, 1-guttulées, blanches à peine teintées, jusqu'à crème testacé ou chamois en masse.

Dès le premier été ; végétation active avec chûtes abondantes de spores, elle se continue pendant toute la belle saison. — Sur troncs, souches et racines, englobant les graminées alentour : robinier, orme, frène, chêne, peuplier, *Gleditschia triacanthos*, houx.

Ne le cède en rien à *U. fomentaria* comme saprophyte ou parasite. Un spécimen, sur tronc de chêne abattu, avait produit une cavité de 1 m. 50× 0 m. 40 ; tout le bois avait été remplacé par un tissu feutré, blanc pâle, léger, qui répond à *Xylostroma giganteum* Tode. — Toutefois, la vitalité du sujet parasité ralentit l'action du mycélium ; sur chêne vigoureux, nous avons vu ce champignon avec une végétation très lente et une pourriture peu active.

913. — **U. ulmaria** (Sow.) Pat., Ess., p. 102. — *Polyporus* Fr., S. M. ; Hym. eur., p. 562. — Quélet, Ass. fr., 1880, p. 9. — Gillet, pl. (tubes trop clairs). — Lucand, t. 200. — Dumée, Soc. Myc. de Fr., t. XXIII (1917). p. 28. — *Fomes* Lloyd, Syn. Fom., p. 228.

Chapeau 4—15 cm., dimidié, souvent difforme, ondulé, bosselé, blanc, subvilleux, glabrescent et brunissant, marge obtuse, paille ou fauve ; tubes en strates testacés puis isabelle, de 2—6 mm., alternant avec des couches de la trame épaisses de 1—6 mm. ; pores arrondis, 0,25—0,4 mm., puis anguleux et déchirés, orange briqueté ; chair assez tendre, puis subéreuse dure, assez fragile, fibreuse à la cassure, blanche, puis pâle, lignicolore ou crème ocracé. — Hyphes du chapeau à parois minces ou un peu épaissies, teintées de jaunâtre, 2,5—5 μ ; croûte formée par des hyphes agglutinées ; hyphes des tubes similaires plus serrées, 2—3 μ ; basides 9—15×6—7,5 μ ; spores subglobuleuses ou largement

ellipsoïdes, plus ou moins distinctement atténuées à la base, 5—6
—7,5×4,5—6,5 µ.

Végétation en été. — A la base des vieux troncs d'orme ou
dans les troncs creux ; plus rarement haut sur l'arbre ; Allier,
Aveyron ; Charente (J. Moreau) ; Orne (A. Letacq) ; intérieur d'un
tronc abattu et creux de *peuplier*, forêt de Sénart et sur chêne
liège, Nice (E. Gilbert). — Pourriture du cœur des arbres, très
active.

914. — **U. annosa** (Fr.) Pat., Ess., p. 103. — *Polyporus*
Fr., S. M. ; Hym. eur., p. 564. — *Placodes* Quél., Fl., p. 396. —
Fomes Bres., Fungi polon., p. 75. — Lloyd, Syn. Fom., fig. 573.
— *Fomitopsis* Karst. — *Trametes radiciperda* Hart.

Chapeau 5—20 cm., dimidié et souvent bordé de brun en-
dessous vers la base, ou développé en faux stipe très inégal, ou
étalé-réfléchi, ou résupiné, inégal tuberculeux rugueux ou sillonné.
peu épais, brun, prenant avec l'âge une croûte rigide, mince, noirâtre mat ; marge amincie et souvent plus claire ; tubes stratifiés ;
pores arrondis anguleux, 0,25—0,6 mm. (2—3,5 par mm.), blancs,
puis blanchâtres ou jaunissants, à orifice obtus, puis aminci ; chair
blanche ou pâle, subéreuse ligneuse. — Hyphes rameuses, à cloisons distantes, sans boucles, 1,5—4,5 µ, solides, les plus ténues à
parois épaisses ou minces ; basides 10—15×5—7 µ, ordinairement
à 2 stérigmates longs de 3 µ ; spores subglobuleuses ou largement
ellipsoïdes, brièvement atténuées à la base ou un peu obliquement, 4,5—6×3,5—4,5 µ.

Végétation en été. — Cavités des troncs, souches et racines
de pin, sapin, thuya ; sur érable, dans une haie où pouvaient rester des débris de conifères ; sur racine de charme, dans un bois
mêlé de conifères ; sur bouleau, sans conifères ; sur *Cycas revolu-
ta*, dans une serre, Cherbourg (L. Corbière). Assez commun. —
Pourriture blanchâtre, filamenteuse active ; la partie du bois qui
a résisté, reste blanche et forme une enclave.

Forme : *Polyporus makraulos* Rostk., t. 55. — Fr., Hym. eur.,
p. 573. — Bres., Fungi polon., p. 75. — Etalé, mince, tantôt adné,
tantôt entièrement séparable ; pores blanchâtres ou roussâtres,
bordés d'un bourrelet brun. Caractères du type, mais souvent stérile et souvent pris pour *Poria callosa*, si le bourrelet brun fait
défaut. Sur bois et racines de conifères.

Forme : *Boletus cryptarum* Bull., t. 478. — Très variable de
forme et de couleur ; trame plus floconneuse et généralement plus

foncée, ainsi que les tubes ; stérile. Sur bois travaillés de coniferes, pourrissant dans les caves, les mines, etc. Souvent confondu avec *Poria megalopora*.

Forme *effusa*. — Cf. *Ung. marginata* f. *effusa*.

Forme *incrustans*. — Etalé, incrustant sur aiguilles de sapin, stérile, coriace. Lyon (M. Josserand).

916. — **U. rosea** (A. Schw.). — *Polyporus* Fr., Hym. eur., p. 562. — *Fomes* Lloyd, Syn. Fom., p. 223, f. 576.

Chapeau 5—12 cm., ongulé triquêtre, sillonné, à croûte rose rougeâtre, avec pruine cendré noirâtre ; chair dure, floconneuse fibreuse, rosâtre ; pores fins, ronds, concolores.

Troncs de conifères (n. v.).

On pourrait rencontrer dans la région méditerranéenne *U. ochroleuca* (Berk.) Pat., petite espèce à aire très étendue, récoltée sur Robinier, en Portugal, par le P. Torrend. Elle a l'aspect d'un petit *Trametes* à chapeau pâle ou jaunâtre, brunissant, trame pâle, spores tronquées à la base, comme dans les *Ganoderma*, mais hyalines.

916. — **U. fuliginosa** (Scop.) Pat. — *Polyporus* Fr., Hym. eur., p. 543. — Bres., Fungi Kmet., n. 30 ! — *P. resinosus* Fr., S. M. nec Schrad. — *P. benzoinus* Fr., El. ; Hym. eur., p. 554. — Lloyd, Syn. Pol. Apus, p. 333.

Chapeau 5—20 cm., dimidié, simple ou imbriqué, quelquefois résupiné ou fixé par un mamelon dorsal pénétrant dans le bois, grossièrement rugueux, velouté scabre, brun rouillé, châtain, avec zones brun noir à reflet bleuté ; marge fauve souci, puis concolore ; tubes longs de 4—8 mm. ; pores arrondis anguleux, 0,25 —0,5 mm., blancs ou jaunâtres, tachés de brun, à la fin rhubarbe, tabac ou cannelle ; chair fibrocharnue, puis indurée subéreuse, pâle, crème citrin ou rhubarbe, puis rousse ; odeur peu prononcée. — Hyphes solides ou à parois épaisses, 3—6 μ, hyalin un peu ambré ; villosité du chapeau formée d'hyphes brunes, 4—6 μ ; basides 10—15×4,5—6 μ ; spores cylindriques arquées, 4—6—7×1,5 —2,5 μ, blanches en masse.

Mars-Novembre, et persistant plus longtemps. — Sur souches et racines de pin et de sapin. Allier ; abondant sur les Causses ; Vienne ; Manche ; Haute-Marne, etc. — Pourriture blanche, filamenteuse, active ; ordinairement le mycélium concentre son action sur certains points, de sorte que l'attaque n'est pas massive.

917. — U. corrugis (Fr.). — *Polyporus* Fr., Hym. eur., p. 536. — Lloyd, Syn. Stipit. Pol., p. 122, fig. 423. — *P. rugosus* Trog. — *Trametes Butignoti* Boud. — *P. triqueter* (Pers.) sensu Quélet, Fl., p. 401, nec Bres., nec Romell.

Chapeau 4—6 cm., dimidié subréniforme, rugueux, inégal, velouté, brun foncé, bistré, avec 1—2 zones plus foncées, bleutées ou lustrées, peu marquées ; marge blanche ou pâle ; stipe court, latéral, subvertical, brun bistre ; tubes courts ; pores inégaux, 0,2—0,4 mm (3—4 par mm.), gris clair, à orifice épais, pruineux ; chair subéreuse ligneuse, à grain fin, alutacée, crème bistré, zonée dans le stipe. — Hyphes solides, sans boucles, 3—5 µ dans le chapeau, 2—4,5 µ dans les tubes ; basides 9—12×4,5—6 µ ; spores oblongues elliptiques, brièvement atténuées obliquement ou aplanies d'un côté, 4,5—6×3—4 µ, 1-guttulées.

Septembre 1910. — Sur racines de sapin pectiné, Arnac (Aveyron).

918. — U. betulina (Bull., t. 312) Pat., Ess., p. 103. — *Polyporus* Fr., S. M. ; Hym. eur., p. 555. — Gillet, pl. suppl. — Lloyd, Syn. Pol. Apus, p. 293, f. 631. — *Placodes* Quél., Fl., p. 396. — *Piptoporus* Karst.

Chapeau 8—15 cm., arrondi ou réniforme, ongulé, obtus, obliquement mamelonné en arrière ou substipité, non zoné, glabre, recouvert d'une pellicule mince, séparable, grise ou brun clair, plus ou moins fendillée ; tubes longs de 2—8 mm. ; pores fins, 0,15—0,25 mm. (3,5—4 par mm.), arrondis, blancs ; chair tendre. puis mollement subéreuse, blanche. — Hyphes de la trame, 2,5—4 µ, à parois assez épaisses, enchevêtrées en tous sens, 2—4—6 µ et plus, parallèles dans les tubes ; spores cylindriques arquées, 4,5—6×1,25 µ, blanches en masse.

Eté. — Fréquent sur troncs de bouleau. — Pourriture blanche, active ; il tue assez rapidement l'arbre, quand il vient en parasite.

919. — U. quercina (Schrad.) Pat., Ess., p. 103. — *Polyporus* Fr., Epicr. ; Hym. eur., p. 555. — Lloyd, Syn. Pol. Apus, p. 288. — C. Rea, Brit. Basid., p. 584. — *Placodes* Quél., Fl., p. 397. — *Coriolus helveolus* Quél., Ass. fr., 1889, p. 5. — *Caloporus fuscopellis* Quél., Ass. fr., 1891, pl. III, f. 35.

Dimidié, oblong ou linguiforme, 5—9 cm., convexe en-dessus, aplani en-dessous, ordinairement atténué en stipe épais, plus ou moins distinct, finement floconneux ou tomenteux granulé, croûte très mince, à la fin finement fendillée et oblitérée, alutacé pâle,

puis brunissant ; tubes courts, 2—3 mm. ; pores arrondis, 0,3—0,5
mm., blancs, puis brunissant plus ou moins au toucher et par
l'âge ; chair épaisse de 2—3,5 cm., tendre, puis
subéreuse molle, légère, blanc crème, un peu
brunie vers la cuticule. — Trame molle, formée d'hyphes solides ou à canalicule étroit,
à boucles distantes, flexueuses, 3—7 μ dans
le chapeau, 3—4 μ dans les tubes ; basides 15
—25×6 μ ; spores oblongues subfusiformes,
obliquement apiculées à la base, 7—10×3—
4 μ, ordinairement pluriguttulées, blanches en masse. *(Fig. 170)*.

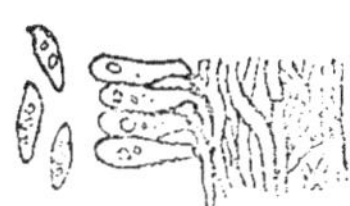

170. — *Ungulina
quercina* (Schrad.)
Pat.

Août 1903. — Sur tronc de vieux chêne, Neuville (Allier).
Unique récolte, mais nous avons rencontré plusieurs fois, sur
chêne, des productions plus ou moins linguiformes ou tuberculiformes, sans tubes, qui semblent être un état stérile de cette
espèce, à laquelle elles ressemblent par leur couleur, leur légèreté
et la nature de leurs hyphes.

Le *P. lapponicus* Rom., Hym. Lappl., p. 17, f. 24. comparé à *P. borealis,
Weinmanni* et *fragilis*, nous paraît plutôt voisin de *U. quercina*, d'après un
spécimen reçu de M. ROMELL (Helsingland Ramsjo. sept. 1917) ; il ressemble à
cette espèce par la nature de la chair et des tubes, le revêtement du chapeau,
la structure et la spore : mais il n'est pas linguiforme, il a des rudiments de
cystides et il est spécial aux conifères.

920. — U. officinalis (Vill.) Pat. — *Polyporus* Fr., S. M. ;
Hym. eur., p. 555. — *Leptoporus* Quél., Fl., p. 387 (ut var. *L.
sulfurei*). — *Boletus laricis* Jacq. — Bull., t. 296. — *Fomes*
Lloyd, Syn. Fom., p. 213. — *Boletus purgans* Pers., Syn.,
p. 531.

Chapeau 10—20 cm., ongulé, épais, sillonné et zoné de pâle
et de brunâtre, blanchissant, croûte mince, fendillée ; tubes
courts ; pores fins, jaunâtres, puis brunissants ; chair blanche, légère, puis friable, amère. — Hyphes à parois minces, molles, 1—
5—9 μ, se déformant et se gonflant dans une solution de potasse,
plus régulières vers la croûte et dans les tubes, 3—4 μ ; nombreux
cristaux prismatiques. « Spores elliptiques, hyalines, apiculées,
guttulées, 4×2,5 μ ». Wakef. *in* Lloyd, *l. c.*

Sur troncs de mélèzes, Alpes (LARONDE et GARNIER). — Spécimens tous stériles.

921. — U. soloniensis (Dubois, Fl. Orl., p. 177. — De
Cand., Fl. fr., VI, p. 41. — Fries. — Duby).

Chapeau 8—40 cm., ongulé ou linguiforme, épais de 3—18

cm. à la base, souvent imbriqué, parfois sillonné zoné, velouté tomenteux ou strigueux hispide dans les sillons, cuticule peu distincte, crème orangé, mordoré, puis brun fauve, isabelle ou noisette, à la fin gris bistré ; marge obtuse, plus pâle ; tubes longs de 0,5—1 cm., blancs, flasques ; pores assez grands, 0,5—1,5 mm., irréguliers, anguleux, blancs puis pâles ; chair très légère, molle, puis subéreuse, mais toujours tendre, crème aurore, puis crème ou blanche, à odeur benzoïque sur le frais. — Hyphes flexueuses, avec rares boucles aux cloisons, à parois assez épaisses, 3—4,5 μ (dans l'eau, l'acide acétique), à parois épaisses, non colorables (bleu-lactique), à parois minces, colorables, 3—5 μ (Congo ammoniacal), d'aspect gélatineux, 3—6 μ, gonflées et presque solubles (sol. KOH) ; basides 18—21×5—6 μ ; spores oblongues ellipsoïdes, brièvement atténuées obliquement à la base, à peine déprimées latéralement, 4,5—6—7,5×2,5—3—4 μ, lisses ou lâchement et obscurément grènelées.

Commence à pousser en Juillet, évolution rapide, souvent terminée en l'espace d'un mois. — Sur châtaignier, à la base des troncs ou plus haut, jusqu'à 4—5 mètres ; Aveyron : Frégère, Forques, Loubotis, Mas-de-Barthe, Massalas, Vignoles ; Tarn : Casourgues. — Pourriture rouge, sèche, semblable à celle de *Pol. sulfureus*. Le mycélium rampe en cordons et s'étend en membrane molle, blanchâtre ou safranée, entre les lames du bois ; il donne une odeur qui rappelle celle de *Muscari racemosum* ou de la mirabelle ; une solution alcaline le tache en brun peu sensiblement pourpré·

Comme *U. quercina*, le champignon reste parfois en tubercule de la grosseur du pouce ou en consoles le long des fentes ; l'hyménium est nul ou à peine ébauché. Pour que le champignon paraisse ou se développe, il faut des années très chaudes, des chaleurs précoces avec bonnes ondées. Le développement n'a été bien complet qu'en 1911. Les chapeaux sont alors de fort volume, dimidiés imbriqués, soudés par la base et formant des masses qui atteignent un mètre de haut. En bonne végétation, sur le frais, il dégage une odeur benzoïque, mais il est vite attaqué par les larves du *Cis boleti*, fermente et prend une odeur très désagréable.

La cuticule est ordinairement peu visible, formée seulement d'une couche superficielle d'hyphes brunies, ayant l'aspect d'une croûte friable, non continue ; plus rarement, il y a une pellicule brunâtre, très fine, continue ou réticulée.

P. paradoxus Fr., Vet. Ak. Forh. ; Hym. eur., p. 555, *e descr.* nous paraît être identique à *U. soloniensis*.

XIV. — **GANODERMA** Karst. — Pat., Soc. Myc. de Fr.,
1889, p. 64.

Réceptacle subéreux, sessile ou stipité, recouvert d'une
croûte résineuse laquée ; trame brun, esoyeuse. Hyphes rameuses,
tenaces, à parois épaisses, à cloisons très rares ; basides arrondies ou ovoïdes ; cystides nulles ; spores fauves ou brunâtres,
obovales tronquées à la base, lisses ou aspérulées. Conidies de
même forme que les spores naissant abondamment à l'extrémité
des cellules de la croûte, à la face supérieure du chapeau.

Espèces lignicoles, annuelles ou vivaces et souvent stratifiées.

A. — Chair spongieuse subéreuse ou subcharnue, pâle lignicolore à fauve clair

922. — **G. lucidum** (Leys.) Karst., Rev. Myc., 1881, p. 17.
— Pat., Ganod., Soc. Myc. Fr., t. V, p. 66. — *Polyporus* Fr.,
Hym., p. 337. — Gillet, pl. — *Placodes* Quél., Fl. myc., p. 399.

Chapeau 5—10 cm., arrondi ou réniforme, recouvert d'une
croûte vernissée, zonée, fauve, fauve pourpré, baie ou noire, à
marge blanche et jaune, porté par un stipe vertical, latéral, rarement central ou excentrique, ou presque nul, à croûte vernissée
comme le chapeau ; tubes peu allongés ; pores petits, blanchâtres,
puis cannelle ; chair spongieuse-subéreuse, zonée, lignicolore puis
fauve clair. — Hyphes rameuses, à parois épaisses, brun-clair, 1—
6 μ, cloisons très rares, extrémités des hyphes renflées claviformes
et serrées en palissade dans la croûte du chapeau ; basides hyalines, globuleuses ou obovales, 12 μ d. ; spores brunes, obovales,
tronquées à la base, avec hile hyalin, couvertes de verrues plus
ou moins serrées et contiguës, 7—11—15×6—7,5—9 μ. Conidies
semblables aux spores, sur la croûte du chapeau.

Juin-Novembre. — Commun sur troncs et souches de chêne ;
se trouve aussi sur châtaignier, sapin pectiné, frêne, pommier,
platane (subsessile, sessile ou subrésupiné), noyer et aune. On le
trouve dans les prés, assez loin des troncs, englobant le gazon,
naissant peut-être sur racines ou radicelles de chêne. Pourriture
blanche, un peu moins active que celles des autres *Ganoderma*.

923. — **G. Valesiacum** Boud., Soc. Myc. Fr,, t. XI, (1895),
p. 28.

Chapeau 6—10 cm., sessile, dimidié ou atténué en forme de
tubercule vernissé rougeâtre ou noirâtre, recouvert d'une croûte
mince, flexible, fauve rouillé, ombre foncé ou marron, vaguement

1—2 sillonné ; marge atténuée, tendre, revêtue d'un enduit blanc
ou jaune ; tubes longs de 5—8 mm., brun clair ; pores petits, 0,15
mm., arrondis, alutacés ; chair blanchâtre ou pâle clair, ordinairement plus foncée vers les tubes, subcharnue puis subéreuse tendre.
— Hyphes subhyalines, rameuses, à parois épaisses, 4—6 μ ; spores brunes, obovales, tronquées à la base, finement réticulées ou
ponctuées, 9—10—12×6—8 μ.

Août, sur mélèzes, Zermatt, près de Morgenroth (Laronde
et Garnier).

924. — *G. resinaceum* Boud. — Pat., Ganod., Soc. Myc.
de Fr., t. V, p. 72.

Chapeau 10—45 cm., dimidié, semiorbiculaire ou réniforme,
(quelquefois avec un stipe épais, difforme ou rudimentaire), sillonné et recouvert d'une croûte vernissée, jaune, puis châtain briqueté, baie ou noire, très brillante ou obscurcie par des spores,
marge blanche, pubescente ; tubes allongés, puis stratifiés (2—5
couches) ; pores 0,4—0,5 mm., arrondis, à orifice blanc, puis brun
cannelle ; chair molle, subéreuse, lignicolore à fauve clair, zonée,
plus brune près des tubes ; croûte jaune sur la section. — Hyphes
brun clair, flexueuses rameuses, 1,5—7 μ ; spores lisses ou très
finement réticulées ou chagrinées, obovales oblongues, tronquées
à la base, ou à hile hyalin obovale ou brièvement bilobé, 9,5—10
—12×5—7,5 μ, de testacé à fauve en masse.

En végétation tout l'été. — Sur troncs vivants, chêne, aune,
hêtre, saule, platane. Parasite redoutable dont la pourriture gagne
le cœur de l'arbre ; sous l'action du mycélium, le bois fond, pour
ainsi dire, et il est remplacé par un feutrage de mycélium, xylostroma pareil à celui des *Ungulina* ; un retrait considérable se
produit par dessiccation.

La forme du chêne, fréquente dans le Centre à la base des troncs, plus
rarement jusqu'à 1-2 mètres du sol, se présente toujours en coussinets volumineux et épais, avec marge en bourrelet très épais et très obtus ; chair lignicolore se fonçant en brunâtre, subéreuse, à croûte mince, très brillante et
peu dure, flexible.

alneum. — Sur l'aune, dans le Midi, la plante a un aspect
différent ; chapeaux parfois imbriqués au nombre d'une douzaine,
dimidiés, minces, à marge subaiguë, incurvée ; croûte devenant
assez épaisse pour résister à la pression de l'ongle, très résineuse,
mais toujours recouverte d'une abondante couche de spores ;
chair ne dépassant guère 1 cm. d'épaisseur, plus dure, subéreuse
subfibreuse, fauve brun clair ; spores 8—10×6—7 μ.

Martellii Bres., F. Trid., II, p. 34, pl. 137 ? — Plante du hêtre. En général petite et mal venue, croûte vernissée, bleu-vert puis bleu noirâtre ; chair plus brune ; spores 10—12—15×6—7—8 µ.

Certains spécimens, assez rares, sur chêne, noyer, platane, sont de détermination difficile, indécise entre *G. lucidum* et *resinaceum*.

Le *G. carnosum* Pat., Ganod., Soc. Myc. Fr., t. V, p. 67, récolté sur troncs de sapin, aux Eaux-Bonnes, ressemble aux formes sessiles de *G. lucidum*, mais il se distingue de ses congénères par sa marge épaisse, tendre et pleine de suc, qui s'indure et devient cornée en séchant : spores 12—13×6—8 µ, plus verruqueuses que celles de *G. lucidum* (n. v.).

B. — Chair brun cannelle à brun foncé, dure et floconneuse, soyeuse à la section, tomenteuse fibreuse à la déchirure.

925. — **G. applanatum** (Pers.) Pat., Ganod., l. c., p. 67. — *Boletus fomentarius* var. *applanatus* Pers., Syn., p. 536. — *Placodes applanatus* Quél., Fl. myc., p. 400. — *P. rubiginosus* (Schrad.) Quél., Ass. fr., 1891, p. 6. — *Ganoderma* Bres., Kmet., n. 34.

Chapeau 10—40 cm., aplani, plus rarement ongulé, souvent imbriqué, ondulé, sillonné, parfois tout blanc au début, mais bientôt couvert d'une croûte lisse, gris fauve, fauve briqueté ou fauve-brun, fragile ou flexible, cédant, plus ou moins facilement selon l'âge, sous la pression de l'ongle, souvent recouverte d'une poussière brun rouillé ; marge blanche, grise (ou glauque) ; chair brun cannelle à marron, brun foncé, quelquefois avec plages de tissu blanc, floconneuse et dure, soyeuse à la section, tomenteuse-fibreuse à la déchirure, d'une épaisseur au moins égale à la longueur des tubes ; tubes à trame brune, à stratification continue ; pores fins, 0,15—0,25 mm., blancs, rarement jaunes, puis bruns à la pression et par l'âge. — Hyphes brunes, tenaces, rameuses, 2—6 µ ; basides obovales, hyalines, 12—15×9—12 µ, assez flasques, 4 stérigmates ; spores brun clair, obovales tronquées à la base, ou prolongées en bec court, obtus, hyalin, lisses, pointillées ou finement aspérulées, 8—12×5—8 µ.

Végétation toute l'année, sporulation en été. — Sur troncs, chêne, peuplier, robinier, frêne, noyer, hêtre, cerisier, pommier, coudrier, sapin, mélèze. Pourriture blanche, active, creusant les arbres.

926. — **G. australe** (Fr., El.) Pat., Ganod., l. c., p. 72. —
Polyporus Fr., Hym. eur., p. 556. — *P. vegetus* Fr., Hym., p. 556.
— *P. adspersus* Schulz. — *Ganoderma* Bres.

Chapeau 10—20 cm., dimidié semiorbiculaire, ondulé tuberculeux, fortement sillonné, opaque, gris-brun rouillé, croûte
épaisse, 2 mm., très dure et très résistante, marge stérile étroite,
glabre ; tubes très longs, en strates distincts et souvent séparables ;
pores fins, 0,15—0,2 mm. (4—4,5 par mm.), blancs ou jaune pâle,
puis bruns ; chair floconneuse grumeuse, dure, fibreuse tomenteuse à la déchirure, brun fauve à brun bai, bien moins épaisse
que la couche des tubes. — Hyphes brunes, rameuses, à parois
épaisses, 1,5—5 μ ; spores lisses ou finement chagrinées, 7—8—11
$\times$5—7 μ.

Toute l'année. — Sur troncs, chêne, peuplier, frêne, cerisier,
hêtre, *Abies pectinata* et *canadensis*. Pas rare. — Pourriture
blanche du cœur des arbres, avec gros filaments.

Cette espèce est nommée par M. Bresadola : *G. adspersum* (Schulz)
= var. *europaea* de *G. australe*. La plante est très voisine de *G. applanatum*,
mais en général assez facile à distinguer. Elle a parfois, comme ce dernier,
des plages blanches formées d'hyphes hyalines, plus fines. Les strates des
tubes sont assez souvent séparés par une couche de tissu semblable à la trame du chapeau : cette forme constitue le *P. vegetus* Fr.

Le *G. leucophaeum* (Mont.), que nous n'avons jamais rencontré et qui
probablement n'existe pas en France, est différencié par une croûte très dure
d'abord blanc de lait, puis blanc cendré, et ses spores lisses.

927. — **G. laccatum** (Kalchbr.). — *Fomes* Lloyd, Syn.
Fom., p. 267, fig. 603. — *Placodes resinosus* (Schrad.) Quél., Fl.
myc., p. 400. — *Ganoderma Rfeifferi* Bres. — Pat., Ganod., l.
c., p. 70. — *Fomes advena* Quél., Jura et Vosges.

Chapeau 10—12 cm., épais de 7—8 cm., dimidié, ongulé ou
aplani, sillonné, recouvert d'une croûte résineuse, fendillée rugueuse, assez dure, se brisant en poussière comme de la colophane,
fauve purpurin, puis brune, avec pruine grise ou glaucescente ;
marge jaunâtre, fauve, puis rougeâtre, vernissée ; tubes longs de
1 cm. et plus, bruns, farcis de blanc ; pores fins, 0,15 mm. (4—4,5
par mm.), arrondis, jaunes, puis bruns, d'abord recouverts d'une
substance résineuse jaunâtre ; chair subsubéreuse, floconneuse,
molle, brun châtain ou brun rouillé foncé, fibreuse et zonée vers
la marge. — Hyphes brunes, rameuses à parois épaisses, 1—6 μ ;
spores brun jaunâtre, brun clair, obovales, subtronquées à la base,
finement aspérulées-verruqueuses, 9—12$\times$7—8 μ.

Juin, Décembre. — Sur tronc de hêtre. Arçonnay (Sarthe),
sur chêne, forêt d'Ecouves (Orne), Abbé A. Letacq.

Le *Boletus resinosus* Schrad., pris par Quélet comme base de cette espèce, serait *Ungulina marginata* d'après M. Bresadola.

XV. — **PHELLINUS** Quél., Ench. — Pat., Ess. tax., p. 97. — *Poria* p. p.

Dimidiés, ongulés, ou étalés réfléchis, ou résupinés, de consistance sèche, subéreuse ou ligneuse, et de coloration variant de jaune fauve à brun. Trame serrée, formée d'hyphes à parois ordinairement épaisses, mais à canalicule assez large et toujours distinct. Tubes souvent stratifiés ; pores petits à cloisons entières. Surface du chapeau villeuse ou pruineuse, souvent sillonnée, quelquefois recouverte d'une croûte dans l'âge avancé. Spores hyalines, arrondies, oblongues ou cylindracées, lisses, naissant sur des basides obovales tapissant la cavité des tubes, et parfois éparses sur le chapeau, au voisinage de la marge. Cystides en forme d'épine de couleur foncée (spinules) semblables à celles des *Hymenochaete*, manquant rarement. Hyphes fauves sans boucles.

Lignicoles, vivaces, très rarement annuels.

Tableau analytique des Espèces

1 { Chair tendre, puis subéreuse très fibreuse, fragile, brun rouillé ; hyphes jusqu'à 9 μ diam. à parois peu épaisses ; croûte du chapeau mince, pruineuse : *P. dryadeus*, n. 928.

Chair subéreuse ou ligneuse dure, non fragile ; hyphes 2—6 μ diam. : 2.

2 { Chapeau dimidié, sessile : 3.

Espèces minces, étalées réfléehies ou résupinées : 8.

3 { Chapeau mince, aplani, ondulé ridé, glabre ou pruineux ; pores très petits, 8 par mm. : *P. gilvus*, n. 936.

Chapeau épais, villeux ou glabrescent ; pores 4—6 par mm. : 4.

4 { Chair subéreuse, légère, compressible, brun rouillé ; chapeau sillonné, inégal, villeux tomenteux, brun fauve ; pores rouges par les temps humides ; spores subelliptiques : *P. torulosus*, n. 934.

Chair subéreuse dure ; chapeau glabrescent, lisse ; spores globuleuses : 5.

5 { Chair jaune fauve, rhubarbe, très dure, fibreuse à la cassure ; marge du chapeau en bourrelet jaune indien ; pores jaune cannelle : *P. robustus*, n. 930.

Chair brune ou brun fauve foncé ; pores brun cannelle ou gris : 6.

6 { Chapeau à sillons concentriques nombreux, recouvert d'une croûte très dure, noire, brillante : *P. nigricans*, n. 932.

Chapeau à sillons concentriques épais, peu nombreux, avec marge obtuse, en bourrelet fauve cannelle, ou blanc gris . 7.

7 { Chapeau 10—20 cm. Ordinairement sur saule : *P. igniarius*, n. 931.

Chapeau 3—6 cm. Ordinairement sur arbres fruitiers : *P. fulvus*, n. 933.

8 { Ordinairement étalé-réfléchi conchoïde, sillonné concentriquement ; chair dure, brun cannelle ; pores pruineux, gris cannelle ; spores subglobuleuses : *P. salicinus*, n. 935.

Résupinés ou étroitement réfléchis, villeux ; chair molle floconneuse, rouillée ; spores étroites, cylindracées ou subulées : 9.

Toujours résupinés ; spores élargies, subglobuleuses ou ellipsoïdes : 10.

9 { Oblong puis largement confluent ; pores 3—4 par mm., fauvâtres ; spores cylindracées, déprimées latéralement, $6—9 \times 1,5—2\,\mu$: *P. isabellinus*, n. 937.

Chair et strates des tubes séparés ou parcourus par une linéole noire ; pores 5—6 par mm., jaune olivacé puis ombre ou tabac ; spores cylindriques subulées : *P. nigrolimitatus*, n. 938.

Toujours résupiné, subiculum 0,5—1 mm. sans linéoles ; pores 4—6 par mm., rouillés ou cannelle ; spores cylindriques : *P. ferreus*, n. 945.

10 { Spinules rares ou nulles ; spores globuleuses, $6—8\,\mu$ d. : 11.

Spinules nombreuses ; spores globuleuses, $4—6\,\mu$, ou ellipsoïdes : 12.

11 { Trame rhubarbe, jaune-fauvâtre, dure, fibreuse : *P. robustus* f. *resupinatus*, *buxi*, n. 930 var.

Trame brune plus ou moins fauve : *P. Friesianus*, n. 839.

/Pores 2—3 par mm., fauves, bruns ou gris-pruineux ; bordure
    étroite ; spinules subulées, 30—120×6—12 µ ; presque tou-
12   jours sur bois travaillés : *P. contiguus*, n. 941.
  /Pores 4—7 par mm. ; sur troncs et branches d'arbres à feuil-
    les : 13.

/Trame fauve ou cannelle, légère : spinules fauves ou brun fau-
    ve, subulées ou fusoïdes, 15—60×5—10 µ : *P. ferrugi-*
13 *nosus*, n. 942-944.
  Trame brun d'ombre ou brun fauve foncé ; spinules brunes,
    fortement ventrues et assez brusquement atténuées en
    pointe au sommet : 14.

/Bordure en bourrelet fauve, persistant ; subiculum épais de
    1 mm. environ ; trame brun fauve foncé ; pores cannelle,
    pruineux ou non : *P. nigricans, resupinatus*, n. 932.
14 Bordure étroite ; subiculum presque nul ; trame brun d'ombre
    bistré ; pores très fins, brun bistré, avec pruine noisette ;
    surface très unie, puis fendillée aréolée : *P. laevigatus*,
    n. 940.

A. — Espèces à chapeau (accidentellement et rarement résupinées).

928. — **P. dryadeus** (Pers.) Pat., l. c. — *Boletus* Pers.,
Syn., p. 537. — *Polyporus* Fr., Hym. eur., p. 553. — *Placodes*
Quél., Fl. myc., p. 398. — Bull., t. 458.

Chapeau 10—25 cm., dimidié, épais, bosselé, recouvert d'un
enduit ou croûte mince, molle, blanc chamois ou isabelle, puis
jaunâtre rouillé ou fuscescent, exsudant des gouttelettes brunes ; tubes allongés ; pores 0,2—0,4 mm., arrondis, mous, brun rouillé, recouverts d'une pruine blanchâtre ; chair d'abord tendre, puis subéreuse très fibreuse, fragile, subzonée, rouillée ou brun rouillé. — Trame brunissant fortement par les solutions alcalines, formée d'hyphes à parois peu épaisses, 6—9 µ,

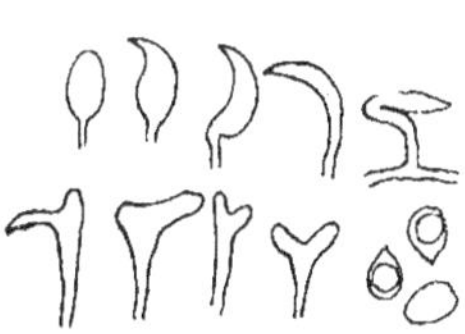

171. — *Phellinus dryadeus*
(Pers.) Pat.

jaune fauve (sol. non alc.), enchevêtrées avec d'autres hyphes plus
fines, 2—5 µ, moins colorées, qui forment la trame au voisinage
de l'hyménium ; basides 10—14×5—6 µ ; spinules brun fauve
foncé, à parois épaisses, irrégulières, en faucille ou en crochet,
parfois fasciées, inégalement distribuées, 12—30×6—10 µ ; spores

hyalines, puis paille, subglobuleuses, atténuées à la base, 6—7—
9,5×6—8 μ, ordinairement 1-guttulées, blanches en masse, puis
crème. *(Fig. 171)*.

Été, végétation très active, évolution souvent complète dès
la fin de Juillet. — A la base des troncs, sur chêne, assez commun ; rare sur châtaignier.

Aspect et végétation des *Xanthochrous* ; sporulation très abondante : on
trouve des amas de spores qui ont un millimètre d'épaisseur. — Pourriture
blanche, filamenteuse très active. Au début, le mycélium progresse par les
canaux du bois. Le bois brunit, mais ne paraît pas fortement attaqué. Sur
certains points, la pression du mycélium produit un sectionnement du bois ;
le vide qui en résulte est comblé par un Xylostrome, qu'on peut considérer
comme une réserve pour la formation des réceptacles. Outre ce Xylostrome
il y a dépôt abondant d'une matière brune, qui est promptement absorbée.
Dans tous les cas, le mycélium ne tarde pas à pénétrer le bois de toutes
parts et à le réduire en filaments. Il travaille longtemps à élaborer les éléments
qui formeront le réceptacle et, lorsque les conditions sont propices, celui-ci
se développe très vite. Souvent le champignon n'arrive pas à former ses tubes, fait qui est également fréquent pour *Polyporus sulfureus* et *Ungulina
soloniensis*. Les conditions extérieures, un temps trop sec, peuvent être la
cause de ce fait : nous croirions plutôt que le mycélium ayant épuisé ses réserves, il n'arrive pas, faute de matériaux, jusqu'à la fructification, pour laquelle il faut des éléments abondants.

Ph. dryadeus est un champignon à éclipses : il ne vient pas tous les
ans sur l'arbre qui l'héberge : il attend souvent plusieurs années avant de re-
pousser sur le même tronc. En 1916, par exemple, nous n'avons pas rencontré un seul *P. dryadeus* sur les nombreux arbres qui portent son mycélium.

930. — P. robustus (Karst., Krit. ofv., 1889). — *Fomes*
Bres., Fungi gall., p. 38. — Lloyd, Syn. Fom., p. 242, f. 589.

Chapeau 8—30 cm., ongulé, largement sillonné-toruleux, blanc
gris tomenteux, bientôt glabrescent, châtain clair, bronzé, brunissant dans les parties anciennes, croûte peu différenciée, marge
obtuse, jaune indien, ocre ombré, puis concolore ; tubes stratifiés,
plus clairs que la chair : pores fins, 0,07—0,1 mm. (5 par mm.),
jaune indien, puis cannelle clair ; chair rhubarbe, jaune fauve,
très dure, très fibreuse à la cassure. — Hyphes 2—4(—6) μ,
à parois épaisses, jaune ambré à jaune fauve ; spinules rares (manquant quelquefois), souvent mal formées, ovoïdes ou en sphérule,
peu saillantes, ou normales mais à parois peu épaisses, fauve
brun, 15—36×6—10 μ ; basides 10—12—15×7—10 μ ; spores hyalines, globuleuses, 6—7,5—9×5,5—7—8,5 μ, blanches en masse,
crème sous une certaine épaisseur. Conidies sur la croûte (rarement observées) 9—9,5×8,5—9 μ.

Entre en végétation aux premières chaleurs du printemps ;
dure une vingtaine d'années. — Commun sur troncs de chêne,

rare sur châtaignier. — Pourriture blanche, très active, qui attaque le cœur de l'arbre.

1. *resupinatus*. — Etalé, avec bordure stérile, concolore, puis stratifié, pulviné épais ; partie supérieure formée de tubes obliques, ouverts et prolongés sur l'écorce en croûte mince, stérile ; il y a parfois un rudiment de chapeau. Ces formes résupinées conservent les caractères de couleur et de consistance de *P. robustus* et ne doivent pas être confondues avec *Poria Friesiana*, qui vient aussi sur chêne et est toutefois très voisin. — Sur troncs vivants de chêne.

2. *Eucalypti*. — Sur *Eucalyptus*, Alpes mar. (F. GUILLEMIN).

3. *Hartigii*. *Fomes* Allesch. et Schn., Fungi Bav. — Bres., Kmet., n. 37. — *F. igniarius* L. var. *pinuum* Bres., Rev. myc., 1889, n. 34. — Forme des conifères, qui n'offre pas de différence avec celle du chêne. — Sur troncs d'*Abies pectinata*, Vosges ; Manche (L. CORBIÈRE) ; Alpes mar. (F. GUILLEMIN) ; Var (A. DE CROZALS).

Les formes résupinées que nous avons vues sur conifères, Cyprès, Thuyas, etc., n'ont pas les caractères de *P. robustus* et ne se distinguent pas de *Poria Friesiana, punctata*.

Var. **buxi**. — Résupiné, tuberculeux ou en coussinet ; trame comme dans *P. robustus*. Hyphes 2—3,5 μ ; basides 10—12—15×8—9 μ ; spinules rares, 18—27×7—9 μ, ou nulles ; spores hyalines, puis jaunâtres, sphériques, 4,5—7,5 μ diam. ordinairement 1-guttulées. Pourriture blanche, très active.

Toujours résupiné, même sur support vertical, parfois convexe et pendant à la partie inférieure. Cette plante est si ressemblante avec la forme de *P. robustus* résupinée sur chêne, que nous la rapportons aussi à ce *Phellinus*, non pas comme état résupiné, mais comme variété ou sous-espèce bien fixe, toujours pareille et spéciale aux vieux troncs de Buis.

931. — **P. igniarius** (L., Fr.) Pat. — *Polyporus* Fr., S. M. ; Hym. eur., p. 559. — *Placodes* Quél., Fl. myc., p. 399, p. p.
Chapeau 10—20 cm., dimidié, ongulé ou gibbeux, à sillons peu nombreux, formant des bourrelets épais, les anciens gris noirâtre, profondément crevassés ou fendillés excoriés, les plus récents fauves ou cannelle, ou revêtus d'une villosité blanc gris, marge très obtuse ; tubes stratifiés, chaque bourrelet correspondant à plusieurs couches de tubes ; pores fins, 0,06—0,1 mm. (4—5 par

mm.), arrondis, à orifice obtus fauve cannelle, cannelle grisâtre ;
chair brun fauve foncé, dure, subzonée, satinée à la section,
croûte nulle ou peu distincte. — Hyphes fauves à parois épaisses,
2,5—4,5 μ ; basides hyalines, 12—15×6—7 μ ; spinules fauve brun,
plus ou moins abondantes, 12—22×6—8 μ, ovoïdes subulées ; spores hyalines, subglobuleuses, 5—6×4—5 μ.

Végétation en été. — Sur troncs, saule blanc, osier, frène ;
assez commun. — Pourriture du cœur de l'arbre, blanche, un peu
roussâtre, active.

932. — *P. nigricans* (Fr.) Pat. — *Polyporus* Fr., S. M. ;
Hym. eur., p. 558. — *Placodes* Quél., Fl., p. 398.

Chapeau 10—15 cm., ongulé, épais, lourd, à sillons concentriques peu profonds et presque égaux, à la fin nombreux, recouvert d'une croûte très dure, noire, brillante, lisse, puis fendillée ;
dernière formation concolore aux pores, la précédente blanchâtre,
puis noire ; tubes stratifiés, strates de 3—4 mm. d'épaisseur chacun ; pores 0,08—0,15 mm. (3,5—6 par mm.), miel fauvâtre, puis
brun cannelle, orifice épais, à pruine blanchâtre, fugace ; chair
peu épaisse, très dure, brune, brun fauve foncé. — Hyphes brun
fauve, 2.5—5 μ ; basides 9—15×6—9 μ ; spinules assez nombreu-

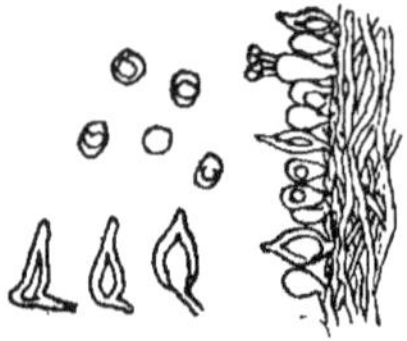

ses, brunes ou baies, ovoïdes ventrues, acuminées, saillantes, 9—15—20×6—8 μ ; spores hyalines, puis jaunâtres ou fulvescentes,
subglobuleuses, 5—7,5×4,5—7 μ. (*Fig.
172*).

Végétation en été. — Commun sur
marsaules, osier, saule blanc, bouleau. —
Pourriture blanche, un peu roussâtre, active.

172. — *Phellinus nigri-
cans* (Fr.) Pat.

resupinatus. — Etalé en plaques arrondies, 1—3 cm., bordées
d'un bourrelet plus élevé, pubescent, fauve, puis confluentes jusqu'à 30 cm. à bordure en bourrelet ou plus étalée, et montrant en
certains points une croûte noire, vernissée, étalée ; tubes longs de
2—3 mm., stratifiés ; pores cannelle, pruineux ou non, 0,12—0,25
mm. ; chair brun fauve, épaisse de 1 mm. à peine. Spinules 14—
28×4—10 μ ; spores globuleuses, 4,5—6×4—5 μ. — Sur tronc de
marsaule (avec spécimen étalé-réfléchi, à croûte noire brillante,
mince, marge rouillé cannelle) ; sur tronc abattu de bouleau, forêt
de Dreuille (Allier) ; sur tremble vivant, Bissy-sous-Uxelles (S.-et-
L.), F. GUILLEMIN.

Pol. roburneus Fr. était le nom que donnait QUÉLET dans ses déterminations au *Ph. robustus*. M. BRESADOLA avait cru le reconnaître dans *Ungu-*

lina nigricans. Pour M. Patouillard. Ess. tax., c'est aussi un *Ungulina* à croûte et trame pâle. M. Lloyd y voyait *Ganoderma laccatum.* quand il a enfin trouvé le type de Fries dans l'herbier de Kew. C'est un *Phellinus nigricans* avec légère exsudation résineuse sur la croûte, spinules très abondantes et orifice des pores argenté chatoyant. Cette forme n'est pas dans nos récoltes.

933. — **P. fulvus** (Scop.) Pat. — *Boletus* Scop., Carn., II, p. 469. — *Fomes* Bres., Km., n. 38 ; Adn. myc., 1911, p. 426. — *Boletus pomaceus* Pers., Obs. ; Syn., p. 338. — *Fomes* Lloyd. Syn. Fom., p. 241, f. 588. — *Placodes* Quél., Fl., p. 399.

Chapeau 3—6 cm., dimidié, triquêtre ou ongulé, sillonné, craquelé dans les zones anciennes, opaque, glabrescent, marge en végétation grisâtre pubescente, la précédente gris cannelle ou fauve ; tubes brun fauve, longs de 2—4 mm., stratifiés en couche qui peut atteindre 8 cm. ; pores 0,1—0,2 mm. (4—5 par mm.), arrondis ou ovales, brun tabac, à orifice pruineux gris cannelle ; chair dure, subéreuse, brune, un peu plus rouillée que dans *nigricans.* — Hyphes 2—6 μ, brun fauve, 3—5 dans les tubes : spinules brun fauve foncé, ovoïdes ventrues, acuminées, 12—18—23×4—6—9 μ ; basides hyalines 12×9 μ ; spores hyalines subglobuleuses ou largement ellipsoïdes, obscurément atténuées à la base ou obliquement, 5—6,5—7,5×4—5—7 μ, à la fin fulvescentes ou brunâtres.

Végétation en été. — Commun sur cerisier, prunier, pêcher, amandier, laurier-cerise, prunellier, aubépine, coudrier, etc. — Pourriture blanche.

Prunastri Pers., Myc. eur., II. p. 85. — Subdéprimé en coussinet, rarement plus étalé. — Cerisier, prunier, aubépine, commun.

Les formes résupinées de *Ph. igniarius, nigricans* et *fulvus* sont plutôt rares ; nous avons indiqué toutes celles que nous avons observées. On rapporte cependant à ces *Phellinus,* comme formes résupinées, les *Poria Friesiana, punctata, laevigata,* etc. C'est une assertion gratuite que rien ne justifie dans la nature. Le *Poria Friesiana,* en particulier, varie dans les limites relativement restreintes, plus près de *P. robustus* que de *P. igniarius* dans la plupart des cas ; et, quoiqu'il soit une espèce des plus communes, jamais nous n'avons remarqué la moindre tendance à former un chapeau. Ces *Poria* sont des espèces ou formes fixes au même titre que les *Phellinus* à chapeau, auxquels elles sont du reste très affines.

934. — **P. torulosus**. — *Polyporus* Pers., Myc. eur., II, p. 79. — Lloyd, Myc. Not., III, 1910, n. 35 ; Syn. Fom., p. 243. — *Phellinus rubriporus* Quél., Ass. fr., 1880, p. 9 ; Fl. myc., p. 394. — *P. fusco-purpureus* Boud., Soc. bot., 1881, t. 2, f. 3.

Chapeau pouvant atteindre 30 cm. diam., 20 cm. antéro-postérieurement, 10 cm. et plus d'épaisseur (mais quelquefois mince et de la taille de *P. salicinus*), dimidié, aplani ou conchoïde, rarement résupiné, sillonné, tomenteux villeux, fauve, puis brun fauve ou brun rouillé, marge en bourrelet plus clair, citrin à fauve, pubescent ; tubes longs de 3—11 mm., stratifiés, un peu plus clairs que la chair ; pores 0,10—0,24 mm. (5—6 par mm.), arrondis ou ovales, fauve cannelle à brun cannelle (ou grisâtres), à orifice pruineux, rouge foncé par les temps humides ; chair subéreuse, légère, compressible ou assez dure, rouillée ou brun fauve, subzonée, peu fibreuse. — Hyphes 2—3,5 µ, fauves (brunes KOH) ; spinules nombreuses, subulées, peu ventrues, fauves ou brun fauve, ordinairement saillantes, 18 —26—45×5—6—12 µ ; basides hyalines (puis fauvâtres), 8—10— 15×5—6—7,5 µ ; spores hyalines, subglobuleuses ellipsoïdes, souvent un peu déprimées latéralement et atténuées obliquement à la base, 4—5—6,5×3—4,5 µ, ordinairement 1-guttulées, blanches en masse. (*Fig. 173*).

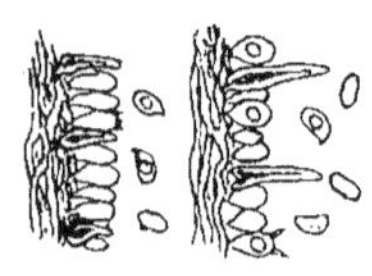

173. — *Phellinus torulosus* (Pers.).

Végétation en été. — Commun sur troncs et souches, aubépine, chêne, cerisier, prunellier, frêne, prunier, érable, troëne, poirier, coudrier, aune, châtaignier, nerprun, églantier, buis, *Erica arborea*, *Phyllirea latifolia*, Mimosa, genévrier, pin. — Pourriture en galeries, bien franche, qui gagne aussi le cœur de l'arbre.

Formes résupinées : 1) *pulvinatus*. — Saprophyte, sur aubépine, frêne ; tronc abattu de cerisier, dont il couvrait toute la face inférieure. Convexe étalé, aminci en bordure ou mycélium floconneux, fauve rouillé ; bien normal du reste, avec pores rouges, etc.

2) *excarnis*. — Chair (ou subiculum) nulle ou presque nulle, dans des spécimens entièrement ou en partie résupinés. Chêne, érable, buis, etc.

3) *subfloccosus*. — Expansions mycéliales, floconneuses, jaune doré ou fauves, qui deviennent partiellement porées ; dans le voisinage du type normal, sur troncs d'aubépine. Ressemble extérieurement et histologiquement à *Poria floccosa*.

Formes à chapeau : 4) *subsalicinus*. — Plus petit, plus mince et très ressemblant à *P. salicinus* ; chapeau souvent muni d'une croûte ébénacée ; pores souvent gris cannelle. Se distingue par sa spore et sa trame plus molle et plus fauve, quand il n'y a pas d'autres indications *in loco*. Chêne, églantier, *Phyllirea*, cornouiller.

5) *pseudo-acaciae*. — Partie supérieure du chapeau noire ou noirâtre, sillonnée, marge antérieure à villosité jaune fauve ; spores 4×3 μ. Sur acacias morts, Audenge (Gironde).

Cette forme a la même spore que la var. *subtorulosus* Bres. récoltée en Amérique et que M. BRESADOLA nous a communiquée pour comparaison. Cette variété est plus dure et a des pores 0,05—0,1 mm. (7—8 par mm.), sensiblement plus petits que dans la nôtre.

935. — **P. salicinus** (Pers.) Quél., Fl. myc., p. 394. — *Polyporus* Fr., S. M. ; Hym. eur., p. 560. — *Fomes* Bres., Kmet., p. 75. — Lloyd, Syn. Fom., p. 244. — *Boletus conchatus* Pers. — *Polyporus* Fr., Hym. eur., p. 560. — *Phellinus* Quél., Fl., l. c. — *Pol. loricatus* Pers., M. Eur., II, p. 86.

Chapeau 3—10 cm., étalé réfléchi ou conchoïde, mince, sillonné-zoné, tomenteux, brun fauve, puis raboteux, pectiné et brun noir, bords gris, puis fauves ou noirâtres ; tubes longs de

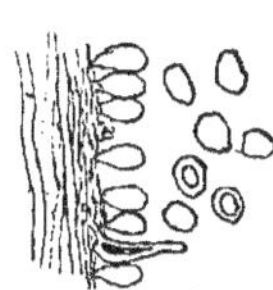

174. — *Phellinus salicinus* (Pers.) Quél.

2—5 mm. peu distinctement stratifiés : pores 0,1—0,25 mm. (5—6 par mm.), arrondis, à cloisons entières, assez épaisses, veloutées, fauve cannelle, ou à orifice pruineux gris cannelle ; chair subéreuse dure, brun cannelle, mince, 1—3 mm., avec une croûte plus dure, souvent noire brillante à la section. — Hyphes fauves, 1,5—2,5—4 μ, à parois plus ou moins épaisses ; spinules fauve brun, à parois épaisses, ventrues, subulées ou en crochet, 10—27—60×6—10 μ, tantôt nombreuses, tantôt très rares ; basides hyalines, 9—12×5—9 μ ; spores hyalines, puis concolores aux hyphes, sphériques ou ovoïdes sphériques, souvent un peu aplaties d'un côté, 4—6—7 ×4—6 μ, souvent 1-guttulées, blanches en masse. (*Fig. 174*).

Développement lent et de longue durée, végétation surtout en été. — Pas rare, sur saule blanc, osier, marsaules, coignassier, lilas, peuplier.

Les formes résupinées sont assez faciles à reconnaître, au moins à l'état adulte, par leur bordure stérile, assez épaisse, jaune fauve, apprimée, mais souvent relevée en certains points.

936. — **P. gilvus** (Schw.) Pat., Ess. tax. — *Polyporus*

Lloyd, Syn. Pol. apus, p. 346. — Rom., F. austro-amér., p. 14.
— *Placodes fucatus* Quél., Ass. fr., 1886, p. 4, t. 9, f. 7 ; Fl.
myc., p. 399.

Dimidié, sessile, 5 cm., ondulé, ridé, glabre ou pruineux,
isabelle, fauve roux, marge amincie, zonée, droite ; tubes longs
de 2—5 mm. ; pores très fins, 7—8 par mm., arrondis, bruns, à
pruine blanche, fugace ; chair subéreuse, soyeuse, ferme, mince,
cannelle clair, fauve. — Hyphes 2—4 μ, fauve clair à parois
épaisses ; spinules fauves, nombreuses, ventrues et subulées,
15—30×5—7 μ ; spores hyalines subelliptiques, déprimées latéralement et obliquement atténuées à la base, 3—5×2—3 μ.

Sur troncs secs, chêne ; Gironde, Pyrénées (ex Quélet). —
(Caract. microg. ex spécim. améric.).

937. — **P. isabellinus**. — *Trametes isabellina* Fr., Hym.
eur., p. 585. — Bres., Obs. myc., Ann. myc., 1920, p. 62. — *Boletus contiguus* Alb. Schw. sec. Romell, nec Pers. — *Fomes tenuis*
Karst., Symb. Myc. Fenn., XVIII, p. 81.

Résupiné, oblong, puis confluent et largement étalé ; subiculum épais de 0,5 mm., marge villeuse, rarement étalée réfléchie
en chapeaux de 1 cm., sériés, fauvâtres, villeux, puis scabres et
fuscescents ; tubes longs de 1—1,5 mm. (2—4 mm. dans les
parties réfléchies) ; pores 0,25—0,35 mm. (3—4 par mm.), sub-
hexagones ou oblongs, rouillé-cannelle, fauvâtres, à parois assez
minces, entières ; chair rouillée, brun rouillé, floconneuse. —
Hyphes 2—3 μ ; spinules fauves, ventrues à la base, 40—60×6—
8 μ ; basides 12—15×3—4 μ ; spores hyalines, cylindracées, déprimées latéralement, 6—9×1,5—2 μ.

Sur bois de conifère, Suède (specim. ex Romell, comm. V.
Litschauer).

938. — **P. nigrolimitatus**. — *Polyporus* Romell, Hym. of
Lappl., p. 18, pl. 1, f. 3.

Résupiné ou étroitement réfléchi, à rebord tomenteux,
ombre fauve, brun bistré, non sillonné concentriquement ; subiculum rouillé, 1—3 mm. d'épaisseur, formant souvent aux bords
des nodules épais, stériles ; tubes stratifiés, strates séparés les
uns des autres par une linéole noire plus ou moins nette ; hyménium jaune olivacé, puis ombre pâle ou tabac, épais de 2—
10 mm. ; pores fins, 0,09—0,12 mm. (5—6 par mm.). — Hyphes
2—3 μ dans les tubes, 2—6 μ dans la trame, à parois assez épaisses, fauves, noirâtres dans les linéoles ; spinules subulées,
brunes, 20—40×5—9 μ ; basides 9×5—6 μ, à 2—4 stérigmates

très grêles, droits; spores hyalines, puis brunies, subulées, plus étroites au sommet qu'à la base, 4—6×1,5—2,5 μ.

Août, sur bois de conifères travaillés, Tyrol (V. Litschauer). Bois pourris de pin, sapin, Suède, Norvège, ex Romell. — Sur pin, Turini, Alpes mar. (E. Gilbert).

B. — Espèces toujours résupinées (*Poria* Auct. p. p.).

939. — P. Friesianus (Bres., Fungi gall., p. 40 !). — *Polyporus contiguus* Fr., p. p., non Pers. — *Pol. igniarius* var. *resupinatus* Bres., Fungi polon., p. 74 ; et pl. Auct. — *P. punctatus* Fr., Hym., p. 572.

Largement étalé, 5—20 cm., en plaque ou en coussinet, 0,5 2,5 cm. ; subiculum mince, 0,5—1 mm. ou presque nul, cannelle

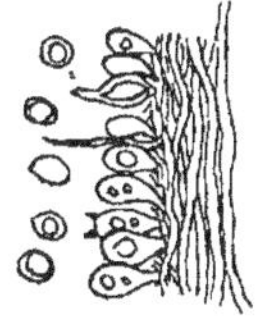

vif à ombre cannelle ; bordure presque nulle ou pubescente fauve cannelle ; tubes concolores, longs jusqu'à 7 mm., stratifiés ; pores fins, 0,08 —0,15 mm. (4—5 par mm.) rouillé cannelle, ombre ou tabac, avec pruine grisâtre, noisette ; mycélium fauve pâle ou sulfurin. — Hyphes à parois plus ou moins épaisses, jaune fauve, sans boucles, 2—4(—6) μ ; spinules ordinairement absentes ou mal conformées; à parois minces, ou normales, 15—36×5—10 μ, mais très rares ; basides hyalines obovales, 8—12—15×6—9—11 μ ; spores hyalines puis crème paille, subglobuleuses, quelques-unes très brièvement atténuées à la base, 6,5—7—8×5—6—8 μ, rarement 5—9 μ d., ordinairement 1-guttulées. (*Fig. 175*).

175. — *Phellinus Friesianus* (Bres.)

Toute l'année. — Sur toute espèce de bois.

Cette espèce très commune varie dans des limites assez restreintes ; par la coloration de sa trame, elle se rapproche tantôt de *Ph. robustus*, tantôt de *Ph. igniarius*, mais elle est toujours distincte. Ses variations ne sont pas constantes sur un même hôte.

En général, cependant, la trame est un peu plus claire sur coudrier, aune, robinier, hêtre, érable, frêne, sureau, lilas, figuier, olivier, *Pistacia terebinthus, Phyllirea latifolia* ; la pourriture est comme dans *P. robustus* ou *fulvus*.

Fréquent sur pomacées, avec trame légèrement plus foncée ; pourriture plus active que celle de *P. fulvus*.

Un peu plus brun sur saules, nerprun, troène ; même pourriture, non roussâtre, comme celle de *P. igniarius*.

Rare sur châtaignier, orme, tilleul, *Cistus Monspeliensis*, etc.

Sur vigne ; le champignon attaque les ceps dans le Midi et les tue assez vite ; il est mal développé, en nodules souvent à peine porés, assez rare.

Petites formes sur ciste, sauge officinale, thym, bruyères.

P. punctatus est la forme des conifères, sapin, cyprès, thuya ; souvent rampant entre les fentes de l'écorce et ne différant pas du type. Mycélium pâle ocracé, en plaques floconneuses molles, rendant le bois très léger, fibreux et fragile.

940. — **P. laevigatus** (*Polyporus* Fr., Hym. eur., p. 571. — Romell, Hym. Lappl.. p. 16). — *P. umbrinus* Fr., Hym. eur., p. 571, p. p.

Etalé, 4—12 cm. long., mince ou en coussinet stratifié, 1—10 mm. épaiss. ; subiculum très mince, 0,5 mm. ou presque nul, brun d'ombre bistré ; tubes concolores, à enduit intérieur blanchâtre ; pores 0,10—0,18×0,09—0,12 mm. (6—7 par mm.), réguliers, arrondis, brun d'ombre bistré, avec pruine noisette, formant une surface très unie, qui se fendille à la dessiccation. — Hyphes fauve brun, 2—3 μ, à parois épaisses, en trame assez dense ; basides 6—9—18(—24)×4,5—6—7,5 μ, à 2—4 stérigmates longs de 3—4,5 μ ; spinules brunes, ventrues et subulées au sommet, 15—21—30×4—5—8 μ, abondantes ; spores hyalines, largement elliptiques, 4—6×4—5 μ, blanchâtres teintées de crème paille en masse. (*Fig. 176*).

176. — *Phellinus laevigatus* (Fr.).

Toute l'année. — Pas rare sur tiges de genêt, ajonc, cytise, coronille, *Rhamnus cathartica, alpina, saxatilis.*

Au début, la plante forme une plaque mycéliale de fauve vif à brun rouillé, sur laquelle se forment çà et là des îlots de pores superficiels grisâtres, confluents. Sur l'adulte, ce mycélium persiste rarement en bordure subvilleuse ou agglutinante ; le plus souvent, elle devient similaire ou nulle, les pores s'étendant jusqu'à la marge. Nous avons relevé séparément les caractères de la plante des Légumineuses et de celle des *Rhamnus* : les caractères sont absolument identiques et très constants dans les nombreuses récoltes de l'Allier, de l'Aveyron et de diverses régions, que nous avons examinées : il est impossible d'y voir une forme résupinée soit de *P. igniarius*, soit de *P. fulvus.*

Nous avons pu, grâce à M. Romell, étudier le spécimen de Desmazière, rapporté par Fries à son *P. umbrinus.* Bresadola et Romell sont d'accord pour y voir le *P. laevigatus* Fries ; il est en tous points identique à la plante décrite ci-dessus. Mais M. Romell pense que ce *P. laevigatus* doit être rapporté au *P. umbrinus* Fr. comme état jeune, « *vix linea crasso* », tandis que M. Bresadola a une autre conception du primitif *P. umbrinus* de Fries. (V. n. 944).

941. — **P. contiguus** (Pers.). — *Poria* Bres., Hym. Kmet., n. 49. — *Boletus* Pers., Syn., p. 544 ; *nec* Myc. Eur., II, p. 74 ; *nec* Alb. Schw. ; *nec* Fries. — *Pol. floccosus* Fr. *sec.* Romell.

Résupiné, à bordure étroite apprimée, lisse ou alvéolée, veloutée ou subradiée, fauve safrané à fauve, ou oblitérée ; subiculum épais de 0,5—1 mm., spongieux, fauve cannelle, ombre cannelle ; tubes longs de 3—12 mm., gris chamois à l'intérieur ; pores 0,15—0,3—1 mm. (2—3 par mm.), arrondis anguleux ou oblongs, inégaux, dentés ou lacérés, ondulés sur support vertical, fauves, bruns ou gris pruineux. — Hyphes brun fauve, 2,5—4 μ ; spinules bai brun, très saillantes, nombreuses, subulées, 30—50—120×6—12 μ ; basides hyalines, 9—18×4—9 μ ; spores hyalines, oblongues ou subelliptiques, brièvement et obliquement atténuées à la base, à peine déprimées latéralement, 4—6—7×3—3,5—4,5 μ, souvent 1-guttulées.

Toute l'année. — Commun sur vieux bois travaillés, poutres, volets, hangars ; chêne, châtaignier, peuplier, et quelquefois sur conifères ; plus rare sur troncs, aune, robinier. — Pourriture blanche très active.

Varie accidentellement *irpicoïde* ou *odontioïde*.

— *Myriadoporique*, sur pieu de coudrier dont l'orientation avait été changée : *Poria cribrosa* Pers., Myc. eur., II, p. 96.

Le mycélium jaune clair, fulvescent ou brun pourpré, est quelquefois éparpillé en petits flocons autour du champignon. Il est possible que cette espèce soit le *Polyporus floccosus* Fr., quoique d'après la seule description, la plante de Fries paraisse avoir été bien interprétée par Quélet, dont le *Poria floccosa* porte sûrement sur l'espèce suivante. Nous conservons le nom donné par Persoon qui a défini très exactement cette plante commune, connue partout sous le nom de *Poria contigua*. Dans Fries, Hym. eur., p. 571, elle est sous le nom de *P. ferruginosus*, et le *P. contiguus* Fr. est le *Poria Friesiana* Bres.

Le *P. racodioides* Pers., Myc. eur., II, p. 114 est un *Poria contigua* à large bordure stérile, submembraneuse, molle, mais non villeuse, jaunâtre ou fulvescente.

942. — **P. ferruginosus** (Schrad., Epic., p. 172, *Boletus*). — *Poria* Bres., Hym. Kmet., n. 48, nec Fries.

Etalé plus ou moins irrégulièrement ou interrompu, inégal, confluent, rouillé vif, puis brun rouillé ; bordure variable, stérile, mince, étroite, concolore ou fauve, ou étendue floconneuse ; subiculum 1 mm., fauve rouillé assez vif ; plaques mycéliales étalées entre les couches de l'écorce, semblables au tissu du subiculum ; tubes concolores ; pores 0,12—0,15 mm., arrondis anguleux, d'abord nidulants dans un mycélium floconneux, à la fin brun-rouillé, à orifice obtus, sans pruine. — Hyphes fauves, 2—3,5 μ ; spinules abondantes, brun-rouillé, subulées, 30—35—

40(—150 au fond des tubes) ×6—8 µ ; basides hyalines, 9—12×
4,5—6 µ ; spores hyalines, ellipsoïdes, peu
sensiblement atténuées à la base ou latéralement, 4,5—5×2,75—3—4 µ. (*Fig. 177*).

Toute l'année. — Sur troncs et branches
hêtre, coudrier, etc., *Juniperus phoenicea*.

Cette espèce se distingue de *P. contigua* par ses
pores plus fins, 4—5 par mm., ses spores un peu plus
petites, sa teinte généralement plus vive et son habitat constant sur troncs vivants ou morts. Elle est
presque entièrement englobée par les deux formes ci-
dessous, qui sont reliées par de nombreuses formes
de passage

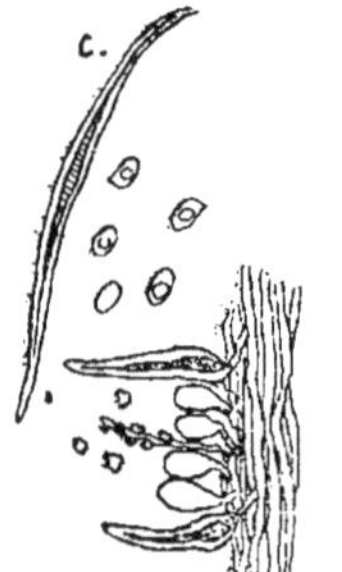

177. — *Phellinus
ferruginosus*
(Schrad.). — c,
cystide de la tra-
me.

943. — *P. floccosus.* — *Poria* Quél.,
Ass. fr., 1891, p. 5, t. II, f. 18. — Rostk. 27,
t. 8. — Mycélium fauve souci, safrané, jaune
indien, serpentant entre les fissures de l'écorce
ou du bois ; pores 0,1—0,2 mm. (4—5 par mm.), jaune fauve, puis
cannelle, en plages irrégulières, interrompues, finissant parfois
par former des plaques largement étalées, à bordure formée d'épais
bourrelets mycéliens, puis rétrécie, fauve, apprimée ou presque
nulle ; subiculum 0,5—2 mm. épaiss., floconneux, brun rouillé ;
tubes longs de 1—2 mm., quelquefois stratifiés, avec enduit gris
blanc à l'intérieur. — Hyphes jaune fauve à brun fauve, 2—3 µ,
à parois épaisses ; spinules subulées ou un peu ventrues, fauve
brun ou baies, nombreuses, 18—36—60×4,5—8 µ, atteignant 150
et 500 µ dans la trame et au fond des tubes ; basides 9—12×4
—6 µ ; spores très hyalines, oblongues elliptiques, atténuées
obliquement à la base, à peine déprimées latéralement, 4—4,5
—6×2,5—4 µ, ordinairement 1-guttulées, blanches en masse.

Toute l'année. Sur troncs, pommier, poirier, aubépine,
sorbier, prunellier.

Cette plante est bien le *P. floccosa* de Quélet, d'après ses déterminations et un spécimen de son herbier (sur poirier, Nantes). C'est bien aussi, à
notre avis, le *Pol. floccosus* Fr., Hym., p. 572, d'après la description, l'habitat, et la citation de Rostkovius, qui ne peuvent convenir à *Poria contigua*
Pers. Ce *Poria* vient assez souvent sur des troncs parasités par *Phellinus torulosus*, dans le voisinage de ce champignon ou plus haut sur le tronc, et se
rattache ou se confond avec sa forme *subfloccosa*. Le *P. umbrina* se relie
aussi à *Ph. torulosus*, mais par les formes *pulvinata* ou *excarnis*, largement
étalées, épaisses et peu floconneuses, qui s'écartent progressivement de *Ph.
torulosus*, jusqu'à la forme du saule dans laquelle on ne peut plus reconnaître
torulosus.

944. — ***P. umbrinus*** (Fr. *typus primarius*, non Pers. *sensu* Bres. in litt. !). — Ordinairement largement étalé, noduleux ondulé en station verticale, formant des bandes de tubes étagés, à surface cannelle, zonée ou non ; tubes à la fin stratifiés en couche de plusieurs centimètres ; pores 0,08—0,2 mm., ombre cannelle, à orifice finement pubescent ; bordure floconneuse rouillée, ou étalée, mince, glabre fauve pâle ; subiculum presque nul. — Trame légère, formée d'hyphes fauves ou brun clair ; spinules brunes, subulées ou fusoïdes, nombreuses, 15—36—60×6—10 μ ; basides hyalines, 7—10—15×4—6 μ ; spores hyalines, obovales ou elliptiques, assez souvent atténuées brièvement à la base, 4—4,5—7×3—3,5(—5) μ, ordinairement 1-guttulées.

Toute l'année. Troncs abattus, hêtre, houx, cerisier ; tapissant l'intérieur des troncs de saule, osier.

945. — **P. ferreus** (Pers., Myc. Eur., II, p. 89, *Polyporus*).

Subérompant, en petits tubercules de 1—2 mm., pubescents, jaunâtre cannelle, puis fauves, au centre desquels se forment des pores cannelle revêtus d'une pubescence grise, puis confluent, largement étalé ; bordure pubescente, chamois à fauve,

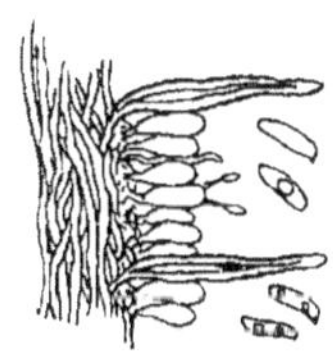

puis glabrescente ou oblitérée ; subiculum 0,5 —1 mm. ; tubes à parois minces, longs de 2— 5 mm., stratifiés jusqu'à 4—5 couches, blanc grisâtre à l'intérieur ; pores 0,1—0,25 mm. (3,5—6 par mm.), arrondis ou anguleux, à orifice villeux, puis dentelé, fauve rouillé ou cannelle ; mycélium par plages floconneuses ou tomenteuses, jaunes ou crème fauvâtre, dans les fentes et entre les couches du bois.

178. — *Phellinus ferreus* (Pers.).

— Hyphes à parois épaisses, fauves 2—3 μ ; basides hyalines, 9—13—18×4—7 μ ; spinules fauves ou brunes, à parois épaisses presque opaques, abondantes, 18—30—45×5— 9 μ ; spores hyalines, subcylindriques, un peu déprimées latéralement ou obliquement atténuées à la base, 5—6,5—9×2—3 μ, souvent 1—2 guttulées. (*Fig. 178*).

Toute l'année. — Sur branches tombées, chêne, coudrier, prunellier, cornouiller, troène, gagnant et agglutinant les corps voisins, herbes, ronces, etc. ; sur bois travaillés, chêne, châtaignier, saule. — Lignivore très actif.

XVI. — **XANTHOCHROUS** Pat., Pl. Tun. : Ess. tax., p. 100.

Spongieux coriaces, subéreux ou ligneux, souvent fibreux, stipités, sessiles ou résupinés, dépourvus de cuticule ; trame jaune, fauve, homogène ou formée de deux couches hétérogènes ; hyménium à cystides jaune brun, ou sans cystides ; spores lisses, ovoïdes ou arrondies, presque toujours jaunes ou fauves.

Terrestres ou lignicoles.

Tableau analytique des Espèces

1 {
Stipités et ordinairement terrestres (*Pelloporus* Qt) : **2**.
 Cf. *X. circinatus* var. *triqueter* à stipe latéral souvent peu marqué).
Sessiles ou résupinés, lignicoles (*Xanthochrous*) : **5**.

2 {
Chapeau mince, flexible, velouté puis glabrescent ; pas de spinules hyméniales : **3**.
Chapeau assez épais, non zoné, tomenteux, écailleux-cristulé, ou revêtu à la surface d'une trame spongieuse, plus molle que la partie fibreuse de la chair : **4**.

3 {
Chapeau zoné de rouillé, cannelle ou brun, souvent pâlissant ; chair fibreuse coriace, soyeuse, brun fauve : *X. perennis*, n. 946.
Chapeau cannelle vif, puis fauvâtre, à zones brunes peu marquées et fugaces ; chair subéreuse non coriace, concolore : *X. cinnamomeus*, n. 947.

4 {
Chapeau mou, hérissé d'écailles dressées ou crêtes floconneuses, roux cannelle ; pores alvéolaires, peu profonds, irréguliers, blanc jaunâtre, glauques, puis fauve cannelle ; pas de spinules : *X. Montagnei*, n. 949.
Chapeau tomenteux, fauve rouillé vif ; trame homogène ; spinules hyméniales : *X. tomentosus*, n. 948.
Chapeau orbiculaire ou latéral, formé de deux couches hétérogènes, l'inférieure continue avec le stipe, dure, finement fibreuse, la supérieure molle, spongieuse ; spinules hyméniales : *X. circinatus*, n. 950.

5 {
Chapeau sessile, ordinairement dimidié : **6**.
Espèces résupinées : **12**.

6 {
Chapeau glabre, mince, plus ou moins ruguleux et zoné, 2—5 cm. ; pores jaune vif ; chair jaune pâle : *Leptoporus Braunii*, n. 851.

Chapeau villeux ou scabre, ordinairement plus grand et plus épais : 7.

7 {
Chapeau 10—30 cm., très hispide, jaune rouillé vif, orangé, puis brunissant ; chair jaune, spongieuse charnue, gorgée d'eau, puis fragile, fibreuse, brun rouillé : *X. hispidus*, n. 960.

Chair subéreuse dure ou ligneuse ; espèces pérennes à tubes stratifiés : 8.

Chair très fibreuse, zonée ; espèces annuelles : 10.

8 {
Pores très fins, 0,06—0,2 mm. (6—9 par mm.) ; pas de spinules hyméniales. Sur feuillus : *X. ribis*, n. 961.

Pores assez grands, 0,16—0,4 mm. (2—4 par mm.) ; spinules hyméniales. Sur conifères : 9.

9 {
Chapeau épais, 3—8 cm., dimidié, triquètre : *X. pini*, n. 951.

Chapeau mince, souvent étalé-réfléchi : *X. abietis*, n. 952.

10 {
Chapeau radié-rugueux, subzoné, velouté puis glabre ; chair jaune, rigide, fibreuse, satinée : *X. radiatus*, n. 953.

Chapeau villeux tomenteux ou hispide strigueux : 11.

11 {
Chair peu épaisse, très fibreuse, faùve rouillé, puis bistré et fragile ; spinules hyméniales ou dans la villosité du chapeau : *X. cuticularis*, n. 955.

Chair assez épaisse ; pas de spinules : *X. rheades* et aff., n. 956-959.

12 {
Champignon croissant sous l'écorce ou sous les couches superficielles du bois qu'il soulève, ou encore dans des cavités à ouverture étroite ; spores sulfurines, subglobuleuses, 6—9×5—7 μ ; spinules hyméniales : *X. obliquus*, n. 962.

Etalé à l'extérieur ; tubes brun cannelle, à orifice pruineux, chatoyant ; spores 4—6×3—5 μ ; spinules hyméniales : *X. polymorphus*, n. 954.

Etalé à l'extérieur ; tubes stratifiés ; pas de spinules ; spores 3—5×2—4 μ : *X. ribis*, n. 961.

946. — **X. perennis** (L.) Pat. — Hym. de Fr., n. 663. — *Polyporus* Fr., S. M. : Hym. eur., p. 531. — *Pelloporus* Quél., Fl. myc., p. 401. — *Polystictus* Lloyd, Pol. Iss,, p. 8, f. 201-202. — Bull., t. 28. — Schæff., t. 125. — Roll., Champ., t. 89.

Chapeau 2—8 cm., orbiculaire, aplani ou déprimé, mince, satiné ou finement velouté, puis zoné, glabrescent, rouillé, cannelle, brun, palissant ou grisonnant ; stipe finement velouté, jaune, puis fauve rouillé, souvent tubéreux à la base ; tubes longs de 2—5 mm., un peu décurrents, cannelle ; pores 0,2—0,6—1,2 mm., anguleux subarrondis, puis élargis, irréguliers et déchirés, blanc ou gris-pruineux, puis brun cannelle ; chair fibro-coriace, soyeuse, brun fauve. — Tissu du chapeau épais de 0,5—2 mm., formé d'hyphes fauves, 4—6—(9) μ, à cloisons fréquentes sans boucles, disposées parallèlement et radialement et émettant des rameaux dressés, flexueux, branchus, à extrémités obtuses subhyalines dans les parties grises du chapeau, ambre à fauve dans les parties cannelle ; hyphes des tubes peu rameuses, à cloisons moins fréquentes, 3—5 μ ; pas de spinules ; basides 12—18×6—10 μ ; spores ocre rouillé, ambrées ou oléicolores, subelliptiques, 5—7—10×3,5—4—6,5 μ, souvent 1-guttulées.

Végétation de Juin à Novembre, persistant pendant l'hiver, quelquefois bisannuel. — Commun sur les places à charbon, dans les bois.

Var. fimbriatus Bull., t. 254. — Quél., Fl., p. 402. — Plus petit ; stipe grêle, châtain ; chapeau 2—3 cm., ombiliqué, mince, avec marge longuement ciliée, fimbriée, soyeuse, brun puis gris ; spores 6—9×5—6 μ. Avec le type et de nombreuses formes de passage.

947. — **X. cinnamomeus** (Jacq.) Pat., Ess. — *Polyporus* Sacc. — Bres., Fungi Trid., I, p. 88, pl. 99.

Chapeau 2—3 cm., mince, flasque, aplani, déprimé, subinfundibuliforme, velouté, puis glabrescent, cannelle vif, puis fauvâtre, à zones brunes peu marquées et fugaces ; stipe farci, velouté, concolore ; pores assez larges, polygones, brun cannelle, fulvescents sur le sec ; chair subsubéreuse non coriace, concolore. — Spores ellipsoïdes subglobuleuses, jaunes, 6—7×4—5 μ.

Eté, automne. — Bois feuillus ; Trentin (n. v.).

948. — **X. tomentosus** (Fr.) Pat., Ess. — *Polyporus* Fr., S. M. ; Hym. eur., p. 530. — *Pelloporus* Quél., Fl. myc., p. 401. — *Polystictus* Lloyd, Pol. Iss., p. 4, fig. 196-197.

Chapeau 5—10 cm., peu épais, aplani ou déprimé, fauve

rouillé vif, plus clair aux bords, finement tomenteux, non zoné ; stipe tomenteux mou, fauve ; tubes courts, 1—2 mm. ; pores 0,25 —0,5 mm. (2—3 par mm.), brun roux, pruineux dans la jeunesse ; chair mince, dure, homogène, très fibreuse, soyeuse, jaune. — Hyphes de la villosité du chapeau fauves, libres, lâches, à parois minces ou à peu près, sans boucles, 4—7 μ, celles de la chair lâchement parallèles, 3—5 μ, plus jaunes à parois épaisses et canalicule souvent peu distinct, celles de la trame des tubes, 2— 4 μ, plus flexueuses, moins colorées, à parois peu épaisses ou minces ; basides 12—15×4—5 μ, à 2—4 stérigmates grêles, longs de 3 μ ; quelques hyphes hyméniales 2—3 μ, incrustées de cristaux ; spinules fauve clair, fusiformes ou subulées, à parois épaisses, 40—75×6—7(—12) μ, inégalement distribuées ; spores subhyalines, jaunâtre clair, subelliptiques, quelques-unes un peu déprimées, 4—5×3—3,5 μ.

Eté. — Forêts montagneuses, pin, mélèze, Alpes, Pyrénées, Vosges (ex Quélet). — Spécimens étudiés, Suède (C. G. Lloyd).

949. — X. Montagnei (Quél., Jura et Vosges, p. 252, pl. XVII, f. 4).

D'après M. Bresadola (Ann. myc., 1916, p. 240), le *Polyporus Montagnei* Fr. (type de Montagne dans l'herb. du Muséum, Paris) est le *X. perennis*, mais la plante de Quélet, *l. c.* est une espèce différente qui a été décrite depuis, aux Etats-Unis, sous le nom de *P. obesus* Ell. et Ev. et, en Europe, sous le nom de *P. lignatilis* Britz.

Plante obèse ; chapeau non zoné, irrégulier, mou, hérissé d'écailles dressées ou crètes floconneuses, roux cannelle ; stipe central pubescent, concolore ; pores irréguliers, alvéolaires, peu profonds, blanc jaunâtre, glauques, puis fauve cannelle ; chair fibreuse, épaisse, concolore.

Eté, automne. — Autour des souches, Jura ; très rare (n. v.).

950. — X. circinatus. — *Polyporus* Fr., Monogr. ; Hym. eur., p. 530. — *Pelloporus* Quél., Fl., p. 401. — *Polystictus* Bres., F. polon., p. 75. — Lloyd, Pol. Iss., p. 4, fig. 198. — Konr. et Maubl., Ic. sel., pl. 457.

Chapeau 5—12 cm., épais, orbiculaire, aplani ou déprimé, fauve pâle, fauve rouillé, surface inégale, veloutée, sans zones ; stipe court, épais, central ou latéral, tomenteux, fauve ; tubes longs de 2—5 mm., décurrents, fauve cannelle ; pores 0,3—0,8 mm. (2—2,5 par mm.), étroits, puis élargis et irréguliers, brun cannelle, pruineux ; chair hétérogène, la couche inférieure brun fauve, continue avec le stipe, dure, finement fibreuse, lisse à la section, la supérieure rouillée, égale ou plus épaisse, molle, spongieuse. — Hyphes à parois minces, sans boucles, jaune fauve, subparallèles dans la partie fibreuse, plus lâches, ascendantes, dans la partie spongieuse, 4—6 μ, parallèles et plus foncées, 2,5 —4 μ dans les tubes ; spinules éparses, peu nombreuses, droites ou arquées, subulées ou ventrues, 30—90×7—15 μ ; basides hyalines, 8—18×5—6 μ ; spores subhyalines, très variables de forme, oblongues ou subglobuleuses, atténuées obliquement à la base ou déprimées latéralement, quelques unes bossues subtriquêtres, 4—8×3—4 μ.

Printemps, été. — Forêts de conifères des montagnes. Neufchatel (KONRAD, L. MAIRE) ; Alp. mar. (E. GILBERT, F. GUILLEMIN) ; Var (A. de CROZALS).

Var. triqueter. — *Polyporus* Secr. — Fr., Hym., p. 565. — Bres., l. c. — Lloyd, Syn. Pol. apus., p. 353, nec Pers., nec Quél.

Chapeau latéral, à peine stipité, épais, fauve à brun, hérissé tomenteux ; tubes 2—4 mm. ; pores 0,4—0,5 mm., anguleux, puis irréguliers, à orifice grisâtre ; chair dure, fibreuse, tomenteuse vers la surface, jaune rouillé, très obscurément zonée. — Hyphes à parois minces, sans boucles, fauves, brunâtres, lâchement parallèles et entrelacées dans le chapeau, 3—6 μ, plus serrées dans les tubes ; basides 15—21×5 μ ; spinules éparses, brun noir, 30—75×8—10 μ, droites ou courbées ; spores subhyalines, oblongues, 4—5×3—3,5 μ.

Mai ; souches de pin, Mont Donon (Vosges), L. MAIRE.

951. — **X. pini** (Brot.) Pat. — *Polyporus* Pers., Myc. eur., II, p. 83. — *Trametes* Fr., S. M. ; Hym. eur., p. 582. — Quél., Fl., p. 371. — *Fomes* Lloyd, Syn. Fom., p. 275, fig. 608-609.

Chapeau 5—14 cm., épais de 3—8 cm., subtriquêtre, dur, concentriquement sillonné, fendillé scabre, brun rouillé, noircissant ; tubes stratifiés ; pores 0,16—0,4 mm. (2,5 par mm.), subarrondis ou oblongs, anguleux, puis irréguliers, jaune indien, puis fauves ; chair subéreuse ligneuse, aride, fauve rouillé. — Hyphes 3—5 μ, flexueuses rameuses ; spinules brunes, coniques subulées, 40—65×6—10 μ ; spores hyalines à reflet paille, puis ocracées à ocre-brun, ovoïdes ou elliptiques, 5,5—6(—9)×4,5—5,5(—7) μ, presque blanches, teintées de paille, en masse.

Pérenne, végétation au printemps et en automne. Sur vieux

troncs de pin, sapin, mélèze. — Pourriture filamenteuse, rougeâtre
à la surface. Le champignon attaque le cœur de l'arbre et le réceptacle repose sur une fistule étroite, à lèvres encore vivantes ;
lésion qu'on ne peut observer qu'en sectionnant l'arbre.

952. — **X. abietis** (Karst.). — *Trametes* Karst., Symb. Myc.
Fenn. — Sacc., VI, p. 246. — Bres.. Kmet., n. 87. — Lloyd,
Syn. Fom., p. 277, fig. 609.

Chapeau 3—9 cm., résupiné, étalé réfléchi ou dimidié, souvent imbriqué, mince, tomenteux, fauve, puis brun, noircissant
ou grisonnant, sillonné concentriquement et scrobiculé scabre,
zone marginale jaune indien passant à fauve ; tubes rouillés, longs
de 3—5 mm. ; pores 0,25—0,5 mm. (2—4 par mm.), arrondis ou
oblongs, puis inégaux, déchirés, fauve cannelle, à orifice pruineux ; chair mince, 1—3 mm., fauve rouillé : subiculum presque
nul dans les parties résupinées. — Hyphes à parois minces, 2,5
—4 μ, sans boucles ; spinules brunes, subulées, 36—60×6—7 μ ;
basides hyalines, 10—15×4—5 μ ; spores subhyalines, teintées de
paille, largement ovoïdes ou subglobuleuses, 4,5—6×3,5—5 μ.

Sur sapin, Stockholm (ROMELL) ; sur *Pinus montana*, Tyrol
(V. LITSCHAUER) ; spécimen trop maigre, douteux, Saône-et-Loire
(F. GUILLEMIN).

953. — **X. radiatus** (Sow.) Pat. — *Polyporus* Fr., S. M. ;
Hym. eur., p. 565. — Lloyd, Syn. Pol. Apus, p. 351, fig. 688. —
Inodermus Quél., Fl. myc., p. 392.

Chapeau 3—6 cm., dimidié ou étalé réfléchi, série souvent
concrescent, radié rugueux, finement velouté, subzoné, jaune ou
fauve, puis glabre et brun rouillé, marge amincie, étalée, citrine
puis safranée ; tubes 0,5—1 cm., fauve rouillé ; pores 0,2—0,4 mm.,
arrondis ou anguleux, fauves ou cannelle, à orifice pruineux, gris
argenté ; chair jaune puis fauve, fibreuse, satinée et zonée, rigide.
— Hyphes serrées ou cohérentes, parallèles, jaunes, à parois minces, sans boucles, 2—4,5 μ ; spinules brunes, assez abondantes,
variables, souvent uncinées, 15—21—35×6—9 μ, pouvant atteindre jusqu'à 90 μ dans la trame des tubes, parfois très rares ; basides hyalines, 12—18×4—5 μ ; spores hyalines puis brunies dans
les tubes, ellipsoïdes, 4—5(—7,5)×3—4,5(—6) μ, en masse :
blanches, crème ou blanc jaunâtre.

Eté et surtout automne. — Assez commun sur troncs d'aune ;
rare et mal venu sur peuplier, lilas, saule blanc (plus dur), bouleau (*subexcarnis*) ; sur épicéa, forêt de Bellême (E. GILBERT).

Pourriture blanche; gagnant le cœur et entraînant assez rapidement la mort de l'aune.

X. radiatus donne abondamment ses spores sur l'arbre, mais nous avons fait souvent l'expérience qu'il n'en donne plus après récolte. Les spores en masse sur feuilles, écorces, varient de blanc à blanc jaunâtre ; si elles sont tombées sur un chapeau de *radiatus* humide, elles se teignent en jaune ou fauve, ce qui explique qu'il y ait souvent des spores colorées, à l'intérieur des tubes.

Var. **nodulosus** Quél., Fl., p. 392. — *Polyporus* Fr., Hym. eur., p. 566. — Lloyd, l. c., p. 352, fig. 689. — *Xanthochrous* Pat.

D'abord noduleux, revêtu d'un enduit blanchâtre, puis à petits chapeaux 1—2 cm., nombreux, imbriqués, sériés et concrescents, bruns. fibreux radiés, fauve pâle aux bords ; chair moins colorée, très dure ; spores 4—5×3,5—4 μ.

Eté, automne. Sur branches de hêtre tenant à l'arbre ou tombées ; sur coudrier (spores 5—6×4—4,75 μ).

resupinatus. — Tubercules arrondis, 0,5—2 cm., puis résupinés confluents jusqu'à 6—8 cm., avec bords à la fin détachés ou relevés ; chair très mince ; tubes longs de 1 cm. ; pores 0,15—0,4 mm., cannelle ; spores 5,5—7×4—6 μ.

Sur branches tombées d'aune.

954. — *X. polymorphus* (Rostk., t. 56. — Fr., Hym., p. 566) Notes crit., Soc. Myc. Fr., t. XXXVI, p. 85.

Résupiné, plus ou moins épais, 0,4—1,5 cm. ; bordure similaire ou nulle ; tubes longs de 0,3—1,2 mm., ordinairement obliques (*e situ*), brun rouillé ou brun cannelle, gris blanc à l'intérieur, pores bruns, à orifice pruineux ou chatoyant, à la fin lacérés. — Hyphes plus ou moins cohérentes, fauve foncé, 2—4 μ ; spinules hyméniales ovoïdes coniques, 18—25×6—8 μ, assez clairsemées ; spinules de la trame étroites allongées jusqu'à 150 μ, à pointe peu émergente droite ou en crochet ; spores subhyalines, puis fauves, subelliptiques, 4—6,5×3—5 μ.

Du printemps à l'hiver. — Sur branches de hêtre et de charme ; Allier ; Vosges, Epinal, Corcieux ; Gérardmer, la Schlucht (L. MAIRE).

Très voisin de *X. radiatus*, auquel le relie la var. *nodulosus*, mais il ne manifeste aucune tendance à se réfléchir ; la partie supérieure paraît quelquefois crispée par des tubes plus courts, plus larges. à parois divergentes. Il semble avoir plus de titres que les deux variétés précédentes, à être présenté séparément.

955. — **X. cuticularis** (Bull., t. 462) Pat. — *Polyporus* Fr., S. M.; Hym. eur., p. 551. — Lloyd, Syn. Pol. Apus, p. 359, fig. 693, 694. — *Inodermus* Quél., Fl., p. 393.

Chapeau 6—35 cm., dimidié, imbriqué, aplani, ordinairement mince, mollement velouté, avec zones à villosité apprimée, rouillé, fauve, puis brun ou dénudé, marge fibreuse, incurvée ; tubes longs de 1 cm. env. ; pores 0,16—0,3 mm., arrondis, fauves, blanc pruineux à l'orifice, puis déchirés et dentés ; chair très fibreuse, gorgée d'eau, puis sèche, fragile, fauve rouillé, puis jaune bistré. —Hyphessubparallèles,

179. — *Xanthochrous cuticularis* (Bull.) Pat. : Spores et cystides de la surface du chapeau.

sans boucles, 2,5—4 μ, accompagnées d'hyphes plus grosses, 8—10 μ, jaunes, à parois minces, ou brunes à parois épaisses, en partie cohérentes ; spinules 15—21—60×4—9 μ, brunes, très variables et très inégalement distribuées, rares dans certains spécimens, très abondantes dans d'autres, se rencontrant aussi vers la surface du chapeau, où elles sont souvent rameuses ; basides hyalines, flasques, 12—30×6—9 μ ; spores jaunes (lactophénol), fauve brun (KOH), ovoïdes elliptiques, 5—6,5—8×4—6 μ, jaune doré ou jaune ambré en masse. (*Fig. 179*).

Végétation, une partie de l'été et surtout automne. — En série sur les troncs, hêtre, chêne, érable, marronnier, charme ; pas rare. — Pourriture blanchâtre, et roussâtre à la périphérie, comme celle de *X. hispidus*, mais bien moins active : le champignon ne tue pas l'arbre, il y produit une excroissance saillante, appelée *chandeau* dans les Vosges. Le mycélium n'étant pas très actif, le· champignon reste souvent une ou deux années sans reparaître.

La forme typique à chair mince, chapeau zoné, spores 6—8×4—6 μ, se rencontre surtout sur hêtre et quelquefois sur chêne. Sur chêne et érable on rencontre ordinairement une forme qui a la couche des tubes moins épaisse que la chair, celle-ci épaisse jusqu'à 3 cm. ; chapeau épais subtriquêtre, souvent bossu, strigueux, non zoné ; spores 5—7,5×3,5—6 μ. Cette dernière forme, assez différente d'aspect de la première, a une tendance plus ou moins accusée dans le sens de *X. rheades*, mais elle a toujours des spinules comme *X. cuticularis*.

956. — **X. rheades** (Pers.) Pat. — *Polyporus* Pers., Myc. eur., II, p. 69. — Lloyd, Syn. Pol. Apus, p. 360, fig. 696.

Chapeau 4—8 cm., sessile, dimidié ou en nodule, souvent

imbriqué subconchoïde, quelquefois avec un sillon peu marqué, laineux strigueux, fauve clair ou vif, plus pâle aux bords où la villosité est plus courte ou oblitérée, marge blanchâtre ou pâle, subobtuse ; tubes cannelle, longs de 3—15 mm. ; pores 0,25—0,5 mm., un peu anguleux, pâles, puis gris noisette, avec enduit blanchâtre ; chair fauve, grossièrement fibreuse soyeuse, plus pâle vers la surface et à la partie antérieure du chapeau. — Hyphes jaune fauve, à parois minces, sans boucles, 3—8 μ, plus rarement à parois épaisses, très vaguement parallèles, enchevêtrées, un peu plus nettement parallèles dans les tubes ; pas de spinules ; spores ambrées, fauve clair, ovoïdes ou elliptiques, 5—6×3,5—4,5 μ.

Fin du printemps et été. Sur troncs de tremble ; hêtre, bouleau. Assez rare. — Lésion marbrée à la surface de brun fauve et de blanchâtre, les taches blanchâtres larges de 1—2 mm., arrondies ou irrégulières : pourriture blanche, filamenteuse à l'intérieur.

Dans la jeunesse, le champignon est pâle, unicolore, à peine pubescent ; pores blanchâtres ; chair bistrée à la base, pâle et zonée dans le reste du chapeau. Sur le vieux, le champignon est tout différent, glabrescent, brun rouillé, fendillé radialement, trame assez légère, brun fauve, cassante.

957. — **X. vulpinus**. — *Polyporus* Fr., Vet. Ak. ; Hym. eur., p. 565. — Rostk., t. 31.

Imbriqué concrescent, noduleux ; chapeau 3—6 cm., brun rouillé, tomenteux-hispide, parfois sillonné-zoné, marge aiguë infléchie ou obtuse ; tubes 1—1,5 cm. : pores 0,2—0,7 mm., arrondis, puis dédaléens, à orifice pruineux, puis subconcolore brun cannelle ; chair presque subéreuse, puis très dure, brun rouillé, peu distinctement fibreuse. — Hyphes les unes à parois minces, les autres plus rares à parois épaisses, fauve rouillé, sans boucles, 2,5—6 μ ; pas de spinules, ou spinules se confondant avec l'extrémité effilée de certaines hyphes de la trame ; spores fauve ambré, ovoïdes ou elliptiques, 5—7×4—5(—6) μ.

Eté. — Sur troncs de peuplier fastigié, Allier ; peuplier blanc, Troyes (PLOYÉ) ; très rare. — Des spécimens sur hêtre, forêt de Bagnolet, Allier ; sur tremble Corcieux, Vosges ne peuvent se distinguer de la plante du peuplier.

958. — **X. tamaricis** Pat., Champ. algéro-tunis., Soc. Myc. Fr. (1904), t. XX, p, 51. — *Polyporus rheades* Bres., Fungi Trid., II, p. 30, pl. 136, nec Pers.

Chapeau 4—9 cm , dimidié convexe, non sillonné, jaune

rouillé, à villosité fauve, brun fauve ou brun bistré sur le vieux, marge pubescente, glabrescente ; tubes longs de 8—15 mm., jaunes puis brun rouillé ; pores 0,5—0,75 mm., subarrondis, puis anguleux, fimbriés, jaune cannelle, puis bruns ; chair fibro-spongieuse, zonée, jaune fauve, puis marbrée de fauve brun et de paille, à la fin brun fauve et brun bistre. — Hyphes fauves, 4—5 μ ; pas de spinules ; spores fauves, très variables, subglobuleuses, ellipsoïdes, rarement déprimées latéralement, 7—8(—9)×4,5—5(—6) μ.

Fin Août et Septembre, persistant jusqu'en Mars. — Sur troncs de *Tamarix*, Palavas, allée qui va à Maguelone (Hérault) ; Toulon.

959. — *X. corruscans*. — *Polyporus* Fr., Vet. Ak. ; Hym. eur., p. 551. — Lloyd, lett. 24.

Chapeaux naissant souvent d'un gros tubercule 8×6 cm., imbriqués, en nodules arrondis, ou subtriquètres, 5—10 cm., à marge obtuse, strigueux, fauve clair, puis foncé, zones fauves plus ou moins nombreuses, alternant avec des zones plus pâles, grisâtres ; marge plus claire, presque glabre (chapeau à la fin glabrescent, brunissant ou grisonnant, à surface fibreuse, fendillée radialement ou simplement rugueuse) ; tubes brun fauve, longs de 1—2 cm. ; pores 0,2—1,0 mm., arrondis, fauves avec pruine ou enduit blanchâtre (puis brunâtres déchirés) ; chair de la partie postérieure du chapeau, ou du tubercule quand il est distinct, dure, grumeleuse, brun bistré, tachetée de jaune brunâtre clair, très fibreuse dans le chapeau et épaisse de 3—10 mm., brun fauve vers les tubes, plus soyeuse, plus molle et fauve pâle ou blanchâtre vers la surface du chapeau (puis unicolore, brun fauve, dense, dure et cassante). — Hyphes jaune foncé (lactophénol), 2,5—7,5 μ, à parois minces, sans boucles, dans les tubes ; hyphes à parois épaisses, foncées, devenant plus abondantes en se rapprochant du chapeau et dans le chapeau ; pas de spinules ; basides 6—7 μ diam. ; spores abondantes, jaune fauve, ou fauves, ovoïdes oblongues, 6,5—8×5—6 μ, rarement 9×6,5 μ.

Juin à Août. — Sur troncs de chêne, Conques (Aveyron) ; forêts des environs d'Epinal, sur très vieux chênes. — Pourriture comme celle des autres espèces du groupe, blanche et active.

Le champignon est de développement rapide, on trouve des spécimens qui ont fini leur évolution dès le mois de Juillet. Il n'a aucun rapport avec le *Phaeolus croceus*, auquel Quélet le rapporte ; on peut le considérer comme forme du chêne de *X. rheades*, mais cette forme doit être maintenue séparément. *X. rheades* reste plus petit, à tubes adultes toujours plus courts et à spores en moyenne plus petites. La description ci-dessus de *X. corruscans* a été prise sur la plante de Conques, que nous avons pu suivre de l'état jeune à l'état vieux.

Le *Polyporus Friesii* Bres., Ann. Myc., III, (1905), p. 163 (*P. fulvus* Fr., Épicr., non Scop.) est regardé par M. Lloyd comme un état vieux et induré de *P. corruscans*. M. Bresadola le considère comme très voisin, mais distinct par sa trame dure, fibroligneuse, plus fauve et ses hyphes plus colorées. La plante d'Epinal pourrait être *P. Friesii*, mais nous n'avons pas vu de spécimen jeune, et même avec la comparaison d'un fragment du spécimen de Pfeiffer, Forêt Noire, nous ne pouvons nous faire une opinion à ce sujet.

960. — X. hispidus (Bull., t. 210, 493) Pat. — *Polyporus* Fr., S. M. ; Hym. eur., p. 551. — Gillet, pl. — *Inodermus* Quél., Fl. myc., p. 393.

Chapeau 10—30 cm., dimidié, épais, fortement hispide, jaune rouillé vif, orangé, puis brun rouillé et noircissant en entier par l'âge ; tubes longs de 2—3 cm. : pores 0,15—0,3 mm., ronds, jaune fauve, puis fimbriés et bruns ; chair spongieuse charnue, fibreuse, gorgée d'eau, jaune, puis brun rouillé, sèche et fragile. — Hyphes 3—9 μ, à parois minces, sans boucles, jaunes ou fauves, subparallèles dans les tubes, plus foncées et plus rameuses dans le chapeau, avec hyphes à parois épaisses ; spinules jaune·fulvescent à fauve brun, ventrues subulées ou prolongées en talon à la base, à parois plus ou moins épaisses, 18—32×6—11 μ, assez abondantes dans certains spécimens, non observées dans d'autres ; basides 9—15×6—8 μ, à 2—4 stérigmates : spores citrines à jaune fauve (lactophénol), largement ellipsoïdes ou subglobuleuses, 6—10—12×5—7,5(—10) μ.

Eté. — Sur troncs de pommier, frène, noyer, mûrier, *Sorbus aria*, orme. — Pourriture blanche, gagnant vite le cœur de l'arbre ; c'est un des lignivores les plus actifs.

F^a *quercus*. — Plus petit, 4—6 cm., plus dur, moins jaune et brunissant plus vite ; pas de spinules ; spores 7—9—12×7—9 μ. — Troncs de chêne, surtout dans le Midi.

F^a *salicum*. — Moins jaune au début ; chair peu fibreuse, molle, fragile, citrine puis marbrée de jaune et de rouillé, puis cannelle fauve : spores 6—12×4—9 μ. — Sur marsaules.

961. — X. ribis (Schum.) Pat. — *Polyporus* Fr., S. M. ; Hym. eur., p. 560. — *Fomes* Bres., Kmet., n. 40. — Lloyd, Syn. Fom., p. 252, f. 594. — *P. lonicerae* Weinm. ; Fr., Hym., p. 560. — *P. evonymi* Kalchbr. ; Fr., l. c. — *Phellinus pectinatus* Quél., Fl., p. 395, nec Klotzsch? — *Ph. versatilis* Quél., Ass. fr., 1889, p. 5. — *Ph. pectinatus* var. *jasmini* Quél., Ass. fr., 1891,

p. 6, pl. III, f. 33. — *Fomes pectinatus* Fᵃ *jasmini* Bres., Fungi
gall., p. 38. — *Fomes jasmini* Lloyd, Syn. Fom., p. 254, f. 596.
— *Phell. versatilis* var. *Menieri* Quél., Ass. fr., 1889, p. 5. —
Polyporus ulicis Boud., Soc. Myc. Fr., 1917, p. 10, pl. III,
f. 1.

Très variable ; chapeau dimidié, aplani, conchoïde ou ongulé
étalé réfléchi ou résupiné, grossièrement sillonné, parties anciennes brun fauve, baies ou noirâtres, dernière formation en bourrelet
citrin rouillé, débordant en dessus, tantôt très net, tantôt manquant ; tubes plus ou moins distinctement stratifiés ; pores 0,06—
0,25 mm. (4—9 par mm.), arrondis, jaune indien, rouillé cannelle,
brun cannelle, parfois chatoyants ; chair divisée en deux parties
par une ligne ébénacée très dure, couche inférieure subéreuse
ferme, la supérieure plus molle, safrané rouillé à fauve rouillé ;
chair nulle dans quelques formes résupinées. — Hyphes jaunes
ou fauves, 2,5—4 µ ; pas de spinules ; spores ocre rouillé ou fauves,
ovoïdes ou ellipsoïdes, 2,5—4—5,5×2,5—3—4,5 µ.

A. Formes à chapeau bien développé, ordinairement parasites vivant aux dépens de la sève.

1. *Ribis*. — Chapeau aplani, subimbriqué, largement sillonné, bourrelet marginal jaune ordinairement bien marqué ;
pores 0,5 mm., 5—6 par mm. ; spores ocre clair à fauve, 3—4×2,5
—3,5 µ. — Sur *Ribes rubrum*, *nigrum*, *grossularia*, commun.

Vit en commensal avec les groseilliers ; si l'arbuste meurt, le champignon meurt aussi. C'est sur l'écorce qu'il s'implante ; les hyphes mycéliennes
arrivent jusque dans les dernières couches de l'aubier ; la lésion toujours très
limitée n'est pas dans le bois ; il est vraisemblable qu'elles ont dû d'abord
attaquer la tige à la manière des autres mycéliums et qu'elles ont ensuite
emprunté à la sève l'aliment nécessaire à leur développement.

2. *Evonymi*. — Sillonné pectiné, marge pâle puis concolore
brune, bourrelet plus étroit, moins jaune et manquant souvent ;
assez fréquemment même, la dernière formation n'atteint pas
le bord ; spores rouillées en masse. Sur fusain, même lésion que
Ribis.

3. *Crataegi*. — Aspect de *Phellinus torulosus* ; pores 8—9
par mm. ; spores ambrées, 2,5—3,5×2,5—3 µ. — Sur aubépine
vivante, végétation de *Evonymi*, et peut-être par contagion du
fusain. — Sur aubépine morte en contact avec le sol, le champignon est resté mince, étalé.

4. *Lonicerae*. — Étalé réfléchi, tomenteux, brun ; marge

jaune, jaune rouillé ; pores jaune ou fauve cannelle, pruineux ou non. — Sur *Lonicera xylosteum*. rare. — Sur *Sambucus nigra*, Pologne.

5. *Ulicis*. — Chapeau de teinte plus vive, marge sulfurine ; pores jaune fauve. Les divergences de couleur indiquées dans la description *l. c.* sont peu marquées sur l'unique récolte que nous ayons sur ajonc. — *Ulex europaeus*. dunes de Biville (Manche). L. CORBIÈRE.

6. *Rosae*. — Presque tous les spécimens ont un aspect particulier, conchoïdes (ou ongulés), durs, minces, à marge très aiguë ; croûte noirâtre ; pores pâles, grisâtres ou jaunâtres. — Assez fréquent sur églantier, à la naissance de la racine, toujours recouvert et difficile à trouver : il se développe sur l'écorce, à la manière d'*Evonymi*.

7. *Pruni-spinosae*. — Pareil à la forme précédente, mais couleurs plus vives. — Toujours vu sur troncs morts et lignivore.

8. *Jasmini*. — Chapeau 0,5—3 cm., flexueux, lobé, conchoïde ou fixé par le dos, densément sillonné strié, tomenteux brun, glabrescent et noir ; trame dure ; pores fauve cannelle. Hyphes 2,5—4 μ ; spores 3—4×2,5—3,5 μ. — Fréquent sur *Jasminum fruticans* qui est très répandu dans l'Aveyron.

Il vient sur des blessures de l'arbuste causées par des pierres, ou même par d'autres tiges sous l'action du vent. La couleur jaune du bois tient à sa mortification et n'est pas produite par le mycélium : c'est un parasite vivant soit aux dépens de la sève, soit par les éléments que lui apportent les racines. Cette forme est regardée par BRESADOLA et LLOYD, comme une variété de *P. pectinatus*, mais elle est sûrement une forme de *X. ribis*, dont la petite taille est dûe au faible diamètre des tiges de l'arbuste. Entre Belmont et St-Sernin, la rivière le Rance a les bords très escarpés et le versant du Sud est très chaud ; sur ce versant le jasmin abonde et le champignon est très fréquent et toujours petit. A l'Ouest, le jasmin commence sous bois, le pied est couvert de mousses et le champignon est 3—4 fois plus gros. Au lieu de se trouver au bas de la tige, il naît parfois sur les radicelles, dont il tire sa nourriture, il atteint alors 10—12 cm., et, s'il appartient à *P. pectinatus*, on ne peut voir comment ce dernier peut se distinguer de *X. ribis*.

9. *Amelanchieris*. — Subrésupiné ou réfléchi, aspect de *Ph. torulosus*. — Sur amélanchiers morts ou mourants, sur falaise calcaire ; au même niveau se trouvent de nombreux jasmins, tous plus ou moins atteints par *Jasmini*, qui doit passer du jasmin sur l'amélanchier, mais sur ce dernier il est saprophyte et attaque le bois en masse comme la forme *Piri*.

10. *Ephedrae-nebrodensis*. — Intermédiaire pour la taille entre *Jasmini* et *Ribis* : dur, croûte brun noir, densément pectinée. glabrescente.

Si *P. pectinatus* existe en France, c'est cette forme qui s'en rapproche le plus. Elle vient assez fréquente sur *Ephedra nebrodensis* qui s'est répandu dans les environs de Millau. Le champignon reste dans les parasites aux dépens de la sève.

B. Formes imparfaites, mal développées, accidentelles.

11. *Fraxini*. — Résupiné en petits disques très minces, aspect d'un *Stereum* : spores 4,5×4 μ. — Tronc abattu de frêne.

12. *Cerasi*. — Petit, subrésupiné, tantôt développé sur des blessures de l'arbre et vivant en parasite aux dépens de la sève. tantôt sur de vieux troncs et analogue à la forme *Piri*. — Sur *Cerasus avium* et *Mahaleb*.

13. *Ulmi*. — Probablement passé du cerisier à l'orme ; subrésupiné. couche des tubes 1—2 cm.. à stratification peu distincte.

C. Formes résupinées ou à peine réfléchies, atteignant une grande épaisseur ; pores cannelle. Aspect de *Poria Friesiana* ou des formes résupinées de *Phellinus robustus*. Lignivores.

14. *Piri*. — Résupiné ou très étroitement réfléchi, cannelle ocracé, subtomenteux ; chair dure, mince, parcourue par une ligne noirâtre flexueuse ou rameuse plus ou moins distincte ; tubes stratifiés en couche atteignant près de 10 cm. ; pores brun fauve. chatoyants, 0,1—0,15 mm. ; spores fauves, 3,5—4,5×2,5—4 μ.

A l'intérieur de vieux poiriers ; le mycélium attaque le bois en masse. et finit par creuser des galeries, qui rappellent celles de *Stereum frustulosum* et *Hymenochaete rubiginosa* — Plus haut sur le tronc et à l'air, on trouve le champignon à chapeau ongulé, de 10 cm. de haut, à chair satinée souci fauve. pores cannelle. Aspect de *Phellinus robustus*.

15. *Quercus*. — Résupiné, même sur support vertical ; bordure stérile ou similaire ; stratifié, épais jusqu'à 4 cm. ; pores 4—5 par mm., ombre cannelle ; spores abondantes, jaune fauve à fauve brun, 4,5—5×3,5—4,5 μ. — Caché profondément sous des racines de chêne : lésion blanche peu profonde.

16. *Fagi*. — Résupiné, en coussinet de 16 cm. de bas en haut, épais de 3—5 cm., plus épais et pendant vers le bas, entièrement formé par les tubes stratifiés ; pores cannelle ; spores très

abondantes, fauve jaunâtre, 4—5×3—4 μ. A l'intérieur des vieilles souches de hêtre, le Larzac.

17. *Aceris.* — Résupiné quoique sur support vertical, confluent ; chair nulle ; pores gris cannelle, 5 par mm. ; spores fauves, ovoïdes, 4—5×3—4,5 μ. — Sur érable. Du même type que *Fagi, Quercus.*

18. *Thymi.* — Substipité pétaloïde, ou résupiné noduleux, 0,5 cm. : spores jaune brun, 3—4,5×2,5—3,5 μ. — Souches de thym.

19. *Dorycnii.* — Petit, résupiné, agglutinant ; spores abondantes, jaune brun, 3—4×2—3 μ. — Sur *Dorycnium* ; voisin de *Jasmini ?*

? 20. *Callunae.* — Unique récolte : résupiné, pores élargis, irréguliers, qui n'ont pas l'aspect du groupe : spores 4,5—5×3—4 μ, fauve brun. — Sur *Calluna vulgaris.*

962. — **X. obliquus** (Pers., Syn., p. 548). — *Poria* Bres., Hym. Kmet., n. 51. — v. Hoehn. et L., Mykologisches, 1907 ; Œst. Zeitschr., n. 5. — *Polyporus* Fr., Hym., 570. — *P. incrustans* Pers., M. Eur., II, p. 93. — *P. umbrinus* Pers., l. c., p. 94.

Etalé sous l'écorce ou dans les couches du bois, ou caché dans des cavités du bois à ouverture étroite : subiculum presque nul ; tubes 0,5—2 cm. long. ; pores 0,3—0,5 mm., jaune olivacé puis bruns. — Hyphes cohérentes, fauvâtres ; spinules fauve brun, à parois épaisses, 15—180×4,5—11 μ ; basides 15—20×9—12 μ ; spores subhyalines, puis fulvescentes, largement elliptiques ou subglobuleuses, 5—10×4,5—7,5 μ, jaune sulfurin en masse.

Sur *orme.* — Sous l'écorce et plus ordinairement sous les couches superficielles du bois. Le champignon dissèque et soulève les parties où il va se développer, non pas suivant les couches annuelles, mais suivant un plan très irrégulier, coupant même des nœuds correspondant aux branches. Il pousse assez vite : des arbres, qui ne semblaient pas atteints en novembre 1908, avaient six mois plus tard des plaques de 2 mètres de long sur 30—50 cm. de large ; mais tant que l'écorce n'est pas soulevée, on ne soupçonne pas la présence du champignon : il pouvait donc évoluer déjà depuis un certain temps.

Etalé avec crêtes formées de fibres jaune brun mordoré, soyeuses ; ces crêtes se trouvent là où il y avait des branches que le champignon a sectionnées. Une fois que le bois et l'écorce ont été disjoints et soulevés, le champignon émet des protubérances souvent en forme de lames, où les tubes deviennent perpendiculaires et tout-à-fait comparables à ceux de la forme du chêne. Il végète toujours à l'abri de l'air, sous les couches du bois, ou plus rarement sous l'écorce; lorsqu'il paraît à l'extérieur, le champignon a terminé son évolution. Il n'y a jamais sur l'orme de productions amorphes comme sur le chêne.

Subiculum nul ou formé d'un simple feutrage fauve cannelle : tubes bruns, longs de 0,5—1 cm., à parois très minces et orifice subscarieux; pores 0,3—0,5 mm. (4 par mm.), presque toujours ouverts obliquement, olivacés, puis bruns. — Hyphes cohérentes subindistinctes, 2(—4) μ, à parois plus ou moins épaisses, jaunâtres, avec hyphes subhyalines moins abondantes; spinules fauve brun, à parois épaisses, 15—56×4,5—11 μ; basides hyalines, 15—20×9—12 μ, à 2—4 stérigmates longs de 3—4 μ: spores subhyalines, puis fulvescentes 5—9(—10)×4,5—7,5 μ.

Toute l'année. — Sur troncs d'orme. La lésion produite par le sectionnement du bois est secondaire et fait seulement la place du *Poria*. La vraie lésion est celle qui fournit l'aliment au champignon : c'est une pourriture blanche du cœur de l'arbre, massive, intense; elle est la même sur l'orme et sur le chêne; l'orme périt en l'espace de trois ou quatre ans.

Sur *érable*. — La forme décrite par v. HOEHNEL *l. c.* paraît être très voisine de celle de l'orme.

Sur *chêne*. — Le champignon se forme uniquement dans une cavité dont il épouse étroitement la partie supérieure concave. Cette cavité (trou creusé par les piverts?) est toujours identique, en forme de four à entrée assez étroite. La sole irrégulière est toujours stérile; la voûte supporte le champignon et est seule fertile; la cavité est tapissée de spores en poussière sulfurine. Si la cavité est largement ouverte et peu profonde, le champignon ne fructifie pas et donne une sorte de production amorphe. A Carmassol (Aveyron), en creusant davantage une de ces cavités où le champignon ne se développait pas, nous avons obtenu le champignon fertile. Il forme parfois un gâteau de 20 cm. de diamètre, qui repousse après avoir été enlevé. Il n'a sans doute pas d'époque particulière de végétation et pousse en tout temps, lorsque le mycélium a accumulé les matériaux nécessaires à son développement. La plante de Carmassol a cessé de végéter pendant trois mois, puis a repris sa végétation. La poussée est active : des tubes de 1 cm. de long. se sont développés en cinq semaines.

Tubes bai clair, puis brun d'ombre, perpendiculaires, atteignant 2 cm. : stratification provenant d'arrêts de végétation ; ce ne sont pas des couches annuelles : un spécimen stratifié n'était pas âgé de plus de huit mois. Le champignon ne vit probablement pas plus d'une saison ; les larves le détruisent très vite. Pores arrondis, non déchirés, jaune vert, puis olivacés ; bordure olivacé clair ; subiculum muqueux céracé sur le frais (Ce subiculum ne s'est pas formé sur les échantillons à cavité artificielle). — Hyphes fauvâtres, agglutinées, 2 µ. Spinules brunes, les unes normales subconiques, dans l'hyménium. 20—25×8 µ, les autres fusiformes, ou cylindriques, au fond des tubes, ou dans la trame, atteignant 150—180×9 µ ; spores obovales ou largement elliptiques, subglobuleuses, subhyalines, 6,5—8 —9×5,5—7 µ, sulfurines en masse. (*Fig. 180*).

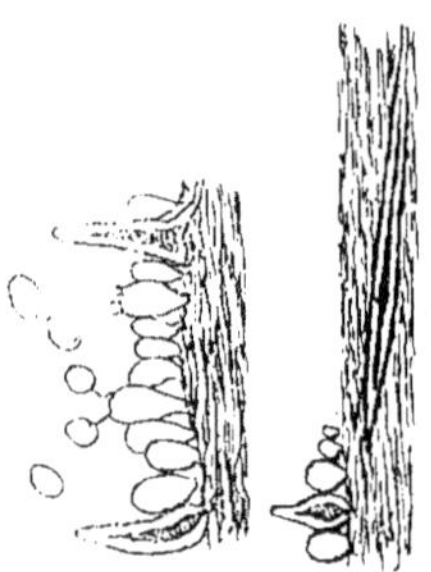

180. — *Xanthochrous obliquus* (Pers.). — à droite spinule dans la trame.

Assez fréquent sur troncs de chêne mourants ou en pleine vitalité, assez souvent haut sur le tronc. Il produit une pourriture très massive, blanche, blanc jaunâtre, assez active, gagnant l'intérieur de l'arbre. Le cœur arrive à être tout détruit ; le bois pourri est coloré en jaune, comme il l'est par *X. hispidus, corruscans*. Les dernières couches de l'aubier restent intactes. Quelquefois le bois est sectionné par le mycélium et la lésion devient alors tout-à-fait comparable à celle de l'orme. Toutefois le champignon du chêne met longtemps à tuer l'arbre.

Le *Poria obliqua* a aussi été trouvé sur bouleau, en Suède, par M. ROMELL ; il est indiqué sur bouleau et hêtre, en Pologne et en Hongrie, par M. BRESADOLA.

XVII. — PORIA Pers.

Réceptacle réduit à un subiculum résupiné, portant la couche des tubes. Ce subiculum est parfois très mince, peu distinct, ou se confond avec le mycélium, et les tubes paraissent assez souvent reposer directement sur le substratum.

Les caractères de structure des *Poria* reproduisent, d'une manière à peu près parallèle, ceux des divers genres des Porés à chapeau, et plusieurs de ces derniers, *Leptoporus, Coriolus*, etc., ont des formes accidentellement résupinées, qui sont si affines à certains *Poria*, que ceux-ci devraient évidemment être rattachés à ces genres. Nous avons dit déjà que, si le genre *Poria* a été maintenu, c'est à cause de la difficulté qu'on trouve à rapporter certaines espèces à leur genre propre. Les éléments de comparaison avec le chapeau sont tellement réduits dans les *Poria* qu'il ne reste souvent que les caractères tirés des tubes.

Il y a aussi quelques espèces de *Poria* dont les affinités ne sont pas avec les genres des Porés, mais avec des groupes différents. Ainsi, la section I, *Byssinae* a l'aspect et toute la structure, hyphes, basides et spores des *Corticium* du groupe *C. byssinum. Poria terrestris* a une forme corticioïde qui. récoltée isolément, aurait été classée dans le voisinage de *C. byssinum*; *P. Sartoryi* est presque un *Corticium atrovirens* à hyménium poré. La section II a ses affines dans les *Corticium*, sections *Humicola* et *Urnigera*, qui se prolongent en se fusionnant dans les Hydnés et dans les Porés.

Tableau analytique des Espèces

1 — Trame dure subligneuse ou subéreuse-floconneuse, jaune fauve ou brune. rarement lignicolore : tubes souvent stratifiés : 2.
— Trame molle, byssoïde, céracée, charnue ou coriace, blanche ou de teinte claire : 14.

2 — Pas de spinules ; spores jaune fauve ; hyphes fauves, rigides, à peu près isodiamétriques : *Xanthochrous ribis*, n. 961.
— Pas de spinules ; spores hyalines ; hyphes flexueuses, rameuses, subhyalines ou brun huileux : 3.
— Spinules rares ou nulles : spores hyalines, sphériques, 6—8 μ d. : 5.
— Spinules nombreuses ; spores sphériques, 4—6 μ d., ou elliptiques. oblongues, subcylindriques : 6.

3 — Tubes et trame brun d'ombre ; hyphes brun huileux, 1.5—6 μ : *P. megalopora*, n. 1005.
— Tubes et trame pâles, lignicolores ; hyphes subhyalines, 1—3 μ ; spores tronquées à la base : 4.

4 — Stroma fauve testacé, peu adhérent, frangé aux bords : *P. fulviseda*, n. 1004.
— Bordure étroite, nettement limitée : *P. medulla-panis*, n. 1003.

5 — Trame rhubarbe, jaune fauvâtre, dure : *Phellinus robustus (resupinatus, buxi)*, n. 930 var.
— Trame brune plus ou moins fauve : *Phellinus Friesianus*, n. 939.

6 — Spores colorées : 7.
— Spores hyalines : 8.

7 {
Espèce venant à l'air ; pores bruns à orifice chatoyant ; spores subelliptiques, 4—6×3 μ : *Xanthochrous polymorphus*, n. 954.

Espèce poussant sous l'écorce ou dans les couches du bois qu'elle soulève, ou encore dans des cavités du bois à ouverture étroite ; spores 5—9×5—7 μ : *Xanthochrous obliquus*, n. 962.

8 {
Spores étroites, subcylindriques ou subulées, un peu arquées, 5—9×1,5—3 μ : 9.

Spores arrondies ou subelliptiques, 4—7×3,5—4,5 μ : 11.

9 {
Spores subulées, plus étroites au sommet ; trame parcourue par de fines lignes noires : *Phellinus nigrolimitatus*, n. 938.

Spores subcylindriques, un peu déprimées latéralement ou sub-arquées : 10.

10 {
Largement étalé et quelquefois réfléchi en petits chapeaux fau-vâtres ou fuscescents ; pores 0,25—0,35 mm. Sur coni-fères : *Phellinus isabellinus*, n. 937.

Toujours résupiné ; pores 0,1—0,24 mm. Sur feuillus : *Phellinus ferreus*, n. 945.

11 {
Pores 2—3 par mm., fauves, bruns ou gris-pruineux ; bordure étroite ; spinules subulées, 30—120×6—12 μ ; presque toujours sur bois travaillés : *Phellinus contiguus*, n. 941.

Pores 4—7 par mm. ; toujours sur troncs et branches d'arbres à feuilles : 12.

12 {
Trame brun d'ombre ou brun fauve foncé ; spinules brunes, fortement ventrues et assez brusquement atténuées en pointe au sommet : 13.

Trame fauve ou cannelle, légère ; spinules fauves ou brun fauve, subulées ou fusoïdes, 15—60×5—10 μ : *Phellinus ferruginosus*, n. 942-944.

13 {
Bordure en bourrelet fauve, persistant ; subiculum épais de 1 mm. environ ; trame brun fauve foncé : pores cannelle pruineux ou non : *Phellinus nigricans resupinatus*, n. 932 var.

Bordure étroite ; subiculum presque nul ; trame brun d'ombre bistré ; pores très fins, brun bistré avec pruine noisette ; surface très unie, puis fendillée aréolée : *Phellinus laevigatus*, n. 940.

14 | Pores et trame blancs, blanchâtres, pâles, ne rougissant pas au
toucher : 15.
Pores colorés dès le début ou rougissant au froissement : 41.

15 | Trame molle, floconneuse fragile ou céracée (s'écrasant facile-
ment quand on la triture dans le liquide d'observation,
eau, ammoniaque, solution de carbonate de potasse) : 16.
Trame coriace formée d'hyphes tenaces (résistant plus ou moins
longtemps à la trituration) : 27.

16 | Trame molle, aride floconneuse ; champignons peu adhérents ;
spores subglobuleuses, lisses ou aspérulées : 17.
Trame molle, aride floconneuse, très fragile ; spores subcylindriques ou oblongues : 18.
Trame céracée ou charnue : 19.

17 | Spores aspérulées ; pores à parois très minces ; basides norma-
les : *P. subtilis*, n. 966.
Spores lisses ; basides urniformes ; hyphes ampullacées : *P.
albo-pallescens*, n. 965.
Spores lisses ; basides normales ; hyphes régulières : *P. mollusca*, n. 987.

18 | Spores cylindriques arquées, 5—6×1,5 μ ; bordure étroite,
fibrilleuse : *Leptoporus trabeus*, n. 834.
Spores ellipsoïdes ou oblongues, plus ou moins déprimées, 4—
7×3 μ ; bordure large, blanc brillant ; souvent conidifère :
Leptoporus destructor, n. 841.

19 | Spores ovoïdes subglobuleuses, 4×3 μ ; réceptacle adhérent,
céracé ; tubes courts (1 mm.) ; pores assez grands, 0,3—
1 mm. ; hyphes bouclées : *P. consobrina*, n. 986.
Spores subglobuleuses, 4—6 μ d. ; réceptacles hyalins, aqueux,
puis indurés, rigescents ; pores fins ; hyphes sans boucles : 20.
Spores cylindriques arquées, oblongues ou obovales : 21.

20 | Bosselé onduleux, épais ; tubes longs, prenant ordinairement
en séchant une teinte rougeâtre plus ou moins nette : *P.
undata*, n. 1000.
Mince, uni ; tubes courts : *P. expallescens*, n. 1002.

Spores cylindracées, déprimées, 5—9×3 μ ; réceptacle très
mince, réticulé de pores cupulaires, 0,6—2 mm. ; hyphes

à parois minces, sans boucles, rigides et fragiles : *P. reti-culata*, n. 980.

21 { Spores étroites, cylindriques arquées ; pores fins non alvéo-laires : 22.

Spores obovales ou oblongues plus ou moins déprimées ; hyphes à parois minces : tubes allongés. parfois irpiciformes : 26.

22 { Minces, subhyalins, puis indurés ; tubes courts ; pores très fins, arrondis, réguliers ; spores très étroites : 23.

Assez épais ; tubes assez longs, non pellucides ni rigescents sur le sec : hyphes le plus souvent à parois épaisses : 24.

23 { Subiculum hyalin, largement stérile aux bords, induré, puis plus ou moins détaché du substratum au pourtour ; spores 3—5×1—1,5 μ : *Poria vitrea* Quél. (n. 844 var.).

Subiculum blanc, mou ; bordure apprimée, subfimbriée ou finement villeuse : spores 3—4×0,5 μ : *Pol. pannocinctus*, n. 838 var.

Cf. *P. calcea* var. *fragilis*, n. 990 var.

24 { Hyphes à parois épaisses, terminées en cystides de 4—5 μ d., aiguës, nombreuses ; champignon crème, puis paille. à trame plutôt fragile que molle : *P. Greschikii*, n. 981.

Hyphes à parois minces, bouclées ; cystides fusiformes, 4—6 μ d., obtuses, à parois minces ; champignon pâle, puis crème alutacé ou isabelle clair : *P. latitans*, n. 982.

Pas de cystides : 25.

25 { Arrondi, subpelté, puis confluent, réfléchi et enroulé aux bords, et se détachant facilement en entier : *Leptoporus revolutus*, n. 843.

Largement étalé ; subiculum membraneux mince : bordure apprimée, floconneuse ou submembraneuse : *P. cineras-cens*, n. 983.

26 { Spores obovales oblongues, atténuées à la base ; basides souvent cystidiformes ; champignon épais, souvent noduleux, avec tubes déchirés, irpiciformes ; subiculum blanc, 1—4 mm., tendre, puis subéreux fragile ; sur troncs et souches : *P. ambigua*, n. 985.

Spores oblongues, à peine déprimées ; pas de cystides ; étalé, uni ou convexe ; subiculum très mince, se détachant souvent du substratum en se racornissant : *P. aneirina* et *P. bibula*, n. 984 et 984 bis.

Spores oblongues subcylindriques arquées ; pores souvent irpiciformes ; conidies en poussière abondante, jaune d'or : *P. metamorphosa*, n. 984 var.

27 {
Pores développés en dents subulées ou en palettes irpiciformes ; spores cylindriques arquées : Espèce du genre *Irpex*, IX, p. 571.

Pores irpiciformes ; spores subglobuleuses : **28**.

Pores non irpiciformes : **29**.
}

28 {
Orbiculaire puis confluent ; bordure tomenteuse ; hyménium développé en dents ou palettes divergentes, incisées et fimbriées : *Irpex paradoxus*, n. 998 var.

Etalé, mince ; bordure pubescente ; pores sinueux, donnant naissance à des dents grêles, subulées. incisées ou digitées : *Irpex deformis*, n. 998 var.

Etalé ; bordure byssoïde ; réseau de pores amples, peu marqués, hydnoïdes dès le début, à dents comprimées, incisées et fimbriées : *Irpex obliquus*, n. 998 var.
}

29 {
Trame dure presque subéreuse, blanche ou pâle ; tubes allongés à la fin stratifiés : 30.
Cf. *P. medulla-panis*, n. 1003 et *P. callosa*, n. 904 var.

Trame coriace ; tubes jamais stratifiés ; espèces minces : **32**.
}

30 {
Cystides arrondies ou obovales, ordinairement incrustées ; spores obovales subelliptiques : *P. obducens* n. 872.

Pas de cystides : **31**.
}

31 {
Adné ou séparable ; bordure en bourrelet brun d'ombre : *P. makraulos*, n. 914 var.

Adné, largement étalé à l'intérieur des souches de conifères ; tubes allongés : *Ungulina marginata* var. *effusa*, n. 911 var.
}

32 {
Spores cylindriques arquées : 33.

Spores oblongues ou ellipsoïdes, quelquefois un peu **déprimées** : 38.

Spores subglobuleuses : 40.
}

33 {
Pores fins, subarrondis : 34.

Pores moyens ou grands, 0,5—1,5 mm., arrondis ou sinueux : 36.
}

34 { Largement étalé, subiculum nul ; pores très fins ;
    Spores 3—5×0,5—4,5 μ : *P. calcea*, n. 990.
    Spores 4—8×2 μ : *P. hybernica*, n. 742.
Subiculum plus ou moins épais : 35.

35 { Pores 0,2—0,4 mm., ronds, épais, blanchâtres ou jaunâtres, brunissant : *Coriolus hirsutus, resupinatus*, n. 860.
Pores 0,12—0,4 mm., plus minces, blancs puis jaunâtres : *Coriolus versicolor, resupinatus*, n. 863.

36 { Pores arrondis oblongs ou subanguleux : tubes allongés ; spores 5—7×2,5—2,75 μ ; odeur forte, rance : *P. rancida*, n. 993.
Spores plus étroites, 4—6×0,75—2 μ ; odeur nulle ou anisée : 37.

37 { Pores devenant sinueux labyrinthés, blancs puis jaune alutacé et brunissant : *P. sinuosa*, n. 988.
Pores arrondis ou anguleux, non flexueux, ni dédaléens : *P. caporaria*, n. 989.
Pores réguliers ou sinueux, à la fin prolongés en dents subulés ou subfoliacées : mince, blanchâtre puis jaune isabelle : *P. dentipora* (Obs. 989).

38 { Pores fins, 0,15—0,3 mm. réguliers, à parois très minces ; spores ellipsoïdes un peu déprimées, 3—5×1,5—3 μ : *P. vulgaris*, n. 997.
Pores et spores plus grands : 39.

39 { Bordure variable, étroite, pubescente, ou étendue en longs rhizomorphes rameux ; pores blancs, anguleux ; spores ellipsoïdes, 5—8×3,5 μ, quelquefois un peu déprimées ; sur conifères : *P. Vaillantii*, n. 992.
Bordure finement fimbriée, persistante ; pores blancs, puis crème isabelle, anguleux ou oblongs ; spores oblongues, déprimées latéralement, 5—6×3 μ ; sur rameaux cortiqués d'aune : *P. confusa*, n. 994.

40 { Espèces cystidiées : 65.
Espèce non cystidiée, à trame dense ; séparable par fragments ; bordure pubescente ou floconneuse ; pores variables, 0,2—1 mm. ; spores obovales subglobuleuses, 4—6×3—4 μ : *P. mucida*, n. 998.

Espèce non cystidiée, mollement feutrée, à hyphes coriaces ;
    mince, séparable ; pores alvéolaires réticulés, 0,3—0,8
    mm., bordure similaire ; spores subglobuleuses, 4,5—6×
    4—5,5 μ : *P. Millavensis*, n. 999.

Bleu-vert, puis isabelle en herbier, byssoïde, lâchement adhé-
    rent ; hyphes flasques, sans boucles ; spores subglobuleu-
    ses : *P. Sartoryi*, n. 964.

Champignon adulte rouge purpurin, pourpre violacé, puis pur-
    purin noirâtre (blanc, jaunâtre, rosé, purpurescent, etc.
    sur le jeune) ; spores cylindriques arquées : 42.

41 Pores blancs, jaunes ou orangés, rougissant par le froissement
    ou par l'âge, ou dès le début roses, incarnats, lilacés, ou
    violacé clair (passant quelquefois à jaune-vert ou vert
    pomme en herbier) : 44.

Sulfurins, crème jonquille, jaune d'or, safrané rouillé : 55.

Jaunâtre sale, alutacés, chamois, isabelle, saumonés, roussâ-
    tres : 58.

Sur arbres à feuilles ; tendre, blanc ou jaunâtre, bientôt purpu-
    rescent ou rosé, puis rouge purpurin et purpurin noirâ-
42   tre ; pores à tranche fertile, d'abord obtuse ; spores cylin-
    driques arquées, 6—9×2—2,5 μ : *P. purpurea*, n. 971.

Sur conifères : 43.

Céracé, blanc rosé, promptement rouge purpuracé puis violacé
    purpurin et noirâtre ; pores anguleux, 0,3—0,5 mm., à
    parois minces : bordure étroite ; spores 6—8×2 μ : *P.
    Bresadolae*, n. 974.

43 Membrane molle, subséparable, un peu coriace, pâle ou blan-
    che ; pores 0,12—0,25 mm., à tranche obtuse, fertile,
    pâles, testacés, incarnats, rougeâtres, puis purpurin noi-
    râtre ; spores 3—7×1—1,5 μ : *P. taxicola*, n. 970.

Spores subglobuleuses ; trame assez coriace : 45.

Spores oblongues elliptiques ; trame molle ou aqueuse ; tubes
44   charnus : 47.

Spores cylindriques arquées ou déprimées ; trame céracée,
    plus ou moins ferme : 48.

Membraneux byssoïde, lâchement adhérent par un mycélium
    aranéeux ou rhizoïde ; hyphes coriaces ; pores blancs ou
    crème, rougissant avec l'âge : *P. terrestris* DC., n. 963.

Charnu coriace, orbiculaire, subpelté, puis confluent induré
contracté sur le sec ; bordure étroite, denticulée ; pores
blanc pur, rougissant fortement au contact, puis bistrés et
noircissants : *P. sanguinolenta*, n. 1001.

Pores devenant légèrement rosés ou rougeâtres au toucher, par
détersion d'une pruine blanche, légère : 46.

45

Pulviné épais, formé de pores irréguliers ; sur souches, racines
et sur le sol : *Daedalea biennis* var. *pulvinata*, n.
879 var.

Etalé interrompu, très mince ; sur la terre nue : *P. terrestris*
Pers., n. 879 var.

46

Mou, puis fragile ; subiculum assez épais, orangé rose ; pores
mous, allongés, incarnats, puis jaunes ou orange incarnat :
P. aurantiaca, n. 979.

Mou, aqueux, épais ; subiculum blanc ou vineux, stérile aux
bords, à la fin relevé en cupule ; tubes charnus, longs,
parfois stratifiés, incarnats puis fuscescents : *P. placenta*,
n. 978.

47

Espèces minces à tubes très courts, subréticulaires, lilacin purpuracé ou violacé clair dès le début : 49.

Plus épais et de coloration plus changeante : 50.

48

Violacé clair ; hyphes de la trame régulières, 2—3,5 μ ; sur conifères : *P. violacea*, n. 739.

Gris purpurin ou lilacé ; hyphes de la trame rigides, fragiles,
3—9 μ ; sur feuillus : *P. rhodella*, n. 973.

49

Subiculum assez épais ; pores rose lilacé à parois épaisses ;
spores 8—10×2—2,5 μ : *P. purpurea* var. *roseo-lilacina*,
n. 971.

Subiculum submembraneux ou nul ; spores 3—7×1—2,5 μ ;
pores blancs, rosés ou jaunes au début : 51.

50

Hyphes à parois très épaisses, 2—4 μ ; peu adhérent ; pores
blancs. rougissant légèrement au froissement : *Leptoporus
revolutus* var. *subrubens*, n. 843.

Hyphes à parois minces : 52.

51

Hyphes de la trame 2,5—9 μ, subarticulées, rigides et fragiles ;
espèces minces : 53.

Hyphes de la trame à peu près similaires, 2—4 μ, flexueuses,
assez tenaces : 54.

52

53 { Pores blancs ou jaunes, rougissant plus ou moins au froissement, devenant sur le sec : rouges, violacés, jaune vert, vert pomme ou restant pâles ; spores 3—6×1—2,5 μ : *P. viridans*, n. 972.

Pores blancs ou crème, devenant sur le sec purpuracés ou brun rougeâtre ; spores très arquées, presque virguliformes, 5—6×3—3,5 μ : *P. Camaresiana*, n. 976.

54 { Céracé-charnu un peu coriace ; subiculum presque nul, induré et contracté sur le sec ; pores blancs rougissant un peu au toucher, puis rosâtres, rougeâtres, noisette incarnat ; sur feuillus : *P. gilvescens*, n. 975.

Subéreux-charnu ; subiculum membraneux, adhérent ; pores crème incarnat ou teintés de vineux, pâlissant sur le sec ; sur conifères : *P. incarnata*, n. 1016.

55 { Paille briqueté, fauve rouillé ou safrané, fendillé sur le sec ; pores fins ; cystides à parois épaisses ; spores arquées, 2,5 —4,5×0,5—1 μ : *P. rixosa*, n. 991 bis.

Jaune doré vif (puis rougeâtre purpuracé en herbier) ; pores alvéolaires, 0,5—1 mm. ; pas de cystides ; spores sphériques, densément spinuleuses, 6—9 μ d. : *P. trachyspora*, n. 969.

Sulfurins, citrins ou jonquille : 56.

56 { Spores lisses, sphériques, 4—6 μ d. ; basides urniformes ; pores alvéolaires, 0,5—1 mm., jonquille : *P. onusta*, n. 968.

Spores obovales, lisses, 3—5×2,5—4 μ ; basides et hyphes normales ; blanc jaunâtre, jaune en dessous, marge byssoïde, fimbriée : *P. albo-lutescens* (n. 968 Obs.).

57 { Spores obovales, lisses ou aspérulées ; basides urniformes ; hyphes ampullacées ; byssoïde submembraneux mou, crème sulfurin à crème jonquille : *P. albo-lutea*, n. 967.

Spores cylindriques arquées : *P. xantha*, n. 990-991.

58 { Pores amples formant d'abord des fossettes dans un mycélium épais, bombycinoïde jaunâtre, peu adhérent : *P. bombycina*, n. 985 bis.

Pores petits ou moyens, à texture non tomenteuse : 59.

59 { Floconneux, arides, trame molle : 60.

Céracés tendres, trame molle : 61.

Coriaces, trame tenace résistante : 64.

    /Trame isabelle, fauve testacé, tournant à purpurin vif au con-
    \   tact des alcalis : *Phaeolus nidulans, resupinatus*, n. 853.
60/Trame blanche, très fragile ; pores roussâtres ; spores cylindri-
    /   ques arquées, 4—5×1,5 µ : *Leptoporus fragilis, resupi-*
    (*natus*, n. 835.

    \Spores cylindriques arquées : 62.
61/Spores oblongues à peine déprimées : 63.

    |Espèces cystidiées : 24.
    \Pas de cystides.; pores 0,2—0,6 mm. fauvâtres, puis brunâtres,
    | poisseux : spores 4—6×1,5—2 µ : *P. mellita*, n. 977.
62/Pas de cystides : pores 0,1—0,2 mm., incarnat fauve, puis bais,
    /   pruineux, formant une couche hétérogène avec le subicu-
    | lum blanc ; spores 3—6×1 µ : *Leptoporus dichrous resu-*
    \   *pinatus*, n. 846.

    |Subiculum très mince, souvent étalé en bordure stérile ; blan-
    \   châtre, puis isabelle et brunâtre. induré : *P. aneirina*,
63| n. 984.
    /Subiculum fibreux charnu, blanc ; pores blancs, puis jaunâtres
    /   et isabelle : *P. ambigua* v. *albo-gilva*, n. 985.

    \Cystides claviformes ou fusiformes, à parois épaisses, incrus-
64\   tées ; spores ellipsoïdes, 3—5×2—3,5 µ : 65.
    /Pas de cystides : 66.

    \Pores fins, réguliers, crème chamois, isabelle clair, chamois,
    \   incarnat : *P. eupora*, n. 995.
65/Pores fins, bientôt élargis jusqu'à 0,5—1 mm., à parois minces,
    /   flexueuses, déchirées, blanchâtres, crème saumoné, testa-
    /   cé roussâtre : *P. radula*, n. 996.

    |Spores subglobuleuses ; pores roussâtres ou rougeâtre bistré : 67.
    \Spores cylindriques arquées : pores jaunâtre alutacé ou isabelle
    66/   jaunâtre : 37.
    Spores ellipsoïdes un peu déprimées ; pores gris ou noirâtres :
    /   Formes résupinées de *Coriolus unicolor, Lept. adustus*,
    /   n. 864, 848.

    (Dur subligneux, adné ou séparable ; bordure brune ; pores
67\   blancs ou roussâtres : *P. makraulos*, n. 914 v.
    /Aqueux. hyalin, prenant souvent une teinte rougeâtre bistré et
    /   se contractant en séchant : *P. undata*, n. 1000.

I. — **BYSSINAE**. — Pelliculaires ou membraneux, byssoïdes, très lâchement adhérents, aranéeux au pourtour ; hyphes sans boucles ; spores globuleuses. Humicoles et affines à *Corticium atrovirens, byssinum*.

963. — **P. terrestris** (De Cand., Fl. fr., VI, p. 39). — *Polyporus* Duby, Bot. gall., II, p. 796. — *Poria mollicula* Nob. p. t. — Lloyd, Myc. Not., n. 40, p. 543, fig. 744. — Non *P. terrestris* Pers., nec Bres.

Etalé, lâchement adhérent ; subiculum mince membraneux, très mou, bordure blanche ou fumeuse, formée de fines fibrilles aranéeuses ou rhizoïdes, ordinairement assez étendue ; tubes d'abord réticulaires, puis longs de 1—3 mm., très mous ; pores 0,3—0,5 mm., arrondis anguleux, dentés, blancs, blanc crème, plus rarement jaune clair, rougissant avec l'âge. — Trame molle, formée d'hyphes coriaces régulières, 2,5—4,5 μ, à parois minces, hyalines, sans boucles ; basides 12—18—33×5—7 μ, à 4 stérigmates droits, longs de 3—4,5 μ ; spores hyalines, subglobuleuses, brièvement atténuées et apiculées à la base, 4—5×3—4 μ, ordinairement 1-guttulées.

Automne et hiver. — Humicole, sur pierres, humus et débris sous les mousses ; environs de Millau, où il n'est pas rare, entre les éboulis du jurassique inférieur.

C'est sur la pierre qu'il prend son plus grand développement; il y adhère peu. En général, le mycélium est abondant et les pores peu développés ; sur le frais, il n'a ordinairement rien de rouge. En mai, il semble à la fin de son évolution : la plupart des spécimens sont rouges ou jaunâtres et ne végètent plus.

Fa *corticiformis*. — Pelliculaire, à hyménium uni, sans pores. Avec le type.

964. — **P. Sartoryi** Bourd. et L. Maire, Ass. fr. p. Av. Sc., 1921, p. 619.

Byssoïde très mou, peu étendu ; subiculum fibrilleux-floconneux, bleuâtre, lâchement fixé par des fibrilles rhizoïdes, ténues, concolores ou pâles ; pores d'abord réticulés anguleux, 0,5—0,6 mm., mous, concolores, puis pâlissant et isabelle ; tubes longs de 1—2 mm. — Hyphes des rhizoïdes très ténues et flasques, celles de la trame 1,5—4 μ, à parois minces, sans boucles, çà et là aspérulées de cristaux ; basides 12—18×5—6 μ, promptement collapses ; spores subglobuleuses ou obovales élargies, plus ou moins brièvement atténuées à la base, 4—4,5(—5)×3,5—4(—4,5) μ, 1-guttulées, lisses ou très subtilement pointillées.

Avril 1921. — Sur bois très pourris de sapin, à demi enfoui dans l'humus, Mont Donon (Vosges), L. MAIRE.

Affine à *Corticium atrovirens*. Se décolore en herbier et finit par ressembler à *P. terrestris*.

II. — SUBTILES. — Trame très tendre, formée d'hyphes molles, souvent ampullacées, boucles plus ou moins nombreuses ; pores blancs ou jaunes ; spores lisses ou aspérulées ; basides souvent urniformes. Humicoles ou sur bois très pourris. Affines à *Sistotrema ericetorum*, *Grandinia muscicola*, *Hydnum raduloides*, etc.

965. — P. albo-pallescens Hym. de Fr., n. 681.

Etalé, peu étendu, très mou, finement aranéeux, puis lâchement membraneux, peu adhérent ; bordure blanche, pruineuse aranéeuse ; tubes courts, 0,5—1 mm. ; pores 0,2—0,7 mm., arrondis anguleux, blancs puis pâles. — Hyphes de la trame 2—4 μ, à parois minces, bouclées et ampullacées jusqu'à 6 μ, parfois incrustées de cristaux ; les subhyméniales plus régulières ; basides ovoïdes, puis urniformes, 9—18×4—6 μ, à 4—6(—8) stérigmates arqués, longs de 4 μ ; spores hyalines, lisses, sphériques ou très brièvement atténuées à la base, 2,5—3—4,5×2—4 μ, 1-guttulées.

Octobre à Mai. — Sur débris de fougères, bruyères, humus, pierres, grès.

Plus mince et encore plus délicat que *P. subtilis*, auquel il ressemble beaucoup et dont il se distingue par ses basides urniformes et ses spores lisses.

966. — P. subtilis (Schrad.) Bres., Kmet., n. 84 ; Fungi polon., p. 80. — *Polyporus hymenocystis* Berk. Br. — Sacc., Syll., VI, p. 314. — Romell, Hym. of. Lappl., p. 13.

Etalé, 1—15 cm., lâche et peu adhérent, très mou, flocon-neux, blanc puis pâle ou crème, (quelques spécimens deviennent jaunâtres, roussâtres, ou incarnat sale en herbier) ; bordure en membranule aranéeuse ou byssoïde ; mycélium très léger, parfois en cordons filiformes blancs, rampant dans le bois ; tubes à la fin longs de 1—2,5 mm. : pores d'abord en réseau, arrondis anguleux, 0,15—0,3(—0,6) mm., bientôt déchirés ; trame très molle, à hyphes hyalines, à parois minces, plus ou moins régulièrement bouclées, 1,5—5 μ, souvent aspérulées de cristaux ; basides obovales ou oblongues, 7—11—16×3,5—6 μ, à 2—4 stérigmates longs de 4—

4,5 μ ; spores hyalines, arrondies ou ovoïdes, aspérulées ou spinuleuses, 3—4—6×2,5—3—4 μ, souvent 1-guttulées.

Toute l'année, surtout saisons humides. — Commun sur bois très pourris, branches tombées, arbres à feuilles et à aiguilles, vieux polypores, mousses, humus, pierres. — Pourriture blanche mais souvent humicole.

Les hyphes présentent dans les divers échantillons des différences assez sensibles ; dans les uns, les hyphes n'ont guère que 2—3 μ, régulières ; dans d'autres, irrégulières, elles présentent des renflements ampullacés, 6—15 μ, bouclés ou non. Mais ces différences ne peuvent se coordonner avec d'autres caractères appréciables et ne sont pas toujours bien tranchées.

967. — **P. albo-lutea** Hym. de Fr., n. 683.

Etalé, mou, submembraneux, fibrilleux byssoïde, blanc crème, puis sulfurin ou crème jonquille ; bordure fibrilleuse blanche ; tubes courts ; pores 0,5—0,8 mm., anguleux, irréguliers, blancs, crème jonquille, à la fin jaune fauve. — Trame très molle, formée d'hyphes guttulées, 2,5—5 μ, à parois minces, septées à boucles éparses, ampoules assez rares, 7—9 μ ; basides plus ou moins nettement urniformes, 14—18—21×6—9—10 μ à 4 stérigmates longs de 3 μ ; spores hyalines, subglobuleuses ou obovales, brièvement atténuées ou apiculées à la base, lisses 4,5—5—6×4—5 μ souvent 1-guttulées. (*Fig. 181*).

Hiver. — Sur débris, humus, grès. — Très voisin de *Grandinia muscicola* par la structure, mais il n'a pas son odeur caractéristique et ne devient jamais hydnoïde.

181. — *Poria albo-lutea* Bourd. et Galz. — b, spores de la var. *stenospora* ; c, spores de la var. *microspora* ; d, spores de la f. *xystrospora*.

Var. **stenospora**. — Blanc, puis crème, subincrustant ou séparable sur substratum lisse ; pores 0,3—0,5 mm., subarrondis ou irréguliers, jaune vert ou jaune fauve sur le sec. Hyphes 2—5 μ, irrégulièrement bouclées, avec ampoules 7—10 μ ; basides 15—31×6—8 μ à 4(—6) stérigmates droits, longs de 3—4 μ ; spores assez variables, déprimées latéralement, largement oblongues jusqu'à subcylindriques, 4—5—7×3—4,5 μ. — Automne et hiver. Sur humus, sous les aiguilles de pin, et aussi sur les pierres.

Var. **microspora** :

a) *liospora*. — Aspect de *Poria subtilis*, mais sulfurin sur le
sec ; pores 0,4—0,6 mm. ; hyphes 2—6 μ, bouclées, ampullacées
9 μ ; basides urniformes, 13—18×6—7,5 μ, à 4 stérigmates ; spores hyalines, lisses, obovales, brièvement atténuées à la base, 3,5
—4,5×2—4 μ, ordinairement 1-guttulées. — Septembre-Avril.
Sur humus, terre brulée, débris, sur les mousses à la base des
troncs.

b) *xystrospora*. — Mycélium floconneux aranéeux, blanc ;
hyménium réticulé-cupulaire puis poré ; pores 0,5 mm., fragiles,
blancs, puis sulfurins ou crème jonquille. Trame très molle,
hyphes 2—4,5 μ bouclées, avec ampoules 7 μ ; basides plus ou
moins urniformes, 15—18×4—6 μ à 4—8 stérigmates ; spores obovales, brièvement atténuées à la base, lâchement aspérulées, 4—
4,5×3 μ. — Hiver. Sur souches et troncs, sous les mousses, sur
débris, grès.

P. albo-lutea et ses variétés se distinguent de *P. albo-pallescens* par leur
leur teinte franchement jaune ; de *P. subtilis* par ce même caractère, leur baside urniforme et la spore lisse (sauf *xystrospora*).

968. — **P. onusta** (Karst.) Bres., F. gall. in Ann. myc.,
1903, p. 41. — *Trechispora onusta* Karst., Hedw., 1890.
Etalé, tendre et mou ; subiculum très mince, crème jonquille,
jaune d'or clair ; bordure plus pâle, subcitrine ou blanchâtre, très
mince, subbyssoïde : tubes très courts ; pores réticulés anguleux,
0,6—1 mm., jaune d'or clair. — Hyphes à parois très minces,
flasques, 2—3—6 μ, à boucles éparses, plutôt rares ; hyménium
peu dense ; basides d'abord subsphériques ou ovoïdes, 10—12×6
—9 μ, émettant ensuite un tube subcylindrique portant les stérigmates à son sommet, ou stériles se terminant par une sorte d'in-
crustation variable : spores hyalines (un peu teintées de jaune ?)
sphériques, lisses, 4—6 μ diam., ou 5—6×4,5—5 μ.
Novembre. — Sur bouleau, Vosges.

Les éléments hyméniens sont très flasques : avec les basides du type
urniforme, il semble qu'il y ait aussi des basides 16×6 μ (normales ou à base
atrophiée)? La bordure n'est pas conidifère : elle est constituée par des
hyphes 1,5—4,5 μ, et, en certains points, il y a des basides sphériques ou
obovales immatures, comme dans la partie porée.

P. albo-lutescens (Rom. Lappl., p. 11). Etalé, mou, blanc jaunâtre un
peu safrané, séparable, jaune en dessous, marge byssoïde fimbriée ; pores 2—
4 par mm. Hyphes 2—4 μ, bouclées ; basides claviformes 15—20×4,5—6 μ ;
stérigmates longs de 3—8 μ ; spores globuleuses ellipsoïdes ou ovoïdes, 3—5

×2,5—4 µ. Sur bois pourri de sapin, Lapponie (n. v.). — Le spécimen de
Rydbo que cite M. Romell paraît bien être la même chose que notre plante
des Vosges et serait vraisemblablement distinct de *P. albo-lutescens*.

969. — **P. trachyspora**. — *Sistotrema sulphureum* var.
retigera Hym. de Fr. V, n. 351 (état jeune).

Etalé, mou, pelliculaire, peu adhérent, assez largement stérile aux bords, marge floconneuse aranéeuse, pâle, blanchâtre ;
hyménium d'abord formé de poin-
tes courtes ou de crêtes en réseau,
puis de pores alvéolaires inégaux, 0,5—1 mm., à la fin plus
profonds 1—2 mm., jaune doré
vif, puis rougeâtre purpuracé sur
le sec. — Bordure stérile constituée par des hyphes à parois
minces, sans boucles, assez fragiles, parallèles (3)—4—6 µ, avec
renflements jusqu'à 9—10 µ ; hyphes de la trame enchevêtrées,
assez lâches, un peu plus denses
dans l'hyménium, souvent ramifiées à angle droit, flasques ; basides 25—32—50×9—12 µ, contenant une grosse guttule ou plusieurs plus petites, qui absorbent

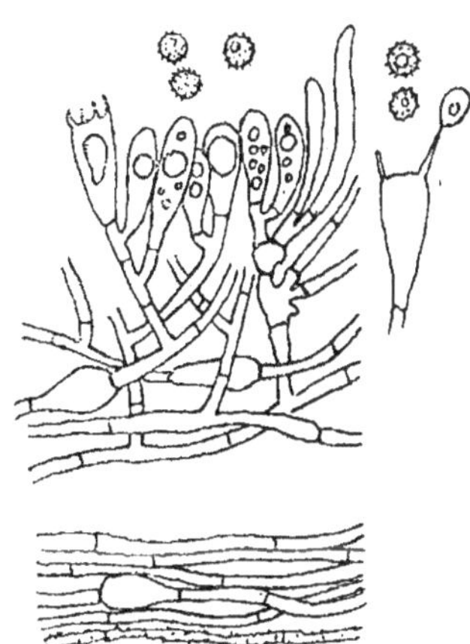
182. — *Poria trachyspora* Bourd. et
Galz.

fortement les colorants. 2—4 stérigmates longs de 4—6 µ ; spores
sphériques, aspérulées de nombreux aiguillons, 6—9—10×6—
9 µ sans les aiguillons, 9—12 µ avec les aiguillons, jaune clair.
(*Fig. 182*).

Eté, automne. — Humus, pierres, débris et gagnant les bois
et troncs gisant sur le sol.

III. — **MERULIEAE**. —. Pores mérulioïdes, fertiles sur la tranche, puis plus profonds tubuliformes à orifice entier, testacés, incarnats, purpurin noirâtre. (Cf. *Poria violacea* Fr.,
Bres., n. 1014).

970. — **P. taxicola** (Pers.) Bres., Kmet., n. 55 ; Fungi
polon., p. 76. — *Xylomyzon* Pers., Myc. eur., II, p. 32, t. XIV,
f. 4-5 (prava). — *Pol. haematodus* Rostk., t. 62. — Romell, Rem.,
on some Pol., fig. 3. — *Pol. rufus* (Schrad.) Fr., Hym., p. 573.

Étalé et largement confluent en membrane molle, subséparable, assez épaisse, bordure blanche, pubescente, assez étendue ou très étroite presque nulle ; pores 0,12—0,25 mm., arrondis, réticulés mérulioïdes, puis plus profonds, à orifice entier, obtus, pâles, testacés, incarnat rougeâtre, puis purpurin noirâtre. — Hyphes du subiculum et de la bordure similaires, 3—9 μ, à parois minces, sans boucles, lâchement enchevêtrées, farcies d'un suc brunâtre, avec dépôt de matière résineuse dans le voisinage de l'hyménium ; hyphes subhyméniales très fines, sinueuses, peu distinctes ; basides serrées, 12—16—25×3—5 μ, à 2—4 stérigmates longs de 2,5—3,5 μ ; spores cylindriques arquées, hyalines, 3—4 —7×1—1,5 μ.

Du printemps à l'hiver, mais robuste et résistant longtemps. — Sur branches tenant à l'arbre ou tombées, pin silvestre, pin noir d'Autriche ; commun dans le Centre ; rare dans le Midi.

Le subiculum, blanc en station verticale, simule parfois un rudiment de piléole. Les parois des tubes sont fertiles sur la tranche et rapprochent l'espèce des Mérules ; QUÉLET la donnait sous le nom de *Merulius violaceus*. — Pourriture assez peu active.

971. — **P. purpurea** (Hall.) Fr., S. M. — Rostk., t. 27, f. 3. — Quél., Fl. myc., p. 380 et Ass. fr., 1891, fig. 21 (spore erronée). — Gillet, pl. suppl.

Arrondi, oblong, puis confluent, tendre, mince, plus ou moins adhérent, d'abord blanc (ou jaunâtre subocracé), bientôt purpurescent ou rosé, puis rouge purpurin et purpurin noirâtre ; pores alvéolaires réticulés, puis anguleux arrondis, 0,2—0,5 mm. à tranche entière, obtuse, basidifère, à la fin à parois plus minces ; bordure ordinairement étroite, pubescente ou pruineuse, blanche ou rose clair. — Hyphes de la trame lâches, 2—3—9 μ, à parois minces, fragiles, souvent aspérulées de cristaux bacillaires, ou à contenu qui brunit dans les alcalis, boucles nulles ou très rares ; hyphes subhyméniales à peu près indistinctes, avec amas granuleux de matière résineuse ; basides serrées, 9—15—24×3—5—6 μ, à 2—4 stérigmates droits, longs de 4—5 μ ; spores hyalines, cylindriques arquées, 6—7—9×2—2,5 μ, souvent avec deux ocelles polaires.

Toute l'année, surtout automne et printemps. — Sur bois pourris, branches tombées, souches, chêne, frène, hêtre, coudrier, cerisier, etc. ; sur *Trametes gibbosa*. — Pourriture peu active.

La var. *roseo-lilacina* Bres., Pol., p. 76 (*P. purpureus* Fr., El., *nec alibi*) a le subiculum plus épais, les parois des tubes plus épaisses, les pores toujours rose lilacé, pâlissant, les hyphes plus grosses et les spores 8—10×2—2,5 μ. Sur bouleau, Pologne.

IV. — **LEPTOPORUS** Pat. — Trame tendre ; tubes à parois minces, distincts du subiculum ; pores fins.

IV *a*. — *Chrooporae*. — Trame molle ou fragile ; pores fins, blancs, se colorant au toucher ou par l'âge, ou primitivement rosés, purpurins, violacés ou jaunes.

    * *Spores étroites, cylindriques arquées ; céracés sur le frais.*

972. — **P. viridans** Berk. Br. — Fr., Hym. eur., p. 576. — Bres., Kmet., n. 66. — *Physisporus inconstans* Karst., Rev. Myc., XXXIII, p. 10. — *Poria* Sacc., Syll., VI, p. 304. — *Polyporus Nuoljae* Rom., Hym. of Lappl., p. 18, fig. 11 ; Rem. on some Pol., p. 644.

Largement étalé, céracé tendre, adhérent, mince ; subiculum très mince ou presque nul ; tubes 0,5—3 mm. long. ; pores fins, 0,1—0,3(—0,5) mm., arrondis anguleux, entiers, à orifice à la fin très mince, blancs ou jaunes, restant pâles ou devenant plus ou moins rouges, violacés, vert pomme ; bordure blanche, pubescente ou membraneuse, mince, ordinairement étroite. — Hyphes de la trame 3—9 μ, lâches, à parois minces ou à peu près, rigides, assez fragiles, à cloisons fréquentes, subarticulées, sans boucles, souvent à contenu brunâtre ou jaunâtre ; hyphes subhyméniales 2,5—3 μ, orifice des tubes formé par des hyphes parallèles en faisceau, 3—6 μ ; basides 7—12—16×3—4,5—5 μ ; spores hyalines, cylindriques arquées, 3—4,5—6×1—1,5—2,5 μ.

Mai à Janvier. — Sur bois pourris, souches, troncs abattus, rarement sur arbres debout, chêne, peuplier, pommier, frêne, cerisier et autres feuillus. — Pourriture blanche, peu active.

Un certain nombre d'échantillons verdit en herbier ; sur le frais, la coloration est assez variable :

1. *P. viridans* Bk. — Blanc puis vert pâle sur le sec. Commun.

2. *P. inconstans* Karst. — Blanc, violacé pâle au toucher.

3. *P. Nuoljae* Rom. — Pâle, puis crème ocre ou à peine rosé. Commun.

4. *flavido carneola* Bres. — Jaune pâle, puis incarnat.

5. *aurantio-carnescens* P. Henn. in Syd., Mycoth. march., n. 4.706. — Bres. — Orangé plus ou moins foncé, puis saumon et rouge assez vif en herbier, ou violacé vineux. Noyer, peuplier, frêne.

6. *obscurior*. — Blanc, puis rouge ou vert, prenant en herbier une teinte rouge brun ou purpuracée. Chêne, noyer, hêtre.

973. — **P. rhodella** Fr., Obs. ; Hym. eur., p. 573. — Bres., Kmet., n. 56. — Bull., t. 442, f. D ?

Etalé, mince, 1 mm., mou, lilacin purpuracé sur le frais, puis cendré, et gris pâle luride en herbier ; pores obtus, cupulaires subréticulés, 0,2—1 mm., tendres, inégaux, à cloisons obtuses puis amincies ; bordure stérile, pubescente, purpuracé incarnat, puis lilas foncé. — Trame lâche, formée d'hyphes, 3—9 μ, à parois minces, rigides fragiles, à cloisons fréquentes, sans boucles, parfois aspérulées de cristaux bacillaires et contenant une substance résineuse brunâtre ; région subhyméniale plus serrée, à hyphes moins distinctes ; basides 12—15—20×3—6 μ, à 2—4 stérigmates longs de 3—4 μ ; spores hyalines, oblongues subcylindriques, un peu arquées, 4—4,5—7×2—3 μ.

Toute l'année ; végétation assez active ; se forme en un mois, entre aubier et liber, et s'étend alentour, gagnant même le sol et les pierres. — Souches de peuplier, tremble, déjà attaquées ; rare, Allier, Aveyron ; Belfort (L. Maire) ; Vosges (Demange).

P. rhodella a la structure de *P. viridans*, dont il diffère surtout par la teinte. Tous nos spécimens, déterminés par M. Bresadola, et celui de l'Exs. Brinkmann, n. 133, ont une même teinte lilacée un peu purpurine, tournant en herbier à cendré luride. Fries dit cependant : « colore roseo, v. pallide incarnato constanter gaudet ». — Selon M. Romell, le *Pol. rhodellus* Fr., Ic. sel., t. 189, f. 2 représente probablement *Poria purpurea*.

974. — **P. Bresadolae** Hym. Fr., n. 690. — *P. sanguinolenta* (A. Schw.) sensu Bres., Fungi polon., p. 79 !

Etalé, oblong, puis confluent, adhérent, céracé, blanc à peine rosé, puis promptement rouge purpuracé par l'âge ou le froissement ; tubes toujours courts et ne formant qu'un réseau purpurin vers les bords et dans la jeunesse ; pores 0,3—0,5 mm. anguleux, à parois minces, à la fin violacé purpurin et rouge noirâtre ; subiculum très mince, 0,2 mm. ; bordure égale, étroite, blanche, pubescente, puis rosée ou purpurin clair, quelquefois nulle. — Trame molle, formée d'hyphes fragiles, à parois minces, sans boucles, 2,5—5 μ, parfois aspérulées ou ruguleuses ; sous-hyménium obscur, bruni par une matière granuleuse bacillaire ou guttulée ; basides 15—20—27×4,5—5 μ ; spores hyalines, cylindriques arquées, 6—8×2—2,5 μ.

Commence à pousser avec le printemps, la bonne végétation est de l'automne. — Sur bois de pin encore durs, même chauffés ou carbonisés ; toujours récolté dans un rayon très limité, au-dessus de Carbassas, Causse Noir. — Pourriture peu active.

975. — P. gilvescens Bres., Fungi gall. in Ann. Myc., 1908, p. 40. — *P. sanguinolenta* Bres., Hym. Kmet., p. 19 (non Alb. Schw., nec Bres., Fungi polon., p. 79).

Etalé, uni ou bosselé tuberculeux, céracé charnu, puis induré un peu coriace, se contractant et s'enroulant souvent en séchant ; tubes longs de 2—8 mm. ; subiculum nul ou inégal ; pores 0,2— 0,5 mm., anguleux, à parois minces, et orifice subdenté pubérulent, blancs rougissant au toucher, devenant en séchant rougeâtres, rosâtres, noisette incarnat ; bordure étroite, mince, concolore, avec une légère frange byssoïde blanche, fugace. — Trame assez molle, formée d'hyphes 2—4,5 μ, assez tenaces, assez régulières, serrées, enchevêtrées en tous sens dans le subiculum, parallèles dans les parois des tubes, la plupart à parois minces ou peu épaissies, à boucles éparses assez fréquentes, les subhyméniales 2—3 μ avec substance brunâtre peu abondante ; basides 8—12—18 ×3,5—5 μ : spores cylindriques un peu arquées, 4—5—7×1,5— 2,5 μ hyalines.

Automne et hiver. — A la surface et à l'intérieur des souches, troncs et branches à terre, hêtre, pommier, noyer, chène, peuplier ; pas rare. Aveyron, Tarn, Allier, Oise, Vosges, etc. — Pourriture blanche, assez active. — Assez fréquemment myriadoporique, à surface ondulée spongieuse, criblée de cavités ou tubes irradiants, formant une masse zonée à l'intérieur et épaisse de près d'un centimètre.

976. — P. Camaresiana Hym. Fr., n. 692.

Etalé, subinné, adhérent, mince, céracé tendre, blanc puis crème ocracé et prenant ensuite une teinte rouge pourpré et brun rougeâtre, devenant sur le sec fragile et brun foncé ; subiculum très mince, blanc, farineux-floconneux, pénétrant par plages dans le bois qui est très ramolli ; tubes 0,5—1 mm. long. ; pores 0,4—0,6 mm., arrondis anguleux à parois assez épaisses obtuses, pruineuses ; mycélium et bordure blancs, lilacin-rosé, villeux-floconneux, très mous. — Hyphes 2,5—6 μ, à parois minces, sans boucles, rigides, quelquefois aspérulées ; basides 15—24—27×5—6 μ, à

2—4 stérigmates droits, longs de 4—6 μ ; spores hyalines, oblongues arquées et obliquement atténuées à la base, presque virguliformes, 5—6×2,75—3 μ.

Avril à Janvier. — Sur bois très pourris, débris ou éclats gisant sur le sol, de poiriers très vieux, Nicouleau, Bétirac, dans le Camarès (Aveyron) ; sur vieux pommier sauvage, Cormatin (S.-et-L.), F. Guillemin.

Cette plante est très voisine de *P. mellita*, mais elle n'en a pas la large bordure stérile ; le mycélium est rosé ou violeté dans les deux, mais *P. Camaresiana* est de végétation moins vigoureuse et sa pourriture est peu active. Les pores sont plus ou moins villeux, retenant par viscosité une fine poussière de bois très altéré, dont il se recouvre, de sorte qu'il est souvent difficile à voir.

977. — **P. mellita** Hym. Fr., n. 693. — Lloyd, Myc. Not., n. 40, p. 543, fig. 743.

Etalé céracé tendre, restant mou, comme imprégné de miel sur le sec ; subiculum blanchâtre, épais de 0,2 mm. ; tubes longs de 1—1,5 mm., brun clair pellucide ; pores 0,2—0,6 mm., inégaux, subréticulés, à parois assez épaisses, à orifice entier, blanchâtre pulvérulent, jaunâtre orangé, fauve rougeâtre, puis brunâtres, poisseux ; bordure large, membraneuse, stérile, blanche puis jaunâtre, floconneuse villeuse et teintée de violeté entre les feuillets du bois, où elle s'étend par plages. — Hyphes à parois minces, 2—6 μ, sans boucles, lâches dans le subiculum, serrées et parallèles dans les tubes, farcies de gouttelettes jaunâtres ; basides 9—12—14(—30)×4,5—6 μ ; spores hyalines, cylindriques arquées, 4,5—5—6×1,5—2 μ, souvent avec deux guttules polaires.

Toute l'année, végète surtout en été et en automne. — Sur troncs morts, à l'intérieur et à l'extérieur, cornouiller, poirier, prunier, cerisier, aune ; Aveyron. — Pourriture rouge, sèche, assez active.

** *Spores élargies, oblongues, déprimées ou non.* (**Phaeolus**).

978. — **P. placenta** Fr., Vet. Ak. ; Hym. eur., p. 572. — Quél., Fl. myc., p. 381. — Bres., Fungi polon., p. 77.

Orbiculaire, épais, mou, humide ; subiculum subéreux-charnu, plus ou moins développé, mais atteignant parfois 5 mm. d'épaisseur, blanc, vineux pâle, séparable, stérile aux bords à la fin relevés en cupule ; tubes charnus, mous, subobliques, parfois stratifiés, longs jusqu'à 7 mm., incarnats, puis fuscescents ; pores moyens ou fins, subarrondis ou oblongs, collapses, concolores. —

Hyphes du subiculum 3,5—6 μ, à parois épaisses ; celles des tubes
3—5 μ ; spores oblongues, 5—6×2,5—3 μ.

Annuel, vieux bois et écorces de pin silvestre, Alpes (A.
Laronde).

979. — **P. aurantiaca** Rostk., t. 58. — *P. saloisensis* Karst.,
Symb. Myc. Fenn. — Sacc., Syll., VI, p. 118. — *Poria nitida*
Bres , nec Pers. — *Poria xantha* Quél., non Fr.

Etalé, mou, puis très fragile ; mycélium tomenteux duveteux,
gris fauve, un peu violacé ou orangé ; subiculum assez épais, ocre
safrané, orangé, rose ou purpurin sur le sec ; pores très fins,
superficiels, ondulés. en plages interrompues, puis développés en
tubes charnus mous, allongés, incarnats, puis jaunes ou orangé
incarnat, brunissant au toucher, bientôt collapses. — Lilacé au
contact des alcalis : hyphes du subiculum 3—6 μ, à parois épaisses,
celles des tubes 2—6 μ, à parois minces, à boucles distantes, souvent incrustées de granules cristallins brunâtres, ou aspérulées,
fragiles ; basides 12—21—27×4—6—7 μ ; spores hyalines, oblongues elliptiques, 4,5—6×2—3 μ.

Végète probablement en été, mais se momifie et persiste
longtemps. — Dans les souches de pin silvestre, pin maritime,
souvent profond dans la souche ; Causse Noir, Causse Rouge.
— Pourriture caractéristique. molle, très active : le bois devient
jaune ou orangé, semble se fondre, et il n'en reste que des
filaments.

IV b. — *Pallidae*. — De teinte claire, blancs, crème, pâles ou jaunâtres, se fonçant quelquefois sur le sec, mais ne se colorant
pas au toucher.

* Spore cylindrique arquée. ou oblongue obovale, souvent un
peu déprimée.

980. — **P. reticulata** Fr., S. M. — Bres., Hym. Kmet.,
n. 85 ; F. polon., p. 80. — *Polyporus* Fr., Hym. eur., p. 580. —
Romell, Hym. Lappl., p. 21. — *Poria farinella* Fr., S. M. ; Hym.
eur., p. 579.

Etalé, mince, blanc puis crème (tendant vers alutacé ou
glauque), formant une simple membrane molle, séparable par
fragments, réticulée de pores cupulaires, anguleux, 0,6—2 mm ;
bordure ténue, floconneuse ou byssoïde apprimée, fugace comme
tout le champignon. — Hyphes 3—4—12 μ, à parois minces, sans

boucles, assez rigides et fragiles ; basides 12—15—21×4—6—7 μ, à 2—4 stérigmates ; spores cylindriques déprimées ou un peu arquées, 5—8—9,5 ×2,5—3—4 μ, blanc pur en masse. (*Fig. 183*).

Toute l'année, plus rare dans les mois secs. — Très commun sur toute espèce de bois très pourri. Probablement peu lignivore.

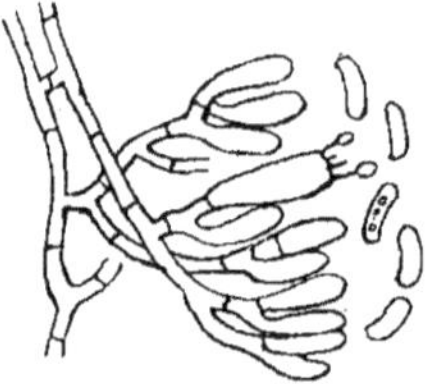

183. — *Poria reticulata* Fr.

981. — P. Greschikii Bres., Sel. Myc. in Ann. Myc., XVIII (1920), p. 38. *Specim. orig.!*

Etalé, pâle puis paille, marge similaire, subpruineuse ; subiculum nul ou à peine marqué ; tubes longs de 2—3 mm., parfois stratifiés ; pores très variables, subarrondis, oblongs, subsinueux allongés jusqu'à 2 mm. — Trame plutôt fragile que molle, formée d'hyphes basidiophores à parois minces, 2 μ, peu abondantes, et d'hyphes cystidiophores à parois épaisses, 2,5—3 μ, se terminant en pointes aiguës, à l'orifice des tubes ; cystides à parois épaisses, longues fusiformes, aiguës, 4—5 μ d. en leur partie la plus large ; basides 12—15—18×3—4,5 μ ; spores cylindriques un peu arquées, 4—6×1—2,5 μ.

Sur troncs de chêne ; Hongrie, *leg.* GRESCHIK, *comm.* BRESADOLA.

982. — P. latitans Hym. Fr., n. 698.

Subinné, pâle puis crème alutacé, isabelle clair ; subiculum membranuleux très mince ou nul ; tubes longs de 1—1,5 mm., fragiles sur le sec ; pores arrondis anguleux, 0,25—1,5 mm. à parois minces, submembraneuses, flasques, à orifice entier dans les parties planes, denticulé et déchiré en palettes contournées, irpicoïdes, dans les parties obliques ; bordure pubescente subpruineuse ou nulle. — Trame assez molle, formée d'hyphes régulières, en trame homogène, bouclées, 2—3 μ, les basidiophores à parois minces, les cystidiophores à parois un peu épaissies ; cystides fusiformes, subobtuses, à parois minces, 24—34×4,5—6 μ, d'abord peu saillantes, puis émergentes de 8—10 μ ; basides 7—12—15×3—4 μ, à 2—4 stérigmates très grêles, longs de 1,5—2 μ ; spores cylindriques un peu arquées, 3—4×0,5—0,75 μ.

Automne-hiver. — Sur des souches de pin très pourries, à l'intérieur, presque dans le sol ; Causse Noir ; rare. — Pourriture blanche active : le bois est réduit à des fibres ligneuses mélangées au mycélium.

Différent de *P. caporaria* par sa trame molle et la présence des cystides; du précédent par ses hyphes, ses cystides à parois minces, sa spore
plus petite, etc.

983. — **P. cinerascens** Bres., Verh. zool. bot. Gesellsch.,
1900, p. 361.

Largement étalé, séparable au moins par fragments; subiculum floconneux membraneux, mince ou presque nul; tubes 2—

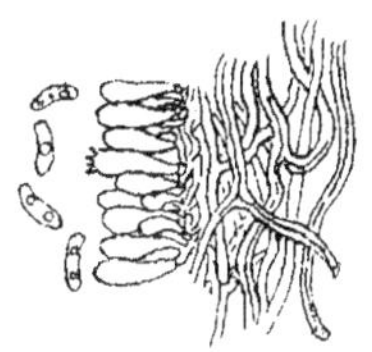
184. — *Poria cineras-
cens* Bres.

8 mm.; pores 0,2—0,6 mm., arrondis ou un
peu anguleux, à parois peu épaisses et orifice entier ou denté, blancs, puis crème jaunâtre ou jaunâtre sale; bordure formée dans
les souches par un mycélium en bourrelet
floconneux, épais, blanc, mince submembraneuse, pubescente, satinée et entière à l'air.
— Trame peu serrée, formée d'hyphes 2—6 μ,
à parois épaisses, flexueuses, sans boucles,
tendres (gonflées 5—9 μ dans les solutions de potasse et s'y dissol-
vant en partie), à parois minces pour la plupart (Congo ammoniacal); basides 9—15—24×4—4,5—6 μ, à 2—4 stérigmates longs
de 4—5 μ; spores cylindriques arquées, 5—6,5—9×1,5—2—3 μ,
souvent 2-guttulées, blanches en masse. (*Fig. 184*).

Végète toute l'année, sauf dans les périodes trop sèches. —
Sur souches très pourries et à l'air sur branches tombées, chêne,
châtaignier, pin, sapin : Allier, Aveyron, Vosges.

Champignon très robuste, très lignivore, à la manière de *P. medulla-
panis*; pourriture non sèche, mais blanche, très active, qui réduit le bois en
fibres mélangées avec le mycélium. C'est un vrai *Leptoporus*, à trame tendre;
la partie gélifiable des hyphes se colore en safrané par la safranine O, comme
dans les Leptopores du groupe *lacteus*.

984. — **P. aneirina** (Sommf., Lapp., p. 276). — *Polyporus
macer* Sommf., p. 278. — *Poria caporaria* var. *macra* Sacc. —
Pat., Tab. an., n. 144. — *Poria serena* Karst., Symb., VII. *Specim. orig.!* — *Trametes* Sacc., VI, p. 356. — *P. fulvescens* Bres.,
Kmet., n. 59. *Specim. orig.!*

Étalé, mince, céracé, adhérent, puis induré, fragile et se
détachant spontanément sur les bois lisses; subiculum mince ou
presque nul; bordure byssoïde, blanche, plus ou moins fugace;
tubes courts, 1—3 mm.; pores inégaux, 0,3—1 mm., arrondis anguleux, flexueux, denticulés ou déchirés irpicoïdes, blancs ou
pâles, puis isabelle ou paille fulvescent. — Hyphes 2—4 μ, à parois minces, assez fragiles, çà et là agglutinées, à boucles éparses,

rares ; basides 18—27×5—6 μ ; spores ovoïdes elliptiques, 4,5—7 ×3—4,5 μ. (*Fig. 185* A).

Toute l'année. Sur bois et écorces, tremble, peuplier, saule ; Allier ; Environ de Paris (E. GILBERT) ; Suède (ROMELL).

Formes ou variétés :

1. *bombycinoïdes*. — Tubes 2—4 mm. long., à parois très minces, nidulants dans un mycélium épais, spongieux cotonneux, blanc. Hyphes 2—3 μ ; basides 12—15×5—7 μ ; spores ovoïdes, 4—5×3—3,5 μ.

Hiver, dans les souches et les branches creuses de peuplier.

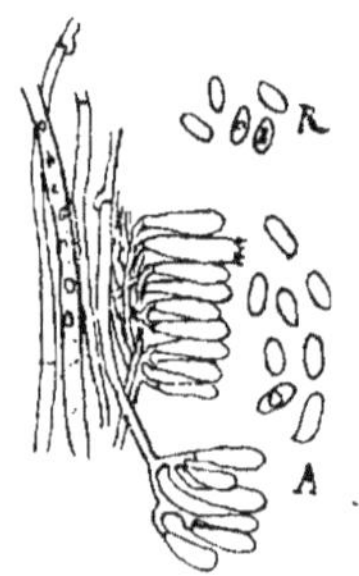

185. — A. *Poria aneirina* (Sommf.). — R, Spores de *Poria resinascens* Rom.

2. *mollissima*. — Tubes peu nombreux (12—20), jaunâtres, à parois très minces, dentées, reposant au centre d'un subiculum blanc, membraneux très mou, large, divisé à la périphérie en lobes fimbriées, apprimés. Basides 9—10×4—5 μ ; spores ovoïdes, 4×3 μ.

Hiver, sur branches tombées.

3. *Poria metamorphosa* Fuck. — Sacc., VI, p. 315. — Pores assez larges, irréguliers ou irpiciformes. Basides 20—25—36×3,5 —5—6 μ, et spores oblongues, subcylindriques, déprimées ou un peu arquées, 5—7,5×2,5—3,5 μ. Il est précédé ou accompagné d'appareils conidiens formés de petits gazons blanc pur, filamenteux qui se couvrent bientôt de conidies jaune doré, très abondantes. Hyphes hyalines à parois minces, 3—5 μ, puis jaune doré ou safrané, portant les conidies sur des spicules latéraux, peu saillants. Conidies 7—9—12×4—6—7 μ, jaune d'or, obovales ou subfusiformes, 1-pluri-guttulées. La pourriture est la même que dans *P. aneirina*, peut-être moins active.

Printemps avec d'autres poussées dans les été humides, pas rare sur troncs pourrissants, poutres, poteaux de chêne, châtaignier, pommier.

984 bis. — *P. **bibula*** Hym. de Fr., Soc. Myc., t. XLI, p. 228. — *Polyporus bibulus* Pers., Myc. Eur., II, p. 99.

Etalé, d'abord adhérent floconneux et blanc, puis membraneux, gorgé d'eau sur les bois humides, assez largement stérile, xylostromoïde aux bords, blanchâtre, puis isabelle et brun fauvâtre, induré, réticulé de pores qui finissent par couvrir le subiculum,

ne laissant souvent qu'une bordure radiée strigueuse, blanche ou
fauve ; souvent en coussinet convexe à tubes atteignant 3 cm. au
centre ; pores d'abord alvéolaires, arrondis anguleux, 0,2—0,5 mm.,
à orifice entier, puis denticulé, aminci, subscarieux, puis oblongs,
1 mm. et plus, blanchâtres, rarement subincarnats, puis isabelle,
crème fauvâtre et brunâtre sale ; subiculum très mince, pâle, puis
isabelle, se détachant du substratum en se racornissant ; odeur
très anisée sur le frais. — Trame tendre, formée d'hyphes à parois
minces ou peu épaisses, 1,5—3—5 μ, à boucles très rares, les subhyméniales 1,5—2 μ ; cristaux tabulaires, bacillaires ou subsphériques dans la trame ; basides 8—15—24×4—6—7 μ ; spores hyalines, oblongues à peine déprimées et obscurément atténuées à la
base ou obliquement 4,5—7—9×3—4—4,5 μ.

De toute l'année, mais végétation plus active en été et
surtout en automne. — Fréquent dans l'Aveyron sur bois de cons-
tructions délabrées, poutres de peuplier et de chêne, souvent sous
des gouttières, étables, hangars. Il est possible que la chaux favo-
rise son développement : les réceptacles les plus épais sont sur
des plafonds faits de poutres, dont l'intervalle est garni de tuf ; il
peut atteindre 1 m. de long. et 2—3 cm. d'épaisseur. Facilement
piqué des larves. — Pourriture active, blanche et massive ; sérieux
destructeur des charpentes.

Au début, le champignon est blanc, avec un mycélium blanc cotonneux
et de spores immergés dans ce mycélium ; il s'affaisse promptement, et avec de
l'humidité il devient aqueux presque hyalin. Il y a des spécimens épais, convexes, gorgés d'eau comme une éponge, qui répondent très exactement au *P.
bibulus* Pers. Dans les endroits moins humides, il est plus largement étalé,
moins épais, prenant une teinte isabelle, fauve rouillé, et dans les positions
verticales, des tubes obliques, déchirés en dents subulées et foliacées.

Le *Pol. resinascens* Rom., Hym. Lappl., p. 21, f. 14. *Specim. orig.* !, est
une espèce assez voisine de *P. aneirina* ; elle en diffère par sa spore plus
étroite, obliquement oblongue, 4—5(—7)×2—2,5(—3) μ, ses pores plus foncés
et plus fragiles, et sa trame engluée d'une matière résineuse semi-cristalline
qui rend les hyphes peu distinctes. Peuplier, saule ; Suède. — L'état jeune de
la plante est le *P. Starbaeckii* Karst. (*ined.* ?) (*Fig. 185 R*).

985. — P. ambigua Bres., Hym. Kmet., p. 84.
Largement étalé, 10—20 cm., épais, onduleux, présentant,
surtout en station verticale, de nombreux tubercules de 1—2 cm.,
aarondis, subtomenteux en dessus, souvent radiés par des tubes
avortés, les autres tubes pendants, souvent ouverts et hydnoïdes,
longs de 3—20 mm. ; pores inégaux, 0,4—1,2 mm., à orifice déchiré, presque scarieux, blancs, puis crème et jaunissant un peu ;
bordure stérile, parfois assez large, lisse, membraneuse, subvil-

leuse, frangée fibrilleuse extérieurement ; subiculum blanc, tendre subfloconneux, épais de 1—4 mm., puis subéreux fragile. — Trame très tendre, à hyphes 2,5—6 μ, à parois minces, régulières, septées sans boucles, parallèles dans les tubes, lâchement enchevêtrées dans le subiculum ; basides 15—20—24×4—6 μ, à 2—4 stérigmates longs de 3—4 μ, fréquemment terminées en pointe stérile, nue ou incrustée d'un petit capuchon d'oxalate de chaux ; d'autres 28—34×5—6 μ peuvent passer pour des cystides à parois minces : spores obovales, ou oblongues atténuées à la base, quelquefois un peu déprimées latéralement. 4,5—5,5—6×3—4 μ, blanches en masse.

Végétation en automne. — Sur troncs et souches, passant parfois sur humus et pierres : chêne, peuplier, hêtre, robinier, aune, orme : Aveyron, Allier, Orne, env. de Paris. Rare. Pourriture blanche assez active.

On trouve quelquefois la plante plus mince, plus unie, plus régulière : elle est tantôt sans cystides, à hyménium homogène, bien fertile : tantôt à basides cystidiformes, toutes stériles et terminées par un chapeau d'oxalate de chaux.

Var. albo-gilva. — Subiculum blanc, fibreux, charnu, épais de 1—3 mm. : tubes courts, 1,5—2,5 mm. : pores inégaux, 0,2—1 mm. blancs, puis jaunâtres et isabelle : bordure pubescente. Trame molle ; hyphes à parois minces, 3—6 μ, avec boucles grosses, rares ; basides 10—26×4—7 μ : spores oblongues subcylindriques, à peine déprimées latéralement, 4,5—5,5×3—3,5 μ. — Septembre, Octobre. Sur pommier, Miramont (L.-et-G.), sur noyer, Mas de Pujol (Aveyron). La plante du pommier n'a pas de cystides, celle du noyer a des hyphes hyméniennes et des basides stériles incrustées.

Nous aurions rapporté cette forme à *P. confusa* Bres., mais M. BRESADOLA ne l'a pas reconnue, et sa trame tendre l'écarte en effet de cette espèce. Elle a aussi des rapports avec *P. Eyrei* Bres. C. Rea, Brit. Bas., p. 602, qui a le subiculum presque nul, les hyphes plus petites 2—3 μ, à boucles plus fréquentes. Peut-être a-t-elle plus de rapports encore avec l'espèce suivante.

985 bis. — **P. bombycina** Fr., El. ; Hym. Eur., p. 575. — *P. hians* Karst., Fungi Fenn. exs., *sec.* Bres., Hym. Kmet., p. 81.

Subiculum étalé, membraneux-mou, mince, lâchement adhérent ; pores formant d'abord des fossettes déprimées dans le mycélium, puis développés en tubes mous, profonds de 1—2 mm., amples, 0,5—1 mm. anguleux, inégaux, jaunâtres puis isabelle fulvescent, comme tout le champignon, en herbier ; bordure aranéeuse byssiforme ou submembraneuse. — Trame molle, formée d'hyphes à parois minces, 3—5 μ, assez fréquemment bouclées, en tissu lâche ; basides 24—30×7—8 μ ; spores régulièrement elliptiques, 6—8×(3,5)—4—5 μ, teintées de paille brunâtre.

Décembre. Sur bois pourris de conifères, Bygget, près de Femsjo, Suède, L. Romell. — Sur bouleau, Bres., Kmet., *l. c.*

Le spécimen que nous a communiqué M. Romell, est, nous dit-il, sûrement identique à l'un des deux exemplaires de l'herbier de Fries, étiquetés de sa main, quoique le spécimen friesien ait la spore un peu plus petite : 5—6×3—4 μ.

** Spores subglobuleuses.

986. — P. consobrina Bres., Specim. orig. !

Etalé, adhérent, marge pubescente pruineuse ou nulle ; subiculum presque nul ; tubes courts, 1 mm. environ ; pores 0,3—1 mm., anguleux inégaux, blancs, puis crème jaunâtre ou fulvescents, à parois amincies, fragiles, entières ou dentées. — Trame céracée, à hyphes molles ou fragiles, à parois minces, 2—3,5 μ, à cloisons distantes bouclées ; basides 8—12—16×4—6 μ, à 2—4 stérigmates droits, longs de 4—5 μ ; spores hyalines, ovoïdes subglobuleuses, .3—5×3—3,75 μ, souvent 1-guttulées.

Toute l'année. — Sur écorces et bois, branches tombées, chêne, châtaignier, amélanchier, etc. dans des endroits humides. — Même pourriture que *P. mucida* avec lequel on le confond à simple vue ; mais sa trame tendre céracée le sépare bien de ce dernier qui est coriace. Il est bien plus affine avec *P. mollusca* pour la structure : il en diffère par ses pores larges et ses tubes courts.

987. — P. mollusca (Pers., Syn., p. 547) Bres., Hym. Kmet., n. 77 ; Fungi polon., p. 73.

Assez largement étalé, peu adhérent, blanc, blanchâtre, puis jaunissant (tirant sur ocre ou safrané) ; subiculum nul ou très mince, floconneux ; bordure blanche, submembraneuse ou fibrilleuse pubescente, quelquefois avec cordons blancs rhizoïdes ; tubes longs de 2—5 mm., jaunâtres ; pores 0,12—0.5 mm., arrondis, anguleux, inégaux, à parois minces. — Trame très tendre ; hyphes à parois minces, plus ou moins bouclées, 2—3,5 μ, quelquefois fragiles ou çà et là agglutinées ; celles du subiculum et du mycélium 3—5 μ et à parois épaisses ; basides 7—9—12×4—4,5(—6) μ, à 2—4 stérigmates longs de 3—4 μ ; spores hyalines, sphériques ou ovoïdes, quelquefois atténuées à la base, 2—4×2—3(—4) μ.

Juillet-Décembre. — Sur sapin pectiné, pin, aune, chêne,

peuplier, frêne, hêtre : pas rare. — Pourriture pâle, qui rend le bois très léger. lamelleux.

D'après M. ROMELL, le *Poria mollusca* Pers. sensu Bres., ci-dessus, serait le *P. Vaillantii* Fr. et le *Pol. mucidus* de PERSOON, au moins le spéci- men annoté « Obs. myc. » dans son herbier : sous le nom de *Pol. molluscns.* il y a, dans le même herbier. les *Poria mollusca* et *subtilis h. l.*

V. — **CORIOLUS** Pat. — Trame coriace (plus ou moins résistante à la trituration dans un liquide même alcalin); trame des tubes continue et homogène avec celle du subiculum.

1) *Spore très étroite. cylindrique arquée.*

988. — **Poria sinuosa** Fr., S. M. : Fr., Hym. eur.. p. 376. — Bres.. Fungi polon.. p. 78. — *Pol. mellinus* Pers.. Myc. eur.. II. p. 96. — *Coriolus sinuosus.*

Largement étalé, blanc. puis jaunâtre alutacé, brun plus ou moins foncé ou légèrement fauve olivacé : tubes longs de 2 mm. ; pores subarrondis anguleux. 0,3—0,6—1 mm. ou sinueux laby- rinthés, linéaires et ouverts d'un côté en position oblique ; bordure et subiculum floconneux ou presque nuls. — Trame coriace, formée d'hyphes à parois épaisses ou solides. un peu flexueuses, parfois teintées de brun huileux. boucles très rares. 1,5—3—4 μ, les sub hyméniales 2—3 μ, à parois plus minces; basides 15—22×4—4,5 —6 μ, à 2—4 stérigmates droits, longs de 3—7 μ : spores cylin- driques arquées, 4—6×0,75—1,5 μ.

Toute l'année. avec régression par les temps secs. — Sur pin, souches, troncs abattus, poteaux : peu commun.

Le mycélium forme des flocons submembraneux, vit surtout dans la base des souches et les parties profondes du bois. et vient former ses réceptacles à la surf. ce et dans les fentes. Sa pourriture est très active, plus sèche que dans la plupart des espèces qui vivent sur conifères : le bois brunit, ses cou- ches se séparent et on peut les soulever facilement comme les feuillets d'un livre. Cette pourriture ressemble à celle de *Phaeolus croceus*. et elles sont si caractéristiques que, là où on les trouve, on peut être sûr qu'il y a le cham- pignon. Toutefois, sur pin carbonisé, la pourriture de *P. sinuosa* est simple- ment sèche. rougeâtre, différente de la pourriture en feuillets qu'il produit sur les troncs.

2). *Polyporus holoporus* Pers., Myc. eur., II, p. 149, t. VI, f. 3-4. — Tubes décombants, parallèles, ouverts sur le côté. — Cette fig. de PERSOON est rapportée par FRIES à *Poria xantha* Fr.

3) *ptychopora*. — Hyménium irpicoïde, formé de pores déchirés en lamelles sinueuses. Pourriture active, blanche, sur bois de pin antérieurement attaqué ; Causse Noir.

989. — **P. vaporaria** Fr.. S. M. ; Hym. eur.. p. 579. — Bres., F. polon., p. 78.

Mycélium inné. blanc. floconneux. rampant dans le bois : pores grands, 0,5—1,5 mm., arrondis ou anguleux, mais non flexueux, ni dédaléens, blanc pâle, puis jaunâtre fulvescent, à parois minces, entières ou à peine denticulées ; bordure presque nulle, pruineuse. — Hyphes à parois épaisses, tenaces, 2—3 μ, à boucles éparses ; basides 15—20×4,5 μ ; spores cylindriques, un peu arquées, 4—6×1—2 μ.

Sur troncs et poutres de pin : Aveyron, Var : Pologne (Eichler).

Très affine à *P. sinuosa* ; la spore donnée par Bresadola, 4×1—1,25 μ, rentrerait déjà dans les mensurations que nous a données *P. sinuosa*, et le spécimen de Eichler qu'il nous a communiqué, a les spores de 4—6×1—2 μ. La principale différence réside donc dans les pores.

Cette plante n'est pas le *P. vaporaria* Pers. qui, d'après M. Bresadola. représenterait vraisemblablement le *P. Vaillantii* Fr. — La spore que figure Quélet (Ass. fr., 1891, f. 25) pour *P. vaporaria* est celle de *P. mucida* Pers. et, c'est sur des formes de cette dernière espèce, que tombaient toutes les déterminations qu'il nous a données de *P. vaporaria*. Cette interprétation de Quélet est du reste presque universellement suivie en France et en Angleterre.

Le *Pol. dentiporus* Pers , Myc. eur., II, p. 104 est synonyme de *Coriolus abietinus*, selon M. Romell ; mais le *Poria dentipora* Bres., Kmet., n. 62, est une espèce qui paraît anatomiquement très voisine de *Poria sinuosa* et de *Irpex Galzini*. On la reconnaîtra à ces caractères :

Mince, membraneux-coriace, blanchâtre, puis jaune isabelle. marge subfimbriée ; tubes allongés ; pores réguliers ou sinueux, puis prolongés en dents subfoliacées ou subulées. Hyphes 2—3 μ ; spores cylindriques arquées. 4—4.5×1.5—2 μ. Sur branches de coudrier. Hongrie. (n. v.).

990. — **P. calcea** (Fr.) Bres.. Fungi gall., p. 41. — *Polyporus vulgaris* b *calceus* Fr.. S. M. — *Poria vulgaris* var. *calcea* (Fr.. Hym. eur., p. 577) Bres., Kmet., p. 86. — *P. vulgaris* Rostk., t. 60 (*colore et crassitie recedens*).

Arrondi ou oblong puis confluent et largement étalé ; subiculum nul ou très mince ; tubes longs de 1—2 mm., à parois minces ; pores blancs, rarement sulfurins, puis crème, arrondis anguleux, 0,05—0,3 mm., entiers ou denticulés, linéaires ouverts en position oblique ; bordure blanche, membraneuse-villeuse, subfloconneuse ou atténuée évanescente. — Hyphes solides ou à parois épaisses, 1—2,5—6 μ, enchevêtrées en trame serrée ; basides 6—16×3—6 μ à 2—4 stérigmates longs de 2,5—3,5 μ ; spores cylindriques plus ou moins arquées, 3—4.5(—7)×0,5—3 μ.

L'espèce sans changer beaucoup d'aspect et toujours facile à reconnaître, offre cependant, dans la consistance de sa trame, la dimension de ses spores tantôt presque droites, tantôt très arquées, etc., de si nombreuses variations qu'il est difficile de les coordonner, d'autant plus qu'elles ne semblent pas avoir beaucoup de fixité.

A. **coriacea**. — *Poria lenis* Karst., Symb., *Specim. orig.*! — Sacc., VI, p. 345. — Rom., Hym. Lappl., p. 17 ; Rem. Pol., 1926, p. 12.

Blanc pur, rarement taché de jaunâtre clair ou de crème alutacé au froissement ou par vetusté, coriace mou, doux au toucher, séparable par fragments assez cohérents ; marge ordinairement étroite, byssoïde ou finement cotonneuse, blanche ; tubes plus longs au centre, par îlots, arrondis-anguleux, 0,15—0,2—0,5 mm. (3 par mm.), finement fimbriés. Trame coriace ; hyphes solides ou à parois épaisses, 1,5—3 μ ; basides 6—12×3—4(—5) μ ; spores cylindriques plus ou moins arquées, 2,5—4,5×0,5—1,5 μ.

Toute l'année, végétation plus active au printemps et au début de l'automne. Troncs abattus et pourris, poutres et vieux bois travaillés, peuplier, cerisier, hêtre, coudrier, frêne, châtaignier, aune, clématite, et sur conifères. Grosse pourriture blanche, moins nette sur conifères.

a) Spores peu arquées : commun.

b) Spores très arquées. formant un demi-cercle ; hêtre. aune. conifères.

c) Microspore ; spores 2,5—3×0,5—0,75 μ : sur châtaignier, souche de pin.

d) Tubes çà et là stratifiés, 2—3 couches ; poutre de cerisier.

e) *radicata*. — Coriace mou, séparable ; bordure stérile, membraneuse, pubescente, avec longs cordons rhizoïdes, blancs, rameux flabellés et fimbriés ; pores 0,12—0,4 mm. Hyphes 1,5—2,5 μ ; spores légèrement arquées, 3—4×1—1,5 μ, biguttulées. — Sur hêtre, brindilles et feuilles, bois de St-Thomas (Aveyron) ; sur racines de bruyère, forêt du Dom, Bormes (Var). F. GUILLEMIN ; écorces de pin, débris, Lyon, M. JOSSERAND.

f. *micropora*. *Poria lunata* Romell in herb.! (et Rem., 1926, p. 12). — Mince ; pores fins, subarrondis, 0,12—0,25 mm. (4—6 par mm.), blancs à crème alutacé ; bordure pubescente, très étroite ou nulle. Basides 6—9×4—4,5 μ.; spores arquées, allantoïdes ou en croissant, 3,5—4×1—1,5 μ. Exhale parfois une odeur rappelant l'iodoforme. — Sur conifères et feuillus, Suède. Assez rare en France.

B. **Poria bullosa** Weinm. — Fr., Hym. eur., p. 579. — Bres. Herb. ! — Surface inégale, épaissie noduleuse ou interrompue ; pores 0,25—0,4 mm. Spores cylindriques arquées, 3—4,5×1,75—2,5 μ. biguttulées. — Sur bois de pin et de sapin.

C. **fragilis** Hym. de Fr., Soc. Myc., t. XLI, p. 233. — *Pol. vulgaris* Fr., S. M. *sensu* Romell. — Adhérent, rarement détaché par dessiccation, ne se séparant au canif que par petits fragments peu cohérents : subiculum nul ou floconneux très ténu ; tubes fragiles, à parois très minces ; pores 0,12—0,3 mm. (3—6 par mm.), blanc pâle ou crème ; bordure étroite pubescente ou nulle. Trame molle, formée d'hyphes solides, 2—4,5 μ.; basides 7—11×4,5—6 μ.; spores cylindriques ou subfusiformes un peu arquées. 4,5—7×1,25—3 μ. — Assez commun sur conifères et feuillus.

b) *Poria biguttulata* Romell, *specim. orig.* ! — Forme similaire à trame molle, dans laquelle les spores sont biguttulées. — Fréquent en Suède, sur conifères, tremble. Souches et branches de peuplier, Aveyron ; abondant dans l'île de Port-Cros (Var), sur chêne vert, *Erica arborea*, ciste, arbousier, etc., A. DE CROZALS.

A part la spore un peu plus grande (5—6,5×2 μ, Bres. — 4—8×2 μ, Brinkm.), on ne trouve guère de caractères distinctifs dans le *Poria hybernica* Bk. Br. — Fr., Hym. eur., p. 579.

D. **xantha.** — *Poria xantha* Lind., Dan. Fungi ! an Fr. ? — *P. vulgaris* Rom., Hym. Lappl., p. 25, f. 12. — *Poria vulgaris* v. *luteo-alba* Bres., Kmet., p. 86. — *P. luteo-alba* Karst. — Sacc., VI, p. 299. — Epais de 1—2 mm. ; tubes blancs ou très légèrement teintés de sulfurin ; pores arrondis 0,10—0,17(—0,3)mm. (3,5—5 par mm.), sulfurins, pâlissant, à orifice entier ou denticulé, formant une surface unie, souvent fendillée transversalement ; mycélium blanc en plages floconneuses dans les fentes du bois. Trame molle ; hyphes 2—6 μ, solides ou à parois épaisses ; basides 12—16×4—5 μ; spores cylindriques arquées, 3—6×1—2 μ. — Sur conifères, rare sur arbres feuillus, Danemark, fréquent en Suède. Rare en France, où il ne se rencontre que dans des conditions particulières, palissades et poteaux tombés, recouverts d'herbes : Allier, Hérault ; Le Tournairet (Alpes maritimes), E. GILBERT ; bois travaillés pourrissant dans une serre, Cherbourg, forme blanche et sulfurine côte-à-côte. L. CORBIÈRE.

991. — P. xantha Fr., Obs. ; Hym. eur., p. 574. — Bres., Fungi polon., p. 77.

Etalé en longueur, épais de 1 mm. ; subiculum nul ou peu distinct ; bordure très étroite ou nulle ; pores blancs puis jaunes, pâlissant (et légèrement fulvescents sur le sec), arrondis et inégaux irréguliers, 0,15—0,3 mm. (3—4,5 par mm.), souvent décombants et ouverts sur le côté. — Trame assez coriace ; hyphes 2—3 μ, solides ou à parois épaisses, densément enchevêtrées.

Sur pin, Femsjo Suède (specim. orig. !).

M. ROMELL nous a aimablement communiqué une excellente photographie et un fragment de l'original : nous n'avons pu trouver ni basides, ni spores ; ces dernières relevées par M. BRESADOLA sur ses récoltes sont cylindriques, un peu arquées, 5—6.5×1,5—2 μ. Les pores sont en moyenne plus grands que dans le *P. xantha* Lind, et la trame plus coriace : il nous semble douteux que ces plantes soient identiques.

Le *Poria xantha* Quélet. Fl. myc., p. 381, est le *Poria aurantiaca* Rostk. (n. 979 *h. l.*).

991 bis. — P. rixosa Karst. in Thüm., Myc. Fenn., III, p. 272. — Sacc., VI, p. 303. — *Polyporus emollitus* Fr., Hym. eur., p. 571. — *P. collabens* Fr., Hym., p. 572. — *P. Blyttii* Fr., Hym., p. 571, *p. p.*

Largement étalé, subindéterminé (parties porées en îlots plus ou moins larges, au milieu de surfaces stériles, lisses, subconlores ou plus pâles), très adhérent, mais çà et là détaché du substratum par retrait, mou, puis induré coriace, fendillé dans les parties plus épaisses, briqueté pâle, fulvescent avec vague teinte de lilas pourpré et de safrané ; bordure tantôt lisse, stérile, crème ocre, chamois ou subconcolore, tantôt épaissie en plages mycéliales, coriaces-villeuses, teintées de safrané ; tubes courts, 1—2 mm,, à peu près concolores, fauve-briqueté clair : pores arrondis anguleux, 0,1—0,5 mm. (4—6 par mm.) ; subiculum nul. — Trame coriace, formée d'hyphes solides ou à parois épaisses, à cloisons rares, sans boucles, densément entrelacées, 2,5—3(—3,5) μ ; basides obovales, 7—9×3—4 μ, à 4 stérigmates ; cystides très inégalement distribuées, claviformes, à parois épaisses, 13—60×6—9 μ ; spores cylindriques arquées, 3,5×1,75 μ.

Septembre 1925, sur bois pourrissant de pin maritime, Turini (Alpes maritimes), E. GILBERT ; Suède, C. G. LLOYD.

La place de cette espèce est incertaine : sa trame légèrement colorée l'a fait citer parmi les *Phellinus* dans l'Ess. taxon. de Patouillard ; elle n'a pas cependant la couleur caractéristique des *Phellinus*, dont l'éloignent encore ses cystides analogues à celles de *Poria eupora*. Dans l'Herb. de Fries, il y a sous le nom de *P. Blyttii*, les *Poria rixosa* et *Poria eupora*, qui sont toutefois des espèces à peine affines. — Quoiqu'il y ait des différences notables dans la nature des hyphes et des cystides, dans la coloration et la consistance de la trame, et la grandeur des pores, l'espèce qui nous parait la plus voisine serait le *Poria latitans*.

2) *Spores oblongues élargies, plus ou moins déprimées, 4,5—7 ×2,5—4 µ ; pores blancs, assez grands, 0,4—1 mm.*

992. — **P. Vaillantii** (De Cand.) Fr., S. M. ; Hym. eur., p. 579. — Bres., Kmet., p. 88.

Etalé assez largement, blanc, peu adhérent, se détachant souvent par les bords en séchant, bordure étroite, pubescente, fibrilleuse byssoïde à l'extérieur, ou se prolongeant en côtes rhizoïdes, rameuses, floconneuses ou submembraneuses ; subiculum très mince, 0,5 mm., subcartilagineux ; tubes 2—12 mm. de long. : pores 0,4—1 mm., anguleux, à orifice obtus, puis aminci, déchiré. — Trame plus ou moins coriace, hyphes à parois épaisses, flexueuses, tenaces, 2,5—4 µ, peu rameuses, boucles rares ; basides 12—25—32×4—6,5—8 µ ; spores hyalines, ellipsoïdes, quelquefois un peu déprimées latéralement, 4,5—6—8×2,5—3,5—5 µ, souvent 1-2 guttulées, blanches en masse.

Toute l'année, mais rare dès les premiers froids et reparaissant au printemps. — Sur souches, troncs debout ou abattus, pin, sapin, cèdre, gagnant les aiguilles et l'humus. Odeur d'anis ou de violette sur le frais. — Pourriture rouge, sèche, active. — Dans la période sèche, la plante est souvent sans rhizoïdes, à contour entier et presque sans bordure.

993. — **P. rancida** Bres., F. Trid., II, p. 96, t. 208, fig. 1.

Etalé, blanc, puis pâle alutacé, marge subfimbriée, puis oblitérée ; subiculum mince, snbmembraneux ; tubes longs de 2—4 mm. ; pores variables, arrondis oblongs, subanguleux, moyens ou grands jusqu'à 1 mm., orifice entier ou à la fin lacéré ; trame coriace ; odeur forte de farine rance. — Hyphes 2,5—4 µ ; basides 15—18×4—6 µ ; spores hyalines, cylindriques un peu arquées, 5—7×2,5—2,75 µ.

Eté, automne. — Troncs de mélèzes, vers les racines, agglutinant les aiguilles ; Trentin. (n. v.).

994. — P. confusa Bres., Kmet., n. 79.

Blanc, puis blanchâtre ou jaunâtre isabelle, marge finement fimbriée persistante ; subiculum mince, tomenteux, séparable au pourtour ; tubes longs de 1—1,5 mm. ; pores variables, arrondis, anguleux, oblongs, petits ou moyens, à orifice entier puis déchiré. — Hyphes des tubes 2,5 μ ; basides 15—20×4—6 μ ; spores hyalines, déprimées latéralement, 5—6×3 μ, 1-guttulées.

Branches cortiquées d'aune. Hongrie. (n. v.).

3) *Spores petites (3,5×3 μ env.), subglobuleuses ou ellipsoïdes, rarement un peu déprimées ; trame dense ; des cystides (sauf dans* P. vulgaris).

995. — P. eupora Karst. — Fr., Hym. eur., p. 575. — Bres., Hym. Kmet., p. 82, n. 61. — *P. nitida* (Pers.) Quél., Fl. myc., p. 381 — nec Fries, nec Bres.

Etalé, confluent, séparable, coriace : subiculum très mince ; pores fins, 0,14—0,5 mm., arrondis ou angulenx oblongs, crème chamois, chamois incarnat, isabelle clair, à parois minces et orifice égal, granuleux (vers 50×diam.) ; bordure pubescente, blanche ou blanchâtre avec fibrilles courtes rigides, rayonnantes, subapprimées. — Hyphes 2—3,5 μ, à parois épaisses, tenaces, flexueuses, en trame dense, sans boucles ; cystides 15—22—30×8—11—16 μ, à parois très épaisses, hyalines, fortement incrustées, nombreuses surtout vers l'orifice des tubes, les unes incluses, les autres saillantes ; basides 9—12—18×3,5—5 μ ; spores ellipsoïdes, 3,5—4,5—5×2—3,5 μ, blanches en masse.

Mars à Décembre. — Sur branches tombées d'arbres et arbustes à feuilles, commun ; plus rare sur conifères. — Pourriture blanche, active.

996. — P. radula Pers., Syn., p. 347. — Bres., Hym. Kmet., n. 81 ; Fungi polon., p. 80.

Etalé, suborbiculaire, puis confluent, peu adhérent, coriace mou ; subiculum très mince, 0,1—0,2 mm., membraneux ; tubes longs de 1—3 mm. ; pores 0,15—0,3 mm., anguleux, inégaux, à orifice entier ou brièvement cilié, mais bientôt à parois minces, flexueuses, élargis jusqu'à 1 mm. et déchirés, blanchâtres, pâles, crème saumoné ou testacé roussâtre, avec orifice plus pâle ; bordure d'abord largement étalée, blanche ou concolore, floconneuse membraneuse, byssoïde ou himantioïde extérieurement, à la fin étroite ; mycélium pénétrant en cordons blancs, fimbriés rameux,

dans les bois ramollis. — Trame coriace, serrée, formée d'hyphes
1,5—4 µ, à parois très épaisses ou solides, flexueuses, sans boucles ; cystides hyalines, 5—30—150×7—9—18 µ, à parois épaisses,
claviformes ou fusiformes, fortement incrustées (5—7 µ diam. dé-
nudées), éparses, plus abondantes à l'orifice des tubes dans les
jeunes, au fond des tubes dans les adultes ; basides 9—15×3—5 µ,
à 2—4 stérigmates longs de 3—4,5 µ ; spores ellipsoïdes ou subglobuleuses, 3—5×2,5—3,5 µ.

Mai à Novembre. — Sur branches tombées, hêtre, chêne,
pin, vieux polypores.

Espèce très voisine de *P. eupora* ; les caractères microscopiques sont
presque les mêmes ; les cystides, dans *P. radula*, sont ordinairement plus
grandes que dans *P. eupora*, mais moins abondantes. La bordure et les pores
irréguliers seraient le meilleur caractère distinctif. — Le *Poria radula* Quél.
et Auct. Gall. est une espèce toute différente. Toutes les déterminations que
Quélet nous a données comme *P. radula* tombent sur une simple forme de
Poria mucida à pores élargis et dentés, qui mérite, mieux que la plante ci-
dessus, le nom de *radula*.

997. — **P. vulgaris** Fr., Hym. eur., p. 577. — Bres., Kmet.,
p. 86 (*typica*).

Arrondi, puis confluent et largement étalé, assez tenace, séparable sur le frais ; subiculum très mince, presque nul : bordure
membraneuse, finement villeuse ou byssoïde fibrilleuse, blanche,
parfois très étroite, presque nulle ; tubes courts, 0,5—2 mm. ;
pores fins, 0,15—0,3 mm., arrondis ou un peu anguleux, très finement pubescents à la loupe, à parois très minces, blanc hyalin,
blanc de lait, puis pâles, crème chamois et crème incarnat sur le
sec. — Trame coriace, formée d'hyphes à parois épaisses, 1,5—
3,5 µ, flexueuses, serrées, sans boucles ; basides 7—12—14×3,5—
5 µ, à 2—4 stérigmates longs de 2,5—3 µ ; spores hyalines, ellipsoïdes, un peu déprimées latéralement, 3—4—5(—6)×1,5—2,5
—3 µ, souvent 2-guttulées, blanches en masse.

Débute en Mai, avec maximum de végétation en Septembre,
décroissant pendant l'hiver. — Très commun sur branches tombées, chêne, hêtre, châtaignier, aune, etc. — Pourriture blanche,
assez active.

F. *vitrea* Bres., Kmet., p. 85, non F. Polon. — Subiculum
plus épais, membraneux séparable, hyalin ainsi que les tubes par
les temps très humides.

F. *abrupta*. — Arrondi, tronqué aux bords souvent soulevés,
détachés par places en séchant.

Cette espèce très commune est souvent confondue avec les formes résupinées de *Leptoporus chioneus* : ce dernier a les pores plus fins, plus fragiles, la trame molle non coriace, et la spore cylindrique très ténue. Les deux espèces sont assez souvent colorées en bleu-vert par un mycélium et sont alors faussement déterminées : *Poria viridans* Bk.

Le *P. vulgaris* Fr., S. M., n'est pas l'espèce ci-dessus, mais le *Poria calcea* sensu Bres. (n. 990 h. l.). — *P. vulgaris* var. *calcea* Fr., Hym. eur., d'un blanc brillant, très fréquent sur bois de pin, est bien aussi le *Poria calcea*, et la var. *flava*, qui peut se présenter blanche et jaune sur même spécimen, ne peut être que *Poria xantha* Lind. Quant au *P. vulgaris*, forme typique des Hym. eur., FRIES ne la mentionne pas sur conifères, elle est d'un blanc moins vif que *P. calcea*, d'après la description, et semble répondre au *Poria vulgaris* sensu Bres. ; mais ce type de FRIES, est complexe : il comprend des formes extérieurement similaires depuis *Poria calcea* sur feuillus, jusqu'à *Poria mucida* Pers. FRIES, en effet, regarde comme *P. vulgaris* un spécimen de *P. versiporus* Pers., qui ne peut être que *P. mucida*, si l'on en juge par une photographie très nette du spécimen de CHAILLET, que nous devons à M. ROMELL. FRIES peut donc donner sa plante comme fréquente, alors même que le *Poria vulgaris* Bres. serait rare en Suède.

4) *Versiporae : spores subglobuleuses (5×4 μ environ) : trame coriace, assez lâche ; pores très variables, souvent élargis, dentés ou irpiciformes.*

998. — **P. mucida** Pers., Obs. — Bres., Hym. Kmet., p. 84. — *P. versiporus* Pers., Myc. eur., II. p. 105, *p. p.* — *P. vaporaria* et *radula* Auct.

Interrompu ou largement étalé, longeant souvent les fentes des écorces, séparable seulement par fragments ; bordure ordinairement pubescente, étroite ou étendue, floconneuse, tomenteuse, xylostromoïde, etc. ; tubes longs de 1—2 mm. ; pores 0,2—1 mm., subréticulés, inégaux, anguleux, à orifice entier puis denté ou déchiré, irpicoïdes en station verticale, blancs, puis crèmè jaunâtre. — Trame assez coriace, formée d'hyphes flexueuses, à parois plus ou moins épaissies, 2—4 μ, à cloisons distantes, à boucles rares et petites, souvent incrustées de petits cristaux à l'orifice des tubes, ou terminées par un renflement globuleux ou ovoïde, passant à la forme des basides ; basides 9—12(—25)×3—5(—6) μ ; spores subglobuleuses, ou obovales, atténuées à la base, 4—4.5—6×3—4 μ, souvent 1-(pluri)-guttulées.

Toute l'année. — Sur toute espèce de bois, branches tombées, bois travaillés, etc. ; vient aussi sur brindilles, incruste les mousses et s'étend sur les feuilles et même les pierres. — Pourriture blanche, active.

C'est l'espèce la plus fréquente de tous les Porés et peut-être de tous les

champignons : elle varie dans de larges proportions. Les formes porées nous
étaient communément déterminées par QUÉLET comme *Poria radula* et *Poria
caporaria*. Quant aux formes irpicoïdes, elles concordent rarement avec les
types admis par FRIES : on tombe le plus souvent sur des formes intermédiaires qu'il est impossible de rapporter soit à l'un, soit à l'autre.

État conidifère : poussière jaune pâle, formée de conidies
irrégulièrement elliptiques. 8—12×5—7 μ, produites par l'étran-
glement près du sommet, d'une hyphe basidiforme. En bordure de
la partie porée peu développée (probablement *Irpex obliquus*).
Rare.

Var. **radula**. — *Poria radula* Quél. et Auct. pl., nec Bres.
— Forme à pores alvéolaires, larges, à la fin dentés, passant à
Irpex paradoxus ou *deformis*.

Irpex deformis Fr., El. : Hym. eur., p. 622. — Bres., Kmet.,
n. 130. — Mince, blanc ; bordure pubescente subbyssoïde ; pores
sinueux, donnant naissance à des dents grêles, subulées, incisées
ou digitées, à la fin paille (fauvâtre). Chêne, osier, etc.

— *Irpex obliquus* (Schrad.) Fr., El. ; Hym. eur., p. 622. —
Bres., Kmet., n. 131. — Adhérent, blanc pâle, puis crème ; bordure byssoïde ; réseau de pores amples, peu marqué, denté dès le
début, à dents comprimées incisées, obliques ; spores 5—6×4—
4,5 μ. Surtout automne ; très commun sur écorces et bois divers,
où il semble confluer avec des formes de *Odontia argula*.

— *Irpex paradoxus* (Schrad.) Fr., Épicr. ; Hym. eur., p. 624.
— Bres., Kmet., n. 129. — Adhérent, orbiculaire, puis confluent,
blanc ; bordure tomenteuse ou hispide ; hyménium sinueux
développé en dents ou palettes divergentes, incisées et fimbriées ;
spores obovales ou oblongues subglobuleuses. 5—7×3,5—4,5 μ.
— Surtout de l'automne ; sur troncs et branches de chêne, charme,
hêtre, etc. Plus souvent typique que les var. précédentes.

999. — *P. Millavensis* Hym. Fr., n. 715.
Floconneux-pubescent, mollement feutré, mince, séparable,
blanc, puis légèrement jaunâtre en herbier ; pores alvéolaires, peu
profonds, subarrondis, 0,3—0,8 mm., à parois obtuses floconneuses, puis amincies, flexueuses et dentées ; bordure mince submembraneuse, plus ou moins étendue. — Trame coriace, hyphes
toutes similaires, 3—4 μ, assez régulières, à parois minces ou à
peine épaissies, sans boucles ; basides 10—18—30×5—6—8 μ ;
spores subglobuleuses, 4,5—6×4—5,5 μ.

Toute l'année, végétation plus active en automne. — Sur bois divers, genévrier, pin, même carbonisés ; très envahissant et gagnant les débris végétaux, sauge, thym, etc. Trouvé seulement sur le Causse Noir, où il est assez répandu.

Facile à reconnaître à ses pores grands, peu profonds, duveteux ; on n'a pas d'hésitation à le reconnaître. Il aime surtout le genévrier abattu ou debout, dans les endroits humides. Il attaque assez le bois, donnant une pourriture blanche, très légère, ce qui le différencie des formes de *P. mucida*.

5) *Udae : Spores subglobuleuses (5×4 μ environ) ; hyphes subparallèles serrées ; charnus-coriaces ou cartilagineux, gorgés d'eau, décolorants au toucher ou par l'âge, contractés et indurés sur le sec* (vix Coriolus).

1000. — P. undata (Pers., Myc. eur., II, p. 90, t. 16, f. 3) Bres., F. polon., p. 78. — *Polyporus vitreus* Fr., S. M. ; Hym. eur., p. 577. — *P. Broomei* Rabenh. — *Leptoporus* Pat. — *P. adiposus* Bk. Br. (formes à chapeau).

Largement étalé, séparable, bosselé noduleux, blanc hyalin, ne se tachant pas sensiblement de rouge au toucher, mais prenant en séchant une teinte rougeâtre bistré ; tubes longs, charnus ; pores fins, ouverts latéralement en position oblique ; subiculum variable, tantôt très mince, tantôt xylostromoïde, étalé en bordure stérile, se contractant et se détachant du substratum en séchant. — Hyphes 3—5 μ, à parois un peu épaissies, sans boucles, serrées, parallèles, formant une trame un peu colorée ; basides 15—20×4,5—6 μ ; spores hyalines, subglobuleuses, atténuées à la base, 4—5,5×4—4,5 μ, ordinairement 1-guttulées.

Automne. — Sur vieilles souches, hêtre, peuplier, pin, occupant de larges surfaces, gagnant le sol et incrustant mousses, pierres.

Hyalin sur le frais et gorgé d'eau, puis blanc sale ; nodules épais, simulant parfois des piléoles de un centimètre et plus, avec partie supérieure stérile, tomenteuse ou fibreuse. Sur le sec, il se contracte et noircit sur la souche ; séché à l'air, il reste assez pâle, jaune rougeâtre, mais ne brunit guère. Pourriture blanche, active.

1001. — P. sanguinolenta Alb. Schw., Consp. Fung., p. 257. — Fr., S. M. — *Polyporus* Fr., Hym. eur., p. 578. — v. Hoehn., Fragm., 1907, p. 11. — *Poria terrestris* Bres., Hym. Kmet., n. 67.

D'abord régulièrement orbiculaire, 1—3 mm., libre aux bords, puis confluent (jusqu'à 20 cm.) ; subiculum épais de 0,5—2 mm.

hyalin, charnu, puis contracté cartilagineux, enroulé sur les bords ;
tubes longs de 1—6 mm. ; pores arrondis anguleux, 0,12—0,4 mm.,
à parois finement denticulées ; bordure étroite, denticulée ; entièrement blanc de neige au début, rougissant fortement au contact,
puis prenant une teinte bistrée, puis noirâtre. — Trame assez
coriace, formée d'hyphes serrées, non cohérentes, à parois minces
ou un peu épaissies, sans boucles, 2—4—7 μ, à peu près hyalines,
parallèles, plus serrées dans les tubes, teintées de bistre dans la
région subhyméniale ; rares hyphes hyméniales terminées par un
sphéroïde 5—7 μ, ou une petite macle ; incrustations colorées ou
cristaux assez fréquents dans la trame ; basides 12—15—24×4,5—
6—7 μ, à 2—4 stérigmates longs de 2,5—4 μ ; spores subglobuleuses, brièvement atténuées à la base, 3—5—7×3—5 μ, ordinairement 1-guttulées, blanches ou blanchâtres en masse.

Août-Décembre ; on trouve jusqu'en été des spécimens hiver-
nés. — Passerelles, conduites d'eau, souches et racines de feuillus
ou de conifères, tiges de fougères, humus, mousses, au bord des
ruisseaux, dans les endroits très humides, pas rare. — Grande
variété de teintes en herbier, pâle, testacé, rouge vermillon, bistre, noir, selon l'âge où le champignon a été saisi par la dessiccation.

Variat : *subundata*. — Subiculum largement étalé, stérile, à
la fin ondulé de plages de tubes interrompues ; rougit peu.

— *subexpallescens*. — Membrane hyaline apprimée, détachée
et enroulée çà et là sur les bords et aux lèvres des craquelures ;
pores blanchâtres, pâles sur le sec, ne rougissant, ni ne noircissant.
Ce serait *P. expallescens*, s'il restait adhérent.

1002. — ***P. expallescens*** Karst,, Symb. Myc. Fenn. —
Sacc., VI, p. 333. — *Specim. orig*. !
Etalé membraneux, mince, mou, blanc hyalin, puis un peu
bruni et rigescent corné sur le sec ; pores mous, anguleux, 0,25—
0,5 mm. — Hyphes à parois minces, 2—6μ, sans boucles, serrées non
cohérentes ; basides 15—24×6—7,5 μ à 2—4 stérigmates courts,
2—3 μ ; spores hyalines, subglobuleuses, brièvement atténuées à
la base, 5—6×4,5—6 μ.
Sur bouleau, Finlande (leg. KARSTEN, comm. BRESADOLA). —
Structure de *P. sanguinolenta* dont il diffère en ce qu'il ne rougit,
ni ne noircit, et qu'il est étalé adhérent. Nous avons des formes
très voisines, mais toujours plus ou moins détachées du support.

VI. — UNGULINA. — Trame dure ou spongieuse coriace, alutacée ou brune ; tubes stratifiés.

1003. — P. medulla-panis Pers., Syn., p. 544 (nec Fries). — Quél., Fl. myc., p. 382. — Bres., Hym. Kmet., p. 84 ; Fungi polon., p. 79.

Etalé, (très rarement réfléchi à rebord de 0,5—1,5 cm.), aplani ou convexe, dur, crustacé, adhérent, avec bordure étroite, nettement limitée, concolore ; tubes pâles, stratifiés ; pores arrondis anguleux, 0,12—0,24 mm. (4—5 par mm.), à orifice entier, pruineux-crétacé, souvent tâchés d'ocre, de fauve, puis unicolores, alutacés, ocre fauve, rouillé cannelle. — Trame formée d'hyphes coriaces, hyalines ou un peu jaunâtres, à parois épaisses, sans boucles, 1—3 μ, flexueuses enchevêtrées, disposées plus parallèlement dans la trame des tubes ; basides 15—21—24×6—9 μ ; spores subhyalines, oblongues ou obovales, tronquées à la base, quelquefois légèrement anguleuses, à la fin déformées flasques, 5—7—8×4—6 μ.

Toute l'année. — Sur racines, troncs, bois travaillés de toute espèce d'arbres à feuilles ; commun. — Très lignivore, produisant une pourriture blanche, massive : le bois se réduit, il n'en reste que des débris de fibres mélangées au mycélium.

La spore est tronquée à la base comme dans *Ung. ochroleuca*, qui a été comparé à un *Ganoderma* à trame pâle. — Quand *P. medulla-panis* vient sur un support vertical, le plus souvent la partie supérieure n'est formée que de la superposition des strates de tubes ; quelquefois cependant, le bord réfléchi simule un petit chapeau alutacé fauve, pubescent, puis noirâtre, non sillonné concentriquement et souvent fendillé.

Var. **pulchella**. — *Poria pulchella* Schw. — Sacc., VI, p. 322. — *P. variicolor* et *vitellinula* Karst. — Mince, blanc puis jaune ; mycélium sulfurin ; bordure entière, étroite, apprimée ou relevée. Sur vieilles planches d'une scierie, Buxy (S.-et-L.), Abbé Girard.

Le *P. nitidus* var. *fulgens* Fr., rapporté aussi à cette variété, diffère, ainsi que le *P. micans* Rostk., t. 63, par la bordure blanche, byssoïde fimbriée.

Var. **lateritia**. — Plante presque entièrement rougeâtre ; partie supérieure stérile brun briqueté, puis noircissant. Presque tous les échantillons du bois de St-Estève (Aveyron) ont cette coloration. Plusieurs de ces champignons, sur chêne abattu depuis plusieurs années, et recouverts de mousses et de feuilles en un lieu très humide, sont restés à bords nets, sans produire de rhizomorphes, comme le fait *P. fulviseda*.

1004. — **P. fulviseda** Bres., Sel. Myc. in Ann. Myc., t. XVIII (1920), p. 37 !

Largement étalé, ordinairement peu adhérent et se relevant sur les bords ; stroma stérile, blanc de craie, puis fauve roussâtre, testacé, coriace, fimbrié himantioïde, ou prolongé à l'extérieur en rhizomorphes qui prennent un grand développement dans l'humus ou dans les mousses ; tubes longs jusqu'à 6 mm., stratifiés, crème alutacé, lignicolores (les couches anciennes plus foncées) ; pores subarrondis, 0,12—0,2×0,1—0,15 mm., à orifice blanc, blanc incarnat, testacé ; subiculum inégal, nul par places. — Trame très coriace, formée d'hyphes homomorphes, tenaces, filiformes, 1—1,5 μ, enchevêtrées en tous sens ; basides 9—12(—15)×6—7,5 μ, obovales, très hyalines ; spores oblongues ou ellipsoïdes, largement tronquées à la base, paraissant parfois un peu anguleuses, 4,5—6 ×3—4 μ, blanches en masse.

Toute l'année. — Sous des racines vivantes ou mortes, bruyères, arbres de toute essence, gagnant radicelles, débris et humus, souvent entièrement humicole, parfois hypogé.

Quand le champignon s'étale sur le bois, celui-ci est peu ou pas attaqué. — Au point de vue de la structure, la plante est extrêmement voisine de *P. medulla-panis* ; mais, au point de vue biologique, ces deux espèces sont à l'opposé. *P. medulla-panis* vient d'ordinaire au grand air, sur les arbres ou les bois d'œuvre et il est très dévorant.

1005. — **P. megalopora** (Pers., Myc. eur., II, p. 88) Bres , Kmet., p. 78. — *P. spongiosa* Quél., Ass. fr., 1891, p. 5, pl. II, f. 19. — *P. undata* Quél., p. p.

Largement étalé, jusqu'à 2 m. et plus, à surface lisse ou inégale bosselée ; bordure déprimée, blanchâtre, grisâtre, gris bistre, puis concolore aux pores, pubescente dans la jeunesse, tantôt presque nulle, tantôt très large, formée d'un tissu mollasse chamois bistré ; subiculum ordinairement mince, 1—5 mm., membraneux coriace, ombre rouillé à brun bistre ; tubes longs de 2—20 mm., brun d'ombre, tabac, devenant stratifiés et formant un coussinet convexe jusqu'à 10 cm. d'épaisseur, strates séparés par une couche mince de tissu semblable à celui du subiculum ; pores subarrondis, fins, parfois géminés, 0,09—0,25 mm., ou dédaléens et plus larges, à orifice villeux blanchâtre, grisâtre, parfois un peu olivacé, puis rouillé bistre, brun fauve. — Hyphes rameuses, jaune miel, brun huileux, à parois épaisses, 3—6 μ, avec des rameaux plus fins, 1—1,5 μ, et plus clairs ; basides hyalines, 6—9×4,5—6 μ ; spores hyalines ou subhyalines, obovales ou elliptiques, quelquefois un peu atténuées à la base (très finement grènelées), 4,5—5—7×3,5

—4 μ, crème paille en masse, se teintant à la fin de la couleur des hyphes.

Végétation seulement pendant les saisons chaudes. — Sur bois travaillés, poutres de chêne et de châtaignier, dans les caves, sous les ponts, dans les greniers, parquets de chêne, fenêtres et volets ; il gagne aussi le peuplier et le cerisier par contiguité.

C'est le type des champignons destructeurs des charpentes : il suffit d'une gouttière et *P. megalopora* aura tout ce qu'il faut pour son développement. Sa sporulation devient si abondante que souvent tout ce qui est aux alentours est couvert de spores. La pourriture est la même que celle de *P. medulla-panis*, blanche, filamenteuse, avec éléments du mycélium en cordons ou en xylostromes, mais avec une activité bien plus grande : il a vite épuisé tous les éléments ligneux d'une poutre.

P. spongiosa Quél. !, Ass. fr., l. c., nec Pers. — Coussinet épais, spongieux, mollasse. C'est la forme qui vient dans les lieux obscurs, sous les parquets, dans les caves. Le champignon étant toujours résupiné même en station verticale, c'est à tort que Quélet le regarde comme une forme horizontale de *Boletus cryptarum* Bull. Ce dernier est rapporté par M. Bresadola à *Ungulina annosa*, et nous avons un spécimen récolté sur vieux bois, dans une sape de guerre, Aisne, par M. J. Moreau, qui répond très exactement à la fig. de Bulliard et appartient sûrement à *U. annosa*.

P. undata Quél., Fl. myc., p. 380, non Pers. — Etalé, mince, subéreux, ondulé, liège foncé ou fauve cannelle : sur les pieux et clôtures en chêne fabriqués avec de vieux bois de construction. — Le *P. undata* Pers., Myc. eur., t. 16, f. 3, donne bien l'aspect que prend *P. megalopora*, à l'air, en station verticale ; cette figure pourrait représenter plusieurs autres *Poria* venant dans les mêmes conditions, mais la plante de Persoon, facilement séparable, écarte l'interprétation de *P. megalopora*. La plante de Quélet n'est pas nette : il y a dans son herbier, sous le nom de *P. undata*, une espèce spinulée qui paraît être *Phellinus salicinus*.

XVIII. — **FISTULINA** Bull.

Réceptacle charnu, sessile ou à stipe latéral ; hyménium dans des tubes analogues à ceux des autres Porés, mais libres entre eux ; spores obovales. Lignicoles.

1006. — **F. hepatica** (Huds.) Fr., S. M. ; Hym. eur., p. 522. — Quél., Fl. myc., p. 428. — Gillet, pl. — *Boletus* Schæff., t. 116-120. — *F. buglossoides* Bull., t. 74.

Tubercule charnu, testacé, papilleux, se développant en chapeau linguiforme, sessile ou à stipe latéral, épais gélatineux à la surface, incarnat purpurin, brun hépatique ; tubes fins, pâles ; pores ronds, crème puis rosâtres ; chair épaisse, fibreuse, ferme, succulente, marbrée de lignes rougeâtre purpurin, acidule. — Couche visqueuse de la surface du chapeau formée d'hyphes à parois minces, 3—6 μ, émettant des poils obtus à contenu rouge noirâtre, et des rameaux terminés par des bouquets de 2—4 conidies sessiles ; conidies 5—10×4—6 μ, ovoïdes ou elliptiques ; trame charnue composée d'hyphes à parois minces, 3—24 μ, sans boucles, avec des tubes conducteurs à contenu brun rougeâtre ; hyphes des tubes parallèles, 2—3(—6) μ ; basides 21—24×6 μ, hypertrophiées, cystidiformes à l'orifice des tubes ; spores subhyalines, ovoïdes ou oblongues, très brièvement atténuées obliquement à la base, 4—4,5—6×3—4 μ, 1-guttulées, brun d'ombre clair en masse.

Eté. Commun sur souches et troncs de chêne. Comestible.

Espèces non observées, d'interprétation douteuse, ou de classification incertaine

1007. — **Polyporus tuberaster** Fr., S. M. ; Hym. eur., p. 523. — Lloyd, Sect. Ovin., 1912, p. 74 et 92, f. 509.

Chapeau convexe, puis infundibuliforme, villeux squameux, jaunâtre ; stipe court, ferme, élastique, glabre, naissant d'un mycélium qui englobe et cimente la terre en masse pierreuse ; pores subanguleux, blanchâtres.

Excellent comestible, cultivé en Italie. Pour obtenir le champignon, il suffit de déposer le mycélium (pietra fungaia) dans un endroit chaud et humide et de l'arroser légèrement. Cette pierre se transporte d'un pays à l'autre, sans perdre ses propriétés.

Voisin ou variété de *Pol. (Melanopus) squamosus*, dont il a les spores, les écailles du chapeau (BRESADOLA, litt.).

1008. — **Polyporus candidus** Pers., Myc. eur., II, p. 51, pl. XV, f. 4-9.

Mis en synonyme à *Polyporus chioneus* par FRIES : il est impossible d'y voir cette espèce, au moins dans le sens des Mycologues français et de BRESADOLA. Il représenterait aussi bien *L. albellus*, qui cependant n'est pas stipité, ou une forme de *P. albidus ?*

1009. — **Polyporus candidus** (Roth) Fr., Hym., p. 541.

Probablement forme à chapeau blanc de *L. adustus* (Bres., Obs. myc., 1920, p. 60).

1010. — **Polyporus borealis** Rostk. t. 40, est cité par FRIES et QUÉLET pour *Spongipellis borealis* (Wahl.) Pat. Il est rapporté

par Romell à *Pol. albidus* Schæff. ou *lacteus* Fr. — Il a l'aspect
de *Coriolus ravidus* (Fr.).

1011. — Polyporus helveolus Rostk., t. 73.

Chapeau charnu, atteignant 10—14 cm., rugueux, brun roux,
glabre, jaunâtre sale et uni vers les bords ; tubes blancs tournant
un peu à rose, longs de un cent. env., s'étendant jusqu'aux bords
du chapeau ; pores petits, ronds, obtus, presque égaux, jaunâtres ;
chair tachetée de jaune, molle, succulente, très légère sur le sec.
— Sur souches, dans les forêts de hêtres. — Repris par Fries,
Hym., p. 554 pour une récolte de Lindblad, sur pin. Bresadola,
Romell et Lloyd pensent qu'il s'agissait d'une forme jeune de
Ungulina marginata. Quélet. Ass. fr., 1889, p. 5, a décrit sous le
nom de *Coriolus helveolus* Rostk., le *Ung. quercina*, auquel il a
donné plus tard (Ass. fr., 1891, pl. III, fig. 35) le nom de *Caloporus
fuscopellis*.

1012. — Leptoporus minusculus Boud., Soc. Myc. Fr.,
t. XVIII (1912), p. 141, pl. 6, f. 3.

Chapeau 1—3 mm., campanulé, suspendu par le sommet ou
fixé latéralement, lisse, pâle puis rouillé ; tubes peu nombreux
(5—20), longs de 4—5 mm. ; pores assez larges, subdenticulés ;
chair presque nulle. Basides 12—15×6—7 μ : spores hyalines,
subsphériques, 4—6 μ d., 1-guttulées. — Sur bois de sapin travaillé,
dans une serre, Montmorency.

1013. — Polyporus pusiolus Ces. — *Fomes* Sacc., VI,
p. 192. — *Polyporus* Lloyd, Stipit. Pol., p. 140, f. 444. — ?

Nous mentionnons ici, pour mémoire et pour signaler l'habitat à l'attention des Mycologues, un petit champignon, dont
nous avons récolté cinq spécimens sur un tronc de *Salix viminalis*, entouré de framboisiers, à St-Priest-en-Murat, septembre 1910.
Ces échantillons déjà secs et vieux se sont réduits en miettes en
herbier, et le champignon n'a plus reparu dans la localité. Ils
étaient très exactement représentés par la figure de *Polyporus
pusiolus* Ces. Lloyd l. c. : chapeau conique, haut de 4—6 mm.,
large de 2—3 mm. à la base, libres, suspendus seulement par le
sommet, ou à peine adhérents latéralement, de brun fauve à brun
noirâtre, ridés striés longitudinalement (deux spécimens avaient
2—4 zones ou sillons concentriques), très fragiles presque carbo-
nacés ; pores moyens, peu nombreux. Hyphes cohérentes ; basides
12—15×4—5 μ ; spores ovoïdes subsphériques, 4—5 μ d. La grande
fragilité de la trame nous a empêché d'obtenir des coupes et de

reconnaître la présence des cystides. — Est-ce *P. pusiolus*, ou *Leptoporus minusculus* très vieux ?

1014. — Xanthochrous Demidoffii (Lév. — Fr., Hym., p. 562) Pat., Ess. — *Fomes juniperinus* Schrenk. — Lloyd, M. N., IV, p. 522 ; Syn. Fom., p. 232.

Chapeau ongulé ou pulviné, zoné, onduleux, subtomenteux, cannelle, puis glabre, noirâtre et fendillé ; marge obtuse, briquetée ; pores 2—3 par mm., arrondis, puis anguleux et déchirés, ocracés ; trame subéreuse ligneuse, roux orangé ; spores globuleuses, pâles, 4—5 μ (Ll.). — Sur troncs de divers *Juniperus*, Russie, Amérique du Nord. — Aspect extérieur de *Phellinus igniarius*.

1015. — Poria canescens Karst., Rev. Myc., 1887, p. 10.

Irrégulièrement étalé, sérié, coriace, séparable, à bords nets, glabre ou à peu près ; tubes longs de 2—3 mm. ; pores petits ou presque moyens, ronds ou flexueux, souvent obliques, fermes, d'abord blanchâtres, canescents, fuscescents à la cassure. Subiculum nul. Trame jaunâtre un peu rouillée ; hyphes des tubes 2,5—3,5 μ ; spores hyalines, 5—6×2,5 μ (Bres.), cylindriques ou oblongues incurvées, 5—6×1,5—2 μ (Karst.). — Écorce d'aune, hêtre, bouleau.

Le *Poria subspadicea* Fr. ne diffère de *P. canescens* que par la présence d'un subiculum et ses spores crème paille, obovales oblongues, 7—9×3,5—4 μ (Bres.). — Sur hêtre.

1016. — Poria violacea Fr., Obs., 2, p. 263, nec alibi. — Bres., Fungi polon.

Couleur violacé clair constante ; subiculum très mince ; tubes très courts, aspect de *Merulius* ; pores moyens, 0,5 mm. Hyphes de la trame régulières, 2—3,5 μ ; spores subcylindriques subdéprimées latéralement, 5×2,5—3 μ. — Bois pourris, Pologne ; très rare (Bres.). — Section III ou IV, selon que les tubes sont fertiles ou non sur la tranche.

1017. — Polyporus incarnatus (A. Schw.) Fr.

Les interprétations de ce *Poria* sont bien diverses. Nous tenons de M. BRESADOLA un spécimen qu'il regarde comme *Poria incarnata* Fr., Hym. eur. C'est une plante assez voisine de *P. gilvescens* Bres., mais récoltée sur tronc de mélèze (Trente) ; rose incarnat sur le frais, pâlissant en herbier ; subiculum mince, 0,05 mm., pénétrant en flocons membraneux dans les fissures de l'écorce ; tubes longs de 2—3 mm. ; pores 0,2—0,6 mm., irréguliers,

la plupart obliques et ouverts. Hyphes flexueuses en trame molle,
à parois minces ou un peu épaissies, 2—4 μ, boucles rares ; basides 15—24×5—6 μ ; spores hyalines, cylindriques, déprimées
latéralement ou un peu arquées, et obliquement atténuées à la
base, 5.5—6(—7)×2 μ.

Indépendamment du sens ci-dessus, il y a celui de R. FRIES
(Antek. p. 29) qui porte sur une espèce à spores fortement arquées,
enroulées en pince-nez, 5×2,5 μ. Le *Poria incarnata* Fr. Ic. est
le *P. rixosa* Karst. — *P. incarnata* sensu Pers. Obs. est, d'après
FRIES, un *« lusus speciei albae, casu rubro-tinctae »*. Dans le
spécimen de l'herbier PERSOON, M. LLOYD croit reconnaître le
Poria placenta Fr. — D'après un spécimen reçu de M. LITSCHAUER,
le *P. incarnata* Fr., sensu Romell, ne serait pas différent de *Poria
aurantiaca* Rostk. — Le *Physisporus* (*Poria*) *incarnatus* des pl.
de GILLET, est le *Trametes micans* (Ehrnb.) sec. BRESADOLA. —
P. incarnata Karst. = *Merulius Ravenelii* Bk. et C. sec. PATOUIL-
LARD.

1018. — **Poria nitida** Pers., Obs.

C'est le *P. eupora* Karst., dans le sens adopté par QUÉLET
pour *P. nitida* Pers., qui est vraisemblablement aussi celui de
Pers., Obs. et Syn. — *P. nitida* Pers. in Bres. Fungi polon. est le
P. aurantiaca Rostk. — Quant au *P. nitida* Fr., il n'est cité nulle
part et reste très douteux.

1019. — **Poria nitida** Pers., sensu Boudier, Ic., p. 82, pl. 160.

3—10 cm., étalé, plus ou moins ondulé sur les bords ; subiculum blanc, membraneux, très mince ; bordure nulle ; tubes
courts, stratifiés avec l'âge ; pores arrondis blancs, puis prenant
rapidement une belle couleur jaune orangé ; spores oblongues,
blanches avec légère teinte jaunâtre, nébuleuses intérieurement,
8—9×3,5—4 μ, — Mai, sur souche de châtaignier, Montmorency.

1020. — **Poria nigrescens** Bres., Hym. Kmet., p. 83. — *P. bicolor* E. et Lang. *sec.* Bres., Sel Myc., 1920, p. 68.

Largement étalé ; subiculum membraneux, paille, facilement
séparable, épais de 1—1,5 mm. ; tubes concolores, longs jusqu'à
2 mm. ; pores petits, subarrondis, blancs, puis incarnat-violacé
pâle, à la fin noirâtres. Hyphes subhyméniales à parois minces,
4—6 μ ; spores non vues.

Pérennant, stratifié, strates séparés par une couche floconneuse. — Troncs morts de sapin pectiné ; Hongrie, Trentin. Ba-

vière. — Bien distinct de *Poria obducens*, avec lequel il a pu être confondu.

1021. — Poria subfusco-flavida Rostk., 27, t. 11.

La plante de Rostkovius vient sur poutres humides et pourrissantes de sapin. — Fries, Hym., p. 576, l'identifie avec une plante venant sur chêne (le substratum serait conifère, d'après M. Romell). — Bresadola, Kmet. n. 64, a cru la reconnaître dans une plante sur peuplier, coriace, parfois stratifiée, avec hyphes à parois épaisses 3—6 μ et spores subglobuleuses, 5—6×4,5 μ, qui était peut-être *Poria obducens*? — Quélet, Ass. fr., 1895, y voit une forme de *P. medulla-panis*, d'abord blanche, puis se colorant en ocracé et brun par l'imbibition de l'eau de pluie, qui suinte à travers les vieilles poutres de chêne. — Enfin, M. Romell y voit le *Poria sinuosa* (*vaporaria* Fr.) ou le *Poria cinerascens* Bres. Le spécimen de Fries (comm. Romell) ne donne pas de spores, mais par sa trame molle, il écarte l'interprétation de *Poria sinuosa*.

1022. — Poria byssina (Schrad. — Pers., Syn.) *sensu* Quélet, Fl. myc., p. 383 est vraisemblablement le *Poria subtilis*, Schrad. (n. 966 h. l.). — Quoique la plante de Persoon puisse être différente de celle de Schrader, M. Romell pense qu'on devrait accepter la notation : *Poria byssina* Pers. pour le *Poria vulgaris* Fr. *sensu* Bresadola, dont le nom est trompeur, puisque l'espèce est loin d'être fréquente en Suède.

1023. — Poria crassa Karst., specim. orig. ! — v. Hoehn., Mykologisches, 1909, p. 6.

Épais de 8—10 mm., plus ou moins tuberculeux, caséeux, puis aride, fragile, très adhérent, formé de tubes continus, mais présentant 1—3 lignes de stratification ; subiculum indistinct, se fusionnant avec la base des tubes en une matière friable, d'aspect crayeux ; pores petits, 0,09—0,12 mm. (5—6 par mm.), réguliers, arrondis, entiers, (jaunes) puis pâlissant, à la fin crème à crème chamois ou alutacé. — Trame très molle, formée d'hyphes engluées d'une matière abondante, huileuse, subhyaline, à parois épaisses ou solides, 2,5—5 μ, densément enchevêtrées ; basides 9—15×5 —7 μ, obovales, accompagnées de basides stériles, fusiformes, à peine émergentes ; spores baculiformes, droites ou faiblement arquées, 3—5×1 μ (v. Hoehnel), ellipsoïdes (Romell).

Juin 1872, sur tronc de pin, Mustiala, Karsten. Sur conifères, Tyrol, Suède, Etats-Unis.

Cette plante ressemble à un *Poria xantha* qui serait épaissi et stratifié ; la structure est à peu près la même, mais la trame est plus molle : il nous a été impossible de trouver la spore, de sorte que la place de cette espèce reste pour nous incertaine.

1024. — P. corticola Fr.

Nous avons récolté assez souvent la forme *quercina* sur écorce de chêne, mais toujours stérile.

Le *P. Rostafinskii* Karst., Myc. Fenn., III, p. 274. — Sacc., VI, p. 298, serait, d'après M. ROMELL, une forme à marge fibreuse-strigueuse de cette espèce.

P. corticola, forme du tremble, a été identifié par JUEL à *Muciporus corticola* (Fr.) JUEL, qui a la fructification des *Tulasnella* et que nous n'avons jamais rencontré. BRESADOLA, F. polon., p. 78, donnait ce *Muciporus* comme identique avec *Poria aneirina* Somm. Il a dû modifier sa manière de voir, car tous les *Poria aneirina* (avec formes *serena* Karst., *fulvescens* Bres.), qu'il nous a déterminés, ont des basides bien normales de *Poria* et non de *Tulasnella*.

1025. — Poria Rensii Bres., Select. Myc., 1926, p. 6.

Largement étalé ; subiculum très mince, tomenteux ; tubes paille, longs de 1—2 mm. ; pores variables, anguleux, subarrondis, oblongs, etc., assez grands, 1,5 mm., plus pâles vers l'orifice. Hyphes de la trame jaunâtres, à parois assez épaisses, 2—3 μ, les subhyméniales pâles, ténues, bouclées, 2—3,5 μ ; cystides rares, cuspidées, glabres, 40×5 μ ; basides subcapitées, 15—18×5—6 μ ; spores hyalines, cylindriques, 7—12×3—4 μ.

Sur bois pourris de conifères, Trentin. Voisin de *P. rhacodioides*. (n. v.).

1026. — Trametes gallica Fr., Epicr. ; Hym. eur., p. 582. — *Boletus favus* Bull., t. 421. — *Hexagona* Quél., Fl., p. 369.

Chapeau triquêtre, subzoné, hérissé d'écailles fibreuses, imbriquées, incisées, brun bistre ; pores amples, plus pâles ; chair subéreuse ligneuse, cannelle. Sur troncs et poutres de pin. — Dans le sens de BOUDIER (Lloyd, Myc. Not., 1912, n. 38 et fig. 547) probablement forme de *Trametes hispida*. Pour M. BRESADOLA (saltem Fungi gall., p. 39), c'est *Trametes hispida*. La fig. de BULLIARD représenterait plutôt *Hexagona apiaria* (Pers.) d'après M. LLOYD.

1027. — Sistotrema carneum Bonord. — Fr., Hym. Eur., p. 619. — Gillet, Tab. an., p. 168.

Sur vieilles souches de sapin. Forme à pores lamelleux de *Daedalea biennis* (Bull.) in Gillot et Luc., Cat. S.-et-L., p. 388.

1028. — Sistotrema occarium Fr., Epicr.; Hym, eur., p. 619. — Quél., Fl., p. 377.

Chapeaux imbriqués, dimidiés, convexes, charnus, veloutés, blancs, jaunissants; lamellules planes subcordiformes, flexueuses, obtuses, incarnat jaunâtre. — Sur troncs de la région australe.

1029. — Irpex paleaceus Fr., El.; Hym., p. 620. — Quél., Fl., p. 377.

Etalé réfléchi, coriace, subtomenteux, blanc; dents subfoliacées, grandes, ocre pâle, dilatées au sommet. — Troncs de pin. Landes.

1030. — Irpex glaberrimus Fr., Hym., p. 621. — *Sistotrema* Pers., Myc. eur., II, p. 214. — Quél., Fl., p. 376.

Etalé réfléchi, coriace, mince, subzoné, très glabre, jaune roux; dents serrées, allongées, semi-tubuleuses, aiguës, pâles, naissant d'une base alvéolée. — Troncs de noyer, près de Vienne. Comparé par Persoon à *Coriolus versicolor*.

1031. — Irpex spathulatus Fr., El.; Hym., p. 622. — *Radulum* Bres., F. polon., p. 89.

Etalé, membraneux, presque céracé, blanc; dents spatulées, égales, entières, obscurément réticulées connexes, souvent cylindriques tuberculiformes. Hyphes 2—3 μ; spores subglobuleuses, 3,5—4,5×3,5—4 μ, 1-guttulées. — Ecorces et bois de pin et de sapin.

1032. — Irpex Woronowii Bres., Sel. Myc. 1920, p. 42.

Etalé, formant des plages très allongées, larges de 2—3 cm.; subiculum coriace, mince, à peine 2 mm., fauve orange, formé d'hyphes jaunes, 3—9 μ, à parois minces, septées; hyménium en partie poré, à pores fauves 2—3 mm. d., et en partie dentés, à dents foliacées, diversement incisées au sommet, orangées à la base, blanchâtres vers le haut, longues de 5—10 mm.; hyphes de la trame des dents 4—6 μ, septées; basides 21—24×5 —7 μ; spores hyalines, cylindracées, 7—9×3—4 μ. — Sur troncs de hêtre, Caucase. — Cette espèce singulière ressemble à première vue à un lusus résupiné de *Trametes odorata* ou de *Lenzites sepiaria*, mais la structure et le substratum sont différents et la spore plus petite.

CORRECTIONS ET ADDITIONS

PAGE   4. — n. 1 Obs., lire : parfois fourchues.

    Le *S. pinicola* a été récolté, en Août 1927, sur *Alnus viridis*, en Hte-Savoie, par M. A. DE CROZALS.

—   5. — Remplacer le n. 3 de *S. subardosiaca,* par 2 bis.

—   10. — Ajouter à la var. *Barlae* le syn. *H. purpureum* Hym. de Fr., I, n. 4.

    W. BUDDIN et E. M. WAKEFIELD (*Rhizoctonia crocorum* and *Helicobasidium purpureum.* — Tr. Brit. Myc. Soc., XIII, p. 122 et sq.) sont amenés par leurs travaux à considérer *H. purpureum* comme le stade final de *Rh. crocorum,* parasite des racines.

—   14. — n. 14, lire : basides 40—50×9—10 *μ*.

—   41. — n. 50, lire : 262 au lieu de 252.

—   60. — ligne 7 lire : 7,5×3.

—   87. — Accolade 16 : *C. Invalii,* n. 150.

—   88. — A l'acc. 21, ajouter un quatrième membre : Blanches : 26.

—   89. — Acc. 26 : plus ou moins.

—   90. — Acc. 28 : *C. asterospora,* n. 179.

—   91. — Acc. 41 : *C. exilis,* n. 181.

—   93. — Mettre la ligne 4 à la suite de la ligne 2.

—   93. — Acc. 57 : 170 au lieu de 171.

—   97. — ligne 11, lire : Centre. — Provence,

—   101. — n. 150, lire : parmi les Hypnes

—   102. — n. 155, supprimer le ?

—   128. au bas de la page, ajouter :

    209 ter. — **T. sclerotioides** (Pers., Myc. Eur., I. p. 192, t. XI, f. 1-2 *Phacorhiza*) Fr., Epicr. ; Hym. eur., p. 687.

    Haut de 2—5 mm. Clavule charnue, un peu coriace, linéaire subulée (quelques clavules un peu com-

primées), blanche ou blanchâtre, **glabre,** atténuée en
stipe tantôt très court, tantôt allongé, naissant au centre d'un sclérote noirâtre, subglobuleux, puis cupulaire
à bords subdentés. — Hyphes axiles parallèles-subco-
hérentes, 4—9 μ, à parois minces, sans boucles ; couche subhyméniale formée d'hyphes 1—3 μ, d'aspect gélatineux, flexueuses sous l'hyménium ; basides 25—30×
5—6 μ, à 2 stérigmates courts ; spores oblongues déprimées latéralement ou subarquées, obliquement atténuées à la base, presque naviculaires, 6—8×3,5—4 μ.

20 Août 1927, sur tiges sèches de *Mulgedium al-
pinum*, Hte-Savoie, A. DE CROZALS. — La description
et la fig. de PERSOON conviennent bien à cette récolte,
qui ne justifie pas la critique de FRIES.

PAGE 161. — n. 257.

M. l'Abbé GRELET a observé sur des sarments de vigne le
C. leochroma mêlé au *C. ochroleuca* Bres., et regarde ces deux
Cyphelles comme des formes d'une même espèce, à laquelle il
donne le nom de *C. Bresadolae* (Grelet, S. M. t. XXXVIII, p. 174).
Nous avons reçu de M. DE CROZALS, ces deux mêmes formes réunies et reliées par des intermédiaires, sur des tiges desséchées
de *Scirpus holoschoenus,* Toulon, Mars 1927.

— 173. — Acc. 53 : *C. fugax*, n. 303 et *C. alnicolum*, n. 304.

— 175. — Mettre à la ligne : Cf. *Grandinia helvetica.*

— 199. — 3ᵉ ligne en bas, lire : récédentes

— 238. — n. 382 : pubérulent, au lieu de pubérent.

— 256. — ligne 7 en bas, lire : **subfusiformes.**

— 283. — ligne 6, lire : canalicule.

— 287. — Au-dessous de la ligne 10, ajouter :

Toujours récolté en contact avec *Ægerita candida* Pers.
Cet *Ægerita* forme des groupes denses de petits granules
blancs, très fréquent sur les bois pourrissants dans les endroits
humides. Ils sont constitués par des touffes de vésicules 7—15 μ.
d., arrondies ou piriformes, terminant des hyphes fasciculées,
dressées, à parois minces, 3—4,5 μ d., à cloisons fréquentes,
MM. v. HOEHNEL et LITSCHAUER regardent ces vésicules comme
des basides stériles du *Peniophora,* lequel bien développé se
change en *Ægerita* en l'espace d'un jour, quand on le mouille.

— 290. — n. 459, lire : Sur poirier.

— 309. — fig. 96, lire : *cacaina.*

— 316. — n. 510, lire : **P. livescens.**

— 318. — fig. 100, lire : *Peniophora.*

PAGE 359. — n. 581, 3, lire : *fusca*.

— 367. — Acc. 5, lire : *Asterostromella*.

— 417. — n. 655, lire : la teinte glauque et la pruine.

— 456. — Acc. 3, lire : safranée.

— 552. — ligne 2 en bas, lire : 4,5—5.

— 566. — ligne 3 en bas, lire : portant, vers le sommet, des rameaux.

— 612. — n. 927, lire : *Pfeifferi*.

— 650. — Acc. 34, lire : p. 675, au lieu de n. 742.

TABLE ALPHABÉTIQUE

DES

GENRES, TRIBUS et FAMILLES

(Les Synonymes et Sections de Genre sont en italique)

TABLE ALPHABÉTIQUE

DES

ESPÈCES et SYNONYMES

Les chiffres romains renvoient au numéro d'ordre. Les chiffres en italique
à la page des espèces décrites ou mentionnées sans numéro. L'asté-
rique indique une espèce proposée comme nouvelle.

TABLE DES MATIÈRES

VI. APHYLLOPHORACÉES

I. CLAVARIÉS

II. POROHYDNÉS

I. CORTICIÉS

I. CYPHELLINÉS

II. CORTICINÉS

III. MÉRULINÉS

IV. STÉRÉINÉS

V. ASTÉROSTROMELLINÉS

II. ASTÉROSTROMÉS

III. HYDNÉS

IV. PHYLACTÉRIÉS

V. PORÉS

Achevé d'imprimer le 28 Janvier 1928

PAR

Marcel BRY, Dessinateur-Imprimeur

A SCEAUX (Seine)

Sous les Auspices

DE LA

SOCIÉTÉ MYCOLOGIQUE DE FRANCE

Paul LECHEVALIER, Editeur

Libraire pour les Sciences Naturelles

12, Rue de Tournon, PARIS